JN219859

Adhesive Bonding Second Edition
Science, Technology and Applications

接着工学

第2版

接着剤の基礎、機械的特性・応用

Edited by
Robert D. Adams

監　訳
佐藤 千明

NTS

Adhesive Bonding Second Edition
Science, Technology, and Applications
Edited by Robert D. Adams

ISBN：978-0-12-819954-1（原書）

監訳者まえがき

本書は，「ADHESIVE BONDING; Science, Technology, and Applications, Second Edition」の和文翻訳書籍です。英文原書は2005年に第1版が，2021年に第2版がWoodhead Publishingより出版されており，本書はこの第2版を翻訳したものです。第1版も翻訳され，「接着工学，―接着剤の基礎，機械的特性，応用―」として2008年に株式会社エヌ・ティー・エスより出版されており，本書はこの改訂版とも言えます。ただし，改訂版とはいえ，内容は大幅に増補・改訂されており，ほぼ別の書籍といっても過言ではありません。

接着関連の書籍というと，その内容は接着剤の組成や化学になってしまいがちです。特に我が国ではこの傾向が顕著です。これは我が国の接着剤メーカーや化学メーカーが強い，もしくは化学関連の従事者が多いというある意味ポジティブな背景から来ているものと思われます。ただし，接着剤を使う側のニーズに沿った書籍は多くないのが現状であり，バランスを欠いている感も否めません。このような観点からみると，本書はかなり特異的であり，接着剤を作る側と使う側の両方のニーズに沿ったバランスの良い構成となっています。この理由は，本書が主にヨーロッパの研究者によって執筆されており，ヨーロッパでは接着は化学というよりも接合工学の一部として捉えられている点にあると思います。接着接合は化学と機械工学の境界領域である，との認識がヨーロッパでは共有されています。

本書は36人の共著者により執筆されています。どの著者も非常に有名，かつ貴重な経験を有する研究者であり，この事実が本書を価値あるものにしています。ただし，このような出版は中心となる人物に広範かつ濃密な人脈が無ければ成立しないものです。したがって，本書の成功はEditorであるRobert David Adams教授の気さくで魅力的な人柄によるものだと私は確信しています。Adams先生はBristol大学の機械工学科で長年にわたり教鞭を執った後にOxford大学にて引き続き研究を実施してきました。イギリスの接着学会のみならず，ヨーロッパ接着学会（EURADH）の創設者でもありますし，世界の接着研究コミュニティーで常に中心人物として活躍されてきた方です。本書の出版に際しても，日本語版へのまえがきをわざわざ執筆してくださいました。感謝の念に堪えません。

今回の出版に際しては，大学・国研などアカデミアで活躍されている第一線の先生方のみならず，産業界で活躍されている企業の専門家の方にも翻訳をお願いしました。この理由は，接着工学が極めて多岐にわたるため，個々の内容については実務に従事されている方でないと理解できない箇所もあるためです。結果的にこの選択は大成功であり，本書の価値を高めてくれたと自負しております。翻訳者の皆様に深く感謝申し上げます。なお，最終章の“Aerospace industry applications of adhesive bonding”については，第1版と第2版の差分が小さいため，部分的な改訂に留めてあります。本章の翻訳者は武田一朗氏ですが，改訂増補は監訳者である佐藤が行っています。

本書では，まず原文を機械翻訳し，それを翻訳者が修正する形で出版作業を進めました。効率は上がりましたが，「機械翻訳の時代に翻訳本を出版するのはナンセンスである」との主張を部分的に証明する形になっているとも言えなくもありません。ただし，各分野の専門家が注意深く校閲した内容には，単なる機械翻訳とは比較できない価値があるのも事実でしょう。本書では，このような価値を読者の皆様に提供することを主な目的としています。

最後に，本書の出版にあたりお世話になった方々に御礼申し上げます。まず，本書の翻訳に理解を示してくださったAdams先生およびWoodhead Publishingの皆様に深く感謝いたします。また，株式会社エヌ・ティー・エスの吉田隆氏，大湊国弘氏のご指導とご尽力に深く御礼申し上げます。本書は両氏の忍耐力の賜物であり，これがなければ日の目を見ることはなかったはずです。

2024年11月

東京科学大学　総合研究院　未来産業技術研究所
教授　佐藤千明

日本語版へのまえがき

本書は，2005年に出版された原著を大幅に改訂したものである。初版と同じ形式を保ちつつ，いくつかの章を追加して全面的に書き直した。第1部では基礎科学をカバーし，第2部では接着剤の試験と特性評価に関する情報を提供している。最後に，接着剤が工業用途でどのように使用されているかを示す7つの章がある。

最初の章はFayによるもので，先史時代から現在に至るまでの接着の歴史に触れている。この章では，初期の接着剤が樹木の樹脂やアスファルトといった自然界に存在する材料をどのように使用していたのか，そしてそれらの有用な特性を向上させるために，さまざまな工業的プロセスを経てどのように改良されていったのかを示している。しかし，化学者が合成高分子を発明し，それが今日の接着剤に発展したのは20世紀になってからのことである。

次の章ではComynが，現代の接着剤とは何か，その物理的特性は何に基づいているのか，どのように硬化するのか（そして有用になるのか）について説明する。彼は，粘着テープから高じん性エポキシまで，現代の接着剤の化学構造を説明する。Wattsは，表面の性質と，さまざまな物理的試験を用いて接着適性を評価する方法について説明する。続いてCritchlowが良好な接着可能表面を実現する方法について説明する。洗浄だけでなく，さまざまな化学的前処理を紹介し，良好な初期接着を実現するだけでなく，環境からの攻撃にも耐えられる方法を示す。AndersonとMaconは，高分子接着剤の一般的な特性について記述し，このセクションを終えている。

Akhavan-Safar，Marques，Carbas，およびda Silvaによる次の章では，試験片から実際の構造で予想されるものまで，さまざまな接合部の応力を解析する方法を扱っている。彼らは，弾性接着剤と延性接着剤の双方について，解析モデルと数値計算モデルの両方を検討している。この章ではComynが，接合部が過酷な環境，特に水に曝された場合に発生する問題についても述べている。接着接合における主な課題の1つは品質管理である。特に非破壊検査は重要であり，Crane，Hart-Smith，およびNewmanがこれを取り上げている。彼らは従来の非破壊検査の限界を示すとともにレーザー衝撃法の有用性を示し，これ以外では経験豊かな人間の目が最も信頼できるツールの1つであると結論づけている。

SatoとMarziは，衝撃荷重の影響と，それらが準静的荷重とどのように異なるかを説明している。また，耐衝撃性接着剤は高いひずみ速度でも強度と延性を維持するため，これを使用すべきであることを示している。Dillardは，破壊力学がどのようにき裂伝播の理解に役立つかを示し，接着剤の破壊じん性を測定する試験について説明している。AshcroftとMubasharは，疲労という重要なトピックを取り上げ，さまざまな荷重形態が構造物の耐久性にどのような影響を及ぼすかを解説している。金属に関する従来の研究から開発された予測方法を基に示しているが，ここではこれを高分子接着剤に適用している。HildebrandとAdamsは，振動減衰という重要なテーマを取り上げ，接着剤で接合した構造物が金属構造物とどのように異なるかを解説している。サンドイッチパネルとして，あるいはコーティングとして使用される非構造用途の制振高分子でさえも，その成否は接着による結合に依存している。Kellarは，溶接できない異種材料を接着剤で接合し，エネルギー効率が重要視される現代の輸送にとって重要な軽量構造を作ることが可能であることを示している。

構造物の寿命が尽きたときに，その全部または一部をリサイクルできるように，接合部を分解する必要が生じる場合がある。Sato，Carbas，Marques，Akhavan-Safar，およびda Silvaは，接着剤に膨張性フィラーを組み込むことによって，これを実現する方法を検討している。また，強度や耐久性に及ぼす可能性のある影響について議論している。BakerとNezhadは，補修のためのさまざまなオプションについて，特に航空機の残留強度と剛性への影響，およびこれらの評価方法について考察している。軽量構造には，繊維強化複合材料の使用されることが多い。Davies は，これらの材料の強度予測における問題点，特に正確な破壊基準の定義について述べている。また彼は，材料特性を正確に測定することの必要性に言及し，例えばサンドイッチパネルでは現実的な構造を用いて試験する必要性についても述べている。

Vallee と Albiez は，建築構造物に使用される鋼鉄とアルミニウムを幅広く扱い，いくつかの実用例を挙げている。彼らは，ラボレベルの試験と実際の構造物との相違，特に変動荷重と環境要因の重要性に関して強調している。Sterley，Serrano，および Kallender は，建築用接着のテーマを木材や木質系材料による構造にも広げ，その基礎的な科学と実際の使用例を示している。Dilger は，現代の自動車が溶接できない異種材料を用いるようになっており，その接合に構造用接着剤をますます使用するようになっている現状について述べている。これらの接着剤は，衝突に耐え，パネルの剥離を避け，かつ金属構造が変形により運動エネルギーを吸収できる必要がある。Dilger はまた，機械的締結手法（自己穿孔リベットなど）を接着剤と組み合わせたハイブリッド接合についても解説している。自動車用接着剤の多くは，カーペットやトリムの取り付けなど，非構造用途にも使用されている。Hentinen は，船舶および舟艇の構造における接着剤の使用について説明している。ここでは木材，繊維強化プラスチック複合材料（FRPC）サンドイッチパネル，スチール，アルミニウムなど，さまざまな材料が使用されている。船の大きさや機能は，セーリング・ディンギーから本船までさまざまで，海軍の掃海艇はガラス製の FRPC で作られることが多い。水に浮いている以上，船舶に用いられる接着剤はすべて，水漏れがなく，水による劣化に強くなければならないという明らかなニーズがある。例えば主要な構造に使用される構造用接着剤でさえ，外部パネルのシール機能を同時に提供している。接着剤の重要かつ広範な用途は製靴産業であり，そこでは多種多様な基材が，同様に多種多様な接着剤で接合されている。Martin-Martinez は，さまざまな種類の接着剤が，時には伝統的な縫製と組み合わされながら，最新の靴を作るためにどのように使用されているかを説明し，多種多様な基材に対する慎重な表面処理の必要性を強調している。Nassiet，Hassoune-Rhabbour，Tramis，および Petit は，電子部品の封止から回路基板上のチップの接着に至るまで，電気・電子産業における接着剤の使用を取り上げている。彼らは，接着性が重要である一方で，熱伝導性や電気伝導性も重要であることを指摘している。現代のエレクトロニクスは，接着剤をうまく塗布できるかどうかに完全に依存している。また聖杯は，はんだ付けを導電性高分子接着剤に置き換えることであるが，その実現の遠い道のりはまだ遠いことも同時にして示している。最後に Hart-Smith は，航空機構造について解説しており，その接着剤の主な用途は 2 つあると述べている。彼は，最新の航空機用接着剤の典型的な応力-ひずみ特性と，それらが設計や機能にどのように寄与するかについて説明している。構造的な欠陥は深刻な結果をもたらすため，厳格な非破壊検査および品質保証手順とともに，適切な表面処理も必要かつ重要であることを示している。最後に，航空機産業における彼の生涯の経験に基づく推奨事項リストを示し，本章を締めくくっている。

接着剤の使用に慣れていない方，あるいは経験豊富な方であっても，安心感や新しいアイデアを必要としている方であれば，求めるもののほとんどを本書で見つけることができるだろう。著者はいずれも各分野の専門家であり，その多くは長年の経験を持つが，現在のトレンドにも精通している。各章は，基礎的な科学から多くの産業応用の解説まで，幅広いトピックをカバーしている。各章には包括的な参考文献リストが添付されている。

BSc［Eng］，DSc［Eng］ロンドン，PhD，ScD ケンブリッジ
ブリストル大学機械工学　名誉教授
International Journal of Adhesion and Adhesives　名誉編集長
R.D.Adams

原著者一覧

Robert D. Adams
Emeritus Professor, Department of Mechanical Engineering, University of Bristol, Bristol, United Kingdom

Alireza Akhavan-Safar
Institute of Science and Innovation in Mechanical and Industrial Engineering (INEGI), Porto, Portugal

Matthias Albiez
Karlsruhe Institute of Technology, Karlsruhe, Germany

Gregory L. Anderson
Northrop Grumman, Propulsion Systems, Promontory, UT, United States

Ian A. Ashcroft
Faculty of Engineering, University of Nottingham, Nottingham, United Kingdom

Alan A. Baker
Aerospace Division, Defence and Technology Group, Melbourne, VIC, Australia

Ricardo J.C. Carbas
Institute of Science and Innovation in Mechanical and Industrial Engineering (INEGI); Department of Mechanical Engineering, Faculty of Engineering of the University of Porto, Porto, Portugal

John Comyn
Huncote, Leicestershire

Robert L. Crane
Retired from USAF Materials Directorate, Wright Patterson AFB, OH, United States

Gary W. Critchlow
Professor of Surface and Interface Science, Loughborough University, Loughborough, United Kingdom

Lucas F.M. da Silva
Institute of Science and Innovation in Mechanical and Industrial Engineering (INEGI); Department of Mechanical Engineering, Faculty of Engineering of the University of Porto, Porto, Portugal

Peter Davies
Marine Structures group, IFREMER, Centre de Brest, Plouzané, France

Klaus Dilger
Institute of Joining and Welding, TU Braunschweig, Germany

David A. Dillard
Biomedical Engineering and Mechanics Department, Virginia Polytechnic Institute and State University, Blacksburg, VA, United States

Paul A. Fay
Department of Mechanical Engineering, University of Bristol, Bristol, United Kingdom

John Hart-Smith
Retired from The Boeing Company, Huntington Beach, CA, United States

Bouchra Hassoune-Rhabbour
Laboratory of Manufacturing Engineering; The National School of Engineering in Tarbes, National Polytechnic Institute of Toulouse, Tarbes, France

Markku Hentinen
Marine Mentors Oy, Espoo, Finland

Martin Hildebrand
Multimart Oy, Helsinki, Finland

Björn Källander
Swedish Wood, Stockholm, Sweden

Ewen J.C. Kellar
TWI Ltd., Cambridge, United Kingdom

David J. Macon
Northrop Grumman, Propulsion Systems, Promontory, UT, United States

Eduardo A.S. Marques
Institute of Science and Innovation in Mechanical and Industrial Engineering (INEGI), Porto, Portugal

José Miguel Martín-Martínez
Adhesion and Adhesives Laboratory, University of Alicante, Alicante, Spain

Stephan Marzi
Institute for Mechanics and Materials, Technische Hochschule Mittelhessen, Gießen, Germany

Aamir Mubashar
School of Mechanical and Manufacturing Engineering, National University of Sciences and Technology, Islamabad, Pakistan

Valérie Nassiet
Laboratory of Manufacturing Engineering; The National School of Engineering in Tarbes, National Polytechnic Institute of Toulouse, Tarbes, France

John Newman
President, Laser Technology, Inc., Norristown, PA, United States

Jacques-Alain Petit
Laboratory of Manufacturing Engineering; The National School of Engineering in Tarbes, National Polytechnic Institute of Toulouse, Tarbes, France

Chiaki Sato
Laboratory for Future Interdisciplinary Research of Science and Technology, Tokyo Institute of Technology, Yokohama, Japan

Erik Serrano
Structural Mechanics, Lund University, Lund, Sweden

Magdalena Sterley
RISE AB Division Bioeconomy and Health, Stockholm, Sweden

Olivier Tramis
Laboratory of Manufacturing Engineering; The National School of Engineering in Tarbes, National Polytechnic Institute of Toulouse, Tarbes, France

Till Vallée
Fraunhofer IFAM, Bremen, Germany

John F. Watts
The Surface Analysis Laboratory, Department of Mechanical Engineering Sciences, University of Surrey, Guildford, Surrey, United Kingdom

Hamed Y. Nezhad
Aeronautics and Aerospace Research Centre, Department of Mechanical Engineering and Aeronautics, City University of London, London, United Kingdom

監訳者・訳者一覧

【監訳者】

佐藤　千明　　東京科学大学　総合研究院　未来産業技術研究所

【訳者】

若林　一民　　エーピーエス リサーチ
（第 1 章）

秋山　陽久　　国立研究開発法人産業技術総合研究所　ナノ材料研究部門　接着界面グループ
（第 2 章）

大久保雄司　　大阪大学　大学院工学研究科
（第 3 章）

高橋　佑輔　　株式会社神戸製鋼所　材料研究所　表面制御研究室
（第 4 章）

髙橋　明理　　株式会社フジクラ　光応用技術 R&D センター
（第 5 章）

関口　　悠　　東京科学大学　総合研究院　未来産業技術研究所
（第 6 章，第 10 章，第 13 章）

島本　一正　　国立研究開発法人産業技術総合研究所　ナノ材料研究部門　接着界面グループ
（第 7 章）

長谷川剛一　　三菱重工業株式会社　総合研究所　製造研究部　製造第四研究室
（第 8 章）

佐藤　千明　　東京科学大学　総合研究院　未来産業技術研究所
（第 9 章，第 12 章，第 14 章，第 21 章，第 23 章）

北條　恵司　　国立研究開発法人産業技術総合研究所　ナノ材料研究部門　接着界面グループ
（第 11 章）

内藤　公喜　　国立研究開発法人物質・材料研究機構　構造材料研究センター　材料創製分野
（第 15 章）　高分子系複合材料グループ

小熊　博幸　　国立研究開発法人物質・材料研究機構　構造材料研究センター　材料創製分野
（第 16 章）　高分子系複合材料グループ

石川　敏之　　関西大学　環境都市工学部
（第 17 章）

堀　　成人　　東京大学　大学院農学生命科学研究科
（第 18 章）

泉水　一紘　　日産自動車株式会社　車両生産技術開発本部　生産技術研究開発センター
（第 19 章）

岩田　知明　　国立研究開発法人海上・港湾・航空技術研究所　海上技術安全研究所
（第 20 章）　構造・産業システム系

上山　幸嗣　　三菱電機株式会社　先端技術総合研究所　マテリアル技術部
（第 22 章）　機能性材料グループ

武田　一朗　　Composite Materials Research Laboratory, Toray Composite Materials
（第 23 章）　America, Inc.

目　次

第 1 部　接着の基礎

第 1 章　接着剤接合の歴史

Paul A. Fay

第 2 章　接着剤やシーラントとは，どのようなもので，どのように機能するのか？

John Comyn

第 3 章　表面：評価方法

John F. Watts

第 8 章　接着接合部の非破壊検査

Robert L. Cranea, John Hart-Smithb and John Newman

第 9 章　接着接合部における高速負荷と衝撃について

佐藤 千明，Stephan Marzi

第 10 章　接着接合部の破壊力学

David A. Dillard

第11章 疲 労

Ian A. Ashcroft and Aamir Mubashar

第12章 振動減衰

Martin Hildebrand and Robert D. Adams

第13章 同種材料および異種材料の接合

Ewen J. C. Kellar

第14章 接着接合部の解体・分離，および環境ならびにリサイクルの問題に及ぼす影響

佐藤千明 , Ricardo J. C. Carbas, Eduardo A. S. Marques, Alireza Akhavan-Safar and Lucas F. M. da Silva

第19章 自動車

Klaus Dilger

第20章 ボートと海洋

Markku Hentinen

第21章 製靴産業における接着

José Miguel Martín-Martínez

第22章 電気・電子

V. Nassiet, B. Hassoune-Rhabbour and O. Tramis and J-A Petit

第23章 接着剤による航空宇宙産業への応用例

John Hart-Smith

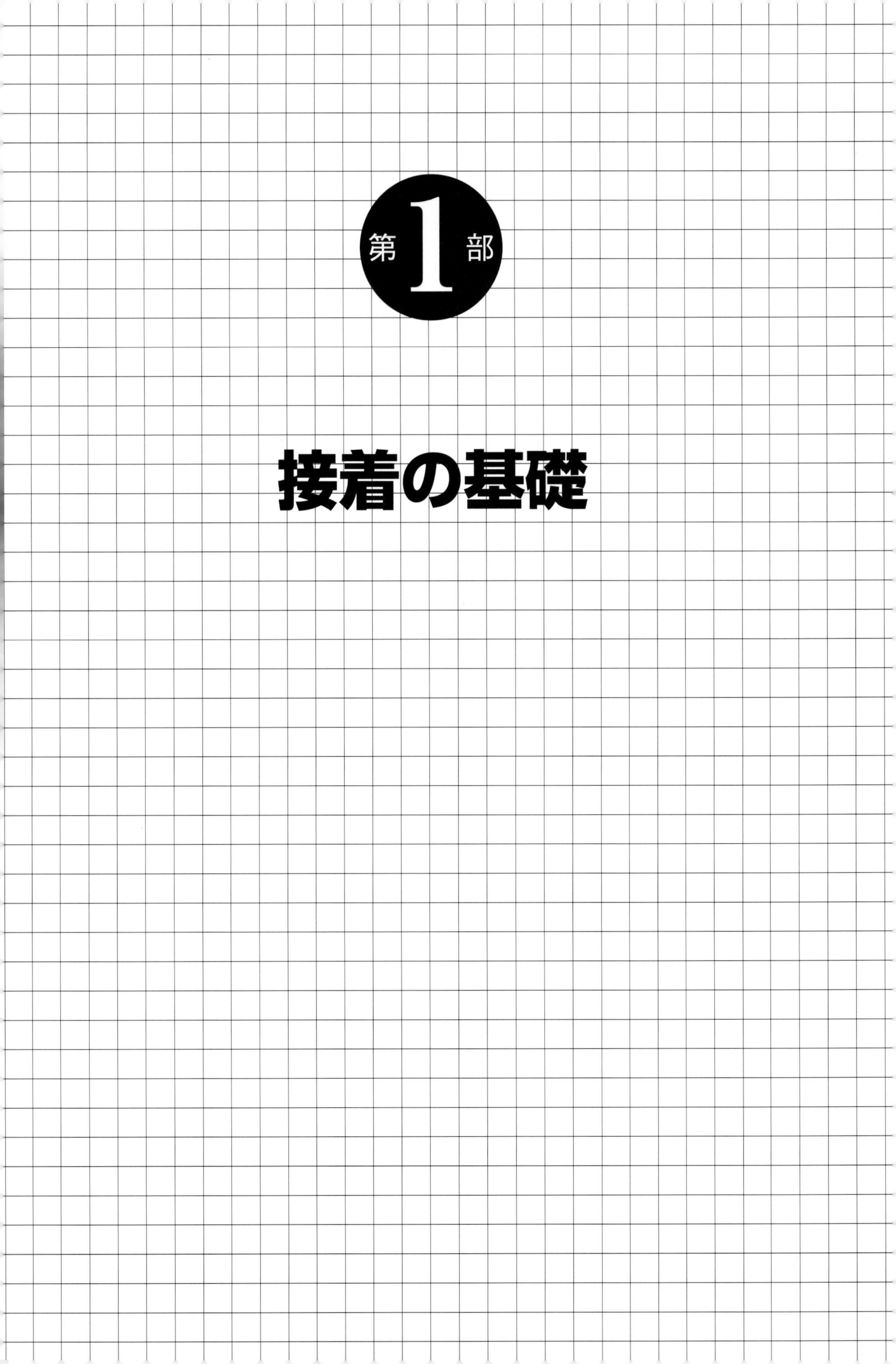

第1部

接着の基礎

第1章　接着剤接合の歴史

Paul A. Fay

1.1　まえがき

今日，接着剤接合は指先の付け爪から，地球から遠く離れた宇宙船まで，私たちの生活に関わるあらゆる部分で使用されている。私たちの日常生活を支配する現代の産業や技術の多くは，接着剤への依存度が高い。接着剤の使用と製造ははるかに古く，実際接着の使用実績は何十年も前に遡る。人類の最も初期の発明技術の１つである。本章では，石器時代の人類が接着剤を使用したという最初の考古学的証拠から，古典，中世，ルネサンス文明における接着剤の使用，接着剤製造の工業化まで，接着剤の歴史について詳述する。最後に，現代の合成ポリマー接着剤の開発と多くの現代産業へ関わりを持つ接着剤の成功事例を紹介する。

1.2　自然界に存在する接着剤

私たち人類の祖先は，接着の概念を自ら発明する必要はなかった。彼らがしたことは周囲を見渡して，自然から学ぶことであった。陸・海・空の自然界には植物由来や動物由来の接着剤を利用して動植物に食料，住居，安心・安全を提供している例が多くある。

最近の詳細な研究では，バクテリア，藻類，フジツボ，腹足類，棘皮動物，食虫植物，ラン，カエル，ダニ，クモなど，数多くの事例が紹介されている[1-9]。これらの生物の多くは，自ら接着剤を生産・分泌している。また，エントツアマツバメ，ハチ，スズメバチなどの生物[10]は，自分の体外の原材料から粘着性物質を作り出す。これらの中で詳細に研究されているのがムラサキガイとヤモリである。ムラサキガイ[11,12]の強粘着の水中接着は，天然の接着剤により過酷な環境下で耐久性に優れた結合を形成する（**図1.1**）。アリストテレス[13]によって初めて記述されたヤモリの重力に逆らう能力は，多くの実用的なアプリケーションのために強力な接着および剥離システムを作り出す秘密を解明することが期待されており，徹底的に研究されている[14-16]。

私たちの祖先は，これらのうちのどの種類を見たのか正確にはわかりかねるが，接着剤による接着が成功していることを確認し，それを自分たちに有利になるように再現しようとした可能性が高い。しかし人類がそれに追いつくには，何千年もかかった。

図 1.1　自然界における接着―ムラサキイガイの岩への接着
Photo credit: Andreas Trepte, www.photo-natur.net.

1.3　先史時代の接着剤

人類は物体をより装飾的に，より強く，より便利に，または単に安価にするために，数千年にわたり接着剤を使用したことを示唆する重要な文書や考古学的証拠がある。しかし，その有用性が最初に発見された単一の「エウレカ」的瞬間はなかったようだ。その代わりに接着剤の導入は，自然の「粘着性」物質の使用から始まり，おそらく調理からの副産物である単純な接着剤の調整へと徐々に進行したと考えられる。

この変化がいつ起こったのか，正確にはわからない。古代ローマの作家であり，科学者でもあったプリニウスが，膠(にかわ)はダイダロスによって発明されたと示唆したことから始めたい[17]。しかし，残念ながら考古学的証拠やその他多くの技術的考察[18]により，プリニウスの提案は否定された。それゆえ人工接着剤の起源を他の場所に求める必要がある。

初期の接着技術の 3 つの基礎は，スウェーデンの植物学者 Carolus Linnaeus が自然界を分類するために使用した 3 つの王国（動物，植物，鉱物）の概念を用いて分類できる[19]。しかし，動物由来の接着剤が出現する前に，私たちの先祖は植物由来の接着剤（白樺の樹皮ピッチなど）や鉱物由来の接着剤（アスファルトなど）に親しんでいたことは間違いないため，これらは異なる順序で出現したと考えられる。これら接着剤のうち，どれが先かを知ることは難しく，発展途上の考古学的証拠も手法により順序が変化するようである。しかし，本稿執筆時点では，白樺の樹皮ピッチが最初に使用されたことを示す確証がある。

1.3.1　白樺樹皮ピッチからの接着剤

人類が接着剤を使用した最古の例は，2001 年にイタリア中部ヴァルダノル盆地上部のカンピテッロ採石場での発掘調査で発見された 2 つの石片に見られる[20]。この石片には黒色の有機物の残骸が付着されており，木製の治具に固定するためのものと推測される（**図 1.2**）。この有機物の性質を調べるために，赤外分光法とガスクロマトグラフ質量分析法が用いられた。その結果，白樺の樹皮や木材に含まれる典型的なマーカー（トリテルペノイド）が多数存在することが判明している。また，石片と一緒に発見された動物遺体の分析など，さまざまな手法で年代を測定した

図 1.2　カンピテッロ採石場で発見された石片。これには人類最古の接着剤として知られる白樺の樹皮ピッチが付着している [20]

結果，中期更新世後期，紀元前 20 万年頃に作られたものと推定された。その結果，接着剤で組み立てられた道具としては最古のものであることが判明した。

1963 年，ドイツのハルツ山脈のケーニッヒスーエで，少なくとも 8 万年前のネアンデルタール人の道具が発見された。その際に接着剤の残留物が検出され，後の分析によって，白樺のピッチを加工したものであることが判明した[21]。

白樺樹皮ピッチで接着された道具の最も有名で保存状態の良い例は，1991 年にチロルの氷河で発見された後期新石器時代（紀元前 3,300 年頃）の男性の冷凍ミイラ「Otzi」と一緒に発見された武器であろう[22]。彼の武器には，火打石の矢じりと銅製の手斧があり，のちに白樺の樹皮ピッチと判明した接着剤のようなもので木の軸に接着されていた[23]。

白樺樹皮ピッチの接着剤としての使用は西ヨーロッパで広まり，他にもドイツ（紀元前 12 万年頃）[24]，オランダ（紀元前 5 万年頃）[25]，フランス（紀元前 3 万年頃）[26]，ギリシャ（紀元前 5,000 年頃）[27]，オーストリア（紀元前 5,600～600 年前）[28,29]，および英国（紀元前 200 年頃）で初期の使用例が存在する[30]

フランスのグラン・オーネで発見された鉄器時代の遺物を詳細に分析した結果，その頃には白樺樹皮接着剤の生産がかなり高度になっており，「ダブルポット」と呼ばれる生産容器や，完成した接着剤を保管する陶製の壺が使用されていた[31]。

白樺の樹皮を使用したピッチ接着剤が，人類の発達の早い時期に出現したことは，いささか驚きである。動物由来の接着剤であれば，調理の副産物であることは明らかである。天然に存在するアスファルトであれば，偶然に発見される可能性は極めて高い。それに対して，白樺樹皮ピッチの製造には，酸素がない状態かつ適切な温度で慎重な処理が必要となる。ネアンデルタール人が比較的高度な接着剤を製造する技術力を持っていた証明になる。これを達成するためには，多くのことが必要であった。原料の入手，熱の利用や制御，適切な加工容器，必要な認知能力などである。

白樺は氷河期移行のヨーロッパに広く分布していた。白樺は，よく知られた「開拓者」樹種の 1 つで，氷河の交代や最近の火災などの撹乱（かくらん）によって露出した土地を最初に占拠する樹種である[32]。裸地と豊富な日光で生育し，初期には急速に成長した。その後，植生が濃くなり，ヨーロッパが森林に覆われるようになると，「入植者」として知られるブナなど，豊かな土壌と日陰に適した他の種が開拓者に取って代わるようになった[33]。このようになる前にネアンデルタール人は白樺の木を簡単に手に入れることができ，食材の調理に用いる燃料にしていたようである。またこの時代には，火を自在に制御して使用することが広まっていたようである[34,35]。Roebroeks と Villa[36] は，約 30～40 万年前のヨーロッパにおいて，火は人類の技術的レパートリーの重要な一部であったと述べている。ただし，加工容器に関しては適切な考古学的証拠がなく，いくつかの困難も存在している。

近年，原始的な技術を使用して，特に陶器製の加工容器を使用しないで白樺の樹皮ピッチの製造を再現する試みが数多く行われている[37-45]。これらの試みにより，使用可能な接着剤の製造という点では程度の差こそあれ，ネアンデルタール人が必要な認知能力を有していれば，白樺ピッチの実用的な製造が可能であったことが確認されている。ただし，これは証明や反証がより困難である。ネアンデルタール人の認知能力とハフティング※や接着剤の使用については，これまで多くのことが書かれてきた[46-48]。ハフティングの導入は，人類の進化における認知の分水嶺であるといわれる。Koller[21] は，エーニッヒスエの異物に白樺のピッチタールが付着していることは，「ネアンデルタール人の知的・技術的能力の高さを宣言している」と述べている。しかし，接着剤残渣の存在が，ネアンデルタール人がこれらの接着剤を作る認知能力を持っていたことを証明するという循環論法が，独立した裏付けをあまり持たないまま行われる危険性がある。実際，Schmidt らの最新の研究[49,50] では，認知的に要求される構造や方法を必要とせずに白樺タールを製造する，これまで知られてない方法が発見された。

この新しい方法は，樹皮を石畳に近づけて火で燃やし，張り出した石にタールを凝縮させるものである。その結果，白樺のタールだけでは，ネアンデルタール人に現代人と同等の認知力や文化的行動が存在することを示すことはできないと，結論づけられた。

つまり最古の接着剤は，ネアンデルタール人が暖を取るための努力の結果，偶然に生まれたものだという可能性もある。真実がどうであれ，白樺の樹皮ピッチがヨーロッパとその周辺地域の多くの場所で，何千年もの間，生産されていたことに間違いはない。

1.3.2　アスファルト接着剤

初期の初期の接着剤としてのアスファルトの発見は，樺太の樹皮ピッチよりもはるかに信憑性が高い。原料であるアスファルトは，中東の地中から湧き出しており，死海などからも容易に採取することができた。比較的少ない処理で接着剤としての使用が可能で，その効果も実証されている。

アスファルトを接着剤として使用した最初の例は，白樺樹皮ピッチの後に，かなり早く発見されている。シリアのエルカウン盆地で発見された石器を調査したところ，植物や動物の柄に石器を接着するためにアスファルトを使用した痕跡が確認されている。これらの出土品は，紀元前 18

※　Hafting：道具や武器に柄などを取り付ける行為

万年頃のモウステリア時代のものである[51]。

この地域では，紀元前 4 万年頃の道具も見つかっており，道具に柄をつけるハフティング材としてアスファルトが使用されていた[52,53]。

紀元前 4,000 年頃のバビロニアの神殿から発見された像には，象牙の目玉がタール状の接着剤で凹みに接着されており，6,000 年経っても保持されている[54]（**図 1.3**）。

紀元前 2,800 年以前の例を紹介した Forber[55] によれば，接着剤としてのアスファルトの使用は「古代のほぼすべての場所で」見られた。多くの用途を挙げている。アスファルトは，船舶の密閉，船のコーキング，宝石やその他の装飾品の陶器への固定，矢じりの柄への固定などに広く使用されていた。多くの類似例は Abraham[56] によって記述，図解されている。

Connan によれば，アスファルトは古代の主要な接着剤であった[57]。彼は，壊れた陶器や彫像を修理したり火打石でできた器具を木の柄に固定するために広く使用されたと報告している。彼はまたアスファルトが最も頻繁に使用されたのは，建造物を建設するときのモルタルとしてであったと述べている。現存する最も優れた例は，紀元前 1,500 年頃のバビロンの遺跡から発見されたもので，赤土のレンガを接着するために充填剤とともにアスファルトを使用したことが示されている[58-60]。

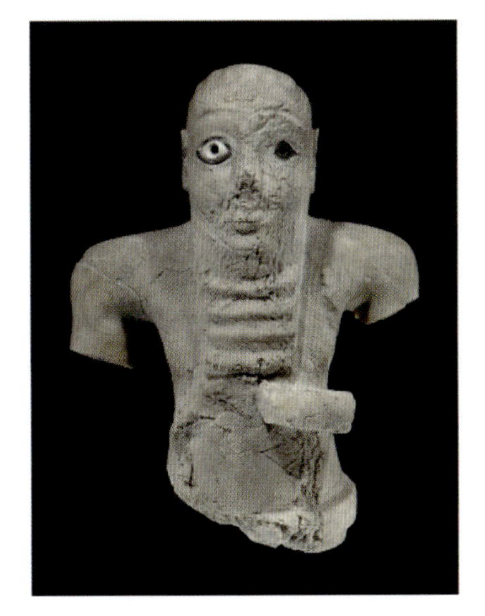

図 1.3　象牙の目玉がタール状の接着剤で接着してある，バビロニアの祈る男の像（イラン，スーサ）

© RMN-Grand Palais（musée du Louvre）/ Jérôme Galland.

1.3.3　動物由来接着剤

3 つ目の接着剤は動物由来（皮や骨など）のコラーゲン系接着剤で，先の 2 つの材料より少し遅れて開発された。調理した肉を食べる食生活を確立した人類は，調理時に生じる粘着性の副産物に着目して，その価値を認めていた。

動物由来接着剤を使用したことを示す最古の発見は，イスラエルのソドム山の北西にあるナハル・ヘマール洞窟でのものである。1983 年にこの洞窟が発見された際に，出土に黒い接着剤のようなものが残っていることが見つかった（**図 1.4**）。これは当初，アス

図 1.4　ナハル・ヘマール洞窟で発見された，動物由来接着剤でパッチが接合してある工芸品[61]–現生人類による接着の最も古い例

© The Israel Museum, Jerusalem, by David Harris.

ファルトと想定されていた[61]。ナハル・ヘマールは文字通り「アスファルトの谷」を意味し，この洞窟のすぐ近くにはアスファルトが豊富にあり，その時代にその場所からアスファルトで接着された多数の物品が出土したので，これは別に驚くべきことではない。しかし，後に行われた遺物の分析により，接合材は牛由来のコラーゲン材料であることが判明した[62-65]。

スイスのチューリッヒ近郊で発見された紀元前3,000年頃の新石器時代の保存状態の良い木製の弓[66]は，ヨーロッパで動物由来接着剤が使用された最古の証拠[67]と考えられる。

世界の他の地域では，約3,500年前の中国・小河墓地にて木製の杖に象牙を接合する箇所に動物由来接着剤が確認されており[67]，漢時代（紀元200年頃）の中国では，塗料バインダーと接着剤の両方に動物由来接着剤が使用されていた[68]。

動物由来の接着剤の分野では，３つの礎となる接着剤の中で（少なくとも考古学的記録では）最後に登場した。その後，何千年にもわたり大量に製造・使用される最も重要なタイプの接着剤となった。この接着剤は今日でも生産され使用されている。

1.3.4　より複雑な組成の接着剤の進捗

先に述べた３つの「礎」となる接着剤とは別に，初期の人類は，動物，植物，鉱物を起源とする他のさまざまな接着材料を開発し，使用してきた[69]。これらの多くは古代エジプト人の時代にも使用されており，一部はそれ以前にも使用された。これらの材料については，本章では詳細に説明しない。関心のある読者は，これらのテーマについて入手可能な優れた文献を参照されたい。

動物由来の接着剤の分野では，３つの重要な発展があり，それらは総てエジプト人により知られていた。

- カゼイン糊[70-73]は，牛乳から抽出したタンパク質を主成分にする接着剤で，主に木材の接着に用いられた。エジプトの墓所で発見された多くの遺物で見ることができる。その後に合板[74-77]や木製飛行機の接着に重要な役割を果たすようになる。
- 雲母と魚の糊[78-82]接着剤は，皮や骨由来糊の生産と同様に，魚の内臓から生産された。初期の例は，東ヨーロッパとロシアで見られた。多くの魚由来の糊の特長は，常温で液状であり，加熱用の糊壺を必要としない。
- 血液と卵のアルブミン糊[83,84]—アルブミンに基づく糊は，カゼインと同様の用途で，特に耐水性が重要な場合に使用された。そして最終的には合板や初期の航空機の接着に重要な役割を果たした。

キャッサバを代表とするデンプン[88]，ゴム[90-93]，各種ガムや樹脂[94,95]を主成分にした材料も，この初期に幅広く使用された[85-87]。

鉱物由来の接着材料でも同様の拡大が起こった。アスファルトに加えて，多くのセメント質，石膏，その他の無機質材料が初期の接着や建築プロジェクトに使用された[69,96,97]。

より複雑な接着剤の開発におけるもう１つの重要なステップは，最終的な接着剤の特性を高めるために異種材料（時には動物，植物，鉱物由来）を組み合わせた多成分の複合接着剤を製造することであった。紀元前７万年頃に発見された最古の接着剤の１つは，南アフリカのシブドゥー洞窟で発見された。この接着剤は，植物ゴム，黄土，動物性脂肪を組み合わせたものであった[98]。

1.4　古代文明：エジプト人，ギリシャ人，ローマ人

原始的な接着剤に関する知識のほとんどは，考古学的な研究，特に石器に残る接着剤の残留物の分析から得られている。古典時代に入ると，接着剤を使って作られた完成品（エジプトの家具など）を調べることができる。また，使用された接着剤の起源や使用方法に関する現代の文献を詳細に読むこともできる。

1.4.1　エジプトでの接着の使用状況

エジプト時代の初期には，さまざまな種類の接着剤が常用されていた。これらの接着剤は Lucas と Harris[99] により，そして近年では Newman と Serpico[100] により詳細に分析され，文書化されている。Lucas は，古代エジプトで使用された，あるいは使用の可能性がある「主な接着剤」を挙げている。アルブミン，蜜蝋，粘土，膠，ゴム，石膏，ナトロン（天然の炭酸ソーダ），樹脂，塩，はんだ，デンプンなどである。Lucas は以前の著作[101] で次のように記している。

> 膠は古代エジプトでよく知られており，最近検査された標本について説明すると，これは数年前に Howard Carter 博士がデイル・エル・バハリにあるハット・シェプ・スート女王の霊廟の上の岩室で見つけたもので，樹脂で鋳造されている。もともとは長方形であったが，現在は乾燥のために収縮して歪んでいる。外観は現代の接着剤と区別できず，通常の強度試験にまだ反応する。

エジプト人が接着剤を使用していたことを示す明確な証拠は，宰相レクミアの墓から発見された紀元前 2,000 年頃の壁面彫刻にある[102]。これは薄い単板を積層して厚い板にする様子を示している（**図 1.5**）。

エジプト人は接着剤をさまざまな用途に使用した。木材の接合，木材の象嵌細工や合板の作成，石膏や同様の材料の準備，塗料や顔料のバインダー，金箔の石膏への固定，香油の壺の封印や修理などである[99]。

動植物の興味深い用途の 1 つに，テーベのミイラから発見された紀元前 600 年前に作られた義

図 1.5　接着剤の使用を描いているレクミアの墓の壁画[102]

足のつま先がある。これは「カルトナージュ」(麻布に動物の膠を染み込ませたもの）で作られており，現代の義足に似た滑らかな褐色のコーティングが施されていた[103]。一方，同じ頃（紀元前530年頃）にサモスのテオドゥルスが「金属と金属の接着」と題した新しい技術を開発しており，これが金属の構造接着に関する最も古い例とされている[104]。

1.4.2　聖書での言及

少し遅れて，聖書の中にも接着剤とシーリング材に関するいくつかの記述がある。神が箱舟の造り方を指示したとき，ノアに「ピッチで内側も外側も覆え」と言われた[105]。そして赤子のモーゼを川に運んだブルラッシュの籠は，アスファルトとピッチで密封されたといわれている[106]。

このような成功例がある一方で，聖書には接着剤による接合に関する注意点も数多く記されている。紀元前200年頃に書かれたシラ書は，次のように示唆している。

愚か者を教える者は，鍋敷きを糊付けする者のようである[107]

とあり，エレミヤ書では，民と都は「陶芸家の器を壊すように，決して修復できないように壊される」とされている[108]。

しかし，このような警告にもかかわらず，接着剤の使用は盛んに行われた。

1.4.3　古代ギリシャ・ローマ時代の接着剤

紀元前50年頃に書かれたルクレティウスは，異なる素材の間に存在する親和性を考慮し，「木材は牛の膠で接合されていれば，接合部が緩む前に，板の木目が割れ目となって破壊することが多い」と述べている[109]。

古典の著者の中で，接着剤について最も多くのことを語っていたのは，紀元50年頃のプリニウスであろう（**図1.6**）。ダイダロスが接着剤を発明したという主張（前述）とは別に，彼はさまざまな種類の接着剤の使用について報告している。

その中には，接触したどんな固体にもくっつく「鉱物ピッチ」も含まれている。彼はサモサタ市を守るために，この材料を使用する手法も述べている。「人々がこれに触れると，それから離れようとして何処に行ってくれる」[110]と述べている。

プリニウスが記したその他の天然接着剤は，樹脂に由来するものであった。例えば，さまざまな種類の「マスチック」[111]，エジプトイバラのゴム[112]，ワイン樽のコーティングに使用される松脂[113]，鳥を捕獲するために使用されるヤドリギの実から得られる「バードライム」[114]

図 1.6　プリニウス，ローマ時代の接着剤使用に関する多くの知識を記している。
Picture credit: US Library of Congress.

などである。

プリニウスは動物由来の接着剤にも精通していた。彼は「最も優れた膠は雄牛の耳と性器から作られる」と主張した。そして，「あらゆる古い皮や靴からも膠が作られる」ことも確認している。彼の意見では，最も信頼できる膠はロードス島のもので，特に「黒くて木のような」膠ではなく，白い粉であったといわれる[115]。

プリニウスはまた，接着の重要な用途を２つ挙げている。その第一は，パピルス（ナイル川の濁った水がもたらす接着の効果を利用）[116]，および紙（小麦粉と水のペーストを利用）[117]の製造であった。第二は，木材の接着とベニヤ加工である。プリニウスによれば，木材の種類によって接着に適したものが異なる。モミの木は「最も接着に適しており，接合部で裂ける前に他の固いところで裂ける」[118]と記述されている。

これとは対照的に，硬いオーク材は接着剤で接合することができなかったと報告されている。少し意外なことに，プリニウスは，石と木のような実態が似ていない材料は接着に適さないと示唆している[119]。

同じ頃，ギリシャの医師で植物学者のディオスコリデスは，牛の皮やクジラの腸から膠を調合することを記述している。しかし，彼の主な関心は，接着よりもむしろ皮膚病の治療にこれらの材料を使用することにあったようだ[120]。この時代のもう一人の医師，セルシウス（1世紀のローマで医学を実践していた博物学者，百科全書学者）は，傷の洗浄と治療，そして折れた花を修復するための添え木の作製に膠を使用することを記述している[121]。

ギリシャでは，羊や牛の首の皮を煮て膠を作ることは当然知られていた。実際にギリシャ語で接着剤を意味する「コラ」は，牛の首の周りの厚い皮膚であるコイロップスの派生語であり[122]，その結果，コロイド，コラーゲン，プロトコルなどの英語の言葉が生まれ[123]，いくつかのヨーロッパの言語（フランス語のコーレなど）の接着剤の語源になっている。

最後に古典の著書の中でキケロを取り上げるのが適切であろう。キケロは紀元前44年頃に，今ではよく知られているカットアンドペーストの最初の例を残している。アッティコスへの手紙[124]の中で，キケロは，先に納本した本の序文を間違えて使用したことを認めている。彼はもう1冊の本を同封し，序文を切り取って，これを先の本に糊付けするという指示をしている。また，アティカスに「図書館の奴隷」を何人か送ってもらい，糊付け係として使用するように要請した[125]。

キケロは「老いに関する対話」[126]の中で，老いた人間の弱さを接着剤の劣化と対比して，接着直後のものは常に引き離すのは難しいと述べている。

1.5　中世の芸術家

ギリシャ・ローマが衰退した直後の時代には，接着剤の使用に関する記録はほとんど残っておらず，他の多くの技術と同様に数百年間は一般的な使用からはかけ離れていたと思われる。例えばStumbo[54]は，「ローマ帝国の滅亡から16世紀にかけて造られた家具を研究すると接着技術は使用されなかったことがわかる」と報告している。

しかし，これは厳密には事実ではなく，接着剤の継続的な使用を追跡するためには，中世の芸術家の世界に踏み込む必要がある。中世の美術，特に宗教美術において，接着剤の使用が重要であったことは，膨大な数の完成品と関連する文献が証明している。

例えば，紀元9世紀初頭に書かれたとされる『Mappae Clavicula』[127]には，魚由来の糊と牛膠またはチーズ糊を混ぜた「石用の膠」，樹液から作る糊，羊皮紙から作る金箔用の膠など，簡単な接着剤のレシピが多数紹介されている。また，ハンダのレシピも多数掲載されている。その後に接着剤の使用について書かれた最も興味深い記録として，1140年頃に書かれたテオフィルスの『De Diversis Artibus』がある。この著作は教会の装飾，宗教的な器物の製作，写本の照明など，聖職者が必要とする技術を扱っている[128]。

その中には動物の皮や角，魚の膀胱，カゼインから作られる接着剤の製造と使用も含まれている。おそらく最も早く書かれた詳細な接着剤のレシピの中で，彼はカゼイン糊の製造を次のように説明している[129]。

> 軟らかいチーズを細かく切り分け，乳棒と乳鉢でかけた水が濁らずに出てくるまで何度もぬるま湯で洗い流す。次いで，このチーズを手で平らに薄くして，冷水につけて固くする。そして滑らかな木板上で，木片を使って細かく砕く。その後に乳鉢に移し，乳棒で丁寧に叩き，生石灰を混ぜ込んだ水を加えて粕のような濃さにする。この糊で板同士を接着する。乾燥すると，湿気や熱で剥がれにくいほど強固に接着する。

テオフィルスは品質管理にも気を配った。彼は動物膠を使用するときに次のように提案した。

> 皮と角を煮詰めた水に指を浸し，冷えたらくっつくようであれば，その糊は優れたものである。

チェンニーニは中世末期の1437年に包括的な『Libro dell'arte：給画術の書』を出版した。現在では中世後期の芸術家の手法に関する最高の資料とされている。チェンニーニは，紙用糊（小麦粉から作る），石や食器，ガラスを補修するためのセメント，魚膠，山羊膠，チーズから作る糊のレシピを示している[130]。

前述のほかにも，イタリアの『Libri de Secreti：秘密の書』には多くのレシピが掲載されている[131-133]。これらの技術レシピ集は，さまざまな接着剤のレシピも含めて，1550年頃から出版されるようになった。最もよく知られているアレッシオ・ピエモンテーゼの『Secreti』[134]には，釘と同じ様に固定できる糊「あらゆるものをくっつける完璧な糊」といった野心的な主張の実用レシピが多く含まれていた。

ヴァザーリは『美術家列伝』[135]の中で，中世の芸術家たちがカゼイン接着剤作りに親しんでいたことを示す魅力的な例を挙げている。15世紀半ばのパオロ・ウッチェッロの話である。彼はフィレンチェ近郊のサン・ミニアートの回廊の工事をしていたが，修道院長を困らせて工事を完了させることができなかった。修道院長はさまざまな修道士を派遣して彼を探させたが，ようやく探し当てたウッチェッロは，依頼を終えていないことについて次のように説明した。

> 私はあんたたちから受けた仕打ちのせいで，あんたたちから逃げたくなり，大工たちのいるところで仕事をすることもその前を通ることもしたくなくなったのさ。それもこれもおたくの修道院長の考えなしのせいだよ。パイであれスープであれ，何でもかんでもチーズでつくられているものだから，やたらとチーズを詰め込まれたこの体はもはやチーズ同然だ。それで（大工たちに）膠の代わりにされやしないかとひやひやしているのさ。
>
> ヴァザーリ／著，森田・越川・甲斐・宮下・高梨／監訳，
> パオロ・ウッチェッロ（『美術家列伝』第二巻，中央公論美術出版，2020 年）より

中世の芸術家による接着剤の使用は，現代の多くの研究者により分析，記録されており，中でも Laurie[136] と Thompson[137] が有名である。両者ともに中世美術において接着剤が広く，うまく使用されていたことを認めている。特に Thompson は次のように述べている。

> 中世の絵画は，現代でも多くのトラブルを抱えているが，その中でも最も稀なのが，木材の接着部分が剥離してしまうことである。

1.6　中世の文学

14 世紀になると，文学作品にも接着剤に関する言及が見られるようになった。例えばチョーサーの『カンタベリー物語』[138] では，王室の使者が乗ってきた真鍮製の馬について，次のように描写している。

> 確かになんの嘘偽りもなく，動かすことのできないこの真鍮の馬は，大地に膠によってでもくっつけられたかのように立っています。
>
> チョーサー／著，桝井迪夫／訳
> 近習の物語（『完訳　カンタベリー物語』(中)，岩波書店，1995 年）より

1393 年，パリの老商人は，より若い新妻のために『パリの善人』と呼ばれる文章を書き残した[139]。この本には，宗教的・道徳的な義務，夫に対する妻の義務，家事，園芸，娯楽などに関する豊富なアドバイスが書かれている。若い妻は，夫を「妖艶」にする方法の１つとして，夏の間，夫のベッドにノミがいないことを確認するようにアドバイスされる。その方法として，夜に糊で濡らしたパンを１または２個を部屋の中に置いておくと，近くのろうそくに誘われて，ノミがやってきて，そこに貼り付くことが提案されている。夫の配慮で，ヒイラギの樹皮から糊を作るレシピも紹介されている。

16 世紀にシェイクスピアは接着剤について多くの言及を行ったが，そのうちの２つの例を以下

に挙げる。『タイタス・アンドロニカス』[140] には次の記述がある，ディミートリアスがカイロンに言う：

その木刀なんか鞘に収めて膠づけにしてしまっておけ，きさまがそれをもうちっとましに使えるようになるまではな。

シェイクスピア／著，富原芳彰／訳
タイタス・アンドロニカス（『シェイクスピア全集』(6)，筑摩書房，1967 年）より

シェイクスピアは『ジョン王』[141] の中で，フランス王フィリップにこう言わせている：

ただ偶然，銀の滴がひとつ滴り落ちると，
その一滴に味方して一万本もの髪がついて集まり，
その悲しみをわかちあっている，
まるで，まことの，解き得ぬ，誠実な愛情が，
不幸の中で結びあっているようだ。

シェイクスピア／著，北川悌二／訳
ジョン王（『シェイクスピア全集』(4)，筑摩書房，1967 年）より

1.7　ルネサンス期の科学と哲学

17 世紀になると，科学者たちは接着の性質そのものに注目するようになる。

フランシス・ベーコンは『ノブム・オルガヌム』[142] の中で，「すべての物体には分裂を避けようとする傾向がある」と示唆している。さらに，この傾向は均質な物質では弱く，異質な物質の複合体ではより強力であると報告し，「異質性を付加することが物体を統合する」と推論した。そして，「結合」(身体が他の身体との接触から引き裂かれることを嫌うこと）と「凝集」(身体が，程度の差こそあれ，自らの溶解を嫌うこと）という概念を導入して論じた。

ガリレオ [143] は，明らかに繊維状の構造を持たない材料が，このように高い破壊荷重を生み出す方法について議論した。彼は，これらの物体のまとまりは，他の原因によって生み出されたものであり，自然が真空を嫌うか，あるいはこの真空の恐怖が十分でないため，それらを結合するために，接着剤や粘性のある物質を導入する必要があることを示唆した。

少し遅れて，ニュートン [144] は，次のように推測している。

自然には，きわめて強い引力によって物質の諸粒子を密着させせうる作因がある。それらを発見するのが実験哲学の任務である。

ニュートン／著，島尾永康／訳
『光学』，岩波書店，1983 年より

この頃から接着剤による接合のルネサンスが始まり，家具の工法が変化したことが明確に示されている。16 世紀には象牙細工に，17 世紀には突き板細工に接着剤の使用が再開された[54]。しかし，接着剤が家具の生産とデザインに影響を与えたのは 18 世紀になってからであり，19 世紀には家具職人が「接着部の安全性を確保するために接着剤の接合強度にのみ依存し始めた」[145] とされる。

このような家具製造の変化は，ロンドンの貿易ギルドの間で長期にわたる論争を引き起こすことになった。14 世紀に起源を持つカーペンターのギルドとジョイナーのギルドは，それぞれ異なる訓練を受けた家具職人を組織しており，両者の間には長年の対立があった。

しかし，1632年に市会議員の判決によりこの対立は解消された。1632年にオールダーメン裁判所の判決により，それ以降，ジョイナーだけが特定のアイテムを作る権利が与えられることになった。例えば，ジョイナーは「あらゆる種類のキャビネットや箱（dufftailed pynned または glewed)」を作る権利があったのである。興味深い分かれ目はベッド台で，単に「板を張って釘を打つ」だけのものは，ジョイナーの管轄でなく，その場合はカーペンターが作ることができた[263]。

1.8　接着剤製造の工業化

接着剤の歴史が始まった当初，その生産規模はごく小規模なものであったと思われ，おそらくユーザー個人の台所でも生産されていたと思われる。しかし，ある時期から接着剤の生産は一大産業へと変貌を遂げる。

1.8.1　初期の接着剤製造

接着剤の商業的製造に関する最も古い記録は，1690 年頃のオランダにあると，多くの情報源によって示唆されている[54,146,147]。この主張を裏付ける具体的な書証を見つけるのは難しいが，考古学，美術，文献から，接着剤製造がその頃にはすでに十分に認知された商品であり，最初の商業活動はもっと早く始まっていたという証拠がいくつか見つかっている。

接着剤作りを職業とする最も有力な手掛かりは，まず古代ギリシャとローマにある。

ギリシャには「コレポス」と呼ばれる専門家がいたという報告があり[122]，ローマの石版や記念石の碑文には「グルチナリアス」が明確な職業として確認されている[148,149]（**図 1.7**）。特に注目すべきはローマ時代のクロディウス家で，数世代にわたって糊付け業に携わっていたようである[150,151]。これらの労働者がどのような仕事をしていたかの正確な詳細と同様に，正確な日付と場所を入手することは不可能である。考古学的発見や他の文献には，接着剤製造所の詳細が記載されていないが，多くの著者は，コレポスやグルチナリアスなどを「接着剤製造業者」や「接着剤煮沸業者」と訳して満足している。しかし，商業的な接着剤製造の確固たる証拠を得るには，1,000 年以上待つ必要がある。

何世紀にもわたって，イギリスの接着剤製造業は南ロンドンのバーモンジーに拠点を置いていた。1846 年の報告書[152] には「300 年前からこの近辺で膠が造られていた」と主張している。こ

図 1.7　最古の糊職製造業者クロディウス家の名を記した石板。彼らはグルチナリウスであった[151]

Picture credit to be requested.

図 1.8　17 世紀オランダの膠工場[160] **と膠職人**[161]**。おそらく膠の商業的生産に関する最古の絵画**

れが事実であれば，16 世紀のロンドンに少なくとも膠産業の始まりがあったことを示唆している。このことは，1999 年にバーモンドシーで行われた考古学的発掘調査[153]で，16 世紀の革なめし（膠作りと密接に関連し，その原料の多くを提供する産業）の施設の跡が確認されたことや，シェクスピアのロンドン（1590 年頃）の劇場が膠職人を含む「迷惑な会社」に囲まれていたという逸話[154]によって裏付けられている。

オランダのライデン市議会[155]の分析によると，1572 年以降，膠職人（Lijmsieder）が代表的な職業に含まれるが，それ以前には含まれていない。アムステルダム公文書館には，この時期に膠職人が関与した取引が多数記録されている。そのうちの 1 つ[156]は，1592 年 5 月に膠職人のバスティヤン・ピーターシュに 30 ロッドの土地を譲渡したもので，おそらく膠の製造のためと思われる。

一方，ローマに戻ると，1594 年にローマ教皇がコロッセオの一部を膠職人に貸し出していたという報告がある[157-159]。

1660 年までには，オランダの画家アラード・ファン・エバディンゲンによって『De Lijmmakerij』（膠工場）という絵が制作されている[160]。この絵は，膠を製造するための専用の建物を描いた最も古い図版とされている（**図 1.8**）。水と運河に近いこと，庭が白いこと（石灰の使用を示唆している），水を張った穴があること，アムステルダム市街にあることなどが注目され，これらは何世紀にもわたって膠工場の特長として続いてきた。

図 1.9　18 世紀フランスの膠工房[162]と膠の使用者[163]

1694 年，同じくオランダの画家ヤン・ルイケンは，『The Book of Trades』というタイトルで版画集（道徳的な文章が添えられている）を出版した[161]。

その中で，膠職人（De Lymmaker）が描かれる職業として選ばれている。関連する図版には，特徴的な形をした長柄の籠を水に浸す作業員が描かれている。（**図 1.8**）。このタイプの籠は，1778 年にデュアメルによるものを含め，のちのヨーロッパの膠製造所の図版にも見られる[162]。デュアメルは膠作りに使用される機器や工程を説明し，図解している。そしてヨーロッパの多くの言語に翻訳されたことが知られている。

同時代のフランスの別のテキスト，ロウボの『L'Art du Menuisier』は，化粧貼りと寄木細工における接着剤の使用について，使用する接着剤壺と道具の図解を伴う良い証拠を提供している[163]。この 2 冊のテキストを合わせると，18 世紀のヨーロッパで接着剤の製造と使用がいかに確立されたかがわかる（**図 1.9**）。

1.8.2　接着剤製造の成長

この産業は規模と効率の両面で成長を続け，自前の接着剤を十分に生産できるようになり，アメリカを含む世界中にヨーロッパの接着剤が輸出された。

多くの資料が，1808 年にマサチューセッツ州サウスダンバースに Elijan Upton により米国初の膠工場が設立されたと主張している[72,73,164]。さらなる調査により，この産業はもう少し早く始まっていたことが判明した。1752 年にボストンのロバート・ヒューズは長年従事していた膠製造業を行うために「必要と思われる建物」を立てるための計画申請を提出した[165]。数年後の 1800 年頃には，ジョン・ヨアヒム・ディッツがニューヨーク市において最初の膠製造免許を取得した[166]。1810 年に，彼は工場を市内から少し離れた場所に移した。そして，その工場を 1822 年にピーター・クーパーが購入した。この購入の意義については，後で詳しく述べる。

この時，接着剤とゼラチンの製造を主な業務とする事業所は 7 つしかなく，その間に 54,000 ドルの製品を製造していた。1879 年には 82 事業所まで増えたが，1914 年には 57 事業所まで減少した。今では 1,300 万ドル以上の製品を生産している。注目すべきは，1914～1919 年の間に，アメリカから輸出された製品の価値が約 380%上昇したのに対して，輸入は 510%減少したことである[73]。

1.8.3　動物由来の接着剤を工業生産

この頃の接着剤は，主に木材や紙製品を接着するための動物性・植物性のものが多く，初期の接着剤工場が確立した製造方法は，100 年以上にわたってほとんど変わることなく受け継がれている。

Teesdale[167] は，動物性接着剤の製造工程を次のように説明している。

> この原液を洗浄処理し，汚れや油分を除去した後，煮沸して膠形性物質を膠液に変換し，蒸発させて濃縮し，冷却するとゼリー状になる。このゼリー状物を乾燥させたものが接着剤になる。

これは比較的クリーンでシンプルに聞こえるが，誰に聞いても，初期の接着剤工場は，働くにも近くに住むにも快適な場所ではなかった。例えば Lambert[168] は次のように指摘している

> 製骨工場の配置と状況は，非常に重要な問題である。このような工場から発生する不快なにおいが，人口の多い地域からの苦情につながらないようにするためである。

1907 年に Fernbach[169] がアメリカ産の膠といわゆる外国産の膠の相対的な長所を論じたときに，興味深い洞察がなされている。

> 英国や大陸の労働事情は，在庫と膠液の両面から，米国では人件費が高くてできない作業に従事させることが可能である。ヨーロッパの製造業者が，その工場がある地域の老齢者や病弱者を，膠の在庫を管理する目的で，わずかな費用で利用できる場合，同じ労働力が米国では何倍もの価格になる。したがって，生産コストの増加は，このようなプロセスを利用しようとする製造業者を早急に競争の門外に追いやることになる。

工業化の初期，接着剤工場では品質管理はほとんど行われておらず，使用できる最終製品の品質や性能はまちまちであった。その一例として，Teesdale[167] は次のようにコメントしている。

> 骨を煮る時に，よごれや脂を取り除かないで煮ることがある。これでは当然に良質の膠はできない。

1.8.4　接着の試験と科学

しかし，状況は改善され始めていた。1917 年には応用化学の進歩に関する年次報告書の中で，いくつかの大きな接着剤工場が「有能な科学者」を雇用していることが指摘され[170]，1922 年に

は，Bogue[73] が次のように述べている。

> 製造工程はこの30年で大きく改善された。かつては，より価値のある製品に利用できない動物のありとあらゆる部分が，接着剤の釜に「捨てられた」時代もあった。しかし，その方法は過去のものとなり，業界は科学的根拠に基づいて運営され始めている。

科学的な原理が導入されたことには，さまざまな効果があった。第一に，接着剤の製造，試験，使用に関する利用可能な知識の多くが書き留められ，初めて出版された。

この時期の注目すべき書籍には，Dawidowsky（1884）[171]，Standage（1897）[172]，Rideal（1901）[173]，Fernbach（1907）[169]，Boulton（1920）[174]，Teesdale（1922）[167]，Bogue（1922）[73]，Alexander（1923）[164]，Lambert（1925）[168]，そして Smith（1929）[175] などのものがある。これらの書籍は，接着剤産業の成長に伴う進歩を示している。第二に，品質管理の重要性が認められ，原材料と製造工程に関する多くの管理が実施された。最後に，接着剤製品の包括的な試験が標準化された。

20 世紀初頭，製造された接着製品の試験が極めて重要になったことを疑う余地はない。なぜなら，試験は接着剤の性能と品質を確立するだけでなく，その販売価格もその結果に直接依存するからである。Fernbach[169] は次のように述べている：

> 接着剤は「テスト販売」される。つまり製品の価格は強度やその他の特性によって決定され，その測定には多くの試験項目および試験方法が設定されている。

試験方法が確立される以前は，接着剤の評価は，接着剤メーカーの経験や人間の単純な感覚によって行われていた。臭覚の鋭さは必須条件だったようだ。

> 良質の接着剤は，ほとんど臭いがなく，大気の影響を受けず，接着力が強い[168]。

> 品質の保持（バラツキが少ないこと）は，重要なことである。一部分解した原料を使用した接着剤は保存性が悪く，液状の接着剤を加熱すると悪臭を放つ。したがって，においは保存安定性に関係する。手の中で温めた湿った接着剤の薄片の臭いを嗅ぐと，何かがわかるかもしれない[167]。

しかし，ベテランの接着剤職人の手と目も生かされていた。

> 両手の親指と人差し指で接着剤のサンプルを付けて割ると，接着剤の質の目安になる。空気の状態を考慮する必要があり，乾燥した日と湿度の高い日では，異なる結果が得られる。接着剤の固化物あるいは硬化物が均一に破壊して，ほとんど曲がらない場合は，強度が低く，もろいことを示す。薄いシートがよく曲がり，万一割れても破片のような

> 割れ方をする場合は，強度が高いことを示す[167]。

接着剤の試験で最も重要なものの 1 つに，ゼリー状態の強度の測定がある。ゼリー状物質の強さを数値で表す装置を開発しようと何度も試みられたが，最も専門的な知識を持つ人々には，いまだにフィンガーテストが好まれている。フィンガーテストは，紅茶やワインのテスティングと似ていて，良い結果を得るためには長い経験と高い技術が必要である[167]。

> 接着剤の色は，調合する原料の性質や品質によって異なる。すべての液状接着剤は，透明で輝きがあるべきだ。

やがて，これらの方法は不十分であることがわかり，例えば Alexander[176] によって，接着剤の試験と評価のためのより良い方法の必要性が認識された。

> 接着剤は，何よりも見かけによらないことが大切である。接着剤を完成させた後でも，製造者は接着剤のグレードを確定するために試験をする義務がある。

しかし，どのような試験方法が最適なのかについては，かなりの議論があった。1901 年に書かれた Rideal の本では，次のようにコメントされている。

> 特にドイツでは，接着剤試験のために提案された多数の方法を中心に多くの論争があり，結果の解釈や，絶対的な測定値，或いは異なる観察者間で比較可能な数値を得ることに困難が生じることに疑いの余地はない。しかし，体系的な試験は，製造業者にとってはその工程を管理する上で，またユーザーにとっては，頻繁に提示される空想的な価格や誤解を招く名称や説明のために，購入時の損失や間違いを避ける上で有用である[173]。

この後者は Teesdale[167] からも支持された。彼は，「接着剤ユーザーは，販売員の約束を全面的に信頼するのではなく，接着剤試験をすることが非常に望ましい」と提唱した。接着剤の試験の価値は十分に理解されていたが，その難しさや複雑さもよく理解されていた：

> まず全ての目的に対して，接着剤やゼラチンの価値（性能）を満足に測定する単一の化学的あるいは物理的試験は存在しないことを強調しておこう。多くの著者が個々の試験を推奨しており，これらは特別な目的には価値があるかもしれないが，工場や販売管理者にとって最も賢明で安全な方法は，接着剤やゼラチンを同種の選考ロットに対して等級付けする一連の関連試験を実施することであり，それによって消費者の使用目的によらず，画一的に提供することが可能になる[164]。

この見方は，単一の試験から接着剤の判断を下すのは軽率であるが，多数の試験から得られる証拠は抗しがたいことを示している。専門家の最も賢明な方法は，一般的な品質に関する単一の短絡的な試験に頼るのではなく，接着剤の現在または将来の用途に関係するものを含む多くの方法を採用し，すべての結果を総合的に考慮して結論を出すことであると思われる[177]。

ただし，テストの価値に対する懐疑的な意見もあった。

接着剤を扱う化学者は，接着剤接合部の試験の基本をかなり明確に理解していなければ，その結果から誤った結論を導き出す可能性がある。彼らは接着剤の強度を測定するよりも，自分の能力を測定している可能性の方が高いかもしれない[167]。

試験結果に基づいた接着剤分類の受け入れにおいて重要な進展の 1 つは，ベンチマークとなる標準製品の採用であった。Fembach は，標準を確立することの価値を指摘し[169]，次のように提案した。

接着剤の試験における品質の定数や測定値には任意性がであり，標準的な接着剤の対応する数値と比較したときにのみ価値がある。消費者は，適切な比較基準を選択するのに迷うことが多い。通常，消費者は自分の要求に完全に応える接着剤を手に入れたら，次に届く接着剤をそれと比較することに満足する。

同じような意味で，Teesdale[167] は次のように発言している。

接着剤テストの経験が浅い読者は，テスト方法が信頼性に欠け，あまり価値がないという印象を持ったと思われる。これは決してそうではない。確かに試験方法は恣意的であり，一般に仕様書を書くのに十分な正確さで数値を表現することはできない。このような理由から，標準試料を使用せずに仕様を作成しようとする考えはすべて捨て去られたのである。

図 1.10　ピーター・クーパー。アメリカの接着剤産業の開祖[181]

動物由来の接着剤は，ピーター・クーパーのグルーワークスが製造したものが長らくスタンダードであった。

ピーター・クーパー（**図 1.10**）は，繊維機械，鉄道機関車の設計，鉄鋼生産，建築物の構造設計，大西洋横断電信，教育，公共水道の分野，さらには地方政治や国政の分野で多大な貢献をした傑物であった。彼の生涯と仕事については，Raymond[178]，Hubbard[179]，Nevins[180]，Mack[181] が詳細に記述している。彼の名は，1859年に設立されたアメリカ最古の高等教育機関の1つである「科学と芸術の進歩のためのクーパーユニオン」によって，今日最もよく知られていると思われる。

この他にも多くの慈善活動を行うことができた財産のほとんどは，彼の接着剤作品の成功によって作られたものであり，接着剤産業の発展に対する彼の貢献はHubbardがコメント[179]したように大きかった。

> 接着剤工場は，彼の財産の基礎になった。彼はアメリカのどの企業よりも優れた接着剤をより多く製造した。

彼は1822年に接着剤工場を購入し，彼の名を冠した会社（当時はピーター・クーパー社）は1990年頃まで動物由来の接着剤を生産していた。事業の成功の理由の1つは，彼の製品の一貫性と品質であった。Nevins[180]は，クーパーの接着剤製造の改善に関する活動を紹介し，「私は製造できる最高の接着剤を作ろうと決意し，そのためにあらゆる方法と材料を発見した」という言葉を引用している。安定した品質の製品を作るという彼の評判は，すぐに標準品として採用されることになった。Teesdale[167]は次のように指摘している。

> 昔，ピーター・クーパーによって，主に接着剤のゼリー状態時の強度に基づいて分類するシステムが考案され，これによって，多種多様な接着剤を比較的少数のクラス（等級）に分類することができるようになった。クーパーが定めた等級は，最も強いものから順に，それぞれAエキストラ，1エキストラ，1，1X，1/4，13/8，11/2，15/8，13/4，17/8，2となっている。

クーパー・グレードを基準として使用することは，多くの支持を得ていた。例えば，Fembach[169]は次のようにコメントしている。

> これらのグレードは長年にわたって最高級品とされ，競合メーカーもすべての点でこれに匹敵する接着剤を製造しようとした。それゆえ，これらのグレードは比較のための正真正銘の基準として残っている。

少し変わった番号体系（クーパーがゼリー強度を測定するために使用した特定の機器に基づくと考えられている）にもかかわらず，標準として普遍的に受け入れられたため，接着剤産業は成熟し，製造プロセスや管理の改善が図られた。この時期の接着剤の試験法の開発は，未硬化接着剤の評価（粘度評価など）や接着剤の接合部の強度や耐久性試験法など，現在も使用されている多くの試験法の基礎を築いた（**図1.11**）。

ピーター・クーパーが米国の製造接着剤産業の創始者とみなされるなら[182]，彼の仕事は，米国の接着剤産業を，1926年までに48工場で100万ポンド（重量）以上の接着剤を生産する一大勢力に変える大きな成長の土台を提供した[183]といえる。アメリカの人口が急速に増加するにつれ

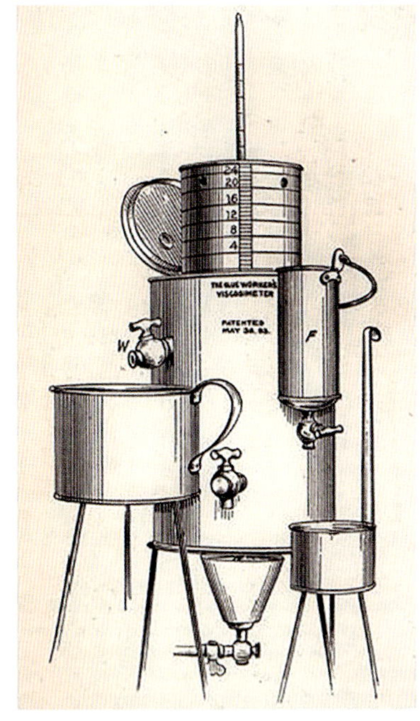

図 1.11　当時最先端だった接着剤の粘度とゼリー強度の試験装置（1920）[73]

て，これらの余分な人口をすべて養う必要があり，また文字通りベビーベッドから棺桶まで，彼らが必要とするすべての物資を提供する必要があり，その多く（特に家具）はますます大量の接着剤を必要とした[184]。肉が豊富な食事は，接着剤製造業者にほとんど無限の原料を提供し，東部諸州のボストン，ニューヨーク，フィラデルフィア，シンシナティの屠殺場と食肉加工業者の近くに，多数の大規模な接着剤工場が建設された。

特に注目すべきは，シカゴのユニオン・ストック・ヤードを拠点にする食肉加工業者の周辺に建設された接着剤工場である[185-190]。鉄道と冷蔵馬車の導入により，動物の屠殺と食肉加工がそれまで想像もできなかった規模で行われるようになり，いわゆるミートパッカーは冷酷な効率で運営され，処理する動物の鳴き声以外のすべて[191,192]を利用すると評判だった。最大かつ最もよく知られていたのは，アルモア，スゥイフト，モーリスの３社である。一時期この３社で，アメリカ内で消費される肉の3/4が生産されていた。もともと，これらから発生する内臓などの廃棄物は迷惑なものとされ，工場から運び出されて埋められていた。副産物（接着剤，肥料，石鹸など）の製造業者は，それらを掘り起こし，原料の無料供給から利益を得た[193,194]。

効率と利益を追求し続ける一環として，食肉業者は廃棄物を副産物製造業者に直接販売するようになり，その後，製品（接着剤など）を自ら製造することで莫大な利益を得られることに気付いた[195,196]。その結果，1911 年には，アルモア・グルー・カンパニーが５つの工場を運営し，1970 年までアルモアという名前は接着剤製造に関するものであった。

この時代のもう１つの重要な糊工場は，フィラデルフィアのチャールズ・ベーダーとウイリアム・アダムスソンのものである。1828 年に設立された彼らのリバーサイド・グルー・ワークスは 1872 年には世界最大のグルー・ワークスへと拡張された[197]。

世界の接着剤製造業は長い間成長を続け，合併や買収を経て，少数の大企業に支配されるようになった。しかし，合成接着剤の登場により，動物由来の接着剤の需要が減少した。

1.9　合成高分子の登場

1925 年まで動物由来接着剤の製造に，多大な努力が払われたが，接着剤の歴史にそれよりももっと大きな，数千年に一度の大きな影響を与えた事柄がある。それは合成高分子の開発が行われたことである。

人類初の合成高分子が登場したのは，1862 年にアレキサンダー・パーケスがセルロイドを発表して[198] 以後であるが，実は合成高分子の開発は 1665 年にフックにより予言されていた[199]。

> 私は以前から，人工的に粘着性物質を作る方法はないかと考えていた。

1920 年代まで，構造物用途に使用される接着剤の全てではないにしろ，そのほとんどは天然由来のものであった。Judge[200] によれば，この頃に航空機や自動車の製造に利用できた接着剤は以下のものである。

1）動物由来の接着剤（皮，骨，蹄）
2）魚由来の接着剤（フィッシュグルー）
3）リキッドグルー（液状ですぐに使える状態の動物由来の接着剤）
4）海事用接着剤（インドゴム，ナフサ，シェラックから作られる）
5）カゼイン接着剤
6）防水接着剤（改良型「普通の接着剤」）
7）野菜由来の接着剤（ベジタブルグルー）
8）柔軟性のある接着剤（変成動物系接着剤）
9）アルブミン接着剤

その後 20 数年の間に，合成ポリマーをベース（主成分）とした最新の接着剤に急速に取って代わった。1943 年には，次のようなことが指摘された。

> 現代の産業では，すでに約 12 種類の合成接着剤が使用されている。最も重要なのは，もちろん，フェノール・ホルムアルデヒドと尿素・ホルムアルデヒド接着剤である。現在では，航空，造船，建築用合板の製造に，湿気，虫，菌類に対する最大の抵抗力を持つ非常に強い接着材料が，それを必要とする多くのタイプの応力組立木工に惜しみなく使用されている。尿素系およびフェノール系接着剤は，最高級の動植物系接着剤と比べても非常に明確な改良が成されており，接合部への強度要求が高い，あるいは木材が天候に対して最大の耐性を持たなければならないあらゆる種類の木工品の接着に推奨できる[201]。

表 1.1　構造用接着剤の歴史的発展

構造用接着剤の歴史的発展，ならびに商品化されたおおむねの時期	接着剤
1910	フェノール-ホルムアルデヒド
1930	尿素-ホルムアルデヒド
1940	ニトリル-フェノール，ビニル-フェノール，アクリル，ポリウレタン
1950	エポキシ，シアノアクリレート，嫌気性接着剤
1960	ポリイミド，ポリベンズイミダゾール，ポリキノキサリン
1970	第二世代アクリル接着剤

フェノール・ホルムアルデヒド樹脂は，一般には最初の合成高分子と考えられている。しかし，その重要性が十分に理解され，さらなる開発・利用が可能になるまでに，何度も「発見」された。フェノールとホルムアルデヒドの相互作用による樹脂の製造に成功した最初の記録は，1872年にバイエルによって行われた。その後，多くの化学者が同様の実験を行い，1907 年にレオ・ベークランドが市場性のある合成樹脂を製造し，「Bakelite」の商品名で販売された[202]。

フェノール・ホルムアルデヒド樹脂が接着剤として使用できるという最初の提案は1912年頃にベークランドによってなされた[203]。1918 年までには，合板の製造に使用するためのフェノール樹脂を含浸させた薄い紙の試験的使用が進行していたが，そのような製品が市販されるようになったのは 1903 年頃であった。この材料は高価であったために，初期の用途は，航空機や船舶の製造など，防水合板の要求が高い用途に限定された。後年，フェノール系接着剤は，水性エマルションや乾燥粉末など，さまざまな形態で開発され，より普遍的な魅力を持つようになった。

フェノール・ホルムアルデヒド樹脂は，接着剤として使用される合成高分子の長いシリーズの最初のものであった。主なる画期的な発明は，Hartsshorn[204] によって**表 1.1** のようにまとめられている。

尿素・ホルムアルデヒド樹脂は，フェノール・ホルムアルデヒド樹脂の後に開発された。最も初期の材料は，1918 年にハンス・ジョンによって作られ，接着剤としての利用が提案された[198]。

これらの樹脂を工業製品として開発することは，他の多くの人々によって続けられ，特に 1920～1930 年代にかけてフリッツ・ポラックによって行われた[202]。フェノール樹脂に基づくさまざまなタイプの接着剤の開発に関する詳細なレビューは，Robins[205] によって提供されている。

この頃，ポリ酢酸ビニル，ポリ塩化ビニル，アクリル系粘着剤が開発されたのも重要な出来事である。酢酸ビニルおよび塩化ビニルのモノマーは，1912 年に初めて合成され，その後直ちに重合されて，ポリ酢酸ビニルおよびポリ塩化ビニルが合成された。

酢酸ビニルは初期のプラスチックの中では珍しく，その物性から成形品には向かず，主に接着剤，塗料，表面塗装に使用された。

アクリレート（アクリル酸エステル）は 1873 年頃に初めて調整され，その 7 年後に重合されて，アクリルポリマーが出現した[198]。アクリルポリマーはその後，シアノアクリレート，嫌気性接着剤，紫外線硬化接着剤，2 液硬化アクリル接着剤など，複雑な接着剤ファミリーの基礎を築いた[206]。アクリル系粘着剤の開発については，Martin[207] と Boeder[208] が，嫌気性接着剤とロックタイト社の歴史については，Grant[209] がより色濃く述べている。

瞬間接着剤に使用されているシアノアクリレートポリマーは，透明なプラスチック製の銃の照準器を作るのに適した製品を探していた科学者によって1942年に初めて発見された。しかし，人間の皮膚を含むあらゆる物に付着し，多くの問題を引き起こすという理由で，その発見は直ちに却下された。1951 年，イーストマン・コダックのハリー・コバーとフレッド・ジョイナーが，屈折計の 2 つのプリズムを光学的に接合しようとして再発見された。この研究者は，屈折系の 2 つのプリズムを光学的に接合しようとして，装置を壊してしまい，接着剤としてのシアノアクリレートの可能性を認識した。1958 年，最初の製品である Eastman910 が市場に投入された。

シアノアクリレートは，硬化が速く，強度が高く，使用方法が簡単なために，現在では多くの用途に使用され，重宝されている。

ポリウレタンは 1937 年頃，ドイツのオットー・バイエルによって開発された。彼の特許であるイソシアネート重付加プロセスは，塗料，発泡体，エラストマー，成形品など，さまざまな用途に使用される新素材になった。1940 年には接着剤としての可能性が発見され，それ以来，ガラス，複合材料，ゴム，木材，皮革の接着などポリウレタン接着剤の幅広い用途が出現した[210,211]。

構造用接着剤の歴史において，最も重要な出来事は，1930 年代後半に登場したエポキシ（またはエポキサイド）樹脂であるといえる。最初の合成樹脂は 1936 年にスイスのピエール・カスタンによって製造され，エピクロルヒドリンとビスフェノール A から合成された樹脂は 1939 年にアメリカのグリーンリー社によって初めて製造された。

これらの開発（およびその基礎となった初期の研究）については，Lee と Neville[212] が概説している。カスタンは発見当時，歯科用製品メーカーに勤務しており，自社製品を歯科用鋳造樹脂として販売しようとしていた。この試みは失敗に終わり，特許はバーゼルの CIBA AG にライセンスされた。CIBA は材料の開発を続け，1946 年のスイス産業見本市で，エポキシ樹脂接着剤と 4 種類の電気鋳造用樹脂を発表し，エポキシ技術の商業利用を開始した[213]。

エポキシ接着剤は，その使いやすさ，汎用性，機械的特性から，航空宇宙，自動車，建築，電子，木工などの用途で急速に成功を収めた。一般的に，エポキシ接着剤は高いせん断強度を持つが，靭性や剥離強度は比較的低い。そのため，これらの特性を改善する試みがなされた。添加物の使用やエポキシハイブリッド（ポリアミド強化エポキシなど）の開発など，さまざまなアプローチが試みられたが，最も重要なブレークスルーは，1970 年代初頭にグッドリッチ社が発表したブタジエン系ゴム改質剤の導入であった。これらは，エポキシとアクリルの両方の接着剤の性能を変え，既存の性能特性を損なうことなく，耐剥離性，耐衝撃性，耐疲労性を追加した[214]。

1.10　現在の状況

接着の歴史をどこから始めるか迷うと同じように，どこで終わらせるか迷う。しかし，21 世紀に入ってからが，適切なポイントかもしれない。今日，構造用接着剤の基礎となる主要な技術的進歩が導入され，構造用接着剤産業は成熟し，洗練されたといえる。合成ポリマーの発展とともに，その可能性を引き出すために必要な分析ツール，表面分析法，応力分析，破壊力学，検査技術もまた，並行して発展した。

接着剤は現在非常に広く使用されており，私たちが知っている世界は接着剤技術に大きく依存している。私たちが日常生活で頼りにしている製品やサービスの多くは，接着剤による接合で成功している。接着剤技術に依存する多くの主要産業が出現し，接着剤科学の向上と歩調を合わせて成長し，成熟した。

接着剤の最も古い用途は，道具や武器，紙や紙製品，木製品や家具などであったことが知られている。接着剤は今日でもこれらの産業で使用され続けている[215-218]。しかし，その後の数千年で，接着剤は他の多くの重要な用途や産業でも使用された。中でも，自動車産業[200,219-223]，電気・電子用途[224,225]，履物[226-228]，海事・造船[229,230]，建築・建設産業[231-233]，包装・表示[216,234]がある。

また，歯科[235-237]，外科，医学[238-244]でも接着剤の使用が増加している。

合成高分子の使用は接着剤の世界に革命をもたらした。しかし，伝統的な材料（特に動物由来の接着剤）は，保存や修理[245-247]，楽器（バイオリンなど）[248-251]，えんぴつ[252]，マッチ[215]，トランプ[253,254]など特殊分野で重要な役割を持ち続けている。

一方，間違いなく，最も接着剤を使用して，科学的および工学的発展の多くを導いた産業は，航空宇宙産業である。これまで飛行した「空気より重い」航空機の大部分は，その成功と性能確保のために構造接着に依存している。航空宇宙産業における接合の歴史は，Bishopp[255]，Pethrick[256]，Petrie[257]，および Higgins[258] によって詳細に説明されている。単純化しすぎの恐れがあるが，航空機の構造に使用される構造材料には，木材，金属，複合材料の 3 世代があったといえる。これらの各材料とその中間の組み合わせは，接着剤による接着の機会と課題を提示してきた。

飛行機の初期には，航空機は主に動物由来の接着剤で木材や布地を接着して組み立てられていた[200,259]。骨や皮から作られる接着は，次第にアルブミンやカゼインの接着剤に取って代わった。接着剤の重要な用途は，接層合板や積層プロペラの積層接合が含まれる。材料と工程の多くは，家具産業からもたらされた。カゼインは1940年頃まで，構造物の接着のための主要な接着剤として確立されていた。しかし，それは環境の影響を受けやすく，チーズ/酸っぱいミルクの臭いは，差し迫った故障の指標として報告された[255]。

1940 年頃から，木造飛行機の構造には，尿素・ホルムアルデヒドに始まる合成接着剤の導入が，カゼイン接着剤に大きく取って変わった。デ・ハビランド・モスキートは，木製のボックススパーと合板のスキンを広面積に接着した，この時代の典型的な航空機である[255]（**図 1.12**）。

次いで木製の構造部材と表面は，主にアルミニウム合金で造られたハニカム構造などの金属部品に徐々に置き換わった。これらの構造には何千ものリベットが使用されたが，接着剤（特にエポキシとフェノール・ホルムアルデヒド樹脂のハイブリッド）がますます構造的な役割を果たした[258,260]。フェノール・ホルムアルデヒド接着剤で接着された初期の金属製航空機には，1945 年のデ・ハビランド・ダブが含まれる。エポキシ接着剤で接着された最も早い航空機の 1 つは，1963 年のボーイング 727 である。Bishopp[255] と Higgins[258] によって他の多くの例が挙げられている。

航空機の軽量化と燃費向上に対する継続的な課題により，最近ではアルミニウム合金ではな

図 1.12　デ・ハビランド・モスキート–尿素ホルムアルデヒド接着剤で接合された木製航空機の初期の例

図 1.13　ボーイング 787–接着接合した複合材を主構造に用いている最新型航空機の一例
Picture credit: Edward Russell.

く，複合材を使用した主要構造や表面の導入が進んでいる。最も新しい例として，ボーイング 787 ドリームライナー（**図 1.13**）とエアバス A350 XWB[261,262] がある。これらの航空機は重量比で約 50%（体積比で約 80%）の複合材料で造られており，その結果，エポキシを中心とした接着剤を大量に使用している。これらの航空機の接着接合部の長さは何キロメートルにもなる。

そして現代になり，この接着の歴史に終止符を打つことになる。この原稿を書いている時点では，化石燃料や石油化学製品に基づく材料の使用を減らすという環境に関する大きな課題がある。そして材料の長期的な環境負荷を減らし，リサイクルの可能性を高めるという課題もある。研究者はこれらの課題を解決して，接着剤の未来を確保するために，自然界にインスピレーションを求めるようになった。人類は物語の始まりに立ち返り，目を上げて，もう一度自分の周りを見渡すべき時が来たようだ[1]。

文　献

1）A. M. Smith, J. A. Callow, Biological Adhesives, Springer, Berlin, 2006.

2）J. Von Byern, I. Grunwald, Biological Adhesive Systems, From Nature to Technical and Medical

Applications, Springer Wien New York, Vienna, 2010.

3) J. Von Byern, W. Klepal, Adhesive mechanisms in cephalopods: a review, Biofouling 22 (5/6) (2006) 329–338.

4) R. J. Stewart, T. C. Ransom, V. Hlady, Natural underwater adhesives, J. Polym. Sci. B 49 (11) (2011) 757–771.

5) J. Von Byern, L. Rudoll, N. Cyran, W. Klepal, Histochemical characterization of the adhesive organ of three Idiosepius spp. species, Biotech. Histochem. 83 (1) (2008) 29–46.

6) E. Hennebert, B. Maldonado, P. Ladurner, P. Flammang, R. Santos, Experimental strategies for the identification and characterization of adhesive proteins in animals: a review, Interface Focus 5 (2015) 20140064.

7) J. R. Burkett, L. M. Hight, P. Kenny, J. J. Wilker, Oysters produce an organic–inorganic adhesive for intertidal reef construction, J. Am. Chem. Soc. 132 (36) (2010) 12531–12533.

8) P. Flammang, R. Santos, Biological adhesives: from biology to biomimetics, Interface Focus 5 (1) (2015) 20140086.

9) M. Gross, Getting stuck in, Chem. World 2011 (December 2011) 52–55.

10) M. Hansell, Built by Animals, 2007, Oxford University Press, Oxford, 2007.

11) C. E. Brubaker, P. B. Messersmith, The present and future of biologically inspired adhesive interfaces and materials, Langmuir 28 (4) (2012) 2200–2205.

12) E. Y. Jeon, B. H. Hwang, Y. J. Yang, B. J. Bum Jin Kim, B.-H. Choi, G. Y. Jung, H. J. Cha, Rapidly light–activated surgical protein glue inspired by mussel adhesion and insect structural crosslinking, Biomaterials 201 (67) (2015) 11–19.

13) Aristotle (350 BC), Historia Animalium, Book 9, Part 9..

14) E. Kroner, C. S. Davis, A study of the adhesive foot of the Gecko: translation of a publication by Franz Weitlaner, J. Adhes. 91 (6) (2015) 481–487.

15) K. Autumn, A. M. Peattie, Mechanisms of adhesion in Geckos, Integr. Comp. Biol. 42 (2002) 1081–1090.

16) P. Forbes, The Gecko's Foot, Harper Perennial, London, 2006, pp. 79–99.

17) Pliny (c 50AD), Natural History, VII: lvi, as translated by H Rackham, Loeb Classical Library, Harvard.

18) P. A. Fay, History of adhesive bonding, in: R. D. Adams (Ed.), Adhesive Bonding— Science, Technology and Applications, 2005, Woodhead, Cambridge, 2005, pp. 3–4.

19) C. Linnaeus, Systema naturæ, sive regna tria naturæ systematice proposita per classes, ordines, genera & species, Haak, Lugduni Batavorum, 1735.

20) P. Mazza, F. Martini, B. Sala, M. Magi, M. Colombini, G. Giachi, F. Landucci, C. Lemorini, F. Modugno, E. Ribechini, A new Paleolithic discovery: tar–hafted stone tools in a European Mid–Pleistocene bone–bearing bed, J. Archaeol. Sci. 33 (9) (2006) 1310–1318.

21) J. Koller, U. Baumer, D. Mania, High–tech in the middle Palaeolithic: Neanderthal– manufactured pitch identified, Eur. J. Archaeol. 4 (3) (2001) 385–397.

22) K. Spindler, The Man in the Ice, Phoenix, London, 1995.

23) F. Sauter, J. Jordis, A. Graf, W. Werther, K. Varmuza, Studies in organic archaeometry I: Identification of the prehistoric adhesive used by the "Tyrolean Iceman" to fix his weapons, ARKIVOC 5 (2000) 735–747.

24) A. E. Pawlik, J. P. Thissen, Hafted armatures and multi–component tool design at the Micoquian site of Inden–Altdorf, Germany, J. Archaeol. Sci. 38 (2011) (2011) 1699–1708.

25) M. J. L. T. Niekus, P. R. B. Kozowyk, G. H. J. Langejans, D. Ngan–Tillard, H. van Keulen, J. van der Plicht, K. M. Cohen, W. van Wingerden, B. van Os, B. I. Smit, L. W. S. W. Amkreutz, L. Johansen, A. Verbaas, G. L. Dusseldorp, Middle Paleolithic complex technology and a Neandertal tar–backed tool from the Dutch North Sea, PNAS 116 (44) (2019) 22081–22087.

26) R. Dinnis, A. Pawlik, C. Gaillard, Bladelet cores as weapon tips? Hafting residue identification and micro–wear analysis of three carinated burins from the late Aurignacian of Les Vachons, France, J. Archaeol. Sci. 36 (9) (2009) 1922–1934.

27) D. Urem–Kotsou, B. Stern, C. Heron, K. Kotsakis, Birch–bark tar at Neolithic Makriyalos, Greece, Antiquity 76 (294) (2002) 962–967.

28) F. Sauter, K. Varmuza, W. Werther, P. Stadler, Studies in organic archaeometry V— chemical analysis of organic material found in traces on a Neolithic terracotta idol statuette excavated in Lower Austria, ARKIVOC 1 (2002) 54–60.

29) F. Sauter, A. Graf, C. Hametner, J. Fröhlich, J.-W. Neugebauer, F. Preinfalk, Studies in organic ar-

chaeometry IV—analysis of an organic agglutinant used to fix iron-age clay figurines to their base, ARKIVOC 1 (2002) 35-39.
30) R. Stacey, Evidence for the use of birch-bark tar from Iron Age Britain, PAST Newslett. Prehist. Soc. (2004). No. 47.
31) M. Regert, S. Vacher, C. Moulherat, O. Decavallas, Adhesive production and pottery function during the Iron Age at the site of Grand Aunay (Sarthe, France), Archaeometry 45 (1) (2003) 101-120.
32) T. M. Bonnicksen, America's Ancient Forests: From the Ice Age to the Age of Discovery, John Wiley and Sons, 2000, p. 34.
33) R. Pott, Invasion of Beech and Establishment of Beech Forests in Europe, Annali di Botanica, LV, 1997, pp. 27-58.
34) D. Vergano, Hot stew in the ice age? Evidence shows Neanderthals boiled food, Natl. Geograph. 2014 (2014).
35) D. Cnuts, S. Tomasso, V. Rots, The role of fire in the life of an adhesive, J. Archaeol. Method Theory 25 (2018) 839-862.
36) W. Roebroeks, P. Villa, On the earliest evidence for habitual use of fire in Europe, PNAS 108 (13) (2011) 5209-5214.
37) P. R. B. Kozowyk, M. Soressi, D. Pomstra, G. H. J. Langejans, Experimental methods for the Palaeolithic dry distillation of birch bark: implications for the origin and development of Neandertal adhesive technology, Sci. Rep. 7 (8033) (2017) 1-9.
38) P. Groom, T. Schenck, G. M. Pedersen, Experimental explorations into the aceramic dry distillation of *Betula pubescens* (downy birch) bark tar, Archaeol. Anthropol. Sci. 7 (2015) 47-58.
39) F. Palmer, Die Entstehung von Birkenpech in einer Feuerstelle unter paläolithischen Bedingungen, Mitteilungen der Gesellschaft für Urgeschichte 16 (2007) 117-122.
40) D. Pomstra, R. Meijer, The production of birch pitch with hunter-gatherer technology: a possibility, Bull. Prim. Technol. 2010 (40) (2010) 69-73.
41) S. Jones, Pitch glue, Bull. Prim. Technol. 2005 (29) (2005) 11-19.
42) J. Weiner, Another word on pitch, Bull. Prim. Technol. 2005 (29) (2005) 20-27.
43) G. Osipowicz, A method of wood tar production, without the use of ceramics, euroREA (2005) 11-17. 2/2005.
44) M. Rageot, I. Thery-Parisot, S. Beyries, C. Lepère, A. Carre, A. Mazuy, J.-J. Filippi, X. Fernandez, D. Binder, M. Regert, Birch bark tar production: experimental and biomolecular approaches to the study of a common and widely used prehistoric adhesive, J. Archaeol. Method Theory 26 (2019) 276-312.
45) P. Kozowyk, J. Poulis, A new experimental methodology for assessing adhesive properties shows that Neandertals used the most suitable material available, J. Hum. Evol. 137 (2019) 1-12.
46) T. Wynn, F. L. Coolidge, The implications of the working memory model for the evolution of modern cognition, Int. J. Evol. Biol. 2011 (2011) 1-12. Article 741357.
47) G. S. McKean, Neanderthal cognitive ability and technological development, Colleg. J. Anthropol. 1 (2012).
48) M. A. Hiltemann, The glue that binds us together—a cognitive comparison of anatomically modern humans and Neandertals through Paleolithic adhesive making, Faculty of Archaeology, Leiden University, Master thesis, 2012.
49) P. Schmidt, M. Rageot, R. Iovita, J. Pfleging, K. G. Nickel, L. Righetti, C. Tennie, Birch tar production does not prove Neanderthal behavioral complexity, Proc. Natl. Acad. Sci. 116 (36) (2019) 17707-17711.
50) M. Schmidt, P. Rageot, M. Blessing, C. Tennie, The Zandmotor data do not resolve the question whether Middle Paleolithic birch tar making was complex or not, Proc. Natl. Acad. Sci. 117 (9) (2020) 4456-4457.
51) E. Boëda, J. Connan, S. Muhesen, Bitumen as hafting material on Middle Palaeolithic artefacts from the El Kowm Basin, Syria, in: T. Akazawa, K. Aoki, O. Bar-Yosef (Eds.), Neandertals and Modern Humans in Western Asia, Plenum, New York, 1998, pp. 181-204.
52) E. Boëda, J. Connan, D. Dessort, S. Muhesen, N. Mercier, H. Valladas, N. Tisnerat, Bitumen as a hafting material on Middle Palaeolithic artefacts, Nature 380 (1996) 336-338.
53) G. F. Monnier, T. C. Hauck, J. M. Feinberg, B. Luo, J. M. Le Tensorer, H. A. Sakhel, A multi-analytical methodology of lithic residue analysis applied to Paleolithic tools from Hummal, Syria, J. Archaeol. Sci. 40 (10) (2013) 3722-3739.
54) D. A. Stumbo, Historical table, in: R. Houwink, G. Salomon (Eds.), Adhesion and Adhesives, second ed., vol. 1 (Adhesives), Elsevier, Amsterdam, 1965, pp. 534-536.

55) R. J. Forbes, Studies in Ancient Technology, Brill, Leiden, 1964, pp. 90–98.
56) H. Abraham, Asphalts and Allied Substances, vol. 1, Van Nostrand, New Jersey, 1960, pp. 3–51.
57) J. Connan, Use and trade of bitumen in antiquity and prehistory: molecular archaeology reveals secrets of past civilisations, Philos. Trans. R. Soc. Lond. B 354 (1999) 33–50.
58) Herodotus (440 BC), Book 1, Chapter 179.
59) Genesis 11: 3.
60) H. S. Alsalim, Construction adhesives used in the buildings of Babylon, in: K. W. Allen (Ed.), Adhesion 5, Applied Science Publishers, London, 1981, pp. 151–156.
61) O. Bar–Yosef, T. Schick, Early Neolithic organic remains from Nahal Hemar Cave, Natl. Geograph. Res. 5 (2) (1989) 176–190.
62) J. Connan, A. Nissenbaum, D. Dessort, Geochemical study of Neolithic "bitumen" – coated objects of the Nahal Hemar cave in the Dead Sea area, in: J. O. Grimalt, C. Dorronoso (Eds.), Organic Geochemistry: Developments and Applications, Pub. AIGOA, San Sebastian, Spain, 1995, pp. 699–701.
63) J. Connan, La colle au collagène, innovation du neolithique, La Recherche (1996) 33. No 284.
64) C. Solazzo, B. Courel, J. Connan, B. E. van Dongen, H. Barden, K. Penkman, S. Taylor, B. Demarchi, P. Adam, P. Schaeffer, A. Nissenbaum, O. Bar–Yosef, M. Buckley, Identification of the earliest collagen– and plant–based coatings from Neolithic artefacts (Nahal Hemar cave, Israel), Sci. Rep. 6 (2016), 31053.
65) A. A. Walker, Oldest glue discovered, Archaeol. Online News (1998). May 21, 1998 http://www.archaeology.org.
66) N. Bleicher, C. Kelstrup, V. Olsen, E. Cappellini, Molecular evidence of use of hide glue in 4th Millennium BC Europe, J. Archaeol. Sci. 63 (2015) 65–71.
67) H. Rao, Y. Yang, I. Abuduresule, W. Li, X. Hu, C. Wang, Proteomic identification of adhesive on a bone sculpture–inlaid wooden artifact from the Xiaohe Cemetery, Xinjiang, China, J. Archaeol. Sci. 53 (2015) 148–155.
68) S. Wei, Q. Ma, M. Schreiner, Scientific investigation of the paint and adhesive materials used in the Western Han Dynasty polychromy terracotta army, Qingzhou, China, J. Archaeol. Sci. 39 (5) (2012) 1628–1633.
69) J. L. Baker, Technology of the Ancient Near East, Routledge, 2018. Chapter 6.
70) E. Sutermeister, F. L. Browne, Casein and Its Industrial Applications, Reinhold, New York, 1939, pp. 233–292.
71) W. C. Harvey, H. Hill, Milk Products, Lewis, London, 1937, pp. 364–365.
72) J. Delmonte, The Technology of Adhesives, Reinhold, New York, 1947, pp. 257–266.
73) R. H. Bogue, The Chemistry and Technology of Gelatin and Glue, McGraw–Hill Book Company, Inc., New York, 1922, pp. 319–344.
74) B. C. Boulton, The Manufacture and Use of Plywood and Glue, Pitman, London, 1920.
75) T. D. Perry, Modern Plywood, Pitman, New York, 1942.
76) C. Wilk, Plywood, A Material Story, Thames and Hudson/Victoria and Albert, London, 2017.
77) A. D. Wood, Plywoods of the World, Their Development, Manufacture and Application, Johnston and Bacon, Edinburgh, 1963.
78) J. Delmonte, The Technology of Adhesives, Reinhold, New York, 1947, pp. 271–276.
79) J. Delmonte, The Technology of Adhesives, Reinhold, New York, 1947, p. 311.
80) R. H. Bogue, The Chemistry and Technology of Gelatin and Glue, McGraw–Hill Book Company, Inc., New York, 1922, pp. 349–366.
81) C. J. Duffin, Ichthycolla: medicinal fish glue, Pharm. Hist. 49 (4) (2019) 116–122.
82) J. Scarborough, Fish glue in hellenistic and Roman medicine and pharmacology, Class. Philol. 110 (2015) 54–65.
83) J. Delmonte, The Technology of Adhesives, Reinhold, New York, 1947, pp. 271–274.
84) R. Bogue, The Chemistry and Technology of Gelatin and Glue, McGraw–Hill, New York, 1922, pp. 344–348.
85) W. M. Lee, Vegetable adhesives, in: N. A. De Bruyne, R. Houwink (Eds.), Adhesion and Adhesives, Elsevier, New York, 1951, pp. 184–200.
86) J. Delmonte, The Technology of Adhesives, Reinhold, New York, 1947, pp. 277–302.
87) E. F. W. Dux, Starch and dextrin adhesives, in: D. J. Alner (Ed.), Aspects of Adhesion 2, University of London, 1966, pp. 78–91.
88) J. A. Radley, Starch and its Derivatives, Chapman and Hall, London, 1940.
89) F. L. Darrow, The Story of an Ancient Art—From the Earliest Adhesives to Vegetable Glue, Perkins Glue Company, Lansdale, 1930.
90) P. Schidrowitz, T. R. Dawson, History of the Rubber Industry, Heffer, Cambridge, 1952.

91) J. Loadman, Tears of the Tree. The Story of Rubber—A Modern Marvel, Oxford University, Oxford, 2005.
92) W. E. Burton, Engineering With Rubber, McGraw-Hill, New York, 1949.
93) G. Salamon, W. J. K. Schönlau, Rubbery adhesives, in: N. A. De Bruyne, R. Houwink (Eds.), Adhesion and Adhesives, Elsevier, New York, 1951, pp. 386-426.
94) F. Smith, R. Montgomery, The Chemistry of Plant Gums and Mucilages, Reinhold, New York, 1959.
95) N. S. Knaggs, Adventures in Man's First Plastic, The Romance of Natural Waxes, Reinhold, New York, 1947.
96) J. H. Wills, Inorganic adhesives and cements, in: N. A. De Bruyne, R. Houwink (Eds.), Adhesion and Adhesives, Elsevier, New York, 1951, pp. 278-385.
97) J. Delmonte, The Technology of Adhesives, Reinhold, New York, 1947, pp. 313-321.
98) L. Wadley, T. Hodgskiss, M. Grant, Implications for complex cognition from the hafting of tools with compound adhesives in the Middle Stone Age, South Africa, PNAS 106 (24) (2009) 9590-9594.
99) A. Lucas, J. R. Harris, Ancient Egyptian Materials and Industries, Edward Arnold, London, 1962.
100) R. Newman, M. Serpico, Adhesives and binders, in: P. T. Nicholson, I. Shaw (Eds.), Ancient Egyptian Materials and Technology, 19, Cambridge University Press, Cambridge, 2000, pp. 475-494.
101) Lucas A (1927), "The chemistry of the tomb", Appendix II in "The tomb of Tut. ankh. Amen" by Howard Carter, Cassell.
102) Osiris https://www.osirisnet.net/tombes/nobles/rekhmire100/e_rekhmire100_06.htm.
103) S. Falder, S. Bennett, R. Alvi, N. Reeves, Following in the footsteps of the pharaohs, Br. J. Plast. Surg. 56 (2) (2003) 196-197.
104) F. M. Feldhaus, Die Technik der Antike und des Mittelalters, Akad Verlagsgesellschaft, Potsdam, 1931.
105) Genesis 6: 14.
106) Exodus 2: 3.
107) Ecclesiasticus 22: 7.
108) Jeremiah 19: 11.
109) Lucretius (Titus Lucretius Carus) (c 50 BC), De Rerum Natura, Book VI, as translated by W H. D. Rouse in "Lucretius on the Nature of Things", Loeb Classical Library, Harvard, Cambridge, MA, 1992, p. 573.
110) Pliny (c 50AD), Natural History, II: cviii, as translated by H Rackham, Loeb Classical Library, Harvard.
111) Pliny, Natural History, XII: xxxvi.
112) Pliny, Natural History, XIII: xx.
113) Pliny, Natural History, XIV: xxv.
114) Pliny, Natural History, XVI: xciv.
115) Pliny, Natural History, XXVIII: lxxi.
116) Pliny, Natural History, XIII: xxiii.
117) Pliny, Natural History, XIII: xxvi.
118) Pliny, Natural History, XVI: lxxxii.
119) Pliny, Natural History, XVI: lxxxiii.
120) Dioscorides P (c 50AD), in: T. A. Osbaldeston, R. P. A. Wood (Eds.), De Materia Medica, IBIDIS Press, Johannesburg, 2000, pp. 484-487.
121) Celsus A C (c 30AD), De re medicina, Available in translation by W G Spencer, published by the Loeb Classical Library, 1935.
122) H. G. Lidell, R. Scott, A Greek-English Lexicon, Harper, New York, 1853, p. 780.
123) J. Rowbotham, A New Derivative and Etymological Dictionary, Longman, London, 1838, p. 60.
124) Cicero, M T (44 BC), Letters to Atticus, 414 (xvi. 6), Section 4.
125) Cicero, M T (56 BC), Letters, Vol IX, Part 3.
126) Cicero, M T (44 BC), A Dialogue on Old Age, Chapter 20.
127) C. S. Smith, J. G. Hawthorne, Mappae Clavicula—a little key to the world of medieval techniques, Trans. Am. Philos. Soc. New Ser. 64 (Part 4) (1974).
128) L. S. de Camp, Ancient Engineers, Tandem, London, 1977.
129) C. R. Dodwell, "Theophilus—The Various Arts" (translated from the Latin), Nelson, London, 1961.
130) D. V. Thompson, Il Libro dell'Arte—Cennino D'Andrea Cennini. The Craftman's Handbook, Translated by Daniel V. Thompson, Dover Publications, New York, 1933.
131) E. Leong, A. Rankin, Secrets and Knowledge in Medicine and Science, 2011, Ashgate, Farnham, 2011.
132) W. Eamon, Science and the Secrets of Nature, 1994, Princetown University Press, 1994.
133) T. Storey, Italian Book of Secrets Database, University of Leicester, 2008. Dataset. https://hdl.handle.net/2381/4335.
134) J. Ferguson, The secrets of Alexis. A sixteenth

century collection of medical and technical receipts, Proc. R. Soc. Med. 24（2）（1930）225-246.
135）G. Bull, Giorgio Vasari—The lives of the artists. A selection translated by George Bull, Penguin Books, 1965, p. 98.
136）A. P. Laurie, The Painter's Methods & Materials, Seeley, Service & Co, London, 1926.
137）D. V. Thompson, The Materials and Techniques of Medieval Painting, Dover Publications, New York, 1956.
138）G. Chaucer, The Squire's Tale, in: The Canterbury Tales, 1386.
139）E. Power, The Goodman of Paris（Le Menagier de Paris）. A Treatise on Moral and Domestic Economy by a citizen of Paris, Translated by Eileen Power, The Folio Society, 1992. pp. 115, 198.
140）Shakespeare W, Titus Andronicus（1588）, Act II, Scene 1.
141）Shakespeare W, King John（1595）, Act III, Scene 4.
142）F. Bacon（1620）, in: L. Jardine, M. Silverthorne（Eds.）, Novum Organum, Cambridge University Press, 2000, pp. 140, 141, 191-194.
143）G. Galilei, Discourses and Mathematical Demonstrations Concerning Two New Sciences, published in Leiden, Holland, 1638. available in translation by S Drake, University of Wisconsin Press, 1974.
144）I. Newton, Opticks: Or, a Treatise of the Reflections, Refractions, Inflections and Colours of Light. The Second Edition, With Additions, printed by W. Bowyer for W. Innys at the Prince's Arms in St. Paul's Churchyard, London, 1717, p. 369.
145）R. Tout, A review of adhesives for furniture, Int. J. Adhes. Adhes. 20（4）（2000）269-272.
146）R. Bogue, The Chemistry and Technology of Gelatin and Glue, McGraw-Hill, New York, 1922, p. 3.
147）J Delmonte, The Technology of Adhesives, Reinhold, New York, 1947, p. 3.
148）Inscriptionum Latinarum Selectarum, Amplissima Collectio, vol. II, 1828.
149）S. R. Joshel, Work, identity and legal status at Rome. A study of the occupational inscriptions, in: Oklahoma Series in Classical Culture XI, University of Oklahoma Press, Norman and London, 1992.
150）A. W. Van Buren, Ancient Rome as Revealed by Recent Discoveries, Lovat Dickson, London, 1936, pp. 116-117.
151）A. W. Van Buren, G. P. Stevens, Antiquities of the Janiculum, Mem. Am. Acad. Rome 11（1933）（1933）69-79.
152）G. A. Beckett, Charts for railway travellers, Almanack of the Month 1（1846）203.
153）D. Divers, D. Killock, P. Armitage, Post-medieval development at 8 Tyers Gate, Bermondsey, London Archaeol. 2002（2002）69-75.
154）B. Bryson, Shakespeare, Harper Perennial, London, 2008, p. 70.
155）S. A. Lament, The Vroedschap of Leiden 1550-1600: the impact of tradition and change on the governing elite of a Dutch City, Sixteenth. Century J. 12（2）（1981）14-42.
156）Amersterdam Stadsarchief（1592）, No 1653: Transport van 30 roeden land achter het Kaetsbaenspad naast St. Margrieren convent aan Bastijaan Pietersz, lijmsieder, 1592. Available at: https://archief.amsterdam/inventarissen/details/342/path/5.1.9, section 7.3.1.
157）K. Hopkins, M. Beard, The Colosseum, Profile, London, 2006, p. 157.
158）M. Di Macco, Il Colosseo: Funzione simbolica, storica, urbana, Bulzoni, Rome, 1971.
159）R. Dunkle, Gladiators—Violence and Spectacle in Ancient Rome, Pearson, Harlow, 2008, p. 282.
160）https://www.amsterdam.nl/stadsarchief/stukken/verdwenen-amsterdam/ lijmmakerij/.
161）J. Luiken, Spiegel van Het Menselyk Bedryf, 1694, Sijthoff, Leiden, 1694, p. 147.
162）M. D. du Monceau, Art de Faire les Colles, in: Descriptions des Arts et Metiers, La Societe Typographique, Neuchatel, 1778. pp. 405-438 and Plates I and II.
163）A. J. Roubo, L'Art du Menuisier, Cellot & Jombert, Paris, 1774.
164）J. Alexander, Glue and Gelatin, American Chemical Society Monograph Series, The Chemical Catalog Company, Inc, New York, 1923.
165）Massachusetts Historical Society, Journals of the House of Representatives of Massachusetts 1752-1753. p xi.
166）F. Dietz, A Leaf From the Past, Dietz, New York, 1913. pp. 3, 29 and 44.
167）C. H. Teesdale, Modern Glues and Glue Handling, The Periodical Publishing Co., Grand Rapids, MI, 1922.
168）T. Lambert, Bone Products and Manures—A Treatise on the Manufacture of Fat, Glue, Animal Charcoal, Size, Gelatin, and Manures,

third ed., Scott, Greenwood & Son, London, 1925. Revised by Stocks H B.
169) R. L. Fernbach, Glues and Gelatines, Archibald Constable and Co Ltd, London, 1907.
170) J. T. Wood, Leather and glue, in: Annual Reports of the Society of Chemical Industry on the Progress of Applied Chemistry, vol. II, 1917, p. 374.
171) F. Dawidowsky, A Practical Treatise on the Raw Materials and Fabrication of Glue, Gelatin, Gelatine Veneers and Foils, Isinglass, Cements, Pastes, Mucilages, etc Based on Actual Experience, Translated by W T Brannt, Henry Carey Baird & Co, Philadelphia, 1884.
172) H. C. Standage, Cements, Pastes, Glues, and Gums, Crosby Lockwood and Son, London, 1897.
173) S. Rideal, Glue and Glue Testing, Scott, Greenwood & Son, London, 1901.
174) B. C. Boulton, The Manufacture and Use of Plywood and Glue, Sir Isaac Pitman & Sons Ltd, London, 1920.
175) P. I. Smith, Glue and Gelatine, Sir Isaac Pitman & Sons Ltd, London, 1929.
176) J. Alexander, The grading and use of glues and gelatine, J. Soc. Chem. Ind. 25 (1906) 158–161.
177) E. G. Clayton, The examination of glue, J. Soc. Chem. Ind. 21 (1902) 670–675.
178) R. W. Raymond, Peter Cooper, Riverside Biographical Series, Houghton, Mifflin and Co, Boston and New York, 1901.
179) E. Hubbard, Little Journeys to the Homes of Great Business Men, vol. 25, Peter Cooper, New York, 1909.
180) A. Nevins, Abram S. Hewitt With Some Account of Peter Cooper, Harper & Brothers, New York, 1935.
181) E. C. Mack, Peter Cooper, Citizen of New York, Duell, Sloan and Pearce, New York, 1949.
182) J. A. Taggart, The Glue Book, Taggart, Toledo, 1913, p. 15.
183) R. A. Clemen, By-Products in the Packing Industry, University of Chicago Press, Chicago, 1927. pp. 3–11, 280–308.
184) E. T. East, The Story of Glue, Armour, Chicago, 1919, pp. 5–6.
185) C. M. Rosen, The role of Pollution Regulation and Litigation in the Development of the U. S. Meatpacking Industry, 1865–1880, Enterprise & Society, 2007, pp. 298–299. vol. 8 (2) (Business and Nature).
186) J. L. Pate, America's Historic Stockyards: Livestock Hotels, TCU, Fort Worth, 2005.
187) R. M. Aduddell, L. P. Cain, Public Policy toward "The Greatest Trust in the World", Business Hist. Rev. 55 (2) (1881) 217–242.
188) C. M. Rosenberg, America at the Fair—Chicago's 1893 World's Columbian Exposition, Arcadia, Charleston, 2008, pp. 117–123.
189) G. W. Lambert, A Trip Through the Union Stock Yards, Hamblin, Chicago, 1893.
190) C. M. Depew, 1795–1985—One Hundred Years of American Commerce, vol. II, Haynes, New York, 1895, p. 653.
191) H. Leech, J. C. Carroll, Armour and His Times, Appleton-Century, New York, 1938, pp. 44–53.
192) L. F. Swift, A. Van Vlissingen, The Yankee of the Yards, Shaw, Chicago, 1927, pp. 11–12.
193) W. J. Grand, Illustrated History of the Union Stockyards, Knapp, Chicago, 1896, pp. 149–150.
194) C. J. Bushell, Some social aspects of the Chicago Stock Yards, J. Sociol. 7 (2) (1901) 145–170.
195) E. Wildman, Famous Leaders of Industry, Page, Boston, 1920, pp. 8–9.
196) T. W. Goodspeed, Gustavus Franklin Swift, 1839–1903, vol. 7, University Record, Chicago, 1921. 2, 106.
197) H. Greeley, et al., The Great Industries of the United States, Burr and Hyde, Hartford, 1872, pp. 209–213.
198) M. Kaufman, The First Century of Plastics, Celluloid and Its Sequel, The Plastics Institute, London, 1963.
199) R. Hooke, Micrographia: Or Some Physiological Descriptions of Minute Bodies Made by Magnifying Glasses With Observations and Inquiries Thereupon, Royal Society, London, 1665.
200) A. W. Judge, Aircraft and Automobile Materials of Construction, Vol II, Non-Ferrous & Organic Materials, Pitman, London, 1921, pp. 391–397.
201) Plastes, Plastics in Industry, Chapman & Hall, London, 1943, p. 162.
202) R. S. Morrell, Synthetic Resins and Allied Plastics, Oxford University Press, London, 1943.
203) A. D. Wood, Plywoods of the World—Their Development, Manufacture and Application, Johnston and Bacon, Edinburgh and London, 1963.
204) S. R. Hartshorn, Structural Adhesives—Chemistry and Technology, Plenum, New York, 1986.
205) J. Robins, Phenolic Resins, Hartshorn[204], 1986, pp. 69–112.
206) A. J. Kinloch, Adhesion and Adhesives—Science

and Technology, Chapman and Hall, London, 1987.
207) F. R. Martin, Acrylic adhesives, in: W. C. Wake (Ed.), Developments in Adhesives—1, Applied Science, London, 1977, pp. 157–179.
208) C. W. Boeder, Anaerobic and Structural Acrylic Adhesives, Hartshorn[204], 1986, pp. 217–247.
209) E. S. Grant, Drop by Drop—The Loctite story, Loctite Corporation, 1983.
210) D. G. Lay, P. Cranley, Polyurethane adhesives, in: A. Pizzi, K. L. Mittal (Eds.), Handbook of Adhesive Technology, Marcel Decker, New York, 2003, pp. 695–718.
211) B. H. Edwards, Polyurethane Structural Adhesives, Hartshorn[204], 1986, pp. 181–215.
212) H. Lee, K. Neville, Handbook of Epoxy Resins, McGraw-Hill, New York, 1982.
213) W. G. Potter, Uses of Epoxy Resins, Chemical Publishing Company, New York, 1976.
214) W. A. Lees, Modified epoxides; practical aspects of toughening, J Adhes. 12 (1981) 233–240.
215) G. N. Butters, Matches, explosives and propellants, in: D. J. Alner (Ed.), Aspects of Adhesion 1, University of London, 1965, pp. 100–107.
216) M. J. Kirwan, Paper and Paperboard Packaging Technology, Blackwell, Oxford, 2005.
217) V. R. Gray, Adhesives in the timber trade, in: D. J. Alner (Ed.), Aspects of Adhesion 3, University of London, 1967, pp. 71–84.
218) T. Sellers, Wood adhesive market builds a promising future on a profitable past, Adhes. Age (1992) 22–25.
219) P. E. Stone, Automobile construction, Trans. Soc. Autom. Eng. Pt 1 XVI (1921) 785–801.
220) J. R. Love, A body engineer looks at structural adhesives, Am. Soc. Body Eng. Sixt. Annu. Tech. Conven. (1961). October 1961.
221) E. Lawley, A review of adhesives in the automotive industry today, in: K. W. Allen (Ed.), Adhesion 14, Elsevier, London, 1990, pp. 236–246.
222) K. Dilger, B. Burchardt, M. Frauenhofer, Automotive industry, in: L. F. M. da Silva, A. Öchsner, R. D. Adams (Eds.), Handbook of Adhesion Technology, second ed., Springer, Berlin, 2018, pp. 1333–1366.
223) P. Born, B. Mayer, Structural bonding in automotive applications, AutoTechnology 4 (2004) 44–47.
224) A. W. Henderson, Adhesion in electronics, in: D. J. Alner (Ed.), Aspects of Adhesion 5, University of London, 1969, pp. 86–104.
225) K.-S. Kim, J.-W. Kim, S.-B. Jung, Electrical industry, in: L. F. M. da Silva, A. Öchsner, R. D. Adams (Eds.), Handbook of Adhesion Technology, second ed., Springer, Berlin, 2018, pp. 1449–1482.
226) E. F. Hall, Testing high-performance adhesives used in footwear manufacture, in: D. J. Alner (Ed.), Aspects of Adhesion 5, University of London, 1969, pp. 105–122.
227) J. M. Martin-Martinez, Shoe industry, in: L. F. M. da Silva, A. Öchsner, R. D. Adams (Eds.), Handbook of Adhesion Technology, second ed., Springer, Berlin, 2018, pp. 1483–1532.
228) R. M. M. Paiva, E. A. S. Marques, L. F. M. da Silva, C. A. C. Antonio, F. Aran-Ais, Adhesives in the footwear industry, Proc. IMech. Eng. L: J. Mater. Design Appl. 203 (2) (2015) 357–374.
229) Colburn's United Service Magazine, Naval Improvements of the 19th Century, Part III, September, 1843, 1843, pp. 1–13.
230) P. Davies, Marine industry, in: L. F. M. da Silva, A. Öchsner, R. D. Adams (Eds.), Handbook of Adhesion Technology, second ed., Springer, Berlin, 2018, pp. 1391–1418.
231) W. J. Harvey, A. E. Vardy, Bonded web stiffeners for steel bridges, in: K. W. Allen (Ed.), Adhesion 14, Elsevier, London, 1990, pp. 1–14.
232) E. L. French, Adhesion in civil engineering, in: D. J. Alner (Ed.), Aspects of Adhesion 1, University of London, 1965, pp. 120–128.
233) G. C. Mays, A. R. Hutchinson, Adhesives in Civil Engineering, Cambridge University, Cambridge, 1992.
234) R. J. Ashley, M. A. Cochran, K. W. Allen, Adhesives in packaging, Int. J. Adhes. Adhes. 15 (2) (1995) 101–108.
235) S. E. B. Jones, The story of adhesion and developments in dentistry, Int. J. Adhes. Adhes. 15 (2) (1995) 109–113.
236) D. C. Smith, Some factors involved in the development of adhesive dental filling materials, in: D. J. Alner (Ed.), Aspects of Adhesion 3, University of London, 1967, pp. 95–112.
237) J. W. Nicholson, Adhesive dentistry, in: L. F. M. da Silva, A. Ochsner, R. D. Adams (Eds.), Handbook of Adhesion Technology, second ed., Springer, Berlin, 2018, pp. 1703–1728.
238) B. C. Rowland, India-rubber court-plaster, Am. J. Pharm. IX (1844) 38–40.
239) W. D. Buck, Glue bandages for fractured limbs, Boston Med. Surg. J. LXXIV (1866) 411.
240) P. J. Harris, J. C. Tebby, Synthetic adhesives for surgery, in: K. W. Allen (Ed.), Adhesion 10,

Elsevier, London, 1986, pp. 1–6.
241）M. Donkerwolcke, F. Burny, D. Muster, Tissues and bone adhesives—historical aspects, Biomaterials 19（1998）1461–1466.
242）E. H. Andrews, T. A. Khan, Adhesion to skin, in: K. W. Allen（Ed.）, Adhesion 10, Elsevier, London, 1986, pp. 7–19.
243）A. P. Duarte, J. F. Coelho, J. C. Bordado, M. T. Cidade, M. H. Gil, Surgical adhesives: systematic review of the main types and development forecast, Prog. Polym. Sci. 37（8）（2012）1031–1050.
244）R. A. Chivers, Adhesion in medicine, in: L. F. M. da Silva, A. Öchsner, R. D. Adams（Eds.）, Handbook of Adhesion Technology, second ed., Springer, Berlin, 2018, pp. 1729–1750.
245）S. Fairbrass, Sticky problems for conservators of works of art on paper, Int. J. Adhes. Adhes. 15（2）（1995）115–120.
246）J. A. Ashley-Smith, Adhesives in decorative art conservation, in: K. W. Allen（Ed.）, Adhesion 10, Elsevier, London, 1986, pp. 132–146.
247）C. L. Blaxland, Adhesives in an historic library—a conservator's view, Int. J. Adhes. Adhes. 14（2）（1994）123–129.
248）T. Mace, Musick's Monument, Ratcliffe and Thompson, London, 1676, pp. 49–64.
249）E. Heron-Allen, Violin—Making, As It Was and Is, Ward, Lock & Co, London, 1885, p. 220.
250）J. Beament, The Violin Explained, Oxford University, Oxford, 2000, pp. 165–178.
251）A. Bachmann, An Encyclopedia of the Violin, translated by Martens, F. H., Dover, New York, 2008, pp. 70–71.
252）H. Petroski, The Pencil, Faber and Faber, London, 1989, pp. 244–245.
253）S. Wintle, Manufacture of Playing Cards, 2011. https://www.wopc.co.uk/cards/manufacture.
254）M. D. du Monceau, Art du Cartier, in: Descriptions des Arts et Metiers, Saillant & Nyon, 1762. pp. 1–38 and Plates I–III.
255）J. Bishopp, Aerospace: a pioneer in structural adhesive bonding, in: P. Cognard（Ed.）, Adhesives and Sealants, Basic Concepts and High Tech Bonding, Volume 1, Elsevier, 2005, pp. 215–347.
256）R. A. Pethrick, Design and ageing of adhesives for structural adhesive bonding—a review, Proc. IMech. Eng. L: J. Mater. Design Appl. 229（5）（2015）349–379.
257）E. M. Petrie, Adhesives for the assembly of aircraft structures and components, Metal Finish.（2008）26–31.
258）A. Higgins, Adhesive bonding of aircraft structures, Int. J. Adhes. Adhes. 20（5）（2000）367–376.
259）S. W. Allen, T. R. Truax, Glues Used in Airplane Parts, 1920. National Advisory Committee for Aeronautics, Report No 66, Washington.
260）J. Bishopp, The history of Redux® and the Redux bonding process, Int. J. Adhes. Adhes. 17（4）（1997）287–301.
261）V. Giurgiutiu, Structural Health Monitoring of Aerospace Composites, Academic Press, London, 2016, pp. 10–15.
262）J. Hale, Boeing 787 from the ground up, Boeing Aero, Qtr_04, 06, 17–23, 2006.
263）E. B. Jupp, An historical account of the Worshipful Company of Carpenters of the City of London, William Pickering, London, 1848, pp. 264–306.

〈訳：若林　一民〉

第2章 接着剤やシーラントとは，どのようなもので，どのように機能するのか？

John Comyn

2.1 はじめに

「接着剤とは，物質の表面に塗布することで，物質同士を結合し，分離しないようにする材料と定義することができる」。この定義はKinloch[1]によって提案されたもので，モルタルやはんだなど，通常接着剤とみなされない物質も含まれる。この定義からは外れるが，接着現象を示す物質は他にもあり，塗料や印刷インクなどがこれにあたる。

含有される物質という点で，接着剤やシーリング剤の主成分は，有機ポリマー，または化学的に反応してポリマーを生成することができる1つ以上の化合物（通常は2つ）である。接着剤やシーリング剤は，塗布時に液体でなければならない，なぜなら，これによって被着体との密接な分子接触を可能にする，つまり，表面を濡らさねばならないからである。その後に，凝集性のある固体として固まる（硬化する）必要がある。粘着剤は，硬化せずに永続的に粘着性を維持するという点で例外である。

接着剤とシーリング材は，硬化の仕方によって分類することができる。これは，溶媒の消失，水の消失，冷却，化学反応によって行われる。一度硬化した後の接着剤ポリマーは，直鎖と架橋構造がありうる。架橋構造は，ポリマーを不溶，不融性にし，クリープを大幅に減少させる。構造用接着剤はすべて架橋されている。

2.2 バルク特性

接着剤には，ガラス転移と架橋という，非常に重要な2つのバルク特性がある。結晶化はそれほど重要ではない。

2.2.1 ガラス転移温度（T_g）

高分子の機械的性質は，ガラス転移温度（T_g）で急激に変化する。分子運動が，この変化をもたらす根源的なものである。低温では，ポリマーはガラス状態にあり，相対的に硬く柔軟性に欠けていることを意味する。しかし，それぞれのポリマーに特徴的なある温度で，材料は柔らかく柔軟になり，ゴム領域，あるいは転移領域になる。この変化がガラス転移であり，ガラス転移温度（T_g）でこの変化が起こる。

ほとんどの高分子接着剤は半結晶性ではなく完全に非晶質性であり，ガラス転移は非晶質相の

表 2.1　いくつかのポリマーと接着剤のガラス転移温度

素材	T_g（℃）
ポリクロロプレン	−46，−50
ポリ *cis*-1, 4 ブタジエン	−55
ポリジメチルシロキサン	−127
ポリ-2-エチルヘキシルアクリレート	−50
ポリ *cis*-1, 4 イソプレン（天然ゴム）	−73，−70，−69
ポリメチルメタクリレート	105
ポリプロピレン（アタクチック）	−3〜−17
ポリスチレン	100
ポリビニルアセテート	32
ポリビニルアルコール	85
スターチ（乾式）	165〜185
スターチ（湿度）	95〜135
スチレンブタジエンゴム	−61
1, 3-ジアミノベンゼン硬化 DGEBA エポキシ	161
トリエチレンテトラミン硬化 DGEBA エポキシ	99

特性である。これは分子運動の変化によって起こるもので，ガラス状態ではポリマー主鎖が自由に並進運動できないが，転移領域では自由に並進運動ができるようになる。結晶状態で起こる相転移は融解であり，それは融点 Tm で起こる。

接着剤には，ガラス領域にあるポリマーと，転移領域にあるポリマーの両方が用いられる。前者の例は，エポキシ，フェノール，反応性アクリル類などであり，後者の例は，ゴム系粘着剤である。しかし，機械的特性が大きく変化してしまうため，ガラス転移温度が接着剤の作業温度と同じ領域に存在することは容認できない。接着剤に使用されるいくつかのポリマーの T_g を**表 2.1**にまとめた。

2.2.2　T_g の測定

熱膨張率測定は古い方法だが，非常に低い加熱速度（1–2 K day^{-1}）に適応できるという利点があり，T_g と Tm の両方が加熱速度に依存するために価値がある。試料はガラス球内に満たされた水銀の中に含まれており，ガラス球からキャピラリー管が伸びている。温度を変化させたときのキャピラリー内の水銀の高さが記録される。T_g において，膨張率の変化がある。転移領域では膨張がより大きくなる。

T_g では熱容量も変化し，これは示差走査熱量計 DSC で検出できる。T_g は二次転移であり，熱量 H の急激な変化はないが，熱容量 dH/dT の変化はある。動的熱機械分析ではダンピングを測定するが，これは T_g で最大値を示す。一方で，熱膨張率測定や DSC では傾きがわずかに変化し，DTMA では特徴的なピークを示す。

2.2.3　自由体積理論

自由体積理論は，T_gを説明する簡単で効果的な方法である。自由体積は熱膨張で増加し，臨界量に達すると主鎖が自由に動けるようになり，ポリマーはゴムや転移領域に移行する。

したがって，圧力の影響は自由体積を減少させ，T_gを増加させることになる。ポリマーの化学構造は，そのT_gに影響を与える。分子間力は引き合う力であるため，自由体積を減少させる。極性基はポリマー鎖を相互に引き寄せるのでT_gを上昇させ，一方で，大きな非極性側鎖はポリマー鎖を引き離す傾向があるのでT_gを低下させる。表2.1に示すように，ポリメチルメタクリレート（PMMA）のT_gは105℃であるが，エステルのメチル基を2–エチルヘキシルに置換すると−50℃に下がる。ポリ2–エチルヘキシルメタクリレートは粘着剤に使用されている。デンプンは広く水素結合されているため，高いT_gを持つ。ポリクロロプレンの極性炭素–塩素結合は，天然ゴムと類似構造のポリシス-1, 4–イソプレンのT_g（約−70℃）より高いT_g（−46℃）をもたらす。架橋は鎖同士を結びつけるので，分子運動が制限され，T_gが高くなる。表2.1のデータは文献2）から引用したもので，あるものはT_g，他のものは脆化点および軟化温度である。また，複数の項目があるものもある。

いくつかのポリアクリレート対するT_gに関連した脆化点を**図2.1**に示す。はじめは側鎖の炭素数（n）が大きくなるにつれて脆化点が低下する。側鎖は非極性で柔軟なアルキル基であり，内部可塑剤として作用する。nが8になると最低温度に達し，これを超えると脆化点が上昇するが，これは側鎖の部分的な結晶化によって起こる。

末端基は余剰な自由体積をもたらすので，モル質量が減少するとT_gは低下する。

ほとんどの場合，ランダムコポリマーのT_gは対応するホモポリマーのT_gの間にあり，一連のコポリマーについてT_gを組成比に対してプロットすると，ホモポリマーのT_g間を結ぶ直線

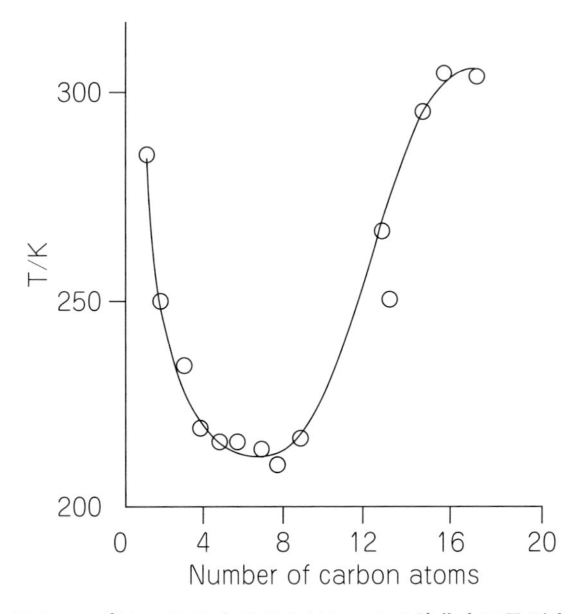

図2.1　ポリ–n–アルキルアクリレートの脆化点に及ぼすアルキル基の炭素原子数の影響

または緩やかな曲線となる。このような場合，式(2.1)が T_g を説明するのにある程度成功している[3]：

$$1/T_g = w_1/T_{g1} + w_2/T_{g2} \tag{2.1}$$

ここで，w_1 と w_2 は2成分の重量分率，T_{g1} と T_{g2} はホモポリマーのガラス転移点である。この式では，自由体積の寄与が相加的であると仮定している。

硬化したゴム変性構造接着剤は，ガラス状マトリックスと，小さなゴム粒子の分散相を持ち，これによって補強作用がある。このような材料は2つの T_g を有し，マトリックスに関連する高い T_g とゴム粒子に関連する低い T_g を有する。

スチレンとブタジエンまたはイソプレンのブロックは，粘着剤に使用される。これはABA型のトリブロックコポリマーで，Aはポリスチレンブロック，Bはポリジエンである。2つの相は非相容性で，それぞれの相は別々のガラス転移温度を持つ。ゴム相は連続的で，スチレン相は直径20～30 µmの小粒子からなる。スチレン含有量は一般に25%以上である。ポリスチレンの T_g は約100℃であり，熱処理はこの温度を超える必要がある。ブロックコポリマーは，熱可塑性ゴムとしても使用される。

ポリマーに液体を添加すると，自由体積が増加し，T_g が低下する。液体は比較的大きな自由体積を持ち，接着剤に意図的あるいは偶然に存在する。例としては，水や可塑剤などがある。この現象は一般に可塑化として知られており，式(2.1)で定量化できる。ここで，w_2 と T_{g2} はそれぞれ可塑剤の重量分率と T_g である。

2.2.4　架　橋

接着剤を含む付加重合系のほとんどは，1つの重合可能なC=C結合を持つモノマーを含有する。2つの重合性C=C結合を持つ第2モノマーを添加すると，架橋された生成物が得られる。直鎖状の重縮合ポリマーは二官能モノマーから形成され，3つ以上の官能基を持つモノマーを添加することで架橋が起こる。エポキシがその好例である。どちらのタイプの重合も，最初は粘度が安定して上昇するが，1分子に平均1個の架橋が存在するゲル化点になると，粘度が急激に上昇する。このとき，ポリマー全体が1つの架橋分子となる。ゲル化点を超えると，さらなる架橋が進行する。

2.2.5　架橋の検出と測定

架橋点は数が少なく，化学的分析では検出できない。一般に，架橋点間には数千のモノマー単位が存在する。例えば，木から採れる天然ゴムは多くの溶媒に溶けるが，架橋されると相互作用は膨潤に限定され，これを測定することで架橋の検出と定量化に利用できる。

溶媒中の架橋高分子の平衡状態における膨潤率は，1974年にノーベル化学賞を受賞したFlory[4]による式(2.2)で与えられる。

$$q_m^{5/3} = (V_o/n_e)(1/2 - \chi_1)/v_1 \tag{2.2}$$

ここで，q_m は体積膨潤率，V_o は膨潤していないネットワークの体積，n_e はネットワーク内の有効鎖数，χ_1 はポリマー–溶媒相互作用パラメータ，v_1 は溶媒のモル体積である。これが意味するところは，パラメータ $q_m^{-5/3}$ は相対的な架橋密度の尺度であるということである。しかし，架橋密度を定量化する最も意味のある方法は，架橋点間のポリマー鎖の平均量である。

この方法は，Comyn ら[5] によって，トルエンを溶媒としてポリジメチルシロキサン（PDMS）の架橋密度を測定するために使用されたもので，ここで χ_1 は 0.64〜0.66 の範囲である。

2.2.6　結晶性

ほとんどの接着剤は完全に非晶質である。部分的に結晶化するものとしては，ホットメルト（ポリアミド，エチレン–酢酸ビニル共重合体類），ポリクロロプレン，ポリエステル，ポリエーテルウレタン類がある。ポリマーが結晶化するには，分子の対称性が必要である。結晶子は補強フィラーのような働きをし，離散的な融点を持つ。

2.3　溶剤消失により硬化する接着剤

コンタクト接着剤は，溶剤系接着剤の中で最もよく知られている。この接着剤は基本的に有機溶媒にポリマーを溶かしたもので，これを接着する両面に塗布する。溶媒が蒸発するまでしばらく時間をおいてから，両表面を圧着させる。

ネオプレン（ポリクロロプレン）系接着剤が代表的な例である。タックがよく，接着強度の発現が早く，油や薬品に強い。代表的なネオプレン系コンタクト接着剤の処方を**表 2.2** に示す。ポリクロロプレンは不安定で，塩化水素の遊離により劣化するが，金属酸化物と酸化防止剤が劣化を抑えるために存在している。酸化物は酸受容体として，酸化防止剤はフリーラジカルの捕捉剤として機能する。樹脂は接着力，凝集力を向上させる。

塗布直前に架橋剤としてジイソシアネート（例：ジフェニルメタンジイソシアネート，DDM）を 1〜2％添加することができる。これらは通常，活性水素原子と反応するが，ここでどのように反応するかは不明である。用途としては，DIY のコンタクト用接着剤，靴底，ゴムボート，ゴムと金属の接着などがある。

一般に市販されている透明接着剤は，ブタジエンとアクリロニトリルの共重合体を有機溶媒に

表 2.2　ポリクロロプレン系コンタクト接着剤の組成

成分	樹脂 100 部あたりの部数（phr）
ポリクロロプレン	100
酸化マグネシウム	4–8
酸化亜鉛	5
酸化防止剤（ブチル化ヒドロキシトルエン，BHT）	2
樹脂（*p*-*tert*-ブチルフェノール類）	30〜50
溶媒（アセトン，ヘキサン，トルエンの混合溶媒）	600

溶かしたものである。

2.4　水分が失われることで硬化する接着剤

接着剤に使用される溶剤の使用量を削減または廃止するよう，環境および安全衛生規制局から強い圧力がかかっており，接着剤およびシーラント業界は，代替用の水性システムの開発によって対応している。しかしながら，これには2つの本質的な問題があり，1つ目は，**表2.3**にある一般的な溶剤の値に比べて水の気化エンタルピーが高いため，蒸発速度が遅いことである。

2つ目の問題は，最も重要な水性接着剤であるラテックス接着剤に関するものである。ラテックスの製造や安定化に不可欠な水溶性物質が乾燥後も接着剤に残留し，そのため，吸水性が高まり，接合部が水に対して敏感になる。

表2.3　いくつかの一般的な溶媒の気化エンタルピー

溶媒	ΔH_v(J g^{-1})
水	2440
アセトン	534
酢酸エチル	404
ノルマルヘキサン	508
トルエン	413

2.4.1　水溶液・ペースト類

でんぷんは安価で豊富にあり，接着剤用途に対してはとうもろこしが主な原料となっている。主な使用は，紙や板材や繊維の接着である。応用としては，段ボール，紙袋，チューブ巻き，壁紙用糊，再湿接着剤などがある。グルコース単位で構成され，アミロースとアミロペクチンと呼ばれる直鎖状と架橋状の成分がある。前者は水溶性で後者は非水溶性である。接着剤に使用する場合は，酸加水分解などでモル質量を低下させる。

水湿性接着剤には，郵便切手に使われているポリビニルアルコールがある。

2.4.2　ラテックス系粘着剤

乳化重合の生成物は，安定剤が吸着したポリマー粒子からなるラテックスであり，安定剤は，通常，アニオン性界面活性剤（石鹸）である。粒子径は1 µmのオーダーで，水の量は通常50%～55%である。

ポリマーラテックスは，ポリ酢酸ビニル（PVA）を主成分とするエマルジョン塗料としてよく知られている。表面塗料としても接着剤としても使用され，表面に塗り広げ，水分が蒸発することで連続膜が形成される。連続膜が形成される最低温度は，ガラス転移温度に近い最低造膜温度MFFTである。

おそらく，最もよく知られている例は，PVAラテックスであるDIY木材接着剤であろう。この接着剤は，木材の細孔に水が移動することで硬化する。脆さを軽減するためにフタル酸系可塑剤が添加できる。水に弱いので，屋内用途にのみ適している。もう1つの例は，天然ゴムラテックスに安定剤としてアンモニアを加えたCopydexがある。

水と接触すると，ラテックス接着剤による接着は界面活性剤を放出し，表面張力を低下させ，接着の熱力学的仕事を変化させる効果を持つことになる[6]。いくつかの酢酸ビニルのコポリマーをベースにしたラテックスが乾燥させられることで，フィルムを得を与え，少量の水に浸漬された。表面張力は，最初の1時間で72.8 mN m^{-1} から39–53 mN m^{-1} の範囲に低下し，その後はかなり安定な状態を維持した[7]。

いずれの界面も純水中で最も安定であり，接着の仕事が正である限り安定であった。このことは，このような結合が水中で急速に崩壊する実験でも確認された。

ラテックス系接着剤の接着は，このように水中で自己破壊することがある。

2.5　冷却で固まる接着剤

ホットメルト接着剤は，温かい液体として基材に塗布し，冷却すると急速に接着する一液型の接着剤である。塗布は容易に自動化でる。紙や板，多くのプラスチック，木材の接着に使用できるが，金属の接着では，基材の熱伝導が速すぎるため，濡れる範囲が狭くなるという問題がある。

2.5.1　エチレンビニルアセテート（EVA）ホットメルト

酢酸ビニルを30%まで含むEVAランダムコポリマーが使用され，ポリエチレンにVAを添加する効果は，結晶化度を下げ，極性を上げることである。溶融粘度は分子量に大きく依存する。粘着付与剤は粘度を下げ，濡れ性を向上させるために添加される。ワックスは，コストを下げ，粘度を下げるために添加される。炭酸カルシウムのような充填剤は，コストを下げ，粘度を増加させる。

酸化防止剤は，塗布時や使用期間中に接着剤を保護するために必要である。ブチル化ヒドロキシトルエン（BHT）は一般的な酸化防止剤だが，揮発性が高いため，ホットメルト接着剤から蒸発したり，コンタクト接着剤の溶剤と共蒸発する可能性がある。揮発性の低い酸化防止剤は分子量が高く，価格も高くなる。酸化防止剤の特徴については，第7章［**7.2**］を参照のこと。

用途としては，ダンボール箱，製本，アイロンワッペン，チップボードのエッジテープなどがある。

カーボンナノチューブは，他の種類の接着剤にも使用されている。Wehnertら[8]は，ポリ-α-オレフィンホットメルト接着剤にこれを添加した。これにより，機械的な変化がもたらされた。ここでは，**表2.4**に示すように，誤差は示されず，いくつかのケースでは有効数字が減らされている。

表2.4　ホットメルト接着剤にカーボンナノチューブを添加した場合の機械的性質の変化

カーボンナノチューブ（%）	ヤング率（MPa）	引張強度（MPa）	破断伸度（%）
0	7.4	1.25	182
1	12.6	1.37	198
5	27.6	2.32	114

2.5.2　ポリアミドホットメルト

ポリアミド系ホットメルト接着剤は，ポリアミド（ナイロン）系プラスチックよりも融点が低く，これはモノマーの混合物を使用することで実現されており，鎖間の N-H…O＝C 水素結合が減少するため，融解熱が減少する効果がある。EVA よりも耐熱性に優れ，価格も高くなるが，添加剤を使用しなくても良好なタックが得られる。

ポリアミドターポリマー6, 6-6, 6-10，6, 6-6, 12，…6, 6-6, 6-12，6, 6-9, 6-12 は繊維布の接着に用いられ，蒸気によって軟化するが，この機能によって耐洗濯性も低くなる。ドライクリーニング耐性は良好である。

2.6　化学反応により硬化する接着剤

2.6.1　エポキシ

エポキシは，最もよく知られ，最も広く使用されている構造用接着剤である。市販のエポキシ樹脂は数少ないが，アミンや酸無水物を含む幅広い種類の硬化剤と混合することができる。長所は，硬化時に揮発物が発生しないこと，収縮率が非常に低いことである。短所は，皮膚疾患の原因となることである。

最も一般的に使用されているエポキシ樹脂は，ビスフェノール A のジグリシジルエーテル（DGEBA）をベースとしている。これは構造式 1 に示す構造を持っており，n は約 0.2 である。純粋な化合物は固体であるが，市販品はより便利なことに液体である。

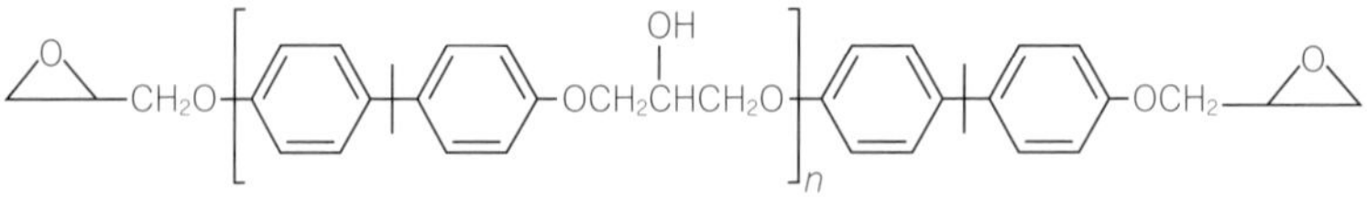

（構造式 1）DGEBA 系の市販エポキシ樹脂

別の市販樹脂の化学構造を構造式 2 に示す。

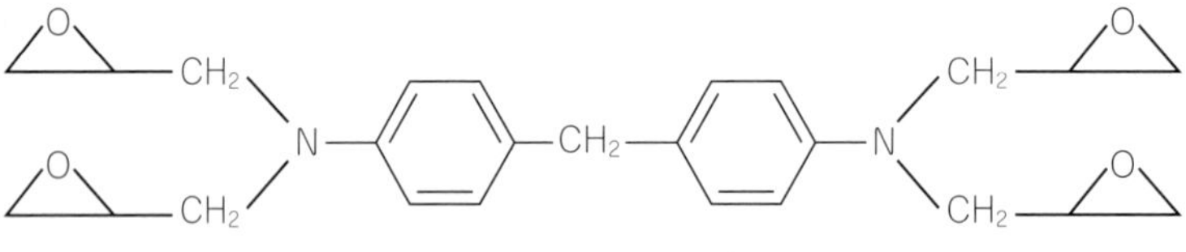

（構造式 2）N, N, N′, N′-テトラグリシジル-4, 4′-ジアミノジフェニルメタン

硬化剤には芳香族アミンと脂肪族アミンの両方が使用され，化学量論的には 1 個のエポキシド環が 1 個のアミン水素原子と反応し，縮合重合することになる。第一級アミン基とエポキシド環の反応を**図 2.2** に示す。

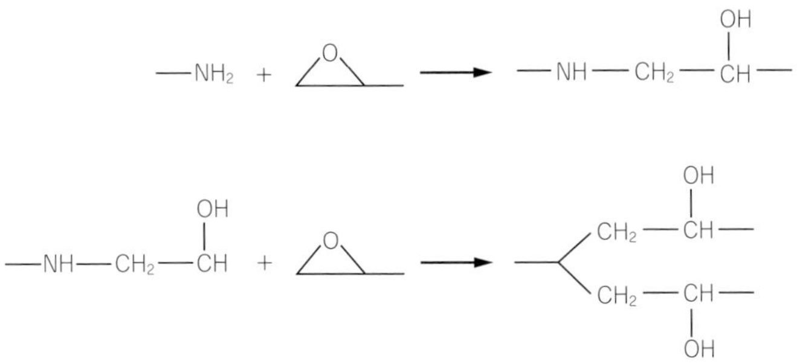

$$-NH_2 + \text{(epoxide)} \longrightarrow -NH-CH_2-CH(OH)-$$

$$-NH-CH_2-CH(OH) + \text{(epoxide)} \longrightarrow >N(-CH_2-CH(OH)-)_2$$

図 2.2　一級アミンと２つのエポキシド基の反応

脂肪族アミン系硬化剤としては，６官能のトリエチレンテトラミン（TETA），４官能のビス（アミノプロピル）テトラオキサスピロウンデカンなどが代表的である。

$$NH_2CH_2CH_2NHCH_2CH_2NHCH_2CH_2NH_2$$

（構造式３）トリエチレンテトラミン

$$NH_2CH_2CH_2CH_2-(\text{spiro-dioxane})-CH_2CH_2CH_2NH_2$$

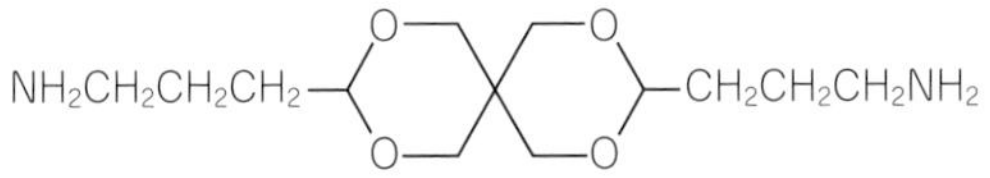

（構造式４）3, 9–ビス（3–アミノプロピル）–2, 4, 8, 10–テトラオキサスピロ[5.5]ウンデカン

脂肪族アミンを含むエポキシ系接着剤は，室温で硬化させることも，加熱により硬化プロセスを促進させることもできる。典型的な硬化時間は，室温で14時間，80℃で３時間である。芳香族アミンによる硬化は，通常150℃で２時間という高温を必要とし，硬化した接着剤はガラス転移温度が高く，接合部はより耐久性がある傾向がある。芳香族アミン系硬化剤の一部を以下に示す。

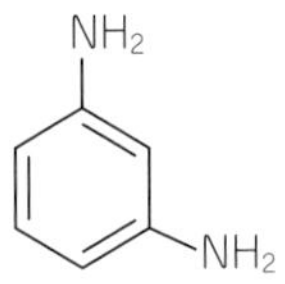

$$C_6H_4(NH_2)_2$$

（構造式５）1, 3–ジアミノベンゼン

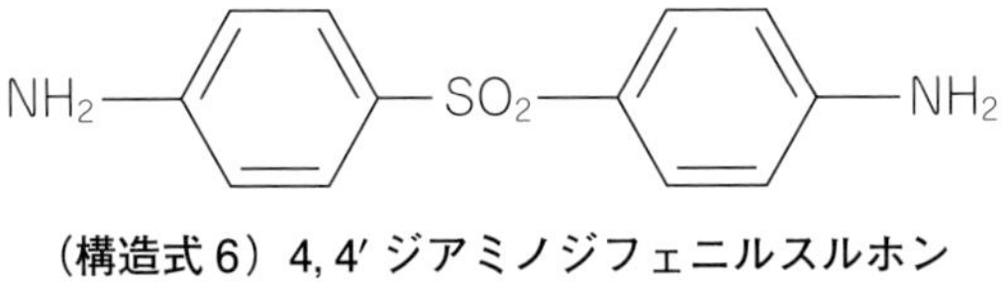

$$NH_2-C_6H_4-SO_2-C_6H_4-NH_2$$

（構造式６）4, 4′ ジアミノジフェニルスルホン

一液型接着剤は，高温を必要とする硬化剤を用いて製造することができる。このような硬化剤はジシアンジアミド（$H_2N-C(=NH_2)-NH-CN$）で，室温ではDGEBAに不溶で接着剤が加熱されると溶解するという利点もある。このような接着剤は，冷蔵庫に保管のフィルムの形式で提供されることが多く，接着剤の取り扱いや接着層の厚みを制御するのを補助するために繊維布やキャリアが含まれていることが多い。

最近発見された微粒子を接着剤，特にエポキシ系に添加し，その特性を向上させるようという開発があるが，一般的に効果は限定的である。

Quan ら[9]は，グラフェン単板をゴム改質 DGEBA エポキシ接着剤に添加している。0.5％まで添加したところ，ヤング率は 2.46 から 2.60 GPa に，破壊エネルギーは 2136～2590 Jm^{-2} に増加したが，ラップシアー強度は 22 から約 17 MPa に低下した。窒化ホウ素ナノチューブ（BNNT）は，さまざまな炭素同素体とは異なり，電気を通さない。BNNT を DGEBA エポキシに配合すると，引張弾性率と破壊靭性が適度に増加した。ラップシアー接合部の強度は，Jakubinek ら[10]によれば，BNNT の最適添加量である 1～2％である場合に向上した。Aradhana ら[11]は，多層カーボンナノチューブと改質ナノクレイ Cloisite 30 B を使用した。これらは，TETA を硬化剤として DGEBA エポキシドに添加された。無添加でのラップシアー強度は 5.54 ± 0.82 MPa であったのに対して，ナノチューブ 1％では 8.21 ± 0.63 MPa，クレイ 1％では 8.46 ± 0.96 MPa に上昇した。

分散をよくするために超音波オゾン分解で官能基化したグラフェンナノプレートレットを，トリブロックコポリマー（メチルメタクリレート-ブチルアクリレート-メチルメタクリレート）および（スチレン-ブタジエン-メチルメタクリレート）を添加して強靭化したエポキシ接着剤に添加した。Jojibabu ら[12]は，これによりアルミニウムのラップジョイントの強度が最大 129％向上することを確認した。Li ら[13]は，Fe^{3+} と H PO_{24}^{-} に基づく官能基を持つグラフェン酸化物を，常温硬化型エポキシに添加した。硬化が促進され，ラップシアー強度を 144％向上させることができた。

2.6.2　金属用フェノール系接着剤

フェノールを水溶液中，塩基性条件下で過剰のホルムアルデヒドと反応させると，レゾールとしてしられる生成物が得られ，これは，エーテル基とメチレン基で架橋され，ベンゼン環にメチロール基が置換したフェノールを含有しているオリゴマーである。これを構造式 7 に示す。

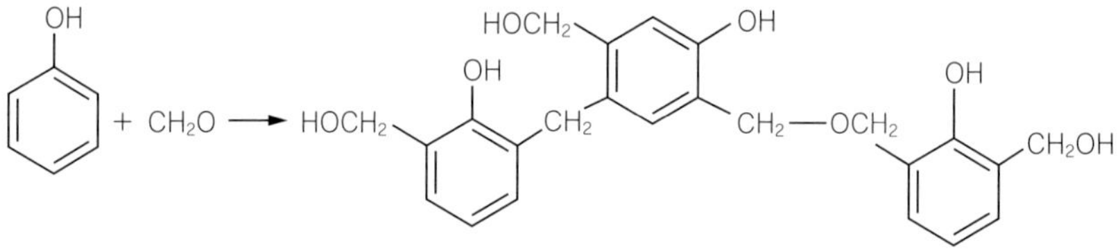

（構造式 7）フェノール系オリゴマー

接着剤として使用する場合は，接合部中で 130～160℃に加熱され，さらなるメチロール基の縮合が行われることで架橋ポリマーが得られる。

$$2-CH_2OH=-CH_2OCH_2-+H_2O$$

蒸気で満たされた空孔の形成を避けるため，フェノール系接着剤を使った接合では，通常，油圧プレスの加熱された鋼板の間で，圧力下で硬化させる必要がある。フェノール樹脂は脆いので，強靱化するために他のポリマーが加えてられる。ポリビニルホルマール，ポリビニルブチラール，エポキシ，ニトリルゴム（アクリロニトリルとブタジエンの共重合体）などである。

2.6.3　構造用アクリル系粘着剤

アクリルモノマーを含む構造用粘着剤は，常温でフリーラジカル付加重合により硬化する。主なモノマーはメチルメタクリレートであるが，カルボン酸塩を形成して金属との接着性を高めたり耐熱性を向上させるメタクリル酸や，架橋のためのエチレングリコールジメタクリレートなどの他のモノマーが含まれる場合もある。また，ポリメチルメタクリレートが含まれることもあり，これは粘度を高め，臭いを低減する効果がある。典型的な構造用アクリル系粘着剤の配合を**表 2.5** に示す。

表 2.5　構造用アクリル系粘着剤の配合

成分	重量部
メチルメタクリレート	85
メタクリル酸	15
エチレングリコールジメタクリレート	2
クロロスルホン化ポリエチレン	100
クメンヒドロペルオキシド	6
N, N-ジメチルアニリン	2

クロロスルホン化ポリエチレンは，ゴム状強靭化剤である。クメンヒドロペルオキシドと *N, N*-ジメチルアニリンは，レドックス開始剤の成分である。接着剤は２つの部分（樹脂と触媒）で供給されることになる。触媒には開始剤成分の１つが含まれ，他の成分はすべて樹脂に含まれる。最も便利なのは，一方の表面に樹脂を，他方の表面に触媒を塗布することである。約１分間接合した後，接着剤は接合部を保持するのに十分硬化し，最大強度は約 10 分間で発現する。また，各成分をあらかじめ混合しておくことも可能である。

最も広く使われている開始剤系は，ハイドロパーオキサイドとアニリンとブチルアルデヒドの縮合生成物であり，強靭化ゴム中のスルホニルクロライド基と反応してフリーラジカルを生成し，ゴム粒子へのアクリルポリマーのいくらかのグラフト化をもたらすこともある。

人工関節を人間の骨に固定するためのセメントや，歯にかぶせるポーセレンも MMA がベースになっている。後者の場合，歯科医はリン酸で表面を整え，冷風で乾燥させ，紫外線で接着剤を硬化させる。

MMA を重合すると，20.7%という大きな体積減少が生じる。このような大きな変化は，接合部に大きな応力をもたらす可能性があるが，粒子状のフィラーを添加することで低減することができる。また，収縮は接着剤の隙間充填性が低い傾向になる理由である。

2.6.4　構造用接着剤のゴム強靭化

多くの構造用接着剤には，ゴム状のポリマーが溶解している。接着剤が硬化すると，ゴムは直径 1 µm 程度の液滴として析出するが，その原動力は，一般にポリマー間に生じる非相溶性である。接着剤の接合部はクラックの成長によって破壊されるが，ゴム粒子はクラックストッパーとして機能する。破壊エネルギーと衝撃強度が増加する。

このような用途に用いられるゴムとしては，ポリビニルホルマール，ポリビニルブチラール，クロロスルホン化ポリエチレン ATBN，CTBN などがある。後者は，ブタジエンとアクリロニトリルの共重合体の頭文字を取ったもので，末端にアミン基またはカルボキシル基になっている。エポキシ系接着剤では，末端基が樹脂と反応し，粒子とマトリックスの界面で化学結合を起こす。

マイクロカプセルを埋め込むことで，自己修復型接着剤を作ることができる。破壊されると重合する。ゴム強化エポキシ（FM73M）を用いた例では，マイクロカプセルにシクロペンタジエンとルテニウム4化合物であるグラブス触媒が含まれていた。ヒーリング効率は58％に達した[14)]。

2.6.5　高温用接着剤

エポキシやフェノール系よりも高温で使用できる接着剤が多数ある。これらは高価で，高い硬化温度を必要とする傾向がある。最もよく知られているのは，米国のNASAによって開発されたポリイミドであろう。ポリイミドは，二無水物とジアミンの縮合重合で作られる。**図 2.3** に示す例では，ピロメリット酸二無水物を 1, 4−ジアミノベンゼンと反応させる。この反応の第一段階で，可溶性・可融性のポリアミック酸が得られるので，この段階で基材に塗布することになる。その後，高温高圧下で硬化させる。得られたポリイミドは，不溶性で可溶性である。

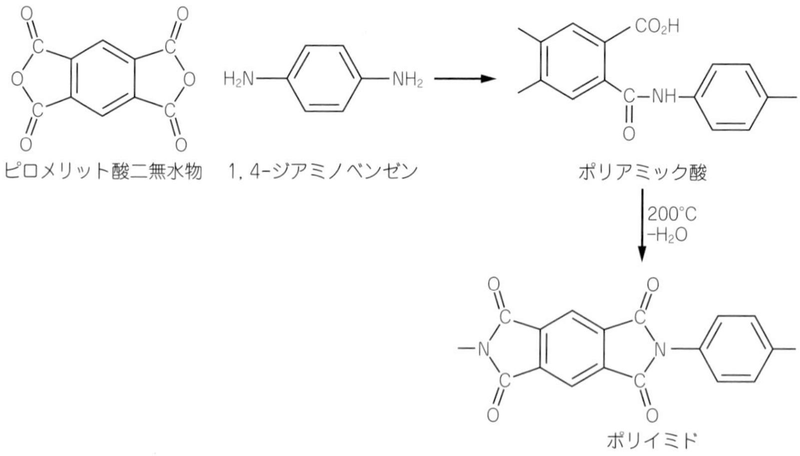

ピロメリット酸二無水物　1, 4−ジアミノベンゼン　ポリアミック酸

200℃
$-H_2O$

ポリイミド

図 2.3　ポリイミドの生成

接着剤の種類によって１年間使用できる温度は，特定の材料によって多少異なるが，以下の一般的なガイドラインを使用することができる。アクリレートとシアノアクリレートの上限は80℃だが，ポリアミドを硬化させたエポキシの使用限界温度は 65℃となる。脂肪族アミンで硬化したエポキシの上限は 100℃だが，酸無水物で硬化したものの上限が 150℃となる。シリコーンでは200℃，ポリイミドでは 260℃である。これらの接着剤の多くは，有害な影響を与えることなく，より高温で短時間暴露することができる。

ビスマレイミドは，**図 2.4** に示すように，無水マレイン酸と芳香族ジアミンを反応させて作られる。熱的性能は，エポキシとポリイミドの中間的なものである。

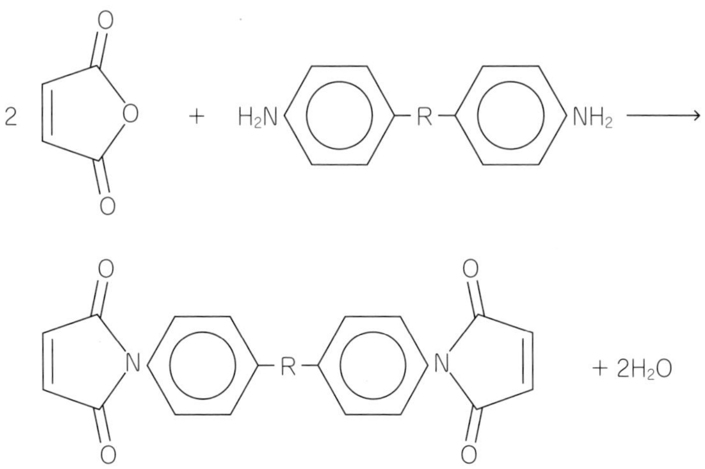

図 2.4　ビスマレイミドの生成

2.6.6　木材用ホルムアルデヒド縮合接着剤

木材用接着剤の中には，ホルムアルデヒドとフェノールやレゾルシノール（1,3-ジヒドロキシベンゼン）との縮合物もある。また，尿素やメラミンとの縮合物もあり（**図 2.5**），ホルムアルデヒドとの反応により，**図 2.6** に示すように，アミン水素原子がメチロール基で置換される。

テトラメチロール尿素は単離されていない。

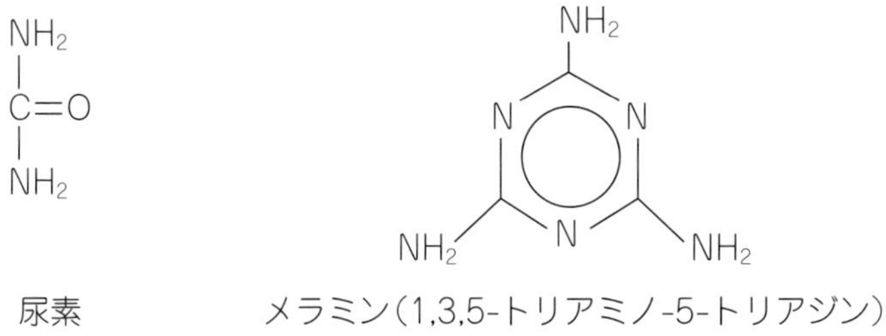

図 2.5　尿素およびメラミンの化学構造

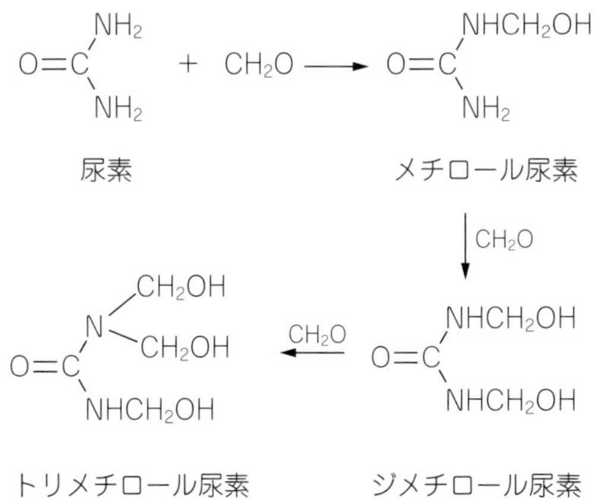

図 2.6　尿素とホルムアルデヒドの縮合反応

これらの化合物は，いずれもメチロール基を介して縮合重合し，架橋生成物を与える。この反応は，触媒を加えた後，常温で行われる。接着剤は水性であり，硬化時に水が発生する。水は木材中に移行して除去されるため，これらの接着剤は多孔質の被着体にのみ適している。

2.6.7　嫌気性接着剤

嫌気性接着剤は，重合を阻害する酸素がない状態で硬化する。

通常，ポリエチレングリコールのジメタクリレートをベースとしているが，エンドキャップ型ポリウレタンも使用される。レドックスフリーラジカル開始剤を含み，通常，酸素を十分に供給するために，空気透過性のポリエチレン容器に一部だけ充填して供給される。用途としては，ナットロック，円筒形の嵌合強化，ガスケットなどがある。

2.6.8　シアノアクリレート

構造式 8 に示す分子はシアノアクリル酸エチルであり，2 つの強い電子吸引性基（-CN と -COO-）を含むため，非常にアニオン重合を受けやすい。重合は，環境中のあらゆる表面に吸着している水によって開始され，数秒以内に完了する。水における実際の開始基は塩基性水酸化物イオン（OH^-）である。ガラスの表面はアルカリ性であるため，シアノアクリレートはガラス容器ではなく，ポリエチレン容器に詰められている。二酸化硫黄が安定剤として添加される。メチル，*n*-ブチル，アリルシアノアクリレートも使用されている。

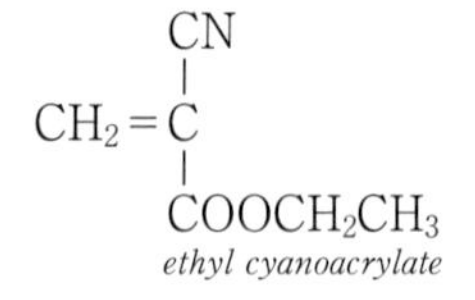

（構造式 8）エチルシアノアクリレート

2.6.9　シリコーン

一液型シリコーン接着剤は，室温加硫型（RTV）と呼ばれ，酢酸基，ケトキシム基，エーテル基を持つモル質量 300～1,600 のポリジメチルシロキサン（PDMS）からなることが多い。これらは大気中の水分によって加水分解され，ヒドロキシル基を形成し，その後，水分の脱離とともに縮合する。アセテート末端基の反応を以下に示す。浴室用シーラントとしてよく知られている。

$$-\underset{acetate}{SiOCOCH_3} + H_2O = -SiOH + CH_3COOH\uparrow$$

$$-SiOH + -SiOH = -Si-O-Si- + H_2O$$

硬化速度は，化学反応に比べ遅い水の拡散によって制御される。硬化したシーラントからなる鋭く前進する前線があり，硬化材は水の浸透に対するバリアとして機能する。このバリアを通過した水は，未硬化のシーラントと素早く反応し，バリアが厚くなる[15]。

時刻 t における硬化した接着剤の厚さを z，n が水のモル数，p は周囲の水の蒸気圧，P は硬化シーラント中の水の透過係数である。*V*は１モルの水と反応するシーラントの体積である。

$$z = (2VPpt)^{1/2} \tag{2.3}$$

シリコーン剥離紙は，水素とビニル末端基を有するポリジメチルシロキサンを含浸させることにより製造される。このポリマーは，約 5 ppm の白金またはロジウム触媒の存在下，**図 2.7** の反応によって硬化される。反応は室温で進行するが，加熱することで促進させることができる。

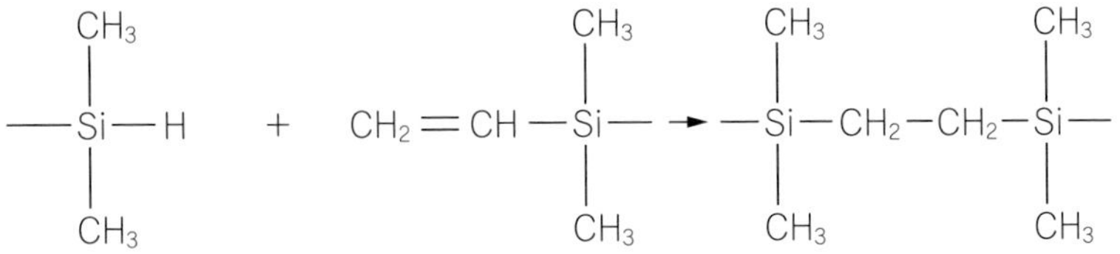

$$-Si(CH_3)_2-H + CH_2=CH-Si(CH_3)_2- \rightarrow -Si(CH_3)_2-CH_2-CH_2-Si(CH_3)_2-$$

図 2.7　シランハイドライドとビニルシランとの反応

シリコーンを用いた接合は，約－60～200℃までの広い温度範囲で使用できる。ガラス転移温度は－120℃であるが，規則的な構造のため，－60℃でも結晶化が起こりうる。

二液型シリコーンは，厚みのある部分には欠かせないもので，通常，水を含み，速い硬化に対してはオクタン酸すず，遅い硬化に対してはジラウリン酸ジブチルすずで触媒される。シリコーン接着剤は柔らかく，耐薬品性，耐環境性に優れている。シリコーンによる接合部は，約－60～200℃までの広い温度範囲で使用できる。ガラス転移温度は－120℃である。

2.6.10　ポリウレタン

ポリウレタン接着剤は，少なくとも２つの-OH 末端基を持つ低分子量ポリマーをジイソシアネートと反応させることで作られる。ポリマーはポリエーテル，脂肪族ポリエステル，ポリブタジエンなどがある。基本的な化学反応は，

$$\underset{isocyanate}{-NCO} + \underset{ol}{-OH} = \underset{urethane}{-NHCOO-}$$

二液型ポリウレタン接着剤では，ポリマーとイソシアネートは混合された後，被着体に塗布される。表面（例えば，紙，木，ガラスなど）にある水酸基は，イソシアネートと反応して，接着剤と被着体の間に共有結合を形成する可能性がある。

一液型接着剤は，イソシアネート（-NCO）末端基を持つ低分子量の直鎖状ポリマー分子で構成されている。大気中の水蒸気が接着剤中に拡散し，以下の化学反応を起こして分子同士が結合し，より大きな直鎖状分子が形成さる。硬化の深さは式(2.3)に従う[16]。交換用自動車フロントガラスの取り付けに使用されている[17]。

$$-NCO + H_2O = -NH_2 + CO_2$$

$$-NCO + -NH_2 = \underset{urea\ unit}{-NH-CO-NH-}$$

しかし，さらなる反応であるイソシアネートとウレアユニットとの反応が進み，最初は直鎖状だった接着剤が架橋されるようになる。

$$-NCO + -NH-CO-NH- = -\underset{\substack{|\\ CO-NH-}}{NH}-CO-NH-$$

biuret unit

イソシアネートは水と容易に反応するが，失活させれば水系分散液に取り込むことができる。トルエンジイソシアネート（TDI）は液体だが，その誘導体であるTDI–ウレトジオンやTDI–ウレアは結晶性固体である。これらはシクロヘキサン中で2–メチルペンタメチルジアミン（2–MPD）と反応させることで不活性化できる。化学反応は**図 2.8** に示す通りである。アミンとイソシアネート基から置換ウレアを生成する。用途としては，キッチンの食器棚の扉で，PVC フィルムが木質複合材であるMDF に接着されている。接着剤はMDF 上にスプレーされ，乾燥される。熱と圧力でPVC フィルムをMDF に貼り付けると，ジイソシアネートが放出される。多くの特許に記載されている。

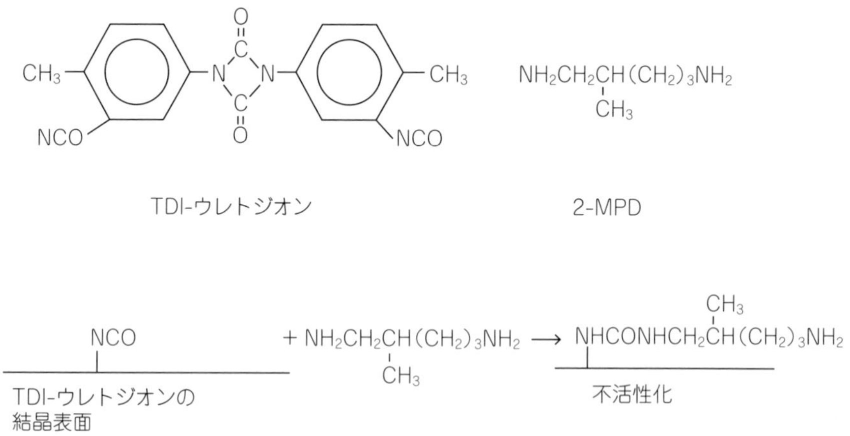

TDI-ウレトジオン

$NH_2CH_2CH(CH_3)(CH_2)_3NH_2$

2-MPD

TDI-ウレトジオンの結晶表面 –NCO + $NH_2CH_2CH(CH_3)(CH_2)_3NH_2$ ⟶ –$NHCONHCH_2CH(CH_3)(CH_2)_3NH_2$（不活性化）

図 2.8　不活性化イソシアネートの生成

一液型接着剤は，イソシアネート（–NCO）末端基を持つ低分子量の直鎖状ポリマー分子で構成されている。大気中の水蒸気が接着剤中に拡散し，化学反応を起こす。硬化の深さは式(2.3)に従う。

Tardio ら[18]は，Tof–SIMS を用いて，ジイソシアネート（MDI）のステンレス鋼（316 L）への接着を調査した。接着層の厚さは5 nm 未満であった。それによると，MDI 分子は金属表面に対して56～60° の角度を作り，表面の–OH 基と反応してウレタン基を生成することが示された。

MDI をベースとしたポリエーテル–ウレタンの25，45，60℃の水中に浸漬したときの挙動をFTIR によって調べた。1663～1764 cm^{-1} の領域における>C＝O 伸縮モードは，次のようなバリエーションを示した：①遊離カルボニル基，②ウレタンに一重に水素結合したカルボニル，③ウレタンへの二重の水素結合。さらなる相互作用として，エーテル酸素に水素結合した>N–H があった[19]。

2.6.11　ポリサルファイド

ポリサルファイドは主にシーラントとして使用され，主な用途は，二重ガラスの縁をシールすることで，二重ガラスを固定し湿気の浸入を防ぐ。ポリサルファイドは，ビス（2–クロロエチルホルマール）とポリサルファイドナトリウムを反応させたもので，xは約 2，nは約 20 である。少量のトリクロロプロパンを加えると分岐点ができ，硬化時に架橋をもたらす。

$$ClCH_2CH_2OCH_2OCH_2CH_2Cl + NaS_x = -(CH_2CH_2OCH_2OCH_2CH_2S_x)_n- + NaCl$$

ポリサルファイドシーラントには，コスト削減と流動性調整のためのミネラルフィラーや，フタル酸系の可塑剤，シランカップリング剤などが配合される。二液型であり，硬化剤には二酸化マンガンやクロム酸塩が含まれる。硬化には，–S–S–からの–SH 末端基の酸化的結合が必要で，複雑なフリーラジカル機構を有している。

2.7　感圧式接着剤

2.7.1　テープ素材

感圧接着剤は，永久的に粘着性を維持し，粘着テープやラベルに使用されていることで知られている。粘着剤は主に，天然ゴム，スチレン–ブタジエンブロックおよびランダムコポリマー，アクリル，アタクチックポリプロピレンをベースとしている。可塑化 PVC とポリエチレンは一般的なテープ材料である。片面は，粘着剤が永久に付着するようにプライマーまたは結合層が塗布され，もう一方の面は，テープを広げたときに粘着剤と分離するように剥離層が塗布されている。最も一般的な剥離材は，PVOH とオクタデシルイソシアネートを反応させてつくられるビニルアルコールとオクタデシルカルバミン酸ビニルの共重合体である。

その他の離型剤としては，ベヘン酸ビニル（$C_{21}H_{43}COOCH=CH_2$）やアクリル酸ステアリルをベースにしたものがある。いずれの場合も，長くて無極性の炭化水素鎖が低エネルギーの表面を与える。粘着ラベルは，架橋ポリジメチルシロキサンを含浸させた裏紙に貼られて提供されるが，これも表面エネルギーが低い。

2.7.2　ラテックス

1845 年に外科用絆創膏として使用された天然ゴムは，現在でも PSA の主要な材料である。天然ゴム，酸化防止剤，粘着剤から構成され，通常，溶液（ヘプタン，トルエンなど）から塗布される。ゴムは，ゲルを壊し，モル質量を減らすために素練りされる。

ラテックススチレンブタジエンゴム（SBR）はランダムコポリマーである。このような材料のガラス転移温度は，組成に比例し，スチレンの量とともに増加する。

2.7.3　ブロックコポリマー

A はスチレンブロック，B はブタジエンまたはイソプレンユニットのブロックである ABA 型トリブロックコポリマーがある。2 つの相は非相溶性で，それぞれの相は別々のガラス転移温度を持つ。スチレンの含有量は一般に 25%以上である。これらのコポリマーは，熱可塑性エラストマーとして広く使用されている。溶融状態で塗布され，冷却すると 2 つの相が分離する。ゴム質相は連続的で，スチレン相は直径 20～30 μm の小粒子からなる。これらは接着剤を効果的に架橋するが，ポリスチレンの T_g（約 100℃）を超えると「溶融」する。ポリブタジエン相のガラス転移温度は－80℃，ポリイソプレン相のガラス転移温度は－50℃である。タッキファイヤーが必要で，石油系樹脂が代表的である。

ブロックポリマーは，炭化水素溶媒中で有機リチウムを開始剤とするアニオン重合によって合成される。ブチルリチウムは**図 2.9** に示すようにスチレン（S）と反応し，さらにスチレン分子が付加される。これらはリビングポリマーとして知られており，末端基はリビングエンドとなる。イソプレン（I）やブタジエンを添加すると，リビングエンドを持つジブロック共重合体が形成される。これを 1, 2–ジブロモエタンと反応させると，トリブロックのコポリマーとなる。

リビング末端はすべて同じ速度で成長するため，モル質量分布は非常に狭く，重量平均モル質量と数平均モル質量の比 $M_w/M_n \leqq 1.05$. モル質量は 70,000～150,000 の範囲にある。水は，リビングエンドを終了させるために使用できる。均一な分子は，安定した性能を与える。この方法で作られたポリブタジエンやポリイソプレン鎖は，*cis*–1, 4–異性体の含有率が非常に高く，このため，このようなポリイソプレン鎖は天然ゴムによく似ている。

天然ゴムでは，イソプレン単位のほとんどが *cis*–1, 4 配置であり，このようなブロック共重合体の合成には，リチウムと無極性溶媒の両方が不可欠である。リチウムを他のアルカリ金属に置き換えたり，極性溶媒を加えたりすると，*cis*–1, 4 単位は形成されなくなる。その理由は，**図2.10** に示すように，ジエンのリビングエンドがリチウムイオンに巻きついてしまうからである。小さ

$$\mathrm{BuLi + CH_2{=}CH(Ph) \rightarrow Bu{-}CH_2{-}CH^-Li^+}$$

開始

$$\mathrm{Bu{-}S^-Li^+ + (n-1)S \rightarrow Bu{-}S_{n-1}S^-Li^+}$$

スチレンの付加

$$\mathrm{Bu{-}S_{n-1}S^-Li^+ + mI \rightarrow Bu{-}S_nI_{m-1}I^-Li^+}$$

イソプレンの付加

図 2.9

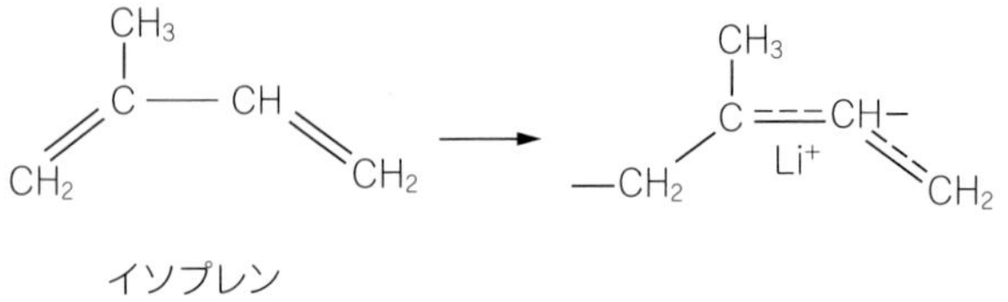

図 2.10　*cis*–1, 4 立体配置のイソプレンリビング末端の生成

なイオンはちょうどフィットし，その高い表面電荷が末端基を引き寄せる。大きなイオンは，両方の点で失敗する。テトラヒドロフラン（THF）のような極性溶媒は，末端基を置換し，リチウムイオンを溶媒和させる。

スチレン-ブタジエンランダムコポリマーは，乳化重合により製造される。

2.7.4　アクリル

アクリルは紫外線や酸素に対する耐性に優れるが，より高価である。エマルジョン中での共重合により，特性を調整することができる。

2.7.5　アタクチックポリプロピレン

現在，PSA として使用されている材料は，アタクチックポリプロピレンとそのエチレン，ブテン，ヘキセンとの共重合体である。これらは化学的に不活性で熱安定性がある。ポリプロピレンのガラス転移温度は－10℃，コポリマーは－35℃に低下する。ポリエチレンのような低エネルギー表面とよく接着する。使い捨ておむつなどの不織布に使用されている。

プラスチックとして使用されるポリプロピレンは，アイソタクチック半結晶で，Ziegler–Natta 触媒を使用して作られる。アタクティックポリプロピレンは副産物で，これは非晶質で粘着性のある固体である。

この違いは，その分子対称性による。熱可塑性樹脂はアイソタクチック構造で，分子を完全に伸ばした場合，すべてのメチル基が同じ側にあることになる。実際には，メチル基が過密になるため，このような配置で分子は存在できない。結晶状態では，3_1 のらせん（らせんの１ターンあたり３個のモノマーユニット）を形成する。結晶化度は，機械的特性に大きく寄与する。アルキルアルミニウムと塩化チタンを主成分とする触媒は，炭化水素溶媒中で懸濁液を形成する。懸濁液の粒子上で不均一系重合が起こる。ビニルポリマーの立体規則性を**図 2.11** に示す。

この発見により，チーグラーとナッタは 1963 年に共同でノーベル化学賞を受賞した。

アタクチックポリプロピレンは，メチル基がランダムに配置され，完全に非晶質である。フリーラジカル付加重合で製造することができる。メチル基が左右に交互に並ぶ第三の立体異性体がある。これはシンジオタクチックと呼ばれ，商業的な用途はない。四塩化バナジウムと塩化ジエチルアルミニウムを主成分とした触媒とメトキシベンゼンなどのルイス酸を用いて合成できる。結晶状態では，伸びた鎖を形成する。

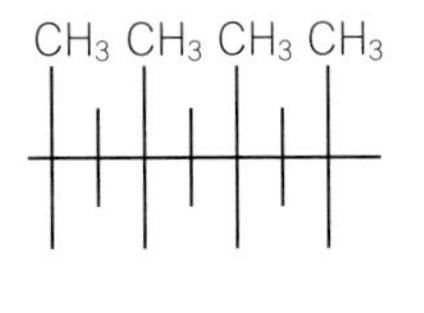

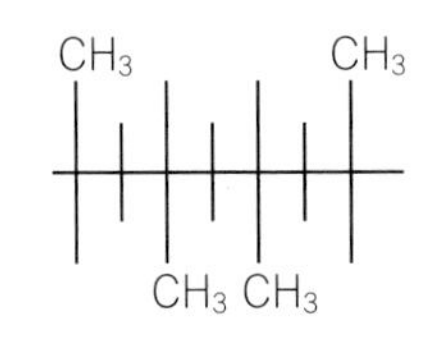

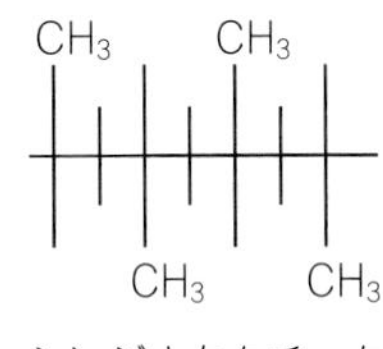

図 2.11　ポリプロピレンの異性体

2.7.6　タッキファイヤー

タッキファイヤーには，α–とβ–ピネンのオリゴマーであるテルペン樹脂，石油樹脂，ロジンエステルなどがある。前二者の化学構造はよくわかっていない。ロジン酸は松の木から得られるもので，アビエチン酸（**図2.12**）とC=C結合の位置を変えた異性体の混合物である。ペンタエリスリトール（$C(CH_2OH)_4$）やグリセロール（CH_2OH–CHOH–CH_2OH）とエステル化される。

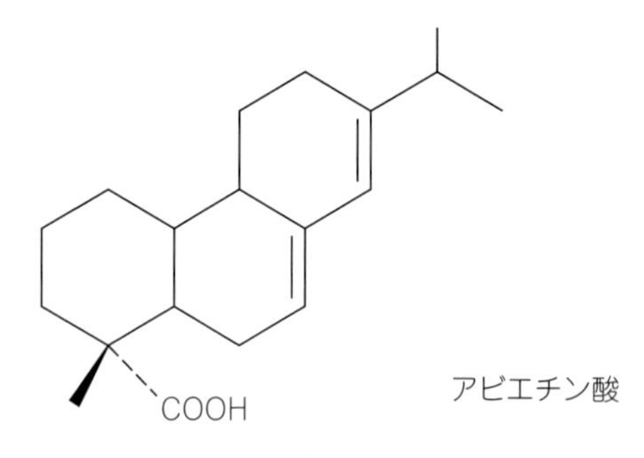

図2.12

最も身近な粘着性物質の1つに，Bostik社の製品である「Blu–Tack」がある。基本的にはポリイソブテンなどの線状ゴム質ポリマーに，粘弾性特性を修正するための微粒子フィラーを加えたものである。粘着剤として機能する。

タッキファイヤー樹脂の中には，カチオン重合で作られるものがある。これはルイス酸を開始剤とする炭化水素樹脂と呼ばれるもので，プロトンによる連鎖移動が大きいため，モル質量が小さくなる。芳香族樹脂は，インデンに少量のスチレン，メチルスチレン，メチルインデンを加えたもので，三フッ化ホウ素を開始剤とする。脂肪族樹脂の主なモノマーは*cis*および*trans*–1, 3–ペンタジエンだが，少量のイソプレン，2–メチル–2–ブテン，ジシクロペンタジエンが含まれることもある。テルペン樹脂（α–ピネン，β–ピネン，ジペンテン）のモノマーは，イソプレンの二量体である。開始剤は通常三塩化アルミニウムである。これらのモノマーの構造を**図2.13**に示す。

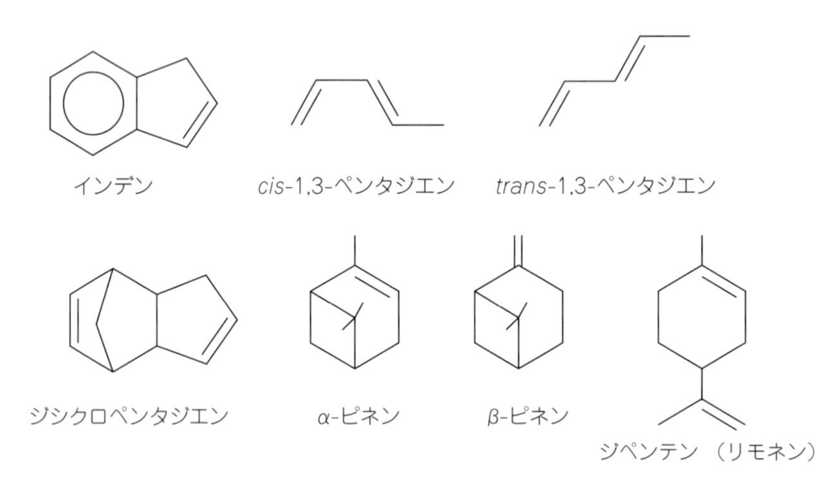

図2.13

2.8　物理吸着による接着性

2.8.1　はじめに

物理的吸着はすべての接着剤結合に寄与しているため，接着の理論として最も広く適用されている。その元となるのは，すべての原子や分子が接近したときに生じるファンデルワールス力であり，界面を越えて存在する。この力は分子間力の中で最も弱い力だが，その強さは接着剤の接合強度を説明するのに十分すぎるほどである。ファンデルワールス力には 3 種類がある，すなわち，永久双極子を持つ分子間の引力，永久双極子と無極性分子間の引力，無極性分子間の引力である。

これらの引力のポテンシャルエネルギーはすべて r^{-6} に比例し，r は離間距離である。このような付着力は非常に短距離のもので，界面層の 1 層または 2 層の分子のみが経験するものである。

2.8.2　接触力学

ゴム球同士の接触は，界面における吸引力の存在を示すことができる。式(2.4)は Hertz によるもので，直径 D の 2 つの弾性球を力 F で押し付けたときの接触部の直径 d を与える。ここで，E は球体の材料のヤング率，ν はポアソン比である。

$$d^3 = 3(1-\nu^2)FD/E \tag{2.4}$$

Johnson ら[20] は，いくつかの天然ゴム球の d を測定し，低荷重では Hertz 式から逸脱しているが，高荷重では適合していることを明らかにした。データは**図 2.14** に示されている。低荷重では，接触領域は Hertz の予測よりも大きくなった。これは，2 つの球体の表面間の引力が原因であり，接触帯の直径は，W を接着仕事とすると，式(2.5)で与えられることが示された。

$$d^3 = 3(1-\nu^2)D\{F + 3\pi WD/4 + [3\pi WDF/2 + (3\pi WD/4)^2]^{1/2}\}/E \tag{2.5}$$

式(2.5)を用いると，乾燥ゴムでは $W = 71 \pm 4$ mJ m^{-2}（すなわち，ゴムの表面自由エネルギー

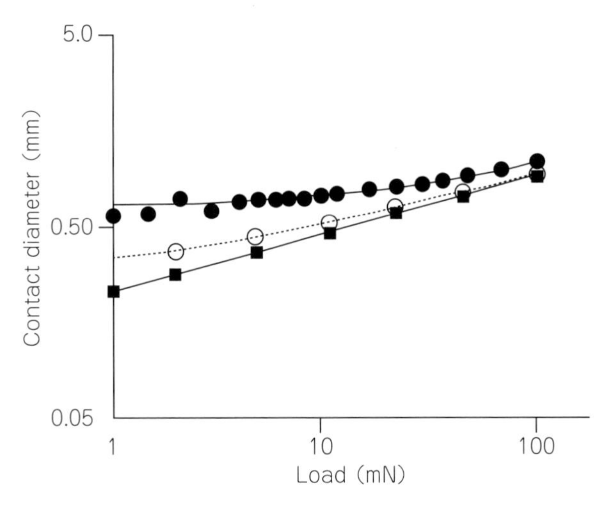

図 2.14　半径 22 mm の 2 つのゴム球の接触点の直径を，●空気中，○水中，■ドデシル硫酸ナトリウムの溶液中で測定したもの

After K. L. Johnson, K. Kendall, A. D. Roberts, Proc. Roy. Soc. London, A324 (1971) 301.

は 35 mJ m^{-2})，水存在下では 6.8±0.4 mJ m^{-2} という値が得られた。界面活性剤であるドデシル硫酸ナトリウムの 0.01 M 溶液に浸すと，接着の仕事は<1 mJ m^{-2} と非常に小さくなるため，Hertz の式に従った。

式(2.5)は文献でも注目されており，一般に JKR 式と呼ばれている。

2.8.3　接触角

接着の物理吸着理論は，液体の接触角の観察から探ることができる。

図 2.15 では，ある液体の分子が別の液体の分子の上に横たわっている，どちらも無極性なので，界面には分散力しか働かない。分子 A が同種の分子に引きつけられる力は，液体 1 の表面張力（γ_1）であるが，もう一方の液体に引きつけられる力は何であろうか。Fowkes[21] は 2 つの表面張力の幾何平均と考え，Wu[22] は調和平均と考えており，すなわち以下となる。。

$$\text{Fowkes, Interfacial attraction} = (\gamma_1\gamma_2)1/2$$

$$\text{Wu, } \frac{1}{\text{Interfacial attraction}} = 1/\gamma_1 + 1/\gamma_2$$

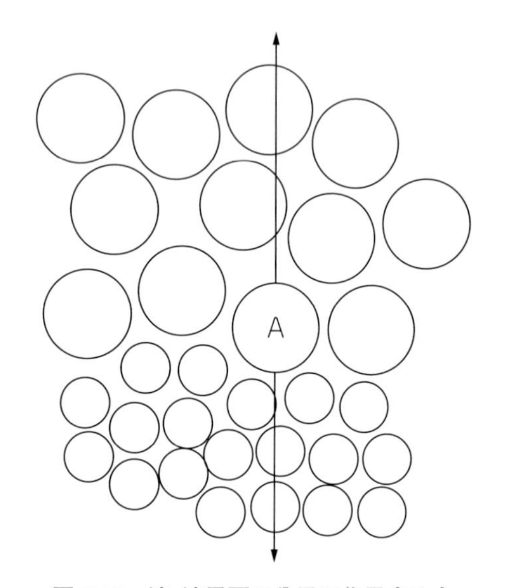

図 2.15　液–液界面で分子に作用する力

液体の場合，表面張力と表面自由エネルギーは数値的には同じだが，その次元が異なる。これらは通常，それぞれ mN m^{-1}，mJ m^{-2} である。

液体や固体の場合，表面自由エネルギーは分散成分（d）と極性成分（p）の和であり，すなわち以下となる。

$$\gamma_L = \gamma_L^d + \gamma_L^p \tag{2.6}$$

$$\gamma_S = \gamma_S^d + \gamma_S^p \tag{2.7}$$

その結果，固体上の液体の接触角 θ は，式(2.8)で与えられる。

$$\gamma_L(1+\cos\theta)/2(\gamma_L^d)^{1/2} = (\gamma_S^d)^{1/2} + (\gamma_S^p\gamma_L^p/\gamma_L^d)^{1/2} \tag{2.8}$$

つまり，$\gamma_L(1+\cos\theta)/2(\gamma_L^d)^{1/2}$ を $(\gamma_L^p/\gamma_L^d)^{1/2}$ に対してプロットすると，グラフは切片 $(\gamma_S^d)^{1/2}$ と傾斜 $(\gamma_S^p)^{1/2}$ の直線になり，固体の表面自由エネルギーの極性と分散成分を決定することが可能になる。このようなプロットは，Owens–Wendt プロットと呼ばれ，**図 2.16** と**図 2.17** にその例が示されている[7]。図 2.16 は，酢酸ビニルとアクリル酸ブチルの共重合体をベースとするエマルジョン接着剤の乾燥膜に対するものである。ここで，$\gamma_S^d = 6.4 \pm 2.1$ mJ m^{-2} および $\gamma_S^p = 38.5 \pm$

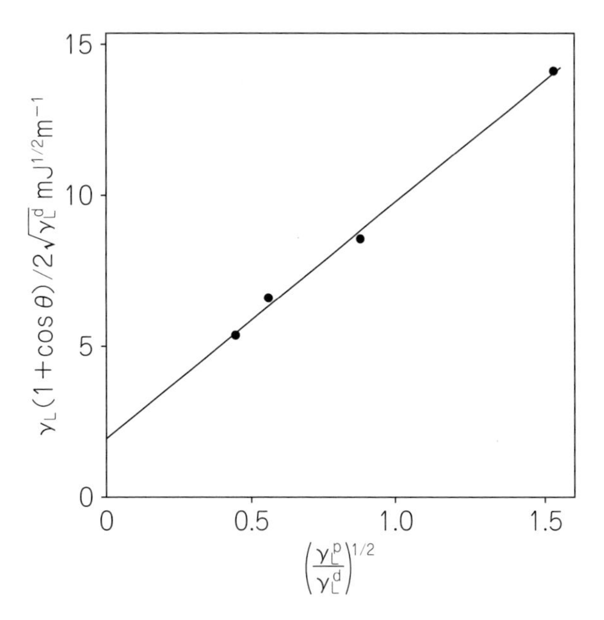

図 2.16　ラテックス接着剤の乾燥フィルム上の液体についての式(2.6)に基づくプロット

左から右に向かって，ジメチルホルムアミド，ジメチルスルホキシド，エタンジオール，水である。
After J. Comyn, D. C. Blackley, L. M. Harding, Int. J. Adhes. Adhes. 13 (1993b) 163.

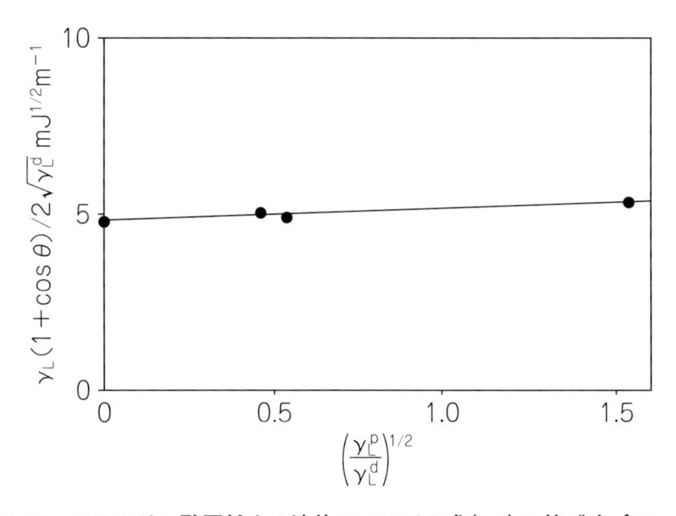

図 2.17　ステアリン酸亜鉛上の液体についての式(2.6)に基づくプロット

左から右に向かって，n–ヘキサデカン，ジメチルホルムアミド，ジメチルスルホキシド，水である。
After J. Comyn, D. C. Blackley, L. M. Harding, Int. J. Adhes. Adhes. 13 (1993b) 163.

6.3 mJ m^{-2}。図 2.17 は，ディスクにプレス成形した離型剤ステアリン酸亜鉛の場合である。ここでは，$\gamma_S{}^d = 22.4 \pm 0.1$ mJ m^{-2} と $\gamma_S{}^p = 0.06 \pm 0.05$ mJ m^{-2} となっており，極性のあるカルボン酸亜鉛ユニットではなく，非極性のアルキル基が表面を支配していることがわかる。

2.8.4　接着時の熱力学的仕事

熱力学的な接着仕事，すなわち接触している 2 つの相の単位面積を分離するのに必要な仕事は，Dupre の式によって表面自由エネルギーと関連づけられている。これは相を分離するのに必要な最小限の仕事であり，接着剤層や被着体を変形させるための仕事があるため，接着剤結合を解くのに必要なエネルギーはこれを大きく超えることが多い。粘着剤を伸ばす際に多くの仕事が行われる例として，粘着剤が剥離する前にフィラメントを形成する感圧接着剤がある。

乾燥空気中で相を分離する場合，接着仕事 W_A は式(2.9)で与えられる。

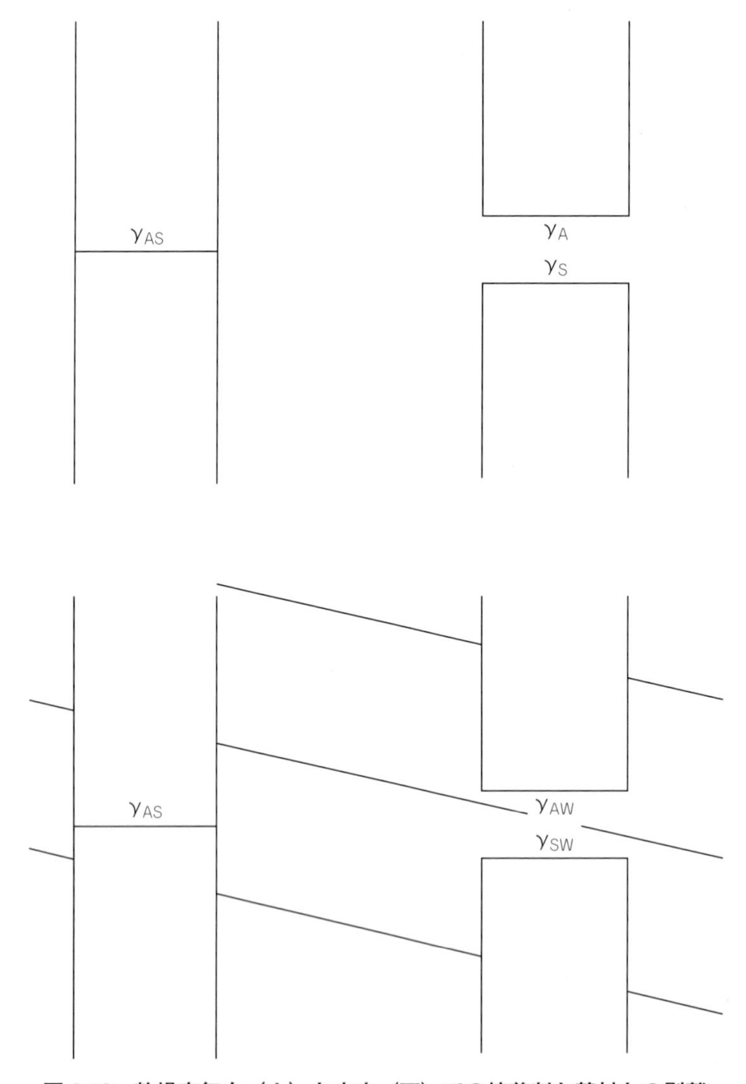

図 2.18　乾燥空気中（上）と水中（下）での接着剤と基材との剥離

$$W_A = \gamma_A + \gamma_S - \gamma_{AS} \tag{2.9}$$

しかし，分離が水の存在下で行われる場合，それは式(2.10)で与えられる。

$$W_{A,W} = \gamma_{AW} + \gamma_{SW} - \gamma_{AS} \tag{2.10}$$

ここで，添え字のA，S，Wは，接着剤，基材，水を表す。分離工程を**図2.18**に示す。

Fowkes[21]は，1相と2相の間の界面自由エネルギー（γ_{12}）に対して，式(2.11)を与えている。これは式(2.7)と式(2.9)の界面自由エネルギーを得るために使用できる。

$$\gamma_{12} = \gamma_1 + \gamma_2 - 2(\gamma_1^d \gamma_2^d)^{1/2} - 2(\gamma_1^p \gamma_2^p)^{1/2} \tag{2.11}$$

熱力学的接着仕事が正の値であれば接合は安定であり，逆に負の値であれば不安定であることを示す。文献の中で最も関心を集めているのは，水の存在下での接着の仕事であり，これが接合部の耐久性を予測するのに利用できるからである。

表2.6のポリプロピレンへに接着した塩化ビニリデン-アクリル酸メチル共重合体のデータは，Owensの論文[23]から引用している。Owensはポリプロピレンシートに塩化ビニリデン80部，アクリル酸メチル20部，アクリル酸4部を含む水性分散液を塗布した。この分散液は界面活性剤を含まず，ポリプロピレンの表面は火炎処理されていた。得られた積層体をいくつかの界面活性剤溶液に入れたところ，Owensの言葉を借りれば，「液体に浸したときの$W_{A,L}$がマイナスの場合はすべて，コーティングが自然に基材から分離し，完全に剥離した。$W_{A,L}$が正の場合，自発的な分離は起こらなかった。コーティングと基材が分離した場合，15分以内に分離した。剥離が起きなかったフィルムは，6ヵ月間浸漬させた。この期間終了後も分離は起こらず，フィルムからコーティングを剥がすのに多少の労力が必要だった。

表2.6　空気中および液体中の界面に対する接着仕事

界面剥離	接着の仕事（mJ m^{-2}）		液体中の剥離
	空気中	液体中	
エポキシ/スチール	291	22 エタノール	なし
		−166 ホルムアミド	あり
		−255 水	あり
エポキシ/アルミニウム	232	−137 水	あり
エポキシ/シリカ	178	−57 水	あり
エポキシ/炭素繊維複合材料	88-90	22-40 水	なし
塩化ビニリデン-アクリル酸メチル共重合体	88	37 水	なし
		1.4 *n*-オクチル硫酸ナトリウム水溶液	なし
		−0.9 *n*-ドデシル硫酸ナトリウム溶液	あり
		−0.8 *n*-ヘキサデシル硫酸ナトリウム溶液	あり

2.9 化学結合による接着性

接着の化学結合理論は，界面での共有結合，イオン結合，水素結合，またはルイス酸塩基相互作用の形成を想起させる。これらの典型的な強さを**表 2.7** に示し，物理的吸着の源であるファンデルワールス力と比較した。相互作用は大まかに大きさの順に記載されており，最も強いものは最も弱いものよりかなり強いことがわかる。イオン相互作用は真空中の孤立したイオンのペアについて計算されており，アルミニウムとチタンに関わるものは，エポキシ接着剤をこれらの金属に使用した場合に生じる可能性がある。共有結合の強さは，これらの特殊なタイプの結合に典型的である。イソシアネート系接着剤を木材や皮膚などの水酸基を持つ基材に使用すると，C–O 結合が形成される可能性がある。Si–O 結合は，シランカップリング剤をガラスに使用した場合に形成される。フッ素を含む水素結合は他のタイプよりも強く，これはフッ素が最も電気陰度の高い元素であるためで，この値は Jeffrey[24] から引用している。ルイス酸と塩基のデータは，実際には混合のエンタルピーであり，Drago ら[25] から引用している。

表 2.7 典型的な化学結合とファンデルワールス相互作用の強さ

相互作用の種類	エネルギー（$kJ\ mol^{-1}$）
イオン	
Na^+Cl^-	503
$Al^{3+}O^{2-}$	4,290
$Tl^{4+}O^{2-}$	5,340
共有結合	
C–C	368
C–O	377
Si–O	368
C–N	291
水素結合	
–OH…O=C–（酢酸）	30±2
–OH…OH（メタノール）	32±6
–OH…N（フェノール–トリメチルアミン）	35±2
F^-…HF	163±4
F^-…HOH	96±4
ルイス酸塩基	
$BF_3+C_2H_5OC_2H_5$	64
$C_6H_5OH+NH_3$	33
$SO_2+N(C_2H_5)_3$	43
$SO_2+C_6H_6$	4.2
ファンデルワールス力	
双極子–双極子	≧2
双極子–誘起双極子	0.05
分散	≧2

2.9.1 共有結合

シランカップリング剤では共有結合が形成されるという多くの証拠がある。一般に，シランカップリング剤は基材と接着剤の両方と化学的に反応し，界面全体で共有結合のシステムを形成するため，強度と耐久性に優れていると考えられている。

イソシアネートを含む接着剤で木材を処理した場合，イソシアネートがセルロースやリグニンの水酸基と反応してウレタン結合を生成する可能性がある。

Bao ら[26] は，2 種類の木材（Aspen と Southern Pine）を重合ジフェニルメタン・ジイソシアネートで処理した場合，固体 ^{15}N 核磁気共鳴（NMR）分光法によってはこの証拠をほぼ見つけられなかった。しかし，Zhou と Frazier[27] は，^{15}N と ^{13}C の両方の核を用いた NMR 分光法を用いて，このような結合を示す証拠を得た。

木材への接着性を向上させるもう１つの方法は，木材の表面に酸無水物をグラフトし，得られたカルボン酸基を接着剤と反応させることである。Mallon と Hil[28] は ^{13}C NMR と FTIR を用いて，無水コハク酸が木材の水酸基と反応し，酸基は続いてヘキサメチレンジアミンと反応できることを示した。

2.9.2　イオン結合

距離 r だけ離れた2つのイオンのポテンシャルエネルギー E_{+-} は，式(2.12)で与えられる。ここで，z_1 と z_2 はイオンの価数，e は電子電荷，ε_o は真空の誘電率，ε_r は媒質の比誘電率である。

$$E_{+-} = \frac{z_1 z_2 e^2}{4\pi \varepsilon_o \varepsilon_r r} \tag{2.12}$$

エステル含有ポリマーであるポリメチルメタクリレートとポリビニルアセテートを酸化アルミニウムと接触させると，カルボキシレートイオンに割り当てられるピークが発生することが IETS[29] で証明されている。具体的には，約 1450 および 1610 cm^{-1} に現れる $-COO^-$ の対称および非対称振動モードによるものである。より最近では，Devdas と Mallik[30] が IETS を用いて，アルミナに吸着した多くのカルボン酸がこのようなピークを示すことを示した。例えば，ピルビン酸 $CH_3\,CH_2\,COCOOH$ が 1450 および 1605 cm^{-1} にピークを示す。

界面イオン対にたいする最も強力な証拠はカルボン酸が金属との接着性を高めるという事実であり，構造用アクリルなどの市販の接着剤には，この機能が組み込まれている場合が多い。

イオン対の機構は，水の存在下で接合部の強度を部分的に低下させ，乾燥させると回復させる。これは，物理吸着機構では，水が接着剤を金属酸化物から引き離すことによって強度がゼロになり，そしてガラス状接着剤では分子運動が不十分で基材との密着性が回復しないと予測されるのとは対照的である。

2.9.3　水の特異な性質

水は極端な性質を持つ液体である。イオン対が重要な界面力であるならば，弱体化を引き起こすのは高い比誘電率である。物理的な吸着が接着のメカニズムであれば，水の高い表面張力が，金属表面から接着剤を追い出すことを可能にする。

2.9.4　水素結合

切手を封筒に貼り付ける際は，接着剤（ポリビニルアルコール）と紙（セルロース繊維）が共に–OH 基を持つ状況であり，おそらく水素結合が寄与する。また，木材はセルロースを多く含み，ホルムアルデヒドを主成分とする反応性接着剤には，水素結合に関与できる水酸基やアミン基が含まれている。

Agrawal と Drzal[31] は，フロートガラスに接着したトルエンジイソシアネートと 1, 4–ブタンジオールからなるポリウレタンの接着には，水素結合が非常に重要であるが，双極子–双極子力も寄与していると考察している。Nagae と Nakamae[32] は，レーザーラマン分光法を用いてナイロン 6 とガラス繊維の界面を調べた。C＝O 基と NH 基によるピークのシフトは界面水素結合の形成を示したが，これはバルクのナイロン 6 に比べ弱かった。

2.9.5　ルイス酸–塩基相互作用

従来の酸またはブレンステッド酸はプロトン（水素イオン H^+）の供与体であり，塩基はプロトンの受容体である。この概念は 1923 年に始まった。1938 年，G. N. Lewis は，酸は電子受容体であり，塩基は電子供与体であるという，より広範な定義を提案した。

三フッ化ホウ素はルイス酸の一例であり，アンモニアはルイス塩基である。周期表におけるホウ素の位置が低いため，BF_3 は電子不足で，電子を含まない sp^3 軌道を持つ。アンモニアでは，非結合性 sp^3 軌道があるが，これは 2 個の電子を含んでいる。**図 2.19** に示すように，2 つの電子が共有されることで 2 つの分子は結合し，熱が放出される。

近年，接着科学で注目されているのは，ルイス酸と塩基である。

接着への応用は，Chehimi[33] がレビューしている。

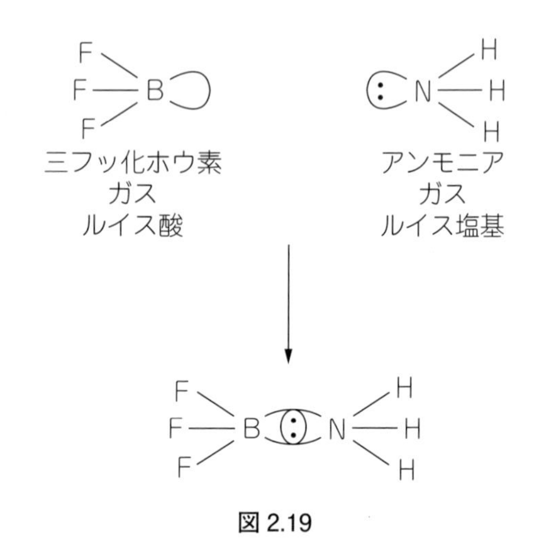

図 2.19

2.10　接着の静電理論

静電理論は，2 つの金属を接触させると，一方から他方へ電子が移動して電気二重層が形成され，引き合う力が生じるという提案に端を発している。高分子は絶縁体であるため，この理論を接着剤に応用することは困難と思わる。

しかし，Randow ら[34] は，食品包装に使用される市販の「クリングフィルム（ラップフィルム）」のガラス，スチール，ポリオレフィン基材への接着を調査した。ラップフィルムは，可塑化 PVC，低密度ポリエチレン，もしくは可塑化ポリ塩化ビニリデンで作られていた。表面の平滑性は，接触面積を増やすことで接着力を最も高める要因であったが，それ以外の接着力は，物理的吸着と静電気によるものであった。このことを裏付ける測定として，接触角と分離後のフィルムと基材の残留電荷がある。また，ガラスに繰り返し貼付すると，すべてのフィルムでスパークが発生し，剥離時には AM ラジオにノイズを発生させた。

2.11　機械的嵌合

基材の表面に凹凸がある場合，接着剤が硬化する前に凹凸に入り込むことがある。この単純な考え方が，木や繊維などの多孔質材料との接着に寄与する機械的嵌合理論である。例えば，衣服へのアイロンワッペンの使用がある。このパッチにはホットメルト接着剤が含まれており，溶けると繊維素材に侵入する。

ポリプロピレンをベースとした熱可塑性接着剤の木材（オーク）への機械的嵌合は，走査型電子顕微鏡観察によって実証されている[35]。接着剤は，1 µm 程度の木材上の外形に適合し，15 µm の大きさの孔を 150 µm 以上の深さまで貫通した。より大きな孔は，数百 µm の深さまで浸透した。嵌合の程度は，木材の気孔率，溶融接着剤の粘度，接着の圧力と時間に依存する。

関連する問題として，表面を粗くすることで接着接合部の強度が増すかどうかがある。Harris と Beevers[36] は，粒径の異なるアルミナ砥粒でブラストした軟鋼とアルミニウム合金に対する接着性に差がないことを明らかにした。Shahid と Hashim[37] は，構造用エポキシ接着剤と軟鋼被着体を割裂試験用継手で使用した。表面はグリットブラストまたはダイヤモンド研磨され，表面形状が測定された。結果は**表 2.8** に示すとおりで，強度の差はすべて，実験のばらつきの範囲内で同じである。

表 2.8　接合強度に及ぼす表面粗度の影響

平均粗度（Ra）(µm)	剥離強度（Nm^{-2}）	変動係数
0.04±0.02	15.8	2.9
0.98±0.05	18.3	1.3
2.97±0.18	17.5	1.9
4.23±0.25	17.0	3.2
6.31±0.28	16.4	4.0

2.12　相互拡散による接着

拡散理論では，接触しているポリマーが相互に拡散し，最初の境界が最終的に取り除かれると考える。このような相互拡散は，ポリマー鎖が移動可能で（すなわち，温度がガラス転移温度以上であること），かつ相溶性がある場合にのみ起こる。ポリエチレンとポリプロピレンのように化学構造が非常に似ているものも含めて，ほとんどのポリマーは熱力学的な理由で相溶性がないので，この理論は一般に，線状のゴム状ポリマーのような結合（自己融着）や，熱可塑性プラスチックの溶剤溶着にしか適用できない。Voyutskii[38] は，拡散理論の創始者である。

しかし，特定の相互作用によって相溶性を持つポリマーペアが少なからず存在する。その１つがポリメチルメタクリレートとポリ塩化ビニルで，水素結合によって負の混合熱を生じる。

PVC とポリ-ε-カプロラクトンの界面での拡散は，エネルギー分散型 X 線分析で実証されている[39,40]。

Voyutskii[41] は，210～220℃で調製したポリメチルアクリレート-PVC とポリブチルメタクリレート-PVC の界面の電子顕微鏡写真をいくつか示している。界面での混合は，最初の組合の方がはるかに大きかった。

Schreiber と Ouhlal[42] は，多くのポリマーペアを 60～160℃で 72 時間まで接触させてアニールし，ポリプロピレン/直鎖状低密度ポリエチレンとポリスチレン/PVC では接着力が大幅に増加し，ポリスチレン/PMMA と PVC/ポリ塩化ビニリデンでは増加しないことを明らかにした。2 つのポリオレフィンが接触している状態では，分散力しかなく，ポリスチレン/PVC の場合のみ，有利な酸–塩基引力が存在する。このデータは，「界面で分散力と有利な酸–塩基相互作用が働くと，拡散から生じる結合強度に大きな寄与があること」を示している。誘導期間後，時間の平方根に対する強度のプロットは，拡散プロセスを示唆する線形であった。誘導期間についての説明は，低モル質量のポリマーが最初に除去されるというものであった。ポリプロピレン／直鎖状低密度ポリエチレンの場合，データは 23 kJ mol^{-1} の活性化エネルギーを与え，ポリオレフィンの拡散過程と一致すると述べている。

溶媒で膨潤させた後，プレスすることで接合できるポリマーとして，ポリスチレンとポリカーボネートがある。この場合，溶媒はガラス転移温度を使用温度以下に下げる効果があるため，被着体を押し付けたときに相互拡散に必要な分子運動が十分に行われる。接着後，溶媒は接合部から拡散して蒸発する。Titow ら[43] は，1, 2–ジクロロエタンまたはジクロロメタンで溶着したポリカーボネートの接合部の強度と構造を調査した。元の界面は完全に除去され，残存する分離面は認められなかった。より最近では，Change と Lee によってポリカーボネートの溶剤溶着が研究されている[44]。

2.13　弱い境界層

弱境界層理論では，清浄な表面は接着剤と強い接着力を発揮するが，錆や油脂などの汚染物質があると，凝集力の弱い層が形成されると提唱している。すべての汚染物質が弱い境界層を形成するわけではなく，接着剤によって溶解される場合もある。実際に，油脂などの汚染物質は，接着剤に溶かされることで除去される場合もある[45]。

これは，油脂を溶解する能力を持つアクリル系構造接着剤が，エポキシ系よりも優れている分野である。

2.14　感圧接着性

粘着剤（感圧接着剤）は粘性のある液体であり，接着剤ジョイントに組み込まれる際も粘性のままである。しかし，基材に接着することは必須であり，すでに説明した機能の 1 つ以上によって接着する。物理的吸着はあらゆる場合に寄与し，ほとんどの場合，それが唯一のメカニズムかもしれないが，接着剤がカルボン酸基を含みかつ基材が金属である場合，イオン対を介した化学結合が寄与することもある。また，静電的な帯電も寄与している可能性がある。

Zosel[46] は，タックにおける分離の仕事 w が式(2.13)で与えられ，W_A は接着の熱力学的仕事，ϕ は温度と速度の関数である粘弾性因子であると考察している。W_A は界面の特性で，ϕ は接着剤の特性である。

$$w = W_A(\phi + 1) \tag{2.13}$$

図 2.20 は，平均粗さ 0.02 μm と 2 μm の円筒形鋼製プローブチップからポリブチルアクリレートが剥離したときの応力–ひずみプロットを表しており，2つのポイントを示している。これらの曲線下の面積は w となる。1つ目は，低歪みでのピークは接着剤がプローブからきれいに剥離したことによるものであり，高歪みでの細長い肩は接着剤中のフィブリルの形成と伸張によるものである。

2つ目のポイントは，1秒間の接触時間の後，滑らかなプローブでより強い接合部が形成されていることである。これは，粘着剤が粗い表面と接触するのに十分な時間がなく，W_A が最大化されなかったためである。**図 2.21** は，接触時間を長くした場合の効果を示している。W_A は粘着の原動力だが，これは粘着剤の粘性によって相反される。

Toyama，Ito と Moriguchi[47] は，3種の粘着剤からプラスチック表面を引き離すのに必要なタック力と剥離力を測定した。プラスチック表面は臨界表面張力（γ_c）の大きい順に，PTFE，高密度ポリエチレン，ポリスチレン，PMMA，ナイロン6である。**図 2.22** は3種の接着剤について γ_c に対する剥離力のプロットを示したもので，ここでは最大接着力を与える γ_c の値が存在する。同様の挙動はタックデータでも示された。最大の接着仕事は基材が接着剤の臨界表面張力と近い値を持つことと一致する可能性があることを，著者らは指摘している。

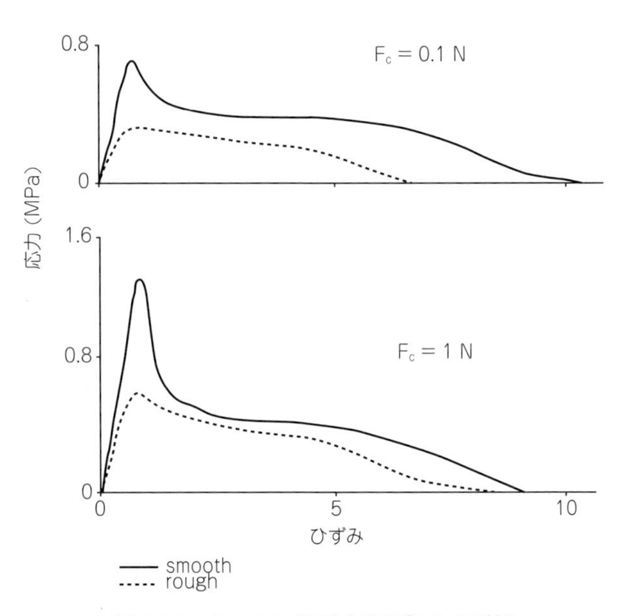

図 2.20　タックに及ぼす表面粗さの影響

After A. Zosel. Int. J. Adhes. Adhes. 18 (1998) 265.

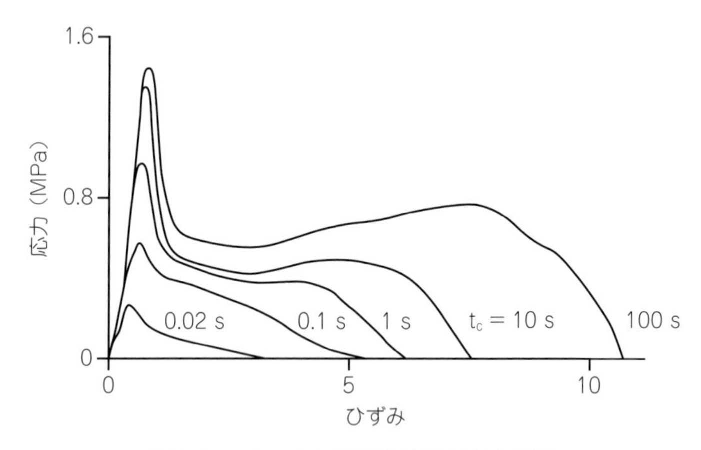

図 2.21　タックに及ぼす接触時間の影響

After A. Zosel, Int. J. Adhes. Adhes. 18（1998）265.

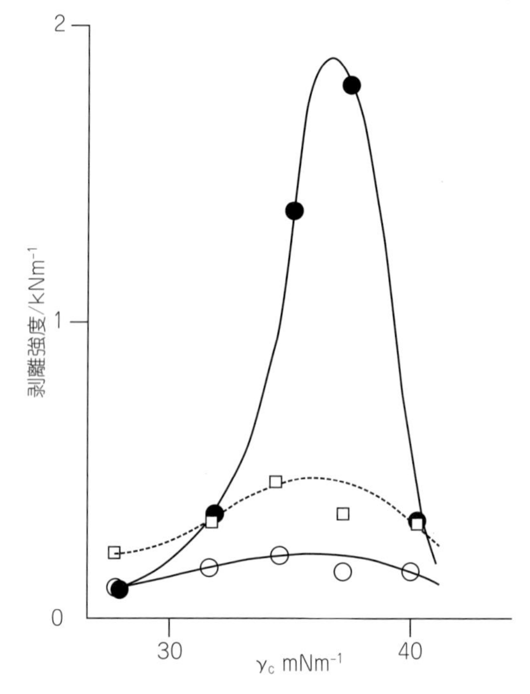

図 2.22　●アクリル系，□ポリビニルエーテル系，○天然ゴム系粘着剤における剥離力と基材の臨界表面張力の関係，接触時間は 168 時間

After M. Toyama, T. Ito, H. Moriguchi, J. Appl. Polym. Sci. 14（1970）2039.

文　献

1）A. J. Kinloch, Adhesion and Adhesives; Science and Technology, Chapman & Hall, London, 1987, p. 1.

2）R. J. Andrews, E. A. Grulke, in: J. Brandrup, E. H. Immergut, E. A. Grulke（Eds.）, Polymer Handbook, fourth ed., John Wiley and Sons, 1999.

3）T. G. Fox, Bull. Am. Hys. Soc. 1（1956）123.

4）P. J. Flory, Principles of Polymer Chemistry,

Cornell University Press, 1953.
5）J. Comyn, F. de Buyl, N. E. Shephard, C. Subramanian, Int. J. Adhes. Adhes. 2 2（2002）385.
6）J. Comyn, D. C. Blackley, L. M. Harding, J. Adhes. 40（1993）163.
7）J. Comyn, D. C. Blackley, L. M. Harding, Int. J. Adhes. Adhes. 13（1993）163.
8）F. Wehnert, P. Potschke, I. Jansen, Int. J. Adhes. Adhes. 62（2015）63.
9）D. Quan, D. Carolan, C. Rouge, N. Murphy, A. Ivankovic, Int. J. Adhes. Adhes. 81（2018）21.
10）M. B. Jakubinek, B. Ashraf, Y. Martinez-Rubi, M. Rahmat, M. Yourdkhani, K. S. Kim, K. Laqua, A. Yousefpour, B. Siman, Int. J. Adhes. Adhes. 84（2018）194.
11）R. Aradhana, S. Mohanty, S. K. Nayak, Int. J. Adhes. Adhes. 84（2018）238.
12）P. Jojibabu, Y. X. Zhang, A. N. Rider, J. Wang, R. Wuhrer, P. Gangadhara, Int. J. Adhes. Adhes. 98（2020）, 102521.
13）B. Li, X. Wang, M. Bai, Y. Shen, Int. J. Adhes. Adhes. 98（2020）, 102537.
14）H. Jin, G. M. Miller, S. J. Pety, A. S. Griffin, D. S. Stradley, D. Roach, N. R. Sottos, S. R. White, Int. J. Adhes. Adhes. 44（2013）157.
15）J. Comyn, J. Day, S. J. Shaw, J Adhes. 66（1998）289.
16）J. Comyn, F. Brady, R. A. Dust, M. Graham, A. Haward, Int. J. Adhes. Adhes. 21（1998）259.
17）I. A. Ashcroft, J. Comyn, S. Tellwright, Int. J. Adhes. Adhes. 29（2009）155.
18）S. Tardio, M.-L. Abel, R. H. Carr, J. F. Watts, Int. J. Adhes. Adhes. 88（2019）1.
19）J. E. Huacuja-Sánchez, K. Muller, W. Possart, Int. J. Adhes. Adhes. 66（2017）167.
20）K. L. Johnson, K. Kendall, A. D. Roberts, Proc. Roy. Soc. Lond. A324（1971）301.
21）F. M. Fowkes, Ind. Eng. Chem. 56（12）（1964）40.
22）S. Wu, J. Adhes. 5（1973）39.
23）D. K. Owens, J. Appl. Polym. Sci. 14（1970）1725.
24）G. A. Jeffrey, An Introduction to Hydrogen Bonding, Oxford University Press, 1997.
25）R. S. Drago, G. C. Vogel, T. E. Needham, J. Am. Chem. Soc. 93（1971）6014.
26）S. Bao, W. A. Daunch, Y. Sun, P. L. Rinaldi, J. J. Marcinko, C. Phanopoulos, J. Adhes. 71（1999）377.
27）X. Zhou, C. E. Frazier, Int. J. Adhes. Adhes. 21（2001）259.
28）S. Mallon, C. A. S. Hill, Int. J. Adhes. Adhes. 22（2002）465.
29）R. R. Mallik, R. G. Pritchard, C. C. Horley, J. Comyn, Polymer 26（1985）551.
30）S. Devdas, R. R. Mallik, Int. J. Adhes. Adhes. 20（2000）341.
31）R. K. Agrawal, L. T. Drzal, J. Adhes. 55（1996）221.
32）S. Nagae, K. Nakamae, Int. J. Adhes. Adhes. 22（2002）139.
33）M. M. Chehimi, in: K. L. Mittal, A. Pizzi（Eds.）, Ch 2 in *Adhesion Promotion Techniques: Technological Applications,* Marcel Dekker Inc, 1999.
34）C. L. Randow, C. A. Williams, T. C. Ward, D. A. Dillard, J. G. Dillard, J. P. Wightman, J. Adhes. 63（1997）285.
35）M. J. Smith, H. Dai, K. Ramani, Int. J. Adhes. Adhes. 22（2002）197.149.
36）A. F. Harris, A. Beevers, Int. J. Adhes. Adhes. 19（1999）445.
37）M. Shahid, S. A. Hashim, Int. J. Adhes. Adhes. 22（2002）235.
38）S. S. Voyutskii, Autohesion and Adhesion of High Polymers, Interscience, 1963.
39）P. T. Gilmore, R. Falabella, R. L. Laurence, Macromolecules 13（1980）880.
40）F. P. Price, P. T. Gilmore, E. L. Thomas, R. L. Laurence, J. Polym. Sci. Polym. Symp. 63（1978）33.
41）S. S. Voyutskii, J. Adhes. 3（1971）69.
42）H. P. Schreiber, A. Ouhlal, J. Adhes. 79（2003）135.
43）V. W. Titow, R. J. Loneragan, J. H. T. Johns, B. R. Currell, Plast. Polym. 41（1973）149.
44）K. C. Change, S. Lee, J. Adhes. 56（1996）135.
45）D. M. Brewis, Int. J. Adhes. Adhes. 13（1993）251.
46）A. Zosel, Int. J. Adhes. Adhes. 18（1998）265.
47）M. Toyama, T. Ito, H. Moriguchi, J. Appl. Polym. Sci. 14（1970）2039.

〈訳：秋山　陽久〉

第3章　表面：評価方法

John F. Watts

3.1 序　論

接着剤を使った接合（以下，接着剤接合）の強度は，被着体と接着剤の間に発生する分子間力によりもたらされる。よって，被着体には必ず前処理を行い，必要な表面特性を与える必要がある。前処理の方法として，単純に表面を粗面化する場合もあるが，陽極酸化処理のような複雑な処理を行う場合もある。同様に，コロナ放電処理や有機シランに代表されるプライマー溶液の適用等も，接着剤接合に要求される強度を保証するために用いる場合がある。いずれの場合においても，接着剤接合の強度は前処理の可否に直接影響を受ける。そして，新たな前処理方法の開発や前処理の品質保証において，表面特性（特に表面の形状と化学的性質）は，重要な要素となる。本章では，接着剤接合の研究者らにより一般的に使用されている，接合前の被着体の表面特性評価方法について述べる。ここでは，触針式表面形状測定法，走査型電子顕微鏡法（Scanning Electron Microscopy：SEM），共焦点レーザー顕微鏡法（Confocal Laser Scanning Microscopy：CLSM），走査型プローブ顕微鏡法（Scanning Probe Microscopy：SPM）による表面形状の調査方法，固体表面上での液体の濡れ広がりの評価方法，また，X 線光電子分光法（X-ray Photoelectron Spectroscopy：XPS），オージェ電子分光法（Auger Electron Spectroscopy：AES），および飛行時間型 2 次イオン質量分析法（Time-of-Flight Secondary Ion Mass Spectrometry：ToF-SIMS）による，表面化学分析などについて説明する。研究組織の大きさにもよるが，これらの手法の一部または全部を研究組織内で利用できるが，特に表面化学分析の場合は，受託分析会社や大学などの専門知識や技術が必要になることもあるだろう。

被着体の表面特性を評価する理由は，次の 2 つである。1 つ目は，ユーザーに届いた被着体材料について，その表面状態を知るためである。納品された材料には，材料を保護するため一時的に保護コーティングが施されている場合があり，これが弱い境界層（Weak Boundary Layer：WBL）として接着剤接合の強度低下をもたらす危険性があるので注意が必要である。被着体材料の表面状態を調査し，適切な前処理を施して，化学的あるいは物理的に表面を改質することで接着剤接合の強度を向上できる。2 つ目は，表面特性の品質を保証するためである。これは前処理方法を新しく考案する場合や改良する場合が想定される。上述した分析手法（特に表面化学分析法）は，接着剤接合前の表面状態の評価に加えて，接着不良を起こした接着剤接合部の科学的分析においても重要な役割を担っている。接着不良調査の第一段階である接着不良箇所の特定についても解説する。

3.2　表面形状

3.2.1　走査型電子顕微鏡法（SEM）

表面形状は，金属基板の最も重要な表面特性の 1 つであり，一般的な観察手段として高倍率の画像を得ることができる走査型電子顕微鏡（SEM）が用いられる。光学顕微鏡（または反射顕微鏡）は，倍率の不足という理由ではなく（倍率が高いことは SEM の重要な特性であるが），被写界深度や焦点深度が浅いという欠点のため，表面形状の観察に適していない。光学顕微鏡では，被写体の手前側または奥側のみに焦点が合い，明確な画像が得られない（画像がぼやける）。一方，SEM では深い焦点深度の撮影が可能なため，小さな昆虫の SEM 像が，しばしば一般の雑誌に掲載されることがある。SEM の一般的な動作原理は広く知られているためここでは説明しないが，動作原理の簡明な概要を知りたいならば，Goodhew ら[1] の文献などを参照にするとよいだろう。1960 年代に SEM が初めて実用化されて以来，試料の周辺に配置された Everhart–Thornley 検出器（Everhart–Thornley Detector：ETD）を使用することで 2 次電子が検出されている。装置の外側メッシュに低い正の電圧（約 50 eV）を印加して，1 次電子ビームの照射によって試料から放出された 2 次電子を引き付けるという簡単な方法で低エネルギーの 2 次電子を検出している。数十年の間に，2 次電子の代わりに後方散乱 1 次電子（Back–Scattered primary Electron：BSE）を検出するモードも選択可能になった。BSE 検出モードでは，2 次電子検出モードのような高い空間分解能は得られないが，原子番号コントラスト（Z コントラスト）が得られるという利点がある。また，近年，SEM の検出器技術に多くの発展が見られ，レンズ内検出器やカラム内検出器（ときには3台），指向性後方散乱検出器などが開発されている。これらの検出器は，ソフトウェア上で 2 次元像を再構成して 3 次元化したり，同心円状に画像を表示して試料の特定の特徴を強調したりすることができる。電子顕微鏡の使用者は，（1 kV 以下のエネルギーまで）さまざまな操作モードを選択したり，いくつかの検出器を同時に利用したりして，試料のさまざまな特徴を強調でき，画像の微調整も可能である。もちろん，このような機能追加には複雑さが伴い，気軽に使用するためには熟練したオペレーターのサポートが必要になる。

表面形状の重要性を，**図 3.1** の画像を用いて説明する。これらは同じ鋼板の SEM 像であるが，表面構造の違いは一目瞭然である。同じ鋼板に対して，エメリー研磨処理を施した試料と，グリットブラスト処理を施した試料の SEM 像を**図 3.2** に示す。単純な機械的処理を施しただけでも表面粗さが増加することが確認できる。このような簡便な方法であっても，接着剤と被着体の間の界面接触面積が大きくなり，接着性や耐久性を向上できる可能性がある。

SEM は，接着剤接合の破断面の観察においても利用される。**図 3.3** の SEM 像は，Sautrot ら[2] によってより提供された，構造用接着剤で接着したアルミニウム基板の破壊面である。少量ではあるが，表面には数 μm から大きいものでは 100 μm に達する，島のような形状の接着剤残留物が残存しており，破壊様式としては界面破壊に分類される。高分子は絶縁体であるため，電子顕微鏡で観察すると帯電して，図 3.3 に示すように接着剤の残留物が存在する部分は黒く映し出される。後に示すように，破断箇所の定義はかなり複雑であり，評価法により異なってくるが，今回は図 3.3 の例を界面破壊と考えることにする。

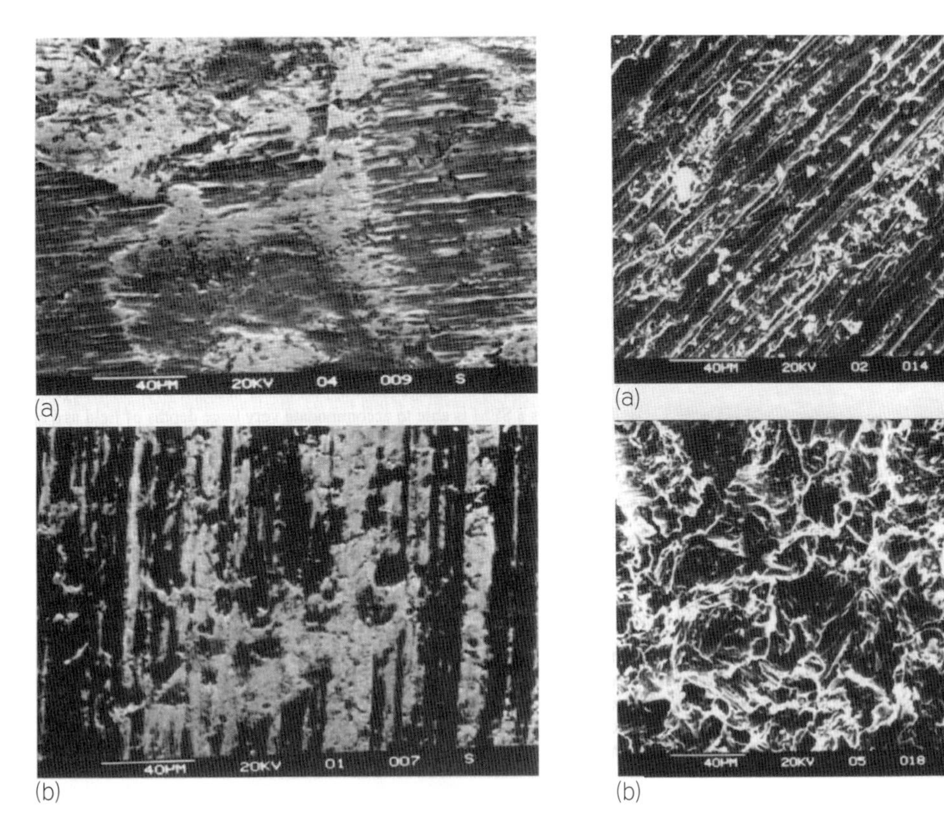

図 3.1　冷間圧延を行った鋼板表面の外観（SEM 像）
同じ処理を行っているが，バッチ違いで外観は異なっている。

図 3.2　鋼板の表面構造（SEM 像）
(a)エメリー研磨処理，(b)グリットブラスト処理

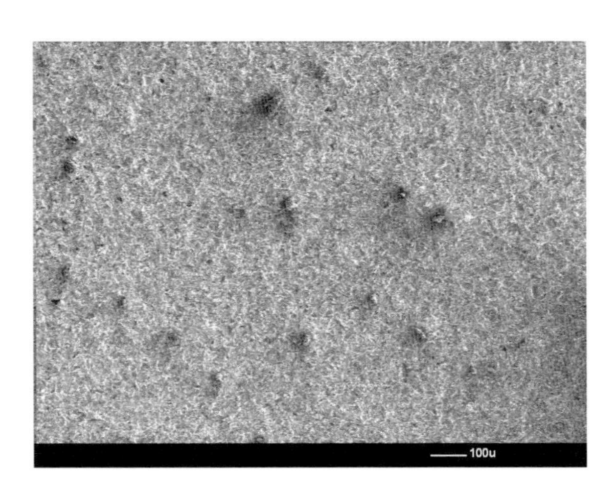

図 3.3　グリットブラスト処理後に接着剤接合したアルミニウムの破断表面 SEM 像

これらの SEM 像は，その当時は比較的標準的な SEM 条件であった，1 次電子ビームエネルギー15～20 kV，2 次電子検出用 ETD を使用して取得されたものである。低い 1 次電子ビームエネルギーと他の検出器を組み合わせると，表面形状の特定の特徴を強調することができたり，カーボンや金属などの導電性コーティングを施すことなく絶縁体サンプルを観察できたりするな

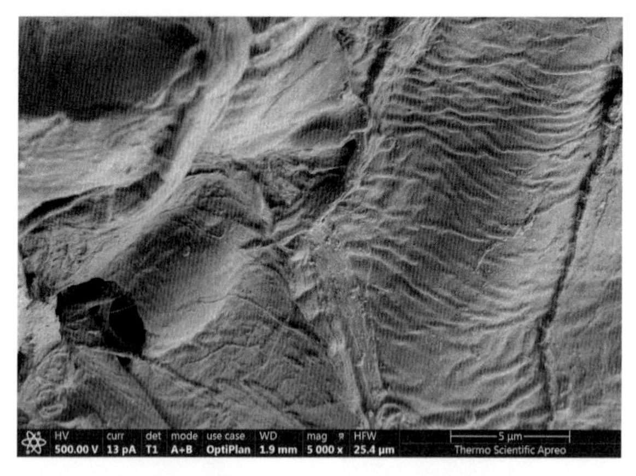

図 3.4　人工木材製品に使用される木材繊維の SEM 像

加速電圧 500 V，帯電防止用の導電性コーティングなし，Thermo Fisher Scientific 社の Dr. Adrian Minhai Sandu 氏 @オランダからの提供。

どの利点が得られる。**図 3.4** は，人工木材製品に使われるスプルース繊維の SEM 像であり，著者の研究室でこれらの材料の接着メカニズムが調査されている。

このSEM像は，導電性コーティングを行わず，0.5 kV の 1 次電子ビームとインレンズ型検出器で取得された。この条件では，通常は帯電してしまって観察が困難な試料においても高い空間分解能で鮮明な表面形状を観察できる。

前処理の中には，高解像度の SEM 像取得を可能にし，非常に微細で特徴的な形状の観察につながることがある。この種の表面の観察に最も広く引用された例は，Venables[3] の古典的な業績である陽極酸化処理されたアルミニウムである。Clearfield ら[4] は，ステレオペア SEM 像（試料の傾斜角度を変えて撮影した 2 枚の SEM 像）を取得し，組織の等角投影図を示した。これらの SEM 像は，極めて正確であり，接着剤接合の典型的な文献であるといってもよい。米国の航空宇宙用途のアルミニウムに対する標準的な前処理である，リン酸陽極酸化処理されたアルミニウムのステレオペア SEM 像と，その模式図を**図 3.5** に示す。

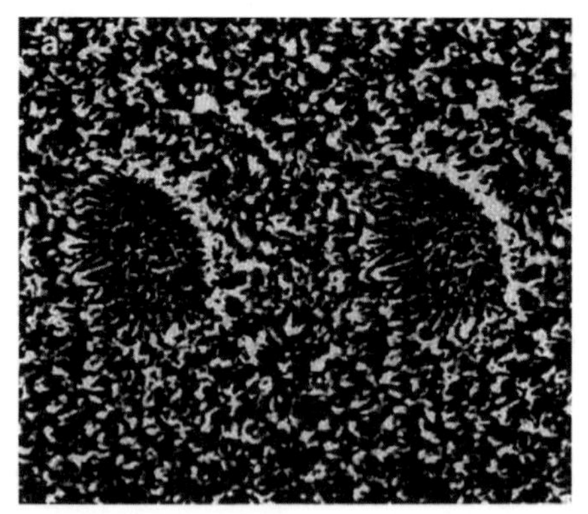

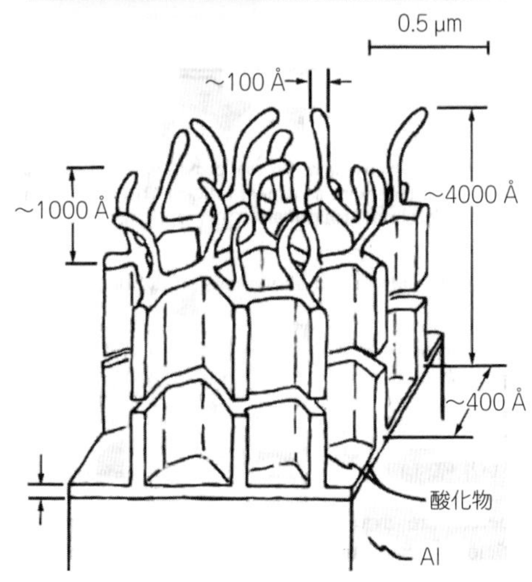

図 3.5　リン酸陽極酸化処理されたアルミニウムのステレオペア高解像度 SEM 像とその模式図

高分子基板の表面を観察する場合，SEMが有効でないこともある。コロナ放電のような接着性向上処理は被着体表面の変化が非常に小さく，また，SEMを用いて観察する場合は，高分子の帯電を防止するためにカーボン，Au，AuPd合金などで被覆する必要があり，サンプル準備に複雑さをともなう場合がある。図3.4に示すように，調査対象の表面を変質・損傷する可能性がある場合は，帯電防止コーティングを可能な限り実施しない方がよいだろう。SEMは，表面または層間剥離面の残滓（ざんし）を識別する場合に役立つが，観察対象が複合材料の場合は，樹脂の表面で画像がぼやけないという理由から，SEMよりも原子間力顕微鏡法（Atomic Force Microscopy：AFM）や共焦点レーザー走査型顕微鏡法（CLSM）の方が用いられるようになりつつある。

3.2.2 共焦点レーザー走査型顕微鏡法（CLSM）

CLSMは，細胞観察などの用途で生物科学分野において長年使用されている[5]。材料科学の分野において，材料が主光源として使用されるレーザーに対して透明であれば，試料の表面内部を画像化するためにCLSMを使用できる。焦点深度の深さから多大な恩恵を受けるSEMとは異なり，CLSMでは集光されたレーザーが試料のz空間の特定の面に焦点を合わせて走査され，試料の表面形状や上記制限の下で試料の内部を観察することができる。レーザーの散乱光は，ピンホール（共焦点開口部）を通って検出されるため，焦点面でのみから発生した散乱光から画像が生成される。この共焦点像は，表面形状像（非接触プロフィロメトリー）または試料内部の既知の深さ位置のスライス像として提供される（**図3.6**）。このように，CLSMは，材料科学の分野において，研磨された金属やセラミックなどの平面試料の研究に広く用いられている反射光顕微鏡法とSEMの間の橋渡し的な役割を果たすだけでなく，接触式表面形状測定や走査型プローブ顕微鏡法（Scanning Probe Microscopy：SPM）で行われているようなz方向の定量測定（表面粗さ

図3.6　さまざまな深さで得られた共焦点レーザー顕微鏡（CLSM）像の例

多層樹脂基板の1.2 mm角の範囲において，それぞれ表面からの深さ0，200，400 μmにおける像。ドイツのCarl Zeiss Microscopy社からの提供。

測定）ができるという利点も備えている。

3.2.3　触針式表面形状測定

表面粗さ測定を実施するのは，SEM 像による定性的な評価よりも数値で評価することが望ましい場合である。表面粗さのデータは，走査型プローブ顕微鏡法（SPM）の一種である走査型トンネル顕微鏡法（Scanning Tunnelling Microscopy：STM）や原子間力顕微鏡法（Atomic Force Microscopy：AFM）などのさまざまな方法により取得できるが，触針式表面形状測定機を使用することが最も簡便な手法である。これは，工学において広く用いられる機械加工された部品の表面形状（または表面粗さ）を評価するための標準的な方法である。触針式表面形状測定機の概念は非常に単純であり，ダイヤモンド針が表面上を接触しながら移動することにより，短い範囲における起伏（粗さ）や長い範囲における起伏（うねり）をグラフに記し，計測するものである。表面粗さは，これに関連する国家規格（BSI[6]，DIN[7] など）や国際規格（ISO[8] など）により明確に定義されている。最も重要な用語として，算術平均粗さ Ra（中心線平均粗さともいわれる）と 2 乗平均平方根高さ Rq（仮定した基準線からの表面までの最大振幅で定義され，RMS ともいわれる）がある。

しかし，Rz という用語は，仮想的な中心線からプロファイルまでの最大偏差を定義するために使用されることがあるが，便利であるとはいえない。**図 3.7** に表面形状の例を示し，触針式表面形状測定に関する問題点について解説する。このデータの主な問題の 1 つは，図 3.7 (a)–(c)で示したように，垂直方向のスケールが水平方向のスケールに対して大きく拡大されている点である。図 3.7 (b)では水平方向の 1 cm マーカーが垂直方向の 670 μm に相当し，図 3.7 (c)では 34 μm に相当しており，実際よりも大幅に拡大されている。Ra と Rq は，図 3.7 (d)において，以下の式で定義される。

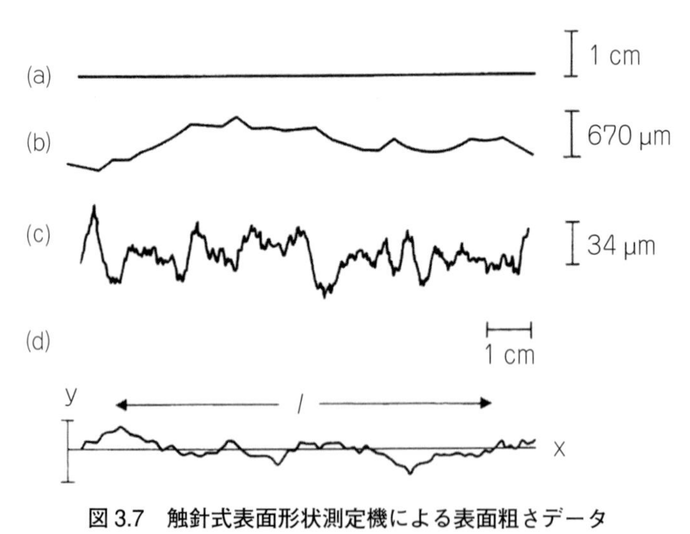

図 3.7　触針式表面形状測定機による表面粗さデータ

(a)真の表面粗さデータ（アスペクト比 1：1），(b)同表面においてアスペクト比 15：1，(c)同表面においてアスペクト比 300：1，(d)表面粗さの定義

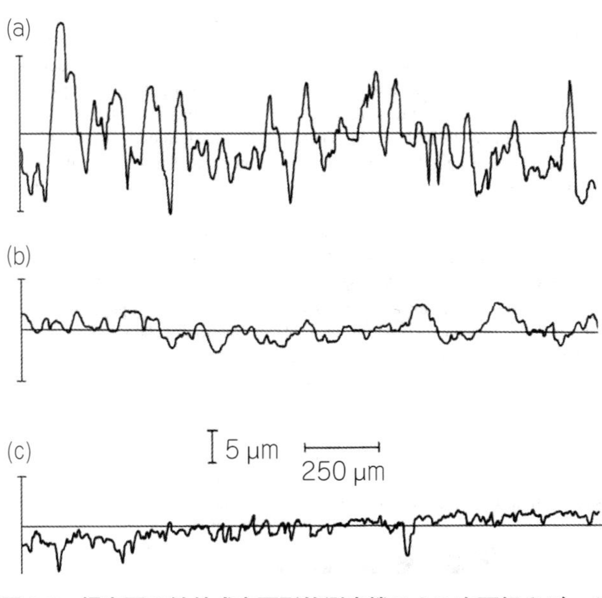

図 3.8　鋼表面の触針式表面形状測定機による表面粗さデータ

(a)図 3.2(b)に示したグリットブラスト処理した表面，(b)図 3.1(a)に示した未処理の表面，(c)図 3.2(a)に示したエメリー研磨処理した表面

$$Ra=\frac{1}{l}\int_0^l |y(x)|dx$$

$$Rq=\frac{1}{l}\int_0^l [y(x)]^2dx$$

表 3.1　さまざまな鋼板の表面粗さ *Ra*

鋼板の表面処理	SEM	*Ra*（μm）
ダイヤモンド研磨	—	0.05
エメリー研磨処理	図 3.2 (a)	0.85
未処理Ⅰ（冷間圧延のまま）	図 3.1 (a)	1.70
未処理Ⅱ（冷間圧延のまま）	図 3.1 (b)	1.70
グリットブラスト処理	図 3.2 (b)	3.80

ベアリングエリアや自己相関係数など多くのパラメータを記述するための追加パラメータが利用可能であり，これらは上記で引用した規格に記載されている。この計測において不都合なことは，中央線からの偏差に関して数値での評価を与えているのにもかかわらず，粗さの分布，表面の輪郭について長さの縮尺，または走査した距離についての情報がないことである。

このため，計測目的以外で機械加工部品の表面を調査する場合は，表面形状測定は表面観察（例えばSEMまたはAFM）による微視的な観察技術と常に併用されなければならない。**図 3.8** に，図 3.1 および図 3.2 に示した鋼板表面の測定結果を示す。また，**表 3.1** に Watts と Castle[9] が調査した鋼表面の *Ra* を示す。

3.2.4　走査型プローブ顕微鏡法（SPM）

走査型プローブ顕微鏡法（SPM）は，走査型トンネル顕微鏡法（STM）と原子間力顕微鏡法（AFM，または走査型力顕微鏡法〔Scanning Force Microscopy：SFM〕）と関連性はあるが，かなり異なる2つの技術を含むものである。STMは非常に高い空間分解能を持ち，原子レベルの可視化を容易に行うことができる。この理由は，導電試料の表面と，その表面に近づけた微細な

（約1 nm）探針との間での，電子のトンネル効果を利用しているからである。試料は圧電方式のスキャナ上に置かれ，これを用いて探針の下で試料を移動させる。探針と試料の距離を調節しながらスキャンすることで，試料の表面形状の画像が形成される。STMの制御方法には，探針の高さを常に一定に保つ方法（定高モード），およびトンネル電流を一定に保つ方法（定電流モード）の2種類がある。トンネル電流は，表面からの距離に応じて指数関数的に減少する。よって，距離が10%（およそ0.1 nm）変化すると，トンネル電流は1桁変化することになる。定高モードでは，探針先端は試料表面上を水平に移動し，トンネル電流は表面形状や局所的な電気特性によって変化する。各画素点におけるトンネル電流により，表面形状の画像が得られる。定電流モードでは，トンネル電流を非常に厳しい制約の中で一定に保つためにフィードバック制御が用いられる。定電流モードは定高モードよりも時間がかかるが，試料表面が不均一な場合の分析に適している。**図3.9**にZhdan[10]による，定高モードで得られた銅の原子分解能でのSTM像を示す。STMは表面科学者にとって重要であるが，極めて高い真空中で操作する必要があり，接着科学者には少々扱い辛いため，接着剤接合の評価ではSPMによる計測方法の中でもAFMが広く用いられている。

AFMの概略図を**図3.10**に示す。基本的な構造はSTMとほとんど同様であるが，測定の基本原理は，鋭い探針（窒化ケイ素がしばしば用いられる）と試料表面間に働く斥力によるものである。探針は，ばね定数の小さい板ばね（およそ1 N/m）の自由端側にある。探針と試料表面の間に働く力（原子間力）により板ばねが変位する。板ばねから反射されるレーザー光を受光する位置に検出器が設置され，探針が試料に対して走査される際の板ばねの振れが4分割フォトダイオードにより記録される。板ばねの振れの大きさから，試料の表面形状の画像を作成することができる。原子間力は探針と試料が非常に近い場合（およそ0.1 nm）には反発して大きくなるが，ある程度距離が離れると**図3.11**に示すように引力が働いて小さくなる。よって，AFMには，接触モード（図3.11の距離約0.2 nm）と非接触モード（図3.11の0.4～0.6 nm）の2つがある。AFMの接触モードでは，探針の先端が試料と穏やかに接触するが，非常に軟らかい試料または繊細な試料（感圧接着剤テープなど）の場合には，表面を損傷させてしまい誤った結果を得る可能性がある。この問題を解決するため，探針の先端が試料表面の近く（1～10 nm）で振動させる方法もある。しかし，探針と試料間の力はとても小さく（10～12 N），通常の接触モードよりも極めて測定が困難になる場合があり，また，振動させることにより探針と試料間で引力が発生する可能性もあり，剛性の高い板ばねが必要になる場合がある。このような接触モードと非接触モードの中間的な方法で，探針が周期的に，また，軽く試料に接触させる方法を，タッピングモード

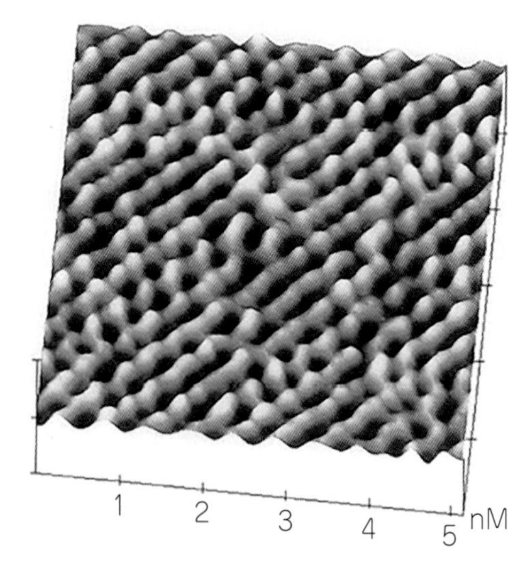

図3.9　アニール処理された銅表面の走査型トンネル顕微鏡（STM）像

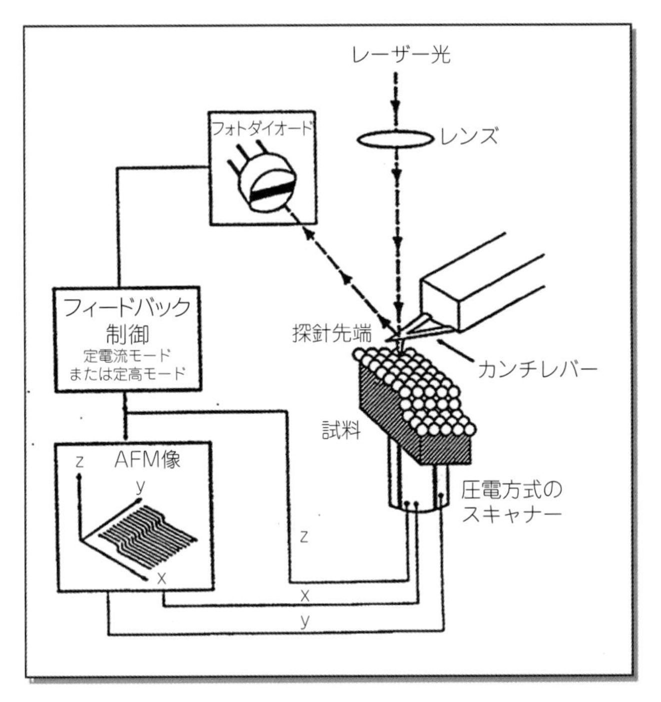

図 3.10　原子間力顕微鏡法（AFM）の概略図

探針，カンチレバー，圧電方式のスキャナー，検出器から構成されている。

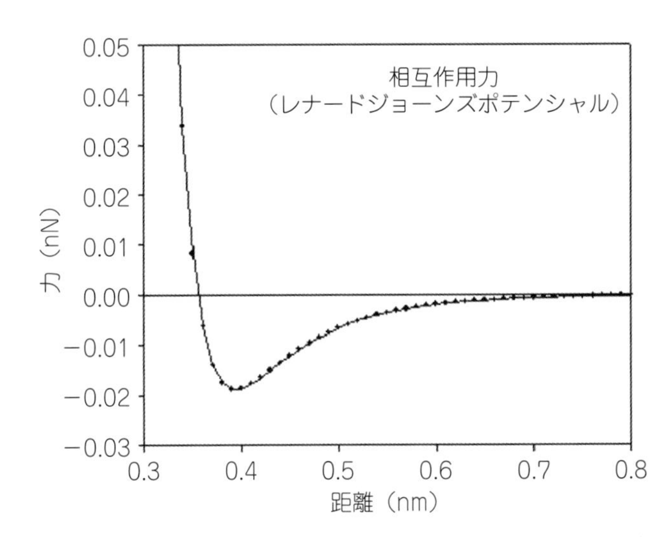

図 3.11　距離に依存して変化する原子間力のフォースカーブ

（Tapping-mode AFM：TM-AFM）と呼ぶ。タッピングモードは，コンタクトモードに比べてせん断方向や横方向に加わる力が小さいことから，ほとんどの場合，試料の損傷は無視できるほど小さくなる。

AFM は原子分解能に近い観察から，おおよそ 500 倍までの幅広い拡大率を持つため，多くの場合，表面形状の評価方法として SEM に匹敵する。Castle と Zhdan[11] により，AFM と SEM の相互利用方法について議論されている。現在は，持ち運び可能であったり，低価格であったり，大きな試料の観察が可能であったり，動的研究（動的観察）に適した非常に高速なデータ取得が可能であったり，細胞や濡れた表面などの難しい試料の観察が可能であったりするなどのさまざまな特徴を持ったAFM装置があり，多用途の技術が用いられるようになっている。接着剤接合に関与する研究者にとって，AFMは他の表面観察の方法に比べて3つの利点がある。1つ目は，金属，樹脂，セラミックス，粘弾性接着剤などすべての試料について，帯電防止処理などの前処理無しで観察できる点である。2つ目は，画像データを線走査により処理するため，主として触針式表面形状測定で行われるようなナノメートル単位での「断面解析」を行うことができる点である。3つ目は，局所的な表面力測定を行うことができる点である。局所的な表面力測定モードでは，探針と表面間での原子間力が直接的に測定できるだけでなく，特定の化学種で表面修飾した探針を用いることにより，表面が化学的に不均一な領域を調査できる（異種材料が混合した表面を分離できる）。これは，例えば，ポリマーブレンドの接着特性を調査する際に，特に有用である。同様に，力の変調により，ポリマーブレンドまたは接着剤接合の断面において局所的な弾性率を調査することができる。この方法を用いることにより，Gao と Mader[12] は界面層を簡単に確認できることを示した。

接着の研究における AFM の有用性については，Zhdan[10] が行ったコロナ放電処理されたポリオレフィン膜が関連するため，例として示す。**図 3.12**(a)は，コロナ放電処理されていないポリマー膜であり，表面は平らで特色がない。しかし，図 3.12(b)に示すように，コロナ放電処理後の表面では「ポリープ」のような突起の発生が確認できる。図 3.12(c)は，より高倍率でポリマー膜の表面を観察した AFM 像であり，図 3.12(d)は剥離試験後の接着表面の外観を示す。これは，熱

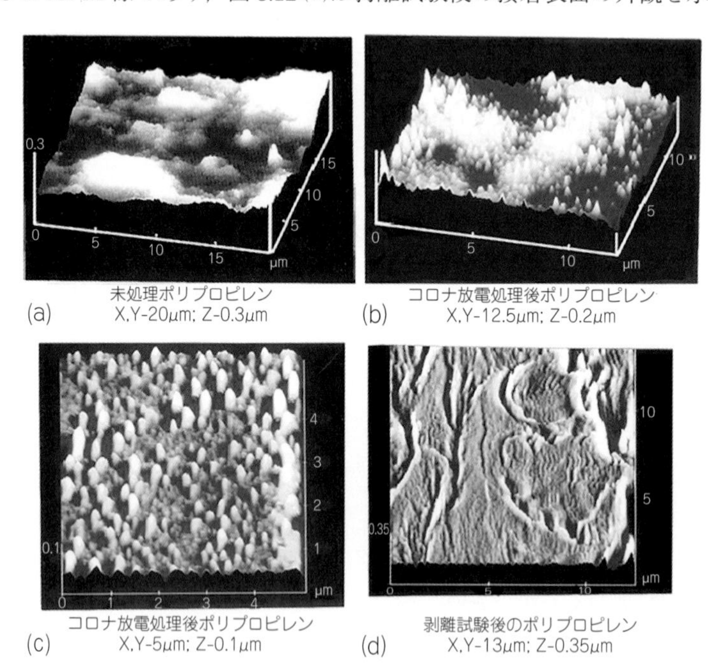

図 3.12　コロナ放電処理したポリオレフィン膜の原子間力顕微鏡（AFM）像

(a) 0 秒_低倍率，(b) 20 秒_低倍率，(c) 20 秒_高倍率，(d)剥離試験後

可塑性ポリマー膜へコロナ放電処理した場合に一般的に起こる現象であり，不均一な放電によるポリマーの局所的な溶融に起因すると考えられる。また，このような表面形状の変化が起こると同時に，表面の酸素濃度（酸素を含む官能基）が増加し，表面自由エネルギーが増加する（次節参照）。

3.3　表面熱力学

3.3.1　固体表面上の液体の濡れおよび広がり

はじめに，よく知られているヤングの式を以下に示す。

$$\gamma_{SV} = \gamma_{Sl} + \gamma_{1v} \cos\theta$$

このヤング式は，**図3.13**のように，固体表面上に液体が接触角 θ で平衡状態を保っているときの状態を示す。

この図では，固体，液体，気体の接点，固体の表面自由エネルギー γ_{sv} および液体と固体の間での界面自由エネルギー γ_{sl} の３点における液体の接触角を示している。液体の表面自由エネルギー（または液体の表面張力）γ_{lv} がわかっていれば，接触角 θ を測定することによって，固体が液体に与える影響について迅速に把握することができる。したがって，水を湿潤液として考えた場合，酸化物のような高表面エネルギーの基材表面ではすぐに濡れ広がるが，樹脂のような低表面エネルギーの基材表面ではそれほど容易に濡れ広がらず，液体は非常に高い接触角を示す（半球状態でとどまる）。このように，固体基板上の小さな水滴の様子を観察するだけで，固体の表面自由エネルギーと固体表面の濡れ性について調査できる。これらを知ることは，金属の脱脂と樹脂の表面処理という２つの異なる場面において重要である。ヤングの式は，液体と固体の境界で起こる作用の基本的な原理を理解することや，表面上での液体の広がりについて知る手法であるが，広く使用されている日常的な試験には，品質保証の目的で，特別な訓練を受けていない担当者が単に○×の状況を判断できる方法もある。この分野で最も利用されている２つの方法は，水割れ試験とダインテストマーカーを用いる方法である。

3.3.2　水割れ試験（ウォーターブレイクテスト）

水割れ試験は，基本的に金属基板の表面清浄度を評価したり，防錆用グリースや機械油などに

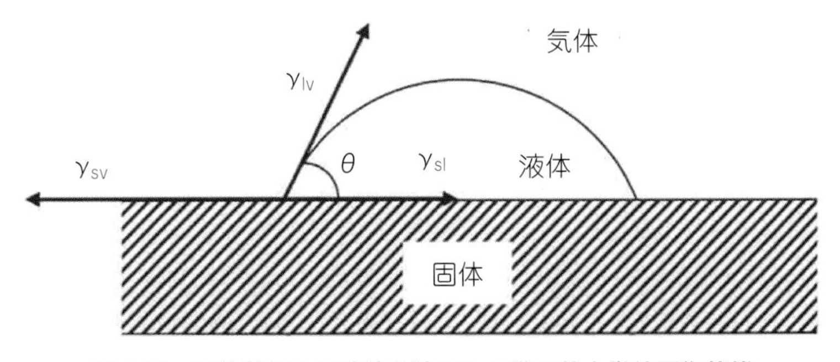

図3.13　固体基板上に液滴を滴下した際の熱力学的平衡状態

起因する残留有機汚染物の除去における洗浄工程の有効性を評価したりするために利用される。炭素質の層（残留有機汚染物）は基本的に疎水性であるため，水割れ試験では蒸留水を満たした容器に金属試験板を浸漬してから引き上げることで清浄度を判断する。清浄度が高い基板の場合は，表面が均一な水膜に覆われた状態が維持される（水割れが起こらない）。有機汚染物が残存しており，清浄度が低い基板の場合は，汚染箇所のまわりで水が不連続に流れる（水割れが起こる）。この試験は非常に主観的であるが，短時間で実施でき，プロセスの管理において有用である。この試験方法は，アメリカ規格（ASTM[13]）になっているものもある。

3.3.3　ダインテストマーカー

この方法の名称については，始めに若干の説明が必要になる。SI 単位系では表面自由エネルギーの単位は mN/m（＝mJ/m^2）であるが，過去に使用されていた CGS 単位系では表面自由エネルギーの単位は dyne/cm で表される。液体テストマーカーのコンセプトは，CGS 単位系が主流の時代に発展したことから，現在でもユーザーやメーカーから共通してダインペンまたはダインマーカーと呼ばれている。ダインマーカーのコンセプトは極めてシンプルである。表面張力が既知（一般的に 30～60 mN/m）のインクが入ったペンがキットとして提供されている。ダインテストマーカーは，試験途中の試料表面を評価するためにも用いられるが，ほとんどの場合は表面処理後の樹脂表面の印刷性を調査するために用いられる。表面にインクが付く（液体が濡れる）ようであれば，基材は濡れるために必要なレベルまで処理されていることになる。これらのダインテストマーカーは，液の表面張力ごとに染料を用いて色分けされており，製品識別のためのマーカーペンのようにして使用されている。一般的に，これらのマーカーは，GO/NO-GO 試験（○×のみの簡易判定試験）や樹脂フィルムの表面処理面を識別するために使用される。さまざまなダインペンを使用することで，液体が被着体に付着するかどうかで基材の表面張力を推定でき，表面処理された樹脂表面の改質度合いを知ることができる。この方法の利点として「計測時間が短いこと」「費用がかからないこと（10 ユーロ/1 本）」「使用方法が簡単であること」「ペンが新しければ精密な結果が得られること」が挙げられる。この方法の欠点は「ペンの使用できる期間が短いこと」「液滴が汚染されやすいこと」「数値での直接的な評価ではないため，ペンの持つ表面張力での簡単な順位付けによる評価しか行えないこと」が挙げられる。これらのような欠点があるにもかかわらず，ダインテストマーカーは表面処理の産業界では重要な手法として使用され続けている。

3.3.4　表面自由エネルギーの測定

固体（基材）の表面自由エネルギーを求める工程は非常に複雑であり，接着剤接合の場合では，接触角の測定だけで十分な場合があり，表面自由エネルギー測定を必要としないことも多い。接触角測定は，表面自由エネルギーを計算するための出発点としての役割も持つ。接触角はいくつかの方法によって測定できるが，最も一般的な測定方法は，「滴下した液滴の直接観察」または「Wilhelmy の吊り板法」である。Wilhelmy の吊り板法は，例えば，樹脂コーティングされたスライドガラスを試験液中に吊るして，液体中から引き出すのに必要な力を評価する方法である。多くの市販装置があり，表面自由エネルギーや関連パラメーターの計算に必要なソフトウェアが入った専用コンピューターが付属しているものもある。表面自由エネルギーはヤングの式を拡張した式から算出することが可能であり，その表面自由エネルギーγは，以下に示すように，分散力γ^{D}，双極子間力γ^{P}，水素結合力γ^{H}などの成分に分類できる。

$$\gamma=\gamma^{D}+\gamma^{P}+\gamma^{H}+\cdots$$

ここで，分類される数は，材料の種類すなわち結合の種類に依存する。Packham[14]は，対象とする基板に対して異なる複数の液体で接触角を測定することで，次に示す関係式が成立することを導いた。

$$1+\cos\theta=2\frac{(\gamma_L^{D}\gamma_S^{D})^{1/2}}{(\gamma_L)}+2\frac{(\gamma_L^{P}\gamma_S^{P})^{1/2}}{\gamma_L}$$

ここで，添え字のSとLはそれぞれ，固体基板と滴下した液体を表す。液体の表面自由エネルギーのうち分散力と双極子間力が既知の液体を用い，対象となる固体基板上で接触角を測定すると，上述したような方程式がいくつか得られる。この方程式には，基材の表面自由エネルギーの分散力の成分と双極子間力の成分という２つの未知数が含まれているだけなので，連立方程式を解くことでこれらの未知数を容易に求めることができる。上式を整理すると，以下の式を得ることができる。

$$\frac{\gamma_L(1+\cos\theta)}{2(\gamma_L^{D})^{1/2}}=(\gamma_S^{P})^{1/2}\left[\frac{(\gamma_L^{P})^{1/2}}{(\gamma_L^{D})^{1/2}}\right]+(\gamma_S^{D})^{1/2}$$

式は$y=mx+c$という形になり，グラフは$\frac{\gamma_L(1+\cos\theta)}{2(\gamma_L^{D})^{1/2}}$に対してプロットでき，最も適当な値が得られるときの勾配mは$(\gamma_S^{P})^{1/2}$であり，切片cが$(\gamma_S^{D})^{1/2}$となる。そして，未知の固体の表面エネルギーであるγ_Sは，２項の和である$\gamma_S=\gamma_S^{D}+\gamma_S^{P}$より求めることができる。ポリジメチルシロキサン（PDMS）に対して，水・ジヨードメタン・ヘキサデカンでそれぞれ接触角測定し，上

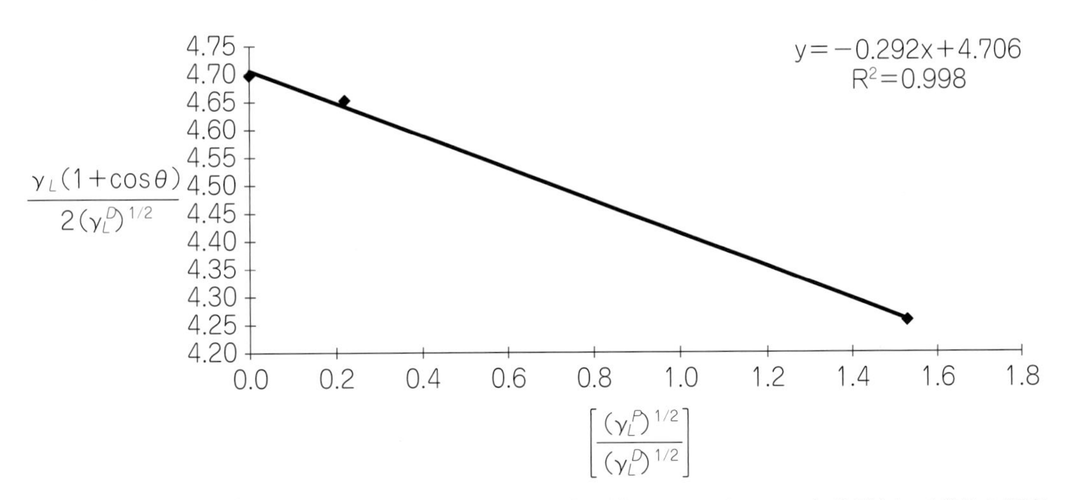

図3.14　ポリジメチルシロキサン（PDMS）に対して水・ジヨードメタン・ヘキサデカンで接触角測定して縦軸と横軸の式に代入して３点をプロットした濡れ性曲線

2003年のJ. W. Choi氏の博士論文より引用。

式に代入してプロットした結果を**図 3.14** に示す。図 3.14 より PDMS の表面自由エネルギーを計算すると，$\gamma^{D}=0\ \mathrm{mJ/m^2}$，$\gamma^{P}=22\ \mathrm{mJ/m^2}$，$\gamma=22\ \mathrm{mJ/m^2}$ となる。

3.4　表面化学分析

金銭的な観点から，水割れ試験やダインテストマーカーを用いる簡便な方法と表面化学分析を比較すると，表面化学分析では機器類等を用意するために 100 万ユーロ単位での資本金が必要であり，もう一歩踏み込んだ資金の投資が必要となる。表面化学分析において，主に利用されている技術は，X 線光電子分光法（XPS）・オージェ電子分光法（AES）・飛行時間型 2 次イオン質量分析法（ToF-SIMS）の 3 種が挙げられる。これらは，接着剤接合の調査においてさまざまな用途で使用されているが，各機器によって分析できる範囲が異なっている。表面化学分析を行う目的には，表面特性の評価，不純物の除去，前処理した表面の化学的調査，接着剤接合の接着不良についての科学的な分析，被着体表面での界面破壊においての破壊原因（弱い境界層が存在していたかなど）の確認，そして，最終的には，界面化学における接着の根本原因についての直接的な調査などが挙げられる。これは，接着科学者にとっての聖杯（強く求めても極めて入手困難な物・事）であり，最も挑戦的な表面分析のシナリオをもたらすだろう。最終的な目的は，接着剤接合の十分な特性を得るために，被着体界面における特有の化学的性質を設計することである。

3.4.1　X 線光電子分光法（XPS）およびオージェ電子分光法（AES）

X 線光電子分光法（XPS）とオージェ電子分光法（AES）はどちらも低エネルギーで放出された電子を検出する技術を基にしており，同じ分析装置を使用するため，しばしば同様の結果が得られる。低エネルギー電子の利用方法がこれら 2 つの技術に表面特異性を与えており，深さ 6 nm 程度の試料表面について明確な分析結果が得られる。また，分析深さは試料の材料種と電子の運動エネルギーにより決定され，単分子層オーダーであるが分析深さを変更することもできる。興味のある読者は，これらの技術の詳細について，Watts と Wolstenholme[15] および Briggs と Grant[16] が書いた文献を参照にするとよいだろう。ここでは，接着科学における XPS および AES の使用背景について示すため，基本的な原理についてまとめる。両者の決定的な違いは，XPS が X 線（通常は Al-Kα 線）を照射するのに対し，AES は微細に集束した電子線を照射する点である。XPS の空間分解能はシステムによって異なるが，基本的な XPS システムでは 1～0.5 mm のスポットサイズで，高性能な小面積 XPS システムでは 10 μm 程度のスポットサイズとなる。一方，AES の場合，電子線のサイズは 50 μm から 20 nm 程度である。このように，AES は高い空間分解能で表面分析を行うことができるが，電子線を照射するため，金属などの導電性表面にしか適用できない。一方，XPS は，分光器と試料を超高真空チャンバー内に入れれば，あらゆる物質の表面を定量的に分析することができる。

XPS は，光電子分光分析装置の頭文字 ESCA（Electron Spectroscopy for Chemical Analysis）でも知られており，XPS の化学的特性を利用したもので，過去 40 年間のいくつかのレビューで Watts のみ[17-20] や Watts と Abel[21] が述べたように，接着科学の分野で表面分析を行う場合によ

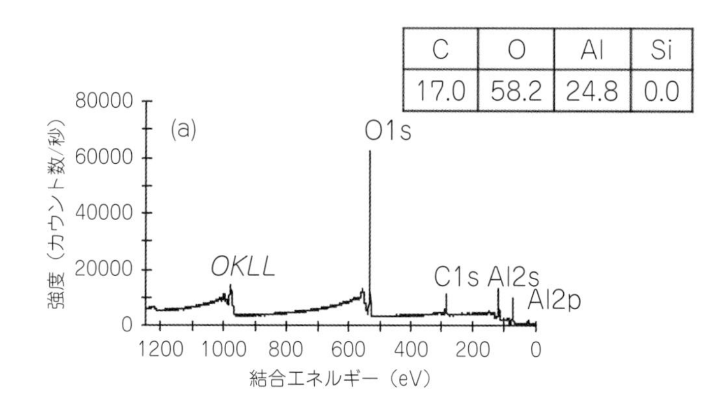

C	O	Al	Si
17.0	58.2	24.8	0.0

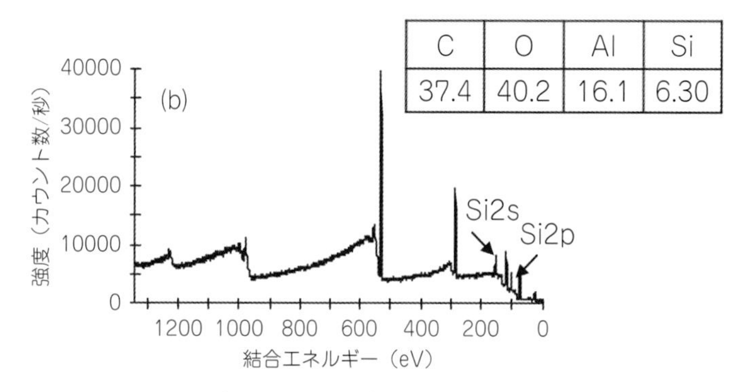

C	O	Al	Si
37.4	40.2	16.1	6.30

図 3.15　X 線光電子分光（XPS）サーベイスペクトル

(a)未処理の Al 表面，(b)意図的にその表面を手で触った後の Al 表面。表の中の数値は表面化学組成を原子比率（at%）で示している。

く使用される。

図 3.15 に示す例のように，XPS 測定した表面特性は XPS サーベイスペクトル（0–1400 eV 程度の全元素領域のスペクトル）として非常に簡単に表すことができる。図 3.15(a)は，非常に清浄なアルミニウム表面から得られた XPS サーベイスペクトルである。このスペクトルから算出された表面化学組成は図中の表に数値で示されており，炭素の割合は 17.0 at% であることから，大気中で吸着した炭素汚染レベルは非常に低いことがわかる。一方で，XPS 測定前に意図的にその表面を手で触った場合，図 3.15(b)に示すようにスペクトルは劇的に変化し，炭素の割合は 34.7 at% まで増加し，Si2s と Si2p のピークがスペクトル上に出現した。これは，測定者が使用したハンドクリームにシリコーンオイルが含まれていたためであると考えられる。この例は，XPS の表面感度が非常に高いことを示しているだけでなく，試料の取り扱いには細心の注意が必要であることを示している。

表面化学組成の調査が可能であることは XPS の長所の 1 つであるが，XPS では化学シフトによって特定の元素の化学状態を容易に識別することもできる。元素比率の情報を抽出するために，XPS スペクトルを高分解能で記録する必要がある。**図 3.16** に尿素ホルムアルデヒド・エポキシ塗膜の C1s–XPS スペクトルを示すが，スペクトルが複雑であるのは，試料表面に複数の成

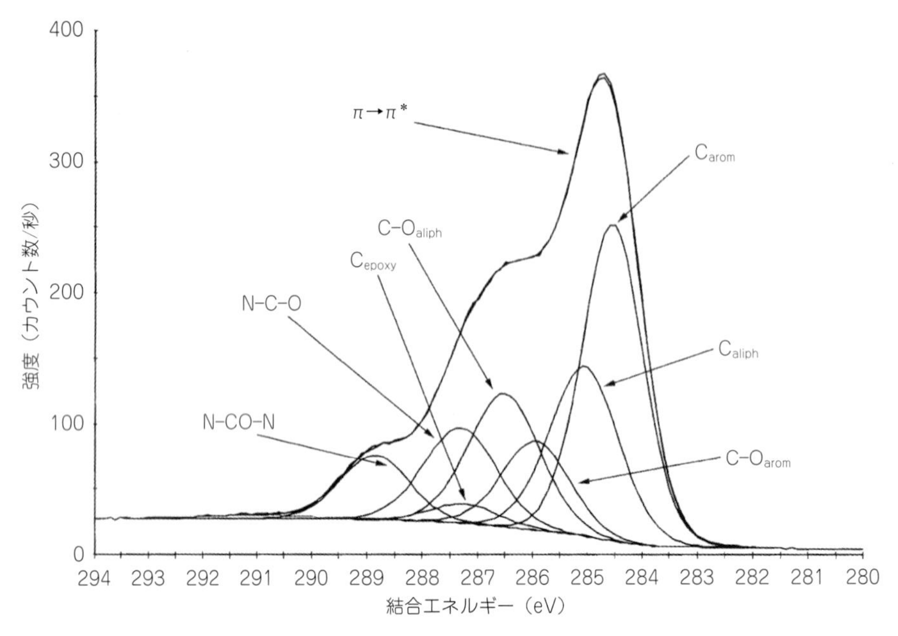

図 3.16　尿素ホルムアルデヒド・エポキシ塗膜の C1s-X 線光電子分光（XPS）スペクトル

複雑な有機コーティングの炭素１s 軌道の電子に関連する化学シフトを示す。

分（炭素を含む官能基）が存在するからである。適切な方法でピークフィッティングすることで，複雑さを低減し，スペクトルで示された個々の構成成分を適切な化学的性質（炭素を含む官能基）に割り振ることが可能となる。

AES は粘着や接着の研究ではあまり用いられていないが，AES と不活性イオンスパッタリングを組み合わせて使用すると，例えば，陽極酸化処理層の深さと構成を知ることができる。XPS も同様に深さ方向分析が可能であるが，AES は深さ方向分析だけでなく，周期表にある元素の多くの化学状態に関する情報を得ることができる。この類似の特徴をもつ２つの電子分光器は近年，以下のように使い分けられつつある。XPS は定量化が容易であり樹脂やセラミックスへの適用性という観点から使用され，AES はサブミクロンの高空間分解能が必要な場合に使用される。

3.4.2　飛行時間型２次イオン質量分析法（ToF-SIMS）

２次イオン質量分析は，表面質量分析法の１つである。調査対象の固体試料表面に１次イオンビーム（Ga^+，Ar^+，Cs^+，Bi^+，$C_{60}{}^+$，$Ar_n{}^+$ など）を照射すると，原子イオン，イオンクラスター，中性粒子が試料表面から飛び出す。これらのイオンを質量分光計内に注入することにより，試料表面の質量スペクトルを得ることができる。スパッタリングプロセスでは，試料表面から物質が除去されるため，SIMS プロセスは表面に対して本質的に破壊的であることを意味する。動的 SIMS（D-SIMS）と呼ばれる手法では，特定のイオンの強度をスパッタ時間の関数として測定し，深さ方向の成分分布を知ることができる。本手法は，深さ分解能に優れ，表面分析ができないにもかかわらず，マイクロエレクトロニクス分野で広く利用されている。表面分析できない問題を改善するために，分析の際にイオン強度を臨界値である 10^{13} ions/cm^2 よりも低くして測定を行う方法がある。これは静的 SIMS（S–SIMS）と呼ばれ，表面の原子，イオン，分子のおよそ 1％しか損傷を受けない。静的 SIMS の中で最も利用されている質量分析計は飛行時間型であり，これは他の質量分析計と比較して非常に高い透過性能を持ち，すべてのイオンを（順次というよりはむしろ）同時に検出することができる。これらの特徴に加えて，非常に高い質量分解能（イオン質量は通常 ±0.0001 Da で見積もられる）を有している。ダルトン（Da）は，質量分析で好まれる単位で，統一した原子質量/電荷（m/z）を示す単位である。統一原子質量単位（u）は，原子質量単位（amu）と同じではないことに留意すべきであるが，前者は ^{12}C の同位体（u ＝^{12}C/12）に対し，後者は ^{16}O の同位体（amu＝^{16}O/16）に対する相対的なものである。しかし，両者の差は 318 ppm と小さいながらも有意であり，今日，静的 SIMS 分析において使用されている。また，絶縁試料の場合は，パルス電子銃を用いることによりポジティブ SIMS とネガティブ SIMS の両モードで容易に分析することができる。

静的 SIMS の深さ方向分解能は，XPS や AES に比べるとわずかに少ないが，分子の同定という観点では，XPS の化学シフトから推定した結果より，静的 SIMS の結果の方が良いという利点がある。また，静的 SSIMS は，高空間分解能（＜1 μm）の質量マッピング像の取得が可能であり，高フラックスイオン源と組み合わせることで，深さ方向のプロファイリングに使用することができる。ToF–SIMS は Briggs and Vickerman[22] によって詳細に説明されており，接着分野では XPS の補完技術としてますます重要になってきているが，XPS は定量分析がすぐにでき，スペクトルが比較的単純であることから，当面は XPS が主要な表面分析法として広く用いられるだろう。

ToF–SIMS 分析の有用性を示す例として，有機シラン接着促進剤（エポキシ末端シランカップリング剤）とグリットブラスト処理したアルミニウム表面の相互作用を調査した Abel らの研究[23] が挙げられる。グリットブラスト処理と有機シラン接着促進剤の組み合わせは，航空宇宙産

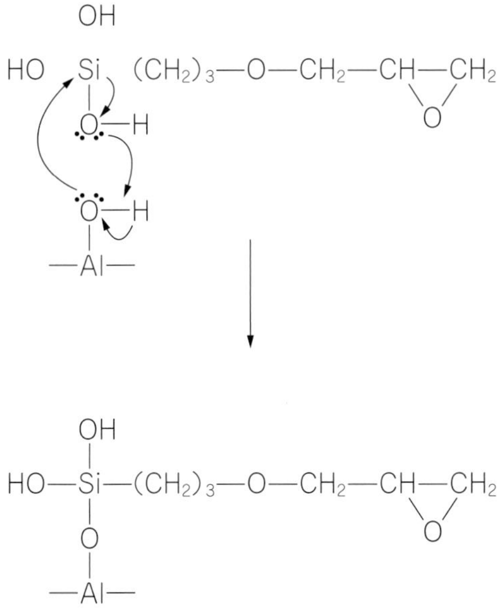

図 3.17　有機シラン接着促進剤とアルミニウム表面の間の相互作用

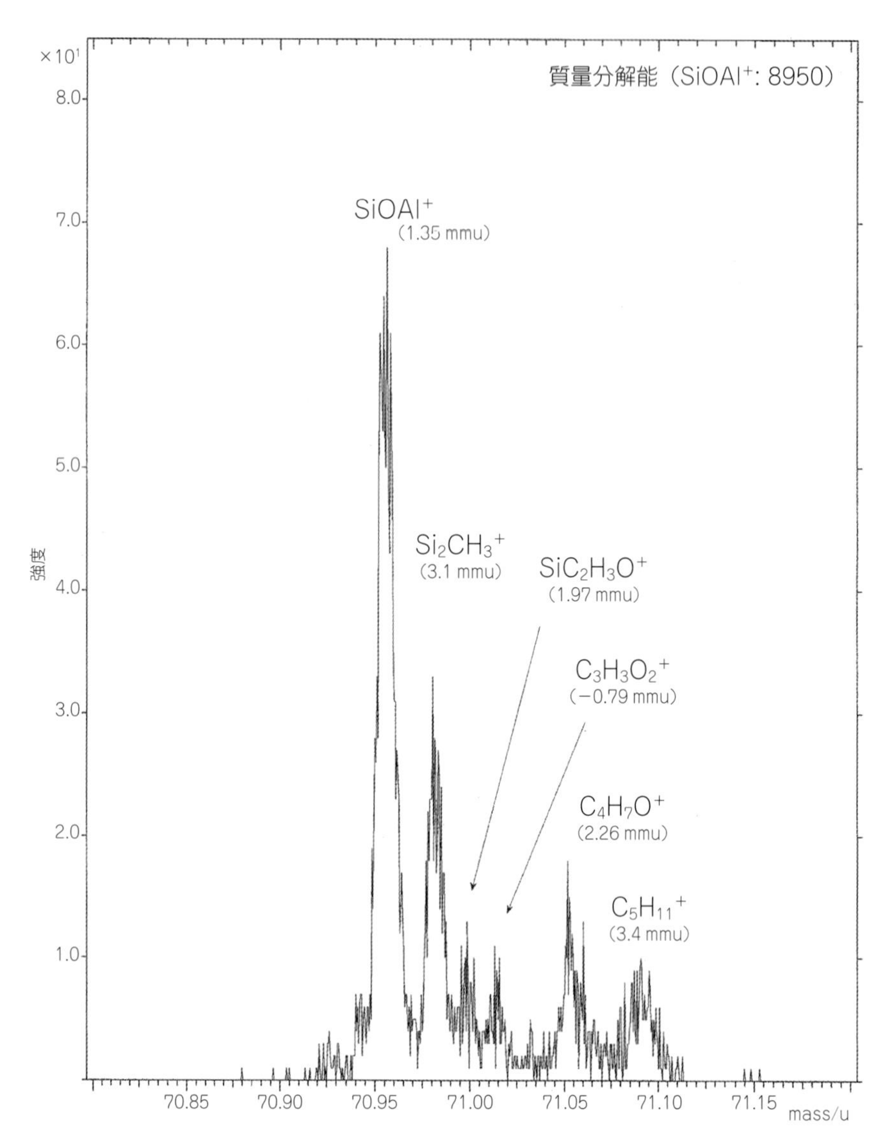

図 3.18　有機シラン接着促進剤で処理したアルミニウム表面の高分解能の飛行時間型2次イオン質量分析法（ToF-SIMS）スペクトル

整数質量 71 Da の周辺領域において図 3.17 の化学結合を示す Si-O-Al＋イオンが検出されている。

業においてアルミニウムの接着前処理として利用されている6価クロム含有溶液と置き換わる可能性がある。**図 3.17** に示すように，有機シラン接着促進剤は金属表面の水酸化物と脱水縮合反応を起こすことで，金属表面と有機シラン接着促進剤の間で共有結合を生じる。有機シラン接着促進剤で処理したアルミニウム表面の高分解能 ToF-SIMS スペクトルを**図 3.18** に示す。同図より，70.9534 Da で共有結合した Al-O-Si が存在していることがわかる。図 3.18 のスペクトルの幅は 1 Da よりかなり狭く，整数質量 71 Da の全成分がはっきり識別できる。このように，飛行時間型アナライザーの優れた質量分解能がなければ，個々の成分に分解することは難しいだろう。図 3.18 に現れている他の成分は，炭化水素と有機シランであると考えられる。本研究は，著者の研究グループにおいて，有機シラン系接着促進剤の作用機序に関する幅広い調査の一環として行われた。その他の重要な成果としては，分子の有機末端基と構造用接着剤との相互作用をRattanaら[24]が調査したり，XPSとToF-SIMSを使用してアルミニウムおよびシラン処理したアルミニウムに対するエポキシ系分子の相互作用をAbelら[25]が調査している。

3.5　XPSとToF-SIMSによる組成深さ方向のプロファイリング

表面化学分析技術であるXPSやToF-SIMSは，多くの場合，数nmの表面最外層を分析するために使用されるが，数百nmの深さの表面層の元素分析や化学組成分析が有益な場合も多々ある。このような場合は，不活性ガスイオンを用いたスパッタリングと組み合わせて使用される。例えば，XPSやToF-SIMSで表面分析した後に，短時間（通常は数十秒）のスパッタリングが行われ，もう一度XPSやToF-SIMSで表面分析する，ということが繰り返される。これは，マイクロプロセッサーによる自動制御で，必要な深さに到達するまで実施される。最近のXPS装置やToF-SIMS装置においてはこの自動制御システムが採用されている。この表面分析とスパッタリングを交互に繰り返す深さ方向分析では，50年ほど前から元素イオン（典型的には0.5-5 keVのAr^+）が利用されており，金属やほとんどの無機物の試料において顕著な成果が得られている。しかし，Ar^+の大きなエネルギーは，樹脂材料に大きなダメージを与えてしまう。最初はペンダント基（側鎖の官能基）を切断し，最終的には脱水素化させて非晶質の炭素配列だけが残る。

この問題を解決するために，クラスターイオンビームが使用される。クラスターイオンを構成する各原子は，1次ビームのエネルギーを等しく共有することができる。多種のクラスターイオンを比較検討した結果，1つの正電荷を持つ巨大なArクラスターイオンを使用することが望ましいことがわかった。クラスターイオンの大きさは，原子数百個から原子数千個のサイズになる。このサイズのクラスターイオンを使用することにより，Ar原子1個あたりのエネルギーは，樹脂に対して著しい損傷を与えないレベルまで低減される。例として，樹脂の深さ方向分析によく使われる1,000個のAr原子を持つクラスターイオン（Ar_{1000}^+）を考えると，1次イオンビームのエネルギーが1 keVのクラスターイオンビームの各原子のエネルギーは1 eVとなる。一方で，（クラスターイオンではない）単原子のArイオンビームは3桁高いエネルギーを持っているといえる。このように，樹脂に対するクラスターイオンを使った深さ方向分析におけるダメージの低減（しばしば無視される程度のダメージ）は明らかである。

クラスターイオンのイオン源は，市販のXPSやToF-SIMSシステムで利用できる。あるメーカーでは，単原子イオンとクラスターイオンを切り替えることができるイオン源を開発している。このオプションは，樹脂/無機物の複合材料（例えば，酸化した金属基板上の薄い接着剤層）の深さ方向分析において特に有効である。なぜなら，無機物および金属の材料では，クラスターイオンによるエッチングが非常に遅く，測定時間が非常に長くなってしまうためである。

深さ方向分析において，特にToF-SIMSでは非常に大きなデータセットを生成することになるが，手動または半自動処理ではデータセットから最適な情報を抽出できない場合がある。その解決策として，現在，表面分析者が利用可能な多変量解析（Multivariate Analysis：MVA）の1つを用いて，コンピューターベースの自動的なデータ抽出が行われている。表面分析データの多変量解析には，分光器メーカーや委託販売会社が提供する確立されたルーチンを使用する方法と，独自に開発する方法の2つがある。どちらも推奨できる点が多く，体系化されたルーチンを使用すれば時間を大幅に節約できるが，柔軟性に欠け，しばしば設定変更が不可能な場合がある。そこで，筆者の研究室内でTrindadeら[26,27]が開発したローカルなルーチンが有効である。このルーチンでは，珍しいデータセットや新しいデータセットに対応したり，データに特定のフィルターを適用して特定のビンにソートしたりするための修正を素早く行うことができる。

MVA法（この場合は非負行列分解法Non-negative Matrix Factorization：NMF）を使用した素晴らしい例として，Bañuls Ciscarらによる最近の研究[28]で，ポリウレタン（ポリメチレンジフェニルジイソシアネート：pMDI）中のイソシアネート成分とFeCr合金の相互作用に関する報告がある。その方法は，有機超薄膜（厚さ3 nm）を蒸着し，N1s-XPSスペクトルを取得して，2つの成分間の特定の相互作用を示唆するものであった。次に，4 keVのAr_{1000}^+クラスターイオンとXPSを併用して有機超薄膜の深さ方向分析を実施し，厚膜と比較された。深さ方向分析データは，非負行列分解法によって処理された。**図3.19**にFe80Cr20合金上のポリウレタン（pMDI）薄膜のN1s-XPSスペクトルを示す。純粋なイソシアネートは左右対称的なピークを示すが，図3.19のスペクトルは，大きなピーク中心の低エネルギー側に小さなピークが見られる。このピークは，酸化されたFeCr合金基板と有機物との間で相互作用していることの証拠であり，電子吸引性，すなわち金属基板から有機物の窒素原子に対する電子雲の分極がもたらすものである。この相互作用はN*-Meと呼ばれる。ここで，N*は従来の無機化学における窒化物の形成に類似しており，Meは金属を表している。このピークはかなり小さいので，懐疑的な人に対しては全く説得力がないかもしれない！厚膜の深さ方向分析結果は，自動的に抽出されたものであるため，この評価にさらなる確信を与えてくれる。このアプローチの大きな利点は，非負行列分解法

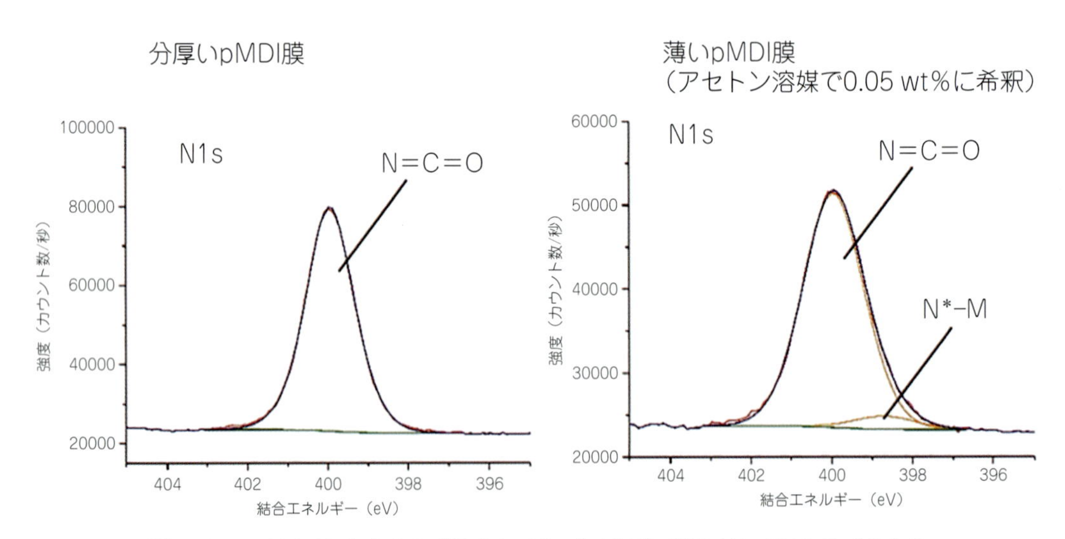

図3.19　Fe80Cr20合金上のポリウレタン（pMDI）膜のN1s-XPSスペクトル

（左）分厚いpMDI膜の場合，（右）薄いpMDI膜の場合。薄い場合のみ界面で相互作用していることを示す小さなピークが約399 eVに見られる。

（NMF）が教師なしアプローチであるため，分析者の（無意識の）主観が全く入らないことにある。非負行列分解法（NMF）の解析結果は，N1s-XPSスペクトルのモンタージュと，N1sデータセットで同定された各成分がスパッタ時間（レベル）の関数としてどのように変化するかを示す深さプロファイルという形で，ピークフィッティングデータをもたらす。**図3.20**の深さ方向結果は，非負行列分解法（NMF）によって3つの成分が特定されたことを示している。バルクのpMDI層の成分とpMDI層/Fe80Cr20基板との界面にのみ存在する成分，そして，図3.19のN1s-XPSスペクトルを手動でピークフィッティングする際に削除された各スペクトルのbackgroundの3つである。**図3.21**の深さ方向分析における各ポイント（横軸のレベル1，4，6，40は，スパッタ時間0.5，2，3，20分に対応する）の強度変化は，図3.19の薄膜のN1s-XPSスペクトルで見られた低エネルギー側の小さなピークの出現を明確に表す。レベル6（スパッタ時間3分）における測定結果は，界面において，pMDIのN＝C＝O成分に対して，N*-Me成分の強度が非常に大きくなっていることを表している。これらの情報から，pMDIとFe80Cr20合金基板との間で生じた相互作用および反応スキームを予測できる。

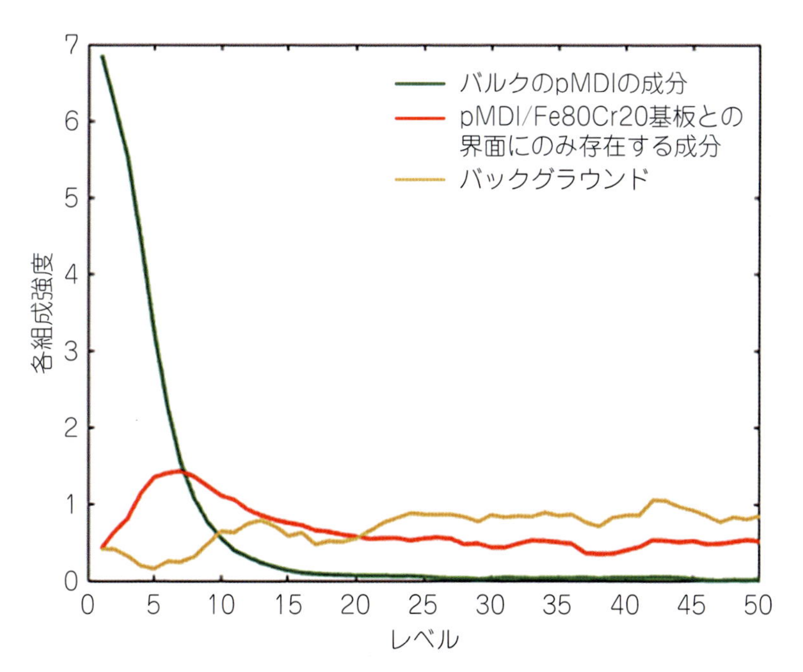

図3.20　Fe80Cr20合金上のポリウレタン（pMDI）厚膜をArガスラスターイオンでエッチングしながら取得されたN1s-XPSスペクトルの深さ方向プロファイル

「バルクのpMDI層の成分」と「pMDI層/Fe80Cr20基板との界面にのみ存在する成分」「background」の3つの成分。

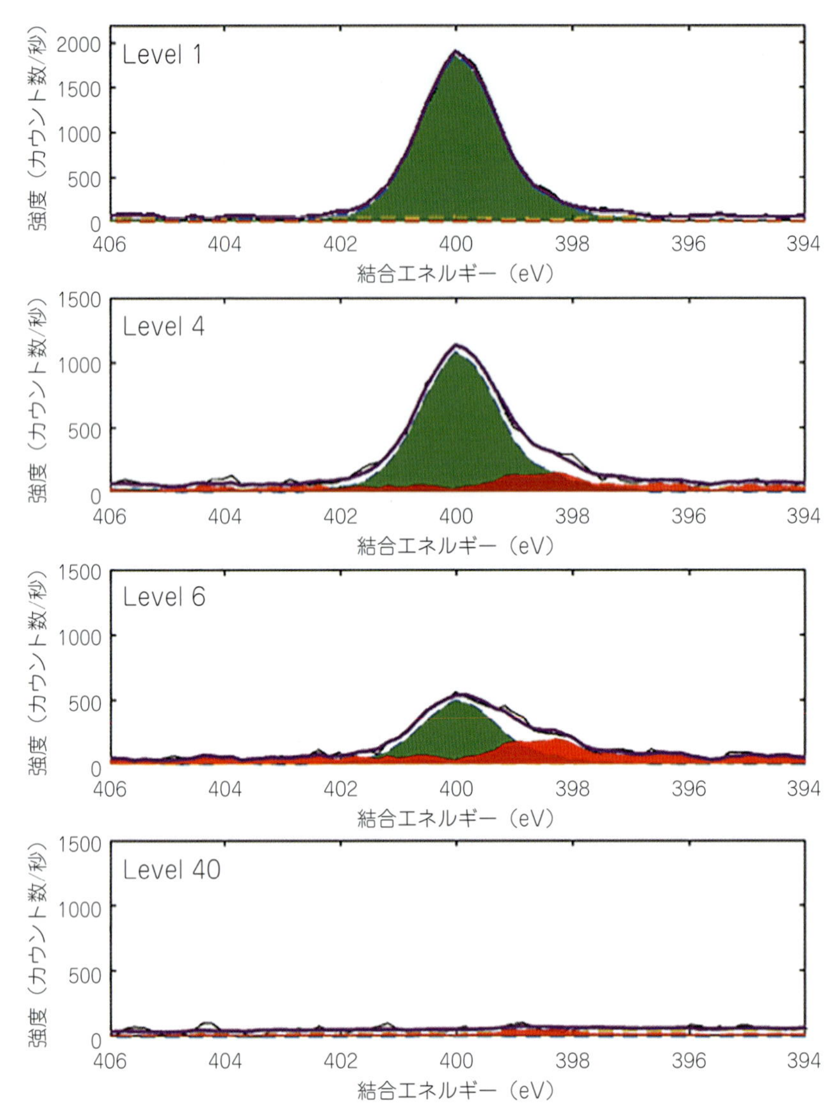

図 3.21　図 3.20 の深さ方向分析における各ポイント（レベル 1，4，6，40 はスパッタ時間 0.5，2，3，20 分に対応）の非負行列分解法（NMF）の解析結果

図 3.19 において約 399 eV に出現したピークが界面相互作用を示していることを表している。

3.6　故障した接合部の科学的分析

表面の評価では，接着前の表面特性を考慮することが非常に重要であるが，破損した接合部の科学的分析を依頼されることもある。破損した接合部の分析は，多くの点で接着前の基材の評価と類似しているが，さらに多くの複雑な問題がある。本セクションでは，このような科学的な調査方法について，最初のガイドラインを提供することを目的としている。どのような科学的調査においても，まず必要なことは，「界面破壊」か接着剤内の「凝集破壊」か，あるいは（特に繊維複合材の場合）基材の「材料破壊」かどうかを正確に特定することである。これは想像よりも簡単なことではなく，破壊箇所の定義の精度は，適用する手法に大きく依存する。各手法は，それぞれより正確であるが，第三者機関を利用する場合は残念ながらより高価になる。肉眼による目視検査では，基材に大量の粘着剤が残っている場合は確実に識別できるが，薄い場合は凝集破壊を界面破壊と誤認する可能性がある。よって，まずは虫眼鏡またはルーペ等で5〜10倍の倍率で観察し，さらに光学顕微鏡を使用して数百倍の倍率で観察し，最後に走査型電子顕微鏡（SEM）を使用して観察する。サブマイクロメートルレベルの接着剤層，特に特徴のない接着剤層に対しては，表面分析が威力を発揮し，基板上に接着剤が単層しか残っていない場合でも，破壊箇所を特定することが可能である。このような場合，XPSを使用すると接着剤層の厚さを測定できる。文献や最近のレビュー論文[20]では，破壊箇所において，基板に付着した接着剤層が極端に薄い場合の例が数多く紹介されている。もし破壊箇所に対して顕微鏡で観察されて判断されたなら，（誤って）界面破壊として診断されるかもしれない。

科学的分析で調査すべき対象に対しては，概してXPSまたはToF-SIMSによってのみ対処可能である。例えば，Davis and Watts[29]によって説明されているように，環境暴露試験において腐食活性を有する塩化物イオンなどの種の同定や，基材の前処理工程において効果的に除去できず，脆弱層として作用する残留汚染などがある。特にシリコーンオイルは問題となり，XPSやToF-SIMSによって破壊箇所の表面で容易に検出される。製造者や接着剤利用者にとって特に重要となることは，界面への微量成分の偏析であり，本質的にその箇所が脆弱層となることがある。Taylorら[30]，Taylor and Watts[31]，Taylorら[32]の研究では，この現象の興味深い例を示しており，経験則に基づいて提案された仮説をコンピューター化学が強化することを説明している。最終手段であることが多いが，破壊箇所表面の調査から故障の原因について多くの情報が得られることがある。

3.7　まとめ

接着剤接合するために，基材の特性を評価する理由は多岐にわたる。その範囲は，単に清浄であることを確認することから，前処理の品質を評価する必要性，あるいは表面状態と接着性を関連付ける必要性，実験室での試験や使用中の不具合による故障箇所の科学的検査に至るまで，多岐にわたる。使用可能な方法は，水割れ試験などの簡単な方法から表面化学分析のような高度な方法まで，同様に多岐にわたる。試験方法の選択は，多くの要因によって決まるが，試験環境，費用の制約，分析目的だけで決まるものではない。品質保証と研究活動では，要求が大きく異なるだろう。

明確で簡潔かつ正確な表面の情報を得るためには，数種類の方法による測定が必要不可欠であり，最適な組み合わせは，AFMによる表面形状観察，接触角測定による表面自由エネルギーの推定，そしてXPSによる表面化学分析であろう。この組み合わせにより，表面の重要な接着特性について数値的に比較できるようになり，例えば，接着剤接合の性能向上に向けた表面処理方法などの変更が可能となる。また，これらの方法は，接着剤接合部が使用中に破壊した場合，破壊箇所や破壊の原因に関する重要な情報を得るために使用できる。さらに，表面化学分析は，接着という現象そのものを生み出す特定の相互作用の証拠を提供する可能性を持っている。

謝　辞

筆者の研究室で行われている接着と表面分析の研究は，現在50年目を迎えようとしている。この間，多くの優秀な研究者がアイデア，実験データ，学術論文，そして，もちろん博士論文によって貴重な貢献をしてきた。そのすべてに感謝いたしますが，特に，約50年前にサリー大学の表面分析研究所を設立し，数年後には接着研究の道を切り開いてくださったJim Castle教授の賢明なご助言と叡智に感謝いたします。

文　献

1）P. J. Goodhew, F. J. Humphreys, R. Beanland, Electron Microscopy and Analysis, Taylor & Francis, 2000.
2）M. Sautrot, M.-L. Abel, J. F. Watts, J. Adhes. 81（2005）163-187.
3）J. D. Venables, J. Mater. Sci. 19（1984）2431.
4）H. M. Clearfield, D. K. McNamara, G. D. Davis, in: L.-H. Lee（Ed.）, Adhesive Bonding, Plenum Press, New York, USA, 1991, pp. 203-237.
5）C. J. R. Sheppard, D. M. Shotton, Confocal Laser Scanning Microscopy, RMS Handbooks, Oxford University Press, 1997.
6）BSI, British Standard BS 1134: Part I. Assessment of Surface Textures: General Information and Guidance, 1972.
7）DIN, DIN 4768, the Determination of Roughness Parameters Ra, Rz, Rmax by Means of Stylus Instruments: Terms and Measuring Conditions, 1990.
8）ISO, ISO 4287, Geometric Product Specifications - Surface Texture: Profile Method - Terms, Definitions and Surface Texture Parameters, 1997.
9）J. F. Watts, J. E. Castle, J. Mater. Sci. 19（1984）2259-2272.
10）P. A. Zhdan, Surf Interf Anal 33（2002）879.
11）J. E. Castle, P. A. Zhdan, J. Phys. D. Appl. Phys. 30（1997）722.
12）S. L. Gao, E. Mader, Compos. Part A 33（2002）559.
13）ASTM, Standard F 22-02: Standard Test Method for Hydrophobic Surface Films by the Water Break Test, ASTM International, West Conshohocken, PA, USA, 2002.
14）D. E. Packham, Handbook of Adhesion, John Wiley and Sons Ltd, Chicester, UK, 2005.
15）J. F. Watts, J. Wolstenholme, An Introduction to Surface Analysis by XPS and AES 2nd Edition, John Wiley & Sons Ltd, Chichester, UK, 2020.
16）D. Briggs, J. T. Grant, Surface Analysis by X-Ray Photoelectron Spectroscopy and Auger Electron Spectroscopy, IM Publications and Surface Spectra Ltd, Chichester and Manchester, UK, 2003.
17）J. F. Watts, in: A. D. Wilson, H. Prosser, J. W. Nicholson（Eds.）, Surface Coatings 1, Applied Science Publishers, London, 1987, pp. 137-187.
18）J. F. Watts, Surf Interf Anal 12（1988）497-503.
19）J. F. Watts, in: J. C. Riviere, S. Myhra（Eds.）, Handbook of Surface and Interface Analysis: Methods for Problem Solving, CRC Press an imprint of Taylor and Francis Group, 2009, p. 671.
20）J. F. Watts, L. M. F. da Silva, A. Öchsner, R. D. Adams, Handbook of Adhesion Technology 2nd Edition: Volume 1, Springer Heidelberg, 2018, pp. 227-255.
21）J. F. Watts, M.-L. Abel, in: D. R. Baer, C. R. Clayton, G. D. Davis, G. P. Halada（Eds.）, State-of-the-Art Application of Surface and Interface Analysis Methods to Environmental Materials Interactions: In Honour of James E Castle's 65th Year, The Electrochemical Society, Pennington, NJ, USA, 2001, pp. 80-91. Volume 2001 - 5.
22）D. Briggs, J. C. Vickerman, ToF-SIMS: Surface Analysis by Mass Spectroscopy, IM Publications and Surface Spectra Ltd, Chichester and Manchester, UK, 2001.
23）M.-L. Abel, I. W. Fletcher, R. P. Digby, J. F. Watts, Surf Interf Anal 29（2000）115-125.
24）A. Rattana, J. D. Hermes, M.-L. Abel, J. F. Watts, Int. J. Adhes. Adhes. 22（2002）205-218.
25）M.-L. Abel, A. Rattana, J. F. Watts, Langmuir 16（2000）6510-6518.
26）G. F. Trindade, M.-L. Abel, J. F. Watts,

Chemometrics Int Lab Sys 163 (2017) 76-85.
27) G. F. Trindade, M.-L. Abel, J. F. Watts, Chemometrics Int Lab Sys 182 (2018) 180-187.
28) J. Bañuls Ciscar, G. F. Trindade, M.-L. Abel, C. Phanopoulos, G. Pans, D. Pratelli, K. Marcoens, T. Hauffman, J. F. Watts, Surf and Interf Anal 53 (2021) 340-349.
29) S. J. Davis, J. F. Watts, J. Mater. Chem. 6 (1996) 479-494.
30) A. M. Taylor, J. F. Watts, H. Duncan, I. W. Fletcher, J. Adhes. 46 (1994) 145-160.
31) A. M. Taylor, J. F. Watts, J. Adhes. 46 (1994) 161-164.
32) A. M. Taylor, C. H. McLean, M. Charlton, J. F. Watts, Surf Interf Anal 23 (1995) 342-348.

〈訳：大久保　雄司〉

第4章 最適な接合強度を設計するための表面処理

Gary W. Critchlow

4.1 はじめに

建築・土木，航空・宇宙，防衛，自動車，エレクトロニクスなどの分野では，構造物や部品の組立に高性能な接着接合が要求される。これらの製品は機械的・熱的負荷や水分，化学物質などの環境要因に晒されながら使用されるため，接着接合には数十年以上の耐久性が要求される。

このような高いレベルの接着性能を達成するためには，最適化された接着システム，すなわち基材/表面処理/接着剤/プライマーの組み合わせの選択が重要であり，そのために多くの研究がなされている。そこで本章では，このような要求に適した接着接合を確立するための表面処理の役割について紹介し，さらに次節以降で接着工程前に実施するカップリング剤処理やプライマー処理など具体的な表面処理について解説する。

例えば特定の産業用途に使用するために必要な機械的，および熱的特性を満足する接着剤が与えられたとして，それが基材と十分な接着性を発現するためには次の要件が必要になる：

- 接着剤が基材表面に，時には基材内部に良好に濡れること。これは一般に，基材の表面自由エネルギーが，接着剤の表面張力よりも大きいことで達成されると考えられており，Possart[1] をはじめとした多くの研究者によって詳細に議論されている；
- 接着剤−基材界面での強い化学的または物理的相互作用，または分子間相互拡散等が発現すること；
- 離型剤，ポリマーやエラストマーの添加剤や配合成分，低分子ポリマー，その他の大気汚染物質など，接着剤や基材自身，或いは外部環境由来の汚染物質に起因する弱い境界層（WBL）が存在しないこと。これらは以前より Sharp による研究で議論されている[2]。

また，基材表面に形状の変化をつけることも，接着相互作用が発現する面積を増大し，さらに接着界面にかかる応力を分散させる効果が期待できるため有益であると考えられる[3]。

一方，使用期間中に接着接合部で破壊が生じる可能性も考慮する必要がある。一般的に接着接合は以下に示すような複数のメカニズムのいずれか1つ，または組み合わせによって破壊が生じる：

- 接着剤そのものや，接着界面近傍の樹脂成分で生じる可塑化や劣化による接着剤の凝集破壊；
- 接着剤と基材の界面結合の破壊；
- 基材そのものや基材表面，あるいは基材と接着剤の中間層領域での破壊

理想的には接着剤だけで破壊が発生することが望ましいが，大抵の場合は上記の事象が組み合わさった混合モードで破壊が発生する。なお，界面領域とは，接着剤および基材それぞれの物質

の中間にあり，両物質が入り混じって状態が変化していると推定される領域と定義されており，この領域を通じて両物質間の応力伝達が行われる[2,4-7]。したがって，応力解析/有限要素モデリング/寿命予測ツールなど種々の計算手法を用いて接着接合の強度設計や寿命予測を可能にするためにも，界面領域における樹脂や基材，あるいは界面結合の破壊を避けることが重要である。

以上の理由から，表面処理は，接着前の物質表面に予め存在する水和酸化物などの弱い界層や汚染を除去し，表面の自由エネルギーを増大させ，さらに官能化して接着剤との相互作用を増大させるなどの役割を担う。また基材が金属の場合，表面の形状制御や耐食性を付与することで界面特性を制御し，下地基材の耐水安定性を高めることができる。

表面処理は単純な物理的方法から非常に複雑な多段プロセスまでさまざまなものがあり，多くの素材に適用可能である。これらは人体への安全性や環境への影響に関わる法律，生産性，コストなど，目的との整合性や産業上の制約によって最適なものが選択される。例えばヨーロッパでは，化学物質に関わる登録，評価，認可の指令（REACH）により，表面処理プロセスに使用できる化学物質が規制されている[8]。また，表面処理工程は物理的または化学的処理に加え，プライマーやカップリング剤処理を組み合わせて使用されることが多い。これらは表面自由エネルギーが高い状態にある材料表面の外部汚染からの保護，表面の濡れ性改善，基材との共有結合形成，腐食防止などの機能を接着システム内に導入する役割を担う。カップリング剤としてはシラン化合物による効果が以前から知られており，Plueddemannの研究[9]をはじめとして，多くの研究者によって議論されている[10,11]。

以降の節では，金属，ポリマー，ガラス，木材，コンクリートなどの基材に対する主要な表面前処理について簡単に解説する。各表面処理の詳細は参考文献を参照のこと。

4.2　表面洗浄

接着性能の発現に悪影響を及ぼす可能性のある表面汚染源が多数存在することは，以前から知られており，Bullet[12]やDavis[13]らによりまとめられている。例えば，工業的に生産されるほとんどの金属の表面は，有機化合物より成る汚染層を含んでおり，大気由来の成分だけでなく，絞りやプレスなどの加工プロセスに使用さる潤滑油や加工補助剤も含まれる。接着剤の中には，コーティング重量が約1 g/cm^2 程度の薄層汚染であれば，プレス潤滑油や加工助剤も含めて樹脂内に吸収し，十分に接着性を発揮するものもあるが，最低限材料表面を脱脂処理しておくのが一般的にはよい方法といえる。このような脱脂工程は，材料表面に接着剤との物理的または化学的な結合を形成するための機能化表面処理プロセスの前洗浄としてもしばしば用いられる。従来，金属の脱脂には，トリクロロエチレン，メチルエチルケトン，アセトン，トルエンなどの有機溶媒を使用する方法が一般的である。また最近では，ハイドロフルオロエーテル（HFEs）などの高沸点溶剤が新たに開発され，蒸発による溶剤の損失のない非常に効果的な脱脂が行えるようになった。しかしながら，これら有機溶剤は健康および安全上に関連する懸念が大きく，代替手段として，温和な酸性またはアルカリ性の水溶液を用いることも可能である[14,15]。脱脂処理は，通常，単純な浸漬工程で行われ，特に形状や表面形態が複雑な材料を効果的に洗浄するために，加熱や超音波を使用して行うこともあるし，他にも有機溶剤による蒸気脱脂なども行われる。また，環境配慮の観点から海藻を原料とした洗浄液なども開発されている[16]。筆者は，金属や複合材料の表面処理として固体CO_2クライオブラスト処理の効果や，非常に粘着性の高い汚染物質の除去に水素化ナトリウム浸漬を使用した場合の効果について研究しており[17,18]，例えばCO_2クライオブラスト処理，およびさまざまな物理的，化学的，および電気化学的処理の効果について，シングルラップせん断試験で比較している[19]。**表4.1**に示すように，CO_2クライオブラスト処理はその熱機械的特性，さらには効果的な溶媒作用により，単なる脱脂処理よりもはるかに優れた洗浄効果を示し，グリットブラスト処理および化成処理したアルミニウムと同様の強度性能を示した。一方，CO_2クライオブラスト処理は，5251アルミニウム合金の表面の形状や質感には大きな影響を与えないため，アルミニウム合金表面をナノスケールで改質する効果があるエッチング処理や陽極酸化処理ほどの界面形成の促進効果は得られなかった。

基材表面に強固に付着した汚れを除去する方法の1つに，レーザー処理がある[17,18,20,21]。例えば航空宇宙分野において，樹脂転写成型（RTM）用の金型を離型層塗布前に洗浄する際，金属や複合材の表面から移着したビスフェノールF型エポキシ樹脂を除去することは，特に重要である。筆者らの研究によれば，レーザー処理により，ニッケル，アルミニウム，鉄鋼表面に化学吸着した厚さ150 μmのエポキシ樹脂汚染層を効果的に除去し，原子レベルの清浄度まで近づけることができた[17,18]。パルスNd：YAGおよびCO_2レーザーの洗浄効果に関する研究では，CO_2レーザー処理が，以下の3段階の洗浄メカニズムにより特に効果が高いことが示された：第1段階：有機物のレーザーエネルギーの吸収，第2段階：プラズマの発生と基材への熱の再放射，第3段階：汚染物の飛散（**図4.1**）。本プロセスにおいて重要なことは，ほとんどの金属が波長10.6 μmの光に対して高い反射率を持ち，熱損失も高いため，下地の金属表面はマルチキロワット50 nsレーザーパルスの影響を受けないことにある。したがって，アルミニウム合金および軟鋼それぞれに対しても清浄で高エネルギーな表面状態を形成でき，両金属共に従来の脱脂と比較して単純引張せん断試験における接合強度が大幅に向上し，グリットブラストと同等のせん断値が得られた[21]。

なお，他の「ドライ」処理，例えばプラズマ処理や火炎処理なども同様に，潜在的に存在する

表4.1　CO_2クライオブラストを含むさまざまな表面処理を施したAl 5251接着接合部の単純引張せん断試験のまとめ

表面処理	平均接合強度（N）	標準偏差（N）
脱脂	1895	184
グリットブラスト	4687	160
クロメート・リン酸塩系化成処理	4057	313
クロム酸エッチング	6485	180
リン酸アルマイト	6810	56
CO_2クライオブラスト	4420	440

D. M. Brewis, G. W. Critchlow, C. A. Curtis, Int. M. Brewisから転載。J. Adhes. Adhes. 19（1999）253.

図 4.1　（左）汚染されたニッケル基板をプラズマ洗浄する実験装置，（右）鉄鋼基板上に化学吸着したビスフェノールＦ型エポキシ樹脂層をレーザーアブレーションにより，鉄鋼–エポキシ樹脂界面からの衝撃波反射によって剥離させた

R. E. Litchfield, G. W. Critchlow, S. Wilson, Int. J. Adhes. Adhes. 26（2006）295.

WBL を効果的に除去し，接着剤と基材表面の濡れ性を改善するために使用できる。これらの処理については，［**4.4**］で詳細に説明する。

4.3　金属の一般的な前処理

本節では一般的な金属への接着について述べ，次に工業材料として特に重要な，炭素鋼とアルミニウム合金について詳細に解説する。他にも工業的に重要な金属は多数あり，それらのために特別な表面処理プロセスが検討されているものの，炭素鋼とアルミニウムに適用される表面処理の原理の多くは，他の金属にも適用できる[22]。［**4.2**］では金属表面の有機物汚染を除去するための洗浄方法について詳述したが，通常はそれに加え，水和酸化物，あるいは屋外保管されている材料の場合だと硫酸塩/硫化物，塩素酸塩/塩化物などの金属塩からなる，脆い層（WBL）を除去する必要がある。このような場合，通常，錯形成剤などの添加物を含む弱酸またはアルカリ溶液よりなる専用の薬剤を使用する[15,23,24]。これらの薬剤は，すでに述べたように迅速かつ効果的な処理を行うために，60℃を超える高温で使用される場合もある。一旦表面を除去した金属は自然酸化被膜に覆われており，この皮膜は凝集力が強く金属素地に対する密着性に優れるため接着性にも問題はないが，化成処理や陽極酸化などの追加の表面処理を行うためには追加で除去する必要がある。このような薄い酸化被膜の除去は，FLP エッチングなどの強酸性溶液中で行われる[15,23,24]。

ここまで紹介した処理の主な効果としては，マイクロまたはナノレベルのエッチングにより基材表面を濡れ性が良好な状態にすることで，接着剤との密着性付与によるボンディングあるいはさらなる表面改質どちらにも適した表面状態にすることである。さまざまな金属に対する酸エッチングの有効性は，多くの研究者によって立証されており，アルミニウム合金専用のエッチングのプロセスは，Minford[15] と Thrall と Shannon[24] により，ステンレス鋼のエッチングについては Boyes ら[25] により，チタンとその合金のエッチングプロセスは Critchlow と Brewis[22] らにより研究されている。要するに，特定の金属に対して正しいエッチング液を用いて，最適化された手順で適切に表面処理を実施すれば，前述のとおり物理的・化学的に接着性に優れる表面が得られる。ただし，エッチングだけでは薄い酸化被膜しか得られないため，水分に対する安定性に欠けるという制約がある。したがって，接合部の表面処理に酸エッチング処理を採用した場合，引用文献中にも紹介されているように強度耐久性は限定的となる。さらに耐久性を付与する目的で追加で行う表面処理については，［**4.3.1**］および［**4.3.2**］項で解説する。

上記で紹介した化学的な処理は，状態が制御された表面状態を提供できるため好ましいが，上記の方法に代わるアプローチとして，物理的な方法によって金属表面に付着した汚れや表面層を除去する方法も挙げられる。これには機械的な磨耗またはグリットブラストが用いられることが最も多い。例えば研磨パッドによる単純な機械的研磨では，何も処理されていないほぼ平坦な表面を，凹凸のある非常に不均一な形状を持つ表面にすることができる。鋳鉄，シリカ，アルミナなどを用いたグリットブラストは，酸化スケールを除去して巨視的に粗い表面を形成するのに非常に有効であることが知られている。しかし，薄板材料のグリットブラストにはいくつかの問題があり，例えば湿潤環境中では，基材表面に残留した砥粒と基材によるガルバニック腐食が生じる可能性がある。その点において湿式研磨はその影響がより小さいプロセスである[15,21-25]。

表面に形状付与するする他の方法として，例えば機械加工がある[26]。比較的最近の例では，金属表面の形状制御にパワービームを使用する方法があり，例えば，Surfi-Sculpt laser-induced texturing[27,28] がある。Moroni らは２液性エポキシ接着剤で接着したアルミニウム 6082 T6 合金に対するレーザー加工の影響について調べている[29]。この研究では，レーザー出力，スキャン速度，ハッチ距離，パルス周波数，レーザースポット径を変化させ，ダブルカンチレバービーム（DCB）試験により準静的および疲労挙動を評価している。その結果，最も処理がマイルドな 0.17 J/cm^2 のエネルギー密度のレーザー加工では脱脂のみの場合と同様の接着性能を示すことがわかった。一方，最もレーザーの出力を高めた 5.71 J/cm^2 のエネルギー密度で処理したアルミニウム合金の初期強度，および ISO 9142 D3 の加速経年サイクルに曝された場合の疲労強度は，グリットブラスト処理した場合と同等の性能を示した。

4.3.1　炭素鋼の表面処理

Boyes[25] のまとめによれば，鉄系材料の接着はステンレス鋼が中心であり，炭素鋼についてははあまり注目されてきておらず，現在までに実施された研究は，主に研磨やグリットブラストなどの単純な機械プロセスのほか，溶剤脱脂を行ったのものに留まる。またこのプロセスでは接着界面を安定させる目的でプライマーを併用して使用することもでき，これらは鋼材表面と接着剤との間のカップリング剤として機能することが，Kinloc らの研究によってまとめられている[30,31]。さらに Mol らによる最近の研究[32] では，表面粗さを高めることの重要性とその有効性が示されており，グリットブラスト処理した鉄鋼とエポキシ接着剤のウェッジテストによる耐久試験で有効な結果が得られている。さらに，ジルコン酸系の化成処理により多くの機械的および化学的前処理を凌駕する優れた結果を与えることについても報告している[32]。筆者も同様に，機械的処理と並行して代替となる化成処理を研究している[33]。Critchlow らによるこの研究では，炭素含有量

0.5–0.8 wt％の普通炭素鋼を，脱脂のみ，グリットブラストと脱脂，グリットブラストと脱脂とシラン処理，または数種のリン酸塩処理のいずれかを用いて表面処理を行った。その詳細を**表 4.2** に示す。これらの表面は，走査型および透過型電子顕微鏡とスタイラスプロフィロメトリーによる表面粗さ測定，オージェ電子分光法による表面および表面近傍の化学的性質の分析，および接触角分析による表面熱力学の評価など，種々の分析評価技術を用いて評価した。簡単に説明すると，グリットブラストは鋼材表面の機械的粗さを劇的に増加させることが示され，R_a で表される表面粗さパラメーターが，脱脂のみの場合の約 70 nm から，処理後には 30,000 nm に増加した。一方リン酸塩ベースの処理では，複雑な化学状態を持つ酸化物や，マイクロレベル，ナノレベルの粗さを持つ形状が異なる程度で導入されており，表面処理ごとにさまざまな表面状態が形成された。一般に，化成処理における皮膜形成のメカニズムでは，複合酸化物，または二相酸化物が形成されると考えられており，その厚さは 10 nm 未満から 150 nm 程度でグリットブラストとは粗さの程度が異なり，R_a の値は少なくとも 1 桁低い値であった。これらのプロセスが接着に及ぼす影響を調べるため，1 液型エポキシ接着剤を用いた重ね合わせ引張試験により，初期強度，および 60℃の水に浸漬した耐久試験後の残留接合強度を測定した。これらの試験結果を**表 4.3** および**表 4.4** に示す。

R_a が 70 nm 程度の荒らしていない表面であっても，脱脂のみを行った鋼材表面は，1 液エポキシ接着剤を用いたせん断試験で約 45 MPa の良好な接着強度を示した。一方，グリットブラスト処理後はせん断強度が 55 MPa 以上に増加した。これはエポキシド官能基を有するシラン（γ-GPS）処理を行っても変わらず同程度の値であり，グリットブラスト処理によって表面粗さが向上したことに起因している。リン酸塩処理では結果が大きく異なり，一部の処理では，明らかに強度低下が見られており，化成処理によって導入された層が WBL となっていることを示した。ボンデライト 901-Pyrene8-90 プロセスは，工業的に使用されているグリットブラスト＋シラン

表 4.2　Critchlow らによって研究された機械的および化学的前処理（化成処理）の概要

表面処理	プロセス説明
脱脂	Genklene による手洗い＋1,1,1 トリクロロエタンによる蒸気脱脂。
グリットブラスト＋脱脂	Genklene による手洗い，Blastyte 4XP グレードのアルミナによるグリットブラスト，1,1,1 トリクロロエタンによる蒸気脱脂
グリットブラスト＋脱脂＋シラン	上記のグリットブラストと脱脂に加え，A187，94/4 水/エタノール混合液の 1％溶液の γ-GPS を塗布
Pyrene 16-30	クロメートフリー乾式化成処理塗料
Accomet C	クロメート・リン酸塩系化成処理
Bonderite 901-Pyrene 8-90	リン酸鉄系化成処理
CPX	リン酸マンガン系化成処理
Bonderite 265	Tircation リン酸亜鉛系化成処理剤
Bonderire 265＋リンス	上記に加えて，三価クロムのリンス
Bonderite 245	高ニッケル，リン酸亜鉛系化成処理

G. W. Critchlow, P. W. Webb, C. J. Tremlett, K. Brown, Int. J. Adhes. Adhes. 20 (2000) 113.

表 4.3　さまざまな表面処理を施した中炭素鋼基材の単純引張せん断試験の初期強度

表面処理	破壊までの初期応力±1 標準偏差（MPa）
脱脂	45.5±5.9
グリットブラスト＋脱脂	55.0±0.8
グリットブラスト＋脱脂＋シラン	57.3±1.8
Pyrene 16-30	45.9±3.3
Accomet C	49.3±1.9
Bonderite 901-Pyrene 8-90	57.9±1.6
CPX	39.1±7.4
Bonderite 265	20.1±2.6
Bonderire 265＋リンス	29.6±6.5
Bonderite 245	43.5±5.4

G. W. Critchlow, P. W. Webb, C. J. Tremlett, K. Brown, Int. J. Adhes. Adhes. 20（2000）113.

表 4.4　さまざまな表面処理を施した中炭素鋼基材を 60℃，8 週間まで水に浸漬した後の単純引張せん断試験の強度残存率

プリトリートメント	1 週間	2 週間	4 週目	8 週間
グリットブラスト＋脱脂剤＋シラン	41.9±2.1	38.4±0.7	37.6±1.8	33.4±1.9
Pyrene 16-30	32.4±3.0	38.8±3.0	27.5±2.6	19.2±3.9
Bonderite 265	21.6±4.9	18.5±4.6	17.0±2.9	11.4±0.8
Bonderite 901-Pyrene 8-90	53.4±0.9	50.1±0.9	47.1±3.7	46.2±2.5

G. W. Critchlow, P. W. Webb, C. J. Tremlett, K. Brown, Int. J. Adhes. Adhes. 20（2000）113.

プロセスと同程度の接着性能であった。同プロセスは R_a 値がわずか 90 nm であるため，マイクロレベルの表面粗さはほとんど生じないものの，**図 4.2** に示すように厚さ約 150 nm に及ぶ非常に複雑なリン酸塩層が形成されていることを示している。これは脱脂のみでは 10 nm 程度の粗さであったのと大きな違いである。表 4.4 は 60℃の温水浸漬における浸漬時間とせん断接着片の残留強度との関係を示したものである。8 週間放置後の残留強度を比較すると，リン酸塩処理プロセスの違いにより耐久性も大きく異なっており，処理条件の最適化が必要であることは明らかである。特にボンデライト 901-ピレン 890 の表面に見られるサブミクロンサイズのノジュールは，その後に塗布される接着剤との「界面」の形成に関与すると考えられる。また，この工程で導入された厚いリン酸塩層は鋼材に良好な耐食性を与え，下地の水和により生じる状態変化を低減すると考えられる。この最適化された化成皮膜の存在により，初期接着強度とその耐久性は，工業的に使用されているグリットブラスト＋γ-GPS シランプロセスで得られるものより優れていた。多くの研究者が，金属被着体との良好な接着に寄与するものとして，「界面」の存在を定義しており，表面処理によって接着に適した表面特性を作り出す重要性が示されている。

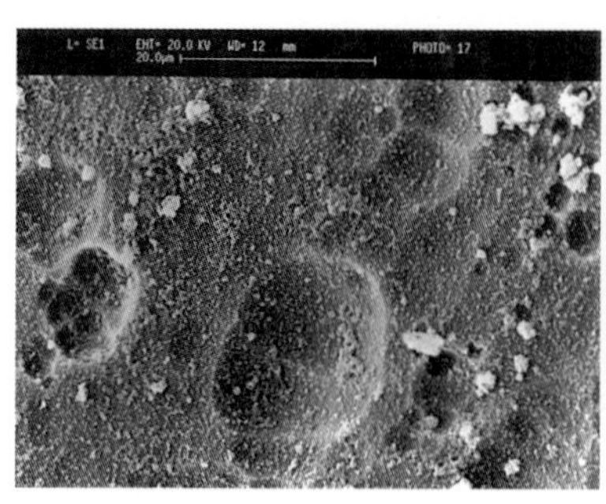

図 4.2　（左）ボンデライト 901−Pyrene 8−90 で処理した中炭素鋼表面の走査型電子顕微鏡像，（右）および透過型電子顕微鏡像

注）スケールの関係上，右側のコーティングの厚さは約 150 nm である。
G. W. Critchlow, P. W. Webb, C. J. Tremlett, K. Brown, Int. J. Adhes. Adhes. 20（2000）113.

4.3.2　アルミニウム合金の表面前処理

アルミニウム合金の接合には一般的にさまざまな溶接技術が利用されているが[34]，自動車や航空宇宙などの産業分野における構造体の製造においては接着剤を用いるメリットが大きいため，接着は重要な接合技術となっている。このため，アルミニウムの接着に関わる多くの研究がなされており，表面前処理の最適化も重要な課題である。これらの研究は Minford[15] によって実施され，Critchlow や Brewis[23] によるレビューにもまとめられている。

基本的には鉄鋼の表面処理に用いる多くのプロセス，すなわちグリットブラストなどの機械的プロセスや，酸エッチングや化成処理などの化学プロセスは，アルミニウムおよびその合金の表面処理にも採用することができる。一方，合金中に第二相が存在するような特定の合金の表面処理では，ある程度の最適化を必要とする。また，アルミニウム合金の接着表面処理で最も優れた効果を発揮するのは，クロム酸ベースのエッチングや化成処理，および 40/50 V Bengough−Stuart クロム酸陽極酸化処理（以下，単純に CAA 処理）[23,24] であり，これらは六価クロムが使用されていることにも注意が必要である。法律，安全衛生，コストなどの理由から六価クロム化合物の使用は望ましくなく，代替となる高性能表面処理が産業界から求められている。とはいえ，特に CAA プロセスは，アルミニウムとその合金に対して最も優れた性能を持つプロセスとして，今でも広く利用されている[15,23,24]。**図 4.3** に，アルミニウム合金表面に CAA プロセスを適用した場合の表面を示す。CAA プロセスで生成する酸化物の大部分は水和アルミナである。純アルミニウムやクラッド合金の陽極酸化後には外表面に六角形の最密構造の皮膜を形成するが，特に CAA プロセスでは直径が約 30〜50 nm の孔を有するセル状構造となる。このような理想的な表面構造は，アルミニウム合金を陽極酸化した場合に常に形成されるわけではないことに留意することが重要である。陽極酸化処理によって生成される複雑な表面構造や性質は，処理対象の合金に対するエッチングや陽極酸化条件で決定される[35]。清浄なアルミナや水和物の表面自由エネルギーを直接測定することはできないものの，理論値として 0.18 から約 3J m^{-2} と見積もられている[36]。したがって，調製直後の CAA 酸化物の表面自由エネルギーは，あらゆる有機接着剤の表面張力よりも非常に大きいと推定され，接着剤またはプライマーがこの表面を十分に濡らすだけ

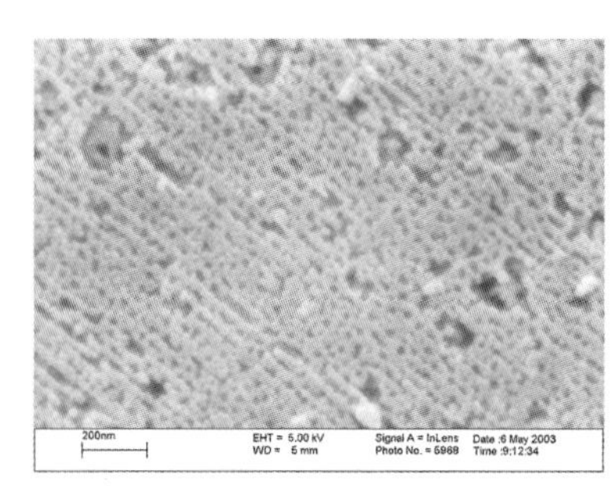
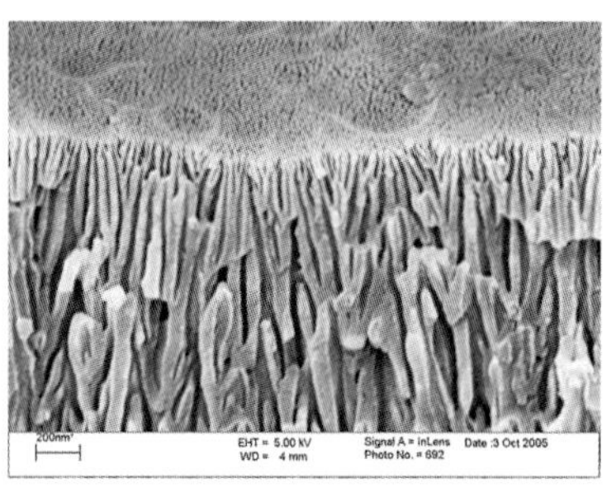

図 4.3　Al 2024 T3 合金のクロム酸アルマイト処理面の走査型電子顕微鏡写真

（左）は平面図，（右）は断面図で，それぞれ素地とクラッド合金を示している。

でなく，硬化するまでの間に酸化物中の孔内に浸透することができる。他の陽極酸化条件または異なるアルミニウム合金が使用される場合，孔への浸透性は，孔半径，酸化物の厚さ，接着剤またはプライマーの表面張力，および汚染物質が存在する場合の酸化物の表面自由エネルギーなどの多くの要因に依存する[37]。例えば一液型エポキシ接着剤は，硬化前に CAA 酸化物中に約 400 nm 程度浸透することが多くの研究により示されており，接着剤の硬化過程でバルク金属と接着剤の間に凝集力のある界面が形成され，強度と耐久性のある接着を実現することが実証されている[15,23,24,37]。

前述したように，六価クロメートを使用するプロセスの利用には多くのデメリットがある。例えば，CAA プロセスでは発がん性，変異原性，毒性のある CrO_3 を陽極酸化溶液だけでも 30～50 g/L 使用し，人に対する安全衛生上の問題がある。また，プロセス後の使用済み溶液の処分も容易ではない。これらの理由から，欧州では CAA プロセスの使用に対し REACH をはじめとする法整備が進められている[8]。また，CAA プロセスは多段階のプロセスであるため非常に複雑で，完了までに時間がかかり[24]，運用にコストがかかる。さらに見落とされがちなのは，CAA プロセスで生成する酸化被膜は，初期の接着性促進と耐久性向上のために必要な耐食性を両立するためにある程度の厚さが必要であり，そのため材料表面に欠陥が生じ，陽極酸化処理により材料自身の疲労性能が損なわれることにも注意を払わなければならない。例として，Cree らは，2618 T6 アルミニウム合金の BS 3158 に準拠した回転曲げ疲労試験おいて，CAA 処理した材料が陽極酸化処理をしていない対照材と比較して疲労限界が 12％低下することを指摘している[38]。このような理由から，CAA プロセスの代替品が開発されている[23,35,39]。現在利用可能な代替品には，3 価およびノンクロム化成処理，ゾルゲルコーティング，2 官能性シランを含むシランカップリング剤，およびリン酸陽極酸化（PAA）[15,23,24]，ホウ酸硫酸陽極酸化（BSAA）[15,23,40]，酒石酸硫酸陽極酸化（TSAA）およびリン酸硫酸陽極酸化（PSAA）などのノンクロム化陽極酸化処理プロセスがある。現在商業的に好ましいものは，接着前処理あるいは基材の腐食保護の観点から，PAA，PSAA，および TSAA である。しかし，前述の方法はいずれも重大な欠点があることは留意されるべきであり，現在も著者や共同研究者らにより，CAA プロセスがもたらす望ましい物理的および化学的特性を提供し，かつ毒性の低い化学物質を使用する多くの代替プロセス，例えば高温 BSAA や交流直流（ACDC）陽極酸化処理などの開発が進んでいる[40,41]。ここで注目すべきは，Critchlow と Yendall が開発した二重酸化物コーティング（DAC）で，航空宇宙用途に採用されている[35]。DACプロセスは，PAA段階と硫酸陽極酸化（SAA）の2段階から構成されており，これにより酸化物の最表面数百ナノメートルの範囲に接着促進用の多孔質表面構造が形成され，さらにその下部には腐食保護と接着耐久性に寄与する，より緻密で薄い酸化被膜が形成されている。**図4.4**には，このプロセスによって形成された「分子サイズの細孔」構造を示しており，この中に硬化前の接着剤が流れ込み，接着界面相が形成される。DACプロセスは特定のアルミニウム合金用に最適化することでTSAAプロセスや，CAAプロセスに匹敵する耐腐食性を付与することができる。さらに重要なのは，DACプロセスがCAAと比較してアルミニウム合金基材に与える「材料欠陥」を低減することである。前述したように，陽極酸化物は擬似セラミック材料であり，正確な強度と剛性は皮膜セル壁の厚さと孔径の比率に依存する[42]が，Thompsonらによるナノインデンテーションを用いた報告によれば，典型的な陽極酸化物は130～140 GPaの範囲のヤング率である。これは結晶性アルミナで期待される値よりもはるかに低い値であるものの下地金属よりも約2倍程度硬く[43]，基材よりも剛性と強度が高いため，WBLとしては機能しない。しかしながら陽極酸化前のアルミニウム表面に第二相粒子が混入すると陽極酸皮膜中に欠陥が生じ，使用中に疲労負荷により変形が生じた際に応力集中部として作用する[38,44]。その結果，皮膜の伸縮によって下地金属に亀裂を発生させ，疲労寿命が低下した結果が，前述の「材料欠陥」である。例えば，銅，亜鉛，またはシリコンを多く含む高アルミニウム合金では，下地金属の疲労寿命を20%以上低下させることがあり[44]，それによって例えば飛行機機体の寿命の低下を招く。また，アルミニウム合金のオーバーエッチングも同様の問題を引き起こす可能性があるため，先に述べたように，処理条件の最適化に留意する必要がある[45]。前述のDACプロセスでは，比較的柔軟で，かつ金属表面に第二相粒子の形成がないように最適化されており，材料欠陥をゼロに近づけていることは特筆すべきである[38]。**図4.5**は，金属–バリア層–陽極酸化被膜の典型的な状態を示しており，欠陥のない構造となっている。

図4.4　クラッドAl2024 T3合金のDACプロセスで生成された「分子サイズの細孔」構造を示す透過型電子顕微鏡写真

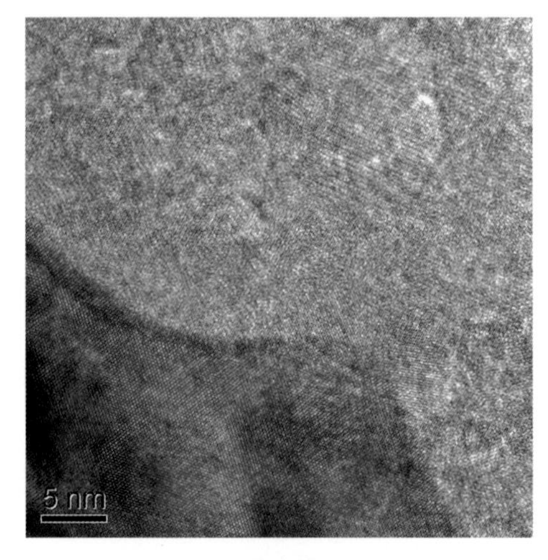

図4.5　Al 2024 T3金属表面（画像左下）とDAC膜（画像右上）の無欠陥界面を示す透過型電子顕微鏡写真

個々のドット表示は酸素原子とアルミニウム原子である。

多くの研究により，DACプロセスはCAAやTSAA，SAAなどの他のアルマイト処理と同様，あるいはそれ以上の接着性能を発揮できることが実証されている。例えば，**図4.6**は，高性能な一

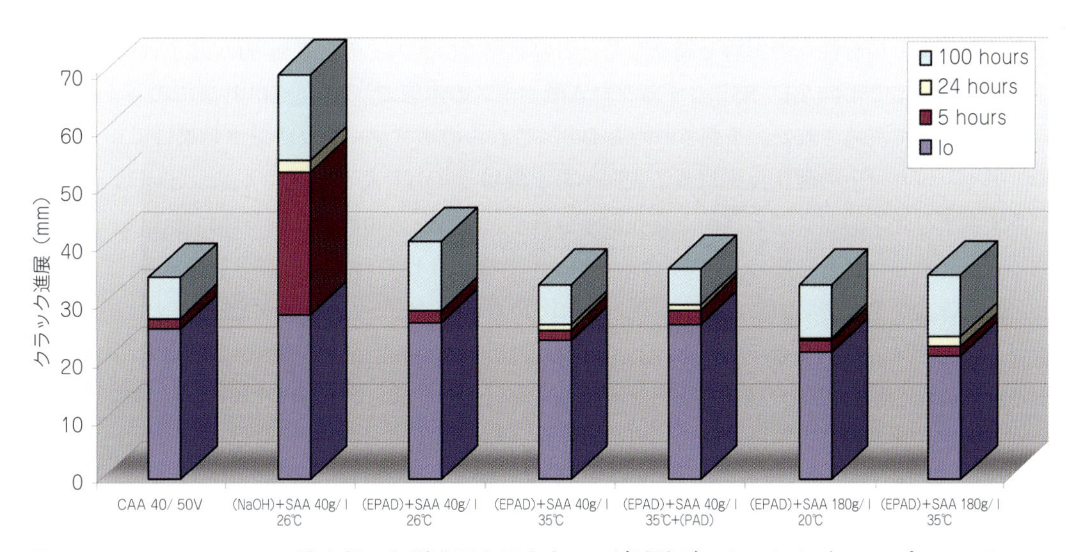

図 4.6　CAA，SAA，DAC 接合部の亀裂進展を示すウェッジ試験データ，および DAC プロセスの SAA 電解液濃度と処理温度の関係

総暴露時間は 60℃の水中で 100 時間[35]。

液型エポキシ接着剤とプライマーを用いたウェッジテスト試験において，さまざまな処理条件を用いた DAC と CAA および SAA の比較を示している[35]。この研究では，DAC プロセスで使用する硫酸電解液の濃度と下地となる SAA 相の陽極酸化温度を変化させ，EPAD（または PAA）処理の条件は一定とした。DAC プロセスは 60℃の温水に 100 時間浸漬した後の全クラック長が約 35 mm であり，CAA と同様の性能を示し，一方，SAA のみのプロセスは，全クラック長が約 70 mm となり，CAA や DAC の両プロセスに比べ，かなり悪い結果となった。

4.4　ポリマー用前処理

ポリマーの表面自由エネルギーは本質的に低く，表面に反応性基もないため，ポリマーへの接着が大きな課題となることは，以前から認識されていた[46-48]。また，低分子化合物や加工剤がポリマー表面に濃化し，WBL 層となることもある。ポリマーの前処理に関する最初の試みは，溶剤洗浄による除去と磨耗処理を中心に行われた。このような方法により WBL を確実に除去し，相互作用が発生する可能性のある領域を増やすことができる。また，これらのプロセスは，ポリマーの膨潤や粗面化を可能にすることで，機械的なインターロックを促進する可能性があるものの，他のポリマー前処理と比較して，接着力を大幅に低下させることが示されている[49]。また，機械的研磨を利用してポリマーの表面粗さを変化させることで，ポリマー表面の濡れ性をわずかに高めることが可能であることも Encinas ら[50] によって実証されており，接着理論のとおり低密度ポリエチレンと高密度ポリエチレン（LDPE と HDPE），ポリプロピレン（PP），シリコンなどの接着力を高めることができる。

クロム酸などを用いた酸エッチングは，さまざまなポリマーで広く研究されている。例えば，Blais ら[51] は，PP と直鎖 HDPE および分岐 LDPE の両表面に対するクロム酸エッチングと，ピールテストによる接着性への影響を調査した。この研究では，エッチング処理は，K_2CrO_{27}：H_2O：H_2SO_4 を重量比で 4.4：7.1：88.5 とするクロム酸ベースの溶液で，70℃，10^4 秒までのさまざまな時間にわたって実施された。予想されたとおり，これらのポリマーエッチング効果により，WBL の除去や，ポリマーの酸化反応による表面への水酸基（-OH）やカルボニル基（C＝O）導入などさまざまな化学的および形態的な変化が示された。これらの物理化学的条件の変化は，剥離試験による接着強さにも影響し，PP ではエッチング時間 100 秒で剥離強度が約 750 g/cm まで上昇し，剥離荷重が 170 倍増加したことが報告されている。HDPE と LDPE への影響も大きく，エッチング前の初期剥離荷重はそれぞれ 25 g/cm および 40 g/cm だったものが，10^4 s のエッチングでそれぞれ約 2,000 および 2,200 g/cm まで増加した。また，より現実的で短い処理時間でも剥離強度が大幅に上昇したことは興味深いもののクロム酸に関連する問題のため，この処理は現在好しくない。

Brewis ら[51]は，ポリマーエッチングの代替アプローチとして，アルカリ溶液による検討を行っており，ポリ（フッ化ビニル）(PVF）およびポリ（フッ化ビニリデン）(PVdF）の前処理に，水酸化カリウム処理，さらには臭化テトラブチルアンモニウム（TBAB）の添加効果を検討した。**表 4.5** は，金属片/接着剤/PVdF ポリマー/接着剤/金属片のように積層し，シアノアクリレート接着剤で接着した接合部のせん断データである。XPS による分析から，ポリマー表面が脱フッ素化され，さらに酸素含有官能基が導入されており，表面の化学組成が変化していることが明らかとなった。これらの変化は，少量の TBAB を含む溶液を用いた PVdF に対して最も顕著であり，TBAB の使用により，接合強度は最も高いレベルを示した。フーリエ変換赤外分光（FTIR）分析によると，80℃の KOH 処理では主に C＝C 基が PVdF に導入され，TBAB を含む溶液ではさらに-OH 基の存在が確認された。

表 4.5　PVdF の接合強度に及ぼす KOH 系プロセスの影響

表面処理	破壊荷重（N）	XPS データ（H，He を除く原子%）。		
		C	F	O
なし	1300	51.0	49.0	0.0
Aq KOH 5 M, 80℃				
10 s	4120	—	—	—
30 s	4040	52.7	45.7	1.6
60 s	4010	53.9	43.1	3.0
600 s	4560	58.0	37.0	5.0
Aq KOH 5 M, 80℃＋TBAB 0.15 g				
10 s	4259	62.0	28.4	9.6
30 s	3940	63.1	24.4	12.5
60 s	4860	69.7	6.7	13.6
600 s	4430	74.6	9.9	15.5

D. M. Brewis, I. Mathieson, I. Sutherland, R. A. Cayless, R. H. Dahm, Int. J. Adhes. Adhes. 16（1996）87.

また，例えば５MのKOHで80℃，30秒間処理するなど，表面組成をわずかに変化させるだけでも接着力が大きく向上することが確認された。これは，表面の化学修飾またはWBLの除去に起因するものと推定される。

「湿式」化学処理によってポリマー表面への付着力が大幅に向上することは間違いないものの，包装やその他の用途でポリマーを迅速かつ広範囲に前処理する必要に対しては，コロナや火炎などの「乾式」前処理プロセスの開発が必要となった。これらのプロセスの有効性は広く検討されており[46,52-54]，何十年にもわたって産業界で使用されてきたため，ここでは詳細は割愛する。

その後，プラズマを利用したプロセスが開発され，その技術や効果についてはBhattacharyaら[55]が幅広くレビューしている。このレビューでは，さまざまなプラズマ処理と，それらがポリマー表面特性に与える影響について論じている。そこで本節では，ポリエーテルエーテルケトン（PEEK）の改質に焦点を当てる。多くの研究によれば，プラズマ処理の結果PEEKへの接着レベルが最大で約500％向上することが示されている。これは，プラズマ処理によってPEEKの表面に反応性の高いカルボニル基やカルボン酸基が追加導入されたことが主な原因である。

また，ポリマーのプラズマ処理に関する初期の研究の多くが低圧システムで行われており，最近では大気圧プラズマ処理の分野で進歩が見られることも重要な点である。例えば，Critchlowらの最近の研究では，ポリジメチルシロキサン（PDMS）ベースの接着剤を用いたポリメタクリル酸メチル（PMMA）のガラスの接着に対する大気圧プラズマ処理（APPT）の影響を調査している[56]。**図4.7**は，PMMA表面とプラズマ発生源周囲の熱画像である。右側のスケールを参考にすれば，前処理されたPMMA表面のピーク温度がわずか20.4℃であることを示しており，APPTプロセスによる材料表面へのダメージが小さいことがわかる。この接着システムは，−50℃から70℃まで使用温度が変化する光学機器用に開発されたため，比較的低強度であるものの光学的に透明で紫外線に対しても安定な接着剤が採用されている。本研究で重要なのは，PMMA表面を未処理のまま接着した場合，PDMSとPMMAの界面は1～2回の熱サイクルで大抵剥離するのに対し，プラズマ処理のメカニズムに基づき，PMMA表面の化学状態，表面自由

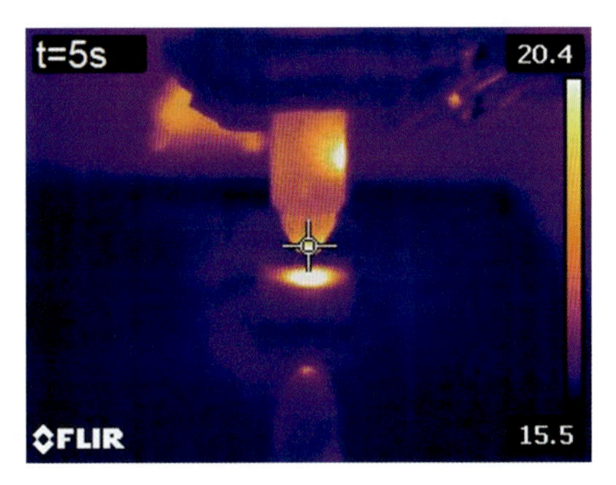

図4.7　APPTプラズマトーチ（画像中央）とPMMA表面（画像中央と下）周囲の熱画像

単位面積あたりの処理時間５秒，右側のスケールは温度（摂氏）[56]。

エネルギー，ナノ構造の変化と処理条件の関連性を調べ，接着に適したアクリル表面を得ることができた点である。APPT プロセスでは，プラズマを生成するために導入されるイオン化ガスおよび反応性ガスをアルゴン/酸素およびヘリウム/酸素の組み合わせで変化させ，反応性ガスの濃度は最も効果的な濃度であることが実証された 0.5% を選択し，プラズマ処理時間は 5 秒から 120 秒まで変化させた。表面自由エネルギーの変化は，複数の試験液を用いた接触角法で調べ，その結果を**図 4.8** に示した。この図から明らかなように，さまざまな手順で APPT 処理を行うことにより，PMMA 表面の極性官能基が増加することがわかる。この表面極性の増加は，X 線光電子分光法（XPS）データが示すように，C：O 比が 30% 減少したことに対応している（**表 4.6**）。

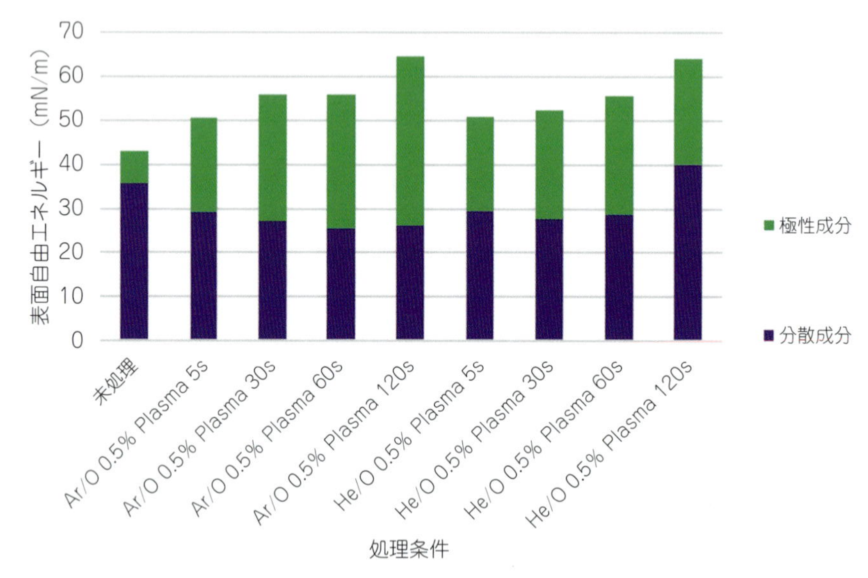

図 4.8　さまざまなガスの組み合わせと処理時間を用いて，未処理および APPT 処理した PMMA 表面の極性成分と分散成分の表面自由エネルギーデータ（mN/m）[56]

表 4.6　アルゴンおよびヘリウムプラズマ APPT 処理後の PMMA 表面の組成（原子%，H および He を除く）[56]

加工方法	処理ガス	処理時間（秒）	組成（原子%，H および He を除く。）			C:O
			C	N	O	
脱脂のみ	n/a	n/a	76.03	0.00	23.97	3.2
プラズマ処理	アルゴン/0.5%酸素	5	68.84	0.77	30.39	2.3
プラズマ処理	アルゴン/0.5%酸素	30	68.12	1.62	30.26	2.3
プラズマ処理	アルゴン/0.5%酸素	60	68.4	0.98	30.62	2.2
プラズマ処理	アルゴン/0.5%酸素	120	65.08	2.37	32.55	2.0
プラズマ処理	ヘリウム/0.5%酸素	5	68.79	0.65	30.56	2.3
プラズマ処理	ヘリウム/0.5%酸素	30	68.34	1.01	30.65	2.2
プラズマ処理	ヘリウム/0.5%酸素	60	69.97	0.57	29.46	2.4
プラズマ処理	ヘリウム/0.5%酸素	120	68.52	0.92	30.56	2.2

C1 s ピークの形状を詳細に解析したところ，APPT プロセスによって PMMA 表面に O–C＝O 基の導入が確認された（**図 4.9**A および**図 4.9**B）。また，原子間力顕微鏡（AFM）を用いて，PMMA 表面の形状を確認したところ，APPT 処理後，PMMA の R_a 値は約 1～2 nm 増加し，ナノメートルサイズの形状変化が示された。このように光学特性を損なうことなく PMMA 表面を変化させせることで，PDMS と PMMA の密着性が 100％向上した（**図 4.10**）。また，APPT 処理された PMMA の表面官能基，濡れ性，形状の変化により，その後のプライマー塗布に適した状態となったことも重要なポイントである。図 4.10 に示すように，APPT とプライマーを併用することで，PMMA をそのまま使用した場合と比較して約 500％の密着性の向上が確認された。プライマーと PMMA 表面との接着相互作用のメカニズムとして，**図 4.11** に示すものがよく知られている。これはプライマーの加水分解と縮合反応による共有結合の形成を示すもので，プライ

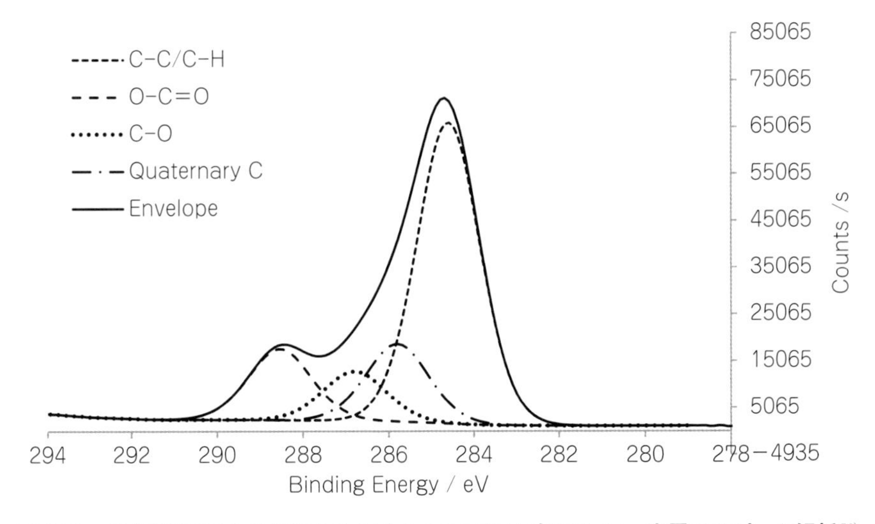

図 4.9A　高分解能 XPS 分析による入手ままの PMMA 表面の C1 s 光電子のピーク解析[56)]

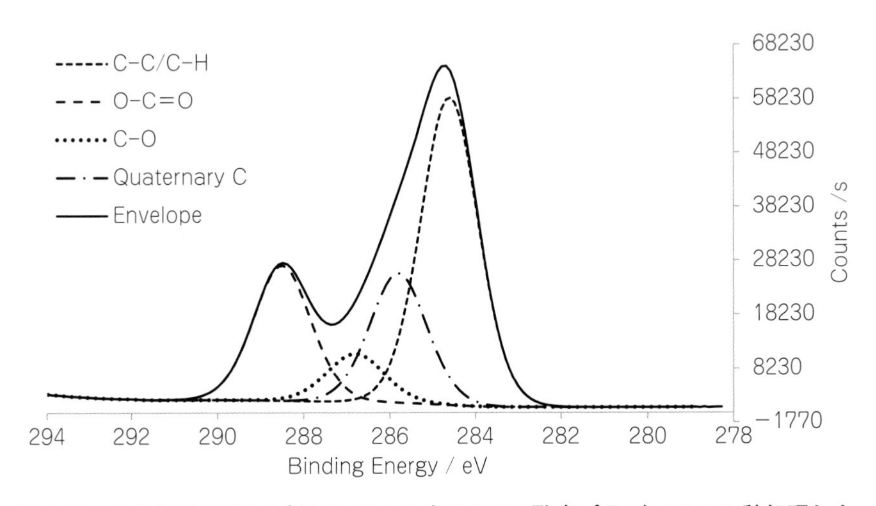

図 4.9B　高分解能 XPS 分析によるヘリウム/0.5％酸素プラズマで 120 秒処理した PMMA 表面の C1 s 光電子ピーク解析[56)]

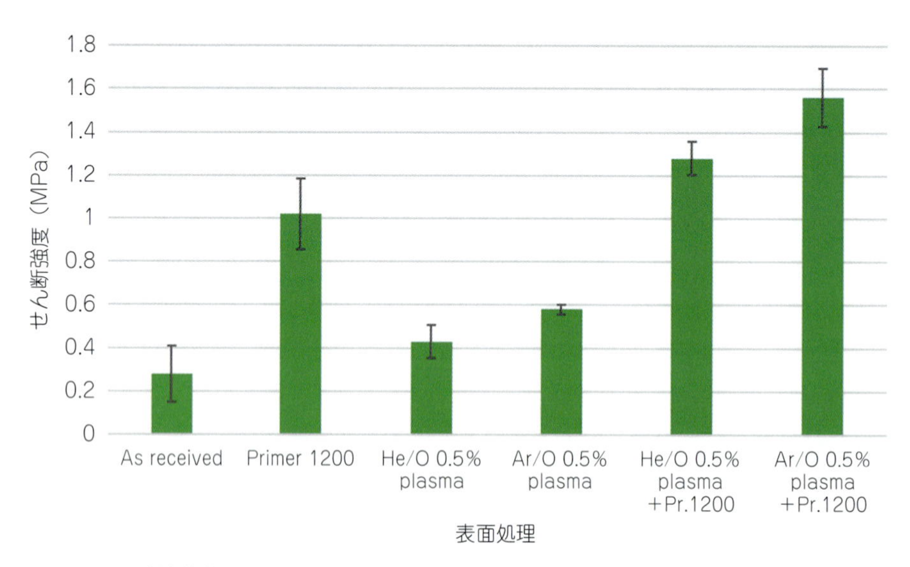

図 4.10　PDMS 系接着剤を用いたガラスと PMMA の単純せん断接合部の強度と表面処理の関係[56]

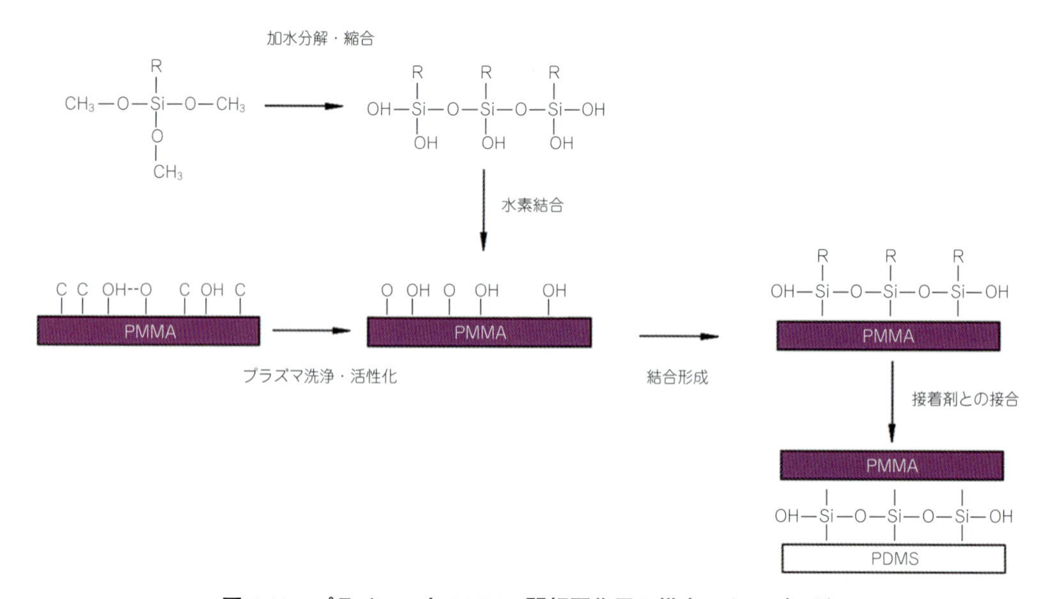

図 4.11　プライマーと PMMA 間相互作用の推定メカニズム[56]

マーが PDMS と PMMA に高い密着性を発揮する要因と考えられている。最適化した接着プロセスを適用することで，PMMA とガラスを接合した大規模接合体が，400 回以上の熱サイクルに耐えることができたことは特筆すべき点である。

XPS や静的二次イオン質量分析法（SSIMS）などの表面化学プローブや，AFM などの表面計測法の利用により，処理条件のパラメーターとポリマーの物理化学的状態の変化の関係について，より科学的に理解することが可能になった。これによりポリマー前処理プロセス，例えばフッ素樹脂の前処理に特に有効なナトリウム錯体[46,57]を用いた前処理プロセスなどの開発にもつながっている。

また，Brewis と Dahm の注目すべき研究では，可溶性レドックス対を用いた電気化学的酸化

表 4.7　異なる表面処理した PTFE と複合材のエポキシ接着剤による単純引張せん断試験[58]

トリートメント	破壊荷重（N）
なし	400
ナフタレン化ナトリウム/THF 10 秒処理	2,420
ナトリウムナフタレニド/THF 4 時間処理	2,760
直接電気化学処理	3,240

または還元反応を，ポリテトラフルオロエチレン（PTFE），スチレンブタジエン（SBR），PP，HDPE など，さまざまなポリマーの前処理に適用した[58]。例えば，直接電気化学手法による還元反応を PTFE に適用し，テトラヒドロフラン（THF）中ナフタレン化ナトリウム浸漬手法と比較した[46,57]。分極したカソードを PTFE に直接接触させることにより，電気化学反応により樹脂の炭化と脱フッ素が生じ，その結果，導電性の炭化層がポリマー内で数マイクロメートルにまで析出した。この炭素質層は下地の PTFE との密着性に優れ，さらにエポキシ接着剤との接着強度を発現することを**表 4.7** に示す。このように，電気化学的な直接処理により，前処理を行わない場合よりも著しく高い接着強度が得られ，ナトリウム錯体で観察された値よりも高い値を示した。

4.5　ガラスの前処理

ガラスへの接着は，ガラス繊維強化プラスチック（GRP）複合材料において，繊維とマトリックスの応力伝達を良好にするため，また，建築物や自動車分野でダイレクト（直接）グレージングを可能にするため，高い接着性能が望まれる。ガラス表面は高い表面自由エネルギーを持つため，一般的には比較的容易に接着できると考えられており，例えば Lundevall ら[59]は，水と清浄なガラスの接触角は低すぎて測定できず，10° 以下，おそらくゼロと推定されると報告している。一方ガラス繊維や石英の場合，表面自由エネルギーの極性成分と分散成分を実際に決定することは難しく，Tsutsumi や Abe[60]，Zgura[61] など多くの研究者によって議論されてきた。しかし，実際のガラス表面は有機物で汚染されていることが多いため，ガラスの接着性は洗浄プロセスの有効性に依存することは明らかである。

ガラスの洗浄のための最も単純な前処理工程は，［**4.2**］で説明したように，洗剤や有機溶剤を使用することである。この場合，良好な初期接着力が得られるものの，水に対する耐接着力が劣る場合がある。代わりに，［**4.4**］で説明した APPT のようなプラズマ処理も，ガラス表面の洗浄に利用することができる。APPT の使用については，Lundevall ら[59]が自動車用途のガラスの接着について論じている。この研究では，APPT プロセスにより，70 mJ/m^2 に近い濡れやすい活性表面が形成され，湿気硬化型シリコーン接着剤で良好な接着が得られることが示された。また，脱イオン水を前駆体として APPT と組み合わせて使用した場合，接着性の向上が確認された。Lundevall らは，プラズマ処理によってガラス表面が加熱され，ピーク温度は約 200℃に達することを指摘している。この加熱効果の結果，表面層では接着剤との結合に利用可能な非架橋型酸素からなる表面-OH 基の数が減少していることが，高分解能 XPS および静的二次イオン質量分析（SSIMS）分析による詳細な解析から結論付けられた。一方，脱イオン水前駆体を用いるとガラス表面にさらに非架橋酸素基を生成し，これが接着強度の向上につながったと説明した。

構造用継手や GRP 材料においては，ガラスとポリマーの界面の安定性を向上させるために，シランカップリング剤の使用が推奨されている。シランカップリング剤の構造については，Plueddmann[9] をはじめとする多くの研究者によって議論されているため，ここでは詳しく説明しないが，簡単に説明するとシランカップリング剤は，材料表面で図 4.11 に示すような加水分解・縮合反応を起こし，エポキシドやアミンなどの反応性末端基を導入し，その後に塗布する接着剤との相互作用を可能にすると考えられている。さまざまなシラン，例えばビニルトリメトキシシラン（VS），シクロヘキシルトリメトキシシラン（CS），メタクリロキシプロピルトリメトキシシラン（γ-MPS）が *E* ガラス表面に強く付着し，ネットワークや接着界面を形成することは，Ishida と Keonig によって報告されている[62]。このようなカップリング剤は，適切に適用すれば[63]，ガラス基板との密着性や接着耐久性を大きく向上させることができる。例えば Kinloch らの試験では，DCB（double cantilever beam）試験における破壊エネルギーが，超音波洗浄したガラス被着体を用いた場合の約 60 J/m^2 から，γ-グリシドキシプロピルトリメトキシシラン（GPS）カップリング剤を用いた場合の約 90 J/m^2 まで，50％増加したことを示した[64]。

4.6　まとめ

- 本章では，主要なエンジニアリング材料や工業的に有用な材料に利用可能な多くの表面前処理プロセスの概要を説明した。これらの前処理は単純な機械的処理や洗浄処理から，最も要求の厳しい用途で使用される多段式の化学的・電気化学的な方法まで多岐にわたる。
- この章で述べたことはあくまで概論であり，必ずしもすべての材料を網羅しているわけではないことはご理解いただきたい。また，ここで取り上げたプロセスを応用することで他の材料に適用することが可能であり，例えば陽極酸化はチタンの接着前処理として最適であるし，他の金属への接着は被着体の酸エッチングが有効である。
- 一方，複合材料や木材など主要な産業分野で広く使用されている材料に対する前処理については他の文献[65,66] に紹介されているのでそちらを参照されたい。また，これらは現在進行中の研究テーマであり，筆者執筆時点では，レーザーを用いた新プロセスが開発中であることも特筆に値する[67]。また，建築，家具，包装に使用される木材や紙などの材料は，非常に多孔質であるため，特段表面処理をしなくても比較的容易に接着することができるとされているが，これは汚染のない新鮮な状態，あるいは製造直後の表面が接着されることを前提としている[68]。一方，Broughton ら[69] は，カップリング剤を使用することで，耐久性の高い木製構造物の接着を実現できることを報告している。
- 産業用途で特定の前処理を選択する場合，耐久性や使用期間中の要求を含む接着剤の性能，廃棄を含む処理コスト，エネルギー消費，生産性，および健康と安全への配慮を含む多くの要因に考慮が必要であることにも留意する必要があるし，より環境に配慮したプロセスも常に求められている。

- 最後に最も重要なことは，接着性を最適化する場合，表面前処理を接着システムの一部，すなわち，基材/表面処理/プライマー（またはカップリング剤）/接着剤の組み合わせとして考え，前処理がこのシステム内の他の要素に適合するよう最適化する必要があることを認識することが重要である。

文　献

1) W. Possart, H. Kamusewitz, Int. J. Adhes. Adhes. 13 (2) (1993) 77.
2) L. H. Sharpe, J. Adhes. 4 (1) (1972) 51.
3) D. E. Packham, J. Adhes. 86 (12) (2010) 1231.
4) R. G. Dillingham, F. J. Boerio, J. Adhes. 24 (2–4) (1987) 315.
5) J. Ondrus, F. J. Boerio, K. J. Grannen, J. Adhes. 29 (1–4) (1989) 27.
6) A. A. Roche, J. Bouchet, S. Bentadjine, Int. J. Adhes. Adhes. 22 (2002) 431.
7) M. Aufrey, A. A. Roche, Int. J. Adhes. Adhes. 27 (2007) 387.
8) . *https://echa.europa.eu/regulations/reach/restriction.*
9) E. P. Plueddmann, Silane Coupling Agents, Plenum Press, New York, 1982.
10) N. G. Cave, A. J. Kinloch, Polymer 33 (6) (1992) 1162.
11) S. J. Shaw (Ed.), Int. J. Adhes. Adhes. 26 (1–2) (2006) 1.
12) T. R. Bullett, J. L. Prosser, Trans. Inst. Metal Finish. 42 (1) (1964) 386.
13) G. D. Davis, Surf. Interface Anal. 20 (1993) 368.
14) C. M. Cotell, J. A. Sprague, F. A. Smidt Jr. (Eds.), ASM Handbook: Volume 5: Surface Engineering, ASM International, Philadelphia, USA, 1994.
15) J. D. Minford, Handbook of Aluminum Bonding Technology and Data, Marcel Dekker Inc., New York, 1993.
16) B. Smith, D. M. Brewis, G. W. Critchlow, R. H. Dahm, Trans. Inst. Metal Finish. 78 (2) (2000) 56.
17) G. W. Critchlow, R. Litchfield, C. Curtis, M. Owen, Trans. Inst. Metal Finish. 87 (6) (2009) 1.
18) R. E. Litchfield, G. W. Critchlow, S. Wilson, Int. J. Adhes. Adhes. 26 (2006) 295.
19) D. M. Brewis, G. W. Critchlow, C. A. Curtis, Int. J. Adhes. Adhes. 19 (1999) 253.
20) G. W. Critchlow, D. M. Brewis, D. C. Emmony, C. A. Cottam, Int. J. Adhes. Adhes. 15 (1995) 233.
21) G. W. Critchlow, C. A. Cottam, D. M. Brewis, D. C. Emmony, Int. J. Adhes. Adhes. 17 (1997) 143.
22) G. W. Critchlow, D. M. Brewis, Int. J. Adhes. Adhes. 15 (3) (1995) 161.
23) G. W. Critchlow, D. M. Brewis, Int. J. Adhes. Adhes. 16 (4) (1996) 255.
24) E. W. Thrall, R. W. Shannon (Eds.), Adhesive Bonding of Aluminum Alloys, Marcel Dekker Inc., New York, 1985.
25) R. Boyes, Adhesive Bonding of Stainless Steel: Strength and Durability (Ph. D. thesis), Sheffield Hallam University, UK, 1998.
26) A. Rudawska, M. Reszka, T. Warda, I. Miturska, J. Szabelski, D. Stanceková, A. Skoczylas, J. Adhes. Sci. Technol. 30 (23) (2016) 2619.
27) E. G. Baburaj, D. Starikov, J. Evans, G. A. Shafeev, A. Bensaoula, Int. J. Adhes. Adhes. 27 (2007) 268.
28) C. Earl, P. Hilton, B. O'Neill, Phys. Procedia 39 (2012) 32.
29) F. Musiari, F. Moroni, C. Favi, A. Pirondi, Int. J. Adhes. Adhes. 93 (2019) 64.
30) M. Gettings, A. J. Kinloch, Surf. Interface Anal. 1 (6) (1979) 189.
31) C. F. Korenberg, A. J. Kinloch, J. F. Watts, J. Adhes. 80 (3) (2004) 169.
32) J. P. B. van Dam, S. T. Abrahami, A. Yilmaz, Y. Gonzalez-Garcia, H. Terryn, J. M. C. Mol, Int. J. Adhes. Adhes. 96 (2020). article 102450.
33) G. W. Critchlow, P. W. Webb, C. J. Tremlett, K. Brown, Int. J. Adhes. Adhes. 20 (2000) 113.
34) G. Mathers, The Welding of Aluminium and Its Alloys, Woodhead Publishing, Cambridge, UK, 2002.
35) K. A. Yendall, G. W. Critchlow, Int. J. Adhes. Adhes. 29 (2009) 503.
36) A. Marmier, A. Lozovoi, M. W. Finnis, J. Eur. Ceram. Soc. 23 (2003) 2729.
37) D. E. Packham, Int. J. Adhes. Adhes. 23 (2003) 437.
38) A. M. Cree, M. Devlin, G. W. Critchlow, T. Hirst,

Trans. Inst. Metal Finish. 88（6）（2010）303.
39）S. T. Abrahami, J. M. M. d. Kok, H. Terryn, J. M. C. Mol, Front. Chem. Sci. Eng. 11（2017）465.
40）G. W. Critchlow, K. A. Yendall, D. Bahrani, A. Quinn, F. Andrews, Int. J. Adhes. Adhes. 26（2006）419.
41）United States Patent No: US 7, 922, 889 B2, April 12, 2011.
42）S. Ko, D. Lee, S. Jee, H. Park, K. Lee, W. Hwang, Thin Solid Films 515（4）（2007）1932.
43）G. Alcala, P. Skeldon, G. Thompson, A. B. Mann, H. Habazaki, K. Shimizu, Nanotechnology 13（4）（2002）451.
44）K. Shiozawa, H. Kobayashi, M. Terada, A. Matsui, Trans. Eng. Sci. 33（2001）397.
45）M. Shahzad, M. Chaussumier, R. Chieragatti, C. Mabru, F. Rezai-Aria, Procedia Eng. 2（2010）1015.
46）D. M. Brewis（Ed.）, Surface Analysis and Pretreatment of Plastics and Metals, Applied Science Publishers, London, UK, 1982.
47）A. Kruse, G. Krüger, A. Baalmann, O.-D. Hennemann, J. Adhes. Sci. Technol. 9（12）（1995）1611.
48）D. M. Brewis, I. Mathieson, M. Wolfensberger, Int. J. Adhes. Adhes. 15（1995）87.
49）D. Bieniak, Reinf. Plast. 22（2009）. August/September.
50）N. Encinas, M. Pantoja, J. Abenojar, M. A. Martínez, J. Adhes. Sci. Technol. 24（11-12）（2010）1869.
51）D. M. Brewis, I. Mathieson, I. Sutherland, R. A. Cayless, R. H. Dahm, Int. J. Adhes. Adhes. 16（1996）87.
52）S. Farris, S. Pozzoli, P. Biagion, L. Duó, S. Mancinelli, L. Piergiovanni, Polymer 51（16）（2010）3591.
53）C. M. Chan, Surface treatment of polypropylene by corona discharge and flame, in: J. Karger-Kocsis（Ed.）, Polypropylene, Polymer Science and Technology Series, vol. 2, Springer, Dordrecht, Germany, 1999.
54）Q. Sun, D. Zhang, L. Wadsworth, Adv. Polym. Technol. 18（2）（1999）171.
55）P. Sundriyal, M. Pandey, S. Bhattacharya, Int. J. Adhes. Adhes. 101（2020）102626.
56）V. Bagiatis, G. W. Critchlow, D. Price, S. Wang, Int. J. Adhes. Adhes. 95（2019）102405.
57）K. Ha, S. McClain, S. L. Suib, A. Garton, J. Adhes. 33（3）（1991）169.
58）D. M. Brewis, R. H. Dahm, Int. J. Adhes. Adhes. 21（2001）397.
59）Å. Lundevall, P. Sundberg, L. Mattsson, Appl. Adhes. Sci. 6（2018）9.
60）K. Tsutsumi, Y. Abe, Colloid Polym. Sci. 267（1989）637.
61）I. Zgura, R. Moldovan, C. C. Negrila, S. Funza, V. F. Cotorobai, L. Funza, J. Optoelectron. Adv. Mater. 15（7-8）（2013）627.
62）H. Ishida, J. L. Koenig, J. Polym. Sci. Polym. Phys. Ed. 18（1980）1931.
63）S. Naviroj, S. R. Culler, J. L. Koenig, H. Ishida, J. Colloid Interface Sci. 97（2）（1984）308.
64）A. J. Kinloch, K. T. Tan, J. F. Watts, J. Adhes. 82（12）（2006）111.
65）M. Schweizer, D. Meinhard, S. Ruck, H. Riegel, V. Knoblauch, J. Adhes. Sci. Technol. 31（23）（2017）2581.
66）J. W. Chin, J. P. Wightman, in: D. D. Wilkinson, T. Wilkinson, S. L. Niks（Eds.）, Surface Pretreatment and Adhesive Bonding of Carbon Fiber-Reinforced Epoxy Composites in Composites Bonding, ASTM International, Philadelphia, USA, 1994.
67）R. Tao, X. Li, A. Yudhanto, M. Alfano, G. Lubineau, Compos. A: Appl. Sci. Manuf. 139（2020）106094.
68）M. L. Selbo, US Department of Agriculture Forest Service Technical Bulletin 1512, August 1975.
69）J. Custódio, J. Broughton, H. Cruz, J. Adhes. 87（4）（2011）331.

〈訳：高橋　佑輔〉

第5章　接着剤の特性

Gregory L. Anderson and David J. Macon

5.1 序　論

接着剤は，一部の例外を除き，基材同士を接着し，分離しないように保持する高分子材料である。接着剤は，さまざまな性質を持つため，接合を保持する以外にも多くの用途に使用される。例えば，自動車産業では，部品の接着だけでなく，耐振動性，耐衝撃性の向上，車体内部への水分・塩分・埃の侵入防止，車内騒音の低減などに使用される。エレクトロニクス産業における接着剤の主な用途は，部品の実装，ワイヤの仮固定，部品の封止/カプセル化が挙げられる。また，接着剤の電気特性は，高絶縁性から高導電性まで多岐にわたるため，エレクトロニクス産業における接着剤の有用性は高まっている。さらに，接着剤は包装，ラベル，製本，アパレル，建築，木工製品，歯科，医療などでも一般的に使用されている。この章では，接着剤の重要な特性について説明する。また，接着剤の特性を評価するための試験についても述べる。

一般的な高分子材料，特に接着剤は，その硬化メカニズムによって熱可塑性樹脂と熱硬化性樹脂の2種類に分けられる。熱可塑性樹脂は，長鎖の高分子鎖から成り，高分子鎖の絡み合いにより機械強度を発現する。熱硬化性樹脂は，1種類以上の化学反応により形成される高分子三次元架橋構造から成る。熱可塑性接着剤とは，硬化過程（化学反応）を経ない接着剤と定義でき，いくつかの種類に分けられる。

- 熱可塑性接着剤は，通常，室温で固体であり，基材に塗布する前に加熱して液体状態にする。ホットメルトと呼ばれる接着剤（家庭用グルーガンに使われるエチレンビニルアセテート（EVA）など）は，基材を貼り合わせた後，冷却して再固化できる。
- 別の熱可塑性接着剤として，接触接着剤という溶媒系の接着剤（例えばゴムセメント）がある。接着剤を基材に塗布した後，溶媒を蒸発させ，基材同士を接触させて接着する。
- この他の熱可塑性接着剤に，感圧接着剤がある。感圧接着剤（例えば未反応アクリルモノマーなど）は，一般に，裏打ちと呼ばれる柔軟な基材（セルロースアセテートなど）に塗布し，テープとして作製される。このテープを被着体に貼り合わせ，圧力をかけて感圧接着剤を流動させ，表面に密着させる。感圧接着剤は，2次的な化学力による表面との相互作用により接合する。

熱硬化性接着剤は，化学反応によって形成される架橋ネットワークで構成される。この接着剤は，室温で液体であることが多い。架橋を開始する方法には，反応性高分子と硬化剤の混合（混合後，加熱する場合もある），加熱，水分との接触，電磁波（X線，紫外線など）への暴露などがある。これにより，化学反応が起こり，材料が重合して架橋される。熱硬化性接着剤の主な種類（化学成分で区別）として，ポリエステル，エポキシ，ビスマレイミド，ポリイミド，ポリベンゾオキサジン，フェノール，ポリウレタン，アクリル，シアノアクリレート，室温加硫（RTV）シリコーンがある。

本章は，化学的/物理的特徴および性質，プロセスパラメータ，機械的特性の3パートで構成されている。なお，接着性については，本書の別の章で述べる。本章では，接着剤のバルク材料の物性のみを取り扱う。

5.2　化学的/物理的特徴および性質

接着剤の重要な化学的特性は，その分子構成に依存する。分子レベルの化学組成と添加剤や充填剤の特性が接着剤のすべての特性を決定する。

5.2.1　高分子材料の分子量

一般的に反応性のない熱可塑性接着剤では，平均的な分子鎖長とそのばらつき（多分散性という）が化学特性に最も強く影響する。分子量分布は，分子鎖長の関数であり，材料によって大きく変わる。分子量の測定にはさまざまな方法（滴定，光散乱，ポリマ粘度など）があり，これらの手法のほとんどでは単一の分子量分布（数平均，重量平均，粘度平均など）が測定される[1,2]。数平均分子量は，単に高分子の重量を分子数で割ったものである。重量平均，粘度平均，Z平均，および高次分子量は，高分子に重点を置く平均化方法である。

ゲル浸透クロマトグラフィー（Gel Permeation Chromatography：GPC）は，サイズ排除クロマトグラフィー（Size Exclusion Chromatography：SEC）とも呼ばれ，さまざまな分子量分布を測定することができる。この方法では，溶媒で希釈した接着剤を微多孔質媒体のカラムに通し，分子がカラムを通過するのにかかる時間を記録する。カラムの奥にある検出器を用いて，排出される分子を定量化し，場合によっては分子の種類を同定する。検出器では，一般的に排出された分子の屈折率，紫外線の吸光度，光散乱特性などを測定する。溶解した接着剤がカラムを通過する際，小さな分子は微細孔を通過するため，通過速度が遅くなる。一方，大きな分子は微多孔の周囲を通過するため，より速く溶出する。このように，分子はカラムを通過する際に，大きさによって分離される。分子量が既知の分子を同じカラムから溶出させることで，接着剤の分子量と分子量分布を決定することができる。

GPC装置に付属する市販のソフトウェアで，分子量や多分散性指数（重量平均分子量と数平均分子量の比）を計算できる。**図5.1**にGPC溶出の模式図を示す。

分子量は，熱可塑性接着剤，特にホットメルトの挙動に大きく影響する。分子量分布の幅は，溶融温度範囲に影響を与える。分子量が大きいほど，接着剤の溶融粘度と溶融温度が高くなる。また，分子量が大きいほど，長分子鎖の絡み合いにより外力に抵抗できるようになるため，強度が増加する。熱可塑性接着剤では，一般的に，加工のしやすさと性能がトレードオフとなる。こ

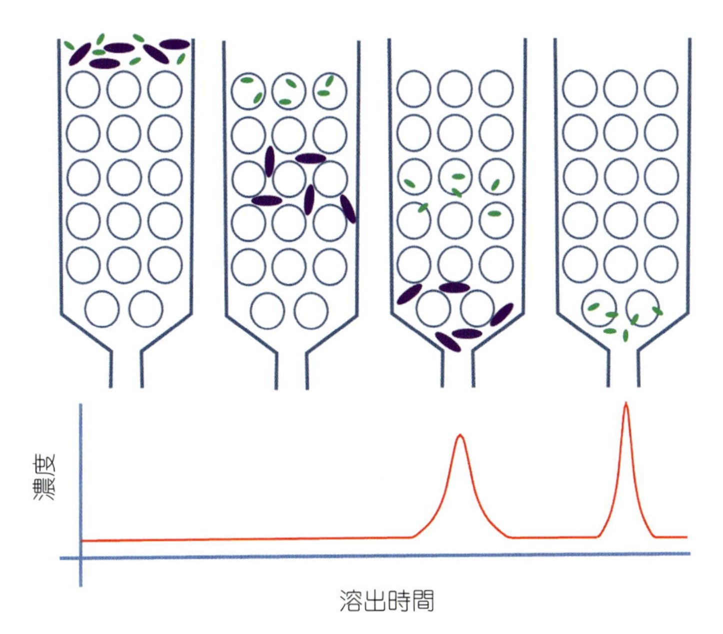

図 5.1　ゲル浸透クロマトグラフィー（GPC）と測定結果の模式図

のため，多くの熱可塑性接着剤では，分岐した分子が使用される。分岐構造により，絡み合いが増加し（物理的特性が向上し），一方で，分子が短くなるため（融点が低くなり），加工が容易になる。

5.2.2　硬化の化学特性

熱硬化性接着剤の硬化には化学反応を伴うため，その評価に必要な試験項目は，熱可塑性接着剤に比べて多くなる。熱硬化性接着剤の重要な化学特性として，化学官能性（反応基の数），化学当量（反応基の濃度），分子量，および分子量の変動がある。これら化学特性と，硬化条件（硬化時間と温度）が，接着剤の架橋密度（すなわち，架橋間の平均分子量）と硬化度を決定する。架橋密度は接着剤の機械的特性に大きく影響する。

化学当量とは，接着剤中の樹脂と硬化剤に含まれる反応基の濃度を意味する。この濃度は，適切な反応性滴定剤による電位差滴定によって正確に測定できる。電位差滴定では，希釈した接着剤に反応性滴定剤（一般的には酸または塩基）をゆっくりと添加する。滴定の間，接着剤は撹拌され，滴定剤は未反応の反応基と速やかに反応する。すべての反応基が滴定剤と反応すると，溶液の電位が急激に変化する。電位が変化する前に添加した滴定剤の化学当量と滴定剤の量から，接着剤の反応基の数を正確に算出できる。接着剤の樹脂または硬化剤の化学当量は，溶液に入れた接着剤の質量を，滴定によって算出された反応基の数で割ったものである。

樹脂と硬化剤の化学当量は，接着剤の配合比率を決めるために使用する。配合物の化学量論量は，樹脂の反応基と硬化剤の反応基の比である。樹脂のすべての反応基と反応するのに十分な硬化剤が存在する場合，接着剤は１対１の化学量論量である，または１の化学量論量を有すると表現される。接着剤の重量混合比（所定の質量の樹脂と混合される硬化剤の質量）は，所望の化学量論量によって決定される。ほとんどの熱硬化性接着剤は，１対１の化学量論量，またはそれに近い配合とされる。この配合の接着剤は，同じ材料系において最大の強度を示し，最適な条件で硬化すれば最大のガラス転移温度（後の章で説明）となる。また，１対１の化学量論量と適切な硬化条件を組み合わせることにより，硬化反応の継続による接着剤の経年変化を低減することもできる。

熱硬化性接着剤では，分子量と多分散性も，硬化後の接着剤の物理的および機械的特性に影響を与える重要な要因である。分子量は，先に説明したクロマトグラフィー技術を使用して評価できる。カラム内での化学反応を避けるため，樹脂と硬化剤の測定は別々に実施する。化学当量と数平均分子量の比は，樹脂または硬化剤の平均官能価と定義される。材料の官能価は，分子あたりの反応基の数を意味し，硬化後の接着剤の機械的特性にとって極めて重要である。

分岐していない分子の両端に1つずつ同等の反応基がある場合，その材料の官能価は2である。樹脂，硬化剤とも官能価が２の場合の反応（例えば，アルコール基とエポキシ基の反応）では，架橋を伴わない長い高分子鎖が得られる。架橋を形成するためには，接着剤成分の一方が２以上の官能価（例えば，一級アミン基）を持つ必要がある。官能価が１の単一分子は，反応によりそれ以上の高分子鎖の成長を停止させる。このような材料を接着剤に配合すると，硬化後の接着剤の柔軟性と靭性を高めることができる。

5.2.3　ガラス転移と結晶融解

熱可塑性接着剤において重要な物理状態は，液体と非晶質固体（ランダムな高分子鎖）または半結晶固体（高秩序・高密度領域と非晶質領域の混合）である。重要な物理的特性は，物理状態間の転移温度であり，軟化温度またはガラス転移温度 T_g，および半結晶性接着剤の結晶融解温度である。

半結晶性高分子では，基材との界面領域において，結晶横断領域と呼ばれる第２の結晶相が発現することがある。このため，材料の加熱および冷却条件に依存した非常に複雑な形態が接着部に生じることがある。結晶融解温度以上の温度では，結晶領域は液化し，材料は完全に非晶質化する。

示差走査熱量測定（Differential Scanning Calorimetry：DSC）を使用すると，バルク高分子材料の結晶領域のガラス転移温度と溶融温度を正確に測定できる[3)]。DSC 測定では，熱的に隔離された熱量計内に，高分子材料サンプルが入った金属パンと空の金属パンを入れる。熱流（または熱流束）を測定しながら，サンプルと金属パンを一定の昇温速度で加熱する。サンプルが入った金属パンと空の金属パンを比較することで熱流を定量化できる。ガラス転移と高分子結晶の融解は，どちらも吸熱過程である。ガラス転移は２次相転移であり，DSC 熱流と温度の曲線では傾きの変化として観察される。溶融温度は，DSC 曲線上で狭い吸熱ピークとして現れる。**図 5.2** に半結晶性高分子（ポリエチレンテレフタレート）における DSC 熱流と温度のプロットの一例を示す。

DSC 測定は，熱硬化性接着剤の硬化度の測定にも使用できる。これは，同じサンプルに対して２回の温度掃引を行うことで評価できる。１回目の温度掃引は，室温（20～25℃）から，接着剤

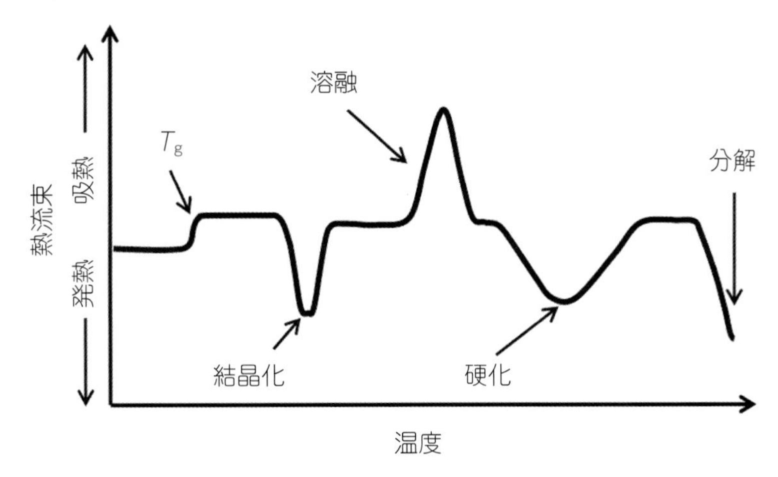

図 5.2　半結晶性高分子における DSC 熱流と温度の関係

が分解せず，硬化が完了するのに十分な高温（通常 150～250℃）までの温度範囲とする。その後，サンプルを冷却し，同じ温度範囲で再測定する。1 回目のサイクルでは，昇温過程で硬化反応による発熱が現れ，ガラス転移温度を超えるとさらに未反応分の反応による発熱が現れる。1 回目のサイクルで接着剤の硬化が完了した場合，2 回目のサイクルでは発熱ピークは現れない。2 回目の測定をベースラインに使用し，1 回目の測定で解放されたサンプルの質量あたりの熱量を計算する。混合した直後の未硬化サンプルを試験し，未硬化サンプルと半硬化サンプルの発熱ピーク面積とサンプル質量を比較することにより，硬化度を評価することができる。

DSC 測定ではサンプルの形状は重要でない。1 回の測定に必要なサンプルは 1 g 未満である。測定には 10℃/min の昇温速度がよく使われる。より遅い速度で加熱すると，より高い再現性が得られる（2℃/min が一般的である）。温度範囲は材料に依存するが，－100℃から 300℃の間で試験を行えば，ほとんどの高分子材料で，すべての挙動を把握することができる。この方法は，新しい材料の予備試験にも利用できる。材料への理解が深まってきたら，温度範囲を限定し，測定時間とコストを低減する。

熱硬化性接着剤の硬化に関わる重要な物理現象にゲル化とガラス化がある。ゲル化とは，高分子鎖の架橋により 3 次元分子構造が形成されることである。ゲル化した 3 次元ネットワーク内では，架橋によって分子の運動が抑制されるが，運動がなくなるわけではない。硬化反応は，反応基同士が接近して反応することで継続する。よって，反応基の濃度が減少するにつれて反応速度が遅くなり，また，架橋の形成によって分子運動が抑制され，さらに反応速度が遅くなる。ガラス化は，接着剤がゴムからガラスに変化するのに十分な架橋密度となったときに起こる。ガラス状態では，分子運動は本質的に凍結し，架橋反応は停止するか，少なくとも数桁遅くなる。しかし，ガラス化は一時的な状態であり，分子鎖が動けるだけの熱エネルギーが供給されると状態が変化する。

ガラス化およびゲル化は，さまざまな硬化温度で起こり，接着剤には 4 つの異なる相または状態が生じる。液体，未ゲル化ガラス，ゴム，およびゲル化ガラスである。これらは，時間－温度変換（Time-Temperature Transformation：TTT）図（**図 5.3**）を用いて示すことができる[4]。

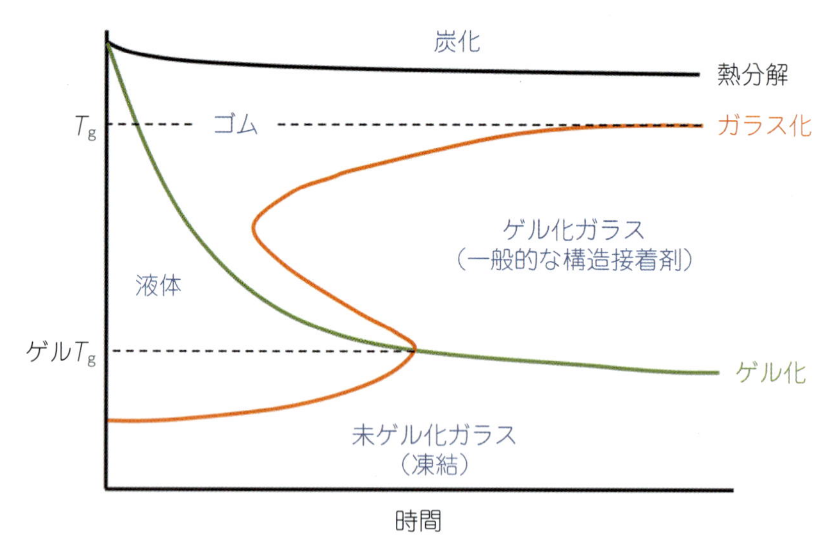

図 5.3　熱硬化性接着剤の典型的な時間–温度変換図

硬化温度がゲル化温度 T_g より低い場合，ゲル化に先立ちガラス化が起こる。ゲル化していないガラス状態では，接着剤の硬化は停止する（または非常に低い反応速度になる）。さらに硬化を進めるためには，温度をゲル化温度（T_g）より高くする必要がある。このプロセスは，フィルム接着剤の製造に用いられる。フィルム接着剤は，混合，シート化（通常，薄いテープやスクリム布の上でシート化される）を経て，低温で保管される。温度がゲル化温度 T_g を超えると，ゲル化していない接着剤が液状になり，必要な分子運動が可能になるため硬化が継続する。

ゲル化温度 T_g と最終ガラス転移温度 T_g（すべての反応基が消費された完全硬化時のガラス転移温度）の中間に位置する硬化温度では，接着剤は，まずゲル化し，次にガラス化してゴム状になり，次にゲル化ガラスとなる。ガラス転移温度の測定は，通常，DSC 測定，熱機械分析（Thermal Mechanical Analysis：TMA），または動的機械分析（Dynamic Mechanical Analysis：DMA）により行われる。

ガラス転移は，DSC 測定による温度に対する熱流束のプロットで観察される[5]。これは吸熱過程である（ガラス転移を超えたゴム状態において大きな分子運動を起こさせるためにエネルギーが投入される必要がある）。ガラス転移が起こると，DSC 曲線に段差が生じる。DSC 測定での一般的な T_g の定義は，段差の中間点または段差の開始点である。前者は，より一般的に使用されており，接着剤の吸熱が最も急速に変化する点をガラス転移点として扱う。後者は，ガラス転移温度としてより実用的な値といえる。これは，DSC 曲線のガラス転移前のガラス状態の外挿と，ガラス転移中における外挿の交点である。ガラス転移によって接着剤の挙動が劇的に変化するため，ガラス転移の始まりさえ避けることが望ましい。したがって，吸熱開始点 T_g を接着剤の最高使用温度とすべきである。

DSC 測定は接着剤の熱容量を測定する方法でもある。熱容量は，熱流を温度変化と材料の質量で割ったものと定義される。DSC 測定のアウトプットは温度に対する熱流であるため，熱容量は DSC 曲線の傾きをサンプルの質量で割ったものとなる。熱容量はガラス転移温度より高温でも低

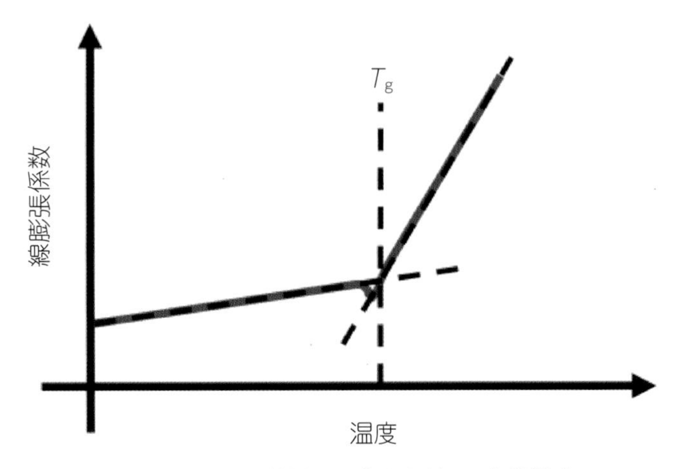

図 5.4　TMA の結果から求めたガラス転移温度

温でもほぼ一定値だが，通常，２つの値は異なる。接着剤の使用温度域内にガラス転移温度が存在する場合，両方の熱容量を測定する必要がある（ガラス転移温度を超えて使用することは推奨されない）。

TMA による T_g の測定では，接着剤を一定速度で昇温しながら線膨張係数を測定する。接着剤がガラス状態の場合，熱膨張はガラス転移まで直線的に増加する。T_g を超えると，熱膨張率は高い値に変化する（硬化が完了していることを前提とする）。この２つの膨張率の交点が，この試験におけるガラス転移温度と定義され，昇温速度に強く依存する。サンプルによっては，残留応力の緩和により，ガラス転移温度付近で熱収縮が起こることがあるが，この場合も２つの線膨張率の交点をガラス転移温度と定義する（**図 5.4**）。

5.2.4　残留応力

接着剤の線膨張係数は，接着界面の形成において重要である。多くの接着剤は高温で処理または硬化されるため，接着剤と基材の線膨張係数の差によって硬化応力が発生する。この応力は，硬化温度と使用温度（多くの場合，室温）の差，および接着剤と基材の線膨張係数の差に比例する。

細長い接着部の場合，残留応力（σ_r）は以下のように計算される。

$$\sigma_r = -E \cdot \Delta T(\alpha_{\mathrm{adhesive}} - \alpha_{\mathrm{substrate}}) \tag{5.1}$$

ここで，E は接着剤の弾性率（ヤング率），ΔT は使用温度と硬化温度の差，α は熱膨張係数である。なお，接着剤の弾性率は，ガラス転移温度に冷却されると 10 倍以上になる。ホットメルト接着剤の溶融温度がガラス転移温度以上の場合，接着剤のガラス状態での弾性率のみを用い，ΔT を使用温度とガラス転移温度の差に変更することで残留応力を近似できる。

界面の接着幅が大きい場合（平面ひずみ条件）では，残留応力計算で追加の項が必要となる。

$$\sigma_r = -\frac{E \cdot \Delta T}{1-2\nu} \cdot (\alpha_{\mathrm{adhesive}} - \alpha_{\mathrm{substrate}}) \tag{5.2}$$

ここで，ν は接着剤のポアソン比である。なお，残留応力の関係式(5.1)および(5.2)は，同じ基材同士を接着する場合にのみ有効である。異種の基材を接着する場合，残留応力の計算は著しく複雑になる。この計算には閉形式の解が存在するが，複雑な残留応力状態を扱うには，有限要素解析を使用するのが一般的である。

5.2.5　粘弾性

動的機械解析（Dynamic Mechanical Analysis：DMA）は，温度および/または昇温速度の関数として，高分子材料の物理的挙動を理解するのに有用な手法である。すべての高分子材料は，粘弾性（すなわち弾性挙動と粘性挙動の混在）を有している[6]。弾性材料の一軸変形においては，工学応力（荷重強度または荷重を変形前の断面積で割った値）と工学ひずみ（変形前の長さあたりの伸びまたは長さの変化を元の長さで割った値）は比例する（式(5.3)）[7]。

$$\sigma = E \cdot \varepsilon \tag{5.3}$$

ここで，σ は引張工学応力（材料表面に垂直に作用する応力），ε は引張工学ひずみ，E は引張弾性率またはヤング率と呼ばれる比例定数である。

せん断荷重（材料表面の接線方向に作用する荷重）を受ける弾性材料にも，同等の関係が存在する（式(5.4)）。

$$\tau = G \cdot \gamma \tag{5.4}$$

ここで，τ はせん断応力，γ はせん断ひずみ，G はせん断弾性率と呼ばれる比例定数である。

ニュートン流体とも呼ばれる単純粘性流体（非ニュートン流体については後述）の場合，せん断応力はせん断ひずみ速度に比例する（式(5.5)）。

$$\tau = \eta \cdot \dot{\gamma} \tag{5.5}$$

ここで，$\dot{\gamma}$ はせん断ひずみ速度，η は粘度と呼ばれる比例定数である。

応力緩和やクリープ試験と同様に，DMA では弾性挙動と粘性挙動の両方を測定することができる[6]。DMA では，振動荷重下での接着剤の変形挙動を時間の関数として測定する（または，振動変形を加えて応答荷重を測定する）。この試験では貯蔵弾性率と損失弾性率の2つのパラメータが測定される。貯蔵弾性率（E' または G'）は材料の弾性すなわち回復可能な挙動であり，損失弾性率（E'' または G''）は材料の粘性すなわち散逸性の挙動である。また，損失弾性率と貯蔵弾性率の比（tan delta）も，DMA で測定される。tan delta は，材料の減衰特性を示す。

典型的な DMA プロットを**図 5.5** に示す。ある狭い温度範囲（図では 140～180℃）では，貯蔵弾性率が1桁（1,000%）以上変化する。この高弾性率（ガラス状態）から低弾性率（ゴム状態）への変化がガラス転移である。DMA では，T_g を3つの方法で定義することができ，それぞれ微

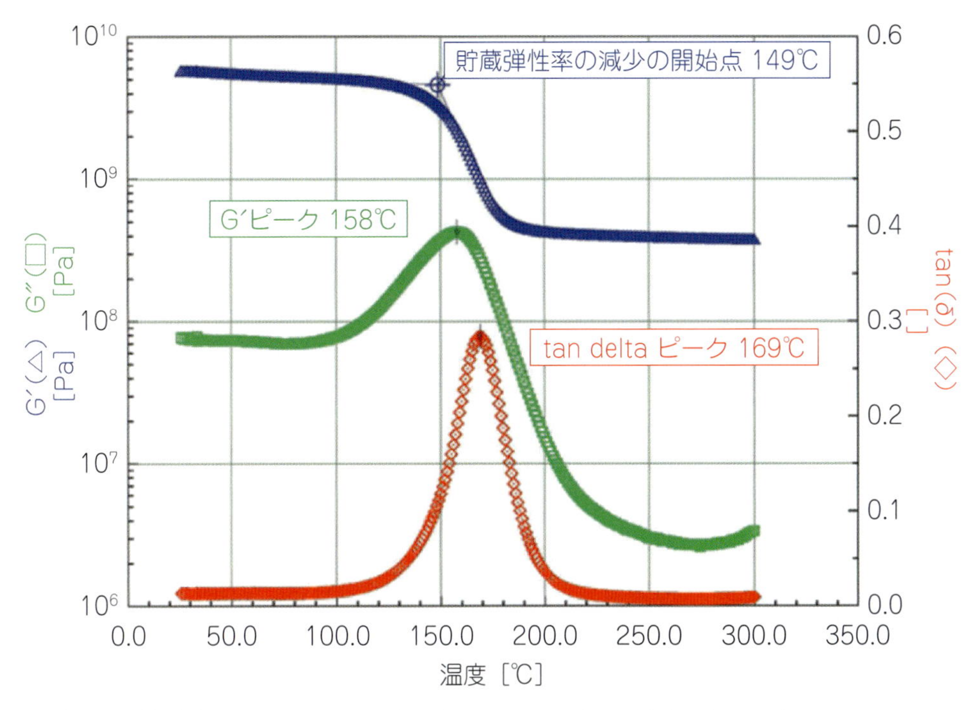

図 5.5　典型的な DMA プロットの貯蔵弾性率（G′），損失弾性率（G″），および tan delta

妙に異なる値を示す。１つ目は貯蔵弾性率の減少の開始点，２つ目は損失弾性率のピーク点，３つ目は tan delta のピーク点である。１つ目の値は，ガラス状態での貯蔵弾性率（曲線の左側部分）と，T_g の範囲における貯蔵弾性率の直線部分を外挿することによって得られる。この値は，一般的に構造用接着剤の使用温度上限とされる。損失弾性率のピークは，材料の移動度の変化が最大となる温度を表し，ガラス転移温度の化学的な定義に対応する。熱可塑性材料や架橋密度の低い熱硬化性材料では，ガラス転移温度以上で測定を行うと，サンプルが流動することがある。

5.2.6　架橋密度

ガラス転移温度以外で，接着剤の物理的・機械的特性に大きく影響する重要な化学パラメータとして，架橋密度または架橋点間分子量が挙げられる。他のパラメータがすべて同じであれば，ガラス転移温度より低温の熱硬化性材料は，架橋密度が高いほど，強度が高く，破壊エネルギー（亀裂進展抵抗と欠陥・損傷耐性の指標）が低くなる。架橋密度は，DMA でガラス転移温度以上（ゴム状態）の弾性率を測定する，もしくは膨潤試験を行うことにより定量化できる。

材料の架橋密度は，次の関係式から，ゴム状態の貯蔵弾性率の温度に対する傾きから求めることができる。

$$G' = V_C \cdot R \cdot T \tag{5.6}$$

ここで，V_C は架橋密度，R は理想気体定数，T は温度である。この関係は，材料が理想的なゴム（Neo-Hookean）として振る舞うことを仮定しており，著しく単純化したものである。

標準的な架橋密度の測定法は，溶媒中での材料の膨潤試験である。この試験では，サンプルを溶媒に入れて膨潤させ，サンプルが平衡重量になるまで待つ（溶媒と高分子材料の組み合わせにより３日～２週間かかる）。その後，サンプルからすべての溶媒が蒸発するまで乾燥させる。架橋密度 V_C（１g あたりのネットワーク鎖）は，非充填系では以下のように計算する（Flory–Rehner式）[8]。

$$V_C = -\frac{2(\ln(1-V_p)+V_p+XV_p^2)}{\varphi V_o\left(V_p^{\frac{1}{3}}-V_p/2\right)} \tag{5.7}$$

ここで，V_p は膨潤状態での高分子の体積破壊，X は Flory–Huggins 高分子–溶媒相互作用定数，φ は架橋点での官能性，V_o は溶媒のモル体積である。多くの高分子/溶媒系で，Flory–Huggins 定数は 0.45 から 0.50 の間の値をとる。

5.2.7　熱伝導率

熱伝導率は，特に一過性の高温にさらされる用途の接着剤で必要となる特性である。熱伝導率測定では，材料を通過する熱の流速を測定する。まず，一定の断面積を持つ接着剤サンプルを２つの標準物質の間に挟む。この積層体を２つのヒータの間に置き，熱的に絶縁し，伝導性または放射性の熱損失を防ぐためにシールドを施す。次に，ヒータで積層体に熱流を加える。熱平衡に達すると，接着剤の熱伝導率は，基準材料の熱伝導率と加えた熱流束から算出できる。実験では，積層体内の材料間の良好な接触を得るために，接着剤と基準材料を平坦な平行面を確保し，しっかり保持する必要がある。この点を注意すれば，測定ばらつきは5%未満となる。

5.3　電気的特性

接着剤は，一般的に電気絶縁性である。しかし，炭素，ニッケル，銀などの導電性フィラを添加することにより，導電性を持たせることができる。電気伝導率を数桁変化させることができるため，接着剤はエレクトロニクスおよびマイクロエレクトロニクス産業において非常に有用なものとなっている。例えば，プリント基板の製造，部品の実装，ワイヤの仮固定，環境暴露を低減するための部品の封止やカプセル化などがある。

電気伝導度は，オームメータで簡単に測定することができる。４端子オームメータは，電圧と電流をそれぞれ１組の端子で独立して測定できるため，２端子オームメータよりも正確な測定結果が得られる。測定は，一定の断面積を持つサンプルの両端に端子を置いて行う。オームメータは，電圧と電流の測定値からサンプルの電気抵抗を算出する。そして，抵抗の測定値とサンプルの形状から，材料の導電率を算出することができる。

$$S = \frac{l}{\Omega \cdot A} \tag{5.8}$$

ここで，l と A はサンプルの長さと断面積，Ω は測定された抵抗値である。

5.4　プロセスパラメータ

5.4.1　レオロジ

ホットメルト熱可塑性接着剤の重要なプロセスパラメータは，その溶融温度と溶融流動特性（レオロジ）である。

溶融温度は正確には温度範囲であり，一般にホットメルト接着剤を塗布するための最小温度範囲である。溶融温度は，接着剤が液化（温度が上昇）または固化（温度が低下）する際に，接着剤の温度を測定するだけで判断できる。溶融温度は，かなり広い範囲（5～20℃）を持つことがある。

熱可塑性接着剤や熱硬化性接着剤，もしくはこれらの混合物の硬化前のレオロジ，すなわち流動挙動は，通常，粘度計か動的機械熱分析（Dynamic Mechanical Thermal Analysis：DMTA）のいずれかを用いて測定する。粘度計は，粘度（せん断応力とせん断ひずみ速度が直線的なニュートン流体の場合）または見かけの粘度（非ニュートン流体の場合）を直接測定する。

粘度は，せん断応力とせん断ひずみ速度の比である（式(5.5)）。流体の粘度がせん断ひずみ速度やせん断時間に依存しない場合，その流体の挙動はニュートン的であるという。多くの接着剤では，粘度がせん断速度に対して非線形に変化したり，せん断速度が一定であっても時間に対して非線形に変化したりする。このような接着剤は非ニュートン性であり，任意のせん断ひずみ速度およびせん断時間における粘度が，その速度および時間における見かけの粘度である。見かけの粘度がせん断速度の増加とともに減少する場合，その材料は擬塑的な挙動を示している。この挙動は，しばしばチクソトロピックであると誤解されるが，厳密には，チクソトロピックな挙動とは，一定のせん断速度で時間とともに見かけの粘度が減少することを指す。実際には，ほとんどの擬似塑性材料はチクソトロピックであり，その逆も同様である。この２種類の非ニュートン挙動は，接着剤において一般的であり，望ましい挙動である。実用上，高せん断速度で混合すると見かけの粘度が低くなるため，短時間で均質な混合物を作ることができる。混合された接着剤を表面に塗布する際，特に垂直面やそれに近い面では，材料が定位置に留まることが望ましい。重力によるせん断力のもとでは，粘度が高いと流速が著しく低下する。接着剤に擬似塑性またはチキソトロピーを付与するために，チクソトロピック剤（チキソトロープ）が配合されることが多い。一般的なチクソトロピック剤として，フュームドシリカ，コロイダルシリカ，アルミナ微粒子，カーボンブラック微粒子，カーボンナノチューブなどがある。

粘度計やレオメータを用いて，さまざまな温度やせん断速度における流動に対する抵抗を測定できる。市販されている多くの装置で測定が可能である。多くは，接着剤を２つの固体の間に置き，一方の表面を動かし，他方の表面を静止させることで，特性を評価する。測定では，特定のせん断速度を得るために必要な力を求める，もしくは与えられたせん断力の下でのせん断速度を求める。これらの測定は，温度，せん断速度，またはせん断力を制御し，変化させながら行う。

粘度計には，一般にカップ・アンド・ボブ式と回転Ｔ型スピンドル式がある。**図 5.6** に，接着剤の粘度測定によく使われるこれら２つの粘度計の模式図を示す。

粘度計では，大きなビーカやカップに材料を入れ，ボブやＴ型スピンドルを所定の速度で回転

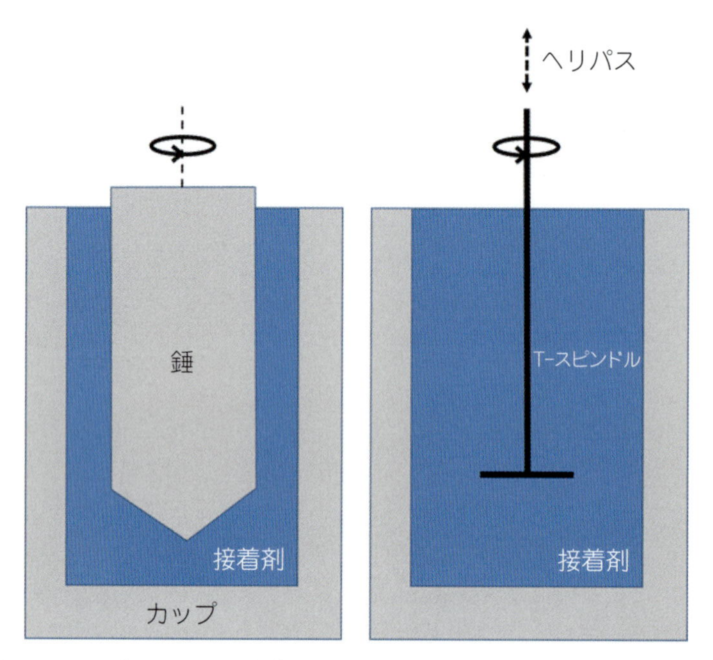

図 5.6　カップ・アンド・ボブ式粘度計と T 型スピンドル式粘度計の概略図

させながら，ねじりせん断荷重を測定する。接着剤の粘度によって粘度計の種類を使い分け，ボブやスピンドルの大きさも変える。一般的に，非ニュートン性の高い接着剤では T 型スピンドル式が使用される。この装置では，T 型スピンドルを回転させながら上下に移動させ，材料に乱れのない状態で試験を行うことができる。

レオメータは，2 枚の円形プレートの間に液体を置き，振動回転変位を加える。時間や温度の関数として見かけの粘度を測定するだけでなく，硬化反応や冷却によって液体が固化する際の貯蔵弾性率や損失弾性率も測定できる。液体状態では，粘性流体挙動に特徴的な損失弾性率（G''）が，貯蔵弾性率（G'）よりも高い。液体が固化すると，貯蔵弾性率が急速に増加し，損失弾性率より大きくなる。この 2 つの弾性率の交点が，その材料のゲル化点と定義される。**図 5.7** は，レオメータによる典型的なデータプロットである。硬化性接着剤の粘度（η），貯蔵弾性率（G'），および損失弾性率（G''）の経時変化を示している。

5.4.2　ポットライフまたはワーキングライフ

熱硬化性接着剤の重要なパラメータに，ポットライフ（作業寿命），硬化サイクル（硬化反応に必要な時間と温度），硬化収縮率，レオロジ，スランプ（垂れ性）がある。

ポットライフは，接着剤メーカーが実施する標準的な試験項目である。通常，粘度の連続測定を行うことで評価できる。ポットライフは硬化剤を添加した時点から開始するため，硬化剤を添加した時間と試験開始時刻を記録する必要がある。通常，ポットライフの大部分において，粘度はほぼ一定であるが，ポットライフが終了すると，粘度は急激に上昇する。この急激な粘度の上昇がポットライフの目安となる。厳密には，硬化剤の添加から粘度が初期の 2 倍になるまでの時間をポットライフとして扱うことが多い。

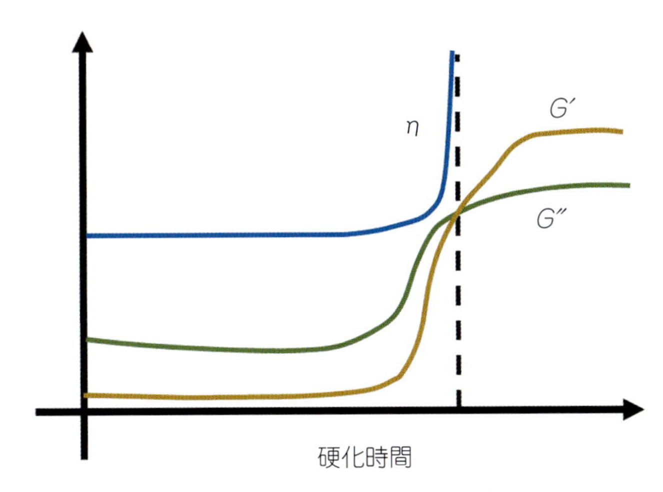

図 5.7　硬化型接着剤のレオメータ測定の結果

ポットライフのデータは通常，接着剤メーカから入手できるが，生産現場で使用される混合装置，プロセス，混合量におけるポットライフを自社内で決めることが重要である。硬化反応は発熱性であり，温度（および，これに対応する硬化速度）は，混合量，混合容器の大きさ，混合容器が冷却水で冷却されているかどうかなどの要因に依存するためである。

興味深いことに，塗布，貼り合わせが，接着剤のポットライフの初期に行われるか，後期に行われるかは，接着性にほとんど影響を及ぼさない。多くの場合，粘度が急激に上昇し始めるポットライフの終了に至って初めて，接着性の低下が観察される。

5.4.3　硬化サイクル

接着剤の硬化サイクルとは，熱硬化性接着剤の硬化反応を開始させ，完了させるために必要な加熱サイクルを意味する。接着剤は，ある温度以下では完全に硬化しない。その温度以上では，温度を上げるほど硬化反応が促進される。接着剤の硬化条件を決める際，速度（コスト）とその後の性能のバランスを取る必要がある。硬化条件は，以下の一般的な考え方を念頭に置いて，ユーザによって決定されるべきである。

- 硬化温度が高くなると，接着剤と基材の収縮率の違いにより，硬化後の界面に大きな応力が発生することがある。この熱残留応力は，接着剤の幅が狭い場合（一軸の場合，式(5.1)）と，接着剤が薄く広がっている場合（平面ひずみ，式(5.2)）で計算することができる。熱残留応力は，場合によっては接着不良を引き起こす可能性がある。少なくとも，接着剤の耐荷重から熱残留応力分が差し引かれることになる。
- 硬化温度が低いと，接着剤が完全に硬化しないことがある。これは接着性に悪影響を及ぼす可能性がある。また，硬化反応が非常に低速で継続するため，経年劣化を誘発する可能性がある。また，硬化が不十分な場合，接着剤がクリープ（持続的な荷重により時間とともに生じるひずみ）およびクリープ破壊の影響を受けやすくなることがある。
- 接着剤の硬化後の冷却速度は，接着剤に発生する残留応力の大きさと，残留応力の経時変化に大きく影響する。冷却速度を遅くすると，残留応力と経時変化を小さくできる。

- 一般に，ポットライフの長い接着剤は，完全に硬化するまでに，より多くの時間や高い温度を必要とする。

市販の熱硬化性接着剤のほとんどは，複数の反応成分が混合されている。このため，硬化温度を変化させると，複数の硬化反応の反応速度が影響を受けることになる。

接着剤の硬化（熱硬化性樹脂の場合）や結晶化（半結晶性熱可塑性樹脂の場合）による収縮は，先に述べた熱残留応力やひずみに加えて，界面ひずみや応力を発生させる。TMA を用いれば，収縮を高精度に定量化できる。TMA は一般的に熱膨張係数の測定に使用されるが，半結晶性材料が結晶化する際に発生する寸法変化を測定することもできる。カップ・アンド・プレート式 TMA を使用して，材料が固化する際の液体の寸法変化も測定することができる。

図 5.8　スランプゲージ

5.4.4　スランプ

接着剤のスランプは重要なレオロジ特性の１つである。スランプとは，垂直面での接着剤の流れ落ち方を示す。スランプは，コーキングコンパウンドおよびシーラントの ASTM 規格に準拠して測定する（ASTM D 2202 9）。測定に使用するスランプゲージは，２つの金属部品で構成される。長辺の端付近に円筒形の穴が開いた角柱と，その穴に収まる円筒板である。円筒板は，ゲージ表面と同じ高さから穴に埋め込まれた状態に動かすことができる。穴の中に，混合した接着剤をゲージ表面位置まで詰める。

次に，角柱を垂直に置き，円筒板を押し出す。このとき円筒板の一部のみを押し出しても良いし，もしくは円筒板全体をゲージ表面高さまで押し出してもよい。前者の場合，接着剤は一部のみ穴からはみ出し，はみ出した部分のみが重力にさらされる。後者の場合，接着剤円柱の全体が支持されない状態になる。前者では接着剤にたるみやスランプのみが生じるが，後者では接着剤がゲージを滑り落ちることも起こりえる。接着剤がスランプするまたは滑り落ちるゲージ表面には，通常，長さの目盛りが浅く加工されており，一定時間内に接着剤がスランプする距離は，材料スランプと呼ばれる。**図 5.8** にスランプゲージの一例を示す。

5.5　機械的特性

5.5.1　構造特性

接着剤の構造特性とは，機械的な負荷や変形に対する応答を指す。線形領域（一般的に小さな変形，ただし，脆性材料は破壊付近を除いて線形的に振る舞う）の材料応答を定義するいくつかの特性が存在する。線形弾性材料は，ヤング率，ポアソン比，せん断弾性率，体積弾性率の４つの特性によって記述することができる。このうち２つが分かれば，他の２つを導出できる。

これらを理解するために，２つの重要な用語を定義する必要がある。応力（工学応力）とは，加えた力を，力が加えた面の変形前の面積で割ったものである。ひずみ（工学ひずみ）とは，加えた力による材料の伸びであり，変形前の材料の長さを基準とする。

引張弾性率（ヤング率）は，単純に，加えた応力と，応力の方向に生じるひずみの比である。せん断弾性率も同様で，せん断応力とせん断ひずみの比である。弾性率は材料の硬さを表す指標である。

ポアソン比は，荷重方向に発生するひずみと，荷重に対して横方向（または垂直方向）に発生するひずみの負の比である。ポアソン比は，材料の圧縮性の指標となる。非圧縮性材料では，一方向の荷重によって生じる横ひずみが，圧縮性材料よりも大きくなる。非圧縮性材料は，ポアソン比が0.5となる（等方性材料，すなわち全方向で同じ機械的特性を示す材料の上限値。接着剤は一般的に等方性材料である）。ゴム系材料（ガラス転移温度以上の熱硬化性材料）は，ポアソン比が0.5に近づく。ガラス転移温度以下の熱硬化性接着剤のポアソン比は，通常0.25～0.45である。

等方性材料では，せん断弾性率（G），弾性率（E），ポアソン比（v）の間に以下の直接的な関係が成り立つ。

$$G=\frac{E}{2(1+v)} \tag{5.9}$$

体積弾性率は，一定の温度で静水圧をかけたときの体積変化に対する抵抗力を表すもので，圧縮弾性率とも呼ばれる。体積弾性率は，加えられた静水圧と単位体積あたりの体積変化（体積膨張）の負の比である。ここでも，等方性材料では，体積弾性率（K），弾性率，ポアソン比の間に，以下の直接的な関係がある。

$$K=\frac{E}{3(1-2v)} \tag{5.10}$$

興味深いのは，弾性率に関係なく，ポアソン比が限界値である0.5に近づくと，体積弾性率が非常に大きくなることである。

接着剤の構造特性は，荷重を受ける時間，荷重の割合，温度に依存することは，いくら強調してもし過ぎることはない。これは，先に述べたように，材料の粘弾性に起因するものである。

5.5.2 試　験

弾性率とポアソン比は，一軸引張試験で評価できる。この試験は，試験片の形状から「ドッグボーン」試験とも呼ばれる[10,11]。推奨される試験片の形状は，ASTM D638[12]（ガラス質または硬質ポリマ），ASTM D4[12,13]（ゴム質または軟質ポリマ），およびISO 527-2[14]にまとめられている。一軸引張試験では，弾性率やポアソン比に加えて，接着剤の限界引張強さ，降伏引張強さ，一軸伸び（ひずみ）などを得ることができる。

バルク接着剤の一軸引張試験は，ボイドのない試験片を用い，ルータまたは類似の装置で仕上げ加工を施す必要がある。試験材料がガラスの状態であれば，ヤング率やポアソン比に影響を及ぼさない小さな分散したボイドは許容できる。ゴム材料の場合は，ボイドがあると，その圧縮性によりポアソン比が減少する。特に破壊特性を評価する場合，ウォータジェット加工など，試験片の端に傷をつけるような切削加工は避けるべきである。ウォータジェット加工は，荷重に垂直な方向の傷を生じさせるため，試験片の早期破壊を引き起こすことが実験で示されている。ウォータジェット加工後にルータ加工した試験片は，ルータ加工していない試験片と比較して，引張強度と伸びが著しく高くなることがわかっている。

接着剤の粘弾性挙動を調べるためには，さまざまな速度や温度で一軸引張試験を実施する必要がある。弾性率が１桁以上変化するガラス転移温度付近で試験を行う場合は注意が必要である。ガラス質材料のポアソン比は簡易に測定することができる。軽量なクリップ式変位計は，ガラス質材料の軸方向および横方向の変位の測定に適している。ゴム質材料の場合は，光学式非接触変位計やレーザ変位計を使用することが好ましく，これらの装置はガラス質材料にも使用できる。試験片にひずみゲージを接着する方法は推奨しない。これは，ゲージのポリイミド裏地と，ゲージを試験片に固定する接着剤により，ひずみ測定部周辺が著しく硬くなり，誤った測定となる可能性があるためである。

接着剤の粘弾性挙動は，ドッグボーン試験片に一定の荷重をかけ，時間の経過とともに発生するひずみを記録することで評価できる（クリープ試験）。試験片に荷重をかけると，直ちにひずみが増加する。これが材料の弾性挙動である。その後，時間の経過とともにひずみは徐々に増加する。これが材料の粘性挙動である。ドッグボーン試験片を一定のひずみで保持し，応力の変化を測定することでも，同様の試験を行うことができる（応力緩和試験）。クリープ荷重と応力緩和荷重により，それぞれクリープコンプライアンス（一定応力に対するひずみの割合），応力緩和弾性率（一定ひずみに対する応力の割合）を測定することができる。クリープコンプライアンスと応力緩和弾性率は，互いの逆数ではない。一方から他方への変換には，畳み込み積分のような数値関係が必要となる[15)]。

熱可塑性接着剤と熱硬化性接着剤の粘弾性挙動には大きな違いがある。クリープ試験の場合，熱可塑性接着剤は，分子を結びつける架橋を持たないため，最終的に破壊が起こるまでひずみが増加し続ける。ひずみの増加は，分子が荷重方向に沿って整列し，分子鎖がほどけることによって引き起こされる。熱硬化性接着剤は，一定の荷重をかけると時間とともにひずみが増加するが，架橋ネットワークが荷重方向に整列し，分子レベルまで引っ張られると，ひずみの増加は緩やかになっていき，最終的には測定できないほどに小さくなる。熱硬化性樹脂の架橋ネットワークを破断させるほどの荷重がかかることもあるが，通常は破断前に分子の整列が起こる。

この他の粘弾性挙動の試験として，ドッグボーン試験片に一定のひずみを与える方法が挙げられる。この試験では，ドッグボーン試験片に生じる応力は時間とともに減少し，ゼロ（一部の熱可塑性材料の場合）または一定値となる。これは，熱収縮，硬化収縮，線膨張係数のミスマッチによる熱残留応力により，実際の接着界面で発生する現象である。工学的な観点では，応力緩和状態が重要となる。平衡緩和弾性率は，長期的な応力を印加ひずみで割ったものである。これは工学的な評価において，長期的に印加される熱ひずみによって接着剤に生じる応力を求めるのに使用する。接着界面の耐荷重能力は，この平衡熱応力の分だけ低下する。

体積弾性率は，ディラトメトリ試験で求めることができる。この試験では，まず，接着剤を液体中に入れる。その後，液体を加圧し，接着剤に静水圧をかけ，接着剤の体積変化を正確に測定する。

5.6　機械的能力

接着剤の機械的能力には，引張，圧縮，せん断荷重に対する強度と伸び，および亀裂進展への耐性が含まれる。接着剤の引張強さと伸びは，「機械的特性」の項で説明した一軸引張試験から求めることができる。圧縮強度は，材料がつぶれたり，大きくたわんだりすることなく扱える限界の荷重である。圧縮荷重をかけた試験は，通常，円筒形または角柱形の試験片を用い，その両端に潤滑剤を塗布して，加えられる圧縮荷重に垂直な方向の摩擦力を低減させる[16]。圧縮荷重で座屈しないように，試験片の長さを十分に短くする必要がある。試験中の圧縮荷重とたわみを記録し，圧縮荷重の小さな増加で大きなたわみが発生し始める応力を圧縮強度と見なす。高弾性接着剤の場合，大きなたわみが発生する前に試験片が破断するのが一般的ある。このような材料では，破断が起こる荷重を圧縮強度とする。

一般には，せん断強度とは接着界面の強度のことであり，Ｖノッチ付きビーム（Iosipescu せん断試験，ASTM D5379[17]）[18,19]，プレート（Arcan せん断試験）[20]，ねじり試験片[21]で評価されるバルク接着剤の強度のことを意味しない。接着界面の試験については，別の章で説明する。

接着剤の機械的能力に関する議論では，重要な注意点がある。接着剤の用途の大部分において，バルク接着剤の能力は，接着界面の能力よりも重要視されず，両者は同等ではない。特に，接着剤の厚みが幅や長さに比べて著しく小さく，基材が接着剤に比べて剛性が高い場合，接着剤のひずみは基材に拘束される。このため，接着界面には，バルク接着剤の一軸試験と比較してはるかに複雑な応力状態が発生する。この複雑な応力状態が，接着剤の降伏点を下げ，接着界面では，バルク接着剤が一軸試験で示すよりも大きな応力に耐えられることがある。その差は試験ばらつきの範囲内に収まることもあれば，接着界面の方が 20％以上も向上することもある。接着剤のひずみについては，この逆のことが起こる。接着界面では，一般的にひずみ耐性が著しく低下し，一軸伸びの 90％も減少する。まとめると，バルク接着剤の強度は，接着界面の強度との差が通常 10～20％であり，かつバルク強度の方が小さいため，バルク接着剤の強度を接着強度として使用して問題ない。しかし，バルク接着剤のひずみは，接着界面のひずみ耐性を評価するのに使用すべきでない。

接着界面は，多くの場合，亀裂の発生と伝播によって破損するため，亀裂進展への耐性は非常に重要である。この能力は，破壊靭性（K_C）と臨界ひずみエネルギー放出率または破壊エネルギー（G_C）という２つの特性で定義される。これらの特性は同義ではないが，線形弾性破壊挙動（式(5.11)および(5.12)）を仮定した場合，以下の関係で表される[22]。

$$K_C = (G_C \cdot E)^{1/2} \qquad \text{バルクの場合(面応力)} \tag{5.11}$$

$$K_C = \left(\frac{G_C \cdot E}{(1-\nu^2)}\right)^{1/2} \qquad 界面の場合（面ひずみ） \qquad (5.12)$$

亀裂耐性を決定する上で複雑な要因は，破壊能力が荷重の種類に依存することである。荷重には，モードⅠ，モードⅡ，モードⅢと呼ばれる3種類が存在する。モードⅠは，接着面に垂直な荷重で，亀裂開口と呼ばれる。モードⅡは，すべりせん断（面内せん断）と呼ばれ，接着剤の面内で亀裂先端に垂直な方向の荷重が加わる。モードⅢは引き裂きせん断（面外せん断）で，荷重は接着剤の面内で発生するが，亀裂先端と平行となる場合を指す（**図 5.9**）。

一般的に，モードⅠでの接着剤の亀裂進展抵抗力は，モードⅡやモードⅢでの抵抗力よりも小さいか等しいとされている。ほとんどの場合，接着界面で生じる荷重は亀裂に対してモードⅠを誘発することも相まって，モードⅠ破壊エネルギーまたは臨界破壊靭性が最も重要な亀裂耐性値として扱われている。実際，多くの接着研究者は，モードⅡやモードⅢによる接着界面の破壊は実質的に存在しないと考えている。

バルク接着剤のモードⅠの破壊耐性の測定には，コンパクト・テンション試験片，またはSENB（Single Edge Notched Beam）試験片が使用される[23,24]。**図 5.10** に各試験片の形状および

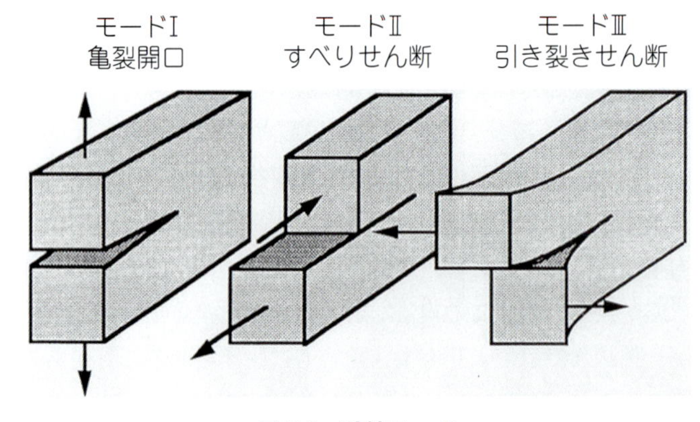

図 5.9　破壊モード

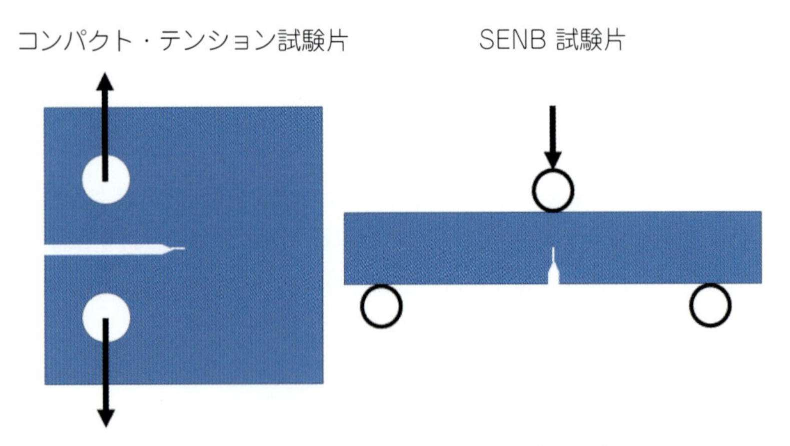

図 5.10　バルク接着剤のモードⅠ破壊試験片

試験方法を示す。脆性接着剤の場合，試験前に試験片に鋭い亀裂を入れる必要がある。これは，カミソリの刀をノッチ先端に叩き込むか，試験片に疲労負荷を与えることで実施する。試験とデータ解析は，ASTM 規格 D5045[25] または ISO 13586[26] に従って行う。

バルク接着剤の破壊耐性は，2つの条件下では接着界面の破壊耐性をよく表現できる。1つ目の条件は，接着剤の厚さが，高破壊耐性または強靭な接着剤で少なくとも 0.6 mm，脆性接着剤で少なくとも 0.3 mm であることである。2 つ目の条件は，破壊モードが接着層の凝集破壊であり，界面剥離でないことである。

5.7 結　論

多くの分野で接着剤が使用されるようになった一因は，接着剤の特性を変化させられるようになったことである。この章では，熱可塑性接着剤と熱硬化性接着剤の化学的/物理的，電気的，熱的，機械的特性について説明した。また，主要なパラメータについても述べ，これらを定量化するための試験について，また正確な結果を得るための基本的な試験方法について解説した。

文　献

1）P. C. Hiemez, Polymer Chemistry, the Basic Concepts, Marcel Dekker, New York, 1984, pp. 34-43.
2）A. V. Pocius, Adhesion and Adhesives Technology, an Introduction, Hanser Gardner, Cincinnati, 2002, pp. 120-122.
3）J. Comyn, Thermal properties of adhesives, in: L. F. M. da Silva, A. Öchsner, R. D. Adams（Eds.）, Handbook of Adhesion Technology, Volume 1, Springer-Verlag, Berlin Heidelberg, 2011, pp. 415-442.
4）J. K. Gilham, The time-temperature-transformation（TTT）state diagram and cure, in: J. C. Seferis, L. Nicolais（Eds.）, The Role of the Polymeric Matrix in the Processing and Structural Properties of Composite Materials, Plenum Press, New York and London, 1983, pp. 127-145.
5）A. V. Pocius, Adhesion and Adhesives Technology,, An Introduction, Hanser Gardner, Cincinnati, 2002, p. 123.
6）J. J. Aklonis, M. K. WJ, Introduction to Polymer Viscoelasticity, John Wiley & Sons, New York, 1983.
7）A. V. Pocius, Adhesion and Adhesives Technology, an Introduction, Hanser Gardner, Cincinnati, 2002, pp. 15-20.
8）K. L. Mok, A. H. Eng, Malaysian Journal of Chemistry 20（1）（2018）118-127.
9）ASTM, ASTM D2202. Standard Test Method for Slump of Sealants, 2000.
10）L. F. M. da Silva, d. S. LFM, A. Öchsner, R. D. Adams（Eds.）, Failure strength tests, in: Handbook of Adhesion Technology, Volume 1, Springer-Verlag, Berlin Heidelberg, 2011, pp. 445-451.
11）d. S. LFM, Quasi-static testing of bulk tensile specimens, in: D. S. LFM, D. A. Dillard, B. Blackman, R. D. Adams（Eds.）, Testing of Adhesive Joints: Best Practices, Wiley-VCH, Weinheim, 2012, pp. 79-84.
12）ASTM, ASTM D638. Standard Test Method for Tensile Properties of Plastics, 2014.
13）ASTM, ASTM D412. Standardized Test Methods for Vulcanized Rubber and Thermoplastic Elastomers-Tension, 2016.
14）ISO, ISO 527-2. Plastics—Determination of tensile properties—Part 2: Test conditions for moulding and extrusion plastics, 2012.
15）J. D. Ferry, Viscoelastic Properties of Polymers, Wiley, New York, 1980.
16）L. F. M. da Silva, D. S. LFM, A. Öchsner, R. D. Adams（Eds.）, Failure strength tests, in: Handbook of Adhesion Technology, Volume 1, Springer-Verlag, Berlin Heidelberg, 2011, pp. 453-455.

17）ASTM, ASTM D5379. Standard Test Method for Shear Properties of Composite Materials by the V-Notched Beam Method, 2019.
18）N. Iosipescu, Journal of Materials 2（3）（1967）537-566.
19）D. F. Adams, D. E. Walrath, Journal of Composite Materials 21（1987）484-505.
20）M. Arcan, A. Voloshin, Experimental Mechanics 18（4）（1978）141-146.
21）L. F. M. da Silva, d. S. LFM, A. Öchsner, R. D. Adams（Eds.）, Failure strength tests, in: Handbook of Adhesion Technology, Volume 1, Springer-Verlag, Berlin Heidelberg, 2011, pp. 455-457.
22）A. P. Parker, The Mechanics of Fracture and Fatigue, an Introduction, E&F Spon, London, 1984.
23）B. BRK, Fracture Tests, in: L. F. M. da Silva, A. Öchsner, R. D. Adams（Eds.）, Handbook of Adhesion Technology, Volume 1, Springer-Verlag, Berlin Heidelberg, 2011, pp. 475-478.
24）R. A. Pearson, Measuring bulk fracture toughness, in: D. S. LFM, D. A. Dillard, B. Blackman, R. D. Adams（Eds.）, Testing of Adhesive Joints: Best Practices, Wiley-VCH, Weinheim, 2012, pp. 163-169.
25）ASTM, ASTM D5045. Standard Test Methods for Plane-Strain Fracture Toughness and Strain Energy Release Rate of Plastic Materials, 2014.
26）ISO, ISO 13586. Plastics—Determination of fracture toughness（GIC and KIC）—Linear elastic fracture mechanics（LEFM）approach, 2018.

〈訳：髙橋　明理〉

第2部

機械的特性

第6章　接着接合部の応力解析

Alireza Akhavan-Safar, Eduardo A. S. Marques, Ricardo J. C. Carbas and Lucas F. M. da Silva

6.1　はじめに

接着接合は，さまざまな産業分野において多様な用途で使用されており，構造部品の製造における効率的なソリューションとして認識されている。他の伝統的な接合手法と比較して，接着接合は，面接着に伴う滑らかな応力分布，疲労や衝撃荷重に対する優れた性能，軽量化，異種材料や薄い材料を容易に接合できる比類なき能力などの利点がある。接着接合は広く普及しているが，接合部の応力解析は未だ困難な課題である。材料の挙動，接合部の形状，さらに荷重条件の複雑さが，接合部の応力解析を難しくしている。応力特異点や異なる材料間の界面の存在も，応力解析の難易度が増す一因である。このような複雑さにもかかわらず，多くの研究者が仮定の導入と単純化によって閉形式の応力解析モデルを提案している。仮定の導入や単純化は，結果の精度や解析の柔軟さを時に制限するが，応用可能性，簡便性，および低い計算コストによって，閉形式の応力解析モデルは接合を設計する際の有効的な解析手段となっている。一方，これらの解析モデルが適用できる接合形状は限られており，実際の接合部で見られる複雑な形状の解析には適さない。また，特異点の影響や複雑な材料挙動も考慮されていない。接合部形状，荷重条件，材料挙動が非常に複雑な場合の応力解析には，有限要素法（finite element method：FEM）が適しており，FEM を用いることでさまざまな状況下でより正確な応力解析が可能になる。

本章では，解析モデルおよび有限要素法に基づく接着接合部の設計法の総説を目的とする。まず，接着接合部に作用する応力の種類と要因を提示し，議論する。次に，閉形式の解析解を用いて，さまざまな接合部形状における接着層の応力分布を求める解析モデルを紹介する。本章の最後では，接着接合部の応力解析に使用される有限要素法の技法について解説し，複雑な材料挙動や荷重条件に適した有限要素法モデルを紹介する。

6.2　応力の種類と発生源

この節では，2次元および3次元空間での応力とひずみの概念について説明する。2次元応力解析では，平面応力と平面ひずみの両条件について説明し，結果を比較する。また，接着接合部に作用するさまざまな種類の応力と，それぞれの発生源についても紹介する。

6.2.1　応力とひずみの概念

2次元および3次元解析では，接着剤層の内部の応力場を求めるために，解析の複雑さや継手形状の種類によらず，類似のコンセプトが用いられる。線形弾性解析の一般的な構成則は，$[\sigma]=[D][\varepsilon]$と定義される。ここで，$[\sigma]$は応力テンソル，$[D]$は剛性行列，$[\varepsilon]$はひずみのテンソルである。

2次元の場合，2つの法線方向に沿って2つの法線応力成分が存在し，各材料点にはせん断応力成分が加わる。法線応力は引張方向の変形（伸び）を，せん断応力はせん断変形をもたらし，ひずみεおよびせん断ひずみγが生じる。解析モデルの多くは，その簡便性から2次元解析を採用する。これはFEMでも同じであり，2次元解析によって計算コストが大幅に削減される。

2次元解析モデルは計算を簡略化できるが，平面応力または平面ひずみ状態を仮定するため，解析に誤差が生じることがある。これは，応力またはひずみの1成分を無視するためである。また，実用的なアプリケーションの解析では，接合部形状が複雑になるため2次元解析モデルが利用できないこともある。このような場合には，3次元応力状態を考慮する必要がある。しかしながら，より多くの応力・ひずみ成分（3つの垂直成分と3つのせん断成分の応力・ひずみ）を計算する必要がある。そのため，3次元の解析モデルはほとんど存在しない。代わりに，より複雑な解析を扱うことが出来るFEMが用いられる。**図6.1**は，ある材料要素の2次元と3次元の応力状態を比較したものである。

3次元FE解析の代わりに2次元FE解析を用いることによる利点と欠点は，CzarnockiとPiekarski[1]，およびRichardsonら[2]によって研究されている。接合部の幅方向に応力が変化するにもかかわらず，破壊の起点は接合部の中心線上に存在し，端部にはないことが示された。この点を考慮し，彼らは3次元解析ではなく2次元解析を使用することを正当化した。Richardsonら[2]が発表した文献によると，3次元解析と同様の応力状態を再現するためには，2次元解析モデルに適用する荷重を補正する必要がある。また，2次元解析モデルを使用した場合，3次元解析モデルの結果と比較して，応力分布に最大20%の誤差が生じる。AdamsとGregory[3]などいくつかの研究では，3次元解析モデルも提案されている。

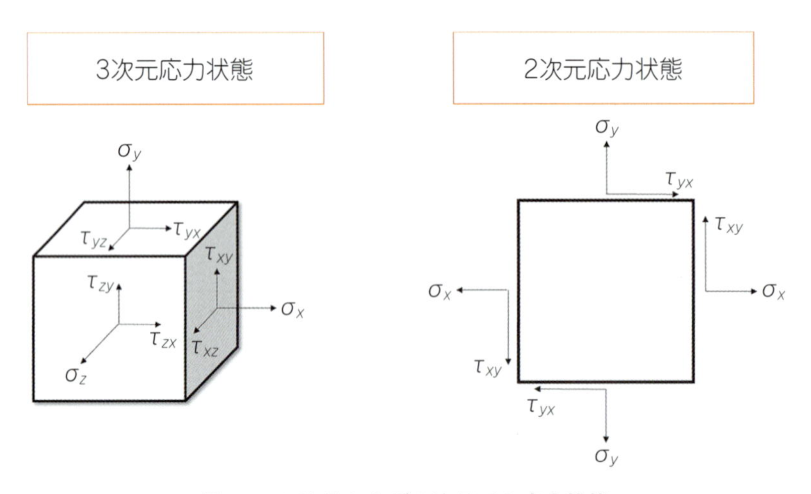

図6.1　2次元および3次元での応力状態

しかしながら，3次元解析では，FE解析に必要な要素数が多くなり，計算コストが大幅に増加することに留意する必要がある。この問題を解決するために，主要部分のみを細かいメッシュで解析するサブモデル化手法を用いてメインモデルを解析することも可能である。この手法では，境界点を囲む粗いメッシュで得られた結果を，細かいメッシュで構成された主要領域の境界条件とみなす。

6.2.2　平面応力と平面ひずみの比較

2次元FE解析では，平面応力または平面ひずみの仮定を考慮する必要がある。試験片のある寸法が他の寸法に比べて非常に小さい場合，平面応力が仮定される。例えば，厚さ方向の応力がゼロと仮定される板がこれに該当する。一方，ある方向の試験片の寸法が他の2つの直交する方向の寸法に比べて非常に大きい場合，平面ひずみが仮定される。この条件では，この方向に沿ったひずみはゼロとみなされる。接着接合部の解析的および数値的な2次元解析のほとんどは，接着層に関して平面ひずみを仮定している。しかしながら，WooleyとCarver[4)]やErdoganとRatwani[5)]などいくつかの研究では，平面応力の仮定を代わりに用いている。

平面応力および平面ひずみが応力分布に及ぼす影響については，Liら[6)]が検討している。彼らは，支配的な仮定が異なるにもかかわらず，どちらの平面条件も単純重ね合わせ継手（single lap joint：SLJ）の接着剤層に沿った応力分布がほぼ同じであることを発見した。しかしながら，これらの結果は，線形弾性解析が行われた場合にのみ正しい結果となる。塑性解析の場合に平面応力を仮定すると，塑性域の大きさが著しく影響を受ける。この条件では，一方向の応力がゼロとなるため，他の方向の塑性域が大きくなる。

6.2.3　接着接合部における応力の種類

接着接合部には，使用中にさまざまな種類の応力が発生し，接着剤層にまったく異なる影響を及ぼす。接着接合部を正しく設計するためには，これらの応力の種類とその違いを理解することが重要である。ここでは，主な応力の種類を簡単に紹介する。

• 引張応力

図6.2Aのように接着剤層にほぼ均一な応力が負荷されると，引張応力が発生する。この状態では，接着剤層に曲げモーメントは生じない。

• せん断応力

接着接合部に面内せん断荷重が加わると，接着剤層にせん断応力が発生する。このとき，理論的には接着接合部全体が均一に荷重を受けることになる。接合部は，使用時にせん断応力を主に受けるように設計すべきであることが広く知られている。しかしながら，実際には，形状や荷重の不均衡によって他の応力が発生するため，接着剤層に沿った純せん断応力状態を示す継手を設計することは容易ではない。図6.2Bに接着剤層にせん断応力が発生する接合部を示す。

• ピール応力

被着体が柔軟な場合，接着剤層にはピール（剥離）応力が発生する。ピール応力と引張応力はともに接着剤層に垂直応力を発生させるが，両者の主な違いは接着剤層に沿った応力分布の形に

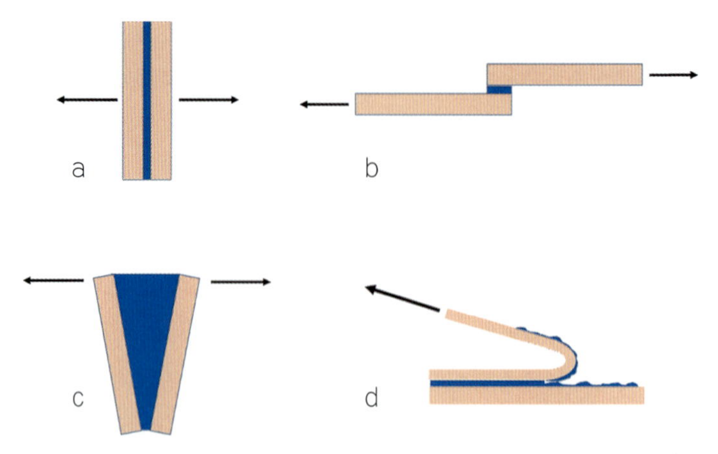

図 6.2　応力の種類：（A）引張（B）せん断（C）へき開（D）剥離

ある。ピール応力は接着剤層に沿って一様に分布しないのに対し，引張応力は図6.2A に示すように接着剤層に沿ってほぼ一様に分布する。図6.2D に示すように，ピール応力は接合部の端部に集中することが多い。この状態では，接合部端部の応力は，平均引張応力よりもはるかに高くなる。このため，接合部を設計する際には，接合部にピール応力が発生する設計は厳に慎むべきである。

• へき開

この種の応力は，曲げモーメントが加わることで生じ，通常，厚い被着体を持つ接合部で発生する。ピール応力と同じく，接着剤層に沿って不均一な応力分布となるため，接合部の端部に大きな応力集中が発生する。したがって，接合部はへき開を避けるように設計すべきである。

6.2.4　接合部に生じる応力の発生源

接着接合部では，機械的負荷だけでなく，周囲環境に起因した負荷も，接着剤層に生じる応力の重要な発生源となっている。ここでは，接着接合部に生じる応力の発生源について簡単に説明する。

6.2.4.1　機械的負荷

接着接合部に生じる応力の主な発生源は，接合部に作用する機械的負荷である。機械的負荷には，力やモーメントなどいくつかの異なる形態が存在する。実際の接合部には，多くの場合，これらの荷重が複合的に負荷され，複雑な応力状態となる。さらに，多くの接合部には動的な荷重が負荷される。このとき，負荷速度は接着剤層の応力状態に大きく影響を及ぼす重要なパラメータとなる。一定荷重が負荷される場合，接合部の挙動を再現するためには，準静的解析やクリープ解析が必要になる。一方で，時間に対して一定ではない負荷として，非常に短い時間だけ負荷される荷重（衝撃荷重）や疲労を引き起こす周期的な荷重などがある。衝撃荷重による応力分布を解析するためには，ひずみ速度の関数としての接着剤の特性を正確に把握する必要がある[7]。疲労荷重を受ける接着剤層の応力解析は，疲労荷重による接着剤特性の劣化速度を考慮する必要があるため，より複雑である[8-10]。

荷重条件にかかわらず，接着接合部の強度解析では，通常，せん断応力とピール応力が最も重要な応力成分として考慮される。理想的な設計では，接着剤層の内部応力は面内せん断応力によって支配されることが望まれる。しかしながら，実際には，負荷される荷重には偏りがあるため，ピール応力を生み出す曲げモーメントも考慮する必要がある。

一部の研究者は，さまざまな種類の応力と負荷条件を理解した上で，ピールおよびせん断負荷条件下での接着剤の機械的挙動を分析するために，接合部形状と負荷条件を指定したいくつかの試験を提案した。T ピール試験は，柔軟な被着体を接着した場合のピール強度を分析するための試験であり，汎用的な引張試験機で実施可能である。この試験は，異なる環境条件にさらされた接着接合部のピール強度を分析するために，産業界で広く使用されている。**図 6.3**A に代表的な T ピール試験片を示す。

TAST（thick adherent shear test）試験は，厚い基材を短い重ね合わせ長で接着した特殊な重ね合わせ継手を用いたせん断強度試験であり，接着剤のせん断特性を分析するために使用される。接着剤層の端部にピール応力が生じることを避けるため，厚い基板を用いることで，基材の

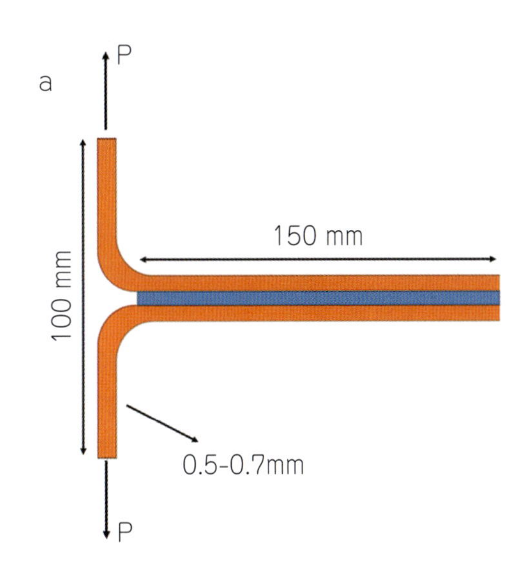

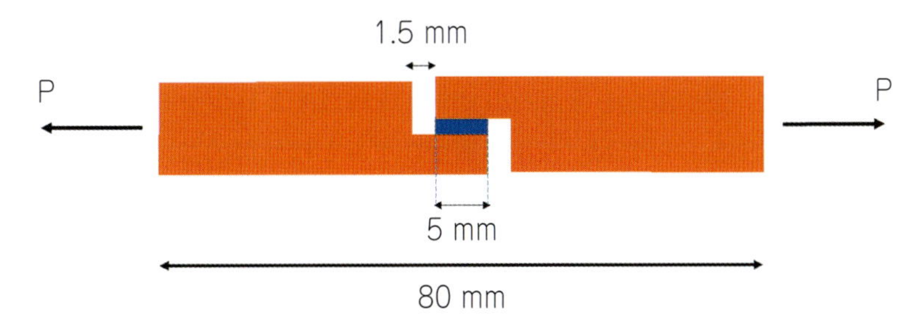

図 6.3　(A) T-peel および (B) TAST 試験片の形状および荷重負荷方向の概略図

剛性が接着剤の剛性よりもはるかに高くなるように設計されている。図6.3Bに，規格ISO 11003-2:1999に従ったTAST試験片の形状を示す。この試験における平均せん断応力は，荷重を接着面積で割ることで得られる。

6.2.4.2　熱応力

被着体と接着剤の熱膨張係数（coefficient of thermal expansion：CTEs）の差により，接着剤層に熱応力が発生する[11]。接着剤は通常，被着体よりも熱膨張係数が大きいため，高温になるとより大きく膨張する。一部の接着剤に採用されている加熱硬化またはポストキュア工程は，残留熱応力が接着剤層に生じる最大の要因であり，特に冷却過程において生じやすい[12]。熱応力は，金属や複合材料を接着するために硬い接着剤を使用する場合に，より大きくなる[13]。Kinlochら[14]が発表した結果によると，残留熱応力はポストキュア温度が高いほど大きくなる。また，いくつかの研究では，純モードI条件で試験された接合部のき裂進展に対する熱応力の影響が調査されている。熱応力の影響は，接着剤で異種材料を接合する場合に，より顕著である。Jumboら[15]は，硬化過程で生じる残留熱応力を調査し，同種および異種材料の接着接合部の性能を比較した。その結果，同種材料を接着した接合部では熱応力は無視できるほど小さいものの，異種材料を接着した接合部では接着剤層にかなりの熱応力が発生することがわかった。熱応力を低減するために，いくつかの異なる手順が提案されている。例えば，複合材料を被着体とした二重重ね合わせ継手（double lap joint：DLJ）における接着剤層のピール応力を低減するために，da SilvaとAdams[16]は，被着体にテーパーを付けたり，端部にフィレットを設けたりする手法を検討した。その結果，低温では内部テーパーとフィレットを組み合わせて使用することで，接合部の破損における熱応力の寄与を軽減できることが示された。数値解析により，熱応力が複合材界面のフィレット端で最大値に達することも発見した。

da SilvaとAdams[11]は，異種材料間の接着に2種類の異なる接着剤を用いる混合接着継手を導入し，ひずみゲージを用いることで無応力温度を決定した。また，実験結果に基づき，2つの異なる無応力温度（高温接着剤の硬化温度と低温接着剤のT_g）を求めた。そして，Hart-Smith, da SilvaとAdams[17]の混合接着継手のコンセプトに基づき，接着剤層に2つの接着剤を組み合わせる接着接合部を設計し，接着接合部の使用温度範囲を大幅に拡大することに成功した。

硬化温度だけでなく，使用環境の周期的な変動でも接着剤層に熱応力が発生し，接合部の機械的性能の低下を招くことがある。使用温度の周期的な変動は，接着剤層に著しい熱応力を生じさせることで，接合部の機械的応答を変化させる可能性がある。温度の周期的な変動は，最終的に接合部の破損につながることさえある[13]。使用温度の周期的な変動が接着接合部の熱応力へ及ぼす影響を研究している研究者もいる。Agarwalら[18]の結果によると，熱応力の変動による接合部の破損を避けるためには，使用温度を接着剤のガラス転移温度より少なくとも30℃低くする必要があるとされた。最近，Safaeiら[19]は，SLJの残留ひずみと残留静的強度に及ぼす温度サイクルの影響を分析した。この研究では，CFRP-Al接合部に異なる熱負荷サイクルが与えられた。また，接着剤層の厚さが残留熱ひずみの大きさに及ぼす影響も分析した。その結果，熱サイクルの回数を増やすことで残留熱ひずみが増加し，接合強度の大幅な低下につながることが示された。

6.2.4.3　膨張応力

接着剤が湿潤環境にさらされると，水は自由水と結合水として接着剤に吸収される。自由水は接着剤の体積を変化させないが，結合水は接着剤の膨張を引き起こす[20]。熱膨張と同様のプロセスで，接着剤は水を吸収すると膨張する傾向にある。しかしながら，熱膨張とは異なり，水の吸収に伴って生じる膨潤は一様には起きない。水の拡散は非常に遅い現象であり，多くの接合部では，使用期間中に接着剤層の中心部まで水が達することはなく，直接湿潤環境にさらされる接着剤層の端部ほど膨潤が大きくなる。このため，接合部にかかる膨潤応力の分布を正確に解析するためには，FE 解析が不可欠である。このような解析を行うためには，拡散係数を実験的に求める必要がある。接着剤の吸水による経年劣化の悪影響はあるものの，膨潤は接合部端部におけるピール応力の集中を減少させることにより，接合強度を向上させる。端部では，膨潤によって圧縮荷重（応力）が発生し，ピール応力が減少する。また，水分の拡散による接着剤の可塑化も重要かつよく知られた現象であり，応力集中部周辺のより均一な応力分布に寄与する。これらすべての現象を考慮すると，接着接合部の応力解析は非常に複雑な作業となる。

6.3　解析的手法

約80年前，数人の研究者が接着接合部の応力解析のための最初の解析的手法を提案した。初期の手法は，特定の継手形状についての微分方程式に基づくものであった。これらのモデルは１次元であり，応力は他のすべての次元に沿って一定であると仮定されていた。これらの解析モデルでは，単純化のために，材料は線形，変形は均一，被着体は剛体とするなどの仮定が用いられた。しかしながら，非線形性を導入し，接合部を２次元とした解析モデルが後に登場したことで，より複雑ではあるものの，より正確な解析ができるようになった。FEM のようなコンピュータを利用した数値計算の手法は，最終的に解析的手法の能力を上回ったが，解析的なアプローチは，主にその単純性から，接着された構造物の応力解析に未だに利用されている。また，これらの閉形式解法による汎用的な結果は，接着接合部の構造設計に利用され，大きな成功を収めている。この節では，一般的に使用されるいくつかの接着継手形状で利用可能な，単純および複雑な解析モデルについて解説する。いくつかの異なる継手形状を議論するが，重ね合わせ継手に重点を置いているのは，重ね合わせ継手が最も一般的な接着継手形状であり，より広範な研究の対象となっているためである。

6.3.1　重ね合わせ継手（単純重ね合わせ継手 SLJ および二重重ね合わせ継手 DLJ）

• 平均応力

接合部の応力解析で最も単純な解析手法は，負荷荷重を接着面積で割る平均応力モデルである。純粋な引張応力やせん断応力を受ける特定の接合部形状および接着剤の種類によっては，この手法で許容できる結果を得ることができる。しかしながら，ほとんどの継手形状において，平均応力は接合部の応力解析のための正確なモデルとはいえない。このモデルは，重ね合わせ継手の場合，接着剤が非常に柔軟で，被着体の剛性が接着剤の剛性よりもはるかに高い場合にのみ採

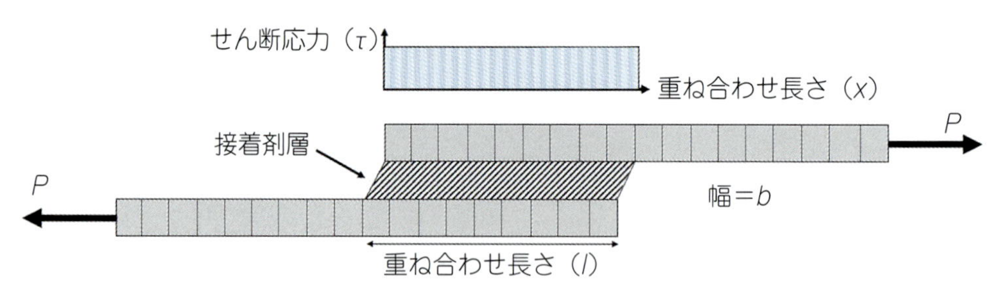

図 6.4　平均せん断応力法に基づく接着剤層の応力分布

用することができる。平均せん断応力を用いる場合，接着剤層が長さ方向に均一な応力分布を持つことが仮定される。この仮定を満たす場合にのみ，平均応力モデルはSLJとDLJに適用することができる。式(6.1)は，平均応力モデルにおけるSLJの応力の関係を示している。**図 6.4** にモデルの模式図を示す。

$$\tau = \frac{P}{bl} \tag{6.1}$$

• Volkersen[21]

重ね合わせ継手の応力解析のために開発された初期モデルの１つが，Volkersen[21] によって提案された。このモデルでは，簡略化のために被着体は引張方向にのみ変形し，接着剤はせん断方向にのみ変形すると仮定された。この仮定は，接着剤と被着体のせん断弾性率の有意な差に基づくもので，均質で剛性の高い金属材料を被着体とする接合部では極めて有効である。このモデルでは，接着剤と被着体の両方が純粋な線形弾性挙動を示す必要があり，接着剤層の平面ひずみ状態も仮定している。これらの仮定のもとで，一連の支配微分方程式を解くことで，接着剤層の長さ方向に分布するせん断応力 τ が，以下のように求まる。

$$\tau(x) = \frac{P\omega}{2\sinh(\omega l/2)}\cosh(\omega x) + \frac{P\omega}{2\cosh(\omega l/2)}\,\frac{E_2t_2 - E_1t_1}{E_1t_1 + E_2t_2}\sinh(\omega x) \tag{6.2}$$

ただし，

$$\omega = \sqrt{\frac{G}{h} \times \frac{E_2t_2 + E_1t_1}{E_1t_1E_2t_2}} \tag{6.3}$$

である。ここで，l は接着長さ，E は被着体のヤング率，G は接着剤のせん断弾性率である。また，t_1 と t_2 は上下の被着体の厚さ，h は接着剤層の厚さである。この式から，最大せん断応力は，被着体が最も柔軟になる接合部の端部に生じることがわかる。**図 6.5** に，Volkersen モデルを用いて得られたSLJの接着剤層の長さ方向に分布する典型的なせん断応力を示す。

• Goland と Reissner[22]

Goland と Reissner[22] は，Volkersen の手法を拡張し，SLJ の応力解析にモーメントの影響を考慮した。モーメントは，負荷される荷重の偏心によって発生する。この拡張により，接着剤層に生じるピール応力の分布を推定することが可能になった。継手は接着接合部と上部被着体の非接合部，および下部被着体の非接合部に３分割され，各部分のたわみが解析された。モーメント M は，式(6.5)に示す曲げモーメント係数 k で表される。負荷荷重（P）が大きくなるほど，荷重の

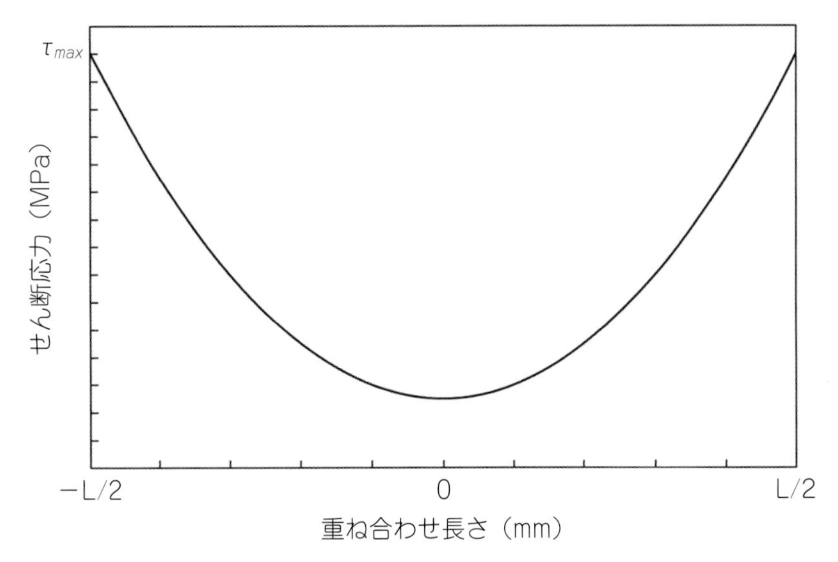

図 6.5　Volkersen モデルに基づく典型的なせん断応力分布

作用線が被着体の中間面に近づくので，モーメントアーム長が減少する。したがって，k は低荷重時の 1 という値から，荷重が大きくなるにつれて 0.26 へと減少する。

$$M = k\frac{Pt}{2} \tag{6.4}$$

$$k = \frac{cosh(u_2c)}{cosh(u_2c) + 2\sqrt{2}\,sinh(u_2c)} \tag{6.5}$$

$$u_2 = \sqrt{\frac{3(1-\vartheta^2)}{2t^2}}\sqrt{\frac{P}{tE}} \tag{6.6}$$

ここで，E，t，ν はそれぞれ被着体の弾性率，厚さ，およびポアソン比であり，c は接着長さの半分の値を表す。この解析では，接着剤がせん断力とピール力の両方を伝達することを許容している。被着体と接着剤それぞれの平衡と変形の関係を考慮することで，接着剤のピール応力とせん断応力の支配方程式が導ける。**図 6.6** にせん断応力とピール応力の典型的な分布を示すが，応力は両者とも接合部の端部で最大値に達する。この Goland-Reissner 法は，後に提案されたより詳細な解析モデルの基礎となるものである。

• Hart-Smith[23,24]

Hart-Smith[23,24] は，Goland と Reissner によって提案されたモーメント係数の表現を修正した。Hart-Smith[23,24] は，接着接合部を 2 つの別れた領域として解析することで，接着されていない被着体と接着接合部の間の接続荷重をより適切に表現できることを発見した。モーメント係数は，低荷重領域でほぼ一定であり，荷重が増加するにつれてゼロに近づく。したがって，より高い荷重では，Hart-Smith によって予測されるモーメントと接着応力は，Goland と Reissner によって予測されるものより低くなる。Hart-Smith モデルにおける，モーメント係数は以下のように定義される。

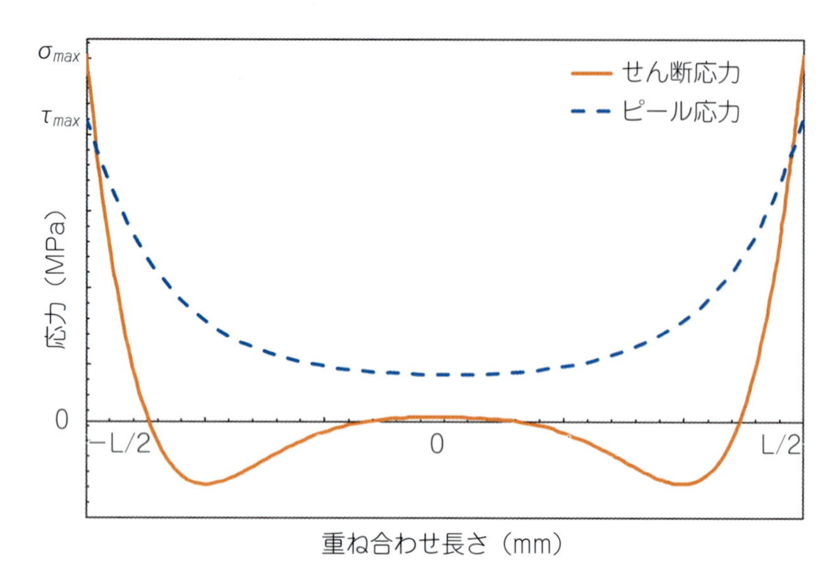

図 6.6　Goland と Reissner のモデルに基づく典型的なせん断応力・ピール応力分布

$$k=\frac{1}{1+\mu c+1/6(\mu c)^2} \tag{6.7}$$

ここで,

$$\mu=\sqrt{12(1-\vartheta^2)}\,\frac{\sqrt{P/E}}{t} \tag{6.8}$$

である。μc の値が小さい場合，Hart-Smith のモーメント係数は Goland と Reissner が提案したモーメント係数に類似している。

また，Hart-Smith は，接着剤の塑性変形の影響を考慮するために解析モデルを拡張した。この解析の結果，接着剤の応力-ひずみ曲線の実際の形は，その下の面積（散逸エネルギーに相当）より重要でないことが示されたことから，接着剤の弾性-完全塑性応答を仮定した。さらに，せん断応力とピール応力の関係性を取り払い，せん断応力の式にのみ弾塑性を含めることで，解析を簡略化した。この解法は，接合部端部で定義される境界条件に基づいており，内側と外側の領域の境界で連続性を仮定した。同じコンセプトは，後に DLJ の解析に拡張された。

• Renton と Vinson [25]

Renton と Vinson [25] は，複合材料を被着体とした SLJ の２次元解析のための解法を開発した。このモデルは，被着体の線形弾性応答に基づいている。この解法では，被着体の異方性，接着剤厚さ，および接着長さの影響を考慮した。また，このモデルは，横方向のせん断変形と法線方向の変形を考慮しており，バランスト積層を被着体とする場合の Goland と Reissner の手法に基づいている。熱ひずみもモデルの関係式に含まれている。接着剤層を別のブロックとみなすことで，接合部端部でせん断応力がゼロに低下することをモデル化することに成功した。Goland と Reissner の解と比較すると，SLJ のピール応力とせん断応力の最大値は，それぞれ約 20% と 40% 減少している。なお，このモデルは，平面ひずみ状態，それぞれの複合材料の各プライの直交異方性特性，中間面に対して対称な特性を持つ積層基板，被着体厚さに比べて非常に薄い接着剤厚さなどの仮定に基づいている。

• Allman[26]

Allman[26]は，弾性理論を利用して，接着接合部の応力解析モデルを提案した。このモデルは，接着剤と被着体の線形挙動を仮定した。また，このモデルは，接着剤層に沿ったピール応力とせん断応力の分布を推定することができる。しかしながら，接着剤のせん断応力が厚さ方向に一定と仮定したため，長手方向の接着応力はゼロとなる。せん断応力は接着剤の厚さ方向に一定としたが，ピール応力はこの方向で変化すると仮定した。Allman モデル[26]は，エッジ効果も考慮することができる。すなわち，最大せん断応力が接合部の最端部にはないことを意味する。この結果は，より複雑な有限要素モデルによる結果と一致する。

• Ojalvo と Eidinoff[27]

Allman[26]の後，Ojalvo と Eidinoff[27]は，Goland–Reissner モデルに基づくアプローチを導入し，接着剤層に関するより完全なせん断ひずみ関係を表現しようとした。せん断応力係数を修正し，接着剤層内部のピール応力解析のための新しい関係を提案することで，接着剤の厚さ方向のせん断応力の変化を考慮することが可能になった。このモデルは，接着剤層の長さ方向の応力の影響や接着剤の厚み方向に対する縦および横方向の直線的なたわみを無視するなど，いくつかの重要な単純化に基づいている。

• Delale ら[28]

Delale ら[28]は，直交異方性の被着体を考慮し，平面ひずみ状態での接着接合部に沿った応力分布を推定した。せん断応力とピール応力に加え，接着剤の長さ方向の応力を考慮した。しかしながら，接着剤層内部の応力は接着剤の厚さ方向に対して一定であると仮定したため，接着接合部の端部でせん断応力がゼロになることはない。この解法では，一般的な SLJ だけでなくさまざまな負荷条件や被着体の組み合わせにおける導出の例が示されている。このモデルで使用されている境界条件は，曲げモーメント係数を組み込んでいないため，このモデルと他の解法と比較することはできない。被着体の厚さが接着長さより十分に小さく，接着剤の厚さが被着体の厚さに比べて小さいと仮定している。このモデルは，被着体の横方向のせん断効果を考慮することができ，接着剤の法線方向のひずみも考慮している。

• Chen と Cheng[29]

Chen と Cheng[29]は，弾性論とエネルギー原理に基づく統一的な方法を提案した。エネルギー関数を最小化することで，一連の微分方程式が得られ，接着剤層内部の応力分布を計算することができる。このモデルは，柔軟な接着剤を使用した接合の解析に適しており，接合部のすべての境界応力条件を満たすことができると考えられている。

接着剤層が比較的柔軟な場合について，Goland と Reissner の結果と比較することで，２つの解析モデルの間に良好な相関関係があることを明らかにした。

• Bigwood と Crocombe[30]

Bigwood と Crocombe[31–33]のモデルも Goland–Reissner モデルの概念に基づいている。このモデルは，任意の荷重が負荷された接着接合部に適用でき，さらに接着剤層の完全な非線形表現を取り入れたものである。このモデルでは，ピール応力とせん断応力の両方が接着剤の応力状態に寄与している。応力-ひずみ曲線を表現するために双曲線正接モデルが使用されている。接着剤層に沿った接着剤のせん断応力と引張応力を得るための完全弾性解析が提案された。接着接合部端部の縦および横方向のせん断応力のピークを正確に示すために，簡略化した２パラメータ式を提案した。また，支配方程式を増分法に基づく数値計算で解いた。Bigwood-Crocombe モデルは，その後，被着体と接着剤の塑性変形を含むように拡張された[34]。その結果，被着体と接着剤の両方に塑性変形を考慮した場合に，FE 解析の結果と良い一致を示した。

• Cheng ら[35]

Cheng ら[35] は，アンバランスな継手のための新しい曲げモーメント係数を導入し，異なる厚さ，長さ，さらには異なる材質の被着体を許容するモデルを提案した。また，このモデルでは，接着剤の長さ方向の応力が考慮され，すべての応力が接着剤の厚み方向に対して変化する。この結果，応力場全体が，他の解法のように２つではなく，４つの独立した関数で表現されることになる。柔軟な接着剤，非柔軟な接着剤，さらに中程度に柔軟な接着剤など，幅広い接着剤に適した閉形式の解法が提案された。

• Adams と Mallick[36]

Adams と Mallick[36] の研究も，Chen と Cheng の手法を拡張したもので，異なる被着体の接合部を考慮している。提案された解法は，熱応力を加味しており，SLJ と DLJ の両方に適している。曲げ荷重，せん断変形，引張変形の影響に加え，被着体と接着剤の両方における湿熱効果も考慮している。このモデルは，接合部に作用する多様な荷重を考慮することができるため，さまざまな材料や接合部構成に適用できる汎用的なモデルであるとされる。

• Oplinger[37]

Oplinger[37] によって，Goland と Reissner の研究をベースに，はり理論の概念をさらに探求して作られた新しい解法が提案された。このモデルは，被着体のたわみを考慮することで，接着剤層内部のピール応力の分布を推定することができる。Oplinger モデルで得られた結果は，Goland-Reissner モデルの結果と類似しており，特に被着体の厚さが接着剤の厚さよりはるかに大きい場合，その傾向が高くなる。

• Yang と Pang[38]

Yang と Pang の解法[38] は，異方性積層板の一次プレート理論に基づいている。非対称積層板を考慮しており，バランスト積層およびアンバランスト積層の両方を許容している。また，このモデルでは，フーリエ級数法を用いて導出された３つの接着応力成分をすべて考慮している。接着接合部は，上部被着体の非接合部，下部被着体の非接合部，および接合部に３分割される。Yang と Pang[38] は，接着剤の厚さ方向にピール応力とせん断応力が変化しないと仮定した。また，接着剤層の長さ方向の応力の影響も無視した。提案された解法は，有限要素法の結果とよく一致することが示された。

• Sawa ら[39]

Sawa ら[39] は，２枚の被着体と接着剤層を３枚の別々の帯とみなし，２次元弾性理論の概念を用いて，SLJ の応力解析モデルを開発し，接着剤と被着体の界面における応力を解析した。この解析では，被着体の剛性，接着剤の厚さ，重ね合わせ長さの影響がすべて考慮された。その結果，被着体の剛性を上げると，接合部の端部付近で界面の応力が低下することがわかった。

• Adams ら[40]

Adams ら[40]は，SLJ の簡略化された破断荷重推定法を提案した。これは，接着剤が全体的に降伏するときに破断するというコンセプトに基づいている。ここでは，２つの異なる構成が考慮された。高強度で弾性のある接着剤を使用した SLJ と，被着体が降伏する SLJ である。前者の構成では，延性接着剤を使用した場合，破壊荷重は接着長さと線形関係にある。しかしながら，被着体の剛性が十分でない場合，接着剤層が破断する前に被着体が降伏する。この場合，接合部の耐荷重は被着体の降伏点によって支配される。Adams らのモデルは，破断時の接着剤の伸びが 10％を超えるような延性接着剤を使用した場合に特に適している。

• Tsai ら[41]

Tsai ら[41]は，被着体のせん断変形を考慮することで，接着剤層の応力解析に関する新たなモデルを提案した。せん断応力が被着体の厚さ方向に直線的に変化すると仮定し，接着剤層に沿ったせん断応力分布を解析した。被着体のせん断変形を考慮すると，接着剤のせん断応力が減少することが分かった。また，このモデルは，複合材料を被着体とした場合により良い結果をもたらすことがわかった。

• Frostig[42]

Frostig[42]は，高次理論を用い，フィレットがある場合とない場合どちらの条件でも適用できる SLJ の応力解析のための解法を提案した。このモデルでは，金属材料と複合材料の両方が被着体として考慮されている。高次理論に基づき，接着剤の厚み方向の変形に対して非線形分布が考慮されている。Frostig モデルを用いることで，接合部端部にはみ出したフィレットの大きさが接着剤層に沿った応力分布に及ぼす影響を解析することが可能である。

• Mortensen と Thomsen[43]

Mortensen と Thomsen[43]は，被着体を円筒状に曲げられた幅広の板と仮定することで，被着体が複合積層板の場合の接着接合部の応力分布をバランスト積層とアンバランスト積層の両方について解析した。解析では，被着体の非対称性によって引き起こされるモーメントの影響が考慮されている。接着剤の線形および非線形挙動の両方が考慮された。しかしながら，応力成分は接着剤の厚み方向に一定であると仮定されている。

6.3.2　その他の接合部構成

重ね合わせ継手以外の構成を持つ接着接合部の閉形式および大域的な解析についても，膨大な量の文献が発表されている。ここでは，この分野の主要な著作のいくつかを解説する。

6.3.2.1　ピール継手

図 6.2D にピール試験を模式的に示す。ピール試験において，接着層が剥離する間，被着体が弾性変形すると仮定した場合，接着剤の破壊エネルギーを求めることができる。しかしながら，非弾性変形する場合，接着剤層の応力解析は難しくなる。ピール継手の接着剤層に沿った応力分布は，さまざまな観点から研究されている。まず，接着剤をせん断ばねと引張ばねの組み合わせとして考えることで，Kaelble[44]は，接着接合部の応力状態を解析した。この解析では，被着体は弾

性と仮定された。また，接着接合部の変位は十分に小さいものとされた。接着接合部における小さな要素ごとの平衡を考慮することで，ピール応力とせん断応力の式が導かれた。被着体の接合されていない部分については，大たわみ理論を適用した。しかしながら，被着体の変形は線形弾性挙動に限定されており，被着体が散逸するエネルギーの影響を考慮していない。このアプローチを拡張し，被着体の塑性変形を考慮することでこの問題を解決したのが，Kim と Aravas[45] と Kinloch ら[46] である。Kim と Aravas[45] は，接着層を平面ひずみ状態と仮定し，剥離先端部における被着体の回転の関数として散逸エネルギーの式を導出したが，回転量は決定されなかった。Kinloch ら[46] は，弾性基礎上の梁を用いたアプローチで，き裂先端部の回転を組み込んでいる。

6.3.2.2　スカーフジョイントとステップジョイント

スカーフジョイントやステップジョイントは，接合面積を増やすために用いられ，特に厚い被着体に適している。ステップジョイントのステップ数を増やすことで，徐々にスカーフ形状に近づく。また，段差の長さを長くすると，段差の長さが接着応力に及ぼす影響は小さくなる。ステップジョイントの接着剤層に作用する応力を解析するためには，接着接合部の両端における一般境界条件と，各ステップでの境界条件を考慮する必要がある。このため，方程式の数が多くなり，数値計算手法を用いて解く必要がある。

スカーフジョイントやステップジョイントの応力解析は複雑であるにもかかわらず，これらの接合部の解析的手法の開発に成功している。Hart-Smith[23,24] は，せん断遅れ解析に基づき，テーパー付き被着体の影響を考慮した手法を提案した。この解析では，接着剤層のせん断応力は非線形とされた。接着接合部が長いほど被着体の柔軟性が高くなるため，端部でのせん断応力が増加することが分かった。

Grant[47] は，Goland と Reissner の解法[22] の概念を用いて，不均衡な被着体の影響を考慮したステップジョイントの応力解析法を開発した。また，Hart-Smith[23,24] は，曲げの理論を用いて，継手全体の変形を解析し，接着接合部両端における境界条件を求めた。接着接合部両端で得られた結果を用いて，ステップジョイントの各ステップにおける応力状態を解析した。段差部分の方程式は，隣接する段差の境界における変位の連続性に基づく３つの境界条件を用いて解かれた。Mortensen と Thomsen[48] は，古典的な積層材の理論に基づき，アンバランスト積層材を含む直交複合材料を用いたスカーフ継手における応力を解析した。このモデルは，接着剤層の線形および非線形挙動の両方を考慮することができる。得られた微分方程式を数値解析的に解き，ステップジョイントとスカーフジョイントの両方の継手について解析をした。スカーフジョイントの応力解析は，Helms ら[49] によって複合材料を考慮するモデルに拡張された。このモデルでは，被着体内部のせん断応力も解析されている。得られた方程式が複雑であるため，数値解析により応力値が決定されている。Gleich ら[50] は，対称的な継手形状に限定したモデルを用いて，スカーフジョイントの応力を解析した。微分方程式を数値解析により解くことで，接着剤層に沿ったせん断応力とピール応力の両方が求まった。

6.3.2.3　突合せ継手

Sawa ら[51] は，被着体と接着剤を有限の帯とみなすことにより，引張荷重を受ける異種突合せ継手の応力分布を解析した。提案されたモデルは，２次元の弾性理論の概念を採用し，接合部を

3 体接触問題として表現したものである。ヤング率，ポアソン比，および接着剤厚さが界面の応力分布に及ぼす影響を検討した。さらに，接着剤層内部の応力状態に対する荷重分布の影響についても検討した。

6.3.3 ソフトウェアパッケージ

前節までに述べたように，多くの異なるタイプの継手形状が実際のアプリケーションでは使用されており，これらの継手形状のいくつかについては，解析モデルが利用可能である。提案されているモデルの中には，簡単に使用できるものもあるが，多くのモデルは非常に複雑で，連立方程式を解くためにコンピュータを使用する必要がある。一部の研究者は，既出のモデルのいくつかについて接着接合部の応力分布を自動的に計算することができるソフトウェアパッケージを開発することで，この問題に対処している。例えば，JointDesigner（http://jointdesigner.com）は，ウェブベースの接合部解析プログラムである。JointDesigner は，最も一般的な解析手法のいくつかを用いて，さまざまなタイプの接合部の応力分布を計算する。ユーザーフレンドリーなインターフェースを採用することで，JointDesigner は設計プロセスを自動化・簡略化した。そのため，エンジニアはすべての解法の方程式を実装したり，必要な図表や値を取得したりするために時間をかける必要がない。JointDesigner に実装されているモデルのほとんどは，単純重ね合わせ継手と二重重ね合わせ継手のためのものである。このソフトウェアは，弾性解析と弾塑性解析の両方を実行することができる。Bigwood と Crocombe の解法を用いて，サンドイッチ構造の応力解析をすることも可能である。ユーザーが選択した形状に基づき，希望する材料挙動（弾性または弾塑性）に応じて，ソフトウェアが適切かつ利用可能な解析方法を提案する。本稿執筆時点では，Volkersen モデル，Goland-Reissner モデル，Hart-Smith モデル，Bigwood-Crocombe モデル，Frostig モデルなどが実装されている。

6.4 数値解析的手法

実際のアプリケーションでは，接着接合部は，複雑かつ標準化されていない形状で設計され，複合的な負荷が加えられ，非線形挙動を示す材料が使用されることが多い。前述の解析手法は，特定の形状に限定され，多くの簡略化に依存しているため，実際の接着接合部にそのまま適用することはできない。この問題を解決するために，接着接合部の設計に FEM を使用することが大幅に増加し，現在では産業界と学術研究界の両方で広く普及している。FEM は，異なるレベルの複雑さを持つすべての接着接合部形状に適用することができる。関心領域は，要素と呼ばれる小さな部分部分に分割される。モデルをこの小さな要素（有限要素）に分割することで，複雑な形状を正確に解析することができる。各要素内には，積分が数値的に評価されるいくつかの積分点が存在する。これらの点は，各要素内の応力成分の値を制御する。また，定義された積分手法に基づき，異なる位置を持つことができる。この手法を用いれば，特性の異なるさまざまな種類の材料を簡単に定義することもできる。FE 解析を使用すると，解析的手法では不可能な応力集中や応力特異点の影響をある程度正確に近似することができる。さらに，この手法では，例えば熱応力と機械応力の両方が同時に接合部に加わるような複雑な連成問題を解くことも可能である。

さらに，接着剤の損傷に基づく解析は，集中的に研究されており，近年，産業界で広く受け入れられつつある。この方法では，接着剤の破壊エネルギーに基づく損傷基準を定義し，適切な結合力−相対変位関係に基づいて接着剤層内部の応力分布と損傷状態を定義する。結合力モデル（cohesive zone model：CZM）と拡張有限要素法（extended finite element method：XFEM）は，接着接合部の応力・破壊解析に使用される2つの最も一般的な損傷モデルを用いた解法である。

解析的手法に対するFEMの主な利点は，材料応答，荷重条件，および形状が複雑な問題を解くことができることである。本節では，複雑な形状構成や接着剤および被着体材料の非線形応答を考慮した接着接合部の応力解析におけるFEMの役割について考察する。また，本節の最後では，CZMやXFEMといった最新の損傷解析手法についても解説する。

6.4.1　複雑な構成

実際のアプリケーションで見られる接着接合は，通常，複雑な構成を有しているが，この複雑さは，被着体の形状，異種材料の接合，き裂やボイドなどの欠陥や特異点の存在などの要因に起因している。このような条件の下では，適切な解析的手法が利用できない，または利用できても正確に接着剤層の応力状態を計算できない場合がほとんどである。一方で，FEMはシステムを支配する微分方程式を数値的に解くことで，接着剤層内部の応力分布を正確に推定することができる。構造の複雑さを把握できるだけでなく，接着剤の厚さが接合強度に与える影響も効果的に調べることができる。これは，どの解析的手法でも正しく表現できていない重要な設計パラメータである。FEMにしかできないもう1つの重要な事例は，接着接合部におけるフィレットの効果である。解析モデルを用いたフィレットに関する研究はまれで，限られた結果しか得られていないが，FEMを使用することで，このテーマに関する多くの詳細な研究が行われるようになった。

• フィレット

接着接合部の製造工程では，通常，接着接合部の端部に接着剤のフィレット（余分なはみだし部分）が形成される。このフィレットは，接着面全体に十分な接着剤が濡れていることを示すため，製造時にフィレットができるほうが望ましい。一方で，フィレットは幾何学的なパラメータとして制御できないため，研究目的の実験においては，ほとんどの場合，試験前にフィレットを除去する。CrocombeとAdams[52]は，接着接合部の端部にフィレットがあると，接着剤層の最大応力が減少することを示した。最大応力が，小さなフィレットでは15%，フィレットが端部全体を覆っている場合は50%以上減少することがわかった。Doruら[53]は，FE解析を用いて，引張荷重を受けるSLJに対するフィレットの影響を調査した。フィレットのある接着接合部の応力分布を求めるために，3次元FEMが使用された。接着剤と被着体の両方が非線形として扱われ，幾何学的応答の非線形性も考慮した。幅の異なるSLJにフィレットが存在すると，接着接合部の端部の応力が低下し，接合強度が向上することが示された。ApalakとDavies[54]は，FEMを用いて，角継手におけるフィレットの効果を分析した。その結果，接着剤によるフィレットは，考慮した接合部形状では剛性を高めることが示された。接着接合部端部の角には特異点が存在するため，この領域ではより細かいメッシュサイズを使用する必要があることが指摘された。

• 接着厚さ

接着厚さを議論可能な解析モデルに基づくと，SLJ の接着厚さが増すほど，応力分布がより均一になり，その結果，接合強度が向上する。しかしながら，実験結果は異なる結果を示しており，接着厚さが増すと，通常 SLJ の静的強度は低下する。da Silva ら[55]は，SLJ の静的強度に対する接着厚さの影響を実験的および数値的に解析した。異なる延性特性を持つ3種類の接着剤について議論し，接着厚さが増すほど接合強度が低下することを示した。この結果によると，接着厚さが接合強度に及ぼす影響は，接着剤と被着体の界面応力によって説明できる。CZM を用いることで，異なる接着厚さの接合部の静的強度を推定することに成功した。最近，接着厚さの異なる SLJ の強度予測をする手法も提案されている[56,57]。この手法では，接着剤層の中間面に沿った長さ方向のひずみが考慮されている。FEM に基づくモデルで得られた結果は，Goland と Reissner，Volkersen，Bigwood と Crocombe のモデルなどの解析モデルの予測値と比較された。その結果，解析モデルとは対照的に，提案された FEM に基づくモデルは，SLJ の静的強度に対する接着厚さの影響を考慮することができることが判明した。

• クラックの有無

文献に登場する解析的・数値的研究の多くでは，接着接合部は欠陥がないものとされているが，この仮定は実際に起こる現象と一致しないことがよくある。欠陥が接合性能に及ぼす真の影響を理解するためには，モデルに不完全性を含めることが必要である。欠陥は，製造上の問題，接合部の不適切な取り扱い，または使用中の損傷によって生じることがある。接着層や界面にクラックが存在すると，その先端が他の箇所よりも応力がはるかに高くなる特異点として機能するため，接着剤層に沿った応力分布が変化する。このような場合，FE 解析は，設計者が接着剤層に沿った正確な応力解析を行うのに役立つため，クラックが接着接合部の応力状態や強度に及ぼす影響が検討されている。Akhavan-Safar ら[58]は，界面に予き裂がある SLJ を解析し，接合部の残留静的強度を求めるとともに，き裂伝播経路を推定した。異なる破壊力学に基づく方法を検討し，せん断応力が支配的な場合には，最大接線応力（maximum tangential stress：MTS）モデルによってき裂伝播経路を推定することができることを明らかにした。一方で，引張応力が支配的な場合には，ひずみエネルギー密度法を用いることで，良好な結果を得ることができる。

• 界面での特異性

異材界面の応力評価では，一般化応力拡大係数（generalised stress intensity factor：GSIF）が応力解析手法として用いられている。GSIF は，SLJ の特異点周辺の接着応力場解析への応用も検討された[56,57]。Klusak ら[59]は，GSIF を推定するために，応力の大きさとひずみエネルギー密度係数を考慮した。Dundurs[60]は，弾性ミスマッチという新しいパラメータを定義した。このパラメータは，特異点周辺の応力状態を検討するために導入され，特異点周辺の応力分布は，定義したパラメータの関数となることが分かった。Ayatollahi ら[61]は，異材界面のノッチ角度が GSIF に及ぼす影響を研究した。Groth[62]などの研究では，GSIF は材料定数とみなされている。

GSIF の概念に基づくと，特異点（**図 6.7**）周辺の応力は，特異性指数，距離，および無次元関数によって，式(6.9)に示されるように表現できる。特異性指数と応力成分は距離（r）と角度

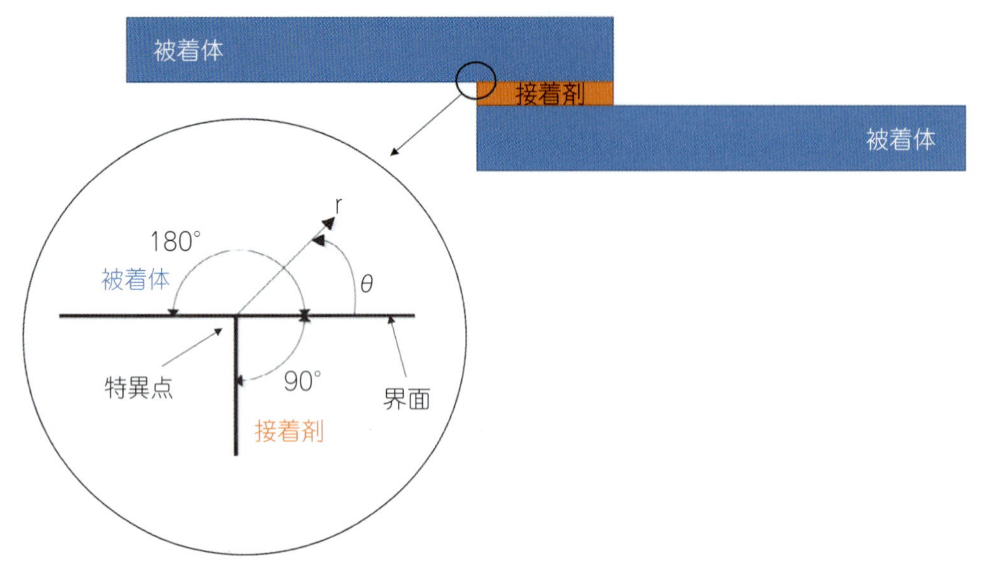

図 6.7　SLJ 接着層端部の特異点付近の幾何学的構成

（θ）の関数として定義される。

$$\sigma_{ij}=\sum_{n=1}^{N}H_n r^{-\gamma_n}f_{ij} \tag{6.9}$$

ここで，$-\gamma_n$ は Bogy 行列式[63] の根，i と j はそれぞれ r と θ はであり，図 6.7 に示す特異点を中心とした極座標である。H_n は数値解法から求めた n 番目の根に対応する GSIF の値，f_{ij} は無次元関数である。f_{ij} は，接着剤と被着体の弾性特性，特異点の次数，および角周辺の局所的な端部形状（角度 θ）の関数であり，閉形式が文献 64）に掲載されている。

Akhavan-Safar ら[56,57] は，異なる幾何学的特徴が単純重ね合わせ継手の臨界 GSIF（H_c）に及ぼす影響を調査した。接着厚さ，被着体の厚さ，接着長さ，および被着体の非接合部長さ（自由長）をそれぞれ 5 段階に分けて，GSIF に及ぼす影響を研究した。また，H_c に対する幾何学的パラメーターの相互作用効果についても検討した。その結果，接着長さが H_c に大きな影響を与えることが示された。また，接着剤層が薄い接合部では，H_c に対する被着体厚さの影響がより顕著になることがわかった。

最近，Rastegar ら[65] は，SLJ の H_c を推定するために，解析的手法と GSIF を組み合わせることを提案した。特異点における GSIF と非特異点における GSIF の比である「GSIF 比」という新しいパラメータを定義した。その結果，FEM により求まる GSIF 比は，Volkersen 法による GSIF 比とほぼ同じであることがわかった。これは，簡単な解析的手法で，接着接合部の臨界 GSIF を推定できることを意味する。

• ハイブリッドジョイント

航空機の機体など高度な構造物では，ハイブリッドジョイントの使用が一般的である。接着剤，リベット，ファスナーの組み合わせが，接着構造物の機械的性能を保証するために使用され，接着剤層やリベットに故障があっても信頼性が確保されるようになっている。幅広い種類のハイブリッドジョイントが検討されている。接着接合と溶接[66]，ボルトと接着接合[67]，クリンチ（かしめ）と接着接合，リベットと接着接合[68]はすべて異なるタイプのハイブリッドジョイントである。ハイブリッドジョイントは複雑な構造であり，一般に解析的な方法での研究には適さないが，ハイブリッド技術を使用して接合された構造物の応力を求めたり，機械的性能を分析するための手法が提案されている。Liu と Sawa[69]は，リベットと接着接合のハイブリッド SLJ を解析し，接着接合とハイブリッドジョイントの強度は同程度であることを明らかにした。Yin ら[70]は，溶接と接着接合の組み合わせを検討し，スポット溶接や接着接合単体でなくハイブリッド接合にすることで，応力集中が著しく減少することを明らかにした。ボルト・ナットと接着接合の組み合わせも SLJ の構成で広く研究されている[71]。ハイブリッド継手の疲労特性は，接着接合やボルト・ナットによる接合における疲労特性よりも良いことが明らかにされた。Kelly[72]は，3 次元 FE 解析を用いて，ボルトと接着接合のハイブリッドジョイントにおける接着剤層内部の応力状態を調査した。接着剤に非線形挙動を仮定し，ボルトと穴の接触を解析した。被着体および接着剤の厚さが増すほど，ボルトを通して伝達される荷重が増加し，接着長さを増すとボルトにかかる荷重が減少することがわかった。

クリンチ（かしめ）と接着接合のハイブリッドジョイントに関する数少ない研究の 1 つが Grant らによって発表され[73]，ハイブリッドジョイントの強度を接着接合や溶接のみを使用した場合と比較した。

6.4.2　複雑な材料応答

解析モデルの多くは，接着剤と被着体に対して単純な線形弾性挙動を仮定しているが，FE 解析を用いれば，より詳細で複雑な材料応答を解析可能である。

実際に，接着剤は比較的延性のある高分子材料であり，通常，非線形挙動を示す。また，負荷を受ける接着接合部の被着体も同様に非線形性を示す可能性がある。さらに，接着剤は使用期間中にさまざまな環境条件に暴露されるため，接着剤の機械的応答が徐々に変化することが知られている。そのため，接着構造の応答を正確に予測したい場合，接着剤と被着体の材料挙動を正確に定義する必要がある。数値解析では，弾塑性，超弾性，粘弾性，粘塑性，時間依存性挙動など，さまざまなタイプの材料挙動を考慮することができ，これらの挙動に基づくさまざまな解析モデルが，有限要素プログラムに実装されている。

6.4.2.1　弾塑性

延性接着剤を使用すると，接着剤層に沿ったより均一な応力分布を得ることができる。また，減衰特性を向上することで，延性接着剤は動的負荷条件下での継手の特性を向上させる。de Castro と Keller[74]は，延性接着剤を使用することで，接合構造の延性が向上し，被着体の延性不足を補うことができることを明らかにした。これは，特に複合材料を被着体として使用する場合に顕著である。ただし，延性接着剤を用いた接合部の解析は，脆性接着剤を用いた接合部の解析よりも複雑であることに留意する必要がある。

接着剤の塑性変形は，Adams ら[75]によって初めて検討された。その後，この挙動は Crocombe と Adams[52]，さらに Harris と Adams[76]によって研究された。これらの結果は，接着剤の降伏面が静水圧応力に依存することを示した。von Mises 応力を修正することで，延性接着剤で接着されたSLJ の静的強度を予測することができた。Duncan と Dean[77] は，Drucker–Prager 塑性モデルを拡張し，静水圧応力の影響が応力状態によって異なることを明らかにした。また，Harris と Adams[76] は，特性の異なるアルミニウム合金を用いて，被着体の塑性変形について検討した。Crocombe[30] は，非線形解析を用いることで，なぜ接着剤層が薄くなると塑性変形が遅くなるのかを説明した。

き裂のある界面を持つ接合部における接着剤の弾塑性解析は，Chiang と Herzl[78] によって検討された。延性接着剤で接着された End Notched Flexure（ENF）試験片のき裂界面周辺の応力場が議論された。接着厚さが異なる接合部について，平面ひずみ状態を仮定した。接着剤の応答を解析するために，Drucker–Prager 関係の概念が用いられた。その結果，解析した条件では，き裂先端の応力は3軸であるが，せん断が支配的であることが判明した。また，FEM は，延性接着剤を用いた接合部のボイド成長および界面破壊の解析にも利用されている[79]。接着剤を延性材料とみなし，有限変形 Gurson–Tvergaard–Needleman（GTN）モデルを用いることで，接着剤層におけるボイド成長を予測した。解析に用いた多孔質延性接着剤の破壊挙動は，ボイドの核生成，成長，合体の過程に大きく影響されることが判明した。Witek[80] は，接着接合された SLJ の応力分布に及ぼす被着体の塑性変形の影響を研究した。その結果，降伏強度の低い被着体では，被着体の塑性変形により，負荷の最終段階で接着応力が急激に増加し，最終的に接合強度の低下につながることが示唆された。

6.4.2.2　超弾性体

アクリルやポリウレタンをベースにした接着剤の中には，線形的な挙動を示しつつ非常に大きな破断ひずみを示すものがある。このような挙動は，超弾性モデルを用いて解析する必要がある。Mooney–Rivlin と Ogden の超弾性モデルは，接着接合部の応力分布を解析するために用いられることがあり，市販の有限要素パッケージの一部で利用できる。これらのモデルでは，材料の挙動は弾性，等方性，非圧縮性と仮定されており，非線形幾何現象が考慮されている。Pascal ら[81] と Pearson と Pickering[82] は，Mooney–Rivlin パラメータを得るための方法論をいくつか提案した。これらのパラメータを用いることで，FEM を用いた接着剤の超弾性挙動の解析が可能になった。Duncan と Dean[77] が発表した結果では，1次超弾性モデルがより正確な結果を示すことが明らかにされた。最近，Van Lancker ら[83] は，異なる超弾性モデルを分析し，検討したすべての接着剤について，多項式ベースの超弾性モデルが実験結果に最もよく適合することを発見した。

6.4.2.3　時間およびひずみ速度に依存する挙動

ほとんどの接着剤の機械的応答は時間依存であることが知られており，この現象は接着剤の使用温度がその T_g に近い場合に，より重要になる。したがって，条件によっては，接着剤層の応力状態を正確に決定するために，材料モデルに時間依存（粘性）挙動を考慮することが重要となる場合がある。

接着剤層に沿った応力分布を推定するために，Schapery[85] の結果に基づいて Reddy と Roy[84] が粘弾性モデルを提案した。このモデルは実験データと良い一致を示したが，実装は複雑であることが判明した。粘弾性モデルは，TAST 試験片のクリープを分析した Su と Mackie[86] によって，さらに開発された。FE 解析を用いて，接着剤層の最大応力レベルが時間とともに減少することが明らかにされた。Crocombe[87] は，単純重ね合わせ継手の機械的応答を解析するために，時間依存現象としてのクリープを検討し，SLJ の時間依存応答を推定するためにクリープコンプライアンスが使用できることを明らかにした。また，Crocombe と Wang[88] は，引張クリープ試験から得られた材料特性を用いて，クリープき裂の成長を予測することに成功した。

衝撃の動的解析における支配方程式は，以下の関係に基づいている。

$$[M][A]+[K][U]=[F] \tag{6.10}$$

ここで，$[F]$は外部荷重，$[M]$は質量行列，$[A]$は加速度ベクトル，$[K]$は剛性マトリックス，$[U]$は変位ベクトルである。また，Goda と Sawa[89] は，接着接合部の衝撃応答を解析するために，数値解析手法を用い，10^{-4} から $10^{-1}\,\mathrm{s}^{-1}$ までの異なるひずみ速度で解析した。この解析では，ひずみ速度と塑性流動の両方が考慮された。硬化がひずみ速度の関数として定義される場合，弾塑性モデルで接着剤の時間依存性挙動を解析することもできる[90]。Zgoul と Crocombe[91] は，SLJ と TAST 試験片の挙動を解析するために，速度依存性の von Mises 応力と速度依存性の Drucker–Prager モデルを検討した。その結果，Drucker–Prager モデルを用いたほうが，より正確な結果を得られることがわかった。純モードⅠと純モードⅡにおける接着剤の挙動と破壊エネルギーに対するひずみ速度の影響が，Nunes ら[92] によって解析された。試験中は一定の試験速度であるものの，双片持ち梁（double cantilever beam：DCB）試験や ENF 試験における接着剤層に沿ったひずみ速度は変化していることを発見した。そこで，純モードⅠおよび純モードⅡの荷重条件下での真のひずみ速度を評価するために，新しい補完的な数値手法が提案された。Borges ら[93] は，純粋な引張荷重を受ける接合部のひずみ速度依存型 CZM を開発した。接着剤のモードⅠ破壊エネルギーは，モデルに含まれる各 cohesive 要素に作用する有効ひずみ速度の関数として定義された。Machado ら[94] は，準静的荷重（1 mm/min）および衝撃荷重（3 m/s）条件下での同種および異種 SLJ の応答を数値的に解析した。CZM の概念を用い，実験データを用いて，異なる試験速度に対する異なる結合力–相対変位関係を定義した。別の研究では，Machado ら[95] が，試験速度を 4.7 m/s に設定して，衝撃荷重条件下での CFRP 試料の応答を数値的に調査した。試験片の引張破壊挙動を解析するために CZM が採用された。その他に，ホプキンソン棒（split Hopkinson pressure bar：SHPB）装置を用いて非常に高いひずみ速度で試験した DLJ の応力状態を解析するために，線形弾性が使用された[96]。

結果の精度を高めるために，動的モデルでは，接着剤や被着体の慣性の影響を考慮する必要がある。FE 解析では，動的陽解法を用いて解析を行うことで，これらの影響を考慮しなければならない。この種の解析では，荷重は非常に短い時間で漸増的に加えられる。Adams と Harris[97] は，接着剤の衝撃挙動を最初に研究したが，その解析では接合部に作用する動的効果は考慮されていなかった。Blackman ら[98] は，くさび試験の衝撃挙動を解析するために，FEA を適用し，接着接合部の応答を適切に解析できることを示した。2 次元動的解析もいくつかの研究で検討されている。木原ら[99] は，2 次元モデルを用いて接着剤の衝撃応答を解析し，応力波のモデル化と，過渡ひずみの同定に成功した。

接着接合部の時間依存 FE 解析において重要なポイントは，適切な材料モデルを選択することである。ひずみ速度依存性を解析する際に最もよく使われているモデルは Johnson–Cook モデルであるが，Cowper–Symonds 弾塑性モデルも接着接合部の機械的応答に対するひずみ速度の影響を考慮することが可能である。Zaera ら[100]は，Cowper–Symmonds 法を用いて，接着接合されたセラミック/金属製装甲の衝撃応答を解析している。Sawa ら[101]と Liao ら[102]は，Cowper–Symonds モデルを用いて界面における応力分布を研究し，このモデルが界面の応力を解析できるのに対し，Johnson–Cook モデルは適切に解析できないことを発見した。Cowper–Symonds モデルは，中間のひずみ速度で試験された接着接合部に対する解析のために Goglio ら[103]も採用し，このモデルが研究対象としたひずみ速度の範囲内でうまく適用できることを示した。

6.4.3　高度な数値計算アプローチ

接着接合部の応力・破壊解析の最も新しいアプローチの１つに，接着剤の損傷解析がある。接着剤層が機械的な負荷を受けたときの損傷の進展を解析する手法として，CZM と XFEM がある。CZM は Dugdale[104]と Barenblatt[105]によって最初に提案され，特に破壊部分のプロセスゾーンにおける材料の結合力–相対変位（traction–separation：TS）応答に基づいている。CZM では，ある材料点における相対変位が特定の値に達すると，損傷が開始される。この点に対応する結合力は最大（トリップ）結合力と呼ばれる。結合力と相対変位の関係を**図 6.8** に示す。式(6.11)はモードＩの引張における Cohesive 要素の支配的な構成方程式を示す。

$$\sigma=\begin{bmatrix}\sigma_{I}\\ \sigma_{II}\\ \sigma_{III}\end{bmatrix}=(1-d)K\begin{bmatrix}\delta_{I}\\ \delta_{II}\\ \delta_{III}\end{bmatrix}-dK\begin{bmatrix}\langle-\delta_{I}\rangle\\ 0\\ 0\end{bmatrix} \tag{6.11}$$

マコーレー括弧 $\langle-\delta_{I}\rangle$ は，圧縮荷重を受ける Cohesive 要素が損傷しないことを意味する。式(6.11)の K は Cohesive 要素の初期剛性，d は損傷変数である。

図 6.8 に示すように，ゾーン１では損傷変数は $d=0$ である。しかし，相対変位が δ_0 を超すと

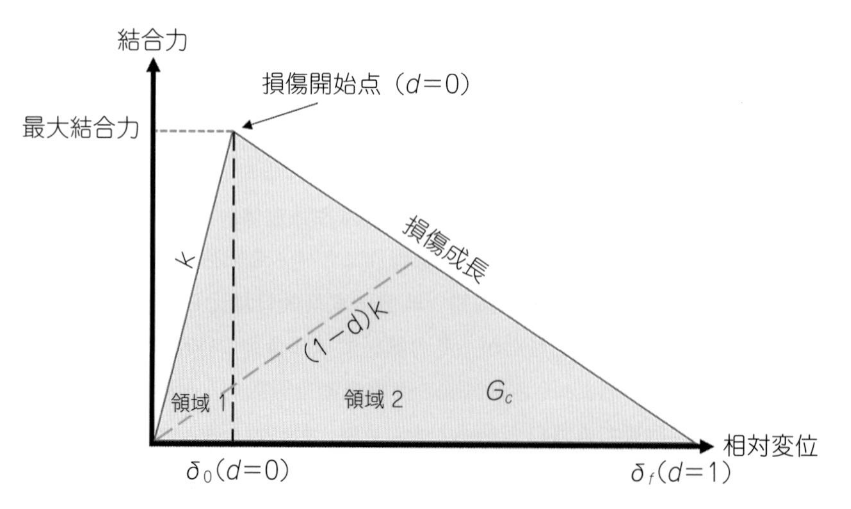

図 6.8　典型的な結合力–相対変位関係（TS 則）

同時に損傷が増加し始め，完全に分離すると損傷変数は1になる。CZMの概念に基づくと，限界エネルギー解放率は結合力–相対変位（TS）曲線の下側で囲われた面積に等しくなる。異なる材料挙動に対応するために，さまざまなCZMのTS則が提案されている。図6.8に示す三角形のTS則が最も単純なものであり，研究用途で広く使用されている。このモデルでは，材料の初期応答と損傷進展部分の両方が線形となる。他のCZMのTS則として，線形–放物線[106]，多項式[107]，指数[108]，台形[109]が成功例として文献で取り上げられている。

CZMは当初，準静的な荷重条件において脆性材料に対して使用するために開発されたが，その後の改良により，この技術は幅広い材料挙動と異なる荷重条件に対応するようになった。

CZMを使用して接着接合部の挙動を解析するためには，予想されるき裂経路に沿ってCohesive要素を挿入する必要がある。Cohesive要素の厚さは，ゼロとみなすか，有限の厚さに設定することができる。接着接合で有限の厚さとする場合，通常，接着剤層の実際の厚さに等しくなるように設定する。しかしながら，例えば剥離解析のような特殊なケースでは，厚さゼロのCohesive要素を使用することが望ましい。この場合，TS則の初期剛性を非常に高い値に設定する必要がある[110]。有限の厚みを持つCohesive要素では，通常，接着剤のヤング率が初期剛性として使用される[111]。CZM解析におけるもう1つの重要なパラメータは，Cohesive層の長さである。破壊のプロセスゾーンとそれに関連した影響を評価するためには，き裂先端より前方に存在する凝集領域をカバーするのに十分なCohesive層長さが必要である。したがって，解析前に凝集領域の大きさを見積もることが重要である。CZMはメッシュサイズに比較的敏感ではないが，損傷部前方の凝集領域に十分な数の要素を含める必要があるため，メッシュサイズは依然として重要である。

解析前にき裂進路がわかっていなければならない点は，CZMの最大の欠点，すなわちモデルの限界である。この問題を克服するためにXFEMが開発された。この手法では，解析前にき裂経路がわかっている必要がない。XFEMまたはGFEM（generalised finite element method）は，BelytschkoとBlack[112]によって最初に提案された。これは，拡充節点の形状関数に基づいている。XFEMでは，要素の不連続性が許容されるため，き裂は要素内を自由に伝播することができる。CZMの場合と同様に，XFEMも材料の破壊エネルギーに基づくものである。XFEMを用いると，き裂の発生と損傷の伝播の両方の段階を解析することが可能である。XFEMの概念に基づき，き裂前面に配置された要素の節点の形状関数が更新される。Akhavan–Safarら[113]は，混合モード（Ⅰ/Ⅲ）荷重を受ける脆性接着剤の破壊エネルギーを評価するためにXFEMを検討した。この解析では，3次元FEモデルが使用された。また，XFEMを用いて，き裂進展の経路と面外角度を推定した。CZMとXFEMはともに，損傷進展に関して同様の概念に従っており，特異点周辺の応力解析についても同様の結果を示す。いくつかの論文[114,115]では，XFEMとCZMを組み合わせてSLJの機械的応答を評価することが検討され，良好な結果を得ている。

6.5　まとめ

接着接合部の応力分布を明らかにするために，多くの研究が行われてきた。そして，重要なデータは接合部の設計プロセスで活用されてきた。しかしながら，材料の挙動，接合部の形状，荷重条件などが複雑であるため，接合部の応力解析は依然として難しい課題として扱われている。

接着接合部に作用する応力の計算には，大きく分けて２つの方法がある。それは解析的手法と数値的手法であり，本章ではその両方について詳しく説明した。解析的手法は，ほとんどの場合，何かしらの仮定と単純化に基づいており，しばしば不正確な結果につながる。しかしながら，複雑な材料応答を取り入れ，単純化を最小限にすることで，高度な解析モデルを提案することにも成功している。解析的なアプローチは適用範囲が限定されるが，一般的に計算の簡易さから重宝されている。また，接着接合部の応力のパラメトリック解析にも適している。しかしながら，これらの方法が適用できるのは，限られた継手形状，単純化された材料挙動，および準静的な荷重条件に限定される。このような欠点から，FEM はその代替手段として重要視されている。FEM を使用することで，特に損傷に基づくモデルを組み込むことで，接着接合部の複雑な機械的応答を解析することができるようになった。損傷モデルは非常に強力で柔軟な設計ツールであり，産業界と学術研究分野の両方で利用が拡大している。CZM は最近開発された損傷ベースの手法の１つであり，研究および産業利用において広く受け入れられている。この手法は，湿熱劣化，ひずみ速度，粘弾性および粘塑性挙動，疲労負荷が接着剤のパフォーマンスに及ぼす影響を考慮するなど，継続的に研究が進んでおり，機能がますます拡張されているため，将来的にさらに発展する大きな可能性を秘めている。したがって，すべての影響を同時に考慮できる，真に普遍的な接着剤の材料モデルが実現できるものと期待される。

文　献

1）P. Czarnocki, K. Piekarski, Non-linear numerical stress analysis of a symmetric adhesive-bonded lap joint, Int. J. Adhes. Adhes. 6（3）（1986）157-160.

2）G. Richardson, A. Crocombe, P. Smith, A comparison of two-and three-dimensional finite element analyses of adhesive joints, Int. J. Adhes. Adhes. 13（3）（1993）193-200.

3）R. Adams, D. Gregory, The effect of three dimensional stresses on the failure single lap joints, in: EUR ADH 94 Adhesion, 1994, pp. 228-231.

4）G. R. Wooley, D. R. Carver, Stress concentration factors for bonded lap joints, J. Aircr. 8（10）（1971）817-820.

5）F. Erdogan, M. Ratwani, Stress distribution in bonded joints, J. Compos. Mater. 5（3）（1971）378-393.

6）G. Li, P. Lee-Sullivan, Finite element and experimental studies on single-lap balanced joint in tension, Int. J. Adhes. Adhes. 21（3）（2001）211-220.

7）C. Borges, P. Nunes, A. Akhavan, E. Marques, R. Carbas, L. Alfonso, L. Silva, Influence of mode mixity and loading rate on the fracture behaviour of crash resistant adhesives, Theor. Appl. Fract. Mech. 107（2020）102508.

8）M. Costa, G. Viana, R. Creac'hcadec, L. Da Silva, R. Campilho, A cohesive zone element for mode I modelling of adhesives degraded by humidity and fatigue, Int. J. Fatigue 112（2018）173-182.

9）J. Ebadi-Rajoli, A. Akhavan-Safar, H. Hosseini-Toudeshky, L. da Silva, Progressive damage modeling of composite materials subjected to mixed mode cyclic loading using cohesive zone model, Mech. Mater. 143（2020）103322.

10）J. Monteiro, A. Akhavan-Safar, R. Carbas, E. Marques, R. Goyal, M. El-zein, L. da Silva, Mode II modeling of adhesive materials degraded by fatigue loading using cohesive zone elements, Theor. Appl. Fract. Mech. 103（2019）102253.

11）L. F. da Silva, R. D. Adams, Stress-free temperature in a mixed-adhesive joint, J. Adhes. Sci. Technol. 20（15）（2006）1705-1726.

12）L. F. da Silva, R. D. Adams, Adhesive joints at

high and low temperatures using similar and dissimilar adherends and dual adhesives, Int. J. Adhes. Adhes. 27（3）（2007）216-226.
13）E. A. S. Marques, L. F. da Silva, M. D. Banea, R. J. C. Carbas, Adhesive Joints for Low and High-temperature use: an overview, J. Adhes. 91（7）（2015）556-585.
14）A. Kinloch, E. Thrusabanjong, J. Williams, Fracture at bimaterial interfaces: the role of residual stresss, J. Mater. Sci. 26（23）（1991）6260-6270.
15）F. Jumbo, P. D. Ruiz, Y. Yu, G. Swallowe, I. A. Ashcroft, J. M. Huntley, Experimental and numerical investigation of mechanical and thermal residual strains in adhesively bonded joints, Strain 43（4）（2007）319-331.
16）L. F. da Silva, R. D. Adams, Techniques to reduce the peel stresses in adhesive joints with composites, Int. J. Adhes. Adhes. 27（3）（2007）227-235.
17）L. F. da Silva, R. D. Adams, Joint strength predictions for adhesive joints to be used over a wide temperature range, Int. J. Adhes. Adhes. 27（5）（2007）362-379.
18）A. Agarwal, S. J. Foster, E. Hamed, Testing of new adhesive and CFRP laminate for steel-CFRP joints under sustained loading and temperature cycles, Compos. B: Eng. 99（2016）235-247.
19）S. Safaei, M. Ayatollahi, A. Akhavan-Safar, M. Moazzami, L. Da Silva, Effect of residual strains on static strength of dissimilar single lap adhesive joints, J. Adhes.（2020）1-20.
20）C. Borges, E. Marques, R. Carbas, C. Ueffing, P. Weißgraeber, L., & Silva, L., Review on the effect of moisture and contamination on the interfacial properties of adhesive joints, Proc. IMechE C: J. Mech. Eng. Sci.（2020）1-23.
21）O. Volkersen, Die Nietkraftverteilung in zugbeanspruchten Nietverbindungen mit konstanten Laschenquerschnitten, Luftfahr. Schung 15（1938）41-47.
22）M. Goland, E. Reissner, The stresses in cemented joints, J. Appl. Mech. 17（1944）66.
23）L. Hart-Smith, Adhesive-bonded scarf and stepped-lap joints, NASA technical report（NASA-CR-112237）, 1973.
24）L. J. Hart-Smith, Adhesive-Bonded Single-Lap Joints, National Aeronautics and Space Administration, 1973.
25）W. Renton, J. Vinson, Analysis of adhesively bonded joints between panels of composite materials, J. Appl. Mech. 44（1）（1977）101-106.
26）D. Allman, A theory for elastic stresses in adhesive bonded lap joints, Quart. J. Mech. Appl. Math. 30（4）（1977）415-436.
27）I. Ojalvo, H. Eidinoff, Bond thickness effects upon stresses in single-lap adhesive joints, AIAA J. 16（3）（1978）204-211.
28）F. Delale, F. Erdogan, M. Aydinoglu, Stresses in adhesively bonded joints: a closed- form solution, J. Compos. Mater. 15（3）（1981）249-271.
29）D. Chen, S. Cheng, An analysis of adhesive-bonded single-lap joint, J. Appl. Mech. 50（1）（1983）109-115.
30）A. Crocombe, Global yielding as a failure criterion for bonded joints, Int. J. Adhes. Adhes. 9（3）（1989）145-153.
31）D. Bigwood, A. Crocombe, Bonded Joint Design Analysis, in: Adhesion13, Springer, 1989, pp. 163-187.
32）D. Bigwood, A. Crocombe, Elastic analysis and engineering design formulae for bonded joints, Int. J. Adhes. Adhes. 9（4）（1989）229-242.
33）D. Bigwood, A. Crocombe, Non-linear adhesive bonded joint design analyses, Int. J. Adhes. Adhes. 10（1）（1990）31-41.
34）A. Crocombe, D. Bigwood, Development of a full elasto-plastic adhesive joint design analysis, J. Strain Anal. Eng. Des. 27（4）（1992）211-218.
35）S. Cheng, D. Chen, Y. Shi, Analysis of adhesive-bonded joints with nonidentical adherends, J. Eng. Mech. 117（3）（1991）605-623.
36）R. Adams, V. Mallick, A method for the stress analysis of lap joints, J. Adhes. 38（3-4）（1992）199-217.
37）D. Oplinger, Effects of adherend deflections in single lap joints, Int. J. Solids Struct. 31（18）（1994）2565-2587.
38）C. Yang, S.-S. Pang, Stress-strain analysis of single-lap composite joints under tension, J. Eng. Mater. Technol. 118（2）（1996）247-255.
39）T. Sawa, K. Nakano, H. Toratani, A two-dimensional stress analysis of single-lap adhesive joints subjected to tensile loads, J. Adhes. Sci. Technol. 11（8）（1997）1039-1056.
40）R. D. Adams, J. Comyn, W. C. Wake, Structural Adhesive Joints in Engineering, Springer Science & Business Media, 1997.
41）M. Tsai, D. Oplinger, J. Morton, Improved theoretical solutions for adhesive lap joints, Int. J. Solids Struct. 35（12）（1998）1163-1185.
42）Y. Frostig, O. T. Thomsen, F. Mortensen, Analysis of adhesive-bonded joints, squareend,

and spew-fillet—high-order theory approach, J. Eng. Mech. 125 (11) (1999) 1298-1307.
43) F. Mortensen, O. T. Thomsen, Analysis of adhesive bonded joints: a unified approach, Compos. Sci. Technol. 62 (7-8) (2002) 1011-1031.
44) D. Kaelble, Peel adhesion, Adhes. Age 3 (1960) 37-42.
45) K.-S. Kim, N. Aravas, Elastoplastic analysis of the peel test, Int. J. Solids Struct. 24 (4) (1988) 417-435.
46) A. Kinloch, C. Lau, J. Williams, The peeling of flexible laminates, Int. J. Fract. 66 (1) (1994) 45-70.
47) P. Grant, Strength and Stress Analysis of Bonded Joints, British Aircraft Corp. Ltd. Report, 1976, p. 50.
48) F. Mortensen, O. T. Thomsen, Simplified linear and non-linear analysis of stepped and scarfed adhesive-bonded lap-joints between composite laminates, Compos. Struct. 38 (1-4) (1997) 281-294.
49) J. E. Helms, C. Yang, S.-S. Pang, A laminated plate model of an adhesive-bonded taper-taper joint under tension, J. Eng. Mater. Technol. 119 (4) (1997) 408-414.
50) D. Gleich, M. Van Tooren, P. De Haan, Shear and peel stress analysis of an adhesively bonded scarf joint, J. Adhes. Sci. Technol. 14 (6) (2000) 879-893.
51) T. Sawa, Y. Nakano, K. Temma, Stress analysis of T-type butt adhesive joint subjected to external bending moments, J. Adhes. 24 (1) (1987) 1-15.
52) A. Crocombe, Adams, & RD., Influence of the spew fillet and other parameters on the stress distribution in the single lap joint, J. Adhes. 13 (2) (1981) 141-155.
53) M. O. Doru, A. Ozel, S. Akpinar, M. D. Aydin, Effect of the spew fillet on adhesively bonded single-lap joint subjected to tensile loading: experimental and 3-D non-linear stress analysis, J. Adhes. 90 (3) (2014) 195-209.
54) M. K. Apalak, R. Davies, Analysis and Design of adhesively bonded corner joint: fillet effect, Int. J. Adhes. Adhes. 14 (3) (1994) 163-174.
55) L. F. da Silva, T. N. S. S. Rodrigues, M. A. V. Figueiredo, M. F. S. F. De Moura, J. A. G. Chousal, Effect of adhesive type and thickness on lap shear strength, J. Adhes. 82 (11) (2006) 1091-1115.
56) A. Akhavan-Safar, M. Ayatollahi, L. F. M. da Silva, Strength prediction of adhesively bonded single lap joints with different bondline thicknesses: a critical longitudinal strain approach, Int. J. Solids Struct. 109 (2017) 189-198.
57) A. Akhavan-Safar, M. Ayatollahi, S. Rastegar, L. da Silva, Impact of geometry on critical values of stress intensity factor of adhesively bonded joints, J. Adhes. Sci. Technol. 31 (18) (2017) 2071-2087.
58) A. Akhavan-Safar, M. Ayatollahi, S. Rastegar, L. da Silva, Residual static strength and the fracture initiation path in adhesively bonded joints weakened with interfacial edge pre-crack, J. Adhes. Sci. Technol. 32 (18) (2018) 2019-2040.
59) J. Klusák, T. Profant, M. Kotoul, Various methods of numerical estimation of generalized stress intensity factors of bi-material notch, Appl. Computat. Mech. 3 (2) (2009).
60) Dundurs, J. (1969). Discussion: "Edge-bonded dissimilar orthogonal elastic wedges under normal and shear loading" (Bogy, DB, 1968, ASME J. Appl. Mech., 35, pp. 460-466), J. Appl. Mech., 36, 3, pp. 650, 1969.
61) M. Ayatollahi, M. Mirsayar, M. Dehghany, Experimental determination of stress field parameters in bi-material notches using photoelasticity, Mater. Des. 32 (10) (2011) 4901-4908.
62) H. Groth, Stress singularities and fracture at interface corners in bonded joints, Int. J. Adhes. Adhes. 8 (2) (1988) 107-113.
63) D. B. Bogy, Two edge-bonded elastic wedges of different materials and wedge angles under surface tractions, J. Appl. Mech. 38 (2) (1971) 377-386.
64) Z. Qian, A. Akisanya, bonded dissimilar materials of Wedge corner stress behaviour, Theor. Appl. Fract. Mech. 32 (3) (1999) 209-222.
65) S. Rastegar, M. Ayatollahi, A. Akhavan-Safar, L. da Silva, Prediction of critical stress intensity factor of single-lap adhesive joints using a coupled ratio method and an analytical model, Proc. Inst. Mech. Eng. Eng. L: J. Mater. Des. Applicat. 233 (7) (2019) 1393-1403.
66) G. Marques, R. Campilho, F. Da Silva, R. Moreira, Adhesive selection for hybrid spot-welded/bonded single-lap joint: experimentsation and numerical analysis, Compos. B: Eng. 84 (2016) 248-257.
67) X. Li, X. Cheng, X. Guo, S. Liu, Z. Wang, Tensile properties of a hybrid bonded/bolted joint: parameter study, Compos. Struct. (2020) 112329.
68) T. Sadowski, E. Zarzeka-Raczkowska, Hybrid adhesive bonded and ribeted joints- influence of

ribet geometrical layout on strength of joints, Arch. Metall. Mater. 57 (2012) 1128-1135.
69) J. Liu, T. Sawa, Stress analysis and strength evaluation of single-lap adhesive joints combined with rivets under external bending moments, J. Adhes. Sci. Technol. 15 (1) (2001) 43-61.
70) Y. Yin, J.-J. Chen, S.-T. Tu, Creep stress redistribution of single-lap weldbonded joint, Mech. Time-Depend. Mater. 9 (1) (2005) 91-101.
71) C.-T. Hoang-Ngoc, E. Paroissien, Simulation of single-lap bonded and hybrid (bolted/bonded) joints with flexible adhesive, Int. J. Adhes. Adhes. 30 (3) (2010) 117-129.
72) G. Kelly, Quasi-static strength and fatigue life of hybrid (bonded/bolted) composite single-lap joints, Compos. Struct. 72 (1) (2006) 119-129.
73) L. Grant, R. Adams, L. F. da Silva, Experimental and numerical analysis of clinch (hemflange) joints used in automotive industry, J. Adhes. Sci. Technol. 23 (12) (2009) 1673-1688.
74) J. de Castro, T. Keller, Design of robust and ductile FRP structures incorporating ductile adhesive joints, Compos. B: Eng. 41 (2) (2010) 148-156.
75) R. Adams, J. Coppendale, N. Peppiatt, Failure analysis of aluminium-aluminium bonded joints, Adhesion 2 (1978) 105-119.
76) J. Harris, R. Adams, Nonlinear Finite Element Methods by Bonded Single Lap Joint Strength prediction of bonded single lap joint, Int. J. Adhes. Adhes. 4 (2) (1984) 65-78.
77) B. Duncan, G. Dean, Measurements and models for design with modern adhesives, Int. J. Adhes. Adhes. 23 (2) (2003) 141-149.
78) M. Y. Chiang, C. Herzl, Plastic deformation analysis of cracked adhesive bonds loaded in shear, Int. J. Solids Struct. 31 (18) (1994) 2477-2490.
79) P. Liu, Z. Hu, S. Wang, W. Liu, Finite element analysis of void growth and interface failure of ductile adhesive joints, J. Fail. Anal. Prev. 18 (2) (2018) 291-303.
80) L. Witek, Influence of plastic deformation of adherend material on stress distribution in adhesive lap joints, Acta Metall. Slovaca 23 (4) (2017) 304-312.
81) J. Pascal, E. Darque-Ceretti, E. Felder, A. Pouchelon, Rubber-like adhesive in simple shear: stress analysis and fracture morphology of a single lap joint, J. Adhes. Sci. Technol. 8 (5) (1994) 553-573.
82) I. Pearson, M. Pickering, The determination of a highly elastic adhesive's material properties and their representation in finite element analysis, Finite Elem. Anal. Des. 37 (3) (2001) 221-232.
83) B. Van Lancker, W. De Corte, J. Belis, Calibration of Hyperelastic material models for structural silicone and hybrid polymer adhesives for the application of bonded glass, Constr. Build. Mater. 254 (2020) 119204.
84) J. Reddy, S. Roy, Finite-element analysis of adhesive joints, in: Adhesive Bonding, Springer, 1991, pp. 359-394.
85) R. A. Schapery, On the characterization of nonlinear viscoelastic materials, Polym. Eng. Sci. 9 (4) (1969) 295-310.
86) N. Su, R. Mackie, Two-dimensional creep analysis of structural adhesive joints, Int. J. Adhes. Adhes. 13 (1) (1993) 33-40.
87) A. Crocombe, Modelling and predicting effects of test speed on the strength of joint made with FM73 adhesive, Int. J. Adhes. Adhes. 15 (1) (1995) 21-27.
88) A. Crocombe, G. Wang, Modelling crack propagation in structural adhesives under external creep loading, J. Adhes. Sci. Technol. 12 (6) (1998) 655-675.
89) Y. Goda, T. Sawa, Study on the effect of strain rate of adhesive material on the stress state in adhesive joints, J. Adhes. 87 (7-8) (2011) 766-779.
90) X. Yu, A. Crocombe, G. Richardson, Material modelling for rate-dependent adhesives, Int. J. Adhes. Adhes. 21 (3) (2001) 197-210.
91) M. Zgoul, A. Crocombe, Numerical modelling of lap joints bonded with a rate- dependent adhesive, Int. J. Adhes. Adhes. 24 (4) (2004) 355-366.
92) P. D. Nunes, C. S. Borges, E. A. Marques, R. J. Carbas, A. Akhavan-Safar, D. P. Antunes, et al., Numerical assessment of strain rate in an adhesive layer throughout double cantilever beam and end notch flexure tests, Proc. Inst. Mech. Eng. E: J. Process Mech. Eng. (2020), 0954408920916007.
93) C. S. P. Borges, P. D. P. Nunes, A. Akhavan-Safar, E. A. S. Marques, R. J. C. Carbas, L. Alfonso, L. F. M. Silva, A strain rate dependent cohesive zone element for mode I modeling of fracture behavior of adhesives, Proc. Inst. Mech. Eng. L: J. Mater. Des. Applicat. 234 (4) (2020) 610-621.
94) J. J. M. Machado, P. D. P. Nunes, E. A. S. Marques, R. D. S. G. Campilho, L. F. da Silva, Numerical study of mode I fracture toughness of carbon-fibre-reinforced plastic under an impact load,

Proc. Inst. Mech. Eng. L: J. Mater. Des. Applicat. 234（1）（2020）12–20.
95）J. J. M. Machado, P. D. P. Nunes, E. A. S. Marques, L. F. M. da Silva, Numerical study of similar and dissimilar single lap joints under quasi-static and impact conditions, Int. J. Adhes. Adhes. 96（2020）102501.
96）G. Challita, R. Othman, Finite-element analysis of SHPB tests on double-lap adhesive joint, Int. J. Adhes. Adhes. 30（4）（2010）236–244.
97）R. Adams, J. Harris, A critical assessment of the block impact test for measuring the impact strength of adhesive bond, Int. J. Adhes. Adhes. 16（2）（1996）61–71.
98）B. Blackman, A. Kinloch, A. Taylor, Y. Wang, The impact wedge-peel performance of structural adhesives, J. Mater. Sci. 35（8）（2000）1867–1884.
99）K. Kihara, H. Isono, H. Yamabe, T. Sugibayashi, A study and evaluation of the shear strength of adhesive layers subjected to impact loads, Int. J. Adhes. Adhes. 23（4）（2003）253–259.
100）R. Zaera, S. Sánchez-Sáez, J. L. Perez-Castellanos, C. Navarro, Modelling of the adhesive layer in mixed ceramic/metal armours subjected to impact, Compos. A: Appl. Sci. Manuf. 31（8）（2000）823–833.
101）T. Sawa, T. Nagai, T. Iwamoto, H. Kuramoto, A study on evaluation of impact strength of adhesive joints subjected to impact shear loadings, in: Paper Presented at the ASME 2008 International Mechanical Engineering Congress and Exposition, 2008.
102）L. Liao, T. Sawa, C. Huang, Experimental and FEM studies on mechanical properties of single-lap adhesive joint with dissimilar adherends subjected to impact tensile loads, Int. J. Adhes. Adhes. 44（2013）91–98.
103）L. Goglio, L. Peroni, M. Peroni, M. Rossetto, High strain-rate compression and tension behaviour of an epoxy bi-component adhesive, Int. J. Adhes. Adhes. 28（7）（2008）329–339.
104）D. S. Dugdale, Yielding of steel sheets containing slits, J. Mech. Phys. Solids 8（2）（1960）100–104.
105）G. I. Barenblatt, The formation of equilibrium cracks during brittle fracture. General ideas and hypotheses. Axially-symmetric cracks, J. Appl. Math. Mech. 23（3）（1959）622–636.
106）O. Allix, A. Corigliano, Modeling and simulation of crack propagation in mixed- modes interlaminar fracture specimens, Int. J. Fract. 77（2）（1996）111–140, https://doi.org/10.1007/BF00037233.
107）J. Chen, Predicting progress delamination of stiffened fibre-composite panel and repaired sandwich panel by decohesion models, J. Thermoplast. Compos. Mater. 15（5）（2002）429–442.
108）N. Chandra, H. Li, C. Shet, H. Ghonem, Some issues in application of cohesive zone models for metal-ceramic interface, Int. J. Solids Struct. 39（10）（2002）2827–2855, https://doi.org/10.1016/S0020-7683(02)00149-x.
109）R. D. S. G. Campilho, M. F. S. F. de Moura, J. J. M. S. Domingues, Using a cohesive damage model to predictile behaviour of CFRP single-strap repair, Int. J. Solids Struct. 45（5）（2008）1497–1512, https://doi.org/10.1016/j.ijsolstr.2007.10.003.
110）Z. Zou, S. Reid, S. Li, P. Soden, Modelling interlaminar and intralaminar damage in filament-wound pipes under quasi-static indentation, J. Compos. Mater. 36（4）（2002）477–499.
111）R. D. S. G. Campilho, M. F. S. F. de Moura, A. M. G. Pinto, J. J. L. Morais, J. J. M. S. Domingues, Modelling tensile fracture behaviour of CFRP scarf repair, Compos. B: Eng. 40（2）（2009）149–157, https://doi.org/10.1016/j.compositesb.2008.10.008.
112）T. Belytschko, T. Black, Elastic crack growth in finite elements with minimal remeshing, Int. J. Numer. Methods Eng. 45（5）（1999）601–620.
113）A. Akhavan-Safar, M. R. Ayatollahi, S. Safaei, L. F. M. da Silva, Mixed mode I/III fracture behavior of adhesive joints, Int. J. Solids Struct.（2020）.
114）A. Mubashar, I. Ashcroft, A. Crocombe, Modelling damage and failure in adhesive joints using a combined XFEM-cohesive element methodology, J. Adhes. 90（8）（2014）682–697.
115）F. Stuparu, D. Constantinescu, D. Apostol, M. Sandu, A combined cohesive elements-XFEM approach for analyzing crack propagation in bonded joints, J. Adhes. 92（7-9）（2016）535–552.

〈訳：関口　悠〉

第7章 環境（耐久性）の影響

John Comyn

7.1 序 論

接着接合部を劣化させる因子として，自然環境中の酸素，紫外線，水，塩分がある。一般的に被着体が透明である場合，酸素と紫外線が複合的に影響を与え接着剤の化学的劣化を引き起こす。この問題は，自然環境に耐性のある接着剤（例えば感圧性接着剤の場合はアクリル）もしくは自然環境に対して安定的な添加剤を用いることでその影響を低減することができる。

水は気体，液体にかかわらず接着接合部の劣化を引き起こすため，接着接合の使用を阻害する要因となっている。水は接着剤内部に浸入しその特性を変化させる。特に接着界面を拡散する水は接着特性に与える影響が大きい。そのため，構造用接着剤により金属部材を接着する場合は適切な表面処理もしくはカップリング剤を使用することが，耐水性の向上につながる。

水が引き起こす問題は，その遍在性と極端な特性に起因している。水は誘電率が高く，イオン対が界面力に影響を与える。加えて，高い表面張力（表面自由エネルギー）を持つため，接着剤と金属基板間のファンデルワールス力を特に弱める効果がある。

7.2 紫外線による酸化劣化を抑制する添加剤

酸素は樹脂に吸収されてハイドロパーオキサイド（-OOH）基を形成し，これが分解してフリーラジカルを生成することで樹脂分解の活性中心となることがある。電子は通常2個1組で安定し，共有結合はこのペアを形成している。共有結合がホモリティック開裂するとフリーラジカルと呼ばれる不対電子を持つ2つのフラグメントが生成される。フリーラジカルは反応性が高い。酸化防止剤は，このラジカルを捕捉する役割を持つ添加剤である。例えばヒンダードフェノールが挙げられる。その作用を**図7.1**のブチル化ヒドロキシトルエン（BHT）で説明する。BHT分子は水素原子を失い，その水素原子はラジカルR*と結合するが，BHT分子自身はラジカルとなり，$-C(CH_3)_3$が反応することを防ぐ。BHTは非常に効果的なラジカル補足剤である。一方で揮発性の高さに起因した気化による損失[1]の問題は，複数のBHTが結合したような構造を持つより大きな分子を使用することで避けることができる。

2-ヒドロキシベンゾフェノンは紫外線安定剤の一種で，図7.1に示すように紫外線を吸収すると分子は水素結合と一部の炭素-炭素間の二重結合の再編成を伴う励起状態になる。その後は余分なエネルギーを熱として失うことで，基底状態へと戻る。

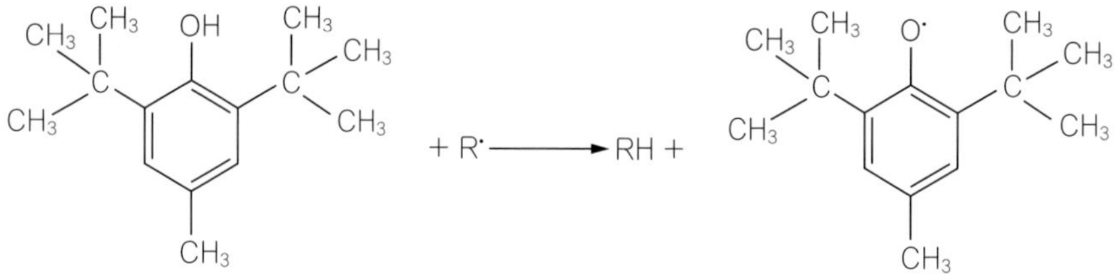

CH3　CH3　OH　CH3　CH3　C　C　CH3　CH3　CH3　+ R・ → RH +　CH3　CH3　O・　CH3　CH3　C　C　CH3　CH3　CH3

BHT，ヒンダードフェノール　　ヒンダードフリーラジカル

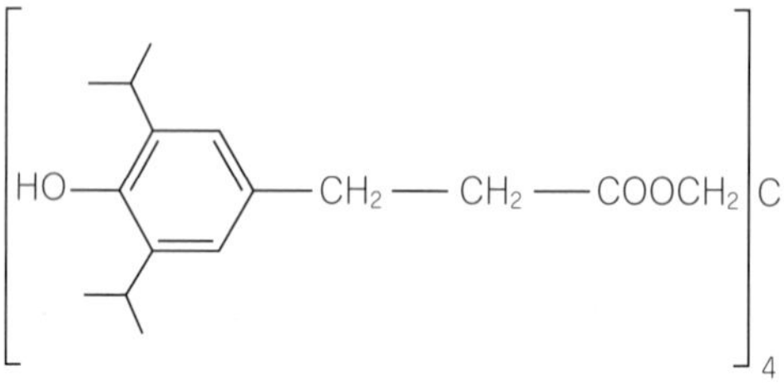

HO — CH2 — CH2 — COOCH2　C　4

Irganox 1010，低気化ヒンダードフェノール

H　O　O　OR　+UV　- 熱　H　O　O　OR

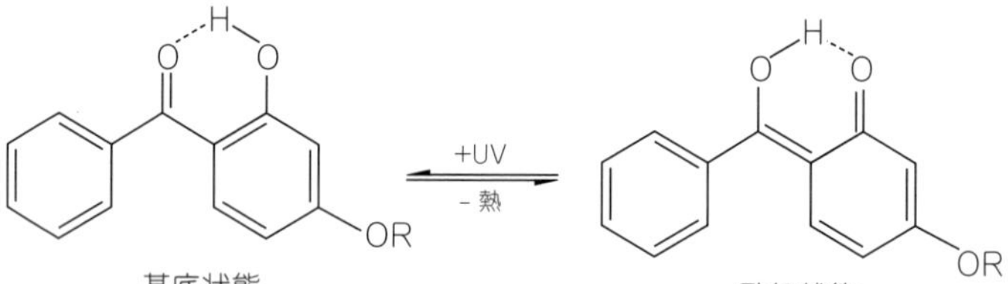

基底状態　　励起状態

2–ハイドロベンゾフェノン誘導体（UV安定剤）

図 7.1　接着剤のための酸化防止剤と UV 安定剤

ガラス繊維強化ポリエステルは紫外線を透過するという問題がある。湿気硬化型イソシアネート接着剤により亜鉛めっき鋼板と異材接着した試験片を対象に，さまざまな劣化条件でばく露し，その特性変化が評価された[2]。未ばく露の接着試験片は凝集破壊もしくは鋼板と接着剤間の界面破壊であった。一方，ウェザーメーター内でばく露した試験片は強度が低下し，ポリエステルと接着剤間の界面はく離に移行した。QUV によりばく露した場合，紫外線が透過するため強度や破壊形態に変化はなかった。

7.3　湿潤環境下における金属被着体を用いた構造用接着接合部

7.3.1　湿度の影響

金属被着体と硬質接着剤を用いた接着継手を湿潤環境にばく露した場合の強度低下に関する調査結果はこれまで数多く報告されている[3-5]。それらの結果に共通する特徴は，経過時間に対する接着強度変化の曲線形状である。接着強度は初期に急激な低下を示し，最終的には非常に低い値かゼロに収束する。一方で，どの条件でも曲線の形状は似ているが初期の強度低下速度や強度低下割合はさまざまである。

Brewis ら[6-10) は，アルミニウム被着体と各種構造用接着剤による接着継手を 50℃，相対湿度 100%環境でばく露するとともに，実験室内や 50℃，相対湿度 50%環境にばく露した。その結果，**図 7.2** および**図 7.3** に示すように典型的な経時変化曲線を示した。

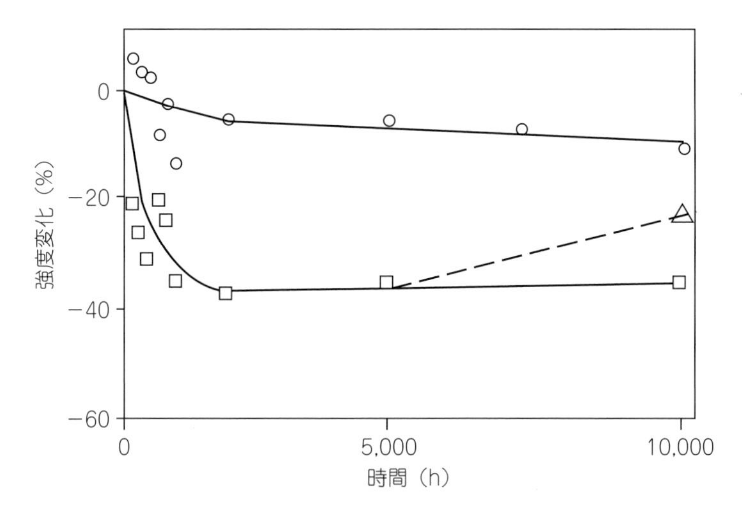

図 7.2　ニトリル－フェノール接着剤で接着されたアルミニウム合金接着継手の 50℃の湿潤空気中における強度変化（○相対湿度 50%，□相対湿度 100%，△相対湿度 100%で 5,000 時間ばく露後さらに相対湿度 50%で 5,000 時間ばく露）

Brewis D M, Comyn J and Tredwell S T (1987a), Int. J. Adhes., 7, 30. Crown copyright.

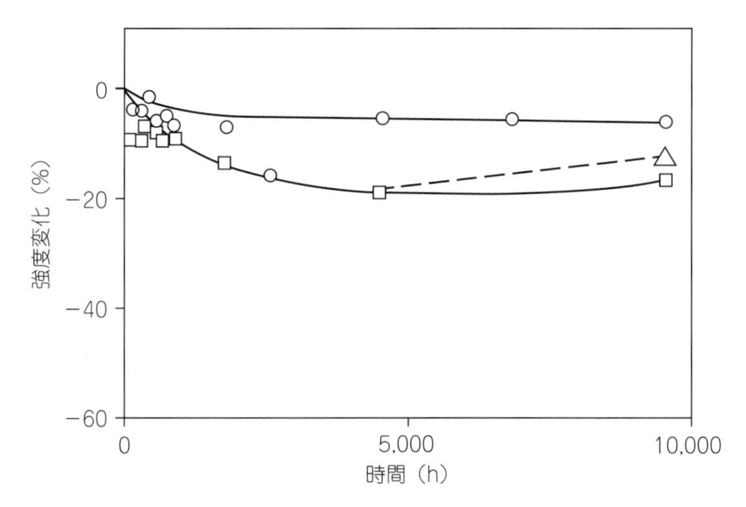

図 7.3　ニトリル－フェノール接着剤で接着されたアルミニウム合金接着継手の 50℃の湿潤空気中における強度変化（○相対湿度 50%，□相対湿度 100%，△相対湿度 100%で 5,000 時間ばく露後さらに相対湿度 50%で 5,000 時間ばく露）

Brewis D M, Comyn J and Tredwell S T (1987a), Int. J. Adhes., 7, 30. Crown copyright.

(i)　50℃，相対湿度100%の空気中にばく露した接着継手は，ばく露初期に40%から60%の接着強度低下を示すが，その後一定値となる傾向がある。

(ii)　50℃，相対湿度50%の環境下でばく露した接着継手はほとんど強度変化しない。

(iii)　50℃，相対湿度100%で5000時間ばく露した後，さらに相対湿度50%にて5000時間ばく露すると，明確な強度回復が見られた。これらの結果は図7.2，7.3に△印で示す。

(iv)　ニトリルフェノール系接着剤ではプライマーの利用により乾燥・湿潤両環境において，ばく露後の強度が顕著に改善された。

(v)　相対湿度100%でのばく露は，接着剤-金属間の界面はく離率を増加させる。

接着接合部は高湿度環境下（相対湿度80%～100%）では経時的な強度低下を引き起こすが，低湿度環境（相対湿度50%以下）では長期間にわたって強度低下が発生しない場合がある。DeLollis[11]は，アルミニウムをエポキシ接着剤で接合した継手を実験室環境に11年間ばく露し，その結果，強度が低下しないことを示した。エポキシ接着剤については，Brewisら[6,9,12]が相対湿度45%，20℃の環境で10,000時間ばく露しても，接着強度の著しい低下は認められなかったと報告している。**図7.4**は，さまざまな種類の接着剤を使用した接着継手[13]を，高温乾燥である自然環境下において最大6年間ばく露露した結果である。ここでも有意な強度低下は発生しなかった。

このような結果から，Gledhillら[14]は接着強度低下が生じ得る臨界水濃度およびそれに対応する周囲環境の臨界相対湿度が存在し，この条件を明確にする必要があるとした。吸水中の接着接合部では，外周部が臨界水濃度を超える可能性があり，この領域は破壊力学におけるき裂とみなすことができる。この仮説は，20，40，60，90℃の水中および20℃，相対湿度55%の空気中にばく露されたエポキシ接着剤の突き合せ試験片によって検証された。その結果，臨界水濃度が1.35%であるとすれば，接着強度との相関があることが破壊力学的アプローチで示された。

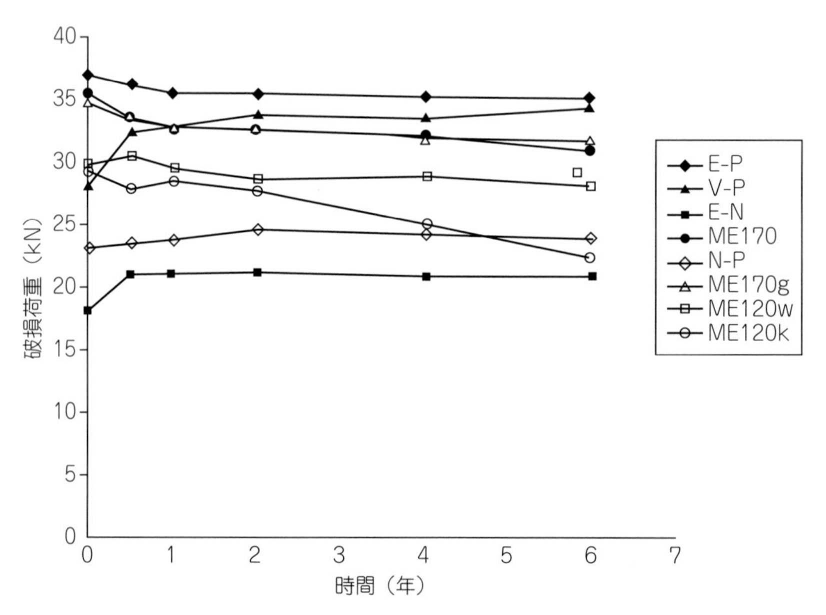

図7.4　高温乾燥環境に最長6年間ばく露された二重重ね合わせ継手の強度

shcroft I A, Digby R P and Shaw S J (2001), J. Adhes., 75, 175. Crown copyright.

Brewisら[15]は，エポキシ接着剤で接着されたいくつかのアルミニウム接着継手の臨界条件を明らかにすることを試みた。サンドブラスト処理は耐久性が低いため，強度低下が早期に現れるとともに相対湿度の変化に特に敏感であると考えられることから，本実験における表面処理として採用された。1,008時間のばく露では相対湿度が増加しても強度低下は生じなかった。2,016時間のばく露において若干の強度低下が見られ，5,040時間，10,080時間のばく露では大幅な強度低下が発生した。10,080時間のばく露における強度–相対湿度曲線は，相対湿度65%を境に傾向が変化した（**図7.5**）。これは接着剤中の1.45%臨界水濃度に相当し，Gledhill，KinlochおよびShawの値と非常に近い値であった。

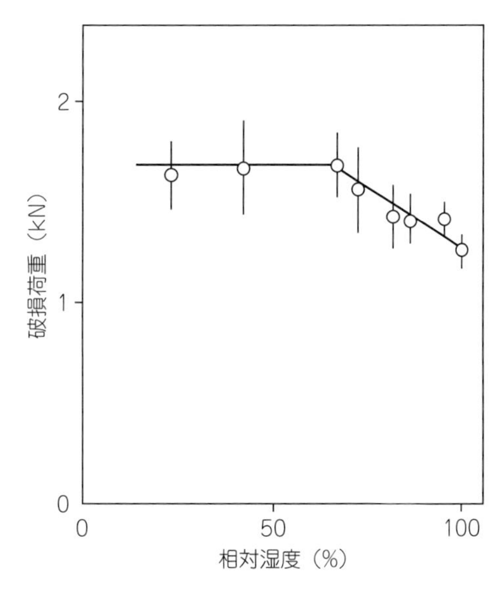

図7.5　10,080時間ばく露した接着継手における強度と相対湿度の関係[15]

エポキシ接着剤で繊維強化複合材料を接着した単純重ね合わせ継手が82℃，相対湿度85%環境で最長800日間ばく露された。約400日間のばく露により接着強度は約半分になったが，その後は変化しなかった。20℃，低湿度環境にばく露された接合部では，強度低下が見られなかった[16]。

Bährら[17]は，蒸気滅菌を必要とする医療用機器に接着剤の適用を検討した。市販のエポキシやアクリレートなど12種類の接着剤が121℃，2気圧で20分間滅菌された。被着体はガラス（ホウケイ酸，石英，サファイア）およびステンレス鋼を用いた。せん断強度をばく露前および400サイクルもしくは800サイクルにおいて測定した。ガラスとガラス，ガラスとステンレス鋼の接着にはウレタンアクリレート系接着剤が最適であることがわかった。一方，エポキシ接着剤を用いたガラスとステンレス鋼の接合部は，エポキシ接着剤の延性の低さが原因ですべて破断した。

7.3.2　表面処理

金属被着体を用いた接着接合部の耐水性を向上させる最も効果的な方法は表面処理を施すことである。Butt and Cotter[18]は，アルミニウムを用いた接着継手の耐水性について表面処理の効果を調査した。その結果を**図7.6**に示す。表面処理はクロム酸–硫酸エッチング，アルカリエッチング，溶剤脱脂およびリン酸陽極酸化処理が用いられた。ばく露前は表面処理による強度の差異は見られなかったが，43℃，相対湿度97%環境下にてばく露すると強度に差異が生じた。脱脂処理した被着体は最も強度が低く，クロム酸–硫酸でエッチングした被着体は最も強度が高かった。一方，リン酸陽極酸化処理の効果は小さかったが，一般的には逆の結果となる場合が多い。

接着接合を行うためのアルミニウム合金の表面前処理については，CritchlowとBrewisによる総説がある[19]。機械的，化学的，電気化学的な表面処理手法を含んだ，合計41の表面処理について検討が行われた。この中にはプライマー，カップリング剤，水和防止剤などの化学薬品を使用

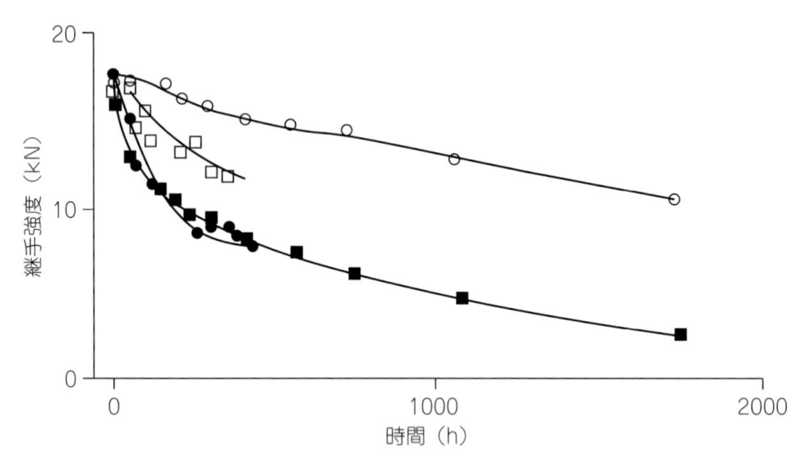

図 7.6　アルミニウムをエポキシ―ポリアミド接着剤で接着した継手の強度に与える高湿度環境（相対湿度 97%，43℃）の影響

表面処理：○クロム酸–硫酸エッチング，□アルカリエッチング，■溶媒脱脂，●リン酸陽極酸化

Butt R I and Cotter J L（1976），J. Adhes., 8, 11. Crown Copyright.

した処理もある。リン酸アルマイト処理は，最適な耐水性を得るための最良の表面処理であると報告されているが，そのためには適切なプライマーと接着剤を組み合わせる必要がある。

エポキシ系接着剤で接合されたアルミニウムの湿潤環境における耐久性について 1976～1991 年の文献が総説にまとめられた[20]。さらに，ウェッジテスト試験片を室温環境で最長 5.5 年間水に浸漬した結果についても報告された。表面処理は，クロム酸による陽極酸化，リン酸によるエッチング，および研磨である。得られた結論は，「表面処理方法の耐久性について考察せずに，接着剤の耐久性について語るべきではない」というもので，陽極酸化処理の優れた性能が明らかとなった。

Critchlow と Brewis[21] はチタン合金 Ti–6Al–4V への表面処理の効果について検討し，湿潤環境における耐久性を改善する最も効果的な表面処理は，水酸化ナトリウムまたはクロム酸溶液中での陽極酸化処理であると報告している。報告時点では，プラズマ処理の有効性が示されつつある段階であった。

鋼材と接着されるガラス繊維強化エポキシ複合材料への表面処理効果は Islam と Tong によって調査された[22]。グリットブラスト，ワイヤーブラシ，ニードルガンによる表面処理を施した単純重ね合わせ継手を 55℃の水道水もしくは 23±2℃，相対湿度 65±3%の大気中に最大 1,000 時間ばく露した。どちらのばく露条件においてもグリットブラストが最も優れた強度を示した。

溶液に浸漬するタイプの表面処理は，大型構造物に対しては向いていない。そこで Bergan[23] は，真空バッグを用いて酸を所定の位置に閉じ込めるリン酸陽極酸化の技術について検討を行った。

7.3.3　自然環境と加速環境における劣化試験

自然環境および実験室環境における接着接合部の経時変化は Ashcroft ら[13] によって比較検討

表 7.1　Ashcroft ら[13]によって用いられた自然環境

	場所	平均条件		
		温度（℃）	相対湿度（%）	月間降水量（mm）
高温高湿	オーストラリア	23	85	297
高温乾燥	オーストラリア	25	55	39
常温	イギリス	10	78	49

された。アルミニウム被着体はクロム酸でエッチングされ，合計８種類のエポキシもしくはフェノール接着剤で接着された。劣化試験は，**表 7.1** に示す自然環境下で行われた。実験室環境では20℃，相対湿度 60%環境もしくは 35℃，相対湿度 85%環境でばく露が行われた。

破壊モードは凝集破壊が支配的であったが，時間経過と共に界面破壊の割合が増加した。また高温高湿環境下では，金属腐食が伴った。

この検討結果から，加速試験から長期耐久性を判断する簡便な方法はなく，過剰な温度や湿度は，自然環境下では発生し得ない劣化メカニズムを引き起こすという結論に達した。一般的に，加速試験は接合強度の低下を過大評価する傾向があるといえる。

7.3.4　塩　水

塩分は接着接合部の著しい強度低下を招く可能性がある。McMillan[24]は，アルミニウム被着体を接着した双片持ちはり試験片を用いた試験で，5%濃度の塩水噴霧環境に3ヵ月間ばく露した場合，亜熱帯環境に３年間ばく露するよりも損傷が大きいことを明らかにした。

Fay と Maddison[25]は，鉄鋼材料の接着接合部に対する塩水噴霧の影響について述べている。**図 7.7** に示すように，Accomet C および EP2005 と呼ばれる市販の接着剤や，シランカップリング剤による表面処理が，油面や脱脂表面よりも優れた耐久性を発揮することを明らかにした。

Pereira ら[26]は，２液性エポキシ接着剤により接着した高強度鋼の単純重ね合わせ継手を，35℃の精製水中に 120 時間浸漬した。また，塩水中にも 35℃にて 216 時間浸漬した。表面処理として，表面研磨後，溶剤による拭き取りを行った。浸漬の結果，すべての条件で界面はく離が発生

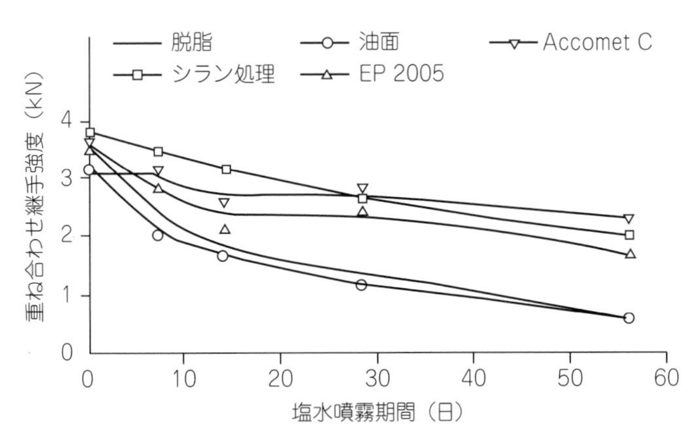

図 7.7　塩水噴霧が鉄鋼を接着した重ね合わせ継手の強度に与える影響[25]

し，特に塩水浸漬では腐食が界面はく離の主要因となっていることが明らかとなった。

Doyle および Pethrick[27] は，単純重ね合わせ継手をさまざまな溶液に浸漬し，力学的および誘電的評価を行った。クロム酸で陽極酸化したアルミニウム合金を被着体に用い，接着剤は硬化剤に脂肪族アミンを用いたエポキシを用いた。浸漬前の接着強度は 31.0±1.0 MPa であったが，65℃の溶液に 730 日間浸漬した後の接着強度は，精製水に浸漬した場合が 23.5±1.0 MPa であり，海水を模した塩水に浸漬した場合が 20.3±6.0 MPa であった。これら2条件の結果には差が見られなかった。この理由としては陽極酸化処理による効果であったと考えられる。

アルミニウムをエポキシ接着剤で接着した試験片を塩水に浸漬し水拡散を調査したところ，塩水よりも精製水に浸漬したほうが，吸水率が大きいことがわかった。著者である Kahraman と Al-Harthi[28] は，そのメカニズムを逆浸透であると考えたが，私の考えでは，塩分が水を希釈していることから溶質によって水の化学ポテンシャルが低下しているためである。

7.3.5　応　力

接着接合部は，ばく露中に応力が付加されると急激に強度低下する傾向がある。Davies と Fay[29] は，軟鋼と亜鉛めっき鋼の二種類の被着体を用いて，応力を負荷する場合と負荷しない場合の破断までの時間を調査した。**図 7.8** はニッケル亜鉛めっき鋼の結果であり，応力を負荷しなかった接着継手は 2.5 年間経過しても破断しなかった。他の接着継手は応力の増加とともに生存期間が短くなることがわかった。

Fay と Maddison[25] は，表面処理を施した鋼材を高じん性エポキシ接着剤で接着した継手を対

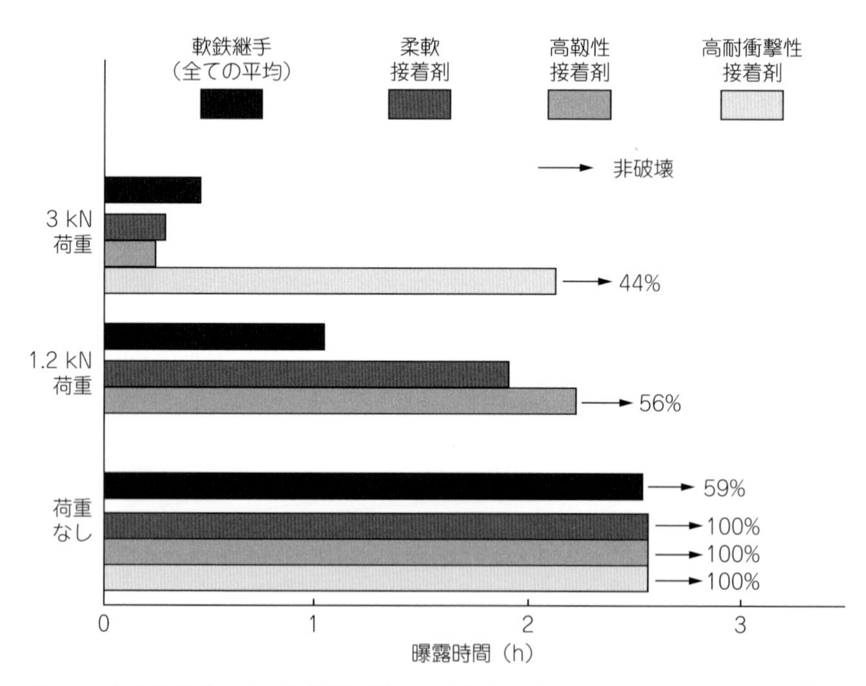

図 7.8　応力負荷をしながら熱帯環境にばく露されたニッケル亜鉛めっき鋼接着継手の平均破壊時間[29]

表 7.2　応力負荷を受けながら相対湿度 100%，42～48℃環境にばく露された接着接合部の破断時間[25]

表面処理	荷重（kN）	破断時間（日数）		
脱脂	0.4	72	86	86
	1.0	44	44	44
	2.0	25	28	28
油面	0.4	62	66	70
	1.0	24	25	25
	2.0	0	0	0
Accomet C（カタログ値）	0.4	254	＞1121	＞1121
	1.0	89	103	110
	2.0	18	18	19
シランカップリング剤（GPMS）	0.4	＞1121	＞1121	＞1121
	1.0	124	126	128
	2.0	26	28	28
EP2005（カタログ値）	0.4	96	99	125
	1.0	62	63	64
	2.0	12	12	12

象に相対湿度 100%.，42～48℃環境にばく露し，破断までの時間を計測した。**表 7.2** に示す結果から，応力の増加によって破断までの時間が早くなるが，適切な表面処理によりその時間を大幅に長くできることがわかった。

Parker[30] は，高温高湿環境，高温乾燥環境および温帯気候に最長 8 年間ばく露したアルミニウム合金クラッド材 BS 2L73 について，応力負荷の有無が接着接合部の耐久性に与える影響について報告した。さまざまな表面処理が施された被着体が使用され，接着接合部には乾燥時強度の 10%もしくは 20%の応力が加えられた。応力の増加に伴い破断までの時間は早まった結果が得られた。20%の応力では，表面処理の有効性はリン酸アルマイト＞クロム酸アルマイト＞クロム酸エッチングの順であった。

アルミニウムをエポキシ接着剤で接着した継手の耐久性に及ぼす繰り返し応力の影響は，Briskham と Smith[31] によってさまざまな表面処理を対象に検討された。試験片は 55℃の水に浸漬し，応力は約 0.15 もしくは 1.2 MPa，周波数は 2 Hz で試験が実施された。最も性能が優れていた処理はリン酸アルマイト処理であった。一方で，意外な結果となった処理がアミノシランカップリング剤による処理である。応力を負荷しない場合最も性能が良かったが，応力を負荷すると最も性能が悪くなった。

［**7.3.3**］では，Ashcroft らによる自然環境および実験室環境での接着接合部の経時変化に関する研究を紹介した。これらの研究には応力を負荷した状態の劣化試験も含まれており，高温高湿環境に 6 年間ばく露した接着接合部の残存強度を**図 7.9** に示す。E-P 接着剤は強度がゼロになっ

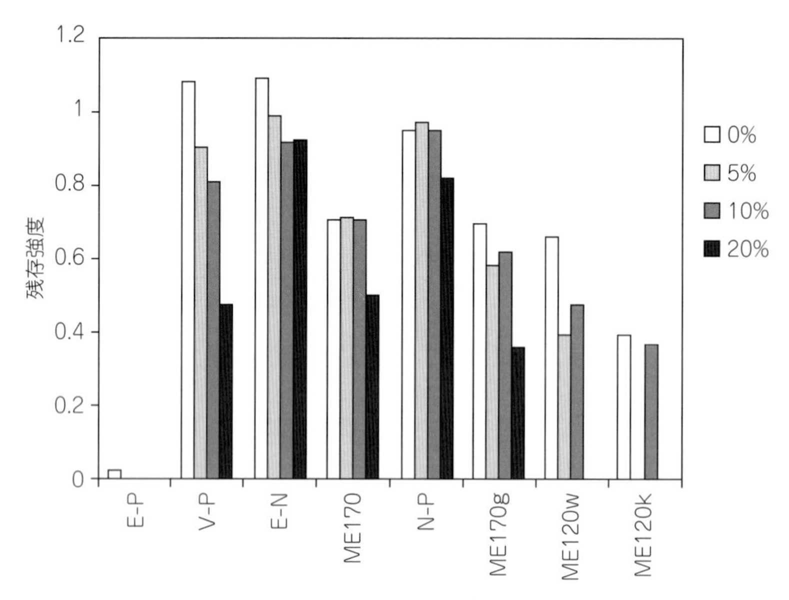

図 7.9　高温高湿環境に６年間ばく露された二重重ね合わせ継手に及ぼす負荷応力の影響

Ashcroft I A, Digby R P and Shaw S J (2001), J Adhes., 75, 175. Crown copyright.

たが，他の接着接合部はある程度の強度を保っていることがわかった。

7.3.6　合金の種類

アルミニウム合金を純金属でクラッド化することにより，腐食を抑制できる。一方で，クラッド化した合金は塩水噴霧に対しては劣っている可能性が示唆されている。この問題については，Brewis[32] が議論している。

表 7.3 は，Minford[33] によるもので，３種類のアルミニウム合金と３種類の表面処理を施した接着継手を高湿度環境や塩水噴霧環境にばく露した結果である。合金 X5085-H111 は，未処理や脱脂のみの場合，他と比較し耐久性が高い。

Poole と Watts[34] は，ボーイングウェッジテストを用いて，アルミニウム合金を接着した試験

表 7.3　合金の種類と表面処理が，１液性エポキシ接着剤で接着された継手の耐久性に及ぼす影響[33]

ばく露条件	接着強度（MPa）								
	アルミ合金 2036-T4			アルミ合金 6151-T4			アルミ合金 X5085-H111		
	A	B	C	A	B	C	A	B	C
ばく露なし	12.7	13.3	14.7	17.6	18.5	17.4	15.5	15.6	14.5
３か月 23.9℃/85% r.h.	2.6	2.2	15.2	9.3	10.7	16.6	12.8	13.0	13.2
３か月 51.7℃/100% r.h.	0.14	0	4.8	6.3	7.2	7.6	8.7	10.5	8.5
３か月 35℃/5%塩水噴霧	0	0	7.6	0.55	1.0	14.4	4.7	3.7	8.3

表面処理：A—ミル仕上げ，B—蒸気脱脂，C—クロム酸-リン酸プライマー

片の耐久性を評価した。彼らはX線光電子分光法（XPS）で金属表面を分析したが，組成と耐久性の間に有意な相関関係は得られなかった。Kinloch と Smart[35] は，突合せ継手に用いたアルミニウム合金の表面を XPS で分析した。これらの一部は水にばく露されたものである。その結果，表面の酸化マグネシウムの量が耐久性に影響を与える重要な因子であり，高濃度の MgO は耐久性の低さに関係することがわかった。

7.4　水と接着剤

7.4.1　接着剤層への水の拡散

接着剤は水を吸収する性質がある。構造用接着剤の吸水データを**表 7.4** にまとめる。浸漬した接着剤フィルムに吸収された水の重量測定から，拡散係数 D と平衡状態における吸水重量 M_E を求めることができる。Fick の第一法則は式(7.1)は，x 方向の流束（F_x）は濃度勾配に比例するという法則である。流束とは，単位時間に単位面積を拡散する量のことである。

$$F_x = -D\partial c/\partial x \tag{7.1}$$

直交空間に存在する小さな箱型の要素では，6つの各面を通過する流束の合計値が要素内における拡散物質の増減を決める。このことから Fick の第二法則式(7.2)が導かれる。

$$\partial c/\partial t = D(\partial^2 c/\partial x^2 + \partial^2 c/\partial y^2 + \partial^2 c/\partial z^2) \tag{7.2}$$

実験では，拡散が x 方向のみに限定されるように調整することが多く，その場合は式(7.3)が用いられる。

$$\partial c/\partial t = D\partial^2 c/\partial x^2 \tag{7.3}$$

式(7.4)は，湿度一定の水や空気中にばく露したフィルムもしくは薄板における式(7.3)の拡散物質濃度（C）に関する解である。C_e は平衡状態での濃度であり，フィルムの表面は $x = +L$ と $x = -L$ に位置している。

$$C/C_e = 1 - (4\pi)\sum_{n=0}^{\infty}[(-1)^n/(2n+1)]\exp(-D(2n+1)^2\pi^2 t/4L^2)\cos[(2n+1)\pi x/2L] \tag{7.4}$$

式(7.4)を積分すると，式(7.5)が得られる。ここで，M_t は時間 t における吸水重量であり，M_e は平衡状態における吸水重量である。

$$M_t/M_e = 1 - \sum_{n=0}^{\infty}[8/(2n+1)^2\pi^2]\exp(-D(2n+1)^2\pi^2 t/4L^2) \tag{7.5}$$

試験開始直後の短時間では式(7.5)は式(7.6)の簡単な式となる。この式が表 7.4 の拡散係数の算出に用いられた。

$$M_t/M_e = 4(Dt/\pi)^{1/2}/l \tag{7.6}$$

式(7.4)および式(7.5)は，矩形接着剤層における拡散にも適用できる。2枚の平板が直交する場

表 7.4　構造用接着剤の吸水特性

接着剤	t（℃）	D（10^{-12} m^2s^{-1}）	M_E（%）
ニトリル―フェノール(a)	25	3.3	1.50
	50	4.7	4.5
ビニル―フェノール(a)	25	1.8	3.5
	50	2.3	8.6
FM1000 エポキシ―ポリアミド(b)	1	0.075	(20.4)-
	25	1.1	(15.8)
	50	3.2	(15.5)
クロロスルホン化ポリエチレンにより高じん性化したアクリル接着剤(c)			
クロロスルホン化ポリエチレン	23	0.64	0.73
	37	1.20	0.82
	47	0.94	3.27
ニトリルゴム	23	0.19	1.72
	37	0.28	2.99
	47	0.66	3.89
木工用接着剤(d)			
ユリア―ホルムアルデヒド	25	0.25	7.4
	40	0.49	8.2
メラミン―ホルムアルデヒド	25	0.21	27.2
	40	0.39	41.0
フェノール-レゾルシノール―ホルムアルデヒド	25	1.1	13.9
	40	1.8	14.4
以下の硬化剤を用いた DGEBA エポキシ接着剤(e)			
ジ（1-アミノプロピレスオキシエーテル）	25	0.13	5.0
	45	0.46	4.7
トリエチレンテトラミン	25	0.16	3.8
	45	0.32	3.4
1, 3-ジアミノベンゼン	25	0.19	2.3
	45	0.97	3.1
ジアミノジフェニルメチレン	25	0.0099	4.1
	45	0.006	1.6
以下の硬化剤を用いたピロメリット酸無水物をベースとしたポリイミド(f)			
1, 4-ジアミノベンゼン	22	0.015	7.4
4, 4-オキシジアニリン	22	0.56	3.3

最大値が測定されたのち重量が低下したため，M_E の括弧内の値は真の平衡値ではなく，最大吸水量である。
(a) Brewis, Comyn and Tredwell[10)]，(b) Brewis, Comyn, Cope and Moloney[8)]，(c) Bianchi Garbassi, Pucciariello and Romano[36)]，(d) Brewis, Comyn and Phanopoulos[37)]，(e) Brewis, Comyn and Tegg[6)]，(f) Moylan et al.[38)]

合，交差部分における濃度は接着剤層での濃度と等しい。x 軸と y 軸に沿った平板内における濃度を C_x と C_y とすると（式(7.4)に対応），接着剤層内の座標 x と y におけるの水濃度は式(7.7)で与えられる。

$$(1-C_{x,y}/C_e)=(1-C_x/C_e)(1-C_y/C_e) \tag{7.7}$$

同様に，吸水量は式(7.8)に示す通りである。

$$(1-M_{xy,t}/M_e)=(1-M_{x,t}/M_e)(1-M_{y,t}/M_e) \tag{7.8}$$

接着剤層は液状の水や水蒸気を吸収し，界面に水が達する。塗料やラッカーで端部をシーリングしてもこれら自身が吸水するため，接着剤層の吸水を防ぐことはできない。拡散係数や平衡時の吸水量は，水が接着接合部内を拡散する速度や内部の水濃度分布を算出するために使用される[39]。

金属被着体は水を通さないが，繊維強化樹脂や木材などの水透過性のある被着体の場合は水が内部を拡散する。

ばく露した接着接合部の初期強度低下の速度は，内部への水拡散により議論できる。**図7.10**に接着強度と吸水量との比較を示す。２つの縦軸のスケールは，両者の経時変化が合うように調整されている。接着強度と吸水量との間には優れた相関関係があることがわかる。

さらに，Brewis ら[6-9,37]は，さまざまな構造用接着剤によりアルミニウム被着体を接着した試験片を用い，強度と含水率との間に直線的な関係性があることを示した。ただし，エポキシ-ポリアミド接着剤 FM1000 のみ例外で，高含水率領域において明らかに直線関係から逸脱していた。この破断面を観察すると被着体の腐食が発生していた。

Parker[40]は，変性エポキシ接着剤でチタン合金を接着した接合部を用いて，接着強度と湿潤環境へのばく露時間の平方根との間に線形関係が存在することを明らかにした。一部の接着試験片は11年間のばく露が実施され，水拡散が支配的な要因となり強度低下することを実験的に示した。

核反応法により，接合部の水濃度分布が測定された。２液性エポキシ接着剤で厚さの薄いアルミニウム板を接着し，その後 D_2O に 43 時間もしくは 96 時間浸漬した。接着部を $^3He^+$ イオンの

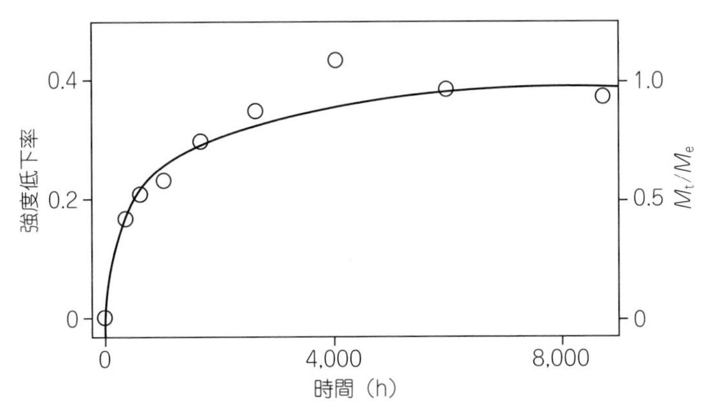

図7.10　DGEBA-DAPEE エポキシ接着剤で接着された継手の接着強度（実測点）と計算による吸水量（線）との比較[41]

表7.5 ポリエーテルウレタンにおける平衡時の吸水量および水の拡散係数

温度（℃）	平衡時吸水量（%）	拡散係数 10^{-12}（m^2s^{-1}）
25	2.48±0.01	1.56±0.05
45	2.64±0.01	7.29±0.86
60	2.67±0.01	18.5±21

マイクロビームでスキャンしたところ，^2H 原子に対し次のように反応していた。

$$^3He^+ + ^2H = ^4He^+ + ^1H$$

$^4He^+$はアルファ粒子であり，これが検出・測定された。重量測定による結果では，水はFickの拡散測に則り浸入していたが，核反応法による結果は水の浸入がこれよりも早く，ケースⅡ拡散であることがわかった[42]。ケースⅡ拡散は，等速で移動する鋭い先端を持つ拡散である。

構造用接着剤中の水拡散は，アレニウスの方程式に従うため，拡散速度は温度によって加速される。そのため，温度上昇に伴って接着接合部の強度低下が早くなることが予想される。GledhillとKinloch[4]，Gledhillら[14]は脱脂とグリットブラストによって前処理した軟鋼を用いエポキシ接着剤で接着した突き合せ継手を水中に浸漬した。

MDIをベースとしたポリエーテルウレタンの平衡時吸水量と拡散係数を**表7.5**に示す[43]。拡散における活性化エネルギーは57±1 kJ mol^{-1}であった。示差走査熱量測定では，ガラス転移温度が乾燥時は26.9℃であったが，湿潤時は10.2℃となり大きく低下していることがわかった。

7.4.2 可逆的および不可逆的変化

接着接合部内部に浸入した水が，強度低下を引き起こす要因はいくつかある。これらはComyn[39]によって議論され，その中で下記の要因があると述べられた。

(i) 可塑化に代表される接着剤特性の可逆的変化
(ii) き裂やクレーズの発生，加水分解などによる接着剤特性の不可逆的な変化
(iii) 接着剤‒被着体間の界面における劣化
(iv) 膨潤に起因した応力

XuとDillard[44]は，導電性接着剤を用いた試験片を85℃の空気中に最大50日間ばく露し，加えてその一部を150℃で乾燥させた。力学的，熱的評価および吸水率測定を実施した。その結果，可塑化による可逆的な変化と架橋や熱劣化による不可逆的な変化が発生していることが明らかとなった。

接着強度の回復は，明らかに可逆的なプロセスである。ばく露に伴う界面破壊率の増加は，接着剤自体の特性よりも界面における現象がより重要であることを示唆している。

エポキシ接着剤FM73で接着したアルミニウム合金の単純重ね合わせ継手は，50℃の水中に浸漬すると強度が徐々に低下することがわかった。一方，内部の水を排除するとAl 2024 T3の接着接合部の強度は100%回復したが，Al 2024 0合金では88%回復した（45）；Critchlow G W and

Crocombe A D）。

7.4.3　加水分解

Bowditch[46]は，「構造用接着剤は，基本的に耐加水分解性のある化学物質が選択されるため，化学的劣化は一般的に重要な劣化メカニズムではない」と述べている。加えて，水中での接着剤の膨張は吸水に起因しているが，このような材料は適していないとも述べている。

7.5　水と接着界面

7.5.1　酸化層の安定性

耐水性を向上させる表面処理は，耐久性のある酸化層を生成できる処理であるという考え方が一般的である。このような耐久性のある酸化層は金属表面の脆弱な酸化層の代わりに形成することとなる。クロム酸もしくはリン酸溶液での陽極酸化エッチングを施すと，新しい酸化層はより厚く，ハニカム構造となっている。これら内容についてはKinloch[47]の総説がある。

AhearnとDavies[48]は，ホスホン酸化合物が加水分解抑制剤として機能し，耐久性が向上する可能性を示した。

7.5.2　物理的吸着と接着仕事

液滴が固体表面に作る接触角を測定することで，固体の表面エネルギーを求めることができ，これらを用いて接触している２つの固体間の接着仕事をを計算できる。後者の計算は，乾燥空気などの不活性媒体中，水や飽和水蒸気中の２つの表面について行われる。この考え方は接着のメカニズムが物理的吸着によるものであると仮定している。

もし接着仕事が正であれば，その接着は安定的である。逆に接着仕事が負であれば，不安定であることを表している。そのため，水が存在している環境下での接着仕事は，接着接合部の耐久性を予測できる可能性がある。

Kinloch[49]は，空気中および水中での接着界面における接着仕事と，界面はく離との関係性について検討を行った。いくつかの結果を**表 7.6**に示す。界面はく離は熱力学的な接着仕事が負である場合のみに起こるという事実は，接着接合部の耐久性を予測する上で，熱力学的考察が有効であるという，非常に有力な証拠である。

表 7.6　乾燥空気中および水中におけるさまざまな界面の接着仕事

界面	接着仕事（mJ/m^2）		水中での界面はく離
	空気	水	
エポキシ/鋼	291	−255	あり
エポキシ/アルミニウム	232	−137	あり
エポキシ/シリカ	178	−57	あり
エポキシ/CFRP	88-90	22-44	なし

金属は高エネルギーな酸化物表面を持つため，水の存在下での接着仕事はマイナスになることから，はく離が発生する可能性がある。

このような現象は，液体は単純に接着剤を膨潤させるのではなく，界面へ損傷を与えることによって引き起こされるということがOrmanとKerr[50]によって明らかにされた。エタノールはエポキシ接着剤硬化物の膨潤を引き起こし引張強度を低下させるが，同様の接着剤で接合したアルミニウム試験片の強度にはほとんど影響を与えないことも明らかにされた。対照的に，水は接着剤の引張強度にほとんど影響を与えないが，アルミニウムを接着した接合部に対してはその強度を大幅に低下させた。

この現象を引き起こした要因は，水の極端な特性によるものであり，特に表面自由エネルギーの極性成分が高いことによる。その値は水で51.0 mJ m^{-2}であり，エタノールでは5.4 mJ m^{-2}である。

7.5.3　化学結合

イオン対や共有結合に代表される化学結合は強固であり，接着接合部の耐久性向上に寄与する。

距離rだけ離れた２つのイオン間に働く力F_{+-}は，式(7.9)で与えられる。z_1とz_2はイオンの原子価であり，eは電荷，ε_oは真空誘電率，ε_rは媒質の比誘電率である。

$$F_{+-}=\frac{z_1 z_2 e^2}{4\pi\varepsilon_o\varepsilon_r r^2} \tag{7.9}$$

エポキシ系接着剤のε_rの値は小さく（約４または５），フェノール系も同様であるが，水のε_rは約80である。したがって，接着剤内に少量の水が入るだけで，ε_rが増加しF_{+-}が元の値の数分の一に低下する。一方で，水を完全に除去すればF_{+-}は元の値に戻る。

水と有機溶媒の混合物における比誘電率は，その組成比に対しておおよそ線形となる。水と接着剤の混合物に対しても同様で，接着剤の比誘電率が界面におけるイオン対を取り囲む比誘電率を表しているとすれば，強度低下量を計算することができる。接着剤に対して$\varepsilon_r=5$，水に対して$\varepsilon_r=80$を用いた計算結果と実測による強度低下との比較を**表7.7**[51]に示す。両者の傾向は良好

表7.7　相対湿度100%，50℃環境における接着強度の低下率の実測値および計算値。クロム酸エッチングされた被着体[51]

接着剤	接着強度低下率（%）	
	実測値	計算値
変性エポキシ（BSL312）	50	36
エポキシ・ナイロン（FM1000）	78	68
エポキシ（DGEBA/DAPEE）	40	45
ニトリルフェノール１	54	40
ニトリルフェノール２	37	20
ニトリルフェノール２（＋プライマー）	14	18
ビニルフェノール	45	56

な一致を示した。

イオン対に対する考え方は，水が存在している環境下での接着接合部の強度を一時的に低下させ，乾燥させると回復するというものである。一方で，物理的吸着理論では，水が金属酸化層から接着剤を引きはがし，強度がゼロとなる。ガラス状態の接着剤分子は被着体との接触を再構築できるほど柔軟ではないため，接着強度は回復しないと予測している。

シランカップリング剤は，界面における共有結合を生成すると考えられており，接着接合部の耐水性を向上のために広く用いられている。一般的にはR-Si(OR′)$_3$で表される構造を持つ。Rは液体樹脂である接着剤と反応でき，R′は通常メチル基またはエチル基である。

Comynら[52]は，ガラスと鉛合金をエポキシ接着剤で接合した試験片に対して，シランカップリング剤の有効性を示した。一部のガラス被着体は，3-アミノプロピルトリエトキシシラン（APES）で処理された。高温高湿環境下（50℃，相対湿度100%）でばく露した結果，シラン処理を施さなかった場合強度はゼロであったが，APESを使用した場合は若干の強度低下後，一定値に収束する傾向を示した。96日間ばく露したところ，シランカップリング剤を使用しない接着接合部のほとんどがはく離した。

アモルファスシリカとアルミニウムの界面は，60℃の水に対して高い耐性を示すことが明らかとなった[53]。このことから，これら界面において，Si-O-AlやSi-O-Tiの共有結合が形成されていると考えれる。多くの研究者が，シランカップリング剤と金属または金属酸化物との間のSi-O-金属結合の形成について，分光学的手法によりその証拠を示している。例えば，GettingsとKinloch[54]はステンレス鋼におけるSi-O-FeとSi-O-Crの結合を明らかにし，DavisとWatts[55]は鉄にSi-O-Feの結合を見出した。Navirojら[56]は粉末状の金属酸化物におけるSi-O-AlとSiO-Tiの結合を明らかにした。

7.6　水以外の溶液

水以外の溶液中での接着接合部の挙動については，ほとんど検討されていない。ポリサルファイド，シリコーン，フルオロシリコーンシーラントで接着されたアルミニウムの重ね合わせ継手がジェット燃料，水-凍結防止剤（ジエチレングリコールのモノメチルエーテル）混合液に浸漬された[57]。

被着体は溶剤で脱脂され，一部はエポキシクロメートプライマーが塗布された。ポリサルファイドを用いた接着接合部は，室温におけるジェット燃料や水中での160日間の浸漬では強度低下は発生せず，リン酸陽極酸化やシランプライマーの使用による性能向上は見られなかった。一方，凍結防止剤を含んだ水への浸漬では大幅な強度低下が見られた。

耐久性に対する最も優れた指標は吸収された液体の量である。ポリサルファイドは凍結防止剤を含んだ水を重量比で60%吸収し，シリコーンは同様にジェット燃料を重量比で87%吸収した。フルオロシリコーンはどの液体もほとんど吸収せず，接合部が弱くなることはなかった。

ゴム変性エポキシ接着剤[58]の場合，リン酸陽極酸化とカップリング剤3-グリシドキシプロピルトリメトキシシランおよび3-アミノプロピルトリエトキシシランの適用により，浸漬後の強

表7.8　65℃の液体に730日間浸漬した接着継手の強度

液体	接着強度（MPa）
未浸漬	31.0±1.0
航空機燃料　AVTUR F-34	25.0±1.5
油圧油	31.8±0.6
プロピレングリコール	31.6±0.7
室温におけるジクロロメタン	6.0±4.0

度が大幅に向上した。すべての接合部は不凍液に浸漬すると強度が低下したが，ジェット燃料や凍結防止剤を含んだ水への浸漬では強度低下がみられなかった。

Doyle と Pethrick[27] は，塩水についての章で説明した重ね合わせ継手を非水系液体に浸漬した。ジクロロメタンは揮発性が高いため，室温のみで実施した。730 日間浸漬した後の強度は**表7.8** に示すとおりである。溶剤による膨潤と可塑化が強度低下の主な原因であった。ジクロロメタンが最も大きな損傷を与えた。

7.7　木材接着

ユリア—ホルムアルデヒド（UF），メラミン—ユリア—ホルムアルデヒド（MUF），フェノール—ホルムアルデヒド（PF）およびレゾルシノール—フェノール—ホルムアルデヒド（RPF）接着剤で接着した木材接合部の耐久性については，Dinwoodie[59] による総説がある。加速環境と自然環境における劣化試験の相関関係は小さいが，フェノール，レゾルシン，メラミンを含む接着剤で優れた耐久性が得られた。一方，未変性の UF 接着剤が最も劣っていた。

家具や床材に頻繁に使用される木工用接着剤は，エマルジョンイソシアネート，ポリ酢酸ビニルラテックス，ユリア—ホルムアルデヒド（UF）である。異なる湿度にばく露したところ，弾性率が湿度の上昇とともに低下した。また，エマルジョンイソシアネートを使用した接着接合部が最も安定的であった。ユリア—ホルムアルデヒドはクリープと応力緩和の値が最も低かった。湿度に対して最も敏感だったのはポリ酢酸ビニルラテックスであった[60]。

文　献

1）J. Comyn, Plast Rubber Compos Process Appl 27（1998）110.
2）K. Ramani, J. Verhoff, G. Kumar, N. Blank, S. Rosenberg, Int. J. Adhes. Adhes. 20（2000）377.
3）D. J. Falconer, N. C. MacDonald, P. Walker, Chem. Ind 1230（1964）.
4）R. A. Gledhill, A. J. Kinloch, J. Adhes. 6（1974）315.
5）J. L. Cotter, Durability of structural adhesives, in: W. C. Wake（Ed.）, *Developments in* Adhesives – 1, Applied Science Publishers, London, 1977（Ch 1）.
6）D. M. Brewis, J. Comyn, J. L. Tegg, Polymer 21（1980）134.
7）D. M. Brewis, J. Comyn, J. L. Tegg, Int. J. Adhes. Adhes. 1（1980）35.
8）D. M. Brewis, J. Comyn, B. C. Cope, A. C. Moloney, Polymer 21（1980）1477.

9）D. M. Brewis, J. Comyn, B. C. Cope, A. C. Moloney, Polymer Eng Sci 21（1981）797.
10）D. M. Brewis, J. Comyn, S. T. Tredwell, Int. J. Adhes. Adhes. 7（1987）30.
11）N. J. DeLollis, Natl SAMPE Symp Exhib 22（1977）673.
12）D. M. Brewis, J. Comyn, B. C. Cope, A. C. Moloney, Int. J. Adhes. Adhes. 1（1980）135.
13）I. A. Ashcroft, R. P. Digby, S. J. Shaw, J. Adhes. 75（2001）175.
14）R. A. Gledhill, A. J. Kinloch, S. Shaw, J. Adhes.1（1980）3.
15）D. M. Brewis, J. Comyn, A. K. Raval, A. J. Kinloch, Int. J. Adhes. Adhes. 10（1990）27.
16）G. A. Knight, T. H. Hou, M. A. Belcher, E. L. Palmieri, C. J. Wohl, J. W. Connell, Int. J. Adhes. Adhes. 39（2012）1.
17）C. Bahr, E. Stammen, R. Thiele, S. BoÍhm, K. Dilger, J. BuÍchs, Int. J. Adhes. Adhes. 33（2012）15.
18）R. I. Butt, J. L. Cotter, J. Adhes. 8（1976）11.
19）G. W. Critchlow, D. M. Brewis, Int. J. Adhes. Adhes. 16（1996）255.
20）K. B. Armstrong, Int. J. Adhes. Adhes. 17（1997）89.
21）G. W. Critchlow, D. M. Brewis, Int. J. Adhes. Adhes. 15（1995）161.
22）M. S. Islam, L. Tong, Int. J. Adhes. Adhes. 68（2016）305.
23）L. Bergan, Int. J. Adhes. Adhes. 19（1999）199.
24）J. C. McMillan, in: A. J. Kinloch（Ed.）, Durability of Structural Adhesives, Applied Science Publishers, London, 1981, p. 243. Ch 4.
25）P. A. Fay, A. Maddison, Int. J. Adhes. Adhes. 10（1990）179.
26）A. M. Pereira, P. N. B. Reis, J. A. M. Ferreira, F. V. Antures, Int. J. Adhes. Adhes. 47（2013）99.
27）G. Doyle, R. A. Pethrick, Int. J. Adhes. Adhes. 29（2009）77.
28）R. Kahraman, M. Al-Harthi, Int. J. Adhes. Adhes. 25（2005）337.
29）R. E. Davies, P. A. Fay, Int. J. Adhes. Adhes. 13（1993）97.
30）B. M. Parker, Int. J. Adhes. Adhes. 13（1993）47.
31）P. Briskham, G. Smith, Int. J. Adhes. Adhes. 20（2000）33.
32）D. M. Brewis, in: A. J. Kinloch（Ed.）, Durability of Structural Adhesives, Applied Science Publishers, London, 1983, p. 215. Ch 5.
33）Minford J D（1981）, *Treatise on Adhesion and Adhesives,* vol 5, Patrick R L Ed., Marcel Dekker, New York, p 45.
34）P. Poole, J. F. Watts, Int. J. Adhes. Adhes. 5（1985）33.
35）A. J. Kinloch, N. J. Smart, J. Adhes. 12（1981）23.
36）N. Bianchi, F. Garbassi, R. Pucciariello, G. Romano, Int. J. Adhes. Adhes. 10（1990）19.
37）D. M. Brewis, J. Comyn, C. Phanopoulos, Int. J. Adhes. Adhes. 7（1987）43.
38）C. B. Moylan, M. E. Best, M. Ree, J Polymer Sci, Phys Ed 29（1991）87.
39）J. Comyn, in: A. J. Kinloch（Ed.）, Durability of Structural Adhesives, Applied Science Publishers, London, 1983, p. p85. Ch 3.
40）B. M. Parker, J. Adhes. 26（1988）131.
41）J. Comyn, D. M. Brewis, R. J. A. Shalash, J. L. Tegg, Adhesion 3（1979）13.
42）C. D. M. Liljedhal, A. D. Crocombe, F. E. Gauntlett, M. S. Rihawy, A. S. Clough, Int. J. Adhes. Adhes. 29（2009）356.
43）J. E. Huacuja-Sánchez, K. Muller, W. Possart, Int. J. Adhes. Adhes. 66（2017）167.
44）S. Xu, D. A. Dillard, J. Adhes. 79（2003）699.
45）A. Mubashar, I. A. Ashcroft, G. W. Critchlow, A. D. Crocombe, Int. J. Adhes. Adhes. 29（2009）751.
46）M. R. Bowditch, Int. J. Adhes. Adhes. 16（1996）73.
47）A. J. Kinloch, Adhesion and Adhesives, Science and Teachnology, Chapman and Hall, London, 1987, pp. 376-380.
48）J. S. Ahearn, G. D. Davies, J. Adhes. 28（1989）75.
49）A. J. Kinloch, in: A. J. Kinloch（Ed.）, Durability of Structural Adhesives, Applied Science Publishers, London, 1983, p. 1. Ch 1.
50）S. Orman, C. Kerr, Aspects of Adhesion 6（1971）64.
51）J. Comyn, D. M. Brewis, S. T. Tredwell, J. Adhes. 21（1987）59.
52）J. Comyn, C. L. Groves, R. W. Saville, Int. J. Adhes. Adhes. 14（1994）15.
53）R. H. Turner, F. J. Boerio, J. Adhes. 78（2002）495.
54）M. Gettings, A. J. Kinloch, J. Mater. Sci. 12（1977）2511.
55）S. J. Davis, J. F. Watts, Int. J. Adhes. Adhes. 16（1996）5.
56）S. Naviroj, J. L. Koenig, H. Ishida, J. Adhesion 18（1985）93.
57）J. Comyn, J. Day, S. J. Shaw, Int. J. Adhes. アドヘス. 17（1997）213.
58）J. Comyn, J. Day, S. J. Shaw, Int. J. Adhes. Adhes. 20（2000）77.

59）J. M. ディンウッディー, in: A. Pizzi（Ed.）, Wood Adhesives; Chemistry and Technology, 1983, p. 1. Ch 1.

60）A. Rindler, C. P€oll, C. Hansmann, U. M€uller, A. Konnerth, Int. J. Adhes. Adhes. 85（2018）123.

〈訳：島本　一正〉

第8章　接着接合部の非破壊検査

Robert L. Cranea, John Hart-Smithb and John Newman

8.1　はじめに

接着接合は，潜在的な利点があるにもかかわらず，接着接合部が必要最低限の荷重伝達能力を有することを確認するための適切なNDI（非破壊検査）技術の欠如により，飛行安全性が要求される構造への適用が制限されてきた。NDIでそれを確認できない限り，構造の耐荷能力についての信頼性を保証することはできず，航空機が飛行安全の認証を得るには製造するたびに構造のプルーフテスト（保証用の耐荷重試験）実施が必要になる。これは最善のやり方ではない。というのも，ある接着部位に必要な荷重を負荷すると，別の部位に過大な荷重が作用して剥離が発生したり，完全に破壊する危険を伴うからである。そこで，近年は，構造の中でも荷重がかからない部位で小規模なプルーフテストを可能とする技術が盛んに研究されている。また，過去の接着不良の原因が接着前の被着体表面の有害な汚染であったことから，そのような汚染を検出する技術も注目されている。本章ではこれらのトピックについて説明する。

異物混入，剥離やポロシティ（微小空隙の集まり）など接着剤の硬化後に発生しうる物理的欠陥の検出に使用可能なNDI技術はいくつか存在する。構造体の使用期間にわたってその安全性を保証するためには，使用環境による構造材料の劣化を検出することが重要となる。構造体の物理的損傷を検出するNDI技術としてもっともよく使用されるのは超音波，および非接触で実施可能なサーモグラフィーやシェアログラフィー等である。例えば，複合材構造への衝撃損傷は深刻なものとなりうるが，検出は困難である。

NDIの検査員は従来，接着構造のさまざまな物理的欠陥を検出，定量化するために超音波検査装置や放射線検査装置を使用してきた。これらの手法は以下のようなさまざまな欠陥の検出に用いられている。

- 剥離，ボイド（空隙），ポロシティ
- 接合部の接着剤不足，軽量構造体におけるハニカムと表面板間のフィレット形成不足
- 異物衝突，水分侵入，接着剤と被着材間のボイド，金属部品の腐食など，使用時に発生する損傷

接着剤層のボイドや大きな気泡の発生は，不十分な量の接着剤，使用期限切れの接着剤や過度に吸湿した複合材層の使用などが原因で起こる。接着剤層のポロシティは，サイズが比較的小さいことを除いて，他のボイドや気泡に類似したものである。複合材が被着体の場合，乾燥が不十分であると被着体中の吸湿水分が硬化サイクル中に気化して接着剤中に気泡を発生させて問題となりうる。ボイドやポロシティは通常，超音波や放射線検査技術によって検出できる。

接着層−被着体の界面特性の検査については，数十年に及び超音波を用いた技術の研究が行われてきたにもかかわらず，未だに信頼できるNDI手法は確立されていない。さらに，被着体表面の汚染は超音波による方法では検出できない。接着作業施設では，汚染の検出に水弾き試験を行うのが標準的な方法であった。しかし，この方法では，表面エネルギーの極性成分に関する限られた情報しか得られず，その分散成分や，表面の化学的性質に関する情報についても得ることはできない。これは，電気回路の抵抗成分を知っていても，その無効成分（reactive component）については何もわからないのと同様である。多くの状況で回路がどのように機能するのかを予測するには，両方が必要である。汚染はさまざまな原因から発生する可能性があり，それぞれが独自の化学的性質を有している。最も有害な物質はシリコーンで，接着を防止するために使用されるものである[1]。時には，汚染物資が接着剤と親和性があり，無害であるものの検出されること（いわゆる偽陽性）がある。その例として作業者の皮脂は接着剤の硬化中に接着剤に溶け込むことができる。反対に，悪質な汚染物質を見逃してしまうこと（偽陰性）もある。汚染物質は物理的に見て接着剤と非常によく似ているため，一般的なNDI手法では実質検出ができない。

接着剤の物理的特性のバラつきは硬化サイクルの変化によってもたらされることがある。例えば，硬化温度が低すぎると，高分子の架橋が不十分となり，接着剤の弾性率が低くなる。接合部の接着剤層の剛性は，手間で時間がかかるが実験室の超音波法を用いて測定することができる。このデータは接着剤の凝集特性と相関するものであろう。しかし，この方法は製造施設で実用できるものではない。代わりとして，ほとんどの製造業者は品質管理用のサンプルや接合部に設けた単純なタブを用いて，それらの機械特性を破壊するまで試験する。これは，それらの管理用サンプルは同じ表面処理と同じ硬化サイクルを経ているため，接合部の特性を代表できているという想定に基づくものである[2]。

ほとんどのNDI検査は凝集特性や界面特性の測定ではなく，剥離の検出を目的としているため，本章では，この目的に適したいくつかのNDI技術にページを割いている。多くの検査では次節で説明する超音波法が使用されている。さらに，不十分な接着状態を検出する簡単で信頼性の高い手法がないため，ほとんどの接着作業施設は厳格な工程管理を拠り所としている[1-4]。低周波ボンドテスターを依然使用している製造業者は数少ない。低周波ボンドテスターは主にポロシティの有無を検出するもので，検査時間も長い。接着剤層と被着体が密接に接触している場合は，剥離を見逃す可能性がある。これらの理由から，ボンドテスターに関する節は簡潔に留め，他の方法についてより詳述することとする。

往々にして，複合材構造に対しては，劣化を引き起こす多くの環境要因にさらされながら，数十年間の耐用が期待される。したがって，迅速で経済的な複合材構造の検査法について節を設けるのは適切かつタイムリーといえるだろう。現状，シェアログラフィーとサーモグラフィーがこれを実現できる2つの主要な方法であることから，そこではこれらについて簡単に概要を述べる。

8.2　従来の超音波技術

8.2.1　技術の基礎原理

接着構造体の超音波NDIでは，多くの場合，パルスエコー法または透過法という２つの物理的構成のいずれかが使用される[5,6]。パルスエコー方式では，圧電トランスデューサーが高振幅の音波パルスを構造体に向けて，通常は垂直入射で送信し，戻ってくるエコーを同じトランスデューサーを使って検出する。これは，映画などでソナーを用いて水中の物体を探知する映像を見たことがあるかもしれないが，そういった魚群探知機のようなものとよく似ている。帰ってくるエコーは，その音響ピークが時間に対してプロットされ，画面に表示される。このような表示方法はＡスキャンと呼ばれ，接着部剥離やボイドの検出によく用いられる。

透過法では，部品の反対側に受信用トランスデューサーを配置し，減衰しながら届いた音響パルスを受信する。本来届くべき時間内にパルス信号が検出されない場合，何かが部品を通した音の伝達を妨げていることになり，通常は大きなボイドや剥離の存在を示すものである。受信した超音波信号を部品表面の x–y 位置に対してプロットすると，内部構造の音響的なマップが描かれる。このような表示方法をＣスキャンと呼び，接着部に存在する剥離のサイズやポロシティの量を検出，推定するためによく用いられる。

超音波の入射パルスは，試験体や構造体内に存在する界面で反射および透過する（ここでは垂直な入射を想定し，屈折はしないものとする）。単位振幅の入射パルスに対する反射（R）および透過（T）パルスの振幅は，界面を形成する材料間の音響インピーダンスに依存し，以下のように表される。

$$R=\frac{Z_2-Z_1}{Z_1+Z_2} \tag{8.1}$$

$$T=\frac{2Z_2}{Z_1+Z_2} \tag{8.2}$$

ここで，Zは音響インピーダンスであり，$Z=\rho\times c$で表される。なお，ρは密度，cは音速，添え字の１と２はそれぞれ界面への入射側，およびその反対側にある材料を表す。もし欠陥が気体もしくは他の密度の小さい物質である場合，接着剤や被着体と比較して音響インピーダンスが小さくなる。そのため，欠陥に入射したパルスはほぼ完全に反射され，試験体内をさらに透過していくエネルギーはごくわずかとなる。よって，反射，透過エネルギーの検出と測定は欠陥の存在を調べるために利用できる。ポロシティの場合，音響パルスの減衰の程度は，接着層内に存在するポロシティの量と相関が見られる[7-9]。超音波パルスが，超音波ビームがカバーする領域よりも小さい平面状の欠陥から鏡面反射された場合，戻ってきたエコーの振幅に基づいて欠陥サイズを推定することができる[6,10]。欠陥が超音波ビーム径より大きい場合は，部品表面全域をトランスデューサーでスキャンしながら測定を行い，反射エコーの有無に注目することで，検査員はＣスキャン画像で平面欠陥の大きさを測定できる。接着剤層に顕著なポロシティがある場合，透過スキャンにおける信号の減衰を測定することにより，検査者はポロシティの存在量を推定することができる。ポロシティ率を正確に推定するためには，減衰した信号を，ポロシティがない標準試験片における減衰のない信号と比較する。校正されたNDI装置を用いて，所定のポロシティ率に調整した一連の標準試験片から得られるデータを用いて，透過信号の減衰度合との対応付けを行う。このデータを用いて超音波計測器の校正も行うことで，接着部に存在するポロシティ率を正確に推定することができる[11]。大きな平面状の欠陥が存在する場合，超音波パルスを鏡面反射し，音響エネルギーは試験片をほとんど透過しない。

固体と空気には著しいインピーダンス不整合があるため，トランスデューサーから試験体まで空気を介して超音波を伝えることは難しい。このためNDI検査では接触媒質を使用して超音波を部品に伝達させる。そのために，試験体とトランスデューサーを水槽に沈めることも多い。この際，超音波は水で満たされた隙間（トランスデューサーによるが一般に25～100 μm程度の間隔）を介して試験体中に伝搬する。そのほかに，接触媒質として薄いゲルを介してトランスデューサーと試験体を接触させる方法がある。しかし，どちらの方法にも問題があり，水浸法は大きい試験体や水に浮くようなハニカム構造部品には実用的でないこと，接触法は広い範囲をスキャンするのに時間がかかること，また接触面圧に敏感になりがちなことなどが挙げられる。大型の構造体に対する別の方法としては，**図8.1**に示すように，トランスデューサーを包み込むよ

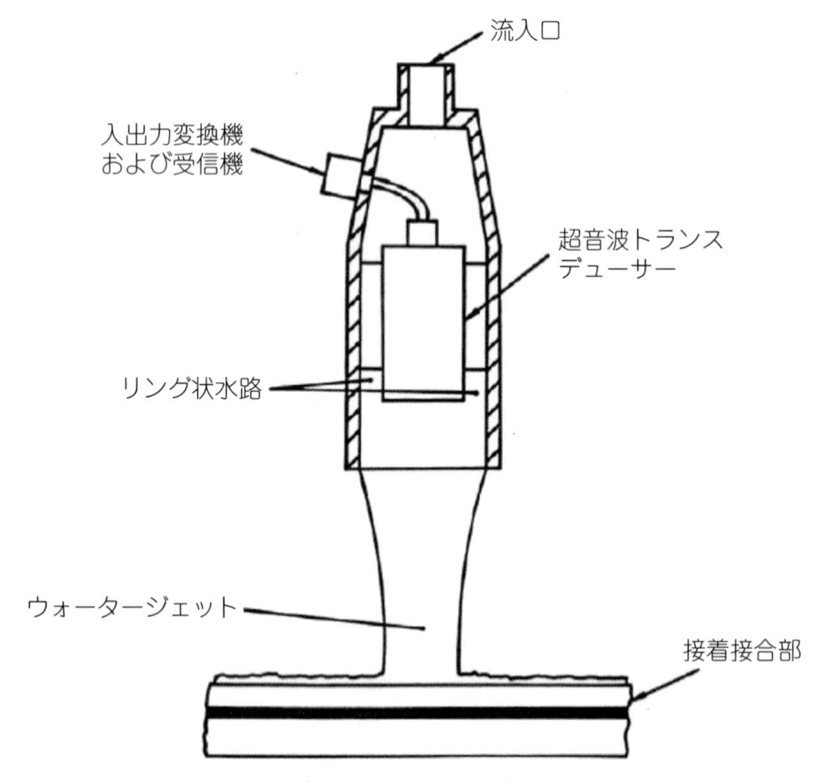

図8.1　ウォータージェットカップリング（squirter）の概要図

Used with permission from C. C. H. Guyott, P. Cawley, R. D. Adams, The non-destructive testing of adhesively bonded structure: a review, J. Adhes. 20 (2) (1986) 129–159.

うに噴射した水柱を介して超音波を伝達する，ウォータージェットもしくは“スカーター”と呼ばれる方法がある。また最近では，空中超音波トランスデューサー[12]や，低減衰のゴムタイヤを接触媒質とするホイールプローブ[13]も開発されている。しかし，空中超音波は，試験体への音響伝搬率が低く，聴覚障害を引き起こす可能性があるという欠点がある。また，ゴムを媒体として試験体に超音波を伝搬させる場合は，ゴムがほこりなどの微粒子を拾うと，超音波が大きく減衰してしまうという欠点がある[14]。

これら超音波の反射や透過をモニターする技術を用いることで，接着剤と被着体の界面にある剥離は，わずかにでも開口していれば高い信頼性で検出することが可能である。しかし，そのような欠陥によってもたらされる変化は微妙であることが多く，また水や油・オイルなど接触媒質となりうるものが欠陥内部に浸入すると完全に消えてしまうこともある。接触媒質（水やゲル）を適用する前に，剥離可能な塗料で試験体をコーティングすれば，これを防ぐことが可能と思われる。生産管理の場では通常この手法で液体の浸入を防止できている。しかし，履歴が不明な接合部を検査する場合は，結果を慎重に解釈する必要がある。また，圧縮荷重によって被着体が押し付けられると，剥離の検出が難しくなる[15]。さらに，接着剤層が厚い場合もそこでの超音波の減衰が大きくなって問題となることがある。

8.2.2　検査形態

8.2.2.1　透過法

透過法は，しばしば飛行機の胴体や翼など大きな構造体の製造時検査に使用され，そこでは通常ウォータージェットを接触媒質として行われる。この方法はハニカム構造の検査にも適しており，パルスエコー法（次項参照）を使用した場合，上面板とハニカムコア材の接着部しか信頼性のある検査ができないのに対し，透過法は上下両方の接着部を一度に検査することができる。高速コンピューター制御によるスキャン，大容量のコンピューターメモリ，信号処理により，パルスエコー法を用いて上下の接着部を検査し，同時に透過信号の記録と分析を行うことも多い[16]。透過法は，構造体の両表面へのアクセスが困難または不可能な場合が多い運用時の検査には適していない。また，透過信号のデータは欠陥の有無を判断することはできるが，構造体内での欠陥深さに関する情報は，両側からのパルスエコースキャンを行わなければ得ることができない。欠陥の深さを推定するために，音響エコーのタイミングを利用することで，接着接合部においてほとんどの欠陥の深さを決定できる。

8.2.3　パルスエコー法

パルスエコー法は１つのトランスデューサーで送波と受波の両方を行う。トランスデューサーにより生じる超音波パルスが十分に短ければ，それぞれの界面でのエコーを分離でき，その位置と振幅から部品内の特定の深さの欠陥を検出することができる。欠陥は反射率が大きいため，超音波の大部分が反射され，欠陥の後ろ側からのエコーは減少もしくは消失することになる。

また，１つのトランスデューサーを“二重透過法”の形態で使用することも可能である。これは，**図 8.2** に示されるように，水浸タンク内で反射板を試験体の下に設置し，反射板からのエ

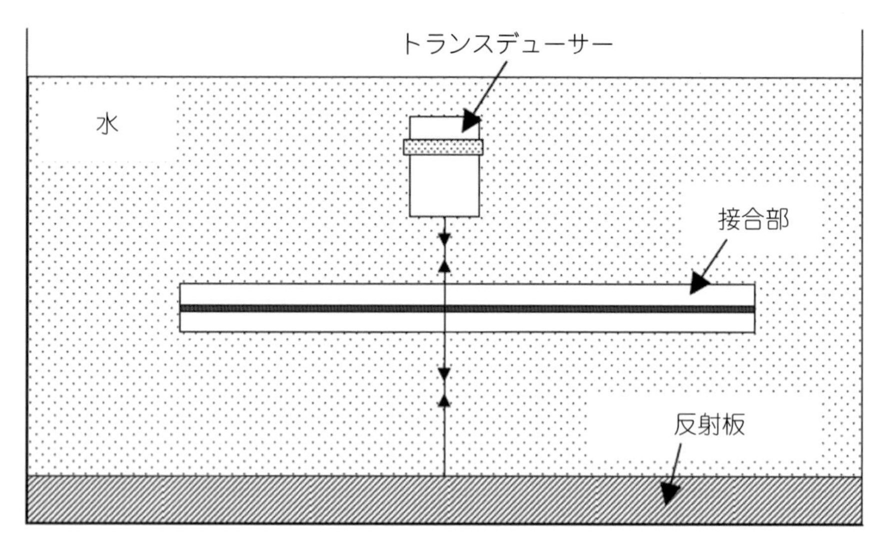

図8.2　二重透過検査の概要図

コーを観測することで可能となる。透過法と同様に，超音波信号は大きな剥離やボイドで完全に反射され，ボイド，ポロシティや小さな剥離では振幅の小さな反射が起こることが多い。ここですべてのパルスエコー検査において，反射信号をパルス発信トランスデューサーで受信するためには，トランスデューサーに平行な軸を試験体または反射板に対して垂直に配置することが重要である。反射信号は減衰性の高い複合材構造を通過しなければならないため，戻ってくるエコーは，同じ構造を透過法で行う場合の2倍の減衰を受けることになる。

パルスエコー法は，構造体のポータブル検査やフィールドレベル検査に最もよく使用される。構造体全域におけるトランスデューサーの位置を追跡すれば，検査員はCスキャン画像を見ることもできる[17]。**図8.3**は，環境劣化を受けた約100 mm^{2}領域の接着接合部に対するCスキャン画像を示している。端部の大きな剥離と，端部から離れたところにある小さな剥離の集まりがはっきりと確認できる。また，試験体の接着されていない部位の片側においてアルミニウムの腐食も確認されている。

現在のコンピューターの性能のおかげで，多くの装置が特定の深さ範囲におけるCスキャン画像を表示しながら検査を行う機能を持っている。これにより，検査者が興味のある時間範囲を選択してそれに対応する深さ範囲のAスキャンデータを呼び出し，Cスキャン画像としてプロットするだけで，構造体を厚み方向に一層一層調べることが可能となっている。このやや高度な超音波検査法に必要なスタッフのトレーニングと装置自体に投資する気があれば，透過法とパルスエコーによる検査の両方を同時に行うことが可能である[18]。

8.2.4　超音波トランスデューサーおよびデータ表示方法

8.2.4.1　周波数による影響

超音波トランスデューサーは一般にその中心周波数によって特徴付けられ，従来の検査のほとんどは1～10 MHzの範囲のものを用いて行われている。よく設計されたトランスデューサーの

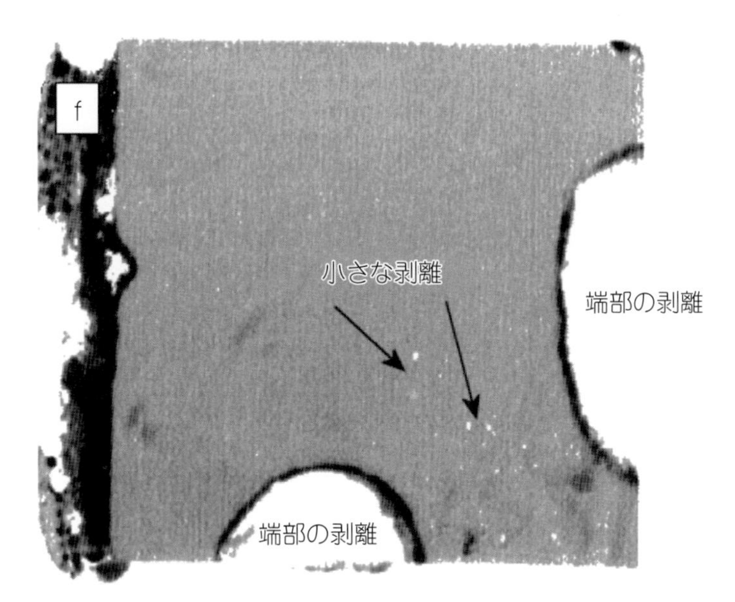

図 8.3　環境曝露したアルミニウム接着接合部の C スキャン画像（端部の大きな接着剥離と内部の小さな接着剥離が見える）

Used with permission from K. A. Vine, P. Cawley, A. J. Kinloch, The correlation of non-destructive measurements and toughness changes in adhesive joints during environmental attack, J. Adhes. 77 (2) (2001) 125-161, https://doi.org/10.1080/00218460108030735.

通常のパルスの長さは，トランスデューサーの 3～5 サイクル分の振動に対応する。トランスデューサーの圧電材料は，パルサーから高振幅の電圧が印加されることによって振動励起される。連続した 2 つの界面からの反射波を分離する（重ならないようにする）ためには，パルスの持続時間は第 1 の界面から第 2 の界面まで超音波が往復する時間を超えてはならない。したがって，界面が近接している場合には高い周波数で持続時間が短いパルスを必要とする。水中で 10 MHz のトランスデューサーを使用し，アルミ板からの連続した反射波を観測した例を**図 8.4** に示す。図 8.4A では板厚は 3.2 mm であり，表面での反射波 F と連続する背面での反射波（B1, B2, B3, B4）が明確に分かれているが，アルミ板の厚さを 1.5 mm と薄くすると，図 8.4B のように反射波が重なってしまう。より良い分解能を得るために高い周波数を使用する必要性と，構造を通過する際の減衰を抑えるために低い周波数を採用する必要性は相反する関係となる。信号の減衰は金属の被着体内では小さいが，厚い複合材料や厚い接着剤層では減衰を考慮する必要がある。

接着接合部からの反射波は平板（被着体単体も同じ）からの反射波と比べはるかに複雑である。一連の反射波を模式的に**図 8.5** に示すが，同位相で反射しているパルスと位相が反転して反射しているパルスがある。これは各界面における反射が，インピーダンスの高い材料から低い材料側への反射か，低い材料から高い材料側への反射かによるものである（式(8.1)参照）。図 8.5 では図 8.4 の高周波パルスを整流して包絡し，わかりやすくしている。これは，超音波測定器では一般的に行われていることで，位相の違いは見られない。接着層の厚さが 100 μm の場合，上下の接着剤-被着体界面からのエコーを分離するためには，30 MHz 以上のトランスデューサー周波

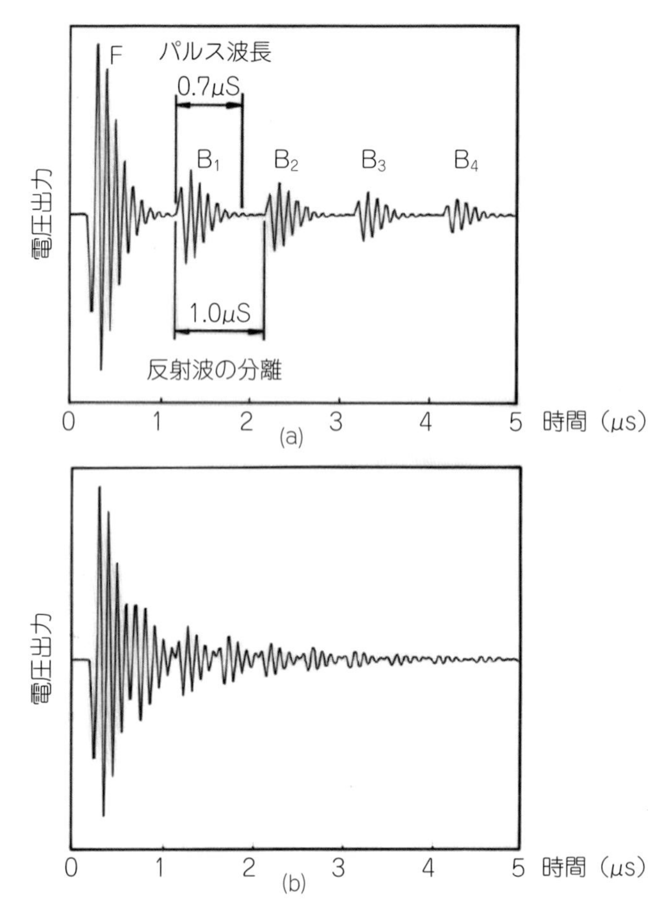

図 8.4　10 MHz 超音波トランスデューサーによるアルミニウム板の A スキャン(A)板厚 3.2 mm (B)板厚 1.5 mm

Used with permission from C. C. H. Guyott, P. Cawley, R. D. Adams, The non-destructive testing of adhesively bonded structure: a review, J. Adhes. 20 (2) (1986) 129–159.

数が必要となる。1～10 MHz のトランスデューサーを使用する多くの場合，図 8.5 のようなエコーは**図 8.6**B のように互いに一体化する（この試験は，図 8.2 に示したような二重透過法で行われたので，接合部と反射板との間の水を通った残響により，接合部からの 2 回目のエコー群が見られる）。この場合，特定のエコー（すなわち，上側の接着剤—被着体界面からのエコー）の振幅を監視して，剥離の存在を検出することは不可能である。剥離や大きなボイドが存在しない場合，超音波信号は接着剤層で減衰し，図 8.6A に示すように，接合部からの残響エコーはすぐに消滅する。しかし，接合部に剥離がある場合，信号は接着剤層で減衰せず，上側の被着体内で多くの反響があるため，図 8.6B に示すように減衰速度ははるかに遅くなる。この手法はリングダウン法と呼ばれる。

透過法およびや二重透過法試験では，近接した反射要因からのエコーを分離する必要がないため，高周波のトランスデューサーを使用する利点はあまりない。そのため，剥離の検出はパルスエコーよりもかなり容易である。ポロシティによる信号の減衰は，細孔内での散乱の結果であ

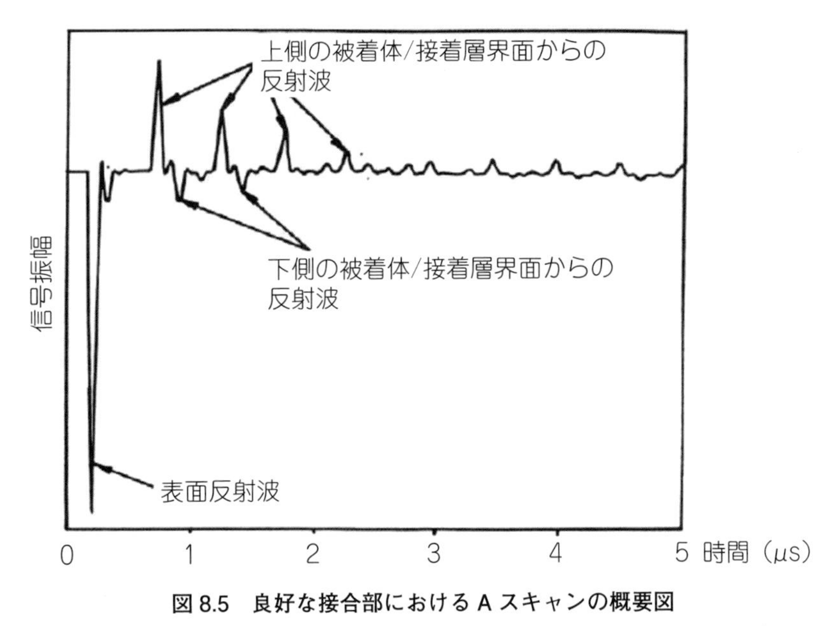

図 8.5　良好な接合部における A スキャンの概要図

Used with permission from C. C. H. Guyott, P. Cawley, R. D. Adams, The non-destructive testing of adhesively bonded structure: a review, J. Adhes. 20 (2) (1986) 129–159.

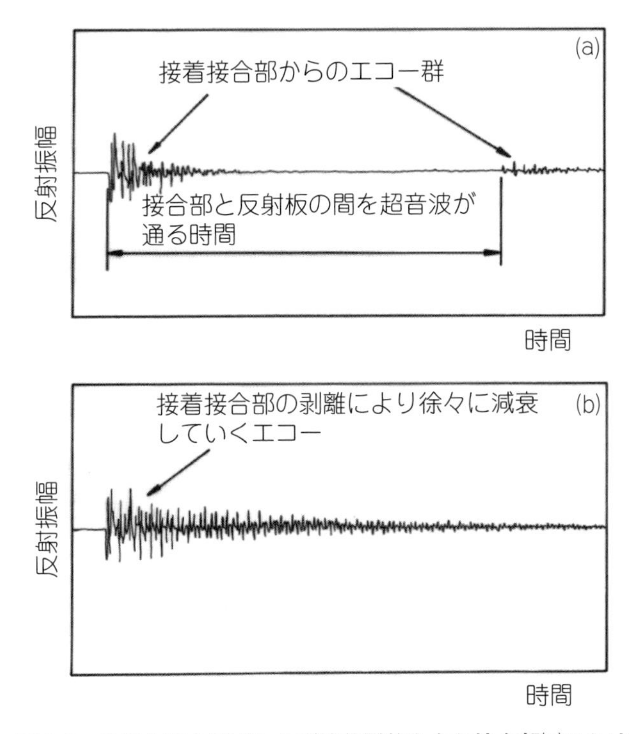

図 8.6　良好な接合部(A)および接着剥離を含む接合部(B)における A スキャン

Used with permission from C. C. H. Guyott, P. Cawley, R. D. Adams, The non-destructive testing of adhesively bonded structure: a review, J. Adhes. 20 (2) (1986) 129–159.

り，これは周波数とともに増加する。ポロシティは通常，透過法または二重透過法で測定されるため，観測可能な周波数を実現可能な範囲で選択する必要がある[7,8,11,19]。検出できる独立した剥離の最小平面サイズはおよそ1波長分であるため，周波数が低下するにつれて大きくなる。アルミニウム被着体を通過する圧縮波速度は約5 km/sなので，周波数1 MHzでは最小直径は約5 mm，10 MHzでは0.5 mmに減少する。検査条件によっては，使用可能な最低周波数に影響を与えることになる。また，現場でのCスキャンを容易にするポータブルのスキャン機構も販売されている[17,20,21]。

8.3　ボンドテスター

透過法および二重透過法における信号は解釈しやすいが，片側からしかアクセスできない場合はパルスエコー法を採用する必要があり，前述のような解釈上の問題が発生する。特にハニカム構造においては表面板が薄くなりがちであり，表面板とコア材の接着剤層からのエコーを分離するために高い周波数が必要となる。さらに，検査がハニカムセルの中央で行われるか，セル壁の上で行われるかなど，位置によって得られる信号は大幅に変化する。よって，信頼できる結果を得るためには通常Cスキャンマップの作成が必要となる。しかし，これは現場での検査には不便であり，これら信号解釈上の問題を克服するため超音波ボンドテスターが開発された。

超音波試験の不利な点は接触媒質が必要となることである（これもまた寒冷時の現場での検査では深刻な問題となる）。音波ボンドテスターはこの問題を克服し，解釈しやすい信号を得られる特長も有している。しかし，後述するように，本方法は超音波測定器よりもはるかに感度が低い[22]。

8.3.1　超音波ボンドテスター

超音波トランスデューサーの振動子は圧電ディスクである。振動子の中心周波数はこのディスクの厚さ方向の基本振動の共振周波数に設定され，共振は波長がディスク厚さの半分となる周波数で発生する。よって，

$$t=\frac{\lambda}{2} \tag{8.3}$$

と

$$c=f\lambda \tag{8.4}$$

から

$$f=\frac{c}{2t} \tag{8.5}$$

ここで，tはディスク厚さ，cはディスク内の音速，fは周波数，λは波長である。

トランスデューサーが平板や接合部のような試験対象に接触している場合，装置の有効厚さが増加するため基本振動の共振周波数は低下する。ある種類のボンドテスターでは，トランスデューサーと接合部を一体とした系全体の超音波インピーダンスを測定する。これらの装置は一般に，健全な接合部に接触したトランスデューサーの基本振動の共振周波数より低くなるように選択された周波数で作動しているが，もし剥離が存在すると，トランスデューサーが接触した構造体における実質厚さが減少するため共振周波数も増加し，作動周波数と共振周波数の差が大きくなるのでインピーダンスの増加につながる。ここでこのインピーダンスの変化の度合は構造内での剥離の深さと関連づけることができる。

他の種類の超音波ボンドテスターでは接合部に接触させたトランスデューサーの基本振動の共振周波数を測定している。共振周波数は健全な接合部では最も低く，剥離が存在する場合は高くなる。この場合も，多層構造内の剥離の深さは共振周波数に関係する。この種類のボンドテスターで一番有名なものはFokker Bond Tester MkⅡである[23,24]。

8.3.2　音波ボンドテスター

剥離の上に存在する１層または複数の層を，剥離の縁によって支えられている平板として考える。この平板はたわむことができるので，欠陥の上部では，欠陥がない領域に比べ，表面に垂直な方向の局所的な剛性が低くなる。この剛性の低下を計測するさまざまな音波振動試験法が存在し，有名なものとしてコインタップ法，タップハンマー法，機械インピーダンス法が挙げられる[22,24,25]。タップハンマー試験では，試験結果の解釈に非常に強力なコンピューター，すなわち人間の耳と脳を利用する点に注意すべきである。欠陥上の１層または複数の層によって形成された平板の剛性は，欠陥の深さの３乗に比例し，欠陥の直径の２乗に反比例する。よって，深くに位置する欠陥は大きなものでない限り発見が難しい。**図 8.7** にアルミニウム，炭素繊維複合材料

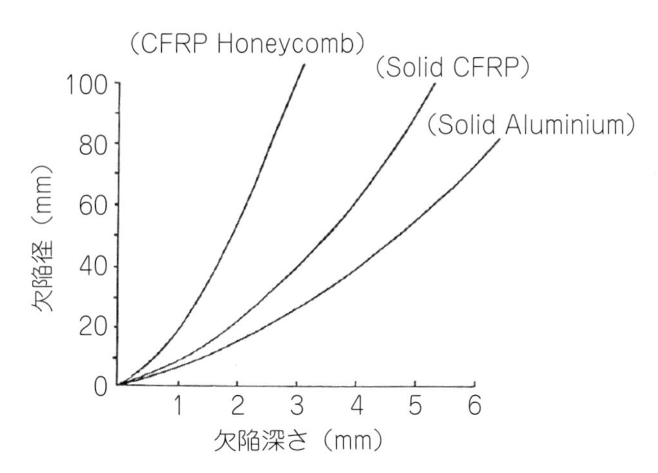

図 8.7　コインタップ法と機械インピーダンス法における欠陥深さと検出可能最小直径の関係

Used with permission from P. Cawley, Low frequency NDT techniques for the detection of disbonds and delaminations, Br. J. Nondestruct. Test. 32 (9) (1990) 455–461.

をそれぞれ被着体とした接着接合部，およびハニカム構造の炭素繊維複合材表面板の内部に存在する欠陥の検出可能最小直径と深さの関係を示す。これよりアルミニウム被着体厚さが１mmの場合の検出可能最小直径は約５mmであるのに対し，厚さが３mmとなると検出可能最小直径は約30mmとなる。よって，これらの方法を選定する前に，許容できる最大サイズの剥離を検出できる十分な感度があることを確認することが重要となる。音波ボンドテスターは，その感度の低さにもかかわらず広く使用されており，結果の解釈が容易であること，持ち運べる装置であること，接触媒質が不要であることから現場での検査において特に重宝されている。これらの方法は接触媒質が使用できないような多孔質で薄い表面板を持つハニカム構造体の表面板–コア間の接着の検査にも使用されている。ここで表面板が薄いということは，深さによる感度の悪化が問題にならないということである。

8.3.3　ボンドテスターと接着強度

一時期は，Fokker Bond Testerなどのボンドテスターで接着強度不足を検出できると思われていた。この装置は，接着接合部にある大きなボイドや過度のポロシティの検出には非常に長けていたため，接着接合部の強度や耐荷重能力を測れることと同義ととらえる研究者もいた。ボンドテスターは接着部の品質の評価に使用されていたことから，超音波方式でも接着強度の測定ができるのではと考える者も多かった[24,27-19]。今ではもう，そう考えて接着部のNDI研究を行う者はいない。超音波方式では２つの理由から実現が難しいのである。まず，音波が回折するため，接着端部から遠く離れた場所しか調べることができない[30]。ところが，これらの場所はほとんど荷重伝達に関与しないのである（**図8.8**A–C[31]）。実際，接合部の中央部の接着剤を大部分除去しても，耐荷重能力には大して影響しないことがわかっている[32,33]。このため，超音波検査を自動で行う場合は，接着端部から離れた場所では測定箇所の間隔を広げ，端部近くでは測定を密にすることが行われている（一般に「ピクチャーフレーミング」や「ウィンドウ化」と呼ばれるものである）。最近では，接着剤層へのプルーフテストを行うことで接着強度を評価しようという別のアプローチが出てきている。構造全体に対してプルーフ荷重をかけると一部の領域で過剰な応力が発生する恐れがあるためそれはせず，端部から離れた位置での接着状態を調べるために局所的なプルーフテストを行うのである。本手法は，高強度レーザーパルスを，構造体の中で接着状態に疑義のある部位に短時間印加するものである。これにより，レーザーパルスを当てた側の表面に圧縮波が発生し，この圧縮波は接着剤層を通って反対側の自由表面まで伝わり，そこで反射され引張波となる。接着部の両表面からレーザー光が照射されると，反射した２つの引張波が接着剤層の内部または界面で重なり，接着部に大きな引き剥がしの力が加わることになる[34-39]。このような集中荷重の負荷により接着剤層が破壊するかもしれないが，これは上述のように荷重伝達にほとんど関与しない接着部位で実施することができる。いくつかの接着接合部に対して実施されたこのようなレーザー衝撃実験のデータを**図8.9**に示す[40]。この方法の利点の１つは，破壊はしないが設計者が要求する最低強度以上となる応力レベルで試験を行うだけで，最低限の剥離強度を有することを確認できることである。この方法は，凝集強度と接着強度の推定に有効であるだけでなく，接着剤と被着体が密接に接触しているものの接着はできておらず，接着強度が発

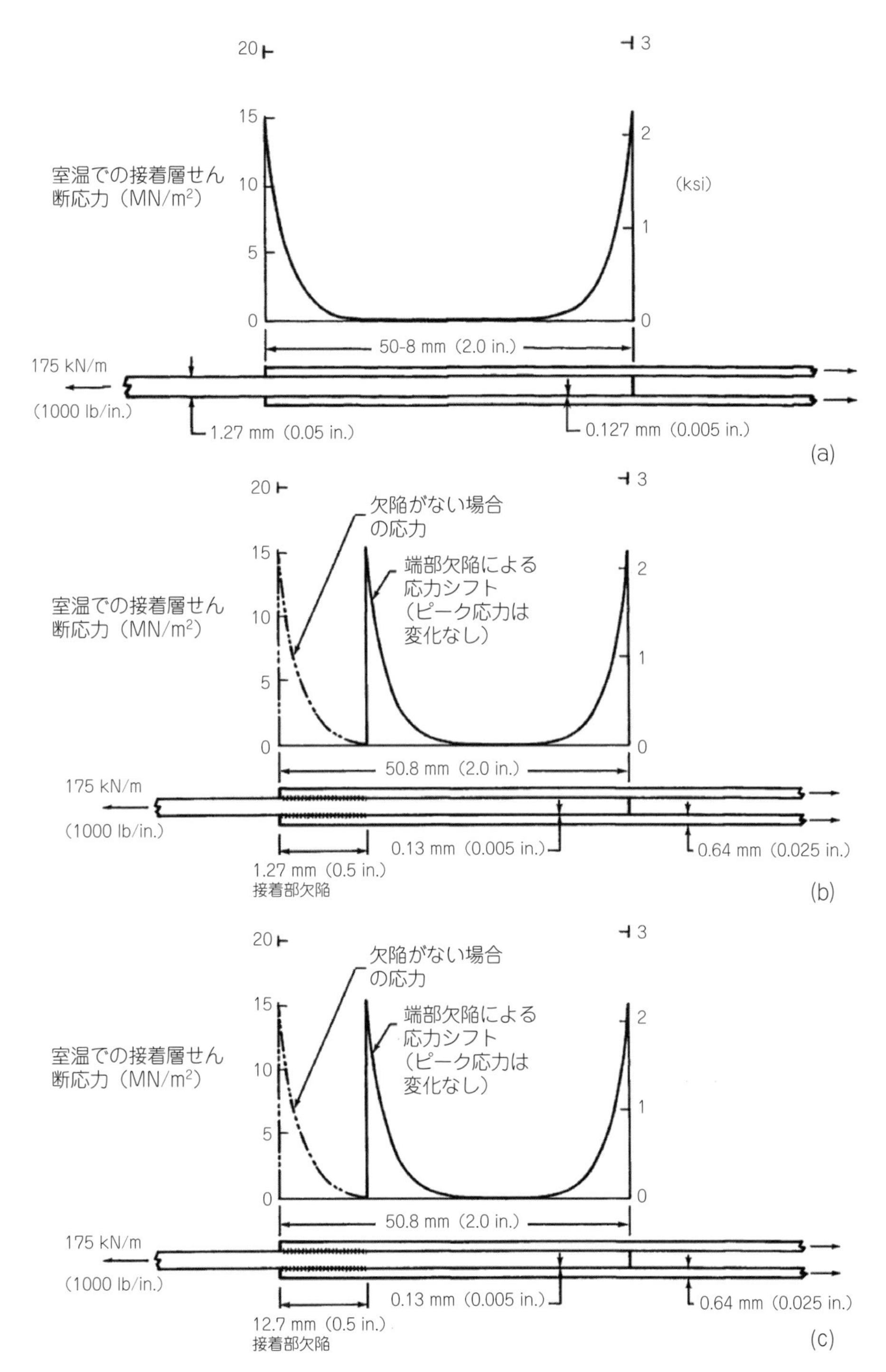

図 8.8　(A)無欠陥の接着接合部における接着層せん断応力分布，(B)接着オーバーラップ端部付近の局所的な欠陥による応力再配分，(C)接着オーバーラップ端部の局所的な欠陥による応力再配分

Used with permission from L. J. Hart-Smith, Aerospace industry applications of adhesive bonding, in: D. Adams (Ed.), Adhesive Bonding: Science, Technology and Applications, vol. 1, Woodhead Publishing Limited, United Kingdom, 2005.

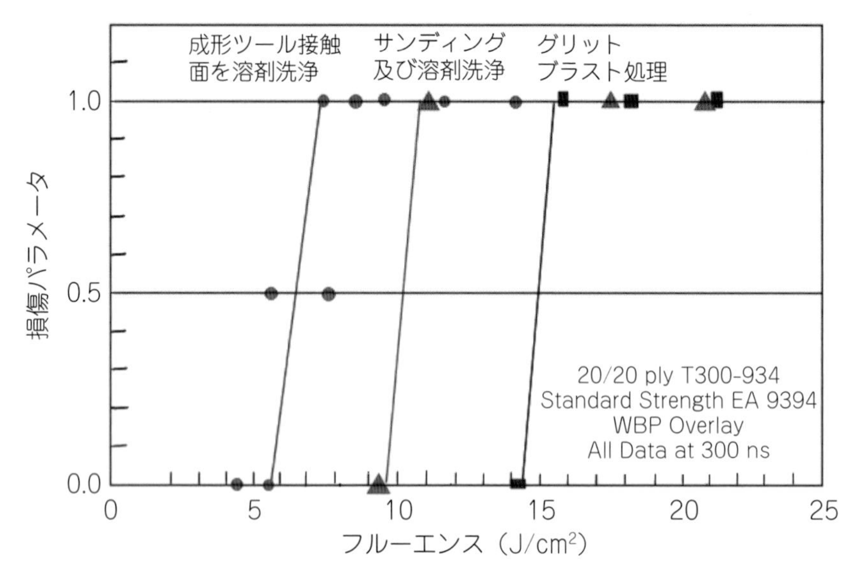

図 8.9　複合材接着試験片の接着強度に与える接着前処理の影響

Used with permission from R. Bossi, K. Housen, W. Shepherd, Using shock loads to measure bonded joint strength, Mater. Eval. 60（11）（2002）1333–1338.

現していないという恐ろしい状態である，いわゆる「キッシングボンド」の検出も期待できる。

当初，NDI コミュニティでは，この方法が小さな剥離を生じさせることを懸念する声が多かった。しかし，これは構造設計者にとっては，低強度の接着状態が検出できないという事態を阻止でき，かつ必要最小限の接着強度が発現できていることがわかるという大きな利点に比べれば，取るに足らないことのようである。ほとんどの航空機の接着構造は，接着剤層のポロシティ率を5％と仮定して設計されており，小さな剥離があったとしてもその影響は許容上限のポロシティの影響に比べれば大きなものではない。米国連邦航空局や米国国防総省が定める主要接着構造の認証要件では，接着接合部が最低限の強度を満たしていることを確認するためのプルーフテストが義務付けられている。従来のプルーフテストは，日常的に使用するには費用が高かった。しかし，レーザー衝撃を利用して小さな面積にプルーフ荷重をかける方法では費用面の問題を回避でき，かつ構造体のごく一部にしか負荷がかからず，それによって仮に破壊が発生しても構造的に重大な影響を与える可能性も低い。これらの知見に基づき，複合材接着接合部のレーザー衝撃負荷に関する研究は，米国空軍の Composite Affordability Initiative（CAI）プログラムの下で継続・拡大された[34,41–43]。厳格な工程管理対策と組み合わせることで，接着強度不足やキッシングボンドが発見されないまま使用に至る可能性は大幅に低減される。

レーザー衝撃プルーフテストは接着剤の硬化後に行われるため，強度の低いことが判明した接着部品は高価な修理が必要になるか，場合によっては廃棄されることになる。もし，接着工程が厳密に管理され，接着の組み立てや硬化の前に接着面が汚染されていた場合それを検出，除去することができれば，修理や廃棄の費用ははるかに安くなる。接合前の接着面の汚染は，ほとんどの接着施設において常に存在する懸念事項である。したがって，汚染を検出し，その化学組成を推定できる方法があれば，表面処理の手順が守られていることを確認できるとともに，接着面が汚染されていながらそれが検出されない事態を防止するための重要なツールとなる。この検査方法は，最終的な積層と硬化の前に実施されるため，高価な接着組立構造の修理や廃棄を避けるのに有効であろう。接着の表面状態に対する敏感さは，空気中の汚染物質によって何日も生産が中断されることがあった半導体業界では昔から認識されていたものである。

8.4　品質管理と目視検査

本節では，リン酸アノダイズ（PAA）により前処理したアルミ接着部材の接着事例を中心に紹介する。1970年代，米国空軍は貨物機C-17の胴体の主要な接合方法として，接着接合が十分に信頼できるものであることを実証しようとした。PABST※1（一次構造の接着接合技術）と呼ばれるこのプログラムについては，多くの出版物で詳述されている[44]。

先に述べたように，製造中に行われる最も重要な検査を担うのは，NDI検査員ではなく，注意深く，よく訓練された組立ラインの作業員である。残念ながら，接着接合構造や複合材構造の検査は，NDI担当者と設計エンジニアとの間で最も論争が多い問題の1つである。超音波検査要領は，通常，NDI検査員と製造技術エンジニアにより定められる。検査に対する意見の相違は，製造時だけでなく，補給所における定期整備の検査要求内容まで及ぶこともある。検査費用は，ライフサイクルコストに占める割合が大きく，材料費や加工費よりもはるかに多い。にもかかわらず，NDIは，完全に未接着状態のストリンガーといった大きな欠陥をしばしば見逃してきた[45]。さらに，世界のNDI研究の専門家のほとんどは，標準サンプルに敢えて用意されたキッシングボンドを，その正確な位置がわかっていてさえ，従来の検査技術を用いて見つけることができなかった。構造的に重要でありながら検出が難しい欠陥は，最初の製造時における不適切なプロセスによって接着接合部全域が強度低下した状態のみと言っても過言ではない。通常，異物衝撃によって発生する局所的な損傷は，従来の技術で確実に発見することができる。しかし，ほとんどの局所的な損傷は致命的なものではない。なぜなら，健全で強い接着部を凝集破壊させて壊すには，弱い接着界面が存在する場合にそれを面状に広げて壊すよりもはるかに大きな力が必要だからである。超音波NDIの根本的な問題は，製造時や運用時に低強度の接着部がないことを保証できないことである[46-50]。このことにより接着構造や複合材構造の適用拡大は制限されているが，実際に使用した結果は心配されるほど悪くはない。というのも，高強度，高信頼性の接着を発現させる接着プロセスは，製造時に一貫した管理を行うことで容易に実行可能だからである。

接着不良を確実に検出できる製造後の検査方法として，文献51），52）や**図8.10**に示されるような接着プルタブまたはトラベラークーポンを使用する方法がある。この技術は，表面が劣化しているかどうかを判断するために，使用中に使用することができる。もし劣化していれば，剥離荷重と同時に水滴をかけると，タブは容易に表面から引き剥がされる。この方法は，PABSTプログラム[53]で実施されたように，金属接着構造に用いられてきた。複合材構造には適用されてい

※1　PABSTプログラムの主要目的は最新の接着技術，材料，プロセスを用いることで，胴体一次構造のコスト，健全性，耐久性の大幅な向上を実証することであった。

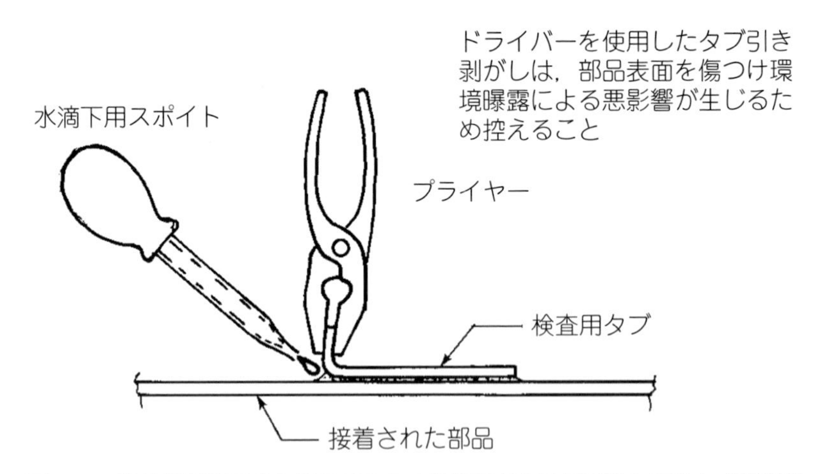

図 8.10　接着構造運用時の任意の時点で接着強度を評価可能な接着タブ概要図

Use of bonded tabs to assess bond strength at any stage in the life of bonded structures.Used with permission from L. J. Hart-Smith, Aerospace industry applications of adhesive bonding, in: D. Adams (Ed.), Adhesive Bonding: Science, Technology and Applications, vol. 1, Woodhead Publishing Limited, United Kingdom, 2005.

ないのは，接着が健全な場合に複合材母材にダメージを与えることが懸念されたためである。

接着構造や複合材構造の標準検査法における根本的な弱点を糾弾する代わりに，NDI が確実に行える点にフォーカスし，いかにして検査費用に見合った価値を引き出すかを考えよう。まず，比較的容易に検出できる力学的な損傷と，不適切なプロセスによる低強度の接着部とを区別する必要がある。この後者の欠陥は，製造時に構造自体ではなく試験用クーポンを用意して，せん断荷重と剥離荷重を組み合わせて試験することにより検出できる。低強度接着部は，接着剤と被着体の界面に音響的に有意な隙間が存在しないため，標準的な超音波検査では検出できない。しかし，部品に剥がれが発生した場合には，（プロセス異常によって）破壊面が界面となっているかどうか，そしてそれによって剥がれが接着部全体に及ぶ可能性があるかどうかを確認するために，破壊面を検査する必要がある。適切に接着された接合部が衝撃によって物理的に破壊した場合，金属被着体であれば両側の金属に粗く破壊した接着剤が破壊面として観察され，被着体が複合材であれば接着層ではなく複合材の層間破壊が観察される。超音波検査で検出される異常はこれとは大きく異なり，接合部の組付けのエラーや形状不良によって生じるボイドやポロシティなどである。このような局所的な欠陥は，通常，構造的に重要ではないものの，一度検出されると，運用中に進展していないことを示すために，高い検査費用がかかることになる。過去の使用実績から，この種の欠陥は，製造時のプロセス管理が徹底されていれば成長しないことが示されている。それでも，このような欠陥が頻発する場合は，将来の生産でこのような形状不良が発生しないように接合治具や個々の部品形状を修正することで，トラブルによる発生コストの大部分を回避することができる[52]。あまり知られていないかもしれないが，欠陥のない接着構造や複合材構造が最もコストがかからないのである。欠陥がないことが将来の検査費用削減のために重要である。多くの製造業者は，欠陥のない製品を 10 回連続で作れたら，100％超音波検査ではなくサンプリングでの検査に切り替えることができると考えている。

信頼性の高いプロセス仕様が確立されると，その適用性については通例，２種類の試験か，または部品と一緒に製造されるトラベラークーポンを用いて証明される。試験の１つは重ねせん断継手試験片（ASTM D–1002）を用いたもので，室温で行う。もう１つは，高温吸湿環境下での剥離試験である。一般的な剥離試験は，ウェッジクラック試験（ASTM D–3762 の要求に界面破壊がないことを追加したより厳しい仕様）とクライミングドラムピール試験（ASTM D–1781）である。1つ目の試験は，接着剤の樹脂が正しい加熱条件で硬化されたことを保証し，2つ目の試験は，使用時の耐久性を保証するために用いられる。両方のテストが必要であることに留意する必要がある。このようなトラベラークーポンと同時に接着されるアルミニウム部品には，エッチング，アノダイズ，水洗が完了した後，厳格な暴露時間制限内にプライマーを施工する。アノダイズされたアルミニウム表面は，速やかにプライマーを施工しないと経時劣化するが，プライマー施工後は保管が容易である。部品はトラベラークーポンの試験が終わるまで（通常は１時間以内）保管され，クーポン試験が要求満足しないと組立エリアには移動されないようになっている。クーポン試験結果が不合格となった場合，部品は再表面処理が必要となる。このリン酸アノダイズ処理工程の妥当性確認を処理バッチ毎ではなく，１シフト中２回というように間引けば，各処理における１時間程度の遅れを回避することができる。しかしながら，この節約が，もし不合格と判明する前に部品が接着されていた場合，後戻りにコストがはるかに高くつくというリスクに対して見合うものかどうか考える必要がある。

複合材部品の接着における標準的な接着プロセス検査としては，重ねせん断継手試験のみが課されるだけで，これは不十分である。接着剤がきちんと貼り付いているかどうかを確認するための剥離試験が使われることはほとんどない。しかし，用いた表面処理が不適切かどうかを見極め，それを中止できる方法は他にないため，剥離試験も行うべきである。

ここで重要なのは，各試験が１つのパラメータしか評価していないことである。せん断試験では耐久性を評価できないし，剥離試験では樹脂がきちんと硬化して架橋しているかを確認することはできないのである。おそらく，このようなプロセス検証の原則に対する最悪の違反は，スクラップにするには高価すぎる部品であるという判断によって，トラベラークーポン試験が不合格であっても超音波検査で問題なければよしとすることだろう。幸い，リン酸アノダイズ接着前処理とフェノール系接着プライマーの導入以来，接着プロセスは検査技術よりもロバストになり，万が一そのような判断がなされたとしても安全上の問題を引き起こすことはなくなっている。

同様に，複合材接着構造について問題なのは，プロセス確認用クーポン試験の要求値が低過ぎる値に設定されることが往々にしてあり，プロセス不良の部品でも要求値を超えてしまって異常を検出できないことである。これを避けるために必要なこととして，クーポンの繊維配向を対象部品と異なるようにすることが挙げられる。適切に接着された接着剤層を破壊するには，繊維配向を0° に揃えた重ねせん断継手クーポンにするしかない。はるかに強度が低い疑似等方積層板の場合は接着部の外側で破損してしまって，接着層の強度や硬化がきちんとされているかどうかについては何もわからないのである。したがって，プロセス確認用クーポン試験片としてこのような繊維配向のものを使用することは，実際の構造体の設計がどうなっているかにかかわらず適切ではない。耐久性を評価するにしても同様に0° 繊維配向とした剥離試験片が必要である。なぜ

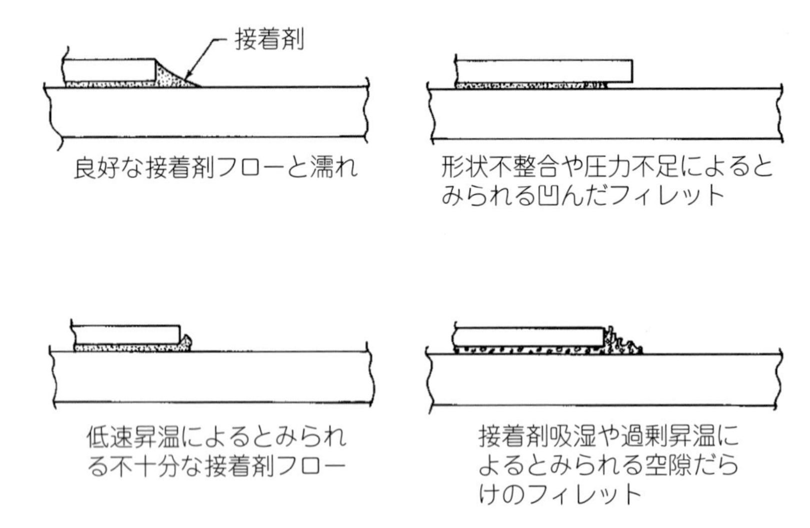

図 8.11　接着構造の目視検査の重要性

Used with permission L. J. Hart-Smith, Aerospace industry applications of adhesive bonding, in: D. Adams (Ed.), Adhesive Bonding: Science, Technology and Applications, vol. 1, Woodhead Publishing Limited, United Kingdom, 2005.

なら，90° 方向の繊維層が重なっていれば，層間き裂がそこに容易に入り込んでいくからである。残念ながら，複合材接着接合部の耐久性試験の必要性についてすら合意は得られていない。完全な接着強度が発現した場合にのみクーポン試験が合格するように，クーポン試験に使用される複合材積層板はそれに耐える高い強度を持つ必要があるという常識すらないのが実態である。

あまり活用されていないが，信頼でき，かつ安価に適切な組付けと正しいプロセスで接着できたことを確認可能な外観での検査がいくつかあり，**図 8.11** に例を示す。接着剤が正しく加熱されずに流動した場合や，接着面が汚染されていて十分な濡れが発現しない場合はあるべきフィレット形状を形成することはできない。また，被接着部品が離れすぎている場合もあるべきフィレット形状は形成されない。このように，フィレット形状は，良好な接着状態を示す貴重で信頼できる指標であり，それに基づく検査は迅速かつ安価に行うことができる。フィレットが全くない状態というのは，超音波 NDI と同じくらい確実に空隙の存在を示すものである。もちろん，超音波検査を行う前に，フィレットがない端部を密閉する必要がある。これは，端部が開口していると，超音波検査で使用する液体が入り込み，空隙が過小に検出される可能性があるからである。エポキシ系接着剤で空隙だらけのフィレットが形成された場合は接着前に材料が過剰吸湿していた可能性を示唆するものであるが，そのようなフィレットはフェノール系接着剤では一般的に見られる。

接着構造や複合材構造の NDI に関する最も重要な問題は，ほとんどの検査が硬化後に行われ，表面処理に問題があったことに気づくには遅すぎるということだ。製造工程がそこまで進んでしまっていると，構造体を本来の強度や耐久性まで完全に回復させることは不可能なのである。接着接合において，ミスを未然に防ぐためのプロセス管理に重点を置く必要があるのはそのためである。

8.5 接着面汚染

過去に起きた接着不良の原因のうちいくつかは，組付けと硬化以前に発生する被着体の接着面汚染であるというのは以前から知られていたことである。1970年代のPABSTプログラムにおける研究成果により，表面状態が接着接合部の信頼性を左右する重要な要因であることが示されている[55]。いくつかの不良は，剥離や空隙などの物理的な欠陥に起因していたが，その他は，アルミニウムのリン酸アノダイズ処理面の汚染や損傷に関連していたようである。いくつかの研究の末に到達した結論は，以下のように要約される。第一に，すべての表面は異物で汚染されている。第二に，汚染物質は直接接触するか，製造環境の雰囲気から被着体表面にやってくる。第三に，ほとんどの汚染物質は，接着剤のオートクレーブ硬化中に接着剤に吸収されるため，良性である。接着強度に悪影響を及ぼす汚染物質は，シリコーングリースなどごくわずかであった。最後に，被着体表面の異物による膜を検出できる装置はいくつかあるが，良性の汚染物質と有害な汚染物質を区別できる装置はなかった[1,56-59]。厳密なプロセス管理の実施は効果的であったが，少数の汚染された表面は検出を免れ，後に破壊した部品を分析した際に発見されることがあった。この状況は，最近，表面の化学的性質を検査でき，悪質な汚染物質を確実かつ迅速に検出できる装置が開発されたことで変わってきている[60]。

8.5.1 表面エネルギーと接着強度

接着のための表面処理には，通常いくつかの段階がある。これには，適切な溶剤による洗浄，粘着性のある汚染物質を除去して表面積を増やすための研磨剤による粗面化，時には特殊処理による表面エネルギーの増大などが含まれる※2。したがって，被着体の表面状態を特定することは，信頼できる接着の実現のためにしばしば必要である。これを達成する簡単な方法は，対象表面上でいくつかの校正された液体を用いて接触角を測定することである[62-67]。表面エネルギーが高い表面は，接着剤との結合がより強くなる[61,68]。複合材表面の表面エネルギーと感圧接着剤（PSA）[69-71]の剥離強度の間には良い相関関係がある。

汚染を検出する方法があるとした場合，次の質問は「その汚染物質は何か」である。これまでの研究で，有害とされる多くの化合物が接着強度を低下させないことが示されている[72,73]。例えば，人の手との接触により皮脂（皮膚油）が表面に移動するが，皮脂は硬化中にエポキシ接着剤に溶けるため，接着強度を低下させなかった。多くの潜在的な汚染物質が調査されたが，シリコーンほど有害であることが判明したものはほとんどない[1]。その後，TRUST※3プログラムの一環として，さまざまな化学成分が複合材料の表面エネルギーに及ぼす影響について調査が行われた。

※2　表面エネルギーの低い材料（例：ポリエチレン，テフロン）を接着するのは大変困難である。

※3　Transition Reliable Unitised Structureの略。

8.5.2　汚染物質の分類

潜在的な汚染物質は，内因性化合物と外因性化合物の２つのグループに分けることができる。内在性汚染物質は，複合材内で発生し，時間の経過とともに表面に移行する化合物である。外因性汚染物質は，複合材の外部に由来し，表面に堆積するものである。これには，空気中の物質や接触によって移動する可能性のある物質が含まれる。空気中の汚染物質は，通常，水や軽質炭化水素などの低分子量化合物である。直接接触による汚染は，人員，工具，または製造工程で一般的に使用される材料との接触によって発生する可能性がある。

従来，汚染物質の評価には，製造施設内に存在するあらゆる物質の接着強度への影響を評価するという方法がとられてきた。これには，現在使用されている化合物や将来予想される化合物を含む大規模な試験プログラムが必要であり，困難な作業である。もっと簡単な方法は，典型的な製造施設に見られる一般的な材料と，作業者に関連しそうな材料の成分を調べることである。そういった材料について略式的に**表 8.1**[74,75] に示した。各材料は，１つまたは複数の典型化合物の組み合わせである。このアプローチでは，汚染物質が特定の化学分類に属する化合物の混合物として表現でき，複雑な汚染物質の影響は各構成要素の影響の線形結合であると仮定する。これらの

表 8.1　一般的な汚染物質の化学分類[74,75]

化学分類	トリグリセリド	脂肪酸	アルコール			表面活性剤／乳化剤				長鎖エステル	非極性炭化水素			水溶性高分子	無機物質	
典型化合物	トリオレイン酸グリセリル	オクタン酸	ラウリルアルコール	コレステロール	グリセロール	レクチン	石鹸	高分子／カチオン／アニオン	トリエタノールアミン	モノステアリン酸グリセロール	スクアレン	鉱物油	ガソリン	ポリビニルピロリドン	ジメチルシロキサン	硫化モリブデン
生物学的																
皮脂	✓	✓								✓	✓		✓			
食料製品																
マヨネーズ	✓			✓		✓										
野菜	✓										✓					
油																
身体手入れ用																
髪用ジェル					✓				✓					✓	✓	
化粧品																
ローション		✓	✓		✓				✓	✓		✓	✓		✓	
工業化学製品																
潤滑グリース							✓					✓				✓
潤滑オイル												✓				
離型剤													✓		✓	
洗浄剤			✓					✓	✓							

表 8.2　標準汚染物質に選定された典型的化合物[75]

化学分類	トリグリセリド	脂肪酸	長鎖エステル	アルコール	表面活性剤/乳化剤	非極性炭化水素	水溶性高分子	無機物質
典型的化合物	トリオレイン酸グリセリル	オクタン酸	モノステアリン酸グリセロール	グリセロール	獣脂酸ナトリウム	鉱物油	ポリビニルピロリドン	ジメチルシロキサン

材料から，**表 8.2** に示す８種類の典型的な化合物が選定され検討された。標準とした表面に対してこれらの構成化合物が接着特性に及ぼす影響を知ることで，任意の材料が複合材接着面に及ぼす影響を予測することができるはずである。

このアプローチに基づき，潜在的な汚染物質を配合製品としてではなく，複合材表面に接触し得る材料に含まれる典型化合物の組み合わせとして調べることで，はるかに小規模で単純な試験プログラムを構築することができる。複合材接着部の耐久性に及ぼすこれらの影響は，標準的な複合材表面に対して濃度レベルを変えて評価することができる。そして，ポータブルな接触角計を用いて，清浄な複合材表面と注意深く汚染レベルをコントロールした複合材表面の両方の濡れ挙動のデータベースを作成することができる[60]。この方法は，評価すべき汚染物質の数を大幅に減らし，将来的に製造環境に導入される可能性のある材料を評価するための枠組みを提供する。特定の化合物が有害であると特定されると，その化合物は施設内の管理対象物質とされ，検出と除去を行わねばならない。

8.5.3　空気を介した汚染

特殊な標準試料をさまざまな場所に長期間置き，表面感度の高い測定器で分析することで，ほとんどの空気中の汚染物質を検出することが可能である。ある製造施設で収集されたデータでは，エアロゾルによる汚染が複合材部品の接着を阻害していることが確認された。また，微量の炭化水素が存在しても，それが無害であることが証明されることもある。より重要なのは，接着強度を著しく低下させる可能性のあるシリコーン系化合物が検出されることである。

8.5.4　接触による汚染

TRUST プログラムの別の取り組みでは，複合材製造施設によくある材料が標準的な表面に直接接触することによる汚染の可能性を調べた。この取り組みでは，一般的な製造補助材料が接触して汚染物質が直接移動するケースでは，最小限の接触圧力で直ちに移動しうることが示された。例えば，清浄度が求められる試験片の保管に使われるポリエチレン袋は，軽い接触で袋の中の物質が複合材の表面に簡単に移動することがわかった。この場合，移動した物質はほとんど無害な汚染物質である非極性炭化水素であったが，有害な物質も複合材表面に容易に移動していた可能性が示唆された。経験上，製造施設で発見された潜在的に有害な外因性汚染化合物の直接的な移動は，低圧で容易に起こることが示されている[1,64,65,76-78]。

8.6　高速走査方法

広い接着領域を検査する必要がある場合，ボンドテスターのような1ヵ所ずつ走査する手法は高価すぎて見合わない。また，ポータブルな超音波検査装置も，多くの場合時間と労力がかかり，補給所や整備所で接着接合部を検査するコストに見合った信頼性もない[20,21,79]。1回の試験で，構造のある領域におけるイメージを得る方法が魅力的となる。X線撮影は非破壊試験で広く使用される方法ではあるが，一般的に剥離の方向はX線の進行方向に対して垂直であることから，接着接合部に対する有用性は限定的である。欠陥に沿ったビームの減衰は周囲の材料よりもはるかに小さいため，X線経路に平行な欠陥のみが検出可能である。この問題は被着体が金属の場合さらに深刻であり，被着体内でのX線の吸収が接着層内による吸収よりもかなり大きいため，接着剤がなくても接合部のX線吸収にほとんど差が見られないのである。多くの場合，サーモグラフィーは，部品を接触させずにスキャンできること，表面が平らでも曲面でもよいこと，迅速に実施できることなど，いくつかの利点がある。光学的または熱的な方法は，動的サーモグラフィーとシェアログラフィーの2つに分けられる。場合によっては，部品を運用中にスキャンすることも可能である。例えば，風力発電機のブレードを回転させながらサーモグラフィーでスキャンすることもある。多くの場合，腐食に関連する問題をこの手法で検出することができ，過酷な環境で使用される構造物を頻繁に検査することができる[80]。

8.6.1　動的サーモグラフィー

動的サーモグラフィーでは材料が外部または内部の表面で急激な熱パルスを受け，構造内に拡散させたときに生じる効果に基づいている。評価サンプルはゆっくりと環境との平衡状態に戻っていく。しかし，その間に表面温度の不均一性が画像化され記録される[81-89]。標準的なサンプルと比較した温度分布の変化は，検査対象部品の熱伝導が内部で中断していることを示す目印となる[90]。この過程は表面から材料内部に流れていく熱の“波面”とみなすことができる。完全に均質な材料の場合，熱の「波面」は一様に通過するが，この単純な状況は，異方性のある層状の複合材構造でははるかに複雑になる。層間剥離や接着剥離などの欠陥は，「波面」の通過に対して高い熱インピーダンスを生じさせる。物理的には，欠陥が表面に近い場合，拡散による冷却速度が制限される。このため，サーモグラフィーで見た表面の画像に「ホットスポット」が発生する。薄い構造の場合，欠陥に起因する温度差は，熱パルスの照射後，急速に現れる。同様に，構造の反対側表面では，欠陥がそこへの熱の輸送を阻害するため，欠陥が「コールドスポット」として現れる。同様に，サンプル表面が冷却されると，熱が内部から表面に拡散するため，赤外線（IR）画像では空隙がコールドスポットとして見えることがある[91]。これらの効果を**図8.12**に模式的に示す[82,92-97]。ここでの説明はかなり単純にしてあるが，現実的な構造体では，検査員はより複雑な赤外線画像を見ることになる。

熱を加えられた面の温度は，そのエネルギー量と印加速度に影響されるが，熱パルスが十分に短いという条件下では，その後の拡散過程は材料特性により完全に決定される。表面で観測されるコントラストは欠陥の存在に起因する可能性が高く，欠陥の大きさ，観測面からの深さ，表面

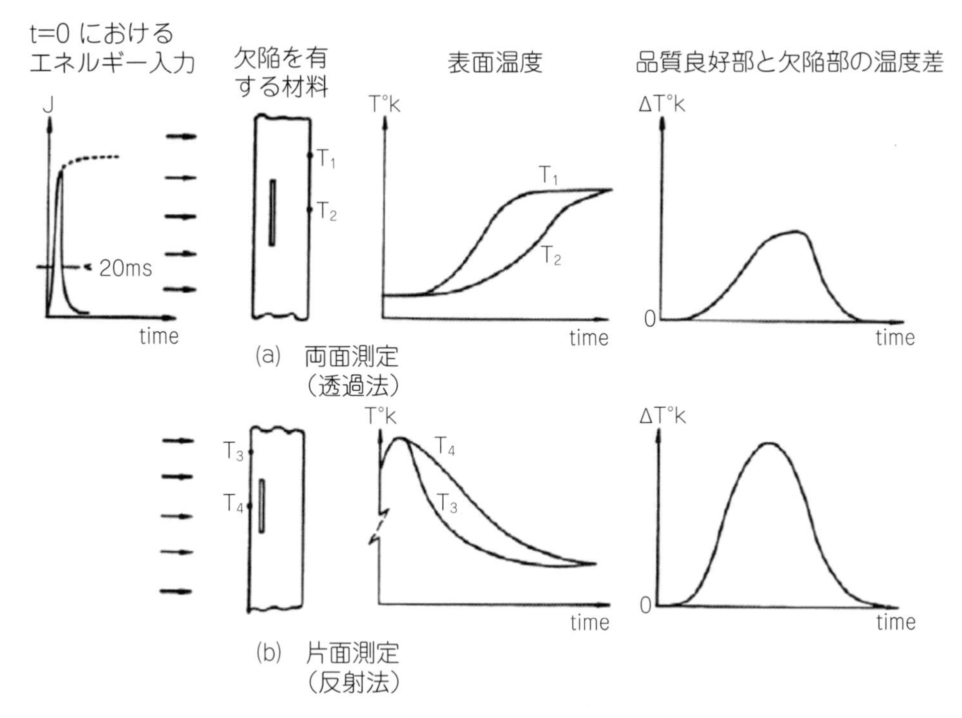

図 8.12　動的サーモグラフィー法の概要図

(A) through transmission (double sided), (B) reflection (single-sided)
Used with permission from P. Cawley, The rapid nondestructive inspection of large composite structures, Composites 25 (5) (1994) 351–357.

における初期上昇温度，および材料の熱特性に関係している。これらのパラメータは試験体ごとに変化するため，常に熱が加えられた直後からの IR 画像応答を記録する必要がある。この欠陥の存在によるコントラストは材料特性や厚さに応じて，サブミリ秒から数秒の時間スケールで観察することができるだろう。多くのアプリケーションでは，有用な情報は熱パルス印加後 500 ms 以内に得られるため，この時間範囲でなるべく多くの連続した画像を撮影できる装置を使用することが重要である。動的熱解析を実施するために必要な装置は熱源と熱画像化/解析システムの2種類に分類される。まず熱源については素早い温度上昇を与えるために，立ち上がりを早くする必要がある。これは温度勾配の急峻さが，欠陥のある部分とない部分のコントラストを生むためである。金属や炭素繊維複合材料に温度勾配を発生させるためには，観測領域に向けてコンデンサに蓄えた数 kJ のエネルギーを供給できる，キセノンフラッシュランプが有用である。安価な CO_2 レーザーが利用できるようになったため，パルスの立ち上がり時間を簡単に変更して検出性を高めることができる[81,98,99]。しかし，検査員は，複合材料のマトリックス樹脂が熱ダメージを受ける可能性を念頭に置く必要がある[94]。一方，ガラス繊維複合材料など熱伝導性の低い材料を検査する場合，熱風送風機で得られる加熱速度で十分なことが多い。一時期は，市販のヘアードライヤーがこの用途に使われたこともある。

近年，IR 画像化システムに大幅な進歩となる技術が開発された[86,87,89,100]。また，防犯カメラや自動車など多くの一般的な機器に IR 画像装置が追加されることが多くなり，サーモグラフィー装置は安価になった。この技術は，かつては熱探知カメラを使用し，一度ビデオテープに保存したものをスローモーション再生し，静止画像設備を利用して解析しており，パルスビデオサーモグラフィーと呼ばれていた[101,102]。今日では画像はデジタルで保存され，自動処理ルーチンが利用できるようになった[82,103]。

一般的にこの方法における感度は，表面からの欠陥の深さが増加するにつれ悪くなる。ここで感度は検出可能な欠陥の直径/深さ比率により表すのがよいであろう。この感度は材料に固有のものであるため，実際には特別に製作した試験板を用いて決定する必要があり，欠陥の直径と深さの異なる平底の穴を欠陥とみなすのが最も便利である[104]。金属における欠陥の検出可能な最小直径と深さの比は，一般に2～4 mmである[105]。これに対して，炭素繊維複合材料は厚さ方向よりも繊維方向に高い熱伝導性を持つため，性能はいくらか悪くなる。熱は厚さ方向よりも表面に沿って広がりやすいためで，表面に平行な接着剥離や層間剥離の存在による影響を受けにくい。しかし，炭素繊維複合材料の感度は文献により値にばらつきがある[100,106-110]。一般に，最良の方法は，熱損傷を起こさない程度にできるだけ大きいエネルギーを構造体の表面に印加することである。また，構造体内を伝播する熱の横方向への拡散により，信頼性の高い欠陥検出には深さの限界があることに留意する必要がある。また，この横方向への拡散により，欠陥画像は通常，物理的な欠陥よりも大きくなってしまう。このため，最初の熱印加の後，迅速に画像を取得する必要がある。

複合材の検査では，材料が等方性でないため，熱伝導率が最も高い方向に欠陥の画像が歪んで見えることがあることに注意する必要がある[86,87]。さらに，有機マトリックスの中には，赤外線照射に対していくらか透明なものがある。このため，熱画像に異常な欠陥が現れることがある。このような問題に対処するため，多くのデジタル画像処理アルゴリズムの中のいずれかを使用するのが一般的である[81,110-115]。動的サーモグラフィーの概略図を**図8.12**に示す。

IRパルスを時間的に一定間隔で印加し，同様の一定間隔で画像を記録する場合，その方法はロックインサーモグラフィーまたはサーマルウェーブ（熱波動）イメージングと呼ばれることが多い[84,116-119]。

また，機械的な加振法や超音波パルスを用いて，内部の欠陥から熱を発生させることも可能である。これはIRイメージングで検出することができ[83,118,120]，バイブロサーモグラフィーと呼ばれ，剥離や未接着部の検出に有効である[113,120-123]。

ハニカム構造体のサーモグラフィー検査は，水の存在やアルミニウムハニカムコアの腐食を検出するのに非常に有効である[108,111,117,124]。水の存在による熱的な違いは頻繁に検出されるが，熱パルスを利用して吸水したアルミニウムハニカムの腐食速度を増加させることも可能である。この腐食反応により，H_2ガスが放出され，これを音響的に検出することができる。熱源を部品の表面全体に走査し，アルミニウムの熱拡散を考慮すれば，ハニカム内の吸水したセルを局所的に検出することができる。

8.6.2　シェアログラフィー

シェアログラフィーは光学的方法の一種であり，スペックルシェアリング干渉を利用して構造体表面の変位勾配を測定する方法である。得られるスペックルパターンは応力が生じている状態と生じていない状態で差があり，その差から変位勾配の変化を明らかにする。一般的にこの勾配の変化は損傷や欠陥のある領域で非常に大きくなる。レーザースペックルは，コヒーレント光の１波長分と同程度の粗さの表面をレーザー光で照らすことで生じる。適度に離れた地点から散乱する光は，表面上のさまざまな点から発生した多くのコヒーレントな波動で構成される。それぞれの小波の光路差は数波長分異なる場合があり，これらの干渉により結果としてスペックルと呼ばれる顆粒状のパターンを形成する[125]。

このNDI技術にはコヒーレント光が必要であるため，構造体上のターゲット領域を照らすためにレーザーが最もよく使用される。シェアログラフィー装置の動作を**図8.13**Aに，光シェアリングの過程を図8.13Bに模式的に示す。図8.13Bでは，薄いガラス製のくさびがレンズの口径の半分を覆っている。くさびがない場合，対象物の点Pで散乱し，２つの半レンズで受光した光線は，画面内の１点に集束する。ガラス製のくさびは小角プリズムで，これを通過する光線を偏向させるので，くさびがある場合，点Pからの光線は画面上の２点，P1とP2にマッピングされる。したがって，対象物全体の像は２つにずれ互いに干渉して干渉パターンを生成する。これが基準パターンとしてコンピューターに保存される。対象物が変形すると干渉パターンが変化する

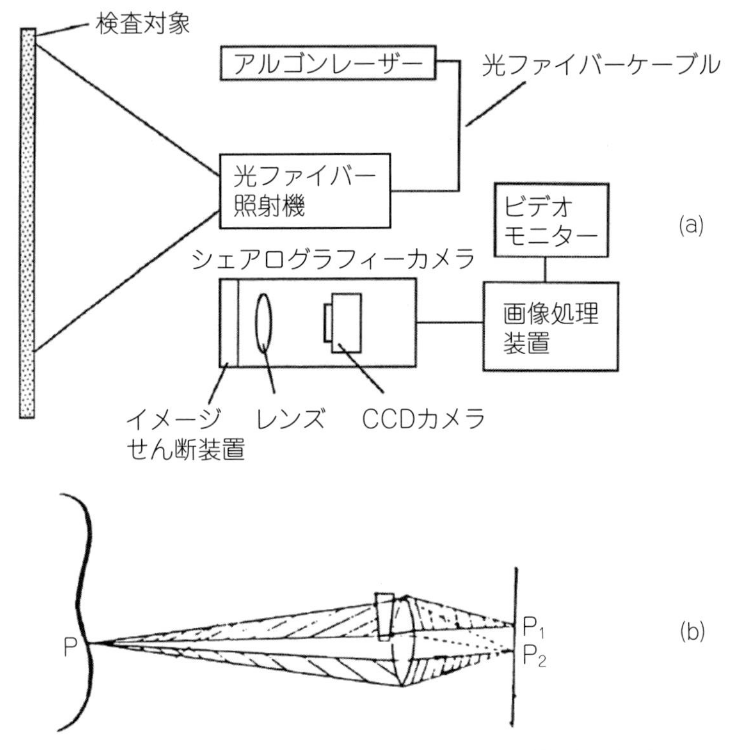

図8.13　(A)シェアログラフィー装置，(B)光せん断過程の概略図

Used with permission from P. Cawley, The rapid nondestructive inspection of large composite structures, Composites 25 (5) (1994) 351–357.

※4　Complementary metal oxide semiconductorの略：低出力の統合回路を作成する技術。

ため，基準パターンと現在の干渉パターンの差が画面に表示される。画面上の縞は変形度合の勾配を描いたものである。先のミラーレンズによる分光機構は2次元的に調節が可能であり，レーザーに照らされた試験領域からの散乱像はずれベクトル，S_{UV}で定義される量だけオフセットされるか横ずれすることになる。これらの像はCMOS[※4]撮像センサー上で組み合わされる。試験体の応力を所定量変化させると，表面の変位勾配を示す画像はリアルタイムで計算され，表面や表層近くの異常を映し出す（**図 8.14**）。材料や応力の発生させ方によるが，未接着，剥離，ポロシティ，樹脂リッチ部，繊維うねり，衝撃損傷，コア損傷，熱・放射線損傷などが検出できる。図8.14Bは炭素繊維積層板とアルミハニカムコアによるサンドイッチパネルの面板/コア間剥離を示している[126-128]。他のNDT技術同様，シェアログラフィーの妥当性は，対象とする欠陥の種類，

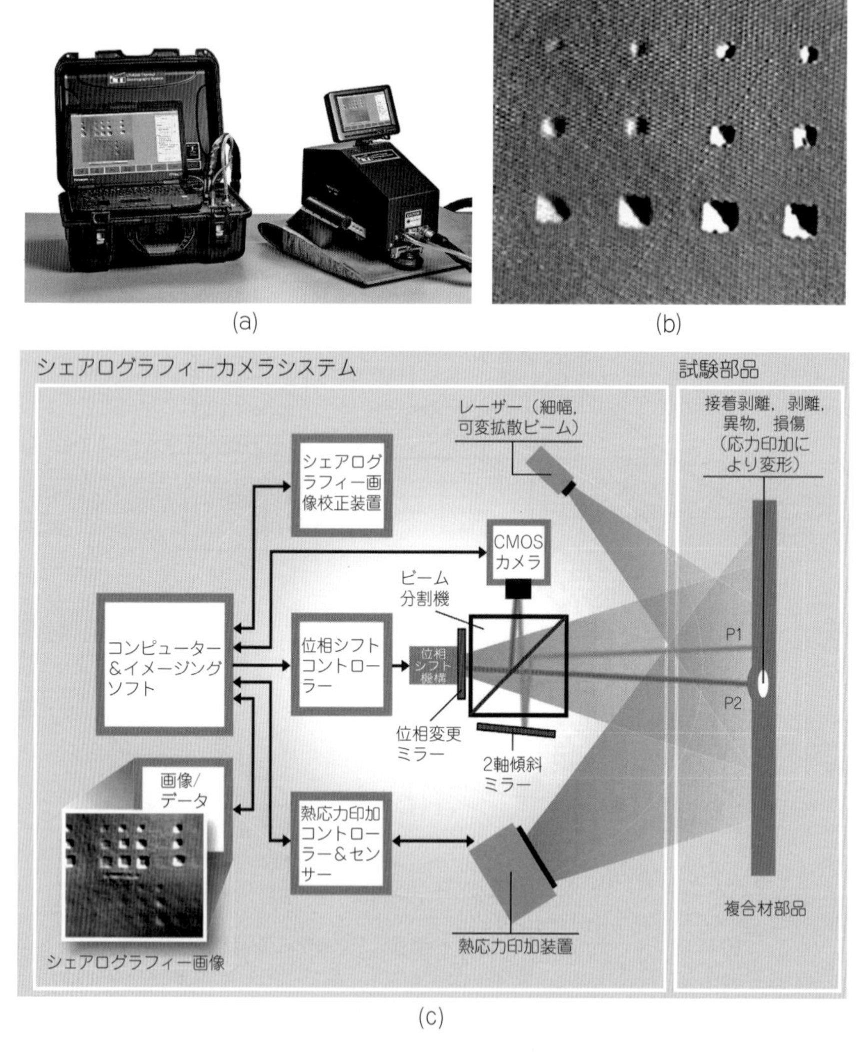

図 8.14　(A)シェアログラフィー装置，(B)複合材ハニカムパネルに組み込まれた16種類の接着剥離，(C)熱応力を利用したシェアログラフィーの概略図[127]

表 8.3　一般に検査対象となる材料/構造に対するシェアログラフィーでの応力印加手法

応力印加手法	材料	構造
熱的	金属接着部，複合材積層板，金属，複合材ハニカム	ヘリコプターブレード前縁，積層板，金属&コンクリートのき裂，炭素繊維複合材製航空機への衝撃損傷，宇宙機構造
磁力誘起	金属接着部，金属，複合材積層板，	金属接着構造，鋼材内の微視き裂
超音波	金属接着部	医療インプラント，タービンエンジンシール，金属ハニカム，溶接微小回路
音響	フォーム材，低密度ハニカム	極低温燃料タンク，太陽電池パネル，宇宙機構造
真空	ゴム接着部，コルク，金属&複合材ハニカム	タイヤ，塗装，ハニカム，コルク接着部&エラストマー断熱材，複合材ヘリコプターブレード，微小回路パッケージ
加圧	金属，複合材部品	COPV，CPV，液体推進ロケットエンジンスラストチャンバー，固体ロケットモーターケース

サイズ，深さに応じたNDT標準片を用いて検証しなければならない。

シェアログラフィーの利点は，高速測定，非接触検査，直感的な画像解釈と解析，定量的な欠陥測定，試験部品の表面上における正確な欠陥位置特定などである。また，シェアログラフィーは，複数の接着層を持つ構造体の検査にも使用することができる[127-130]。生産現場で使用されるシステムの中には，航空機，ロケット，宇宙機の部品などの大型構造物を対象としたスキャンガントリーやロボットに組み込まれているものもある。また，鉄道車両，船舶，航空機，宇宙機向けの接着接合複合材部品には，現場用の手持ち式ユニットが使用されている[128]。**表 8.3** は，よく検査される材料や構造体に対する応力発生方法について示している。

シェアログラフィー検査で最もよく用いられる負荷方法は，真空による負荷である[128,131]。生産現場向けには，1 m^2 の領域に適用可能なものが開発されている。また，現場で使用するための手持ち式ユニットも製造されている[128,131]。ほとんどの用途では，20～100 mmHgの圧力差で十分であり，高度なシール機構を用いなくても実現できる。また，熱応力を利用することも可能である[131]。シェアログラフィーによって，振動励起で生じる変位勾配の時間平均画像を作成することも可能である[131]。ある荷重に対して，表面変位は，前述の音波ボンドテスターで測定される変化と同様に，欠陥の上部分の板の剛性に依存する。したがって，シェアログラフィーの感度は，剥離の深さと直径に大きく依存することになる。

オペレーターのトレーニングは，米国非破壊検査協会レーザー法SNT-TC-1aおよびNASA 410のレベルⅠ～Ⅲの要件を満たすように実施される。レーザーの安全性は，シェアログラフィーの重要な検討事項で，手もち式装置は通常CDRHクラスⅠまたはクラスⅡである。生産用システムになると，クラスⅢa程度になるものと思われる[127,130]。

8.7　環境劣化のモニタリング

ほとんどすべての材料は，最も穏やかな条件下でも，使用時間とともに劣化していく。高分子材料は，紫外線，湿気，熱衝撃，疲労負荷によって損傷を受けるため，さらに早く劣化する可能性がある。そのため，高分子からなる構造の健全性を長期にわたって監視・追跡できることが重要である。航空機や一部の宇宙機では，設計寿命が過ぎても使用されることがよくある。最大限の安全性を確保するためには，使用中に材料の性能を評価できるようにすることが重要である。この要件は，頻繁に検査するか，あるいは製造時に埋め込まれた小型センサーを使用して物理的特性を監視することを意味する。記録されたデータは，往々にして材料の健全性に関連しているか，または構造的な健全性と相関がある。例として，アルミニウム製航空機構造の設計寿命はき裂の大きさに関係するため，構造内で応力の高い部分に発生する疲労き裂を監視し，その大きさを追跡している。き裂の大きさを知ることで，整備担当者はそれまでに寿命のどのくらいを使い切ったかを推定することができるのである。

前述のように，アルミニウムの接着接合では，接着剤と被着体の界面が特に重要である。これは，表面処理が環境劣化に対する接合部の感受性を左右する重要な要因であるからに他ならない。この「ミクロコンポジット」ともいえる界面層は，接着剤やプライマーが浸透しうる酸化物層である。この層を従来の超音波 NDI で検査しようとするのは，層の厚さが 1 µm 程度しかないことが多いため，実験室であっても困難である[44,72,133]。接着剤層の厚さが 100 µm 程度もあり，さらに厚さが 1000 µm を超える被着体を通してしか検査できないため，超音波による検査は非常に困難となり，無数の実験誤差が生じる。この問題は 30 年以上前から集中的に研究されており，この分野における初期の研究のレビューが Thompson and Thompson[134] でなされている。超音波法は一般的に有用であると考えられており，材料や構造体の健全性を追跡する方法として，多くの研究で音波と超音波が使用されてきた[135,136]。

界面層の特性を用いた計算結果から，斜め入射させた超音波の反射係数を測定するのが有望な方法の１つである。その理由は，当該反射係数は界面層の特性に対する感度が他の方法と同等であり，被着体や接着剤特性のわずかな変化に対して比較的鈍感であるためである。接着剤と被着体の界面層は非常に薄いため，製造上のミスでもない限り，製造時にその特性を決定できる見込みはほとんどない。この方法を用いた追加研究が試みられている[137-139]。図 8.3 は腐食環境にさらされた接着剤–被着体界面が，エッジから離れた場所で広範囲に腐食し，接着剥離が発生することを示している[137]。完全な剥離が発生する前に変化を捉えられること示した他の研究もあるが[140]，それもまた別の研究では示されなかったものである。おそらくその検出性が接着剤の種類，環境，および負荷の違いに依存するためであると思われる。現時点では，本章の品質管理セクションで概説したように，最初の表面処理と接着工程を厳格な仕様の範囲内で確実に行うことが最も有用な方法であると思われる。

接着構造の NDI を含む定期的なメンテナンスは，高コストで，しばしば長時間に及ぶ手順である。しかし，構造の健全性をリアルタイムで評価できれば，構造や部品の使用を終了すべきという結果が出るまで最も効率的に使用することができる。このようなコスト削減の可能性から，構造ヘルスモニタリング（SHM）と呼ばれる新しい技術分野が生まれている[141-145]。SHM 技術の簡単な例として，2010 年頃から自動車で一般的に使用されているオイル状態のモニタリングシステムがある。SHM の有用性に興味のある方は，スタンフォード大学で隔年開催される SHM 会議の議事録を調べるとよいだろう[146]。さらに，SHM に特化した技術ジャーナルも数多く存在する[147-149]。構造の健全性を監視するために，数多くの異なる方法が使用されている[150]。NDIでは，よく知られた物理原理が使われており，それが新しい小型分散型SHM機器に適用されていることがよくある[150-152]。SHM技術の急速な発展は，マイクロエレクトロニクス処理で製造された小型センサー※5と，その通信システムの発展に基づいている[153-155]。SHM技術は，金属と複合材の両方の接着構造に適用されている[156-159]。この技術は，民間構造物[160,161]や航空機構造[146-149,153,154,162-168]にセンサーシステムが設置されるまでに進歩した。さらに，最近の研究論文では，床面に広く配置された数個のセンサーを使用して，人を追跡することが可能であることが示されている。人の足の転倒によって生じる振動を分析することで，特定の個人を追跡し，その人の健康状態を推定することも可能であった[160,161,169]。これは，SHMに多くの応用が可能な，実にエキサイティングな新分野である。

8.8 結　論

接着接合で発生する欠陥の種類と，それを検出するためのNDI技術について概説した。接着剥離やポロシティの検出や定量化には，さまざまな技術が利用できる。これらの欠陥の検出には，ボンドテスターもよく利用されている。しかし，広い接着面積を検査する場合は，これらの機器は時間がかかるため，動的サーモグラフィーやシェアログラフィーのような高速スキャン手法への関心が高まっている。接着不良の検出はより困難だが，厳格な工程管理と悪質な汚染の検出能力により，接着の信頼性は著しく向上するはずである。接着の強度を推定する必要がある場合は，接着した接合部の低荷重負荷領域で実行できるレーザープルーフテストがある。しかし，この方法は導入にコストがかかる。おそらく，最も安価で最良の検出方法は，製造施設の担当者の鋭い目である。十分な訓練と管理のサポートがあれば，多くの欠陥を検出し，排除することができる。現在のNDIの研究の多くは，環境劣化をモニタリングし，接着構造を長期間に亘って追跡することに焦点を当てている。これにより，整備担当者は，自動車の燃料計が燃料の残量とその燃料で走行可能な距離を表示するように，使用中の構造体の設計寿命をいつでも推定することができるようになるはずである。

文　献

1）L. J. Hart-Smith, G. Redmond, M. J. Davis, The curse of the nylon peel ply, in: 41st International SAMPE Symposium and Exhibition, Anaheim, CA, 1996, pp. 303-317. http://www.adhesionassociates.com/papers/35%201996%20Curse%20of%20Nylon%20Peel%20Ply,%20SAMPE%20%28Anaheim%29%20MDC%20950072.pdf.

2）L. J. Hart-Smith, Design Methodology for Bonded-Bolted Composite Joints, AFWAL-TR-81-3154, 1982.

3）L. J. Hart-Smith, Bonded-bolted composite joints, J. Aircr. 22（11）（1985）993-1000, https://doi.org/10.2514/3.45237.

4）L. J. Hart-Smith, Adhesively bonded joints for fibrous composite structures, in: L. Tong, C.

※5　Microelectronic Electromechanical System（MEMS）に基づくものが多い。

Soutis（Eds.）, Recent Advances in Structural Joints and Repairs for Composite Materials, Springer Science+Business Media, Dordrecht, 2003, pp. 173–210.

5）J. Krautkrämer, H. Krautkrämer, Ultrasonic Testing of Materials, fourth ed., Springer-Verlag, New York, NY, 1995.

6）D. Kishoni, Nondestructive Testing Handbook: Ultrasonic Testing（UT）, Nondestructive Testing Handbooks, third ed., vol. 7, American Society for Nondestructive Testing, Columbus Ohio, 2007.

7）E. A. Birt, R. A. Smith, A review of NDE methods for porosity measurement in fibre- reinforced polymer composites, Insight 46（11）（2004）681–686.

8）L. J. Hart-Smith, Adhesive Layer Thickness and Porosity Criteria for Bonded Joints, Air Force Wright Aeronautical Laboratories AFWAL-TR-82-4172, 1982.

9）J. M. Hale, J. N. Ashton, Ultrasonic attenuation in voided fibre-reinforced plastics— 1, NDT Int. 21（5）（1988）321–326.

10）C. Hellier, Handbook of Nondestructive Evaluation, McGraw-Hill, New York, 2001.

11）M. R. Bhat, M. P. Binoy, N. M. Surya, C. R. L. Murthy, R. W. Engelbart, Non-destructive evaluation of porosity and its effect on mechanical properties of carbon fiber reinforced polymer composite materials, in: D. O. Thompson, D. E. Chimenti（Eds.）, 39th Annual Review of Progress in Quantitative Nondestructive Evaluation, vol. 1430, American Institute of Physics, Melville, NY, 2012, pp. 1080–1087.

12）R. Farlow, G. Hayward, Real-time ultrasonic techniques suitable for implementing non-contact NDT systems employing piezoceramic composite transducers, Insight（Br. J. NDT）36（1994）926–935.

13）B. W. Drinkwater, P. Cawley, An ultrasonic wheel probe alternative to liquid coupling, Insight（Br. J. NDT）36（1994）430–433, https://doi.org/10.1007/978-1- 4615-1987-4_124. https://lib.dr.iastate.edu/cgi/viewcontent.cgi?article=2146&context=qnde.

14）B. Drinkwater, P. Cawley, R. Dwyer-Joyce, A study of the transmission of ultrasound across solid-rubber interfaces, J. Acoust. Soc. Am. 101（2）（1997）970–981, https://doi.org/10.1121/1.418055.

15）C. J. Brotherhood, B. W. Drinkwater, F. J. Guild, The effect of compressive loading on the ultrasonic detectability of kissing bonds in adhesive joints, J. Nondestruct. Eval. 21（3）（2002）95–104.

16）K. H. Beck, Ultrasonic area-amplitude linearity limitations, Mater. Eval. 50（8）（1985）976–985.

17）R. A. Smith, The impact of the portable scanner on NDT—a revolution? Insight 40（9）（1998）635–639.

18）T. S. Jones, Inspection of composites using the automated ultrasonic scanning system（AUSS）, Mater. Eval. 43（5）（1985）746–753.

19）M. Bashyam, Thickness-compensation technique for ultrasonic evaluation of composite materials, Mater. Eval. 48（11）（1990）1360–1364.

20）R. Demeis, Mighty MAUS（mobile automated ultrasonic scanner）, Aerospace Am. 29（November）（1991）46–47.

21）K. Michaels, N. Wood, Portable nondestructive evaluation of aerospace structures, in: H. S. Kliger（Ed.）, Materials and Process Affordability Keys to the Future: 43rd International SAMPE Symposium and Exhibition, Anaheim, CA, vol. 2, SAMPE, 1998, pp. 1747–1757.

22）J. L. Speijer, The Fokker Bondtester inspection of Arall laminates, in: Non-Destructive Testing, vol. 2, Elsevier Science Publishers, Amsterdam, The Netherlands, 1989, pp. 1218–1222.

23）C. C. H. Guyott, P. Cawley, R. D. Adams, The non-destructive testing of adhesively bonded structure: a review, J. Adhes. 20（1986）129–159.

24）C. C. H. Guyott, P. Cawley, R. D. Adams, Use of the Fokker bond tester on joints with varying adhesive thickness, Proc. Inst. Mech. Eng. B J. Eng. Manuf. 201（B1）（1987）41–49. http://pib.sagepub.com/content/201/1/41.

25）S. J. Kim, Damage detection in composite under in-plane load using tap test, J. Mech. Sci. Technol. 29（1）（2015）199–207, https://doi.org/10.1007/s12206-014-1103-5.

26）P. Cawley, Low frequency NDT techniques for the detection of disbonds and delaminations, Br. J. Nondestruct. Test. 32（9）（1990）455–461.

27）J. L. Rose, G. H. Thomas, The Fisher linear discriminant function for adhesive bond strength prediction, Br. J. Non-Destruct. Test. 3（3）（1979）135–139.

28）R. J. Schliekelmann, Non-destructive testing of adhesive bonded metal-to-metal joints: part 2, Non-Destruct. Test. 5（3）（1972）144–153.

29）S. I. Rokhlin, B. Li, A. I. Lavrentyev, Ultrasonic

evaluation of interfacial properties in adhesive joints: evaluation of environmental degradation, in: D. O. Thompson, D. E. Chimenti (Eds.), Review of Progress in Quantitative Nondestructive Evaluation, vol. 12B, Plenum Press, New York, 1992, pp. 1523–1530.
30) R. A. Smith, L. D. Jones, S. J. Willsher, A. B. Marriott, Diffraction and shadowing errors in − 6dB defect sizing of delaminations in composites, Insight 40 (1) (1998) 34–43.
31) L. J. Hart-Smith, Aerospace industry applications of adhesive bonding, in: D. Adams (Ed.), Adhesive Bonding: Science, Technology and Applications, vol. 1, Woodhead Publishing Limited, United Kingdom, 2005.
32) H. Schonhorn, F. W. Ryan, T. T. Wang, Effects of symmetrical bonding defects on tensile shear strength of lap shear joints having ductile adhesives, J. Appl. Polym. Sci. 15 (5) (1971) 1069-1078.
33) T. T. Wang, F. W. Ryan, H. Schonhorn, Effects of bonding defects on shear strength in tension of lap shear joints having brittle adhesives, J. Appl. Polym. Sci. 16 (8) (1972) 1901–1909.
34) R. H. Bossi, D. Lahrman, D. Sokol, C. T. Walters, Laser Bond Inspection for Adhesive Bond Strength, SAMPE 2011, Society for the Advancement of Material and Process Engineering (SAMPE), Long Beach, CA, 2011.
35) B. Ehrhart, R. Ecault, F. Touchard, M. Boustie, L. Berthe, C. Bockenheimer, B. Valeske, Development of a laser shock adhesion test for the assessment of weak adhesive-bonded CFRP structures, Int. J. Adhes. Adhes. 52 (2014) 57-65.
36) M. Perton, A. Blouin, J.-P. Monchalin, Adhesive bond testing of carbon-epoxy composites by laser shockwave, J. Phys. D (Appl. Phys.) 44 (3) (2011) 34012.
37) C. T. Walters, R. H. Bossi, K. Housen, D. Sokol, Laser bond testing, Mater. Eval. 67 (7) (2009) 819–827.
38) Ecault, R., Boustie, M., Berthe, L., Touchard, F., Voillaume, H., Campagne, B. and Loison, D., "Development of a laser shock wave adhesion test for the detection of weak composite bonds", Proceedings of the 5th International Symposium on NDT in Aerospace, Singapore, http://www.ndt.net/article/aero2013/content/papers/27_Ecault.pdf, 2013.
39) R. Ecault, M. Boustie, F. Touchard, F. Pons, L. Berthe, L. Chocinski-Arnault, B. Ehrhart, C. Bockenheimerd, A study of composite material damage induced by laser shock waves, Compos. Part A 53 (2013) 54–64.
40) R. Bossi, K. Housen, W. Shepherd, Using shock loads to measure bonded joint strength, Mater. Eval. 60 (11) (2002) 1333–1338.
41) R. H. Bossi, K. House, W. B. Shepherd, Using shock loads to measure bonded joint strength, Mater. Eval. 60 (11) (2002) 1333–1338.
42) Market Trends: The Composites Affordability Initiative, Part I, High Performance Composites, 2007. http://www.compositesworld.com/columns/market-trends-the-composites-affordability-initiative-part-i.
43) Market Trends: The Composites Affordability Initiative, Part II, High Performance Composites, 2007. http://www.compositesworld.com/columns/market-trends-composites-affordability-initiative-part-ii.
44) D. L. Potter, Primary Adhesively Bonded Structure Technology (PABST): Design for Adhesive Bonding, Air Force Flight Dynamics Laboratory Technical Report AFFDL-TR-79-3129, 1979.
45) L. J. Hart-Smith, G. Strindberg, Developments in adhesively bonding the wings of the SAAB 340 and 2000 aircraft, in: 6th Australian Aeronautical Conference Melbourne, Australia, Vol. 211, Proceedings of the Institution of Mechanical Engineers, Part G: Journal of Aerospace Engineering, 1997, pp. 133–156, https://doi.org/10.1243/0954410971532578.
46) C. C. H. Guyott, P. Cawley, R. D. Adams, The non-destructive testing of adhesively bonded structure: a review, J. Adhes. 20 (2) (1986) 129–159.
47) R. D. Adams, P. Cawley, A review of defect types and nondestructive testing for composites and bonded joints, NDT Int. 21 (4) (1988) 208–222.
48) R. D. Adams, P. Cawley, A review of defect types and nondestructive testing techniques for composites and bonded joints, NDT Int. 21 (4) (1988) 208–222.
49) R. D. Adams, B. W. Drinkwater, Non-destructive testing of adhesively-bonded joints, Int. J. Mater. Prod. Technol. (Switzerland) 14 (5-6) (1999) 385–398.
50) C. C. H. Guyott, P. Cawley, D., A. R., The non-destructive testing of adhesively bonded structure: a review, J. Adhes. 20 (2) (1986) 129–

159.
51) L. J. Hart-Smith, Reliable nondestructive inspection of adhesively bonded metallic structures without using any instruments, in: 40th International SAMPE Symposium and Exhibition, Anaheim, California, SAMPE, 1995, pp. 1124-1133.
52) L. J. Hart-Smith, Interface control—the secret to making DFMA[fi] succeed, in: SAE Aerospace Manufacturing Technology Conference & Exposition, Seattle Washington, 1997, pp. 1-10. Vol. SAE Paper No. 972191.
53) E. W. Thrall Jr., An overview of the PABST program, in: Structural Adhesives and Bonding Theory Aspects, Technology Conferences Assoc., El Segundo, CA, 1979, pp. 293-339.
54) Is It Really More Important that Paint Stays Stuck on the Outside of an Aircraft than that Glue Stays Stuck on the Inside?, 2003.
55) Primary Adhesively Bonded Structural Technology (PABST): Design Handbook for Adhesive Bonding, Air Force Flight Dynamics Laboratory AFFDL-TR-79-3129, 1979.
56) C. E. Garrett, E. F. Good, Characterization of bonding surfaces using surface analytical equipment, in: Surface Contamination: Genesis, Detection and Control, vol. 2, New York, Plenum Press, 1978, pp. 857-875.
57) T. P. Remmel, Characterization of Surfaces Prior to Adhesive Bonding, Air Force Materials Laboratory Technical Report AFML-TR-76-118, 1976.
58) T. Smith, Mechanisms of adhesion failure between polymers and metallic substrates, in: SAMPE Materials Review '75, Covina, CA, SAMPE, 1975, pp. 349-363.
59) J. R. Zurbrick, Techniques for nondestructively characterizing metallic substrate surfaces prior to adhesive bonding, in: International Advances in Nondestructive Testing, Gordon and Breach, London, 1977, pp. 41-70.
60) Surface Analyst, BTG Labs, 2015. http://www.btglabs.com/.
61) E. H. Andrews, A. J. Kinloch, Mechanics of adhesive failure. I, Proc. R. Soc. A 332 (1973) 385-399.
62) R. L. Crane, G. Dillingham, Composite bond inspection, J. Mater. Sci. 43 (20) (2008) 6681-6694.
63) F. K. Hansen, The Measurement of Surface Energy of Polymer by Means of Contact Angles of Liquids on Solid Surfaces, Rame-Hart Instrument Co., 2008. www.ramehart.com/goniometers/support/surface_energy_finn.pdf.
64) L. J. Hart-Smith, D. Brown, S. Wong, Surface preparations for ensuring that the glue will stick in bonded composite structures, in: 10th DoD/NASA/FAA Conference on Fibrous Composites in Structural Design, Hilton Head Is, SC, 1993.
65) L. J. Hart-Smith, W. Ochsner, R. L. Radecky, Surface Preparation of Fibrous Composites for Adhesive Bonding or Painting, Douglas Service Magazine, 1984, pp. 12-22.
66) L. E. Rantz, Proper surface preparation: bonding's critical first step, Adhes. Age 30 (7) (1987) 10-16.
67) D. H. Kaelble, Dispersion-polar surface tension properties of organic solids, J. Adhes. 2 (1970) 66-81.
68) D. Satas (Ed.), Handbook of Pressure Sensitive Adhesives Technology, Van Nostrand, New York, 1989, p. 89.
69) A. Carre, J. Schultz, Polymer-aluminum adhesion. I. The surface energy of aluminum in relation to its surface treatment, J. Adhes. 15 (2) (1983) 151-161.
70) A. Carre, J. Schultz, Polymer-aluminium adhesion II. Role of the adhesive and cohesive properties of the polymer, J. Adhes. 17 (2) (1984) 135-155.
71) A. N. Gent, J. Schultz, Effect of wetting liquids on the strength of adhesion of viscoelastic material, J. Adhes. 3 (4) (1972) 281-294.
72) E. W. Thrall, Primary Adhesively Bonded Structure Technology (PABST) Phase 1b: Preliminary Design, AFFDL-TR-76-141, 1976.
73) E. W. Thrall Jr., Failures in adhesively bonded structures, in: Bonded Joints and Preparation for Bonding, 1979. Oslo, Norway, and The Hague, Netherlands, AGARD-NATO Lecture Series No. 102.
74) R. L. Crane, G. Dillingham, B. Oakley, Progress in the reliability of bonded composite structures, Appl. Compos. Mater. 23 (128) (2016) 1-13, https://doi.org/10.1007/s10443-016-9523-2.
75) B. Oakley, B. Bichon, S. Clarkson, G. Dillingham, B. Hanson, J. M. McFarland, M. J. Palmer, C. Popelar, M. Weatherston, TRUST—a novel approach to determining effects of archetype contaminant compounds on adhesion of structural composites, in: SAMPE Baltimore 2015, Vol. SAMPE Technical Conference Proceedings, Baltimore, MD, Society for the Advancement of

Material and Process Engineering (SAMPE), 2015.
76) G. Dillingham, Qualification of Surface Preparation Processes for Bonded Aircraft Repair, SAMPE 2013, Society for the Advancement of Material and Process Engineering (SAMPE), Long Beach, CA, 2013.
http://www.sampe.org/products?combine=&field_conference_name_tid=All& page=278.
77) G. Dillingham, B. Oakley, Surface energy and adhesion in composite-composite adhesive bonds, J. Adhes. 82 (4) (2006) 407-426.
78) G. Dillingham, B. Oakley, P. Van Voast, P. H. Shelley, R. L. Blakley, C. B. Smith, Quantitative detection of peel ply derived contaminants via wettability measurements, J. Adhes. Sci. Technol. 26 (10-11) (2012) 1563-1571.
79) J. H. Heida, D. J. Platenkamp, In-service inspection guidelines for composite aerospace structures, in: 18th NDT in Progress: International Workshop of NDT Experts, 2012. https://www.ndt.net/article/wcndt2012/papers/33_Heida_Rev1.pdf.
80) X. P. V. Maldague, P. O. Moore, Nondestructive Testing Handbook: Infrared and Thermal Testing (IR), The Nondestructive Testing Handbooks, third ed., vol. 3, American Society for Nondestructive Testing, Columbus, OH, 2001.
81) D. P. Almond, S. L. Angioni, S. G. Pickering, Long pulse excitation thermographic non-destructive evaluation, NDT & E Int. 87 (2017) 7-14.
82) S. Deane, C. Ibarra-Castanedo, N. P. Avdelidis, H. Zhang, H. Nezhad, A. Williamson, T. Mackley, M. Davis, X. P. M. Maldague, A. Tsourdos, Application of NDT thermographic imaging of aerospace structures, Infrared Phys. Technol. 97 (3) (2019) 456-466.
83) E. G. Henneke, L, R. K. and Stinchcomb, W. W., Thermography, an NDI method for damage detection, J. Met. 31 (9) (1979) 11-15.
84) C. Maierhofer, C. Myrach, R. Krankenhagen, M. Röllig, H. Steinfurth, Detection and characterization of defects in isotropic and anisotropic structures using lockin thermography, J. Imaging 1 (1) (2015) 220-248.
85) A. Poudel, K. R. Mitchell, T. P. Chu, S. Neidigk, C. Jacques, Non-destructive evaluation of composite repairs by using infrared thermography, J. Compos. Mater. 49 (2015), https://doi.org/10.1177/00219983155747.
http://www.researchgate.net/publication/273765742_Non-destructive_Evaluation_of_Composite_Repairs_by_Using_Infrared_Thermography.
86) S. M. Shepard, Thermography of composites, Mater. Eval. 65 (7) (2007) 690-696.
87) S. M. Shepard, M. F. Frendberg, Thermographic detection and characterization of flaws in composite materials, Mater. Eval. 72 (7) (2014) 928-937.
88) M. Vollmer, M. Klaus-Peter, Infrared Thermal Imaging: Fundamentals, Research and Applications, Wiley-VCH, New York, 2010.
89) S. M. Shepard, Thermal nondestructive evaluation of composite materials and structures, in: R. L. Crane (Ed.), Comprehensive Composite Materials II, Vol. 7: Testing, Nondestructive Evaluation and Structural Health Monitoring, Elsevier, 2018, pp. 195-269, https://doi.org/10.1016/B978-0-12-803581-8.10043-8.
https://www.sciencedirect.com/science/article/pii/B9780128035818100384.
90) M. Morbidini, P. Cawley, A calibration procedure for sonic infrared nondestructive evaluation, J. Appl. Phys. 106 (023504) (2009) 1-9.
91) M. F. Beemer, S. M. Shepard, Aspect ratio considerations for flat bottom hole defects in active thermography, Quant. InfraRed Thermogr. J. 15 (1) (2018) 1-16.
92) T. J. Barden, D. P. Almond, P. Cawley, M. Morbidini, Advances in thermosonics for detecting impact damage in CFRP composites, in: D. O. Thompson, D. E. Chimenti (Eds.), 25th Annual Review of Progress in Quantitative Nondestructive Evaluation, vol. 25, American Institute of Physics, Melville, NY, 2006, pp. 550-557.
93) D. Findeis, J. Gryzagoridis, C. Lombe, Comparing infrared thermography and ESPI for NDE of aircraft composites, Insight 52 (5) (2010) 244-247.
94) X. Han, Q. He, D. Zhang, M. Ashbaugh, L. D. Favro, G. Newa, R. L. Thomas, Damage threshold study of sonic IR imaging on carbon-fiber reinforced laminated composite materials, in: D. O. Thompson, D. E. Chimenti (Eds.), Review of Progress in Quantitative Nondestructive Evaluation, vol. 1511, American Institute of Physics, Melville, NY, 2013, pp. 525-531.
95) S. S. Kumar, M. R. Kumar, H. N. Sudheendra, R. Sathish, Pulse phase thermographic non-destructive evaluation of composite aircraft structures, Insight 53 (6) (2011) 312-315.
96) K. R. Mitchell, A. Poudel, S. Li, T. P. Chu, D.

Mattingly, Nondestructive evaluation of composite repairs, J. Compos. Mater. 49 (2015), https://doi.org/10.1177/ 0021998315 574755. http://www.researchgate.net/publication/262639579_Nondestructive_Evaluation_ of_Composite_Repairs.
97) R. L. Thomas, L. D. Favro, Thermal wave inspection of adhesive disbonding, in: Materials and Process Challenges: Aging Systems, Affordability, Alternative Applications, vol. 41-I, Society for the Advancement of Material and Process Engineering (SAMPE), Covina, CA, USA, 1996.
98) D. L. Balageas, J. M. Roche, Common tools for quantitative pulse and step-heating thermography - Part I: theoretical basis, in: 12th Intl Conference on Quantitative Infrared Thermography (QIRT 2014), Bordeaux, FR, 2014.
99) On the feasibility of defect detection in composite material based on thermal periodic excitation, HAL Archives, https://hal.archives-ouvertes.fr/hal-00845958/document, 2013.
100) S. M. Shepard, Quantitative thermographic characterization of composites, in: Annual Meeting of the Society for Experimental Mechanics, Lombard, Illinois, 2013.
101) C. P. Hobbs, D. Kenway-Jackson, M. D. Judd, Proceedings of the International Symposium on Advanced Materials for Lightweight Structures, ESA-WPP, Noordwijk, Netherlands, 1994.
102) N. A. Bjork, AGA thermovision, a high speed infrared camera with instantaneous picture display, J. Radiol. d'electrologie et de medecine nucleaire 48 (1) (1967) 30-33.
103) S. M. Shepard, Introduction to active thermography for non-destructive evaluation, Anti-Corrosion Methods Mater. 44 (1997) 236-239.
104) X. P. M. Maldague, Nondestructive testing handbook: infrared and thermal testing (IR), in: P. O. Moore (Ed.), Nondestructive Testing Handbook, vol. 4, American Society for Nondestructive Testing, Columbus, OH, 2020.
105) C. P. Hobbs, D. Kenway-Jackson, J. M. Milne, Quantitative measurement of thermal parameters over large areas using pulse video thermography, in: Proceedings of SPIE Thermosense XIII, Society of Photo Instrumentation Engineers, 1991, pp. 264-277. https://www.spiedigitallibrary.org/conference-proceedings-of-spie/1467/0000/Quantitative-measurement-of-thermal-parameters-over-large-areas-using-pulse/10.1117/12.46441.short?SSO=1.
106) N. P. Avdelidis, B. C. Hawtin, D. P. Almond, Transient thermography in the assessment of defects of aircraft composites, NDT & E Int. 36 (5) (2003) 433-439.
107) P. Cawley, Inspection of composites—current status and challenges, in: CNDT 2006—Polymers and Composites, No. Mo.2.6.1, NDT Net, Berlin, 2006. http://www.ndt.net/article/ecndt2006/doc/Mo.2.6.1.pdf.
108) B. Ma, Z. Zhou, H. Zhao, Z. Dongmei, W. Liu, Characterisation of inclusions and disbonds in honeycomb composites using non-contact non-destructive testing techniques, Insight 57 (9) (2015) 499-507.
109) C. Meola, S. Boccardi, G. M. Carlomagno, N. D. Boffa, F. Ricci, G. Simeoli, P. Russo, Impact damaging of composites through online monitoring and non-destructive evaluation with infrared thermography, NDT & E Int. 85 (1) (2017) 34-42.
110) D. L. Balageas, J.-M. Roche, F.-H. Leroy, W.-M. Liu, A. M. Gorbach, The thermographic signal reconstruction method: a powerful tool for the enhancement of transient thermographic images, Biocybern. Biomed. Eng. 35 (1) (2015) 1-9.
111) C. Ibarra-Castanedo, J.-M. Piaua, S. Guilberta, N. P. Avdelidis, M. Genestc, B. Abdelhakim, X. P. V. Maldaguea, Comparative study of active thermography techniques for the nondestructive evaluation of honeycomb structures, Res. Nondestruct. Eval. 20 (1) (2009) 1-31, https://doi.org/10.1080/09349840802366617. http://vision.gel.ulaval.ca/~bendada/publications/Id679.pdf.
112) P. Theodorakeas, N. P. Avdelidis, C. Ibarra-Castanedo, M. Koui, X. P. V. Maldague, Pulsed thermographic inspection of CFRP structures: experimental results and image analysis tools, in: Volume 9062, Smart Sensor Phenomena, Technology, Networks, and Systems Integration, San Diego, CA, Vol. Proceedings 2014; 90620F, SPIE, 2014, https://doi.org/10.1117/12.2044687.
113) S. M. Shepard, T. Ahmed, J. R. Lhota, Experimental considerations in vibrothermography, in: International Society for Optical Engineering, Thermosense XXVI, Orlando, FL, Vol. Proceedings Volume 5405, Thermosense XXVI, SPIE, 2004.
114) S. M. Shepard, J. R. Lhota, B. A. Rubadeux, D. Wang, T., A., Reconstruction and enhancement

of active thermographic image sequences, Opt. Eng. 42 (5) (2003) 1337-1342.
115) N. Rajic, Principal component thermography for flaw contrast enhancement and flaw depth characterisation in composite structures, Compos. Struct. 58 (4) (2002) 521-528.
116) L. D. Favro, T. Ahmed, X. Han, L. Wang, X. Wang, Y. Wang, P. K. Kuo, R. L. Thomas, S. M. Shephard, Thermal wave imaging of aircraft structures, in: D. O. Thompson, D. E. Chimenti (Eds.), Review of Progress in Quantitative Nondestructive Evaluation, vol. 14A, Plenum Publishing, New York, 1994, pp. 461-466.
117) L. D. Favro, T. Ahmed, X. Wang, Y. X. Wang, H. J. Jin, P. K. Kuo, R. L. Thomas, Thermal wave detection and analysis of adhesion disbonds and corrosion in aircraft panels, in: D. O. Thompson, D. E. Chimenti (Eds.), Review of Progress in Quantitative Nondestructive Evaluation, vol. 12B, Plenum Press (USA), New York, 1992, pp. 2021-2025.
118) L. D. Favro, X. Han, Z. Ouyang, G. Sun, H. Sui, R. L. Thomas, Infrared imaging of defects heated by a sonic pulse, Rev. Sci. Instrum. 71 (6) (2000) 2418-2421.
119) L. D. Favro, P. K. Kuo, R. L. Thomas, Thermal-wave imaging of composites and coatings, in: S. R. Doctor, C. A. Lebowitz, G. Y. Baaklini (Eds.), Nondestructive Evaluation of Materials and Composites, vol. SPIE 2944, Society of Photo-optical Instrumentation Engineers, Bellingham, WA, 1996, pp. 232-237.
120) K. L. Reifsnider, E. G. Henneke, W. W. Stinchcomb, The mechanics of vibrothermography, in: W. W. Stinchcomb (Ed.), Mechanics of Nondestructive Testing, Plenum Press, New York, NY, 1980.
121) J. Rantala, D. Wu, G., B., Amplitude modulated lockin vibrothermography for NDE of polymers and composites, Res. NDE 7 (4) (1996) 215-228.
122) S. S. Russell, E. G. Henneke II, Vibro thermographic inspection of a glass-fiber epoxy machine part, Mater. Eval. 49 (7) (1991) 870-874.
123) A. M. Sutin, D. M. Donskoy, Vibro-acoustic Modulation Nondestructive Evaluation Technique, in: Proceedings of SPIE: Nondestructive Evaluation of Aging Aircraft, Airports, and Aerospace Hardware II, San Antonio, TX, USA, Society of Photo- Optical Instrumentation Engineers, 1998, pp. 226-237.
124) J. B. Spicer, J. L. Champion, R. Osiander, J. W. M. Spicer, Time resolved shearography and thermographic NDE methods doe graphite epoxy/honeycomb composites, Mater. Eval. 54 (10) (1996) 1210-1213.
125) H. J. Tiziani, Physical properties of speckles, in: Speckle Metrology, Academic Press, R. K. Erf, 1978, pp. 5-9.
https://elib.uni-stuttgart.de/bitstream/11682/7511/1/tiz22.pdf.
126) P. Cawley, The rapid nondestructive inspection of large composite structures, Composites 25 (5) (1994) 351-357.
127) J. W. Newman, Shearography nondestructive testing of composites, in: R. L. Crane (Ed.), Comprehensive Composite Materials II, Vol. 7: Testing, Nondestructive Evaluation and Structural Health Monitoring, Elsevier, 2018, pp. 270-290, https://doi.org/10.1016/B978-0-12-803581-8.10043-8.
https://www.sciencedirect.com/science/article/pii/B9780128035818100463.
128) J. W. Newman, Shearographic inspection of aircraft structure, Mater. Eval. 49 (9) (1991) 1106-1109.
129) J. W. Newman, Production and field inspection of composite aerospace structures with advanced shearography, in: D. Thompson, D. Cheminti (Eds.), Review of Progress in Quantitative Nondestructive Evaluation, Plenum, 1991.
130) J. W. Newman, Shearography nondestructive testing, in: C. J. Hellier (Ed.), Handbook of Nondestructive Evaluation, McGraw-Hill, 2020, pp. 737-770.
131) J. W. Newman, Production and field inspection of composite aerospace structures with advanced shearography, in: M. A. Boston, D. O. Thompson, D. E. Chimenti (Eds.), Review of Progress in Quantitative Nondestructive Evaluation, vol. 10B, Plenum Press, 1991, pp. 2129-2133.
132) S. L. Toh, H. M. Shang, Q. Y. Lin, F. S. Chau, C. J. Tay, Flaw detection in composites using time-average shearography, Opt. Laser Technol. 23 (1) (1991) 25-30.
133) R. J. Davies, A. J. Kinloch, The surface characterisation and adhesive bonding of aluminium, in: K. W. Allen (Ed.), Adhesion, Vol. 13, Elsevier, London, 1989, pp. 8-22.
134) R. B. Thompson, D. O. Thompson, Past experiences in the development of tests for adhesive bond strength, J. Adhes. Sci. Technol. 5 (8) (1991) 583-599.
135) P. Cawley, T. Pialucha, Ultrasonic Methods for

the Detection of a Faulty Adhesive/ Adherend Interface, Adhesion 1993, York, UK, 1993.

136) P. Cawley, T. Pialucha, M. Lowe, A comparison of different methods for the detection of a weak adhesive/adherend interface in bonded joints, in: D. O. Thompson, D. E. Chimenti (Eds.), Review of Progress in Quantitative NDE, vol. 12B, Plenum Press (USA), New York, 1992, pp. 1531-1538.
http://lib.dr.iastate.edu/cgi/viewcontent.cgi?article=1769&context=qnde.

137) K. A. Vine, P. Cawley, A. J. Kinloch, The correlation of non-destructive measurements and toughness changes in adhesive joints during environmental attack, J. Adhes. 77 (2) (2001) 125-161, https://doi.org/10.1080/00218460108030735.

138) A. K. Moidu, A. N. Sinclair, J. K. Spelt, Nondestructive characterization of adhesive joint durability using ultrasonic reflection measurements, Res. Nondestruct. Eval. (USA) 11 (2) (1999) 81-95.

139) A. K. Moidu, A. N. Sinclair, J. K. Spelt, Adhesive joint durability assessed using open- faced peel specimens, J. Adhes. 65 (1-4) (1998) 239-257.

140) S. I. Rokhlin, A. Baltazar, B. Xie, J. Chen, R. Reuven, Method for monitoring environmental degradation of adhesive bonds, Mater. Eval. 60 (6) (2002) 795-801.

141) A. R. Bunsell, A. Thionnet, Health monitoring of high performance composite pressure vessels, in: R. L. Crane (Ed.), Comprehensive Composite Materials II, Vol. 7: Testing, Nondestructive Evaluation and Structural Health Monitoring, Elsevier, 2018, pp. 420-430, https://doi.org/10.1016/B978-0-12-803581-8.10043-8.
https://www.sciencedirect.com/science/article/pii/B9780128035818100414.

142) V. Giurgiutiu, Structural health monitoring of aerospace composites, in: R. Crane (Ed.), Comprehensive Composite Materials II, Elsevier Publishing, Amsterdam, Netherlands, 2018, pp. 364-381, https://doi.org/10.1016/C2012-0-07213-4.

143) R. Jacques, T. Clarke, S. Morikawa, T. Strohaecker, Monitoring the structural integrity of a flexible riser during dynamic loading with a combination of non-destructive testing methods, NDT & E Int. 43 (43) (2010) 501-506.

144) S. Roy, C. Larrosa, K. Lonkar, F. Kopsaftopoulos, F.-K. Chang, Structural health monitoring of composites, in: R. L. Crane (Ed.), Comprehensive Composite Materials II, Vol. 7: Testing, Nondestructive Evaluation and Structural Health Monitoring, Elsevier, 2018, pp. 382-407, https://doi.org/10.1016/B978-0-12-803581-8.10043-8.
https://www.sciencedirect.com/science/article/pii/B9780128035818100396.

145) R. Yang, Y. He, H. Zhang, Progress and trends in nondestructive testing and evaluation for wind turbine composite blade, Renew. Sust. Energ. Rev. 60 (2016) 1225-1250.

146) D. Barnoncel, P. Peres, The use of adapted measurement techniques for the structural monitoring for Ariane group needs: focus on two specific needs and solutions evaluated, in: F.-K. Chang, F. Kopsaftopoulos (Eds.), IWSHM 2019 The 12th International Workshop on Structural Health Monitoring, Stanford California, No. JUN 2020, Stanford University, 2019.
http://www.dpi-proceedings.com/index.php/shm2019.

147) Journal of Civil Structural Health Monitoring, https://www.springer.com/journal/13349.

148) Structural Control and Health Monitoring, https://onlinelibrary.wiley.com/journal/15452263.

149) Structural Health Monitoring, https://journals.sagepub.com/home/shm.

150) V. Giurgiutiu, Smart materials and health monitoring of composites, in: R. L. Crane (Ed.), Comprehensive Composite Materials II, Vol. 7: Testing, Nondestructive Evaluation and Structural Health Monitoring, Elsevier, 2018, pp. 364-381, https://doi.org/10.1016/B978-0-12-803581-8.10043-8.
https://www.sciencedirect.com/science/article/pii/B978 0128035818100438.

151) A. Kelly, R. Davidson, K. Uchino, N. Shanmuga Priya, M. Shanmugasundaram, Smart composite materials systems, in: R. L. Crane (Ed.), Comprehensive Composite Materials II, Vol. 7: Testing, Nondestructive Evaluation and Structural Health Monitoring, Elsevier, 2018, pp. 358-363, https://doi.org/10.1016/B978-0-12-803581-8.10043-8.
https://www.sciencedirect.com/science/article/pii/B978012803581810298X.

152) J. F. Tressler, L. Qin, K. Uchino, Piezoelectric composite sensor, in: R. L. Crane (Ed.), Comprehensive Composite Materials II, Vol. 7: Testing, Nondestructive Evaluation and Structural Health Monitoring, Elsevier, 2018, pp. 408-419, https://doi.org/10.1016/B978-0-12-803581-8.10043-8.
https://www.sciencedirect.com/science/article/

pii/B9780128035818039370.
153) R. Boubenia, G. Bourbon, P. Le Moal, E. Joseph, E. Ramasso, V. Placet, Acoustic emission sensing using MEMS for structural health monitoring: demonstration of a newly designed capacitive micro machined ultrasonic transducer, in: F.-K. Chang, F. Kopsaftopoulos (Eds.), IWSHM 2019 The 12th International Workshop on Structural Health Monitoring, Stanford University, Stanford, California, 2019. http://www.dpi-proceedings.com/index.php/shm2019/article/view/32101.
154) A. Fernandez-Lopez, D. Del Rio-Velilla, M. Frovel, I. Gonzalez-Requena, A. Güemes, Sensor integration and data exploitation of structural health monitoring network integrated on a unmanned aerial vehicle (UAV), in: F.-K. Chang, F. Kopsaftopoulos (Eds.), IWSHM 2019 The 12th International Workshop on Structural Health Monitoring, Stanford University, Stanford, California, 2019. http://www.dpi-proceedings.com/index.php/shm2019/article/view/32111.
155) H. Kazari, D. Ozevin, Multi frequency acoustic emission micromachined transducers for structural health monitoring, in: F.-K. Chang, F. Kopsaftopoulos (Eds.), IWSHM 2019 The 12th International Workshop on Structural Health Monitoring, Stanford University, Stanford, California, 2019. http://www.dpi-proceedings.com/index.php/shm2019/article/view/32100.
156) I. Solodov, M. Kreutzbruck, Monitoring of bonding quality in CFRP composite laminates by measurements of local vibration nonlinearity, in: F.-K. Chang, F. Kopsaftopoulos (Eds.), IWSHM 2019 The 12th International Workshop on Structural Health Monitoring, Stanford University, Stanford, California, 2019. http://www.dpi-proceedings.com/index.php/shm2019/article/view/32366.
157) D. Stelzl, A. Pfleiderer, P. Ortmann, T. Wiedemann, M. Duhovic, M. Resch, Embedded fiber Bragg gratings for the process and structural health monitoring of composite boosters for space applications, in: F.-K. Chang, F. Kopsaftopoulos (Eds.), IWSHM 2019 The 12th International Workshop on Structural Health Monitoring, Stanford University, Stanford, California, 2019. http://www.dpi-proceedings.com/index.php/shm2019/article/view/32105.
158) P. Uriarte, K. Y. Shah, I. Tansel, K. Etienne, Estimation of the delamination size of carbon fiber panels from the impact sound, in: F.-K. Chang, F. Kopsaftopoulos (Eds.), IWSHM 2019 The 12th International Workshop on Structural Health Monitoring, Stanford University, Stanford, California, 2019. http://www.dpi-proceedings.com/index.php/shm2019/article/view/32101.
159) L. Wang, L. Araque, S. Tai, A. Mal, C. Schaal, Feasibility analysis of various sensing methods for nondestructive testing of composites, in: F.-K. Chang, F. Kopsaftopoulos (Eds.), IWSHM 2019 The 12th International Workshop on Structural Health Monitoring, Stanford University, Stanford, California, 2019. http://www.dpi-proceedings.com/index.php/shm2019/article/view/32115.
160) M. Lam, M. Mirshekari, S. Pan, P. Zhang, H. Y. Noh, Robust occupant detection through step-induced floor vibration by incorporating structural characteristics, Dyn. Coupled Struct. 4 (2020) 357-367.
161) M. Mirshekari, S. Pan, P. Zhang, H. Y. Noh, Characterizing wave propagation to improve indoor step-level person localization using floor vibration, in: Proc. SPIE 9803, Sensors and Smart Structures Technologies for Civil, Mechanical, and Aerospace Systems 2016, Lagas, NV, vol. 4, 2016, pp. 357-367, https://doi.org/10.1117/12.2222136.
162) J. Finda, V. Valentova, R. Hedl, Experience with on-board SHM system testing on small commuter aircraft, in: F.-K. Chang, F. Kopsaftopoulos (Eds.), IWSHM 2019 The 12th International Workshop on Structural Health Monitoring, Stanford University, Stanford, California, 2019. http://www.dpi-proceedings.com/index.php/shm2019/article/view/32110.
163) D. Goutaudier, D. Gendre, Real-time impact identification by using acceleration measurements—application to a large aircraft composite panel, in: F.-K. Chang, F. Kopsaftopoulos (Eds.), IWSHM 2019 The 12th International Workshop on Structural Health Monitoring, Stanford University, Stanford, California, 2019. http://www.dpi-proceedings.com/index.php/shm2019/article/view/32109.
164) M. Saeedifar, M. N. Saleh, S. T. De Freitas, D. Zarouchas, Structural health monitoring of adhesively-bonded hybrid joints by acoustic emission, in: F.-K. Chang, F. Kopsaftopoulos (Eds.), IWSHM 2019 The 12th International Workshop

on Structural Health Monitoring, Stanford University, Stanford, California, 2019.
http://www.dpi-proceedings.com/index.php/shm2019/article/view/32265.

165) M. Shiao, T. Chen, M. Haile, A. Ghoshal, M. Nuss, Inspection requirements for continued airworthiness using structural health monitoring, in: F.-K. Chang, F. Kopsaftopoulos (Eds.), IWSHM 2019 The 12th International Workshop on Structural Health Monitoring, Stanford University, Stanford, California, 2019.
http://www.dpi-proceedings.com/index.php/shm2019/article/view/32113.

166) R. Hadjria, O. d'Almeida, Structural health monitoring for aerospace composite structures, in: F.-K. Chang, F. Kopsaftopoulos (Eds.), IWSHM 2019 The 12th International Workshop on Structural Health Monitoring, Stanford University, Stanford, California, 2019.
http://www.dpi-proceedings.com/index.php/shm2019/article/view/32280.

167) K. Mazur, S. Malik, R. Rouf, M. Bahadori, M. Shehu, M. Matthew, E. Tekerek, B. Wisner, A. Kontsos, Composite material remaining useful life estimation using an IoT-compatible probabilistic modeling framework, in: F.-K. Chang, F. Kopsaftopoulos (Eds.), IWSHM 2019 The 12th International Workshop on Structural Health Monitoring, Stanford University, Stanford, California, 2019.
http://www.dpi-proceedings.com/index.php/shm2019/article/view/32280.

168) S. Pattabhiraman, C. Gogu, N. H. Kim, R. T. Haftka, C. Bes, Skipping unnecessary structural airframe maintenance using an onboard structural health monitoring system, J. Risk Reliabil. 226 (5) (2012) 549-560.
http://web.mae.ufl.edu/nkim/Papers/paper61.pdf.

169) M. Mirshekari, S. Pan, J. Fagert, E. M. Schooler, P. Zhang, H. Y. Noh, Occupant localization using footstep-induced structural vibration, Mech. Syst. Signal Process. 112 (2018) 77-79, https://doi.org/10.1016/j.ymssp.2019.106454.

〈訳：長谷川　剛一〉

第9章　接着接合部における高速負荷と衝撃について

佐藤　千明，Stephan Marzi

9.1　はじめに

接着剤による接合は，静的な荷重領域で使用されることが多く，衝撃的な条件下での適用は極めて稀である。しかし，近年，自動車や航空産業などさまざまな分野で接着接合が拡大しており，衝突や墜落，不時着などのような場合に必要な強度を確保するため，接着接合部の衝撃強度に関する知識が要求されはじめている。また，落下時に衝撃的な負荷がかかる可能性のある携帯電話や情報機器の組み立てにも，接着剤や粘着剤が広く用いられており，その耐衝撃性が重要視されるようになっている。

接着剤で接合した継手の衝撃強度については，これまで多くの実験的研究が行われている。その多くは実際の問題を解決するためのものであるが，その科学的・学術的な追求は未だ限定的である。この状況は，衝撃強度を測定するための基準についても同様で，これまでのところ，接合部の適切な設計に必要な情報を得るための手順は整備されていない。

一方，近年のエレクトロニクスの進歩に伴い，衝撃現象に関連する実験装置や実験方法のバリエーションが広がりつつある。さらに，それらの価格も低下しており，従来は測定が困難であった超高速現象の実験も可能になってきている。また，コンピュータの高性能化・低価格化により有限要素解析が身近になり，接着接合部の衝撃挙動をより詳細に調べることができるようになってきた。

本章では，まず，接着接合部の衝撃強度に関する現在の試験方法について説明し，これらの試験結果から得られる知見についても解説する。その後，最近の研究成果や今後の展望を紹介する。

9.2　高負荷速度と衝撃の定義

「衝撃」という言葉は，さまざまな意味で使われている。物体が衝突することによって生じる動的な現象を「衝撃」と呼ぶ場合がある。また，後述するような応力波の伝播によって起こる現象も「衝撃」と呼ぶことが多い。いずれにせよ，これらの動的現象ではひずみ速度が極めて大きく，物体の慣性の影響も無視できない。これに対して，応力波の伝播や慣性力の影響が無視できる現象は，ひずみ速度が高くても「衝撃」とは言わず「準静的」と呼ばれる。また，「振動」も，応力波の伝播を扱う必要はないが，慣性力の影響が無視できない現象である。このように，高速負荷の場合であっても，必ずしも「衝撃」と呼ばれないケースも存在する。一方，「衝撃波」という言葉は，しばしば誤用される。これは，物体同士が応力波よりも高い速度で衝突したときに起こる現象で，衝撃波は通常の応力波よりも速く伝播し，温度上昇を伴うことが多い。衝撃波は衝撃に関連する現象ではあるが，「応力波」と「衝撃波」を混同しないように注意する必要がある。衝撃波は極めて速い現象であり，軍事用途を除いて接着接合に関係する事項はほとんどない。

したがって，高速負荷時の現象は，物体の慣性の効果，応力波の伝播，材料特性のひずみ速度依存性に分けて考える必要がある。本章では，応力波の伝播と材料特性のひずみ速度依存性の範囲に限定して説明する。振動も類似の問題であるが，ここでは触れないことにする。ただし，本章で取り上げた方法論の一部は，振動にも適用することが可能である。

9.2.1　応力波

材料の動的な力学は，静的なそれとは大きく異なる。動的な場合では，物体に生じる慣性力を考慮する必要がある。これは，物体の各点で運動方程式を解くことに相当する。動的現象では，ある点での応力値が時間とともに変化し，その応力が物体内を伝達する。この時間・空間領域での応力変化を「応力波」と呼ぶ[1)]。

位置ベクトル$\boldsymbol{x}$で表現される３次元空間を伝播する応力波の支配方程式は以下の通りである：

$$\rho \frac{\partial^2 \phi(\boldsymbol{x}, t)}{\partial t^2} = (\lambda + 2G) \nabla^2 \phi(\boldsymbol{x}, t), \tag{9.1}$$

$$\rho \frac{\partial^2 \psi(\boldsymbol{x}, t)}{\partial t^2} = G \nabla^2 \psi(\boldsymbol{x}, t), \tag{9.2}$$

ここで，tは時間，$\phi(\boldsymbol{x}, t)$は粗密波の場，$\psi(\boldsymbol{x}, t)$はせん断波の場，ρは固体の密度，λとGは固体の線形弾性を表すLame定数とせん断弾性率である。また，∇および∇^2はナブラ演算子およびラプラシアン演算子である。式(9.1)，式(9.2)は波動方程式であるから，解は粗密波速度c_1とせん断波速度c_2を用いて次式のように表現できる。

$$\frac{\partial^2 \phi}{\partial t^2} = {c_1}^2 \nabla^2 \phi, \tag{9.3}$$

$$\frac{\partial^2 \psi}{\partial t^2} = {c_2}^2 \nabla^2 \psi, \tag{9.4}$$

ここでは，$c_1 = \sqrt{(\lambda + 2G)/\rho}$であり，また$c_2 = \sqrt{G/\rho}$なので，通常の固体では，$c_1$は$c_2$よりも大きくなり，粗密波の方がせん断波よりも速く伝播することになる。

9.2.2　材料特性の負荷速度依存性

材料の構成関係（応力–ひずみ関係）は，ひずみ速度に強く依存する。したがって，衝撃負荷を受ける接着接合部を，数値シミュレーションに基づいて設計する場合は，この依存性を考慮する必要がある。接着接合では，接着剤層と被着体の２つの部分に対して別々に考える必要がある。

接着剤は，通常，低温ではガラス状態をとり，しかも線形弾性を示す高分子で構成されている。しかし，ガラス転移温度（T_g）付近で線形弾性から粘弾性に変化し，T_g より高い温度域ではゴム状になる。すなわち，構成関係は線形弾性から粘弾性を経由してゴム弾性に変化する。温度–時間重ね合わせの原理からすると，高ひずみ速度は低温条件と等価であるため，高速で負荷する場合にはプラスチックは脆くなる傾向がある。

接着剤は通常，その T_g より低い温度領域で使用されるため，解析に使用される構成関係は線形弾性の場合が多い。しかし，厳密には少なからず粘弾性を有しており，弾性率はひずみ速度に対して弱い依存性を持っている。この依存性が衝撃で問題となる場合があり，弾性率の変化を補正する必要が生じる場合もある。このため，粘弾性モデルは広範に使用されている[2)]。

近年，衝撃を受ける可能性のある接合部には，脆い接着剤に代わって，延性のある接着剤が適用されるようになった。また，このような接着剤が市販されており，延性を高めるための特殊な成分が配合されている。このため，変形が大きい範囲では，単純な線形弾性材料として扱うことができず，代わりに弾塑性モデルを適用する必要がある。Goglio および Peroni らは，スプリットホプキンソン棒を用いて，高ひずみ速度における高じん性エポキシ接着剤の構成関係を実験的に検討した[3)]。この接着剤は大きな塑性変形を示すとともに，速度依存性を示す弾塑性特性の一般的なモデルである Johnson Cook モデル[4)] や Cowper Symonds モデルではうまく近似できず，むしろ多直線モデルの方がはるかに適合していると報告している。

市販の多くの接着剤については，特に高ひずみ速度条件下では，材料ごとに適切な構成関係式を適用する必要がある。しかし，データが示されていることは少ない。また，これらの詳細は本章の範囲から大きく外れるので，本節ではこれ以上説明しない。

9.3　高速負荷や衝撃を受ける接着接合部の変形

9.3.1　理論的アプローチ

接着剤で接合した継手の強度を推定するためには，正しい応力解析が必要である。この課題は，Volkersen のせん断遅れ（シアラグ）モデル[6)] という最初の理論が生まれて以来，多くの研究者により扱われてきた。接合部の応力分布は寸法，材料の種類，さらに（特に）形状に依存するため，応力集中を低減するための適切な設計が追求されてきた。有限要素法（FEM）による応力解析はすでに30年以上の歴史があり，ほとんどの継手形状がこの手法で解析されている。例えば，Adams と Peppiatt はラップ継手の FEM 解析を行い，Goland–Reissner モデルの閉形式解と比較した[7,8)]。その他の研究では，被着体や接着剤の弾塑性または粘弾性特性を考慮して接合部を扱っている。しかし，接着接合部の動的解析は，静的解析に比べて複雑であるため，今でもあまり行われていない。その理由は，動的解析は繰り返し計算を必要とし，コンピュータリソースを大量に消費するためである。

佐藤は，Volkersen モデルを被着体の慣性効果を考慮して動的モデルに拡張し，単純重ね合わせ接合よりも境界条件が単純な半無限ラップストラップ接合に対する支配方程式を求めるととも

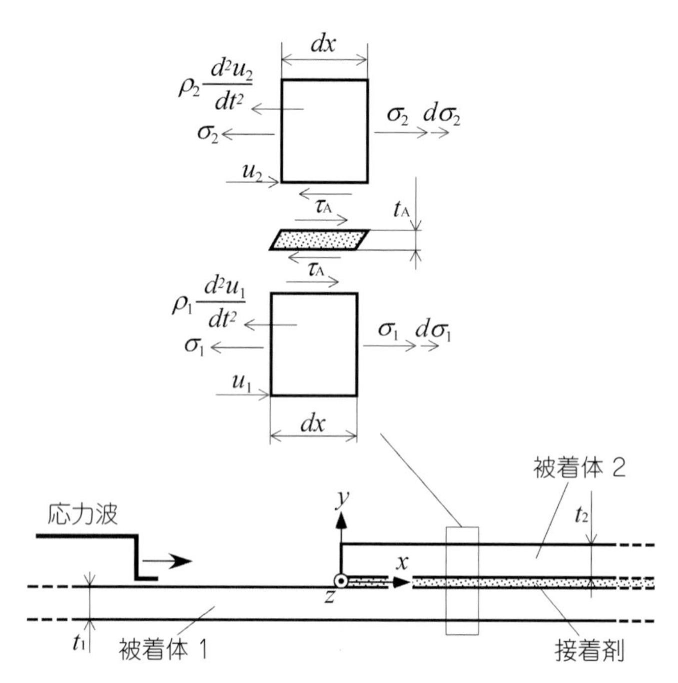

図 9.1　半無限ラップストラップ継手における平衡状態[9)]

に，その級数解を導いた[9)]。通常の接着接合では，硬化した接着剤樹脂は被着材よりも軽く，その厚さは被着材の厚さよりも小さい。したがって，接着剤層の慣性力は無視でき，このモデルでは考慮されていない。

図 9.1 に，半無限長を有するラップストラップ継手の動的 Volkersen モデルについて，その荷重の平衡と変形の適合性を示してある。この継手構成は，継手端部に 1 つの不連続面を持つだけであり，その境界条件は，応力反射がこの端部のみで起こるため，有限長の単純重ね合わせ継手など他の継手構成と比較しても相対的に扱いやすい。

半無限長ラップストラップ継手の動的平衡条件における力の均衡は，慣性力を考慮して決定することができる。$t_1 W \rho_1 \frac{\partial^2 u_1}{\partial t^2}$ と $t_2 W \rho_2 \frac{\partial^2 u_2}{\partial t^2}$ を被着体の微小部部分の慣性力と見なすと，関連する方程式は次式のように表現される。

$$
\begin{aligned}
& t_1 W \frac{\partial \sigma_1}{\partial x} + W\tau_A = t_1 W \rho_1 \frac{\partial^2 u_1}{\partial t^2}, \\
& t_2 W \frac{\partial \sigma_2}{\partial x} - W\tau_A = t_2 W \rho_2 \frac{\partial^2 u_2}{\partial t^2},
\end{aligned}
\tag{9.5}
$$

ここで，t_1，t_2，ρ_1，ρ_2 は被着体 1，2 の厚みと密度，W は接合部の幅，u_1，u_2，σ_1，σ_2 は被着体 1，2 の継手長さ方向変位と垂直応力である。さらに，τ_A は接着剤層のせん断応力，t は負荷開始からの時間を示している。また，被着体 1，2 の長手方向ひずみをそれぞれ ε_1，ε_2 とし，接着剤層のせん断ひずみ（工学ひずみ）を γ_A とする。変位 u_1，u_2 を用いると，これらのひずみは次式のように表される。

$$\varepsilon_1=\frac{\partial u_1}{\partial x},\quad \varepsilon_2=\frac{\partial u_2}{\partial x},\quad \gamma_{\mathrm{A}}=\frac{u_2-u_1}{t_{\mathrm{A}}},\tag{9.6}$$

ここで，t_{A} は接着剤層の厚さである。

接合部を構成する材料の構成関係（弾性構成式）は，次のように記述することができる。

$$E_1\varepsilon_1=\sigma_1,\quad E_2\varepsilon_2=\sigma_2,\ \text{and}\ G_{\mathrm{A}}\gamma_{\mathrm{A}}=\tau_{\mathrm{A}},\tag{9.7}$$

ここで，E_1，E_2 は被着体 1，2 のヤング率，G_{A} は接着剤層のせん断弾性率である。したがって，動的な Volkersen モデルの支配方程式は，次式のように表すことができる。

$$\begin{aligned}\frac{\partial^2 u_1}{\partial x^2}+\frac{G_{\mathrm{A}}}{E_1t_1t_{\mathrm{A}}}(u_2-u_1)&=\frac{\rho_1}{E_1}\frac{\partial^2 u_1}{\partial t^2},\\ \frac{\partial^2 u_2}{\partial x^2}-\frac{G_{\mathrm{A}}}{E_2t_2t_{\mathrm{A}}}(u_2-u_1)&=\frac{\rho_2}{E_2}\frac{\partial^2 u_2}{\partial t^2}.\end{aligned}\tag{9.8}$$

両被着体の厚さ，弾性率，および密度が等しい場合は，それらを t_s，E，ρ で表し，式(9.5)を次式のように簡略化できる。

$$\frac{\partial^2\tau_A}{\partial x^2}-\frac{2G_{\mathrm{A}}}{Et_st_{\mathrm{A}}}\tau_{\mathrm{A}}=\frac{\rho}{E}\frac{\partial^2\tau_{\mathrm{A}}}{\partial t^2}.\tag{9.9}$$

この式は，Volkersen モデルの支配方程式を静的から動的に単純に拡張したものである。すなわち，静的な方程式に慣性力を加えることで得られている。静的な Volkersen モデルの支配方程式は常微分方程式であるが，動的な Volkersen モデルの支配方程式は偏微分方程式となる。

このモデルの境界条件は，**図 9.2** に示すように，ある応力波が被着体 1 から接合部に伝播する状況として定義されてる。このとき，被着体 1 の接合端から十分に離れた位置にひずみゲージが設置されていると仮定すると，接合端で反射した別の応力波の影響を受けずに，応力波の伝搬によるひずみの変化をこのゲージで測定することができることになる。

所定の印加応力波 $\sigma_{\mathrm{w}}(t)$ による接合部端部のせん断応力の時間変化 $\tau_{\mathrm{A\,val}}(0, t)$ は，次式で計算できる。

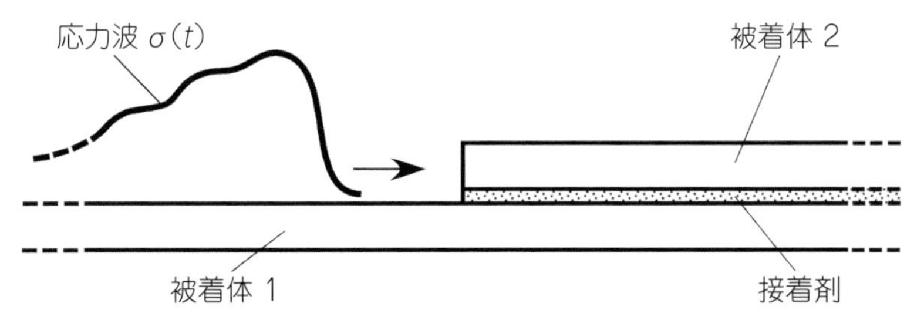

図 9.2　半無限ラップストラップ継手の境界条件[9]

$$\tau_{\mathrm{A\,val}}(0,t)=\int_0^t \tau_{\mathrm{A\,imp}}(0,t-\xi)\cdot\sigma_{\mathrm{w}}(\xi)d\xi \\ =\frac{G_{\mathrm{A}}c}{Et_{\mathrm{A}}}\int_0^t \Omega(\sqrt{2}ck(t-\xi))\cdot\sigma_{\mathrm{w}}(\xi)d\xi, \tag{9.10}$$

ここで，$\tau_{\mathrm{A\,imp}}(0,t)$は，次式に示すように，端部におけるインパルス応答である。

$$\tau_{\mathrm{A\,imp}}(0,t)=\frac{G_{\mathrm{A}}c}{Et_{\mathrm{A}}}\Omega(\sqrt{2}ckt), \tag{9.11}$$

また，k と c は次式で与えられる。

$$k=\sqrt{\frac{G_{\mathrm{A}}}{Et_{\mathrm{s}}t_{\mathrm{A}}}},\quad c=\sqrt{\frac{E}{\rho}}, \tag{9.12}$$

さらに，関数$\Omega(\quad)$は以下のように表される。

$$\Omega(\xi)=\frac{4}{3}\sum_{m=0}^{\infty}\frac{(-1)^m}{2^m\cdot m!}\cdot\frac{\xi^{2m}}{(2m)!}\sum_{n=0}^{\infty}\left(-\frac{1}{3}\right)^n\frac{(n+2m-1)!!}{(n-1)!!}. \tag{9.13}$$

加えて，$\tau_{\mathrm{A\,val}}(0,t)$は，そのインデシィアル応答（ステップ応答）$\tau_{\mathrm{A\,ind}}(0,t)$と印加応力波の畳み込み積分で以下のように表現することもできる。

$$\tau_{\mathrm{A\,val}}(0,t)=\tau_{\mathrm{A\,ind}}(0,t)\sigma_{\mathrm{w}}(0)+\int_0^t \tau_{\mathrm{A\,ind}}(0,t-\xi)\cdot\frac{d\sigma_{\mathrm{w}}(\xi)}{d\xi}d\xi, \tag{9.14}$$

また，$\tau_{\mathrm{A\,ind}}(0,t)$は，次式のように定義できる，

$$\tau_{\mathrm{A\,ind}}(0,t)=\frac{G_{\mathrm{A}}c}{Et_{\mathrm{A}}}\int_0^t \Omega(\sqrt{2}ck\xi)d\xi=\sqrt{\frac{G_{\mathrm{A}}t_{\mathrm{s}}}{2Et_{A}}}\int_0^{\sqrt{2}ckt}\Omega(\chi)d\chi. \tag{9.15}$$

インパルス応答とインデシィアル応答は，**図 9.3** に示すとおりで，ここでは関数$\Omega(\quad)$は m と n で示される数列の第 100 項までの和として近似的に計算している。

Hazimeh ならびに Khalil ら[10] は，Challita および Othman[11] の理論を組み合わせ，二重重ね合わせ継手の調和応答について，佐藤の示したモデルと解を修正・改良して適用している。Hazimeh の理論は，被着体のせん断変形を考慮しており，佐藤の理論よりも有限要素解析を含む数値解析に近い結果を示している。

衝撃現象は接着接合部であっても振動と類似しており，接着接合部の振動に関する研究は我々にとって有益である。振動は衝撃よりも比較的研究が進んでおり，例えば，Vaziri の単純重ね合わせ継手のモデル[12]，円筒突合せ接着継手のモデル[13,14] などがある。前出の Challita の理論も振動に対するものである。

式(9.8)は数値的に解くこともでき，単純重ね合わせ接合部の接着剤層におけるせん断応力の

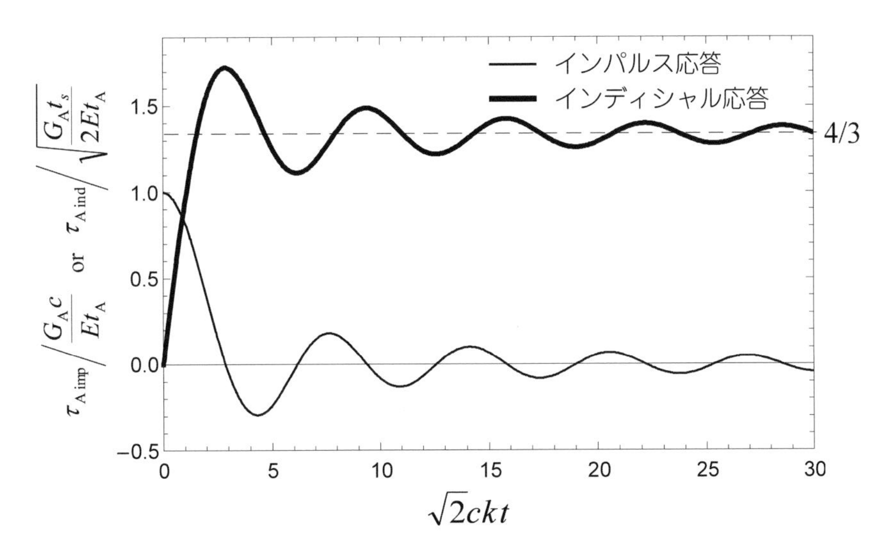

図 9.3　半無限ラップストラップ継手の接着剤層端部におけるせん断応力のインパルスおよびインデシァル応答[9)]

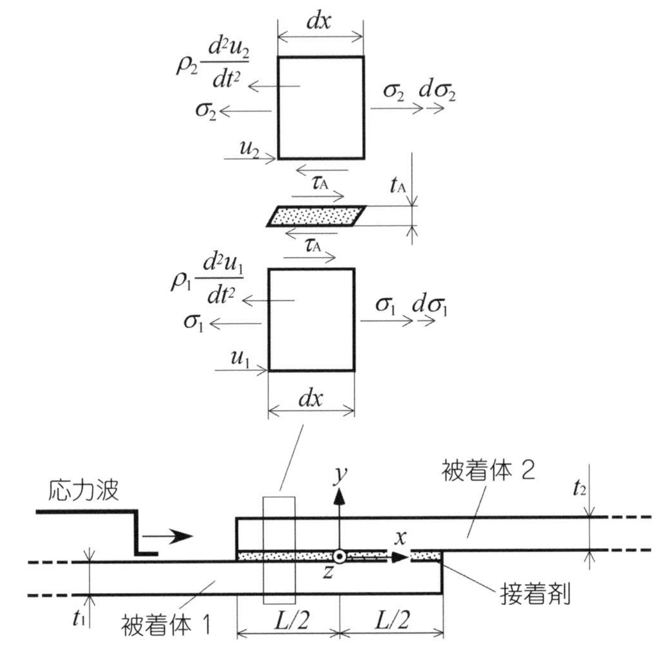

図 9.4　単純重ね合わせ継手における荷重バランス[15)]

変化と分布を求めることができる[15)]。残念ながら，単純重ね合わせ接合部の境界条件は，数学的に扱うには難しすぎる。数値解析のための接合部の構成と荷重バランスを**図 9.4** に示す。

図 9.5 は，振幅 1 MPa のステップ荷重を受ける単純重ね合わせ継手の接着剤層のせん断応力分布の MATLAB プログラムによる数値計算結果である[15)]。ここで，単純重ね合わせ継手は，ラップ長 40 mm，被着体厚さ 4 mm で，引張弾性率 72 GPa，密度 2.8×10^3 kg/m^3 のアルミニウム合

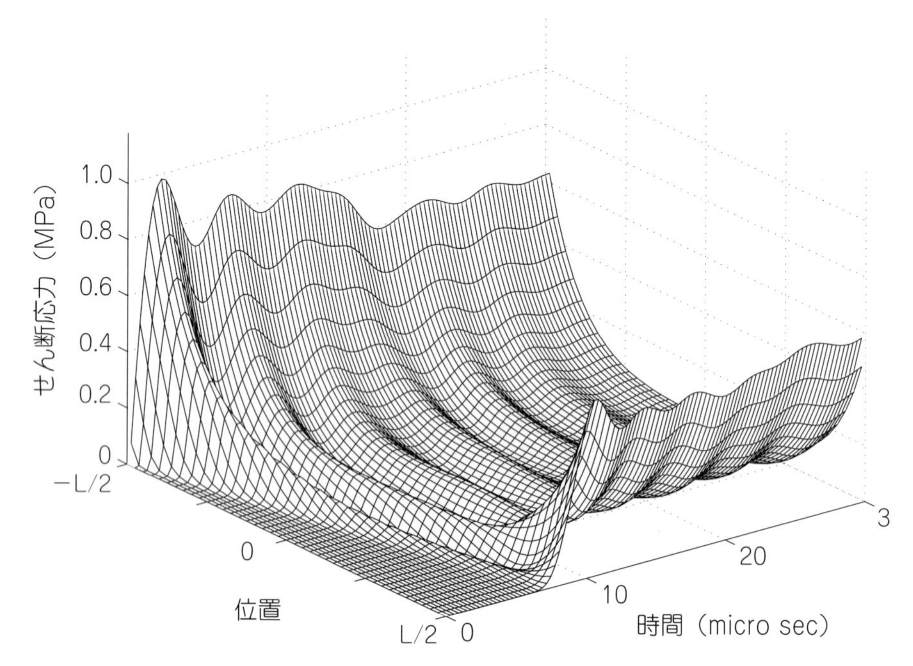

図 9.5　動的 Volkersen モデル[15]に基づいて計算した，単純重ね合わせ接合部の接着層に沿ったせん断応力分布とその時間変動

金からなる。また，接着剤層の厚みは 0.1 mm，せん断弾性率は 1.0 GPa である。**図 9.5** に示すように，荷重入力側（Position＝$-L/2$）付近の応力は初期状態で増加し，反対側（Position＝$L/2$）の応力は遅れて増加するが，これは応力波の伝播時間によるものであることがわかる。負荷入力側では，応力に振動があるが，すぐに減衰している。

9.3.2　動的有限要素解析

有限要素法は，応力解析に対して非常に汎用性が高く便利な手法である。静的解析は，次式のように離散化された平衡方程式に基づいて行われる。

$$Ku=F+B, \tag{9.16}$$

ここで，K は全剛性行列，u は全変位ベクトル，F は全表面力ベクトル，B は全体積力ベクトルである。式(9.16)を解くと変位 $\boldsymbol{u}$ が得られ，変位から各要素のひずみと応力を計算できる。

この式をダランベールの原理に基づいて動的なものに展開すると，次式のようになる。

$$Ku=F+B-M\ddot{u}, \tag{9.17}$$

ここでは，$\ddot{\boldsymbol{u}}$ は全節点の加速度ベクトル，M は全体質量行列である。

式(9.17)を解くには，時間積分の陽解法が効率的であり，ここ 20 年，車体の衝突解析など多くのアプリケーションでその利用が進んでいる。陽解法スキームの方程式は次式で与えられる：

$$\ddot{u}=M^{-1}\ (F+B-Ku). \tag{9.18}$$

次のステップの変位ベクトル $\boldsymbol{u}_{n+1}$ を得るためには，次式のように中心差分を用いた追加計算を行う必要がある。

$$\dot{u}_{n+0.5}=\dot{u}_{n-0.5}+\Delta t_n\ddot{u}_n, \tag{9.19}$$

および

$$u_{n+1}=u_n+\Delta t_{n+0.5}\dot{u}_{n+0.5}, \tag{9.20}$$

ここで，$\Delta t_{n+0.5}=t_{n+1}-t_n$，$\Delta t_n=t_{n+0.5}-t_{n-0.5}$ である。式(9.18)に見られるように，M の重み行列に集中質量マトリックスを使用すれば，逆行列計算を削減することができる。また，この場合，前方消去の後に多くのフィルインやゼロを含む行列 K^{-1} 全体を保存する必要がなく，Ku のみの計算で済むため，メモリ消費量も少なくて済む。このような利点から，陽解法は近年，大規模なアプリケーションを扱う際に最も選択される方法となっている。例えば，自動車構造物全体の衝突解析は，最も大きな計算の１つといえる。この目的で，多くの陽解法有限要素解析パッケージが市販されている。

Sawa ら[16]は，陽解法ソルバーを用いて接着接合部の動的有限要素解析を行っている。具体的には DYNA3D（Lawrence Livermore National Laboratory, Livermore, USA）を用いて動的有限要素解析を行った。垂直衝撃を受けた積層板の応力分布と応力の変動を計算し，界面のエッジで特異応力が発生すること，ならびに被着体と接着剤のヤング率の比が大きくなるにつれて応力が増加することを明らかにした。樋口および澤ら[17]は，衝撃曲げモーメントおよび衝撃引張荷重を受ける単純重ね合わせ継手の応力解析も行っている[18]。その結果，静的な場合とは逆の現象であるが，被着体のヤング率が高くなるにつれて，接合部の最大主応力が増加することを見出した。また，異なる被着体を有する単純重ね合わせ接合部について，その応力分布に及ぼす被着体のヤング率の影響を調査している[19]。さらに，Sawa らは，中空円筒の突合せ継手の衝撃解析を行い[20]，その数値解析結果を実験的に検証している[21]。加えて，彼らは突合せ継手に衝撃的な曲げモーメントが加わる場合の解析も行っている[22]。似たような研究としては，Vaidya らが LS-DYNA を用いて，横方向の衝撃を受ける単純重ね合わせ継手の動的応答を計算している[23]。

上記のような研究は，有限要素法による動的解析の黎明期に，先駆者たちによって行われたものである。近年では，市販のプログラムパッケージや高性能のコンピュータが手頃な価格で入手できるようになり，このような動的解析は研究者にとってより身近なものとなっている。この10年間，論文数は増えており，本テーマに関連する多くの研究が行われている。

9.3.3　接着接合部の強度基準

9.3.3.1　最大応力基準

材料の強度評価には応力–ひずみ基準が最も一般的であり，接着接合部の強度予測にも広く適用される。ある量の値が特定の閾値より大きければ，その固体は破壊するとみなされる。弾完全塑性材料では，塑性域で適切な応力の閾値が選択できないため，応力基準は使用できず，代わりにひずみ基準が適用される。

連続体では複合応力状態が普通であり，応力とひずみにはそれぞれ６つの成分が存在する。厳密に言えば，等方材料では，強度基準は3つの不変量または3つの固有値の関数であるべきであり，これらは主応力で表記される。複合応力状態の最も単純な基準は，最大応力関数である，

$$f(\sigma_1, \sigma_2, \sigma_3) = max(\sigma_1, \sigma_2, \sigma_3) - \sigma_y = 0, \tag{9.21}$$

ここで，σ_1，σ_2，σ_3 は主応力，σ_y は材料の（引張）強さである。無損傷の材料の場合，$f=0$ の場合に破壊が起こる。この基準は最大主応力基準と呼ばれ，ガラス，セラミックス，ならびに硬質プラスチックなどの脆い材料に使用でき，脆いエポキシ接着剤も含まれる。

接着剤が完全には脆性的でなく，若干の延性があれば，強度は通常弾性限界で定義されれる。つまり，降伏基準を満たせば，接着剤はその時点で破壊したと定義できる。この非常に実用的なアプローチを応用面からみると，それらの強度基準（降伏基準）は，金属の塑性変形になぞらえたせん断応力成分に基づくことが多い。例えば，トレスカ（Tresca）の基準[24]と呼ばれる最大せん断応力基準（式9.22）やミーゼス（von-Mises）の基準（式9.23）[25]と呼ばれる最大せん断ひずみエネルギー基準がよく知られている，

$$max\left(\left|\frac{\sigma_1 - \sigma_2}{2}\right|, \left|\frac{\sigma_2 - \sigma_3}{2}\right|, \left|\frac{\sigma_3 - \sigma_1}{2}\right|\right) - \tau_y = 0, \tag{9.22}$$

ここで，τ_y は材料の純粋なせん断強度であり，

$$(\sigma_1 - \sigma_2)^2 + (\sigma_2 - \sigma_3)^2 + (\sigma_3 - \sigma_1) - 2\sigma_Y{}^2 = 0, \tag{9.23}$$

σ_1，σ_2，σ_3 は主応力，σ_Y は材料の引張（降伏）強さである。金属の塑性挙動は静水圧に依存せず，応力の偏差成分のみが降伏に影響することがよく知られている。最大せん断応力基準や最大せん断ひずみエネルギー基準は，偏差成分のみの関数である。実際には，延性接着剤の塑性挙動は，マイクロクラックやクレイズの発生によるので，金属とは若干異なる。したがって，静水圧は接着剤の塑性挙動に影響を与え得るが，その影響はあまり大きくない。このような場合，接着剤にはTrescaやvon-Mises基準よりもMohr-CoulombやDrucker-Prager降伏基準の方が適合する場合が多い。Mohr-Coulomb基準はTresca基準を拡張したもので，最大せん断応力に加え，法線応力を考慮したものであり，次式のように表現できる。

$$\sigma_1 - \sigma_3 + (\sigma_1 + \sigma_3)\sin\varphi - 2\tau_y \cos\varphi = 0, \tag{9.24}$$

ここで ϕ は法線応力への依存性を含む追加パラメータである。**図9.6**にMohr-Coulomb降伏面を示す。$\phi=0$ の場合，降伏基準はTresca則に帰着する。

せん断応力や法線応力ではなく，応力不変量で考えると，2種類の異なるDrucker-Prager降伏基準が存在し，これらは降伏面の静水圧依存性を追加しているもので，von-Mises基準を拡張している点で共通している。

衝撃付加の場合，ひずみ速度が非常に高くなるため，延性接着剤は脆くなり，強度が高くなる傾向がある。したがって，適切な強度を予測するためには，強度基準にひずみ速度依存性を導入する必要がある。つまり，σ_Y をひずみ速度の関数として扱う必要がある。

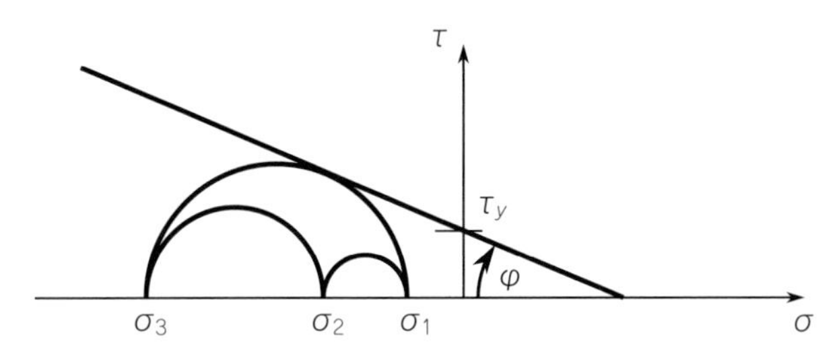

図 9.6　Mohr–Coulomb 降伏面

9.3.3.2　最大ひずみ基準

ひずみ基準は，延性接着剤の場合に特に有効である。例えば，延性の高いエポキシ接着剤は弾塑性変形を示すので，このような接着剤では応力基準は最終破壊の記述には適用できず，降伏の記述のみに適用される。ただし，延性の高い接着剤で接合された継手の破壊においても，破壊力学はひずみ基準よりも汎用性が高く，応力基準と同様にさまざまな基準を想定できる。こちらの方が便利なのでひずみ基準の集中的な研究はあまり行われていない。

9.3.3.3　破壊・損傷力学に基づく基準

応力–ひずみ基準の欠点は，接合部の接着剤層端に非常に高い応力が発生し，その応力が接着剤硬化物の強度よりしばしば高くなることである。この現象は「応力特異性」と呼ばれ，接着剤や被着体に弾性材料を想定し，接合部の端が鋭角である場合に生じる。特異点での応力は，弾性解析では無限大になる。材料の強度は有限であるため，このような無限の応力値は現実には存在しない。しかし，特異点付近では非常に鋭い応力集中が発生することは確かである。この問題を克服するための選択肢として，接着層の非弾性挙動と，それによる応力緩和を考慮する方法がある。もう１つの方法は，応力特異パラメータを用いた強度予測である[26]。静的負荷に対してはこれらの手法も適用できるが，負荷条件が変わると適用が難しい。例えば，動的条件下における接着接合部の応力特異点に関する研究は，今の所ほとんど行われていない。いずれにしても本手法を汎用的に用いる場合は，さらなる集中的な研究が必要である。

固体中のき裂先端は応力特異点であり，非常に鋭い応力集中が発生している。したがって，このような場合には応力やひずみの基準を適用することはできず，代わりに破壊力学が用いられる。ほとんどすべての接合部には，初期にき裂が存在しないため，破壊力学の方法論をそのまま適用することはできない。これは破壊力学の欠点である。一方，破壊力学は，き裂の伝搬を予測することができるという利点がある。この点は，接合部の初期破壊だけでなく，継続的なき裂の進展の様子や，最終的な破壊の予測にも有効である。また，継手の疲労寿命もこの手法で扱うことができる。

破壊力学を接合部の強度予測に適用する場合，初期き裂の存在を仮定し，き裂先端付近の応力分布を解析する必要がある。また，解析によって得られた応力分布に基づき応力拡大係数やエネルギー解放率を算出する必要があるが，この作業は実は容易ではない。別の方法として，仮想き裂進展法（VCE 法）があり，これによって小さな労力でエネルギー解放率を算出することができる[27]。き裂は接着剤層と被着体の界面に沿って伝播する傾向があるため，VCE 法を適用することは容易である。したがって，接着接合部の強度を予測するためには，応力拡大係数よりもエネルギー解放率の方が有用である。

破壊力学を，負荷速度の異なる場合，例えば衝撃問題に適用するには，解析上の困難が伴う。有限要素法（陽解法）では，積分の時間ステップが解析モデルの最小メッシュサイズに依存するため，小さなメッシュが1つだけあっても計算時間が大幅に増加する。したがって，応力集中点付近でよく用いられる局所的に細かいメッシュは，動的計算には適さない。残念ながら，応力拡大係数を計算するためにき裂先端付近でより細かいメッシュを必要とする破壊力学による有限要素解析は，時間とコンピュータリソースを消費する。

有限破壊力学は，強度概念と破壊力学の主要な考え方を組み合わせることを目的として，Leguillon[28] によって提案された手法である。鋭いき裂の先端では，応力場が特異的になり，その結果，荷重が小さくても，等価応力が無限に大きくなる。そこで，有限破壊力学では，破壊を予測するための連成基準を想定する。例えば，き裂先端からある距離の点で，応力基準と破壊力学的エネルギー基準の双方を同時に満たす必要がある。一方の基準が満たされない場合，材料は損傷しない。この方法は，最近，接着接合に適用され始めているが[29,30]，信頼性の向上には，さらなる研究が必要である。

結合力モデル（Cohesive Zone Model：CZM）は，界面の破壊を簡便に記述するために1960年代に導入された[31,32]。今日，この方法は，数値シミュレーションの中で接着層の破壊を予測するために広く適用されている。CZMは計算量が少ないため，動的計算への適用性が高く，陽解法シミュレーションにおいて有利である。CZMでは，接着剤層や界面を「トラクション・セパレーション則」と呼ばれる特定の荷重‒変位関係を持つバネでモデル化する。CZMのルールとして，トラクション‒セパレーション曲線で囲まれた領域は，接合部の破壊じん性（限界エネルギー解放率）に等しくなければならない。ただし，トラクション・セパレーション則の形状は任意である。**図9.7**に示すような2本の直性で表せる形状や，台形形状など，いくつかのタイプの中から適切な形状を選択し，予測される強度が実験結果と一致するように調整する必要がある。

CZMモデルは，初期クラックや細かいメッシュが必ずしも必要ではないという利点がある。また，陽解法スキームとの相性も良い。したがって，接着剤による接合部の動的解析に適した手法であり，実際に広範に使用されている。ただし，接着剤の挙動がより複雑で，結合力モデルの

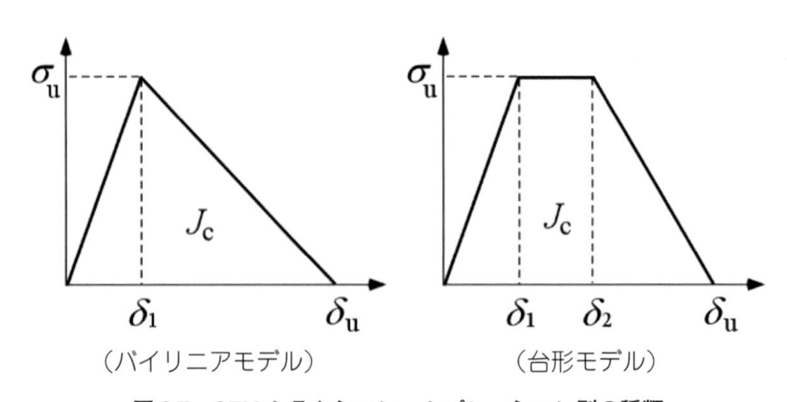

図9.7　CZMトラクション・セパレーション則の種類

前提を超える場合，本モデルの単純さがデメリットにつながることもある。例えば，ゴムのような柔軟な接着剤でできた厚い接合部の場合，このようなことが生じる可能性がある。

衝撃現象に結合力モデルを適用するためには，通常，荷重速度の影響を記述できるようにモデルを修正する必要がある。有限要素法のパッケージプログラムの中には，ひずみ速度の影響を自動的に扱うことができる高度なCZMモデルが既に実装されているものもある。これらが利用できない場合，多くのユーザーは，特定の問題の平均ひずみ速度に適合するモデルパラメータを用いた速度非依存のモデリングを好む。Machadoらは，2本の直線で表現できるバイリニアトラクション・セパレーション則を用い，数値シミュレーションをいくつか実施した。ここでは衝撃条件下を前提とし，異種被着体および接着剤の組み合わせ[33]，低温および高温の試験温度[34]，ならびに混合接着剤構成[35]に対して計算を実施した。試験片形状は単純重ね合わせとし，上記の計算結果をすべて実験的に検証した。この結果，CZMの適用により，接着接合部の挙動を正確に予測できることが明らかになった。

Borgesら[36]は，モードⅠにおける破壊挙動のひずみ速度依存性を考慮して，衝撃負荷における接着剤の機械的挙動をモデル化しやすいCZMの有限要素解析手法を開発した。また，Nunesら[37]は，DCB試験片の衝撃試験を対象とし，接着剤層のひずみ速度とその変化を求める目的で数値研究を行い，衝撃試験中にひずみ速度が変化することを見出している。

9.4　実験方法と規格

ひずみ速度に依存する材料の試験には，ひずみ速度のオーダーに応じたさまざまな実験方法が適用されている。**図9.8**に衝撃方法の種類と衝撃を受けた材料に発生するひずみ速度，ならびにそれに適した代表的な実験方法を示す。例えば，機械式試験機では準静的な試験が可能だが，より高いひずみ速度の範囲では，油圧試験機，スプリットホプキンソン棒，火薬銃やガス銃などの

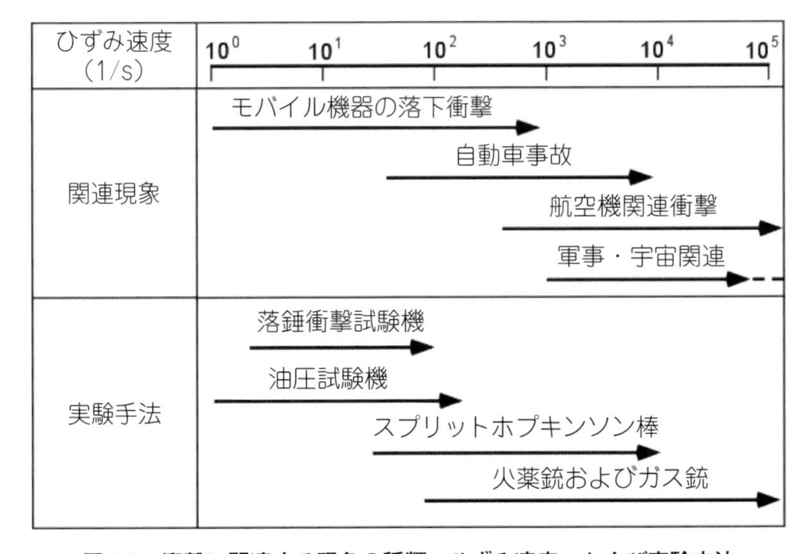

図9.8　衝撃に関連する現象の種類，ひずみ速度，および実験方法

特殊な試験装置が用いられ，必要なひずみ速度を得ている。ひずみ速度が $10^2\ s^{-1}$ を超える場合は，自由振動のため通常のロードセルが使用できず，応力–ひずみ関係を求めるにはスプリットホプキンソン棒装置が唯一の選択肢となる。火薬銃やガス銃には荷重測定装置がないため，印加荷重を測定できない。本章では，各種の実験法について概要を説明し，また文献で既に報告されている実験結果を紹介する。

9.4.1　衝撃試験に関する試験規格

9.4.1.1　ブロック衝撃試験

材料の衝撃試験法として，シャルピー試験とアイゾット試験[38-40]が最も広く用いられている。これらの試験は振り子式試験と呼ばれ，振り下ろされた振り子式ハンマーの衝撃によって試験片を破壊する。破壊によって消費されるエネルギーは，ハンマーの初期高さと最終高さの差から算出される。例えば，You および Lie ら[41]は，シャルピー試験機で，突合せ継手のノッチの深さを変えつつ衝撃試験を実施している。また，同じ方法を用いて，突合せ継手の衝撃強度に及ぼす熱衝撃の影響も調べている[42]。

接着接合部の衝撃強度の評価には，上記の試験方法とは試験片の形状が異なるが，これに類似した振り子式ハンマー試験が用いられている。この方法はブロック衝撃試験と呼ばれ，試験規格として制定されている[43]。**図 9.9** に試験片の形状および試験時の配置を示す。大小２つのブロックを被着体として使用し，これを接着して試験片としている。また，振り子のストライカーが小さな方のブロックに衝突することで衝撃荷重が発生する。試験速度は振り子の長さと最大振り角に依存し，本試験規格では一般的な速度が 3.5 m/s と規定されている。そのため，長さ１m に近い大型の振り子が必要となる。しかし，このような大きな試験機が使われているにもかかわらず，この方法は比較的遅い衝撃試験に分類される。

この試験法は，長い間，接着接合部の衝撃試験における唯一の規格であった。しかし，本手法は試験方法としては多くの問題点がある。例えば，ストライカーと小さいほうのブロックの衝突領域は平面として定義されているが，実際には接触が不均一となるため，衝突はある１点で生じる。Adams と Harris はこの問題を指摘し，衝突位置によって接着層の応力分布に大きな相違が生じることを示している。

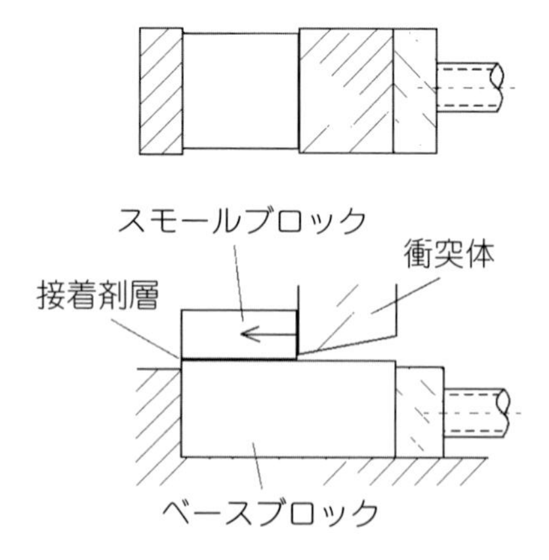

図 9.9　ブロック衝撃試験用の試験片とその構成および寸法[43]

図 9.10 に，ブロック衝撃試験[44]で測定した接着継手の吸収エネルギーを示す。ここで MY750 と AY103 は比較的脆いエポキシ接着剤，ESP105 は高じん性エポキシ接着剤，CTBN は MY750 にカルボキシル末端ブタジエン–アクリロニトリル（CTBN）ゴムを混ぜ延性化したものである。この実験結果は，脆い接着剤は吸収エネルギーが小さく，高じん性接着剤は吸収エネルギーが非常に大きいという当初の予想と一致する。また，延性のある接着剤の１つは，１回の衝撃で接合部が破壊されな

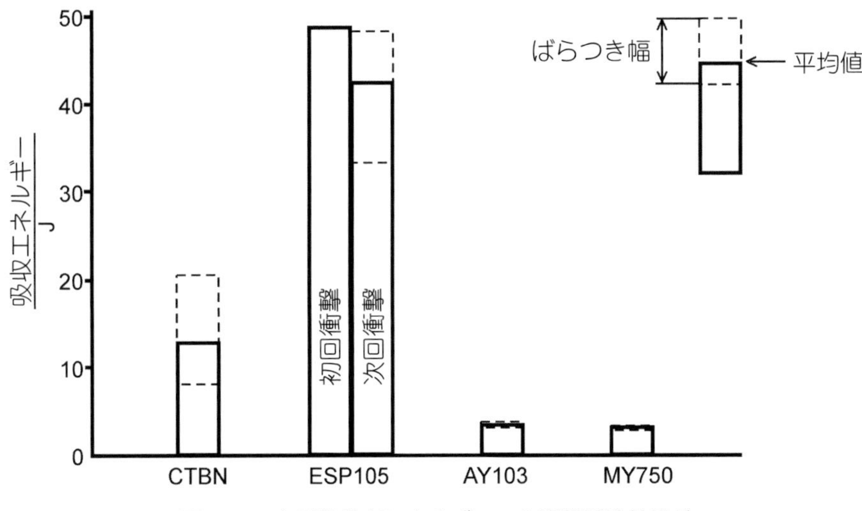

図 9.10　各種接着剤によるブロック衝撃試験結果 [44)]

かったため，2 回目の衝撃荷重が必要であった。このように，本手法は，接着剤の性能を相対的に評価し，比較するのには有効といえる。

振り子試験に関しては，Harris と Adams も単純重ね合わせ試験片の引張衝撃試験をこの方法で実施している[45)]。この結果，準静的荷重よりも衝撃荷重の方が最大応力が高くなり，一方，伸びは小さくなることが示されている。そこで，実験結果を考慮して ESP105 を選択し，接着またはスポット溶接で接合した円筒形状の試験片を複数作製し，その衝撃圧縮試験を行った。いずれの接合試験片もベローズ状に大きく変形したが，接合部に破損は生じなかった。

9.4.1.2　衝撃ウェッジピール試験

上記のブロック衝撃試験に加えて，新たな衝撃試験法（ISO 11343）が規格として制定された[46)]。これは IWP（Impact Wedge Peel）試験と呼ばれ，ブロック衝撃試験の問題点を補完するものとして注目されている。**図 9.11** に試験方法の概要を示す。この試験では，2 枚の金属板を接着し，金属板の間にくさびを挿入する。くさびは衝突による衝撃でストライカーにより引っ張られる。ストライカーの速度は 3〜5.5 m/s と規格で定められており，振り子式試験機で衝撃を与え

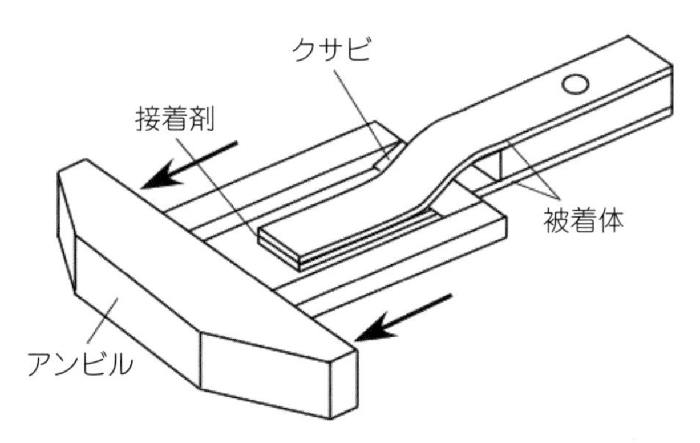

図 9.11　接着剤接合部の衝撃くさび剥離試験（ISO 11343）

るため，ブロック衝撃試験と速度はさほど変わりはない。一方，Blackman と Kinloch らは油圧試験機を用いてIWP 試験を行い，衝撃速度や試験片の形状をさまざまなケースに変えて剥離強度の違いを調べている[47]。

この試験方法の特徴は，得られる情報が，接合部の破壊に関与する吸収エネルギーであることである。また，この規格では，試験中の荷重とくさびの変位を時間の関数として記録する計装化が求められている。この情報に基づいて，破壊に関連する吸収エネルギーを経時的に計算し，限界エネルギー解放率のようなものを決定することができる。

一方，この方法の問題点は，被着体として金属板を使用した場合，被着体の塑性変形が避けられず，これに伴うエネルギーが測定結果に含まれてしまうことである。同様の問題は，例えば古典的な静的のＴピール試験でも知られている。また，摩擦によるエネルギー散逸が，被着体とくさびの相対運動により発生する。したがって，この方法の吸収エネルギーは，接着接合部のみを破壊するエネルギーよりもかなり大きくなる。すなわち，この方法で限界エネルギー解放率を求める場合は，実際の値を過大評価していることに注意が必要である。

9.4.2　測定方法

材料や接着剤の接合部の荷重-変位関係を求めるには，材料に加わる荷重と発生する変位（場合によってはひずみ）を測定する必要がある。衝撃負荷や高速負荷では，準静的な場合と異なり，これらを測定することは容易でない。特に，荷重測定は難しい。したがって，測定方法の選択は非常に重要である。

9.4.2.1　荷重測定

準静的試験では，一般的にロードセルを用いて荷重を測定する。ドリフトが小さい特徴を持つひずみゲージ型ロードセルが主に使用される。これは，荷重測定部にひずみゲージが貼り付けてあり，その部分に荷重がかかることで生じるひずみをゲージで測定し，荷重に変換している。そのため，高分解能を実現するためには，荷重測定部の剛性を低くする必要がある。しかしこの場合，ロードセル自体の剛性が低くなり，ロードセルの剛性と試料ホルダーの質量で決まる荷重測定系の固有振動数の低下につながる。測定すべき荷重の最大周波数は，荷重測定システムの固有周波数よりもはるかに低くする必要がある（可能であれば，約１桁程度低くすべき）。そうでないと，測定した荷重は振動的になり，実際の波形とは大きく異なってしまう。したがって，負荷の分解能と負荷測定の周波数限界はトレードオフの関係にある。このため，ひずみゲージ式ロードセルは，衝撃荷重や高速荷重の測定には適していない。

多くの研究者は，信号から振動成分を取り除くために周波数フィルタを用いるが，これでは正確な荷重測定はできない。入力として荷重の時間変化，出力としてロードセルからの信号が得られていれば，荷重測定系の伝達関数が計算でき，理論的にはデコンボリューションなどの数学的処理で荷重の時間変化を求めることができる。しかし，この場合でも，荷重計測システムの固有振動数以上の周波数では，荷重計測の精度は高くなない。

ひずみゲージ式ロードセルではなく，圧電式ロードセルが衝撃の場合は多く採用されている。圧電型ロードセルは，衝撃荷重や高速度荷重の測定に適している。圧電式ロードセルでは，荷重によって発生した電荷を，チャージアンプと呼ばれる測定回路で電圧に変換し，荷重信号として出力する。より詳細には，電荷はチャージアンプ内のコンデンサに蓄えられ，電圧に変換され，電気的に増幅されて出力となる。一般的なチャージアンプは，静電容量の異なる複数のコンデンサを持ち，スイッチングにより選択することができる。したがって，このコンデンサの切り替えで，ロードセルの感度を変更することができる。ひずみゲージ型ロードセルでは，感度を上げるとノイズマージンが減少するが，圧電型ロードセルにはこの問題はない。したがって，より高い固有振動数に対応するために剛性の高いロードセルを使用しても，高い荷重分解能を得ることができる。

圧電式ロードセルを使用する場合，荷重測定系の固有振動数は，ロードセルの剛性と試験片ホルダーの付加質量からおおよそ算出される。ロードセルは，システムの固有振動数が予想される荷重波形の最大周波数より大幅に高くなるように剛性を選定する必要がある。また，必要な負荷分解能を得るためにチャージアンプ内のコンデンサを切り替えることで，十分な周波数応答と負荷分解能を同時に得ることができる。

圧電型ロードセルの欠点は，ひずみゲージ型ロードセルに比べてドリフトが大きいことである。しかし，短時間であれば問題にはならない。したがって，衝撃不可や高速負荷の場合には，この欠点を無視することができる。衝撃負荷を繰り返す場合は，測定時間がかなり長くなり，ドリフトが無視できなくなって問題となる。この問題を解決するためには，負荷の直前にチャージアンプをリセットする必要がある。そのための電子回路を作成し，チャージアンプに接続する必要がある。

ひずみゲージ式ロードセルでも圧電式ロードセルでも，ひずみアンプやチャージアンプ，データ収集システムの周波数特性は十分高い必要がある。例えば，衝撃の場合，一般に DC～数百 kHz の周波数特性が要求される。この場合，一般的な動ひずみアンプは適さず，直流ひずみアンプや DC シグナルコンディショナーが適している。

データ収集には，デジタルオシロスコープや AD コンバーターがよく利用される。デジタルオシロスコープは，時間分解能は高いが，垂直分解能，すなわち電圧分解能が低いことが多いので注意が必要である。8 ビットの垂直分解能は避けるべきで，最低でも 12 ビット，できれば 16 ビットを選択しなければならない。AD コンバーターを使用する際にも同様の注意が必要である。また，AD コンバータはパラレル処理型を選択すべきで，マルチプレックス型はチャンネル間の遅延が発生しチャンネル数によってサンプリングレートが変化するため避けるべきである。デジタルオシロスコープや AD コンバータの種類にかかわらず，サンプリングレートは，測定信号の最大周波数より 1 桁程度高く設定するのが，エイリアス除去の観点から好ましい。これをオーバーサンプリングと呼ぶ。ナイキスト・シャノンのサンプリング定理によれば，データ収集装置のサンプリングレートは，信号の最高周波数の 2 倍以上であるべきとされている。しかし，アナログのプレフィルタを使用しない場合，実際の信号にはこの 2 倍のサンプリングレートは低すぎる。1 MHz など，より高いオーバーサンプリングが望ましいケースもある。

9.4.2.2　変形とひずみの測定

衝撃や高速負荷を受けるサンプルの変形やひずみの測定は，準静的の場合とあまり変わりない。ただし，サンプリングレートだけは異なり，しかもかなり高い。準静的な場合によく使われる伸び計は，重量が増え応答時間も長くなるため，衝撃変形の測定には適さない。

ひずみゲージは，衝撃荷重のかかる状態でも使用することができる。しかしその応答がゲージの長さに依存することに注意が必要である。測定可能な周波数は，ゲージが長くなるにつれて減少する。ゲージ長を L_g とするひずみゲージの時定数 τ_m は，式(9.25)で与えられる。

$$\tau_m < (0.8L_g/c) + 0.5 \times 10^{-6}, \tag{9.25}$$

ここで，c は対象とする材料の疎密応力波の速度である[48]。時定数は，ステップ状に変化する入力信号に対して，出力信号が10％から90％まで増加するまでの時間として定義される。例えば，鋼鉄（疎密応力波波速度5,000 m/s）に接着したひずみゲージ（ゲージ長5 mm）の場合，その時定数 τ_m は約1.3 μs である。

光弾性やデジタル画像相関（DIC）法には，高速度カメラが必要である。これらの方法は，衝撃荷重を受ける試料の変形やひずみの測定に適用されている。近年，光弾性に起因する偏光を直接測定できる高速度カメラが市販されている。DIC 法も適用可能だが，高解像度の高速度カメラが必要である。また，DIC 法による面外変形の測定には，同期した２台の高速度カメラが必要となる。良好な面外分解能を得るためには，被写体深度大きく取るため絞りを可能な限り閉じる必要があるが，そのためにシャッター時間が制限され，時間分解能が悪くなる[49]。高速度カメラを使用して衝撃変形を測定する方法としては，このほか電子線ホログラフィーやシアログラフィーも候補に挙がっている。

Neumayer および Kuhn らは[50]は，DIC 法を接着接合部に適用し，衝撃荷重を受ける突合せ接合部および重ね合わせ接合部のひずみ分布を実験的に求めている。彼らは，スプリットホプキンソン棒装置で得られた荷重と DIC 法で測定したひずみ場から接着層のトラクション・セパレーション則（［**9.3.3.3**］参照）を直接求めており，高速イメージング技術と DIC 法を組み合わせて接着層の変形が直接測定できるので，ひずみ測定における不正確さを克服できると結論づけている。

近年，応力発光材料が登場し，接着剤に混ぜたり試験片表面に塗ったりして，接着剤層や接着試験片の変形を測定することができるようになった。メカノルミネッセンス材料は残光特性が長く，短時間現象の測定には不向きとされてきた。しかし，近年，高速変形を測定するために，長残光特性を持たない新しいメカノルミネッセンス材料も開発されている。

9.4.3　試験方法

9.4.3.1　油圧式高速試験機

油圧式高速試験機は，高ひずみ速度条件下での材料の圧縮試験や引張試験によく使用される。低速から中程度まで，比較的広い範囲のひずみ速度が得られるという利点がある。多くの場合，油圧アクチュエータと試料ホルダーの間には隙間があり，この衝突により衝撃荷重が発生する。荷重はロードセルで測定するため，自由振動の問題は避けられず，測定可能な周波数には限界がある。このため，ロードセルの高剛性化と試料ホルダーの軽量化が重要な技術課題となる。

Blackman と Kinloch らは，DCB 試験片だけでなく IWP 試験も油圧式高速試験機[47]を用いて行っている[51]。DCB 試験では，高周波数に対する応答性が良いことから，圧電式ロードセルで荷重を測定している。ただし，圧電ロードセルを使用しても，脆い接着剤では荷重はかなり波打ったものとなった。また，高速度カメラで撮影した画像からき裂長さを特定し限界エネルギー解放率 G_{IC} を求めている。この場合，被着体の慣性効果は考慮していない。しかし，著者らは運動エネルギーを推定し，これが全エネルギーの5％程度であるため，慣性効果は無視できると結論づけている。

9.4.3.2　落錘式試験機

落錘試験機は，衝撃荷重条件下で材料を試験するために頻繁に使用される。これは，試験機が極めてシンプルであり，安価に自作できるためである。衝撃荷重は，重力で加速したストライカーが試験片に衝突することで発生する。したがって，衝撃速度は重要なパラメータであり，摩擦が無視できる場合は，衝撃速度 $v_{imp}=\sqrt{2gh}$ で計算できる。ここで，g は重力加速度，h はストライカーの落下高さである。平方根の関係で，衝撃速度は落下高さに比例せず，飽和する傾向にあり，高い衝撃速度を得るためにはより大きな落下高さが必要となる。この問題を回避するため，バネを追加的に使用し加速度を上げる場合もある。形状上，圧縮試験や曲げ試験に適しているが，圧縮を引張に変換するための工夫も可能である。Belingardi および Goglio ら[52]は，落錘試験機を用いて箱形はりの衝撃試験を行っている。また Sugaya および Obuchi ら[53]は，落錘試験機を用いて２種類のエポキシ接着剤のバルク試験片に対して衝撃引張試験を行っている。落錘には２つのハンマーがあり，**図 9.12** に示すように試験片に接続されたアンビルに衝突し，その衝突によって衝撃荷重を発生させている。Galliot および Rousseau ら[54]は，引張試験用の特殊な装置を設計し，単純重ね合わせ試験片の引張試験を実施した。また，Reis および Ferreira ら[55]は，落錘試験機により単純重ね合わせ試験片の横衝撃試験を実施している。さらに，Wang および Venugopal ら[56]は，CFRP 板の補修に利用されるスカーフおよびステップラップ接合部を取り上げ，その試験片に横方向の衝撃を加え，その後に試験片を圧縮し，衝撃後の圧縮強度（CAI）を評価している。同じように Huang および Sun ら[57]は，重ね合わせ試験片の横衝撃試験を試み，興味深い結果を得ている。Machado ら[58]は，同様の試験片保持機構と落錘装置を用いて，3 m/s

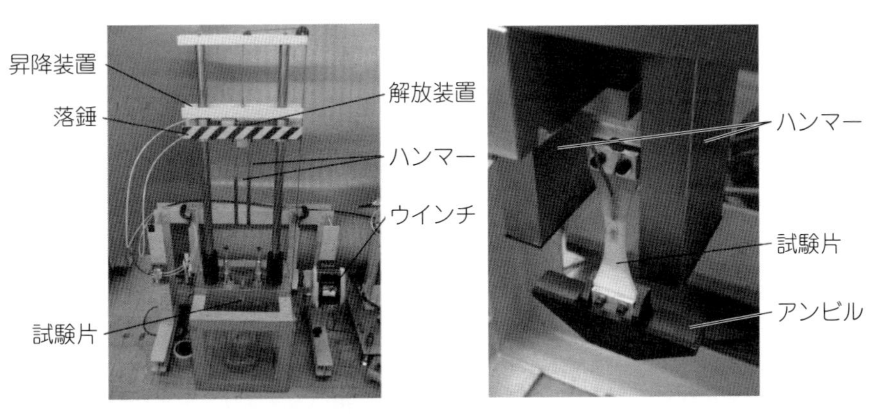

図 9.12　落錘式衝撃試験機の写真，試験片，ならびに負荷部[53]

の衝撃下で，柔軟な接着剤と硬い接着剤，ならびにアルミニウムと複合材の被着体が単純重ね合わせ接合部の最大強度に及ぼす影響を，低温から高温の温度範囲で実験的に評価している。

9.4.3.3　ホプキンソン棒

スプリットホプキンソン棒法は，10^2～$10^3\,s^{-1}$ のひずみ速度が容易に得られるため，衝撃試験にしばしば使用される。特別な装置を使用すれば，ひずみ速度は $10^4\,s^{-1}$ に達する。圧縮試験には，**図 9.13** に示すように，試験片を挟む 2 本のスチール棒（入力棒と出力棒）より成る典型的なスプリットホプキンソン棒装置が用いられる。

通常，ガス銃で加速したストライカーが入力棒の端部に衝突し，圧縮応力波が発生し，これが衝撃荷重として試験片に到達する。応力波は試験片を透過して出力棒に到達しさらに透過する。また，表面に接着したひずみゲージで応力波の大きさをひずみの変化として測定する。したがって，出力棒は，慣性力で試験片を適切な位置に保持する役割と，荷重センサーとしての役割を担っている。試験片を通過する応力波は，出力棒のヤング率から算出できる。出力棒の材料としてはスチールが最も一般的だが，ヤング率が高いため，応力波によって引き起こされるひずみが小さく，それがS/N 比（信号対雑音比）の低さにつながっている。応力波の高感度測定には，スチールよりも弾性率の低いアルミニウム合金やプラスチックなどの他の材料が適している。S/N 比を向上させる別の方法として，通常の金属箔ゲージよりもはるかに高いゲージファクター（最大 100 倍）を持つ半導体ひずみゲージを使用する方法がある。半導体ゲージの欠点の 1 つは，測

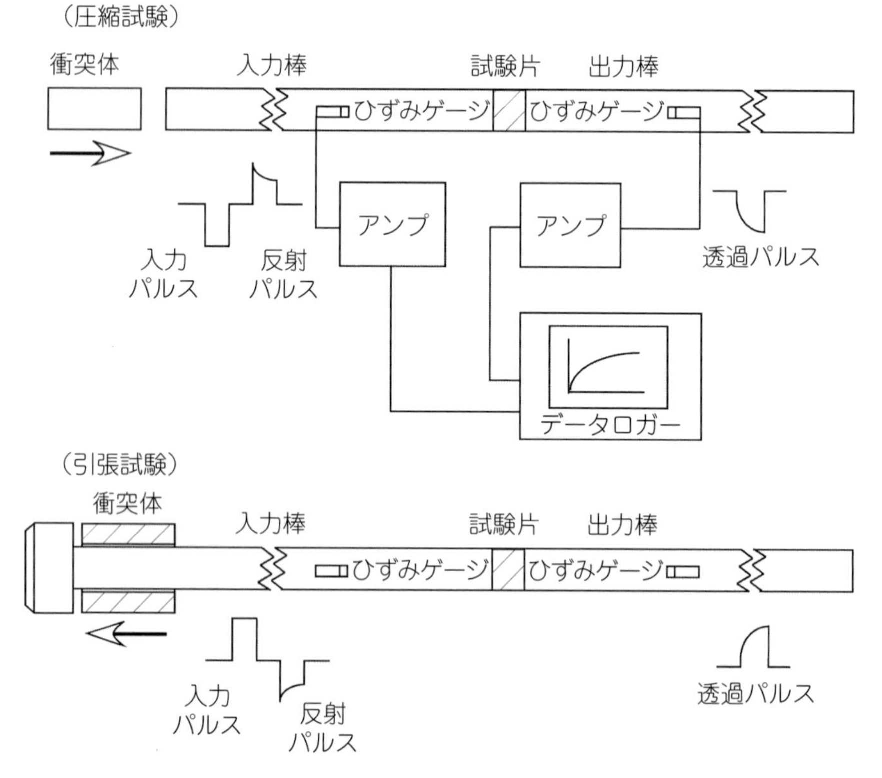

図 9.13　材料の圧縮（上），引張（下）衝撃試験に用いるスプリットホプキンソン棒装置の基本構成

定の長期的な不安定につながる抵抗値のドリフトである。もう１つの欠点は，引張と圧縮のゲージファクターが異なることである。

試験片の変形は，入力棒と出力棒との表面にそれぞれ接着したひずみゲージを用い，このひずみデータから計算される入力棒と出力棒の端面速度から求めることができる。スプリットホプキンソン棒は，比較的高いひずみ速度を容易に得ることができ，かつ追加のセンサーなしで試験片のひずみと応力を求められるため，衝撃試験において非常に人気のある手法である。この独創的な装置は，Kolsky によって初めて紹介されたため，コルスキーバーとも呼ばれている。

応力波が試験片内を伝播する際，入力棒と試験片，および試験片と出力棒の界面で，それぞれの音響インピーダンスの違いにより，応力波が部分的に反射される。試験片の応力値を正確に測定するためには，インピーダンスを一致させる必要がある。インピーダンスマッチングが困難な場合は，試験片内で多重反射が速やかに起こり，試験片にかかる荷重が出力棒のそれに非常に近くなるため，おおむねの測定が可能である。したがって，この場合には短い試験片の使用が推奨される。

試験片にかかる応力値 $\sigma_s(t)$ は，出力棒のひずみ $\varepsilon_t(t)$ から式(9.26)で算出することができる，

$$\sigma_s(t) = \frac{A_t}{A_s} E_t \varepsilon_t(t), \tag{9.26}$$

ここで，A_s と A_t はそれぞれ試験片と出力棒の断面積，E_t は出力棒のヤング率である。

試験片の変形は，入力棒と出力棒に接着したひずみゲージで測定したひずみ値から求めることができる。**図 9.14** に示すように，入力棒と試験片の界面の変位を $u_{is}(t)$ と表すと，界面に入力される応力波 $\sigma_{inp}(t)$ と反射する応力波 $\sigma_{ref}(t)$ から式(9.27)で算出することができる。

$$u_{is}(t) = \int_0^t (\sigma_{inp}(\tau) - \sigma_{ref}(\tau)) \frac{c_i}{E_i} d\tau, \tag{9.27}$$

ここで，c_i は入力棒における疎密応力波の速度である。一方，試験片と出力棒の界面の変位 $u_{so}(t)$ は，式(9.28)で求めることができる，

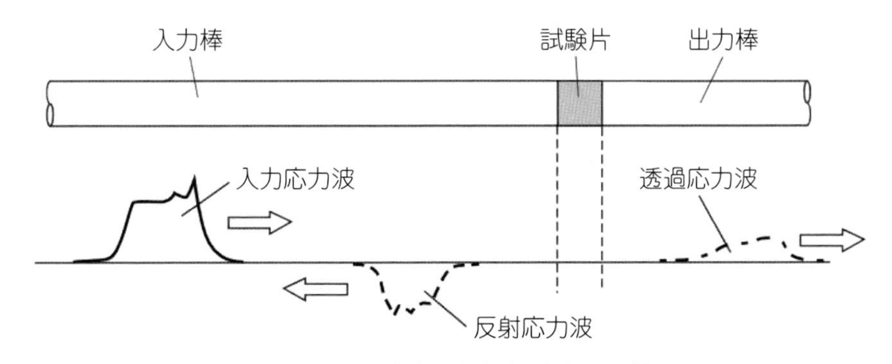

図 9.14　試験片内の応力波の伝搬と反射

$$u_{so}(t) = \int_0^t \frac{c_o \sigma_{o(\tau)}}{E_o} d\tau, \tag{9.28}$$

ここで，c_o と E_o はそれぞれ，疎密応力波の入射速度と出力棒の弾性率，$\sigma_{o(t)}$ は透過応力波である。また，$u_{is}(t)$ と $u_{so}(t)$ の差は試料の変形と同等である。したがって，試験片の平均的なひずみは，式(9.29)で計算できる。ここで，L_s は，試験片の長さである。

$$\varepsilon_s(t) = \frac{u_{is}(t) - u_{so}(t)}{L_s}. \tag{9.29}$$

式(9.26)で与えられる応力と式(9.29)で与えられるひずみをプロットすると，試験片の応力–ひずみ曲線が得られる。

上記のような試料のひずみを計算する方法は，あまり汎用性がない。この方法の場合，試験片の長さは一般的な接着剤の厚さよりも大きい必要がある。したがって，突合せ継手試験片の接着剤層のひずみを測定するのには適していない。一方，十分に長いバルク試験片の場合も，試験片が柔らかすぎると反射波が小さくなるため，ひずみ測定が困難となる。柔らかい材料では，試料に直接接着したひずみゲージによるひずみ測定や，高速度カメラによる画像撮影の方が良い方法と思われる。

スプリットホプキンソン棒法は，圧縮試験にのみ適しているという側面があるが，特に接着剤で貼り合わせた接合部の試験には，引張試験が必要な場合が多いため，障害となりやすい。したがって，圧縮荷重を何らかの方法で引張荷重に変換する必要がある。最も一般的な方法は，図9.13に示すように，入力棒の先端にアンビルを置き，入力棒に沿ってスライドできる管状のインパクタを空気圧で加速してアンビルに衝突させる方法である。この衝突により，入力棒に引張衝撃応力が発生し，試験片に伝播する。**図9.15**に，接着剤で接合した突合せ継手の引張試験のため

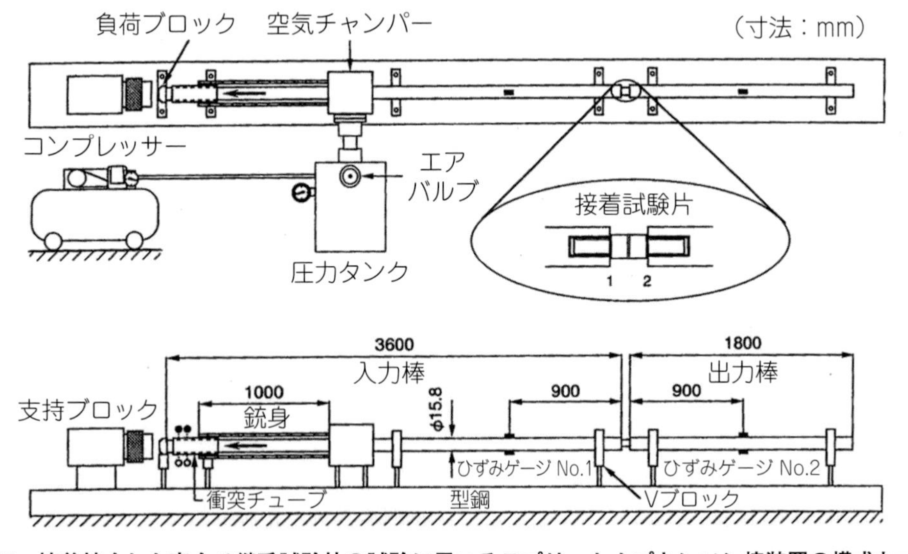

図9.15　接着接合した突合せ継手試験片の試験に用いるスプリットホプキンソン棒装置の構成と寸法[59]

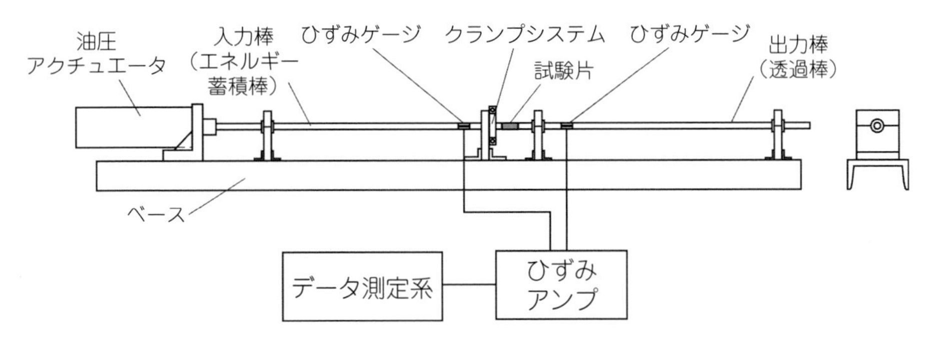

図 9.16　クランプ式ホプキンソン棒装置の代表的な構成

の実験装置を示す[59]。ここでは，圧縮空気で加速した管状ストライカーが引張衝撃の発生に用いられている。入力棒と出力棒の端で反射する応力波がひずみ測定に影響を与えるのを防ぐため，両方の棒とも 1.8 m 以上と長いものを使用している。

スプリットホプキンソン棒法は，衝突型と蓄積エネルギー型の 2 種類に分類することができる。上述した衝突型のスプリットホプキンソン棒は，圧縮試験やある程度の引張試験には適しており，非常にポピュラーである。しかし，ねじり試験のような別の目的には適用できない。これに対して，エネルギー蓄積型のスプリットホプキンソン棒（別名「クランプ式ホプキンソン棒」とも呼ばる）は，アクチュエータにより入力棒に加える静荷重の種類を変えることで引張，ねじり，さらに複合荷重に拡張できるため，あまり普及していないが実は便利な方法である。

クランプ式ホプキンソン棒装置の構成を**図 9.16** に示す。この装置は，油圧アクチュエータ，入力棒（エネルギー蓄積棒），出力棒，クランプシステム，およびデータ収集装置から構成される。また，入力棒と出力棒の間に試験片を挿入し，両方の棒に固定する。入力棒は，ひずみエネルギーを蓄積し，応力波に変換するための部品である。より大きなひずみエネルギーを蓄える目的で，通常，弾性限界の高い高強度鋼が使用される。出力棒は，通常のスプリットホプキンソン棒と同じ機能，すなわち荷重センサーとしての機能を持つ。

クランプシステムは，エネルギー蓄積部の端部を固定する機能と，その固定を解放する機能を併せ持つ必要がある。解放は短時間に素早く行わなければならない。解放が遅いと，ひずみエネルギーから応力波への変換がうまくいかなくなる。適切なクランプシステムには，安定した固定と迅速な解放の両方が不可欠である。**図 9.17** に 4 種類のクランプシステムを示す。最も単純なものは，切り欠きボルトや破断可能なピンを用いたタイプで，このボルトを手でねじ込んで破壊するものである。ノッチ付きボルトが破断すると，エネルギー蓄積部の端部を固定していた歯が突然開放される。同様のクランプシステムとして，油圧アクチュエータを使用して静荷重をかけ，ノッチ付きボルトを破断させるタイプがある。この方式は，手でねじ込んで破壊するボルトよりも把持力が高いという利点がある。切り欠きのないボルトでも，モーターグラインダーによる機械切断方式が選択でき，その効果は絶大である！　爆裂ボルトの使用も選択肢の 1 つである。

9.4.3.4　負荷モードの影響

材料特性に関する研究は，多くの研究者によってスプリットホプキンソン棒法を用いて実施されてきた。ほとんどの場合，硬化した接着剤を含むバルク試験片を圧縮下で試験するために，通

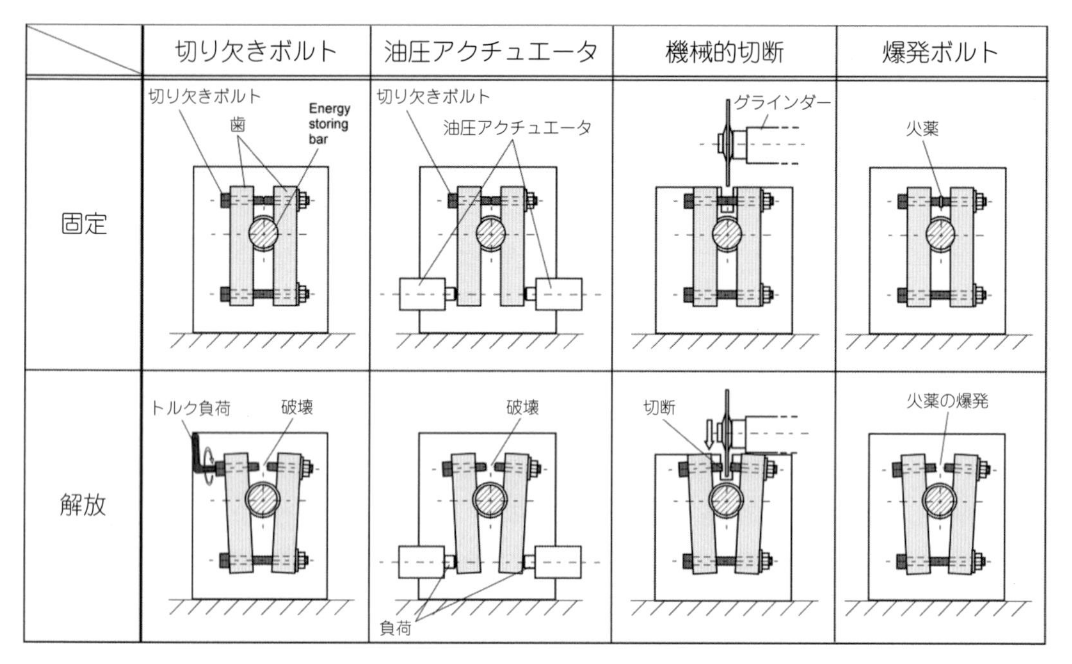

図 9.17　クランプ式ホプキンソン棒装置のクランプシステムの種類

常のタイプのスプリットホプキンソン棒装置を利用している。例えば，Goglio および Peroni ら[3]は，スプリットホプキンソン棒装置を用いて，接着剤の円柱バルク試験片を圧縮衝撃条件下で試験し，延性エポキシ接着剤の機械特性および応力–ひずみ関係を調査した。また，入力棒と出力棒の間にスプリッティングリングを挿入し，圧縮応力波が試験片に影響を与えることなく出力棒まで伝播し，その後に自由端反射で引張応力波に変化する現象を利用して引張試験も同じく実施している。実験の結果，接着剤硬化物の降伏応力は，引張，圧縮にかかわらず，ひずみ速度の増加とともに増加することが示された。

横山および中井[60]は，**図 9.18** に示すハット型試験片と圧縮試験装置を用いて，エポキシ接着剤で接着した突合せ継手の引張試験を行った。その結果，応力速度の増加とともに接合強度が向上し，10^6 MPa/s で 2 倍以上となることがわかった。また，有限要素解析も行い，試験片の接着剤層の応力分布も調査した。その結果，接合部に応力分布があることがわかったが，決定的なものではなかった。さらに，横山および清水[61]は，**図 9.19** に示す分割ホプキンソン棒とピン＆カラー接合試験片を用いて，接着剤接合部の衝撃せん断試験を実施した。Bezemer および Guyt ら[62]も，同じ構成の試験片を利用して実験を行っている。

Adamvalli および Parameswaran[63]は，アラルダイト 2014 で接合したチタンの短い単純重ね合わせ試験片を用い，温度を変化させて圧縮衝撃条件でのせん断強度を測定している。また，Challita および Othman ら[64]は，二重重ね合わせ試験片の有限要素解析を行っている。さらに彼ら[65]はこの接合部のせん断強度を測定するために，圧縮用のスプリットホプキンソン棒装置を使用して二重重ね合わせ試験片の衝撃試験を実施した。試験片の形状は**図 9.20** に示すとおりである。その結果，破壊ひずみはひずみ速度の増加とともに減少することがわかった。一方，被着体

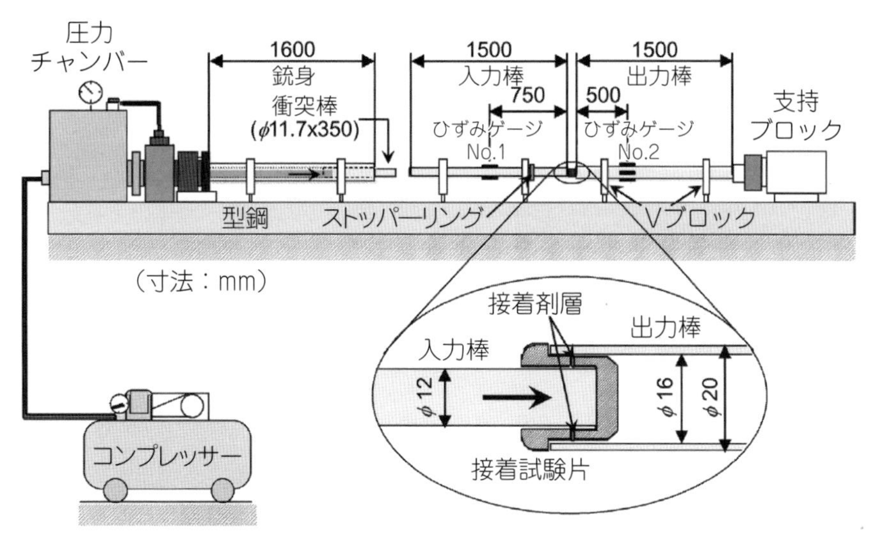

図 9.18　ハット型試験片を用いたスプリットホプキンソン棒試験の模式図[60]

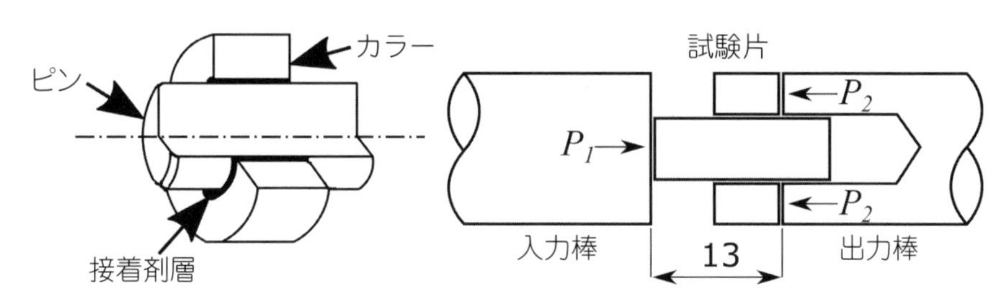

図 9.19　ピン＆カラー継手試験片の構成[61]

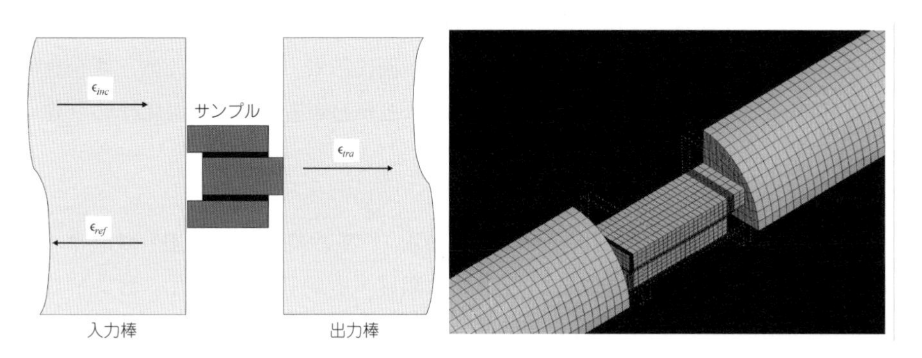

図 9.20　衝撃試験用二重重ね合わせ継手試験片と FEM に用いたメッシュ条件[64]

の表面処理や重ね合わせ長さにはあまり影響を受けなかった。さらに，接合部の寸法が応力分布に与える影響についても検討した。Hazimeh および Challita ら[66]は，複合材料からなる同じ構成の接合試験片に関して解析を行なっている。

クランプ式ホプキンソン棒法は，材料のねじり衝撃試験に適している。この方法を用いた材料のねじり衝撃特性について多くの研究が行われてきた。接着接合部に関しては，その衝撃強度を決定するために，Raykhere および Kumar ら[67]が，アルミニウム合金–アルミニウム合金および

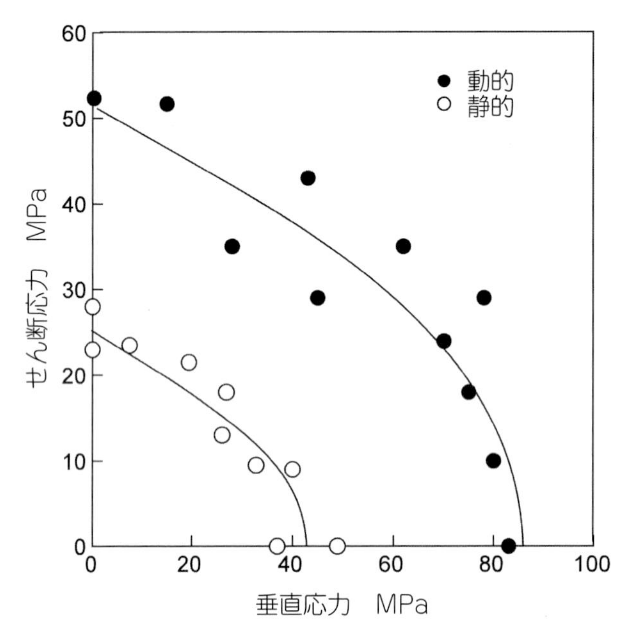

図 9.21　複合荷重条件下での円筒突合せ継手試験片の強度[68]

アルミニウム合金–CFRP を接着接合した円筒突き合わせ継手に対して，クランプ式分割ホプキンソン棒装置を用いて試験している。なお，円筒突き合わせ継手のねじり強度は，せん断強度に容易に変換することができる。そこで，衝撃条件下でのせん断強度を本実験で求めている。

佐藤および池上[68]は，クランプ式ホプキンソン棒を設計・製作し，エポキシ系接着剤で接着した鋼管の突合せ継手を用いて，引張とねじりを組み合わせた種々の衝撃荷重を加え，その接合強度を測定した。試験結果を**図 9.21** に示す。ここでは横軸が接合部の垂直応力，縦軸がせん断応力を表している。また，接合部の静的強度も併せてこの図に示す。引張，せん断，複合負荷のすべての条件で，衝撃強度は静的試験の 2 倍以上であることがわかる。また，図 9.21 のプロットはすべて 2 次の多項式曲線でフィットできた。

9.4.3.5　破壊力学

接着の分野でも破壊力学の利用が広がってきている。二重片持ち梁（DCB）試験やエンドノッチ曲げ（ENF）試験のような静的試験は，それぞれ限界エネルギー解放率 G_{IC} および G_{IIC} を得るために利用可能である。これらの試験は静的または準静的な負荷にのみ最適化されているため，衝撃については困難がある。DCB 試験については，試験片の剛性が低く，質量も大きいため振動が発生しやすく，高速負荷に対応した試験機で試験が実施できても，その結果は必ずしも信用できない。

［**9.4.3.1**］に示すように，Blackman，と Kinloch は[51]は油圧試験機で衝撃 DCB 試験を行っているが，慣性効果により荷重測定が難しかった。DCB 試験のデータから G_{IC} を計算する方法を検討してみると，荷重の値を必要とせず，荷重点の変位とき裂長さだけを必要とする代替方法が適していると考えられる。

Xu および Dillard[69]は，DCB 試験による G_{IC} の評価方法として，「落下くさび試験」と呼ばれる新しい実験方法を提示した。この試験では，DCB 試験片の端に 2 本のピンが通っており，重力によって落下する 2 本のくさびがピンの間を貫通する。この時，試験片はピンを介して衝撃的な開口荷重を受け，試験片の接着部が破壊する。高速度カメラで撮影した画像から，ピンの変位すなわち開口変位とき裂の長さが求められ，両データから G_{IC} が算出できる。測定が難しい荷重のデータが不要で，高速度カメラさえあればよいので，本試験は合理的である。Xu らは，この方法で導電性接着剤を評価した。山形および Lu ら[70] は，この方法を構造用エポキシ接着剤とポリウレタン接着剤に適用した。試験の様子を**図 9.22** に示す。Machado および Hayashi らは[71] は，CFRP の限界エネルギー解放率の評価に本手法を適用し，負荷速度や温度を変化させつつ実験を行っている。また，Dillard と Pohlit[72] は，落下式くさび試験を改良し「駆動式くさび試験」という新しい手法に拡張している。

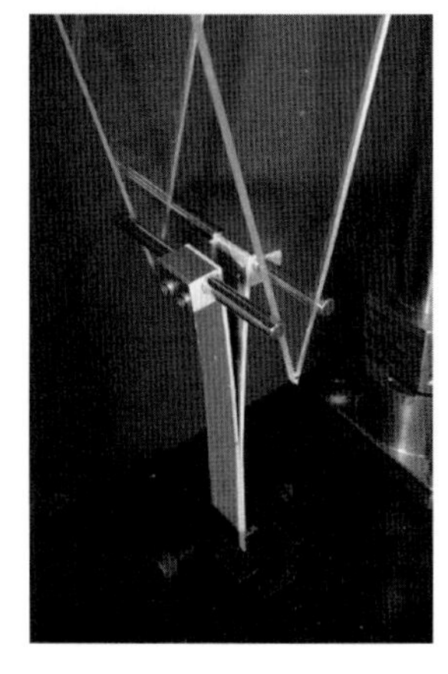

図 9.22　落下式くさび試験の様子[70]

DCB 試験においても，より高い負荷レートを得るためには，スプリットホプキンソン棒の使用が適切である。**図 9.23** に示すように，日下および北條ら[73] は，スプリットホプキンソン棒装置を使用し，DCB 試験片に相当する形状の CFRP 板試験片に適用し，その層間強度を求めている。この実験ではくさびの変位とその時点での荷重を測定することにより，G_{IC} を決定している。

モードⅡでは，G_{IIC} を測定するために ENF 試験が広く試みられている。しかし，試験片の被着体が塑性変形しやすいため，準静的な条件下でもかなり困難である。したがって，衝撃条件下での ENF 試験の実施は，ほとんど不可能であると思われる。このため，別の方法が Marzi および Hesebeck ら[74] によって示されている。これは「端面荷重せん断接合」(ELSJ) 試験片と呼ばれており，**図 9.24** に示される形状を有する。この試験片は，特に衝撃で，従来の ENF 試験片よりも G_{IIC} を測定するのに優れている。

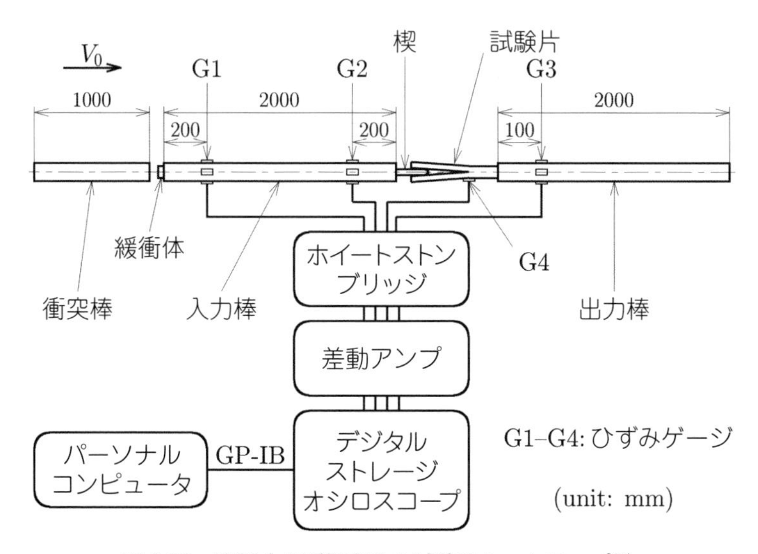

図 9.23　衝撃くさび打ち込み試験のセットアップ[73]

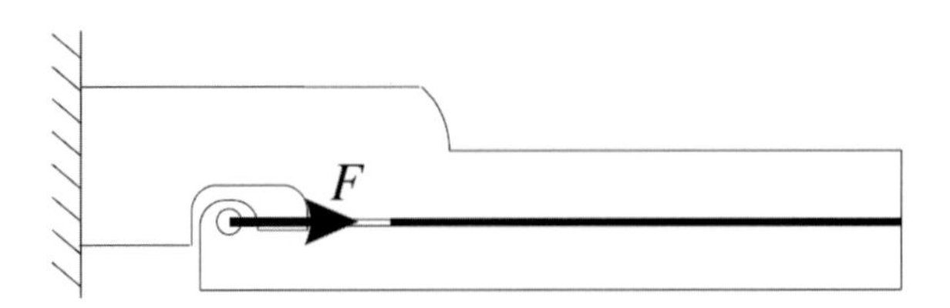

図 9.24　End-loaded shear joint 試験片の構成[74]

耐衝撃接着剤の破壊挙動に対する混合モードと負荷速度の影響が，Borges らによって調べられている[75]。使用した試験片の種類は DCB と ENF で，衝撃負荷のために特殊な装置を開発し，使用している。この結果，「ひずみ速度の増加とともに，引張負荷とせん断負荷の双方に対して強度が増加し，このような挙動は実験したすべての混合モードでのエネルギー解放率に対して変化がない」と Borges らは結論づけている。

9.5　衝撃荷重を受ける接着剤接合部の設計

一般的な自動車の構造体は鋼板で構成されており，その接合は主にスポット溶接で行われてきた。最近，高級車には「ウェルドボンディング」という新しい接合方法が適用されている。これは，スポット溶接と接着剤を組み合わせた接合方法で，ボディのねじり剛性，疲労寿命，および減衰性を向上させる。溶接で作られた車が衝突した場合，接合したスチールパネルが大きく変形し運動エネルギーを吸収する必要がある。このため，接着剤による接合部の衝撃強度も非常に重要となる。接合部が早期に破壊されると，車体が吸収するエネルギーは小さくなる。また，製造物責任法の観点からも，接合部の破損は避けなければならない。このような理由から，自動車構造物における接着接合部の衝撃問題は重要となっており，世界中で広く研究されている。

Harris と Adams[45] は，延性接着剤で接合した重ね合わせ継手の衝撃強度を調べている。彼らはまた，鋼とアルミニウム合金に対して，スポット溶接と上記の延性接着剤を用いて円筒を作成し，軸方向の衝撃試験を実施している。その結果，本接合部はスポット溶接のみの場合に比べ，破壊面積が小さく，エネルギー吸収性が高いことがわかった。

Fay と Suthurst[76] は，溶接で接合した鋼製ボックスビームの変形とエネルギー吸収について実験的に調べている。その結果，溶接は大きな運動エネルギーを吸収するのに有効であるが，その特性は構成やスポット間隔に大きく依存することが示された。またこの研究により，ウェルドボンディングに適用可能な強度予測手法の必要性も強調された。Belingardi および Goglio ら[52] は，衝撃負荷に適した箱形ビームの構成について調査した。彼らは，接着剤で接合した異なる構成の試験片を用意し，落錘試験機を用いて試験を行った。試験片の一体性とエネルギー吸収量は，構成に大きく依存していることが明らかとなった。

Nossek と Marzi[77] は，自動車構造の接着接合部における衝撃強度を予測するために，CZM に基づく方法を開発した。台形のトラクション・セパレーション則が採用された。この場合，彼らは CZM モデルをモードⅠからモードⅡ，そして混合モードへと拡張している。本研究では，接着部の破壊じん性をテーパー二重片持ちばり（TDCB）試験片を用いて測定し強度のひずみ速度

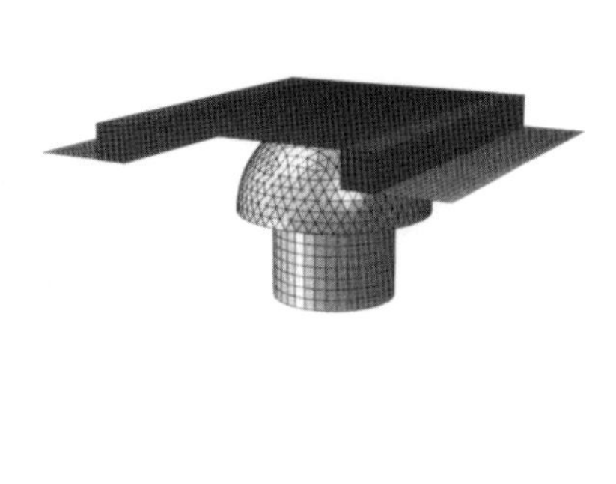

図 9.25　U 字型供試体の衝撃試験のための実験装置[77)]

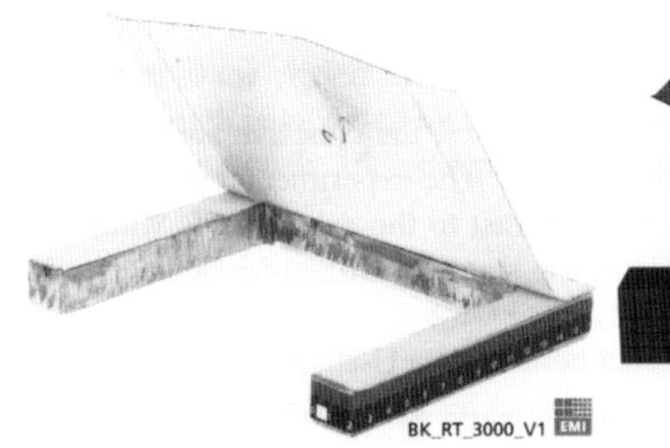

図 9.26　衝撃試験後の U 字型供試体とシミュレーション結果[77)]

依存性を，またバルク接着剤の各種衝撃試験により CZM のパラメータを決定し，その速度依存性を Johnson Cook モデル[4)] で表現した。さらに，**図 9.25** に示すように，接着剤で接合した U 字型供試体の衝撃試験も実施した。実験では，U 字フレームとパネルの接着部分が部分的に分離し，**図 9.26** に示すように，CZM 法に基づく有限要素解析により，接合部の分離と板の変形がよく再現できた。Marzi と Hesebeck ら[78)] は，突合せ継手試験片および TDCB 試験片を用いて，継手のモード I 破壊じん性を測定し，その応力–速度依存性を調べた。さらに彼らは，ELSJ 試験片（[**9.4.3.5**] 参照）を使用し，モード II 破壊じん性を測定した。また，これらの異なるモードの破壊じん性を**図 9.27** に示す混合モード CZM 基準に適用し，混合モード条件におけるモード I と II のトラクションセパレーション則を補間し，接着接合した自動車構造物の強度を正確に予測する手法を確立した。さらに Marzi らは，**図 9.28** に示すように，混合モード CZM 基準を，接着接合した自動車用フロアパンの衝突シミュレーションに適用し[79)]，その予測結果を実験結果[80)] と比較している。CZM モデルに基づく有限要素解析により，フロアパン供試体の変形を適切にシミュレートできている。

Silva ら[81)] は，自動車構造用接着剤の適合性を調べるため，耐衝撃エポキシ接着剤で接合した実スケールの自動車構造物（フロントヘッダー）を用い，その衝撃応答について研究している。耐衝撃エポキシ接着剤を使用することで，荷重をアルミニウムパネルにうまく伝達することがで

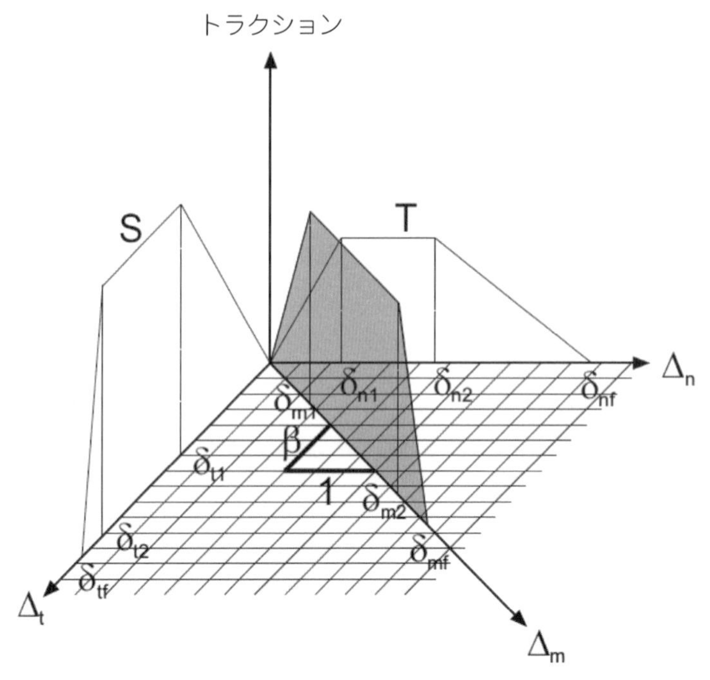

図 9.27　混合モード基準のトラクション・セパレーション則[79)]

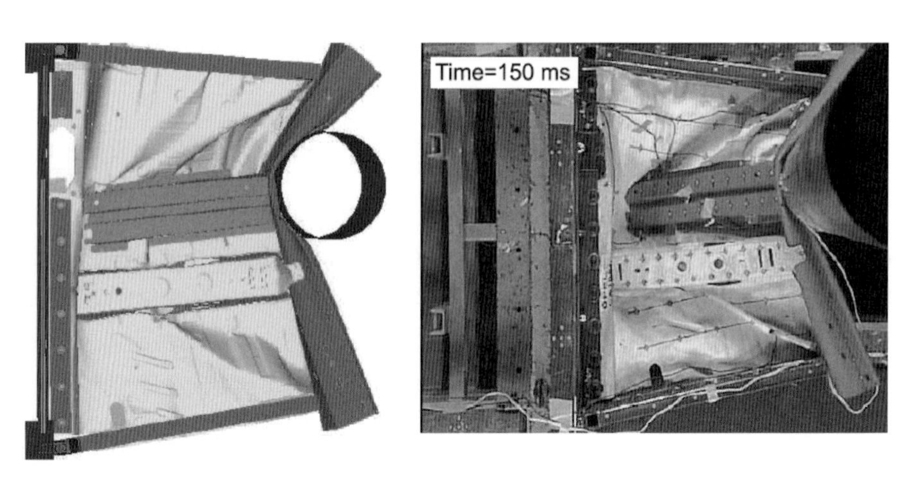

図 9.28　フロアパン試験片の変形とシミュレーション結果[79)]

き，その結果，破壊がアルミニウムの変形挙動に支配されるため，構造の一体性を妨げないことが判明した。また，数値シミュレーションを行ったところ，実験的な破壊荷重とほぼ一致したことから，数値解析が構造物の挙動を予測するための有効なツールとなることが示された。

9.6　まとめ

接着剤接合部の衝撃問題は，静的問題の延長として扱うことができる。しかし，応力波の伝播や材料特性の速度依存性を考慮する必要がある。そのため，適切な試験方法の確立が最も重要であり，最近の進展は非常に心強い。また，近年の有限要素法の進歩やコンピュータの性能向上は，私たちの研究にとって追い風となっている。多くの研究者がこの研究に注目していることもあり，将来は非常に有望である。なお，今後の研究課題として，次のような分野が残されている。繰り返し衝撃に対する接合部の強度，衝撃負荷後の残留強度，温湿度変化下での衝撃強度，衝撃と他の負荷との複合条件下での強度などである。これらの研究対象は，今のところ自動車事故，航空機事故，および軍事用途に限られているようだ。しかし，産業として見れば，金額的には民生品の比率が実は非常に大きく，例えばモバイル機器の落下衝撃などはこの分野に当たる。この場合，高強度接着剤ではなく，より柔軟な感圧接着剤や高延性接着剤が使われることが多く，その衝撃特性はまだ十分に検討されていない。したがって，この分野での集中的な研究が今後必要である。

文　献

1）W. Goldsmith, Impact, The Theory and Physical Behaviour of Colliding Solids, Dover, 2001, p. 25.
2）C. Sato, K. Ikegami, Int. J. Adhes. Adhes. 20（2000）17.
3）L. Goglio, L. Peroni, et al., Int. J. Adhes. Adhes. 28（2008）329.
4）G. R. Johnson, W. H. Cook, Proceedings of 7th Symposium on Ballistics, 1983, p. 541.
5）G. R. Cowper, P. S. Symonds, Brown Univ. Div. of Appl. Math., report 28, 1952.
6）O. Volkersen, Luftfahrtforschung 15（1938）41.
7）R. D. Adams, N. A. Peppiatt, J. Strain Anal. 9（1974）185.
8）E. Reissner, M. Goland, J. Appl. Mech. 66（1944）A17–A27.
9）C. Sato, Int. J. Adhes. Adhes. 29（2009）670.
10）R. Hazimeh, K. Khalil, et al., Int. J. Adhes. Adhes. 57（2015）1.
11）G. Challita, R. Othman, Eur. J. Mech. A Solids 34（2012）149.
12）A. Vaziri, H. R. Hamidzadeh, et al., Proc. Inst. Mech. Eng. K J. Multi-body Dyn. 215（2001）199.
13）A. Vaziri, H. Nayeb-Hahsemi, Proc. Inst. Mech. Eng. K J. Multi-body Dyn. 216（2002）361.
14）A. Vaziri, H. Nayeb-Hahsemi, Int. J. Adhes. Adhes. 22（2002）367.
15）C. Sato, in: L. F. M. da Silva, A. Öchsner（Eds.）, Modeling of Adhesively Bonded Joints, Springer, 2008, p. 279.
16）T. Sawa, Y. Senoo, et al., J. Adhes. 59（1996）1.
17）I. Higuchi, T. Sawa, et al., J. Adhes. Sci. Technol. 16（2002）1327.
18）I. Higuchi, T. Sawa, et al., J. Adhes. Sci. Technol. 16（2002）1585.
19）T. Sawa, I. Higuchi, et al., J. Adhes. Sci. Technol. 17（2003）2157.
20）T. Sawa, I. Higuchi, et al., J. Adhes. Sci. Technol. 16（2002）1449.
21）T. Sawa, Y. Suzuki, et al., J. Adhes. Sci. Technol. 17（2003）943.
22）I. Higuchi, T. Sawa, et al., J. Adhes. 79（2003）1017.
23）U. K. Vaidya, A. R. S. Gautam, et al., Int. J. Adhes. Adhes. 26（2006）184.
24）H. E. Tresca, Mém Présentes par divers savants, 1869, p. 20.
25）R. von Mises, Göttin. Nachr. Math. Phys. 1（1913）582.
26）T. Hattori, S. Sakata, et al., JSME Int. J. Ser. 1 31（1988）718.
27）D. M. Parks, Comput. Methods Appl. Mech. Eng. 12（1977）353.
28）D. Leguillon, Eur. J. Mech. A Solids 21（2002）61–72.
29）P. Weißgraeber, W. Becker, Int. J. Solids Struct. 50（2013）2383–2394.
30）P. Rosendahl, Y. Staudt, et al., Mater. Des. 182（2019）108057.
31）G. I. Barenblatt, Adv. Appl. Mech. 7（1962）55.
32）D. S. Dugdale, J. Mech. Phys. Solids 8（1960）100–104.
33）J. J. M. Machado, P. Nunes, et al., Int. J. Adhes. Adhes. 96（2019）102501.
34）J. J. M. Machado, E. A. S. Marques, et al., Int. J. Adhes. Adhes. 84（2018）92.
35）J. J. M. Machado, P. M. R. Gamarra, et al., Compos. Struct. 185（2017）373.

36）C. Borges, P. Nunes, et al., Proc. Inst. Mech. Eng. 234（2020）610.
37）P. Nunes, C. Borges, et al., Proc. Inst. Mech. Eng. E J. Process. Mech. Eng.（2020）, https://doi.org/10.1177/0954408920916007.
38）ISO 148, Metallic Materials—Charpy Pendulum Impact Test, n. d.
39）ISO 180, Plastics—Determination of Izod Impact Strength, n. d.
40）ISO 13802, Plastics—Verification of Pendulum Impact-testing Machines—Charpy, Izod and Tensile Impact-Testing, n. d.
41）M. You, M. Lie, et al., Appl. Mech. Mater. 488-489（2013）538.
42）M. You, L. Wu, et al., Adv. Mater. Res. 602-604（2013）2096.
43）ISO 9653, Adhesives—Test Method for Shear Impact Strength of Adhesive Bonds, n. d.
44）R. D. Adams, J. A. Harris, Int. J. Adhes. Adhes. 16（1996）61.
45）J. A. Harris, R. D. Adams, Proc. Inst. Mech. Eng. 199（1985）121.
46）ISO 11343, Adhesives—Determination of dynamic resistance to cleavage of high- strength adhesive bonds under impact conditions—Wedge impact method, ISO, 2003.
47）B. R. K. Blackman, A. J. Kinloch, et al., J. Mater. Sci. 35（2000）1867.
48）K. Oi, K. Ogura, Seisan Kenkyu 20（1968）344.
49）S. Marzi, O. Hesebeck, A. Biel, Int. J. Adhes. Adhes. 56（2015）41-45.
50）J. Neumayer, P. Kuhn, et al., J. Adhes. 92（2016）503.
51）B. R. K. Blackman, A. J. Kinloch, et al., Eng. Fract. Mech. 76（2009）2868.
52）G. Belingardi, L. Goglio, et al., Int. J. Adhes. Adhes. 25（2005）173.
53）T. Sugaya, T. Obuchi, et al., J. Sol. Mech. Mater. Eng. 5（2011）921.
54）C. Galliot, J. Rousseau, et al., Int. J. Adhes. Adhes. 35（2012）68.
55）P. N. B. Reis, J. A. M. Ferreira, et al., J. Adhes. 90（2014）65.
56）C. H. Wang, V. Venugopal, et al., J. Adhes. 91（2015）95.
57）W. Huang, L. Sun, et al., J. Adhes.（2019）, https://doi.org/10.1080/ 00218464.2019.1602767.
58）J. J. M. Machado, P. Nunes, et al., Compos. Part B 158（2018）102.
59）T. Yokoyama, J. Strain Anal. 38（2003）233.
60）T. Yokoyama, K. Nakai, Int. J. Adhes. Adhes. 56（2015）13.
61）T. Yokoyama, H. Shimizu, JSME Int. J. 41（1998）503.
62）A. A. Bezemer, C. B. Guyt, et al., Int. J. Adhes. Adhes. 18（1998）255.
63）M. Adamvalli, V. Parameswaran, Int. J. Adhes. Adhes. 28（2008）321.
64）G. Challita, R. Othman, et al., Int. J. Adhes. Adhes. 30（2010）236.
65）G. Challita, R. Othman, et al., Int. J. Adhes. Adhes. 31（2011）146.
66）R. Hazimeh, G. Challita, et al., Int. J. Adhes. Adhes. 56（2015）24.
67）S. L. Raykhere, P. Kumar, et al., Mater. Des. 31（2010）2102.
68）C. Sato, K. Ikegami, J. Adhes. 70（1999）57.
69）S. Xu, D. A. Dillard, IEEE Trans. Compon. Packag. Technol. 26（2003）554.
70）Y. Yamagata, X. Lu, et al., Appl. Adhes. Sci. 5（2017）7.
71）J. J. M. Machado, A. Hayashi, et al., Theor. Appl. Fract. Mech. 103（2019）102257.
72）A. D. Dillard, D. J. Pohlit, et al., J. Adhes. 87（2011）395.
73）T. Kusaka, M. Hojo, et al., Compos. Sci. Technol. 58（1998）591.
74）S. Marzi, O. Hesebeck, et al., J. Adhes. Sci. Technol. 23（2009）1883.
75）C. Borges, P. Nunes, et al., Theor. Appl. Fract. Mech. 107（2020）102508.
76）P. A. Fay, G. D. Suthurst, Int. J. Adhes. Adhes.（1990）128.
77）M. Nossek, S. Marzi, in: S. Hiermaier（Ed.）, Predictive Modeling of Dynamic Process, Springer, 2009, p. 89.
78）S. Marzi, O. Hesebeck, et al., J. Adhes. Sci. Technol. 23（2009）881.
79）S. Marzi, O. Hesebeck, et al., Proceedings of the 7th European LS-DYNA Conference（2009）.
80）S. Marzi, L. Ramon-Villalonga, et al., Proceedings of the German LS-DYNA Forum（2008）B1-1.
81）N. Silva, J. J. M. Machado, et al., Proc. Inst. Mech. Eng. D Automob. Eng.（2020）, https://doi.org/10.1177/0954407020931699.

〈訳：佐藤　千明〉

第10章　接着接合部の破壊力学

David A. Dillard

10.1　はじめに

ガリレオが材料強度の観点から片持ちはりの破壊荷重を予測しようと試みて以来[1]，応力（場合によっては，ひずみ，またはエネルギー）を材料の許容強度と比較する強度基準に基づいて構造物が設計されることが多い。応力やひずみの基準は，個々に限界値を設けることもあれば，例えば，延性材料の設計に広く適用されているvon Misesや偏差エネルギーによる降伏条件などのように，応力相互作用の影響を組み込んだ基準を設けることもある[2]。これらの手法は，広く適用され，成功を収めているが，一方で，初期から存在していたり，使用中に発生した欠陥が壊滅的に伝播することで構造物が崩壊するなど，生命や財産が大きく失われる問題もたびたび生じている[3]。従来の強度基準の設計手法は，使用する材料が連続的で健全なことを前提としており，ひび，き裂，剥離，層間剥離，損傷やその他の不完全性が存在するシステムへの適用には適していない。このような欠陥の先端部では，応力やひずみが局所的に非常に大きくなり，強度に基づく基準よりもはるかに低い公称応力レベルでも，構造物の破壊の起点となることがよくある。破壊力学は，歴史的に見ると，比較的新しい解析・設計手法であるが，欠陥を含む実際の構造物の健全性を評価するための代替基準を提供しており，接着接合部を含む多くの用途で重要な設計原理となっている。

本章では，破壊力学の概要と接着接合への応用に関する内容に言及しており，以下のような構成となっている。まず初めに，従来の強度基準ではなく，破壊力学に基づく破壊基準が用いられる根拠を検討する。続いて，数学的に扱いやすい応力拡大係数と物理的に理解しやすいエネルギー解放率という，等価であり置き換え可能な2種類の破壊力学に基づく定式化の手法を取り上げる。本章の残りの部分では，後者の手法に基づき，接着接合に関連するいくつかの事象について検討する。まず，剥離抵抗について「熱力学的接着仕事，固有接着仕事，および実用的な接着仕事」の節で説明する。続いて，接着接合部の破壊エネルギー測定に関する実験手法を紹介したあと，接着接合部の厚さの影響，および混合モードの影響について言及する。最後に，接着接合部の耐久性や設計への破壊力学の応用，および最近の研究動向を紹介する。

10.2　破壊のエネルギー基準

材料内に鋭い先端を持つき裂が存在する場合，これらの欠陥を考慮しない限り，強度に基づく破壊基準は適用できない。線形弾性材料では，荷重を受けた構造物のき裂先端に近づくにつれて，応力は無限に大きくなることが数学的に予測される。しかしながら，このような特異的な応力とひずみにもかかわらず，き裂先端近傍に集中するエネルギーは有限でなければならない。すなわち，エネルギーに基づく破壊基準は有限量で議論できることを示唆している。破壊力学は，材料のき裂伝播に対する抵抗力が，連続体が降伏または破壊する臨界応力ではなく，隣接する材料の破壊または分離に必要なエネルギーと関連しているという認識のもとで議論される。力と距離の積が仕事となるので，破壊発生時に応力が負荷された状態である距離を分離すると，破壊力学の基本量である単位面積当たりのエネルギーとなる。このように，破壊力学は，工学部品や構造物の解析および設計において，従来とは根本的に異なるアプローチを提供する。破壊力学の発展には多くの人々が貢献してきたが，その本質は100年前にGriffith[4]によって提案されたものである。彼は，欠陥が成長するためには，２つの基準が満たされなければならないと指摘した。すなわち，原子結合を破壊するのに十分な応力が必要であり，き裂の伝播によって系の自由エネルギーが減少する必要がある。第一の基準は，局所的に高い応力場が存在するため，先端が鋭く尖ったき裂を持ち，十分に負荷のかかった系では，一般的に満たされる。第二の基準は，系の位置エネルギーの減少が，伝播するき裂の表面エネルギーの増加以上でなければならないという熱力学的な原理である。

線形弾性材料では，き裂先端の応力は無限大となることが数学的に示されている。しかしながら，多くの材料では，き裂先端近傍に生じる高い応力によって損傷または降伏し，比較的脆い材料であっても，局所的に延性変形が生じる。完全な脆性材料の破壊エネルギーは表面エネルギーの２倍であるのに，実際に測定される構造材料の破壊エネルギーが数桁大きくなるのは，この局所的なエネルギー散逸が理由である。このエネルギー散逸を大幅に強化し，より強靭で強固な構造を実現するために，接着剤を含む工業材料に多くの技術が用いられている。き裂先端に局所的な塑性域が存在しても，多くの試験片や工業材料では，損傷領域から離れた材料のほとんどの領域は線形弾性のままである。このような場合，線形弾性破壊力学（linear elastic fracture mechanics：LEFM）が，解析，試験，および設計の基礎として適用できる[5]。LEFMは，き裂先端の局所的な塑性を許容する一方で，試験片の大部分に大規模降伏がないことを仮定している。本章では，多くの接着接合部の解析に有効であることが証明されているLEFMに焦点を当てる。非線形破壊力学もまた大きな注目を集めており，強靭な材料系で重要となる可能性がある[5]。

線形弾性破壊力学には，応力拡大係数とエネルギー解放率の２つパラメータを用いる手法があり，その両方が欠陥を有する材料の解析に広く採用されている。次の２節では，これらの手法について説明する。また，その等価性を示すとともに，それぞれの特徴についても明らかにする。

10.3　応力拡大係数を用いる手法

応力拡大係数の概念はIrwin[6]によって提案されたコンセプトであり，鋭いき裂先端部の応力は$r^{-1/2}$に比例するという事実に基づいている。ここで，rはき裂先端からの距離である。このモデルでは無限大の応力が導かれるにもかかわらず，応力拡大係数Kは有限にとどまるため，この

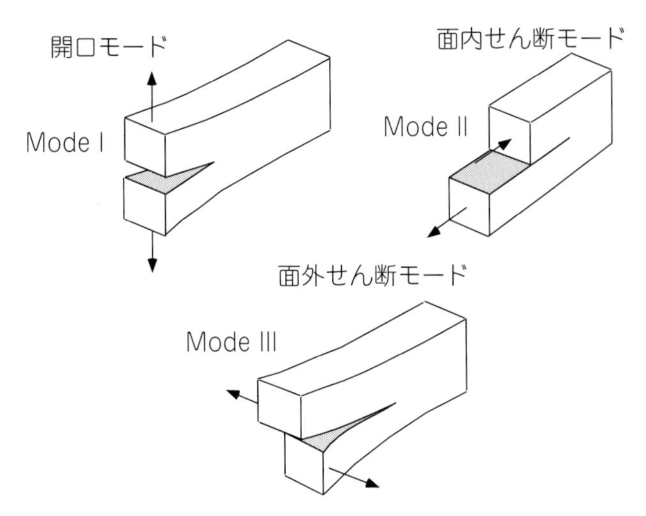

図 10.1　異なる 3 種類の破壊モード：開口，面内せん断および面外せん断

スケーリングパラメータで与えられたき裂と荷重条件の感度を特徴付けることができる。特に破壊力学の問題において応力場の数学的解析に便利な手法であり，解析的，数値的，実験的に，材料単体[7] や積層材[8-10] など多種のき裂形状に対する応力拡大係数の決定に，この概念は広く用いられている。

最も単純な破壊基準として，き裂先端の応力拡大係数 K が材料特性の 1 つである臨界応力拡大係数 K_c に達したときに破壊が起こるというものがある。破壊は，**図 10.1** に示すように，モードⅠ（開口），モードⅡ（面内せん断），モードⅢ（面外せん断，または引き裂き）の 3 つの異なる荷重モードで発生する可能性がある。多軸応力場では強度に基づく破壊基準がより複雑になるのと同様に，混合モード破壊の基準も何らかの適切な方法で各モードからの寄与を考慮する必要がある。Rice[8] が最初に示したように，一様な材料の内部にあるき裂[11] と 2 つの材料間の界面にあるき裂では，応力拡大係数が異なる。前者はき裂が接着剤層の内部で進展している場合（すなわち凝集破壊）に，後者はき裂が接着剤と被着体の界面を伝播する場合に適用できることが多いため，ここでは両者の概要を説明する[12]。

10.3.1　一様な材料の内部に存在するき裂

開口モード（モードⅠ）の応力拡大係数 K_{I} を適用した場合，一様で等方性のある線形弾性材料のき裂先端近傍の応力は，次式で与えられる[3,5,11]。

$$\begin{aligned}\sigma_x &= \frac{K_{\mathrm{I}}}{\sqrt{2\pi r}}\cos\left(\frac{\theta}{2}\right)\left[1-\sin\left(\frac{\theta}{2}\right)\sin\left(\frac{3\theta}{2}\right)\right]+T+O(\sqrt{r})\\ \sigma_y &= \frac{K_{\mathrm{I}}}{\sqrt{2\pi r}}\cos\left(\frac{\theta}{2}\right)\left[1-\sin\left(\frac{\theta}{2}\right)\sin\left(\frac{3\theta}{2}\right)\right]+O(\sqrt{r})\\ \sigma_{xy} &= \frac{K_{\mathrm{I}}}{\sqrt{2\pi r}}\cos\left(\frac{\theta}{2}\right)\left[\sin\left(\frac{\theta}{2}\right)\cos\left(\frac{3\theta}{2}\right)\right]+O(\sqrt{r})\end{aligned} \tag{10.1}$$

ここで，r と θ は**図 10.2** に示した極座標であり，T は T 応力（き裂に平行な非特異正規応力）である。各応力成分の第１項は$r^{-1/2}$に比例し，き裂先端に近づくにつれて特異となる。モードⅡとⅢの荷重が負荷される場合にも同様の式が与えられる[3)]。面内破壊を特徴づけるのに有用な混合モード比率ψは，次式で与えられる。

$$\psi = \tan^{-1}\left[\frac{K_{\mathrm{II}}}{K_{\mathrm{I}}}\right] \tag{10.2}$$

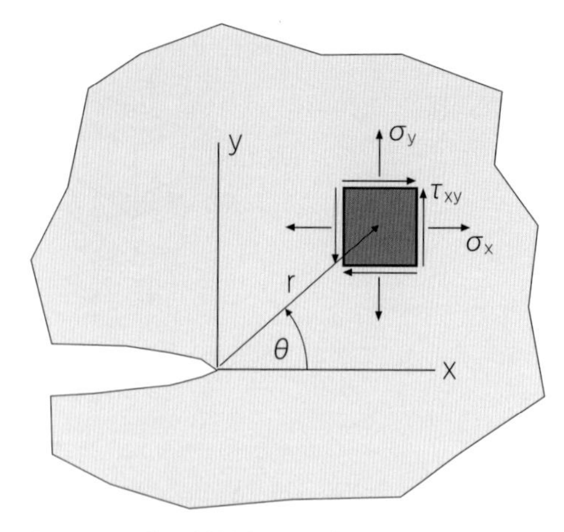

図 10.2　単一材料内のき裂先端における応力状態（座標系 *r* および *θ*）

10.3.2　界面に存在するき裂

界面のき裂によって生じる応力状態は，より複雑である。**図 10.3** に示すように，き裂が弾性特性の異なる２つの線形弾性材料の界面に沿って進むと仮定する。異種材料界面の応力を解析する場合，Dundurs のパラメータ[13)]の１つを使用すると便利である。

$$\beta = \frac{\mu_1(\kappa_2 - 1) - \mu_2(\kappa_1 - 1)}{\mu_1(\kappa_2 + 1) + \mu_2(\kappa_1 + 1)} \tag{10.3}$$

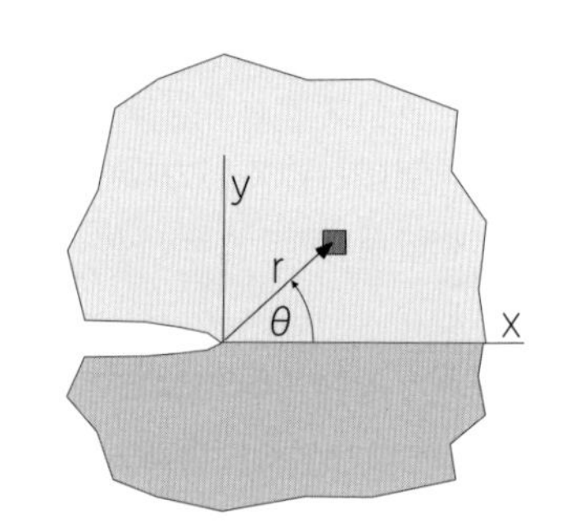

図 10.3　異種材料界面における界面き裂（座標系 *r* と *θ*）

ここで，βは面内弾性率ミスマッチを示す量であり[9)]，κ_iは平面応力で$\kappa_i = (3 - \nu_i)/(1 + \nu_i)$，平面ひずみで$\kappa_i = 3 - 4\nu_i$，$\mu_i$と$\nu_i$はそれぞれ２つの材料のせん断弾性率とポワソン比である。そして，弾性不一致パラメータεは，次式で与えられる。

$$\varepsilon = \frac{1}{2\pi}\ln\left(\frac{1-\beta}{1+\beta}\right) \tag{10.4}$$

き裂先端近傍の垂直応力とせん断応力は，実数と虚数成分を含む次式で与えられる[9)]。

$$\sigma_y + i\tau_{xy} = \frac{(K_1 + iK_2)r^{i\varepsilon}}{\sqrt{2\pi r}} \tag{10.5}$$

ここで，$i = \sqrt{-1}$である。複素応力拡大係数は，$K = K_1 + iK_2$で与えられる。K_1とK_2は，一様な材料におけるK_{I}とK_{II}と似ているが，複数の場の相互作用による連成効果の影響を受ける可能性があるため，多少異なる意味を持つことになる。この結果，き裂のある異種材料界面に開口荷重またはせん断荷重のみが加えられても，開口成分とせん断成分の両方が発生する。固有値指数は複素数になる可能性がある。実数成分はき裂先端近傍で$r^{-1/2}$が支配的な依存性を維持するが，虚数成分が存在する場合，応力と変位は振動的な項を持つことになる。数学的に，これは非常に小さい範囲ではあるものの[14)]，き裂面の相互侵入を意味する。しかしながら，物理的には不合理な現象であり，実際の議論において一般的な手法が使えなくなるとは考えられていない。

変位の振動のために生じる追加の複雑さは，モード混合比が位相角を決定する位置の関数になることである[9,12)]。

$$\psi = \tan^{-1}\left[\frac{\mathrm{Im}[Kl^{i\varepsilon}]}{\mathrm{Re}[Kl^{i\varepsilon}]}\right] \tag{10.6}$$

ここで，lは対象の代表長さであり，試験片の寸法や特徴的な材料の寸法に基づいて選択されることもある。

10.4 エネルギー解放率を用いる手法

エネルギー解放率は，Irwinが応力拡大係数を導入する数十年前にGriffith[4]によって基礎が築かれた代替的手法であるが，前述の手法と破壊力学的に等価である。導入されたエネルギー解放率$\mathcal{G}$は，負荷によってき裂が成長する場合の単位面積当たりのエネルギー量であり，エネルギー散逸がき裂先端領域のみに限定され，時間に依存しない場合に次のように表される。

$$\mathcal{G} = \frac{\partial(W-U)}{\partial A} \tag{10.7}$$

ここで，Wは外部からの仕事，Uは蓄えられた弾性エネルギー，Aはき裂面積である。最も単純な形として導かれるエネルギーに基づく破壊基準は，このエネルギー解放率が臨界エネルギー解放率$\mathcal{G}_c$に達したときに，き裂が進展するというものである。これは，材料や接合部の破壊エネルギーとも呼ばれる。単位面積当たりのき裂伝播に必要なエネルギー量として特徴付けられるこの概念は，物理的観点から見てとても直感的なものであり，接合部の議論を含め，幅広く応用されてきた。それにもかかわらず，応力拡大係数とエネルギー解放率は，一様で等方性の材料では等価であることを次のように簡単に示すことができる[3,5]。

$$\mathcal{G}_{\mathrm{I}} = \frac{K_{\mathrm{I}}^2}{\bar{E}}$$

$$\mathcal{G}_{\mathrm{II}} = \frac{K_{\mathrm{II}}^2}{\bar{E}} \tag{10.8}$$

$$\mathcal{G}_{\mathrm{III}} = \frac{K_{\mathrm{III}}^2}{E}(1+\nu)$$

ここで，ヤング率は平面応力状態で$\bar{E}=E$，平面ひずみ状態で$\bar{E}=E/(1-\nu^2)$となり，νはポアソン比である。界面での面内破壊の場合，この等価性は次の通りとなる[9]。

$$\mathcal{G} = \frac{(1-\beta^2)}{E^*}(K_1^2+K_2^2) \tag{10.9}$$

ここで，

$$\frac{1}{E^*} = \frac{1}{2}\left(\frac{1}{\bar{E}_1}+\frac{1}{\bar{E}_2}\right)$$

である。

き裂のある材料系の解析に破壊力学を用いる主な利点の1つは，さまざまな接合部の構成に対してエネルギー解放率を簡単に決定できることである。荷重とたわみの関係が線形である系では，エネルギー解放率はIrwin-Kiesの関係として次のように簡単に与えられる[15]。

$$\mathcal{G}=\frac{1}{2}P^2\frac{dC}{dA} \tag{10.10}$$

ここで，Pは一般化された力（力，モーメント，圧力など）を表し，Cは一般化された力で一般化された変位（直線変位，回転，変位置換された体積など）を除した（yに関連した）コンプライアンス，Aはき裂面積である。この式は，多くの接着に関連した試験に適用できるが，膜の伸張やピール試験を含むいくつかの場合には，非線形な関係となるため，式(10.10)の代わりとなる式が必要となる。$P=\left(\frac{y}{C}\right)^n$が成り立つ弾性系では，次式が与えられる。

$$\mathcal{G}=\frac{n}{n+1}P^{\frac{n+1}{n}}\frac{dC}{dA} \tag{10.11}$$

この式は，例えば，nが1，3，∞の場合，それぞれ線形，伸縮が支配的な場合[16,17]，ピール形状[18]におけるよく知られた式に対応する。これらの簡単な式により，多くの形状に対するエネルギー解放率を容易に決定することができる。また，合理的な仮定と比較的簡単な導出により，良好な近似解を得ることもできる。散逸が限定的で，突発的かつ完全な破壊が起きる，生物学的なものを含む，接合部に対して，式(10.10)の代わりとなる式が提案されており[19-22]，式(10.10)によって示される古典的な破壊の関係式との比較もなされている[23]。

Suo と Hutchinson[24] は，**図 10.4** に示す一般的な二重はり（平面応力）または二重平板（平面ひずみ）の，任意の荷重に対するエネルギー解放率を求める有用な関係を次のように導いた。

$$\mathcal{G}=\frac{1}{2\bar{E}_1}\left(\frac{P_1^2}{h}+12\frac{M_1^2}{h^3}\right)+\frac{1}{2\bar{E}_2}\left(\frac{P_2^2}{H}+12\frac{M_2^2}{H^3}-\frac{P_3^2}{Ah}-\frac{M_3^2}{Ih^3}\right) \tag{10.12}$$

ここで，

$$\Sigma=\bar{E}_1/\bar{E}_2$$

$$\eta=h/H$$

$$A=\frac{1}{\eta}+\Sigma$$

$$I=\Sigma\left[\left(\Delta-\frac{1}{\eta}\right)^2-\left(\Delta-\frac{1}{\eta}\right)+\frac{1}{3}\right]+\frac{\Delta}{\eta}\left(\Delta-\frac{1}{\eta}\right)+\frac{1}{3\eta^3}$$

$$\Delta=\frac{1+2\Sigma\eta+\Sigma\eta^2}{2\eta(1+\Sigma\eta)}$$

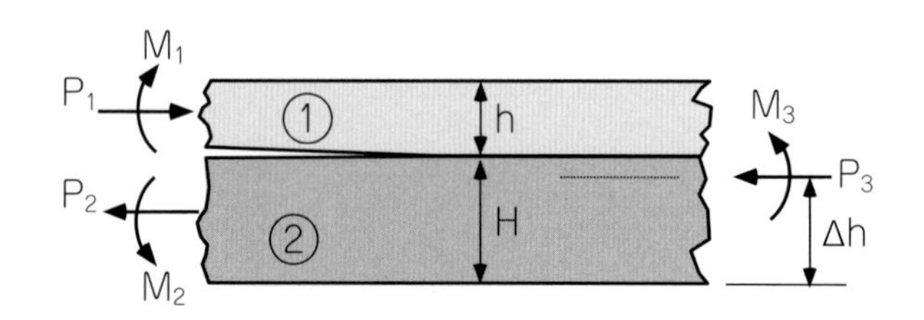

図 10.4　異種材料積層材への負荷条件（Suo and Hutchinson）

である。また，より複雑とはなってしまうが，位相角も求めることができる[24]。これらの関係を応用することで，接着接合部のさまざまな試験片形状や荷重モード[25]，塗装の問題[26]に対するエネルギー解放率やモード比率が容易に得られる。モードⅠとモードⅡの構成要素に分割する別の方法も示されており[24,27-29]，状況によっては全く異なる結果[30,31]を与えることが示されている。

大規模な塑性変形が存在する場合，LEFM を適用することはできず，Rice[32]によって導入されたJ積分が使用される。塑性変形が限られた量に抑制されていれば，J積分はLEFM を適用して$\mathcal{G}$に簡略化される。J積分や他の経路に依存しない基準は，非弾性的な挙動を説明するために使用されている[5]。

10.5　熱力学的な接着仕事，固有接着仕事，および実用的な接着仕事

完全に脆性的な材料では，臨界エネルギー解放率$\mathcal{G}_c$は，新しい表面を作るのに必要なエネルギーと等しくなるはずである。この理想化された熱力学的に可逆的な状況では，一様な材料におけるき裂伝播に伴うエネルギー解放率は2γとなる。ここで，γは材料の表面エネルギーである。この2という数字は，き裂の進展によって上下に2つの表面が形成されることに起因する。2つの材料の界面が剥離する場合，熱力学的な接着仕事は$W_{adh} = \gamma_1 + \gamma_2 - \gamma_{12}$と与えられる。ここで，$\gamma_1$，$\gamma_2$，$\gamma_{12}$はそれぞれ材料1，2の表面エネルギーと材料1，2間の界面エネルギーである。熱力学的な接着仕事は，接触角法やJKR[33]法で測定されることが多く，分散力や他の物理的吸着力から生じるため，通常，数十 mJ/m^{2}程度の値となる。これらの熱力学的なエネルギーは，被着体に接着剤が濡れる際の熱力学を説明する上では非常に有用であるが，その大きさは，剥離試験で測定される実用的な接着力に比べて非常に小さい値である。

ここで重要なことは，“界面の破壊”に伴うエネルギーは，“界面の形成”に伴うエネルギーとは全く異なるということである。実用的な接着仕事または見かけの破壊エネルギーは，熱力学的な表面エネルギー（凝集破壊の場合）または接着仕事（接着破壊の場合）よりも3～6桁大きいことが多い。これは，キャビテーション，塑性変形，粘弾性変形，微小き裂など，他のメカニズムによって多くのエネルギーが散逸されていることを示唆している。特に顕著な例は，被着体が比較的薄く，そのため塑性変形を伴うピール試験である。すべてのピール試験で起きるわけではないが[34]，この散逸を伴う変形は，実用的な接着力の測定値を100倍に増す可能性すらある[35]。ピール試験における被着体の塑性変形の寄与については，多くの研究がなされており，剥離が定常状態への遷移途中[36-38]や定常状態となった場合[39-45]について，測定される接着仕事を接着剤の破壊に伴うエネルギーと被着体の散逸に伴うエネルギーに分離する方法が提案されている。

高分子材料から成る接着剤は粘弾性特性を示すため，破壊エネルギーは時間，速度，温度に強く依存する。高分子材料や接着接合部において，破壊エネルギーが粘弾性の損失弾性率と貯蔵弾性率の比である$\tan\delta$と相関していることが実験的に示されている[46,47]。高分子材料の破壊エネルギーは，遷移領域の速度では大きくなるが，粘性が無視できるほど遅くき裂が進展する場合や，分子が十分に運動できずエネルギーを効果的に散逸できないほど速くき裂が進展する場合などでは小さくなる。したがって，破壊試験を限りなく遅い速度，あるいは時間-温度重ね合わせ

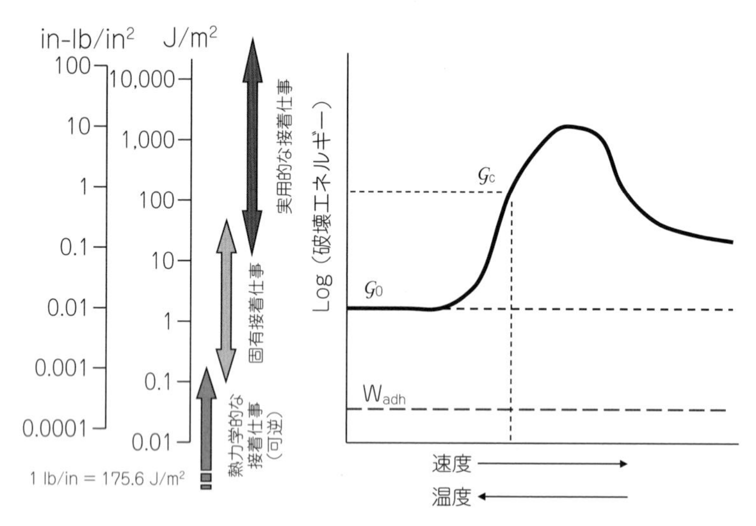

図 10.5　剥離に伴うエネルギーの模式図（接着接合部の破壊エネルギー $\mathcal{G}_c$ は，速度，温度，熱力学的・固有接着強さに依存する）

の原理[48]に基づいた十分な高温で実施することができれば，実際の接着仕事は大幅に減少することになる。このような試験は，エラストマー系の接着剤で実施されており，破壊エネルギーの極限値は固有接着仕事 $\mathcal{G}_0$ と呼ばれている[49,50]。測定される固有接着仕事は，高分子鎖の伸縮や破断に伴う散逸があるため，熱力学的な接着仕事よりも，まだ数桁大きい[51,52]。一方で，典型的な試験速度で測定される破壊エネルギー，すなわち実用的な接着仕事は，固有接着仕事よりもさらに数桁大きい。本質的で実用的な接着仕事は，熱力学的な表面エネルギーや接着仕事よりもはるかに大きいにもかかわらず，これらの値に強く依存していることが多い。例えば，接着剤が被着体の表面をよく濡らさない場合，接着剤自体が塑性変形や粘弾性変形によって大きくエネルギーを散逸させることができたとしても，その接着剤は実用的な接着仕事が低い可能性が高い。経験的に，この依存性は次のような乗法形式で表現されてきた[50,53]。

$$\begin{aligned}\mathcal{G}_c &= W_{adh}(1+\psi(\dot{a}, T, \cdots))\\ \mathcal{G}_c &= \mathcal{G}_0(1+\tilde{\psi}(\dot{a}, T, \cdots))\end{aligned} \qquad (10.13)$$

ここで，ある条件での $\mathcal{G}_c$ は，剥離速度，温度，その他の要因に応じた適切な散逸関数である ψ または $\tilde{\psi}$ のどちらかに依存することになる。**図 10.5** は，熱力学的な接着仕事，固有接着仕事，および実用的な接着仕事の関係を代表的な値とともに模式的に示したものである。

10.6　破壊エネルギーの実験的評価

接着剤やコーティングの幅広い用途に対して，さまざまな試験片形状が古くから提唱されており，その多くは Kinloch[54] によって要約されている。適切な試験片を選択する際には，用途に最も関連する荷重モードとなる試験片，または純粋な破壊モードとなる試験片などを選ぶことができる。接着剤の破壊エネルギーを実験的に測定するためには，通常，予き裂を入れた試験片に所

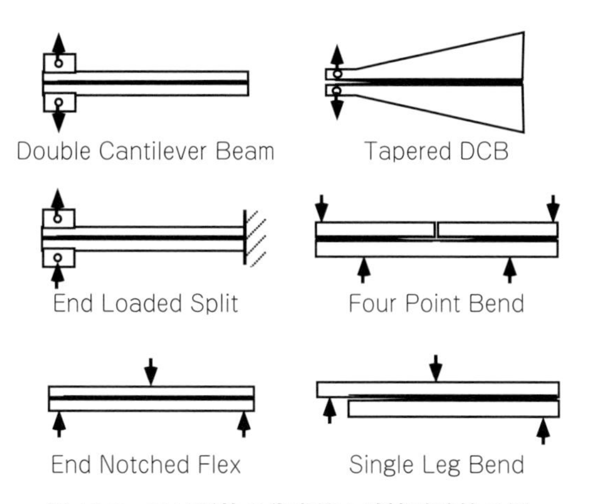

図 10.6　はり形状の代表的な破壊試験片の例

定の条件で荷重を負荷し，き裂を強制的に進展させる。モードⅠでは，二重片持ちはり（double cantilever beam：DCB）試験片が最も広く使用されている試験片の1つであり，**図 10.6** に他のいくつかの試験片と一緒に示されている。ASTM D 3433[55] では，き裂の進展に伴って負荷と除荷の荷重サイクルを連続して実施することを推奨しており，被着体が塑性変形しないことを確認し，き裂進展の停止時の破壊エネルギーを得ることができるという利点がある。ISO 25217[56] では，一定のクロスヘッド変位速度で試験を行うため，よりシンプルで迅速な試験が実施可能であり，人気が高まっている。データ解析のために，き裂長さの測定がよく行われるが，このとき，ビデオ録画が有用な選択肢となっている。

データ解析は，単純はりの式を利用した手法を含むいくつかの方法で行うことができる。等方性のある被着体でき裂長さが短いときに重要となるはりのせん断変形について補正が加えられた（Thouless ら[25] によると不正確な）モードⅠ限界エネルギー解放率は，次のように与えられる。

$$\mathcal{G}_{\mathrm{Ic}}=\frac{4P_{\mathrm{c}}^{\ 2}}{Ew^2h^3}(3a^2+h^2) \tag{10.14}$$

この手法は，ASTM で DCB 試験片に対して用いられており[55]，P_{c} は臨界荷重，h は被着体の厚さ，E は被着体の弾性率，w は被着体および接着層の幅である。補正はり理論[56,57] では，限界エネルギー解放率は次のように与えられる。

$$\mathcal{G}_{\mathrm{Ic}}=\frac{3P_{\mathrm{c}}^{\ 2}}{2w}m^3(a+\hat{a})^2 \tag{10.15}$$

ここで，m と $\hat{a}$ は，コンプライアンスの 1/3 乗とき裂長さの関係からそれぞれ求まる傾きと補正き裂長さである。この手法は，単純はりの理論に準拠しながらも，観察者によって異なるき裂先端位置の認識による長さの誤差，およびき裂先端部での被着体の回転および変位によって生じる誤差の影響を受けにくくなるという利点がある。$\hat{a}$ はこれらの要因を考慮したき裂長さ補正であり，横軸切片の絶対値として求まる。実験的コンプライアンス法またはベリー法[56,58] では，コンプライアンスとき裂長さの関係を両対数グラフで描画することで係数が求まる。この手法では，コンプライアンスとき裂長さの関係がべき乗の関係に従うということ以外に仮定を導入していない。接着剤層が軟らかくて厚い場合には，べき乗則の関係が不適切であるため，この手法を用いないほうがよい[59]。その当時使われていたいくつかの既存の手法を徹底的に評価した後，Blackman と Kinloch[57] は，測定された破壊エネルギーの一貫性と妥当性をチェックするために，複数の手法を使用して，結果を比較することを提唱した。

従来，破壊エネルギーを求めるためには，き裂長さを測定する必要があったが，目視で観察ができない環境槽内で試験する場合や，明確なき裂先端が観察されない場合には，測定が難しい。前者については，ビデオ撮影が可能な場合もあるが，後者については，せん断荷重のモードⅡが支配的でき裂の開口が目立たない場合や，接着剤が延性的で破壊プロセスゾーン（fracture process zones：FPZ）が大きく複雑な場合など，一部の実験では特に困難である。そのため，き裂長さの測定を必要としない解析手法が提案されている。テーパー式 DCB[60-62]，予き裂せん断（cracked lap shear：CLS）[63,64]，二重ねじり（double torsion）[65,66]，半島ブリスター（peninsula blister）[67] 試験などは，エネルギー解放率がき裂進展に対して一定となる試験方法であり，一定の荷重が負荷された場合に，エネルギー解放率がき裂サイズにほとんど依存しない。Paris と Paris[68] によって提案された，荷重と端部の回転のみによって求まる J-integral 法にも大きな関心が集まっている。この手法は，FPZ における結合力−相対変位関係を実験的に直接測定できることを含め，接着接合部の挙動を特徴付けるのに有用であることが最近証明されている[69,70]。コンプライアンスに基づくはり理論（compliance-based beam method：CBBM）は，等価き裂長さの概念に基づいて提案されており[71]，き裂長を測定する必要がない。これらの手法はデータ収集を簡略化し，き裂長さのデータが曖昧な場合や不足している場合に適切な解析手法を提供する。接着接合部の破壊に関する最近の総説では，一般的な接着接合部の形状に対する解析手法について報告している[72]。

接着剤の破壊エネルギーの測定値は，数 J/m^2 から 10 kJ/m^2 またはそれ以上の範囲になることがある。相分離したエラストマーや熱可塑性粒子によって引き起こされるような強靭化のメカニズムは，脆性材料の靭性を 1～2 桁高めることができる[54,73]。無機ナノ粒子の添加は，ゴムによる強靭化機構[75,76] と組み合わせた場合を含め，破壊エネルギー[74] を向上させる有望な方法であることが示されている。興味深いことに，高速攪拌によって微小なボイドを形成することでも，エポキシ樹脂の靭性が著しく向上することが示されている[77]。これらの方法は，接着剤自身が分裂または離散することでき裂の進展を妨げるとともに，せん断帯における塑性散逸を大幅に増加させることで靭性が向上することを示唆している。

10.7　接着剤層厚さの影響

破壊力学では一般的に，破壊じん性と破壊エネルギーは材料定数として扱われるため，一度，値を取得すれば，さまざまな形状や荷重条件における破壊の議論に適用できる。しかしながら，実際には，（平面応力と平面ひずみの応力状態の違いに起因した）試験片幅の影響[3]，静的または繰返し疲労に伴う未臨界のき裂成長，環境暴露，その他の要因など，考慮すべき問題も多い。高分子材料は，破壊特性を含め，物性が試験速度や温度に大きく依存することが知られている[78]。

接着接合の場合，接着剤層の厚みも同様に大きな影響を与える可能性がある。したがって，接着接合では，破壊エネルギーは材料特性ではなく，システムとしての特性とみなされることが多い。引張荷重を受ける突合せ継手のような特定の継手形状では，接着剤層が薄い場合，強度が向上するが[79]，塑性によるエネルギー散逸は限られるため，き裂進展に伴う破壊エネルギーは低下することが多い[54]。接着剤層の厚みが増すと，接着剤層内の塑性および粘弾性散逸に関連するエネルギー散逸が厚さに応じて追加される。速度や温度にも影響を受けるが，一般的に接着剤層の厚さが塑性域半径と一致するときに破壊エネルギーが最大となる[54]。接着剤層がさらに厚くなると，高分子材料のバルク特性としての破壊エネルギーに近づく[54]。接着剤層が過度に厚いと，接着剤層に欠陥が発生する確率が増すため，極端に低い値となることもある。

接着接合部の破壊エネルギーには接着剤層厚さが大きな役割を果たしており，この影響を特徴付け，設計プロセスに取り入れることが重要である[54]。このため，接着剤層の厚さが異なる試験片を用いた破壊試験を行う必要があるが，厚さが徐々に変わる試験片を用いて一度に影響を評価する手法も提案されている[80]。負荷速度，温度，およびその他の要因によって，降伏強度が影響を受けるだけでなく，塑性域半径も変化する。そのため，接着剤層の最適な厚さも変化する。したがって，最適な厚さを設計仕様とする考えは持たないほうがよい[54]。混合モード荷重条件下での接着剤層の厚さの影響についても報告されている[81,82]。

10.8　混合モードの影響

一様な材料内のき裂は，モードⅠで開口するようにき裂の向きを変える。き裂先端付近の最大円周応力[83]，最大エネルギー解放率[84]，または純粋モードⅠ進展[85]に基づいたき裂進展方向の基準は，この点に関してよく一致している[86]。しかしながら，任意の荷重条件を受ける接着接合部では，き裂は接着剤層内に留まることが多い。そのため，き裂は自由に向きを変えられず，モードⅡ，モードⅢ，または3つの荷重の混合モードで成長することもある。したがって，接着または積層システムにとって，混合モードの特性評価と解析は，より重要なものとなっている。

破壊エネルギーが完全に可逆的であれば，新しい表面エネルギーを作り出すのに必要な仕事は荷重のモードに依存しないが，非弾性散逸が関与している場合，仕事は表面積を作り出す方法とそれに関連する散逸メカニズムに依存する。多くの場合，モードⅡ荷重の増加（正負どちらの方向でも）に伴い，破壊エネルギーの系統的な増加が見られる。その理由としては，破壊面積の増加（hackle 模様としてしばしば見られる 45° 面に沿った接着剤の破壊の結果，破壊の軌跡がジグザグになるため），せん断荷重で擦り合う表面間の摩擦，塑性域のサイズの違い，遮蔽効果などが挙げられる[87]。しかしながら，混合モードへの依存性がほとんど測定されない系もある[88,89]。また，別の系では，モードⅡ条件下での破壊エネルギーがモードⅠ条件下より小さくなることもある。例えば，スクリムクロスで支持された接着剤層では，繊維のブリッジングや破面の屈曲が起きることにより大きなエネルギー散逸を生じることになるスクリム層近傍から界面へと剥離面がせん断荷重によって移動する[90]。同様の結果はゴム添加により強靭化された接着剤でも観察されており[91]，せん断荷重によって，ゴム粒子の少ない界面にき裂が移行することがある。このように，モードⅠの特性評価が最も一般的であるにもかかわらず，一部の接着剤では，このモードで得られた破壊エネルギーが，安全側の設計に結びつかない可能性もある[31,92]。したがって，ある接着剤システムがどのように機能するかを完全に理解するためには，さまざまなモード比の混合モード条件下で特性評価を行うことが推奨される。

破壊エネルギーをモードⅠおよびモードⅡ成分の関数として表現する方法に関して，Kinloch[54]が提起した

$$\Gamma(\psi) = \mathcal{G}_{Ic}[1 + tan^2(1-\lambda)\psi] \tag{10.16}$$

を含め，いくつかの形式が提案されている[9]。ここで，$\Gamma(\psi)$はモード混合角ψの関数となるモード依存の破壊エネルギーであり，λは0から1の範囲を持つパラメータであり，印加された$\mathcal{G}_I$の大きさのみに基づいて破壊する材料では0，すべてのモードが等しく寄与し，$\mathcal{G}_c = \mathcal{G}_{Ic}$となる完全な脆性材料では1となる[9]。もう1つの形式は，破壊エネルギーのモードⅠおよびモードⅡ成分が純モードⅠおよび純モードⅡの破壊エネルギーで正規化された値の和で表せられるというもので，当初はWuとReuter[93]によって経験的関係として提案された。

$$\left[\frac{(\mathcal{G}_I)_c}{\mathcal{G}_{Ic}}\right] + \left[\frac{(\mathcal{G}_{II})_c}{\mathcal{G}_{IIc}}\right] = 1 \tag{10.17}$$

モード比率が接着接合部の破壊エネルギーに影響を与える理由の１つは，破壊の軌跡を変える可能性があることである[94]。鎖が常に最も弱い場所で切れるという概念は，離散系では有用な基準だが，連続系では必ずしも当てはまらない。混合モードでは，き裂を特定の方向に進展させる応力状態を誘発することがある。せん断荷重はき裂を界面に向かわせる傾向があり，これは視覚的にも観察されており，表面分析によっても確認されている[91]。T応力（降伏域が大きくなり，従来の破壊力学パラメータだけでは，き裂周辺の応力場を表現できなくなる際に重要となるき裂面に平行な方向に生じる応力）は，伝播するき裂の安定性に影響を与える[95]。例えば，接着剤層内の引張残留応力はT応力を増加させ，き裂の進展を不安定にする[86,96]。引張T応力は，被着体間で剥離が交互に往復する原因となる[96,97]。加えられた応力状態のために，界面の局所的に弱くなった領域を避けて，より強靭な面に沿って破壊が伝播することが知られている[98]。接着接合部の破壊モードを解釈する場合，「実際の破壊位置は空間的に変化する応力状態と空間的に変化する材料特性の間の複雑な相互作用に依存する」ことを認識する必要がある。したがって，破壊が常に「弱い部分」で起こるという考えも，応力状態を変化させることでき裂を特定の方法に成長するように常に誘導できるという考えも，時に役立つこともあるが，誤解を招く可能性がある。どちらの考えも，経験した多くの接着接合部の破壊に対しては，単純すぎることが多い。

10.9　耐久性

剥離は短期間に急速に起こるだけでなく，時間の経過とともにゆっくりと起こる可能性もある。破壊力学では，この点も考慮し，耐久性の観点から接着接合部を設計するためのユニークな手段も検討されてきた。き裂先端の応力拡大係数やエネルギー解放率が静的条件で破壊が起きる

限界値に満たないレベルで起こる緩やかなき裂進展現象をサブクリティカルき裂進展や未臨界剥離と呼ぶ。これらは，さまざまな負荷シナリオで発生する可能性がある。Mostovoy と Ripling の先駆的な研究[60–62] 以来，多くの研究者が破壊力学的アプローチを用いて，接着接合部の繰返し疲労に対する耐性を特徴づけてきた[99]。そして，エネルギー解放率とき裂進展速度の関係を用いて，接着接合部の寿命を予測できることが，実験的に示されている。DCB などの試験片を使用した破壊力学に基づく試験では，エネルギー解放率（または，エネルギー解放率差）の関数として，き裂進展速度のデータが収集される。疲労応答は通常，**図 10.7** に示すような特徴的なシグモイド曲線となる。その上端は限界エネルギー解放率であり，この値では急激なき裂進展が生じる。一方，下端は，エネルギー解放率のしきい値となり，それ以下の値ではき裂進展が起こらないと考えられている。これらの境界値の間では，Paris ら[100] が最初に提案したように，疲労応答はべき乗の関係となることが多い。この領域でのき裂進展の特徴を適切な方程式でフィッティングし，これを初期の欠陥サイズから限界の欠陥サイズまで積分することで，破壊に達するまでの時間を予測することができる[101]。これらの強力なテクニックにより，データが収集された形状とは全く異なる形状についても予測を行うことができる。Ashcroft とその共同研究者は，疲労試験とモデリングの分野で積極的に活動している[102]。この分野での最近の貢献は，総説[103] に掲載されており，機械疲労に使用される多くの試験片と関連する解析方法について論じ，熱疲労にも言及している。き裂の発生に対する疲労抵抗に角および特異点が果たす役割は，き裂の進展よりも発生に焦点を当てた興味深いアプローチとして関心が集まっており[104–106]，疲労条件下での接合寿命において重要となる[107]。

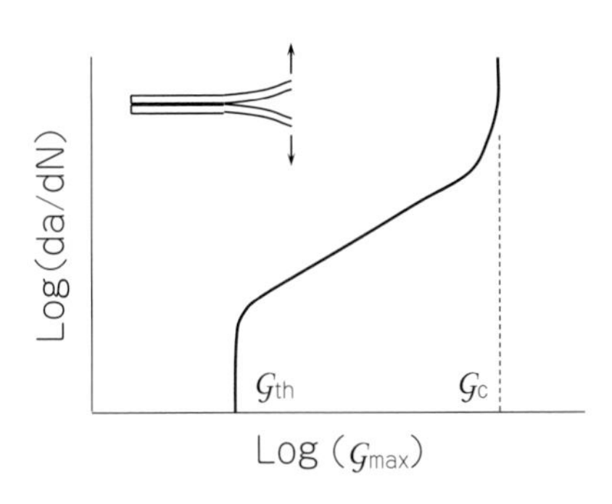

図 10.7 疲労負荷条件下でのエネルギー解放率とき裂進展速度の関係

き裂進展速度とエネルギー解放率の関係を用いるこの基本的なアプローチは，他の時間依存性のある剥離プロセスにも拡張することができる。剥離特性を知ることで，粘弾性によるき裂進展や吸水などさまざまな環境条件にさらされた場合のサブクリティカルき裂進展によるき裂進展速度を予測することができる。多くの場合，環境負荷の厳しさを増すほど，同じき裂進展速度となるエネルギー解放率は低下する傾向にある。くさび試験[108]，死荷重を用いたピール試験，曲率が不一致の試験[109] など単純な自己負荷型の試験形態を用いることで，構造用接着剤[110]，マイクロエレクトロニクス用接着剤[111]，粘着剤，およびシーラントのサブクリティカルき裂進展のき裂進展速度を求めることに成功している。

10.10 破壊力学を用いたデザイン

破壊力学は，接着接合部のき裂進展およびサブクリティカルき裂進展の予測，破壊モードの推定，および寿命予測を行うことができる強力かつ万能な手法であるにもかかわらず，設計者がこの手法を採用していないことも多い。学部課程で広く教えられている強度を基準としたアプローチとは対照的に，エンジニアは，長さに関するパラメータが追加で求められる破壊力学にあまり慣れ親しんでいない。エラストマー系接着剤では，接着剤の厚みが重要な長さのパラメータとなるのに対し，構造用接着剤では，支配的な接着長さであることが多い[112)]。破壊力学の観点から設計を行う場合，初期欠陥の大きさを測定，推定，または仮定する必要がある[113)]。非破壊検査は，初期欠陥の大きさ，位置，および方向を決定するために使用されている。欠陥の把握が重要な用途では，この情報を定期的な測定によって監視している。非破壊検査でき裂が確認されない場合，保守的な設計手法では，非破壊検査装置の検出限界の大きさのき裂が，最悪の位置と方向に存在すると仮定する。実際のき裂情報がない場合，接合された継手を試験で破壊し，破壊エネルギーの観点から分析することで，代表的な欠陥の大きさを推測することもある[101)]。

前述の通り，エネルギー解放率は，理想化されたいくつかの試験片について，閉形式の解を使用して容易に計算することができる。しかしながら，実際の接合試験片や構造物は，幾何学的，荷重的，材料的に複雑であるため，解析はより困難となる。応用力学の多くの分野と同様に，有限要素法はこのような問題を正確に解析するための強力な技術である。従来の破壊力学解析が直面する問題の１つは，一様な材料であれ，接合された材料であれ，破壊パラメータが実際の，あるいは想定された欠陥，層間剥離，または剥離部分のき裂先端でしか決定できないことである。欠陥を想定する必要があることや，さまざまな形状を解析することの複雑さから，設計における破壊解析の適用範囲は限られていたが，次章で述べる結合力モデル（cohesive zone method：CZM）によって，最近の解析や設計への応用が非常に容易となった。

10.11　最近の動向と現在の研究分野

材料の特性評価には，強度に基づく手法と破壊力学に基づく手法が存在する。それぞれの手法の支持者たちは，それぞれの主張を展開してきたが，結果として事態をより複雑にしている。強度基準の支持者にとっては，き裂先端や異材接合物の角に存在する特異応力場が課題となる。この手法を用いる設計者は，欠陥やき裂という概念を無視することが多く，これが深刻な失敗に繋がっている。破壊力学の支持者は，それが物理的にどれほど根拠に乏しくても，明確に定義されたクラックが存在すると仮定する。エンジニアである設計者はこの手法に馴染みがないことが多いが，解析を行うために欠陥の存在を想定せざるを得ない。破壊と強度基準の関係は，Dugdale[114)] と Barenblatt[115)] の先駆的な研究に見ることができ，彼らは応力特異性を排除するためにき裂の先端に降伏領域を想定している。この考えは最近さらに発展を遂げており[116-118)]，結合力モデル（CZM）が両者の溝の橋渡し的な役割を担うようになった。この方法は，強度則とエネルギー散逸基準を適用しており，両方の破壊の特徴を１つのモデルに含めることを可能にした。この方法では，破壊エネルギーという単一の破壊パラメータを考慮する代わりに，凝集強度 $\hat{\sigma}$ を追加した。CZM を適用するために，**図 10.8** に示すようなモードⅠからモードⅡまでの結合力–相対変位関係を数学的に定義する。図に示すようなバイリニア型が一般的だが，接着剤に適用するために他の形状も研究されている[119)]。この手法はますます普及しており[120-124)]，特殊な要素で実装すると，欠陥のないところでき裂や剥離が生じ，また現実的な方向に伝播する[125,126)]。こ

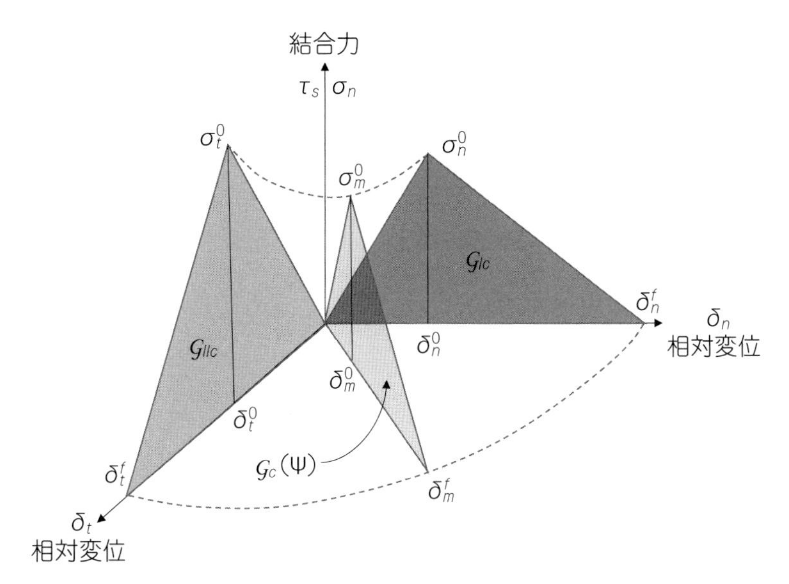

図 10.8　モードⅠ，モードⅡ，および混合モード状態での結合力モデルのための結合力–相対変位関係

れらの分野では進歩が見られるが，設計プロセスを簡略化し，さまざまな剥離速度（衝撃条件に対する時間依存性），環境，および荷重モードへの拡張を可能にするためには，継続した作業が必要である。

破壊力学は，一様な材料系および異材接合界面の両方において，き裂が伝播する経路を予測するのに特に有効であることがわかっている[94,97]。そのため，破壊の軌跡を理解するための強力なツールとなっている。特に，応力状態と，空間的に変化する材料特性および層状材料の欠陥との複雑な相互作用によって，剥離がどのように位置を変えるかを調査する場合に，この分野の研究を継続することで有益な情報が得られる可能性がある。

接着接合部の破壊特性の実験的評価にはいくつかの課題が残されている。特に実用的な工業用接着剤では，混合モードが破壊エネルギーの測定値に与える影響は，依然として重要なテーマとなっている。一様な材料や一部の接着剤ではモードⅠ破壊じん性が重要であるが，これらの結果を用いれば常に安全側の設計になるとは限らない。設計を確実なものにするためには，さらなる情報が必要である。もう 1 つの特別な課題は，最新の接着剤の破壊挙動をどのように評価するかである。近年開発されている構造用接着剤の破壊じん性は異常に高くなっており，プロセスゾーンもますます大きくなっているため，従来の接着接合部用の破壊試験片を用いて試験することを困難にしている。粘弾性変形によってゆっくりき裂が進んだのち，臨界点を迎えると突然脆くなって急速にき裂が進展するスティックスリップ挙動を示す接着剤が構造物の接着に使用される場合の影響も，懸念事項である。

最後に，き裂の先端に存在する特異応力は，関連する形状に対するより一般的な弾性解の特殊なケースに過ぎない。さまざまなくさび角度で解析されたように，特異応力場は，一様な材料の凹部の角や接合部の境界に多く存在する。このような応力が高い領域は，静的荷重[106,127]や疲労荷重[128]による破壊の起点となることが示されている。これらの特異領域は，$\sigma \propto r^{\lambda}$ に従う応力状態によって支配されており，λは最小の固有値である。異材接合部のくさび部では，λの値は代数的に－1/2より大きいことが多く，これはき裂が鋭いことを意味する。そのため，特異性は弱いが，それでも破壊開始を支配するには十分である。このような特異領域は，き裂の前兆となり得る[79,129]。しかし，設計者がこのような接合部の破壊挙動を予測できるような適切な破壊基準を決定するためには，さらなる研究が必要である。興味深いアプローチの1つに，ワイブル統計を使って破壊が起こる時期を推定する方法がある[130]。この手法では，特異応力は，微小な体積上でしか発生しないと認識されており，統計的に互いに打ち消し合う。これは，数世紀前にダビンチの観察からたどり着いた「長いワイヤは短いワイヤより弱い」という議論を終えるという意味で歴史的にも興味深い[1]。長いワイヤが弱いのは，おそらくは欠陥の発生確率が高くなるためであろうと考えることができるのである。

10.12 結　論

破壊力学は，一様な材料系および接合系の両方の破壊を知る上で強力なツールである。現実のすべての材料には，応力状態を大きく変え得る欠陥が存在する（または発生する可能性がある）という概念に基づき，破壊力学は，さまざまな材料や継手構造部の構造的完全性を評価する上で適切な手法であることを自ら証明している。有限要素法解析に結合力モデルが広く採用されたことで，従来の強度に基づく手法と破壊力学に基づく手法が融合し，最大結合力を超えたときに欠陥が発生し，その後き裂として伝播することが示された。破壊力学は，接着接合部に適用され，急速に進展する臨界き裂進展，およびゆっくりと進展するサブクリティカルき裂進展の特性評価と予測において大きな成果を上げている。より洗練されたアプローチもあるが，線形弾性破壊力学は，構造用接着剤，バイオメディカルやマイクロエレクトロニクス分野で使用される接着剤，コーティング，シーラント，粘着剤・感圧接着剤に広く適用されている。準静的，クリープ，衝撃，疲労負荷条件下でのき裂進展研究は，適切な接着システムの選択，接着接合部の設計に有用な材料特性の決定に応用できる。

文　献

1) S. P. Timoshenko, History of Strength of Materials, McGraw-Hill, New York, 1953.
2) F. B. Seely, J. O. Smith, Advanced Mechanics of Materials, second ed., John Wiley & Sons, Inc., New York, 1952.
3) D. Broek, Elementary Engineering Fracture Mechanics, Sijthoff & Noordhoff, Alphen aan den Rijn, 1978.
4) A. A. Griffith, Philos. Trans. R. Soc. A221 (1921) 163-198.
5) T. L. Anderson, T. L. Anderson, Fracture Mechanics: Fundamentals and Applications, third ed., Taylor & Francis, 2005.
6) G. R. Irwin, S. Flugge (Eds.), Handbuch Der Physik, vol. 6, Springer-Verlag, Berlin-Heidelberg, 1958, pp. 551-590.
7) G. C. Sih, Handbook of Stress-Intensity Factors: Stress-Intensity Factor Solutions and Formulas for Reference, Lehigh University, Bethlehem, PA, 1973.
8) J. R. Rice, J. Appl. Mech. 55 (1988) 98-103.
9) J. W. Hutchinson, Z. Suo, Adv. Appl. Mech. 29 (1992) 63-191.
10) M. L. Williams, Bull. Seismol. Soc. Am. 49 (1959)

199-204.
11) M. L. Williams, J. Appl. Mech. 24 (1957) 109-114.
12) K. M. Liechti, in: D. A. Dillard, A. V. Pocius (Eds.), Adhesion Science and Engineering I: The Mechanics of Adhesion, Elsevier, 2002, pp. 45-76 (Chapter 2).
13) J. Dundurs, J. Appl. Mech. 36 (1969).
14) G. P. Anderson, S. J. Bennett, K. L. DeVries, Analysis and Testing of Adhesive Bonds, Academic Press, New York, 1977.
15) G. R. Irwin, J. Kies, SPIE Milestone Series, MS137, Society of Phto-Optical Instrumentation Engieers, Bellingham, WA, 1997, pp. 136-141.
16) A. N. Gent, L. H. Lewandowski, J. Appl. Polym. Sci. 33 (1987) 1567-1577.
17) A. N. Gent, S. Kaang, J. Appl. Polym. Sci. 32 (1986) 4689-4700.
18) P. B. Lindley, J. Inst. Rubber Ind. 5 (1971) 243-248.
19) M. D. Bartlett, A. B. Croll, A. J. Crosby, Adv. Funct. Mater. 22 (2012) 4985-4992.
20) M. D. Bartlett, A. B. Croll, D. R. King, B. M. Paret, D. J. Irschick, A. J. Crosby, Adv. Mater. 24 (2012) 1078-1083.
21) M. D. Bartlett, A. J. Crosby, Langmuir 29 (2013) 11022-11027.
22) C. A. Gilman, M. J. Imburgia, M. D. Bartlett, D. R. King, A. J. Crosby, D. J. Irschick, PLoS One (2015) 10.
23) A. R. Mojdehi, D. P. Holmes, D. A. Dillard, Soft Matter (2017), https://doi.org/10.1039/C7SM01098B.
24) Z. G. Suo, J. W. Hutchinson, Int. J. Fract. 43 (1990) 1-18.
25) M. D. Thouless, Q. D. Yang, in: D. A. Dillard, A. V. Pocius (Eds.), The Mechanics of Adhesion, 1, Elsevier, Amsterdam, 2002, pp. 235-272.
26) M. Papini, J. K. Spelt, in: D. A. Dillard, A. V. Pocius (Eds.), The Mechanics of Adhesion, 1, Elsevier, Amsterdam, 2002, pp. 303-350.
27) R. A. Schapery, B. D. Davidson, Appl. Mech. Rev. 45 (1990) S281-S287.
28) J. G. Williams, J. Strain Anal. Eng. Des. 24 (1989) 207-214.
29) J. G. Williams, Int. J. Fract. 36 (1988) 101-119.
30) B. R. K. Blackman, M. Conroy, A. Ivankovic, A. Karac, A. J. Kinloch and J. G. Williams, 15th European Conference on Composite Materials: Composites at Venice, ECCM 2012, June 24, 2012 - June 28, 2012, Venice, Italy, 2012.
31) M. Conroy, A. J. Kinloch, J. G. Williams, A. Ivankovic, Eng. Fract. Mech. 149 (2015) 351-367.
32) J. R. Rice, J. Appl. Mech. 35 (2) (1968) 379-386.
33) K. L. Johnson, K. Kendall, A. D. Roberts, Proc. R. Soc. Lond. A 324 (1971) 301-313.
34) D. A. Dillard, in: L. F. M. da Silva, D. A. Dillard, B. R. K. Blackman, R. D. Adams (Eds.), Testing Adhesive Joints: Best Practices, Wiley-VCH, Weinheim, 2012, pp. 229-244 (Chapter 3.11).
35) K. S. Kim, J. Kim, J. Eng. Mater. Technol. ASME 110 (1988) 266-273.
36) Q. Li, R. C. Batra, I. Graham, D. A. Dillard, Int. J. Solids Struct. 180 (2019) 72-83.
37) Q. D. Yang, M. D. Thouless, S. M. Ward, J. Mech. Phys. Solids 47 (1999) 1337-1353.
38) Q. D. Yang, M. D. Thouless, S. M. Ward, J. Adhes. 72 (2000) 115-132.
39) A. J. Kinloch, J. G. Williams, in: D. A. Dillard, A. V. Pocius (Eds.), The Mechanics of Adhesion, 1, Elsevier, Amsterdam, 2002, pp. 273-302.
40) K. S. Kim, N. Aravas, Int. J. Solids Struct. 24 (1988) 417-435.
41) A. K. Moidu, A. N. Sinclair, J. K. Spelt, J. Test. Eval. 26 (1998) 247-254.
42) A. K. Moidu, A. N. Sinclair, J. K. Spelt, J. Test. Eval. 23 (1995) 241-253.
43) J. G. Williams, J. Adhes. 41 (1993) 225-239.
44) J. G. Williams, Int. J. Fract. 87 (1997) 265-288.
45) A. D. Crocombe, R. D. Adams, J. Adhes. 13 (1982) 241-267.
46) S. Y. Xu, D. A. Dillard, IEEE Trans. Compon. Packag. Technol. 26 (2003) 554-562.
47) D. J. Pohlit, D. A. Dillard, G. C. Jacob, J. M. Starbuck, J. Adhes. 84 (2008) 143-163.
48) J. D. Ferry, Viscoelastic Properties of Polymers, third ed., Wiley, New York, 1980.
49) A. N. Gent, A. J. Kinloch, J. Polym. Sci. Polym. Phys. Ed. 9 (1971) 659-668.
50) A. N. Gent, Langmuir 12 (1996) 4492-4496.
51) G. J. Lake, A. G. Thomas, Proc. R. Soc. Lond. A Math. Phys. Sci. 300 (1967) 108-119.
52) C. Creton, M. Ciccotti, Rep. Prog. Phys. 79 (2016), 046601.
53) A. N. Gent, J. Schultz, J. Adhes. 3 (1972) 281-294.
54) A. J. Kinloch, Adhesion and Adhesives: Science and Technology, Chapman and Hall, London, 1987.
55) ASTM-D3433-2020, Annual Book of ASTM Standards, 15.06, ASTM, West Conshohocken, 2020.

56）ISO25217:2009, Adhesives—determination of the mode 1 adhesive fracture energy of structural adhesive joints using double cantilever beam and tapered double cantilever beam specimens, ISO/TC 61/SC 2 Mechanical Behavior（2009）. first ed.
57）B. R. K. Blackman, A. J. Kinloch, in: A. Pavan, D. R. Moore, J. G. Williams（Eds.）, Fracture Mechanics Testing Methods for Polymers, Adhesives and Composites, Elsevier, Amsterdam, 2001, pp. 225–267.
58）J. P. Berry, J. Appl. Phys. 34（1963）62–68.
59）S. W. Case, J. N. Lakkis, R. C. Batra, M. J. Bortner, R. L. West and D. A. Dillard, 42nd Annual Meeting of Adhesion Society, Hilton Head, SC, 2019.
60）S. Mostovoy, E. J. Ripling, J. Appl. Polym. Sci. 10（1966）1351–1371
61）E. Ripling, S. Mostovoy, R. Patrick, Mater. Res. Stand. 4（1964）129–134.
62）E. J. Ripling, S. Mostovoy, R. L. Patrick, ASTM STP 360, ASTM International, West Conshohocken, PA, 1964, pp. 5–19.
63）T. R. Brussat, S. T. Chiu, S. Mostovoy, Fracture mechanics for structural adhesive bond, report AFNL-TR-77-163, Air Force Materials Laboratory, Wright-Patterson AFB, Ohio, 1977.
64）Y. Lai, M. Rakestraw, D. Dillard, Int. J. Solids Struct. 33（1996）1725–1743.
65）A. Shyam, E. Lara-Curzio, J. Mater. Sci. 41（2006）4093–4104.
66）J. O. Outwater, D. J. Gerry, J. Adhes. 1（1969）290–298.
67）D. A. Dillard, Y. Bao, J. Adhes. 33（1991）253–271.
68）A. J. Paris, P. C. Paris, Int. J. Fract. 38（1988）r19–r21.
69）U. Stigh, K. S. Alfredsson and A. Biel, ASME International Mechanical Engineering Congress and Exposition, Lake Buena Vista, FL, 2009.
70）C. Wu, R. Huang, K. M. Liechti, J. Mech. Phys. Solids 125（2019）225–254.
71）M. F. S. F. de Moura, R. D. S. G. Campilho, J. P. M. Gonçalves, Compos. Sci. Technol. 68（2008）2224–2230.
72）F. J. P. Chaves, L. F. M. da Silva, M. de Moura, D. A. Dillard, V. H. C. Esteves, J. Adhes. 90（2014）955–992.
73）R. Bagheri, B. T. Marouf, R. A. Pearson, Polym. Rev. 49（2009）201–225.
74）A. C. Taylor, in: L. F. M. Da Silva, R. D. Adams, A. Ochsner（Eds.）, Handbook of Adhesion Technology, second ed., 2018, pp. 1677–1702, https://doi.org/10.1007/978-3-319-55411-2_55.
75）W. L. Tsang, A. C. Taylor, J. Mater. Sci. 54（2019）13938–13958.
76）A. J. Kinloch, D. Carolan, A. Ivankovic, S. Sprenger, A. C. Taylor, Polymer 97（2016）179–190.
77）N. H. Kim, H. S. Kim, J. Appl. Polym. Sci. 98（2005）1290–1295.
78）A. J. Kinloch, R. J. Young, Fracture Behaviour of Polymers, Applied Science Publishers, London, 1983.
79）E. D. Reedy, in: D. A. Dillard, A. V. Pocius（Eds.）, Adhesion Science and Engineering – I: The Mechanics of Adhesion, Elsevier Science, Amsterdam, 2002, pp. 145–192.
80）S. R. Ranade, Y. L. Guan, D. C. Ohanehi, J. G. Dillard, R. C. Batra, D. A. Dillard, Int. J. Adhes. Adhes. 55（2014）155–160.
81）J. J. G. Oliveira, R. D. S. G. Campilho, F. J. G. Silva, E. A. S. Marques, J. J. M. Machado, L. F. M. da Silva, J. Adhes. 96（2020）300–320.
82）S. Marzi, A. Biel, U. Stigh, Int. J. Adhes. Adhes. 31（2011）840–850.
83）V. F. Erdogan, G. C. Sih, Trans. ASME J. Basic Eng. 85（1963）519–527.
84）K. Palaniswamy, W. G. Knauss, Mech. Today 4（1978）87–148.
85）R. V. Goldstein, R. L. Salganik, Int. J. Fract.（1974）10.
86）A. R. Akisanya, N. A. Fleck, Int. J. Fract. 55（1992）29–45.
87）Y. M. Liang, K. M. Liechti, Int. J. Solids Struct. 32（1995）957–978.
88）A. J. Kinloch, Y. Wang, J. G. Williams, P. Yayla, Compos. Sci. Technol. 47（1993）225–237.
89）R. Duer, D. Katevatis, A. J. Kinloch, J. G. Williams, Int. J. Fract. 75（1996）157–162.
90）H. Parvatareddy, D. A. Dillard, Int. J. Fract. 96（1999）215–228.
91）B. Chen, D. A. Dillard, J. G. Dillard, R. L. Clark, Int. J. Fract. 114（2002）167–190.
92）D. A. Dillard, H. K. Singh, D. J. Pohlit, J. M. Starbuck, J. Adhes. Sci. Technol. 23（2009）1515–1530.
93）E. M. Wu, R. C. J. Reuter, Crack extension in fiberglass reinforced plastics, report T&AM report no. 275, Department of Theoretical and Applied Mechanics, University of Illinois, Urbana, Illinois, 1965.
94）B. Chen, D. A. Dillard（Eds.）, Crack Path Selection in Adhesively Bonded Joints, Elsevier

Science, Amsterdam, 2002.
95）B. Cotterell, J. R. Rice, Int. J. Fract. 16（1980）155–169.
96）B. Chen, D. A. Dillard, Int. J. Adhes. Adhes. 21（2001）357–368.
97）N. A. Fleck, J. W. Hutchinson, Z. G. Suo, Int. J. Solids Struct. 27（1991）1683–1703.
98）S. R. Ranade, Y. Guan, R. B. Moore, J. G. Dillard, R. C. Batra, D. A. Dillard, Int. J. Adhes. Adhes. 82（2018）196–205.
99）S. Azari, A. Ameli, M. Papini, J. K. Spelt, J. Adhes. Sci. Technol. 27（2013）1681–1711.
100）P. C. Paris, M. P. Gomez, W. E. Anderson, Trend Eng. 13（1961）9–14.
101）A. J. Kinloch, S. O. Osiyemi, J. Adhes. 43（1993）79–90.
102）I. A. Ashcroft, A. D. Crocombe, in: L. F. M. da Silva, A. Ochsner（Eds.）, Modeling of Adhesively Bonded Joints, Springer, Berlin Heidelberg, 2008, pp. 183–223, https://doi.org/10.1007/978-3-540-79056-3_7.
103）M. M. Abdel Wahab, ISRN Mater. Sci. 2012（2012）746308.
104）D. Lefebvre, D. Dillard, J. Adhes. 70（1999）119–138.
105）D. Lefebvre, D. Dillard, J. Dillard, J. Adhes. 70（1999）139–154.
106）T. Hattori, S. Sakata, G. Murakami, J. Electron. Packag. 111（1989）243–248.
107）Z. Zhang, J. K. Shang, F. V. Lawrence, J. Adhes. 49（1995）23–36.
108）J. Cognard, J. Adhes. 22（1987）97–108.
109）D. A. Dillard, J. Adhes. 26（1988）59–69.
110）H. Parvatareddy, J. G. Dillard, J. E. McGrath, D. A. Dillard, J. Adhes. Sci. Technol. 12（1998）615–637.
111）R. Dauskardt, M. Lane, Q. Ma, N. Krishna, Eng. Fract. Mech. 61（1998）141–162.
112）A. N. Gent, Rubber Chem. Technol. 47（1974）202–212.
113）D. A. Dillard, in: D. A. Dillard（Ed.）, Advances in Structural Adhesive Bonding, Woodhead Publishing, 2010, pp. 350–388, https://doi.org/10.1533/9781845698058.3.350.
114）D. S. Dugdale, J. Mech. Phys. Solids 8（1960）100–104.
115）G. I. Barenblatt, Adv. Appl. Mech. 7（1962）55–129.
116）V. Tvergaard, J. W. Hutchinson, J. Mech. Phys. Solids 41（1993）1119–1135.
117）V. Tvergaard, J. W. Hutchinson, J. Mech. Phys. Solids 44（1996）789–800.
118）X. P. Xu, A. Needleman, J. Mech. Phys. Solids 42（1994）1397.
119）R. D. S. G. Campilho, M. D. Banea, J. A. B. P. Neto, L. F. M. da Silva, Int. J. Adhes. Adhes. 44（2013）48–56.
120）M. S. Kafkalidis, M. D. Thouless, Int. J. Solids Struct. 39（2002）4367–4383.
121）I. Georgiou, H. Hadavinia, A. Ivankovic, A. J. Kinloch, V. Tropsa, J. G. Williams, J. Adhes. 79（2003）239–265.
122）C. D. Yang, H. Huang, J. S. Tomblin, W. J. Sun, J. Compos. Mater. 38（2004）293–309.
123）P. Feraren, H. M. Jensen, Eng. Fract. Mech. 71（2004）2125–2142.
124）S. Li, M. D. Thouless, A. M. Waas, J. A. Schroeder, P. D. Zavattieri, Eng. Fract. Mech. 73（2006）64–78.
125）V. K. Goyal, E. R. Johnson, C. G. Davila, Compos. Struct. 65（2004）289–305.
126）A. Mubashar, I. A. Ashcroft, A. D. Crocombe, J. Adhes. 90（2014）682–697.
127）R. D. Adams, J. Comyn, W. C. Wake, Structural Adhesive Joints in Engineering, second ed., Chapman and Hall, London, 1997.
128）D. Lefebvre, B. Ahn, D. Dillard, J. Dillard, Int. J. Fract. 114（2002）191–202.
129）R. D. Adams, J. A. Harris, Int. J. Adhes. Adhes. 7（1987）69–80.
130）A. Towse, K. D. Potter, M. R. Wisnom, R. D. Adams, Int. J. Adhes. Adhes. 19（1999）71-82.

〈訳：関口　悠〉

第11章　疲　労

Ian A. Ashcroft and Aamir Mubashar

11.1　はじめに

工学構造物における疲労とは，応力の繰り返しまたは連続的な負荷により，時間の経過とともに構造的な健全性が失われることである。一定応力に対する試験は「静的疲労」と呼ばれることがあるが，「疲労」という用語は，一般的には断続的または周期的な応力が負荷される現象であり，この章ではこれに焦点を当てて話を進めることとする。疲労の工学的重要性は，単一の負荷で破壊を引き起こすのに必要な負荷よりもはるかに小さい繰り返し負荷による破壊がしばしば観察されることにある。疲労現象はほとんどの材料で考慮の必要があり，疲労荷重は橋梁，航空機，自動車をはじめとする主要な工学構造物のほとんどに見られる。したがって，工学的な故障の80%が疲労に起因すると推定されていることは，驚くべきことではない[1]。さらに，故障は長年使用された後，明らかな前兆もなく，壊滅的に発生することがある。疲労損傷の初期段階では，損傷の外見的な兆候はほとんどない，または全くない状態で長期間経過することがある。疲労損傷は，偶発的な衝撃，過負荷，腐食，摩耗など，多くの要因によって開始または加速される可能性がある。これらの要因から，疲労破壊を正確に予測することは非常に困難である。この問題は，使用中の荷重や環境による負荷が正確に把握されることが困難なため，さらに深刻なものとなっている。疲労破壊に対して，大きな安全率に頼らずに設計することは非常に困難である。その結果，構造的に非効率なものとなる可能性がある。また，疲労損傷のモニタリングも困難であり，特に損傷起点がアクセスできない場所にある場合や，急速破壊前の臨界き裂寸法が非常に小さい場合などは困難である。このように構造物の疲労破壊を予測することは，非常に重要であると同時に，かなり困難であることがわかる。そのため疲労破壊のメカニズムを理解し，疲労寿命予測法を開発することを目的とした研究は，すべての材料について広範かつ継続的に行われている。

疲労に関する出版物の大半は金属に関するものであるが，ポリマーやポリマー複合材料の疲労に関する文献も増えてきている。これらの材料は，疲労破壊の特徴の多くを金属と共有しているが，一方で多くの重要な違いもある。ポリマーの疲労メカニズムは金属とは異なり，水分や温度などの環境要因の影響も大きい。また，多くのポリマーにおいて使用条件下での粘弾性特性は，繰り返し応力に対する応力-ひずみ関係に影響を与えている。接着剤は使用中にクリープの影響を受けやすく，これが疲労と組み合わさることで加速度的に破損する可能性がある[2-4]。接着接合された継手における疲労の研究は，接着剤自体が通常多成分系である不均質なシステムを扱っているという事実があるため，さらに複雑になっている。接着接合部の破壊は，接着剤，被着体，あるいは両者の接着界面で起こりうる。接合部のこれらの異なる構成要素の相対的な疲労抵抗は，形状，環境，荷重などの多くの要因に依存し，損傷の進行に伴って変化する。例えば，疲労負荷と水分による劣化の影響を受ける複合材の接着接合部では，進行する疲労損傷と水分の吸収・乾燥の動的効果が生じるため，局所的に複数の変化，伝播部位およびメカニズムが変化する複雑なシステムを有している[5-10]。これらのことから，接合部は，特に接着剤にとって過酷な環境において，耐疲労性が弱点となりうる部位であることがわかる。しかし，接着剤による接合は，スポット溶接やボルト締めなどの他の接合方法と比較して，耐疲労性の面でいくつかの利点がある。接着剤による重ね合わせ接合では，一般に，荷重が溶接やボルト接合よりも広い面積に分散されるため，疲労き裂の原因となる応力集中部が減少するが，もちろん全面的に解消されるわけではない。さらに，接着された接合部はより剛性が高く，ボルト締め用のように被着体に穴を開けるような材料へのダメージは生じない。さらに，接着剤層が存在するため，機械的接合で問題となるフレッティング疲労を防ぐことができる。

疲労破壊は構造物における最も一般的な破壊形態であるため，接着剤で接合された構造物には疲労を考慮する必要がある。さらに接着剤接合は，疲労破壊の防止と予測の両面でいくつかの特殊な課題を抱えている。次の［**11.2**］では，接着接合部の疲労を調査する際に考慮すべき主要な要素について説明している。その次の［**11.3**］から［**11.5**］では，疲労を分析および予測するための主な方法について説明する。続いて［**11.6**］では，「標準的」な疲労とは異なる課題を有する特定のタイプの疲労について説明する。最後の章では，最後のまとめと結論の章の前に，接着剤の耐疲労性を向上させる可能性について論じている。

11.2　疲労の一般的概念

11.2.1　疲労の荷重負荷

接着継手の疲労挙動について議論する前に，疲労負荷について検討する必要がある。接着継手に生じる応力は，機械的負荷と残留応力効果に起因する。後者は，接着剤と被着体の熱膨張の差（熱応力），吸湿による接着剤の膨張（吸湿による応力）など，多くの原因から発生する。ただし，使用環境の周期的な変化に伴う残留応力の変動による疲労もあり，その場合にも同様の影響と解析方法が適用される。機械的負荷は，さらに静的負荷，動作負荷，繰返し負荷および偶発的負荷に分けられ，これらは総合して疲労に対する影響負荷を構成している。例えば，航空機の場合，静的負荷は自重により発生し，動作負荷は離陸や着陸などの標準的な操作から発生する負荷を示す。繰返し負荷は，動作負荷に重なる高周波の負荷で，例えば，飛行機のタイヤと滑走路による振動が挙げられる。偶発的な負荷は，通常の運用方法以外の事象によって引き起こされるものである。これらの事象は，恒常的に生じるものではないが，疲労損傷を引き起こす上で重要になる場合がある。これらの荷重はほとんどの場合においてある程度不規則であるが，簡略化された可変振幅の疲労の応力波形で表すと便利である。さらに，高サイクル疲労（HCF）と低サイクル疲労（LCF）を区別する必要がある。HCF は，構造物の寿命の中で数百万回荷重が発生する現象

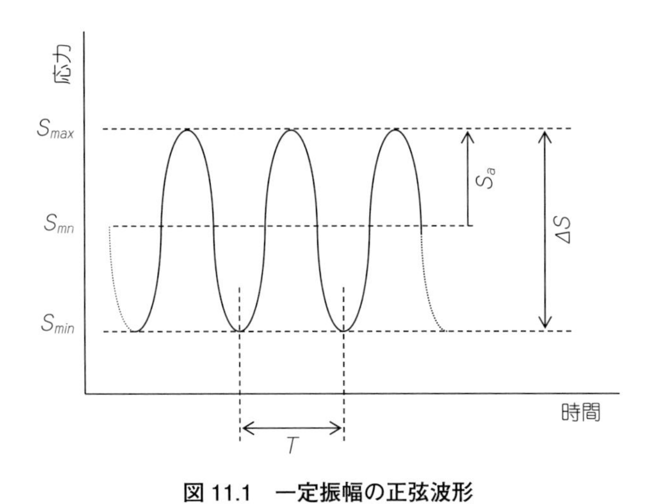

図 11.1 一定振幅の正弦波形

表 11.1 応力波形を記述するために使用されるパラメータ

最大応力	S_{max}
最小応力	S_{min}
応力振幅	$S_a=\frac{S_{max}-S_{min}}{2}$
平均応力	$S_{mn}=\frac{S_{max}+S_{min}}{2}$
応力範囲	$\Delta S=S_{max}-S_{min}$
応力比	$R=\frac{S_{min}}{S_{max}}$
期間	T（s）
周波数	$f=\frac{1}{T}$（Hz）

を考慮し，主に弾性変形挙動を示す。LCF は，数千回で破壊し塑性変形と深く関連している。LCF は，HCF と同時に作用するが，発生する頻度は低いことが多い。

多くの構造物に見られる疲労の応力波形はかなり複雑であるが，実験室での試験では，**図 11.1** に示すように，正弦波形で疲労を用いるのが便利なことがよくある。この場合，一定の応力振幅で表示されているが，一定の荷重，ひずみ，または変位振幅の波形を使用することもある。また，使用中の荷重をより忠実に再現するために振幅を変化させることもある。疲労の応力波形を記述するために使用される主要パラメータを，**表 11.1** に示す。一定振幅の応力波形を表現するために必要な応力パラメータは，周波数と合わせて 2 つだけである。つまりこれらのパラメータをそれぞれ独立して試験することができないことを意味している。例えば，応力振幅が一定の場合，最大応力に影響を与えずに平均応力を変化させてその影響を調査することは不可能である。金属試験では，平均応力が 0（$R=-1$）の両振り疲労試験が一般的である。接着剤で接合された試験片の多くは圧縮荷重用に設計されていないため，平均応力は通常プラスで R はゼロより大きい（通常 0.1 または 0.5）。しかし，これらの試験片が常に正の引張荷重を受けるということは，クリープの影響を受けやすく，疲労挙動を複雑にしている。台形，矩形，三角波などの他の波形を使用して，負荷速度の影響，負荷，非負荷，保持期間の相対的重要性，クリープと疲労の相互作用など，疲労挙動を調べることができる。

11.2.2 疲労の解析と予測

接着剤の疲労は物理的および化学的構造の変化や，マイクロクラックの核生成と成長，局所クリープ，損傷合体などの微細構造損傷の開始と進展といった疲労損傷のメカニズムにより発現する。この観点から，接着継手における疲労の研究は，疲労損傷が非常に局所的な現象である傾向を考慮すると，より容易に測定できる強度や剛性の変化などの現象論的効果から考えることができる。疲労破壊の予測という観点からは，構造物の疲労寿命はき裂発生段階とき裂伝播段階から構成されていると考えるのが合理的である。通常，両者を明確に区別することはできないが，マイクロクラックが形成され，破壊力学の条件が満たされたときに伝播段階が始まると考えることが妥当である。

疲労の特性評価とモデル化の方法は数多く提案されており，その方法を説明する前に，その必要性について議論することが重要である。おそらく最も明白な理由は，疲労寿命の予測を可能にすることで，継手の耐疲労性設計をサポートし，より安全で安価，かつ高性能な構造物を実現することである。これは実に重要なことであるが，接合部の疲労は複雑で不安定なため，このような予測には，大きな安全係数や検証試験を実施する場合が多い。疲労をモデル化するもう1つの理由は，疲労破壊に関与するメカニズムの理解に役立つことである。これは，慎重に設計された試験による実験結果と，進行性損傷モデルから予測される結果を比較することで理解することができるだろう。損傷の微視的メカニズムが，明確なモデルの形成となることはほとんどないが，モデルに組み込まれた連続損傷法則の性質を知るために使用することができる。したがって，実験とモデリングの結果を比較することにより，損傷メカニズムに対する推定と，より物理的に正確なモデルの開発が期待できる。モデリングを行う3つ目の理由は，構造物の使用期間中のモニタリングと再生をサポートすることである。この場合，外部（または内部）から測定可能なパラメータと，構造物内を進行する損傷について，その結果を相関させる必要がある。例えば，多くの研究例[11-15]で，単純な裏面ひずみ測定により，接合されたシングルラップ接合部（SLJ）の疲労損傷のさまざまな段階をモニターできることが示されている。したがって，こうした信号の連続モニターを使用して，接合部が予測通りに機能していることを監視し，測定値が構造物に重大な変化が生じる可能性を示した場合には，タイムリーに介入を開始することができる。接合部の疲労損傷を監視するために使用できる可能性のある他の方法は数多くあるが，これらのレビューについては本章の範囲を超えているので割愛する。

接合部の疲労は，分子レベルの事象のモデル化から完全な構造の解析に至るまで，多くの異なるレベルで，多くの根本的に異なるアプローチを用いてモデル化することができる。この章では，主に機械技術者的視点から疲労破壊を考察する。一般的には，破壊力学，連続体力学および損傷力学が適用できる 10^{-4} から 10^{0} m のスケールで実施する。疲労挙動のモデリングにおける主な目標は，以下のとおりである：（i）特定の疲労事象（巨視的クラックの形成，損傷の限界範囲，完全破壊など）が発生するまでの時間（またはサイクル数）を予測する，または（ii）き裂長さや「損傷」など，疲労関連パラメータの変化率を予測する。接合部に対してこれを行う2つの最も一般的な方法は，本章のセクション［**11.3**］および［**11.4**］でそれぞれ説明されている全寿命および疲労き裂成長アプローチである。その他のアプローチとして，工学的なツールとしての有用性は高くない。接合部の損傷の進行という点ではより可能性が高いものは，強度と剛性の消耗アプローチと損傷力学アプローチである。これらのセクションでは，これまで使用されてきた主な手法を1つまたは2つの例とともに紹介し，説明している。このように，この分野で行われたすべての研究を要約しようとするのではなく，今後モデルを作成する可能性のある方に，使用可能なさまざまな方法とその利点と欠点を紹介することを目的としている。

11.2.3　実験における注意点

接着剤で接合された継手の疲労を調査する場合，多くの異なるタイプの試験が必要になることがある。まず，継手の疲労挙動を明確にモデル化しようとする場合は特に，継手の各構成物の機械的特性（状況により物理的特性や湿熱的特性も）を把握するための試験が必要になる場合がある。必要な特性や試験方法は，採用するモデリング手法によって異なる。第二に疲労試験は通常，繰り返し荷重の負荷により接合部の機械的特性を調査するために実施される。接合部の全寿命試験に使用される試験片は，準静的試験に使用される試験片と同じものを使用する。き裂発生までの期間，き裂伝播速度，クリープ疲労などの特性を調査する場合，これらの試験片の寸法は標準的な試験片と異なる場合がある。金属の疲労試験では，丸棒材を曲げ試験することが多い。これは，静的な荷重を負荷した丸棒を回転させることで簡単に試験できる。接合部の場合は，軸方向の往復負荷（引張/圧縮）が一般的で，振動を利用した機械や油圧サーボシステムなど，さまざまな装置によって試験ができる。後者はコストがかかるが，波形，振幅，試験頻度をより細かく制御できる。最近のシステムは，試験片のコンプライアンスが変化しても要求波形を忠実できることを保証できる高度な制御システムを備えている傾向があり，複雑でセミランダムな波形を適用したり，荷重や変位などの出力データを高周波でモニターしたりすることも可能になってきている。標準的な応力−寿命試験では，最小および最大荷重（または応力）が試験中一定であることを確認し，破損までのサイクル数を記録する。また，試験中の損傷の進展に関する情報を得るために，変位，ひずみ，またはき裂の成長をモニターすることもある。接着重ね合わせ継手の疲労試験は，BS EN ISO 9664：1995 と ASTM D3166−99 に規格化されている。前者では，10^4 と 10^6 サイクルの間で破壊が起こるように，応力平均値に対して 3 つの異なる応力振幅値で少なくとも 4 つの試験片を試験することを推奨している。この規格では，データの統計解析についてもアドバイスしている。一般に，疲労データは準静的データよりも大きなばらつきを示し，疲労データで安全係数を使用する際にはこれを考慮する必要がある。疲労データへの統計の適用に関する詳しいアドバイスは，BS 3518−5：1966 に記載されている。

また，適用する特定の疲労損傷モデルに関連するパラメータを提供するための実験的な疲労試験も必要である。例えば，き裂進展モデルを適用する場合，選択した破壊力学パラメータ（通常はひずみエネルギー解放率（G））とき裂進展速度に関連する材料定数を得るために破壊力学試験を実施する必要がある。接着剤，被着体，および接着界面での破壊を把握するための材料特性を決定するさまざまな試験を実施しなければならない場合もある。さらに，多くの異なる環境条件下でこれらの試験を実施する必要がある場合もある。これらの試験の試験片は，準静的荷重における破壊パラメータを決定するために使用される試験片と同様である。例えば，モード I 荷重では，double cantilever beam（DCB）サンプルが通常使用されている。これらの試験では，試験中のサイクルの関数としてき裂の成長を正確に測定することが不可欠であり，これは光学的手段またはクラックゲージの使用によって可能になる（例えば，文献 16−18)）。また，試験が荷重制御である場合には，荷重に対応した変位を測定することも必要である。

その他の試験は，疲労モデリングを検証するために使用されるものである。これらは，**図 11.2** に示す double−lap joint（DLJ）や lap strap joint（LSJ）など，標準的な準静的試験で使用されるものと同じである場合もある。これらの試験では，破壊までのサイクル数を単純に記録することもあれば，き裂（または損傷）の進行をモニターしようとすることもある。き裂進展速度を測

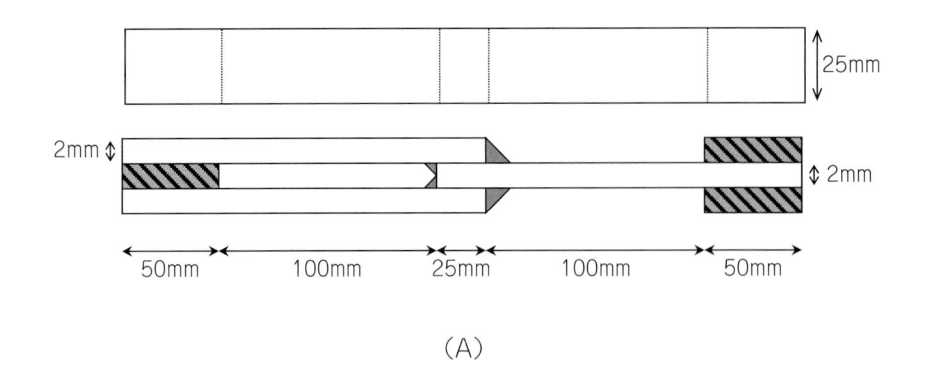

(A)

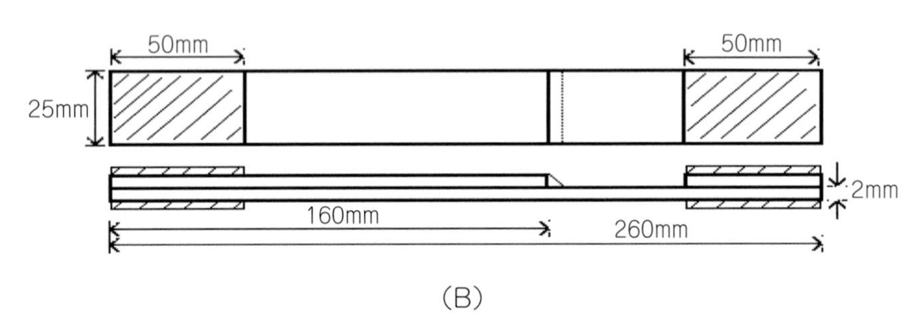

(B)

図 11.2　(A) double-lap, (B) lap strap joints の模式図

定する場合は，標準的な準静的試験で使用するオーバーラップ長よりも長いオーバーラップ長が望ましい場合がある。接着剤で接合された接合部におけるき裂の発生と伝播を調べるために使用される一般的な試験形状は，図 11.2B に示す lap strap joint（LSJ）である[10,19-23]。これは，単純な lap joint よりも，航空機の翼の接着補強材（ストリンガー）のような長い接着ラインを持つ構造材の特性をよく表す傾向がある。これは，標準的な破壊力学試験とは異なり，伝播だけでなく，き裂発生開始を見るためにしばしば使用されている。また破壊は混合モードであり，モード混合度はき裂の長さによって変化する。LSJ の疲労挙動は，SLJ や DLJ のようなシンプルで短いオーバーラップジョイントとは著しく特性が異なる可能性がある。

11.2.4　環境の影響

接着剤や粘着剤が屋外の環境にさらされると悪影響を受けることはよく知られており，このこと自体が非常に複雑なテーマである。環境の影響を疲労試験と組み合わせる場合，時間依存の効果が加わるため，さらに複雑になる。環境暴露の主な影響は，接着剤への影響，被着体への影響，両者の間の界面への影響に分類される。接着剤に関しては，一般に温度上昇や吸湿により可塑化が進み，それに伴い弾性率や破壊荷重が低下し，粘性の高い挙動を示すようになる。しかし，破壊までの伸びと破壊靭性は向上する可能性がある。このことは，疲労の発生と伝播にさまざまな形で影響を与えている。可塑化によって応力集中は緩和される傾向にあるが，そのぶん応力はより広い面積で増加する。そのため脆性疲労破壊に対する抵抗は向上するが，クリープ疲労に対す

表 11.2 CFRP エポキシ LSJ および WLJ の疲労限度に対する環境の影響[2,10]

試験片	プリコンディショニング	テスト条件	疲労限度（kN）
LSJ	真空デシケーター	−50℃/大気中	14
		22℃/大気中	15
		90℃/大気中	14
		90℃/97%　R.H.	7
	45℃/85% R.H.。	22℃/95% R.H.	15
		90℃/大気中	5
		90℃/97%　R.H.	5
DLJ	真空デシケーター	−50℃/大気中	10
		22℃/大気中	10
		90℃/大気中	3.3

る抵抗は減少する可能性がある。これらの効果は，ガラス転移温度（T_g）を超えると著しく増大する。水分，温度，試験速度（または周波数）に対する応答には，しばしば類似性が見られる。これらの問題のいくつかは，**表 11.2** に示す結果によって説明される。

この表は，図 11.2 に示した CFRP の LSJ と DLJ の疲労限度値を示している。まず LSJ の結果を見ると，乾燥条件で保管・試験したサンプルの疲労限度は，温度の影響がほとんどないことがわかる。しかし，高温高湿の条件下で試験したサンプルは，疲労限度が大幅に低下している。また試験片は高湿度条件下で水分が飽和するまで保管され，その後22℃で湿潤試験を行った試験片は，乾燥試験と比較して疲労限界に変化はなかった。しかし，90℃で試験を行った試験片は，湿潤・乾燥にかかわらず疲労限度が大きく低下した。これらの結果の解釈は，複雑な混合モードの破壊経路が観察された事実があり理解を複雑にしている。これらの結果を説明するためには，接着剤硬化物の機械的特性に対する温度と水分の影響を考慮する必要がある。**図 11.3**A に示すように，接着剤の破壊応力と弾性率は温度の上昇とともに減少し，破断伸びと破壊までの全ひずみエネルギーは増加している。これらの異なる傾向の相反する効果により，乾燥状態で保存および試験した場合，疲労限界は22℃から90℃の間で比較的一定の値に維持されていた。異なる水分量に飽和させたサンプルでDMTAを実施したところ，水分を1%吸収するごとに，接着剤のガラス転移点が約 15℃ 低下することがわかった[10]。したがって，22℃ で試験した飽和接着剤は，22℃ と90℃ で乾燥試験したものと著しく異なる挙動を示すことは期待できない。しかし，90℃ で試験した飽和試料はガラス転移領域にあり，これが接着剤の機械的挙動に及ぼす影響は，図 11.3B に明確に示されている。このような条件下では，接着剤は明らかに高応力に耐えられなくなり，疲労限度も大幅に低下する。

LSJ の結果を表 11.2 の DLJ の結果と比較すると，LSJ は乾燥状態では試験範囲内で比較的温度に影響されないのに対し，DLJ は温度が 22℃ から 90℃ まで上昇すると疲労限度が大きく低下することがわかる。これは高温でのクリープによる破壊が原因であり[2]，**図 11.4** の一定荷重振幅試験におけるサイクル数に対する変位の変化で確認することができる。

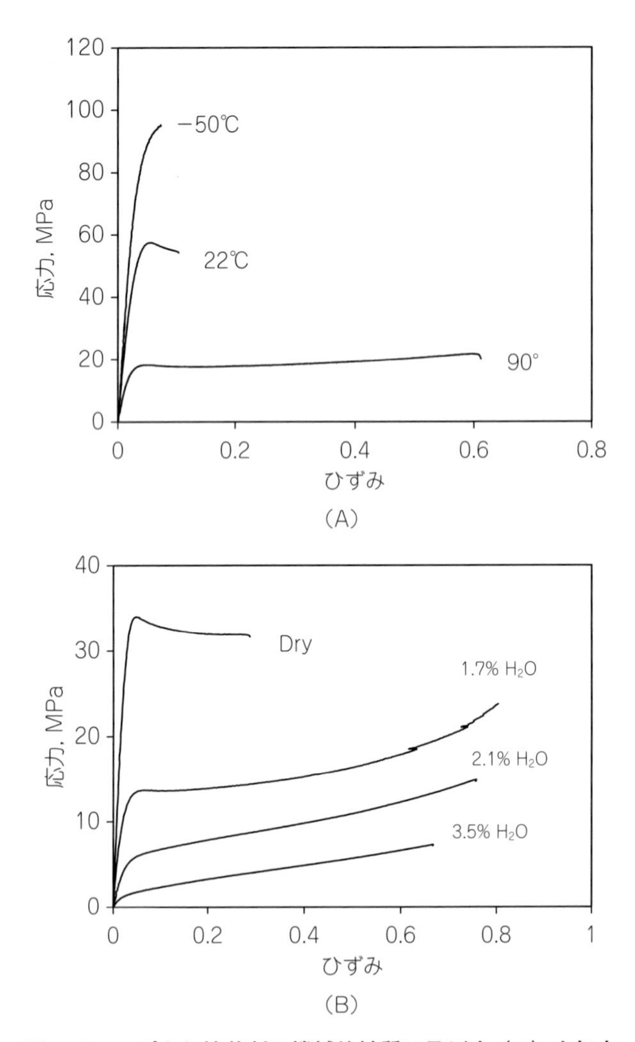

図 11.3　エポキシ接着剤の機械的性質に及ぼす（A）大気中温度と（B）90℃での水分の影響[10)]

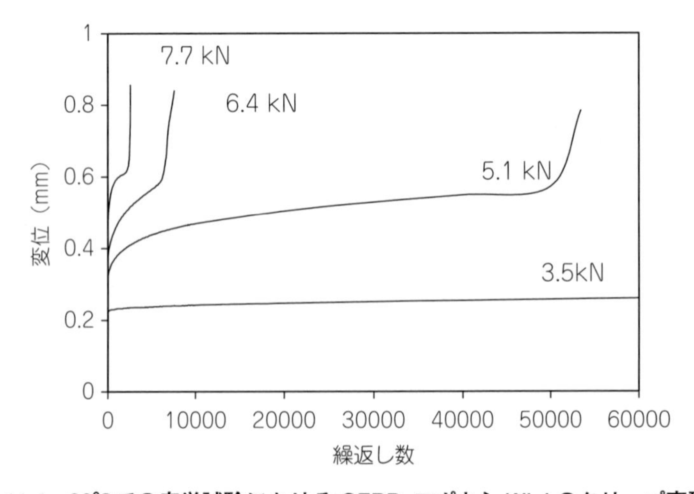

図 11.4　90℃での疲労試験における CFRP−エポキシ WLJ のクリープ変形[2)]

11.3 疲労寿命予測

11.3.1 応力に着目した寿命の考え方

この方法は，試験片または構造部品に一定の応力または振幅の繰返し負荷が用いられる。多くの場合，図11.1に示すように，一定の周波数を持つ正弦波が用いられる。負荷サイクルは試験片が完全に破損するまで続けられ，異なるレベルの応力または振幅が繰り返し負荷される。結果は通常，応力（S）と破壊までのサイクル数（N_f）のプロットとして示され，S–N曲線と呼ばれている。Sは多くの場合，公称応力または平均応力であり，金属試験で使用される標準的な試験片では，応力集中係数k_tを加算して最大応力を表示することがある。接合部の場合，荷重を接着面積で割った値を公称応力として使用することが多い。しかし，この場合，公称応力と最大応力の関係は簡単に計算できないため，ある試験片形状のS–N曲線の結果を別の試験片形状に適用することは困難である。

図11.5に示すように，典型的なS–N曲線には注目すべき多くの特徴がある。まず，応力振幅が減少するにつれて疲労寿命が増加し，対数スケールを考慮すると，応力振幅の小さな減少が大きな寿命の増加をもたらすことがわかる。また，高サイクル側では，ΔS_e（□および◇記号）の応力振幅が無限寿命に近づいていくことがわかる。これは疲労（または耐久）限度と呼ばれ，鋼やプラスチックなど多くの材料で見られる。アルミニウム合金のようにこれが見られない場合，ΔS_eは特定のサイクル数（通常10^7）において破断しなかった最大応力振幅で定義され，S–N曲線の勾配の変化を示すために使用されることがある。接着接合では，ΔS_eは通常，準静的破壊応力の20%から50%の間に現れることが多い。高応力/低サイクル領域でも傾きの変化が見られることはあるが，LCF領域ではひずみ寿命アプローチがより有効であるためしばしば無視され，S–N曲線は次のように表す：

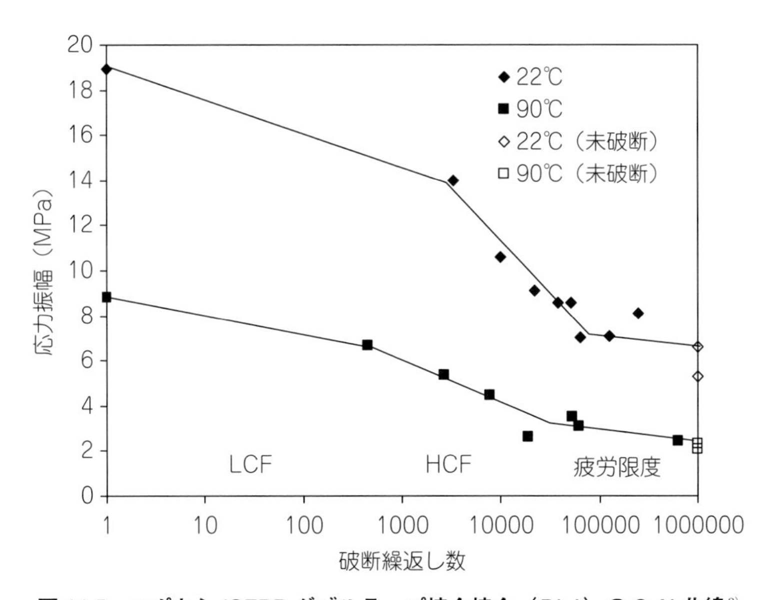

図11.5 エポキシ/CFRPダブルラップ接合接合（DLJ）のS–N曲線[2)]

$$S = C + D \log N_f \tag{11.1}$$

場合によっては，S と N_f は，式(11.2)で表すことができる。

$$S = AN_f^{\alpha} \tag{11.2}$$

S–N 曲線は部品の破損までの寿命を予測するのに有用であるが，疲労が発生する内部損傷の進展については何の情報も得られない。したがって，応力–寿命データだけでは，部品の残存寿命と供用期間中の検査データとの相関を取ることはできない。一般的な応力基準の寿命予測のアプローチで，特に欠陥がある場合は，き裂の発生段階と成長段階を区別していない。前述のように，接着接合部ではき裂の発生段階を監視することは困難である。しかし，裏面ひずみ法[11,15]を用いることで，発生段階の調査に一定の進展が認められた。この方法では，破壊が予想される部位に近い被着体の裏面にひずみゲージを貼り付けて，測定されたひずみの変化から，疲労損傷を読み取ることができる。ひずみ応答と発生したき裂との関係は，ゲージの位置，ゲージの大きさ，接合部の形状や材料などの要因に依存している。これらの要因については，有限要素解析（FEA）[11,15]を用いて検討されており，ひずみ測定値と発生したき裂との間の相関を調べるためにも使用されている。その他，光学顕微鏡，レーザー干渉計，X 線透視，超音波など，接合部のき裂を調べるために使用されてきた手法もある[7,17,19]。しかし，これらのフェーズの相対的な重要性は，材料，試験片形状，試験環境，荷重範囲，およびき裂発生開始点から伝播点への移行点の定義などの多くの要因に影響される可能性がある。まとめると現在のところ，接合部における開始段階（または初期き裂発生段階）は十分に理解されておらず，さらに調査する必要があるようだ。

11.3.1.1　疲労負荷の影響

平均応力による影響は，いくつかの平均応力値とさまざまな応力振幅で試験し，S–N 線図を作成することで調べることができる。その例を**図 11.6** に鋼製エポキシ重ね継手の例で示す。この場合，縦軸には応力ではなく，荷重範囲が使用されていることに注意する必要がある。これは，平均せん断応力と最大応力の関係が明確でなく，き裂が進展すると接着面積が減少するため，平均応力が増加し，平均応力と最大応力の関係も変化するため荷重を用いている。またこの図では，平均荷重ではなく応力比 R で表示していることに留意されたい。［**11.1**］の定義から，R と平均荷重は１対１の関係があり，荷重振幅を一定とした場合，R の値が小さいほど平均荷重が小さいことがわかる。図 11.6 では，R が小さくなるにつれて，与えられた疲労寿命に対する荷重が増加し，疲労抵抗が増加することがわかる。これは，おそらく R が小さくなるにつれて最大荷重が減少することに起因していると思われる。

平均応力の影響を示す別の方法として，所定の疲労寿命における応力振幅に対する平均応力をプロットした時間寿命線図がある。図 11.6 のデータを用いた時間寿命線図を**図 11.7** に示す。荷重範囲（Load range）が大きくなるにつれて，一定の寿命を維持するために平均応力を小さくしなければならないことがわかる。時間寿命線図の荷重範囲は，$R = -1(\sigma_{ar})$ における疲労限度を基準にして正規化することができ，耐久限度曲線を作成することができる。この曲線は，直線

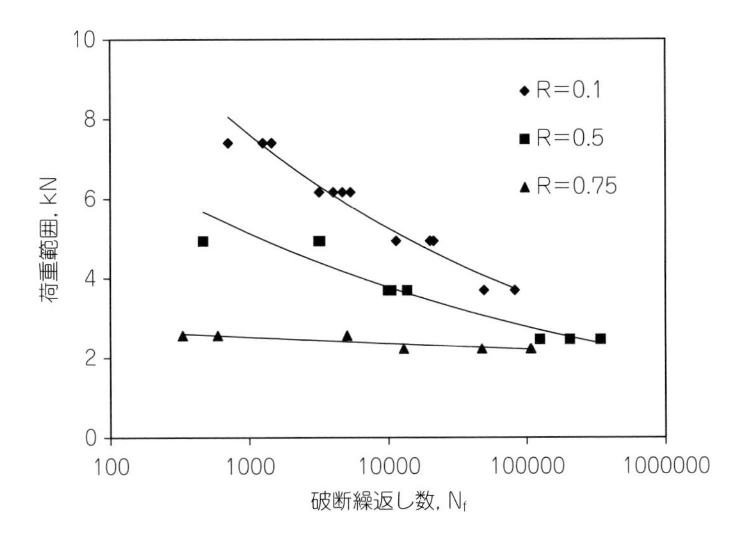

図 11.6 鋼/エポキシ樹脂ラップジョイントのS-N曲線に及ぼす応力比Rの影響

引用：A. D. Crocombe, G. Richardson, Assessing stress state and mean load effects on fatigue response of adhesively bonded joint, Int. J. Adhes. Adhes. 19 (1999) 19–27.

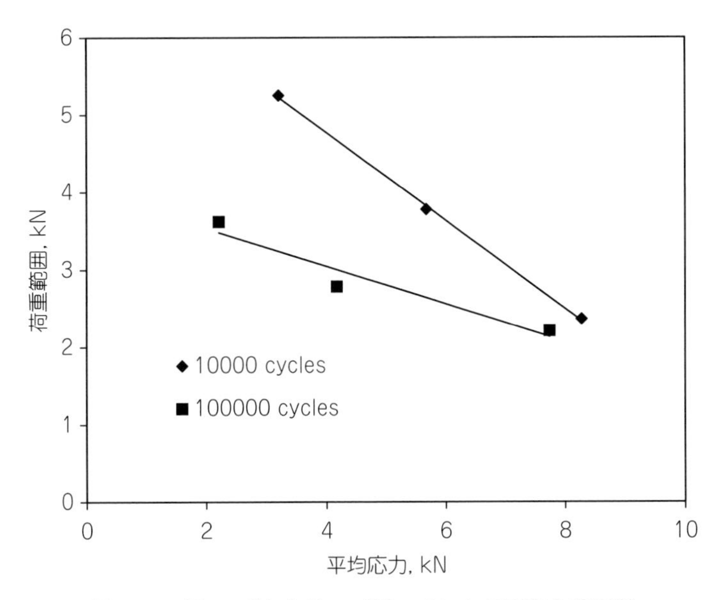

図 11.7 鋼/エポキシラップジョイントの定寿命線図[24)]

（Goodman 方程式）または放物線（Gerber 方程式）に回帰させることができる：

$$\text{Goodman equation}: \frac{\sigma_a}{\sigma_{ar}} + \frac{\sigma_m}{\sigma_u} = 1 \tag{11.3}$$

ここで，σ_a，σ_u はそれぞれ応力振幅および静的試験の破断応力を示す。

$$\text{Gerber equation}: \frac{\sigma_a}{\sigma_{ar}} + \left(\frac{\sigma_m}{\sigma_u}\right)^2 = 1 \tag{11.4}$$

この曲線は，圧縮応力に対しては正確でないことが多く，その場合，圧縮平均応力は有効ではないと仮定して，下の式で推定を行うことができる：

$$\sigma_m \leq 0,\quad \frac{\sigma_a}{\sigma_{ar}} = 1$$

多くの金属は，（クリープや腐食がない限り）周波数に比較的鈍感であり，これを利用して，高周波試験を実施して疲労試験を高速化することができる。高分子材料は粘弾性特性があるため，接合部では周波数の影響を，より慎重に扱わなければならない。一部のポリマーでは，高周波の繰り返し荷重がヒステリシス発熱を引き起こし，熱疲労破壊につながる可能性がある。ヒステリシス発熱は，周波数と応力振幅の２乗に比例する。局所的な温度上昇は，繰り返し応力による発熱と周囲の材料への熱放散の比較速度により決定される。繰り返し荷重を受ける接合部のき裂先端の温度を測定しようとしたところ，ごくわずかな温度しか上昇しなかったことから[25,26]，接合部では発熱に比べ熱放散の割合が高いことが確認されている。このことは，接着継手の文献で高周波の熱軟化が報告されていない理由を説明できるだろう。しかし，高周波が接合部の疲労強度に及ぼす影響についてはほとんど報告されておらず，荷重，環境，形状などの特定の条件下では，ヒステリシス加熱が依然として要因である可能性が残されている。

低周波数では，クリープが接合継手の疲労試験において重要である可能性がある。Hart-Smith[3]は，高周波で 10^7 サイクルに耐えることができた小さなオーバーラップの継手が，低周波ではわずか数百サイクルで破損することを観察した。クリープは接合部の端に制限され，接合部の中心にある接着剤の大きな領域が弾性を維持される。したがって，この効果は長いオーバーラップを持つ同様の接合部には見られなかった。Romanko と Knauss[27]も同様に，短いオーバーラップジョイントの疲労破壊を予測する上で，破壊までの総時間がサイクル数よりも重要である可能性があることを発見した。BS EN ISO 9664では，特に指示がない限り試験周波数は30 Hzとし，接着剤の過剰加熱を防ぐために60 Hzを超える周波数は避けるべきであると記載されていることに注目すべきである。

11.3.1.2　試験片形状の影響と寿命予測

ある特定の接合形状についてS-N曲線が作成されると，同じ材料で作られた他の接合形状に対してこのデータが妥当であるかという疑問が残る。明らかに，破壊基準が必要であり，最も適切な評価は，材料強度または破壊力学の概念に基づくものである。疲労寿命がき裂伝播によって支配されている場合，疲労き裂進展（FCG）法を使用して疲労寿命を予測することができる。これについては［**11.4**］で説明する。しかし，疲労寿命がき裂発生開始点支配である場合，または疲労限界のみを予測する場合は，き裂のない接合部における破壊開始点部位の解析で十分な場合がある。

11.3.1.3　疲労限度

全寿命アプローチの限界は，き裂の進展が試験片形状に大きく依存するため，S-N曲線のデータを使用して異なる形状の試験片の疲労寿命を容易に予測することができないことである。しかし，疲労限度が表れる場合は，1つのサンプルのデータを使用して，異なる形状または荷重条件に対する疲労限界を予測することができる場合がある。この方法は，静的多軸荷重下での破壊を予測する方法と同様である。そのため多軸応力破壊基準（例えば，von Mises，Tresca，または最大主応力）を使用することができる。例えば，疲労限度予測のためのフォンミーゼス有効応力 σ_{ae} は，次のようになる：

$$\sigma_{ae}=\frac{1}{\sqrt{2}}\sqrt{(\sigma_{a1}-\sigma_{a2})^2+(\sigma_{a2}-\sigma_{a3})^2+(\sigma_{a3}-\sigma_{a1})^2} \tag{11.5}$$

ここで，σ_{a1}，σ_{a2}，σ_{a3} は，主応力振幅である。この方法は，校正用試験片を用いて疲労限度を実験的に決定し，疲労限度における選択した破壊パラメータの値を計算するものである。そして，理論的には，同じ材料で異なる形状の破壊が発生した場合の疲労限度を予測することができる。しかし実際には，接着継手の静的破壊荷重を予測しようとする人々が直面するのと同じ困難がある。すなわち，どの破壊基準を選択すべきか，理論的な応力特異性をどのように扱うかである。LSJ の疲労限界を予測するために，多くの材料強度および破壊力学の基準が調査された[6]。一方向性 CFRP 被着体を用いた試験の結果は，多方向性被着体を用いた同様の継手の疲労限度を予測するために使用されている。その結果の一部を**表 11.3** に示す。強度ベースの破壊基準では，「距離での応力」と「領域の応力」の両方の方法を用いて応力特異性に対応した。弾性および弾塑性破壊力学の場合，接着剤の断面サンプルに見られるキズと同様の寸法の初期き裂が使用される。上記の方法は疲労限度の予測には合理的だが，損傷力学的アプローチにより疲労寿命予測では初期段階を含めるより有用な方法を提供できる可能性がある。このアプローチについては［**11.6**］で説明する。

表 11.3　多方向性 CFRP 被着体を用いた LSJ 接合部の疲労限度の予測[6]

破壊基準	試験温度		
	−50℃	22℃	90℃
実験で求めた疲労限度（kN）	11.0	11.0	9.0
距離での最大主ひずみ	10.9	11.8	11.2
距離によるフォンミーゼスひずみ	11.2	12.2	11.3
距離のある最大主応力	10.4	11.0	14.3
距離によるフォンミーゼス応力	11.1	12.0	11.4
距離によるせん断応力	11.1	12.0	11.4
距離によるはく離応力	7.8	8.3	>15
ある領域おける最大主応力	10.4	11.0	14.3
塑性変形寸法	—	13.2	12.0
ひずみエネルギー解放率	8.2	8.8	8.2
J 積分	11.1	11.8	10.9

11.3.1.4　累積損傷則

S–N 曲線は定振幅のみが適用されるが，多くの構造物の場合，可変振幅が負荷される。S–N データを使用して可変振幅中の疲労を予測する簡単な方法は，Palmgren[28] によって提案され，その後 Miner[29] によってさらに発展された。Miner は，疲労の振幅に関係なく，試験片の破壊を引き起こすための負荷の総量 W が一定であると仮定している。したがって，試験片が i 個の群からなる波形の荷重を受け，各応力の群に関連する負荷が w_i であるとすると次のようにな表す：

$$\sum w_i = W \tag{11.6}$$

さらに，1 サイクルで受けるダメージは，その応力群のサイクル数 n_i に比例すると仮定した：

$$\frac{w_i}{W} = \frac{n_i}{N_{fi}} \tag{11.7}$$

ここで，N_{fi} は，その特定の群の一定応力振幅を受けて破壊するまでのサイクル数であり，S–N 曲線から求めることができる。したがって，式(11.6)と式(11.7)から，

$$\sum \frac{n_i}{N_{fi}} = 1 \tag{11.8}$$

式(11.8)は，Palmgren–Miner（P–M）の法則または線形累積損傷則モデルと呼ばれている。式(11.8)を用いて，類似の試料の一定振幅疲労試験の S–N 曲線から，可変振幅疲労における試料の疲労寿命を予測することができることがわかる。しかし，この方法はいくつかの重大な限界を有している。それは，累積損傷が線形であり，負荷履歴（順序）の影響がないことが前提となっていることである。多くの場合この仮定は正しくない。例えば，疲労限界以下のサイクルは損傷の蓄積に寄与しないと仮定されているが，疲労限界以上の応力の作用によっていったん形成されたき裂は，疲労限界以下の応力でも成長し続けることがある。金属では，過大荷重がき裂縁の塑性変形を誘起してき裂の進展を遅らせ，P–M 則による疲労寿命が過少予測につながることがしばしば見受けられる。この理論の中で無視されているもう 1 つの影響は，試料の残留強度が応力波形の最大応力まで低下したときに実際に破壊が発生することである。したがって，残留強度の劣化がほとんど生じていない初期段階での過大荷重は，良性，あるいは有益に作用する可能性があるが，残留強度が低化したときには，準静的な破壊を引き起こす可能性がある。

これらの欠点のいくつかを説明するために，P–M 則のさまざまな修正が提案されている。**図 11.8** に示すように，多くの非線形損傷蓄積モデルが提案されている[30-34]。**図 11.9**A に示すように，応力波形中に見られる応力振幅ごとに異なる損傷パラメータが得られる場合にのみ，荷重の連続事象が説明できる。また，図 11.9B に示すように，荷重の相互作用を組み込むには，さらに経験的な修正が必要になってくる。疲労限度以下のき裂進展は，**図 11.10** に示すように，疲労線図を疲労限度以下に延長し，同じ勾配（初期修正 P–M）または縮小（拡張修正 P–M）のいずれかにすることで対応することができる。相対 Miner 則では，式(11.8)の右辺の Miner の和を，式(11.9)のように 1 以外の値 C に設定する：

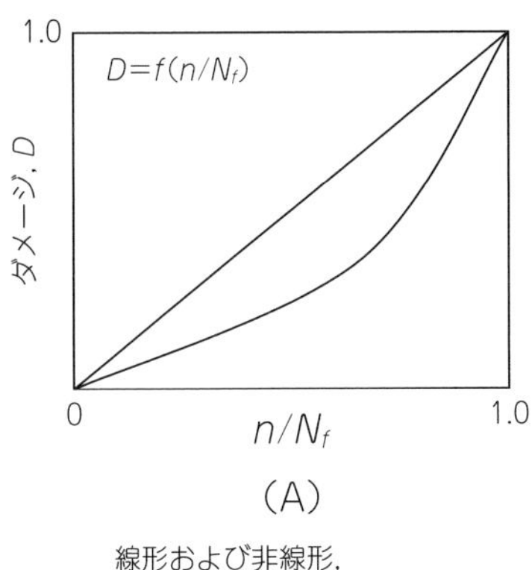

(A)

線形および非線形,
応力に依存しない損傷モデル

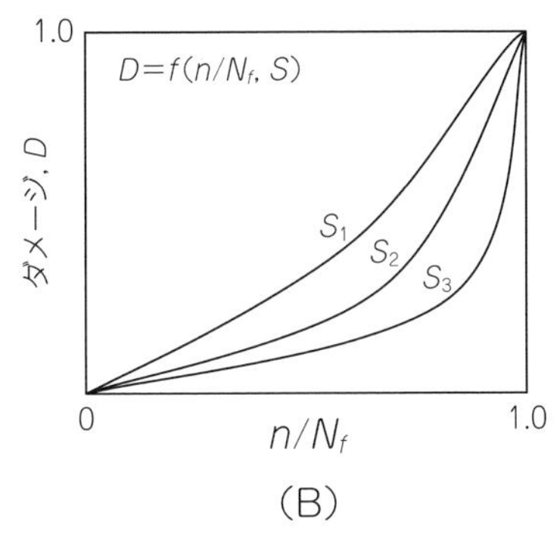

(B)

非線形，応力依存損傷モデル

図 11.8　さまざまなダメージ蓄積の形態

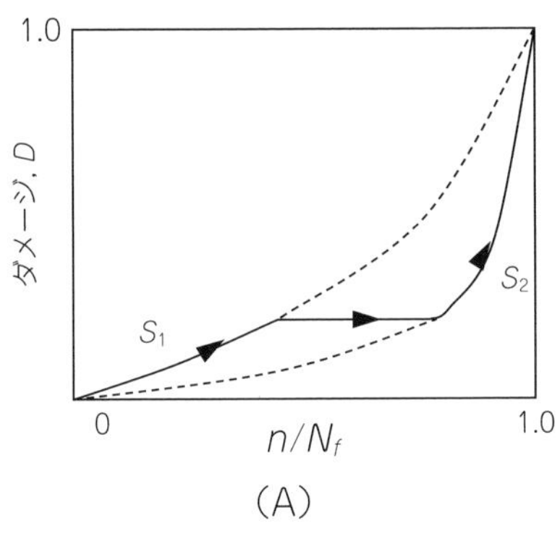

(A)

相互作用なしモデル,
非線形における複数レベルの損傷蓄積モデル,
および応力依存モデル

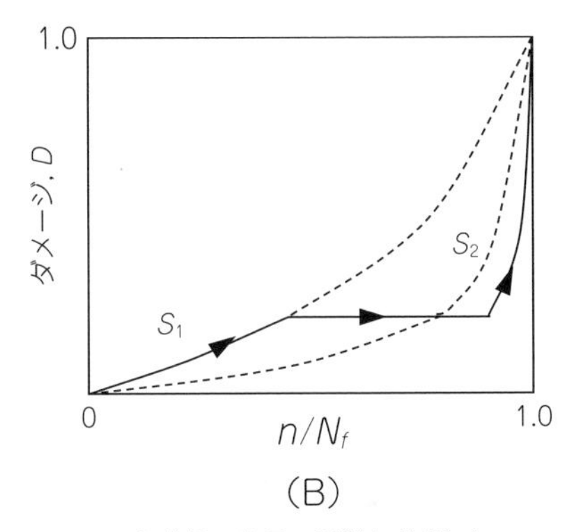

(B)

負荷相互作用の影響を考慮した
複数応力レベルの損傷蓄積

図 11.9　ストレス依存性損傷蓄積モデルにおける負荷履歴および負荷の相互作用

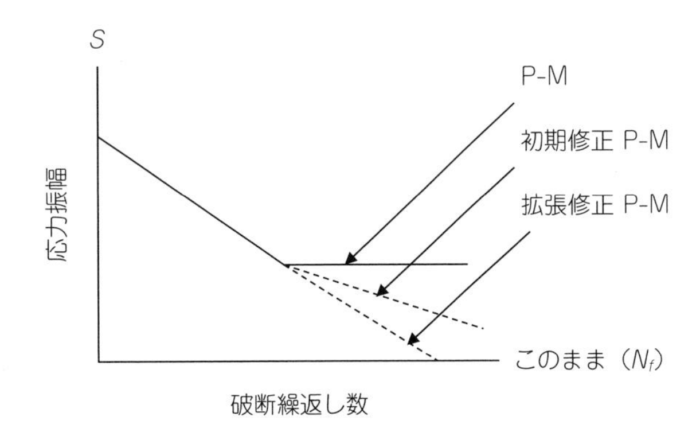

図 11.10　修正 Palmgren-Miner 則

$$\sum \frac{n_i}{N_{fi}} = C \tag{11.9}$$

C は実験的に決定され，Schutz and Heuler[35] は，実験的に決定された Miner 則の総和は，2つの応力波形のピーク値が 20% または 30% 以上異ならない場合のみ，他に適用できることを示した。

P–M 則にさまざまな修正を加えることで，複雑さや試験回数の増加を犠牲にしてでも，より高精度な予測をすることができる。しかし，この方法の基本的な欠陥である，試料の実際の損傷の進行とは無関係であるという点については，まだ対処されていない。Erpolat ら[25] は，図 11.10 に示す P–M 則と拡張修正 P–M 則を用いて，**図 11.11**A に示す可変振幅（VA）の疲労波形を受けるエポキシ CFRP ダブルラップ接合部の破壊を予測した。図 11.11B には，最大荷重の関数とし

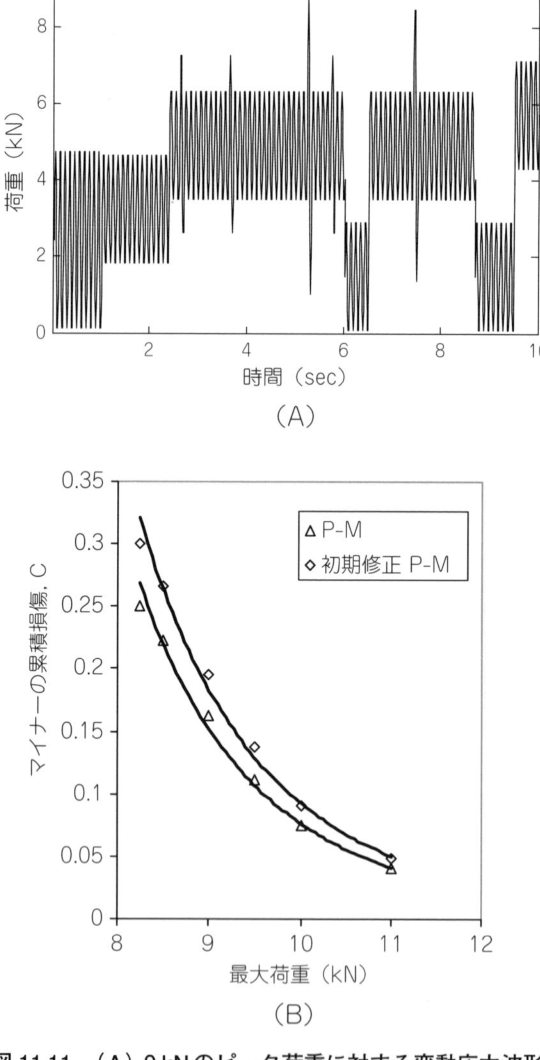

図 11.11　（A）9 kN のピーク荷重に対する変動応力波形，（B）最大荷重に対するマイナーの累積損傷[25]

ての Miner 則の総和が示されている。Miner 則の総和は 1 よりかなり小さく，0.04 から 0.3 の間で変化し，負荷の増加とともに減少していることがわかる。これは，負荷の順序が損傷加速を引き起こしていること，すなわち，P–M ルールが非保存的であること，および損傷加速が最大負荷で増加することを意味する。また，図 11.11B では，疲労限度以下のサイクルが損傷に寄与するとしても，ほとんど差がないことがわかる。このことは，接合部の VA 疲労試験において，強い荷重順序効果があることを示唆しており，P–M 則は予測寿命よりはるかに低い供用期間中の破壊につながる可能性があるので使用すべきではないことを示している。

11.3.2 ひずみに着目した寿命の考え方

高応力振幅の下では塑性変形が起こり，疲労寿命はかなり短くなる。これは低サイクル疲労（LCF）と呼ばれている。ひずみ硬化を伴う一定応力振幅疲労では，最初のサイクルでひずみ振幅が減少し，その後のヒステリシスループが何度も繰り返された後に微小き裂が発生する。LCF では高荷重がかかるため，破壊はまだ小さいうちに発生することを意味する。この挙動は，図 11.5 に見られるように，LCF 領域における準静的強度の水平漸近線につながる。定ひずみ振幅試験では，材料が周期的にひずみ硬化しているか軟化しているかによって，応力振幅の増加または減少が見られることがあるが，多くの場合何回か繰り返すと一定の値に落ち着く。正のひずみ平均がある場合，平均値は試験片が疲労するにつれて減少する傾向があり，これはプラスチックシェイクダウン（Plastic shakedown）として知られている現象である。これは，定応力振幅試験におけるクリープの影響と比較することができ，この場合，サイクルによって平均ひずみが増加することになる。

Coffin[36] と Manson[37] は，N_f と LCF 領域での塑性ひずみ振幅 $\Delta\varepsilon_p/2$ との関係を式(11.10)で表している。

$$\frac{\Delta\varepsilon_p}{2}=B(N_f)^{\beta} \tag{11.10}$$

この関係は高荷重が支配的であるのに対し，式(11.1)または式(11.2)は低荷重が支配的である。全ひずみ振幅 $\Delta\varepsilon/2$ は，弾性成分と塑性成分で構成されている：

$$\frac{\Delta\varepsilon}{2}=\frac{\Delta\varepsilon_e}{2}+\frac{\Delta\varepsilon_p}{2} \tag{11.11}$$

したがって，式(11.2)，式(11.10)，式(11.11)から，疲労寿命の HCF 成分と LCF 成分の両方を取り込んだ式が導かれる。

$$\frac{\Delta\varepsilon}{2}=\frac{A}{E}(N_f)^{\alpha}+B(N_f)^{\beta} \tag{11.12}$$

ひずみ寿命法は，応力寿命法よりも特に接着接合部のような非均質な材料系に対して実施することが困難である。接着剤で接合された継手は，接着剤全体に応力特異性があり，複雑な応力–ひずみ状態が存在している。また，構造用継手はHCF用途で使用されることが多いため，ひずみ寿命法は接着剤で接合された継手にはほとんど適用されていない。

11.4　破壊力学的アプローチ

11.4.1　はじめに

このアプローチにおける疲労き裂進展速度（da/dN）は，破壊力学パラメータと関連している。金属の場合，応力拡大係数範囲（ΔK）が破壊力学パラメータとして使用されている。接着接合の場合，ひずみエネルギー解放率（G）が，簡単に導き出せる破壊パラメータであるため，多くの研究者によって使用されてきた[38-45]。GとKの両者は，線形弾性破壊力学が成立する場合にのみ適用される[46]。塑性域が大きい場合は，J積分[47]が適切なパラメータであり，接着接合部にも適用されている[6,48,49]。しかしこれにも限界があり，広範囲に及ぶクリープが存在する場合は，C^*や$C(t)_{ave}$などの時間依存の破壊力学パラメータのほうが妥当である[50,51]。接着剤や複合材料の試験では，ひずみエネルギー解放率範囲（$\Delta G = G_{max} - G_{min}$）よりも最大ひずみエネルギー解放率（$G_{max}$）が使用されることがある。これは高分子材料では，除荷時にき裂先端の塑性変形部が干渉することによってG_{min}が想定よりも上昇し，ΔG値が減少する可能性があるためである。以下では破壊力学パラメータの代表としてΔGを使用する。

接着接合部の$\log da/dN$に対する$\log \Delta G$の典型的なプロットを**図11.12**に示す。疲労き裂成長（FCG）曲線は特徴的なシグモイド形状をしていることがわかる。この曲線の領域Iは下限界エネルギー解放率範囲（ΔG_{th}）と関連しており，それ以下では測定可能なき裂成長は起こらない。ΔG_{th}は，疲労き裂の成長を避けるために材料を設計する際に重要なパラメータである。接着剤や複合材料では，き裂伝播速度は金属よりも荷重の変化に敏感であることが多く，実験的なFCGプロットにはかなりのバラツキが見られることが多い。つまり，これらの材料では，下限界

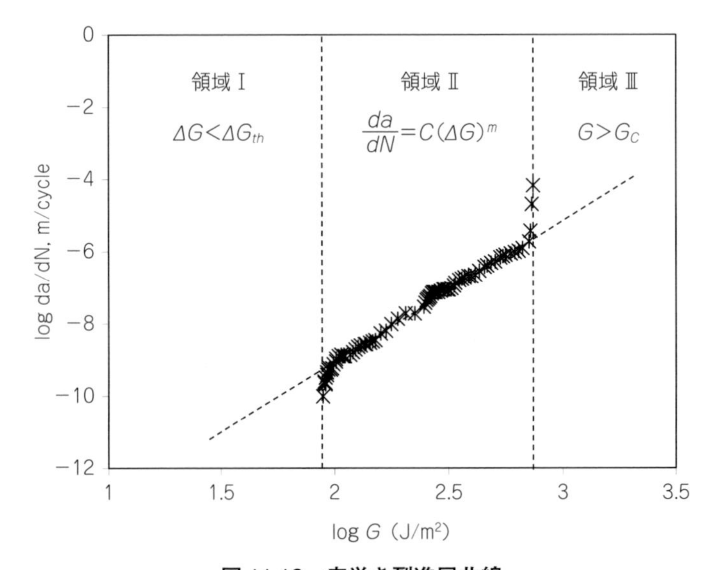

図11.12　疲労き裂進展曲線

エネルギー解放率範囲に基づいた設計を行うことが望ましい場合が多い。領域Ⅱでは，FCG曲線は基本的に線形であり多くの場合，次のパリス則[52]関係がデータによく当てはまる。

$$\frac{da}{dN}=C(\Delta G)^m \tag{11.13}$$

ここで，パラメータ C と m は，一定範囲内で，材料定数とみなすことができる。指数 m は，き裂進展速度の負荷感受性を示す。FCG曲線の領域 III は，G_{max} が準静的荷重における臨界ひずみエネルギー解放率 G_c に近づくと不安定破壊することを意味する。$\Delta G_{th}/G_c$ は疲労感度を表している。パリス曲線と ΔG_{th} および G_c は，FCG曲線全体をシンプルに表現するものとして使用できる。また，より複雑な式を用いて完全な曲線を表現することも可能で，その例を以下に示す[53]。

$$\frac{da}{dN}=C(G_{\max})^m\left\{\frac{1-\left(\dfrac{G_{th}}{G_{\max}}\right)^{m_1}}{1-\left(\dfrac{G_{\max}}{G_c}\right)^{m_2}}\right\} \tag{11.14}$$

ここで，m_1 と m_2 は材料定数である。

11.4.2　疲労における応力負荷の影響

平均応力の影響は，［**11.3**］での説明と同様に，異なる R 値で試験を行うことで知ることができる。**図 11.13** は，応力比 R がエポキシ接着剤で接着したエポキシ系CFRPのDCB接合部のき裂進展速度に与える影響を示したものである[54]。G_{max} を破壊パラメータとして選択した場合，明らかな R 比の影響が大きいことがわかる。しかし，ΔG で代用すると，応力比 R の影響は大幅に

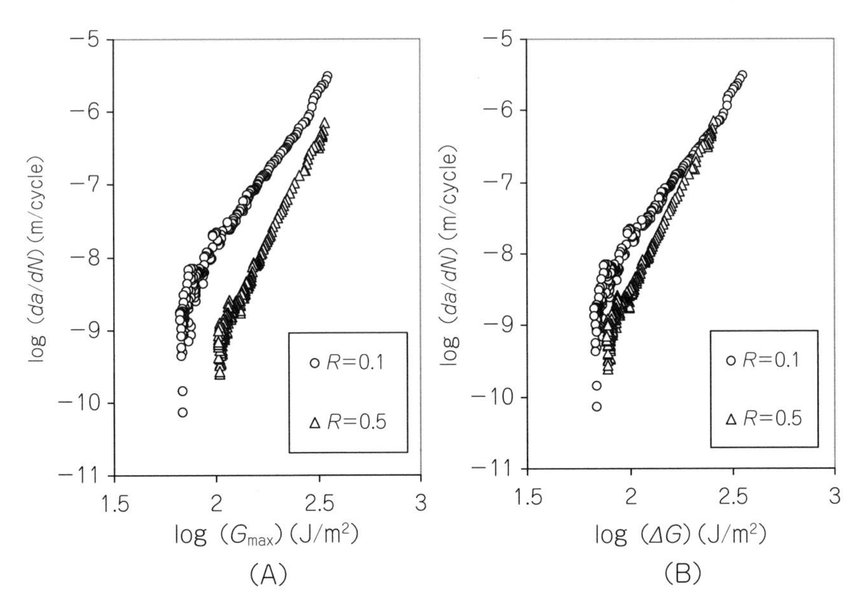

図 11.13　CFRPエポキシDCB試料の疲労き裂進展速度に及ぼす応力比 R の影響：ひずみエネルギー解放率（A）最大値 G_{max} と（B）範囲 ΔG[54]

減少している。同様の効果は他の研究者も報告しており[21]，最大 G よりも G の範囲の方がき裂成長速度の特性を表現するのに優れていることを示している。

応力比 R の影響が考慮されたパリスき裂進展則のさまざまな修正が提案されている[57,58]。Forman によって提案された関係の修正版を以下に示す[59]。

$$\frac{da}{dN}=\frac{C(\Delta G)^m(\Delta G-\Delta G_{th})^{0.5}}{(1-R)G_c-\Delta G} \tag{11.15}$$

接合部の FCG に対する周波数の影響は，多くの研究者によって調査されており[56,60-62]，ほとんどの場合，周波数がほとんど影響しないか，周波数が低下すると，所定の値の ΔG に対する FCG 率が増加し，疲労しきい値が低下することが報告されている。この傾向は，［**11.7**］で説明する疲労クリープに起因している。

11.4.3　FCG（疲労き裂進展）解析による疲労寿命予測

S–N アプローチと比較した FCG アプローチの利点は，疲労寿命を通じてき裂の程度を計算できる（したがって，実験的に確認できる）こと，および試験材料，破壊位置，および破壊メカニズムが同じであれば，FCG 曲線を使用して異なる形状の試験片のき裂伝播および破壊を予測することができることである。

疲労き裂進展速度と関連する破壊パラメータ Γ の関係は，き裂進展則と呼ばれ一般的に次のように表すことができる：

$$\frac{da}{dN}=f(\Gamma) \tag{11.16}$$

式(11.13)～(11.15)は，接合部の疲労き裂進展解析で使用されてきた式(11.16)の一般的な形の例である。このような方程式は，実験的に決定しなければならない材料パラメータを持ち，これは通常 DCB のような単純な試験片形状を用いて得られる。これらの接合部では，破壊パラメータを決定するための簡単な解析解が存在することが多いが，数値的な方法を使用することも可能である。Erpolat ら[39]は，疲労時の DCB の G と J の計算について，多くの異なる解析的および数値的な解を比較している。式(11.16)の経験的関係が決まれば，材料と破壊のメカニズムが同じ前提で，異なる形状の試験片やコンポーネントの疲労き裂進展の予測に使用することができるだろう。ここから破壊までのサイクル数を決定する：

$$N_f=\int_{a_o}^{a_f}\frac{da}{f(\Gamma)} \tag{11.17}$$

ここで，a_o は初期き裂長さ，a_f は最終き裂長さである。式(11.17)は，き裂進展数値積分 numerical crack growth integration（NCGI）として知られるプロセスで，しばしば数値的に解かれる。初期き裂寸法 a_i が仮定され，破壊パラメータ Γ が計算される。次に，き裂伝播速度 da_i/dN を式(11.18)から求め，n 回の $_i$ サイクル後のき裂寸法 a_{i+1} を以下のように求める：

$$a_{i+1} = a_i + n_i \cdot \frac{da_i}{dN} \tag{11.18}$$

その後，き裂が試料内を伝播するか，Γが準静的破壊の臨界値に達し破壊が起こるか，Γがき裂の成長を無視できるしきい値に達するまでこれを繰り返す。

さらに考慮すべきは，疲労き裂進展を予測する試料では，疲労き裂進展方程式の材料パラメータを決定するために使用されるモードの混合性が異なる可能性が高いということである。したがって，混合モードの破壊基準を想定する必要がある。最も一般的な混合モード破壊基準は，おそらく全ひずみエネルギー解放率である G_T（$=G_{\mathrm{I}}+G_{\mathrm{II}}$）であるが，$G_{\mathrm{I}}$ は脆性材料では代替可能で，式(11.19)[63] のようなより複雑な代替案が数多く存在している：

$$G_{\mathrm{eqv}} = G_{\mathrm{I}} + \frac{G_{\mathrm{II}}}{G_{\mathrm{I}} + G_{\mathrm{II}}} G_{\mathrm{II}} \tag{11.19}$$

Quaresimin と Ricotta[64] は，G_{eqv} と G_T が，シングルラップ継手の疲労き裂進展の予測にかなり近い結果をもたらすことを示した。

Abdel Wahab ら[65,66] は，NCGI と FEA を組み込んだ接合ラップジョイントのき裂進展と破壊を予測する一般的な方法を提案した。DCB サンプルを用いた試験からき裂進展則を決定し，これを用いてシングルラップおよびダブルラップ接合部の疲労き裂進展を予測している。**図 11.14** は，混合モード破壊基準として G_{I} と G_T の両方を用いたシングルラップ接合部の荷重寿命曲線の予測値と実験値を比較したものである。フィレットを除去すると，き裂発生開始段階が短縮または消失することが示されている[11]。このような試料の疲労寿命は疲労開始点に影響の大きな，

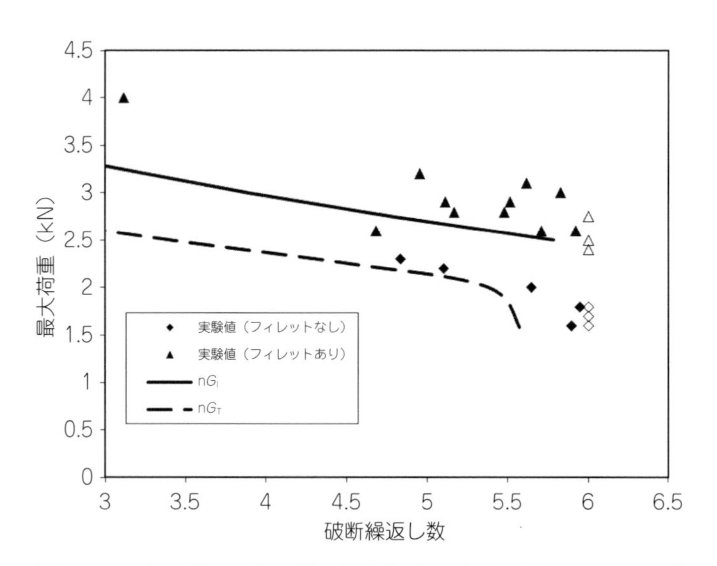

図 11.14 全ひずみエネルギー解放率（nG_T）およびモードⅠひずみエネルギー解放率（nG_{I}）を破壊基準として NCGI を用いた疲労寿命予測。白抜きの記号は未破断のサンプルを示す[66]

フィレットを残した試料よりも，破壊力学的手法を用いてよりよく予測できる。これは図11.14に示されている。G_Tを用いた予測は，フィレットを除去したサンプルのデータにはよく適合するが，フィレットがあるサンプルには低強度側に予測されることがわかる。

11.4.4 可変応力振幅による疲労

先に述べた数値積分法は，可変振幅（VA）疲労における疲労き裂進展の予測に容易に適用することができる。この場合，式(11.17)のΓの値は，き裂長さと同様に変動振幅疲労の応力波形の関数であり，式(11.18)のn_iの最大値は，特定の負荷群に対してΓを一定と仮定できるサイクル数に対応しなければならない。Erpolatら[18]は，周期的な過大荷重を受けるCFRP/エポキシDCB接合部のき裂進展の予測にNCGI法を適用した。この方法は，実験的に測定されたき裂進展を過小評価する傾向があり，**図11.15**Aに，変動応力によるき裂進展速度を示した。さらに，図11.15Bに示すように，高い初期値$G_{\max}$を負荷すると，不安定で急速なき裂進展領域が見られた。この挙動は過大荷重をかけたときに，き裂先端の前方のプロセスゾーンに圧縮降伏領域が発生することに起因しているものと思われる。

Ashcroft[17]は，X線透過と顕微鏡によりこれらのダメージエリアの実在を示し，これらの荷重履歴効果を予測できるようにNCGI法の簡単な修正法を提案した。これは「ダメージシフト」モデルと呼ばれ，**図11.16**に示されている。このモデルでは，図11.16のプロットCAで表されるような定振幅の状態を想定している。

CA応力波形中に過大荷重が発生すると，き裂の前方の圧縮降伏領域が増加し，き裂伝播に対する抵抗力が減少することになる。このような損傷の増加は，図の曲線OLで表されるように，FCG曲線の横ずれで表すことができ，したがって，過大荷重の影響は単一のパラメータであるψで表すことができると提案された。疲労損傷の初期段階では，ψの値は過大荷重の回数と大きさに依存すると予想されている。しかし，負荷されるひずみエネルギー解放率範囲ΔG_Aが臨界値以下である限り（後述），き裂が損傷部を通って成長し始めると，FCG曲線の平衡位置に到達する。これは，R_{OL}とCAサイクルに対する過負荷の比率N_R，つまり，Rにのみ依存する。

$$\text{平衡状態：}\psi_E = f(N_R, R_{\mathrm{OL}}) \tag{11.20}$$

ここで，

$$R_{\mathrm{OL}} = \frac{\Delta G_{\mathrm{CA}}}{\Delta G_{\mathrm{OL}}}$$

ψ_Eは，ΔG_Aの値が1つの場合，CA疲労とVA疲労のき裂進展速度を比較することで，容易に決定することができる。

ΔG_Aを大きくすると，過負荷の$G_{\max}$が図11.16のダメージシフトしたFCG曲線のGの値ΔG_{AC}に等しくなる臨界点に到達する。そして，不安定破壊または準静的破壊が発生する。Gがき裂の長さとともに増加する場合，これは接合部の決定的な破壊につながる。しかし，DCB試験片を変位制御で試験する場合のように，Gがaとともに減少する場合は，接合部が完全に破壊する前に

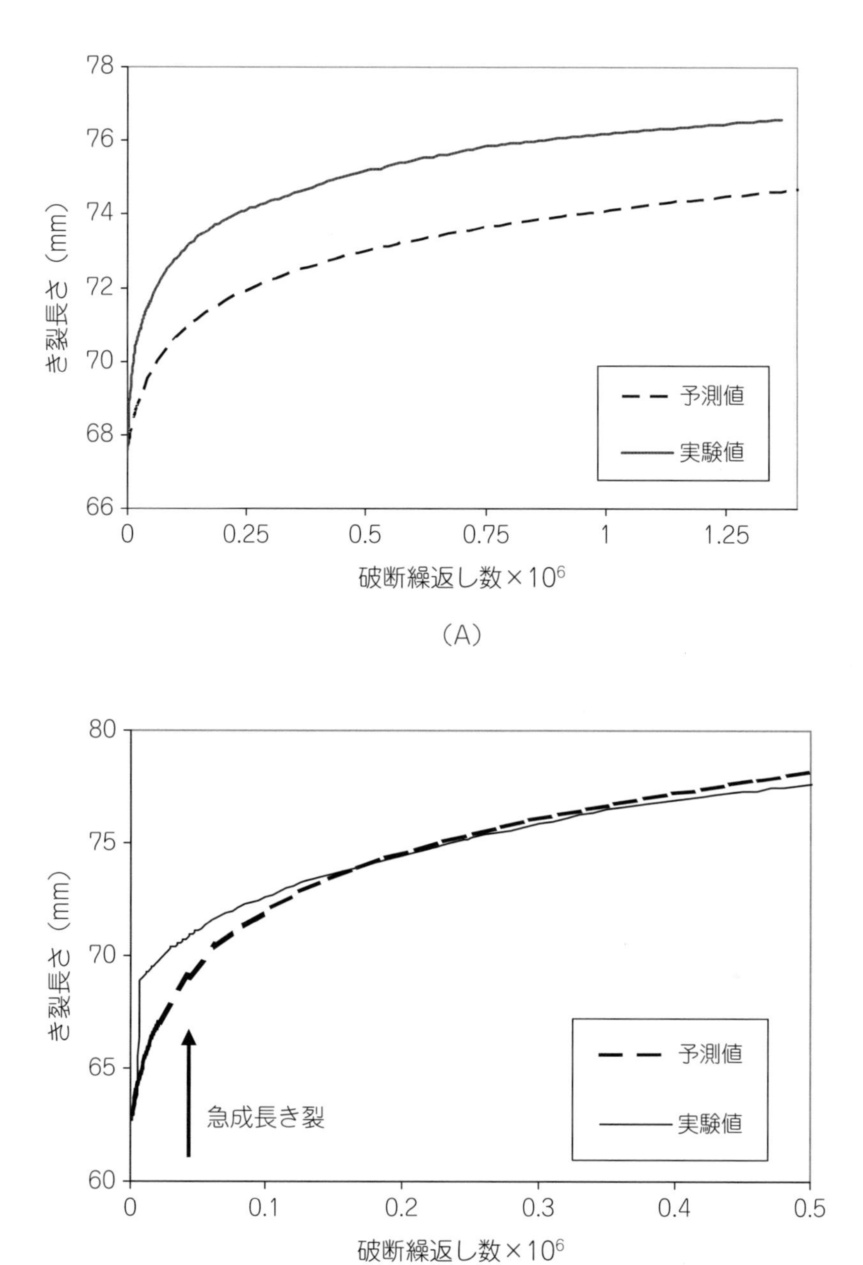

図 11.15 変動応力負荷（VA）時のき裂進展（A）低い初期 G の場合（B）高い初期 G の場合

Garrest（G_{arr}）の値に到達し，き裂は最終的に停止する。このとき，き裂進展の停止点（ΔG_{arr}）に対する ΔG_A の値ははるかに小さくなる。したがって，き裂の成長は大幅に抑制される。このモデルは，図 11.15 で観察されたき裂進展挙動をよく説明できる。

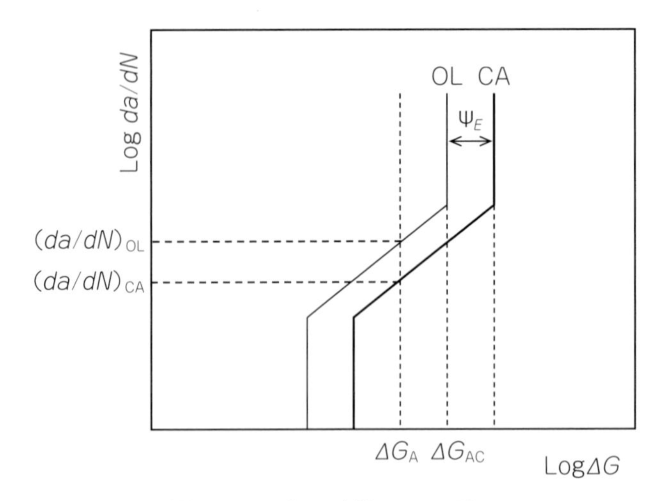

図 11.16　ダメージシフトモデル

11.4.5　疲労の開始

疲労き裂進展アプローチは，疲労寿命が疲労き裂伝播によって支配される場合に適用できる。しかし，き裂発生までの段階が重要である場合，このアプローチは疲労寿命をかなり過小評価し，過剰設計で非効率的な構造になってしまう可能性がある。そこで求められるのは，マクロクラックが形成されるまでのサイクル数を予測することである。これは，応力寿命アプローチと同様の方法で経験的に行うことができる。疲労き裂進展開始までのサイクル数N_iを，破壊までのサイクル数N_fではなく，適切な応力（またはその他の）パラメータの関数としてプロットすることができる。

Levebvre と Dillard[67] は，疲労き裂発生は応力場が特異である角部の界面付近で発生する傾向があるため，応力特異性パラメータが適切な疲労開始基準になると説明している。彼らは，ある定義された条件下で，特異応力 σ_{kl} は，以下のように表されることを示した：

$$\sigma_{kl}=\frac{Q_{kl}}{x^{\lambda}} \tag{11.21}$$

ここで，Q_{kl} は荷重により発生する応力拡大係数，λ は特異点の次数に関係する固有値である。N_i は，3D 破壊マップの ΔQ（または $Q_{\max}$）と λ で定義できることが提案されている。Levebvre と Dillard[68] は，この方法をバイマテリアルウェッジ（bi-material wedge）試験片に適用し，疲労き裂発生点を裏面ひずみ測定によって特定した。Quaresimin と Ricotta[63] は，同様の一般化した応力拡大係数を使用して，接着継手の疲労き裂発生までのサイクル数を推定し，これを［**11.4.3**］で議論した技術を使用したき裂伝播寿命の予測と組み合わせて，全疲労寿命を予測することを提案した。このアプローチは，弾性応力場の特性評価に基づくものであるため，塑性変形やクリープが広がっている場合には適用できないことに留意する必要がある。

別のアプローチとして，FCG 曲線から G_{th} を使用して，初期欠陥サイズを想定した接着継手の疲労限度を予測する方法がある。この方法は，異なる温度で試験したダブルラップ継手（DLJ）

表 11.4 DCB サンプルの FCG データを用いたラップジョイントの疲労限度予測[16]

温度（℃）	ラップストラップジョイント			ダブルラップジョイント		
	経験値（kN）	予測値（kN）	誤差（%）	経験値（kN）	予測値（kN）	誤差（%）
−50	14	8	43	10	10	0
22	15	10	33	10	12.5	25
90	14	11	21	3.3	13	294

とラップストラップ継手（LSJ）の疲労限度を予測するために，モードIの FCG 試験で得られたデータを使用して考案された[69]。その結果を**表 11.4** に示す。高温のダブルラップ継手（DLJ）においてクリープが破壊に大きく影響する場合を除き，合理的で良い予測がなされることがわかる。

11.5 強度および剛性低下からのアプローチ

全寿命法の主な欠点の1つは，最終的な破損のみに話題が特化されているため，試験片の損傷をモニターしていないことである。代わりの現象学的アプローチは，疲労損傷を疲労寿命中の試料の強度または剛性の低下の関数として扱うことである。このアプローチの利点は，全寿命アプローチとは異なり，破壊前の試料の劣化状態が特定されることである。これらのモデルから，一定期間の負荷後の残留強度または剛性を予測することができ，さらなる負荷に対する強度低下も予測することができる。このため，この方法は単純な全寿命モデルよりも，複雑な荷重の影響を予測するのに適している。しかし，異なる荷重や応力振幅で全寿命のさまざまな残留強度を実験的に決定する必要があるため，全寿命法よりも多くの試験が必要となる。

11.5.1 定振幅負荷時の強度劣化について

ある疲労サイクル数 n 後の継手の残留強度を，$S_R(n)$とする。これは当初は静的強度 S_u と等しいが，疲労サイクル中にダメージが蓄積されるにつれて減少する。破壊は残留強度が応力波形の最大応力に等しいとき，すなわち $S_R(N_f)=S_{\max}$ のときに起こる。強度劣化の速度は，主に S_u，$S_{\max}$，$R(S_{\min}/S_{\max})$により決定される。すなわち，

$$S_R(n)=S_u-f(S_u,S_{\max},R)\,n^{\kappa} \tag{11.22}$$

ここで，κ は強度劣化パラメータである。式(11.22)に破壊基準（$S_R(N_f)=S_{\max}$）を代入すると，以下のようになる：

$$f(S_u,S_{\max},R)=\frac{S_u-S_{\max}}{N_f^{\kappa}} \tag{11.23}$$

さらに，残留強度 $S_R(n)$は，次のように定義できる：

$$S_R(n) = S_u - (S_u - S_{\max})\left(\frac{n}{N_f}\right)^{\kappa} \tag{11.24}$$

11.5.2　変動応力負荷時の強度劣化について

Schaff と Davidson[70,71] は，式(11.24)を拡張して，変動応力を受ける試料の残留強度劣化の予測を次式で提案している。

$$S_R\left(\sum_{i=1}^{j-1} n_i\right) = S_u - (S_u - S_{\max,j})\left(\frac{n_j + n_{\mathrm{eff},j}}{N_{f,j}}\right)^{\kappa_j} \tag{11.25}$$

ここで，

$$n_{\mathrm{eff},j} = N_j\left(\frac{S_u - \left(S_R\left(\sum_{i=1}^{j-1} n_i\right)\right)}{S_u - S_{\max,j}}\right)^{\frac{1}{\kappa_j}} \tag{11.26}$$

j は応力の任意の段階，n_j は応力段階 j で経過したサイクル数である。しかし，彼らはある一定振幅（CA）応力から異なる応力レベルへの移行時に，サイクルミックス効果と呼ばれるき裂進展の加速効果を指摘し，これを考慮したサイクルミックス係数 CM を提案した。したがって，移行時に

$$S_R(n) \rightarrow S_R(n) - CM \text{ for } \Delta S_{\mathrm{mn}} > 0 \tag{11.27}$$

$$CM = C_m S_u \left[\frac{\Delta S_{\mathrm{mn}}}{S_R(n)}\right]^{(\Delta S_{\max}/\Delta S_{\mathrm{mn}})^2} \tag{11.28}$$

ここで，ΔS_{mn} および $\Delta S_{\max}$ は，ある段階から別の段階への移行中の平均荷重値および最大荷重値のそれぞれの変動範囲であり，C_m は材料および形状に依存するサイクルミックス定数である。C_m は異なる応力波形，例えば平均応力ジャンプがある場合とない場合の2つの応力波形の下で変動応力での疲労寿命を比較することによって決定することができる。サイクルミックス定数を使用すると，式(11.26)は次のように書き換えられる：

$$n_{\mathrm{eff},j} = N_j\left(\frac{S_u - \left(S_R\left(\sum_{i=1}^{j-1} n_i\right) - CM_{j-1\rightarrow j}\right)}{S_u - S_{\max,j}}\right)^{\frac{1}{\kappa_j}} \tag{11.29}$$

ここで，$CM_{j-1\rightarrow j}$ は，ΔS_{mn} が >0 の場合，ステージ $j-1$ からステージ j へ移行する際のサイクルミックス係数である。

Erpolat ら[25] は，CFRP エポキシ DLJ の線形累積損傷を仮定し，応力/強度ではなく，荷重/破壊荷重の観点から損傷則を定式化した。疲労限度 LD を超える各サイクルでの残留破壊荷重劣化

を次のように定義した。

$$LD=\frac{L_u-L_{\mathrm{OL}}}{N_{f,\,\mathrm{OL}}} \tag{11.30}$$

ここで，L_u は準静的破壊荷重，L_{OL} はそのサイクルの最大荷重，$N_{f,\,\mathrm{OL}}$ はそのサイクルに対応する疲労寿命である。そして，平均荷重の変動による残留破壊荷重劣化 CM は，次のように定義した：

$$CM=\alpha\left(\Delta L_{\mathrm{mn}}\right)^{\beta L_{\mathrm{peak}}\left(\frac{\Delta L_{\max}}{\Delta L_{\mathrm{mn}}}\right)} \tag{11.31}$$

ここで，ΔL_{mn}，$\Delta L_{\max}$ はそれぞれ移行時の平均荷重値および最大荷重値の変化，L_{peak} は応力波形の中のピーク荷重である。パラメータ α と β はサイクルミックス定数であり，材料と形状に依存する。これらは，異なるスペクトル下での VA 疲労寿命，例えば平均荷重の変動がある場合とない場合の 2 つのスペクトルを比較することで決定することができる。各負荷群において，疲労限界以上のサイクル数（OL_1，$OL_2, \ldots$）と平均荷重変動の数（CM_1，$CM_2, \ldots$）があると仮定すると，1 応力波形群中の破壊荷重劣化 ΔL_{RB} は，以下のように定義できる：

$$\begin{aligned}\Delta L_{RB}=\alpha&\left[\left(\Delta L_{\mathrm{mn},1}\right)^{\beta L_{\mathrm{peak}}\left(\frac{\Delta L_{\max,1}}{\Delta L_{\mathrm{mn},1}}\right)}+\left(\Delta L_{\mathrm{mn},2}\right)^{\beta L_{\mathrm{peak}}\left(\frac{\Delta L_{\max,2}}{\Delta L_{\mathrm{mn},2}}\right)}+\cdots\right]\\&+\left[\frac{L_u-L_{OL_1}}{N_{f,\,OL_1}}+\frac{L_u-L_{OL_2}}{N_{f,\,OL_2}}\cdots\right]\end{aligned} \tag{11.32}$$

式(11.32)を模式的に示したのが**図 11.17** である。破壊までの応力群の数は次式で与えられる：

$$N_B=\frac{L_u-L_{\mathrm{peak}}}{\Delta L_{RB}} \tag{11.33}$$

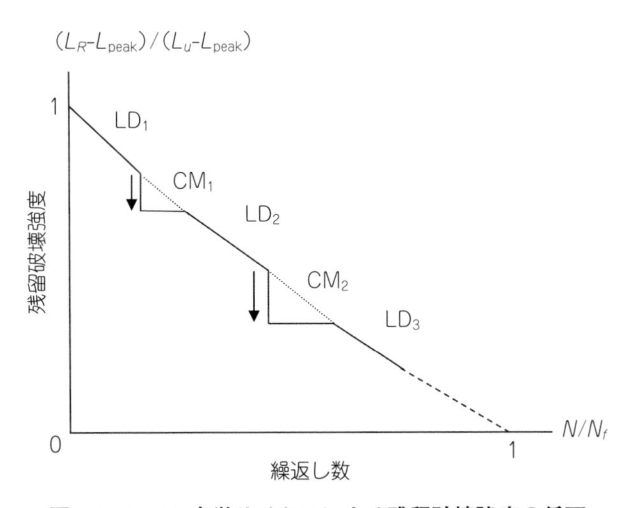

図 11.17 VA 疲労サイクルによる残留破壊強度の低下

Erpolat ら[25] はこれを線形サイクルミックス（LCM）モデルと呼び，Palmgren–Miner（P–M）則よりも振幅が変化する疲労を受ける接合部の疲労寿命をより正確に予測することができることを明らかにした。

11.5.3　剛性劣化

強度ベースの強度消耗モデルに対する別のアプローチとして，累積損傷を剛性（ヤング率）劣化と関連付ける方法があります。強度劣化と同様に，剛性劣化率も負荷サイクル数のべき乗関数として考えることができる[72-74]。この関係は Yang ら[74] によって次のように定義されています：

$$E(n) = E(0) - E(0)\,(d + a_2 B\,S)\,n^{a_3 + BS} \tag{11.34}$$

$$d = a_1 + a_2 a_3 \tag{11.35}$$

ここで，$E(0)$は初期剛性，S は応力レベル，a_1，a_2，a_3，and B は応力非依存パラメータである。Whitworth[73] は代替モデルを提案した：

$$E^a\left(\frac{n}{N_f}\right) = E^a(0) - H[E(0) - C]^a\left(\frac{n}{N_f}\right) \tag{11.36}$$

ここで，Cは応力依存のパラメータであるが，aおよびHは適用される応力レベルに依存しない。

剛性ベースの消耗モデルの破壊基準は，強度ベースの消耗モデルの破壊基準ほど単純ではない。1つの方法は，破壊剛性$E(N_f)$を応力に関連付けることである：

$$\frac{E(N_f)}{E(0)} = \frac{S_{\max}}{S_u} \tag{11.37}$$

これは，剛性に基づく消耗モデルの破壊基準として使用することができる。

11.6　損傷力学アプローチ

損傷力学は，荷重を受けた材料劣化をモデル化するために使用される学問である。したがって，破壊を予測する古典的な材料強度や破壊力学のアプローチと比較される。損傷力学の特徴は，損傷領域またはプロセス領域における微小損傷を，その領域における材料特性の低下として表現することである。これは，さらなる負荷に対する構造物の応答に影響を与えるため，損傷力学はしばしば進行性損傷モデリングに適用される。損傷力学は材料強度のアプローチを使用する場合には最終的な破壊荷重を予測するだけでなく，荷重–時間履歴の任意の時点での損傷状態や荷重に対する応答を予測することができるのである。これは，構造物の使用期間中の健全性監視システムの開発や，破壊のメカニズムや環境，幾何学的，荷重要因への依存性の理解など，多くの理由で非常に有用である。一般に，接着剤接合部では2つの異なる形式の進行性損傷モデリングが使用されてきた。破損が平面に沿って局所化する凝集帯モデリング（CZM）と，破損が材料全体に及ぶ連続体損傷モデリング（CDM）である。

11.6.1 凝集帯モデル

凝集帯モデル（CZM）の基礎は，凝集法則を用いてき裂の発生と成長をシミュレーションする技術を研究したDugdale[75]とBarenblatt[76]の研究にまでさかのぼることができる。多くの材料の破壊には，き裂先端より先に，マイクロクラックやボイドの発生，成長，合体などが起こるプロセスゾーンがある。このプロセスゾーンは，き裂経路に沿った材料が，適切な凝集帯モデルの結合力–相対変位関係に従うと仮定することでモデル化することができる。結合力–相対変位関係を持つモデルの実装は非常に簡単で，多くの市販の有限要素ソフトウェアで見つけることができる。破壊力学とは対照的に，凝集帯モデルでは，破壊を凝集性結合力によって形成する延長された仮想き裂先端または凝集帯に沿って材料破壊が起こる緩やかな現象とみなす。き裂先端の前方の損傷は，これらの凝集性結合力の減少によって表され，き裂先端でゼロとなる。

結合力–相対変位関係にはいくつかの形式が提案されているが（例えば文献77)），これらはすべて同じ挙動を示している。凝集面が分離し始めると，結合力は臨界値（t_c）に達するまで増加し，これは臨界開口変位（v_c）に相当する。その後，結合力は徐々に減少してゼロになり，その時点で（局所的な）荷重支持能力が完全に失われ，完全な（局所的な）破壊が起こる。この挙動は，せん断荷重と引張荷重の両方に当てはまるため，凝集帯モデルは純粋なモードⅠ，モードⅡ，または複合破壊モードに対して使用することができる。凝集帯モデルは当初，損傷の開始と進行をモデル化しながら，接着接合部の静的強度を予測するために使用されていた[78-80]。

凝集帯モデルを支配する結合力–相対変位関係には，静的な負荷による材料強度の低下を表す損傷パラメータがあるが，従来の結合力–相対変位関係は，材料強度に対する疲労の影響を含んでいなかった。したがって，凝集帯モデルの支配法則に静的損傷だけでなく疲労損傷も含めることが課題となった。1つのアプローチは，平均引張応力を累積疲労損傷の尺度として考慮することである[81-83]。引張平均応力は一般的に材料の疲労寿命に悪影響を及ぼすが，圧縮応力は有益であると考えられている。ひずみの局所的な増加は，各負荷サイクルで決定され，ひずみ基準の損傷モデルから得られる疲労損傷パラメータに関連付けられる。接着剤層の最大疲労荷重は，バイリニア（Bi-linear）な結合力–相対変位関係を使用して決定され，その後，最大主ひずみで繰返し疲労損傷率が計算される。繰り返し疲労損傷に応答して，材料の結合力–相対変位の応答は，破壊エネルギーとともに劣化する。それ以下では疲労損傷が発生しない疲労下限値が定義されている。静的負荷における損傷の最大公称応力基準は，以下の式に基づいて損傷が開始されると仮定している：

$$max\left\{\frac{\langle t_1\rangle}{T_1}, \frac{\langle t_2\rangle}{T_2}\right\}=1 \tag{11.38}$$

ここで，引張応力とせん断応力は添え字1，2で表し，〈〉括弧は，引張応力のみが損傷開始を引き起こすことを示す。

疲労損傷累積則は次式で与えられる：

$$\frac{\Delta D}{\Delta N}=\begin{cases}\alpha(\varepsilon_{\max}-\varepsilon_{th})^{\beta},\ \varepsilon_{\max}>\varepsilon_{th}\\ 0,\ \varepsilon_{\max}\leq\varepsilon_{th}\end{cases} \tag{11.39}$$

ここで，ΔD は損傷増分，ΔN は疲労サイクル増分である。ひずみは ε で表され，添え字の max は最大主ひずみ，th はしきい値ひずみを表している。2つの材料パラメータ，α と β，およびしきい値ひずみ ε_{th} は，材料固有の校正をする必要がある。疲労寿命を決定するこのアプローチは，さまざまなタイプの接着剤継手に使用した場合，良好な予測が得られることが報告されている[81-83]。この手法の利点は，静的負荷と疲労負荷に対して２つの別々の支配法則を使用し，それぞれが他から独立して校正または修正できることである。その一方で，材料パラメータとしきい値ひずみは，材料試験を通じて決定する必要がある。

その後，同じモデリング手法が環境劣化した接着剤接合に適用されている[84]。この場合，疲労荷重を受けた接着継手は水分浸入による劣化が考えられるため，線形および非線形凝集特性劣化モデルが使用された。線形劣化モデルでは，非損傷状態から完全損傷状態まで凝集特性は線形に変化した。非線形劣化モデルでは，非損傷状態からある値まで凝集特性が劣化する。この値は，接着剤のしきい値に相当する。このモデルは，環境劣化した接合部の材料強度がより低下することを予測している。

11.6.2　連続体損傷力学

破壊力学的手法の主な欠点は，巨視き裂が形成される前の損傷が考慮されないことであるが，場合によっては，この段階が疲労寿命の大部分を占めていることもある。もう１つの欠点は，き裂の前の損傷が考慮されないこと，すなわち，き裂がバージン材であると仮定されることである。しかし，［**11.4**］で述べたように，き裂前の損傷のばらつきは，き裂進展に対するその材料の抵抗に影響を与える可能性があり，変動振幅疲労の場合，疲労寿命の過少予測につながる可能性がある。損傷力学のアプローチは，進行性の劣化と破壊をモデル化できるようにすることで，これらの問題のいくつかに対処し，き裂発生開始と伝播の両方の段階を表現することができる。連続体損傷力学（CDM）では，材料損傷の程度の尺度として損傷変数 D を定義する必要がある[85-87]。損傷していない材料では D は０に等しく，$D=1$ は材料の完全な破断を表すと仮定されている。この２つの極端な値の間には，マイクロクラックの発生を特徴付ける損傷変数 D_c の別の臨界値があり，通常 0.2～0.8 の間である。損傷変数 D は物理的に決定することが困難であり，材料中のすべての微視き裂とボイドを監視することはほとんど不可能だからである。しかし通常，剛性劣化を利用して簡単に推定することができる：

$$D=1-\frac{E_D}{E} \tag{11.40}$$

ここで，E と E_D は，それぞれ損傷していない材料および損傷した材料のそれぞれのヤング率である。損傷変数が定義されると，損傷等価有効応力 $\sigma_{\mathrm{eff}}{}^*$ は次のように定義することができる：

$$\sigma_{\text{eff}} = \frac{\sigma}{(1-D)} \tag{11.41}$$

ここで，σ^*は損傷相当応力であり，次のように定義される：

$$\sigma = \sigma_{\text{eq}}\left[\frac{2}{3}(1+v)+3(1-2v)\left(\frac{\sigma_H}{\sigma_{\text{eq}}}\right)^2\right]^{\frac{1}{2}} \tag{11.42}$$

ここで，σ_{eq}はフォンミーゼス等価応力，σ_Hは静水圧応力である。$\sigma_{\text{eff}}{}^*$は準静水圧破壊基準として用いることができる。CDMアプローチを疲労に適用するために，Lemaitre[86,87]は，サイクルごとの損傷変数の変化$\delta D/\delta N$について次の式を導いた：

$$\frac{\delta D}{\delta N} = \frac{2B_o\left[\frac{2}{3}(1+v)+3(1-2v)\left(\frac{\sigma_H}{\sigma_{\text{eq}}}\right)^2\right]^{s_o}}{(\beta_o+1)(1-D)^{\beta_o+1}}\left(\sigma_{\text{eq, max}}^{\beta_o+1}-\sigma_{\text{eq, min}}^{\beta_o+1}\right) \tag{11.43}$$

ここで，s_o，B_o，およびβ_oは材料および温度に依存する係数，$\sigma_{\text{eq, max}}$および$\sigma_{\text{eq, min}}$はそれぞれCA疲労負荷における最大および最小フォンミーゼス相当応力である。式(11.43)は，定振幅疲労負荷についてNで積分することができる。境界条件は（$N=0 \rightarrow D=0$）および（$N=N_R$[破断までのサイクル数]$\rightarrow D=1$）を使用する：

$$N_R = \frac{(\beta_o+1)\left(\sigma_{\text{eq, max}}^{\beta_o+1}-\sigma_{\text{eq, min}}^{\beta_o+1,\ \beta}\right)^{-1}}{2(\beta_o+2)\beta_o\left[\frac{2}{3}(1+v)+3(1-2v)\left(\frac{\sigma_H}{\sigma_{\text{eq}}}\right)^2\right]^{s_o}} \tag{11.44}$$

Abdel Wahabら[88]は，CFRP/エポキシLSJ（ラップストラップジョイント）とDLJ（ダブルラップジョイント）の疲労限度の予測にCDMを使用している。彼らは，CDMを使用した予測は，破壊力学を使用した予測よりも良好に比較されることを発見した。この方法は，バルク接着剤サンプル[89]とアルミニウム/エポキシLJ（シングルラップジョイント）[90]の疲労損傷を予測するために応用された。応力比が小さい場合の簡略化された式が導出された。初期条件として$D=0$を仮定し，積分することでDについて次の式が得られた。

$$D = 1-\left[1-A(\beta+m+1)\Delta\sigma_{\text{eq}}^{\beta+m}R_v^{\frac{\beta}{2}}N)\right]^{\frac{1}{\beta+m+1}} \tag{11.45}$$

ここで，$\Delta\sigma_{\text{eq}}$はフォンミーゼスの応力範囲，R_vは三軸性関数（フォンミーゼス相当応力に対する損傷相当応力の比の二乗），mはRamberg–Osgood式におけるべき定数，Aおよびβは実験的に決定された損傷パラメータである。破壊までのサイクル数（N_f）は，$D=1$，$N=N_f$が完全損傷状態にあるとき，式(11.45)から求めることができる。これは次のようになる：

$$N_f = \frac{\Delta\sigma_{\text{eq}}^{-\beta-m}R_v^{-\frac{\beta}{2}}}{A(\beta+m+1)} \tag{11.46}$$

式(11.44)においてAおよびβは実験的に決定された損傷パラメータであるため，これらの定数を決定するためには２点のデータが必要である。Abdel Wahab ら[88] は，CFRP エポキシ DLJ の定振幅疲労実験から２点を用いて，特定の温度で特定の接着剤についてこれらのパラメータを決定し，式(11.46)が応力寿命（S–N）曲線を正確に予測できることを示している。接着剤が破損した場合，温度依存性のある式(11.46)の材料定数は，別の基材に使用することができる。異なる継手タイプである LSJ に適用した場合，疲労予測は低温では妥当であったが，高温ではうまく説明できなかった。その理由は，LSJ に比べ，DLJ は高温でのクリープ疲労に対する感受性が高いためであった。

Abdel Wahab ら[91] は，先に述べたアプローチをバルク接着剤の低サイクル疲労に拡張した。この場合，損傷は等方的であり，応力三軸性関数は１に等しいと仮定して，損傷進展曲線を導いた。これらは，変位振幅一定の疲労において，サイクルの増加とともに応力範囲が減少することに基づく損傷に関する実験的測定値とよく一致することが確認された。この方法をシングルラッププラップ接合（SLJ）に適用した場合[92]，接合部の多軸応力状態を考慮するために三軸性関数を決定する必要があり，この値は接着剤層に沿って変化することが確認された。三軸性関数の接合タイプへの依存性は，後の研究で Abdel Wahab[93,94] によってさらに調査されている。

上記の CDM アプローチでは，接着層の進行性劣化の特性を把握することができたが，疲労き裂の発生開始と伝播の段階を明確にモデリングすることはできなかった。Ashcroft ら[95] は，シンプルな CDM ベースのアプローチを使用して，接着剤継手におけるき裂発生開始と進展を漸進的にモデル化し，き裂の形成と成長につなげた。このアプローチでは損傷率 dD/dN は，局所的な等価塑性ひずみ範囲 $\Delta\varepsilon_p$ のべき乗関数であると仮定している：

$$\frac{dD}{dN}=C_D(\Delta\varepsilon_p)^{m_D} \tag{11.47}$$

ここで，C_D と m_D は実験的に導き出された定数である。疲労損傷則は，有限要素モデルで再現されている。各要素において，有限要素解析から式(11.47)を用いて損傷率を求め，要素の特性に対して次のように劣化を定義した。

$$\begin{aligned} E&=E_0(1-D)\\ \sigma_{yp}&=\sigma_{yp0}(1-D)\\ \beta&=\beta_0(1-D) \end{aligned} \tag{11.48}$$

ここで，E_0，σ_{yp0}，β_0 はそれぞれモール・クーロン（Mohr–Coulom）の放物線モデルのヤング率，降伏応力，塑性面修正定数である。$D=1$ は完全損傷要素を示し，巨視き裂長さを定義するために使用した。E，σ_{yp}，β は，それぞれ材料損傷を組み込んだ後のヤング率，降伏応力，塑性表面改質定数の値である。疲労寿命は，指定されたサイクル数△N のいくつかのステップに分割し，各ステップにおいて，増加した損傷を用いて決定した：

$$D_{i+1}=D_i+\frac{dD}{dN}dN \tag{11.49}$$

Shenoy ら[96]は，この方法を用いて，全寿命プロット，疲労開始寿命，疲労き進展曲線，および強度・剛性消耗プロットを予測できることを示し，そのため，これを統一疲労法（UFM）と名付けた。

この方法を適用した結果を**図 11.18** に示します。図 11.18A は，最大疲労荷重が静的破壊荷重の

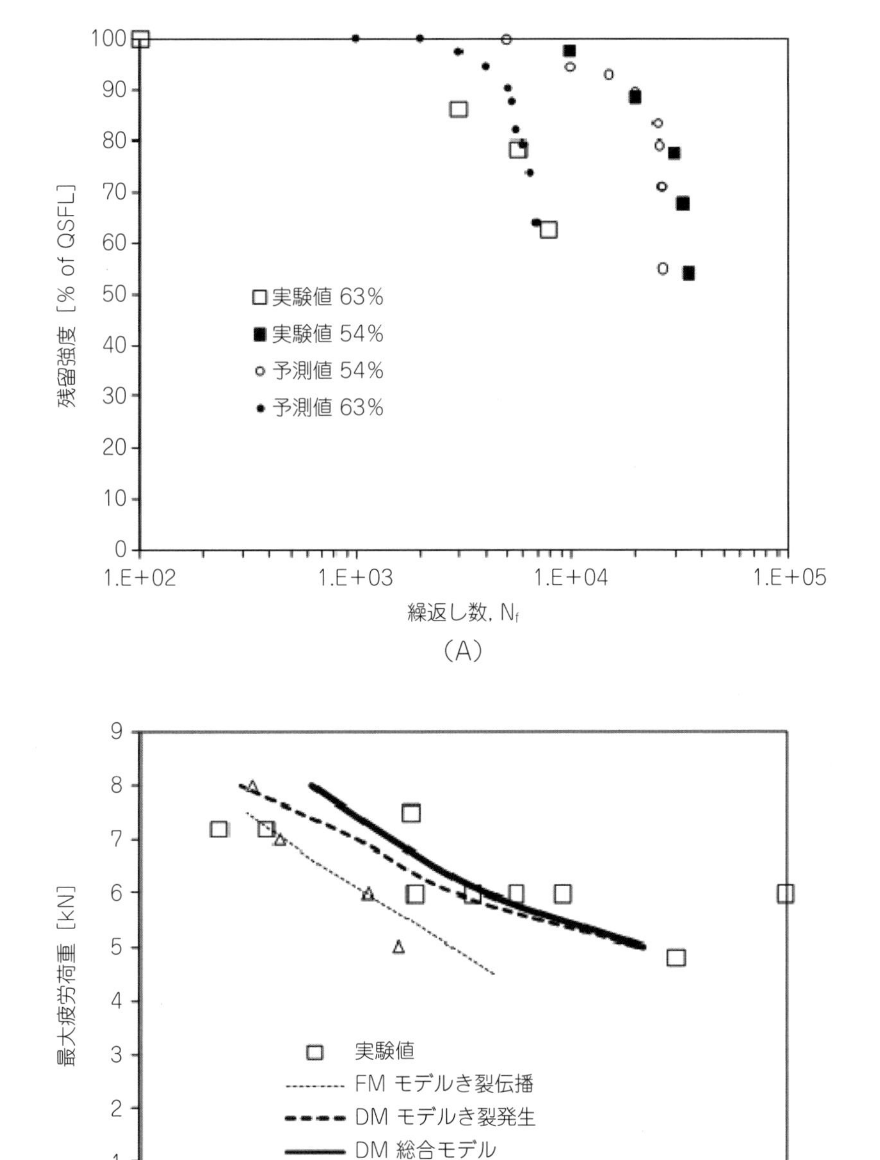

図 11.18　UFM[96]を用いた予測値と実験値の（A）強度低下と（B）負荷サイクルプロット

54%と63%のDLJについて，サイクル数の関数として残留強度，すなわち強度消耗の減少を実験と予測で示したものである。実験値と予測値の間に優れた一致があることがわかる。図11.18Bは，CDMアプローチが実験結果をよく予測した荷重寿命プロットを示している。この図から，損傷力学アプローチは寿命をき裂発生開始段階とき裂伝播段階に分離するのにも使用でき，その結果，高サイクルではき裂発生開始段階がますます支配的になることがわかる。また，比較のために，き裂伝播段階のみをモデル化した破壊力学的アプローチで予測した疲労寿命も図に追加している。これは，CDM法から予測された伝搬寿命とよく一致するが，高サイクルでは実験的な全寿命の結果と次第に乖離している。Shenoyら[97]は，後にこの手法が可変振幅疲労にも適用可能であることを示した。以前の研究[18,25]において，可変振幅疲労では，過負荷や平均シフトなどの因子によって疲労破壊が加速する可能性があり，負荷履歴がき裂進展に影響することが示されていた。疲労破壊を予測する強度消耗[14]や破壊力学[17]のアプローチでこれらを考慮した方法が提案されている。しかしCDM法の利点は，修正を加えることなく荷重履歴が考慮された手法であることである。これは，過負荷のような事象は，き裂の前方にあるプロセスゾーンの損傷を増大させ，その結果，弱体化した材料を通してき裂を加速させるからである。Shenoyら[97]は，先に述べたCDM法が可変振幅疲労における荷重相互作用の影響を予測できたのに対し，標準的な破壊力学法では予測できなかったことを実証することになった。

Walander[98]は，double cantilever beam（DCB）試験片を使用して，ゴムおよびポリウレタン系接着剤のモードⅠ疲労き裂成長を実験的に研究している。接着剤の材料劣化によるき裂進展則が，市販の有限要素コードに再現されている。提示されたき裂進展則は，以下の形式であった：

$$\frac{dD}{dN} = \alpha \left(\frac{\frac{\sigma}{1-D} - \sigma_{th}}{\sigma_{th}} \right)^{\beta} \tag{11.50}$$

この法則は，3つの材料パラメータ：α，β，σ_{th}を持ち，実験データから決定されている。実験データと提案した疲労の損傷則との間に良好な相関関係があることが報告された。

11.7　クリープ疲労

［**11.4.4**］節で述べたように周波数が低下すると，与えられたΔGの値に対するFCG率が増加し，疲労限度が低下する傾向が観察されている。これは**図11.19**Aに示されているように，クリープの影響によるものとされている。図11.19Bでは，データを疲労き裂成長速度（da/dN）ではなく，クリープき裂成長速度（da/dt）で再プロットし，この結果を検証している。2つのプロットを比較すると，この場合の疲労はサイクル依存性よりも時間依存性が高いことがわかり，これはクリープ疲労であることを示している。

クリープ疲労の場合，ΔGが最も適切な破壊力学パラメータなのか，それとも時間依存破壊力学（TDFM）パラメータがより適切なのかが問われることになる。LandesとBegley[100]およびNikbinら[101]は，RiceのJ-積分に類似したTDFMパラメータを独自に提案している。LandesとBegleyはこの新しい積分をC^*と呼んだ。C^*は広範囲なクリープ条件にしか適用できないため，

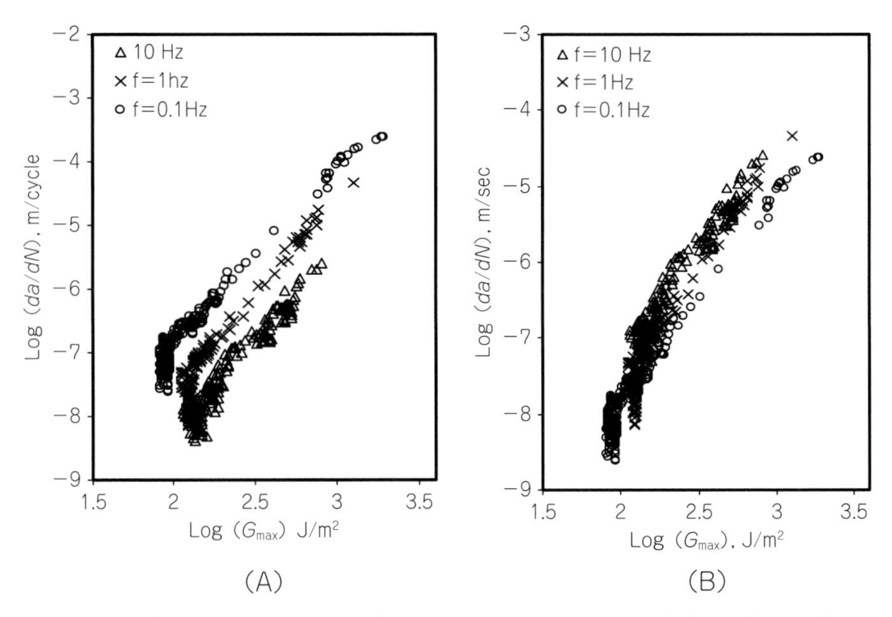

図 11.19 軟鋼/エポキシ DCB 試験片の疲労き裂進展に及ぼす周波数の影響：ひずみエネルギー解放率（A）最大値 G_{max} および（B）範囲 ΔG[99]

Saxena[102] は，小規模および移行クリープにも適用できる代替パラメータ，C_t を提案した。これは次のように定義されている：

$$C_t = -\frac{1}{B}\frac{\partial U_t(a, t, \dot{v}_c)}{\partial a} \tag{11.51}$$

ここで，B は試験片幅，U_t* は瞬間応力パワーパラメータで，き裂長さ a，時間 t，荷重線たわみ率の関数である $\dot{v}_c$ を表している。クリープ疲労を解析する場合，C_t，$C_{t(\mathrm{ave})}$ の平均値を使用することができる。最も適した TDFM パラメータは，き裂先端のクリープ影響領域の大きさに依存する（き裂先端の塑性領域の大きさが，J 積分のような弾塑性破壊パラメータが G よりも適切かどうかを決定するのと同様の方法で）。この考え方は，金属におけるクリープ疲労について研究されているが[51]，接着剤についてはほとんど発表されていない。クリープ疲労の予測には，損傷分割法を使用することができる。き裂進展は，サイクル依存（疲労）成分と時間依存（クリープ）成分に分割され，2 つの成分を単純に加算することで予測できる。それでもき裂進展が過小評価される場合があり，その場合は経験的なクリープ–疲労相互作用項を追加することがある。Al-Ghamdi によって，接合部のクリープ疲労き裂進展を予測する 3 つの方法が提案されている[103]：

（i）経験的き裂進展則アプローチ。この方法では，適切な破壊力学パラメータを選択し，FCGR またはクリープき裂進展速度（CCGR = da/dt）に対してプロットして得られる。適切なき裂進展則を実験データに当てはめ，異なる温度と周波数におけるき裂進展則定数を決定する。未知の温度や周波数でのき裂進展則定数は，経験的内挿法で求めることができる。

（ii）損傷支配型アプローチ。これは，疲労とクリープが競合するメカニズムであり，き裂の成長は支配的なメカニズムによって決定されると仮定するものである。

（iii）き裂進展分割法。これは，き裂進展をサイクル依存性（疲労）成分と時間依存性（クリープ）成分に分割し，これらの成分を合計することで総き裂進展を決定できると仮定するものである。

方法（iii）は，以下の式で表すことができる：

$$\frac{da}{dN}=\left(\frac{da}{dN}\right)_{\text{fatigue}}+\frac{1}{f}\left(\frac{da}{dt}\right)_{\text{creep}} \tag{11.52}$$

Al‒Ghamdi[103] は式(11.52)を次のように表現した：

$$\frac{da}{dN}=D(G_{\max})^{n}+\frac{mC_t^q}{f} \tag{11.53}$$

疲労き裂進展定数 D と n はクリープ効果が無視できると仮定した高周波試験から，またクリープき裂進展定数 m と q は定荷重き裂進展試験からそれぞれ決定された。**図 11.20**A に可変周波数疲労を受ける DCB 継手の疲労クリープ予測を示す。多くの場合，この方法は優れたき裂進展予測を行うことができる。クリープまたは疲労き裂進展を単独で仮定するとき裂進展が過小評価されるのに対し，2 つの成分を合計するとデータによく適合することがわかる。しかし，疲労成分とクリープ成分を単純に加算しても，き裂進展が過小評価されるケースもある。この場合，式（11.54）[104] のように，クリープ‒疲労相互作用項を導入することが有効である。

$$\frac{da}{dN}=A(G_{\max})^{n}+mC_t^q+CF_{\text{int}} \tag{11.54}$$

ここで，

$$CF_{\text{int}}=R_f^pR_c^yC_{fc}$$

R_f と R_c は，それぞれ周期依存成分と時間依存成分のスカラー因子である。

$$R_f=\frac{(da/dN)}{(da/dN)+(da/dt)/f} \tag{11.55}$$

$$R_c=\frac{(da/dt)/f}{(da/dN)+(da/dt)/f} \tag{11.56}$$

p，y，C_{fc} は経験的定数である。

図 11.20B は，台形波形の試験に対する相互作用項を用いた損傷分割法を適用して示したものである。台形波形の時間パラメータは，負荷時間 $t_r=0.1$ s，保持時間 $t_h=30$ s，および除荷時間 $t_d=0.1$ s である。相互作用項を含む予測は，含まない予測よりも近いことがわかる。

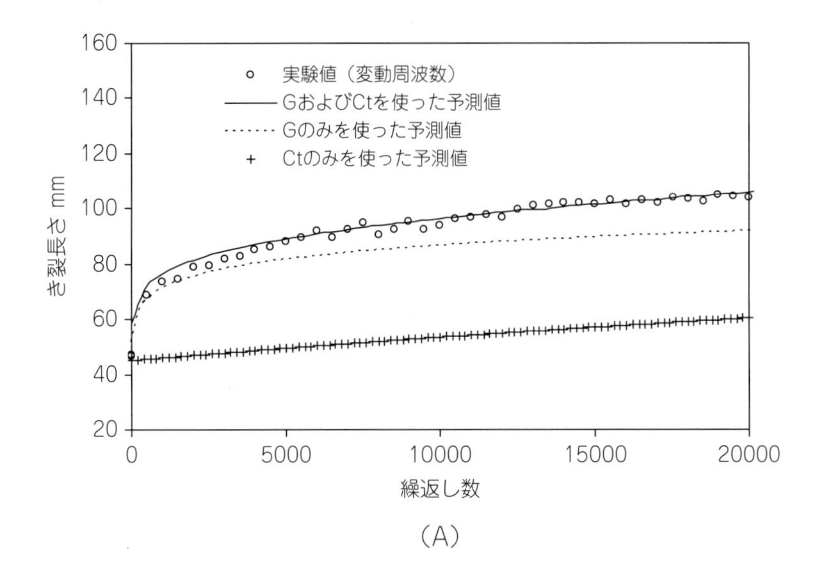

(A)

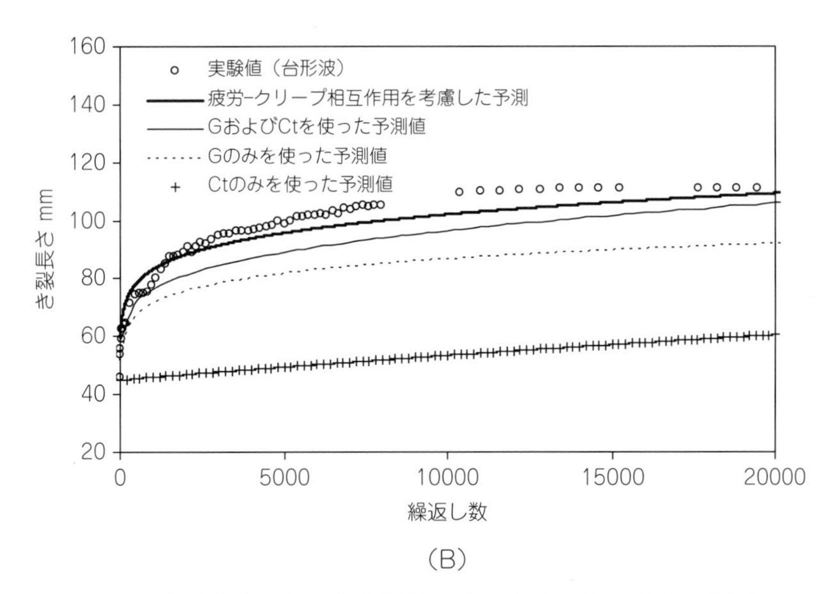

(B)

図 11.20 （A）大気中 90℃の変動周波数疲労，（B）90℃の台形波形疲労でのき裂進展

11.8 衝撃による疲労

衝撃は，速度によって高速衝撃と低速衝撃に，エネルギーによって高エネルギー衝撃と低エネルギー衝撃にそれぞれ分類することができる。多くの場合，高エネルギー衝撃は，部品や接合部が即座に壊滅的な破壊に至る。しかし，低エネルギー衝撃は，使用中に部品が繰り返し受けるため，疲労を引き起こす可能性がある。この種の疲労は一般に衝撃疲労と呼ばれ，き裂を発生・進展させることで部品の破損を引き起こすことがある。繰り返し衝撃荷重を受ける金属の疲労寿命の予測は複雑な問題であり，接着接合部の多材質化によりさらに複雑になっている。そのため，接着接合部の衝撃疲労の領域は比較的未開拓のままである。

衝撃疲労は接着継手の寿命に対して，定振幅疲労よりも有害であることが，実験的な試験を通じて示されている。Casas-Rodriguez ら[105]は，アルミニウムの被着体とエポキシ接着剤からなるSLJ を用いて，衝撃疲労にさらされた接合部の疲労寿命が標準疲労下よりも低くなることを示した。これらの接合部には，耐久限界（疲労限度）に似たエネルギーしきい値の存在が提案され，それ以下であれば，接合部は繰返しの低エネルギー衝撃に耐えることができることが示された。しかし，エネルギーしきい値は，標準疲労と比較して衝撃疲労では非常に低い値であった。接合継手の衝撃疲労を特徴づける２つの簡略化されたモデルが，初期最大力で正規化した総累積荷重時間と衝撃時の最大力に基づいて提案された。

衝撃疲労もまた，ガラス/エポキシ複合材積層板の疲労寿命を低下させることが示されている。低速の衝撃を受けたガラス/エポキシ複合材パネルは，衝撃の回数が増えるにつれてき裂の増大が見られた[106]。パネルの損傷は，目視検査と走査型電子顕微鏡によって調査された。き裂進展と衝撃サイクル数の関係は，衝撃疲労による剥離によってき裂が増加する「S 字型」曲線を示した。

さまざまなタイプの接着継手に基づく実験では，衝撃疲労と標準疲労との間で，き裂成長速度に１桁の差が観察されている。Casas-Rodriguez ら[107]と Ashcroft ら[20]は，エポキシ接着剤で接着したLSJ を標準疲労と衝撃疲労で試験した。標準疲労試験片は凝集破壊と混合モード破壊を示したが，衝撃疲労負荷で試験した接合部は，接着剤と CFRP 被着体においてき裂が進展する混合モード破壊により破壊した。また，標準疲労と衝撃疲労を組み合わせて負荷した場合，疲労き裂進展速度は衝撃疲労の段階で増加した。衝撃疲労時の疲労き裂進展速度は，標準疲労時の10倍であったと報告されている。Carvajal ら[108]は，SLJ と２種類の DCB の定振幅疲労寿命と衝撃疲労寿命を比較した。接合部は，ポリエステル樹脂 AROPOL D1060 T-25 接着剤を使用した GFRP 被着体から製造された。定振幅疲労負荷と衝撃疲労負荷の間でき裂進展速度に１桁の差が見られ，定振幅疲労負荷の接着剤継手は衝撃疲労負荷の接着継手よりも優れた性能を発揮していた。また，ポリエステル樹脂接着剤の厚さは，衝撃疲労における接合部の疲労耐久性を低下させたが，接着剤層の厚さを減少させると，衝撃疲労におけるき裂進展速度は改善された。

まとめると，衝撃疲労は標準疲労よりも接着継手の寿命に悪影響を及ぼすことがわかり，疲労寿命の重要な領域であるこの領域について，さらに多くの研究が必要であることがわかる。

11.9　疲労強度の向上

ナイロンなどの二次粒子やガラス繊維，炭素繊維などの繊維を添加することにより，接着剤の接合強度の向上が得られている。このような粒子や繊維はミクロン単位であり，これらを接着剤に含有させることで接着剤の強度が向上することが報告されている。しかし，近年のカーボンナノチューブ（CNT）の進歩は，接着剤の特性をナノスケールで改善できることがわかってきた。CNT は高い強度が特徴で，単壁または多壁を持つことができる。

多層ナノカーボンチューブ（MWCNT）は，複雑な構造を持ち，接着剤の接合強度を向上させるために使用されてきた。Zielecki ら[109]は，ピールジョイント（Peel-joint）の製造に使用した3種類のエポキシ接着剤に1 wt %のMWCNTを導入した。エポキシ系Epidian 57/PAC接着剤組成物では，106.8%の疲労寿命の向上が観察された。Bisonエポキシ系接着剤では，69.3%の疲労寿命の増加が観察された。接合部では，疲労強度の最大13%の増加が観察された。Khashabaら[110]は，MWCNT，SiC，Al_2O_3を含む3種類のナノフィラーを，炭素繊維エポキシ樹脂被着体を有するスカーフ接着接合部に添加した。接着継手の疲労試験の結果，MWCNTとSiCはそれぞれ19%と52%の疲労寿命の向上が見られた。しかし，Al_2O_3粒子は，疲労寿命を22%減少させた。Khashaba[111]も，25℃，50℃，－70℃での接着継手の疲労寿命に対するMWCNTの添加効果を調査した。炭素繊維強化ポリマー被着体を用いたスカーフ接着継手を，エポキシ接着剤とスカーフ角度5°で作成した。MWCNTの最適な重量パーセントは0.5 wt %で，これはバルク接着剤の機械的特性に基づいて決定された。25℃では，MWCNTの添加により，接着剤ジョイントの疲労寿命が72.1～97.8%の範囲で大幅に改善された。しかし，50℃では，MWCNTを添加した接着剤と添加しない接着剤の平均疲労寿命は，それぞれ98%と96%に減少した。

Polatら[112]は，アルミニウムと炭素繊維のエポキシ樹脂を被着体とするシングルラップ接合部（SLJ）の疲労寿命を改善するために，ナノファイバーマットを用いた実験を行っている。グラフェンナノプレート（GNP）ドープナイロン66（N66）ナノファイバーマットは，1 wt %，3 wt %，5 wt %のGNPドープN66ナノファイバーを使用してシングルラップ接合（SLJ）を製造し，各試料の最大せん断強度の20%，30%，40%，50%，60%の5段階の荷重レベルで試験した。その結果，N66ナノファイバー中のGNP含有量の増加により，すべてのケースで接着剤継手のせん断強度と疲労寿命が向上することが確認された。Saraçら[113]は，鋼製AISI 304被着体とDP460エポキシからなるシングルラップ接合部（SLJ）の疲労寿命を調査した。接着剤に3種類のナノ粒子－Al_2O_3，SiO_2，TiO_2－を添加し，周波数10 Hz，応力比（R）0.1で疲労試験を実施した。試験の結果，Al_2O_3とSiO_2のナノ粒子の添加により，接着剤接合部の疲労強度が増加し，TiO_2のナノ粒子は疲労強度を低下させることがわかった。Al_2O_3とSiO_2の粒子は，シングルラップ接合の耐久限界をそれぞれ22.3%と11.3%増加させた。一方，TiO_2補強材は，耐久限界を22%低下させた。

Razaviら[114]は，直径0.5 mmのForta 304/4301オーステナイト系ステンレス鋼の金属繊維を，2液型エポキシのAraldite 2015接着剤に埋め込んで試験を実施した。さまざまな繊維距離を持つシングルラップジョイント（SLJ）を製造し，疲労負荷の試験を行った。疲労試験の結果，繊維内距離が短くなると，金属繊維で強化された接着剤継手の疲労強度が大幅に向上することがわかった。強化接合部の優れた疲労強度の存在は，接着面のピーク応力値が低いことと関係していた。

さまざまなタイプの接着剤に使用される接着剤にMWCNTが含まれていると，疲労強度，疲労寿命，または耐久限度の改善という点で，接合部の疲労応答に有益であることがわかった。CNTやMWCNTの含有は，追加のエネルギー吸収源を提供することで，接着剤のエネルギー吸収挙動を変化させる。MWCNTは多層構造であるため，エネルギー吸収能力はCNTよりも優れていると考えられている。もう1つの理由は，破壊エネルギーを吸収して破壊靭性を向上させる表面形状の存在である。クラック，プルアウト，ブリッジングなど，疲労負荷時に発生する損傷メカニズムは，MWCNT の存在下でナノレベルの観察をすることができる。これらのメカニズムはすべて，破壊時のエネルギーを吸収している。場合によっては，機械的な改良が接着材料の強度向上に寄与している可能性もある。

11.10　まとめと今後の展望

接合部の疲労をモデル化するために，数多くの手法が使用されている。これらはいずれも疲労挙動の予測に一般的に適用できるものではないことが証明されているが，いずれも接合継手の疲労挙動の理解や説明に有用であり，説明したすべての方法においてさらなる発展が期待されている。例えば，従来の荷重寿命法は，広義の疲労挙動の説明には有効だが，疲労寿命の予測にはほとんど役に立たず，接合部の損傷進行に関する有用な情報は得られない。しかし，裏面ひずみや埋め込みセンサーなどのモニタリング技術や FEA と組み合わせることで，この手法は産業界にとって非常に強力な使用中損傷モニタリング技術の基礎を形成することができる。破壊力学的アプローチは，き裂から破壊への進行をモデル化でき，異なるサンプル形状に移行できるため，応力寿命アプローチよりも柔軟なツールである可能性がある。しかし，従来の破壊力学アプローチには，初期き裂サイズとき裂経路の選択，適切な破壊基準の選択，荷重履歴，クリープ効果などの問題が存在する。また，破壊力学的アプローチは，多くのケースで実験的に観察される損傷の蓄積と進行を正確に表現することはできない。しかし，近年，標準的な破壊力学の手法に改良が加えられ，これらの限界の多くが取り組まれるようになってきている。

今後の展開としては，接合部の疲労研究により，接合部における疲労損傷の形成と進行に関する知識が増え続け，それが開発中のモデルに反映されることが予想される。上記のアプローチのさらなる開発および拡張に加え，マルチフィジックス有限要素解析モデルに損傷成長法則を組み込むことで，現在よりも機械的に正確な接合部疲労の表現を開発することが，大きな進歩の可能性を持つ分野であると予想されている。また，繰り返し荷重を受ける構造用の接合部の初期設計と使用中のモニタリングの両方において，上記の技術の多くが産業界にとって有用なツールの基礎を形成するのに十分な成熟度に達することが期待されている。

文　献

1）N. E. Dowling, Mechanical Behavior of Materials: Engineering Methods for Deformation, Prentice Hall, 1998.
2）I. A. Ashcroft, M. M. Abdel Wahab, A. D. Crocombe, D. J. Hughes, S. J. Shaw, Effect of temperature on the quasi-static strength and fatigue resistance of bonded composite double lap joints, J. Adhes. 75（2001）61-88.
3）L. J. Hart-Smith, Developments in Adhesives 2, Applied Sci Publ, London, 1981, pp. 1-44.
4）J. A. Harris, P. A. Fay, Fatigue life evaluation of structural adhesives for automotive applications, Int. J. Adhes. Adhes. 12（1992）9-18.
5）M. M. Abdel Wahab, I. A. Ashcroft, A. D. Crocombe, S. J. Shaw, Diffusion of moisture in adhesively bonded joints, J. Adhes. 77（2001）43-80.
6）M. M. Abdel Wahab, I. A. Ashcroft, A. D. Crocombe, D. J. Hughes, S. J. Shaw, The effect of environment on the fatigue of bonded composite joints. Part 2: fatigue threshold prediction, Compos. Part A 32（2001）59-69.

7) I. A. Ashcroft, R. B. Gilmore, S. J. Shaw, Cyclic fatigue and environmental effects with adhesively bonded joints, in: AGARD Conf Proc 590, Bolted/Bonded Joints in Polymeric Composites, NATO, New York, 14, 1997, pp. 1–14.9.
8) I. A. Ashcroft, R. P. Digby, S. J. Shaw, The effect of environment on the performance of bonded composite joints, in: I Mech E Conf Trans, Joining and Repair of Plastics and Composites, Professional Engineering Publishing, London, 1999, pp. 73–85.
9) I. A. Ashcroft, D. J. Hughes, S. J. Shaw, Adhesive bonding of composite materials, Assem. Autom. 20 (2000) 150–161.
10) I. A. Ashcroft, M. M. Abdel Wahab, A. D. Crocombe, D. J. Hughes, S. J. Shaw, The effect of environment on the fatigue of bonded composite joints. Part 1: testing and fractography, Compos. Part A 32 (2001) 45–58.
11) A. D. Crocombe, A. D. Ong, C. Y. Chan, M. M. Abdel Wahab, I. A. Ashcroft, Investigating fatigue damage evolution in adhesively bonded structures using backface strain measurement, J. Adhes. 78 (2002) 745–778.
12) A. D. Crocombe, M. A. Wahab, I. A. Ashcroft, Characterising adhesive joint fatigue damage evolution using multiple backface strain gauges, in: K. Vorvolakos (Ed.), Proc 28th Annual Meeting of the Adhesion Society, The Adhesion Society, 2005, pp. 211–213.
13) A. Graner-Solana, A. D. Crocombe, M. A. Wahab, I. A. Ashcroft, Fatigue initiation in adhesively bonded single lap joints, J. Adhes. Sci. Tech. 21 (2007) 1343–1357.
14) V. Shenoy, I. A. Ashcroft, G. W. Critchlow, A. D. Crocombe, M. M. Abdel Wahab, An investigation into the crack initiation and propagation behaviour of bonded single lap joints using backface strain, Int. J. Adhes. Adhes. 29 (2009) 361–371.
15) Z. Zhang, J. K. Shang, A backface strain technique for detecting fatigue crack initiation in adhesive joints, J. Adhes. 49 (1995) 23–36.
16) I. A. Ashcroft, S. J. Shaw, Mode I fracture of epoxy bonded composite joints, part 2: fatigue loading, Int. J. Adhes. Adhes. 22 (2002) 151–167.
17) I. A. Ashcroft, A simple model to predict crack growth in bonded joints and laminates under variable amplitude fatigue, J. Strain Anal. 39 (2004) 707–716.
18) S. Erpolat, I. A. Ashcroft, A. D. Crocombe, M. M. Abdel Wahab, Fatigue crack growth acceleration due to intermittent overstressing in adhesively bonded CFRP joints, Compos. Part A 35 (2004) 1175–1183.
19) I. A. Ashcroft, S. Erpolat, J. Tyrer, Damage assessment in bonded joints, Key Eng. Mater. 245 (2003) 501–508.
20) I. A. Ashcroft, J. P. Casas-Rodriguez, V. V. Silberschmidt, Mixed mode crack growth in bonded composite joints under standard and impact fatigue loading, J. Mater. Sci. 43 (2008) 6704–6713.
21) W. S. Johnson, Stress analysis of the cracked lap shear specimen: an ASTM round- robin, J. Test. Eval. 15 (1987) 303–324.
22) S. Mall, K. T. Yun, Effect of adhesive ductility on cyclic debond mechanism in composite to composite bonded joints, J. Adhes. 23 (1987) 215–231.
23) P. D. Mangalgiri, W. S. Johnson, R. A. Everett, Effect of adherend thickness and mixed mode loading on debond growth in adhesively bonded composite joints, J. Adhes. 23 (1987) 263–288.
24) A. D. Crocombe, G. Richardson, Assessing stress state and mean load effects on the fatigue response of adhesively bonded joints, Int. J. Adhes. Adhes. 19 (1999) 19–27.
25) S. Erpolat, I. A. Ashcroft, A. D. Crocombe, M. M. Abdel Wahab, A study of adhesively bonded joints subjected to constant and variable amplitude fatigue, Int. J. Fatigue 26 (2004) 1189–1196.
26) J. K. Jethwa, The Fatigue Performance of Adhesively-Bonded Metal Joints (PhD thesis), Imperial College of Science, Technology and Medicine, London, 1995.
27) J. Romanko, W. G. Knauss, Developments in Adhesives – 2, Applied Science Publishers, London, 1981, pp. 173–205.
28) A. Palmgren, Die Lebensdauer von Kugellargen, Z. Ver. Deut. Ing. 68 (1924) 339–341.
29) M. A. Miner, Cumulative damage in fatigue, J. Appl. Mech. 12 (1945) 159–164.
30) I. P. Bond, Fatigue life prediction for GRP subjected to variable amplitude loading, Compos. Part A 30 (1999) 961–970.
31) D. L. Henry, A theory of fatigue damage accumulation in steel, Trans. Am. Soc. Mech. Eng. 9 (1955) 13–918.
32) H. L. Leve, Cumulative damage theories, in: Metal Fatigue: Theory and Design, John Wiley & Sons Inc, NY, USA, 1969, pp. 170–203.

33）S. M. Marco, W. L. Starkey, A concept of fatigue damage, Trans. Am. Soc. Mech. Eng. 76（1954）626–662.
34）M. J. Owen, R. J. Howe, The accumulation of damage in a glass–reinforced plastic under tensile and fatigue loading, J. Phys. D Appl. Phys. 5（1972）1637–1649.
35）W. Schutz, P. Heuler, A review of fatigue life prediction models for the crack initiation and propagation phases, in: C. M. Branco, L. G. Rosa（Eds.）, Advances in Fatigue Science and Technology, NATO, Netherlands, 1989, pp. 177–219.
36）L. F. Coffin, A study of the effects of cyclic thermal stresses on a ductile metal, Trans. Am. Soc. Mech. Eng. 76（1954）931–950.
37）S. S. Manson, Behaviour of materials under conditions of thermal stress, in: National Advisory Commission on Aeronautics, Lewis Flight Propulsion Laboratory, Cleveland, 1954, pp. 317–350. Report 1170.
38）I. A. Ashcroft, D. J. Hughes, S. J. Shaw, Mode I fracture of epoxy bonded composite joints, part 1: quasi–static loading, Int. J. Adhes. Adhes. 21（2001）87–99.
39）S. Erpolat, I. A. Ashcroft, A. Crocombe, A. Wahab, On the analytical determination of strain energy release rate in bonded DCB joints, Eng. Fract. Mech. 71（2004）1393–1401.
40）G. Fernlund, J. K. Spelt, Failure load prediction of structural adhesive joints. Part 1: analytical method, Int. J. Adhes. Adhes. 11（1991）213–220.
41）H. Hadavinia, A. J. Kinloch, M. S. G. Little, A. C. Taylor, The prediction of crack growth in bonded joints under cyclic–fatigue loading II. Analytical and finite element studies, Int. J. Adhes. Adhes. 23（2003）463–471.
42）A. J. Kinloch, S. J. Shaw, The fracture resistance of a toughened epoxy adhesive, J. Adhes. 12（1981）59–77.
43）C. Lin, K. M. Liechti, Similarity concepts in the fatigue fracture of adhesively bonded joints, J. Adhes. 21（1987）1–24.
44）S. Mall, W. S. Johnson, Characterization of Mode I and Mixed–Mode Failure of Adhesive Bonds Between Composite Adherends, NASA Technical Memorandum 86355, NASA, Hampton, 1985.
45）S. Mostovoy, P. B. Crosley, E. J. Ripling, Use of crack–line–loaded specimens for measuring plane strain fracture toughness, J. Mater. 2（1967）661–681.
46）D. P. Miannay, Fracture Mechanics, Springer, New York, 1998.
47）J. R. Rice, A path–independent integral and the approximate analysis of strain concentration by notches and cracks, J. Appl. Mech. 35（1968）379–386.
48）I. A. Ashcroft, M. M. Abdel Wahab, A. D. Crocombe, Predicting degradation in bonded composite joints using a semi–coupled FEA method, Mech. Adv. Mater. Struct. 10（2003）227–248.
49）G. Fernlund, J. K. Spelt, Analytical method for calculating adhesive joint fracture parameters, Eng. Fract. Mech. 40（1991）119–132.
50）D. P. Miannay, Time–Dependent Fracture Mechanics, Springer, New York, 2001.
51）A. Saxena, Nonlinear Fracture Mechanics for Engineers, CRC Press, London, 1998.
52）P. C. Paris, F. Erdogan, A critical analysis of crack propagation laws, Trans. ASME D 85（1963）528–535.
53）H. L. Ewalds, Fracture Mechanics, Edward Arnold, London, 1984.
54）S. Erpolat, I. A. Ashcroft, A. D. Crocombe, M. M. Abdel Wahab, Fatigue crack growth acceleration due to intermittent overstressing in adhesively bonded CFRP joints, Compos. Part A 35（2003）1175–1183.
55）E. M. Knox, K. T. Tan, M. J. Cowling, S. A. Hashim, The fatigue performance of adhesively bonded thick adherend steel joints, in: European adhesion conference（EURADH 96）, Cambridge, UK, vol. 1, 1996, pp. 319–324.
56）A. Pirondi, G. Nicoletto, Fatigue crack growth in bonded DCB specimens, Eng. Fract. Mech. 71（2004）859–871.
57）R. G. Forman, V. E. Kearney, R. M. Engle, Numerical analysis of crack propagation in cyclic–loaded structures, J. Basic Eng. 89（1967）459–464.
58）K. Walker, The effect of stress ratio during crack propagation and fatigue for 2024– T3 and 7075–T6 aluminium, in: STP 462: Effects of Environment and Complex Load History for Fatigue Life, ASTM, Philadelphia, 1970, pp. 1–14.
59）S. Suresh, Fatigue of Materials, Cambridge University Press, Cambridge, 1998.
60）R. Joseph, J. P. Bell, A. J. MvEvily, J. L. Liang, Fatigue crack growth in epoxy/aluminium and epoxy/steel joints, J. Adhes. 41（1993）169–187.
61）J. Luckyram, A. E. Vardy, Fatigue performance of two structural adhesives, J. Adhes. 26（1985）

273–291.
62）X. X. Xu, A. D. Crocombe, P. A. Smith, Fatigue crack growth rates in adhesive joints tested at different frequencies, J. Adhes. 58（1996）191–204.
63）M. Quaresimin, M. Ricotta, Stress intensity factors and strain energy release rates in single lap bonded joints in composite materials, Compos. Sci. Technol. 66（2006）647–656.
64）M. Quaresimin, A. Ricotta, Life prediction of bonded joints in composite materials, Int. J. Fatigue 28（2006）1166–1176.
65）M. M. Abdel Wahab, I. A. Ashcroft, A. D. Crocombe, P. A. Smith, Fatigue crack propagation in adhesively bonded joints, Key Eng. Mater. 251（2003）229–234.
66）M. M. Abdel Wahab, I. A. Ashcroft, A. D. Crocombe, P. A. Smith, Finite element prediction of fatigue crack propagation lifetime in composite bonded joints, Compos. Part A 35（2004）213–222.
67）D. R. Levebvre, D. A. Dillard, A stress singularity approach for the prediction of fatigue crack initiation. Part 1: theory, J. Adhes. 70（1999）119–138.
68）D. R. Levebvre, D. A. Dillard, A stress singularity approach for the prediction of fatigue crack initiation. Part 2: experimental, J. Adhes. 70（1999）139–154.
69）I. A. Ashcroft, Fatigue of adhesively bonded joints, in: Proc. 27th Annual Meeting of the Adhesion Society, The Adhesion Society, Wilmington, NC, 2004, pp. 416–418.
70）J. R. Schaff, B. D. Davidson, Life prediction methodology for composite structures, part I: constant amplitude and two-stress level fatigue, J. Compos. Mater. 31（1997）128–157.
71）J. R. Schaff, B. D. Davidson, Life prediction methodology for composite structures, part II: spectrum fatigue, J. Compos. Mater. 31（1997）158–181.
72）A. T. Dibenedetto, G. Salee, Fatigue crack propagation in graphite fibre reinforced nylon 66, Polym. Eng. Sci. 19（1979）512–518.
73）H. A. Whitworth, Cumulative damage in composites, J. Eng. Mater. Technol. 112（1990）358–361.
74）J. N. Yang, D. L. Jones, S. H. Yang, A. Meskini, A stiffness degradation model for graphite/epoxy laminates, J. Compos. Mater. 24（1990）753–769.
75）D. S. Dugdale, Yielding of steel sheets containing slits, J. Mech. Phys. Solids 8（2）（1960）100–104, https://doi.org/10.1016/0022-5096(60)90013-2.
76）G. I. Barenblatt, The mathematical theory of equilibrium cracks in brittle fracture, Adv. Appl. Mech. 7（1962）55–129, https://doi.org/10.1016/S0065-2156(08)7021-2.
77）R. D. S. G. Campilho, M. D. Banea, J. A. B. P. Neto, L. F. M. da Silva, Modelling adhesive joints with cohesive zone models: effect of the cohesive law shape and adhesive layer, Int. J. Adhes. Adhes. 44（2013）48–56.
78）F. S. Jumbo, Modelling Residual Stresses and Environmental Degradation in Adhesively Bonded Joints（PhD thesis）, Loughborough University, Loughborough, UK, 2007.
79）C. D. M. Liljedahl, A. D. Crocombe, M. Abdel Wahab, I. A. Ashcroft, Modelling the environmental degradation of the interface in adhesively bonded joints using a cohesive zone approach, J. Adhes. 82（2006）1061–1089.
80）A. Mubashar, I. A. Ashcroft, G. W. Critchlow, A. D. Crocombe, Strength prediction of adhesive joints after cyclic moisture conditioning using a cohesive zone model, Eng. Fract. Mech. 78（16）（2011）2746–2760.
81）K. B. Katnam, A. D. Crocombe, H. Khoramishad, I. A. Ashcroft, Load ratio effect on the fatigue behaviour of adhesively bonded joints: an enhanced damage model, J. Adhes. 86（2010）257–272.
82）H. Khoramishad, A. D. Crocombe, K. B. Katnam, I. A. Ashcroft, Predicting fatigue damage in adhesively bonded joints using a cohesive zone model, Int. J. Fatigue 32（2010）1146–1158.
83）H. Khoramishad, A. D. Crocombe, K. B. Katnam, I. A. Ashcroft, A generalised damage model for constant amplitude fatigue loading of adhesively bonded joints, Int. J. Adhes. Adhes. 30（2010）513–521.
84）S. Sugiman, A. D. Crocombe, I. A. Ashcroft, The fatigue response of environmentally degraded adhesively bonded aluminum structures, Int. J. Adhes. Adhes. 41（2013）80–91.
85）L. M. Kachanov, Introduction to Continuum Damage Mechanics, Martinus Nijhoff, Dordrecht, 1986.
86）J. Lemaitre, How to use damage mechanics, Nucl. Eng. Des. 80（1984）233–245.
87）J. Lemaitre, A continuous damage mechanics model for ductile fracture, J. Eng. Mater. Technol. 107（1985）83–89.
88）M. M. Abdel Wahab, I. A. Ashcroft, A. D.

Crocombe, D. J. Hughes, S. J. Shaw, Prediction of fatigue threshold in adhesively bonded joints using damage mechanics and fracture mechanics, J. Adhes. Sci. Technol. 15 (2001) 763–782.

89) I. Hilmy, M. M. Abdel Wahab, I. A. Ashcroft, A. D. Crocombe, Measuring of damage parameters in adhesive bonding, Key Eng. Mater. 324 (2006) 275–278.

90) I. Hilmy, M. M. Abdel Wahab, A. D. Crocombe, I. A. Ashcroft, A. G. Solano, Effect of triaxiality on damage parameters in adhesive, Key Eng. Mater. 348 (2007) 37–40.

91) M. M. Abdel Wahab, I. Hilmy, I. A. Ashcroft, A. D. Crocombe, Evaluation of fatigue damage in adhesive bonding. Part 1: bulk adhesive, J. Adhes. Sci. Technol. 24 (2010) 305–324.

92) M. M. Abdel Wahab, I. Hilmy, I. A. Ashcroft, A. D. Crocombe, Evaluation of fatigue damage in adhesive bonding. Part 2: single lap joint, J. Adhes. Sci. Technol. 24 (2010) 325–345.

93) M. M. Abdel Wahab, I. Hilmy, I. A. Ashcroft, A. D. Crocombe, Damage parameters of adhesive joints with general triaxiality. Part 1: finite element analysis, J. Adhes. Sci. Technol. 25 (2011) 903–923.

94) M. M. Abdel Wahab, I. Hilmy, I. A. Ashcroft, A. D. Crocombe, Damage parameters of adhesive joints with general triaxiality. Part 2: scarf joint analysis, J. Adhes. Sci. Technol. 25 (2011) 925–947.

95) I. A. Ashcroft, V. Shenoy, G. W. Critchlow, A. D. Crocombe, A comparison of the prediction of fatigue damage and crack growth in adhesively bonded joints using fracture mechanics and damage mechanics progressive damage methods, J. Adhes. 86 (2010) 1203–1230.

96) V. Shenoy, I. A. Ashcroft, G. W. Critchlow, A. D. Crocombe, Unified methodology for the prediction of the fatigue behaviour of adhesively bonded joints, Int. J. Fatigue 32 (2010) 1278–1288.

97) V. Shenoy, I. A. Ashcroft, G. W. Critchlow, A. D. Crocombe, Fracture mechanics and damage mechanics based fatigue lifetime prediction of adhesively bonded joints subjected to variable amplitude fatigue, Eng. Fract. Mech. 77 (2010) 1073–1090.

98) T. Walander, A. Eklind, T. Carlberger, U. Stigh, Fatigue damage of adhesive layers – experiments and models, Procedia Mater. Sci. 3 (2014) 829–834.

99) A. H. Al-Ghamdi, I. A. Ashcroft, A. D. Crocombe, M. M. AbdelvWahab, Crack growth in adhesively bonded joints subjected to variable frequency fatigue loading, J. Adhes. 79 (2003) 1161–1182.

100) J. D. Landes, J. A. Begley, A fracture mechanics approach to creep crack growth, in: Mechanics of Crack Growth, American Society for Testing and Materials, 1976, pp. 128–148. ASTM STP 590.

101) K. M. Nikbin, G. A. Webster, C. E. Turner, Relevance of nonlinear fracture mechanics to creep crack growth, in: Crack and Fracture, American Society for Testing and Materials, USA, 1976, pp. 47–62. ASTM STP 601.

102) A. Saxena, Creep crack growth under non-steady-state conditions, in: Fracture Mechanics, American Society for Testing and Materials, USA, 1986, pp. 185–201. Seventeenth Volume, ASTM STP 905.

103) A. H. Al-Ghamdi, Fatigue and Creep of Adhesively Bonded Joints (PhD thesis), Loughborough University, Loughborough, 2004.

104) I. A. Ashcroft, A. H. Al-Ghamdi, A. D. Crocombe, M. A. Wahab, Creep-fatigue interactions and the effect of frequency on crack growth in adhesively bonded joints, in: Proc 9th Int Conf on the Sci and Technol of Adhesives, IOM Communications, London, Oxford, 2005, pp. 110–113.

105) J. P. Casas-Rodriguez, I. A. Ashcroft, V. V. Silberschmidt, Damage evolution in adhesive joints subjected to impact fatigue, J. Sound Vib. 308 (2007) 467–478.

106) K. Azouaoui, Z. Azari, G. Pluvinage, Evaluation of impact fatigue damage in glass/ epoxy composite laminate, Int. J. Fatigue 32 (2010) 443–452.

107) J. P. Casas-Rodriguez, I. A. Ashcroft, V. V. Silberschmidt, Delamination in adhesively bonded CFRP joints: standard fatigue, impact-fatigue and intermittent impact, Compos. Sci. Technol. 68 (2008) 2401–2409.

108) D. R. A. Carvajal, R. A. M. Correa, J. P. Casas-Rodríguez, Durability study of adhesive joints used in high-speed crafts manufactured with composite materials subjected to impact fatigue, Eng. Fract. Mech. (2020), https://doi.org/10.1016/j.engfracmech.2019.03.016.

109) W. Zieleckia, A. Kubita, T. Trzepiecinskia, U. Narkiewiczb, Z. Czechb, Impact of multiwall carbon nanotubes on the fatigue strength of adhesive joints, Int. J. Adhes. Adhes. 73 (2017) 16–21.

110) U. A. Khashaba, A. A. Aljinaidi, M. A. Hamed, Fatigue and reliability analysis of nano-modified

scarf adhesive joints in carbon fiber composites, Compos. Part B 120 (2017) 103–117.
111) U. A. Khashaba, Static and fatigue analysis of bolted/bonded joints modified with CNTs in CFRP composites under hot, cold and room temperatures, Compos. Struct. 194 (2018) 279–291.
112) S. Polat, A. Avcg, M. Ekrem, Fatigue behavior of composite to aluminum single lap joints reinforced with graphene doped nylon 66 nanofibers, Compos. Struct. 194 (2018) 624–632.
113) I. Saraç, H. Adin, S. Temiz, Experimental determination of the static and fatigue strength of the adhesive joints bonded by epoxy adhesive including different particles, Compos. Part B 155 (2018) 92–103.
114) S. M. J. Razavi, E. S. Bale, F. Berto, Mechanical behavior of metallic fiber-reinforced adhesive under cyclic loading, Procedia Struct. Integrity 26 (2020) 225–228.

〈訳：北條　恵司〉

第12章　振動減衰

Martin Hildebrand and Robert D. Adams

12.1　はじめに

振動吸収は，多くの用途でますます重要な特性になってきている。例えば，自動車では，減衰を大きくすることで乗客の快適性を向上させることができる。また，特定の重要な部品で振動の減衰を高めることで，機械の疲労寿命を延ばすこともできる。振動を最小限に抑えなければならない高精度かつ高速の機械では，振動の減衰が重要な問題となることがある。また，テニスラケットやスキー，ゴルフクラブなど，多くのスポーツ用品においても，適切なレベルの振動減衰が重要視されている。

振動減衰は，日常生活において主観的に親しまれている現象である。しかし，振動減衰を正確に測定することは非常に難しく，多くの問題点や落とし穴を理解した人が慎重かつ正確に測定する必要がある。残念ながら，多くの論文では不正確な値が示されている。これらの原因は通常，それ自体がエネルギーを吸収してしまうセンサを用いることに起因する。最新の機器，特に非接触レーザー測定機を使用することで，問題はかなり改善されてきている。しかし残念なことに，多くの作業者はいまだにケーブルのついた加速度ピックアップを使い，測定対象に取り付ける形の電気力学的加振器で試験片を加振している。また，いかに優れた測定技術があっても，試験片の固定部は依然としてロスの原因となっている。曲げ振動の減衰を測定する唯一の成功例は，振動の節の位置を軽い紐で支持する自由支持試験片を使用する方法である[1,2]。非常に軽い試験片や構造物は音響放射による損失も大きいので，Maheri，Adams，および Hugon[3] が示したように，正確な測定には真空中で試験をする必要がある。金属は一般的に減衰が非常に小さく，周期的な応力レベルによって著しく変化する[4]。金属の減衰を測定する，型破りだが有効な方法が，Adams と Percival によって考案されている[5]。この方法では，棒を高周波数（11 kHz）で振動させることで，外部損失による誤差がなく，内部減衰によって発生する熱を測定することが可能である。

振動の減衰は，構造物の動的挙動に不可欠な要素である。この章では，一般的な減衰に関するいくつかの側面と，構造物の振動減衰を増加させるために接着剤をどのように利用できるかについて説明する。ここで使用される「ダンピング」という用語は，周期的な応力を受けた材料や構造物のエネルギー散逸を意味し，動的吸収体のようなエネルギー伝達デバイスは除外する。この定義では，エネルギーは振動システム内で散逸されなければならない。振動のエネルギーは，回復不可能なエネルギー形態，多くの場合，熱として散逸される。

他の多くの構造物と同様に，接着製品の減衰は，材料減衰と，接着接合部を含む機械的構造による減衰とからなる。機械的構造による減衰が支配的となる可能性は，構造の複雑さ，接合部の種類，数，および応力状態によって異なる。

材料要素の体積内で振動エネルギーが散逸するメカニズムは数多く存在する。これらのメカニズムは，通常，結晶格子から分子スケールに至るまで，ミクロおよびマクロ構造の内部再構成と関連している。材料の減衰に関する発表された情報のほとんどは経験的なものであり，それゆえ，基礎となる物理的効果は必ずしも完全に理解されていない。一般に，金属は振幅（周期的応力）依存性と周波数非依存性を有する減衰特性を，小さいながらも有している。一方，高分子材料はるかに高い減衰を持っており，これらは周波数依存性と温度依存性を持つが応力依存性は弱い。炭素繊維強化プラスチック（CFRP）のような複合材料は，高分子マトリックスのガラス転移点（T_g）以下の温度で使用されるため，減衰は周波数や繰り返し応力に本質的に依存しない。**図 12.1** は，さまざまな構造用金属の減衰と繰返し応力の関係を示しており，繊維強化複合材料に期待される減衰の範囲も示している。

構造物の接合部や不連続面におけるエネルギー散逸のメカニズムは複雑である。通常，ほとんどの機械的接合部（ボルトやリベットによる接合部など）では摩擦が関与するが，接着剤による接合部や併用接合部（接着とボルトによる接合など）では，接着剤層に実質的な空隙がない限り，摩擦は通常あまり重要ではない。また，接合端部や接合界面での応力集中は，多くの場合，減衰を増大させる。

解析や試験では，いくつかの数学的モデルが減衰を表現するために使用される。これらのモデルは，必ずしもエネルギー散逸のための特定のメカニズムを意味するものではないことに留意す

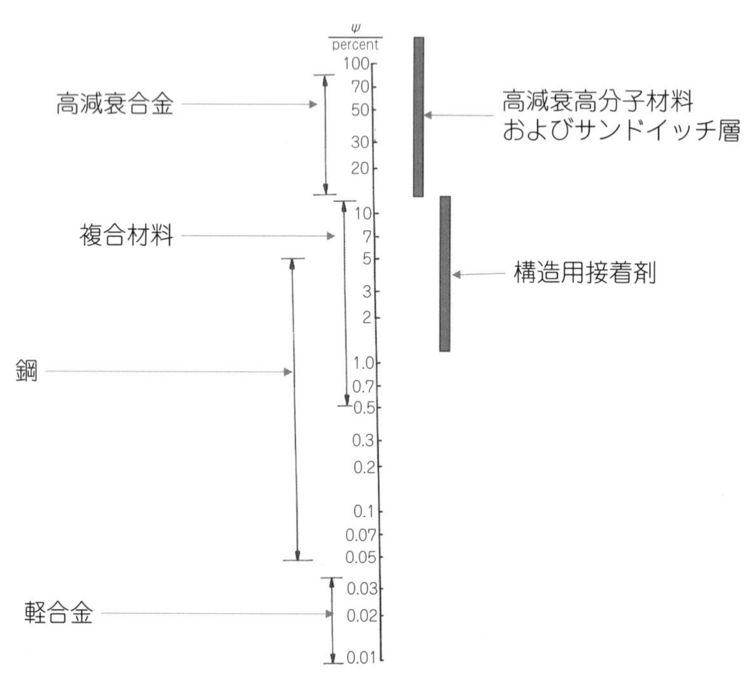

図 12.1　高減衰ポリマーやサンドイッチ層（拘束・非拘束）および構造用接着剤の構造用金属や繊維強化複合材料に対する相対的な位置づけ

る必要がある。一般的に，これらは以下のようにグループ化できる。

- 粘性減衰
- ヒステリシスダンピング
- クーロンダンピング（減衰力は一定だが複雑）

材料や構造物の減衰を定量化するためにさまざまな試験が行われる。ここではいくつかの尺度が減衰の表現に頻繁に使用される。

ψ：比減衰容量

η：損失係数

Δ：対数減衰率

ζ：減衰比

Q：Q ファクター

dW/W：散逸エネルギーと蓄積エネルギーの比

$\tan\delta$：位相角の正接

これらの尺度の関係は式(12.1)で表され，共振時の調和振動でも成立する。

$$\eta = \psi/2\pi = \mathrm{d}W/2\pi W = 1/Q = 2\zeta = \Delta/\pi = \tan\delta \tag{12.1}$$

騒音，振動，および寿命に関わる共振の問題には，減衰が最も重量効率の良い解決策となる。これは特に，構造物固有の減衰が小さく，振動の加振エネルギーが大きい場合に当てはまる。異なる減衰材料の値や試験結果を比較する場合，試験片の応力レベルや応力分布が，ほぼ全ての材料の減衰量に影響を与える。したがって，これらにより起こりうる違いを考慮することが重要である。金属，ポリマー，セラミックス，およびそれらの複合材料など，さまざまな構造材料の減衰特性については，Chung[6] がレビューしている。Adams[3] による工学的に重要な金属に関する初期の研究では，図 12.1 に示すように，減衰は一般に小さく，しかし繰返し応力の振幅に強く依存することが示されている。鋼や多くの鉄系金属では，減衰の主な原因は磁歪によるもので，繰返し応力に対して明確なピークを示す。また，焼鈍したニッケルでは，減衰のピークが非常に高くなり得る。ほとんどの構造用金属は，有用なレベルの減衰を持たない。Adams とその同僚[7-12]は，炭素繊維強化プラスチック（CFRP）などの構造用複合材を試験・分析した。彼らは，有限要素解析（FEA）を用いて，一方向性 CFRP の減衰特性の測定値から，積層複合材料の実験的に測定された減衰を予測することが可能であることを示している。

接着剤が構造物の減衰に寄与する形態としては，主に以下の３つが挙げられる。

（a）拘束型または非拘束型の減衰処理。接着剤の本質的な役割は，振動する構造物からのせん断荷重をダンピング用高分子材料に伝達することにある。

（b）接着剤自体での減衰。ただし，一般に接着剤層が非常に薄いため，この効果は小さい。

（c）航空宇宙分野では，構造用ハニカムのような中心コアに２つのスキンを接着したサンドイッチパネルが使用されることが多い。この場合，薄い材料（通常はアルミニウムや紙）のシートを接着して作られるハニカムは，その芯材としての構造的な機能を維持したまま，大きな減衰をもたらすことができる[3]。一方，スキンをコアに接着するために使用される高強度接着剤は，全体的なダンピングにほとんど寄与しない[12,13]。

12.2　構造物における減衰

大小の構造物に狭帯域または広帯域（ホワイトノイズ）の加振を加えると，共振する可能性がある。共振が起こると，振動の振幅が危険なレベルまで大きくなり，疲労き裂が発生することもある。共振は，入力された加振エネルギーが熱として散逸し，この結果振幅が制限されるようなダンピングによって制御されるのが最善である。一般的な構造材料は減衰性が低いため，それで作られる構造物自体もその減衰性は低い。一般論として，材料が強ければ強いほど，減衰は小さくなる。その典型的な例が，1940年に米国で起きたタコマ・ナローズ・ブリッジの破壊で，新しく建設された吊橋が風による加振で崩壊した。ロンドンでは，テムズ川に架かるミレニアムブリッジの減衰が残念ながら低く，歩行者のせいで「ぐらぐら」することが判明した。そこで，大型の粘性ダンパー（自動車のショックアブソーバーのようなもの）と，加振エネルギーを吸収するためのチューンドマスダンパーを設置することにした。航空機には，主にエンジンで生じる騒音・振動や，空気中の移動に起因する単一周波数もしくはホワイトノイズなど，多くの加振源が存在する。騒音，振動，ハーシュネス（NVH）は自動車設計者にはよく知られており，ダンピングはそれを軽減するための主要な検討事項である。宇宙の軌道に投入された黎明期のロケットでは，ロケットエンジンの騒音や振動により，打ち上げ時に多くの影響を受けた。この振動が原因で，電気回路が故障し，ミッションに支障をきたすこともあった。そこで，ある種の高分子材料が有する高い減衰特性を利用し，粘性減衰処理を施すことになった。多くの構造物では，表面間の相対的な動きとその結果生じる摩擦力によって，その接合部においてエネルギーが散逸する。

振動減衰は最近多くの研究の対象となっているが，まだ比較的理解されていない現象である。解析的な予測手法の信頼性は，比較可能な構造解析よりもはるかに低いのである[14]。有限要素法（FEM）は，理論的にはいくつかの方法で減衰を解析に含めることができる。したがって，構造物の減衰特性を解析することが可能である。減衰効果は，離散的な減衰要素の使用，モード減衰の導入，材料モデル（例えば，粘弾性材料モデルの使用）を通じて導入することができる。

構造物の減衰を評価するために一般的に使用される方法の1つはモーダルひずみエネルギー（MSE）アプローチであり，減衰効果をモデル化するための基礎として構造物の有限要素解析表現を利用している。この方法により，弾性要素と粘弾性要素の層からなる構造物の減衰レベルを正確に予測できることが示されている[15,16]。MSEの原理では，ある振動モードに対するシステム損失係数と材料損失係数の比は，あるモードに対するモデル内の全ひずみエネルギーに対する粘弾性要素の弾性ひずみエネルギーの比から推定できるものとしている[17]。一般的にMSEアプローチは，ひずみエネルギー比を計算するために非減衰のノーマルモード解析と組み合わせて使用される。また，ひずみエネルギーは，相対的なモード形状から決定される。粘弾性特性は，ひずみ速度に対して線形に変化すると仮定される。しかし，多くの構造用接着剤では，必ずしもそうとはいえない。

陽解法有限要素コードでは，時間領域で減衰を直接評価することも可能である。しかし，解析コストの面では，今日業界で一般的に行われている従来の構造力学解析と比較すると，かなり資源と時間のかかる方法である。これ以外にも有限要素法ではいくつかの方法で減衰をモデルに含めることができる。しかし，振動減衰に特化せず動的挙動全般を解析する必要がある場合は，有効かつ効率的でさらに信頼できる構造減衰解析は容易でなく，実際には多くの障害が存在する。このような振動減衰解析の主な鍵は，粘弾性材料の挙動を正しく理解し，接合部に使用される接着剤の動的特性を正確に評価することにある。

一般的に，これらの解析手法で使用される減衰モデルについては，十分な精度を持つ材料データがかなり不足しているのが現状である。現在のところ，減衰層用に特別に開発された減衰材が，実験的にデータが取得されている唯一の材料群である。つまり，減衰は通常，周波数と温度の両方の関数として測定されなければならない。これらの制振材料の中には，例えば，2枚の金属板の間に接着して，高い振動減衰能力と曲げ剛性を持つサンドイッチシートを構成するなど，接着剤のように使用されているものもある。しかし，一般的な構造用接着剤については，同等のデータが供給されることはまず無い。接着剤の減衰特性が周波数と温度に依存するため，さまざまな接合タイプや用途に対応できる幅広い解析入力データを得るためには，徹底した材料特性の把握が必要である。

12.3　接合部の摩擦によるダンピング

ボルトやリベットのような機械的な締結を接着剤で置き換えることが提案されているので，これらの接合部に起因する減衰のレベルを確認することは有益である。大きな構造物では，減衰が接合部や構造の不連続性に起因していることが多い。したがって，解析の信頼性を高めるためには，これらの領域を非常に正確にモデル化する必要がある。有限要素解析の場合，構造解析で通常使用するよりもかなり細かいメッシュを接合部に使用することが現実的である。残念ながら，締結部の摩擦が減衰の大きな要因であることはわかっているが，摩擦係数を変化させる摩耗，予負荷，局所的な微小運動のために，ほとんど予測不可能な状態になっている。

要するに，構造物の減衰を確実に解析するには，高度に進化したソフトウェアだけでなく，接着材料や接合部の減衰特性の理解，非常に正確にメッシュ化された構造モデル，そして多くの場合，非線形解析が必要なのである。また，減衰が重要な役割を果たすほとんどの場合，実験による検証が必要であり，材料，接合部，構造の各レベルで試験を実施する必要がある。

Brearley ら[18] は，**図 12.2** に示すように，2つのU字型材を接合したはりを用い，曲げ振動の試験を実施した。型材は，さまざまな間隔に配置した一連のボルトを用い，トルクレンチで締結された。その結果，ビームの減衰はボルトの張力に依存し（**図 12.3**），一部のボルトを外すと減衰が大きくなることがわかった。また，**図 12.4** では，水などの潤滑剤を塗布すると，滑りがよくなり，減衰が大幅に増加することがわかる。この結果は，何よりも摩擦減衰を設計パラメータとして信頼することの不可能性を示している。なお，ボルトの代わりに独自の熱硬化エポキシ接着剤を使用した場合，はりのダンピングはボルトを使用した場合の最低値（最も締め付けた状態）にまで減少した。

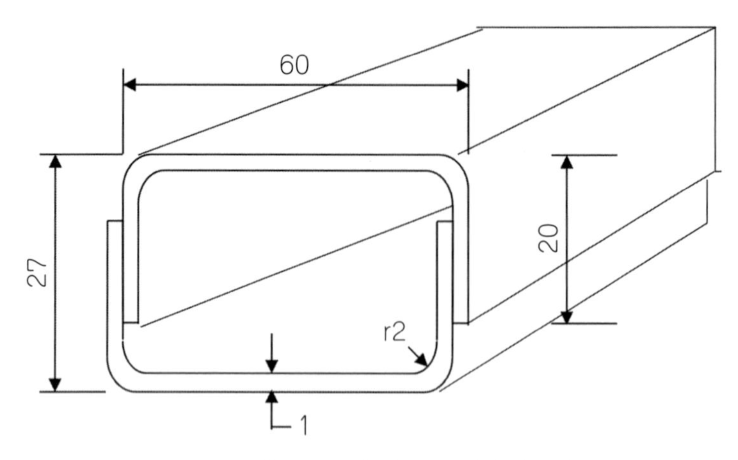

図 12.2　接合 U 字型ビームの寸法（mm）

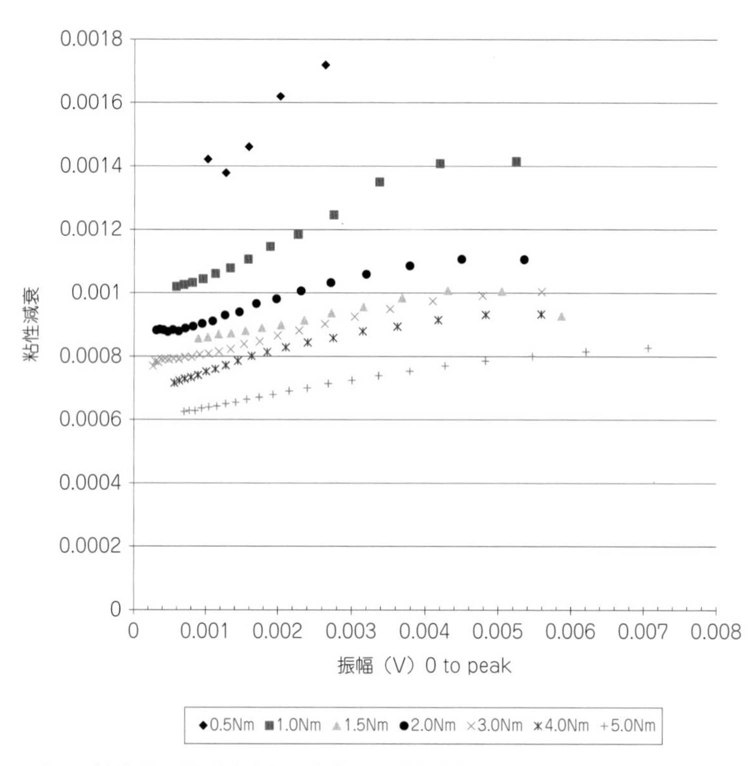

図 12.3　ボルト接合部の比減衰容量と振幅の関係（締め付けトルク（Nm）を変えた場合）

12.4　構造用接着剤によるダンピング

非常に柔らかく，減衰の大きい接着剤を使用した場合，負荷はほとんど伝達せず，しかもクリープが発生する。このような接着剤については，ここでは考慮しないが，このような柔らかい接着剤から熱硬化型エポキシまで，連続したスペクトルがあることに留意する必要がある。

構造用接着剤による接合部の減衰挙動については，得られる情報がかなり限られている。しか

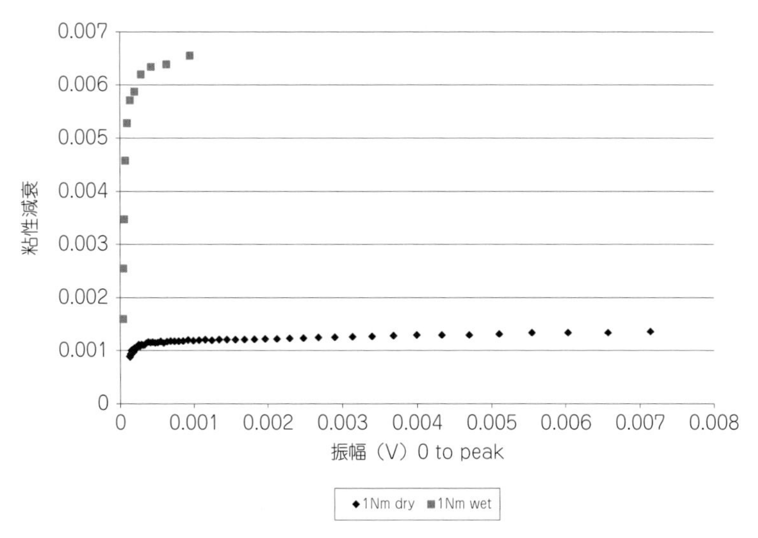

図12.4　締め付けトルク1 Nmのボルトで締結されたU字型ビームの減衰に及ぼす水の影響

し，接着剤による接合は，特定の状況において，高い減衰性を持つ接合部を実現するための魅力的なソリューションを提供することが知られている[19-21]。強じんな構造用接着剤（変性エポキシ，アクリル，ポリウレタンなど）は，その粘弾性挙動により，優れた強度と減衰特性を有しているが，構造用接着剤は一般的に T_g 以下で使用されるべきなので，ガラス転移温度（T_g）には注意が必要である。

Srivatsanら[21]は，接着剤で接合した鋼–鋼ダブルラップ接合部の曲げ振動における減衰を，周波数250 Hz付近で測定した。接着剤には可塑化エポキシ樹脂を使用した。欠陥のない接合部では，16％の比減衰容量（ψ）を達成した。欠陥（接合部の一部剥離）を導入した場合，比減衰容量は大幅に増加したが，当然，接合部の強度は大幅に低下した。

ScottとOrabi[22]は，同軸の管と棒の接合部について，その減衰および弾性特性に対するひずみの影響を調査した。2種類のエポキシ接着剤が比較され，どちらもひずみの増加に伴い減衰比が明らかに増加することが示された。異種材料間の接着接合部の減衰挙動に関する文献はほとんど存在しない。しかし，接着接合部に生じる減衰効果は，被着体の材質が同種・異種にかかわらず類似している。高減衰特性を持つ被着体（繊維強化複合材料など）の場合，接着接合は減衰が大きくなる周波数帯域を広げるために利用される。多材質の製品では，接合部の存在が不可欠である。そのため，接着剤による接合は，このような製品の受動的な振動制御に関して大きな可能性を持っていると言える。

12.5　拘束型減衰処理と非拘束型減衰処理

制振処理における接着剤の最も効果的な使用方法は，拘束型および非拘束型の減衰処理である。高減衰高分子（HDP）自体はクリープを生じることなく大きな負荷に耐えることはできないので構造材料としては使用できないが，接着剤により接合し構造物に組み込むことは可能であ

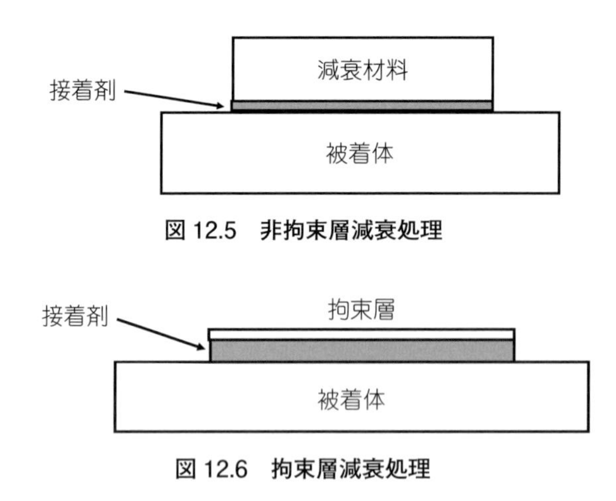

図 12.5　非拘束層減衰処理

図 12.6　拘束層減衰処理

る。読者は，Mead[23] と Jones[24] の優れた著書に，両方の減衰処理の方法について広範な数学的解析がなされていることを参照されたい。

図 12.5 のような非拘束の減衰処理は，減衰ポリマーを薄い金属板に接着するだけで実現できる。この方法は，一般的に車のドアの内側に使用されている。減衰だけでなく，音響的に有用な質量も併せて付加できる。この用途では，金属の振動を制振材のエネルギー蓄積に効率良く変換できるよう，HDP は高弾性率であることが望ましい。システムの減衰係数は，散逸するエネルギーの総量と蓄積されるエネルギーの総量の比に依存することを思い出していただきたい。HDP を使用する際の問題点として，そのダンピングが T_g 近傍の領域，しかも限られた周波数範囲でしか有効でないことが挙げられる。周波数範囲を広げるために，高分子をブレンドすることもある。より簡単には，2 つの HDP を使用し，柔らかい方を外側に配置する方法もある。もちろん，温度はもう 1 つの変数である。

図 12.6 に拘束層減衰処理の概略を示す。これらは，非拘束システムよりも減衰がはるかに高く，付加質量が小さいという点で効率的である。周波数範囲と温度に関しては，非拘束システムと同じ問題がある。一般に，HDP の薄層は金属基板に接着され，他方の表面にはより硬い層（通常はアルミニウム）の薄板が接着されている。この場合も，必要に応じて層を増やすことで，温度や周波数の範囲を広げることができる。数学はさらに複雑になるが，Mead と Jones[23,24] が必要な作業をすべて行っているので，どのような用途にも彼らの方程式を使用することができる。簡単な例として，長方形の鋼板を軽い糸で吊るし叩くと鐘のように鳴るが，この鋼板に独自の制振テープを貼るだけで驚くほどの変化が生じる。

拘束型および非拘束型減衰処理に使用される接着剤は，単体ではほとんど，あるいは全く制振効果を発揮しないが，効果的な制振システムを構築する上では不可欠な要素である。また時には，接着剤の特性だけで十分な場合もある。

12.6　接着剤接合部の振動減衰に関する実験データ

Hildebrand と Vessonen は，さまざまな接着剤を用いて接合したシングルラップ接合部の振動減衰に関する一連の広範な実験を行った[25]。この一連の実験には，接合部と接着剤の両方に関する振動減衰実験が含まれている。さらに，接合部と接着剤の構造特性も測定している。この結果は，接着剤を用いた構造用接合部で達成できる振動減衰の典型的なレベルを示している。また，接着剤の種類による減衰の大きな相違も示している。さらに，得られたデータは，接着剤で接合した構造物の振動減衰を評価する方法を比較・検証する場合や，方法のさらなる開発に適用できる。

これらのシングルラップ継手はさまざまな接着剤を用いて接合されている。また比較のため，同様の形状を持つボルト接合，ボルト/接着剤併用接合，溶接接合などの代替案も示されている。被着体は鋼（AISI304）で，接着前に表面をアセトンで洗浄し，グリットブラスト（酸化アルミニウム）した後，再度洗浄し，その後，接着剤で接合している。重ね合わせ長さは 50 mm で，その結果，試験片の全長は 400 mm となった。接着剤層の厚さは，接合部の製造時に制御し，0.2，0.5，および 2.5 mm としている。**表 12.1** に示すように，いくつかの接着剤を使用しているが，これらは，さまざまな産業や用途で使用されている広範な構造用接着剤を代表している。これらの試験片を用いて以下の実験が行われた。

12.6.1　ラップジョイントのモーダルテスト

実験は以下のように実施された。まず，試験片の固有振動数を下げるために，試験片の両端に 2 個の鋼製錘（各 0.98 kg）を追加で取り付けた。鋼製錘の大きさは 80×40×40 mm とした。モード試験中，試験片は，試験片の他端にある鋼製錘に取り付けた 1 本の柔軟なロープで支持し，自由にぶら下がることができるようにした。試験は，適切な計測用ハンマーを用い，構造物を振動

表 12.1　各試験片で使用した接着剤の種類

検体	接着剤タイプ	商品名
A	2 液ポリウレタン	Henkel Makroplast 8202+5430
B	2 液エポキシ	Eurepox 710+140
C	2 液エポキシ	3 M DP110
D	2 液エポキシ	Ciba AV138
E	2 液エポキシ	3 M DP 460
F	2 液ポリウレタン	Teopur 4012
G	2 液ポリウレタン	Kiilto Kestopur PL 240
H	1 液ポリウレタン	Sikaflex 360HC（厚さ 0.5 mm）
I	1 液ポリウレタン	Sikaflex 360HC（厚さ 2.5 mm）
K	ホットメルト	Hot Melt Bostik 9951

接着剤 A～I は，典型的な構造用接着剤の広い範囲を代表するものであり，接着剤 K は，比較のために含まれる，より構造性の低いホットメルト接着剤である。

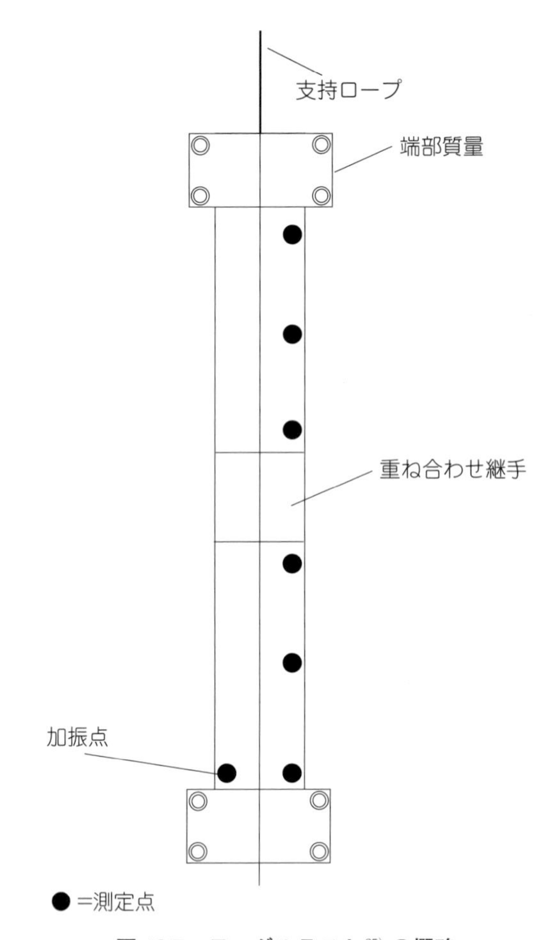

図 12.7　モーダルテスト[25]の概略

させるインパクトハンマー法により実施した。また，8チャンネルスペクトラムアナライザーを用いて，各試験片の7つの位置において，加速度/加振力（$m/s^2/N$）の形の周波数応答関数（FRF）を測定した。振動応答の測定には，7個の加速度計（1個の重量は約 2.5 g）を使用した。衝撃力の測定には，荷重変換器を使用した。**図 12.7** に，試験の詳細を示す。測定した周波数応答関数は，モード解析プログラムを用いて解析し，曲げおよびねじりの基底モードに対してその固有周波数と減衰データを求めた。

12.6.2　ラップジョイントの引張試験

ラップジョイントの引張試験は，万能試験機を用いて，室温で 2 mm/min の速度で実施した。その結果，接合部の平均せん断強度が得られた。平均せん断強度は，接合部の強度レベルを示す目安となる。

12.6.3　接着剤自体の引張強度

試験は，ISO/DIS 527 の規格に従って，2 mm/min の変位速度で実施した。その結果，接線弾性率，最大強度，および破断伸びが得られた。さらに，応力-ひずみ曲線も本論文には示されている。

12.6.4 接着剤の動的機械熱解析

動的機械熱解析（DMTA）はねじりモードで行われた。弾性率と損失係数は，−20℃から100℃の間の温度範囲（接着剤 K は−80℃から 100℃の間）で得られている。試験周波数は 10 Hz であった。このデータは，接合部の振動減衰に対する温度の影響を評価するために使用することができる。さらに，DMTA の試験結果は，接着剤の耐熱性を判断するために使用可能である。

本試験の実験結果を**表 12.2** にまとめる。さらに，DMTA と引張試験の結果を**図 12.8**〜**図 12.10** に示す。参考のために試験した接合部の無い鋼製試験片（長さ 400 mm）の振動減衰度は，ねじり，曲げでそれぞれ 0.048%，0.095%であった。したがって，接着接合部を有する試験片の振動減衰レベルは，接合部の無い相当構造体のそれよりも最大で 10 倍高い。

本章で示した実験データは，接着剤で接合した構造物の構造振動減衰を予測する目的で実施される解析的または数値的な取り組みに役立つことを目的としている。興味深いことに，接合部のモード減衰は，接着材料の減衰能と明確な相関がないことである。このことは**図 12.11** に示されている。また，接合部の形状や接合部の機械的特性など，接合部の減衰能力を決定する他の要因もある。通常，接着剤の減衰特性と構造特性はトレードオフの関係にある。このことに注意することが重要である。最も高い減衰特性を持つ接着剤は，構造的な特性が制限される場合が多い。しかし，限定された低い接合強度が通常許容されないため，その構造設計と最適化には挑戦が必

表 12.2　試験結果

	ジョイント		モーダルテスト		接合部引張試験		粘着剤の引張試験			動的熱機械解析	
	粘着剤層の厚さ（mm）	ダンピング（ねじり）（%）	周波数（ねじり）（Hz）	ダンピング（屈曲）（%）	周波数（屈曲部）（Hz）	平均せん断強度（MPa）	引張強度（MPa）	引張弾性率（MPa）	破断伸度（%）	粘着減衰量（tan δ）（—）	粘着剤ねじり弾性率（MPa）
A	0.2	0.112	53.9	0.262	33.7	13.1	13.9	341	50.9	0.085	1079
B	0.2	0.139	53.8	0.179	33.6	11.7	36.4	2570	1.5	0.013	1092
C	0.2	0.144	54.5	0.173	34.7	14.3	26.8	1470	11.5	0.060	921
D	0.2	0.088	54.0	0.151	34.1	12.2	24.5	3940	0.8	0.014	1654
E	0.2	0.114	54.2	0.133	34.1	15.0	38.1	2790	3.9	0.013	941
F	0.2	0.311	53.9	0.516	34.0	10.3	8.6	197	21.7	0.066	1202
G	0.2	0.345	53.7	0.466	33.5	9.94				0.096	1264
H	0.5	0.149	50.6	0.209	30.8	6.20	7.6	16	296	0.202	5.01
I	2.5	0.119	51.0	0.215	31.7	8.11	7.6	16	296	0.202	5.01
K	0.2	0.669	52.0	0.73	32.2	3.44					

すべて 20℃での値。接合部のモード試験，接合部の引張試験，および接着剤の引張試験結果は，3 本の試験片の平均値。ダンピングの値は，臨界ダンピング（c/c_{cr}）[25] に対する割合で示されている。

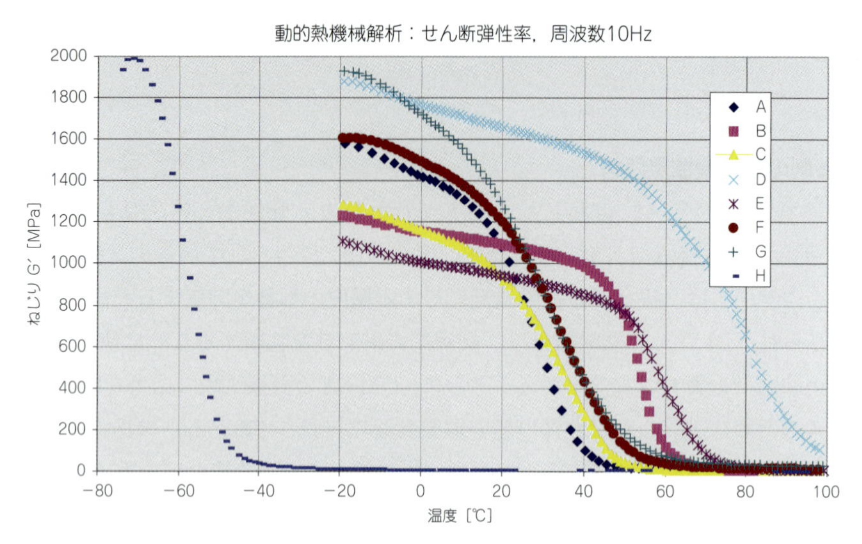

図 12.8　DMTA で測定した接着剤のせん断弾性率の温度の依存性（試験周波数は 10 Hz）[25]

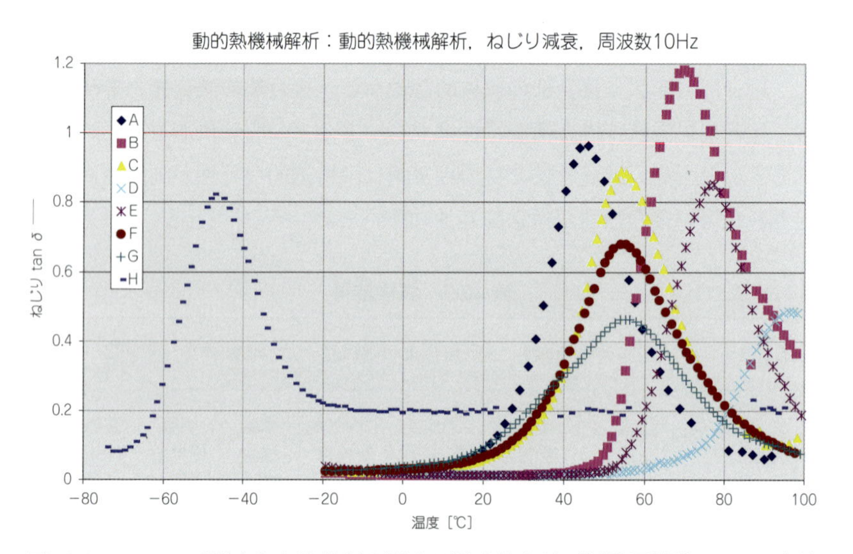

図 12.9　DMTA で測定した接着剤の減衰の温度依存性（試験周波数は 10 Hz）[25]

要となる。

金属板と複合材サンドイッチパネルとの間の高振動減衰に特化した構造接合部を作成する試みが，Hentinen らによって行われている[26]。純粋な構造接合と比較して，より高いダンピングを達成するために，適切な粘弾性特性を持つ接着剤との組み合わせで，より高い柔軟性が与えられている（**図 12.12**）。ただし，このコンセプトの潜在的な欠点は，長期に渡り高い静的負荷が予想される場合，特に高温との組み合わせの場合は，クリープを考慮せざるを得ないことである。接合部に高い振動減衰をもたらす粘弾性特性は，その一方，長期の高い静的荷重に対してクリープのリスクを増大させる。

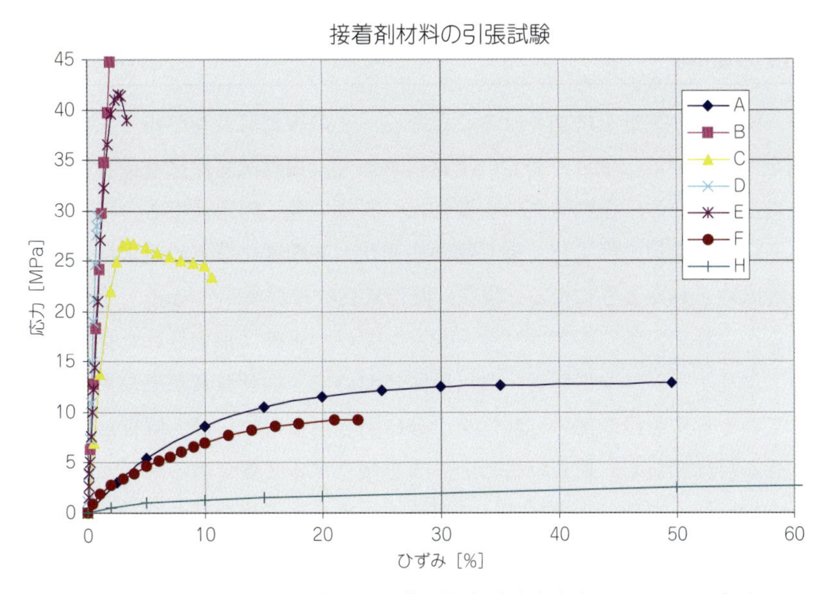

図12.10　接着剤の引張応力–ひずみ曲線（試験速度は2 mm/min）[25]

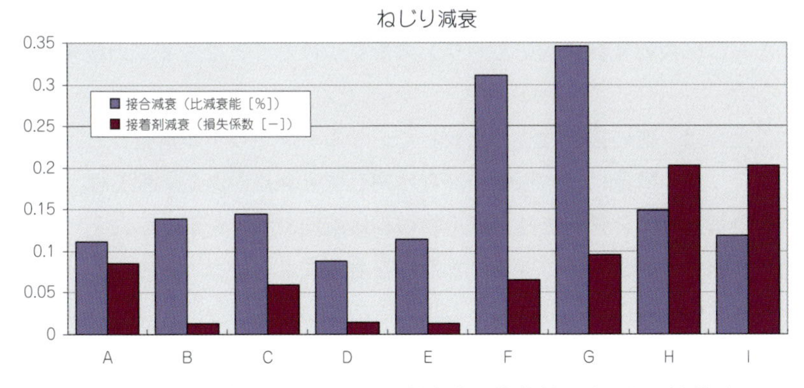

図12.11　接合部のねじり減衰と対応する接着剤のそれとの比較[25]

図12.12　金属と複合材サンドイッチパネル間の3種類の構造的接合部。左と右は純粋に構造的なもので，中央は比較的高い構造的特性と高振動減衰の双方に特化したもの[26]

12.7　今後の動向

接着接合は，構造物の重量を増加させることなく，その振動減衰レベルを大幅に向上させる興味深い可能性を持っている。今日，多くの用途において，振動減衰が接着接合部の付加的な利点として受け止められている。振動減衰の重要性は，将来の多くの用途でさらに高まるであろう。機械の運転高速化，構造物の軽量化，乗り物の快適化，高精度化などの追求により，動的特性の制御がより一層求められるようになる。現在，振動減衰はまだ多くの場合，「あったらいいな」程度の特性であるが，将来の多くのアプリケーションでは，正確に指定された特性になる。このことは，多くのアプリケーションの解析・設計段階において，振動減衰が果たす役割が大きくなることを意味している。接着接合部の可能性を十分に引き出すためには，解析および設計ツールをさらに発展させるだけでなく，新しい材料データを確立する必要がある。

「減衰のための設計」，本章での文脈では「減衰のための接着接合部の設計」は，構造設計プロセスにおける新たな側面となるであろう。接着接合部が高い振動減衰性を持つように設計されているだけでは不十分で，強度や剛性など他の構造特性を損なうことなく，エネルギー散逸に最適な形で貢献できる適切な場所に接合部を配置することがより重要である。接着接合によって強度，柔軟性，ならびに振動減衰の適切なバランスを見つけることは，多くの技術者にとって新たな挑戦となる。

接着剤による接合は，他の接合方法と比較して，マルチマテリアル構造における良い選択肢となる。マルチマテリアル構造には，振動の減衰に関しても利点がある。例えば，金属よりも高い減衰特性を持つ繊維強化複合材料では，構造物の繊維配向や積層を変えることで，減衰特性を要求に応じて簡単に調整することができる。また，接着剤による接合と組み合わせることで，振動の減衰挙動を制御する可能性がさらに高まる。

産業用接着剤では，上記のパッシブな振動制御に加えて，アクティブな振動制御が実用化される可能性が高い。アクティブ方式は，センサーやアクチュエーターを用いて振動を感知し，リアルタイムに振動を抑制するための作動を実現するものである。程度の違いはあるにしても，「アクティブ」な構造部材は，振動を制御しダンパーとして機能するなどの目的で，いくつかの産業用途で既に使用されている。例えば，Li と Dunne[27] は，形状記憶合金をパイプとその継手の接合部に組み込み，実験室レベルで有望な結果を得ている。

接着接合部は，通常，構造物全体と比較してサイズが小さいため，このようなアクティブな要素を組み込むための良い選択肢となり得る。新たなアクティブ材料の開発が急速に進んでいることを考慮すると，近い将来，これらが接着接合部に組み込まれるようになる可能性がある。

文　献

1）F. J. Guild, R. D. Adams, A new technique for the measurement of the specific damping capacity of beams in flexure, J. Phys. E: Sci. Instr. 14（1981）355-363.

2）R. D. Adams, M. M. Singh, The effect of immersion in sea water on the dynamic properties of fibre-reinforced flexibilised epoxy composites, Compos. Struct. 31（1995）119-127.

3) M. R. Maheri, R. D. Adams, J. Hugon, Vibration damping in sandwich panels, J. Mater. Sci. 43 (2008) 6604–6618.
4) R. D. Adams, The damping characteristics of certain steels, cast irons and other metals, J. Sound Vib. 23 (1972) 199–216.
5) R. D. Adams, A. L. Percival, Measurement of the strain-dependent damping of metals in axial vibration, J. Phys. D. Appl. Phys. 2 (1969) 1693–1704.
6) D. D. L. Chung, Review – materials for vibration damping, J. Mater. Sci. 36 (2001) 5733–5737.
7) R. D. Adams, D. G. C. Bacon, Effect of fibre orientation and laminate geometry on the dynamic properties of carbon fibre reinforced plastics, J. Compos. Mater. 7 (1973) 402–428.
8) R. G. Ni, R. D. Adams, A rational method for obtaining the dynamic mechanical properties of laminae for predicting the stiffness and damping of laminated plates and beams, Composites 15 (1984) 193–199.
9) R. G. Ni, R. D. Adams, The damping and dynamic moduli of symmetric laminated composite beams – theoretical and experimental results, J. Compos. Mater. 18 (1984) 104–211.
10) D. X. Lin, R. G. Ni, R. D. Adams, Prediction and measurement of the vibrational damping parameters of carbon and glass fibre-reinforced plastics plate, J. Compos. Mater. 18 (1984) 132–152.
11) R. G. Ni, D. X. Lin, R. D. Adams, The dynamic properties of carbon-glass fibre sandwich laminated composites: theoretical, experimental and economic considerations, Composites 15 (1984) 297–304.
12) R. D. Adams, M. R. Maheri, Dynamic flexural properties of anisotropic fibrous composite beams, Compos. Sci. Technol. 50 (1994) 497–514.
13) R. D. Adams, M. R. Maheri, The dynamic shear properties of structural honeycomb materials, Compos. Sci. Technol. 47 (1993) 15–23.
14) P. W. Spence, C. J. Kenchington, The role of damping in finite element analysis, 1993. NAFEMS Finite Element Methods & Standards Report R0021.
15) C. D. Johnson, D. A. Kienholtz, L. C. Rogers, Finite element prediction of damping in beams with constrained viscoelastic layers, Shock Vibr. Bul. 51 (1) (1981) 71–81.
16) A. D. Nashif, Control of noise and vibration with damping materials, Sound and Vibration Magazine (1983) 28–36. July.
17) A. D. Nashif, D. I. G. Jones, J. P. Henderson, Vibration Damping, John Wiley & Sons, New York, 1985.
18) T. Brearley, E. Nehammer, E. Rouse, D. Vaughn, An investigation into damping in structures, University of Bristol Report, 2005.
19) J. C. Prucz, Advanced joining concepts for passive vibration control, in: 58th Shock and Vibration Symposium, 13–15 October 1987, Huntsville, AL, 1987, pp. 459–471. Washington, DC. NASA Conf. Publication 2488.
20) T. S. Srivatsan, T. A. Place, R. Mantena, R. F. Gibson, T. S. Sudarshan, The influence of processing variables and defects on the performance of adhesively bonded joints, in: Proceedings of the 2nd Int. SAMPE Metals Conference, 2–4 August, Dayton, Ohio, vol. 2, 1988, pp. 368–380.
21) T. S. Srivatsan, R. Mantena, R. F. Gibson, T. A. Place, T. S. Sudarshan, Electromagnetic measurement of damping capacity to detect damage in adhesively bonded material, Mater. Eval. 47 (1989) 564–570.
22) J. E. Scott, I. I. Orabi, Prediction and measurement of joint damping in scaled model space structures, in: Fourteenth Engineering Materials Conference, Austin, Texas, 2000.
23) D. J. Mead, Passive Vibration Control, Wiley, Chichester, 1998.
24) D. I. G. Jones, Handbook of Viscoelastic Vibration Damping, Wiley, Chichester, 2001.
25) M. Hildebrand, I. Vessonen, Experimental data on damping of adhesively bonded single-lap joints, in: Workshop on Modelling of Sandwich Structures and Adhesively Bonded Joints, IDMEC, Porto, 1998.
26) M. Hentinen, M. Hildebrand, M. Visuri, Adhesively Bonded Joints Between FRP Sandwich and Metal. Different Concepts and Their Strength Behaviour, VTT Research Notes 1862, Technical Research Centre of Finland, Espoo, 1997.
27) H. Li, D. P. Dunne, Final Report on Shape Memory Alloy Couplings for Joining Pipe and Tube, CRC, Australia, 2000.

〈訳：佐藤　千明〉

第13章　同種材料および異種材料の接合

Ewen J. C. Kellar

13.1　はじめに

接着剤は，あらゆる素材に対して，どのような組み合わせの接合でもほとんど対応できる汎用性の高さが，最大の特徴である。接着剤を使った接合には，以下のような多くの利点がある。

- 機械的締結で生じる応力集中や溶接で生じる熱応力と比較し，接合部の応力分布が一様なこと
- 穴や付加物がなく，歪みもほとんどないために，空力学的に有利で，意匠性に優れた接合部を形成できること
- 接合部全体を密封できること
- 被着体，接着剤，および接合部の形状に応じて特性を制御した接合部を設計できること
- 種類や形状，材料に関係なくほとんど接合できること

2つの基材が同種または相溶性のある材料の場合，溶接などの融合接合技術を使用することに大きな利点がある。しかしながら，接着剤という選択肢は，多くの場合，加熱工程とそれに伴うひずみの影響を接着剤特有の柔軟性も相まって回避することができる。接着剤は，斬新かつ複雑な接合部の設計の検討を容易にし，接合部の機械的および物理的特性（例えば，故障の発生，電気的/熱的絶縁など）を制御する能力を備えている。異種材料の接合を考える場合，接着剤は機械的締結と並んで主要な接合手法の選択肢となる。しかしながら，接着剤を使った同種材料と異種材料の接合には明確な違いがあり，成功の可能性を最大化するためには，それを認識する必要がある。

本章では，このような共通点と相違点を明らかにすることで，使用者が汎用性の高い接合プロセスの利点を享受できるように努める。主な内容は，熱膨張の影響と表面処理についてである。前者については，建築物，車両，航空機の外板など，接合部のサイズが大きい場合に重要となり，膨張応力の蓄積とそれに続くクリープ効果の発生が課題として挙げられる。後者については，被着体の種類だけでなく，接合部の最終的な機能，強度や耐久性も考慮する必要がある。さらに，機械加工や組立補助具の概要について，同種材料や異種材料のシステムとの関連で説明する。

13.2　接合部の設計

13.2.1　概　要

2つ以上の部品で構成される接合部が満たすべき基本的な要件は，荷重を効果的に伝達するこ

とである。しかしながら，多くの場合，接合部は構造全体の中で「見えない」部位であるため，この機能も関心の対象となることはない。接合部が付加的な機能を持つように設計されている場合のみ，その機能は評価の対象となる。実際の接着接合部では，ほとんどすべての場面で，接着剤と被着体は異なる物質で構成されており，化学的および機械的特性も異なるため，接合部の特性は両方の特性が相互に影響しあったものとなる。また，接合する被着体が互いに大きく異なる場合，状況はさらに複雑となる。接着接合部を特性の遷移エリアとして機能させ，（特に接合部で破壊させる設計にしない限り）接合部が破損の起点とならないように設計するのが理想的である。したがって，接着技術のメリットを最大限に生かし，早期の破損を回避するためには，これらの要因を考慮した慎重な接合部の設計が必要である。

ほぼすべての接着剤が有機高分子材料から成る。そのため，金属，セラミック，連続繊維を接着する場合，接着剤の材料特性（弾性率や強度など）は，被着体に比べて１桁以上少なくなる。このような特性の差は，比較的薄いシートやパネルを接着する際に問題となりやすい。これは，接着面積が大きく，荷重がかかったときに被着体に降伏が生じる可能性があるためである。また，接着剤の性能は，劈開，引張，剥離ではなく，圧縮やせん断で測定した場合に高くなる傾向にある。これらの要素は，適切な接合部の設計を選択する際に大きく貢献する。

多くの金属やセラミックスとは対照的に，高分子材料の中には，使用する接着剤と同等かそれ以下の材料特性を持つものがある。このことは，選択する接着剤の種類に影響し，表面処理，応力割れ，接合部の剛性など，材料固有の要因も絡んでくる。したがって，特に異種材料を接着する場合，良好な接合構造を得るるためには，接合される材料の種類，その物理的特性，接合部の種類や形状を慎重に検討する必要がある。

13.2.2　材料による影響　線膨張係数（CTE）

異なる材料を接合する場合，弾性率や強度に続いて考慮すべきもう１つの重要な要素は，接合部を構成するすべての材料，すなわち２種類の被着体と接着剤の線膨張係数（coefficient of thermal expansion：CTE）の差である。例えば，ステンレス鋼とアルミニウムなど，CTE が大きく異なる２つの被着体を組み合わせた場合，もし接合部の重ね合わせ長さや幅が非常に大きく，膨張が許容されないと，大きな熱応力が生じる。高強度，高弾性率の接着剤でも，破壊に至るひずみの値が小さい場合は，接合部が破壊する可能性がある。

例えば，大型（長さ３m 程度）のアルミ合金をスキン材に用いたハニカムサンドイッチパネルに装飾目的でステンレス製の表層パネルをエポキシ系接着剤で接着したものを考える。使用環境は，夜間は10℃，日中は40℃以上と昼夜で大きな温度差がある気候とする。表面処理と組み立てに細心の注意を払ったとしても，数ヵ月も経たないうちに，スチール製表層パネルは変形し，下地構造から剥離し始めるであろう。これは，接合部，特にパネルの端部におけるひずみの差を考えば，驚くべきことではない。長さ３m の構造体の場合，最低温度で応力がゼロと仮定すると，アルミ合金とステンレスの板の寸法差は温度変化が30℃を超えると約 0.6 mm となる。ステンレス鋼板が何らの拘束も受けていないと仮定すると，アルミニウムパネルの両端には約 0.3 mm の膨張差が生じる。これは，接着剤厚さ（bond line thickness：BLT）が 0.5 mm の場合，16％以上のひずみが端部に生じることを意味する。このひずみ量は，ほとんどのエポキシ樹脂にとって大きすぎる値であり，接合部の端でき裂が発生していると考えられる。そして，熱サイクルごとにき裂は進展し，最終的に剥離量は大きな値となる。

一般に，高分子材料は金属やセラミックスに比べてCTE 値が高く（**表 13.1**），温度が上昇すると弾性率は低下する。この 2 つの特徴は，セラミックスと金属のような適合性の悪い組み合わせによって生じる熱応力の一部を緩和する役割を果たす。この特性から接着剤は，特に相対的な寸法が大きい場合に，異種材料を接合するための数少ない手法の 1 つとされている。しかし，先の例で示したように，適切な接着剤と適切な BLT を選択することが重要である。薄い接着剤層は，厚い接着剤層に比べひずみに敏感である。これは，接着剤が中間層としての役割を果たすためであり，接着剤のバルク特性が接合体の挙動において重要となる。このような状況に対する妥協的な解決策の選択は，設計者が慎重に考慮する必要がある課題である。低弾性率を選択し，高い応力を回避する代わりに大きなひずみを許容するか，高弾性率を選択し，大きなひずみを回避する代わりに局所的に熱応力が高くなることを許容するか，妥協が重要になる。

使用する接着剤の選定時には，硬化温度も考慮する必要がある。これは，接着剤の硬化温度により，使用温度域において構造内の残留応力がどの程度発生するかが決まるためである。異種材料を接着するとき，接着剤を室温で硬化させた場合と 180℃で硬化させた場合では，残留応力の観点で，接合部に著しく異なる特性が付与されることになる。

CTE が大きく異なる異種材料を接合する場合，接着剤層には，構造的な強度とともに，被着体間の熱応力を平滑化する中間膜として機能することが求められるため，接着剤の選定は非常に重要となる。接着剤の選定が重要となる他の分野は，電子機器である。部品自体は小さいが，ひずみに敏感な能動素子が増えたことや，熱サイクルから生じる疲労によって接着剤や部品が破損するリスクがあることから，熱変化によって引き起こされる局所応力が問題となる。代表的な例として，フリップチップを接合するためにアンダーフィル剤として使用される接着剤が挙げられる。フリップチップは，ガラスや樹脂の基板に，はんだバンプを介して取り付けられるシリコン半導体デバイスである。はんだバンプはチップの底面に取り付けられ，その後チップを反転し回

表 13.1　一般的な材料の熱膨張係数（α）

材料	α（$\times 10^{-6}$ K^{-1}）
ABS	65～69
アルミニウム	22
れんが	3～10
セメント・コンクリート	10～14
銅	16.7
エポキシ樹脂	20～60
ポリアミド 66	80
ポリカーボネート	68
PET	65
低密度ポリエチレン	100～220
ポリプロピレン	81～100
ポリスチレン	50～83
ポリウレタン（熱硬化性）	100～200
PVC（硬質）	50～100
溶融シリカ	0.4
シリコン	2.6
ソーダガラス	8.5
鋼	11
チタン	9
典型的な木材（繊維方向）	3～5
ウッズ，典型的な木材（繊維垂直方向）	35～60
亜鉛	31

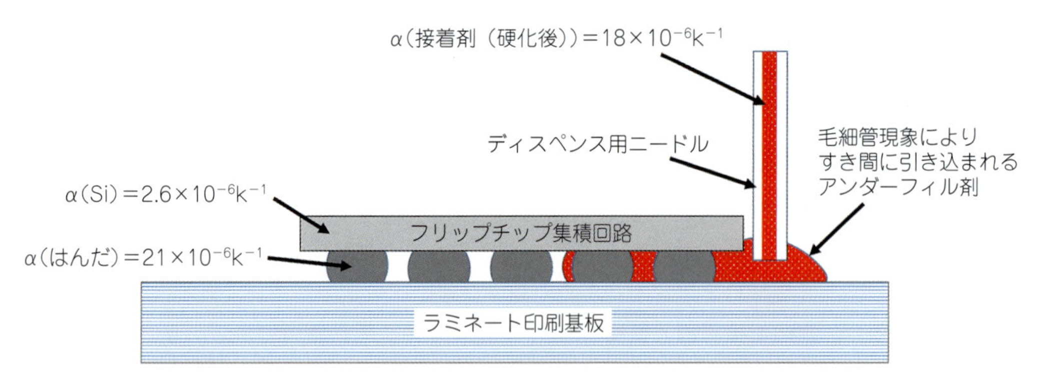

図 13.1　はんだ付けされたチップと基板の間に接着剤がアンダーフィル剤として注入される様子

路基板上の所定の位置にはんだ付けされる。CTE はシリコンで 2.6×10^{-6} K^{-1}，はんだで 21×10^{-6} K^{-1}，回路基板で $14\sim17\times10^{-6}$ K^{-1} である。この CTE の差は，自動車のボンネット内に使用することを想定した 40℃から 125℃の熱試験サイクル試験でシリコン/はんだ界面に疲労破壊が生じるのに十分である。この問題は，アンダーフィル剤を慎重に選択することで回避でき，一般的に CTE が約 18×10^{-6} K^{-1} の接着剤（主にエポキシ）が使用される。接着剤は，はんだ付けされたチップと基板の間に注入され，硬化する（**図 13.1**）。接着剤は構造を支持し，部品間の移動に抵抗するため，はんだ/シリコン界面に生じる応力を低下させる。しかしながら，CTE の観点で接着剤の選択を誤ると（値が大きすぎるか小さすぎるか）逆効果となり，アンダーフィル剤を使用しない場合よりも悪い影響が出ることがある。

最後に，接着剤はさまざまなモノマー/オリゴマー，活性剤，触媒，接着促進剤，レオロジー調整剤，フィラーを含む複雑な混合物であることを忘れてはならない。多くの場合，さまざまな特性を持たせたり，多くの被着体に適合する接着剤を作るために，長年にわたり相当な努力が払われてきた。金属との接着では，接着剤の CTE を下げ，金属の CTE に近づけるために，適合する金属粒子からなるフィラーを添加する。一般的な例としては，アルミニウム粉末が挙げられ，アルミニウム充填接着剤は，航空宇宙用の合金構造物の接着やシーリングに使用されている。**図 13.2** に，典型的なエポキシ系接着剤におけるフィラーの種類や含有量による CTE の変化を示す。

13.2.3　接着剤の特性に影響を与える要因

高分子材料は有機材料であり，影響を与える要因として以下のようなものが挙げられる。

- 化学的組成
- 物理的構造
- ガラス転移温度（T_g）
- 硬化の種類（2 液型，湿気硬化型，紫外線硬化型，加熱硬化型など）
- 溶媒の吸収（特に水）
- 未反応成分

これらの要因はそれぞれ，接着剤の長期的な特性や性能に大きな影響を与え，さらには接合部やそれに関連する構造物の特性に影響を与える可能性がある。接着剤が徐々に脆くなったり，軟

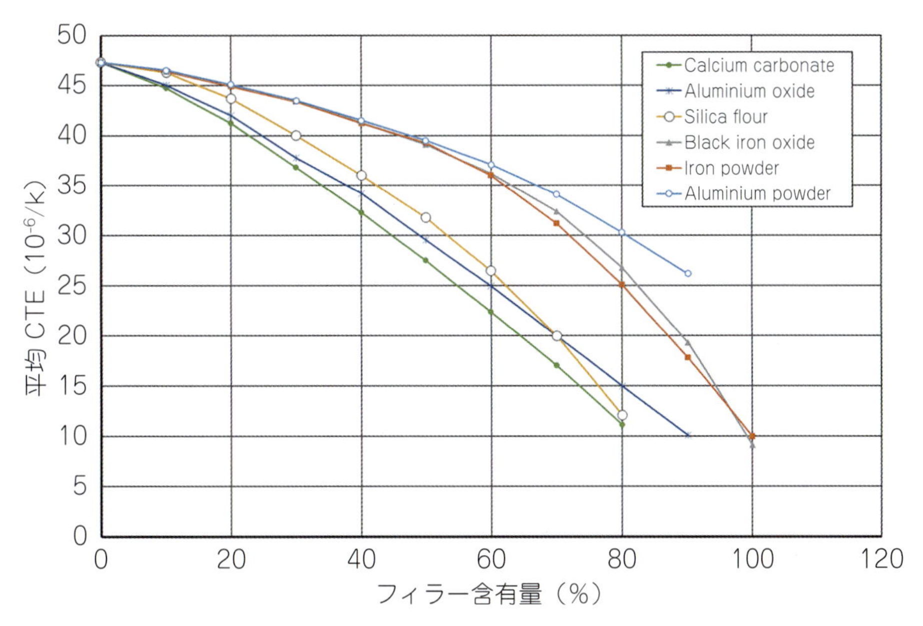

図 13.2　フィラーの種類と含有量が接着剤の CTE に及ぼす影響

化し始めたりすれば，初期の設計で設定したパラメータは使えなくなる。各要因を順番に取り上げ，その影響を考察していく。

13.2.3.1　化学的組成

これは，実際の接着剤の組成に関する化学を含む非常に広い分野であり，材料特性（弾性率，強度，T_g など），硬化形式（縮合，ラジカルなど），揮発物質の有無（溶剤，未硬化モノマー/オリゴマー，反応副産物など）も含まれる。

13.2.3.2　物理的構造

接着剤は，他の高分子材料と同様に，主に3つの物理的構造をとる。

- 熱硬化性（相当量の架橋結合）
- 熱可塑性（架橋結合なし）
- ゴム弾性・エラストマー（架橋結合の有無にかかわらず柔軟性がある場合）

これらの構造の種類とその割合は，接着剤の初期特性に影響を与える。

13.2.3.3　ガラス転移温度（T_g）

T_g が非常に重要な高分子材料の特性であることは，本書で先に述べたとおりである。T_g 以下では，温度上昇に伴い弾性率が徐々に低下する。一方，T_g 付近では，接着剤は非常に柔らかくなり，耐荷重性は低下するが，CTEが著しく異なる異種材料の接合において緩衝材として機能することがある（**図 13.3**）。T_g を超える温度では，高分子鎖がより動きやすくなり，架橋がほとんどない，あるいは全くない系では，負荷がかかると不可逆的な塑性流動が生じる可能性がある（クリープ）。

熱可塑性接着剤は，T_g 以上に加熱されるとクリープを示し，T_g より低い温度ではクリープは小さくなる。熱硬化性接着剤では，クリープはそれほど問題にならず，さらなる加熱は二次架橋

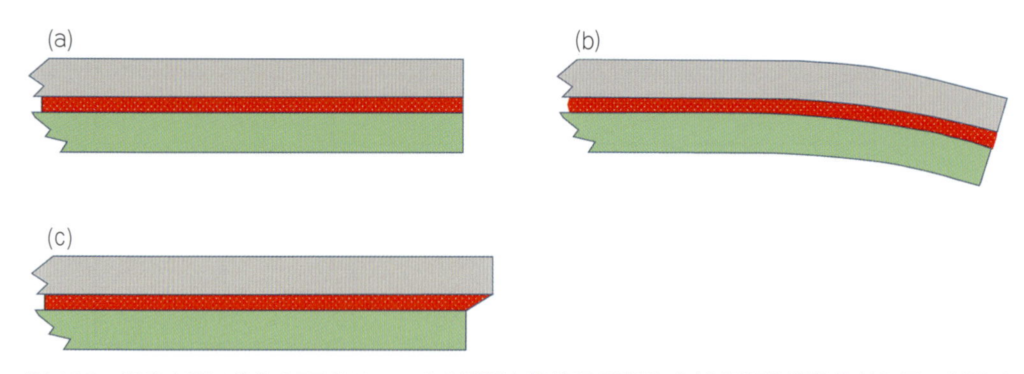

図 13.3　温度上昇に伴う CTE ミスマッチの影響と接着剤の変形：(A)室温硬化型接着剤を用い室温で硬化した接合部（上部被着体は下部被着体より CTE が大きい），(B)接着剤の T_g より低い温度で加熱硬化した接合部，(C)接着剤の T_g より高い温度で加熱硬化した，または柔軟性の高い接着剤で接着した接合部

を引き起こすことがある。その結果，T_g が上昇し，弾性率も高くなるなど，特性に不可逆的な影響を与える可能性がある。

13.2.3.4　硬化の種類

接着剤は，どのような化学反応が選択されたか，どのような成分の組成かによって，硬化方法が異なる。例えば，以下のように分けられる。

- 化学反応（例：エポキシ，アクリル，ポリウレタンなど）
- 湿気（例：ポリウレタン，シリコーン，変性シランなど）
- 加熱（例：エポキシ，ポリイミド，シアネートエステルなど）
- γ 線（例：エポキシなど）
- 紫外線・ブルーライト照射（例：エポキシ，アクリル，シリコーンなど）
- マイクロ波放射（例：エポキシなど）

硬化の方式は，硬化収縮率，架橋度，（硬化に必要な熱により生じる）熱応力などに影響を及ぼす。製品によっては，使用中に熱サイクルにより，接着剤の特性が初期状態から不可逆的に大きく変化することがある。

13.2.3.5　溶剤の吸収

接着剤は，時間の経過とともに水を含む溶媒を（化学吸着や物理吸着によって）吸収する。乾燥した環境では水の影響は少ないが，水中や湿潤環境では，水の可塑効果により，エポキシやアクリル系などの一部の接着剤の弾性率が著しく低下することがある。しかしながら，この効果は，靭性を向上させるという点では，利点と捉えることもできる。

13.2.3.6　未反応成分

接着剤の中には，未反応の物質がある程度の割合で残留していることがある。これらは普通，分子量が小さいが，熱サイクルにより反応が進み，減少する。典型的な例としては，ポリエステルやアクリル系接着剤が挙げられる。未反応成分の消失は，弾性率や靭性などの特性に影響を及ぼす。

13.2.4 腐　食

金属腐食（特に水が原因となるもの）は，特にアルミニウムおよびスチールの構造の場合，無視できない問題である。このため，腐食の抑制や除去を目的とした多くのプロセスが開発されてきた。対策として，化成処理，シラン化合物の添加，陽極酸化などの化学的改質，プライマー，塗料，金属コーティング（Zn，Cr など）などの物理的コーティング，またはその組み合わせによる金属前処理が主流となっている。いずれにしても，表面が著しく破損した場合，耐食性が損なわれる可能性がある。このため，接合時には，この層が接合プロセスの種類や接合部の特性に大きな影響を与える可能性があることを考慮する必要がある。鋼板やアルミニウムのような同種材料の接合には溶接を用いることが多いが，コーティング層に溶接に適さない物質が入っている場合，溶接作業に支障をきたす可能性があるため，コーティングを部分的に取り除く必要がある。また，特に塗装システムの場合，溶接の熱によって塗装に局所的な熱損傷を与える可能性があり，溶接後に修復が必要と判断されれば，時間と費用がかかる。機械的締結も代替案として挙げられるが，穴を開ける必要があり，取付作業時にコーティングに部分的なダメージを与える可能性もある。

接着接合は，接合部の皮膜を傷つける必要がなく，接着剤を被着体ではなく皮膜との適合性で選択できるため，魅力的な接合方法である。さらに，接着剤は被着体間のバリアとなり，接合部の片側からもう片側への腐食の広がりを防ぐことができる。このバリア効果は，鋼鉄とアルミニウムのような異種金属を接合する場合のガルバニック腐食の問題にも対応する。また，炭素繊維が金属と直接接触することでもガルバニック腐食が起きる。高分子による部品間の絶縁という意味でも接着接合は注目されている。

接着剤は複雑な混合物であるため，カップリング剤（シラン），疎水性分子，または他のイオン種を組み込むなどして，耐腐食機能を付与することができる。これらの添加物は，硬化時に被着体/接着剤界面に移動し，腐食に対する追加の防御層を形成するように設計されている。

13.2.5 異方性

多くの工学材料は等方性であるため，特定の方向性を持たない接合として扱えるが，方向性に関して慎重に検討する必要がある異方性材料も増えている。主な例として，繊維強化複合材料，結晶材料，および引抜き加工された金属や高分子材料が挙げられる。材料に異方性がある場合，その材料同士または他の材料に接合する方法として，接着剤による接合しかない場合が多い。このとき，接着剤は柔軟性，化学的適合性，凝集力，硬化収縮，CTE など多くの特性に基づいて選択される。さらに，接合部の形状，寸法公差，BLT 値なども考慮する必要がある。

異方性材料は，予想される荷重の方向，種類，大きさによって内部配列が変化するため，接合に多くの課題がある。荷重を接合部の一方から他方へ効果的に伝達することが，最適な構造を実現する鍵になる。しかしながら，接着剤は等方性であるため，特に単純重ね合わせ継手やフランジ継手のようなアンバランスな継手形状の場合，主な荷重経路は被着体表面を通ることになってしまう。典型的な例としては，連続繊維複合材とそれ自体，あるいは金属との接着が挙げられる。荷重経路の関係で，複合材の表面の繊維/樹脂界面付近で応力が最大となる。このため，複合材料の内部が荷重を負担できず，高強度，高剛性，低質量といった複合材料が持つ多くの特性を発揮できない構造となってしまう。

13.3　接着剤の選択

13.3.1　概　要

材料を接合する際，特に異種材料接合である場合，接着剤の選択が他の工程の選択より困難であることを今まで述べてきた。接合強度，柔軟性，CTE の不一致などの問題に対処するために，正しい接着剤を選択する必要があることは，設計技術者にとって非常に重要である。さらに，被着体の表面特性を考慮した接着剤の選定も必要である。被着体によっては，特定のイオンや分子種の存在によって化学的に，あるいは低エネルギー表面や表面構造（例：破砕性，平滑，軟質/硬質，不連続ドメイン，層状など）によって物理的に，接着剤の接合強度に悪影響を及ぼす場合がある。これらの効果について，より詳細に検討する。

13.3.2　化学的影響

接着剤と被着体表面の化学的相互作用には，さまざまなものがあるが，主なものを以下に示す。

- 硬化の促進または抑制：シアノアクリレートのような接着剤が硬化を開始するためには，表面に水分（自由水）が存在し，pH が 7 以上である必要がある。したがって，皮膚組織の接着に適している。しかし，銅イオンが存在すると硬化が阻害される。嫌気性接着剤では，逆に銅のような特定の金属イオンが存在しないと硬化しない場合がある。ただし，嫌気性接着剤は酸素が遮断されて初めて硬化が開始する。
- 溶剤：一部の高分子材料（ポリスチレン，ポリカーボネート，アクリルなど）を溶剤や低分子モノマーを含む接着剤で接合する場合，局所的な溶解が起きることで，接合部周辺にストレスクラッキング（溶剤き裂；応力き裂）やクレーズが発生することがあるので注意が必要である。
- 反応型エージェント：接着剤には，接着促進剤やカップリング剤と呼ばれる，被着体表面と化学的に反応し，接着剤と化学結合を形成するためのシステムが含まれていることが多い。
- 化学的相溶性：一般に，ある材料の接着に適した接着剤は，被着体と同じもしくは似た化学的性質や組成を持っており，被着体が高分子材料である場合には特に密接に関係する。エポキシ系接着剤は，アクリル系接着剤よりもエポキシ系複合材料により良好に接着し，その逆もまた然りである。無機系や金属系の被着体の場合，適切なフィラーを使用することで相溶性を高めることができるが，その効果は化学的性質よりも CTE などの接着剤の物理的性質の改良に関係することが多い。
- 硬化収縮：接着剤は，主にポリマー樹脂または短鎖オリゴマーから成り，自身または他の硬化種と化学的に反応して架橋ネットワークを形成する。ほとんどの場合，硬化プロセスにより正味の体積が減少し，その結果収縮が生じるが，収縮量は著しく異なる。例えば，高じん性アクリル系接着剤は，一般的に 1%～5%，場合によってはそれ以上収縮するが，エポキシ系接着剤は0.05％程度の収縮にとどまる。接着剤の最終的な弾性率とフィラーの種類および割合が，硬化収縮率を決定する。硬化の際に熱が必要な場合は，硬化後に室温に戻る際，熱に起因した応力が発生することも考慮する必要がある。特に，大幅に異なるCTE値を持つ異種材料を接着する場合には，この傾向が顕著になる。

13.3.3　物理的影響

物理的な影響は多様であり，以下に示すようなものがある。

- 表面自由エネルギー（surface free energy：SFE）：ある物質の表面自由エネルギー（単に表面エネルギーと表現されることもある）は，その物質の表面を液体でぬらすことがどれだけ容易であるかを示す尺度である。表面エネルギーが高い表面はぬれやすく，表面エネルギーが低い表面はぬれにくい。一般的な材料の表面エネルギーの値を**表13.2**に示す。接着剤の表面エネルギーを被着体のものより低くすることは，一般に高い表面エネルギーを持つ金属では容易だが，一部の高分子材料では困難な場合がある。例えば，ポリオレフィン（PE，PPなど）やポリフルオロカーボン（PTFEなど）の表面は，表面エネルギーが極めて低いため，専門的な表面前処理を行わないと接着が困難である。
- 表面の形状または表面粗さ：一般に，金属，セラミック，ガラスなど，ほとんどの材料において，表面を粗くすることで接着性が向上する。その理由は，粗い表面は平滑な表面よりも表面積が大きくなり，かつアンカー効果が得られる機会も増えるためである。さらに，粗面化することで，砕けやすい脆弱な表面や酸化物が除去され，新鮮で反応性に富んだ表面が露出し，接着により適した表面となる。しかしながら，高分子材料に対する粗面化は必ずしも効果的とはいえない。不活性な表面が除去され，表面積が増加する点では有効であるが，表面の局所的な損傷は接着不良を引き起こす。また，繊維強化複合材料の場合，繊維の損傷により悪影響を及ぼすこともある。複合材料を接着する場合，各基材の特性を考慮した表面処理が必要である。

13.3.4　設計要求

特定の用途のために接着剤を選定するとき，「最強」の接着剤を選べばよいという誤った認識をされることがよくある。実際には，最適な接着剤は，さまざまな要因に基づいて慎重に選択する必要があり，その要因の多くを本章で検討してきた。その中でも特に，被着体の特性や寸法に合わせて接合部を設計することが重要である。

被着体が薄く，どちらも低い弾性率の場合，弾性率の高い接着剤を選択するのは不適切である。これは，接合部が硬くなってしまい，接合部を曲げたときに高い応力が発生するだけでなく，破損する可能性もあるためである。この場合，低い弾性率で破壊じん性の高い接着剤を選ぶのがよい。接着剤の破断荷重は低下するが，接合部の破壊に必要なエネルギーは大幅に増加するため，接合部ではなく母材で破壊が起きる可能性が高まる。この現象は，厚さ1 mm以下の金属板を接着する際によく見られる。また，薄い被着体は荷重がかかると曲がる性質があるため，柔軟な接着剤が効果的である。

表 13.2　一般的な材料の表面自由エネルギー（γ_s）

固体表面	表面自由エネルギー γ_s（mJ/m^2）
ポリヘキサフルオロプロピレン	12.4
ポリテトラフルオロエチレン（PTFE）	19.1
スチレンブタジエンゴム（SBR）	29.1
ポリフッ化ビニリデン（PVF）	30.3
ポリエチレン（PE）	32.4
ポリプロピレン（PP）	33.0*
アクリロニトリル-ブタジエンゴム	36.0
ポリメタクリル酸メチル（PMMA）	40.2
ポリスチレン（PS）	40.6
ポリアミド 66（PA66）	41.4
ポリ塩化ビニル（PVC）	41.5
ポリエチレンテレフタレート（PET）	45.1
エポキシ樹脂（平均値）	46.0
フェノール・レゾルシノール樹脂	52.0*
炭素繊維強化ポリマー（CFRP）	58.0
尿素ホルムアルデヒド樹脂	61.0*
雲母	120.0
酸化アルミニウム（Al_2O_3）(陽極酸化処理済み)	169.0
二酸化ケイ素（シリカ）	287.0
酸化アルミニウム（Al_2O_3）(サファイア)	638.0
銀	890.0⁺
酸化鉄（Fe_2O_3）	1357.0
銅	1360.0⁺
黒鉛	1250.0⁺
ニッケル	1770.0⁺
プラチナ	2672.0

実験値，推定値*または理論値⁺。
参考文献：A. J. Kinloch, Adhesion & Adhesives-Science & Technology, Chapman & Hall, London, 1987.

逆に，両方の被着体が高弾性である，および/または厚い場合，接合部が曲がることは想定されないため，高い弾性率で高強度の接着剤を選んだ方がより効果的である。しかしながら，剛性の著しく異なる材料を接合する場合（例えば，ゴムと鋼材，布と厚いプラスチック板など），上記の選択は必ずしも最適とは限らない。あらゆる接合部は，剥離やへき開を最小限に抑えるように設計する必要があり，それが不可能な場合，接合部の端に生じる大きなひずみに耐え得る柔軟性を持った接着剤を選択すべきである。

静的な荷重条件だけでなく，疲労や衝撃などより複雑な荷重や，構造物が実際に使用される環境のもとで接合部がどのように機能するかについても考慮する必要がある。

13.4　表面処理

13.4.1　概　要

［**13.3.2**］と［**13.3.3**］（化学的・物理的影響）で述べた接着剤の選択に関する問題と表面処理の効果との間には，非常に密接な関係がある。接着されるすべての表面の前処理は，接着接合部の品質および有効性を管理する上で極めて重要である。表面処理の効果と実際の処理に関する具体的な詳細は，本書の他の章で扱っている。そこで本章では，金属と高分子材料について概要を紹介するにとどめる。多くのアプリケーションでは，共通の前処理やコーティングを両方の被着体に適用することで，特定の互換性の問題に対処することができる。これは，特に高分子材料において有効である。

13.4.2　金　属

前処理は，単純な脱脂から粗面化，酸化膜の生成や化学修飾まで幅広く対応可能である。前処理は通常，製造される構造物の性能要件に基づいて選択され，強度と耐久性に重点が置かれる。ほとんどの処理は，幅広い種類の接着剤と互換性があるため，被着体の組み合わせに合わせた最適な接着剤の選択が可能である。場合によっては，適合性を高めたり，耐腐食性などの特性を付与するために，表面を改質する必要があることもある。例えば，以下のようなものが挙げられる。

- カップリング剤：被着体表面の酸化膜に存在する活性化学種と接着剤の両方と化学的に反応するように配合されたシラン類などがある。
- プライマー：被着体表面を完全に濡らし，より活性な接着面を提供するために設計された接着剤を構成する配合物の希釈溶液であることが多い。
- 化成皮膜：金属表面に耐食性を付与する。水溶液を使用して酸化膜を化学的に変化させたり，酸素をより安定した物質に置換したりすることで，さらなる酸化物の生成を抑制し，腐食を低減/停止させる。
- 亜鉛メッキなどの金属コーティング：亜鉛層は接着剤よりも下地の鋼材との密着性が低いため，特定の荷重条件下でコーティング界面が破壊されるという別の問題がある。
- Paralene®（気相重合反応により製造）等のポリマーコーティング：電気絶縁や防湿のために使用される。

前者２つは接着を促進するものだが，後者は接着を可能にするために他の処理が必要だったり，使用できる接着剤の種類が限定されたりする場合がある。

前処理なしで金属被着体を接着できれば非常に望ましいが，品質管理が難しいため，通常は推奨されない。例外的にこの方法が発展しているのは自動車関連産業である。これは，プレス潤滑剤として油膜が必要な部品など油が付着した鉄鋼部品を接着する必要性があるにもかかわらず，この業界では，コストや時間の問題から洗浄工程を追加することに抵抗があり，接着剤メーカーに解決策を開発するよう求めたためである。その結果，油面接着性に優れた一液型の加熱硬化型接着剤が誕生した。この接着剤は，高温での硬化過程で金属表面の油分を吸収し，接着剤が完全に濡れて金属と接着することを可能にした。

13.4.3　高分子材料

高分子材料は金属と異なり，接着剤の種類にとても敏感である。注意すべき重要な点は，単純な機械的研磨は，研磨の程度や材料の種類によって，非常に多様な結果をもたらすことである。ある種の例（PE など）では，「毛のような」フィブリル化が起き，弱い表面ができるため，接着強度がでない。一方で，硬い高分子材料（ポリカーボネートやポリスチレンなど）では，粗く安定した表面が比較的容易に得られる。金属材料と同様に，レーザー，コロナ，火炎，プラズマなどのエネルギー系に加え，化学エッチングやプライマーなど，幅広い代替手法が存在する。

13.5　製造工程での問題点とハイブリッドジョイント

13.5.1　はじめに

一般に，あらゆる材料の組み合わせにおいて，高品質で再現性の高い接着接合部を実現するためには，治具や固定器具のような何らかの工具や組立設備が必要となる。治具の機能は，接着工程を通じて部品を位置決めし，一緒に保持することである。接着剤の多くは，硬化前の段階では液状やペースト状であるため，治具や固定器具は接着接合部の次のような重要な要素を制御することが求められる。

- 接着剤厚さ（BLT）
- 接合部のずれ
- フィレットの形状

これらの要因はすべて，以下の項目に対して直接的な影響を及ぼす。

- 機械的性能
- 外見の美しさ
- 組み立てにかかる時間，およびコスト

接着剤で接合されたシステムのための治具や組立補助具が幅広く存在する。それらは，大きく 3 つのグループに分けられる。

- 内部型：ガラスビーズ，ワイヤー，シムなど
- 外部型：クランプ，プレス，当て板など
- 併用型：ハイブリッドシステム（接着剤＋リベットの組み合わせ）など

接着剤で接合する際に，圧力が果たす役割，すなわち接着剤の硬化過程で継手にどれくらいの圧力をかけるべきか，を理解することは重要である。接着剤メーカーが説明書に最小圧力を記載することもあるが，推奨圧力が明示されていないこともある。この場合，「できる限り高い圧力」と解釈することもできるが，圧力が高すぎると，過剰な量の接着剤が接着面の外側に絞り出され

てしまうため，減圧または除荷された際に欠こうが生じ，不完全な接着となってしまう。接着剤は，硬化前の一定期間，接合面を完全に濡らすために，液体または半液体として存在する必要があり，この間は，圧力を適切に制御する必要がある。この問題を解決するために，BLT，すなわち被着体間の間隔を制御するための治具や工具が必要となる。接着剤層を調整する手段としては，フィラー粒子，ガラスビーズ，ワイヤー，支持体フィルム，接合部の内部構造など，接着剤層の内部で調整するものと，工具，外部シム，接合部の外部構造など，接着剤層の外部で調整のものがある。

事実上すべての接着構造において，高い接着強度と耐クリープ性という望ましい機械的特性を達成するための最適な BLT 範囲が存在する。接着剤が不足している接合部は，完全にまたは一部しかぬれていない部分が存在したり，ボイドが発生したりなどの欠陥が生じやすく，非常に弱い。一方で，接着剤が多すぎても，接合部の特性が接着剤自身のバルク特性に近づくため，望ましくない場合が多い。BLT が最適な範囲にある場合，荷重伝達が最大化され，クリープが最小化されるため，接合部が早期に破損しにくくなる。

エポキシは 50～350 µm，アクリルは 100～500 µm，ポリウレタンは 500～5,000 µm と，接着剤の種類によって理想的な BLT 範囲は異なる。したがって，設計段階でこの点を考慮し，製造時に適切な治具を使用することが非常に重要である。また，接着剤の特性はさまざまであり，例外もあるため，あくまでも目安として考えるほうがよい。

13.5.2　内部調整機構

13.5.2.1　充填剤（フィラー）

多くのフィラーは無機物由来であり，微粉砕された粒子からなることが多い。このような粒子の大きさや分布を利用して，BLT を調整することができる。粒子径は 500 µm 程度まで使用可能だが，粒子が大きいと接着剤の取り扱いや吐出に影響するため，100 µm 以下が一般的である。

13.5.2.2　ガラスビーズ

フィラーの最大粒子径で BLT を調整する代わりに，直径を制御した Ballotini（ガラスビーズ）を使用し，**図 13.4** に示すように BLT を調整することもできる。ガラスビーズの一般的な直径は 100～300 µm である。ガラスビーズは，接着剤の製造工程で添加することも，使用時に接着剤と混合することもある。ガラスビーズの利点を以下に示す。

- サイズの制御：寸法精度が高く，正確な BLT を実現可能

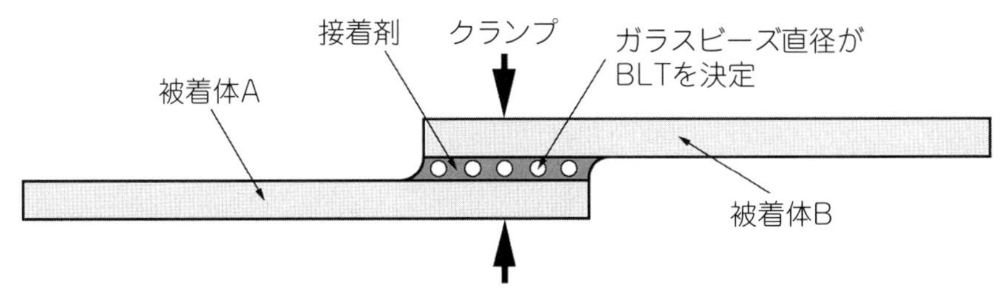

図 13.4　BLT を調整するためにガラスビーズ含有接着剤を使用して作製されたラップジョイント試験片

- 量と分布の制御：接着剤中に均一に混合することも，接着接合部の特定の場所にごく少量添加することも可能

ガラスビーズには以下のような不利な点もある。

- 接着性能を損ない，強度を低下させる可能性
- 添加量不足，または過剰な圧力によるガラスビーズの破損
- ディスペンサー装置に硬質なガラスビーズが挿入されることによる内面や部品の浸食・損傷
- 添加量の過不足や誤挿入などの人為的なミス（およびそれに伴う欠こうの発生やBLTの精度不足）

13.5.2.3　ワイヤ，シム

ワイヤや金属シムを接合部に配置することでもBLTを制御することができる。局所的な挿入で済むため，試験片の最終加工の際にワイヤを含まない部分を選ぶことでワイヤを取り除くことも可能であり，試験片作製時の一般的な手法となっている。しかしながら，材料の種類を選ぶ際には注意が必要である。接着性に乏しい材料は，周囲に欠陥を生じさせ，疲労負荷による不具合を引き起こしたり，環境からの攻撃を助長する可能性がある。

13.5.2.4　キャリア材料，テープ類

接着剤製品の物理的な形状も，BLTを制御するために使用することができる。フィルム接着剤の場合，キャリア材料の存在によって接着剤の最小厚さが制限される。粘着剤の場合，支持体フィルムの厚みが同様の機能を果たす。テープは，接着剤の封じ込めに使用することもできる。被着体の端にはり付けることで，接着剤を堰き止めることができる。

13.5.2.5　接合部形状（スレッド，リッジ，ピップ，トラフ，など）

被着体の接合面に戦略的に突起やリブを配置させることで，被着体間のすき間を正確に確保することができる。これらの構造物を，設計当初から部品の形に組み込んでいれば，通常，部品の製造にほとんど，あるいは全く追加のコストがかからない。

プラスチック成形，加圧ダイキャスト，押出成形などで製造される部品は，いずれも設計された形状（接合補助材）を使用してBLTの制御ができる。押し出し成形の部品では，押し出し工程上，リブや凹みが一方向になるように決められている（**図13.5**）。特に，ロータス・エリーゼのシャーシは，押し出し材と板材のアルミ合金部品の組み合わせによる完全な接合構造であることが知られている。**図13.6**に見られるように，多くの領域でBLTの制御はリッジ構造によって達成されている。機械加工部品の場合，このような形状はどのような設計形態でも可能だが，関連するコストも上昇する。同様に，接着剤の封じ込めや被着体の位置合わせを目的とした形状も，製造工程の一部として比較的安価に実現できることが多い。

13.5.3　外部調整機構

13.5.3.1　クランプ，シム

接着剤の硬化中に被接体を固定する最も簡単な方法は，クランプである。クランプは，単純なばねクリップ，手動式ねじクランプ（“G”や工具メーカー名が名称の頭についたクランプなど）から，全自動油圧式または空気圧式の「システム」まで，さまざまなものがある。どのようなク

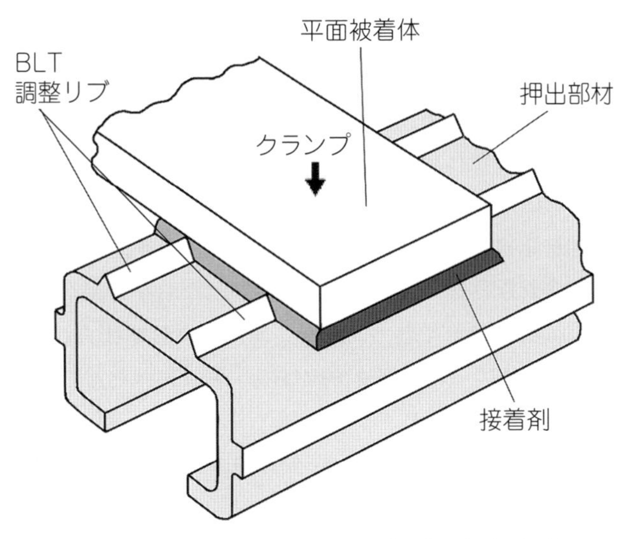

図 13.5　BLT を制御するためのリブを持つ押出成形部品

ランプ方法でも，何らかの形で BLT 制御が必要になる。これは，接着接合部の「内部」(前述のとおり)，接合部の「外部」，またはクランプシステム内で作用する圧力や距離の「制限」によって行うことができる。

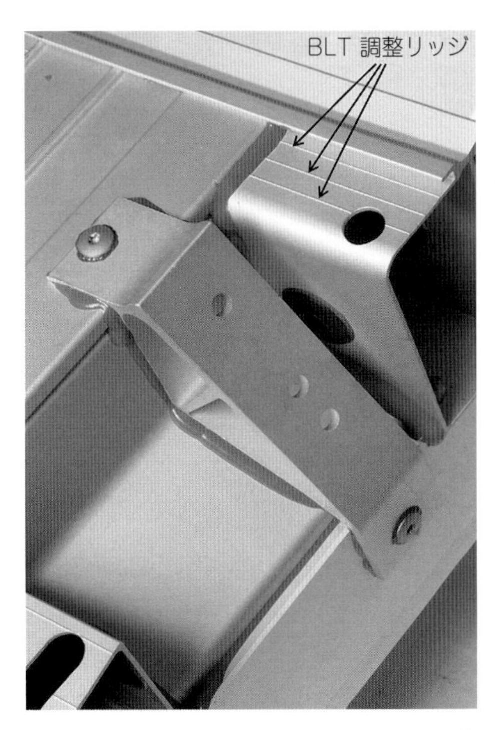

図 13.6　ロータス・エリーゼのシャーシに施された BLT 調整リッジの詳細

13.5.3.2　工　具

生産現場では，接着剤の硬化中に部品を整列，加圧，保持するために工具が使用される。工具は，フィレットの形状（特に曲率）を整えるなど，接着接合部に他の利点を提供することができる。接合部の外周にフィレットがあると，接着接合部端部での応力が軽減され，接合性能が向上する。

13.5.3.3　加圧，当て板

平らな部品の場合，接着剤の加熱硬化は，ホットプレスで行われることが多い。液状，フィルム状どちらの接着剤を使用する場合でも，加圧前に，部品を位置合わせすることができる。その後，加圧・加熱され，接着剤の硬化が始まる。フィルム接着剤を使用する場合は，フィルム接着剤内のキャリア材料が BLT を制御するように，圧力を事前に設定することができる。一方で，液体接着剤の場合，プレス間距離が，被着体の厚さに BLT を加えた長さになるように，十分に硬質なスペーサーを挟み込む。また，ホットプレスを使う代わりに，加工物を金属板で挟み込み，全体を電気炉に入れて硬化させる方法もある。

13.5.3.4　ファスナー（釘，ボルト，リベット）

接着剤の接合部を制御する簡単で一般的に費用対効果の高い方法は，標準的な機械的締結手法であるファスナー（釘，ネジ，ボルト，リベットなど）を追加することである。“Screwed and gluded”は木工業界では広く知られた言葉である。ネジを用いる主な目的は，接着剤が硬化するまで，被着体を固定することである。事実，接着剤が硬化してしまうと，ネジは接合強度にほとんど寄与しない。木工部材を接着する場合，被着体はどちらも多孔質であり，ネジを完全に締めても接着剤が完全に排出されないため，BLTは通常問題にならない。金属や非多孔質の材料を接着する場合，この方法は同様に簡単で魅力的だが，何らかの形でBLTを制御する必要がある。BLTの管理に内部調整機構を用いるのが一般的である。先に述べたどの方法も使用できるが，被着体の間のボルト締め部分に標準的なワッシャを挿入する方法は，簡単で経済的な選択肢となりうる。

13.5.4　複合，ハイブリッド接着

「ハイブリッドジョイント」または「コンビネーションジョイント」という用語は，2つ以上の異なる接合技術を組み合わせて使用した接合部を説明するために使われる。最終的な構造体の一部として残る治具や工具を使用することで，補助的な接合技術としてさらなる機能を提供することもできる。最も一般的な例を以下に示す。

- ウェルドボンディング：抵抗スポット溶接
- リブボンディング：リベット（セルフピアッシリングリベットを含む）
- クリンチボンディング：クリンチ（かしめ）
- 接着＋スクリュー：ねじ式ファスナー

上記の手法はすべて，硬化過程中に接合部を固定するとともに，硬化後もその場所に留まるため，万が一，接着接合部が破損した場合でも，2次的な接合としての役割を果たし，接合部の安全性を確保することができる。この方法は，自動車産業，木工産業，航空宇宙産業で一般的に採用されている。しかしながら，ウェルドボンディングはほとんどの異種材料接合には適さず，クリンチボンディングは金属のような塑性変形する被着体でしか効果を発揮しないことに注意する必要がある。

ファスナーが目に見える形で存在することは，安全性を高める側面がある一方で，接合された構造物の美的魅力を損なう。より実用的な側面としては，ハイブリッドジョイントは衝撃や火災などの壊滅的な破壊に対してより耐性があり，締結箇所がき裂進展の抑制機構として，または耐熱システムとしてそれぞれ機能する。しかしながら，ファスナーは常に何らかの穴を開ける必要があり，被着体，特に繊維強化材料では，その周辺の接着結合が何らかの形で損なわれた場合に局所的に応力の高い領域が損傷するかもしれないことを忘れてはいけない。

13.5.5　結　論

接着接合時に，部品を固定する必要があることは，ほとんどの場合，自明である。しかしながら，部品を固定する方法については，慎重に考慮する必要がある。その理由は，複雑で特殊なも

のからシンプルで安価なものまで，固定方法は多種多様であることにある。

このようにさまざまな選択肢がある中で，正しい選択をすることは非常に重要であり，通常，コスト，スピード，性能，精度など様々な要素に基づいて選択される。これらの要素は，それぞれの組立補助器具のメカニズムや技術的な利点を理解することなしには，効果的に評価することはできない。

13.6　今後の動向

あらゆる産業分野で接着剤や関連する接合方法の使用が増え続けているため，探索し活用すべき多くの新しい機会と課題が存在する。特に興味深いのは，以下に示す分野である。

—新素材（複合材料，ナノ材料など）

—グリーンテクノロジー（生分解性，天然素材，環境配慮型前処理技術など）

—医療（デバイス，バイオニクス，矯正器具など）

—エレクトロニクス（マイクロテクノロジー，光エレクトロニクス，バッテリー技術など）

—積層造形/3D プリンティング

—ますます要求が高まる構造用途（航空宇宙，自動車，建築，建設など）

被着体間で達成される接着の水準や種類を向上させるために，多くの研究が行われている。さまざまなアプローチがとられており，以下に示すようなものがある。

- ヤモリ足裏の「接着」特性を模倣した再接着可能な dry adhesion システムの開発：被着体表面にナノ/マイクロスケールの毛を生やし，毛と表面との間の密接な接触によりファンデルワールス力を利用して接着する。このような技術の進歩により，現在多くの材料で必要とされる前処理の水準や程度を下げられる可能性がある。
- 接着性，靭性，強度向上のためのナノマテリアル添加：エポキシ系接着剤にナノサイズの粒子を添加すると，構造用途の接着性能が著しく向上することが実証されている。比較的最近発見されたグラフェンは，この分野でのさらなる研究につながり，1 wt %未満の添加で機械的挙動が向上することが示された。また，熱伝導や電気伝導など他の特性も改善されることが示されている。
- 異種材料接合のための傾斜接着：過去 20 年間，世界中の多くのグループによって，複合材料と金属のような異種材料間の応力の伝播をスムーズにするための傾斜継手の研究が多く行われてきた。TWI は Comeld™ と呼ばれるプロセスを開発した。これは，パワービーム技術を利用して，金属の表面および材料内部を前処理し，複合材システムのレイアップ内でより広範囲に相互作用できるマクロな構造を形成し，それによって被着体間でより大きく，より方向性に富んだ荷重伝達を可能にした（**図 13.7**）。
- マイクロテクノロジーおよび光エレクトロニクス分野：これらの分野では，異種材料を接合する唯一の方法として，接着剤がよく使用される。ここでは，熱の影響が性能を左右する。そのため，特定の用途に合わせた特性（CTE，熱伝導率など）を持つ機能性接着剤が開発されている。また，急速に発展している自動車用電池の分野では，電池を確実にモジュール構

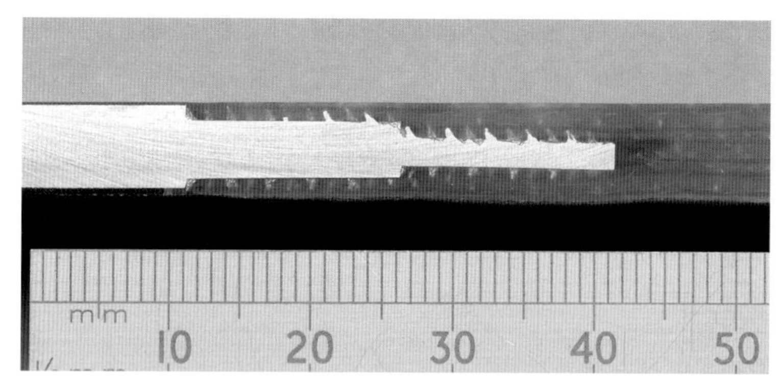

図 13.7　ステンレス鋼とガラスポリエステル複合材との Comeld™ 接合部

造内に固定するため，および熱を伝導して熱管理を支援するために，接着剤が必要とされている。

- 規制：国ごとの法律や EU などの輸出入制度により，前処理システムからクロム含有化合物を排除することが求められている。しかしながら，特に航空宇宙分野では，アルミニウムなどの金属に耐久性のある接合を行う必要があるため，非常に困難であることが判明している。現在，エアバス社やボーイング社によって多くの代替手段が開発されているが，元来のクロム系処理よりも優れているシステムはない。また，作業者や環境に有害だと特定される接着剤の成分が日に日に増しており，その結果，より低毒性の接着剤の開発が進められている。
- 解体性接着：リサイクルの必要性がかつてないほど増しており，外部刺激によって剥がれる接着剤が要求されている。簡単ではない課題だが，接着剤に解体性を付与するメカニズムが数多く開発されている。熱膨張性マイクロカプセルの添加，可逆重合の利用，電気活性化などの方法が挙げられる。

接着する材料の表面と接着剤の組成/特性の両方を，あらゆるレベルのスケールで理解し，制御する能力が，接着技術を十分に活用するための鍵となる。

文　献

本章の作成にあたり，さまざまな資料や出版物を利用した。その主なものを以下に列挙する。

〔書籍・出版物〕

Adhesives and Sealants (Ed.), Engineered Materials Handbook, vol. 3, prepared under the direction of ASM International Handbook Committee, 1990. ISBN: 978-0-87170-281-4.

J. D. Minford, Handbook of Aluminium Bonding Technology and Data, Marcel Dekker, Inc, 1993. ISBN 0-8247-8817-6.

W. Robert, J. Messler, Joining of Advanced Materials, Butterworth-Heinemann, 1993. ISBN 0-7506-9008-9.

D. Brandon, W. D. Kaplan, Joining Processes-An Introduction, John Wiley and Sons, 1997. ISBN 0 471 96488 3.

L. Tong, G. P. Steven, Analysis and Design of Structural Bonded Joints, Kluwer Academic Publishers, 1999.

P. A. Tres, Designing Plastic Parts for Assembly, eighth Revised ed., Hanser Publishers, 2017. ISBN 10 1569906688. N. G. McCrum, C. P. Buckley, C. B. Bucknall, Principles of Polymer Engineering, second ed., Oxford University Press, 2009. ISBN-10: 0198565267. Development of Design Rules for Structural Adhesive Bonded Joints-A Systematic Approach（2001）, Ijsband Jan van Straalen, privately printed in Netherlands, ISBN 90-9014507-9.

R. D. Adams, J. Comyn, W. C. Wake, Structural Adhesive Joints in Engineering, second ed., Chapman and Hall, 1997. ISBN 0 412 70920 1.

A. J. Kinloch, Adhesion and Adhesives-Science and Technology, Chapman and Hall, 1987. ISBN 0-412-27440-x.

F. W. Billmeyer Jr., Textbook of Polymer Science, third ed., John Wiley and Sons, 1984. ISBN: 978-0-471-03196-3.

F. L. Matthews（Ed.）, Joining Fibre-Reinforced Plastics, Elsevier Applied Science, 1987. ISBN 978-1-85166-019-3.

J. D. Buckley, B. A. Stein, Joining Technologies for the 1990s-Welding, Brazing, Soldering, Mechanical, Explosive, Solid-State, Adhesive, Noyes Data Corp, 1986. ISBN 0-8155-1095-0.

Handbook of Adhesion Technology, second ed.（2018）, Lucas F. M. da Silva, Andreas Öchsner, Robert D. Adams, ISBN 978-3-319-55410-5.

〔インターネット〕

インターネットは，接着剤の選択と使用に役立つほぼ無限のリソースを提供するが，戸惑いを与える情報も多く，またサイトの大半は，通常，製造メーカーが運営または後援している。そのため，特に提案される接着剤の種類に関しては，偏った指導がなされることがある。したがって，読者は，1つのサイトだけでなく，いくつかのサイトを訪問し，比較のためにいくつかの類似した製品を探すことで，使用と選択に関する適切なガイダンスを抽出することが推奨される。

ここで提供されるリンクは，執筆時点では存在したが，永続的なものではなく，またすべてを網羅しているわけでもない。しかしながら，特定の製品やメーカーに偏らないように選定されている。

英国政府出資による研究報告書，応力解析，接着剤選定，事例，サプライヤーへのリンク，設計ガイダンスなど，多くの相関のあるモデルやデータが集められた有用な情報源

www.adhesivestoolkit.com-

ヤモリ足裏の接着力の科学に基づく dry adhesion の開発について，いち早く発表

https://www.berkeley.edu/news/media/releases/2002/08/26_gecko.html

ヤモリの接着力に関する詳細

https://en.wikipedia.org/wiki/Synthetic_setae

解体性とリサイクルに関連する現行技術を説明する資料

https://www.adhesives.org/resources/knowledge-center/aggregate-single/recent-technology-advancements-in-debondable-adhesives

https://www.tandfonline.com/doi/abs/10.1080/00218464.2016.1237876

https://www.ifam.fraunhofer.de/content/dam/ifam/en/documents/Adhesive_Bonding_Surfaces/adhesive_bonding_technology/pb_entkleben_knopfdruck_eng_fraunhofer_ ifam.pdf

接着に関する概説

https://www.open.edu/openlearn/science-maths-technology/engineering-technology/manupedia/adhesive-bonding

https://www.thefabricator.com/thefabricator/article/assembly/designing-for-adhesive-bonding

https://www.adhesives.org/adhesives-sealants

http://guide.directindustry.com/choosing-the-right-industrial-adhesive/

https://www.compositesworld.com/articles/a-guide-to-selection-of-methacrylate-urethane-and-epoxy-adhesives

https://roymech.org/Useful_Tables/Adhesives/Adhesive_Bond.html

〈訳：関口　悠〉

第14章　接着接合部の解体・分離，および環境ならびにリサイクルの問題に及ぼす影響

佐藤千明，Ricardo J. C. Carbas，Eduardo A. S. Marques，
Alireza Akhavan-Safar and Lucas F. M. da Silva

14.1　はじめに

接着剤を用いた接合には，低コスト，構造物への付加重量が少ない，適用が容易であるなど，多くの利点がある。そのため，現代の技術産業において広く採用されている接合方法であり，その用途は今なお拡大している。接着剤には多くの利点がある。例えば，接着剤による接合は，他の接合方法と比較して省エネルギーの観点から効率的であり，環境に優しい接合方法となる可能性がある。この点は，あまり語られることがない利点といえる。ただし，近年の産業のグローバル化や新興国の急成長により，接着剤の消費量が急激に増加しており，環境に与える負荷も増大している。接着剤は接着構造物のごく一部を占めるに過ぎないのではあるが，環境問題の緩和には，接着剤が環境に与える影響をできるだけ低減することが不可欠となる。

接着剤による接合が環境に与える影響には，さまざまな側面がある。例えば，接着剤の製造，輸送，塗布，ならびに硬化工程に伴うエネルギー消費である。また，接着部のリサイクル，すなわち，さらなる再利用のための被着体の分解・分離を確実に行うことも重要になりつつある。さらに，接着剤自体のリサイクルも可能であれば，廃棄物の発生を抑制する上で有益である。

高強度の構造用接着剤で接合した接合部や，大きな接合面積を持つ接合部は，機械的に分離することが非常に困難であり，そのような接合部の解体は避けられる場合が多い。機械的締結などの他の接合方法は簡単に分解できるため，リサイクル目的では接着剤よりも有利になる。接着剤で接合した複数の異種材料で構成された製品では，分解時に損傷を与えず各材料を完全にリサイクルすることは困難である。そのため，分解や容易になる易解体設計が必須となるが，これも容易ではない。接着剤による接合は，異種材料を接合できることが大きなメリットだが，リサイクルの観点では大きなデメリットとなり得る。このため，接着剤自身の解体性の向上が不可欠であり，必要なときに分離・解体できる新しい接着剤がその解決策となり得る。このような要求に応えるため，被着体を効果的に分離できる新しいタイプの接着剤，「解体性接着剤」が最近提案されている。

高性能な接着剤とは，被着材と強固に接着し，かつ分離しにくいものであると考えられてきた。このように，解体可能な接着剤は，その逆説的な性質から，本質的に難しいものといえる。すなわち，これまでの接着剤の設計は，より強く，より堅牢に，を目標としていた。これに対し，解体性の付与は，全く逆の方向性を要求することとなり，これまでとは全く逆の発想が求められる。

低強度の接着剤については，以前から分離・解体可能なものが存在していたことに留意する必要がある。例えば，ホットメルト接着剤は，加熱することで簡単に分離・解体が可能である。しかし，より強度の高い接着剤，特に構造用接着剤については，分解・解体可能にするための技術的ハードルは常にかなり高いものであった。にもかかわらず，この20年間の絶え間ない技術的進歩により，解体可能な新しいタイプの機能性接着剤が誕生している[1,2]。従来，この技術の用途は主に仮接合や製品のリワークであったが，現在では被着体のリサイクルが新たな研究ターゲットとなっている。また，現在では航空機，宇宙船，およびロボットなどにも応用が始まっている。

本章では，接着剤の使用に伴う環境面やリサイクルの問題について議論する。まず，接着工程が環境に与える一般的な影響について説明し，これらの影響を軽減するために採用が期待されるいくつかの工程および接合部設計戦略について説明する。続いて，接着剤で接合した材料に関して解体性とリサイクル性を確保目的で使用される材料や戦略について，最近の進展と将来の予測される動向について説明する。本章の最終的な目的は，持続可能な接着方法を採用しようとする人々に指針を与え，改善のための可能な道筋を示すことにある。

14.2 接着剤による環境への影響

14.2.1 環境問題のカテゴリー

一般に，接着剤の使用に伴う環境的な問題は，大きく3つに分類される。これらは，以下の通りである：

（1）有害物質の排出

（2）温室効果ガスの排出。

（3）有限な資源の使用とその枯渇

接着剤の使用は，これらすべてのカテゴリーにおいて多かれ少なかれ問題を引き起こす可能性がある。ただし，有害物質の排出は，化学的に回避可能な問題でもあり，詳しく扱わず，本章では温室効果ガスの排出と有限資源の使用に焦点をあてる。

14.2.2 温室効果ガス排出

接着剤の製造，使用，および廃棄の過程で排出される温室効果ガスは二酸化炭素が主なものである。接着剤の製造工程では，化石燃料の燃焼によるエネルギーを使用することが多く，これが二酸化炭素の主要な排出源となる。また，接着剤を硬化させる加熱にもエネルギーが使われる。さらに，接着剤は主に高分子で構成されるので，焼却処分する際にも二酸化炭素が発生する。

また，接着剤の製造工程や塗布工程では，炭化水素や有機溶剤など，二酸化炭素とは異なる温室効果ガスが排出される場合がある。したがって，十分に抑制されないと大気中に放出され温暖化を引き起こす可能性がある。これらの温室効果ガスは，二酸化炭素よりも単位あたりの温暖化効果が高いため，その放出が特に問題となる。したがって，これらのガスが温室効果ガスの総排出量に占める割合がわずかでも注意を払う必要がある。幸いなことに，蒸発した溶剤は適切な装置を用いて回収することが可能である。

14.2.3　有限な資源の使用

接着剤の原料の多くは石油化学製品に由来している。このため，石油資源が枯渇すれば，接着剤の生産も維持できなくなる。枯渇は究極のシナリオだが，原油価格が上昇するだけでも接着剤産業の長期的な持続可能性に深刻かつネガティブな影響を及ぼしかねない。石油よりも埋蔵量が豊富な石炭など，他の化石資源を利用する方法もある。しかし，単位あたりの二酸化炭素排出量は石油よりも大きいため，環境保全の観点からは魅力的な提案とはいえない。いずれにしても，石油や石炭のような有限の化石資源を思慮なく大量に使っていては，真の意味で持続可能な社会には移行できない。したがって，有限な資源に代わるものとして，カーボンニュートラルな天然素材の利用が望まれる。

有限な資源の利用に関連するもう 1 つの側面は，接着剤で接合された被着材のリサイクルプロセスである。本章の冒頭で述べたように，接着剤と被着体をきれいに分離することは，特に異種材料が接着されている場合，大きな困難を伴い，現在でも容易でない技術的課題である。このような場合，損傷なく分離することはしばしば困難であり，各材料の再利用性は制限されることになる。この問題を解決するためには，接着構造の構成要素を効果的にリサイクルできるよう工夫する必要がある。

14.3　環境問題への挑戦のための基本戦略

接着技術における環境問題解決のための基本戦略は，以下のように分類される。

（1）環境に配慮した素材の使用
（2）接着剤へのリワーク性や解体性の付与
（3）接着剤自体のリサイクル
（4）接着工程の最適化
（5）接着剤接合部の設計最適化とライフサイクルアセスメント（LCA）

これらの各項目について以下で説明する。

14.3.1　環境に配慮した素材の使用

接着剤の環境負荷を低減するためには，その原料の選定が非常に重要である。まず，原料は環境にやさしいものでなければならない。合成樹脂自体の製造工程は，他のタルク，アルミナパウダー，シリカエアロゲル，炭酸カルシウム，および鉱物などのフィラーよりも多くのエネルギーを消費する。そのため，粘着剤の組成は，最終製品の環境負荷に大きく影響し得る。また，接着した製品を廃棄する際に，接着剤を燃やすと，樹脂由来の二酸化炭素が排出される。このような場合，フィラーの添加により，接着剤中の樹脂の割合を減らすことができ，二酸化炭素の排出量を相対的に減らせる可能性がある。

接着剤の環境負荷をより効果的に低減するためには，リサイクル素材やカーボンニュートラルな素材の使用を検討する必要がある。例えば，粘着剤（PSA）の原料として再生ゴムがよく利用されている。また，輸送用梱包材として使用されているポリスチレンフォームは，溶剤に溶かして接着剤の原料として利用できる。このように，リサイクル材料を原料として再利用することで，接着剤の環境負荷やコストを低減することが可能である。

もう1つの選択肢は，植物由来のカーボンニュートラルな天然素材を使うことである。植物は成長過程で空気中の二酸化炭素を吸収するため，燃やしても大気中の炭素量は変わらず，カーボンニュートラルな循環が成立する。また，植物は再生が可能であり，まさに持続可能な資源といえる。歴史的に見ても，接着剤の原料として多くの天然素材が使われてきた。例えば，デンプン，ラッカー，およびカゼインなどは，いずれも接着剤の原料として広く使用されてきた[3]。これらは，持続可能かつ天然由来のカーボンニュートラルな材料といえる。また，天然素材を使用した別の例として，粘着剤が挙げられる。天然ゴムや松脂由来のロジンは，粘着剤の主成分やタッキファイヤーとして利用されることが多い。

近年では，他の天然素材も接着剤の原料として検討されている。例えば，ポリ乳酸樹脂を接着剤の主成分として使用することができ[4]，木材から得られるリグノフェノール樹脂[5]，甲殻類の外骨格から得られるキトサン樹脂[6,7]なども同様である。また，大豆油をエポキシ化し，接着剤の主成分として使用することも検討されている[8]。さらに，コルクなどの木粉は，接着剤の硬化物に延性を与えるため，持続可能かつ効果的な接着剤用フィラーとして知られている[9-12]。コルク粒子は，断熱性，防音性，防振性，ならびに高衝撃吸収性など，いくつかの魅力的な特性を有しており，その利用が検討されている。Barbosaら[13]は，コルク粒子がき裂進展を阻害すること，特定の体積濃度と粒径で接着剤の破断ひずみを改善すること，ならびにガラス転移温度（T_g）を低下させることを発見した。さらに，フーリエ変換赤外分光法（FTIR）分析により，コルク微粒子が接着剤と化学反応を起こさないことを明らかにした[14]。このように，接着剤にコルク微粒子を混合して使用することで，その延性挙動を高め[15]，エネルギー解放率（G_{IC}）も増加できることが知られている[9,10]。

14.3.2　接着剤にリワーク性または分解性を付加する

環境問題を考えるとき，「3R」という略語がよく使われる。これは「リデュース（減らす）」「リユース（再利用する）」「リサイクル（再資源化する）」という意味であるが，接着剤の接合部もこの観点から分析することができる。しかし，接着剤で接合した部品や材料の再利用やリサイクルには，接合部の完全分離が不可欠である場合が多い。本章の序節で述べたように，この目的のために，要求に応じて分離できる「解体性接着剤」という新しいタイプの接着剤が登場している。

接着製品の持続可能性に関わるもう1つの側面は，接合部に欠陥が存在する場合の修理である。現代の品質管理では，接着が不適切な製品は廃棄されることになり，残念なことに大量の廃棄物に繋がる。解体可能な接着剤の使用は，欠陥のある接着部を修理する方法を提供し，部品を分離して再接着し修理することを可能にする。この工程は不良品の「リワーク」と呼ばれ，3R思想の観点からは，廃棄物の「リデュース」，不良品の「リユース」の工程と関連している。このテーマについては，［**14.4**］でより詳しく説明する。

14.3.3　接着剤自体のリサイクル

通常，接着製品に使用される接着剤の質量は，被着材の質量に比べてはるかに小さいため，接着剤のリサイクルを目的としたプロセスは被着材と比べ一般的ではない。また，接着剤層自体の被着材との完全な分離回収が困難であること，接着剤廃棄物は完全に硬化・架橋した状態であるため溶剤による分解が困難であることなども，この接着剤自体のリサイクルが進まない要因である。さらに，接着剤にはさまざまな化合物が含まれており，そも分離・回収・再利用は困難といえる。

一方，シーラントは接着剤に比べ使用量が多いため，リサイクルへの取り組みが活発で経済的にも有望視されている分野である。そのため，近年，産学界の熱心な研究に支えられ，リサイクル・回収可能なシーラントへの需要が高まっている。

14.3.4　接合工程の最適化

接着剤による接着では，接合工程全体を適切に最適化することで，環境負荷を大幅に改善できる。例えば，被着体の表面は接着前に前処理が必要な場合が多いので，この部分の環境負荷を軽減する余地がある。この用途に油面接着可能な接着剤を選べば，表面の脱脂が不要になるため，溶剤の使用量を減らすことが可能である。

溶剤は脱脂のために多用されるが，大気中に放出されると温室効果の原因となる有害なものである。どうしても溶剤の使用が必要な場合は，溶剤の蒸気回収システムを導入する必要がある。回収した溶剤蒸気は，凝縮して再利用したり，サーマルリサイクルすることができる。

ワイプ，手袋，マスキングテープ，粘着剤の剥離シート，剥離剤，ミキシングカップ，ブラシ，ならびにスタティックミキサーなど，使い捨ての資材や道具，個人保護具は接着工程で多用される。したがって，接着工程を最適化しないと，大量の廃棄物の発生する。合理的な接着手順を設定し，自動化レベルを上げ手作業を減らすことで，余分な廃棄物を効果的に削減することが可能である。

接着剤の加熱硬化時に，硬化温度に到達するまでに消費されるエネルギーも大きな問題である。そのため，常温や比較的低い温度で硬化可能な接着剤は，必要なエネルギーが少なく，結果的に温室効果ガスの排出を抑えることにつながる。例えば，アクリル接着剤は，室温で素早く硬化し，かつ構造用途にも十分な強度と靭性を有している。一方，室温硬化型のエポキシ系接着剤も改良されており，ナノフィラーを含む新しい配合で，高い耐熱性を実現している[16]。

14.3.5　接着接合部の設計最適化およびライフサイクルアセスメント

接着接合部の形状最適化，ならびに材料選択プロセスの改善は，必然的に材料の使用量や継手の重量を減らすので，広い意味での環境フットプリントの削減につながる。接着強度，弾性率，および接合部の応力分布などの正確な把握は，熟練した接着接合部設計者にとって非常に有効であり，最適で効率的な設計につながる。この視点は軽視されがちであるが，実はとても重要である。このアプローチをサポートするためには，接着剤メーカーが，接合部の適切な設計に必要な材料データを積極的に提供する必要がある。この場合，ユーザーが独自に試験を行うような，重複した努力を避けることができる。

接着剤メーカーのもう１つの責任は，接着接合のライフサイクルアセスメント（LCA）のための情報を開示することである。このデータがあれば，接着剤ユーザーはエネルギー消費量と環境負荷を推定することができる。後者は「カーボンフットプリント」と呼ばれ，近年，さまざまな製品でその開示が義務化されており，接着剤を生産する業界も例外ではない。また，ユーザーはLCAを活用することで，製品の環境負荷を適切に評価し，製品のライフサイクル全体を通じて環境負荷を低減することができる。すなわち，トレードオフを考慮し，接着剤を使用するか否かを合理的に判断できる。

14.4　解体性接着剤の種類と特徴，用途

機械的分離は，接着剤の接合部を解体するための最も基本的な方法である。しかし，一般的に非効率で手間がかかり，きれいに剥離することは難しい。さらに，機械的な負荷がかかると，被着材が塑性変形したり（金属基板の場合），損傷したり，完全に破損したり（複合材料やプラスチックの場合）することがありうる。

一方，接着剤の機械的特性（強度と剛性）は高温で著しく低下するため，接着接合部をそのガラス転移温度（T_g）を超えるように加熱するのは接着接合部の解体によく使われる手法である。また，空気中での可燃温度や自己発火点まで接着剤を加熱すれば，完全な熱分解が達成できるので，接合部の解体が可能になる。ただし，この場合，エネルギー消費が問題となるのみならず，化学分解の結果として生じる有毒ガスや刺激性ガスの処理が問題となる。

解体可能な接着剤の主な用途は，部品の再利用や製品のマテリアルリサイクルである。また，ワークの仮止めにも必要な接着剤である。さらに，これら以外にも修理（リワーク）を挙げることができる。リワークとは，欠陥のある部品を取り除き，機能する部品と交換することである。重要性の高い部品の場合，その不具合は商品価値に大きな影響を及ぼし得る。このような部品を解体可能な接着剤で接合することで，部品の分離・交換が容易になり，製品全体の歩留まり向上につながり得る。電子機器では，IC（Integrated Circuit）チップを回路基板上に配置し，エポキシアンダーフィルで接着する場合が多い。この修理の目的で，加熱により軟化し容易に分離できるリワーク性アンダーフィル剤が市販されている。このようなリワーク可能な接着剤は，電子機器が複雑化し，不具合が発生する確率が高くなっていることから，産業界で期待されている。

解体可能な接着剤は，以下のように分類される：

（1）熱可塑接着剤，すなわちホットメルト接着剤（含む溶融接着剤）
（2）発泡剤もしくは膨張剤を含む接着剤
（3）化学活性物質を含む接着剤
（4）界面での電気化学反応に基づく解体機構を有する接着剤

14.4.1　熱可塑性接着剤，すなわちホットメルト接着剤（溶融接着剤含む）

熱可塑性接着剤，つまりホットメルト接着剤は，加熱すると軟化し簡単に分離することができ

る。例えば，ワックスは材料の機械加工でワークの仮止めに使われてきた長い歴史がある。工作機械のベッドにワークを接合・固定し，加工後に加熱して分離するためにワックスを使用することがある。マグネットチャックで固定できない素材，具体的にはガラス，セラミックス，およびシリコンなどの非磁性体には，このワックスが広く使用されている。比較的古い技術であるにもかかわらず，ワックスの使用量は増えている。

エレクトロニクス分野では，IC チップの製造に数種類の解体可能なワックスが使用されている。まず，シリコンのインゴットをワックスで固定し，ダイシングソーでウェハーに切断する。ワックスは加熱すると軟化し，接合部を分離することができる。ウェハーに残った残渣は，特定の溶剤やアルカリ溶液で洗浄することができる。次に，別の種類のワックスや特殊な接着剤で，ウェハーをパターン形成用の基板に固定する。これらのウェハーは，加熱時にスクレーパーを用いて機械的に分離することができ，ウェハーの表面からワックスを除去し，さらに接着剤の残渣をアルカリ溶液で洗浄することができる。

ホットメルト接着剤は住宅や建築にも広く利用されており，マテリアルリサイクルにソリューションを提供している。**図 14.1** は，ホットメルト接着テープと誘導加熱器を用いて，壁板や天井板をはりに接合する方法である。これは「オールオーバー工法」と呼ばれ，すでに日本の建設会社で採用されている[17]。この技術のポイントは，テープ状の熱可塑性接着剤にアルミニウム合金製の導体層を挿入してあることである。このテープは，ボードとはりを接着する際に，その間に挿入される。テープにはわずかな粘着性があり，作業がしやすくなっている。積層後，電磁誘導加熱装置で接着剤を加熱し，ボードとはりを接合する。また，熱可塑性接着剤は可逆的であるため，加熱により溶融し，被着材同志を分離することが可能である。

現代の自動車の内装には，繊維や高分子材料が使われており，ホットメルト接着剤で接着される場合が多い。対象物を接着剤で薄く覆い，コーティング材を塗布する直前に接着剤を熱で活性化させ，接着を可能にする。この方法の主な利点は，コーティング材の取り外しや交換が容易で

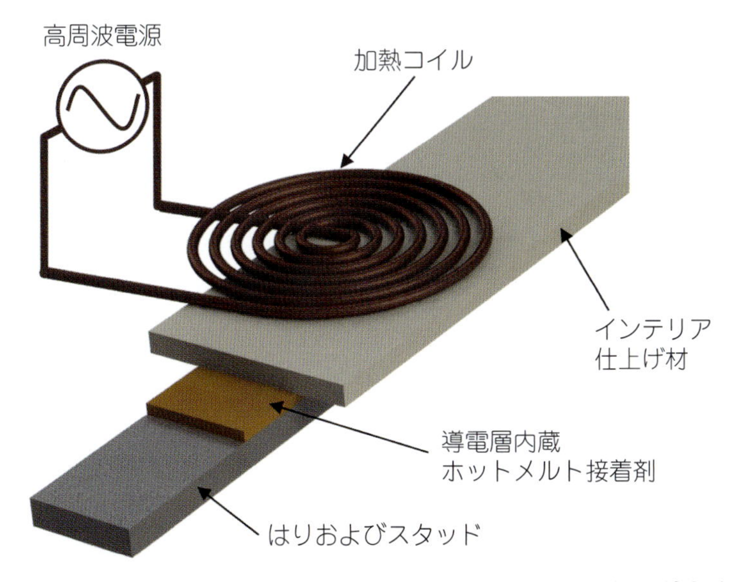

図 14.1　誘導加熱（IH）とホットメルト接着剤を用いたオールオーバー工法とその原理[17]

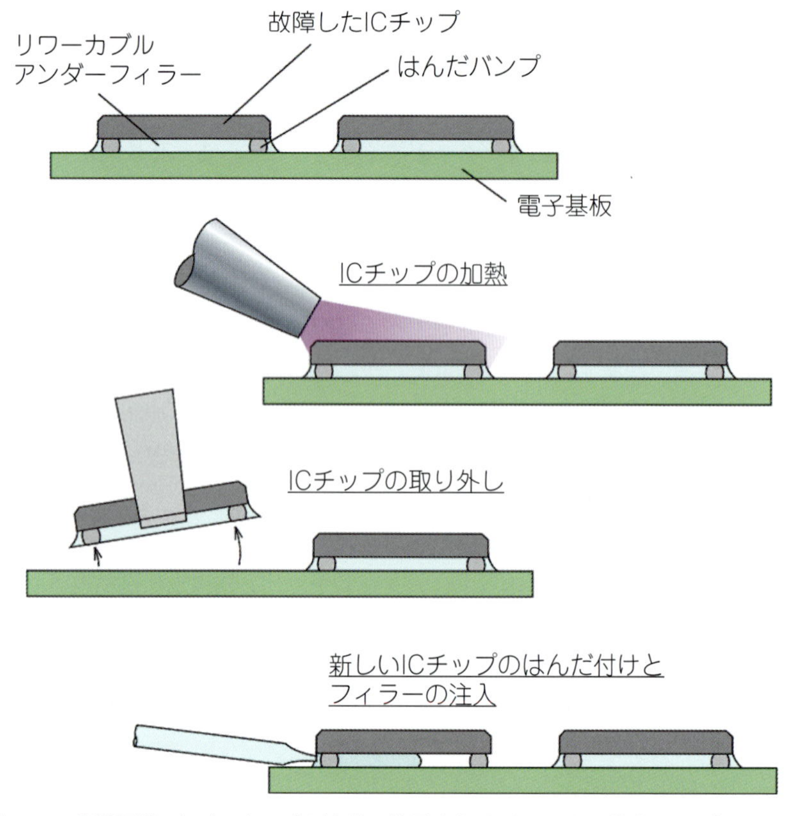

図 14.2　集積回路（IC）チップの接着に使用されるリワーク可能なアンダーフィル

あることである。万が一，製造工程や取り扱い工程でコーティング材が傷がついても，この接着剤を使用することで，部品の再加工やスクラップの削減が可能である。

接着剤は，熱硬化性と熱可塑性の特性を1つの材料に持たせることで，強度，安定性，および実用性に優れ，高い再加工性を持つように改造できる。熱硬化性樹脂であるエポキシ系接着剤は，電子機器の包装に広く使用されている。エポキシ系接着剤に熱可塑性を導入することで，加熱により接着剤を硬化・溶融させることができる。この目的のために「熱溶融エポキシ樹脂」という新しい樹脂が開発され[18]，アンダーフィル接着剤として回路基板上のICチップの接合に使用されている。ICチップは，1個でも不具合や故障があれば，取り外して別のチップに交換する必要がある)。このようなICチップは，通常，接着剤とはんだで回路基板に接合されているが，接着剤もはんだも軟化するため，チップを回路基板から容易に分離することができる。この作業は「ICチップリワーク」(**図 14.2**）と呼ばれている。

14.4.2　発泡剤または膨張剤を含む接着剤

接着剤に発泡剤や膨張剤を混合することで，解体可能な性質を持たせる方法がよく採用される。例えば，**図 14.3** に示すように，熱膨張性マイクロカプセル（TEM）がよく使われる。TEMは加熱により膨張する。最初は殻の材料が柔らかくなり，その後，内部の炭化水素の液体が蒸発して気体状態になる。その結果，球状粒子の体積が増大し，初期体積の50倍から100倍に達する[19,20]。加熱を止めると，球殻は硬くなるが，膨張したままである。TEM が膨張すると，接着剤のマトリックス樹脂の内部応力が増加する。また，この応力により，接着剤と被着体の界面で剥離が発生する。この内部応力は接着剤の弾性率や強度に依存するため，マトリックス樹脂の種類は非常に重要である。

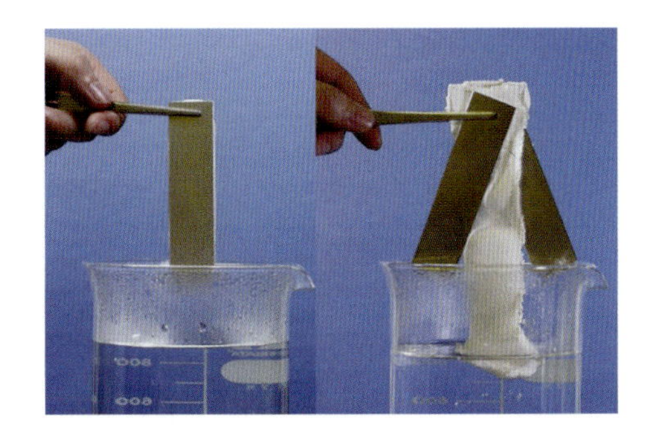

熱膨張性マイクロカプセルを混入した接着剤
加熱
被着体

図 14.3　熱膨張性マイクロカプセル（TEM）を含む解体性接着剤

TEM の膨潤力により，接着剤マトリックス樹脂は大きく変形する。例えば，高温で軟化した熱硬化性樹脂は，接着剤と被着体の界面破壊を誘発する[21]。また，TEM の膨張により接着剤の剥離面が粗くなり，この粗さが接着剤の被着体への再付着を防ぐ。そのため，温度が下がっても分離した界面が再び結合することはない。マトリックス樹脂として熱可塑性樹脂を用いた場合でも，T_g を超えると樹脂は著しく軟化し，熱硬化性樹脂の場合と同様に分離する現象が発生する。しかし，高温で界面が再付着するため，温度低下後に強度が回復する可能性が高い。このような観点からは，熱硬化性樹脂の方が適している。例えば，エポキシ樹脂は熱硬化性樹脂であり，強度が高く，耐熱性に優れているため，幅広い用途の解体可能なシステムのマトリックスとして活用することができる。

TEM の濃度が適切であれば，局所的に熱を加えることで接合部を迅速に解体できることがすでに示されている[22-24]。Banea ら[23] は，2 種類の構造用接着剤（ポリウレタンとエポキシ）で接着された同種および異種材料の接着継手についてそも剥離を研究した。単純重ね合わせ継手（SLJ）を評価し，TEM の量が継手の引張せん断強度に与える影響を温度の関数として評価した。その結果，使用する TEM の量，ならびに加熱温度が接合部の剥離特性を律する主要なパラメータであることを示した。TEM を使用した接着剤の特性は，使用する TEM と接着剤の機械的，物理的，および化学的特性の影響を受けるため，剥離性能の設計の是非は，TEM と接着剤の組み合わせにかかっている[22,24-26]。

TEM の利用例としては，TEM を含んだダイカットテープがあり，IC チップの仮接着にすでに利用されている。テープの両面に感圧接着剤（PSA）が塗布されており，PSA の接着強度や弾性率は非常に低い。TEM が少量でも含まれていると，加熱によりテープが大きく膨張し，IC チップと基板との間に界面剥離が生じる。

石川ら[27,28] の住宅・建築用接着剤・シーリング材など，他の用途でも同様の方法が採用されている。**図 14.4** に示すユニットバス構造の製造工程では，繊維強化プラスチック（FRP）板と化粧鋼板を石膏ボード上に TEM を含むビニルエマルジョン接着剤で接合している。また，**図 14.5** に示すように，キッチンのシンクのシールにも TEM を含むシリコーンシーラントが採用されている。いずれの場合も，加熱により接合部を解体することが可能である。

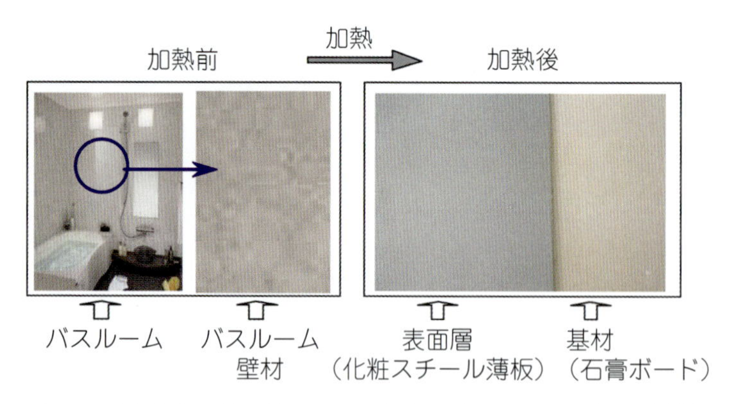

図 14.4　石膏ボードと鋼板を TEM を含むビニルエマルジョン解体性接着剤で接着したユニットバス用壁パネル[27]

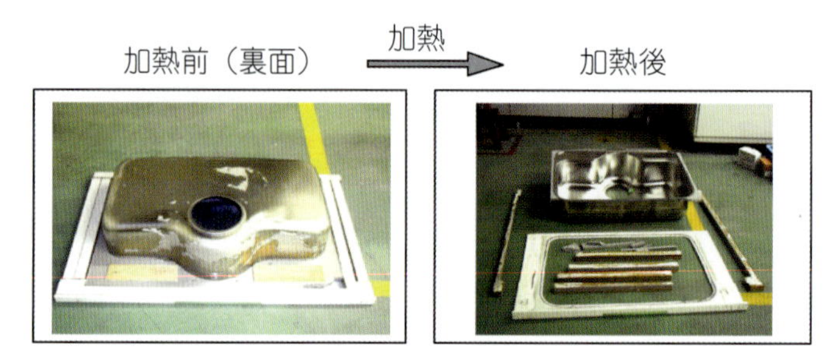

図 14.5　シリコーン樹脂の解体性接着剤で接着したキッチンシンクの接着部とその解体部（TEM を含む）[28]

この技術は，より強力な接着剤にも応用されている。欧州では，Bain および Manfre[29]，Alcorta ら[30]，および Papon ら[31] により，自動車構造物の製造に解体可能な接着剤およびプライマーが提案されている。これは ECODISM プロジェクト（「自動車部品のクリーンメンテナンスと解体のさらなるリサイクルのためのエコロジーと経済的開発革新戦略・工程」）で開発されたもので，**図 14.6** に示すように，フロントガラスとボディを接合するために，TEM と化学発泡剤を含むプライマーとポリウレタン接着剤を使用している。また，ポリマーアロイ製リアハッチパネルをボディに，さらに後部窓ガラスをポリマーアロイ製パネルに接合するために，この接着剤が適用されている。本研究の顕著な成果は，TEM と化学発泡剤（CFA）の組み合わせれば，接着剤ではなくプライマーのみにこれらを配合しても接合部は解体でき，かつ界面破壊が得られることを証明した点である。この技術は，近年，さまざまな用途に応用されている。例えば，Olive と Bergara[32] は，この技術を GAIA 望遠鏡のフレームに適用している。この目的に対し，接着と分解の両方をバランスよく達成するために，室温硬化型 2 液型エポキシ接着剤を用いている。

CFA は接着剤系に添加することで，高温での分解工程を容易にすることができる。アゾ化合物やヒドラジドを含む CFA は，Henkel，IBM，米国陸軍研究所，Rescoll によって研究されており，Rescoll の研究では，接着剤層が軟化する時点で高温により一部の CFA 粒子が界面に移動し，結果として界面破壊が得られることが明らかとなっている[33]。McCurdy[34] は，4 種類の CFA を 2 種類のエポキシと 1 種類の半構造ポリウレタンと組み合わせて実験的に研究した。実験データ

図 14.6　熱膨張性マイクロカプセルと発泡剤を用いた解体性接着剤の自動車産業への応用，ECODISM プロジェクト[31)]

から有益な情報は得られなかったが，試作した構造用接着剤システムは，添加剤/接着剤および添加剤/マトリックスの相溶性に関連したいくつかの問題を示し，長期耐久性及ぼす影響を確認できた。

エポキシ接着剤の強度は高いが，TEM を使って分離可能である。これは，エポキシ樹脂が高温で軟化するためであり，例えば，**図 14.7** に示すようなタイプの TEM をエポキシ樹脂に混ぜて，解体用接着剤が作成可能である[21)]。この TEM は，シェルとコアからなる構造をしている。シェルはポリビニリデンでできており，コアには液状のイソブタンが充填されている。TEM の平均直径は 20 µm 程度である。前述のように TEM では，温度の上昇によりシェルが軟化し，かつコア内の圧力が上昇するため膨張が生じる。膨張開始温度は，シェルの材料特性とコアに含まれる炭化水素の種類に依存しており，膨張開始温度や最大膨張率の異なるさまざまなグレードが

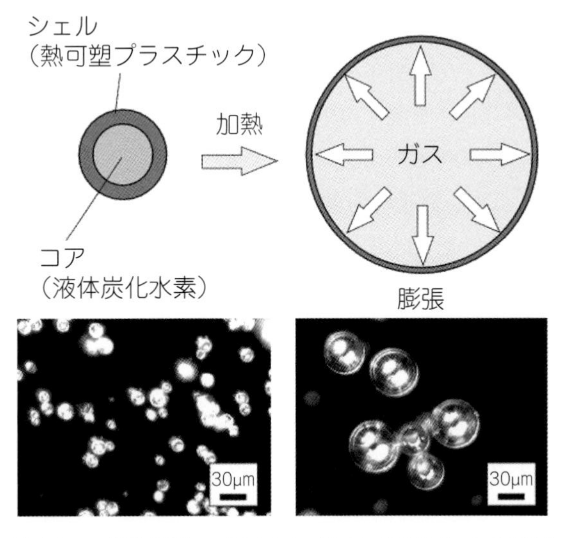

図 14.7　熱膨張性マイクロカプセル（TEM）の構造[21)]

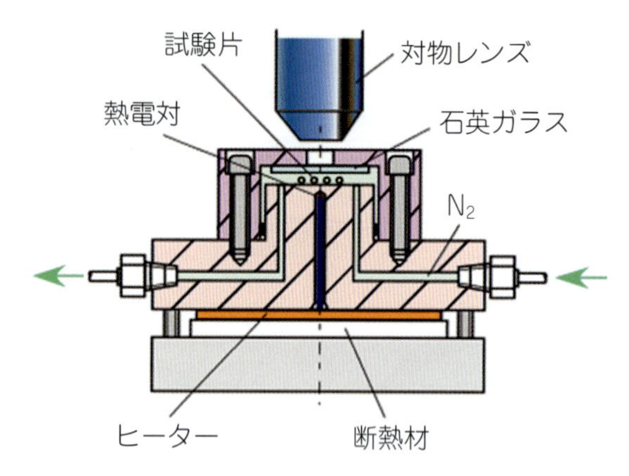

図 14.8　TEM の PVT 試験に用いた圧力容器の断面図

市販されている。図 14.7 に示す TEM の場合，膨張開始温度は 80℃，最大膨張比は体積で 70 倍である。

TEM を含む接着剤の解体温度は，TEM の種類とマトリックス樹脂の特性の関数として決定される。TEM の中には，膨張開始温度が高いグレードも市販されているが，一般に，膨張開始温度が低い TEM に比べ，体積膨張率が小さくなっている。したがって，TEM の種類を変えることで接着剤の解体温度を上げることを目的とした場合，解体性が損なわれる可能性があり得る。

上記のように，TEM の膨張によって発生する応力が，接合部剥離の主な原動力となっている。解体可能な接着剤の性能を向上させるためには，TEM の膨張特性を知ることが必要である。これまで，TEM の膨張性能を調べるために，いくつかの実験が行われてきた。西山ら[21] は，この目的のために「PVT（圧力・体積・温度）測定装置」と呼ばれる実験装置を用い，TEM に対して PVT 試験を実施した。浦谷ら[35] は，加圧窒素を用いた実験装置で PVT 試験を行った。**図 14.8** に示すような容器を窒素で加圧し，ヒーターで内部温度を上昇させる実験である。加圧・加熱中の TEM，ならびに TEM 量の異なるバルク接着剤硬化物を，石英ガラス窓から顕微鏡で観察し，温度を上昇させつつその体積変化を測定した（**図 14.9**）。このようにして，異なる圧力と温度で TEM の体積変化を測定し，P–V–T 関係を決定した。

例えば，体積比で 50％の TEM を混ぜたエポキシ樹脂は，100℃で 4 倍に膨張する。そのため，TEM 自体の体積膨張率は約 800％となる。一方，大気圧下での体積膨張率は 5,000％～10,000％である。この差の理由は，エポキシ樹脂の拘束によって発生する圧縮応力に起因する。P–V–T 関係によると，圧縮応力は 100℃で 1～2 MPa（PVT 装置で測定）または 2～3 MPa（加圧窒素で測定）である。しかし，この圧力は，室温でのエポキシ樹脂の強度よりもはるかに低い。実は TEM の膨張開始温度では，樹脂は十分に軟らかい。したがって，接着剤層が加熱により軟化し，TEM の膨張力が 1～2 MPa 程度しかなくても接合部を分離できたものと推測される。樹脂の軟化と TEM の膨張の組み合わせは，接着剤層に大きな変形と内部応力をもたらし，接着剤に解体性を付与する鍵となる。各マトリックス樹脂には所定のガラス転移温度（T_g）があり，TEM の膨張開始温度に近いか，それより若干低い温度である必要がある。また，マトリックス樹脂の弾性率や強度は，ゴムプラトー近傍で急激に低下することが望ましい。

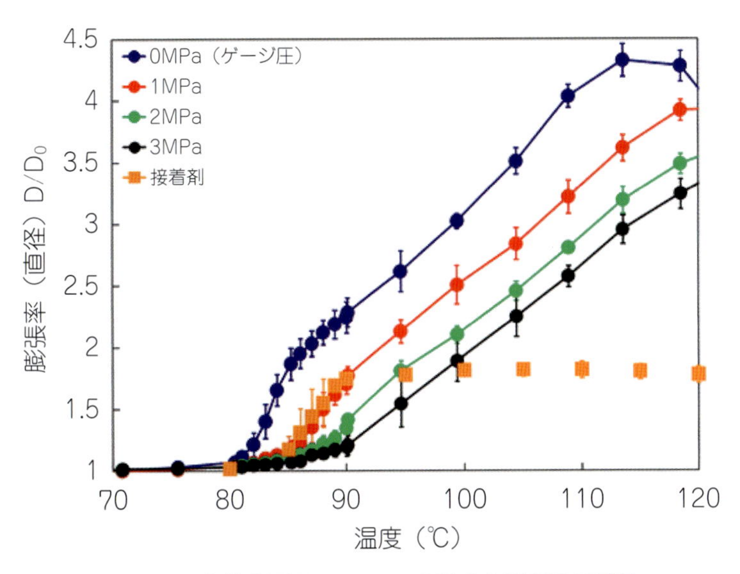

図 14.9　各静水圧下での TEM の温度と膨張量の関係

分解した接着剤の界面での剥離を表現するために利用できる 2 つの力学モデルを**図 14.10** に示す。その 1 つは，TEM と被着体の接触点近傍に，TEM の膨張によって小さな界面き裂が形成されるモデルである。このき裂は隣接するき裂まで伸びて互いに連結する。もう 1 つは，TEM の膨張により接着層の体積が増加し，接着層の端部付近に応力集中が生じ，接合部の周辺部に小さなき裂が発生するものであり，グローバルな応力発生モデルといえる。

佐藤らは，TEM を含む接着剤で接着したガラス試料を用いて，両モデルの妥当性を実験的に検証した。顕微鏡観察では，ガラスの被着体を通して接着界面を観察した。その結果，TEM からのガス漏れや界面へのガス蓄積は観察されなかった。局所き裂発生モデルで説明したように，各 TEM の周囲に小さな円周方向のき裂が観察された。しかし，それらは相互に連結しておらず，グローバルき裂は接合部のエッジで発生し，中心に向かって進行していた。これらの結果は，仮定された両方のモデルが発生しているが，グローバルな応力発生のモデルの方がより支配的であることを示している。

14.4.3　化学的活性物質を含む接着剤

接着剤の化学組成を変えることで分解可能な接着剤を得る最初の試みの 1 つが，Battelle Memorial Institute により行われている[36]。この研究では，熱可逆的なイソシアネート系高分子を開発しており，イソシアネートと不安定な水素を出発基とする結合が解離する機構を用いて高分子の分解を実現している。しかし，この系は，酸に溶け自由流動性を有するメルト材料になってしまうことが明らかとなっている。

化学的に活性な材料，特に膨張性材料の混合は，接着剤で接合した接合部の解体性に有効な方法である。例えば，膨張黒鉛（EG）や水酸化アルミニウムは，TEM の代替材料として活用することができる。膨張黒鉛は，酸や水などの化学物質が浸透した平層状構造を持つ薄片状炭素である。加熱すると酸や水が気化し，**図 14.11** に示すように結晶層がアコーディオンのように膨張す

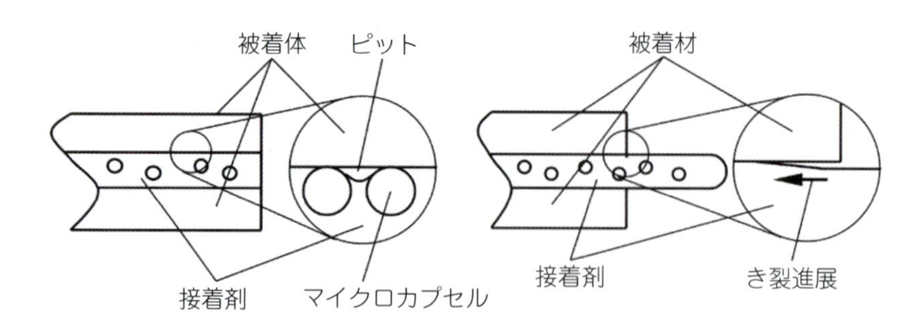

界面剥離を引き起こす2つの異なるメカニズム

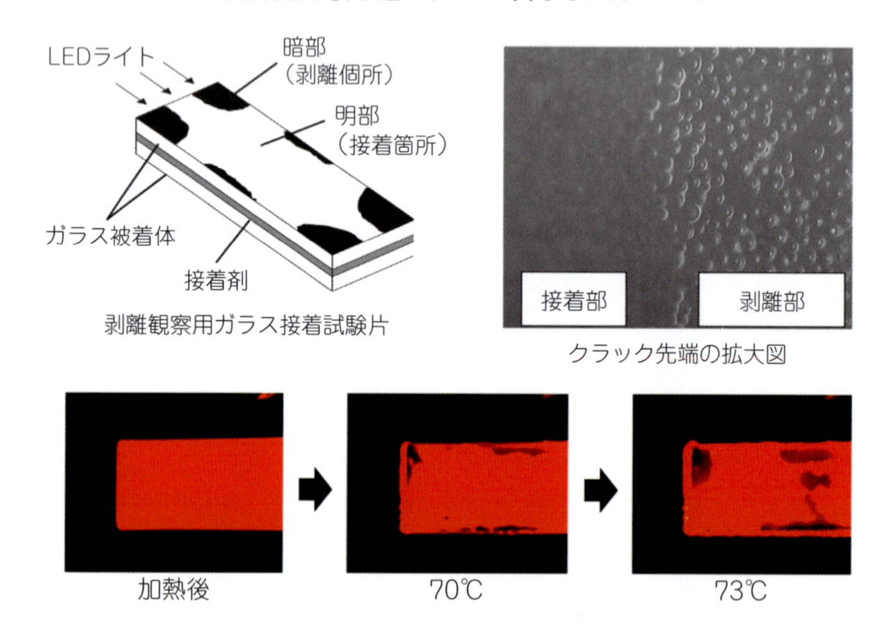

図 14.10　エポキシ接着剤中の TEM における界面剥離観察実験

接合部の剥離領域は，図下部の暗い部分であり，温度の増大に伴いその領域が拡大している。

る。また，EG の体積も大きく増加する。さらに，放出された酸や水の高温蒸気が樹脂を攻撃し，分解を促進させる。

水酸化アルミニウムは微粉末で提供され，高温で酸化アルミニウムと水蒸気に分解する。高温の蒸気は樹脂を膨張させるだけでなく，EG と同じように樹脂を攻撃する。水は大気圧で 100℃を超えると過熱蒸気となり，樹脂を化学分解する場合も多い。この技術の応用例として，水酸化アルミニウムを含む両面 PSA テープでプラズマディスプレイパネルに接着したヒートシンクを挙げることができる。この製品は異種材料で組み立てられているため，解体してリサイクルする必要がある。PSA テープは加熱により軟化し，接合部の強度が低下する。しかし，接合部の剥離には，やはりかなり大きな機械的負荷が必要であった。本技術を用いると，水酸化アルミニウムから発生する過熱水蒸気により界面が弱くなり，部品の剥離が容易になる。水酸化アルミニウムの代わりに過塩素酸アンモニウムや過マンガン酸カリウムなどの酸化剤を使用することもできる。接着樹脂と混ざり合った酸化剤は高温にすると自己燃焼を促進し，この反応により豊富な酸素が

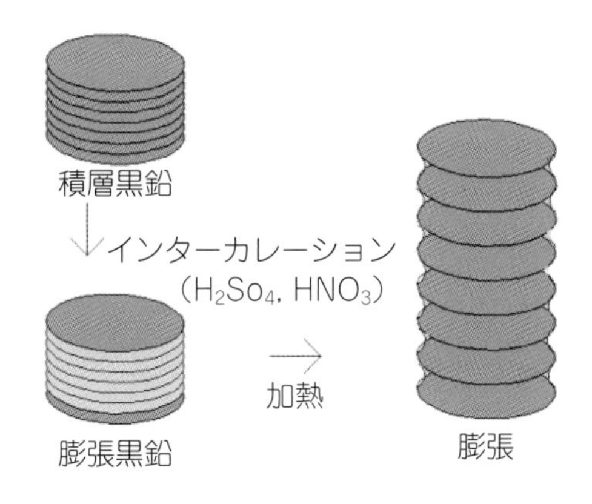

図 14.11　剥離後の膨張黒鉛

発生して樹脂を攻撃し，剥離を引き起こす。しかし，この場合，長期の熱安定性が重要な関心事となる。

14.4.4　電気化学的に分離可能な接着剤

電気的に分離できる解体用接着剤，ElectRelease（EIC Laboratories, MA, USA）が市販されている[37]。**図 14.12** に示すように，この接着剤と金属被着体の界面は非常に弱くなり，接合部を人手で容易に分離することができる。この手法では，強度は低下するものの，自発的な解体は起こらない。そのため，電圧印加後に完全に分離するためには，外力を加える必要がある（**図 14.13**）。例えば，バイアスばねで接合部に弱い荷重をかけ続けると，電圧をかけるだけで接合部が自然に分離する。したがって，この接着剤を用いれば，電気的なトリガーで 1 回だけ分離可能な機構を容易に実現することができる[38]。

電流が接着力を弱める理由は，まだ完全には解明されていない。電流は陽極側の被着体表面で電気化学反応を誘発し，その結果，被着体上の金属酸化物層が侵食されるようである[39]。分離に必要な電流の累積値は，金属の種類によって異なる[40]。

ElectRelease 技術に基づく取り外し可能な接着剤処方について，さらなる調査が行われた。そ

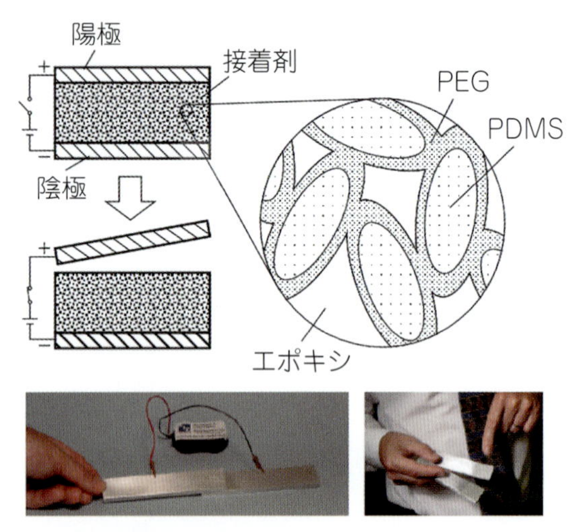

図 14.12　電気分解可能な接着剤（ElectRelease®，EIC Laboratories）
ここで，PEG，PDMS はそれぞれポリエチレングリコールおよびポリジメチルシロキサンを示している[38]。

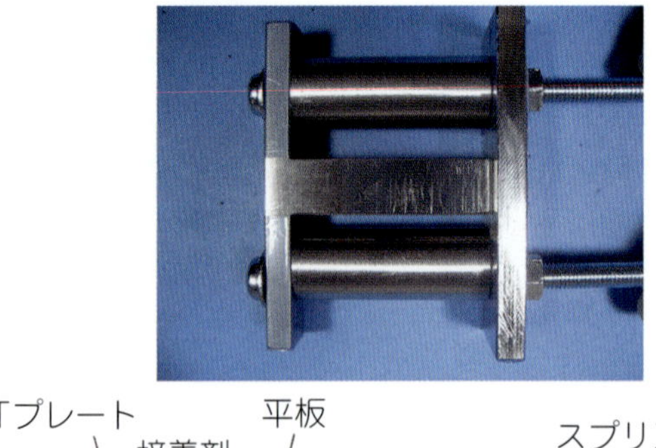

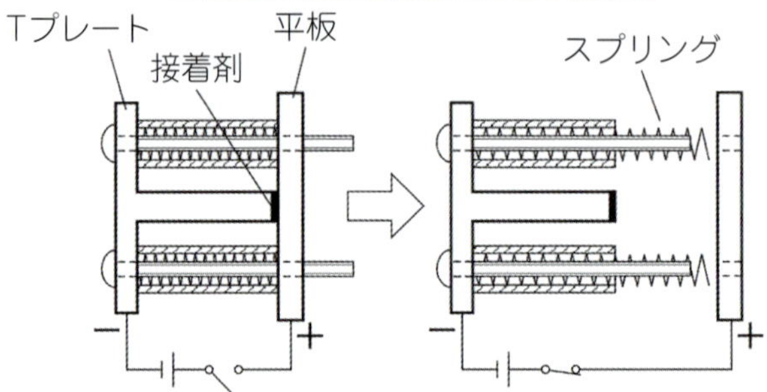

図 14.13　接着剤を用いた電気分解可能な一回分離機構[38]

の一例として，Leijonmarck ら[41]は，アルミニウム陽極と接着剤層の界面で剥離プロセスを観察した。これ以外にも，同様の電流誘起剥離のメカニズムとして，アルカリ性物質が界面に析出して攻撃する「カソーディックデラミネーション」と呼ばれる現象が知られている[42]。これらの分離機構は新しいものであり，解体可能な接着剤の種類を広げる可能性がある。

14.4.5　その他のメソッド

粘着剤（PSA）は比較的強度が低く，分離可能であるため，解体可能な接合部を実現するための重要な接着剤の選択肢である。近年，比較的強度の高い PSA が市販されるようになり，半構造用途に十分な強度を持つようになった。しかし，強度が高すぎると，PSA でも接合部を分離することができなくなる。この問題を回避するために，十分な強度を持ちながら容易に分離できる新しいタイプの PSA が提案されている。

コマンドタブ®（3M, MN, USA），およびパワーストリップ®（TESA, Hamburg, Germany）は，解体可能な PSA の両面テープである。一般に，PSA のタック性はその弾性率に依存し，弾性率は「粘弾性窓（ダルキストの窓）」と呼ばれる特定の範囲にあることが望ましいといわれている。弾性率がこの範囲から外れると，PSA は粘着性と接着強度を失い得る[43]。例えば，PowerStrip の PSA は，ブロックコポリマーの分子鎖からなるソフトセグメントとハードセグメントを持ち，モジュラスは変形に依存する[44]。したがって，PSA を十分に変形させると弾性率が上昇し，その結果タック性が低下する。このため，**図 14.14** に示すように，PowerStrip テープは高強度であるにもかかわらず，引っ張り荷重をかけると容易に剥がすことができる。

粘弾性窓の理論は，他の材料にも応用できる。例えば，PSA に架橋剤を混合することで，加熱や紫外線照射によって弾性率を増加させ，その結果として粘着性を低下させることができる。この方法は近年，IC チップのダイシングに，加熱や紫外線照射で分離する PSA テープとして広く使用されている。

脆性接着剤は，せん断強度が高く，剥離強度が低いという特徴がある。この特性を利用して，強度に異方性を持つ新しい接着剤を作ることができる。例えば，ダンボール箱の仮止め用接着剤として，Lock n' Pop®（Illinois Tool Works［ITW］, WA, USA）と呼ばれる製品が市販されている。この接着剤は，高いせん断強度を持つため，輸送中のダンボール箱を固定するのに十分な強度を有している一方，**図 14.15** に示すように，剥離強度が弱いため，垂直方向に力を加えるとダンボール箱を容易に分離することができる。

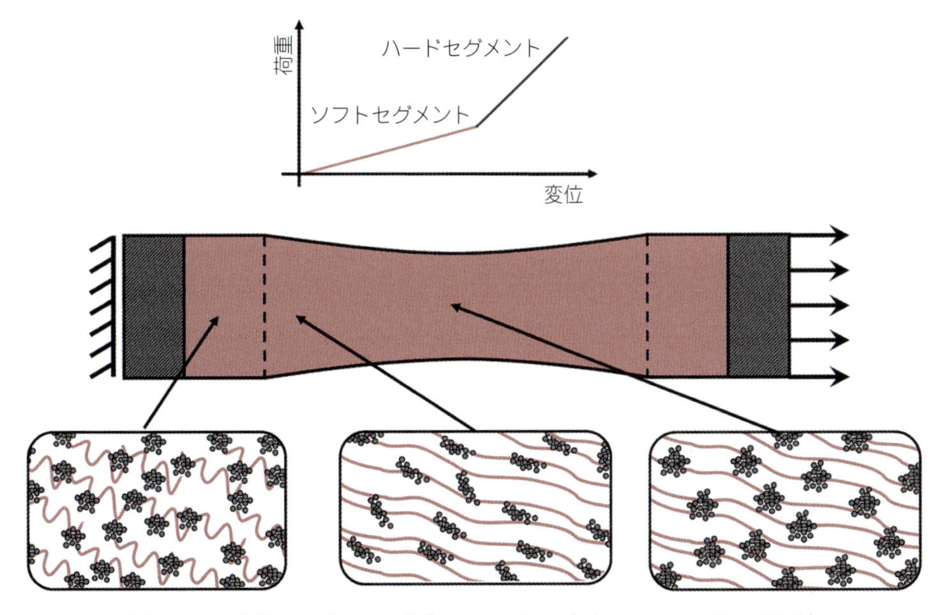

図 14.14　高強度ストリッパブル PSA テープ（PowerStrip®，TESA）

図 14.15　ダンボール箱の仮保持用異方性接着剤（Lock n' Pop®, Illinois Tool Works［ITW］）

14.5　最近の進捗状況

14.5.1　新規アプリケーション

TEMを含む解体可能な接着剤の使用は増加しており，多くの新しい用途が提案されている。例えば，**図 14.16** に示すように，靴のアッパーとソール（中甲皮と靴底）を接着するための接着剤が森と原野によって提案されている[45]。この接着剤には，膨張剤としてTEMが含まれている。また，マイクロ波の受容体として，ジエチレングリコールまたはエチレングリコールを含んでいる。両者とも誘電性が高いため，マイクロ波の照射による加熱で接着剤の温度を上昇させることができる。その結果，TEMの膨張を誘発し，アッパーとソールの剥離が生じる。マイクロ波加熱は，エネルギーロスが少なく，必要な設備が安価であるなどの利点がある。例えば，家庭用の電子レンジがあれば，靴の分解は十分可能である。

スポーツシューズに使用される接着剤は，高強度，柔軟性，および耐熱性が必須であるため，その要求は非常に厳しい。そこで，森と原野[45]は，ポリウレタン接着剤にTEMを5 wt%，高誘電体材料を20 wt%添加し，十分な特性の接着剤を得ている。

接着剤により，靴底を交換してもアッパーを再利用することが可能である。そのため，これまではトップアスリート向けの高価格帯のシューズに適用されていた。しかし，この接着剤は，その性能と価格から，一般的な靴の市場でも使用することが可能である。製靴産業は異素材の接合に接着剤を多用する巨大市場であり，その生産量は膨大である。また，人口増加や経済発展に伴い市場が拡大していることから，リサイクル可能な製靴用接着剤は今後特に重要な技術になると予想される。

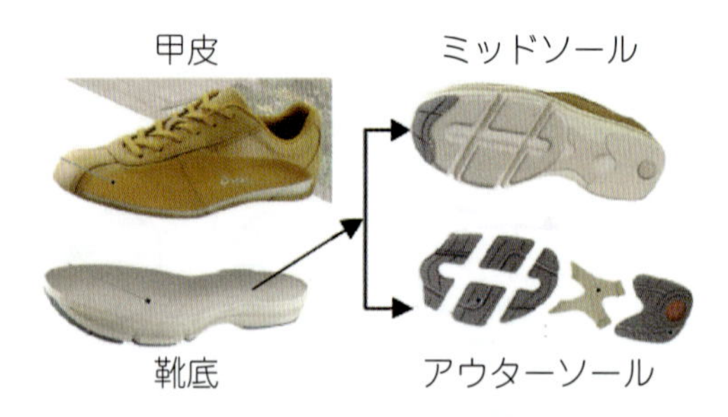

図 14.16　製靴業界向けの解体性接着剤アプリケーション[45]

14.5.2　マトリックス樹脂の改質

TEM の利用は，解体可能な接着剤の実現に有用であるが，いくつかの欠点を有し，汎用性に欠ける。その 1 つは，TEM で生じる膨張力が小さいことで，弱い接着剤を分離することはできても，強い接着剤には適用し難い。例えば，ゴム変性強靭化エポキシ接着剤のように，ガラス転移点（T_g）より高い温度でも弾性率と強度があまり低下しない接着剤に対しては，TEM を用いる方法は有効ではない。この欠点を克服するために，膨張剤の変更とマトリックス樹脂の変更という 2 つの選択肢がある。代替膨張剤としては，前述のように膨張性黒鉛と水酸化アルミニウムが有望である。これらは TEM よりも大きな膨張能力を持つ優れた膨張剤であるばかりでなく，ケミカルアタック剤でもある。

マトリックス樹脂の改質も有効な手段であるが，まだ予備研究の段階であり，実用化には至っていない。研究の方向性としては，TEM の膨張開始温度以上の温度領域で，樹脂が急速に軟化する工夫を施すことである。しかし，樹脂の T_g を下げると，樹脂の耐熱性も低下してしまう。そのため，樹脂の耐熱性と接合部の解体性の両方を同時に向上させる必要がある。

岸ら[46]は，複合材料を金属に接着するための耐熱性解体用接着剤の開発を試み，エポキシ系接着剤の新規組成を見出した。本研究は，新エネルギー・産業技術総合開発機構（NEDO）の国家プロジェクト「自動車軽量化のための炭素繊維強化複合材料の研究開発」の一環として行われたものである。前述のように，膨張剤の膨張開始温度では，樹脂が十分に柔らかいことが必要である。一方，一般的な耐熱性樹脂は，高温でも膨張剤の膨張を拘束する高い弾性率や強度を有している。つまり，現在の耐熱性樹脂は，高温でも膨張剤が膨張できるほど軟化しない。したがって，耐熱性を有する解体可能な接着剤には，T_g 以下の温度域では高い強度と弾性率を有し，膨張剤の膨張開始温度以上の温度域では十分に軟化するマトリックス樹脂が必要となる。さらに，**図 14.17** に示すように，接着剤の使用温度を上げるためには，T_g を膨張剤の膨張開始温度付近に接近させる必要があり，さらにその弾性率は T_g 付近で急峻に低下する必要がある。岸ら[46]は，接着剤について次のような目標を掲げている：

（1）最高使用温度は 80℃でなければならない。この温度では，樹脂は負荷に耐えられる高い弾

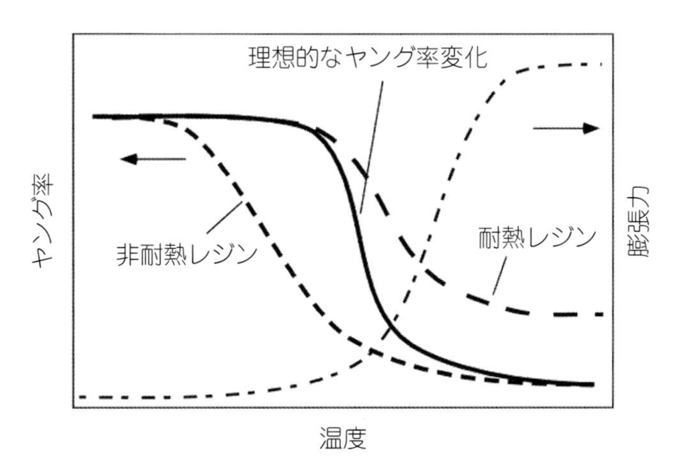

図 14.17　解体性接着剤のマトリックス樹脂における弾性率の理想的な変化

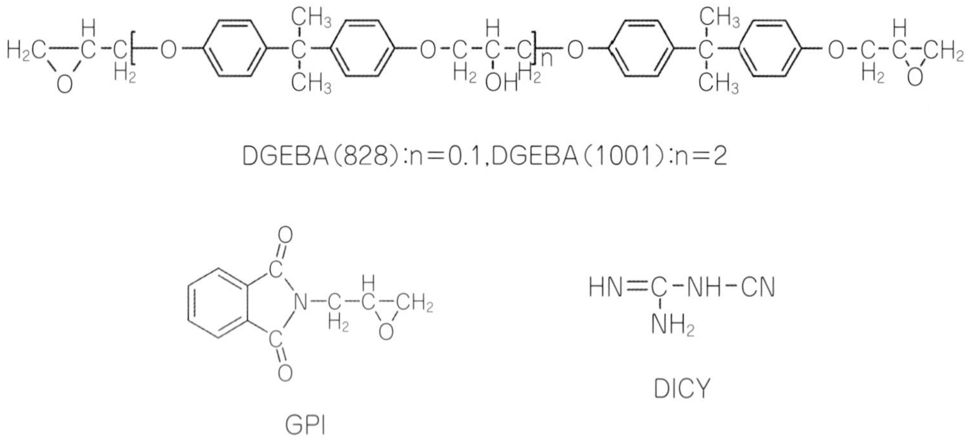

DGEBA(828):n=0.1,DGEBA(1001):n=2

GPI

$HN=C(NH_2)-NH-CN$

DICY

図 14.18　耐熱解体性接着剤の組成[46]

性率と強度を持つ必要がある。

（2）100℃を超えると，樹脂の弾性率や強度が急激に低下する。

（3）樹脂がゴム状になる 150℃以上の温度域では，弾性率や強度が十分に低く，膨張剤の膨張を許容できることが必要である。

接着剤の処方として，T_g を上昇させることができる主成分として**図 14.18** に示すビスフェノール A のジグリシジルエーテル（DGEBA 828，DGEBA 1001）およびグリシジルフタルイミド（GPI）とし，硬化剤としてジシアンジアミド（DICY）と 3-(3, 4-dichlorophenyl)-1, 1-dimethyl ura（DCMU）を用いている。

この組成物の重要な点は，極性が高いため，主鎖間に強い擬似架橋を形成することができることである。この樹脂が GPI を含むのは，低温での実質的な架橋密度を向上させるためであるが，高温では擬似架橋が解離し，架橋密度は低下する。この樹脂は高温での弾性率が低く，かつ T_g 付近で弾性率が急低下する。この理由は，擬似架橋の効果とその解離によるものである。さらに，T_g 以上の弾性率はかなり低いので，樹脂に拘束されても膨張剤が膨張可能である。この樹脂は，室温付近のガラス状態では 3 GPa 以上の弾性率を持つが，150℃を超えるとわずか 2 MPa まで低下するなど，耐熱性を有する解体性接着剤に適した特性を有している。

この樹脂に EG を配合し，金属部品と炭素繊維強化プラスチック（CFRP）板を接着するための接着剤として採用した。この結果，**図 14.19** に示すように，250℃で 5 分以内に接合部を分離することができた。この接着剤には EG が 10 wt％含まれており，その膨張開始温度は 200℃前後なので，樹脂の T_g よりもはるかに高い。EG の膨張開始温度と樹脂の T_g との間には，EG の高温での化学的安定性を考慮したマージンが設定されている。試験における解体温度 250℃は，温度と分離時間の妥協点として決定した。EG はエポキシ以外の接着剤にも適用可能である。例えば，Pausan ら[47] は，ポリウレタン系接着剤に EG を比較的低い比率で混合し，接合部の解体に成功している。

従来のエポキシ樹脂にカーボンナノチューブ（CNT）を添加すると，熱伝導性，機械的特性，耐熱性，および長期耐久性など，接着剤の主要特性が向上することが広く示されている。また，

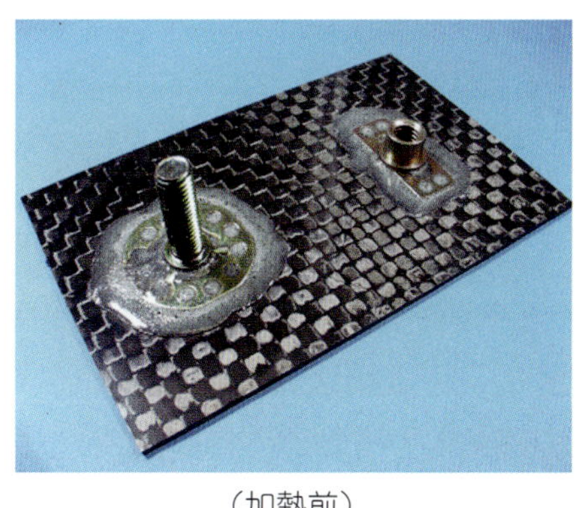
（加熱前）

（250℃・5分間の加熱後）

図 14.19　炭素繊維強化プラスチック（CFRP）板上に金属部品を耐熱解体性接着剤で接合した試験片とその解体の様子

グラフェンを接着剤に混入することで，同様の改善を低コストで実現することができる。さらに，これらの物質を組み合わせることにより得られる熱伝導率の向上は，熱を解体用の機能性フィラーに素早く伝達できるため，分解効率の向上に利用できると考えられる[33]。Sethi ら[48]によって開発されたマイクロパターンカーボンナノチューブベースのテープは，連続的な接着・脱着プロセスに適応する新しい種類の接着剤の概念を示すものである。接着剤の分解を可能にする他のアプローチとして，磁性または圧電特性を持つナノ粒子の接着剤への導入が研究されている。この場合，電場や磁場を用いて接着剤に局所的な熱を発生させ，接着剤の軟化や劣化を引き起こす。しかし，この方法は，金属基板を用いるとそちらが加熱されるため接着剤は加熱されない。したがって，非金属材料の接合にその用途が限定される[19,20]。

14.5.3　強度と解体性の妥協点

完全に分離・解体できる接着剤で高強度・高耐熱・高耐久性を実現することは容易ではない。そのため，完全な分離を求めるよりも，強度を大幅に低下させ，その後の分離工程を容易にすることを目指す方が現実的である。Huchinson らは，高強度接着剤，化学発泡剤，および TEM を組み合わせて，強度と解体性のトレードオフを実験的に調査した[2,49]。Banea ら[22,24]は，TEM の混合比率を変化させ，高強度接着剤の強度と解体性を実験的に評価した。これらの結果から，接合部の強度や耐久性を大きく損なうことなく，接合部の負荷による解体が可能な程度に残留強度が低い接着剤が実現できた。

14.6　将来の技術的シーズ

14.6.1　化学的分解・劣化の利用

新しいタイプの解体可能な接着剤に適用可能で有望なシーズの 1 つは，分解性ポリマーの使用である。例えば，松本と竹谷[50]は，加熱により可逆的に硬化・再液状化できる新しいタイプのポリペルオキシドポリマーを合成しており，解体可能な接着剤に活用することができる。佐藤ら[51]

は，この材料を用いて新規な解体用接着剤と解体用PSAを開発し，さらに他の接着剤も開発している。ここでは，分離に加熱と紫外線の組み合わせが必要で，いわゆるダブルキー化が達成されており，安全性が向上している。また，佐藤ら[52]は，アクリル酸*tert*–ブチル（*tBA*）を用いた反応性アクリル共重合体を開発し，*tBA* の分解およびガス発生により分離可能な解体型PSAを作製している。

アゾ基のように分子鎖に弱点を持つポリマーも，熱分解可能な接着剤としての利用が期待されている。例えば，加熱により再液化する熱可逆性架橋ゴム（THC）が茅野・芦浦[53]や茅野ら[54]により提案されている。このようなゴムは，解体可能な接着剤にも適用可能である。さらに，Diels–Alder 反応[55]，フッ素イオンによる加熱相変化[56]，フッ素イオンによる分解[57,58]など，新しいシーズを用いた研究も進んでいる。また，Michal ら[59]は，形状記憶樹脂を用いた解体可能な接着剤を作製し，その妥当性を実証している。

14.6.2　新規加熱方式

最近の解体可能な接着剤の多くは，解体プロセスを開始するために加熱を必要とするため，加熱方法の選択は非常に重要であり，これは当分の間，変化しないと予想される。一般に，接合部を含む接着構造物全体を加熱することは非効率である。そのため，接合部の局所加熱が便利であり，エネルギー使用量も大幅に削減できる。効率的という点では，誘導加熱やマイクロ波加熱が適している。ナノフェライト粒子を用いたマイクロ波加熱法が提案されており，これは接着剤に適用することができる[60]。佐野ら[61-63]は，熱可塑性樹脂にSiCなどの誘電体材料を混合し，マイクロ波加熱で接着・解体可能な接着シートとした。Ciardiello ら[64]は，グラフェンナノプレートレットと酸化鉄粒子をポリオレフィン系ホットメルト接着剤に混合し，マイクロ波加熱により接合部を迅速に分解する新しい方法を提案した。Kim ら[65]は，TEMで補強した接着剤ジョイントは，従来の加熱だけでなく，マイクロ波加熱でも分解できることを示した。このように加熱法自体の進歩も著しい。

14.6.3　その他の刺激方法

加熱以外の刺激方法にも利点があるため，今後の研究において検討する必要がある。磁気，放射線（中性子，ガンマ線），静水圧，圧縮応力，紫外線照射，高電圧放電などが有力な候補である。また，最近注目されているドライアドヒージョンも，接合部の分離・解体に新しいアイデアを提供する可能性がある[66]。最近では，光を解体の刺激として利用する試みも始まっている。例えば，Ferahian ら[67]は，熱や紫外線で分離可能な剥離接着剤を開発している。Heinzmann ら[68]，秋山ら[69,70]，および齋藤ら[71]も，UV光にのみ反応する同様の接着剤を開発している。ただし，解体可能な接着技術の最終目標は，最小限のエネルギー消費で，界面を容易かつ完全に分離することである。したがって，より深い接着界面の知識が求められる。界面現象に関する調査・研究は，接着された製品や構造物のリサイクル性を高める技術的な改善をもたらすことがほぼ確実であるため，さらに推進されるべきである。

14.7 結　論

接着剤の持続可能な使用を促進するためには，接着剤の製造者と使用者の双方が，環境への影響を最小限に抑えるための工程の変更を実施する必要がある。規制強化や環境意識の高まりから，二酸化炭素の排出量やエネルギー消費量の削減は多くの産業分野で大きな目標となっており，接着剤も例外ではない。その結果，カーボンニュートラルな接着剤やリサイクル素材からなる接着剤が登場し，バージン材料の使用に伴う環境負荷の問題の一部を解決している。また，接合工程や接合部の設計を最適化することは，エネルギー消費と廃棄物を削減する目的で重要であり，スマートかつ効果的，効率的なアプローチといえる。一方，必要に応じて分離する必要のある材料を接合するための解体可能な接着剤も開発されている。この接着剤は，被着材のリサイクルや部品の再加工に活用できる。

解体可能な接着剤を作るために，いくつかの技術的なコンセプトが用いられてきた。しかし，そのような接着剤は，耐熱性が低い，耐久性が低いなどの問題を内在している。現在でも，解体可能な接着剤技術には，高い接着力と剥離のしやすさという相反する課題の解決が求められている。現段階では，単に接合強度を追求するのではなく，用途に応じて最低限必要な接着強度を定義することの方が有効である。今後，研究者や産業界が多くの課題を解決し，より幅広い用途に活用できるようになることを期待する。

文　献

1) A. Hutchinson, Y. Liu, Y. Lu, Overview of disbonding technologies for adhesive bonded joints, J. Adhes. 93 (10) (2017) 737-755.
2) A. R. Hutchinson, P. H. Winfield, R. H. McCurdy, Automotive Material sustainability through reversible adhesives, Adv. Eng. Mater. 12 (7) (2012) 646-652.
3) R. Adams, History of adhesive bonding, in: P. Fay (Ed.), Adhesive Bonding-Science, Technology and Applications, Woodhead Publishing, 2005, pp. 3-22 (Chapter 1).
4) M. Viljanmaa, A. Sodergård, P. Tormala, Lactic acid based polymers as hot melt adhesives for packaging applications, Int. J. Adhes. Adhes. 22 (3) (2002) 219-226.
5) J. 門田淳一，長谷川和彦，船岡正明，鷲見明彦，リグノフェノール/ポリアクリレートの木材用接着剤，J. Adhes. Soc. Jpn. 40 (3) (2004) 101-105 (in Japanese).
6) K. Yamada, T. Chen, G. Kumar, O. Vesnovsky, L. D. T. Topoleski, G. F. Payne, Chitosan based water-resistant adhesive. Analogy to mussel glue, Biomacromolecules 1 (2000) 252-258.
7) K. 梅村，井上明彦，河合聡，天然高分子系木材接着剤の開発　I：こんにゃくグルコマンナン，キトサンおよびその複合体の乾燥接着強度と耐水性，J. Wood Sci. 49 (2003) 221-226.
8) D. Ratna, A. Banthia, Epoxidized soybean oil toughened epoxy adhesive, J. Adhes. Sci. Technol. 14 (1) (2000) 15-25.
9) A. Barbosa, L. F. M. da Silva, J. Abenojar, M. Figueiredo, A. Ochsner, Toughness of a brittle epoxy resin reinforced with micro cork particles: effect of size, amount and surface treatment, Compos. パート B Eng. 114 (2017) 299-310.
10) A. Q. Barbosa, L. F. M. da Silva, J. Abenojar, M. Figueiredo, Analysis of effect of size, amount and surface treatment on the tensile strain of a brittle adhesive reinforced with micro cork particles, Appl. Adhes. Sci. 5 (1) (2017) 9.
11) A. Q. Barbosa, L. F. M. da Silva, M. D. Banea, A. Ochsner, Methods to increase toughness of structural adhesives with micro particles: an overview with focus on cork particles, J. Eng. Mater. Technol. 47 (2016) 307-325.
12) J. B. Marques, A. Q. Barbosa, C. I. da Silva, R. J. C. Carbas, L. F. M. da Silva, An overview of manufacturing functionally graded adhesives-

challenges and prospects, J. Adhes. (2019), https://doi.org/10.1080/00218464.2019.1646647.

13) A. Q. Barbosa, L. F. M. da Silva, A. Ochsner, J. Abenojar, J. C. Del Real, Influence of size and amount of cork particles on the impact toughness of a structural adhesive, J. Adhes. 88 (2012) 452-470.

14) A. Barbosa, L. da Silva, A. Ochsner, Effect of the amount of cork particles on the strength and glass transition temperature of a structural adhesive, Proc. Inst. Mech. Eng. Pt. L J. Mater. Des. Appl. 228 (2014) 323-333 に記載されている.

15) A. Barbosa, L. F. M. da Silva, J. Abenojar, J. Del Real, R. M. Paiva, A. Ochsner, Kinetic analysis and characterization of an epoxy/cork adhesive, Thermochim. Acta 604 (2015) 52-60.

16) S. Sprenger, C. Eger, A. Kinloch, J. H. Lee, Nano-modified ambient temperature curing epoxy adhesives: on the performance level of hot-curing systems, Springer- Adhasion Kleben & Dichten 48 (2004) 17-21.

17) T. 関根, 冨田秀樹, 小畑修一, 斉藤祐一, 長尺構造金属の進行磁場による誘導加熱法, Electr. Eng. Jpn. 168 (4) (2009) 32-39.

18) H. 西田, 平山直樹, PCT/JP2006/309543 Patent, 2006.

19) M. D. バネア, L. F. M. ダ・シルバ, R. D. S. G. カンピーリョ, 佐藤千晶, Smart adhesive joints: an overview of recent developments, J. Adhes. 90 (1) (2014) 16-40.

20) M. D. Banea, L. F. M. da Silva, R. J. C. Carbas, R. D. S. G. Campilho, Mechanical and thermal characterization of a structural polyurethane adhesive modified with thermally expandable particles, Int. J. Adhes. Adhes. 54 (2014) 191-199.

21) Y. 西山, 佐藤, 熱膨張性マイクロカプセルを含む解離性接着剤の挙動, in: W. Possart 編, Adhesion-Current Research and Applications, Wiley, New York, 2005, pp. 555-568.

22) M. D. Banea, L. F. M. da Silva, R. J. C. Carbas, Debonding on command of adhesive joints for automotive industry, Int. J. Adhes. Adhes. 59 (2015) 14-20.

23) M. D. Banea, L. F. M. da Silva, R. J. C. Carbas, S. de Barros, Debonding on command of multi-material adhesive joins, J. Adhes. 93 (2017) 756-770.

24) M. D. Banea, L. F. M. da Silva, R. J. C. Carbas, R. D. S. G. Campilho, Structural adhesives modified with thermally expandable particles, J. Adhes. 91 (2015) 823-840.

25) M. D. Banea, L. F. M. da Silva, R. J. C. Carbas, A. Q. Barbosa, S. de Barros, G. Viana, Effect of water on behavior of adhesives modified with thermally expandable particles, Int. J. Adhes. Adhes. 84 (2018) 250-256.

26) J. Bonaldo, M. D. Banea, R. J. C. Carbas, L. F. M. da Silva, S. de Barros, Functionally graded adhesive joints by using thermally expandable particles, J. Adhes. 95 (2019) 995-1014.

27) H. 石川浩司, 瀬戸健一, 下妻聡, 岸直樹, 佐藤千春, 建材用エラストマー系およびエマルジョン系解体性接着剤の接着強度と解体挙動, Int. J. Adhes. Adhes. 25 (3) (2005) 193-199.

28) H. 石川, 瀬戸健一, 下妻聡, 岸直樹, 解体可能な接着剤と建材への実用化評価, J. Soc. Mater. 日本材料学会誌 (J. Soc. Mater. Sci. Jpn. 53 (10) (2004) 143-1148 (in Japanese).

29) P. S. Bain, G. Manfre, WO Patent 2000/75254, 2000.

30) J. Alcorta, E. Papon, et al., WO Patent 2004/087829, 2004.

31) E. Papon, M. Olive, et al., Proceedings of the 31st Annual Meeting of the Adhesion Society, Austin, 2008, pp. 296-297.

32) T. Olive, T. Bergara, Extended Abstract of IAA 2020, in: 1st International Conference on Industrial Applications of Adhesives, 2020 Madeira (Portugal), March, 2020.

33) Y. Lu, J. G. Broughton, P. Winfield, A review of innovations in disbonding techniques for repair and recycling of automobile vehicle, Int. J. Adhes. Adhes. 50 (2014) 119-127.

34) R. McCurdy, 自動車構造物の分解方法, オックスフォード・ブルックス大学, 2011 年. 博士論文.

35) Y. 浦谷, 関口恭子, 佐藤千晶, 解消性接着剤用熱膨張性マイクロカプセルの静水圧下または樹脂中での膨張特性, J. Adhes. 93 (10) (2017) 771-790.

36) R. A. Markle, P. L. Brusky, G. E. Cremeans, J. D. Elhard, D. M. Bigg, S. Sowell, Thermally Reversible Isocyanate-Based Polymers, 1995. 特許番号　US 5470945 A.

37) J. Welsh, J. Higgins, et al., Evaluation of electrically disbonding adhesive properties for use as separation systems, in: AIAA 2003-1436 (44th AIAA/ASME/ASCE/AHS Structures, Structural Dynamics, and Materials Conference), Norfolk, 2003, pp. 1-3.

38) H. 塩手秀樹, 佐藤千春, 大江誠, 電気分解性接着剤で接着した接合部の分解性に及ぼす電気処理条件の影響, J. Adhes. Soc. Jpn. 45 (10) (2009) 376-381 (日本語).

39）J. Hogblad, Auger Electron Spectroscopy of Controlled Delaminating Materials on Aluminium Surface, Master Thesis from, Karlstads Univcrsitet, 2008.
40）H. 塩手，関口雄一，大江正樹，佐藤千春，電気分解性接着剤で接着した接合部の残留強度に及ぼす接着面積，印加電圧，被着体材料の影響，J. Adhes. 93（10）（2017）831-854.
41）S. Leijonmarcka, A. Cornell, C.-O. Danielsson, T. Åkermark, B. D. Brandner, G. Lindbergh, Electrolytically assisted debonding of adhesives: an experimental investigation, Int. J. Adhes. Adhes. 32（2012）39-45.
42）M. Horner, J. Boerio, Cathodic delamination of an epoxy/polyamide coating from steel, J. Adhes. 32（1990）141-156.
43）E. P. Chang, 感圧接着剤の粘弾性窓，J. Adhes. 34（1991）189-200.
44）T. Krawinkel, Proceedings of Swiss Bonding 03, 2003, pp. 225-233. Rapperswil,（in German）.
45）S. 森，原野，珠洲の生活科学，生活科学　21（2009）305.
46）H. 岸，稲田雄一郎，今出純一郎，上沢和彦，松田修一，佐藤千穂，村上彰，高温性能を有する解体可能な構造用接着剤の設計，J. Adhes. Soc. Jpn. 42（9）（2006）356-363（日本語）.
47）N. Pausan, Y. Liu, Y. Lu, A. R. Hutchinson, The use of expandable graphite as a disbonding agent in structural adhesive joices, J. Adhes. 93（10）（2017）791-810.
48）S. Sethi, L. Ge, L. Ci, P. M. Ajayan, A. Dhinojwala, Gecko-inspired carbon nanotube- based self-cleaning adhesives, Nano Lett. 8（3）（2008）822-825.
49）R. H. McCurdy, A. R. Hutchinson, P. H. Winfield, The mechanical performance of adhesive joints containing active disbonding agents, Int. J. Adhes. アドヘス . 46（2013）100-113.
50）A. 松本，竹谷聡，分子状酸素を用いた 4 置換エチレンモノマーの位置特異的ラジカル重合による新規分解性ポリマーの合成，J. Am. Chem. Soc. 128（14）（2006）4566-4567.
51）E. Sato, H. Tamura, A. Matsumoto, Cohesive force change induced by polyperoxide degradation for application to dismantlable adhesion, ACS Appl. Mater. Interfaces 2（9）（2010）2594-2601.
52）E. 佐藤，伊木聡，山西啓介，堀部博之，松本明，架橋とガス発生に起因する反応性アクリル共重合体の解体性粘着特性，J. Adhes. 93（10）（2017）811-822.
53）K. 茅野，芦浦正人，超分子水素結合ネットワークを利用した可逆的架橋ゴム，Macromolecules 34（26）（2001）9201-9204.
54）K. 茅野，芦浦正人，名取淳，井川正彦，超分子水素結合ネットワークを利用した熱可逆架橋ゴム，Rubber Chem. Technol. 75（4）（2002）713-723.
55）J. H. Aubert, 注：熱可逆性ディールスアルダー付加物を組み込んだ熱剥離性エポキシ接着剤，J. Adhes. 79（6）（2003）609-616.
56）X. Luo, E. Lauber, P. T. Mather, A thermally responsive, rigid, and reversible adhesive, Polymer 51（5）（2010）1169-1175.
57）T. Babra, A. Trivedi, C. N. Warriner, N. Bazin, D. Castiglione, C. Sivour, W. Hayes, B. W. Greenland, Fluoride degradable and thermally debondable polyurethane based adhesive, Polym. Chem. 8（46）（2017）7207-7216.
58）T. S. Babra, M. Wood, J. S. Godleman, S. Salimi, C. Warriner, N. Bazin, C. R. Siviour, I. W. Hamley, W. Hayes, B. W. Greenland, Fluoride-responsive debond on demand adhesives: manipulating polymer crystallinity and hydrogen bonding to optimise adhesion strength at low bonding temperatures, Eur. Polym. J. 119（2019）260-271.
59）B. T. Michal, E. J. Spencer, S. J. Rowan, Stimuli-responsive reversible two-level adhesion from a structurally dynamic shape-memory polymer, ACS Appl. Mater. Interfaces 8（17）（2016）11041-11049.
60）H. Sauer, S. Spiekermann, E. Cura, L. H. Lie, Accelerated curing with microwaves and nanoferrites, Adhes. Adhes. Sealants 2003（2004）48-50.
61）M. 佐野秀樹，小熊裕之，関根正人，佐藤千春，誘電体セラミック化合物を複合接着剤層に用いたポリプロピレンの高周波溶着，Int. J. Adhes. Adhes. 47（2013）57-62.
62）M. 佐野秀樹，小熊裕之，関根正人，佐藤千春，SiC を含む熱可塑性接着剤層によるガラス繊維強化ポリプロピレンの高周波溶着，Int. J. Adhes. Adhes. 54（2014）124-130.
63）M. 佐野秀樹，小熊裕之，関根正人，関口洋一，佐藤千春，ガラス繊維強化ポリプロピレンと熱可塑性接着剤層の高周波溶着：ラップせん断強度に及ぼすセラミック種類と長期曝露の影響，Int. J. Adhes. アドヘス . 59（2015）7-13.
64）R. Ciardiello, G. Litterio, et al., Extended Abstract of IAA2020, Madeira（Portugal）, March, 2020.
65）D. Kim, I. Chung, J. Kim, Dismantlable polyurethane adhesive by controlling thermal property, J. Adhes. Sci. Technol. 26（23）（2012）2571-2589.

66）H. Lee, B. Lee, P. B. Messersmith, A reversible wet/dry adhesive inspired by mussels and geckos, Nature 448（2007）338-341.
67）A. Ferahian, D. K. Hohl, C. Weder, L. M. Espinosa, Bonding and debonding on demand with temperature and light responsive supramolecular polymers, Macromol. Mater. Eng. 304（9）（2019）1900161.
68）C. Heinzmann, S. Coulibaly, A. Roulin, G. Fiore, C. Weder, Light-induced bonding and debonding with superramolecular adhesives, ACS Appl. Mater. Interfaces 6（7）（2014）4713-4719.
69）H. 秋山，金澤聡，奥山雄一郎，吉田稔，木原浩，永井浩，則兼靖，安積亮，マルチアゾベンゼン糖アルコール誘導体の光化学的可逆液化・固化とリワーク性接着への応用，ACS Appl. Mater. Interfaces 6（10）（2014）7933-7941.
70）H. 秋山，深田哲也，山下明彦，吉田稔，木原浩之，ガラス基板用光応答性アゾベンゼンポリマーからなるリワーク可能な接着剤，J. Adhes. 93（10）（2017）823-830.
71）S. 齋藤，信末，津坂，袁，森，原，関，カマチョ，イル，山口，柱状液晶相の動的炭素骨格に基づくライトメルト接着剤，Nat. Commun. 7（2016）12094.

〈訳：佐藤　千明〉

第15章　高負荷構造物の接着修理

Alan A. Baker and Hamed Y. Nezhad

15.1　はじめに

構造修理とは，比較的低負荷で，破壊の危険性が低いものから，高負荷が要求され，かつ，破壊の危険性を極めて低くすることが必須となるものまで，幅広い修理用途を指すことがある。本章では，接着技術に基づき，要求の厳しい高負荷構造修理に焦点を当てる。

一般的に一次構造と呼ばれる高負荷機体構造は，運用上または環境上の損傷により残存強度が許容レベル以下に低下した場合，修理または交換をする必要がある。その目的は，一般的に残存強度，耐疲労性，耐損傷性などを当初の設計仕様に満足するレベルまで構造健全性を回復させ，許容範囲内に収めることにある。例えば，民間航空機の修理では，構造健全性を回復させるために適時で費用対効果の高い修理ができるかどうかが，経済的に大きな問題となることがよくある。

構造修理は通常，元の剛性やひずみ分布を大きく変えたり，外部や内部の構造に損傷を与えることなく，失われたものを回復したり，弱くなった荷重経路を補うために，主構造体にパッチや補強材を取り付けることを指す。

従来の修理では，一般的に損傷部を除去した後，ボルトやリベットを用いて損傷部の上に金属パッチや補強材を主構造体に取り付ける方法がとられている。これとは別に，構造用接着剤で補修用パッチや補強材を取り付ける方法がある。接着修理は，主構造物からパッチや補強材に荷重を伝達する手段として，はるかに効率的である。重要なことは，締結穴を必要としないため，接着修理は，主構造物を傷つけたり，余分な応力集中を引き起こしたりすることがない点である。

パッチや補強材を取り付けるためのこれら2つの手順の詳細な比較は後述するが，接着修理の主な欠点は，従来の非破壊検査（NDI）では，弱接着を検出し修理構造の健全性を検証することができないことであると認識することは重要である。

本章では，アルミ，チタン，鋼などの構造用金属または炭素繊維/エポキシ，ビスマレイミド（BMI）などの熱硬化性樹脂からなる複合材料部品の接着剤による複合材料パッチ修理について説明する。ポリエーテルエーテルケトン（PEEK）のような熱可塑性樹脂からなる複合材料は重要性を増しているが，これらの複合材料は，従来の接着剤や手順では修理が困難である。

文献1）は，複合材料航空機部品の修理に関する現在の研究についての広範なレビューを提供しており，文献2，3）は，米国，英国，カナダ，オーストラリアでの金属航空機部品の接着剤による複合材料修理の研究および応用に関する幅広い情報を提供している。

本章の目的は，簡単な設計・解析手順を紹介することであり，より高度な有限要素（FE）ベースの設計手法については，ほんの少し触れるに過ぎない。ただし，結合力モデリングを含むこれらの手法は，かなり広範囲な研究の焦点となっている。

風力発電のブレード[4]やレーシングカーのボディ[5]など，他の高負荷複合材料構造修理技術も同様であるため，別途説明する必要はないと考えている。

本章の最終章では，設計上の欠陥の修理，寿命の延長，より過酷な使用への対応など，損傷の修復ではなく，部品の補強について説明する。

金属と複合材料の部品や構造物の接着修理は，静的強度と疲労強度の回復および損傷許容度について同じ要件がある。損傷の種類や修理方法が異なるため，この章では別々に取り上げている。しかし，材料工学的な側面では広く類似しているため，両者を合わせて考察する。

以下の節では，修理に関する一般的な問題や要求事項を取り上げている。

15.1.1　航空機構造物の分類

耐空性評価において，航空機の構造物は以下のように大別される：

- 一次構造：飛行，地上または与圧荷重を受け，その故障により航空機の構造健全性が損なわれる構造。
- 二次構造：万一故障した場合，航空機の運航に影響を与えるが，航空機の損失には至らない構造。
- 三次構造：故障しても航空機の運航に大きな影響を与えない構造。

検査，損傷評価，修理の要件は，これらの分類間で大きく異なる。また，1つの部品においても許容される損傷の種類や大きさおよび許容される修理方法は，航空機の安全性に対する損傷領域の重要度によって異なる。一般的に，部品はOEM（Original Equipment Manufacturer）により，これらの領域を示すためにSRM（Structural Repair Manual）でゾーン分けされている。SRMは通常，非一次構造の修理に対応している。SRMの範囲外の修理，特に一次構造の重要な部分の修理は，OEMまたはその代理人によるエンジニアリング設計と承認が必要である。

15.1.2　構造修理の一般要求事項

欠陥のある構造物の残存強度を評価する方法は，特に設計要件を満たす性能や長期的な構造健全性が損なわれる場合に，必要な修理のみを確実に実施するために必要である。

接着修理は，特に複合材料部品など，飛行安全上の重大な危険がなく，したがって認証上の問題もない二次，三次構造で日常的に適用されている。しかし，飛行安全上重要な構造（一般的に一次構造）にも，いくつかの接着修理が適用されている。その例は，［**15.5.4**］に示されている。

一般的に，構造修理のために適用される修理計画は，要求されるレベルまで構造性能を回復できる，最も単純で構造物への侵入や損傷が少ないものでなければならない。理想的には，可動部のクリアランス，空力的な滑らかさ，バランス（制御面）など，部品や構造の他の機能を損なうことなく，非工場（あるいは航空機内）の環境で修理を実施できることが必要である。

以下は，構造上重要な修理を行う場合の要件の「チェックリスト」の一部である：

- 設計限界荷重を超える残留強度の回復

- 残留（除去しきれなかった）損傷の進展を防ぐ，または遅らせる
- 局所的な剛性や応力分布の変化を最小限に抑える
- 機体に加わる応力，化学および熱的環境において，許容できる低い故障確率を有する
- 機械的または運用上の損傷に対して高い耐性を持つ
- 信頼性の高い品質管理追跡手順で，成功した実装のバリデーション（証明）を許可する
- 悪影響がないこと：例えば，空力フラッターの問題や可動部のクリアランスの問題を引き起こさないようにする
- 音素材の除去を最小限に抑える
- 雷対策やステルスコーティングなど，表面の状態を回復させる
- 周辺領域の劣化や被害を最小限に抑える

修理実施時に満たさなければならない重要な追加要件には，以下のものがある：

- 航空機のダウンタイム（航空機が飛行に使用できない間の時間）を最小にする
- 入手しやすい材料，保存しやすい材料を使用する
- 複雑な実装プロセスやツール要件を避ける

修理の選択は，利用できる設備や技術に依存するため，修理を実施できるレベルであることが大きな考慮事項となる。軍用機の修理は，以下のいずれかのレベルで実施される：

フィールドレベル：熟練した人材や十分な設備がない場合，航空機上や簡単に取り外せる部品に対して直接行われる修理のこと。このような行為は，軽微な構造修理に限定される。状況によっては，このような修理は，航空機を基地に戻したり，短期間，制限された条件下で使用できるようにするための一時的な措置として適用されることがある。軍用機では，戦闘損傷の修理がその例である。

デポレベル：熟練した人材と設備があれば，場合によっては工場で可能な修理まで実施される。ただし，部品が大きすぎたり，航空機から取り外すことが困難な場合は，可能な限りデポ（航空機の整備を行うための施設）の設備を使用して，航空機上で直接修理を実施する。

15.1.3　接着構造物に対する FAA 認証要件

民間航空機の場合，接着構造物の認証要件は連邦航空規則　FAR23.573 および 25.571 に概説されており，FAA Advisory Circular AC20-107B（2011）で広く議論されている。主な要求事項は以下のようにまとめられる：

- 使用環境下での接着強度と耐久性を確保する必要がある。
- 修理は，検出可能な閾値損傷で終極荷重を維持する必要がある。
- 検出可能な損傷（衝撃による損傷や疲労による閾値損傷の拡大など）を伴う限界荷重を維持する修理である。

上記の要求事項については，認められた手段，すなわち試験または試験によって裏付けられた分析によって，適合性を立証されなければならない。同要件は，一般的に一度しか行われない修理にも関連する。一般的で代表的な修理で検証された解析方法によって設計を実証することが非常に望ましく，問題の修理材料と主材料の代表的なクーポン試験と要素試験によって実証された

材料特性を使用する。

しかし，現在，弱接着（weak bond），あるいは接着欠陥（kissing bond）を検出する認められた非破壊検査手法がないため，損傷した部品の強度は，修理がない場合の設計限界荷重における部品の応力を上回ることが要求されることになる。設計限界荷重とは，一般的に航空機の寿命において予想される最大荷重と定義される。

基本的に，この制限は，損傷した部品の構造健全性を回復するために，一次構造の接着剤による補修に信頼を与えることができないことを意味し，そのような修理の範囲を重要ではない用途に制限している。

［**15.5**］では，接着修理の構造健全性を検証するための代替手法について説明する。

15.2　金属製部品の修理

15.2.1　損傷と修理の選択肢

金属製の機体部品，アルミ合金，チタン，鋼は，引張荷重，特に使用荷重による疲労き裂や内部応力による応力腐食に最も敏感である。また，疲労き裂の原因となる孔食や，断面強度や剛性を低下させる剥離腐食も発生しやすい。

疲労き裂は，負荷方向に対して垂直に進展し，負荷経路に深刻な影響を与えるため，構造健全性に対して最大の脅威となる。その結果，単一負荷経路構造では特に懸念される。しかし，マルチロードパス構造[6]では，小さなき裂で広範囲に及ぶ損傷が，老朽化した航空機の重大な懸念事項となっている。これは，荷重経路の１つが破損した場合，構造体に必要なレベルの残留強度を維持する性能が失われているためである。

疲労き裂が発生した金属部品については，修理の必要性を評価する機能が十分に確立されており，検証された破壊力学的手法に基づいている。残存強度や，環境の影響を含む使用荷重下でのき裂進展速度などの構造健全性パラメータに基づき，ある程度の信頼性を持って判断することができる。これとは対照的に，後述する複合材料に関する評価は，主に損傷の拡散性，および一次構造に複合材料が使用されるようになったのが比較的最近であることから，あまり発達していない。

冒頭で述べたように，従来の修理では，機械的に固定された（リベットやボルトで固定された）補強用金属パッチの取り付けが頻繁に行われる。しかし，接着剤により接合された金属製または繊維複合材料製の補修材料を使用する手法は，非常に効果的な代替手段であることが証明されている。２つの手法の利点と欠点[7]を**図 15.1**に要約する。

しかし，締結のために主構造に新たな穴を開ける必要があることは，大きな欠点である。締結穴は応力集中の原因となり，新たな疲労き裂を発生させる可能性がある。接着剤による補修は，穴を開ける必要がないため，侵入が少なく，例えば，隠れた配線や油圧機器に損傷を与える可能性が低い。重要なことは，接着剤により補修することでより効果的な補強ができるため，き裂を除去する必要がないことである。

繊維複合材料パッチは，［**15.2.2**］でさらに論じるように，金属パッチと比較していくつかの利

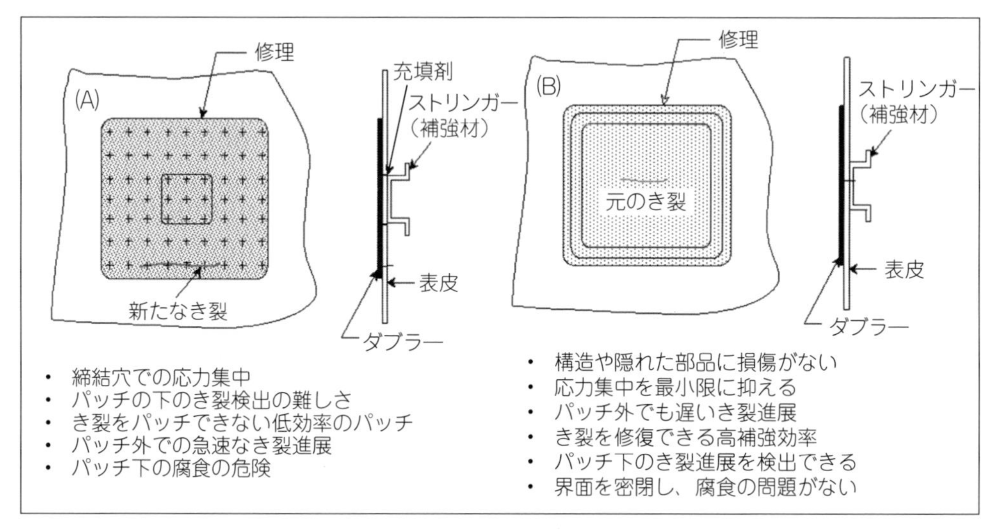

図 15.1　(A)機械締結修理と(B)接着修理の比較

点がある。接着複合材料をき裂補修に使用する利点のいくつかを示すために，**図 15.2** の挿入図に示すパッチ付き端面切欠きパネルで疲労試験を実施した。アルミ合金パッチの両面での合計厚さは，金属パッチの場合はパネルと同じ厚さとなり，より剛性が高く強度の高い複合材料であるボロン繊維/エポキシの場合はこの厚さが 3 分の 1 となった。

図 15.2 より，機械的に取り付けられた金属パッチは，き裂進展速度の減少がごくわずかであるため，補強効率が悪いことがわかる。また，き裂がパッチから出ると，非常に急速に進展することもわかる。き裂が締結穴でしばらく止まっている場合，金属パッチが効果的であるように見えることがある。一方，接着剤で接合されたボロン繊維/エポキシパッチは，き裂がパッチから出ても，その進展速度を著しく低下させていることが示されている。複合材料パッチのある発生き裂の進展速度は，発生時のき裂長さで予想される進展速度とほぼ同じであり，パッチがき裂の開口を強く抑制していることを示している。

15.2.2　パッチ材料の選択肢

いくつかの可能性のあるパッチ材料とその特性を**表 15.1** に示す。金属合金と比較した場合のパッチ用の高性能な炭素繊維/エポキシおよびボロン繊維/エポキシ材料の利点は以下の通りである：

- 方向性のある高い剛性により，薄いパッチの使用（外部補修に重要）が可能で，必要な方向にのみ補強を施すことができる。
- 繰り返し荷重に対する高い破壊ひずみと耐久性により，主構造のかなり高いひずみレベルでもパッチ破壊の危険性を最小限に抑えることができる。
- 軽量であることは，操縦面のバランスの変化を最小限に抑える必要がある場合に重要な利点である。
- 優れた成形性により，複雑な輪郭のパッチも低コストで製造可能である。

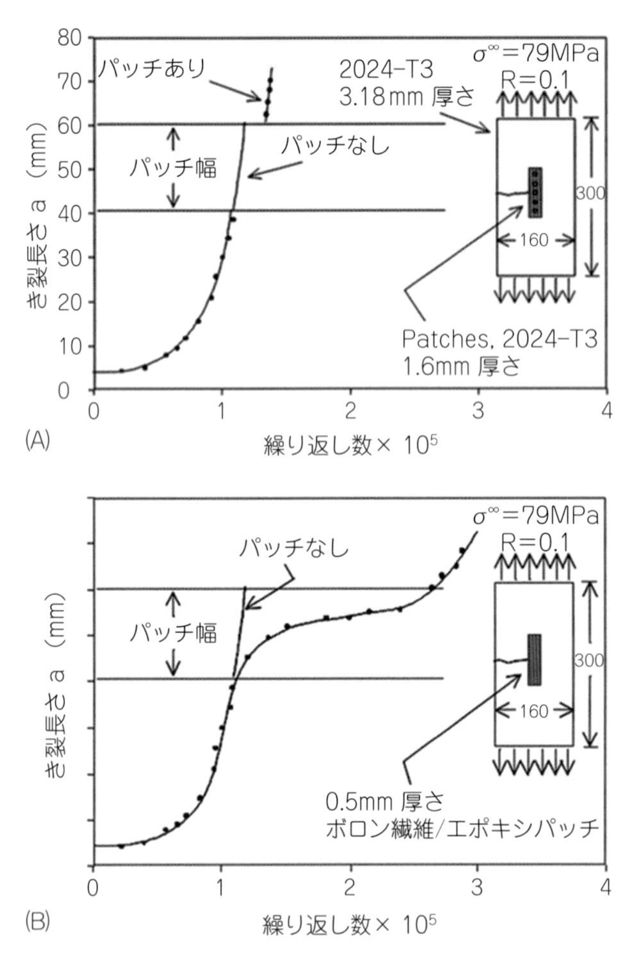

図 15.2　(A)機械締結された機械的補修パッチと(B)接着接合された複合材料の補修パッチのき裂進展性能（補修効率）の比較

表 15.1　パッチ選択肢の特性

素材	引張弾性率（GPa）	せん断弾性率（GPa）	臨界ひずみ $\times10^{-1}$	比重	熱膨張係数 $(℃)^{-1}\times10^{-6}$
ボロン繊維/エポキシ一方向材	最大 200 20 分	7	7.3	2.0	4.5 分 23 マックス
炭素繊維/エポキシ一方向材	130 最大 12 分	5	13–15	1.6	0.4 分 28 マックス
アルミ 7075T6	72	27	6.5	2.8	23
アルミ 2024T3	72	27	4.5	2.8	23
GLARE 2	69 マックス 54 分				16.3 分 24 最大
チタン 6Al/4V	110	41	8.0	4.5	9

熱硬化性樹脂を用いた樹脂複合材料パッチのもう1つの重要な利点は，接着接合のための事前接合表面処理が金属の場合よりも要求が少ないことである。［**15.4**］で述べるように，これは高エネルギー表面を生成するために必要なのは機械的粗面化だけだからである。あるいは，複合材料パッチを接着剤とともに金属部品上に一緒に硬化させる（co-cure）ことも可能であり，これによりパッチの表面処理の必要性もなくなり，パッチ作製手順が簡略化される。

ほとんどの補修用途では，一方向パッチ（すべて0°層）の使用が最適である。これは，負荷方向に対して最も高い補強効率が得られ，他方向での望ましくない剛性を最小限に抑えることができるからである。しかし，二軸応力成分が大きい用途や，き裂の方向が変わることが懸念される用途では，横方向やせん断方向の補強を行うことが望ましい場合がある（例えば，加圧された機体の補修など）[8]。これは，±20°の層を含む積層板や，より少ない数の高角度，例えば±45°の層を使用することにより達成することができる。

カーボン繊維/エポキシやボロン繊維/エポキシを使用する主な欠点は，複合材料と金属との熱膨張係数の不一致である[9,10]。残留応力は，母材である金属構造では引張応力，複合材料では圧縮応力となる。これらの応力は，パッチの接着に高温硬化型接着剤を使用した場合や，低温（一般的に航空機では－10℃～－50℃）で使用した場合に特に大きくなる。引張残留応力は，例えば，最小/最大応力で示す応力比 R の増加でパッチでのき裂進展速度を増加させるように，パッチの効率を低下させることが予想される。厳しい状況では，パッチ領域の熱サイクルにより，外部応力とは無関係なき裂進展やパッチシステムの損傷を引き起こす可能性のある繰り返し応力を発生する。しかし，厳しい熱サイクル試験[11]からパッチシステムの損傷は検出されていない。

残留応力の問題を回避できるという利点が，GLAREパッチが薄皮の胴体構造の修理に使用された主な理由である[12]。GLAREはガラス繊維/エポキシ強化アルミ合金積層板である。GLAREはアルミ合金と同様の膨張係数を持ち，通常のアルミ合金材料と比較して疲労き裂の進展に対して優れた耐性を備えている。ガラス繊維は金属層で発生しうる疲労き裂をブリッジング（bridge）する。

GLAREは，アルミ合金よりも弾性率が低く，アルミ合金板材のように成形性が限られているため，厚い構造や輪郭の大きな構造の修復にはあまり適していない。

残留応力の懸念はあるものの，ボロン繊維/エポキシや炭素繊維/エポキシ複合材料は，パッチや補強材として優れた特性を発揮する。ボロン繊維/エポキシが優れているとされるのは，次のような理由からである：

- 強度と剛性に優れ，最高効率の補強を実現する。
- 熱膨張係数が高く，残留応力の深刻度が軽減される。
- 電気伝導度が低いため，炭素繊維/エポキシに見られる金属部品のガルバニック腐食の危険性がなく，渦電流NDIを適切に用いてパッチ下のき裂を検出・監視できる（パッチ下のき裂進展を示す図15.2参照）。

しかし，曲率半径が小さいパッチ（30 mm以下）を必要とする場合，ボロン繊維/エポキシのコスト（炭素繊維/エポキシよりも非常に高い）および入手のしにくさに対する懸念がある場合は，炭素繊維/エポキシが選ばれる。

15.2.3　パッチ設計

パッチ設計の最初のステップは，ここでは疲労き裂と仮定した欠陥を評価することである。評価には，き裂の長さと深さ，き裂領域の厚さと形状，および荷重条件などが含まれている[13]。接着剤修理において非常に重要なのは，き裂の両側で利用可能な重ね合わせ長さであり，これによって荷重をパッチに伝達できる長さが決定されるからである。その結果，構造体が厚く，荷重が高くなればなるほど，荷重をパッチに伝達するために必要な重ね合わせ長さは長くなる。（a）十分な補強のため，（b）パッチの破損を防ぐため，（c）接着剤の破損を防ぐため，高負荷領域では適切な厚さのパッチが必要となる。重要なことは，厚いパッチの端部は，接着剤と主構造における応力集中を最小化するために，適切にテーパーをつける必要があるということである。

通常，補修が構造物の片側にしか適用できない場合には，二次曲げに対する構造物の支持の程度も考慮する必要がある。二次曲げは，補修材によって主構造物の中立軸が変化することによって生じ，補修材と構造物が受ける荷重を著しく変化させる可能性がある[9]。

荷重，温度および環境を含む十分な使用条件と接着修理が可能であると判断された場合，修理設計を行うことができる。

設計目標は，補修されたき裂の応力拡大係数を低減することに加えて，パッチシステムの強度および耐久性を超えないようにすることで，パッチシステムの故障を回避することである。そのためには，特定の補修に類似した形状や環境条件（吸湿や温度）の範囲で有効なパッチシステムの疲労許容設計を開発することが必要である。

15.2.4　パッチ付きき裂の応力拡大係数の低減の見積もり

き裂を除去しない用途の場合，パッチは，パッチ付きき裂の応力拡大係数が，静的強度の回復とその後のき裂進展を許容範囲まで減少するように設計されている（明らかにゼロに近いことが望ましいですが，修理内容によっては，実現不可能な場合もある）。

パッチは，（a）き裂領域の応力を低減し，（b）き裂開口部を制限してき裂をブリッジングすることによって応力拡大係数を低減する[14]。ブリッジングは，接着剤の荷重伝達長さに比べてき裂開口部が大きくなるような長いき裂に対してのみ有効である。一般的に，応力低減は剛性比（パッチの剛性/母材の剛性）から予測される値よりも小さくなるが，これはパッチが剛性比から予測される値よりも応力を増加させる硬い挿入物として機能するためである（次節で説明する）。

パッチと主構造との間の膨張差から生じる残留応力も重要な考慮事項であり，これは適用される静的応力に追加されるため，解析で考慮する必要がある。これは，特に繊維複合材料パッチで問題となる。

実験的研究[15]によると，残留応力 σ_t に起因する応力拡大係数の増加 K_t は，およそ次の関係で与えられる：

$$K_t = \sigma_t \sqrt{\pi a} \tag{15.1}$$

ここで，$2a$ はき裂長さである。これらの初期の実験的研究から，σ_t が K_t に与える影響に関する詳細な FE 研究が行われ[16]，ほぼ同じ結果が得られている。

応力拡大係数を推定するための解析的手法は，FE 法と比較して，重要なパッチパラメータに関する洞察を提供し，幾何学的に単純な修理設計のための合理的な基礎を提供するという利点がある。

パッチ付きき裂の応力拡大係数を推定する多くの解析的手法は，Rose[14]によって開発され，その後に Rose と Wang[9]によってさらに発展した洗練されたモデルになっている。この解析は，米国空軍の「金属構造物の複合材料補修」(CRMS）プログラムで資金提供を受けているボーイング社など，多くの企業で使用され，拡張されている[17,18]。この理論を疲労き裂進展に適用し，剥離，残留応力，およびその他の複雑な問題の影響については，文献 19）で議論されている[19]。

以下のステップは，パッチ設計に使用される 2 つのステップの手法を簡略化して説明したものである。ステップ 1 では，パッチは大きなパネルに含まれるものとしてモデル化され，き裂の存在（比較的小さいと仮定）は無視されている。そして，き裂の見込み領域における金属成分の応力は，$\phi\sigma_\infty$で与えられる。ここで ϕ は補強係数であり，パッチの剛性と形状を考慮する。パッチは荷重を引き寄せるので，応力軽減は，パッチの剛性とプレートの剛性の比から単純に予測されるよりも，かなり小さくなる可能性がある。ϕ の計算は，等方性パッチの場合，文献 14，20）に記載されている。全幅の補強の場合，ϕ は，$(1+E_R t_R/E_p t_p)^{-1}$ で与えられ，E と t は，弾性率と厚さを示し，添字 R と P は，それぞれ補強材とパネルを示している。

等しい剛性のパッチとパネルで全幅の補強の場合，ϕ は 0.5 であり，同じ公称剛性の等方性円形パッチの場合は，0.69 である。しかし，ϕ は高度な直交性を持つパッチでは異なる[20]。

ステップ2では，き裂は半無限であり，パッチによって完全に覆われているとモデル化される。き裂を含むパネルの領域における無限遠応力は，$\phi\sigma_\infty$。パッチ下でき裂が進展する際のポテンシャルエネルギーの変化を考慮し，対応するエネルギー解放率，ひいては応力拡大係数の推定値を導出する。この解析から，応力拡大係数の上限推定値 K_∞ は次式で与えられる：

$$K_\infty = \phi\sigma_\infty(\pi\lambda)\frac{1}{2} \tag{15.2}$$

特徴き裂長さ $\pi\lambda$ は，次式で与えられる。

$$\pi\lambda = \left(1+\frac{1}{S}\right)\beta^{-1} \tag{15.3}$$

$$S = E_R t_E / E_p t_p \tag{15.4}$$

$$\beta^2 = \frac{G_A}{t_A}\left[\frac{1}{E_P t_P}+\frac{1}{E_R t_R}\right] \tag{15.5}$$

ここで，再び E と t はそれぞれの弾性率と厚さを表し，添え字の P はパネル，R は補強材，添え字の A は接着剤，G_A は接着剤のせん断弾性率をそれぞれ表す。β は弾性せん断ひずみ分布を表す値である。β^{-1} は，特徴荷重伝達長である。式(15.2)に見られるように，K_∞はき裂長さ a に依存しないため，K_∞を用いてき裂部分の応力拡大係数を評価することで，き裂進展解析を大幅に簡略化できる。

式(15.2)は，比較的長いき裂と線形挙動（接着剤の降伏がない）に対してのみ適用できるが，重要なことは，接着剤の降伏が限定的で，き裂周辺のパッチが剥離しない場合，K_∞の妥当な推定値を提供する。パッチのない中央切欠きパネルと同等の場合：

$$K = \sigma_\infty \sqrt{\pi a} \tag{15.6}$$

ここで，$2a$ はき裂さなので，この場合の最大パッチ効率は次式で与えられる：

$$\frac{K_\infty}{K} = \phi \left(\frac{\lambda}{a} \right)^{0.5} \tag{15.7}$$

次節で説明する実験で使用した７層（0.9 mm 厚さ）の一方向ボロン繊維/エポキシパッチを持つ厚さ 3.14 mm の 2024 T3 アルミ合金パネル（端面切欠き）の場合，$\lambda = 3.5$ mm，$\phi = 0.68$，$a = 35$ mm を入れると，効率は～0.2 となる。

解析的な手法は単純な構成に適しており，有用な推定値を得ることができるが，複雑な修理の設計は一般的に FE 法に基づいて行われる（例えば，文献 21，22）を参照)。しかし，どのような設計手法を採用するにしても，入力パラメータに適切なパッチおよび接着剤の設計許容値を使用することが不可欠である。

15.2.5　Roses モデルの実験的相関性

簡単のため，パッチなしのき裂と同様，Paris 則型の関係が成り立つと仮定している：

$$da/dN = f(\Delta K\cdot, \cdot R) = A_R \Delta K^{n_R} \tag{15.8}$$

$\Delta K \cong \Delta K_\infty$ とすると，き裂長さ a と繰り返し数 N の関係は，以下のように求めることができる：

$$a = A_R \int_0^N (\Delta K_\infty)^{n_R}\, dN \tag{15.9}$$

ここで，N は一定振幅での繰り返し数，A_R と n_R は与えられた R（最小応力/最大応力）に対して定数であると仮定する。ΔK_∞ は定数であるため，剥離が発生しなければ，積分記号の外側に移動させることができる。したがって，a は N に線形な関係になることが期待される。

図 15.3 に構成と詳細が示されている試験片を使用してパッチ挙動を調べるために，いくつかの実験的研究が実施され[23]，ΔK_∞ を推定するための代替的ではあるが同等な関係が用いられた。ここでは，負荷応力の影響を調べたこれらの研究の１つだけについて簡単に紹介する。

図 15.4 は，$R = 0.1$，σ_{max} が 80 から 244 MPa の場合の a—N の結果をプロットしたものである。最も高い応力レベルは，この合金の典型的な設計限界応力に相当する。

図 15.4A の低応力レベルにおけるき裂長さとサイクル N の関係は極めて直線的であり，実験で得られた K が，多少の非線形性が予想される 10 mm から 25 mm の間の a においても実質的に一

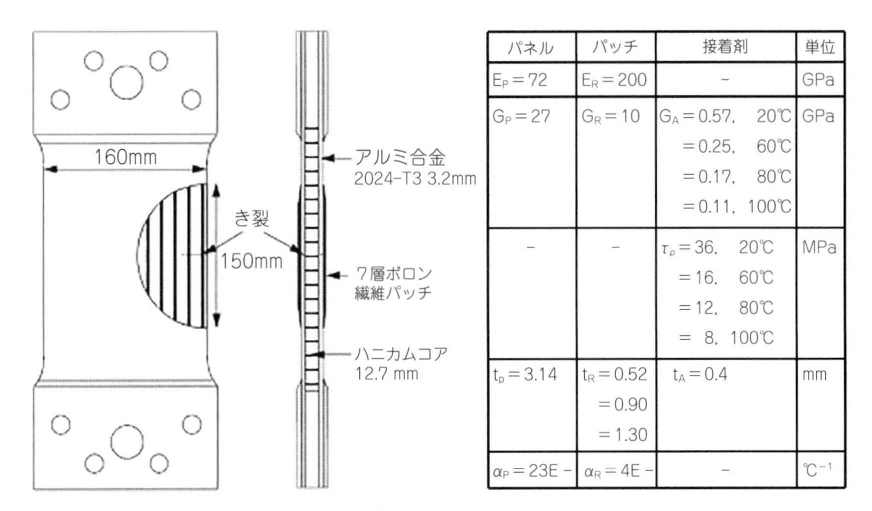

パネル	パッチ	接着剤	単位
$E_P=72$	$E_R=200$	-	GPa
$G_P=27$	$G_R=10$	$G_A=0.57$, 20℃ $=0.25$, 60℃ $=0.17$, 80℃ $=0.11$, 100℃	GPa
-	-	$\tau_\rho=36$, 20℃ $=16$, 60℃ $=12$, 80℃ $=8$, 100℃	MPa
$t_p=3.14$	$t_R=0.52$ $=0.90$ $=1.30$	$t_A=0.4$	mm
$\alpha_P=23E-$	$\alpha_R=4E-$	-	$℃^{-1}$

図 15.3　パッチを適用したパネルのパッチ効率を評価するために用いた試験構成の図[24]

この構成では，2 つのひび割れにパッチを当てたパネルが同様に試験されることに注意。この表は，計算で想定された特性を示している。

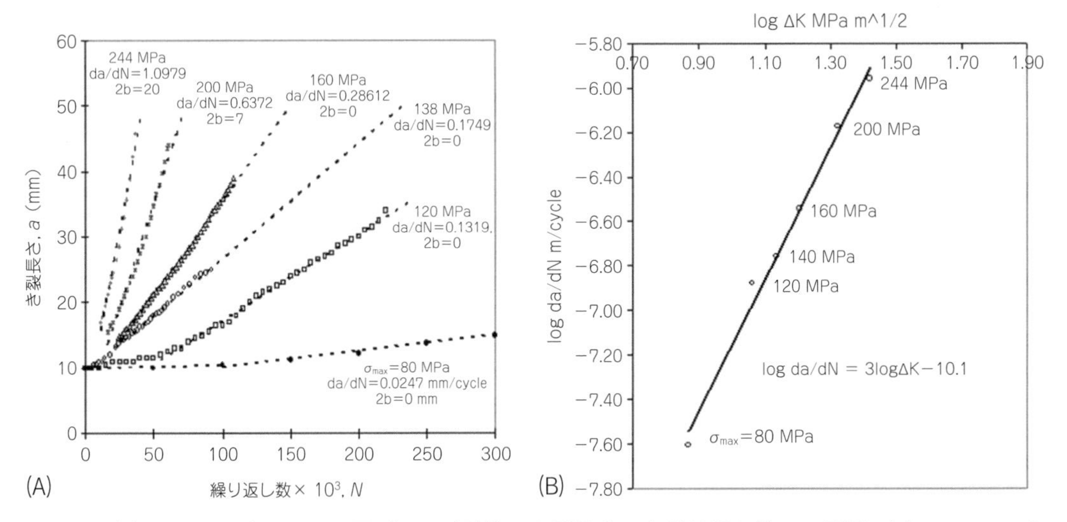

図 15.4　(A) $R=0.1$ を適用した 7 層パッチ試験片のき裂長さ a と繰り返し数 N の関係，(B) log da/dN と log ΔK の関係

定であることが示されている。ほぼ直線的な関係からより放物線的な関係への変化は $\sigma_{max}=138$ MPa 以上で起こり，図 15.4A の b（mm）で示される剥離損傷の発生に起因している。138 MPa の応力レベルでは，接着システムの剥離損傷は無視できるほど小さく，図では b=0 であることがわかる。

これらの結果を用いて，図 15.4B は log $da/$dN—log ΔK_∞ をプロットしたもので，以下のようなグラフが得られる。$\frac{da}{dN}=7.9\times10^{-11}\Delta K_\infty{}^3$ m/cycle となり，この手法で負荷応力の影響をほぼ説明できることがわかる。

［**15.2.8**］で議論する補修接合部に基づく疲労研究は，主構造上での疲労き裂に予想される剥離進展率を定量化するために使用された[24]。剥離が進展すると，パッチによる効果的なブリッジングが減少し，その結果，き裂開口度が増加する。したがって，繰り返しによる剥離進展率は，パッチ効率の低下で評価することができる。

より高度な解析[25]では，主構造でのき裂進展とパッチシステムでの剥離進展との間の結合力を定量化している。

15.2.6　伝達長

接着剤による補修を成功させるための重要な要件は，必要な荷重を主構造からパッチや補強材に伝達できるように十分な重ね合わせ長さを確保することである。

パッチと補強材は，主構造物からの荷重をスムーズに伝達するように設計しなければならない。き裂がある場合，パッチはき裂をブリッジングして，失われた荷重経路を補う必要がある。せん断応力と剥離応力を最小化するために，パッチの端部は適切にテーパーをつけるか，複合パッチの場合は段差をつける必要がある。**図 15.5** にボンドダブラー（外部補強材）の FE 応力解析結果[26]を示す。FM73 などのフィルム接着剤でアルミ合金基板に接着した段差 3 mm のボロン繊維/エポキシパッチ（層厚さ＝0.12 mm）の端部におけるピークせん断応力と剥離応力が，1 層のそれに近づいていることがわかる。このことから，段差のあるパッチの端部におけるピーク応力の推定を大幅に簡略化することができる。また，この場合，せん断応力と剥離応力はほぼ同じ大きさであることがわかる。

したがって，構造用フィルム接着剤を使用した常温でのボロン繊維/エポキシを用いた補修の単純な経験則では，欠陥の両側の最小長さ $L/2$ を確保することになる。ここで，$L/2 = n_{total} \times 3\,\mathrm{mm} + l_{\min}\,\mathrm{mm}$，$n_{total}$ は層数を表す。$l_{\min}$ を推定する方法は，［**15.3.5**］に示す。

き裂上にある非テーパー部の重ね合わせ長さが長いと，疲労耐久性が向上する（次節参照）。また，ボイドや微小な剥離など，接着剤層の微小な欠陥に対する感度を低下させることができる。さらに，長い重ね合わせは，せん断応力と剥離応力がゼロの谷を形成することにより，クリープに対して接合部を安定させることができる。

完全な接合部での谷の形成を**図 15.6** に示す。この図は，接着剤層における剥離進展を研究するために開発されたアルミ合金を用いたモデル継手[27]の FE 解析の結果である。このモデル継手の目的は，残留応力による複雑さを含め，複合材料被着体で起こりうる代替的な剥離モードの複雑さを排除することにある。この図では，中央の隙間の領域で高いせん断応力と高い負の剥離応力を示し，き裂を模擬している。負の剥離応力は，この高いせん断応力の領域での剥離の進展を抑制するはずである。

せん断応力と同程度の大きさの正の剥離応力のピークがテーパ領域の端部で発生し，この領域での高いせん断応力とともに剥離の進展が促進することになる。この応力は，次節に示すように，テーパーの両端から剥離が進展するにつれて大幅に高くなる。

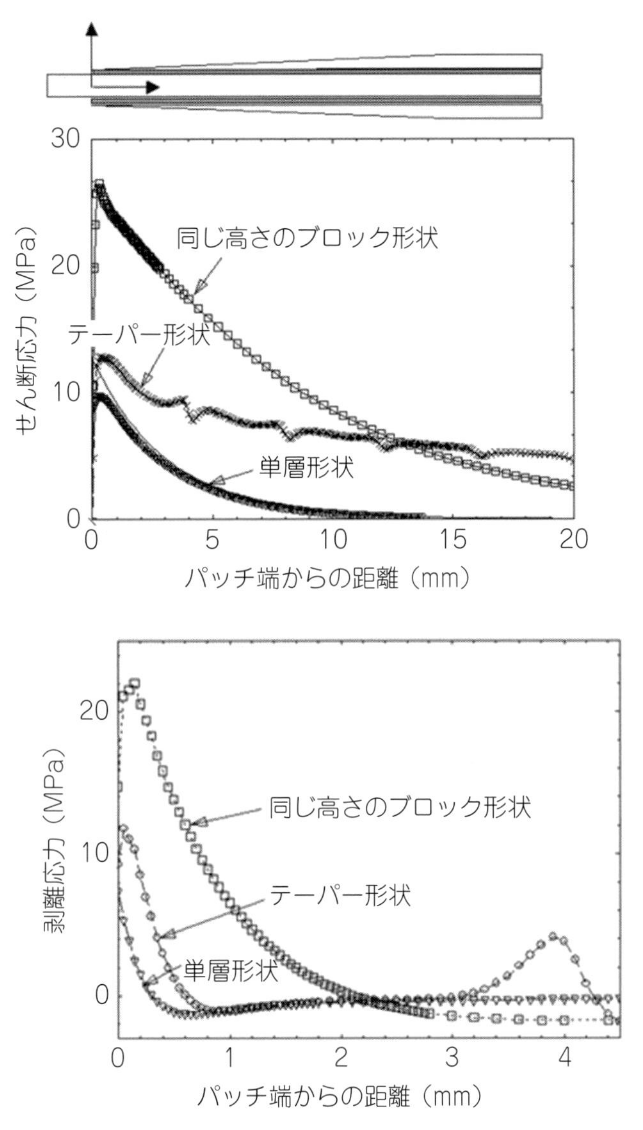

図 15.5　フィルム接着剤 FM73 を用いて 6 mm 厚のアルミ合金に接着されたボロン繊維/エポキシ補修材のせん断応力と剥離応力の FE 解析 [26)]

1.1 mm 全厚の積層板，単層板および 3 mm/段のテーパー積層板について，荷重/単位幅＝1 kN/mm で試算。

15.2.7　損傷許容とパッチ区分

次節で示す**図 15.6** および図 15.8 は，パッチ先端領域から一定厚さ領域への剥離の進展により，せん断応力および剥離応力が約 2 倍になることを示している。その結果，パッチ先端領域は安全寿命に基づいて設計されるべきであると提案されている [28)]。この推定は，従来の NDI の限界で剥離が検出されるまでの疲労寿命に基づいて行うことができる。実際には，パッチ形状によっては，テーパー端部近傍に均一な低応力が生じない場合がある。この場合，局所的な高い応力集中での繰り返し荷重下で，ある程度の応力緩和による剥離は許容される可能性があり，提案された

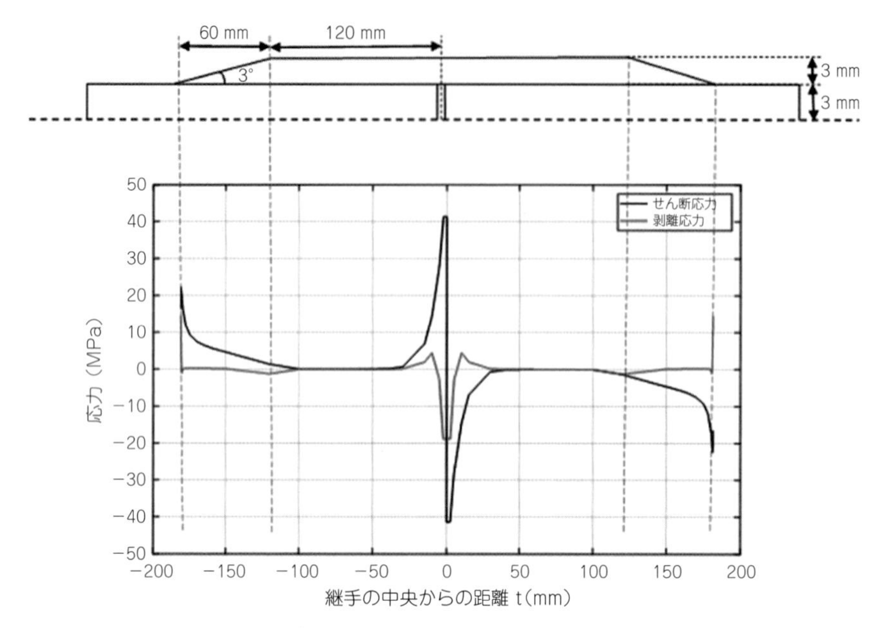

図 15.6　アルミモデル補修継手の長さに沿ったせん断応力と剥離応力の分布

中央部ではせん断応力が低く，中央部の隙間領域で高いせん断応力と負の剥離応力を示す，単位幅あたりの力は 1.4 kN/mm。

安全寿命設計手法に違反することはない。

対照的に，主構造のき裂領域上のき裂は，パッチのパッチ効率を低下させるため好ましくないが，剥離進展の駆動力が徐々に減少するため安定している。したがって，この領域は，単純な円形パッチの**図 15.7** に示すように，損傷に耐えることができる。

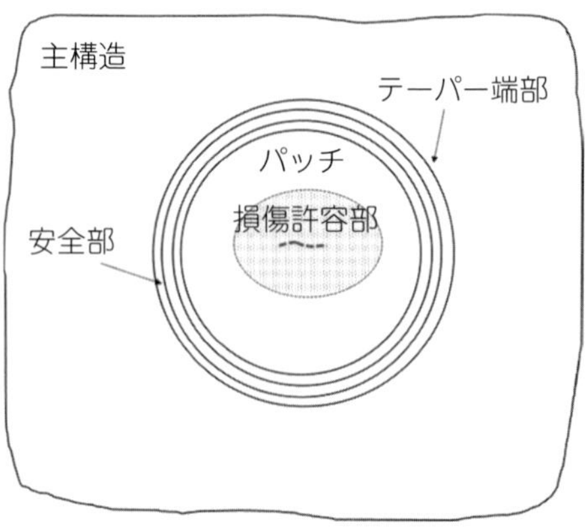

図 15.6 に示したアルミ合金モデル継手の剥離進展の影響を**図 15.8** に示す。この二次元 FE プロットでは，テーパー端部からの剥離進展により，せん断応力と剥離応力の両方が急激に増加することがわかる。剥離応力が高いと，せん断応力が高くなるよりも損傷が大きいことが考えられる。一方，き裂を模擬したギャップ領域からの剥離進展は，一定のレベルまで上昇し，剥離応力の初期の値は負となる。

主構造
テーパー端部
パッチ
損傷許容部
安全部

図 15.7　安全寿命領域（パッチシステムで大きな剥離が起こらない）と損傷許容領域（パッチシステムで緩やかな剥離が起こる）を示す外部接着パッチの模式図

ただし，パッチパネルと単純な継手との間には，ギャップ領域において決定的な違いがある。剥離進展によるパッチのコンプライアンスの増加は，隣接する主構造体のバイパス荷重の増加に対応し，その結果，ギャップでの応力は継手の場合よりもかなり低くなり，せん断応力は図 15.8 に示す値よりもかなり低下することが予想される。その結果，ゆっくりと安定した剥離進展となる。

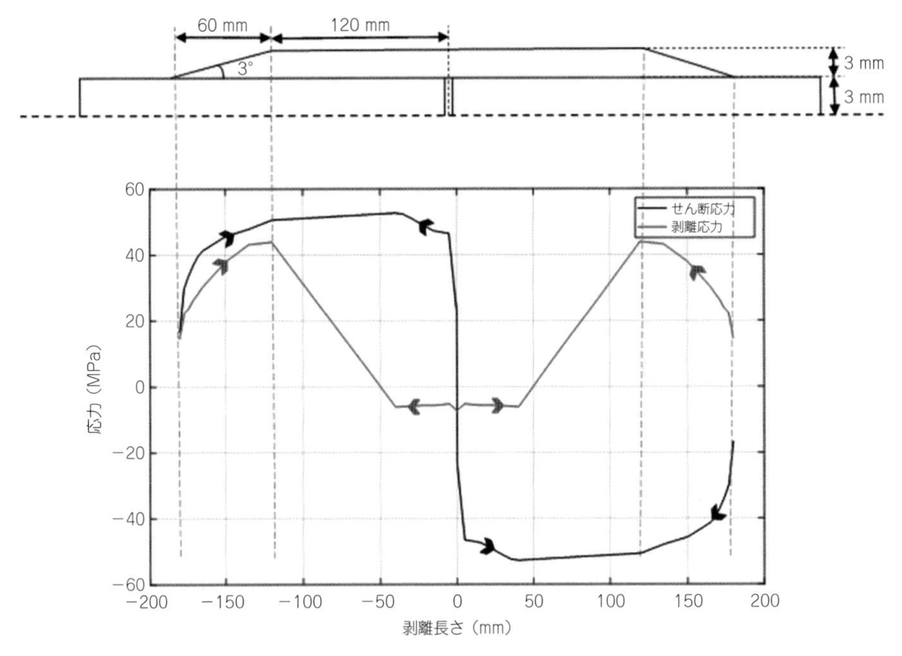

図 15.8　図 15.6 に示されているアルミモデル補修継手の長さに沿ったせん断応力と剥離応力の分布

各端部と中央部のギャップ領域から剥離が進展する。

［**15.3.6**］で述べたように，今回検討したアルミパッチでなく複合材料の挙動ではより複雑になる。

15.2.8　パッチシステムの設計に許容される材料の取得

パッチシステムの応力拡大係数を十分に低減することに加えて，パッチシステムは使用条件に耐えるように設計されなければならない。パッチシステムが受ける応力は，使用時の応力と，複合材料パッチと金属製主構造との間の熱膨張の不一致によって生じる残留応力から生じる。引張主体の変動荷重下でのこれらの応力には，周期的なものが含まれる：

- パッチの引張応力（残留応力によって相殺される）。
- き裂上の接着剤，パッチ/接着剤界面，パッチの表面層のせん断応力と負の剥離応力。
- パッチの端部でのせん断と正の剥離応力。

疲労設計許容値の保守的な見積もりは，修理によって受ける荷重条件を表す継手から取得できる。継手は，材料，適用プロセス，修理形状，荷重条件および実際の修理で予想される温度と環境を代表するものでなければならない。しかし，前節で説明したように，単純な継手と修理の間には大きな違いがある。継手は単一荷重経路の要素であるのに対し，実際の修理では荷重が修理領域を迂回する可能性がある。これらの違いにより，継手はき裂領域の応力を保守的に表すはずである。

疲労許容値[26]の取得に適した 2 つの代表的な継手を**図 15.9** に示す。スキンダブラー試験片（SDS）は，パッチ端部での応力を表し，パッチの安全寿命を決定するために使用することがで

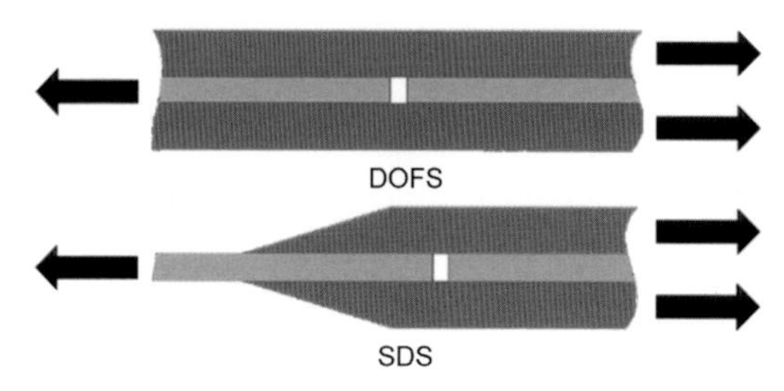

図 15.9　二重重ね合わせ疲労試験片（DOFS）とスキンダブラー試験片（SDS）上で提案および研究された代表的な継手の模式図

きる。

ΔG_T，全ひずみエネルギー解放率範囲のような破壊力学パラメータは，SDS 試験片の疲労によって生じるパッチシステムの剥離進展速度を定量化するためのき裂進展抵抗力（CDF）として用られた[29]。また，残留応力や使用応力による R の変化[30,31]を考慮するために，次の関係式 $\Delta G=(\sqrt{G_{\max}}-\sqrt{G_{\min}})^2$ が用いられる。安全寿命の推定には，このデータを許容可能な低進展率を外挿することで，剥離開始までの寿命に用いることができる。

二重重ね合わせ疲労試験片（DOFS）は，損傷許容領域におけるき裂上の接着システムの応力を表し，き裂上の剥離進展速度，ひいてはパッチ効率の低下を推定するために用いることができる。

室温/乾燥条件でのみ実施された先の研究では，DOFS の剥離進展率を疲労負荷と相関させるために有用な CDF は，接着剤の測定または推定最大せん断ひずみ範囲[26] $\Delta\gamma_{\max}$ であることが示された。基本的に，剥離進展速度 db/dN は Paris 則型の関係で表すことができると仮定され：

$$\frac{db}{dN}=C(\Delta\gamma_{\max})^n \tag{15.10}$$

ここで，b は剥離長さ，N は繰り返し数，C と n は実験定数である。$\Delta\gamma_{\max}$ パラメーターを使用すると，パッチと主構造の厚みと剛性，残留応力，接着剤層厚さ，降伏応力を含む機械的特性など，修理構成に関連するほとんどの変数を簡単に考慮することができる。

15.2.9　補修設計のための設計限界応力の推定

パッチパラメータと材料許容値を用いた修理設計には，使用応力情報が必要である。しかし，OEM の設計データが入手できない限り，修理予定箇所の応力に関する情報を容易に入手することはできない。

このような状況では，設計限界応力を材料の降伏応力 σ_y と等しくすることで，主要な設計要件である設計限界荷重での応力 σ_{DLL} のおおよその推定値を[23]得ることができる。この推定値は，アルミ合金の場合，無限遠応力レベルが材料の降伏応力に等しい場合で，例えば充填穴のような典型的な応力拡大係数 K_c が～1.2 の領域で局所降伏が発生する可能性があるという仮定に基づいている。これは，σ_{DLL} の定義と一致し，ある程度の限定的な降伏は許容されるということである。

σ_{DLL} を $\sigma_y/1.5$ とすることは，σ_{DLL} の情報が得られる場合，妥当な保守的推定値であることが証明されている。**表 15.2** に F-111 航空機に基づくデータを示す。

表 15.2　アルミ合金 2024 T581 製の下翼のいくつかのデータポイントにおける F111 の設計限界応力データ σ_{DLL} と降伏応力 σ_y/1.5 との比較

DATA item No.	σ_{DLL}	σ_y	$\sigma_y/1.5$
67	202.9	400.2	266.8
70	167.0	400.2	266.8
70a	204.2	400.2	266.8
78	149.7	400.2	266.8
154	171.8	400.2	266.8
194	165.6	400.2	266.8

また，修理予定箇所の荷重スペクトルに関する情報も得られない可能性がある。この場合，航空機が戦闘機か輸送機かに応じて，標準的なスペクトルである FALLSTAF または TWISS のいずれかをそれぞれ仮定し[32]，ピーク荷重について σ_{DLL} の推定値を使用することが妥当な手法となる。

適切なスペクトルに基づき，SDS の一定振幅疲労許容値を用いて，例えば 50%σ_{DLL} 以上を σ_{DLL} にするなど，スペクトル中のすべての高応力を上げることに基づき必要寿命（N）を仮定することで，安全寿命の非常に保守的推定値を得ることができる。同様に，DOFS の一定振幅疲労試験から，パッチ効率の変化（したがって，推定き裂進展）を得ることができる。

15.3　複合材料部品の補修

15.3.1　損傷の種類と評価

炭素繊維/エポキシ複合材料で作られた航空機部品は，そのほとんどが面外引張と面内圧縮荷重に敏感である。金属とは異なり，複合材料の特徴は，設計範囲内の高温，特に大気中の水分を吸収した場合に著しく劣化する。金属とは対照的に複合材料は疲労に強いが，機械的衝撃によるマイクロクラックや剥離は圧縮強度を著しく低下させる要因となり得る。目に見える貫通損傷がある場合，構造修理が必要となる。修理方法の選択は，切損や傷のような目立たない損傷，さらにはほとんど目に見えない衝撃損傷（BVID）に対しては，より困難である。一般的に，BVID に伴う強度低下は設計許容範囲に組み込まれているため，BVID は修理を必要としない。

また，薄板ハニカムパネル[33] など，致命的でない損傷や二次・三次構造ではパッチを必要としない修理手法もいくつかあり，剥離に対する樹脂注入や損傷したコアを置き換えるポッティングや充填が含まれる。熱可塑性樹脂からなる複合材料では，高温高圧ではあるが，内部剥離の修理に溶融接合を使用することができる。

大きな損傷を受けた材料を取り除かなければならない場合，その結果得られる切り出し形状で残留強度を推定することが要求される。複合材料の場合，未処理の損傷から生じる残留強度を評価するよりも，はるかに簡単である。

複合材料積層板の残留強度の予測モデリング[34] の開発に関する最近の研究により，高度な計算モデリング技術によって，さまざまなサイズと形状の切り出しを含む複合材料積層板の残留強度を正確に予測できることが示された。これにより，主構造体の未修復強度を最大化するために，最適な切り出し形状を設計することができるようになった。その結果，円形の穴と比較した場合，パッチが剥離した場合でも，かなり高いレベルの残留強度を達成することができるようになった。

これらの高度な機能にもかかわらず，軍事用途の多くの実験的研究に基づく妥当な仮定から，特に荷重が不明な通常の場合，主構造体の許容終局ひずみは3,000〜4,000 $\mu\varepsilon$ の範囲である。以下の節では，これが修理設計手法として適用されることになる。

15.3.2　高負荷構造に対するパッチの選択肢

予備的な分析として，複合材料構造の修理は，**図15.10**に示すような単純な接合部の1つとしてモデル化することができる。

リペア継手での単位幅あたりの力の簡単な見積もりは，次のように与えられる：

$$P = \varepsilon_u E_x t \tag{15.11}$$

ここで，ε_u，E_x，t はそれぞれ，設計上の許容ひずみまたは終局ひずみ，一次荷重方向に沿った複合材料の弾性率および積層板の厚さである。

補修方法には大きく分けて3種類ある。(a) 外部あるいは重ね合わせ接着パッチ，(b) スカーフ接着パッチ，(c) 段付き重ね合わせ接着パッチである。(b) と (c) の修理は，表面の輪郭の変化を最小限にするため，フラッシュ修理と呼ばれている。図15.10のダブルスカーフのように，両表面からスカーフパッチを貼ることが可能なケースは稀である。

次節で示すように，接着剤を用いた外部パッチ補修は一般に薄皮用途に限定され，例えば16層まで，およそ2 mm厚さの炭素繊維/エポキシである。スカーフや段付き重ね合わせの補修は，複

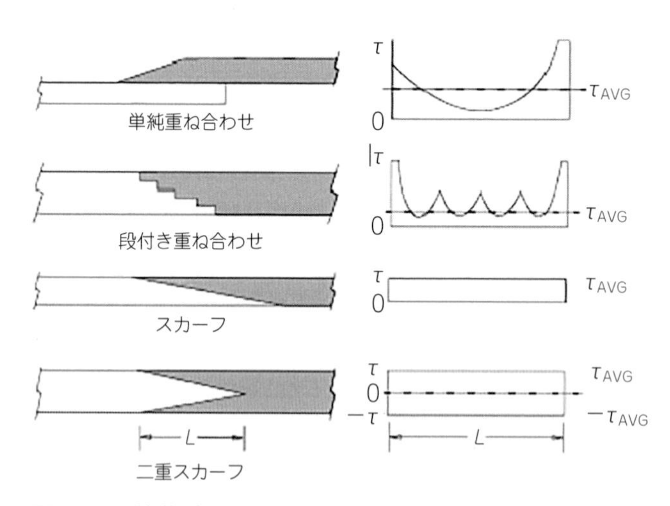

図15.10　接着パッチに用いた主な接着構造の種類とその結果生じる接着剤のせん断応力分布

τ はせん断応力，τ_{AVG} は平均せん断応力

合材料の厚みが単純な外部パッチの補修性能を超える場合に使用される。これらの補修は，(a) 空力的な滑らかさ，(b) レーダー断面，(c) クリアランスを維持する必要がある場合，例えばフラップなどの部品が限られたスペースに収まる必要がある場合にも使用される。また，フラッシュ修理は，外部修理で発生する中立軸の変化による好ましくない二次曲げを最小限に抑えることができる。

ボルトや接着剤による外部パッチ補修と比較すると，スカーフや段付き重ね合わせ補修は，補修用穴を形成するための機械加工が難しいため，実施するのが著しく難しく，一般的にデポレベルの設備と熟練工が必要とされる。また，厚い積層板のフラッシュ修理では，健全な母材を相当量取り除く必要があるという重大な欠点がある。

15.3.3　簡単な設計手法

図 15.10 に示すように，補修箇所を代表的な継手としてモデル化することで，少なくとも第一近似値で設計することができる。外部パッチ補修は重ね合わせ継手としてモデル化され，スカーフ補修はスカーフまたは段付き重ね合わせ継手としてモデル化される。この手法は，修理が単一負荷経路の継手であると仮定している。実際の修理では，劣化修理による荷重軽減は，適切な残存強度があれば，主構造物によって支えられる可能性がある[35]。重要な設計要件は，補修領域における終局設計ひずみである。この情報を得ることはしばしば困難である。このような情報が得られない場合は，主構造物の想定される終局許容設計ひずみに基づいてひずみレベルを設定することができる。前述したように，現在の（軍用）設計の妥当な推定値は，±3,000 から ±4,000 με の間の終局設計ひずみレベルである。

より現実的な設計のためには，他にもいくつかの要素を考慮する必要がある：

- （補強された）切り出しのエッジでの許容ひずみ，通常は最大 10,000 με
- リペア継手の形状
- 厚み方向（剥離）応力
- 補修による局所的な剛性アップにより，その領域に引き寄せられる余計な荷重
- 接着剤のクリープ・応力緩和（温度と吸水の関数）
- 外部修理による中立軸のオフセットから生じる二次曲げ
- パッチと母材の熱膨張係数が大きく異なる場合の残留応力の発生
- 他の修理の近接性–多重修理の相互作用
- スケール効果

これらの複雑な問題のほとんどは，特に大きな厚み方向の応力が予想される場合には，三次元 FE 構造解析手法が用いられる。さらに高度な設計では，複雑な構造挙動や接着剤の塑性変形を含む非線形モデルが必要となる。

15.3.4　外部パッチ修理

外部パッチ修理のために金属で議論した設計およびその他の考慮事項の多くは，複合材料にも適用される。しかし，金属への外部パッチ修理の適用では，設計はパッチされたき裂の応力拡大

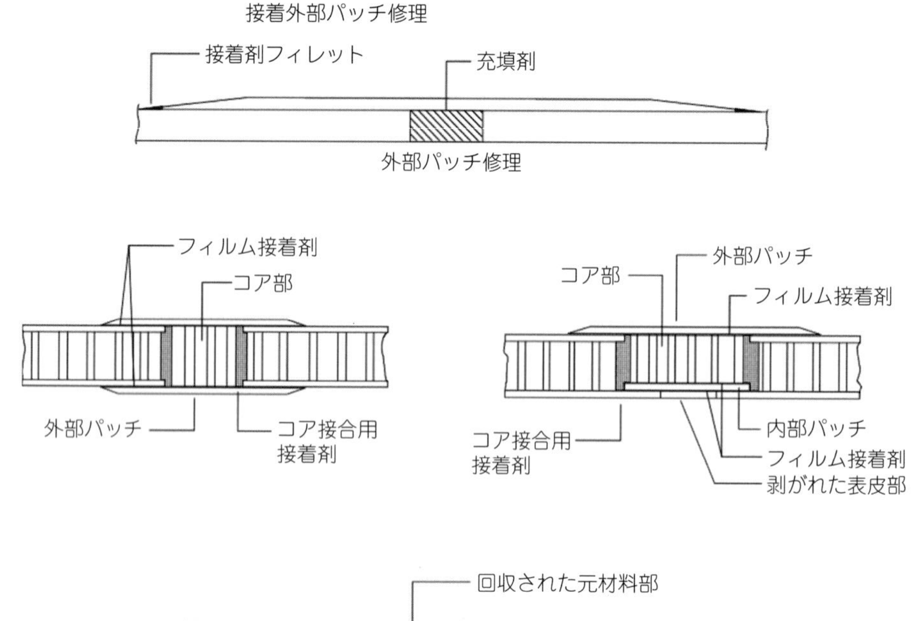

図 15.11　ハニカムと補強パネルの典型的な外部パッチ補修

係数を最小化に抑える必要性に基づいて設計が進められた。金属補修の場合，き裂を除去して円形（または最適化された）切り出しを残る場合，考慮事項はより類似したものになる。

ハニカムパネルを含む薄皮の部品と剛性のある部品に対する典型的な外部パッチ修理を**図 15.11** に示す。第一近似として，外部パッチ修理は二重重ね合わせ継手の半分としてモデル化することができ，ハニカムコアまたは下部構造によって二次曲げに対応する十分な支持が提供されると仮定する。この解析では，次のような前提を置いている：

- パッチは，せん断応力と剥離応力のピークを最小化するために，その端部に適切な段差が設けられており，通常，2〜3 mm あたり 1 層の割合で，約 3° の有効なテーパーが形成されることになる。
- 継手強度は，接着剤の耐荷重で制限される。これは，ホット/ウェット環境下で最も生じやすく，設計上重要な情報である。常温または低温の条件下では，強度は複合材料の表面樹脂または表面層で制限される場合がある。

母材と同等の剛性を持つパッチ（すなわち，$E_R t_R = E_p t_p$）を用いると仮定し，継手の接着強度を試験して設計上の終局荷重に耐えられるかどうかを判断することが多い。文献 19）では，本章の範囲を超え，接着された複合材料補修の詳細な分析がなされている。

15.3.5　接着強度解析

バランス継手の単位幅あたりの最大耐荷重[36-38]（$E_R t_R = E_p t_p$）は，次式で与えられる：

$$P_{maxb} = 2[t_A E_p t_p \tau_p (\gamma_e/2 + \gamma_{pf})]^{\frac{1}{2}} \tag{15.12}$$

ここで，τ_p は接着剤の実降伏応力，γ_e と γ_{pf} はそれぞれ降伏までの弾性ひずみと破壊までの塑性ひずみ，t_A は接着剤層厚さ，t はパッチ（と母材）の厚さ，E はその弾性率である。

一般的な炭素繊維/エポキシ積層板と構造用フィルム接着剤（FM300）の特性を例にとると，以下のようになる：

$\tau_p = 20$ MPa（ホット／ウェット）	$t_p = 1.5$ mm（12層）
$E_p = 72$ GPa，剛性の高い炭素繊維/エポキシ積層板の代表的なもの。	$t_A = 0.125$ mm
$G_A = \tau_p/\gamma_e = 0.4$ GPa	$\gamma_e = 0.05$，$\gamma_{Pf} = 0.5$

これにより，$P_{\mathrm{max}b} = 0.75\ \mathrm{kN\ mm^{-1}}$ が得られる。

継手の耐荷重 $P_{\mathrm{max}b}$ が，次式で与えられるパッチまたは母材の許容力（単位幅あたり）P_u を超えることを示す必要がある：

$$P_u = \varepsilon_u E_x t \tag{15.13}$$

ここで，ε_u は 4000 $\mu\varepsilon$ と仮定している。

これにより，$P_u = 0.43\ \mathrm{kN\ mm^{-1}}$ となり，継手は十分な強度を有していることがわかる。しかし，複合材料積層板の厚みが16層を大きく超える場合は，外部からのパッチ修理に対して十分な安全率を確保することができない。

補修強度が適切であると判断された場合，次のステップでは，重ね合わせ長さ l_{min} を決定する。パッチの全長は，l_{min} の 2 倍に穴直径を加えたものとなる。設計上の最小重ね合わせ長さ（テーパーの長さを除く）は，文献 38）で与えられる。

$$l_{\mathrm{min}} = E_p \varepsilon_u t_p / \tau_p + 4/\beta \tag{15.14}$$

ここで $\beta = \sqrt{2G_A/t_A E_p t_p}$ である。

これにより，補修用両端切り出しで約 40 mm の l_{min} が得られる。修理設計では，重ね合わせ長さに余裕を持たせることが重要である。長い重ね合わせは，「弾性の谷」(図 15.10 参照）を十分に発達させ，接着剤のクリープに対して継手を安定させ，ボイド，剥離，運用損傷などの製造上の欠陥に対する許容を提供することができる。

テーパーのある端部の伝達長を推定することはより困難である。しかし，0° のボロン繊維/エポキシ積層板の厚さが 0.125 mm の場合，［**15.2.7**］で説明した方法を用いて概算を求めることができ，これが炭素繊維/エポキシでもほぼ正しいと仮定すると，伝達長は約 3 mm になる。これは，パッチ内のすべての 0° 層でほぼ同じになる。そうすると，テーパーの長さは，両面とも n_{total}

×3 mm となる。

15.3.6　外部パッチ修理の損傷許容度

外部パッチ修理の損傷許容度の問題は，引張が支配的な使用荷重下での接着システムの剥離進展の問題に焦点を当てた金属構造の修理を扱う［**15.2.7**］で説明した。そこで述べられた要点，特にテーパー領域の重要性は，複合材料にも関連するものである。

文献39）では，テーパーの端部で許容される剥離サイズを決定することを目的とした研究が記載されている。金属の補修では，パッチは主に一方向性になる。しかし，この研究のように複合材料の補修では，パッチの層構成は一般的に複合材料の主方向と一致し，一般的に0°，90°，45°の層がある。また，この研究では，テーパー部の構成として，（a）下部の長い層が上に向かって段になっている「段付き」，（b）上部の長い層が下に向かって段になっている「逆段付き」の2種類を用意した。

この研究では，パッチ先端に人工的な剥離を配置し，一定振幅の引張繰り返し荷重をかけたときの剥離の進展に与える影響を調べた。その結果，剥離は接着剤層で進展するのではなく，主積層板の表面近くの0°と45°の層間でも進展することがわかった。接着剤の破壊エネルギーは，0°と45°または90°の層間の破壊エネルギーよりもはるかに大きいため，これは予想されることである[38)]。この破壊モードを避けるには，0°層を表面に配置するのがよいのですが，主積層板自体が通常45°層を表面に配置しているため，この選択肢は一般的に適用されない。

人工的な剥離による急激な進展の前に，ゆっくりとした進展が観察された。この観察から，損傷許容の観点から，初期の剥離の許容範囲は5 mm にとどめるべきであると結論づけた。

これは，テーパーの先端で0°と45°の層間に剥離が発生しやすく，このモードが逆段付きパッチ構成で抑制されるためである。

複合材料の補修に関する重要な問題は，複合材料パッチの剥離につながる衝撃的な損傷に対する耐性でもあり，特に圧縮主体の荷重下では，接着剤ではなくパッチ自体を通して主構造体から剥離することになる。接着剤と複合材料パッチ（場合によっては表層部）のどちらか一方が破損するというのは，複合材料の大きな問題点である。

幸いなことに，外部パッチ修理の荷重伝達領域では，荷重が伝達される面積が比較的小さいため，大きな衝撃による損傷の可能性は許容範囲内で低いと判断されるかもしれない。パッチの他の領域に対する損傷の問題は，複合材料構造の他の部分に対するものと同じ懸念となる。

15.3.7　スカーフ修理の簡易設計

図 15.12 に代表的なスカーフ修理を積層板とハニカムパネルの補修として模式的に示す。

スカーフ修理は，平均せん断応力が接着剤の降伏応力に達したときに終局強度に達する代表的な継手として補修をモデル化することによって，最も簡単に設計できる。**図 15.13** に，剛性が一致する被着体を用いたスカーフ継手を解析するための簡単な材料強度の考え方を示す。

しかし，接着剤のせん断応力がスカーフ上で一定であるという仮定は，層剛性の変動で生じる接着剤層に沿った応力集中を無視するため，非保守的である。直交異方性複合材料積層板のス

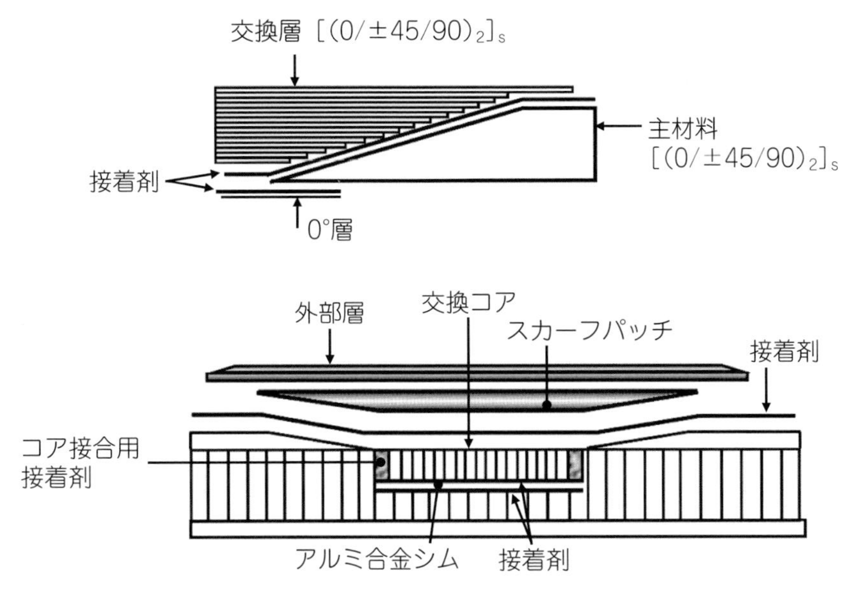

図 15.12　簡単なスカーフ補修の全体図と厚肉表皮ハニカムパネルのスカーフ補修の分解図（下図）

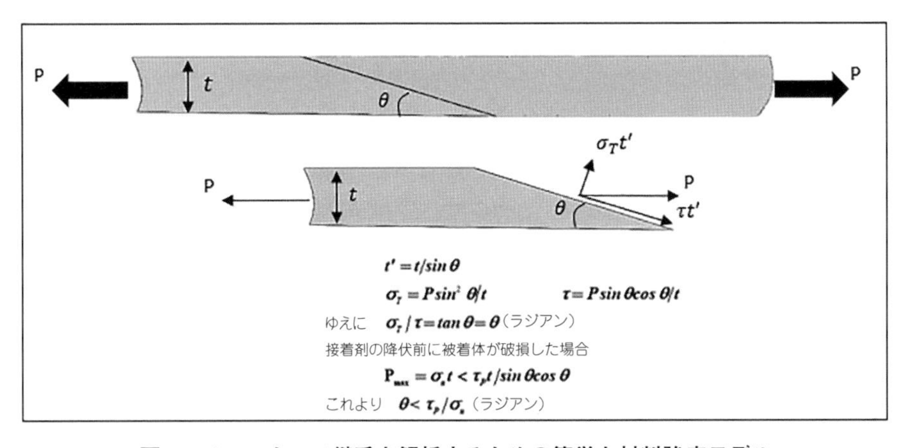

図 15.13　スカーフ継手を解析するための簡単な材料強度モデル

カーフ継手における応力集中の存在は，実験的[40]，解析的[36,41]または数値的[42]に調べられている。

接着剤が破壊する前に著しい塑性ひずみ状態となる可能性があるホット/ウェット環境下では，複合材料スカーフ継手のせん断応力分布は，**図 15.14** に示すように，台形化して均一せん断応力分布に近づく[33]。したがって，継手のホット/ウェット降伏強度（単位幅あたりの荷重）の合理的な第一近似値は，被着体の熱的不一致がないと仮定すると，次式で与えられる：

$$P = E\varepsilon_u t = 2\tau_p t/\sin 2\theta \tag{15.15}$$

ここで，θ はスカーフ角である。したがって，スカーフ角は，以下から求めることができる：

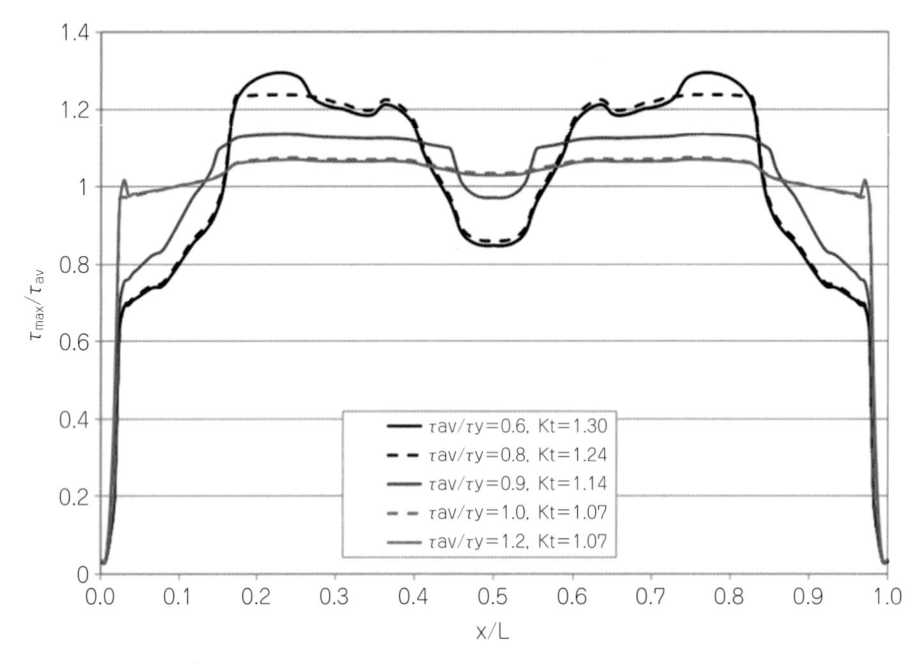

図 15.14　非線形有限要素解析によるスカーフ継手の規格化せん断応力分布

平均せん断応力（τ_{av}）が接着剤の降伏応力（τ_f）に近づくとせん断応力分布が均一化すること示す。積層構成：[45/−45/90/03/45/02/−45/90/−45/02/45/03/90/−45/45]。

$$\theta = \frac{1}{2}\sin^{-1}\left(\frac{2\tau_p}{E_p\varepsilon_u}\right) \tag{15.16}$$

θ が小さい場合，法線（または剥離）応力は無視できる。スカーフ角が小さい場合（$\theta \leqq 5°$），被着体の許容ひずみ ε_u に達するための条件は，

$$\theta \approx \frac{\tau_p}{E_p\epsilon_u} \tag{15.17}$$

ε_u を 4,000 με，ホット/ウェット時の τ_p を 13 MPa，E を 72 GPa とすると $\theta \leqq 3°$ となる。

しかし，接着剤層の応力集中を考慮しない場合，特に構造用接着剤が比較的脆い低温または室温条件下では，非保守的な設計となる可能性がある。ある層構成について，接着剤層の応力集中係数 K_t は，平均せん断応力に対するピーク応力の比として求めることができる[33]。K_t の最初の保守的な推定値は，修理の各層の段差に隣接する接着剤のせん断応力が，その層が担う荷重に比例し，さらにその層の相対剛性に比例すると仮定することによって得られる。45° と 90° の層に隣接するせん断応力 $\tau_{\pm 45}$ と τ_{90} は，弾性率比と 0° 層に隣接するせん断応力で表すことができる：

$$K_t = \frac{n_{total}}{n_0 + n_{45}\dfrac{E_{45}}{E_0} + n_{90}\dfrac{E_{90}}{E_0}} \tag{15.18}$$

ここで，E は 0°，45°，90° の各方向の層の弾性率（荷重方向）である。

以上から，スカーフ角を決定する：

$$\theta=\frac{1}{2}\sin^{-1}\left(\frac{2\tau_p}{K_t E_p \varepsilon_u}\right) \tag{15.19}$$

この式は，応力集中係数 K_t（塑性を無視したもの）をほぼ説明するものである。

塑性降伏すると，接着剤のせん断応力は徐々に漸近して一定値となり，応力集中係数 K_t は 1 に向かって減少する。したがって，式(15.18)は，$\gamma_{ult} \gg \gamma_y$ の場合の近似した上限解を表す。低温環境下で脆性破壊（塑性変形しない）が予想される場合，降伏強度の代わりに接着剤の許容強度を用いれば，式(15.18)を用いることが可能である。K_t の典型的な値は，特に一方向のテープ層からなる積層板の場合，かなり高くなることがあるが（>2），典型的な接着剤のクール/ドライ終局強度とホット/ウェット降伏強度の比は，しばしば大きくなる（特に 100℃以上の厳しい使用環境の場合）。つまり，限界強度は，ホット/ウェット状態の塑性解析とひずみベースの基準で決定される。

［**15.4.8**］で述べたように，高温またはホット/ウェットの条件下では，接着剤が破損する可能性があり，実際，このような破損モードが予想される。しかし，より低い温度では，接着剤と層の両方を含む混合モードでの破壊となる。パラメータ K_t は，混合モード破壊の傾向を示すものと期待される。文献 43）では，スカーフ修理における混合破壊モードについて詳しく説明している。

最後に，大きな弾性の谷を維持する重ね合わせ継手（外部パッチ修理）とは異なり，接着剤層のかなりの部分が最大ひずみに達する前に降伏している可能性がある。したがって，適用される許容値は，安全な設計を保証するために十分に保守的でなければならない。

15.3.8　補修を表すスカーフ継手に関する研究

本節では，文献 44）に記載されている F/A-18 航空機の水平安定板のスカーフ補修に関する研究に基づき，スカーフ解析の例を紹介する：AS4/3501-6 炭素繊維/エポキシで，この部分には 35 枚以上の厚い層が使用されている。設計終局ひずみが通常約 3,500 $\mu\varepsilon$ である航空機の他の複合材料部品の多くとは異なり，設計終局ひずみが 5,200 $\mu\varepsilon$ であるため，この修理は特に困難である。このプログラムの目的は，航空機の設計温度範囲である +104℃から −40℃までの圧縮または引張荷重をかけたスカーフ継手の強度を評価することでした。

このプログラムのために開発されたハニカムサンドイッチ梁試験片は，安定板の典型的な補修領域での断面に相当するものである。**図 15.15** はハニカム表皮の層構成を示し，**図 15.16** は同様のスカーフ修理領域での顕微鏡写真による断面を示す[45]。

梁の荷重は 4 点曲げで，補修部位は引張または圧縮のいずれかになっている。スカーフ継手は，母材と同様の層構成で，下部に 45° の追加層，上部に 0° と 45° の層からなるダブラーを配置したものである。

図 15.17 の結果から，ホット/ウェット暴露（スキン内の水分約 0.7%）により，継手の破断ひずみが著しく減少することがわかる。クール/ウェット試験および室温試験では，一般的にハニ

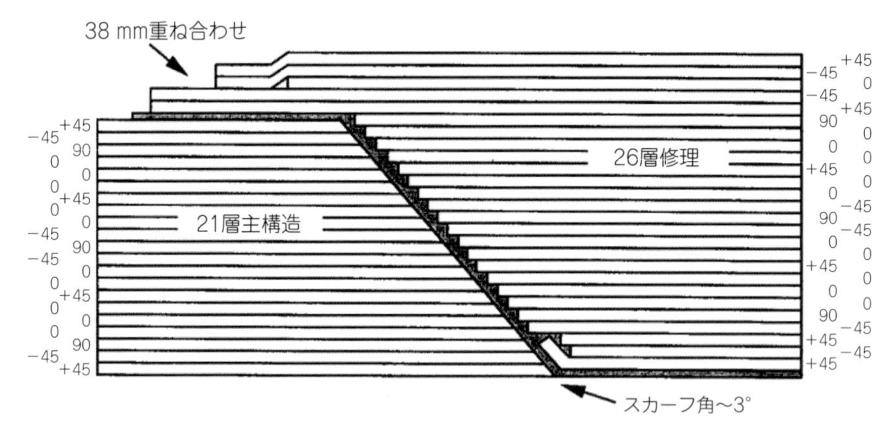

図 15.15　主積層板（21 層）および補修用スカーフ積層板（26 層）の層構成

接着剤（斜線で示す）は構造用フィルム接着剤で，スカーフ角は公称 3°。

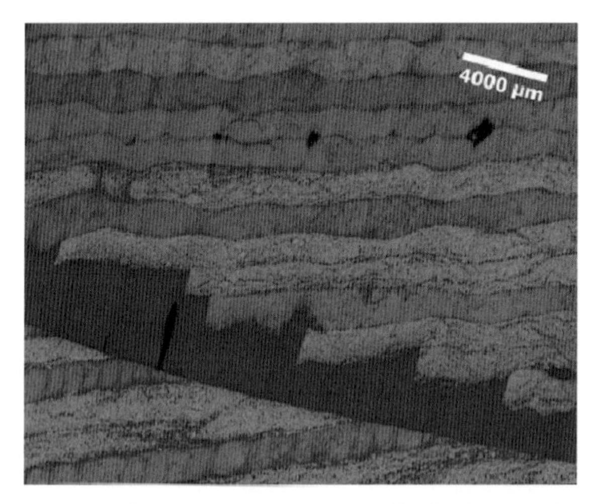

図 15.16　層構成の詳細を示すスカーフ補修領域の顕微鏡写真

画像は適切に表示できるように，長さスケールを 10 分の 1 に縮小していることに注意。高さスケールは未調整。

カムコアで破壊が発生したため，これらの結果はこれらの試験片のひずみ量の下限を示すものである。一方，ホット/ウェット試験では，破壊は主に接着剤の凝集破壊であった。

この解析では，以下の積層板の材料特性を仮定している：$E_0 = 140$ GPa，$E_{90}/E_0 \approx E_{45}/E_0 = 0.07$，21-ply 層構成［45/−45/90/0/45/0/−45/90/−45/0_{3223}/90/−45/45/45/0］。5 層のオーバー層の寄与を無視すると，接着剤層のスカーフ部分に沿った応力集中係数 K_t は，式(15.18)から次のように近似される：

$$K_t = \frac{n_{total}}{n_0 + n_{45}\dfrac{E_{45}}{E_0} + n_{90}\dfrac{E_{90}}{E_0}} = \frac{21}{10 + \dfrac{8}{21}0.07 + \dfrac{3}{21}0.07} = 2.09 \tag{15.20}$$

積層板の軸方向の剛性は，次のように決定される：

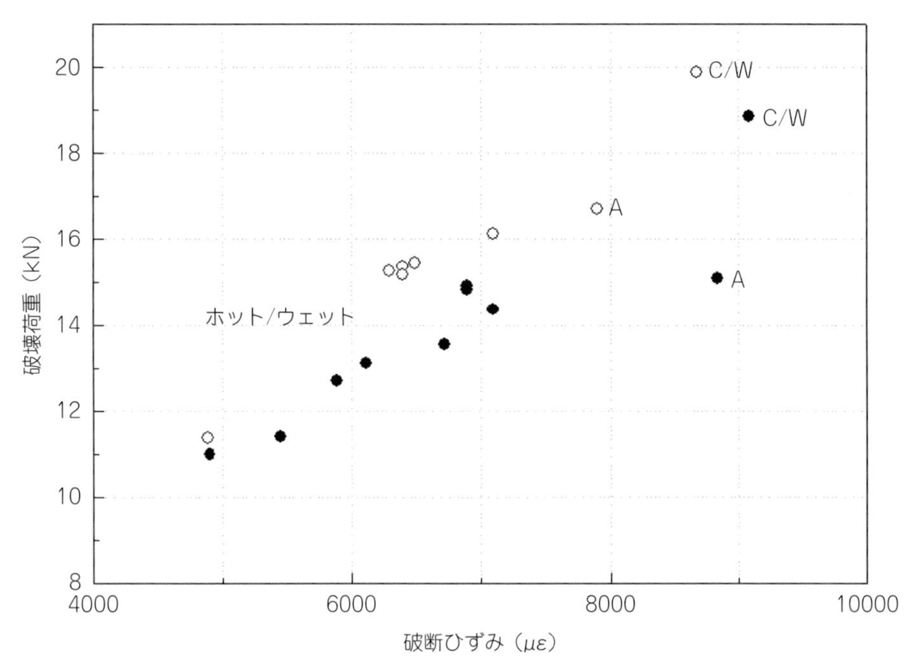

図 15.17　炭素繊維/エポキシスカーフ試験片の破壊荷重とひずみの分布

A は室温，C/W は低温・湿潤状態での暴露。

$$E_p = \frac{E_0}{n_{total}} \left(n_0 + n_{45} \frac{E_{45}}{E_0} + n_{90} \frac{E_{90}}{E_0} \right) = 71.8 \text{ GPa} \tag{15.21}$$

接着剤 FM300 は，せん断降伏応力（τ_p）約 40 MPa（室温/ドライ），13 MPa（ホット/ウェット）を用いた。

母材の設計限界ひずみ $\varepsilon_u = 5{,}200\ \mu\varepsilon$ について，室温/ドライ条件で脆性破壊を想定した場合，必要なスカーフ角 θ_{RT} は以下の通りである：

$$\theta_{RT} = \frac{1}{2} \sin^{-1} \left(\frac{2 \times 40}{2.09 \times 71800 \times .0052} \right) = 2.9° \tag{15.22}$$

ホット/ウェット条件下では，著しい塑性変形，すなわち $\gamma_{ult} \gg \gamma_y$ したがって $K_t \to 1$ と仮定すると，必要なスカーフ角 θ_{HW} は，以下のようになる：

$$\theta_{HW} = \frac{1}{2} \sin^{-1} \left(\frac{2 \times 13}{1.0 \times 71800 \times .0052} \right) = 2.0° \tag{15.23}$$

この単純な解析結果から，角度 3° のスカーフ継手試験片は，ホット/ウェット条件下で表皮のひずみが 5,200 με に達する前にかなりの降伏を起こすことが示唆している。接着剤の局所的な降伏が直ちに破壊につながるとは限らないが，構造物に設計上の終局荷重が長期間かかると，クリープによる破壊につながる可能性がある。ホット/ウェット条件下での継手試験片の最終的な破壊は，スカーフ領域が接着剤層でクリープ変形を起こした結果，外側のダブラーが破壊するひずみの蓄積によって始まったと推測される[44]。ダブラーは，接着剤層の弾性の谷によってクリープが作用することになる。ダブラーは主にスカーフの敏感なエッジ部分を損傷から保護するために使用される。

スカーフ試験片は，単一負荷経路の状態であるため，補修とは大きく異なる。このため，修理におけるクリープ変形はより限定的であり，結果的に荷重の再分配が行われるはずであり，修理全体が破損することはない。修復部品は，修復によるコンプライアンスの増加，つまり負荷の軽減により，修復穴の端部のひずみが臨界値を超えた場合にのみ破壊する。したがって，スカーフの結果は，修理性能の合理的に保守的な推定値と考えることができる。

15.3.9　段付き修理の設計

図 15.18 に示すように，段付き重ね合わせ継手は，単純な一次元解析モデルの概要を示す重ね合わせ継手のシリーズとして解析される[41]。しかし，スカーフ継手に関しては，複雑な補修用途において FE 法が使用される[46]。

重ね合わせと段付き重ね合わせ継手は，各段の端部で高い応力を持つ不均一なせん断応力分布を示す。

段付き重ね合わせ継手の耐荷重を最大にするためには，段数を増やす必要がある。耐荷重は，

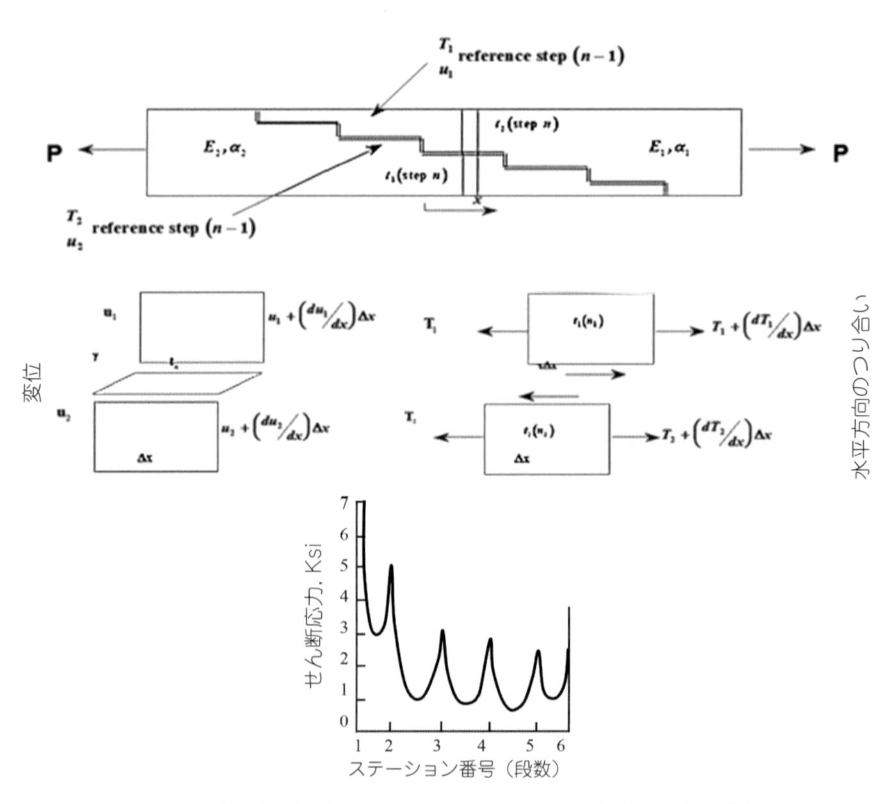

図 15.18　段付き継手の解析に使用したモデルと，典型的な応力分布の図

横軸は段番号を示す。

段の長さで無限に増加しないため，薄い段端部での過負荷を避けるため，長さを短くする必要がある場合がある。一次負荷の分配と各段付きの端部での小さな厚さの変化のため，剥離応力は，スカーフ継手と同様に，段付き重ね合わせ継手では通常問題にならない。重ね合わせ継手と同様に，弾性の谷はクリープに対して継手を安定させ，ボイドや局所的な剥離を含む欠陥に対する耐性を与える。

15.3.10　切り出しサイズを小さくする

ハニカムコアの厚さ 4 mm の水平安定板の場合，スカーフの最小長さは約 80 mm である。穴の大きさが直径 80 mm であれば，修理の全長は 240 mm となり，大きいながらも実現可能であるが，健全な母材の除去を最小限に抑えるためには，より小さな切り出しが望ましいといえる。

約 13 mm 以上の厚さの翼の場合，スカーフの最小長さは約 250 mm で，直径 100 mm の穴の場合，パッチ全体の長さは 600 mm となり，ほとんどの場合，実現するには長すぎる。幸いなことに，損傷が表皮の一部にしか及ばない場合，修理の長さを大幅に短くすることができ，このような厚い積層板では合理的な予想である。

したがって，取り除かなければならない健全な母材の量を最小限に抑えるためにスカーフ角を 3° 以上にする意義がある。段付き重ね合わせ継手の場合も同様で，段付き継手の長さを最小にすることが要求される。

いずれの場合も，修復領域の表面形状が大きく増加することを許容すれば，実質的なダブラーの使用により，切り出しサイズの大幅な縮小を達成することができる。

スカーフ継手の場合[47]は簡単な解析でスカーフ角の減少を推定できるが，段付き重ね合わせ継手の場合は解析がやや複雑になる[48]。どちらの場合も，厚いダブラーによって，損傷しやすいスカーフや段差のある部分が衝撃による損傷から守られるという重要な利点もある。

基本的なスカーフ継手の場合，$P=\tau\sin\theta\cos\theta/t$ となる。ここで，補修に必要な最大荷重/単位幅は，次式で与えられる：

$$P=E\varepsilon_u t=2\tau_p t/\sin 2\theta \tag{15.24}$$

外付けの補強用ダブラーを適用した場合，その荷重は $Ee_u t_R$ で与えられる：

$$Ee_u t-Ee_u t_R=2\tau_p t/\sin 2\theta \tag{15.25}$$

したがって，外部パッチに必要な厚みは，次式で与えられる：

$$t_R=t(1-2\tau_p/Ee_u\sin 2\theta) \tag{15.26}$$

【例】

e_u は前述のように 4,000 με の微小ひずみホット/ウェット条件での接着剤の τ_p を 13 MPa，E を 72 GPa とする。スカーフ角 θ を 3° から 5° に増やした場合，ダブラーの厚さは積層板の厚さの 0.44 倍となる。

水平安定板の表皮厚さが4 mmで片側補強の場合，厚さ1.8 mmのダブラーを使用すると，スカーフの長さが80 mmから60 mmに短くできる。

13 mmの翼の場合，スカーフの長さは250 mmから148 mmに短くでき，ダブラーの厚さは6 mmになるが，全厚での接着修理が可能となるかもしれない。

適切な温度で硬化し，十分な高温性能を有する接着剤は一般的な補修用途に使用できないため，比較的高温で行う必要があるスカーフ補修にも同じ手法を行うことができる。この場合，接着剤の降伏応力が低いため，ダブラーがない場合に必要なスカーフ角は1～2°だけであるが，ほとんどの場合は明らかに実現不可能である。

フラッシュプロファイルを維持できるため魅力的なもう１つの手法は，より複雑なスカーフ形状[49,50]を使用して有効なスカーフ角を減らすことであるが，より困難でコストのかかる機械加工とレイアップ手順を犠牲にする。

補足的な手法は，切り出し形状を最適化して，除去する必要がある母材の量を最小限に抑えながら，同時に修復が完全に失われた場合に，より大きな残留強度を与えることである。FE研究[51]によると，標準的な円形の切り出しではなく楕円形の切り出しが両方の要件を満たすことができることが示されている。

これらの手法は，必要かつ許容範囲内であれば，ダブラーと組み合わせることができる。

15.3.11　フラッシュ修理の損傷許容度

主な懸念は，衝撃による損傷であり，複合材料パッチの剥離と主構造からのパッチの局所的な剥離であり，特に圧縮荷重下での残留強度と耐疲労性の低下につながる。

フラッシュ修理には大きな「フットプリント」があり，敏感なテーパー領域に衝撃による損傷を受ける可能性が高くなる。［**15.3.7**］に記載されている安定板の例では，修理領域の直径は240 mmである。

前節で述べたように，スカーフまたは段付き重ね合わせの補修と実質的な外部ダブラーの組み合わせは，耐衝撃性を大幅に改善するはずであるが[52]，表面輪郭の変化が許容できないため，適用範囲が限定される可能性がある。

段付き重ね合わせ修理はスカーフ修理に比べ，衝撃による強度低下に対する耐性に優れているというのが合意になっているようではあるが，スカーフ修理の方が静的強度が高い場合がある。文献48）は，詳細な解析的研究から，段付き重ね合わせ継手は，未使用の積層板と同じくらい衝撃損傷による強度損失に対して耐性があると予測している。

一般的に，段付き重ね合わせ継手は，段の数，長さ，厚さがすべて自由に変えられるため，最適化の余地が大きい。

フラッシュ修理に関する疲労研究は，多数の変数が関係するため複雑である。スカーフまたは段差，切り出し形状および補修用積層板の構成以外に，これらには損傷の種類（例えば衝撃損傷や局所的な剥離），荷重（引張または圧縮荷重，荷重順序など），環境条件（特に水分や温度）が含まれる。当然のことながら，これらの問題のほとんどをカバーする研究は不足している。

最近の研究[53]では，小さな剥離や空隙などの検出不可能な欠陥は，静的強度にはほとんど影響を及ぼさないものの，疲労寿命に大きな影響を与える可能性があることが示された。3点曲げと10°と比較的大きなスカーフ角に基づく疲労研究[54]では，結合力モデルを用いて寿命と静的強度を予測できることが示された。

15.4 材料工学

この節では，接着修理でのプロセス，材料選択，適用技術および検査に関する問題を検討する。複合材料と金属の接着修理に共通する問題もあれば，主に金属または複合材料にのみ関係する問題もある。

15.4.1 修理のための表面処理

修理のための部品準備の最初のステップは，塗装や表面の主な汚染物質，複合材料の場合は導電層やゲルコートを取り除くことである。一般的には，メチルエチルケトン（MEK）などの溶剤による脱脂を行い，その後，研磨パッドを用いて元の表面材料を除去する。健康と安全環境の観点から，揮発性有機化合物系溶剤（VOC）に代わって水系溶剤が使用される。

金属構造物の外部修理で，き裂を除去しない場合は，次節で述べるように表面処理が施される。金属や複合材料で，損傷を除去する場合は，通常の機械加工やルーティングで損傷部分を切除する。複合材料の場合は，ドラムサンダーを使用することもある。切り出し端部は，切り出し端部での接着剤の応力を軽減するために面取りをすることがある。

フラッシュ修理では，主構造体に全厚さまたは部分的な厚さまで空洞を機械加工する。機械加工により，複合材料では激しい機械的損傷，金属では腐食損傷などの損傷部位が取り除かれ，修理に必要な接合部の形状が得られる。

複合材料の場合，損傷部位は，パッチの正確な準備と取り付けを可能にする幾何学的形状として最初に輪郭が描かれる。通常，形状は円形または楕円形で，NDIおよび目視検査によって判断される損傷領域を包含し，理想的には最小限の母材を除去する。

複合材料種構造にスカーフを形成する通常の方法は，手持ちの空気圧ルーターまたはグラインダーを使用する（**図15.19**）。スカーフの精度，均一性および表面仕上げの品質は，作業者のスキルや使用する工具の種類に依存する。この方法は，浅いスカーフ角（通常3°程度）が必要な場合に特に困難となる。

修理箇所を研磨して表面をきれいに仕上げると，層配向の積層が見えるようになり（**図15.20**），パッチの向きを決定するのに使用することができる。

段付き重ね合わせ継手も同様に，切断または研削操作によって形成できるが，剥離手順を使用して主構造に段差を形成することも可能である。この場合，鋭利なナイフを使って複合材料を一度に1層ずつ切り開き，グリップを使って各層を切り口まで剥がす必要がある。パッチの段付き重ね合わせ構成は，積層プロセスで容易に製造できる。

現在，修理プロセス，特に機械加工作業の自動化に多大な努力が払われている。自動化は，修

図 15.19　手持ちルーターによるスカーフ形状の形成

理時間の短縮，修理の品質および性能を向上させ，さらには従来の方法では実現不可能な修理設計を可能にする可能性を秘めている[50]。開発中の一部の自動化システムは，統合修理システムの一部として表面処理，検査，パッチ処理を組み込むことを目的としたものもあり，これらは一般的な修理準備に従来の機械加工（多軸ミルまたはロボットアームのいずれかを使用）を採用している。ただし，レーザーアブレーションは将来の適用に向けて開発・評価中の別の代替加工方法である[55]。

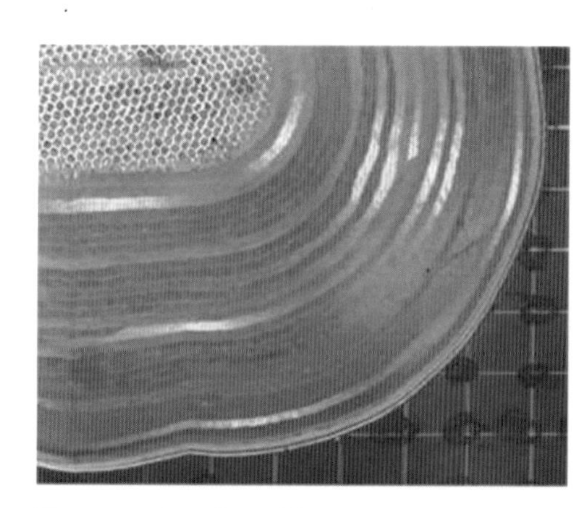

図 15.20　加工後の形状における層配向と傾斜の可視化

15.4.2　表面処理

耐久性のある接着修理のためには，すべての接着面を正しく準備されていることが重要である。硬化済み複合材料パッチと母材には，表面処理が必要である。

15.4.2.1　金　属

接着前の被着体の表面処理は，修理を成功させるための最も重要な工程である。初期の接着強度と使用環境下での長期耐久性を達成するためには，非常に効果的な表面処理が必要である。このような環境では，極端な温度差や多くの航空機の液体やメンテナンス用の化学物質にさらされるが，水分は長期的な耐久性の最大の障害である。

一般的に，接着修理，特に現場での使用には，簡単で危険のない処理のみが有効であると考えられている。理想的には，このような表面処理によって，アルミ合金，鋼，ステンレス鋼，チタン合金など，さまざまな機体金属に耐久性のある接着継手を形成することができる。

接着修理に使用されてきた表面処理[56]はいくつかあるが，その多くは複雑すぎるか，十分な効果が得られないものである。これらの要件を満たす適切な表面処理プロセスを選定するための初期研究は，シランカップリング剤の使用に焦点を当てている。エポキシ接着剤に最も適したカップリング剤は，エポキシ末端シランであるγ–GPS[56,57]であることがわかった。このカップリング剤は，アルミ合金だけでなく，鋼，ステンレス鋼，チタン合金にも高強度で耐久性のある接着を与えることができる。アルミナグリットブラストによる機械的研磨の後，水溶液から金属表面に塗布される。シラン処理は，有害な化学物質や電力を使用しないため，修理の現場でも安全に使用できる。また，酸を使用しないため，腐食の心配もなく，高強度鋼ファスナーを脆化させる可能性もない。

シランによる水分劣化に対する耐性は，腐食抑制効果のあるエポキシストロンチウムクロメートまたは最近ではノンクロメートプライマーを使用することでさらに向上させることができる。**図15.21**に，（a）グリットブラスト，（b）グリットブラスト＋シラン，（c）グリットブラスト＋シラン＋プライマー後にFM73接着剤で接着した2024–T3アルミのボーイングウェッジ試験[58]でのき裂進展の結果を示す。

グリットブラスト/シラン処理は，ボロン繊維/エポキシパッチと併用して，航空機構造物の接着修理のほとんどの用途に使用されている。文献59）には，主に軍事用途を列挙した適用表が掲載されている。

ウェッジ試験は，他のすべての要因が等しい状態で，異なる表面処理を比較し，その結果を使用環境に関連付けることができる。良好な表面処理とは，ホット/ウェット条件下でのき裂進展が少なく，き裂が金属接着界面ではなく接着剤内部で主に伝播する（凝集破壊）ことを示す（接

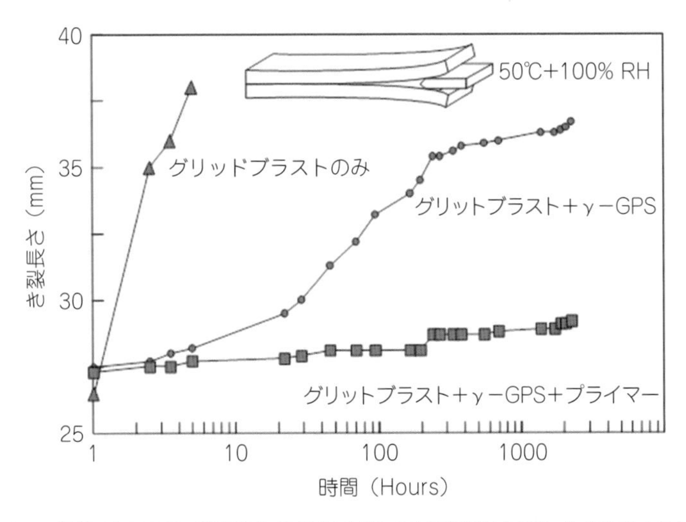

図15.21　接着剤FM73で接着する前に上記の表面処理を施した2024–T3アルミを用いたウェッジ試験片（図中）でのき裂進展と時間の関係

着剤破壊）。FM73接着剤の場合，50℃，相対湿度（RH）100％の条件下で，7日間暴露した後のき裂進展が約5 mmであれば，適切な表面処理がなされていることを示している。

さらに最近では，ボーイング社がアメリカ空軍のために開発したゾル―ゲル化学に基づくプロセスが，現在のGBSを用いて処理されているのと同じ金属合金への適用のために開発された[56]。この方法は化学的にはGBS化学に似ているが，より速いプロセスであり，ウェッジ試験を含む実験室試験でGBSと同等の性能を示すことが報告されている。

シランベースの処理を用いた接着修理の耐久性に関する現場での状況では，正しく適用された場合，接着不良はほとんどなく，心強いものであった。退役した多くの航空機から切り出した接着修理領域の健全性を評価する試験[56]では，シラン/グリットブラスト表面処理に基づく修理は，重大な接着劣化を示さないことがわかった。

15.4.2.2　複合材料

熱硬化性樹脂複合材料の場合，高強度で耐久性のある接着接合を実現するための最も効果的な表面処理は，アルミナまたは炭化ケイ素の粒子で軽くグリットブラストすることである[56]。この処理を正しく行えば，元の表面樹脂を過剰に除去したり繊維を傷つけたりすることなく，清浄で均一な高エネルギーの表面を得ることができる。

炭化ケイ素のペーパーで表面を徹底的に研磨することは合理的な代替手法である。ただし，表面の小さな凹みは，かなりの量の表面材料を除去しない限り，未処理のまま残される。これにより，比較的激しい磨耗があっても表面樹脂の一部がくぼみのまま残り，表面繊維が露出して損傷する可能性があるため，接合部が弱くなる結果となる。

また，ピールプライを使用する方法もあるが，これはパッチ材にのみ適用される。ピールプライの使用は，工場で行う修理では確かに有効であるが，単純な真空バッグによる加圧では，表面が非常に粗くなるため，ボイドが発生する可能性がある。また，ピールプライの素材（多くはナイロン）が接着面に転写される危険性もある。そのため，ピールプライを使用する場合でも，接着前に最終的な研磨またはより有効なグリットブラストを行うことが望ましいとされている。

炭素繊維‒エポキシプリプレグ積層板の表面エネルギー（または「濡れ性」）を改善するために，プラズマ，コロナ，レーザー処理などの高度な表面処理[56]が開発されている。例えば，大気圧プラズマジェット処理では，表面をエッチングし，表面化学を変化させることで表面エネルギーの改善を示している。有望ではあるが，これらの方法は，主に機械的処理が非常に効果的であるため，標準的な接着前処理手法の一部として，まだ広く適用されてはいない。

適用可能な場合，パッチを接着剤と一緒に硬化させる方法がある。これにより，パッチの表面処理が不要になり，二次接着に関連する信頼性の問題を軽減することができる。

15.4.3　パッチ材と接着剤

修理用接着剤，プリプレグ，樹脂（複合材料パッチ用）の保管およびプロセス要件は，複合材料の適用に強く影響する[60]。理想的な接着剤プリプレグや樹脂は，適切な機械的特性に加えて，（a）周囲温度で長期間保存可能，（b）適度な温度での短い硬化時間，（c）簡単な真空バッグ条件でのプロセスが可能であることが望ましい。これらの要件をすべて満たす入手可能な材料はないため，妥協する必要がある。現在，航空機の修理に最も適した構造用接着剤は，ニトリルゴム強化エポキシ系フィルムまたはペースト接着剤である。

フィルム状接着剤は，部分的に硬化した状態で修理作業に使用されることがある。これは，Bステージまたは（さらに進んだ場合）Cステージと呼ばれる。接着剤を段階的に硬化させることで，硬化時の流動量を減らし，接着剤層が過度に薄くなる危険を回避し，ボイドの発生を最小限に抑えることができる（樹脂粘度が高いと，硬化時の静水圧が高くなり，ボイドの発生が少なくなる）。また，Cステージのフィルム接着剤は，常温で数ヵ月間保存でき，物性変化もほとんどない。硬化時に閉じ込められた空気や揮発性物質の排出経路を確保するため，ステージング用の当て板としてハニカムパネルを使用してフィルム接着剤をエンボス加工することができる。

ペースト接着剤の場合，適切なパッケージを使用することで，正しい量の主剤と硬化剤を計量して混合するという困難が軽減される。

各パックには2つの成分が含まれており，1回の使用に合わせてあらかじめ計量され，壊れやすいシールで区切られている。シールが破られ，外袋に入った状態で成分が混合される。混合された接着剤は，袋を切断した後に排出される。

複合材料の修理の場合，複合材料の製造で用いるプリプレグ材料が，修理条件下で処理できれば最適な特性を得ることができる。しかし，一般的に，標準プリプレグを処理するための圧力要件は，真空バッグ処理で達成できる圧力よりも高くなる。その結果，空隙率が比較的高く，繊維体積含有率が低くなる。多くの場合，パッチは非常に多孔質であるため，超音波NDIを使用するには減衰が大きすぎる。しかし，二重真空処理[61]として知られる予備圧着と脱ガスを組み合わせた方法を用いると，ボイドを3%未満に減らし，繊維体積含有率を大幅に増加させることが可能である。パッチ適用中に必要な圧力を下げ，空隙率を最小限に抑えるこの手順では，パッチ積層を真空バッグとともに真空が適用される密閉容器内に置く必要がある。まず，バッグ下と容器中に真空を適用し，低外圧下で積層を脱気し，閉じ込められた空気と揮発性物質を最大限除去する。次に，容器の中の真空を排気し，通常の真空でパッチ積層を固化する。

片面のみに樹脂を塗布したプリプレグを使用することにより，ボイドのない修理の製造がさらに大幅に改善される。これにより，硬化の初期段階で，閉じ込められた空気や揮発性物質を除去し，より容易に排出するための開いた経路が提供される[62]。

二重真空技術は，ウェットレイアップパッチ（乾燥した繊維レイアップまたはプリフォームに液体樹脂を手作業で塗布することも多い）の前処理にも使用でき，ボイドが大幅に減少し，繊維体積含有率が向上する。また，樹脂注入成形（RTM）の使用は優れた代替手段である。この場合，複合材料パッチのプリフォームを作成し，真空下で樹脂を浸透させてパッチを形成することができる。この方法は，スカーフ状の切り出しがフラッシュパッチ形となるため，主にスカーフ修理に適している[63]。これは，次節で説明するハードパッチ法に必要な別金型の製造の必要性を回避でき，パッチが同時に接着されるため，より迅速かつ低コストの方法である。この方法で形成されたパッチの機械的特性は，次に述べるハードパッチ法で形成されたものと同等になる。

15.4.4　パッチ形成の選択肢

パッチを形成し適用するには，いくつかの選択肢[45]がある：これは主にスカーフ修理を指すが，外部修理にも使用できる。

ソフトパッチ—複合材料パッチは修復形状内でプリプレグから積層され，主構造への二次接着と同時に接着剤で同時硬化される。これには，前述したように，パッチに表面処理の必要がないという大きな利点がある。あるいは，前述のように，パッチをRTMによって形成して，修復形状内に配置された乾燥プリフォームにすることもできる。

ハードパッチ成形—複合材料パッチは，機械加工された形状に適合した金型で事前に製造され，スカーフ形状に二次的に接着される。

ハードパッチ加工—パッチは外部成形　ライン（OML）と形状輪郭に合わせてCNC加工され，その後，主部品に二次的に接着される。この場合のパッチ材の選択肢としては，複合材料積層板，チタン合金積層板，チタン合金などが含まれる。チタンパッチの場合，そのような利用可能施設があれば，積層造形は，魅力的な代替手段となる。

ハードパッチ法では，主複合材料構造の特性に合わせてパッチを形成し，航空機構造に接着する前に検査することができる。重要なことは，パッチを接着する前に，パッチの寸法，剥離可能な接着剤を使用して接着剤の流れや多孔性を確認できることである。

15.4.5　接着修理

接着剤を硬化させ，均一な非多孔質接着剤層を得るには，熱と圧力が必要である。硬化時の圧力要件は，約1気圧の圧力を与える真空バッグを使用する修理条件下で最も簡単に満たされる。この圧力は，パッチが母材とうまく「嵌合」するか，母材の表面で接着剤と同時硬化していれば十分である。

真空バッグ下にヒーターブランケット（通常はシリコンゴムに埋め込まれた電気抵抗線）を入れることで，内部に熱を加えることができる。あるいは，ヒーターワイヤーを内蔵したシリコーンゴムからなる再利用可能な真空バッグとヒーターブランケットを組み合わせたものを使用することも可能である。

厚い複合材料表皮や大小のヒートシンクの隣接領域がある場所では，十分な加熱を実現することが困難な場合がある。文献64）は，このような状況で満足のいく硬化を得るためのガイドラインを提供しており，熱容量の低い領域に配置された熱電対で温度を制御し，最も低温の領域に設置された熱電対で測定された温度で硬化時間を決定することが含まれている。

考えられる代替手法は，内部電気抵抗加熱を使用してパッチシステムを加熱することである。この手法は，可能であれば，構造全体を加熱することなく，接着剤層と（同時硬化の場合）パッチが必要な温度に達することを保証する。また，ヒーターブランケットによる手法よりもはるかに高速になる可能性もある。

例えば，これは，（a）細い金属ワイヤからなるメッシュ[65]，または炭素繊維布やスクリムなどの抵抗要素を組み込んだ接着剤での接着剤層の加熱，（b）繊維自体を抵抗要素として用いたパッチの加熱[66]，（c）接着剤を含む電気伝導のためのより有効な経路を与えるカーボンナノチューブを組み込んだパッチと接着剤の加熱，などによって実現できる場合がある。

補修材を加熱する別の手法は，接着剤層に含まれる熱抵抗要素への電気インダクタンスを使用することである。これにより，直接抵抗加熱に必要な電気接点が不要になる。

図 15.22 はパッチ用の真空バッグ状態を，**図 15.23** はフラッシュパッチまたはスカーフパッチでの状態をそれぞれ示している。

単純な真空バッグ手順にはいくつかの重大な問題があり，そのほとんどがバッグ内の一部の領域で発生する低圧に関連している。

これらには，樹脂や接着剤に取り込まれた空気や揮発性物質が膨張し，硬化した樹脂に大きな空洞ができる，炭素繊維/エポキシ主積層板に吸収された水分が接着剤に入り込み，ボイドを生成する（硬化機構を妨げる可能性がある），母材のき裂や多孔性により接着領域に空気が引き込まれ，パッチシステム内に空隙が生じる，ハニカムパネル内に減圧が発生し，パネルが破壊する，などがある。

したがって，真空バッグ手順は一般的にうまく機能するが，その使用には問題がある。より安

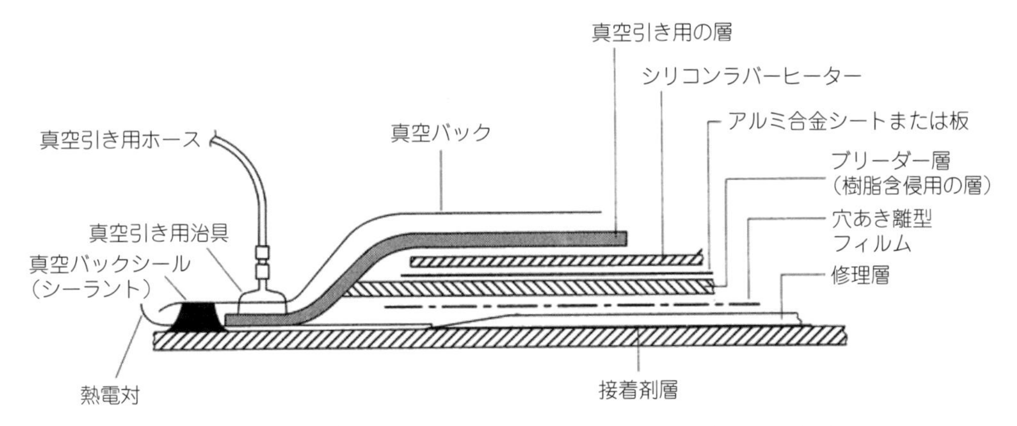

図 15.22　外部パッチ補修を接着するための真空バッグとパッチ配置

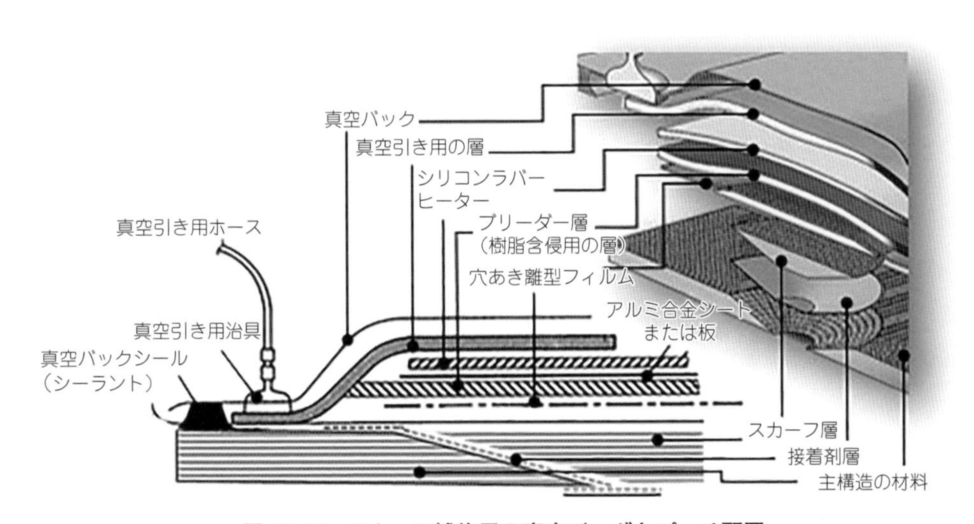

図 15.23　スカーフ補修用の真空バッグとパッチ配置

全な代替方法は，空気圧または機械的圧力を使用することである。しかし，結果として生じる負荷を逃がす方法を見つける必要がある。周囲の構造物によって負荷を逃がすことができない場合は，真空パッドまたは接着剤で接合されたアンカーポイントを使用することができる。

15.4.6　複合材料修理における水分問題

特にビスマレイミドなどの高温樹脂をベースにした複合材料の場合，修復での硬化温度が200℃を超えるため，水分が除去されないと接着修理に深刻な問題が引き起こす可能性がある。パッチ適用時に，水分が蒸発してボイド領域の積層板が裂け，接着剤および修理用積層板の樹脂（同時硬化の場合）にボイドが形成される可能性がある。樹脂の強度が低いときに，ガラス転移温度以上の熱処理を行うと，樹脂の損傷が大きくなることがある。接着剤またはパッチの硬化中に，水分の分圧が硬化中に加えられる（水圧）圧力を超えると，主積層板から拡散した水分によってボイドが生成される[68)]。厚い積層板（50層以上）では，何日も加熱する必要があるため，水分除去の問題はさらに深刻になる。ただし，表面の水分のみがパッチや接着剤の硬化に問題を引き起こすため，すべての水分を除去する必要はない場合がある。

薄い積層板（16層以下）は，非常に迅速に乾燥させることができる。しかし，積層板がハニカムパネルの面を形成する場合，高い内圧が発生し[69)]，スキンとコアの接着強度を超える可能性があるため，注意が必要である。これらの予防策には，圧力上昇を防ぐための通気経路の確保やゆっくりとした加熱速度の適用などが含まれる。硬化中にコア内で発生する内圧は，空気と揮発性物質の分圧と表皮から脱離した水分の分圧からなる。

予備硬化されたパッチ，予備硬化された接着剤層またはチタン箔パッチは，湿気の問題を受けない。しかし，パッチは発生した水分を吸収できないため，接着剤の多孔性の問題はより深刻である。

予想に反して，乾燥は積層板を通る水分の拡散速度によって制御されるため，表皮の乾燥中に真空を適用しても乾燥速度は大幅に増加しない。ただし，真空を使用してハニカムパネルから水分を除去することはできる。

積層板の乾燥とそれに続くパッチシステムの硬化中の水分挙動を定量的に評価する方法はいくつかある。しかし，乾燥要件を推定するための単純かつ有用な方法は，乾燥深さの概念[70)]に基づいている。これは，複合材料の深さxにおける水分濃度が元の値の半分に減少する乾燥時間tであり，$t=x^2/D$（Dは拡散係数）で求められる。

例として，外部パッチを120℃で1時間接着する湿った炭素繊維/エポキシ積層板を考えてみる。$D=2\times10^{-6}\,\mathrm{mm^2\,s^{-1}}$（代表値）をとると，$x$は0.085 mmとなる。安全のため，この値の2倍のxが得られるように複合材料を初期乾燥することが推奨される。105℃での乾燥（$D=3\times10^{-7}\,\mathrm{mm^2\,s^{-1}}$）の場合，$x$が$2\times0.085$ mmに達するまでの時間は26時間である。

15.4.7　落雷に対する修理の保護

炭素繊維強化プラスチックは導電性材料であるが，アルミ合金に比べて導電率が著しく低いため，直撃雷の影響が懸念される。直撃雷の場合，局部的な焼けや剥離が激しく，また影響を受けた部位が完全に破壊されることもあるため，構造物には何らかの保護が必要である。これは，主構造体から局所的に分断されたパッチで覆われているような修理の場合に特に当てはまる。

一般的に，金属，青銅，銅，アルミの保護には，積層板の外皮にメッシュや箔を共に接着する。このメッシュが効果を発揮するには，炭素繊維素材と直接接触している必要がある。適切な導電性保護コーティングを施した複合材料パネルは，多くの場合，落雷に対する耐性という点で，薄肉アルミ合金パネルよりも優れている。保護層はパッチ適用後に復元する必要がある。

文献71）では，修理手順中に銅メッシュを正しく適用したスカーフ修理が，メッシュで保護された新品の積層板と同様に落雷による損傷に対して耐性があることが示されている。しかし，コーティングの塗布が不十分で，落雷があった場合，修理領域の損傷は壊滅的であり，スカーフパッチが完全に剥離する結果となった。

15.5　接着修理における構造健全性評価

この節では，接着剤の初期および継続的な構造健全性を検証する際の難しさについて取り上げ，これらの制限を克服するためのいくつかの提案された手法について説明する。

15.5.1　検査の問題点と手法

従来のNDI手法では，一般的に接着修理における空隙などの接着剤層の欠陥を検出することができるが[72)]，接着接合の健全性を評価できる実用的なNDI技術は現在証明されていない。ただし，先進的手法でのサーモグラフィーは有望である[73)]。

接着欠陥（kissing bond）[74-76)]という用語は，表面が密接に接触していても，あるいは毛細管現象による液体の浸透によって接合していても，接合形成を阻害する接合線界面のゼロ体積欠陥を表すのに使用される。欠陥や弱接着の原因には，汚染，表面処理の不備，寿命を過ぎた材料の使用，不十分な硬化などが挙げられる。したがって，部品製造における接着接合の健全性は，一般的に厳格な工程管理によって大きく保証される。残念ながら，このレベルの管理が修理条件下で実現であることはほとんどない。

標準的なNDI技術で弱接着を検出できない理由は，主に超音波の反射や減衰，熱伝導率といった二次的な変化に依存しているからである。しかし，接着接合に十分な負荷を与えることで欠陥を直接浮き彫りにすることができる。将来のNDIの発展により，弱接着を検出する機能が搭載されることが予想されるが，これは非常に特殊な条件下で行われる可能性が高く，修理環境で適用できない可能性がある。

接着健全性をある程度得るための代替手段としては，接着前のNDIで表面状態を評価し，接着後に超音波NDIで剥離や空隙などの接着欠陥を検出することが考えらる。例えば，接着前の被着体表面状態を評価するには，さまざまな液体による濡れ（接触角）の測定が有効である。最近の接着前のNDIの研究は，赤外分光法[56)]など，より高度な手法に焦点が当てられている。しかし，この手法を用いることで接着健全性に対する信頼性が向上したとしても，接着後の健全性のより直接的に確認が必要になることはほぼ確実である。

弱接着を検出するためのより直接的で信頼性の高い手法は，接着剤に十分な負荷を与えることができる定期的なプルーフ試験を実施することである。プルーフ試験では，接着剤が許容できる初期強度に達していることを証明するもので，定期的に実施することで，修理の耐用期間中，この強度が維持されることを実証することができる。

補完的な手法であるSHMは，構造物に取り付けたセンサーが修理箇所の寿命を監視し，接着健全性が失われる兆候およびおそらく主構造物の損傷拡大の可能性を早期に検出する。しかし，SHMと従来のNDIには，同様の制限がある。これは，実際のほとんどの場合，物理的な損傷のみを検出でき，接着接合の劣化を含む弱接着が検出できない。SHMの利点は，剥離やき裂の進展を発生を検出できることで，早期警告システムとして機能するが，一般的に初期の接着健全性を保障することはできない。

15.5.2　プルーフ試験の考え方

接着構造のプルーフ試験の直接的な手法には，レーザーショックプルーフ試験[77]がある。この試験は接着剤に直接負荷を与えるが，ある種の走査手法を開発しない限り，比較的小さな領域しか調べることができない。さらに，レーザーショックは強力なレーザー光源を必要とし，非常に注意深く制御されない限り，パッチ材を剥離させる可能性がある[78]。関連する安全上の懸念や大型で高価な装置が必要なことから，この方法は修理用途ではまだ実現可能な解決策ではないかもしれない。

簡単でローテクな代替手法として，構造物の接着修理と同時に接着した修理クーポンでプルーフ試験を行うことがある[79]。例えば，接着面の表面処理の不備や接着剤の硬化不足など，重大な欠陥が容易に検出できる。さらに，クーポンは修理パッチと同様の応力や環境条件にさらされるため，定期的なプルーフ試験によって，その後の使用時のパッチの健全性を評価するためにも使用できる。

この試験を実施するために，接着修理クーポン（BRC）と呼ばれるパッチ材料の薄いクーポンを，修理パッチと同時に主構造物の表面に接着する。**図15.24**に試験の模式図を示す。

取り外し可能な（接着接合された）トルクアダプターを使用すると，手動トルクレンチまたは類似の自動化された装置を用いて，BRCを定期的にせん断試験することができる。クーポンが所定のプルーフ荷重を下回ると，パッチへの接着接合または（場合によっては）パッチ自体の初期強度が不十分であるか，使用中に劣化したため，交換する必要がある。

BRCは修理パッチではないが，修理パッチ自体が接着条件で内部変化の影響を受けるので，信頼性の高い結果を与える。

15.5.3　構造ヘルスモニタリング

プルーフ試験が重要な修理の監視に不適切であると考えられる場合，何らかの形のSHMが必要となる[72,80,81]。SHMは，非常に価値の高い重要な修理，例えば，交換が非常に高価であるか選択肢がない大型の一体複合材料や金属構造の修理，あるいは部品や構造を過度に分解しなければNDIやプルーフ試験が適用できない隠れた領域に対してのみと実装が予想される。

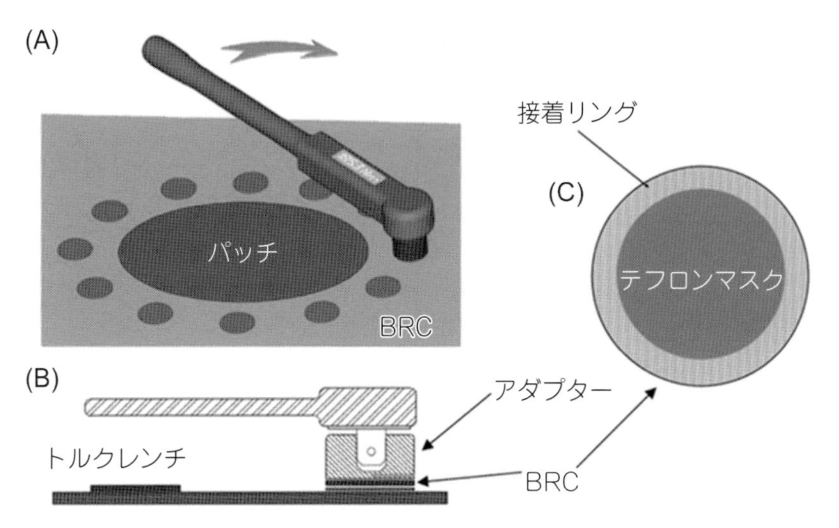

図 15.24　(A)補修パッチと同時接着された補修クーポン（BRC），1 つの BRC はねじり試験中，(B)ねじり荷重を加えるために必要なアダプタ付き BRC の詳細および(C)主構造に接着された BRC 内面の接着リングの構成

SHM システムが適用するためには，SHM システム自体が耐空性基準に準拠した高い信頼性と検出確率（POD）を備えている必要がある。そうでなければ，接着剤の信頼性への懸念は，SHM システムの信頼性にも及ぶ。航空機環境下で耐えられる頑丈さ，航空機システムへの影響を最小限に抑えること，そして可能であればスタンドアローンで自律的であることが必要である。

理想的には，センサーはパッチに埋め込まれているべきである。表面実装型センサーは航空機の外側に露出し，太陽光，湿気（および他の航空機の液体），浸食および激しい機械的接触に耐える必要がある。樹脂複合材料は，パッチの製造時にセンサー（および SHM システムの他の要素）を組み込むことができるため，埋め込み型手法に非常に適している。

接着結合の健全性と修復された欠陥での進展を評価するための SHM には，いくつかの例がある。

パッチの剥離を検出するためのこれらの選択肢のいくつかを**図 15.25** に示し，文献 82-84）で報告している。著者らの見解では，現時点で最も信頼性が高く直接的な手法は，外部パッチのテーパー端部でのひずみ伝達の測定である。減少があれば，主構造からのパッチの剥離の兆候である。基本的な稼働時の測定は，パッチ上のゲージと主構造上の同様の応力場におけるゲージの間の同期比を測定するだけである。重要なことは，この手法は運用時の負荷に関する情報を必要としないことである。この手法の使用については，文献 85）に記載されており。フルスケールの疲労試験でオーストラリアの F111 航空機の主翼に適用され説明されている。

ひずみ伝達手法では，疲労耐久性のあるひずみゲージをパッチに接着するか，理想的にはパッチ内および主構造体に埋め込む必要がある。ひずみ測定の選択肢としては，従来の電気抵抗ひずみゲージ，圧電フィルムひずみゲージまたはブラッググレーティングを備えた光ファイバーの使用が含まれる。ブラッググレーティング付き光ファイバーは，低コスト，高耐久性，高感度，低電力，単一のファイバーで多くの場所のひずみを測定できる機能，電磁干渉に対する耐性など，

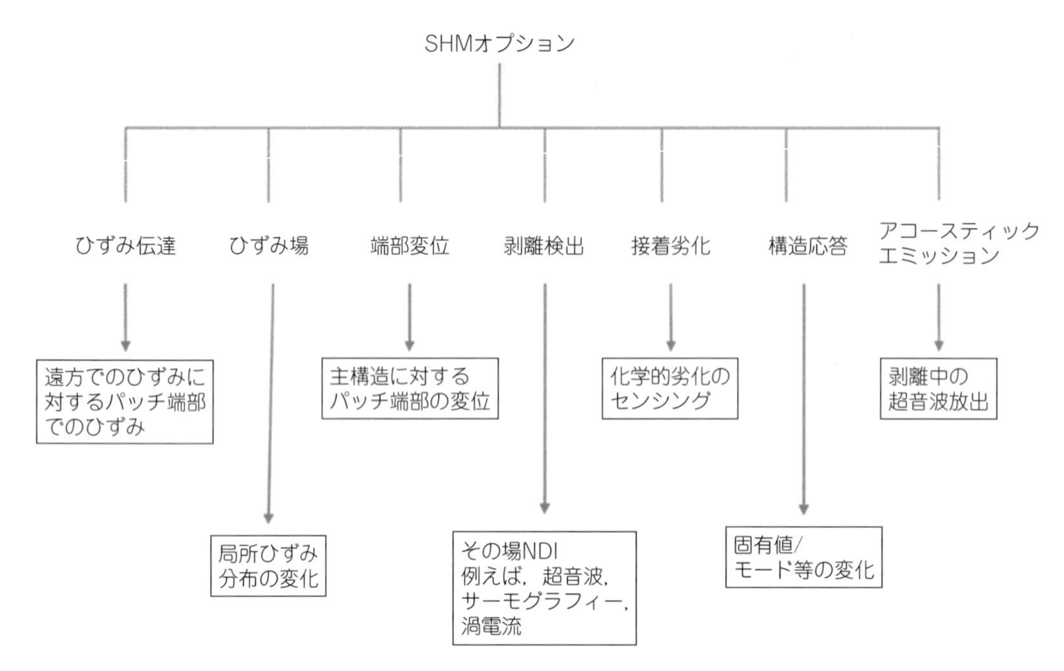

図 15.25　パッチ剥離を検出するためのいくつかのSHMの選択肢

ひずみ測定に多くの利点があり，電気抵抗ひずみゲージの優れた代替品となる。特に外部との接触が最小限で済むため，複合材料積層板への埋め込みに適している。

15.5.4　一次金属製機体構造へのいくつかの応用例

接着修理の軍事用途のいくつかは，文献 59）に記載されている。民間航空機用途に関する問題の包括的な議論については，文献 72）を参照されたい。

この節で説明する一次構造の疲労き裂の補修は，すべて［**15.5.2.1**］で説明したように，グリットブラストシランプロセスによる表面処理後にエポキシ/ニトリルフィルム接着剤 FM73 で接着されたボロン繊維/エポキシパッチを使用して実施された。

15.5.4.1　USAF C141

米空軍の Lockheed C141 航空機の主翼は，航空機群の寿命が終わりに近づくにつれて，大規模な疲労き裂が発生した。このき裂は一体型ライザーの水抜き穴から発生したものでした。小さなき裂はリーマー加工で除去できたが，多くのき裂はこの処理には大きすぎ，場合によってはき裂が翼板にまで及んでいた。この問題に対処するため，大規模な接着修理プログラムが実施された[86]。**図 15.26** は，使用された補修計画を示している。

120 機の航空機が修理され，770 個の水抜き穴に 2,300 個のパッチが取り付けられた。その後の使用において，疲労き裂の発生は確認されなかった。

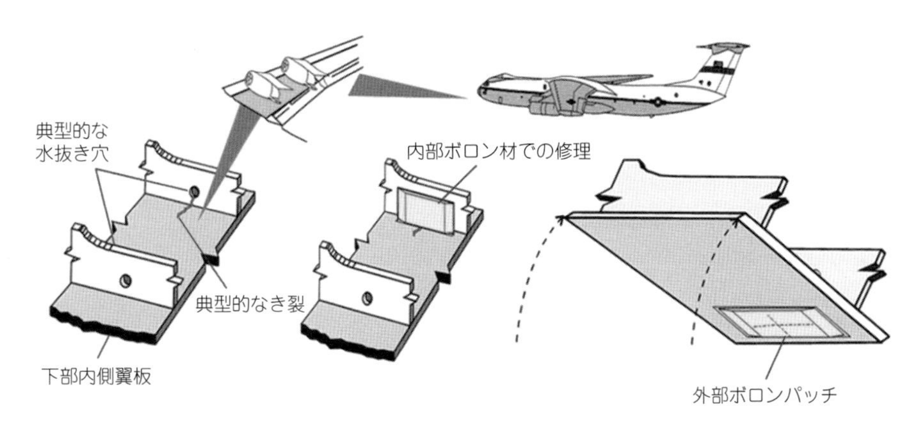

図 15.26　米国空軍 Lockheed C141 の水抜き穴でのき裂の模式図と開発したボロン繊維/エポキシ補修計画

15.5.4.2　F16 下翼表皮の修理

アメリカ空軍の旧型機 F-16 の翼下部表皮の通気口周辺の締結部から疲労き裂が発生した（文献 87，88））（図 15.27）。通気チューブのフランジを越え進展するき裂は，翼の燃料タンクへの直接経路となり，燃料漏れを引き起こすことになる。この用途では，機械締結したアルミパッチ修理が設計された。解析の結果，この修理は疲労き裂の進展を止めることはできないが，耐用年数を約 3,300 時間から約 5,700 時間まで延長することができた。しかし，8,000 時間の目標には届かなかった。さらに，機械締結修理の取り付けは，翼下部表皮の必要な締結部にアクセスするため，翼上部表皮を取り外さなければならず，非常に時間がかかる。また，表皮に新たな締結穴を開ける必要があることも，この方法の大きな欠点であった。ボロン繊維/エポキシ複合材料による接着修理は，穴を開けたり翼上部表皮を除去したりすることなく実施できるため，適切な方法であると考えられる。

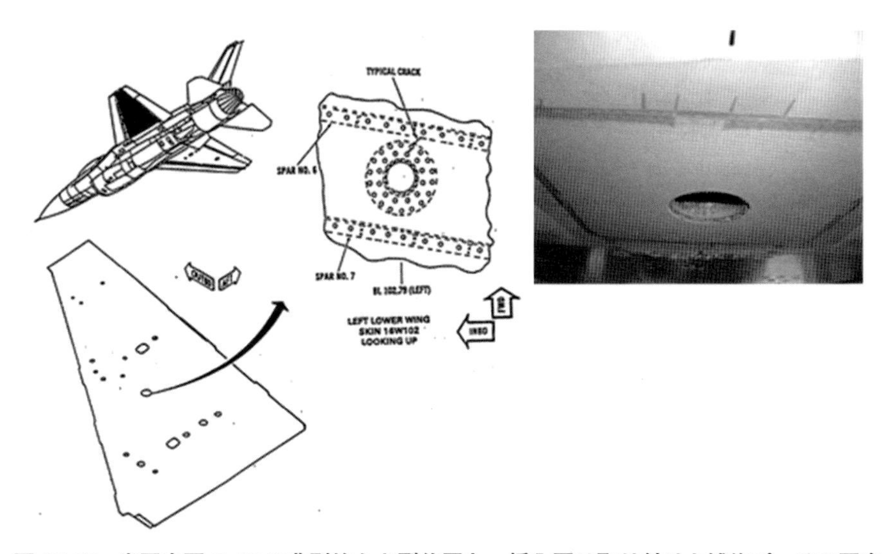

図 15.27　米国空軍 F-16 の典型的なき裂位置と，挿入図は取り付けた補修パッチの写真

予備硬化されたパッチは，ボロン繊維/エポキシの14層の一方向層からなり，疲労き裂に垂直な構造の上に配置され，パッチの上部と下部には±45°層がある。報告された時点では，修理設備に既知の問題はなく，パッチの下のき裂のNDIでも問題は見つからなかった。

15.5.4.3　RAAF F-111 下翼の表皮修理

オーストラリア空軍（RAAF）[89]で運用されているF-111航空機では，アルミ合金製の翼下部表皮部分に疲労き裂が発生していた（**図15.28**）。このき裂は，燃料流路を形成する前方補助桁の振れによる応力集中が原因である。最初のき裂が発見されたとき，破壊力学計算では，き裂が設計限界荷重で限界長さを超えていることが示された。従来の機械締結された金属製の修理が検討されたが，空力上の考慮（過剰な厚み）から魅力的ではない。さらに重要なことは，高応力の一次構造では新たな締結穴は受け入れられず，さらに，そのような修理の下でのき裂を検査することは不可能である。複合材料接着修理が翼を修復する唯一の選択肢と考えられた。

この翼下部表皮修理は，欠陥のき裂進展率を大幅に減少することが予測され，その後約3年間の運用で実証された。この翼は後に疲労試験機として使用され，F111のスペクトル荷重を7,000時間以上受けても，パッチ上のき裂はそれ以上の進展が検出されなかった。

この修理はその重要性から，典型的な例とは言い難く，むしろ大規模な研究開発プログラムを経た後にのみ接着修理技術が達成できる限界を示していることを強調しておかなければならない。このような修理プログラムは，今回のように航空機全体に適用することが実際にあるいは潜在的に必要な場合にのみ，費用対効果を高くなる。

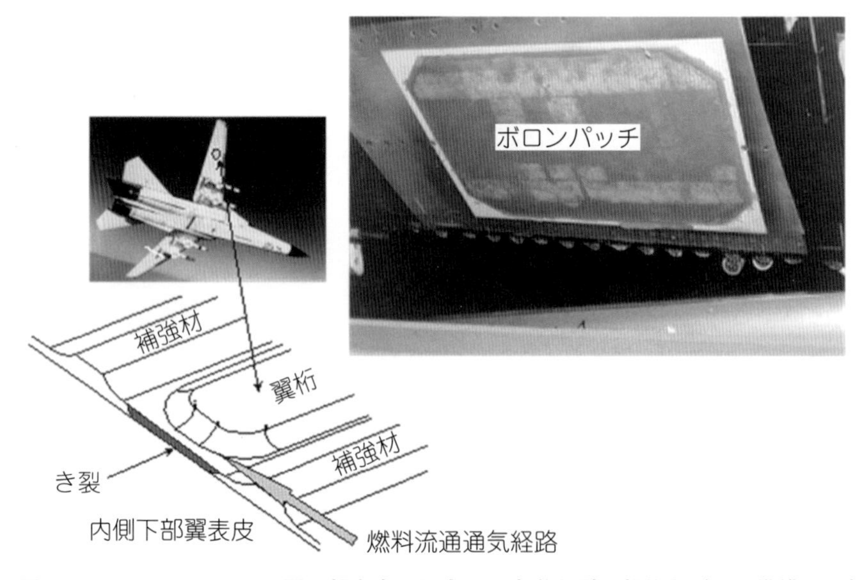

図15.28　RAAFのF-111翼下部表皮に発生した疲労き裂の部位とボロン繊維/エポキシによる修復の挿入写真

15.6 補　強

15.6.1 目　的

本章の焦点は損傷の修理であるが，部品の構造欠陥を改善するための接着複合材料補強を適用することも，言及するに価値ある修理の一種である。重要なことは，主構造またはその他の高負荷構造への補強材の適用に関する認証問題は，補修よりもはるかに簡単であるということである。

接着補強の範囲は以下が含まれる：

- 疲労寿命の延長
- 負荷能力の向上
- 腐食や侵食によって失われた材料の交換。
- 座屈に対する抵抗力の向上
- 減衰や共振周波数の向上

最も要求の厳しい用途には，ゴム変性エポキシフィルムまたはペースト接着剤が選択される。ボロン繊維/エポキシは，前述の理由から，航空機金属部品に適用するのに好ましい複合材料と考えられる。ただし，大規模な航空機用途や非航空機用途では，炭素繊維/エポキシが選択される。超高弾性炭素繊維/エポキシは，補強材の弾性率が鋼の弾性率を超える必要がある場合に鋼構造の補強に使用される[90]が，この材料の低ひずみ性が許容できる場合に限られる。

ボロン繊維/エポキシは高価であり，特に少量しか入手できないため，制限を受ける場合がある。同じ事項が超高弾性炭素繊維複合材料にも当てはまる。ガラス繊維/エポキシは，特に剛性よりも強度が要求される場合，要求の少ない用途での低コストの選択肢となる。

［**15.4.2.1**］で説明したグリットブラストシラン表面処理は，大面積の用途に適している。しかし，品質管理は小面積の修理に比べてはるかに困難となる。また，特にフィルム接着剤では，硬化と空隙率の最小化に必要な圧力と温度を得ることが困難な場合がある。

炭素繊維/エポキシ補強材は，橋梁や高圧パイプライン[91]などの鋼鉄やアルミのインフラ[90]に適用され，腐食によって失われた強度を回復したり，溶接部などのホットスポットでのひずみを軽減するために用いられることが多い。パイプラインや圧力容器などの類似部品では，補強材は通常，手動または自動のテープ敷設手順を用いて重ね合わせで適用される。

水中でのアルミ[92]や鋼部品[93]への炭素繊維/エポキシやガラス繊維/エポキシ補強材の適用が評価され，実現可能であることが示されている。

補強材の設計には，以下のような重要な設計事項がある：

(a)［**15.2.4**］で述べたように，補強材がもたらすひずみ低減効率は，剛性比だけでなく，主構造と補強材の形状に依存する。

(b)［**15.2.2**］で述べたように，特に低温での運用が要求される場合，複合強化材と主構造との間の熱膨張係数の不一致から生じる残留応力が大きくなることがある。

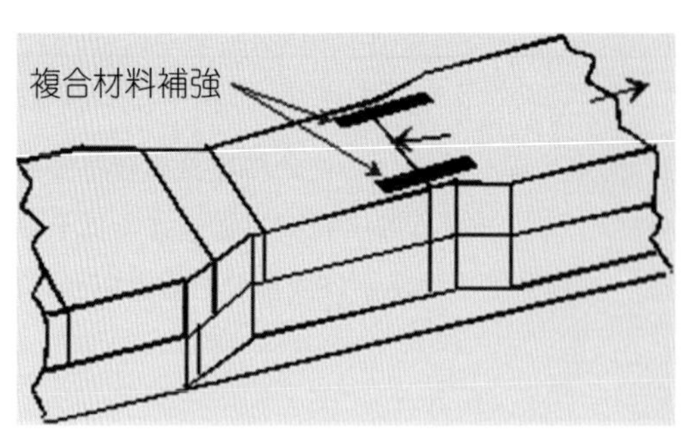

図 15.29　炭素繊維/ポリエステル補強材が貼られたHMAS FFGの甲板部分の模式図と所定の位置にある補強材（5 m×1 m×7 mm）の状態の写真

15.6.2　選択された用途

15.6.2.1　HMAS sydney FFG-7

これはインフラ用途に使われるような大規模な補強の例である。

FFG のアルミ合金製甲板では，厚い板と薄い板が溶接された溶接部で疲労き裂が発生する[94]。そこで，溶接部の応力を低減するために，**図 15.29** に示す領域で 2 つの一方向炭素繊維/ビニルエステル複合材料補強材を甲板上に接着した。

補強材は，グリットブラスト/シラン処理による表面処理後，ウェットレイアップで甲板に接着された。初期硬化は室温で行われ，その後，炭素繊維を通して直接電気加熱を用いて後硬化が行われた。衝撃による損傷を防ぐため，補強材の表面には，ガラス繊維/ビニルエステル複合材料層が含まれている。

海上での運用時の当該領域の甲板の最大応力は 76 MPa と推定され，予測した通りに補強により応力を 20% 程度低減できることが示された。しかし，この補強材は約 15 年間使用されており，大規模な定期メンテナンスが必要である。

15.6.2.2　F111　ウイングピボットフィッティング

最終的には失敗に終わったが，この用途は航空機構造の補強の極端で挑戦的な例を示す。

図 15.30 に示すように，アルミ合金製の翼表皮に締結された鋼製の翼ピボット取り付け具の小さな領域では，機体の鋼製部品の欠陥を選別するために行われるコールドプルーフ試験で塑性変形する。この変形による残留応力により，この領域は疲労き裂が発生しやすくなる。コールドプルーフ試験中のひずみを軽減し，使用中の繰り返しひずみを軽減するために，図 15.30 の写真に示すボロン繊維/エポキシ補強材[95,96]を，グリットブラスト/シラン処理による表面処理後に，FM73 構造用フィルム接着剤を用いて鋼とアルミの継手に接着した。

この補強材は，FE 解析で予測され，実機試験でも確認されたように，コールドプルーフ試験

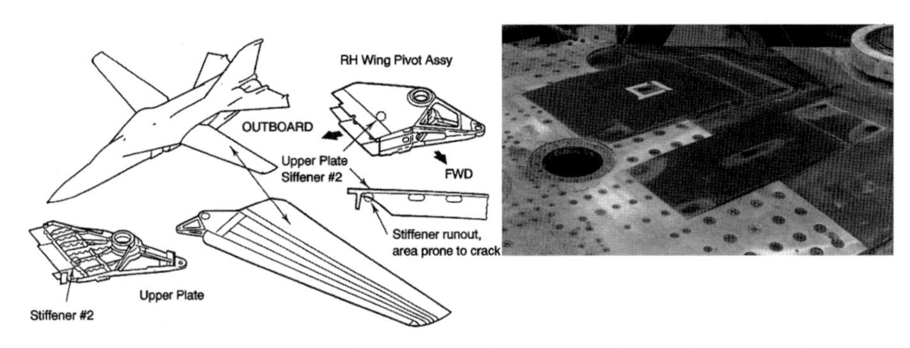

図15.30　RAAF F111の主翼ピボット部の模式図と，左が鋼製主翼ピボット部，右がアルミ製所主翼表皮に取り付けられた最大厚さ15 mmのボロン繊維/エポキシ補強材の写真

中に重要な領域のひずみを30%軽減するに成功した。しかし，その後の使用中に補強材/システム（補強材中の接着剤と表面樹脂）の疲労破壊が発生した。

疲労破壊は，ウィングピボットフィッティングの鋼側の限られたスペースに補強材を取り付けるために，大きなテーパー角（[**15.2.6**］で推奨されている角度よりもはるかに大きい）を使用したことにより，補強システムに高いせん断と剥離応力が生じたことに起因している。補強材の不具合に関するより詳細な議論は，文献97，98）に記載されている。

15.6.2.3　FA/18主翼取り付け隔壁

F/A-18のアルミ合金製主翼取り付け隔壁には，高負荷がかかるため，疲労き裂が発生しやすい。フィンランド空軍が採用した重要領域での疲労寿命を延ばす手法[99]は，ボロン繊維/エポキシ補強材で隔壁を補強することで，この領域の疲労ひずみを低減することでした。グリットブラストシラン表面処理を施した後，FM73構造用フィルム接着剤で補強材は接着される。補強材の1つの写真を**図15.31**Bに示す。2014年11月の時点で，35機が航空機に改造を施され，問題は報告されていない。

この位置の隔壁に焦点を当てた構造の詳細に基づく以前の研究[100]を図15.31Cに模式的に示す。この研究では，カナダのF/A18での実大試験に結実し，図示の領域で，フィルム接着剤FM73を用いてボロン繊維/エポキシ補強材（厚さ1 mm）を隔壁に接着させた。この試験では，予測通りこの重要領域で20%のひずみ低減が達成され，補強材が重要な荷重条件に耐えることが示された。以前の構造詳細試験では疲労の懸念は示されていない。

15.6.3　提案された回顧的なNDI法：疲労寿命の向上

補強は修理ではない。したがって，補強がない場合，残留強度が設計限界荷重［**15.1**］での応力を超えなければならないという一次構造の厳しい要件を最初に満たす必要がある。

しかし，理想的には，補強材の適用前にホットスポットの表面層を除去し，重大なき裂が残っていないことを確認する必要がある。これは，NDIの検出限界以下に存在する可能性のあるき裂を除去するために，例えば締結穴をリーマー加工するなどの「確信的なカット（confidence

a）翼取り付け隔壁の位置

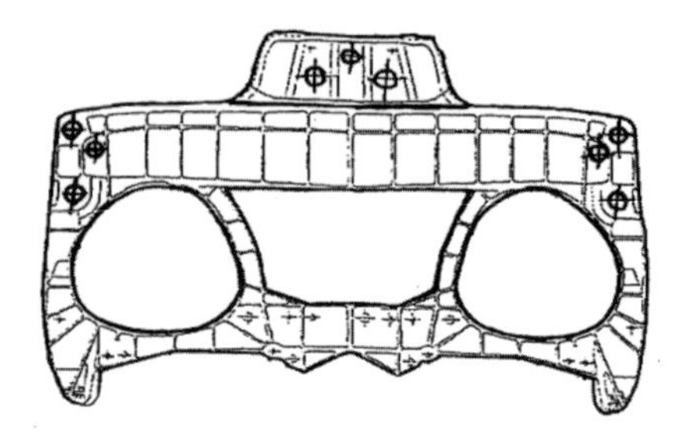

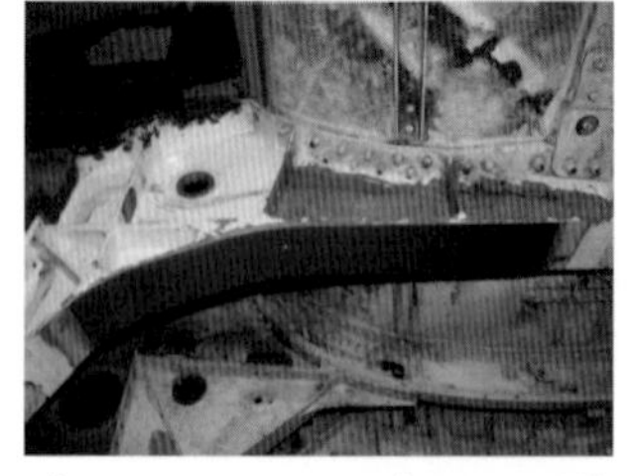

b）フィンランド空軍の設備

c）DSTG フルスケールテスト

図 15.31　(a)F/A18の主翼取り付け隔壁の位置，(b)フィンランドのF/A18　航空機の隔壁に接着されたボロン繊維／エポキシ補強材の写真，(c)フルスケール試験で評価された隔壁上のボロン繊維／エポキシ補強材の位置を示す図

cut)」を実施することを意味する。

［**15.5.2**］で説明したSHM法とプルーフ試験法は，補強材の健全性を監視するために使用できるが，簡単な代替手段がある。「回顧」手法である。

この手法は，以下の仮定に基づいている[59)]：

a．補強材によるひずみ低減により，例えば，残留応力を考慮した代表的な構造体の詳細な試験で得られたS/N曲線に基づき，き裂発生までの寿命を予測可能となるように拡張する。

b．NDIは，補強材の剥離を確実に検出できる。

c．パッチが健全な場合，低ひずみレベルでのき裂進展予測に基づき，次の検査間隔を飛行時間に追加できる。

d．ただし，パッチが著しく剥離していることが判明した場合は，たとえ補強材を交換しても，元の検査間隔に戻す必要がある。

上記の仮定に基づいたその手順を**図 15.32**に模式的に示す。この図には，補強によって生じたひずみ（または応力）の減少率と各検査期間までの飛行時間が示されている。最初の検査間隔は，補強材は評価されないので，構造物のこの領域で以前に要求されたように，パッチと主構造はF_{NDI}飛行時間で検査される。パッチが健全である場合，次の検査期間は次のように延長される：$K_R{}^*F_{\mathrm{NDI}}$時間。ここで，$K_R=(1-F_{\mathrm{NDI}}/F_R)$，$F_R$は，理想的には試験データに基づいたひずみレベルを下げた場合の予測検査飛行時間である。

補強材によるひずみの低減による寿命の増加に対する信頼性は，前期の補強材の有効性が証明されたことに基づいているため，危険性は低い。この回顧的手法は，パッチが剥離しない限り，その後の各期間に使用される。

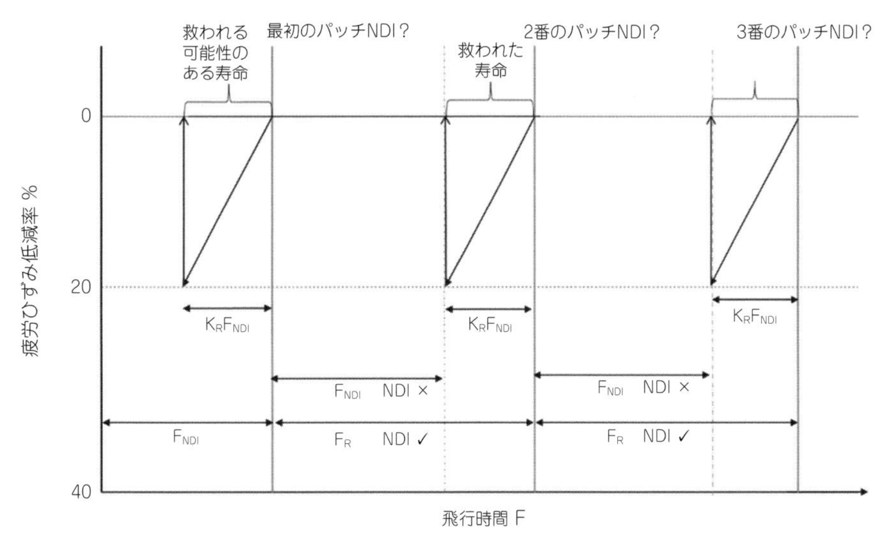

図 15.32　安全寿命構造の点検間隔延長のための回顧的手法

図 15.32 では，20％ひずみ減少時の K_R が 0.5 であると仮定し，その後の各検査間隔では，補強が健全であれば 2 回目の検査間隔と同じとする。

より現実的には，100％のピークスペクトルひずみ時の残存寿命の 50％を基準に検査間隔を設定することができる。補強材を管理するためのこの手法を示す議論と図は文献59）に記載されている。

15.7　結　論

本章では，軍用機の主要な用途を例にとり，高負荷の金属または複合材料構造への接着剤による補修または補強の適用に関する初期設計手法，材料工学および検査要件を紹介する。結論と最終的な所感は以下の通りである：

1．構造的損傷によって失われた荷重経路を回復するため，接着剤を使用して補強材や補修パッチを取り付けることは，機械締結を使用した取り付けに比べて多くの利点がある。しかし，主に現状の NDI 法では実際の修理状況において弱接着や接着欠陥さえも検出できないため，高負荷の金属・複合材料構造，特に航空機の一次構造物の修理に接着剤を使用することは困難である。
2．NDI の制限により，修理パッチがない場合，損傷した構造の残留強度が，設計限界荷重（または応力）をある許容範囲を持って超えていなければならないという要件が生じるので，接着接合された一次航空機の認証に関する現行のガイドラインを検討する。本章の焦点の多くは，この制限を越えて接着修理の範囲を拡大することである。
3．アルミ合金やその他の金属部品において，修理が必要な損傷の主な原因は，疲労き裂である。炭素繊維/エポキシ，ボロン繊維/エポキシなどの複合材料を用いた接着修理は，金属による修理よりも疲労き裂の補修にかなりの利点があることが示される。重要な利点は，多くの場合，き裂を除去することなく補修が可能であることである。

4. Rose モデルに基づくパッチ剛性の関数としての応力拡大係数と必要なパッチ長さの推定など，き裂修復のためのパッチ設計の簡単な方法について概説する。
5. パッチのテーパー端部は安全寿命領域として設計し，き裂上の領域は損傷許容領域として設計することが可能であると結論づけられる。
6. パッチシステムの設計許容値を推定する手法と，実際のデータがない場合のパッチ設計のための保守的な応力データの推定が示されている。
7. 炭素繊維/エポキシ複合材料の一次構造で補修が必要な損傷の主な原因は，機械的衝撃による視覚的損傷である。圧縮荷重下で損傷部品の残留強度が主な懸念事項である。修理は通常，主材料と同様の材料と層構成の複合材料に基づいて行われる。比較的薄い構造には外部パッチ（金属修理用のパッチなど）を使用するが，厚い構造の場合にはスカーフや段付き修理が必要である。どちらの場合も，簡単な設計手法が紹介されている。
8. 厚い複合材料構造の修理のために取り除かなければならない主材料の量を最小限にするための方法が提案されている。
9. 金属や複合材料の修理に安全に適用できる効果的な接着前の表面処理を施すことが，補修を成功させるために重要である。金属の場合は，グリットブラスト処理とシランベースのカップリング剤による処理が効果的であるが，熱硬化性樹脂複合材料の場合は，単純な研磨で十分である。
10. 現在のNDIでは弱接着を検出できないため，接着接合の構造健全性に対する初期および継続的な信頼性を与えるために，プルーフ試験という代替手法が提案されている。修理と同時に接着された接着修理クーポンのねじり試験に基づく手法について説明する。これらのクーポンは，修理期間中，定期的に試験され，規定耐荷重を下回って破損しないことを確認される。
11. プルーフ試験の追加として，そのような試験が実行不可能な場合，例えば隠れた構造では，構造健全性モニタリングの適用が提案されている。主構造から補修パッチや補強材への荷重伝達を測定することが，短期的には最も有望な手法であると結論づけられている。
12. 複合材料補強材を用いて（き裂の修復ではなく）ホットスポットでのひずみを低減することで疲労寿命を延ばすことは，特に重要な補修よりも認証の難易度が低いため非常に有益である。補強材の適用を認証するための回顧的手法について説明する。

謝　辞

このテーマに関して，Aerospace Division, Defence Science and Technology Group and Advanced Composite Structures, Australia のメンバーによる多大な貢献と，Anthony Loynes による原稿に対する建設的なコメントに謝意を表します。

文　献

1) K. B. Katnam, L. F. M. Da Silva, T. M. Young, Bonded repair of composite aircraft structures: a review of scientific challenges and opportunities, Prog. Aerosp. Sci. 61 (2013) 26-42.
2) A. A. Baker, L. F. Rose, R. Jones (Eds.), Advances in Bonded Composite Repair of Metallic Aircraft Structure, Elsevier, 2003.
3) R. Jones, A. A. Baker, N. Matthews, V. K. Champagne (Eds.), Aircraft Sustainment and Repair, Butterworth-Heinemann, 2017.
4) K. B. Katnam, A. J. Comer, D. Roy, L. F. M. Da Silva, T. M. Young, Composite repair in wind turbine blades: an overview, J. Adhes. 91 (1-2) (2015) 113-139.
5) G. Savage, M. Oxley, Formula 1 race carsの複合構造の補修, Eng. Fail. Anal. 17 (1) (2010) 70-82.
6) S. Pitt, R. Jones, 老化した航空機における複数部位および広範囲の疲労損傷, Eng. Fail. Anal. 4 (4) (1997) 237-257.
7) A. A. ベイカー, 第1章-はじめに, in: A. A. Baker, L. F. Rose, R. Jones (Eds.), Advances in the Bonded Composite Repair of Metallic Aircraft Structure, Elsevier, 2003.
8) J. G. バッカス・ジュニア, I. Y. ウォン, B. ウェスターマン, K. ケラー, K. マカイバー, C. シュー, J. アワーブフ, T. タン, 機体構造への接着剤による修理の特性化, in. Proceeding of the Joint DoD/NASA/FAA Conference on Airworthiness Assurance and Sustainment, May, 2010.
9) L. R. F. Rose, C. H. Wang, Chapter 7-Analytical methods for designing composite repair, in：金属製航空機構造の接着複合材補修の進歩, Elsevier Science Ltd., 2002, pp. 137-175.
10) Callanan R. J., In Chapter 11-Advances in the Bonded Composite Repair of Metallic Aircraft Structure, pp. 317-352. Elsevier Science Ltd.
11) ベイカーA. A., ホークスG. A., ラムリーE. J., Proceedings of 10th International Committee on Aeronautical Fatigue Paper 4.3, 1979.
12) R. S. Fredell, W. van Barnveld, A. Vlot, 機体構造物の複合材クラックパッチの解析：高いパッチ弾性率がすべてではない, in: SAMPE International Symposium 39, April, 1994.
13) R. Jones, D. Hui, Analysis, design and assessment of composite repair to operational aircraft, in: Aircraft Sustainment and Repair, Butterworth-Heinemann, 2018, pp. 325-462.
14) L. R. F. Rose, Theoretical analysis of crack patching, in：航空機構造物の接着補修, Springer, Dordrecht, 1988, pp. 77-106.
15) A. A. Baker, Crack patching: experimental studies, practical applications, in：航空機構造物の接着補修, シュプリンガー・オランダ, 1988, pp. 107-173.
16) M. Rachid, B. Serier, A. Albedah, B. B. Bouiadjra, K. Kaddouri, Numerical analysis of influences of thermal stresses on the efficiency of bonded composite repair of cracked metallic panels, J. Compos. Mater. (2017). 0021998317692033.
17) L. J. Hart-Smith, Recent expansions in capabilities of rose's closed-form analyses for bonded crack patching, in：金属製航空機構造の接着複合材補修の進歩, Elsevier Science Ltd, 2002, pp. 177-206.
18) Composite Repair of Metallic Structure (CRMS), Guidelines for Composite Repair to Metallic Structure, AFRL-WP-TR-1998-4113, 1998.
19) C. N. Duong, C. H. Wang, Composite Repair: Theory and Design, Elsevier, 2010.
20) L. R. F. ローズ, 結合補強材に対する包接アナロジーの応用, Int. J. Solids Struct. 17 (8) (1981) 827-838.
21) R. Jones, Numerical analysis and design, in: A. A. Baker, L. F. J. Rose, R. Jones (Eds.), Advances in the Bonded Composite Repair of Metallic Aircraft Structure, Elsevier, 2002 (Chapter 9).
22) A. C. Okafor, N. Singh, V. E. Enemough, S. V. Rao, Design analysis and performance of adhesively bonded composite patch repair of aluminium aircraft panels, Compos. Struct. 71 (2005) 258-270.
23) A. A. ベイカー, ボロン/エポキシパッチングの効率性検討, in: Advances in the Bonded Composite Repair of Metallic Aircraft Structure, Elsevier Science Ltd, 2002, pp. 375-397.
24) A. A. Baker, ボロン/エポキシパッチで補強した疲労亀裂の入ったアルミ部品の補修効率, Fatigue Fract. Eng. Mater. Struct. 16 (7) (1993) 753-765.
25) C. D. Rans, R. C. Alderliesten, Damage tolerance philosophy for Bonded aircraft structures, in: ICAF 2009, Bridging the Gap between Theory and Operational Practice, Springer Netherlands, 2009, pp. 73-90.
26) P. D. Chalkley, C. H. Wang, A. A. Baker, Fatigue testing of generic bonded joints, in：金属製航空機構造の接着複合材補修における進歩, Elsevier Science Ltd, 2002, pp. 103-126.
27) V. Tanulia, J. Wang, G. M. Pearce, A. Baker, M.

David, B. G. Prusty, A procedure to assess disbond growth and determine fatigue life of bonded joints and patch repairs for primary airframe structures, Int. J. Fatigue（2020）105664.

28）A. A. ベイカー，重要な修理のための認証問題，in：金属製航空機構造の接着複合材補修の進歩，Elsevier Science Ltd, 2002, pp. 643–657.

29）K. M. Liechti, W. S. Johnson, D. Dillard, Experimental Determined Strength Of Adhesively Bonded Joints, Elsevier Applied Science Publishers Ltd, 1987, pp. 105–183. 繊維強化プラスチックの接合.

30）C. Rans, R. Alderliesten, R. Benedictus, Misinterpreting the results: How similitude can improve our understanding of fatigue delamination growth, Compos. Sci. Technol. 71（2）（2011）230–238.

31）R. Jones, W. Hu, A. J. Kinloch, A convenient way to represent fatigue crack growth in structural adhesives, Fatigue Fract. Eng. Mater. Struct. 38（4）（2015）379–391.

32）D. Broek, Load spectra and stress histories, in: The Practical Use of Fracture Mechanics, Springer, Dordrecht, 1989, pp. 168–207.

33）A. A. Baker, A. J. Gunnion, C. H. Wang, Chapter 14–Repair technology, in: Composite Materials for Aircraft Structures, third ed., American Institute of Aeronautics and Astronautics, 2016.

34）C. H. Wang, A. J. Gunnion, A. C. Orifici, A. Rider, Residual strength of composite laminates containing scarfed and straight–sided holes, Compos. A: Appl. Sci. Manuf. 42（12）（2011）1951–1961.

35）C. H. Wang, A. J. Gunnion, A. C. Orifici, A. Harman, A. N. Rider, P. Chang, D. Dellios, Effect of load–bypass on structural efficiencies of Bonded and Bolted repair, in: 17 th International Conference on Composite Materials, 2009.

36）L. J. ハートースミス，先進複合材接合部の解析と設計，1974年。NASA CR–2218–1974.

37）L. J. Hart–Smith, Adhesively Bonded Joints in Aircraft Structures. Handbook of Adhesion Technology, Springer Science & Business Media, 2011.

38）Baker, A. A., Kelly D. W., Tong L., Chapter 10–Joining 2016, Composite Materials for Aircraft Structures, third ed. アメリカ航空宇宙学会，pp 397–481.

39）C. Wu, A. J. Gunnion, B. Chen, W. Yan, Fatigue damage tolerance of two tapered composite patch configurations, Compos. Struct. 134（2015）654–662.

40）D. H. Mollenhauer, B. M. Fredrickson, G. A. Schoeppner, E. V. Iarve, A. N. Palazotto, Moire interferometry measurements of composite laminate repair behaviour: influence of grating thickness on interlaminar response, Compos. A: Appl. Sci. Manuf. 39（8）（2008）1322–1330.

41）L. J. Hart–Smith, Further developments in design and analysis of adhesive– bonded structural joints, in：複合材料の接合，ASTM International, 1981.

42）C. H. Wang, A. J. Gunnion, On design methodology of scarf repair to composite laminates, Compos. Sci. Technol. 68（1）（2008）35–46.

43）C. Xiaoquan, Y. Baig, H. Renwei, G. Yujian, Z. Jikui, Study of tensile failure mechanisms in scarf repaired CFRP laminates, Int. J. Adhes. Adhes. 41（2013）177–185.

44）A. A. Baker, R. J. Chester, G. R. Hugo, T. C. Radtke, Scarf repair to highly strained graphite/epoxy structure, Int. J. Adhes. Adhes. 19（2–3）（1999）161–171.

45）B. Whittingham, A. A. Baker, A. Harman, D. Bitton, 厚い複合材航空機構造への接着剤によるスカーフ修理の顕微鏡写真研究，Compos. A: Appl. Sci. Manuf. 40（9）（2009）1419–1432.

46）C. H. Wang, V. Venugopal, L. Peng, Stepped flush repair for primary composite structures, J. Adhes. 91（1–2）（2015）95–112.

47）A. Baker, Development of a Hard–Patch Approach for Scarf Repair of Composite Structure（No. DSTO–TR–1892），DEFENCE SCIENCE AND TECHNOLOGY ORGANISATION VICTORIA（AUSTRALIA）AIR VEHICLES DIV, 2006.

48）C. Wu, C. Chen, L. He, W. Yan, Scarf and Step–lap Bonded Composite Jointの準静的荷重下における損傷耐性に関する比較，Compos. B Eng. 155（2018）19–30.

49）J. Holtmannspotter, J. V. Czarnecki, F. Feucht, M. Wetzel, H. J. Gudladt, T. Hofmann, J. C. Meyer, M. Niedernhuber, On the fabrication and automation of reliable bonded composite repair, J. Adhes. 91（1–2）（2015）39–70.

50）R. S. Pierce, B. G. Falzon, Modelling size and strength benefits of optimised step/ scarf joint and repair in composite structures, Compos. B Eng. 173（2019）107020.

51）C. H. Wang, A. J. Gunnion, Optimum shapes of scarf repair, Compos. A: Appl. Sci. Manuf. 40（9）（2009）1407–1418.

52）A. B. Harman, A. N. Rider, Impact damage tolerance of composite repair to highly loaded, high temperature composite structures, Compos. A:

Appl. Sci. Manuf. 42（10）（2011）1321-1334.
53）S. O. Olajide, E. Kandare, A. A. Khatibi, Fatigue life uncertainty of adhesively bonded composite scarf joints-an airworthiness perspective, J. Adhes. 93（7）（2017）515-530.
54）R. D. F. モレイラ，M. F. S. F. デ・モーラ，F. G. A. シルバ，J. P. Reis，接着結合型複合材スカーフ修理の高サイクル疲労解析，Compos. B: Eng.（2020）107900.
55）K. Y. Blohowiak, M. N. Watson, M. A. E. Belcher, J. B. Castro, S. Koch, Laser Scarfing For Adhesive Bonded Composite Repair. Use by the Society of Advancement of Material and Process Engineering With Permission. ボーイング教育&グリーンスカイ-より良い世界のための材料技術．プロシーディングス，2013 年
56）A. N. Rider, D. R. Arnott, J. J. Mazza, Surface treatment and repair bonding, in: Aircraft Sustainment and Repair, Butterworth-Heinemann, 2018, pp. 253-323.
57）J. Aakkula, O. Saarela, Silane based field level surface treatment methods for aluminium, titanium and steel bonding, Int. J. Adhes. Adhes. 48（2014）268-279.
58）ASTM, D, Standard Test Method for Adhesive-Bonded Surface Durability of Aluminum（Wedge Test）, Annual Book of ASTM Standards, 1993, p. 15.
59）A. A. Baker, J. Wang, Adhesively Bonded repair/reinforcement of metallic airframe components: materials, processes, design and proposed through-life management, in: Aircraft Sustainment and Repair, Butterworth-Heinemann, 2018, pp. 191-252.
60）K. アームストロング，W. コール，G. ビーバン，先進複合材料の手入れと修理，SAE，2005 年，i-xxxviii ページ。
61）M. F. Diberardino, R. C. Cochran, T. M. Donnellan, R. E. Trabocco, Materials for composite damage repair, in：第 5 回オーストラリア航空会議議事録，オーストラリア，技術者協会，1993.
62）L. K. Grunenfelder, A. Dills, T. Centea, S. Nutt, Effect of prepreg format on defect control in out-of-autoclave processing, Compos. A: Appl. Sci. Manuf. 93（2017）88-99.
63）M. Sinapius, D. Holzhuter, Infusion technology for bonded CFRP repair, in：第 11 回接合技術協力研究会（Kolloquium: Gemeinsame Forschung in der Klebtechnik）, 22-23 February, Frankfurt, Germany, 2011.
64）M. Davis, Chapter 24-Practical implementation technology for adhesive bonded repair, in: Advances in the Bonded Composite Repair of Metallic Aircraft Structure, Elsevier, 2002, pp. 727-757.
65）A. N. Rider, C. H. Wang, J. Cao, Internal resistance heating for homogeneous curing of adhesively bonded repair, Int. J. Adhes. Adhes. 31（3）（2011）168-176.
66）I. Grabovac, Bonded Composite solution to ship reinforcement, Compos. A: Appl. Sci. Manuf. 34（9）（2003）847-854.
67）G. Marsh, “Patching up Aircraft the Composites Way” Part 1, Reinforced Plastics Magazine, September/October, 2014.
68）J. N. オーグル，補修作業中の複合材における水分輸送，in: Proceedings 28th National SAMPE Symposium, 1983, pp. 273-286.
69）R. A. ギャレット，R. E. ボールマン，E. A. ダービー，吸収した水分による内部圧力を受ける黒鉛/エポキシサンドイッチパネルの解析とテスト，in. Advanced Composite Materials-Environmental Effects, ASTM International, 1978.
70）R. E. トラボッコ，T. M. ドネラン，J. G. ウィリアムズ，複合航空機の補修，in：航空機構造の接着補修，Springer, Dordrecht, 1988, pp. 175-211.
71）H. 川上，P. フェラボリ，スカーフ補修メッシュ保護炭素繊維複合材料の耐雷損傷性と耐性，Compos. A: Appl. Sci. Manuf. 42（9）（2011）1247-1262.
72）D. Roach, K. Rackow, Development and validation of bonded composite doubler repair for commercial aircraft, in: Aircraft Sustainment and Repair, Butterworth- Heinemann, 2018, pp. 545-743.
73）M. Barus, H. Welemane, F. Collombet, M. L. Pastor, A. Cantarel, L. Crouzeix, Y. H. Grunevald, V. Nassiet, Bonded repair issues for composites: an investigation approach based on infrared thermography, NDT & E Int. 85（2017）27-33.
74）Y. Liu, X. Zhang, S. Lemanski, H. Y. Nezhad, D. Ayre, Experimental and numerical study of process-induced defects and their effect on fatigue debonding in composite joints, Int. J. Fatigue 125（2019）47-57.
75）R. Bhanushali, D. Ayre, H. Y. Nezhad, Tensile response of adhesively bonded composite-to-composite single-lap joints in presence of bond deficiency, Procedia CIRP 59（2017）139-143.
76）H. Yazdani Nezhad, Y. Zhao, P. D. Liddel, V. Marchante, R. Roy, A novel process- linked as-

sembly failure model for adhesively bonded composite structure, CIRP Ann. Manuf. Technol. 66（1）（2017）29-32.

77）R. Bossi, K. Housen, C. T. Walters, D. Sokol, Laser bond testing, Mater. Eval. 67（7）（2009）819-827.

78）B. Ehrhart, R. Ecault, F. Touchard, M. Boustie, L. Berthe, C. Bockenheimer, B. Valeske, Development of a laser shock adhesion test for assessment of weak adhesive bonded CFRP structures, Int. J. Adhes. アドヘス. 52（2014）57-65.

79）A. Baker, A. J. Gunnion, J. Wang, P. Chang, Advances in the proof test for certification of bonded repair-increasing the technology readiness level, Int. J. Adhes. Adhes. 64（2016）128-141.

80）A. Baker, N. Rajic, C. Davis, Towards a practical structural health monitoring technology for patched cracks in aircraft structure, Compos. A: Appl. Sci. Manuf. 40（9）（2009）1340-1352.

81）R. ジョーンズ, S. ガレア, 光ファイバーを用いた複合材補修・接合部の健全性監視, Compos. Struct. 58（3）（2002）397-403.

82）S. E. Fujimoto, H. Sekine, Identification of crack and disbond fronts in repaired aircraft structural panels with bonded FRP composite patches, Compos. Struct. 77（4）（2007）533-545.

83）S. Pavlopoulou, S. A. Grammatikos, E. Z. Kordatos, K. Worden, A. S. Paipetis, T. E. Matikas, C. Soutis, パッチ修理したヘリコプター安定板の連続剥離監視：損傷評価と分析, Compos. Struct. 127（2015）231-244.

84）W. Baker, I. McKenzie, R. Jones, Development of life extension strategies for Australian military aircraft, using structural health monitoring of composite repairs and joints, Compos. Struct. 66（1-4）（2004）133-143.

85）A. Baker, Structural Health Monitoring of a Bonded Composite Patch Repair on a Fatigue-Cracked F-111C Wing（No. DTSO-RR-0335）, DEFENCE SCIENCE AND TECHNOLOGY ORGANISATION VICTORIA（AUSTRALIA）AIR VEHICLES DIV, 2008.

86）W. H. Schweinberg, J. W. Fiebig, Case histories: Advanced composite repair of USAF C-141 and C-130 Aircraft, in：金属製航空機構造の接着複合材補修の進歩, Elsevier Science Ltd, 2002, pp. 1009-1033.

87）A. A. Baker, R. J. Chester and J. Mazza, 'Bonded repair technology for aging aircraft', RTO AVT Specialists Meeting on Life Management Techniques for Aging Air Vehicles 2001, published in RTO-MP-079911.

88）C. Guijt, J. Mazza, Case history: F-16の燃料噴出孔の修理, in：金属製航空機構造の接着複合材補修の進歩, Elsevier Science Ltd, 2002, pp. 885-895.

89）K. F. Walker, L. R. F. Rose, Case history：F-111下部翼表皮修理の立証, in：金属製航空機構造の接着複合材補修の進歩, Elsevier Science Ltd, 2002, pp. 797-812.

90）V. M. Karbhari（Ed.）, Rehabilitation of Metallic Civil Infrastructure Using Fiber Reinforced Polymer（FRP）Composites: Types Properties and Testing Methods, Elsevier, 2014.

91）J. M. Duell, J. M. Wilson, M. R. Kessler, Analysis of the carbon composite overwrap pipeline repair system, Int. J. Press. Vessel. Pip. 85（11）（2008）782-788.

92）R. W. ビアンキ, Y. W. クォン, E. S. アレー, 水中アルミ構造物の複合パッチ補修, J. Offshore Mech. アークティック・エンジン. 141（6）（2019）.

93）M. Shamsuddoha, M. M. Islam, T. Aravinthan, A. Manalo, K. T. Lau, Effectiveness of using fibre-reinforced polymer composites for underwater steel pipeline repair, Compos. Struct. 100（2013）40-54.

94）I. グラボヴァック, D. ウィッタカー, 船舶構造物の修理における接着複合材料の適用-15年間のサービス経験-, Compos. A: Appl. Sci. Manuf. 40（9）（2009）1381-1398.

95）A. A. Baker, R. J. Chester, M. J. Davis, J. D. Roberts, J. A. Retchford, Reinforcement of F-111 wing pivot fitting with a boron/epoxy doubler system-materials engineering aspects, Composites 24（6）（1993）511-521.

96）R. Chester, Case history: F-111　ウイングピボットフィッティングの補強, in: Advances in the Bonded Composite Repair of Metallic Aircraft Structure, Elsevier Science Ltd, 2002, pp. 845-858.

97）P. D. Chalkley, R. Geddes, Fatigue Testing of Bonded Joint Representative of F- 111 WPF Upper Plate Doublers, DSTO Aeronautical and Maritime Research Laboratory, 1999.

98）L. Molent, R. Jones, The F111C wing pivot fitting repair and its implications for the design/assessment of bonded joints and composite repair, in: Aircraft Sustainment and Repair, Butterworth-Heinemann, 2018, pp. 511-543.

99）G. Swanton, M. Keinonen, J. Linna, Full-scale fatigue testing of a boron-epoxy bonded doubler for the Finnish air force F/A-18 hornet center

fuselage, in: Proceedings 28th ICAF Symposium–Helsinki, 2015, June, pp. 3–5.
100）R. A. Bartholomeusz, A. Searl, Case history: F/A–18　Y470の接着複合材による補強．5　センター胴体隔壁，in：金属製航空機構造の接着複合材補修の進歩，Elsevier Science Ltd., 2002, pp. 859–870.

〈訳：内藤　公喜〉

第16章　複合材料の接着接合

Peter Davies

16.1 序　論

本章では複合材料で作られた部品の組立てにおける接着接合の利用について概要を述べる。ここで検討する複合材料は，高分子材料をガラス繊維または炭素繊維で強化したものを指す。このような複合材料は軽量化のために多く利用され，接着接合は金属製ファスナーによる接合と比較してさらなる軽量化を可能とする。より効率的な組立て手順や耐食性の向上といった他の利点もこの接合技術の採用に影響し，結果的に大幅なコスト削減になる可能性がある。

以下では，まず［**16.2**］で複合材料に特有の性質の影響について述べる。その後，［**16.3**］から［**16.6**］において複合材料の組立ての4つの特定の側面についてより深く議論をする。工業的に非常に重要な複合材料の接着にはサンドイッチ材料のスキンとコア材の接着が含まれる。この点については，［**16.7**］において3つの事例を示し解説する。長期にわたる挙動や耐久性については［**16.8**］において議論する。そして，［**16.9**］において将来の動向と最近の開発の状況について解説する。本章が網羅的な概説ではなく，むしろ複合材料の組立てにおけるいくつかの特定の要求に関する指標と，最近の関心であるいくつかの領域を示していることを強調しておく。

16.2 複合材料特有の性質

接着や接着剤に関する多くの詳説は他章に示されているので，本節では複合材料特有の性質や，複合材料同士の組立て，および複合材料と金属材料の組立て（こちらの方が多くの機会がある）について注目する。複合材料と他の材料を区別するいくつかの点がある（**図16.1**）。

第1点は，複合材料は積層構造をしているということである。複合材料はそれ自身が2つの段階の接着によって作られている。すなわち，繊維と樹脂の間の接着，強化材あるいはプリプレグ層の層間の接着の2つである。したがって，複合材料の特性は製造におけるこれらの接着工程の成功に依存する。構造物を作るために3つ目の接着層を加えたところで，その構造物に弱い部分を作ることにはならないかもしれない。それは積層した複合材料の厚さ方向の強度は，かなり低いことが多いからである。第2点は，複合材料は最高の性能を引き出すため，一般的に多かれ少なかれ異方性を有しているということである。これは設計が複雑となり，予期しない現象が起こる可能性もあることを意味している。異方性に起因する内部応力が接着性能に著しい影響を与える可能性もある。このような要因により，複合材料の接着強度を高い信頼性で予測をすることは

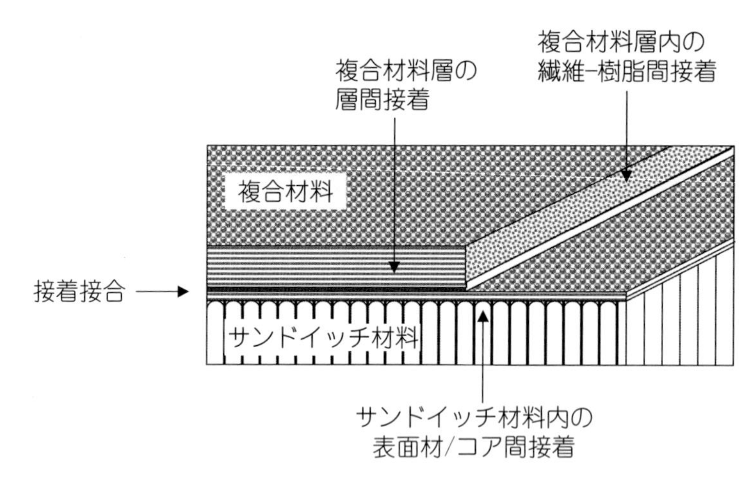

図 16.1　組み立てに関する複合材料特有の性質

現在のところ難しい。このことについては後ほど議論するが，複合材料の組立て設計において試験の実施が不可欠であるということが事実上の結論である。

第 3 点は，複合材料構造物は予期した荷重に耐えうるように設計されるので，表面の層も繊維を配向させることができる。このため，組立ての際にある程度最適化できる可能性がある。一方で，接着する表面は，荷重を伝達する繊維の上を樹脂が薄く覆っている状態なので，表面処理は慎重に制御する必要がある。さらに，実務上重要な点は接着層の厚さである。航空宇宙分野以外では接着層の厚さは必ずしも制御されておらず，これは接合部の強度に大きな影響を与える可能性がある。

これらの点について次節以降で詳細を述べる。

16.3　接着接合を用いた複合材料部品の設計

接着接合を用いた部品の設計における大原則は，接合部にせん断負荷が働くようにして，引き剥がし荷重を最小限にすることである。金属接合で用いられてきた従来の設計方法では，多かれ少なかれ複雑な解析方法や有限要素法を用いた応力解析を行い，計算された最大応力や最大ひずみを接着剤の破壊基準値（一般的にはミーゼス応力や最大ひずみ基準）や金属被着体の降伏基準と比較する。被着体が複合材料の場合では，この方法にいくつかの難点がある。1 つ目の点は，被着体が複合材料であるか金属材料であるかにかかわらず，今日用いられているほとんどの構造用接着剤は非線形性を有し，破断に至る前に広い範囲の損傷領域が発生する可能性がある。例えば，**図 16.2** はエポキシ系接着剤の引張応力−ひずみ線図であり，接着剤は破断前に非常に大きなひずみを生じさせる。

線形応力解析を用いてこのような材料の破壊を推定することは明らかに保守的である。一方で，非線形部分は不可逆的な損傷機構（ここで示した場合では，せん断微小き裂）によってもたらされる。それゆえ，Allix と Ladevèze らが提案している損傷力学的手法による設計が，より適切であることが将来的に示されるだろう[1,2]。この手法は損傷モデルのパラメータ収得のための

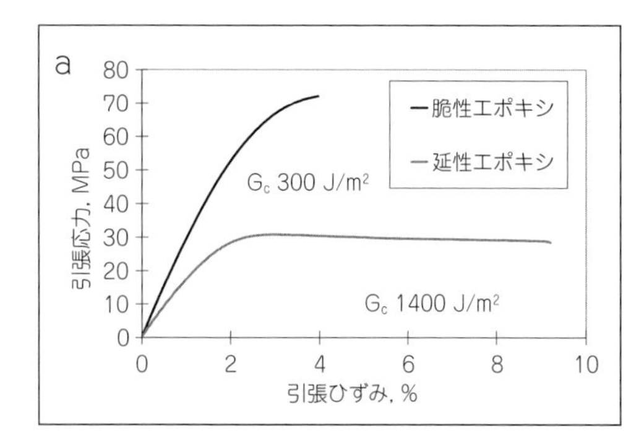

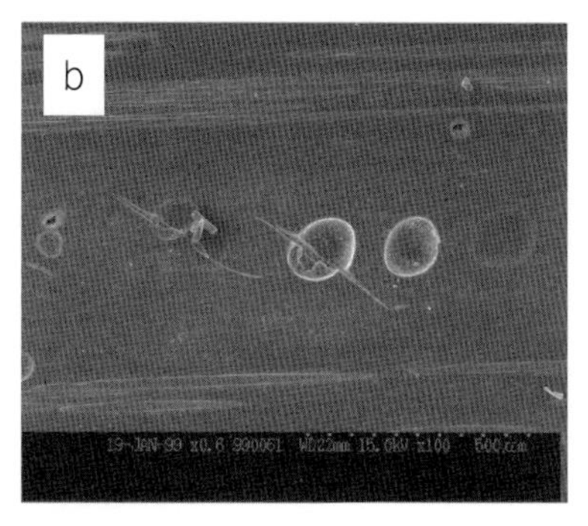

図 16.2　(A) 脆性エポキシ接着剤と延性エポキシ接着剤の応力-ひずみ線図, (B) 延性接着剤により接合した二重重ね合わせ継手の損傷の例, 試験は破断前に中止した

広範囲の試験や, 相当なモデリング能力を必要とする。このような手法の適用は航空宇宙分野に限られてきたが, 現在いくつかのグループが他の分野においてもこれらの手法の開発に取り組んでいる。複合材料の接着や金属接合に関する 2 つ目の点は, 接合端部に応力特異点が存在するということである。この箇所は, 解析において平均化法あるいは破壊力学的手法のどちらかで考慮される必要がある。

複合材料の接着に特有の 3 つ目の点は, 厚さ方向の大きな応力により接合部の破壊が複合材料被着体内部で生じることが多いということである。つまり, 接合部の強度の予測は, 応力集中部付近の複合材料における厚さ方向の強度の予測と同じになるということである。複合材料における厚さ方向の破壊機構に関して一般的に受け入れられている破壊基準はまだない。近年, 複合材料の破壊基準を比較するための明確な事例研究として行われた大規模な実験について報告がされている。それは19個の異なる方法により積層材料の変位や破壊を予測するものであった。この実験は面内荷重に限定し, 次のような結論が導出された。すなわち, 広く信じられている考えに反し, また有限要素コードにはさまざまな基準が含まれているにもかかわらず, 信頼性が高く正確な予測手法を設計で一般的に使用できるようにするためには, 未だに多くの課題が残っている[3,4]。

面外荷重についてはいくつかの基準がある。相互作用のないものが最も単純である。

$$\frac{\sigma_{33}}{Z}+\frac{\tau_{13}}{S}=1$$

ここで, Z は厚み方向の引張強度を表し, S は面外せん断強度を表している。連続引き抜き成形法で作られた補強材の接着に関する研究で, この基準により補強材内部のはく離の発生を予測できることが示された[5]。この線形基準では 2 つの強度値しか用いないが, これらの強度値さえも測定するのは容易ではない。実際の面外方向破壊の破壊包絡線は線形ではないかもしれないが, 別の形を正当化するだけの十分なデータは現時点で存在しない。Hill が提案したような相互作用の項を含む, より複雑な破壊基準も存在するが, 多くの追加されるパラメータは容易に測定できないため, それらを推定して導入する必要がある。

このことは破壊基準の選択が現在の試験手法の限界と密接な関係があるという事実を強調して

いる。複合材料の厚さ方向の試験に関する最近の概説（例えば文献6)）では，入力データに関する不確実性が最も単純な破壊基準でさえも有用性を著しく制限しているため，さらなる試験方法の開発の必要性が強調されている。試験片の応力均一性の向上，応力集中の低減，および破壊モードの確認に取り組む必要がある。このことについては，このあと［**16.5**］で詳しく議論する。

複合材料部品の強度予測の評価に関するラウンドロビン試験がDOGMAプロジェクト（Design Optimization and Guidelines for Multimaterials Applications，マルチマテリアルの適用例に関する最適設計と指針）の下でテーマ別ネットワークにより実施された。ここでは種々の単純重ね合わせ継手試験片と，二重重ね合わせ継手試験片の形状を再定義する必要があった。その後，複数の学者と産業界の技術者は，同じ材料と形状の入力データを用いて破壊荷重の予測をした。その予測結果同士の比較を行い，さらに予測結果と実際の試験結果を比較できるように試験も実施された。7つの有限要素法プログラムと3つの解析解が破壊荷重を予測するために用いられた。この結果はすでに発表されているので，ここでは短く概要のみを示す[7]。文献には解析を実施した人の詳細も記されている。**表16.1**に解析に使用した予測手法を示し，**図16.3**と**図16.4**には厚さ3 mmの被着体を用いた単純重ね合わせ継手試験片の試験結果を示す。脆性エポキシ接着剤を用いたものを図16.3に，延性エポキシ接着剤を用いたものを図16.4に示す。それぞれの接着剤は図16.2に示したものと同じである。試験片の幅は20 mm，重なり長さは20 mmである。

一般的に有限要素法プログラムとそれに関連する破壊基準は，破壊荷重を過小評価する傾向が

表16.1　DOGMAプロジェクトにおけるラウンドロビン試験で破断荷重の予測に使用したモデル

No.	モデルおよびバージョン	タイプ	破壊の基準
1	FE ANSYS 5.3	2次元解析 被着体：線形弾性，接着剤：非線形，形状：非線形	フォンミーゼス応力， 接着剤：最大ひずみ
2	FE NISA 7.0	3次元解析 被着体：線形弾性，接着剤：非線形，形状：非線形	接着剤または被着体中の最大応力
3	FE ABAQUS 5.4	2次元解析 被着体：線形弾性，接着剤：非線形弾塑性，形状：非線形	複合材料：ILT，ILSS， 粘着剤：最大ひずみ
4	自作FEコード	2次元解析 特殊要素	複合材料：最大応力， 接着剤：最大ひずみ
5	SAMCEF 7.1.3	2次元解析 被着体：線形弾性，接着剤：線形弾性，形状：線形	弾塑性，フォンミーゼス
6	FE COSMOS/M 2.0	2次元解析 被着体：線形弾性，接着剤：非線形弾塑性，形状：非線形	被着体：最大応力，接着剤：最大ひずみ
7	FE ADINA 7.2	2次元解析 被着体：直交異方性，接着剤：弾完全塑性	複合材料：Tsai-Hill， 接着剤：最大ひずみ
8	解析	応力およびひずみ基準 （CETIM CADIAC）	複合材料：弾性， 接着剤：弾塑性
9	解析	破壊力学	混合モード破壊基準
10	解析	応力およびひずみ基準	5つの破壊基準

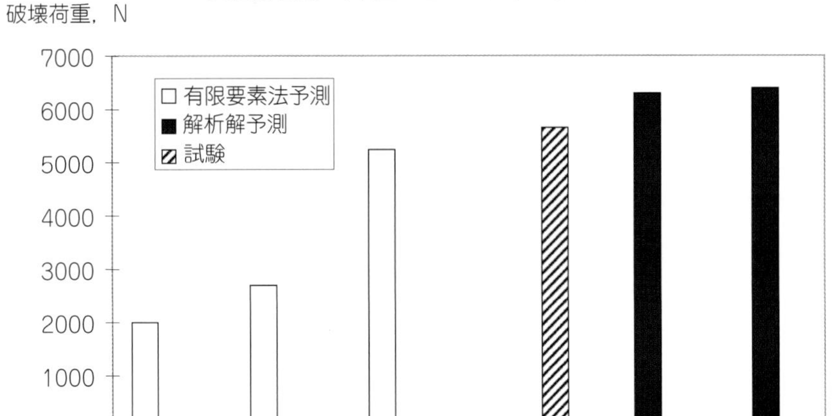

図 16.3　予測値と試験結果の相関の例（脆性接着剤）

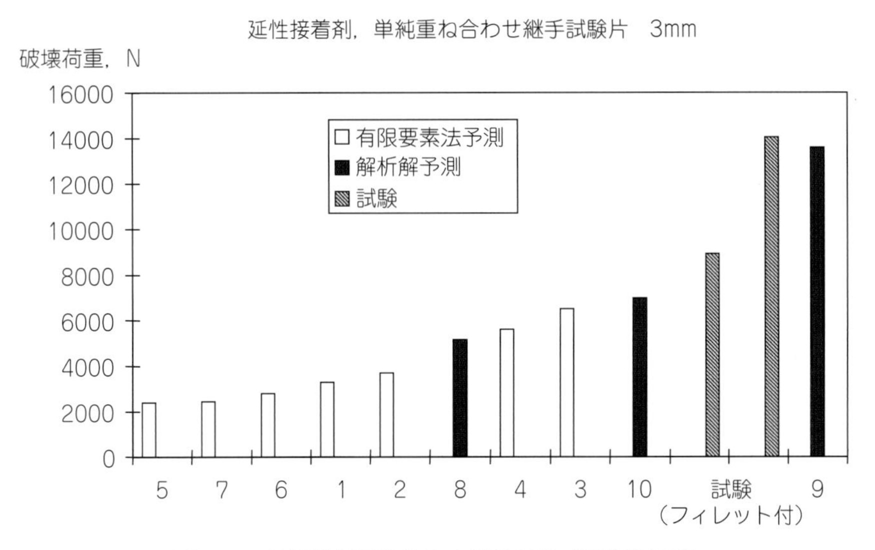

図 16.4　予測値と試験結果の相関の例（延性接着剤）

ある。しかし，いくつかの有限要素法プログラムは，脆性接着剤に対してその破壊荷重をよく予測した。延性接着剤に対しては，二段階線形による弾塑性モデルを採用しても，すべての有限要素法による予測結果は過小であった。多くの予測は応力基準あるいはひずみ基準に基づいているが，破壊力学的解析解についても評価を行った。これはFernlundおよびSpeltらにより開発され[8]，この手法をアルミニウムの接着接合継手の強度予測に適用し，大きな成功を収めている。ガラス/エポキシ被着体同士を延性接着剤により接合した継手に関する混合モードでの破壊包絡線は以前の研究により決定されている[9]。破壊力学を用いた予測は脆性接着剤に対して非常に良好であったが，延性接着剤については過大評価をする傾向があった。その他の解析方法も，脆性接着剤についてはかなり正確であったが，延性接着剤については過小評価をする傾向があった。

上述のテーマ別ネットワーク研究の結果は，脆性接着剤によって組立てられた複合材料は合理的にモデル化できることを示唆している。延性接着剤を用いた場合は，有限要素法の予測はすべて保守的であった。このような接着剤の性能の全てを利用することはできないかもしれないが，モデル自体に固有の安全率が備わっている。

航空宇宙用途のためのより詳細な研究[10]においては，炭素繊維/エポキシ部品についての検討が行われた。数値解析が行われたが，この事例では単純重ね合わせ継手試験片を用いて破壊基準は同定された。単純重ね合わせ継手試験片で最も良い結果を出すように見られる基準は，界面から若干離れた部分の垂直応力の限界値に基づくものであった。この基準は，より複雑な構造物の解析でも用いられ，破壊荷重の良好な予測が得られた。

現時点では材料の入力データから確信をもって接着接合強度を予測できないにもかかわらず，接着接合した複合材料により多くの構造物が設計・製造されている。Elégoetによって実証されたように，一般的に解析と試験の両方を繰返し行うことが設計の過程であり，また効率的な試験方法の開発は設計過程の重要な要素となっている。このことは後の節で，他の産業の応用事例として説明する。ここでは，設計安全率は設計者の経験や品質管理のレベル，構造損傷の結果を反映していることを強調しておく。これらは複合材料が適用部材のどの部分に使用されているかにより大きく異なる。

16.4　表面の前処理

表面の前処理は接着接合の重要な手順の1つである。これは前章で詳細に説明をしたので，ここでは複合材料固有の表面処理について少し触れておく。Wingfieldは機械的処理，エネルギー的処理，化学的処理の3種類を定義した[11]。これらの処理の目的は以下の通りである。

—不純物の除去

—表面極性の増加

—表面エネルギーの増加

—表面積の増加

複合材料の典型的な表面処理は，溶剤を用いた拭き取り，グリッドブラスト，摩耗，ピールプライの除去，研磨などがある。これらは単独で，あるいは組み合わせて使用し，複合材料では最初の2つが最も一般的な方法である。特に表面エネルギーの低い熱可塑性樹脂をマトリックスに使った複合材料では，コロナ放電処理やプラズマ処理といった高度な表面処理が採用される。エポキシ樹脂は複合材料のマトリックスとして広く用いられているが，ポリオレフィンよりも極性が強い。それゆえに表面処理の主な役割は，離型剤などの不純物の除去である。いくつかの研究では，異なる表面処理法を用いて複合材料の接着接合部の機械的試験を行った。Kinlochがこれらの結果の一部を要約した[12]。ピールプライに関する問題点が議論され，特にピールプライに由来するフッ化物不純物が問題とされた。これらの物質はピールプライを剥がしやすくするために添加されており，最も効果的な方法はピールプライを剥がした後に摩耗し，溶剤を使って拭くことである。これを怠ると不純物が接着強度を低下させる。最近，ピールプライの表面については見直しがされた[13]。Hart–Smithは接着サイクル中に抜けなくなる接着前の水分の悪影響を指摘した[14,15]。そして，水分が接着剤に対してシリコーン膜より大きな影響を与える可能性を指摘した。ChinとWightmanは炭素繊維で強化したエポキシ樹脂複合材料に対する3種類の表面処理（ピールプライ，グリッドブラスト，および酸素プラズマ処理）の影響を調査した[16]。その結果，いずれの処理も無処理の複合材料の場合と比較して接触角を低下させることが明らかになった。また，室温大気環境下で試験を行った場合，いずれの処理も二重重ね合わせ継手のせん断強度を大幅に上昇させた。しかし，高温高湿環境下での試験では，グリッドブラスト処理を施した試験片は，元の比較試験片に比べて低い強度を示した。また，他の表面処理方法では強度の上昇はほとんど認められなかった。このことは，表面処理の長時間にわたる影響を調べるために耐久性試験が重要であることを示している。

表面処理に加えて，接着面の繊維方向も接着強度に影響を与える。例えば，JohnsonとMallは炭素繊維/エポキシ試験片において0°，45°，90°の繊維方向を持つ界面の繰返し荷重下でのき裂進展挙動を調べた[17]。接着剤の剥離が主な破壊機構であったため，0°と45°の界面での初期破壊応力は同程度であった。しかし，90°方向界面では初期破壊がより早く起きた。このとき複合材料内のマトリックスにき裂が観察された。このことは，界面強度がかなり低下することを防ぐために，90°方向の繊維配向は避けるべきであることを示している。

ガラス/ポリエステル複合材料においてはチョップドストランドマット層を接着面によく配置する。この対策が接着強度を向上させると広く信じられている。しかし，試験結果によると，接着面にマット層よりもクロス層を配置した方がより高い接合強度を得られることが示されている[18]。

16.5　試　験

接着接合した複合材料構造物の短期間あるいは長期間にわたる性能を確保するためには，試験が必要不可欠である。試験については他の章でも詳細について触れられているが，複合材料部品の設計に必要なデータを得るための試験は次の4つに分類される。

—接着剤の特性に関する試験
—被着体（複合材料）の特性に関する試験
—複合材料部品の試験
—サンドイッチ構造の界面接着強度試験

標準試験は毎年更新されるリファレンスブック（例えば文献19））の中で分類され，100以上と20以上の試験方法が掲載されている。接着剤はせん断荷重を受けるように一般的に設計されるので，せん断荷重下での接着剤の応力–ひずみ線図が設計にまず必要となる。これらの特性を求めるための試験方法は多数存在するが，最も信頼できるものはASTM D5656に示される厚肉被着体せん断試験（TAST：the thick adherend shear test）である。この試験法はKriegerによって開発されたもので，他の章で説明されている。この種の試験の欠点は，1種類の負荷に対する接着剤の挙動しか得られないということである。それゆえ，すべての破壊包絡線を得ること

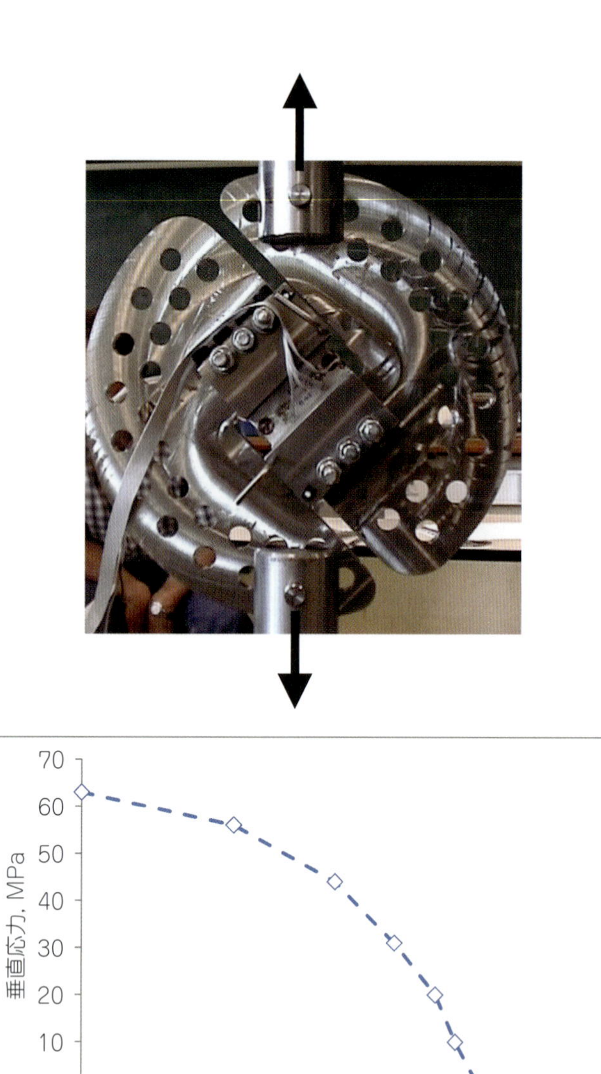

図 16.5　破壊強度限界を測定するための Arcan 治具

上側：試験治具，下側：構造用接着剤 Redux 420 の破壊包絡線，アルミニウム被着体

ができる試験方法の開発に多くの労力が費やされていた。1 つの例は Arcan 治具を用いた試験である[20]。Arcan 治具の例を**図 16.5** 上側に，構造用接着剤の破壊包絡線の例（図 16.5 下側）と一緒に示す[21]。

この種の治具の欠点は，試験片の端で大きな応力集中が生じることである。しかし，特性のよくわかっている基材を使い応力集中を最小化することも可能であり，引張荷重，せん断荷重，圧縮荷重の広い条件の領域にわたって接着剤の破壊包絡線を得ることを可能にする[22]。複合材料部品のモデリングを行うため，必要な複合材料の各特性を得るためにさまざまな試験方法があるが，前述したように厚み方向の引張とせん断強度に関する試験は容易でない。引張強度は，くびれのある複合材料試験片の両面に金属ブロックを接着し，これを引っ張ることにより同定されるが[23]，この試験には慎重な機械加工が要求される。せん断強度はASTM D5379標準試験法により特別な試験治具に固定した2つの切り込みのある試験片を使用して同定される。Arcan治具（図16.5上側）は接着剤と同じように複合材料の全方向の破壊包絡線について調べることができる（十分に耐性のある接着剤で治具に組立てることができる場合）[24]。破壊力学的試験には別の方法が導入されており，単純な荷重下において複合材料の層間剥離抵抗を測定することができる。

当初，破壊力学に基づく設計手法は，損傷許容評価のための材料間比較に限られており，その理由の1つとして標準的な試験方法がないことが挙げられる。この状況は変わり，ESIS（European Structural Integrity Society，ヨーロッパ構造基準協会）はモードⅠの二重片持ちばり（DCB：double cantilever beam）接着試験片を複合材料の接合部の破壊じん性に対する試験方法とした[25,26]。このモードⅠの試験と混合モード荷重のためのMMB（mixed mode bending，混合モード曲げ）試験治具を用いることにより，接着接合した複合材料の混合モード下での破壊包絡線を得ることができる。**図16.6**はガラス/エポキシ複合材料とその接着部品の例を示している[9]。

他の研究者は炭素繊維/エポキシ複合材料の接合について同じような結果を得ている（例えば文献25–27)）。モデリング手法の発展に伴い，特に破壊力学データを必要とするCZM（cohesive zone methods）の利用に伴い[28,29]，これらの結果を構造解析に用いることがより一般的となってきている。接着剤で接合された複合材料にCZMモデルを適用した例はいくつかある（例えば文献30–32)）。

破壊基準に必要なデータを求める代わりの方法は，複合材料部品を試験片として用いて試験を行い，その破壊を解析するというものである。最も一般的なものはせん断継手試験片を用いた試験である。これらの試験は破壊モードの影響のみならず，表面処理の不良，および硬化不良によ

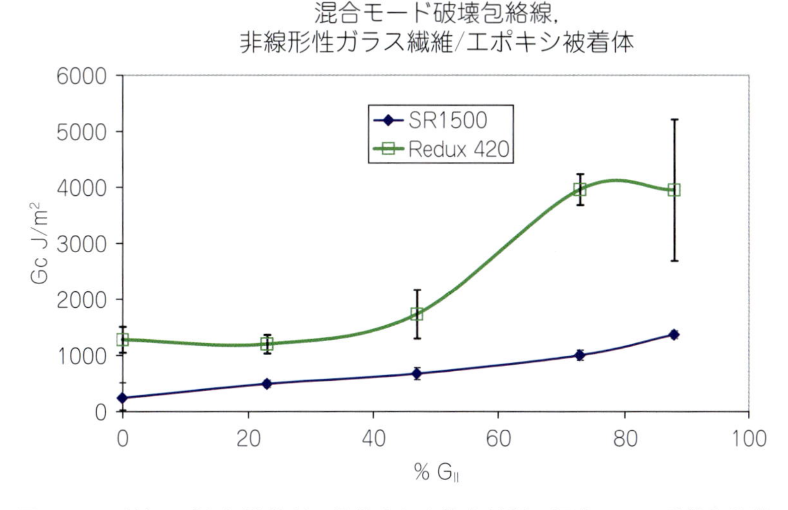

図16.6　延性エポキシ接着剤で接着された複合材料の混合モード破壊包絡線

準一方向性ガラス繊維/エポキシ剥離，および剥離を示す。数値は荷重–変位線図上の非線形性（NL）でのき裂進展の開始に対応する。

り引き起こされる潜在的な問題について情報を提供するため，品質管理にも有用である。また，これによりモデリングの妥当性も調べることができ，実物大試験の費用をかけることなく解析の調整を行うことが可能となる。しかし，一般的にこれらの試験において負荷形式は単純であるが，重ね合わせ部の応力状態はそうではないことを強調しておく必要がある。「単純な」重ね合わせ継手のせん断試験の解析は，初期の研究から60年以上経過しており非常に多くの研究論文が存在する。現在ではコンピュータの高速化により，接着剤の粘弾塑性を含む幾何学的ならびに材料の非線形性を考慮した完全な3次元解析が実施可能である。その結果によると，単純な平面ひずみ解析による予測とははっきりと異なる応力分布が得られる。

サンドイッチ材料においては，複合材料の表面材（スキン）とコア材間の接着接合に対する標準的な試験法がほとんどない。界面にモードⅠ（引き剥がし）の大きな荷重を負荷するいくつかの異なる試験方法が提案されている。2つの例を**図 16.7** に示す。1つは ASTM D1781 で示されるクライミングドラム剥離試験である。これは薄い表面材に対しては有効であるが，多くの場合，表面材が厚すぎて不可能である。それゆえに特殊な試験方法が開発され，特に界面き裂の進展抗力を同定する際に破壊力学が有用であることが証明された。図 16.7B はそのような試験のうち Cantwell らによって開発された単片持ちばりを用いた試験を示している[35-37]。この試験は現在 ASTM によって評価されている。

曲げ荷重を加えた短いサンドイッチはりは，主にせん断荷重（モードⅡ）を受ける。これはき

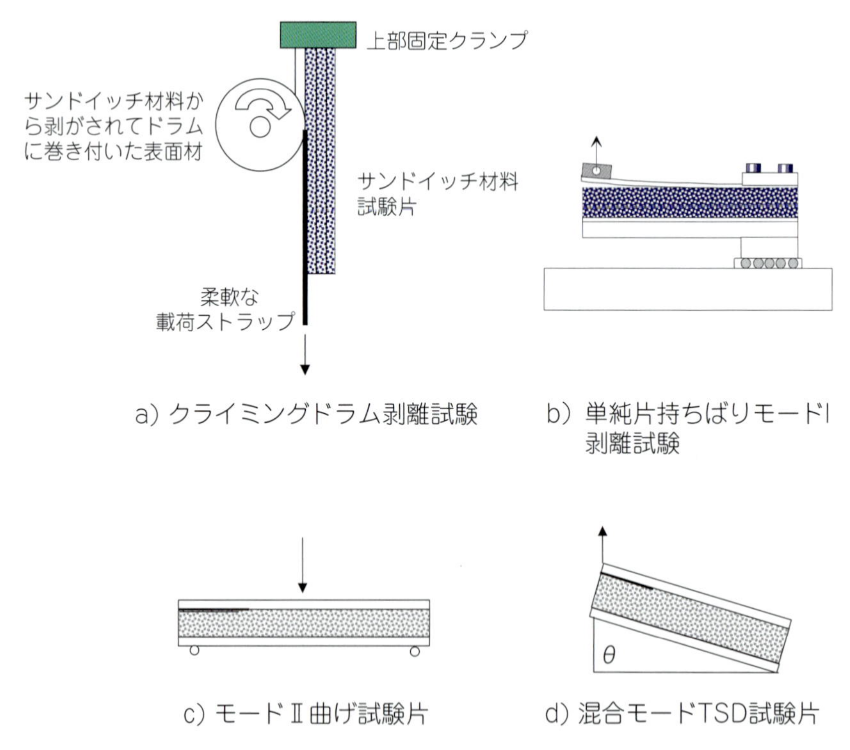

図 16.7　サンドイッチの表面材とコア材の界面の接着に関する試験

（A）クライミングドラム，（B）単純片持ちばり，（C）モードⅡせん断，（D）TSD 混合モード

裂の無いはりの試験法としてフランス標準（NFT54-606）となっているが，表面材/コア材の界面の品質管理法としてもときどき用いられている。Carlsson らによりき裂を有するはりの曲げ試験も行われている（図 16.7C）[38]。

最後に，サンドイッチ構造の界面に混合モード荷重が加わる場合を想定したもう 1 つの試験方法として TSD（tilted sandwich debond）試験片を用いるものがある（図 16.7D）。Grenestedt により提案され，Carlsson と Li により発展したものである[39]。混合モード荷重に対する別の方法としては，Reeder と Crews[40] が複合材料用に開発し，現在では複合材料の標準試験法（ASTM D6671）となっている MMB（混合モード曲げ）治具を使用することができる。Berggreen らは，この治具をサンドイッチ構造の混合モード界面剥離を調べるために適用した[41,42]。

これらのサンドイッチ界面の破壊試験方法はごく最近開発されたものであり，標準化機構によって評価をされている段階であるため，利用可能なデータは比較的少ないことを強調しておく。しかし，準静的，繰返し，高速負荷条件下で定量的なデータを得られる可能性がある。

接着剤や接着接合した部品の特性を得るためには多くの労力が必要である。近年，ビデオ式非接触伸び計（DIC，デジタル画像相関法）が急速に進歩し，画像解析技術により損傷検出や全視野の変位計測の両方が可能となったことで，新たなツールとして提供され，接着による組立ては大きな注目を集めている[43-45]。例として DIC を用いた接着面のシリコーン汚染の検出[46] やキッシングボンドの検出[47] が挙げられる。また，DIC は複合材料の補修の評価にも使用できる[48,49]。

16.6　接着剤層厚さの影響

航空宇宙分野において複合材料を接着接合する場合，接着剤は一般的にフィルム状であり，軽い織物を基材としていることが多い。この方法により接着剤層厚さを均一にすることができる。典型的なものは，オートクレーブで硬化させる 1 mm の数十分の一の厚さである。他の多くの適用例では接着剤は 1 液あるいは 2 液のペースト状で提供され，手作業で塗布して，接着剤層厚さは制御されない。最終的な厚さは部品の形状や周囲の付加圧力に依存し，より厚くなることが多い。海洋構造物などの大きな適用例では接着剤層厚さに大きなばらつきがあるだろう。より靭性の高い接着剤では，接着剤層厚さが塑性変形域の大きさに影響を与える可能性もある。研究者が接合強度に及ぼす接着剤層厚さについて試験を行い（例えば文献 50–52）），破壊力学的実験がこの種の研究に役立つことを証明した[53-55]。一般的に接着剤層厚さが増加すると，破壊抵抗は極めて大きくなる。このことは接着剤で塑性変形域が拡大することにより説明がつく。接着剤が厚くなれば強度は安定するが，複合材料の被着体で接着剤層厚さが 2 mm 以上の場合についてはほとんど結果が得られていない。

海洋構造物における最近の研究（EUCLID RTP 3.21 プロジェクト（［**16.10**］参照））では 2 つの接着剤で接合したガラス繊維強化複合材料の特性を調べた[5,56]。1 つの接着剤は硬いエポキシ接着剤（Araldite 2015，ヤング率 1.8 GPa，破断ひずみ＜5%）で，もう 1 つは延性のあるポリウレタン接着剤（Axson 220，ヤング率 50 MPa，破断ひずみ＞50%）である。**図 16.8** は薄い接着剤層と厚い接着剤層におけるき裂進展の一例で，得られたモード I の破壊じん性を示している。

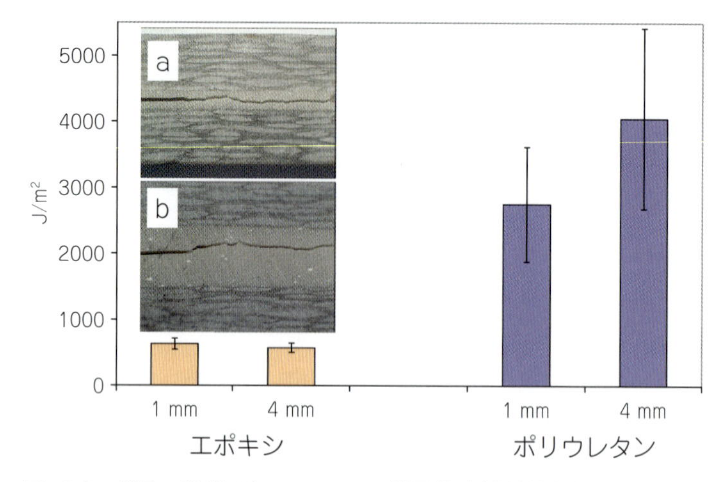

図 16.8　ガラス繊維/ビニルエステル樹脂複合材料被着体のモードⅠき裂進展抵抗に及ぼす接着剤厚さの影響（2種の接着剤）

500点以上のデータから得られた平均値，エラーバーは標準偏差を示す。挿入写真はエポキシ試験片の端部を示す。接着剤厚さ（A）1 mm，（B）4 mm。

硬いエポキシ接着剤において厚さの影響はほとんどなく，この材料では接着剤中をき裂が進展した。より延性がある接着剤では，接着剤と複合材料の界面でき裂は行ったり来たりした。測定値の分布は大きかったが，高延性接着剤を厚い接着剤層に適用すると破壊抵抗が大きくなる傾向が明らかに認められた。この研究に関する詳細は文献に記されている[5,56]。

16.7　接着接合した複合材料構造物の実例

ここでは接着接合された複合材料構造物の3つの例について簡単に紹介する。1つ目は，複合材料製配管の接着接合である。これは最大規模の複合材料組立ての1つである。2つ目は，大きな船体構造物の組立てにおける複合材料と金属の接着である。3つ目はサンドイッチパネルに補強材を接着するものである。

数十kmにもわたるパイプラインに用いる長さ12 mのフィラメントワインディング管を組み立てる際には，数百もの接着接合部を用いる。この接着は野外で行わなければならないため，難しい環境条件となることが多い。液体輸送や消火用水，冷却システムはこの方法で造られる。管の主な設計要求は水を通さないことであり，管と管の接合が確実かつ経済的であることが要求される。管のサプライヤーは接合手順を開発し，作業者の訓練を行い，接着接合技能者を育ててきた（例えば文献57)）。**図 16.9** は接着接合作業の一例を示しており，内側が円錐状の管と外側が先細状の管の接続部を接着している。管の末端は先細状になっており，表面を慎重にサンディングし，乾燥している。接着剤を塗布して，加熱用被覆で接合部を覆い，接着剤を加熱硬化させる。これらの工法の成功は，複合材料のさまざまな工業用組立工法に接着接合が適用されてきたことを示している。

2つ目の例は，フリゲート艦の鋼製船殻と複合材料構造の接合である。複合材料を導入する際，

図 16.9　複合材料パイプラインを組立てるための接着剤による接合

（A）管の末端の機械加工と乾燥，（B）接着剤の塗布，（C）組立て，（D）締め付けと硬化（加熱用被覆）

既存の金属製構造物との接合がしばしば求められる。ラファイエット級フリゲート艦（艦底構造は溶接により接合されている）のために開発された特許化された接合方法がある（**図 16.10**）。この適用例については他の文献に詳しく解説されている[58-61]。

これは，複合材料の利点（この場合は軽量化とステルス性）と，溶接性や低価格といった従来の鉄鋼の利点を組み合わせた良い例である。

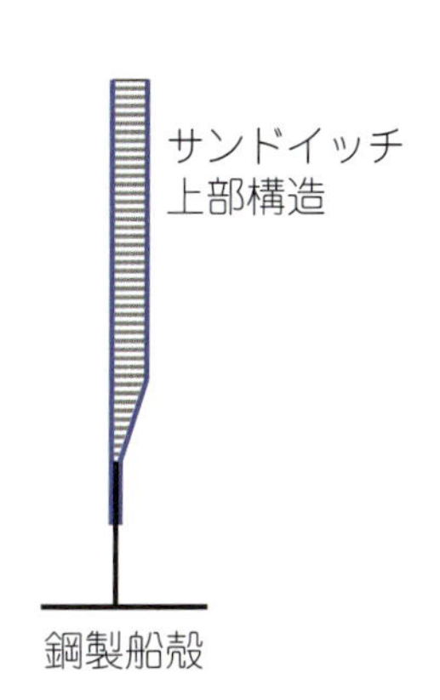

図 16.10　金属と複合材料の船殻/上部構造の接続部

最後の例は，補強したサンドイッチパネルである。これらは，サンドイッチ構造における表面材とコア材との大面積接着部，ならびに表面材と補強材との小面積接着部の組み合わせの複雑な構造部材である。このような構造部材は輸送分野への適用例が多い。ここで 3 つの例を示す。まず**図 16.11**A は，バルサ材とガラス繊維強化複合材料のサンドイッチパネルに，発泡剤を用いて手作業で積層した補強材である。別の方法としてはパネルと補強材を別々に製作し，それらを接着接合する。この設計の例が図 16.11B である。ここでは連続式引抜成形法を用いた補強材を用いている。このことについては Davies らによる詳しい解説がある[5,56]。図 16.11C に示す 3 つ目の例は，炭素繊維強化複合材料のハニカムサンドイッチパネルと補強材を真空バック下で接着接合した構造部材である。

サンドイッチパネルについては，界面挙動に関するいくつかの研究が発表されている。直面する問題はコア材の種類や製作時の状況に大きく依存している。バルサ材は水分にとても敏感で，

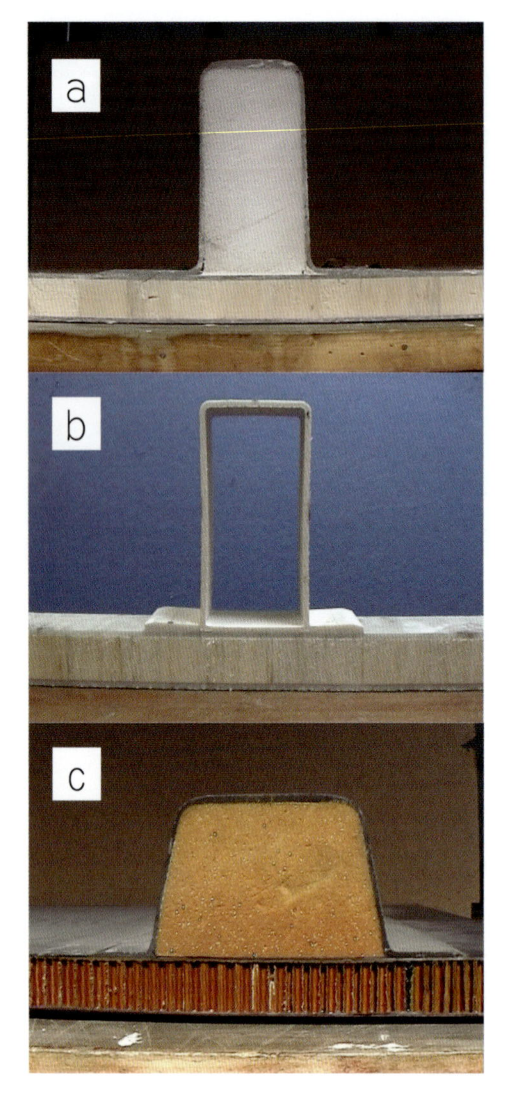

図 16.11　補強されたサンドイッチ構造パネルの断面

（A）ガラス繊維複合材料/バルサ材のサンドイッチ構造材の上に従来の積層した補強材（ハンドレイアップ），（B）ガラス繊維複合材料/バルサ材のサンドイッチ構造材上に接着された連続式引抜成形材，（C）ハニカムサンドイッチ材の炭素繊維強化複合材料製補強材

一般的には樹脂が過剰に染み込まないように下塗りが必要である。複合材料とハニカムのサンドイッチ構造材の界面はより複雑になる。なぜなら**図 16.12** に示すように，ハニカムのセルが接着剤のフィレットよりもずっと大きいためである。このような接合部はき裂進展に大きな影響を与える。複合材料の継手強度は接着剤のフィレットにより大きな影響を受けることが過去に報告されている。このことは特に驚くべきことではない[62]。実際のところ，図 16.4 に示すフィレット付きせん断単純継手試験片は，フィレットを除去した同じ形状の試験片に比べて，破壊荷重が 50% 以上増加した。フィレットの大きさは成形温度での接着剤の粘性に依存しているのみならず，濡

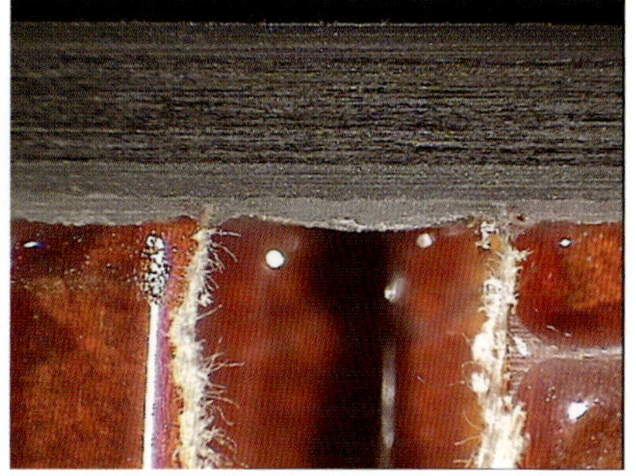

図 16.12 表面材とハニカム材の界面における接着剤の例

（A）1 mm 厚の表面材，大きな樹脂の凹凸，（B）2.5 mm 厚の表面材，ハニカム材の濡れは少ない

れ性やハニカムの形状，ならびに複合材料パネル表面材の剛性にも依存する。

これらの領域は水分にも敏感であり，中性子イメージングなどの高度な技術を使用して，水分の存在を突き止めた[63]。複合材料パネルの補強材と表面材の界面に関しては，最近いくつかの研究がある。例えば，Shenoi らはシルクハット型補強材と T 型補強材の解析を行い[64,65]，破壊機構を調べるため応力基準による解析と破壊力学的手法の双方を用いた。この実験では，破損の原因は補強材と表面材の界面よりも積層材の湾曲部分における層間剥離であった。

海洋構造物においては認定団体の規則で補強材の設計に関する指針がある。それらの多くは鉱石運搬船のために開発された設計基準に基づいている。例えば，フランジの重なりとその半径の最小値が決められている。Smith は早くからこの内容をまとめて著述している[66]。

Minguet らは航空宇宙用途のストリンガーの剥離の解析に破壊力学的手法を適用した[67,68]。

16.8 耐久性と長期にわたる性能

接着剤の長期的な挙動に関する懸念は，特に環境の影響に関して，接着接合の採用を制限する主な要因の 1 つとされている。それゆえ，このテーマに対する注目は大きい。耐久性を調べるために，ボーイング・ウェッジ試験のような特別な試験法が開発されてきた。しかし，それらの試験は表面処理や接着剤硬化の問題を定量的よりもむしろ定性的に示しがちである[14]。Kinloch は寿命予測手法について概観した[69]。最近では Crocombe が耐久性の影響がどれほどモデリングツールに反映されているかを示し，接着したアルミニウム[70]ならびに複合材料/アルミニウムの接合[71]について環境による劣化の予測に成功した。Bordes は，接合された鋼製被着体の耐久性について研究した[72]。まず，拡散動力学と接着剤の機械的特性の劣化を支配する機構を特徴付けた。そして，これら 2 つのデータセットを連成有限要素（FE）解析に使用し，経年変化前後の接着構造における応力状態を求めた。

複合材料の接着に関しては，水分が特に厚み方向の特性に悪い影響を及ぼす。複合材料における拡散の異方性によって解析は複雑となり，複合材料を介した水分の侵入は，基材または複合材料/接着剤界面のいずれかを劣化させる可能性がある。複合材料と鋼材を組合せた場合について，その例を**図 16.13** に示す[73]。

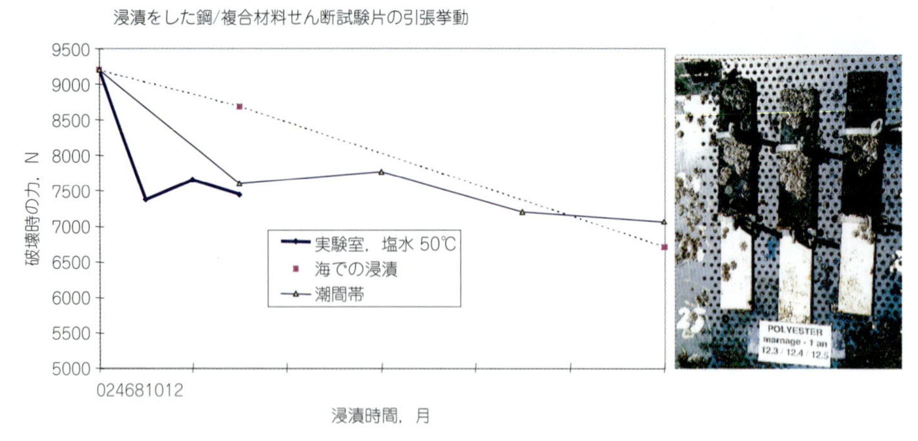

図 16.13　鋼とガラス繊維強化ポリエステル複合材料の接着強度に及ぼす湿潤環境の影響

延性エポキシ接着剤：挿入写真は，潮間帯で 12ヵ月経過した試験片

負荷しつつ水中浸漬を行うと破壊機構は変化する可能性がある。図 16.13 に示す試験片は，浸漬中に大きな負荷を加えたところ複合材料内で破壊し，小さな負荷では鋼と接着剤の界面で破壊した[74]。このことは，複数の破壊機構が存在するような部品においては長期間にわたる予測が困難であることを強調している。

炭素繊維強化複合材料を他の材料と接合した部品では電気化学的な組合せにより卑な材料において劣化が生じやすく，このことも併せて考慮しなければならない[75,76]。特に海洋構造物では，このような影響を防ぐための配慮が必要である。

16.9　将来の動向

航空宇宙産業における構造用接着剤の適用はまだ限定的であるが，自動車産業での使用は大幅に増加してきている。特に，自動車の寿命が尽きたときに簡単に解体できる組立てが求められており[77]，このことが開発の焦点となっている。例えば，酸化鉄ナノフィラーを用いた接着剤の誘導加熱など，接合部を加熱して分離する新しい方法が研究されている[78]。環境への関心が高まるにつれ，このような要求は他の産業用接着にも拡大する可能性がある。

近年，設計の観点から，より効率的な数値解析を可能にするため，界面モデルや接合部の重要な領域におけるコヘッシブゾーンの表現に重点を置いた開発が行われている。この分野の最近の開発についていくつかの総説がある[79-81]。また，長期的な機械的特性を考慮した，より複雑な接着剤の挙動法則も開発されている（例えば，文献 82)）。

材料開発に関しては，これまで見てきたように接着接合した複合材料の強度は，複合材料自身の厚さ方向の強度により，多くの場合決まっている。この強度を高めるために多くの開発が行われてきた。PEEK などの強靭な熱可塑性樹脂をマトリックスとして使用するのは方法の 1 つであり，これによって新しい融着技術も適用できる可能性もある[83,84]。マトリックス樹脂の局所的な加熱や低融点の熱可塑性フィルムの挿入により優れた接着強度と修理性がもたらされる可能性もある。この分野ではかなりの研究がなされているが，今のところ適用例はほとんど報告されていない。また，表面を溶剤で処理することで，異種複合材料の接合における接着強度を向上させることができる場合がある[85]。

従来の熱硬化性複合材料に適用できる，代替的で非常に有望な方法は複合材料を局所的にその厚み方向に強化することである。編むということは1つの方法であり，複合材料の剥離抵抗を高めることが以前から示されている（例えば文献86)）。より最近の適用例では複合材料の接着接合も含んでいる[87]。厚さ方向を強化するための異なる方法としてZピン法が知られている[88]。この手法ではプリプレグやウェットタイプの積層物に超音波振動を使って補強ピン（Z-fibers™）を挿入する。これは補強材の接着にも適用できる。**図16.14**はシルクハット型補強材の接合部にこのピンを適用した例である。

ピン打ちは補強材の周囲や積層物の端面といった面外方向荷重が想定される部分に選択的に行われ，接合強度を一桁向上させることが期待できる。**図16.15**はDCB（二重片持ちばり）試験片

図16.14　未硬化の補強材の重なり部分に超音波ガンを用いて炭素繊維Zピンを適用した例

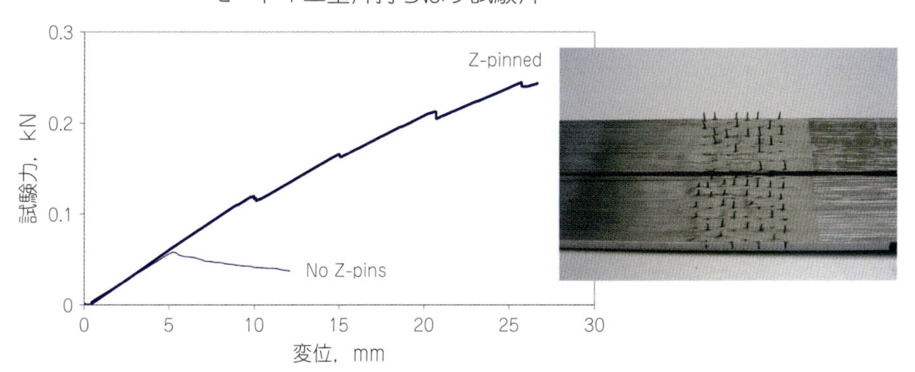

図16.15　ピンがある場合とない場合のDCB炭素繊維/エポキシ複合材料におけるモードⅠ試験で得られた荷重-変位線図の例

挿入写真は，ピンを打った試験片の破断面

にピンを打ち，その部分をき裂が進展する際に必要な荷重が増加した例である。写真は，き裂が進展し破壊した後の破面である。突き出したピンをはっきり確認でき，引き抜いている間の抵抗に打ち勝つだけのエネルギーが散逸されている。ピンの直径や密度など，特定の用途に合わせて調整できるパラメータがいくつかある。これらを最適化すると，ピンを打った領域の破断させるエネルギーは十分大きくなり，き裂の進展が完全に阻止される。

このようなピンを打った材料の破壊機構を理解するためにCranfield大学で開発が進められている[89-91]。

厚さ方向のピン打ちは，構造物の「ホットスポット」にのみ補強材を追加する最も効果的な補強方法の1つであると考えられ[89]，今後さらに普及することが期待される。もう1つの製品は，*X-cor*™というサンドイッチ構造材で，これもピンが打たれている。サンドイッチ構造材の界面にき裂が進展することを絶対に阻止すべき事例で，重量が問題となる場合に使用できるかもしれない[88,92-94]。この場合も，重要な部分には局所的に厚さ方向の補強が施される可能性がある。最後に，金属製の被着体にピンを加工することも可能であり，この方法が提案されている（例えば，文献95））。厚さ方向のピン止め方法に関する最近の概要は文献に記載されている[96]。

16.10　情報源

複合材料の接着接合に関する情報源は多数存在する。インターネットは迅速にデータを検索でき便利である。接着剤メーカーは表面処理や機械的性質，設計についての指針を提供している。複合材料に関する情報が得られる便利なサイトは，

http://www.loctite.com/

http://www.adhesives.vantico.com/ourProducts/compositeBonding/composite_bonding.rhtm

https://www.3m.com/3M/en_US/suppliers-direct/global-landing/

http://www.permabond.com

などである。

接着継手の性能に関する多くの背景情報は，AEA TechnologyのDTIプロジェクト1992-1995，測定技術・規格プログラムの最終報告書に掲載されている。

オックスフォード・ブルックス大学（英国）が管理するDOGMAプロジェクトは，複合材設計を含む材料組立の多くの側面を調査した。

ノルウェーのDNVが実施した海洋用途の複合材料の接着に関する2つの欧州プロジェクトは，EUCLIDプロジェクトRTP 3.21とBondshipプロジェクトである。これら2つのプロジェクトの成果は，2004年にロンドンの機械技術者協会が発行する海洋環境工学ジャーナルの特別版に掲載された。

このテーマを扱った書籍には以下のものがある。

—Composites bonding, ASTM STP 1227, edited by Damico DJ, Wilkinson TL, Niks SFL, 1993

—Joining and Repair of Composite Structures ASTM STP 1455. Edited by H. Kim and K. Kedward, 2004

—Joining composites with adhesives, Wahab MA: Theory and applications, DEStech publications, 2015

複合材料アセンブリの設計について論じた，より一般的な文献には以下のものがある。

—Tong L, Steven GP, Analysis and Design of Structural Bonded Joints, Kluwer Academic Press, 1999

—Dillard D, editor, Advances in structural adhesive bonding, Woodhead publishers, 2010

—da Silva LFM, Öchsner A, Adams RD. (Eds.), Handbook of Adhesion Technology, Springer, 2011

謝　辞

図16.9についてはAmeron社のJ. Steen氏とR. Hofstede氏に，図16.15の写真についてはCoriolis社のD. Cartié氏に謝意を表する。

文　献

1) O. Allix, P. Ladevèze, Interlaminar interface modelling for prediction of delamination, Compos. Struct. 22 (1992) 235-242.

2) O. Allix, D. Lev^eque, L. Perret, Identification and forecast of delamination in Composite laminates by an interlaminar interface model, Compos. Sci. Technol. 58 (1998) 671-678.

3) M. J. Hinton, A. S. Kaddour, P. D. Soden, A comparison of the predictive capabilities of current failure theories for composite laminates, judged against experimental evidence, Compos. Sci. Technol. 62 (2002) 1725-1797.

4) P. D. Soden, M. J. Hinton, A. S. Kaddour, A comparison of predictive capabilities of current failure theories for composite laminates, Compos. Sci. Technol. 58 (7) (1998) 1225-1254.

5) P. Davies, D. Choqueuse, B. Bigourdan, C. Gauthier, R. Joannic, P. Parneix, J. L'hostis, Design, manufacture and testing of stiffened panels for marine structures using adhesively-bonded pultruded sections, J. Eng. Maritime Environ. (2004) 227-234.

6) M. J. Lodeiro, W. R. Broughton, G. D. Sims, Understanding the limitations of throughthickness test methods, in: Proc. 4th European Conf. on Composites Testing and Standardisation, Lisbon, Inst. of Materials London, September 1998, pp. 80-90.

7) P. Davies, H. Loaec, S. Reynaud, A. Ferreira, M. Hentinen, M. Hildebrand, M. Mustakangas, R. Gaarder, F. Carli, I. J. van Straalen, J. P. Sargent, R. D. Adams, J. Broughton, A. Beevers, Failure of bonded glass/epoxy composite joints: A benchmark study and correlation with test results, in: Proc. SAE6, Bristol, July 2001, pp. 233-237.

8) M. Papini, G. Fernlund, J. K. Spelt, The effect of geometry on the fracture of adhesive joints, Int. J. Adhes. Adhes. 14 (1) (1994) 5-13.

9) F. Ducept, P. Davies, Gamby D mixed mode failure criteria for a glass/epoxy composite and an adhesively bonded composite/composite joint, Int. J. Adhes. Adhes. 20 (3) (2000) 233-244.

10) J. Y. Elegoet, PhDsis, Approche mumerique et experimentale pour l'etude du comportement et de la tenue de liaisons collees de materiaux composites, CTA, Paris, June 2000.

11) J. R. J. Wingfield, Treatment of composite surfaces for adhesive bonding, Int. J. Adhes. Adhes. 13 (1993) 151-156.

12) A. J. Kinloch, Adhesion and Adhesives, Chapman & Hall, 1987.

13) M. Kanerva, O. Saarela, The peel ply surface treatment for adhesive bonding of composites: a review, Int. J. Adhes. Adhes. 43 (2013) 60-69.

14) L. J. Hart-Smith, A peel-type test coupon to assess interfaces in bonded, co-bonded and cocured composite structures, Int. J. Adhes. Adhes. 19 (1999) 181-191.

15) L. J. Hart-Smith, Adhesive bonding of composite

structures – Progress to date and some remaining challenges, J. Compos. Technol. Res. 24 (3) (July 2002) 133-153.
16) J. W. Chin, J. P. Wightman, Surface pretreatment and adhesive bonding of carbon fiber reinforced epoxy composites, in: ASTM STP, vol. 1227, American Society for Testing and Materials, 1994, pp. 1-16.
17) W. S. Johnson, S. Mall, Influence of interface ply orientation on fatigue damage of adhesively bonded composite joints, Compos. Technol. Rev. 8 (Spring 1986) 3-7.
18) A. Roy, Comportement mecanique en sollicitations monotone et cyclique d'assemblages colles composite-composite et composite-acier, PhD thesis, ENSMA/Universite de Poitiers, 1994.
19) American Society for Testing and Materials ASTM, Annual Book of Standards, Volume 15.06 Adhesives, 2020
20) L. Arcan, M. Arcan, I. M. Daniel, SEM fractography of pure and mixed mode interlaminar fracture in graphite/epoxy composites, in: ASTM STP, vol. 948, American Society for Testing and Materials, 1987, pp. 41-47.
21) L. Sohier, J. Y. Cognard, P. Davies, Analysis of mechanical behaviour of adhesively bonded assemblies of composites under tensile-shear out-of-plane loads, Compos. Part A 53 (2013) 65-74.
22) J.-Y. Cognard, P. Davies, B. Gineste, L. Sohier, Development of an improved adhesive test method for composite assembly design, Compos. Sci. Technol. 65 (3-4) (2005) 359 368.
23) S. Mespoulet, J. M. Hodgkinson, F. L. Matthews, D. Hitchings, P. Robinson, A novel test method to determine the though thickness tensile properties of long fibre reinforced composites, in: Proc ECCM7, vol. 2, Woodhead, 1996, pp. 131-137.
24) J.-Y. Cognard, L. Sohier, P. Davies, A modified Arcan test to analyze of composites and their assemblies under out-of-plane loadings, Compos. Part A 42 (2011) 111-121.
25) B. R. K. Blackman, A. J. Kinloch, M. Paraschi, The failure of adhesive joints under modes I and II loading, in: Proc. SAE6, Bristol, July 2001, pp. 103-106.
26) B. R. K. Blackman, A. J. Kinloch, Determination of the mode I adhesive fracture energy G_{Ic} of structural adhesives using the double cantilever beam (DCB) and tapered double cantilever beam (TDCB) specimens, ESIS TC4 protocol 2000, also BS 7991, in: D. R. Moore, A. Pavan, J. G. Williams (Eds.), Fracture Mechanics Testing Methods For Polymers, Adhesives And Composites, Elsevier, 2001, pp. 225-267. ESIS Publication 28.
27) I. A. Ashcroft, D. J. Hughes, S. J. Shaw, Mode I fracture of epoxy Bonded Composite Joint, part I quasi-static loading, Int. J. Adhes. Adhes. 21 (2001) 87-99.
28) M. F. S. F. De Moura, J. P. M. Goncalves, J. A. G. Chousal, R. D. S. G. Campilho, Cohesive and continuum mixed-mode damage models applied to simulation of mechanical behavior of bonded joint, Int. J. Adhes. Adhes. 28 (8) (2008) 419-426.
29) C. Shet, N. Chandra, Analysis of energy balance when using cohesive zone models to simulation fracture processes, J. Eng. Mater. Technol. 124 (4) (2002) 442-450.
30) G. F. Dias, M. F. S. F. de Moura, J. A. G. Chousal, J. Xavier, Cohesive laws of Composite Bonded Joint under mode I loading, Compos. Struct. 106 (2013) 646-652.
31) R. M. R. P. Fernandes, J. A. G. Chousal, M. F. S. F. de Moura, J. Xavier, Determination of cohesive laws of composite bonded joints under mode II loading, Compos. Part B 52 (2013) 269-274.
32) S. Li, M. D. Thouless, A. M. Waas, J. A. Schroeder, P. D. Zavattieri, Use of mode-I cohesive-zone models to describe the fracture of an adhesively-bonded polymer-matrix composite, Compos. Sci. Technol. 65 (2) (2005) 281-293.
33) J. P. M. Goncalves, M. F. S. F. de Moura, P. M. S. T. de Castro, A three-dimensional finite element model for stress analysis of adhesive joints, Int. J. Adhes. Adhes. 22 (2002) 357-365.
34) P. C. Pandey, S. Narasimhan, Three-dimensional nonlinear analysis of adhesively bonded lap joints considering viscoplasticity in adhesives, Comput. Struct. 79 (2001) 769-783.
35) W. J. Cantwell, P. Davies, A test technique for assessing skin/core adhesion on sandwich composite structures, J. Mater. Sci. Lett. 13 (1994) 203.
36) W. J. Cantwell, P. Davies, A study of skin-core adhesion in glass fibre reinforced sandwich materials, Appl. Compos. Mater. 3 (1996) 407-420.
37) J. G. Ratcliffe, J. R. Reeder, Sizing a single cantilever beam specimen for characterizing facesheet—core debonding in sandwich structure, J. Compos. Mater. 45 (25) (2011).
38) L. A. Carlsson, L. S. Sendlein, S. L. Merry,

Characterization of face/core shear fracture of composite materials, J. Compos. Mater. 25 (1991) 101.

39) X. Li, L. A. Carlsson, The tilted sandwich debond (TSD) specimen for face/core interface fracture characterization, J. Sandw. Struct. Mater. 1 (1999) 60-75.

40) J. R. Reeder, J. R. Crews Jr., Mixed-mode bending method for delamination testing, AIAA J. 28 (7) (1990) 1270-1276.

41) C. Berggreen, B. Hayman, Damage tolerance assessment of naval sandwich structures with face-core debonds, in: S. W. Lee (Ed.), Advances in thick section and composite structures, Springer, 2020, pp. 439-484.

42) A. Quispitupa, C. Berggreen, L. A. Carlsson, On analysis of the mixed mode bending Sandwich specimen for debond fracture characterization, Eng. Fract. Mech. 76 (4) (2009) 594-613.

43) R. S. Court, M. P. F. Sutcliffe, S. M. Tavakoli, Aging of adhesively bonded joints――fracture and failure analysis using video imaging techniques, Int. J. Adhes. Adhes. 21 (6) (2001) 455-463.

44) J. Kosmann, O. Volkerink, M. J. Schollerer, D. Holzhuter, C. Huhne, Digital image correlation strain measurement of thick adherend shear test specimen joined with an epoxy film adhesive, Int. J. Adhes. Adhes. 90 (2019) 32-37.

45) S. Roux, J. Rethore, F. Hild, Recent progress in digital image correlation: From measurement to mechanical identification, 2008, in: 6th Int Conf on Inverse Problems in Engineering, Journal of Physics: Conference Series, vol. 135, IOP Publishing Ltd, Dourdan, Paris, France, June 2008, pp. 15-19.

46) S. S. Strestha, A. Poudel, T. P. Chu, Evaluation of composite adhesive joints using digital image correlation, in: Conference: ASNT 24th Research Symposium, March 2015.

47) R. L. Vijaya Kumar, M. R. Bhat, C. R. L. Murthy, Evaluation of kissing bond in composite adhesive lap joint using digital image correlation: preliminary studies, Int. J. Adhes. Adhes. 42 (2013) 60-68.

48) J. J. Andrew, V. Arumugam, D. J. Bull, H. N. Dhakal, Residual strength and damage characterization of repaired glass/epoxy composite laminates using A. E. and D. I. C, Compos. Struct. 15 (2016) 124-139.

49) M. A. Caminero, M. Lopez-Pedrosa, C. Pinna, C. Soutis, Damage monitoring and analysis of composite laminates with an open hole and adhesively bonded repairs using digital image correlation, Compos. Part B 53 (2013) 76-91.

50) P. Davies, L. Sohier, J. Y. Cognard, A. Bourmaud, D. Choqueuse, E. Rinnert, R. Creac'hcadec, Influence of adhesive bond line thickness on joint strength, Int. J. Adhes. Adhes. 29 (7) (2009) 724-736.

51) S. Mall, G. Ramamurthy, Effect of bond thickness on fracture and fatigue strength of adhesively bonded composite joints, Int. J. Adhes. Adhes. 9 (1) (1989) 33-37.

52) A. A. Taib, R. Boukhili, S. Achiou, S. Gordon, H. Boukehili, Bonded joints with composite adherends. Part 1. Effect of specimen configuration, adhesive thickness, spew fillet and adherend stiffness on fracture, Int. J. Adhes. Adhes. 26 (2006) 226-236.

53) W. D. Bascom, R. L. Cottington, R. L. Jones, P. Peyser, The fracture of epoxy- and elastomer-modified epoxy polymers in bulk and as adhesives, J. Appl. Polymer Sci. 19 (1975) 2545-2562.

54) A. J. Kinloch, S. J. Shaw, The fracture resistance of a toughened epoxy adhesive, J. Adhes. 12 (1981) 59-77.

55) A. J. Kinloch, D. R. Moore, The influence of adhesive bond line thickness on toughness of adhesive joints, in: D. R. Moore (Ed.), The Application of Fracture Mechanics to Polymers, Adhesives and Composites, Elsevier, 2004, pp. 149-155.

56) P. Davies, J. P. Sargent, Fracture mechanics tests to characterize bonded glass/epoxy composites: application to strength prediction of structural assemblies, in: Proc. 3rd ESIS Conference on Fracture of Polymers, Composites and Adhesives, Elsevier, 2003.

57) Ameron, Assembly Instructions for Quick-Lock Adhesive Bonded Joint, 1997. http://ftp.smt-epocal.com/document/Notice_jointcolleE.pdf.

58) J. Cao, J. L. Grenestedt, Test of a redesigned glass-fiber reinforced vinylester to steel joint for use between a naval GRP superstructure and the steel hull, Compos. Struct. 60 (4) (2003) 439-445.

59) S. M. Clifford, C. I. C. Manger, T. W. Clyne, Characterisation of glass-fibre reinforced vinylester to steel joint for use between a naval GRP superstructure and steel hull, Compos. Struct. 57 (2002) 59-66.

60) J. Y. LeLan, P. Parneix, P. L. Gueguen, Composite

material superstructures, in: Proc. 3rd Ifremer Conference on Nautical Construction with Composites, IFREMER Publication 15, 1992, pp. 399-411.
61) A. P. Mouritz, E. Gellert, P. Burchill, K. Challis, Review of advanced composite structures for naval ships and submarines, Compos. Struct. 53 (2001) 21-42.
62) R. D. Adams, J. Comyn, W. C. Wake, Structural Adhesive Joints in Engineering, second ed., Chapman & Hall, 1997.
63) P. C. Hungler, L. G. I. Bennett, W. J. Lewis, M. B. Schulz Schillinger, Neutron imaging inspections of composite honeycomb adhesive bond, Nuclear Instrum. Methods Phys. Res. Sect. A 651 (121) (2011) 250-252.
64) H. J. Phillips, R. A. Shenoi, C. E. Moss, Damage mechanics of top hat stiffeners used in FRP ship construction, Mar. Struct. 12 (1999) 1-19.
65) R. A. Shenoi, P. J. C. L. Read, G. L. Hawkins, Fatigue failure mechanisms in fibre reinforced plastic laminated tee joints, Int. J. Fatigue 17 (6) (1995) 415-426.
66) C. S. Smith, Design of Marine Structures in Composite Materials, Elsevier Applied Science, London, 1990.
67) R. Krueger, J. G. Ratcliffe, P. Minguet, Panel/stiffener debonding analysis using a shell/3D modelling technique, in: Proc ICCM16, 2007. Kyoto, Japan.
68) P. J. A. Minguet, T. K. O'Brien, Analysis of composite/stringer bond failure using a strain energy release rate approach, in: ICCM10, Vol. I, 1995, pp. 245-252.
69) A. J. Kinloch, Predicting Lifetime of Adhesive Joint in Hostile Environments, MTS Adhesives Project, Report 5, DTI, 1994.
70) A. D. Crocombe, Durability modelling concepts and tools for cohesive environmental degradation of bonded structures, Int. J. Adhes. Adhes. 17 (1997) 229-238.
71) C. D. M. Liljedahl, A. D. Crocombe, M. A. Wahab, I. A. Ashcroft, Modelling environmental degradation of adhesively bonded aluminium and composite joints using a CZM approach, Int. J. Adhes. Adhes. 27 (6) (2007) 505-518.
72) M. Bordes, P. Davies, J.-Y. Cognard, L. Sohier, V. Sauvant-Moynot, J. Galy, Prediction of long term strength of adhesively bonded steel/epoxy joints in sea water, Int. J. Adhes. Adhes. 29 (6) (2009) 595-608.
73) P. Davies, A. Roy, E. Gontcharova, J.-L. Gacougnolle, Accelerated marine aging of composites and composite/metal joints, in: Proc. DURACOSYS, Balkema, 1999, p. 253.
74) A. Roy, E. Gontcharova, J.-L. Gacougnolle, P. Davies, Hygrothermal effects on failure mechanisms in composite/steel bonded joints, in: ASTM STP, vol. 1357, American Society for Testing and Materials, 2000, pp. 353-371.
75) R. Brown, S. Ghiorse, J. Qin, R. Shuford, The effect of carbon fiber type on the electrochemical degradation of carbon fiber polymer composite, in: Proc. Corrosion 95, NACE, 1995. paper 275.
76) Z. Liu, M. Curioni, P. Jamshidi, A. Walker, P. Prengnell, G. E. Thompson, P. Skeldon, Electrochemical characteristics of a carbon fibre composite and the associated galvanic effects with aluminium alloys, Appl. Surf. Sci. 314 (2014) 233-240.
77) Y. Lu, J. Broughton, P. Winfield, A review of innovations in disbonding techniques for repair and recycling of automobile vehicle, Int. J. Adhes. Adhes. 50 (2014) 119-127.
78) R. Ciardiello, G. Belingardi, B. Martorana, V. Brunella, Physical and mechanical properties of a reversible adhesive for automotive applications, Int. J. Adhes. Adhes. 89 (2019) 117-128.
79) B. R. K. Blackman, H. Hadavinia, A. J. Kinloch, J. G. Williams, The use of a cohesive zone model to study the fracture of fibre composites and adhesively-bonded joints, Int. J. Fract. 119 (2003) 25-46.
80) N. P. Lavalette, O. K. Bergsma, D. Zarouchas, et al., Comparative study of adhesive joint designs for composite trusses based on numerical models, Appl. Adhes. Sci. 5 (2017) 20.
81) Y. Mi, M. A. Crisfield, G. A. O. Davies, H. B. Hellweg, Progressive delamination using interface elements, J. Compos. Mater. 32 (14) (1998) 1246-1272.
82) A. Ilioni, C. Badulescu, N. Carrere, P. Davies, D. Thevenet, A viscoelastic-viscoplastic model to describe creep and strain rate effects on the mechanical behaviour of adhesively-bonded assemblies, Int. J. Adhes. Adhes. 82 (2018) 184-195.
83) C. Ageorges, L. Ye, M. Hou, Advances in fusion bonding techniques for joining thermoplastic matrix composites: a review, Compos. A: Appl. Sci. Manuf. 32 (6) (June 2001) 839-857.
84) P. Davies, W. J. Cantwell, P.-Y. Jar, P.-E. Bourban, V. Zysman, H. H. Kausch, Joining and repair of a carbon fibre-reinforced thermoplastic, Composites 22 (6) (November 1991) 425-

431.
85) J. Zhang, M. De Souza, C. Creighton, R. J. Varley, New approaches to bonding dissimilar thermoplastic and thermoset composites, Compos. Part A 133 (2020) 105870.
86) T. R. Guess, E. D. Reedy, Comparison of interlocked fabric and laminated fabric Kevlar 49/ epoxy composites, J. Compos. Technol. Res. 7 (4) (1985) 136.
87) L. Tong, L. K. Jain, Analysis of adhesive bonded composite lap joint with transverse stitching, Appl. Compos. Mater. 6 (1995) 343–365.
88) I. K. Partridge, D. D. R. Cartie, T. Bonnington, Manufacture and performance of Z-pinned composites, in: S. Advani, G. Shonaike (Eds.), Advanced Polymeric Materials: Structure-Property Relationships, CRC Press, 2003 (Chapter 3).
89) D. D. R. Cartie, Effect of Z-Fibres™ on Delamination Behaviour of Carbon Fibre/ Epoxy Laminates, PhDsis, Cranfield University, UK, 2000.
90) D. D. R. Cartie, G. Dell'Anno, E. Poulin, I. K. Partridge, 3D reinforcement of stiffener-toskin T-joints by Z-pinning and tufting, Eng. Fract. Mech. 73 (16) (2006) 2532–2540.
91) D. D. R. Cartie, J.-M. Laffaille, I. K. Partridge, A. J. Brunner, Fatigue delamination behaviour of unidirectional carbon fibre/epoxy laminates reinforced by Z-Fiber® pinning, Eng. Fract. Mech. 76 (18) (2009) 2834–2845.
92) D. D. R. Cartie, N. Fleck, The effect of pin reinforcement upon the through thickness compressive strength of foam-cored sandwich panels, Compos. Sci. Technol. 63 (2003) 2401–2409.
93) A. I. Marasco, D. D. R. Cartie, I. K. Partridge, A. Rezai, Mechanical properties balance in novel Z-pinned sandwich panels: out-of-pplane properties, Compos. Part A 37 (2) (2006) 295–302.
94) A. N. Palazotto, L. N. B. Gummadi, U. K. Vaidya, E. J. Herup, Low velocity impact damage characteristics of Z-fibre reinforced sandwich panels – an experimental study, Compos. Struct. 43 (1999) 275–288.
95) P. N. Parkes, R. Butler, J. Meyer, A. de Oliveira, Static strength of metal-composite joint with penetrative reinforcement, Compos. Struct. 118 (2014) 250–256.
96) N. Sarantinos, S. Tsantzalis, S. Ucsnik, V. Kostopoulos, Review of through-the-thickness reinforced composites in joints, Compos. Struct. 229 (2019) 111404.

追加文献

—D. Brewis, Surface Analysis and Pretreatment of Plastics and Metals, Applied Science publishers, 1982.
—R. J. Lee, J. C. McCarthy, Design of bonded structures (Chapter 8), in: Advanced Composites, Elsevier, 1989.
—S. Li, M. D. Thouless, A. M. Waas, J. A. Schroeder, P. D. Zavattieri, Mixed-mode cohesive-zone models for fracture of an adhesively bonded polymer-matrix composite, Eng. Fract. Mech. 73 (1) (2006) 64–78.

〈訳：小熊　博幸〉

第17章　建築および建設用の鋼とアルミニウム

Till Vallée and Matthias Albiez

17.1　はじめに

鉄[1,2]，その後の構造用鋼材[3]が土木工学分野で確立されて以来，2つの主要な接合技術が広く用いられてきた。機械的接合としては，最初にリベット接合が使用され[4]，その後，高力ボルトが用いられている。もう1つの接合技術として溶接接合[5]が用いられている。接合技術の本質としては，同様な接合が土木工学分野のアルミニウムにも用いられている[6,7]。ここ数十年，土木工学用途を含め，あらゆる形態の機械的接合技術に，接着剤を用いた接合[8]が用いられている[9,10]。本章は，接着剤による接合に特化した書籍の一部であり，機械的接合や溶接接合と比較した場合の，接着接合が有する多くの利点をさらに詳しく説明する必要はないので，鋼構造とアルミニウム構造の接着接合について紹介する。

鋼構造物の接合技術としての接着は，1950年後半には高力ボルトと接着剤層からなるハイブリッド継手として利用されていた[11,12]。当時に建設された構造物（**図17.1**）の一部は2020年現在も現役で使用されており，最近も，この話題が再燃している[13,14]。近年，従来の鋼構造物の接着接合に関する研究は，Albiezらによって報告されている[15,16]。この研究では，一連の円形中空鋼管（CHSまたは鋼管）について，接着剤の選択に関する適切な方法論の確立，大規模な構造実験の実施，および寸法設定のための数値モデルの提示など，広範囲に調査が行われている。文献15）に詳述されているように，これまでの研究は俯瞰され，いくつかの前例が導き出されている。さらに，Hashim[17]が，「[a］接着接合は，機械的接合や溶接接合と同様に，設計および材料に規定があり，接着接合を適用するには，それらの理解が必要になる」と強調したように，適切な接着剤の選択，接着剤の特性の決定と最適な使用，適した接合部の施工，接着接合の挙動の理解，および接着接合の許容荷重を推定する設計手法が含まれる。接着接合は，接着剤の特性に加

図17.1　ドイツ・マール市のボルトと接着を併用した鋼橋[11]

えて，接着表面とその状態が重要な役割を果たす接合技術である。前者は「凝集破壊」に関連することが多いが，接着表面やその状態，表面処理状態などは，接着科学では「接着破壊」と呼ばれる剥離に関係する。

鋼とアルミニウムの接着接合は，ある程度パラドックス的なテーマである。接着接合に関連する文献（後に抜粋して詳述）のほとんどが，他の材料（例えば，繊維強化樹脂[18-21]や木材[22-24]）に焦点を当てているが，ほとんどの接着剤の特性評価は，鋼またはアルミニウムを用いたシングルラップ接着継手のせん断試験の結果が用いられ，接着剤の材料特性のデータシートには，主にこれらの試験結果から得られる機械的性能が記載されている。本章では，鋼とアルミニウムからなる土木構造物の接着接合という特殊なトピックに脚光を当てることを目的とする。

17.2　接着剤選びの一般論

接着剤の選定は，構造物の接着結合を設計する上で最も重要なステップである。また，少なくとも土木技術者にとっては，最も困難なステップでもある。これは，接着剤の種類[25]が非常に多様であること（構造工学に最も関連するアクリル，エポキシ，ポリウレタン，シリコーンなど），1 液型（1K）と 2 液型（2K）があり，文字通り数千種類の製品が市販されていることだけが理由ではない。接着剤の持つさまざまな特性は，土木技術者にとって，これまでとは異なる難しさがある。ボルト接合部の寸法を決める（比較的簡単な力学で内部の応力を決定）のは，抵抗に関する知見（簡単な試験で得られる，あるいは基準化された値）と同様に容易である。さらに，ボルトは明確に標準化された等級と寸法が提供されている[26,27]。

しかし，接着接合の場合は，それほど単純ではない。まず，応力の決定が非常に難しく，抵抗値（接着剤の強度）も機械的接合のように明確ではない。また，接着剤には，後述する純粋な機械的性質のほかに，考慮しなければならない多くの性質がある。延性や脆性などの性質を除けば，鋼やアルミニウムは，ガラスなどの材料ほど厳しくなく，環境条件（特に使用温度），耐久性（温度，湿度，その他の環境要因），クリープ，加工性（例えば粘性に関する側面），接着工程（可使時間，養生時間など）といった性質を考慮しなければならない。そしてこれらは，ガラス転移温度，流動学，硬化速度論などの指標と関連するが，土木技術者はこれらに対して特別な知識が不足している。さらに複雑なことに，先に述べたほとんどの性質は，考慮する接着接合部の形状や寸法に大きく依存する。

また，接着前の表面処理の影響については，容易に測定基準を適用することができない。表面は清浄され油脂がない状態にしなければならない（溶剤洗浄を使用する）という大前提はあるが，被着体と接着剤の間の化学的・機械的結合の接着強度は，例えばグリットブラスト[29]，プラズマ[30]，レーザー[31]など，一連の表面処理方法[28]によって向上することも明らかにされている。これらの方法の効果は，一面せん断強度などを用いた直接的な比較，またはさまざまな技術（XPS，CA，FTIR など）により処理された供試体に生じる化学変化の分析によって評価されるが，そのほとんどが設計技術者に知られていない。実際の適用を考えると，すべての前処理方法が実施できるわけではなく，特に現場での適用では，施工管理の制約や，単に経済的な理由が考えられる。

鋼構造への接着接合の用途に対しては，耐久性の向上のために，ほぼすべての鋼材表面に亜鉛めっき[32]やポリマー塗装などの何らかのコーティングが施されていることから，さらに複雑な問題が生じる。どちらも，潜在的な障害層が含まれ，多くの場合，基材上の強度よりも弱い。溶融亜鉛めっき[9,10]への接着接合には特別な注意が必要であり，さらに溶融亜鉛めっきのプロセスの仕様にも依存する。例えば，「溶融めっき」[33]と「電気めっき」[34]の基材上の強度において，大きな違いが観察された。有機塗装上の接着強度は，常にではないが，鋼基材上の塗装の強度に依存することが多く[35,36]，塗装がない鋼材表面への接着と比較した場合，強度が著しく低下する。

そのため，実現可能な表面処理方法は，有機溶剤（アセトン，イソプロパノール，メチルエチルケトンなど）による脱脂のような比較的簡単な方法[37]から，特殊な化学エッチング（硝酸–リン酸溶液など，本章で後述する例を参照）まで多岐にわたる。金属製の被着体の表面粗さが増すことは，機械的なかみ合いの概念に基づく接着強度を高めるための一般的な選択肢である[38]が，表面が亜鉛めっきや塗装されている場合は，これらは利用できない。

これらの理由から，Rice[40]が，「ある接着用途に適切な接着剤を選択することは，時には大変な作業に見えることがある」と述べているように，このような材料選定のためのスクリーニングは，通常，考慮する必要がある主要材料とシステム要因を列挙することから始まる。すべてを網羅しているわけではないが，これらには，基材，接合部の形状，接着工程，および環境条件に関する情報が含まる。前述の各項目はいくつかの副課題に分かれており，その多くは実用的な問題に関連するが，この時点では詳細な説明は控える。

17.3 接着接合部の強度

鋼構造やアルミニウム構造を含む土木工学の設計の多くは，作用応力（S）が抵抗（R）よりも小さく（または等しく），$S \leqq R$となっていることを照査する。したがって，Eurocode 3（欧州の鋼構造物の設計を規定）を含むほとんどの現代の建設基準では，$S-R \leqq 0$があらかじめ定義されたレベル（または安全指数）を超える確率の観点から後者の不等式を再定義しており，接着接合部についてもこの特性が考慮されている[42,43]。実際の用途では，応力は通常，抵抗（R_d）と同様に，いわゆる設計値（S_d）で表される。S_dはSに安全係数（乗法的な部分）を乗じたもので，R_dはRを（同じく部分安全係数で）除して得られる。そして，照査は設計値のレベルとして，$S_d \leqq R_d$で表される。

接着接合の継手強度を推定する場合，継手に作用する応力を決定することが基本となる。このことは，応力を強度と比較する場合（応力ベース，またはSB）[44]，破壊エネルギーを臨界エネルギー解放率と比較する場合（破壊力学，またはFM）[45]，または表面の剥離を結合力で抵抗する場合（結合力モデリング，またはCZM）[46]にかかわらず当てはまる。コンピュータを使った解析が一般的になる前から，接着接合部の応力の推定には理論解析式を用いており，それらは徐々に複雑な式に発展してきた。最初の推定式は1940年後半にVolkersen[47]が提案し，その数年後にGolandとReissner[48]が拡張し，そして，多くの研究者が追随した[49,50]というのが一般的な見解である。しかし，接着接合部内の応力は，前述の単純化された理論解析式で適切に表現できないほど複雑で，高度に理想化された形状（主にシングルラップ接合[51]とダブルラップ接合[52]，一部鋼管接合[53]）や機械的性質（等方性の完全弾性または完全塑性）に対して，安全であるとは言い切れない。したがって，1994年にTsai and Morton[54]が，「半世紀にわたる多くの研究者の多大な努力にもかかわらず，論争と未解決の問題が残っている」と述べたときから，実質的にはほとんど変わっていない。

理論解析式を利用するための理想化された条件に合致しない接着接合を設計する場合，ほとんどの研究者や増えつつある設計技術者は，応力を算定するために数値解析手法を用いている。本章では，接着接合部の数値モデリングに関連するすべてのマイルストーンをレビューするつもりはないので，著者らは興味のある読者に文献55）を紹介している。数値モデリング，例えば有限要素解析（FEA）では，直交性[56]，塑性[57]，複雑な形状[16]，欠陥[58]，ハイブリッド接合[59]を考慮することができる。このようないくつかの複雑な条件は，理論解析式では十分に扱えていない。

作用応力が照査式$S \leqq R$の左辺を表すのに対し，右辺は抵抗値となる。抵抗値は，単軸引張試験における引張強度や，典型的な一面せん断試験におけるせん断強度など，1つの応力成分に対して決定されることがほとんどである。しかし，ほとんどすべての接着接合部は，文献19）の引抜成形被着体のダブルラップ接合，文献60）のロッドの接着，文献16）の接着鋼管などのように，複数の応力成分を同時に含んでいる。その結果，抵抗値は，少なくとも最も関連性の高い応力成分に，さまざまな応力状態の組み合わせが考慮されて決定されなければならない。このような試験は，より複雑で，特定の実験装置を必要とする。このような装置の例とし，応力を中心としたいくつかの例を挙げると，文献18）の特別に設計されたせん断引張装置，文献61）のアルカン装置のすべてのバリエーション，文献62）の軸ずれ載荷試験，文献63）の接着剤接合部の混合モード破壊特性評価用の特定の試験などがある。

抵抗強度の特性値に2つかそれ以上の応力成分が関与している場合，後者は通常，破壊基準として表現され，関連する作用応力と抵抗強度を不等式に結びつける，解析的な表現となる[64]。破壊基準に関する文献は広範囲におよび，文献65）では主な破壊基準に関するレビューが掲載されている。よく知られ，広く使われている破壊基準は，Tresca[66]，Hankinson[67]，Puck[68]，Tsai-Wu[69]，Tsai-Hill[70]によるものと，Hart-Smith[71]が論じたものがある。しかし，Hart-Smithは，「ほとんどの破壊基準の妥当性が確認されないのは，それらを検証または反証するための実験が困難であることが主な理由である」と強調している[71]。また，破壊基準として特定可能な同様の相互作用の公式が，エネルギー的な定式化から得られる抵抗強度指標にも存在する（例えば本書では紹介しないが混合モードの考慮[72,73]など）ことに留意する必要がある。実際，本章で取り上げる木材[23]や鋼材[16,74]の接着接合などの多くの実用的な用途（事例の大部分は複合材料用に開発された）に対して，設計技術者は指標がないまま，適切な事例を探すことになる。

接着接合部の照査では，作用応力Sと抵抗強度Rが決定すると，それ自体が科学となる。これは主に，接合部の幾何学的形状や，被着体と接着剤間の剛性の大きな違いによって，接合部の典型的な特異点によって引き起こされる応力集中が原因となっている[16,18,56]。したがって，ほとんどの場合，応力集中係数[19]や応力と距離の関係[75]を用いて推定しない限り，接合部の最も応力の

高い位置で $S \leqq R$ を用いた局所比較として照査を行うことはできない[56]。したがって，最新の照査法では，局所的でない方法に焦点を当てており，この方法では，作用応力は非常に特定の局所的な値で抵抗強度と比較されるのではなく，より大きな領域にわたって比較される[76]。FM と CZM に基づくすべての手法では，応力とひずみが広範囲に渡って統合されるため，本質的に非局所的である。それらの有用性については議論の余地はない[77-79]が，数値モデリングには多大な労力が必要となる。

この段階で少し立ち止まって，土木技術者の視点から状況を見る。設計技術者は，破壊力学や結合力モデリングといった概念に精通していないことが多いので，接合部の寸法を決定するための実用的なツールを有していない状況である。従来の照査法に最も近い方法は，確率論的手法と考えられる。安全（$S \leqq R$）と破壊（$S > R$）を本質的に決定論的に区別する代わりに，安全確率（P_S）または破壊確率（P_F）という観点から定式化され，Eurocode 3 のような現行の設計基準で提案されているアプローチにかなり近いものとなっている。確率論的手法は，一連の前提条件のもとに成立している。その第一条件は，抵抗強度が，例えば標本群の平均値のような決定論的な値ではなく，適切な統計関数を用いて記述するのが適切であるという考えである。抵抗強度が決定論的に決定されないため，作用応力が増加すると，破壊の可能性（または破壊確率）が増加することになり（P_F），実際に破壊が生じたかどうかを決定する明確な指標ではない。つまり**図 17.2** に例として示したような状況となる。

あらゆる統計分布の中でワイブル分布[80]がよく利用されるのは，脆性材料内に正規分布する欠陥の概念に基づいて導出されているため，脆性な接着接合部の破壊を照査するのに非常に適した候補となっているからである[81]。さらに，式が簡単で，必要なパラメータが 2，3 個と限られてい

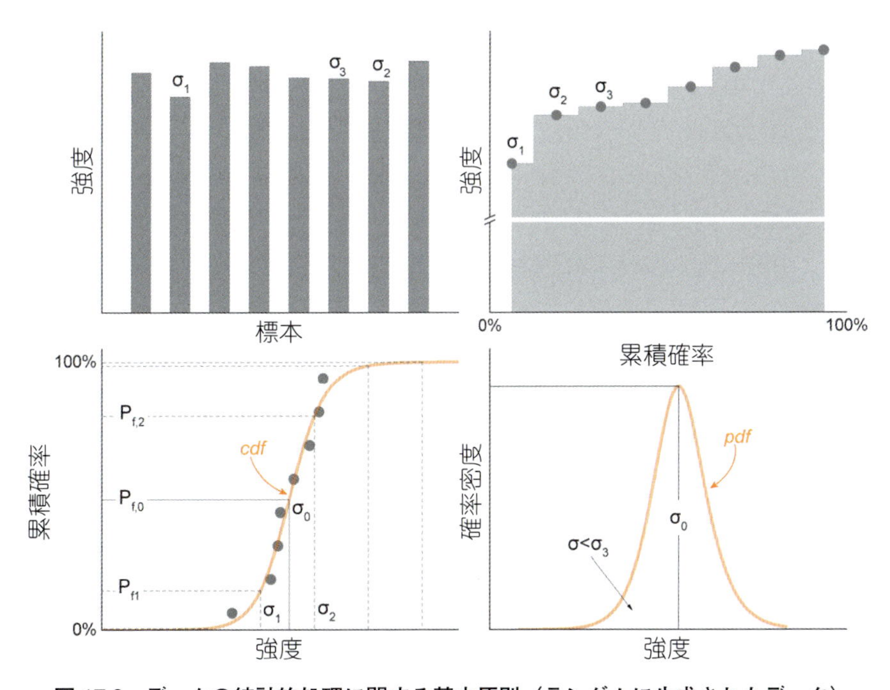

図 17.2　データの統計的処理に関する基本原則（ランダムに生成されたデータ）

るため，設計技術者にもなじみやすい[82]。ワイブル分布と直接関連するのは寸法効果の概念であり，標本の個数（V_i）と抵抗強度（σ_i）が，ワイブル係数である m を介して関連するとされている（詳細は文献80）を参照)。複雑な応力状態，抵抗強度とそのばらつき，寸法効果，および破壊確率がどのように相互作用して接合強度を決定できるかは，1960年後半に Freudenthal[83] によって概念的に導かれ，その後，何度か実用化されている[74,84-87]。

これらの理論的な考察に加え，設計技術者はいくつかの基本原則に従うことで，接合強度に多大な影響を与えることができる。2つの被着体を接合するために接着接合部を選ぶことで，さまざまな幾何学的形状を適用することができる。構造的な観点からは，接着接合は，せん断，引張，または剥離のいずれかの荷重で区別できる。せん断荷重を受ける場合の設計法が適しており，引張荷重や剥離荷重を受ける設計法はできるだけ避けるべきである。これは，引張荷重と剥離荷重を受ける場合，重ね合わせ部の少なくとも一方の接着端近傍の応力状態が，高い引張応力が支配的になるため，この状態を保つことが困難であるためである。このような応力の大きさは，主にせん断力を受ける接合部では，非常に小さくなる。最適な設計のために，接合部の構成と寸法を変更することができる。

2つの事例を用いて，脆性な接着接合部を，完全な確率論的手法を利用して，安全に寸法決定する方法を説明する。

17.3.1　接着接合された管状継手の寸法決定

最初の事例として，Albiez ら[15,16] が，鋼管を接着接合したシングルラップ継手に対して実施した一連の引張試験について報告する。すべての実験は室温（RT）で実施された。変化させたパラメータは，鋼管の直径（d），重ね合わせ長（L），鋼管の厚さ（t），接合部の不完全性（鋼管の軸のずれ，鋼管の軸がそれぞれ斜めに配置），接着剤の種類（ポリウレタンとエポキシ），接着剤層の厚さ（t_a）である。材料の機械的特性，軸方向に荷重が作用する鋼管接着継手に関する実験結果を示した後，検討したすべての形状に対して数値解析を実施した。このデータは，接着接合予測手法のベンチマークとなるものである。2液混合型（2K）のポリウレタン（PUR）と2K型のエポキシ（EPX）の2つの最適な接着剤が選定された。両接着剤は引張作用化でほぼ線形弾性挙動を示し，引張強度はPURで約50 MPa，EPXで約30 MPaであった。両接着剤の機械的性質は，対象の鋼板（S235）と合わせて，厚い接着厚としたせん断試験によって，それぞれPURで26 MPa，EPXで21 MPaが得られた。

最初にDIN EN 10210-2に準拠した構造用鋼材S355J2H，第2としてDIN EN 10216-1Mに準拠した構造用鋼材P235TR2，第3としてEN 10340に準拠した鋳鉄材G20Mn5の3種類の材質からなる鋼管を調査した。鋼管の直径は42.4～298.5 mmと比較的大きいが，鋼構造の用途では一般的である（**図17.3**）。接着接合する前に，接合するすべての鋼材表面をメチルエチルケトン（MEK）で洗浄し，次にコランダム（グレードF100）でブラストして表面仕上げを品質Sa3とし，最後に再びMEKで洗浄した。

その結果，例えば，接着強度は，直線的な増加ではないが，重ね合わせ長さに依存して増加すること，接着剤層の厚さが増加すると接着強度に悪影響を及ぼすことなど，接着接合に関する一

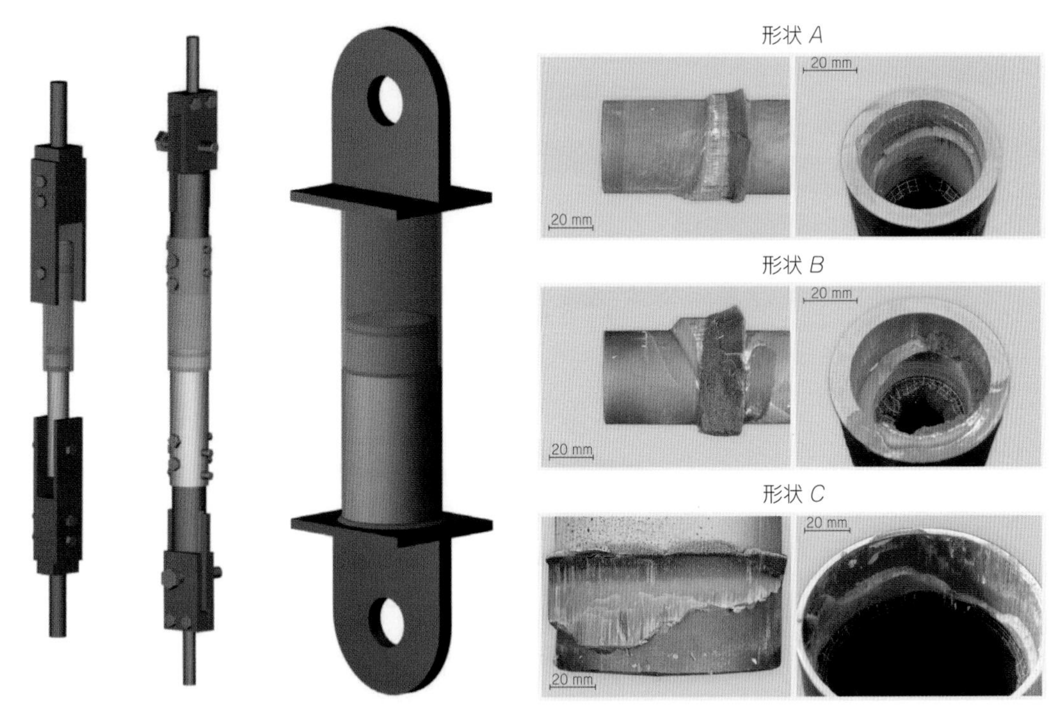

図 17.3　固定治具を備えた実物大試験体（直径は左から 42.4，101.6 および 298.5 mm）[15)]

般的な知見が確認された。その他として，ここで示す規模の検討ではまだ証明されていなかった，接着接合部の欠陥が接着強度に及ぼす影響が相対的に小さいことが明らかとなった。また，実験結果は，接着接合された接合部の機械的性質を，寸法を変化させた場合に予測するこが困難であることが示された。ポリウレタンとエポキシの 2 種類の接着剤は，引張試験（50～30 MPa）および厚い接着層のせん断試験（26～21 MPa）で大きな違いが見られたが，同じ形状の鋼管継手の接着強度は驚くほど近い結果であった。したがって，接着剤の引張強度やせん断強度は，接着接合部の性能を推定するための信頼できる特性値であるとはいえない。例えば，厚い接着剤のせん断試験で得られた平均的な一面せん断接着強度は，接着接合した鋼管で得られた値よりも低いことが示されている。

その後，接合強度予測のための方法論が検討されている。その中で，軸ずれ載荷試験によるせん断強度と横引張強度を同時に作用させたときの接合部の強度を適切に表現する破壊基準が利用されている（**図 17.4**）。各接着剤に対して決定した破壊基準に基づいて，数値解析モデル（**図 17.5**）を用いて，考慮した接合部内の応力状態および前述のパラメータの影響を決定することができた。その結果，公称応力に基づく直接的な強度評価法では，一連の観察された影響が説明できないことが明らかとなった。第 1 に，重ね合わせ長を増加させると，接合部の強度は増加するが，応力のピーク値も著しく増加する。第 2 に，接着剤層の厚さを増やしても，応力の大きさはほとんど影響しないが，接合部の強度は大幅に低下することが明らかとなった。第 3 に，実験結果から意図的に設けた欠陥が接合強度に大きな影響を与えなかったが，FEA では，対応する応力が実際に大きな影響を与えることが示された。

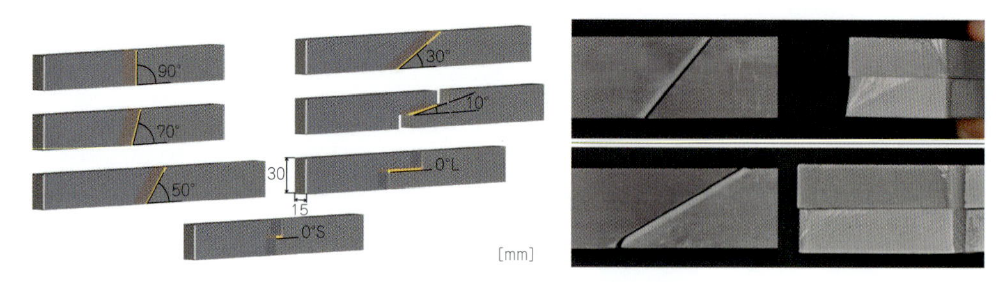

図 17.4　軸ずれ載荷試験体（左側：原理，右側：試験した写真の一部）[16)]

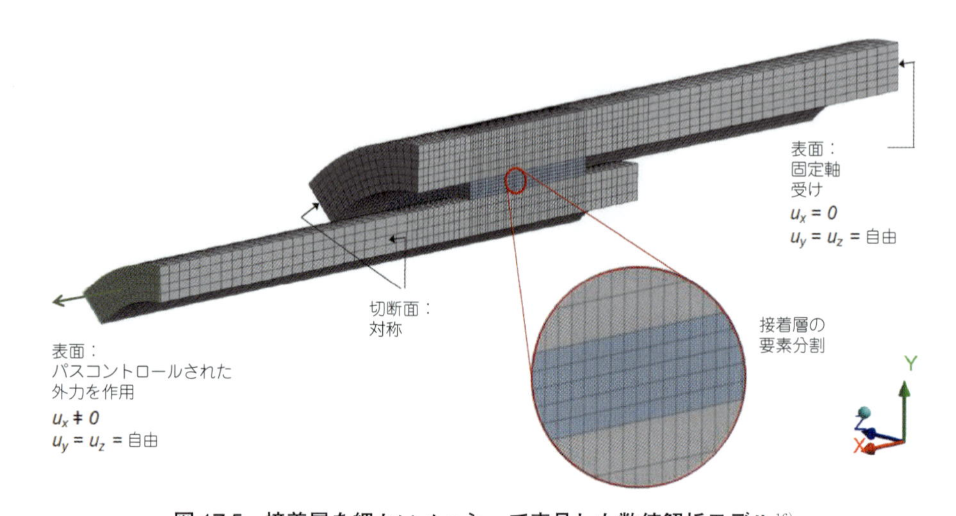

図 17.5　接着層を細かいメッシュで表見した数値解析モデル[16)]

そこで，実験的に評価した試験体の接合強度を予測するために，確率論的な手法を開発し，実装した。この方法は，寸法効果の概念に基づき，材料強度のばらつきを考慮した手法である。この方法では，継手強度を決定論的に定式化する代わりに，継手強度の破壊確率を予測することで，平均破壊荷重だけでなく，その特性値も予測することができる。この方法は，平均強度と特性値（5%分位数）の両方のレベルにおいて，実験的に決定された値と数値的に予測された値とを直接比較して検証されている。すべての鋼管継手を平均すると，接合強度はわずか6%の安全側の評価となり，特性値は20%の安全側の評価となった。

17.3.2　鋼ハイブリッド接合の寸法の決定方法

２つ目の事例は，文献 88）および文献 89）で詳細に説明されている，構造用鋼材のハイブリッド接合に関する実験的および数値解析をまとめたものである。この接合では，接着接合をボルトで補い，さらに軸力が導入されている。

被着体は軟鋼 S355J2＋N で構成され，２つの異なる防食方法が検討されている。１つ目は，DIN EN ISO 1461[90)] に従って，溶融亜鉛めっき処理が施されている。溶融亜鉛めっき処理は，亜鉛めっき温度，浸漬時間，および鋼組成に大きく依存するが[91)]，試験体では，162 ± 19 μm の亜鉛めっき厚が得られた。もう１つの防食方法は塗装であり，水溶性２液型エポキシ樹脂のプライ

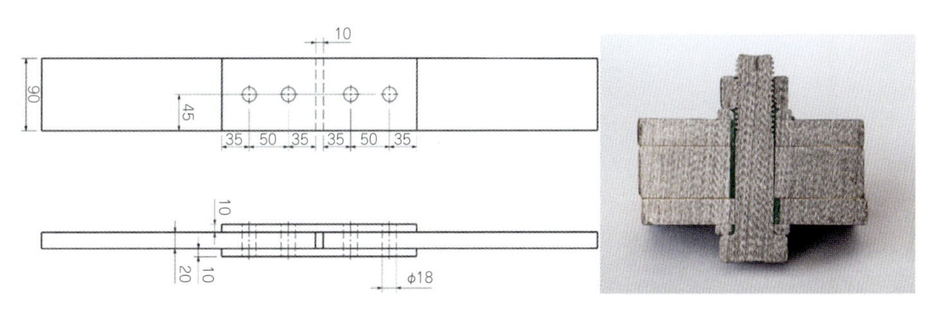

図 17.6　（左）ダブルラップジョイントの形状（寸法は mm 単位）左側のボルトは，ボルト軸力の大きさの監視用に用いた。（右）断面[88]

マーで，130 ± 29 μm の厚さで塗布された。

この継手を検証するために，2 種類の鋼材からなる大規模なダブルラップ接合（DLJ）に対して一連の実験が行われた。第 1 に，土木構造で見られる典型的な状況を反映した亜鉛めっき S355 鋼板，第 2 に，鉄道車両で見られる状況を反映した S355 の表面塗装鋼板である。ダブルラップ接合は，**図 17.6** に示すように，主板となる被着体 300 mm × 90 mm × 20 mm，添接板となる被着体 250 mm × 90 mm × 10 mm で構成され，120 mm ラップしている。使用したボルトは，土木用の高力ボルト M16–10.9，鉄道車両用には ISO 4017 で規定されるボルト M16–10.9 であり，専用のワッシャーが用いられた。ボルト軸部の実際の軸力を測定するために，ボルト軸方向にひずみゲージを設置し，校正している。2 液型（2K）のエポキシ樹脂は，Scotch Weld 7240（SW7240）と Sika Dur–370 の 2 種類が検討された。

試験体の製作工程の各ステップは，**図 17.7** に示されている。ステップ（1）でメチルエチルケトン（MEK）で接着する表面を洗浄し，ステップ（2）と（3）でメーカー推奨の方法に従って接着剤を混合し，ステップ（4）で被着体の表面に接着剤を塗布し，ステップ（5）で被着体を互いに押し付け，ステップ（6）で高力ボルトを配置し，ステップ（7）で設計軸力レベルまでボル

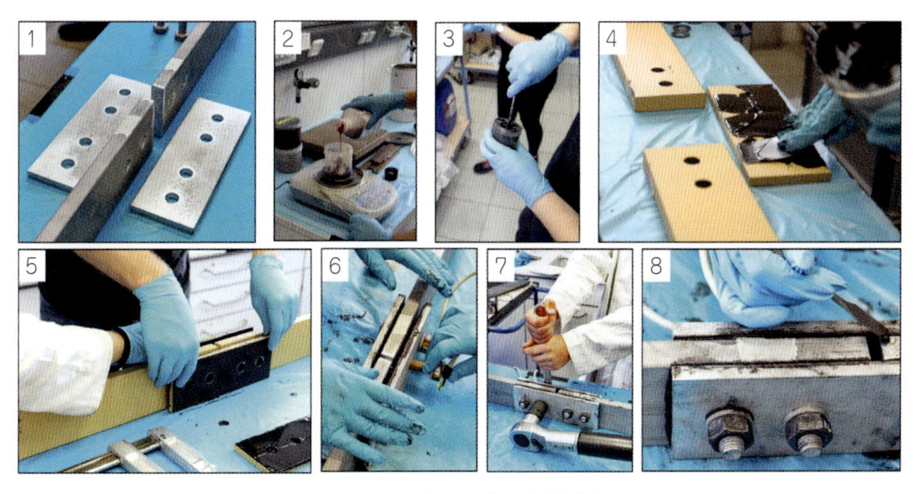

図 17.7　大型試験体の製作状況

（4），（5），および（6）は塗装された試験体の接着工程を示し，（1），（7），および（8）は，亜鉛めっき試験体を示す[88]。

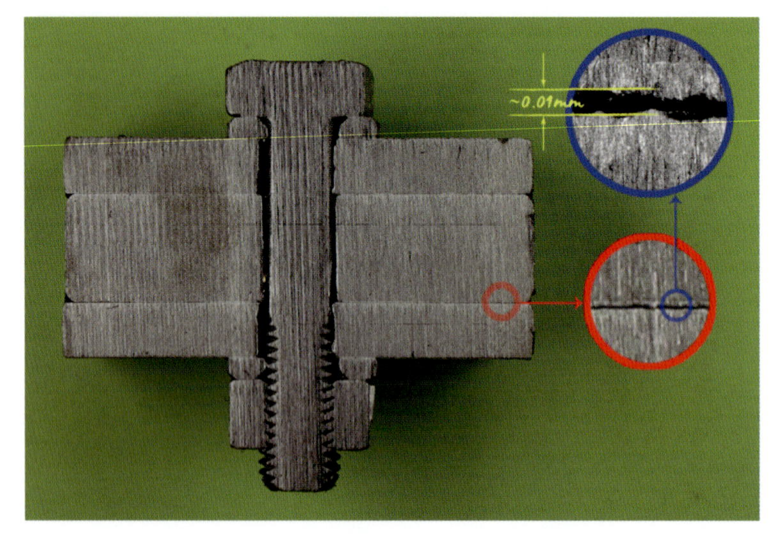

図 17.8　ボルトの軸力導入後の接着層の厚さ[88]

a)　亜鉛めっき基材　　　*b)*　塗装基材

図 17.9　SW7240 のボルト軸力 100 kN のハイブリッド接合の破損モード[88]

トを締め付け，最後のステップ（8）で，はみ出した接着剤を取り除く。

ハイブリッド接合のボルト軸力導入では，接着剤の著しいはみ出しが生じ，その結果，**図 17.8** に示すように，接着剤層の厚さはおよそ 10 μm と相対的に薄くなった。すべての接着試験体の引張試験を実施した。破断後の分析では，ほぼすべての試験体で，**図 17.9** と**図 17.10** にそれぞれ示すように，両試験体とも，接着剤が亜鉛めっき層あるいは塗装層から剥がれたことがわかった。

実験で得られた接合部の強度は，**図 17.11** にまとめられている。平均して，100 kN のボルト軸力を導入したハイブリッド接合は，ボルト軸力を導入しない（つまり純粋に接着接合した）接合よりも，接着剤 SW7240 で＋120%，接着剤 SikaDur–370 で 340%，それぞれ優れていることがわかる。また，ボルトに導入する軸力の大きさ（±25%）は，接合強度に大きな影響を与えないが，軸力導入によって接合強度が175～200%増加することが明らかになった。ある一定以上の軸力が導入されると，それ以上の接合強度の増加は望めないようである。

上述の引張試験を数値解析的にモデル化した。まず，**図 17.12** に示すように，軸ずれ試験を用

a)　亜鉛めっき基材　　　　*b)*　塗装基材

図 17.10　Sika DUr–370 のボルト軸力 100 kN のハイブリッド接合の破損モード[88)]

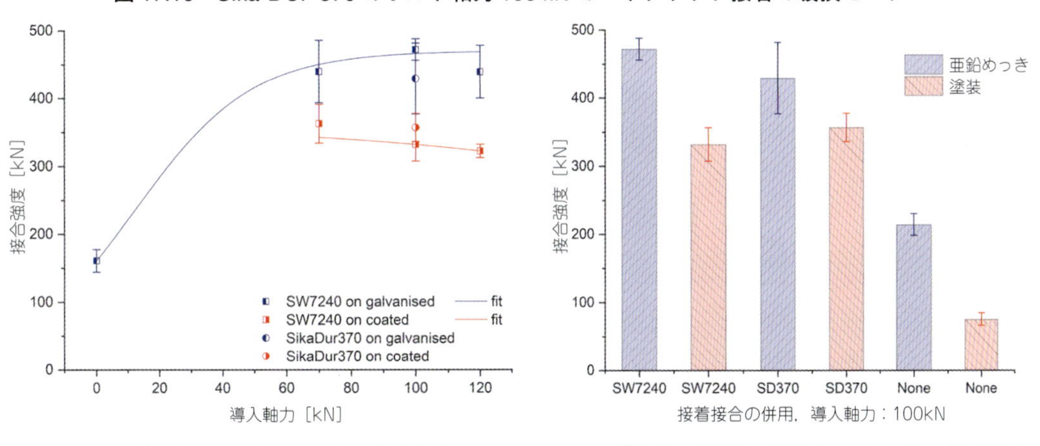

図 17.11　（左）すべてのシリーズの接合強度，フィッティング曲線は説明を目的としており，物理的な意味はない，（右）公称ボルト軸力 100 kN での接合強度[88)]

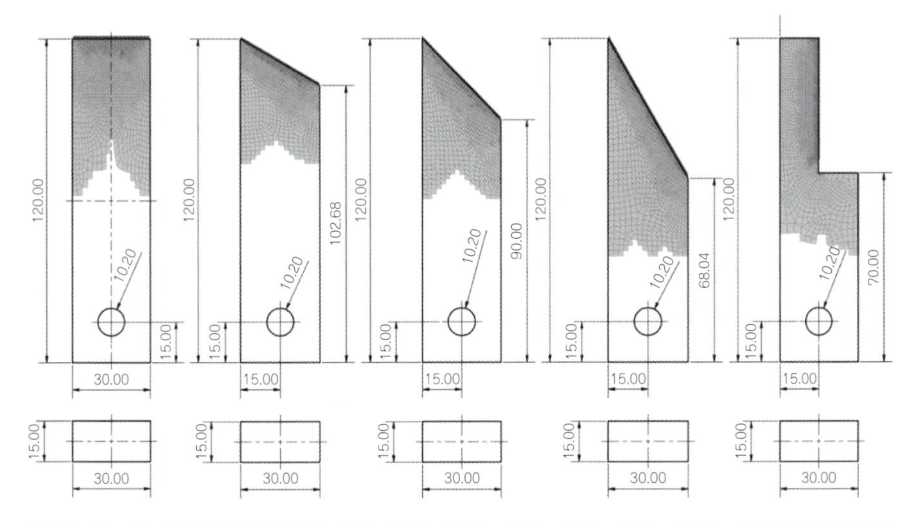

図 17.12　軸ずれ試験試験体の寸法（左から 0°，30°，45°，60°，90°），後の数値解析に必要な有限要素分割も表示している[89)]

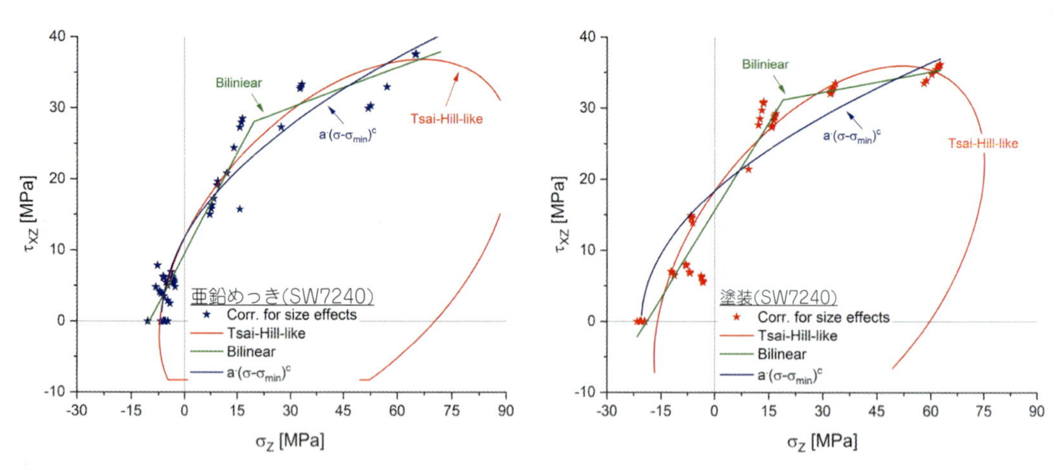

図 17.13　SW7240 に対する軸ずれ試験結果と重ねられたさまざまな破壊基準のプロット[89)]

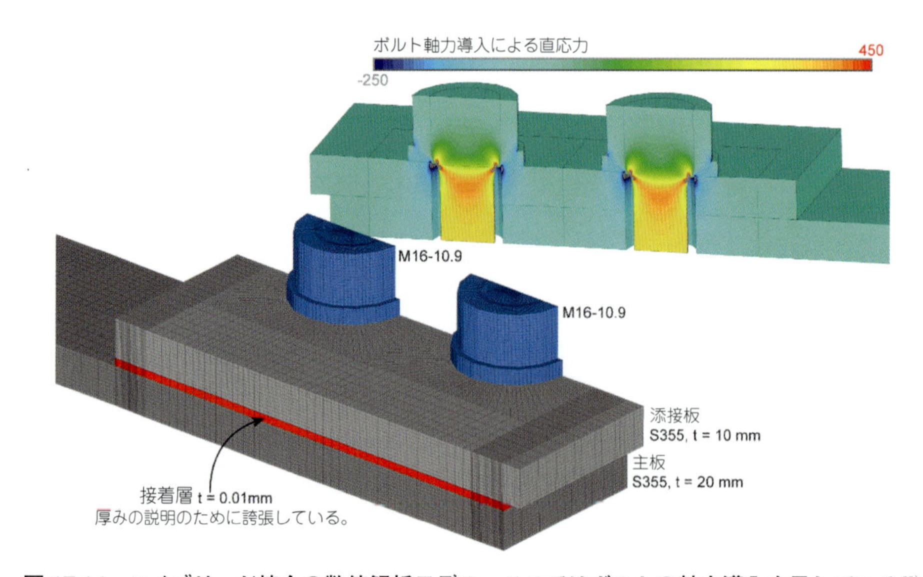

図 17.14　ハイブリッド接合の数値解析モデル．ここではボルトの軸力導入も示している[89)]

いて，引張と圧縮の両方で接合部の強度が評価された。接着剤と表面の両方の破壊基準をモデル化するために必要なすべてのパラメータの決定に加え（**図 17.13**），実験データ間の関係が，接合強度データがワイブル分布であるかどうかを確認し，対応する統計パラメータを決定するという 2 つの目的で後処理され，両方で実施された。

次のステップでは，すべてのハイブリッド接合を有限要素解析（FEA）を用いて数値モデリングした（**図 17.14**）。FEA では，接着層の各要素の応力成分が算出された。破壊基準として，直応力 σ とせん断応力 τ の連成作用の影響が考慮された。接合強度の推定は，作用荷重，すなわち，ここではボルトの軸力とハイブリッド接合に作用する引張力の関数として，全体的な破壊確率の決定に依存している。その結果の抜粋を**図 17.15** にまとめた。

予測される接合部の強度は，考慮した破壊基準に依存する。Tsai-Hill 基準に基づくと，接合部の強度はボルトの軸力の大きさとともに増加し，177 kN（軸力なし）から約 394 kN（軸力

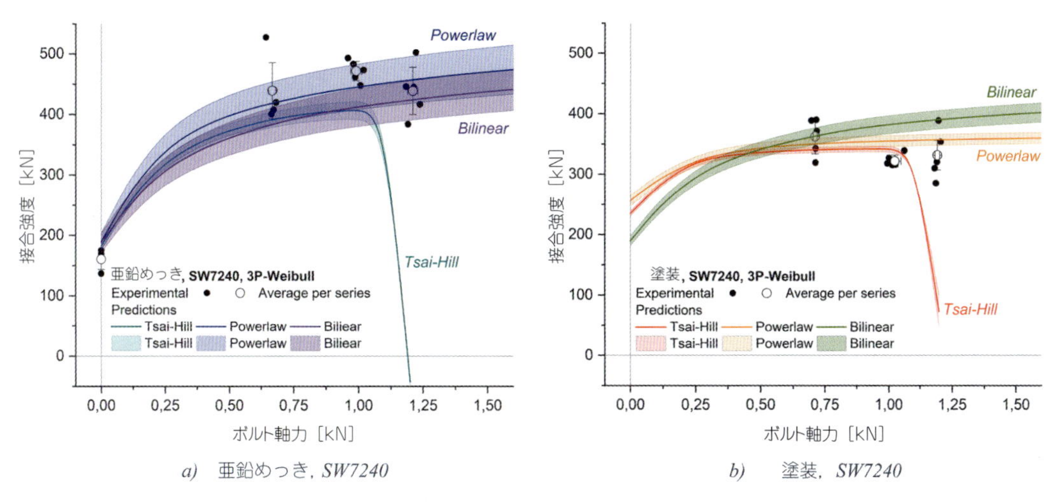

a)　亜鉛めっき, *SW7240*　　*b)*　塗装, *SW7240*

図 17.15　SW7240 を使用した接合強度の推定値と実験で決定した接合強度および実験値の比較[89)]

100 kN）まで増加するが，ボルト軸力が 120 kN で接合部強度が劇的に減少し，物理的に問題となる負の値となった（**図 17.15**）。べき乗則とバイリニアの両基準による推定では，接合部の強度は，基本的に同程度の値（図 17.15 参照，相対差は ± 10%の範囲）となり，ボルト軸力の増加に従って収束する傾向がみられた。この傾向は，塗装の場合と同様に，原理的に第 2 の接着剤についても有効であることが証明された。SW7240 を用いて接着された塗装面のハイブリッド接合試験体でも，全体的に同様な傾向であった。

17.4　表面処理

17.4.1　理　論

接着剤と鋼やアルミニウムの被着体との間の層の表面特性や挙動を制御し最適化するために，さまざまな技術が開発されてきた。表面前処理の目的は，汚れや酸化生成物などを除去し，濡れ性を向上させ，良好な接着を実現すること，表面の性状を改善すること，あるいは追加層を設けることである。利用可能な技術は，脱脂，化学洗浄，機械洗浄，化成処理などの原則に基づいている。プライマーなどの追加層は，被着体表面の形状を変えたり，新しい化学基を与えてより良い接着を実現するために用いられる。適切な表面処理の選択は，使用される合金と選択された接着剤に直接依存している。

表面処理の選択においては，経年変化による特性の劣化を推定することが不可欠である。これらは，選択した表面処理だけでなく，使用する合金や接着剤にも影響を受ける。劣化に影響を与えるパラメータは多数あり，その中には未知のパラメータも含まれるため，一般に劣化の影響を定量化することは困難である。劣化特性は，特定の接着接合システムの試験によって決定することができる。

鋼やアルミニウムの被着体に対する前処理の選択には，多くの問題，適合条件，制約条件が関連する。接着剤の選択では，機械的作用と環境的作用を特定する必要がある。これによって，応力（およびひずみ）レベル，および界面内で活性化する化学的浸食が決定される。接着剤に求められる特性は，強度と耐久性である。実際の表面状態が最も重要である。鋼板やアルミニウムだけでなく，接着する被着体に塗装が施されていることも考えられる。また，使用する接着剤の種類によって，適切な前処理を選択することができる。例えば高強度のエポキシ系接着剤を使用した場合，低強度な MS ポリマーなどを使用した場合と比べ，基材と接着剤層の界面に求められる強度や耐久性はより厳しくなる。また，施工工程の一部として，接着までの前処理の安定性を確保し，施工時の条件を管理する必要がある。これらの課題は，すべて，設計時に考慮が必要である。

厳しい環境条件下での高強度用途向けに，鋼やアルミニウムの被着体に対するさまざまな前処理が開発されている。航空宇宙産業でアルミニウムのために開発され，アルミニウムへの適用で成功した化学エッチングやアルマイト処理のような技術は，建築や建設の分野でも利用できる。さまざまなハンドブック（例えば文献 92)）に，これらの技術が詳細に記載されている。アルミニウムとは異なり，鋼は，凝集した固着性の酸化物を形成しないため，良好な接着に必要な微細な粗さの安定した被膜の形成は難しい。前処理としてグリットブラストが一般的に用いられるが，それだけでは過酷な環境の場合には十分ではない。低炭素鋼に対して，効果的なエッチングやアルマイト処理は開発されていない。

低炭素鋼に対して，接着を可能にする表面処理方法としては，次のような方法がある。まず，錆や汚れを削る，磨く，叩くなどの方法で除去する。次に，綿布に溶剤を含ませて表面を洗浄し，最後にきれいな綿布でブラッシングする。その後，表面をグリットブラストする。鋼材の表面のブラストには，通常，酸化アルミニウム（アルミナ）が適している。グリットブラスト処理後は，油分を含まないきれいな圧縮空気で表面を洗浄する必要がある。プライマーを利用すると，耐久性のある接着が可能である。

17.4.2　実用事例

実用的な土木用途に適した表面処理方法を決めるため，基材にさまざまな表面処理を施し，選択した接着剤との組み合わせによる効果を，耐久性は考慮せず，準静的強度で評価した[88]。この検討は，現場で適用可能な接着剤と，それに適用する表面処理を選択することを目的としている。そのため，大きな設備が必要とされる手法，例えば，プラズマ処理などはすべて対象外とした。現場への適用のしやすさを重視し，以下の表面処理を採用した（**図 17.16**）。

1. 第 1 の方法は，有機溶剤を染み込ませた布で表面を拭く処理で，接着剤で広く使われているイソプロパノールが効果的に表面を洗浄し，脱脂することとした。
2. 第 2 の方法は，ドイツ Spies Hecker 社の汎用プライマーPriomat 1 K Wash Primer 4085 を適用した。
3. 第 3 の方法は，かなり異例なもので，ドイツ Henkel 社の Bref Power という家庭用洗浄剤を使用した[93]。
4. 第 4 の方法は，溶融亜鉛めっき工程で使用する酸洗いの洗浄剤であるドイツ SurTec 社の SurTec 480 を使用した。

接着剤は，DIN EN 1465[95] の規定に従って，まず一面せん断試験で確認された。厚さ 3 mm の

a）1Kプライマー　左：スプレーした状態，右：接着前の試験体

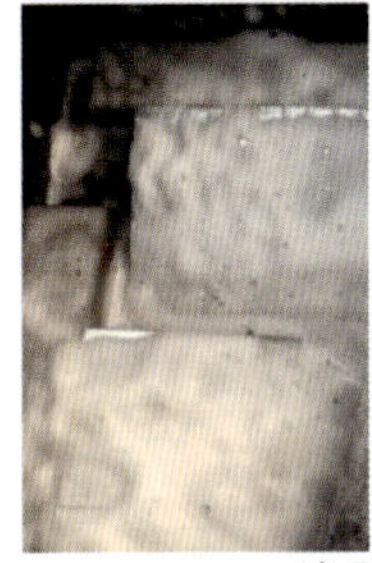

b）Bref Power®
左：基材へのスプレー，
右：水でのすすぎと脱塩水での洗浄

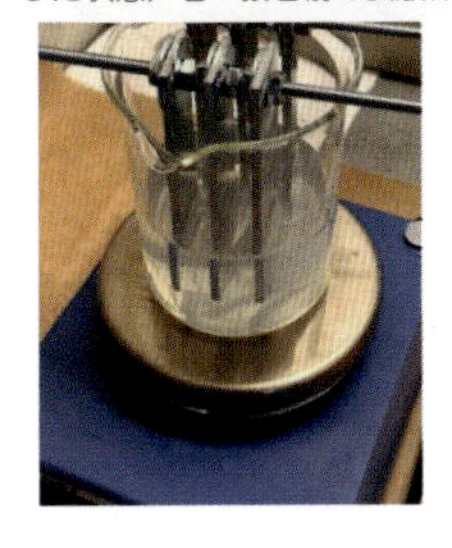

c）SurTec480
左：20%のSurTec480溶液に浸漬，右：脱塩水

図 17.16　表面前処理の一部の様子[88]

S355J2＋N からなる鋼板基材は，亜鉛めっきまたは塗装された状態で使用された。接着剤層の厚さは 1 mm に設定した。すべての試験片は，接着剤の技術データシート（TDS）が推奨する養生時間，鋼のブロックを用いて圧力を掛けて室温（RT）で硬化させた。また，すべての試験片は，万能試験機で 1 mm/分の速度で変位制御で載荷試験が行われた。

最初の予備試験では，すべての接着剤を，イソプロパノールで表面を脱脂しただけの亜鉛めっき鋼板基材で，常温下で評価した（**図 17.17**）。ほとんどの試験片で，接着剤の破壊が観察された。しかし，どの接着剤も亜鉛めっき層を鋼板から剥がすほどの接着強度は得られなかった（**図 17.18**）。**図 17.19** に 5 データの平均の一面せん断接着強さを示すが，7.5～17 MPa の範囲でばらつきがある（標準偏差 1～4 MPa）。塗装鋼板表面に対しては，DIN EN 4624[96]（ASTMD4541 に相当）に従い，8 種類の接着剤についてプルオフ試験による評価を行った。この試験法は，接着性に差がある一連の塗装鋼板に対して，絶対値ではなく相対評価を行うのに最適な試験法である。この試験では，鋼製ドリー（ϕ25 mm）を塗装鋼板上に直接接着した（図 17.17）。その後，

図 17.17　塗装された基材の接着性能を評価するための引張試験[88]

図 17.18　一面接着せん断試験：亜鉛めっき基材（右：接着剤の中の銀色の面が剥がれた亜鉛層）および塗装基材（塗装が明らかに剥がれた状態）[88]

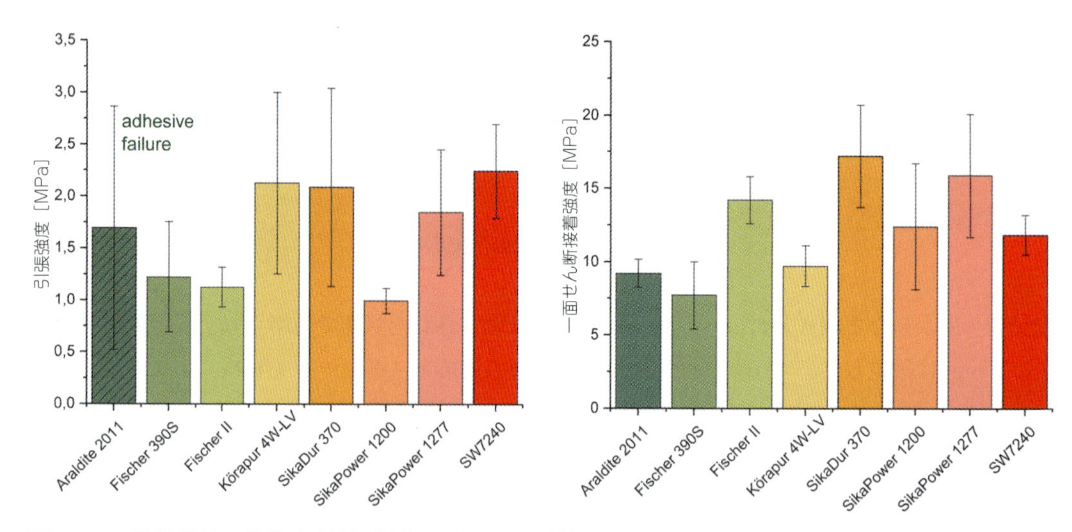

図 17.19　塗装基材の引張試験結果（左）と亜鉛めっき基材の一面せん断接着強度（右）：すべてRTの結果[88]

塗装装板を万能試験機に固定し，ドリーの上部をヒンジ治具に接合して引張力を与えた。図17.19に示すように，得られた接着強度は3～4.5 MPaであり，ばらつき程度に顕著な差が見られた。1つの接着剤（アラルダイト 2011）以外は，鋼板表面から塗装を引き剥がした。

さらに接着剤を識別するために，前述の表面前処理を施した鋼板を用いて一面せん断試験を行い，イソプロパノールで洗浄しただけの結果と比較した。この試験の結果は，**図 17.20** に示すように，一面せん断接着強度についてまとめられている。SurTec480 処理は，イソプロパノールによる基本的な洗浄および他のすべての表面処理と比較して，すべての接着剤の性能を著しく向上させた。一面せん断接着強度は，最も強度の低い表面処理と比較して，SikaDur-370 で5分の1，SW7240 で3分の1増加した。

最後の評価として，接着剤をさらに絞り込み，亜鉛めっき鋼板に接着剤 SW7240 と SikaDur-370，塗装面には接着剤 SW7240，SikaDur-370，SikaPower 1200，SikaPower 1277 を用いた。優れた機械的性質を示したにもかかわらず，1つの接着剤（Fischer II）は，開発中の製品であり，設計技術者がその利用を疑問視したため，除外された。塗装面用の接着剤の選択は，図 17.19 に

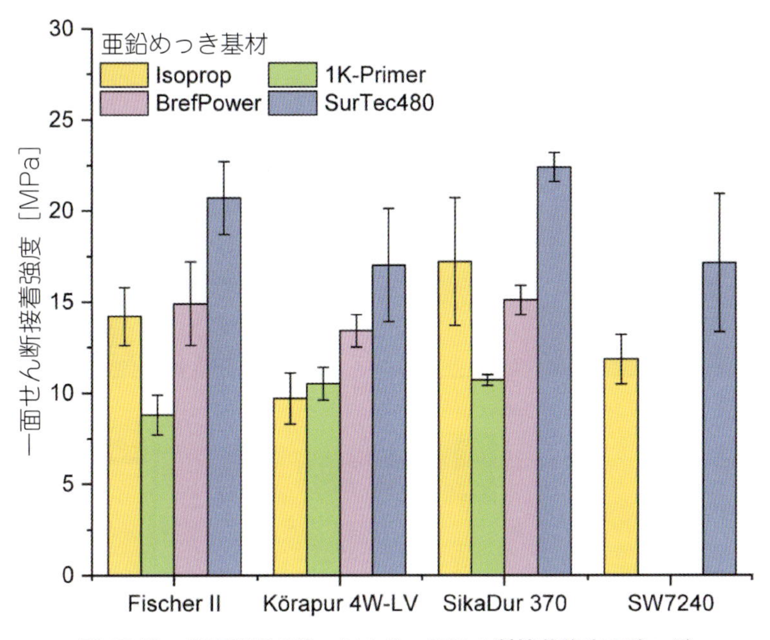

図 17.20　表面処理の違いによる一面せん断接着強度の違い [88]

まとめた引張試験に基づいて行われ，非常に優れた性能であった Körapur 4W-LV は，製造上の問題（低粘度）のために除外された。

次のステップでは，亜鉛めっきと塗装の両表面について，－20℃，常温，＋60℃で一面せん断試験を実施した。この際，イソプロパノールの代わりにメチルエチルケトン（MEK）を使用した。亜鉛めっき鋼板の試験では，接着剤と温度のほぼすべての組み合わせにおいて，MEK による洗浄が，広く利用されている SurTec480 による表面処理よりも優れていることが明らかになった。接着剤 SW7240 の相対的な差は限定的で，統計的に有意ではなかったが（ANOVA，Tukey's 検定，$\alpha = 0.05$），接着剤 SikaDur-370 では顕著な差が見られた。一面せん断接着強さに及ぼす温度の影響も同様に接着剤に依存した。接着剤 SW7240 では常温と－20℃の状態の試験結果に有意差はなかったが，接着剤 SikaDur-370 では温度の低下とともに一面せん断接着強度は増加した。しかし，両接着剤とも＋60℃での試験では，一面せん断接着強度が大幅に低下し，接着剤 SW7240 では約 3/4 に接着剤 SikaDur-370 では約 2/3 に低下した（**図 17.21**）。

室温と－20℃で行った試験では，室温での接着剤 SikaPower1277 の性能がやや低いことを無視すれば，一面せん断接着強度はほぼ同じになった。分散分析（ANOVA，Tukey's 検定，$\alpha = 0.05$）では，統計的な有意差は認められなかった。60℃以上で行った一面せん断試験では，一面せん断接着強度がおよそ 2/3 に低下したが，接着剤に起因する有意な差はなかった（再度，ANOVA，Tukey 検定，$\alpha = 0.05$）。

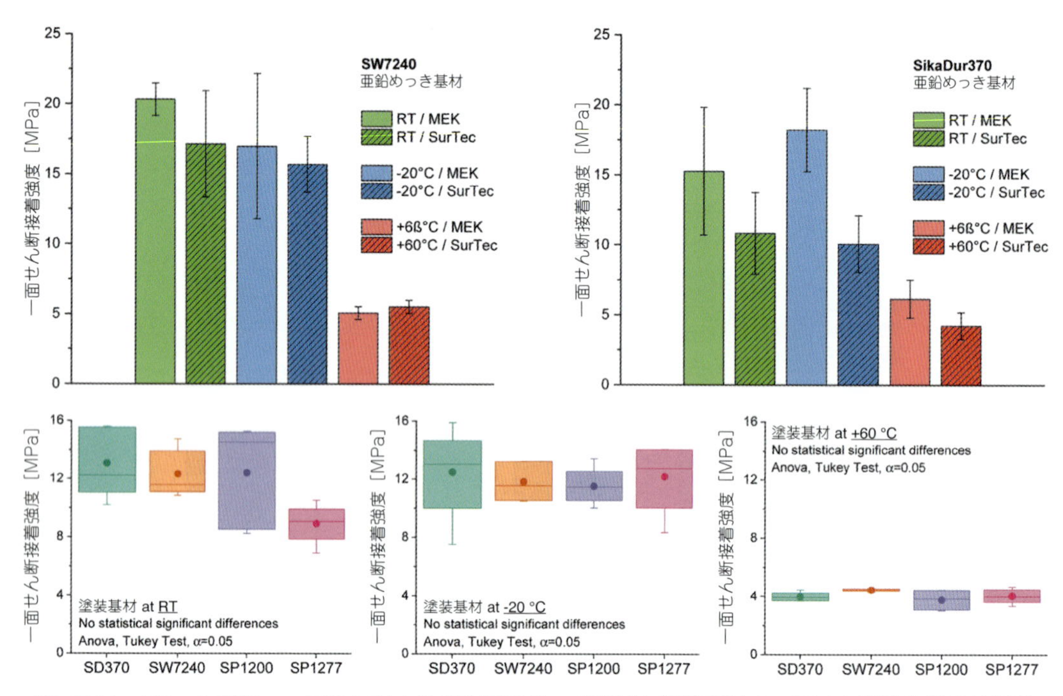

図 17.21　RT，＋60℃，－20℃に対する実施亜鉛めっき基材と塗装基材の一面せん断接着試験結果[88]

17.5　その他の影響

17.5.1　環境条件と経年変化

接着接合された継手の経年変化による劣化の評価は，試験に基づいている。この経年劣化は，人工気候室内で環境負荷を高くして促進する方法がある。これらの試験に対する課題は，環境負荷の定義，促進試験方法，および試験結果を実環境へ換算する方法である。これらの試験は，主に適切な接着接合システムを選択するために用いられる。被着体が劣化（特に腐食）しやすい鋼やアルミニウムの基板からなる接着接合部では，接着剤と基板に起因する影響を明確に分ける必要がある。しかし，土木鋼構造物の多くは亜鉛めっきや塗装が施されているため，前述したような影響が軽減できる可能性がある。この点を差し引いても，鋼とアルミニウム[98]の被着体に対して，一般的に知られている接着接合部の耐久性[97]に関する課題の多くが残っている。したがって，例えばアルミニウムや鋼の被着体を用いた特定の接着接合部の耐久性に対する信頼性を分析するためには，van Straalen らが提案している，以下のステップが必要である[43]。

—環境条件の特定。温度が高くなると，通常，接着剤の剛性と強度が低下し，事故による火災では，ほとんどの接着剤が急激に崩壊に至る。水，高湿度，塩水噴霧，紫外線のような他の環境負荷では，通常，長期的な影響で，接合部の強度が低下する。これらの周期的な作用によって，さらなる影響を受ける。

—劣化メカニズムの決定。接着剤と界面の挙動に関する物理化学的な知識がある場合，劣化メカニズムの概要が把握できる。支配的なメカニズムを把握する代わりに，厳しい環境条件下での事前テストが行われる場合もある。

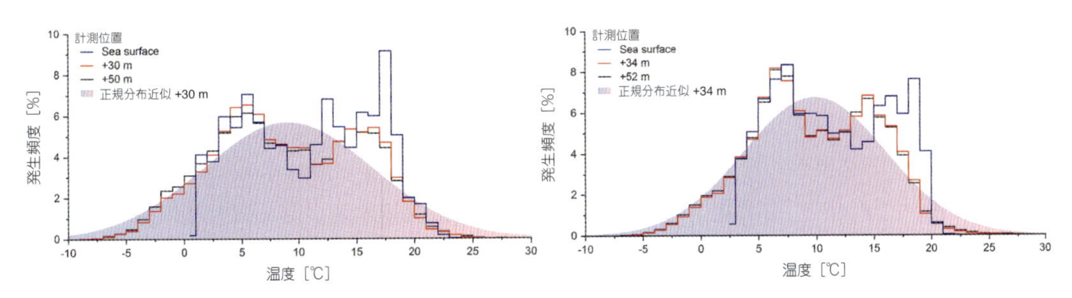

図 17.22　北海の FINO 1・2 観測点で測定された温度ヒストグラム，階級幅：1℃，測定期間：2009 年 10 月〜2019 年 10 月（データはドイツ連邦海運水路庁の提供）[101]

—劣化促進試験。劣化要因の支配的なメカニズムに基づき，劣化促進試験方法を決定する必要がある。接着接合の場合，ほとんどの場合で温度を高温にする。接着接合部の強度特性の劣化を判断するためには，一面せん断試験は，少なくとも 3，4 回の期間にわたって実施される。時間の関係を明確にするには，1 回の期間で，少なくとも 5 体の試験片の載荷試験を実施する必要がある。

—試験結果の統計的分析。試験結果は，時間相関関数を用いるなどして，供用環境条件に変換する必要がある。この変換は，要求される信頼性レベルを含めた統計的手法を用いる必要がある。ここで，強度低下は，基準期間に等しい期間に変換された強度を，初期値の強度で除した値に等しい。

この手順を説明するために，van Straalen ら[99] は，塗装鋼板とポリウレタン接着剤からなる重ね継手の換算係数の校正法が示されている。この校正は，劣化促進試験結果に基づいている。統計的手法を用いて試験結果を変換するために，劣化プロセスを適切に評価できる関数が定義されている。

自然環境下での耐久性に関連する状況としては，鋼やアルミニウムの構造物が建設される場所に大きく依存するが，特殊な環境に特に注意が必要である。第 1 は，接着接合部の性能に強く影響する温度であり，特に特徴的な指標はガラス転移温度 T_g である。ほとんどの基準で規格が提示されていないので，この問題をどのように処理するかは，設計技術者間で意見が分かれている。まず，接着接合された構造物の設計温度をどう決めるか（T_d のようなものを定義する）。Eurocode は，各国固有の基準で規定される，内陸の構造物の最低温度と最高温度を規定している[100]。基準の範囲外の構造物については，設計技術者は気象データを参照し，データ処理によって 95％分位数を算出して適用することが考えられる。

北海やバルト海の海上での接着接合の実例として，本章の両執筆者は，**図 17.22** に示すような実際の気象データを入手した[101]。温度ヒストグラムを正規分布に当てはめ（図 17.22 に重ねて表示），上下 95％分位数を北海では $T_{5\%}=0.9$℃，$T_{95\%}=18.0$℃，バルト海では $T_{5\%}=-1.1$℃，$T_{95\%}=18.6$℃と決定した。DIN EN 1991-1-5/NA[100] で陸上構造物のために概説された論理に従って，著者らは，明るい色の表面への直射日光の影響を考慮するために，気温の分位値に＋30℃追加した。

第 2 に，最高温度と T_g の間にどの程度の「間隔」を考慮すべきか。このことについては，いくつかの基準，または現在評価されている素案では，設計温度とガラス転移温度の間に，通常 10～20 K 程度の安全な温度の差を確保することが規定されている。市販されているほとんどの 2K の構造用接着剤では，T_g が 40～50℃の範囲なので，研究すべき大きな課題がある。しかし，他の状況も考慮する必要がある。高温にさらされた場合，多くの接着剤のガラス転移温度は実際には増加する。これが T_g を考慮すべきかどうかの疑問に関連する。さらに，動的粘弾性分析（DMA）では，接着剤の剛性（貯蔵弾性率 G' で表される）が数十年単位で低下することが示唆されているが，実験による結果では，接着接合部の強度は，この規模では低下しないことが示されている[102-104]。前述のように，接着強度をどの程度まで下げなければならないかという課題がある。研究では，この課題を解決する必要がある。

水，特に塩水噴霧の影響はすでに何度か調査されており[105-107]，保護されていない（つまり亜鉛めっきも塗装もされていない）鋼表面では，腐食が深刻な問題であることは明らかである。しかし，ほとんどの鋼構造物の表面は保護されていないわけではなく，塩水噴霧と熱環境の繰返しにさらされる溶融亜鉛めっき，電気亜鉛めっき，溶融亜鉛めっき鋼の接合部の劣化は遅いことが研究で明らかにされている[108]。

近年，洋上風力発電業界では，水中での接合，あるいは飛沫帯での接着接合の適用が検討されており[35]，水中での耐久性という特殊環境が特に関心を集めている[109]。接着剤を用いた水中接合は，革新的なアプローチである。接着剤は，熱を加えることなく異なる材料の接合を可能にし，接合部に沿って均一な応力分布が確保できる。また，設計の自由度が広がり，経済的であることも多い[110]。しかし，接着剤は水中でも使用できるのか？ Allen[111] は，「水と接着剤は相反するものである」と述べている。Waite[110] は，「水が接着剤の性能を低下させる経路は，界面の弱い境界層の水の存在，界面への水の浸入や微細なひび割れの発生，接着剤の加水分解や侵食，吸水による接着剤の膨張あるいは可塑化の４つである」としている（**図 17.23**）。

これまで，水中接着剤の工学的応用は，限られた事例のみしか研究されていなかった。ほとんどの場合，その用途は水中構造物の補強や補修に限定されていた。Kim ら[112] は，水中でのコン

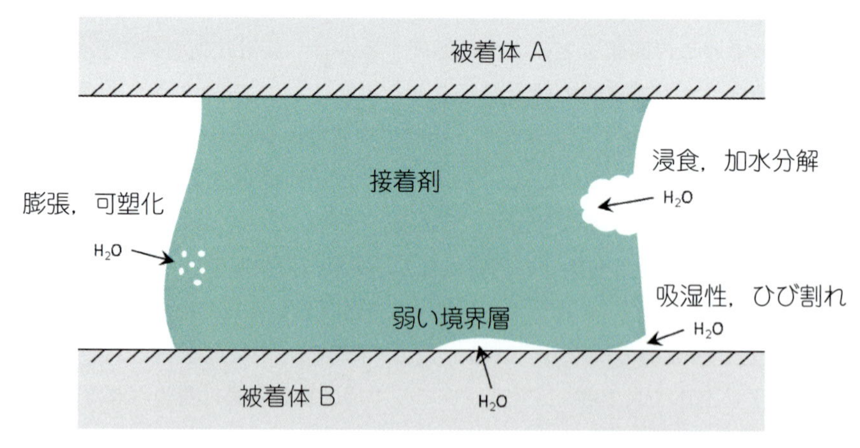

図 17.23　水が接着剤の性能を低下させる４つの経路[36]

J.H. Waite, Nature's underwater adhesive specialist, Int.H.Adhes. J. Adhes.Adhes.7（1）（1987）9–14,（https://doi.org/10.1016/0143-7496(87)90048-0）より再掲載。

クリート構造物の補強や補修のための水中接着剤を開発している。この接着剤は，水中でもドライ環境下とほぼ同じ強度を発揮した。文献113）によれば，水中のパイプラインを，FRPで補修することが効果的であることが示されている。この補修は水中で実施され，耐久性があることが明らかにされている。また，複合材料で補強することにより，全体的な構造性能を改善させることができた[114]。最近の論文では，Myslickiら[36]が，恒久的に水にさらされる部分に着目している。さまざまな接着剤，表面前処理，および人工海水への曝露による劣化の耐荷性能が研究された。この用途に適しているさまざまな接着剤と塗装が特定され，実施可能な接着工程が開発された。

17.5.2　疲　労

接着接合された構造物では，供用下で，交通などのさまざまな要因で生じる繰返し荷重を受けて，疲労破壊が生じやすくなる。このため，特定の種類の土木構造物，特に橋梁では，疲労が機械的破壊の主要な原因となる。さらに，疲労破壊に至る荷重は，一般に材料の一軸の静的強度よりもはるかに低いことが知られており，場合によっては，事前に目視により変状が見られなくても破壊が発生する。疲労は，19世紀のWöhlerの先駆的な研究以来，金属に対しては広く研究されてきた。材料（または接合部）の疲労挙動を表す基本的な形式は，実験から得られるS–N曲線（または*Wöhler*プロット）である。このような図では，応力振幅（*Sa*）は破壊までの繰返し数（*N*）に関係する。S–N曲線は，実験データの点をフィッティングして与えられる。ドイツ語の「*Dauerfestigkeit*」，フランス語の「*limite d'endurance*」のように，「耐久限界」や「疲労限度」という表現を使うと，設計技術者は，いわゆる疲労限度を超えていない限り，すべての構造部材が破壊しないと誤解する可能性がある。これらは，英語の*limit*やドイツ語の*Dauer*（持続時間）という用語として暗黙的に利用されており，いくつかの設計基準の一部となっている[115]。

幾人かの研究者は，接着接合には疲労限度が存在しないと主張している[92,116,117]。それにもかかわらず，疲労現象の複雑さにより，鋼やアルミニウムでの接着接合部の耐用年数を正確に予測することは依然として困難である[118]。通常，利用される接合形状を用いた疲労試験が必要である。疲労の問題によって，安全側に設計する傾向があるため，構造物への接着接合部の使用が制限されてきた[119]。さらに，追加の安全対策として機械的接合を併用することが一般的である[35]。

17.5.3　鋼構造物の接着補強

構造物の耐用期間中に補修や補強を行う理由はさまざまである。疲労き裂の進展を防止したり，偶発的な過負荷によって部分的に破損した構造物を修復したりすることがある。現在，さまざまな橋梁で実施されているように，耐用年数に達するまでに既存の構造物を取り換えるのではなく，現存の構造物を補強することが代替手段となっている。疲労によって損傷した鋼構造を補強する場合，同じ材料（鋼）[120]または他の材料，特に繊維強化樹脂[121]の部材が用いられる。さらに，構造部材（鋼の梁など）の全体的な補強と部分的な補強を区別する必要がある[122]。Kasperら[123-125]は，プレストレスを与えた炭素繊維強化樹脂プレート（C–FRP）を用いた，疲労損傷した鋼部材の局部補強の可能性を調査している。この研究では，従来のエポキシ樹脂接着剤と新し

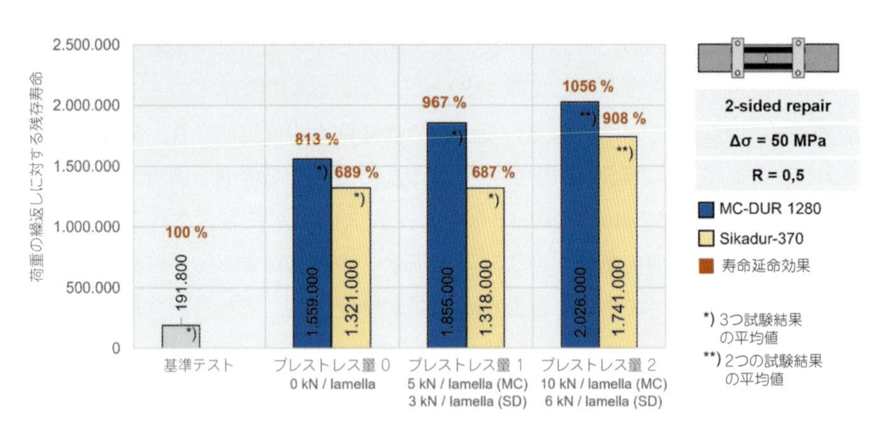

図 17.24　補強されていない場合と，両面に C–FRP 補強された場合の MT 試験片の残存寿命 [124)]

く開発された強化エポキシ接着剤が比較されている。最近報告されたこの研究の抜粋を，事例とともに紹介する。疲労損傷した鋼橋への適用に向けて，まず性能評価試験に基づいて２種類の適切な接着剤が選択された。この選定の重要な基準は，荷重をできるだけ直接 C–FRP プレートに伝達できる高いせん断剛性と，高いせん断強度であった。さらに，C–FRP プレートのプレテンション力を維持するために，接着剤には高い耐クリープ性が要求される。また，接着剤は，既定の温度範囲で使用できなければならない。明るい色の表面の鋼橋に対して，ドイツの設計では，橋の位置と表面状態に応じて，最大＋67℃の温度を考慮する必要がある。C–FRP 補強の効果を調べるため，中央にノッチを有する鋼板（MT 試験片）を用いて疲労試験が実施されている。疲労試験では，それぞれの MT 試験片に施されたノッチから，疲労き裂を発生させている。その後，この試験片をプレストレスが導入されていない場合と導入された場合に対して C–FRP プレート補強し，補強された試験片の残存寿命を，再度疲労試験を実施して評価している。補強した試験片の残存寿命は，補強していない基準試験片の残存寿命と比較された。**図 17.24** に，プレストレスが導入されていない場合と導入された場合の C–FRP プレート補強した試験片と，補強していない基準試験片に対して試験で得られた残存寿命の一例を示す。この抜粋で示している試験シリーズのすべての試験片に対して，それぞれ２枚のプレートが両面に接着補強されている。応力範囲は 50 MPa，応力比は $R = 0.5$ である。

MC–DUR1280 接着剤でプレストレスを導入せずに接着した C–FRP プレートは，50 MPa の応

図 17.25　４点曲げ試験による疲労損傷した HEA260 梁の写真（左），フランジ下面に４本のプレストレス C–FRP プレートで補強した状況（右）

力範囲で，補強されていない基準試験片に対して，平均 8 倍の残存寿命となった。また，プレート 1 枚あたり 10 kN のプレテンションを与えた場合，残存寿命は 10 倍に向上した。これらの結果は，疲労損傷した鋼部材の両面プレストレス C–FRP 補強の効果を明確に示している。試験片の疲労試験の結果に基づき，部材に近いサイズの試験体を用いた実験的検討が行われた。**図 17.25** では，補強材が取り付けられた HEA260 の梁の 4 点曲げ試験が示されている。補強梁と補強されていない梁のき裂開口量の測定の結果から，部材に近い寸法の試験体においても，C–FRP 接着補強の効果が高いことが確認された。

17.5.4　構造寸法に応じた接着剤の施工に関する課題

鋼構造物やアルミニウム構造物の接着を検討する場合，構造物の寸法や規模に応じた接着剤の適切な施工が課題となる。ほとんどの学術研究では，標準化された試験片（DIN EN 527 に準拠したドッグボーン試験，または DIN EN 1465 に準拠した一面せん断試験体）または，数十 mm から数百 mm 程度の大きさの試験片で実施されている。しかし，通常の構造物は，数十 mm を超える大きさである。このような寸法の違いは，接着に関連する多くの側面で大きな影響を及ぼすが，後者（大きな寸法）を扱う研究はほとんど行われていない。そこで，ここでは，上記のような側面について認識を深めることを目的（エッセイのような内容）としている。

すでに述べたように，接着接合に関する一般的な知見のほとんどは，小さな試験片の結果から構成されており，設計技術者は，その結果から引張強度や一面接着せん断強さ，剛性などの指標を与えている。強度や剛性を純粋な材料特性として考慮することに慣れてきた設計技術者にとって，構造用鋼材の寸法を線形外挿で決めるのは容易な手段と考えられる。しかし，この単純な方法では，剛性，形状，寸法の間の微妙で複雑な関係をすべて考慮できていない。継手強度が継手長さに対して線形に増加しないなど，継手長さの影響のような単純な事例では，このことが容易に実証できるが，より複雑な事例では，実証できない。

以下，要約した事例で説明する。この章の著者らは，洋上風力タービンの骨組み構造（ジャ

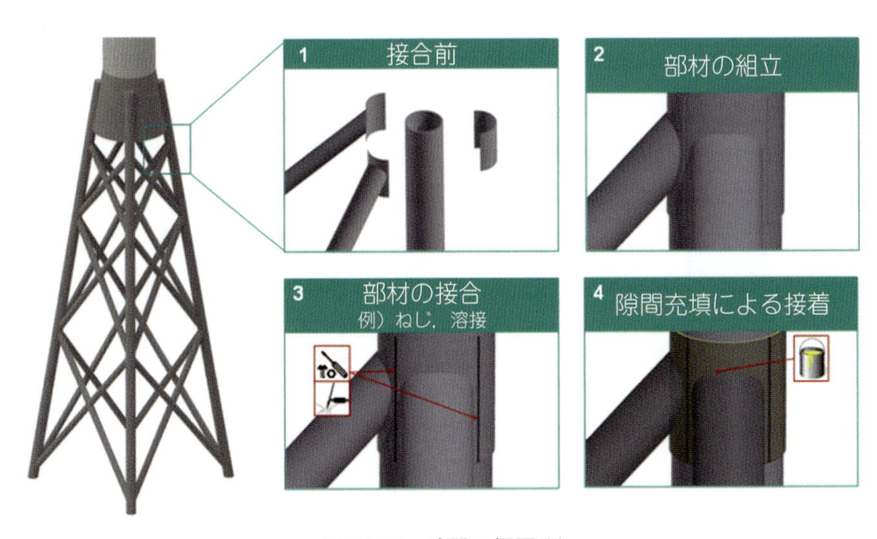

図 17.26　建設の概要[101)]

ケット）の課題に取り組んでいる。この構造では，**図 17.26** に示すような，管状のスリーブに溶接された斜材を風力発電塔の脚に接着接合することが計画された。この設計思想は，モジュール化とプレハブ化によって多くの利点があり，接着接合に適した設計を目的としている。構造自体の全体的な寸法は数十 m 単位であり，鋼管の直径は数百 mm 単位である。

当初は，高強度（したがって高剛性）の構造用接着剤を模索していたが，著者らは数値解析に基づき，より低強度で比較的延性のある接着剤も選択肢として検討した。基本的に異なる特性を評価するために，接合部や構造物全体の応力や変形が解析的にモデル化された。その結果を**図 17.27** と**図 17.28** に示す。応力の大きさは接着剤の剛性に強く依存することが明らかとなった。

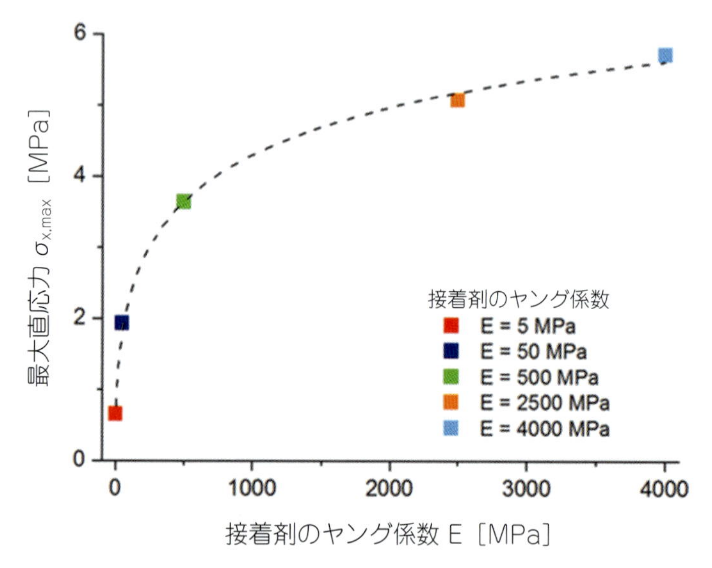

図 17.27　接着剤のヤング係数と最大応力の関係 [101)]

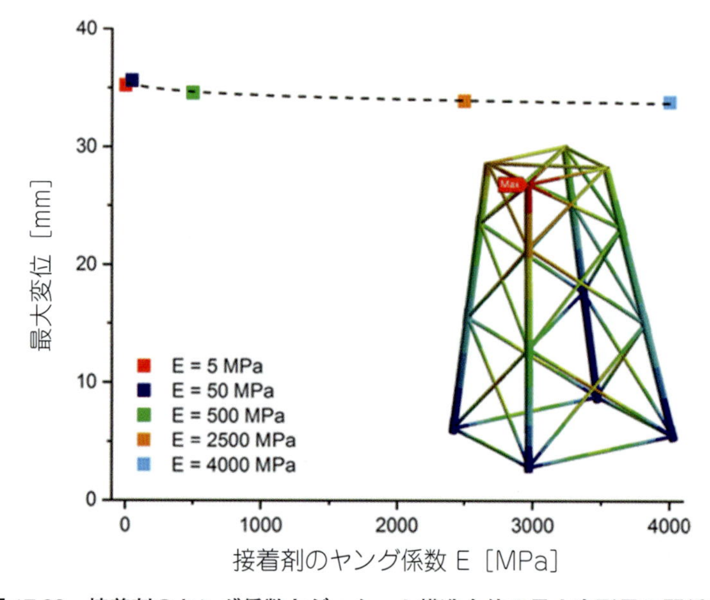

図 17.28　接着剤のヤング係数とジャケット構造全体の最大変形量の関係 [101)]

最大直応力と接着剤の剛性の関係をプロットすると，非線形性が見られた。この結果は，必要な接着強度が，接着剤の剛性に大きく依存することを意味する。すでに詳述した調査結果に加えて，接着剤の剛性の範囲を考慮して，ジャケットの全体的な変形が計算された。驚くべきことに，ジャケット構造全体の最大変位は，接着剤の剛性にほとんど依存しないことが明らかとなった。接着剛性が低下しても，応力がカップリングスリーブに伝達され，鋼部材の応力が増加した。

その後，高強度かつ高弾性（MoE）の接着剤と，低強度かつ低弾性の接着剤の 2 種類が選択された。接着剤の性能は，3 つのレベルで評価した。まず，数十 mm 単位の寸法の試験片レベル，次に直径 100 mm の鋼管継手，3 番目に，図 17.27 に従って直径 150 mm の K 形継手で評価した。代表的な荷重−変位曲線を，それぞれ**図 17.29〜図 17.31** に示す。まず，一軸引張試験により，2 つの接着剤の強度（強度比 10：1）と剛性が明らかに異なることが示された。接着鋼管試験体の引張試験でも，顕著ではないものの，2 つの接着剤の違いは明らかである（最大荷重の比率は 5：1）。図 17.26 に従って接着された K 形継手の耐荷重性能を分析すると，2 つの接着剤の強度（1：10）と剛性（1：50）に大きな違いがあるにもかかわらず，接着に適した接着接合の強度と剛性

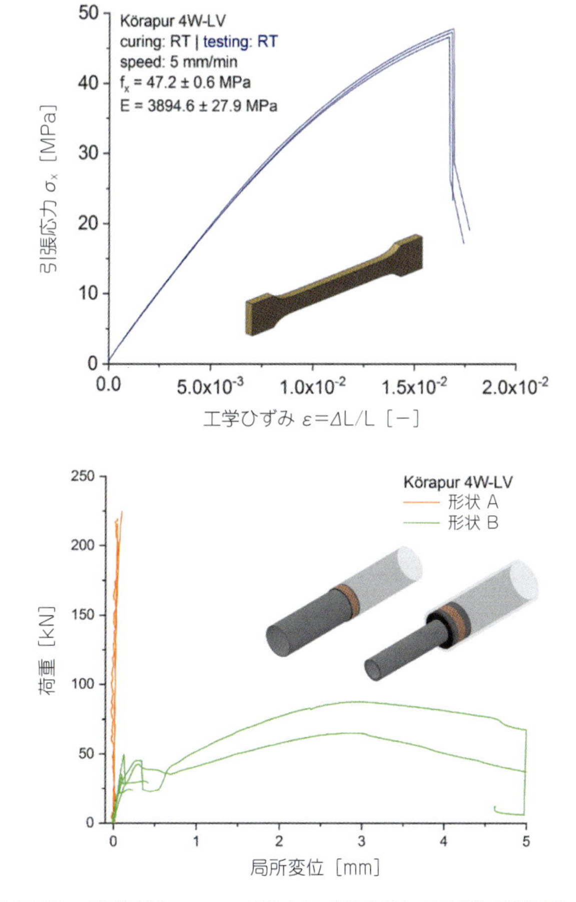

図 17.29　接着剤 Körapur 4W−LV（高強度・高剛性接着剤）を用いた一軸引張試験（上）と鋼管のせん断試験（下）の荷重と変位の関係 [101)]

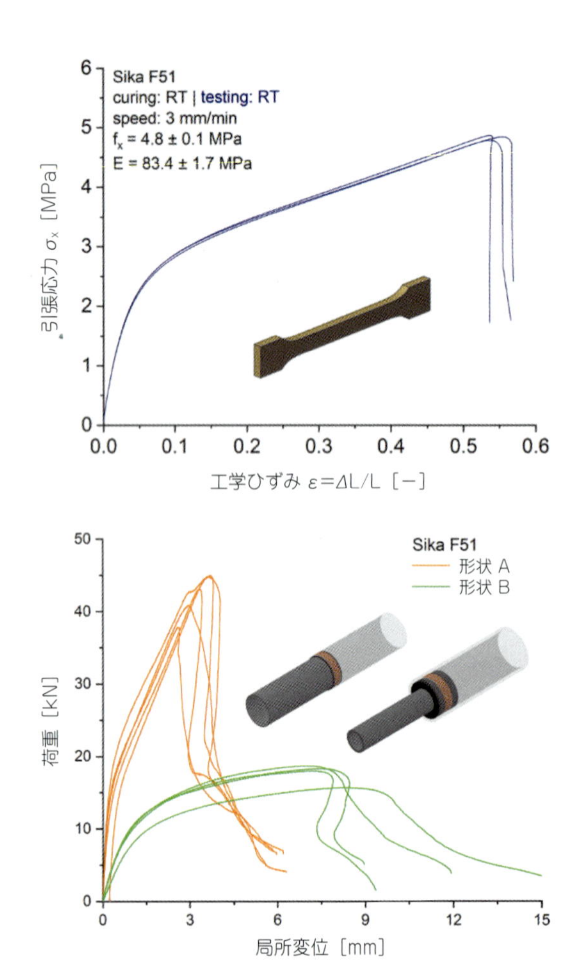

図 17.30　接着剤 Sika F51（延性軟質接着剤）を用いた一軸引張試験（上）と鋼管せん断試験（下）の荷重と変位の関係[101)]

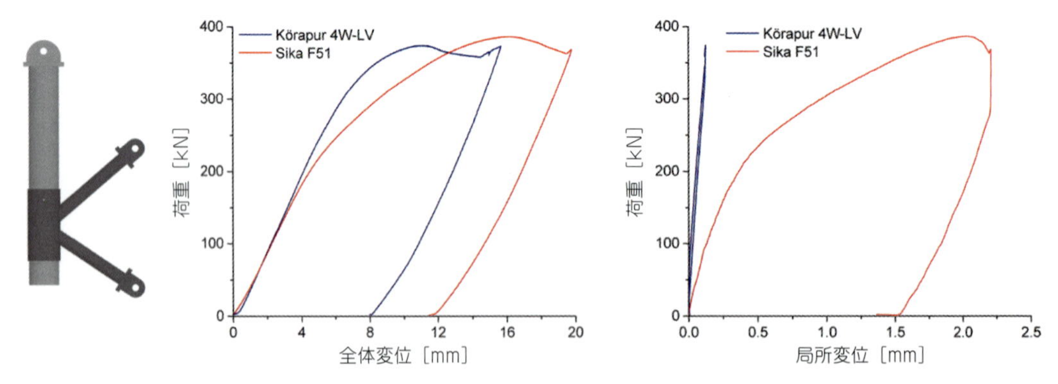

図 17.31　直径 150 mm のハイブリッド接着 K 形継手に対する両接着剤の荷重と全体変位の関係（左）と荷重と局部変位の関係の比較[126)]

図 17.32　大形の鋼管接着接合（管～φ300 mm）[126]

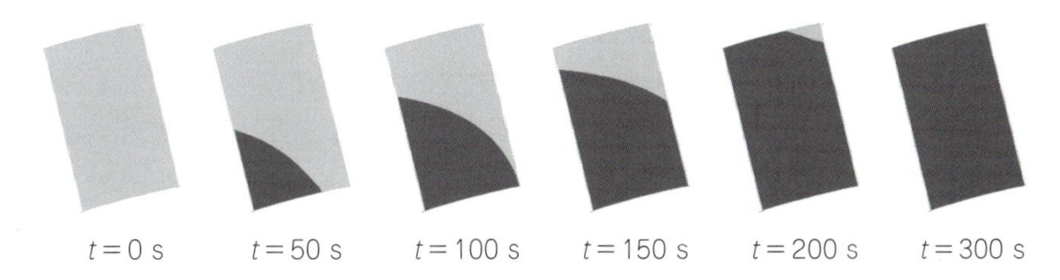

図 17.33　接着剤注入課程の流体力学計算シミュレーション[126]

は，それほど違わないことがわかる。

また，寸法問題と関連するのが，製造工程である。引張試験や一面せん断試験のような小規模/実験室規模の試験片は比較的容易に製作できるが，より大きな試験体を製作するのは，時には困難である。**図 17.32** は，直径約 300 mm の実験室用試験体であるが，それでも実際の接合部の 5 分の 1 程度である。

このような寸法問題に直面した場合，設計技術者は慎重に施工計画を立てる必要がある。先述の例では，接着剤の容量（予備を含めて約 8 L）のため，中型の試験体のようにカートリッジを使用した手作業の代わりに，大型の試験体の場合は空気圧式容器を使用して接着剤を注入している。このため，接着剤を容器で混合し，その後，圧力容器に入れる。接着剤は，約 1 バールの圧力で，接続ホースを介してカップリングスリーブの下側にある注入口から接着剤用のギャップに注入された。ホースは，ネジ付アタッチメントと，スリーブに設けられているメネジによって，スリーブの注入孔に固定される。充填工程は約 10 分で完了し，平均充填量は 1 L/min であった。このような施工計画は，数値モデリングを用いて事前に行うことができる。数値流体力学（CFD）は，接着剤粘度の限界値の設定や充填時間の推定に役立ち，そこから必要な最低の可使時間の情報が導出できる（**図 17.33**）。

17.5.5　品質管理に関する課題

接着接合は，従来の工学的な手段では網羅することは困難である。その理由はいくつかあるが，中でも特に重要なのは以下の理由である。接着は，まだ代替のフェーズにある技術である。このフェーズは，新しく導入される技術や材料が必ず通る段階であり，その結果，一連の欠点が浮き彫りになる。例えば，他の接合法を接着剤で置き換えるだけで，それ以上の変更は必要ないと考えてしまうなど，接着剤の使い方が間違っている場合がある。接着剤の使用に慣れていない設計技術者は，新しい材料に古い手法を適用する傾向にある。このため，他の状況から同等と思われる寸法決定手法を探すことになるが，最終的にはそうではない。さらに，接着剤の材質だけでなく，接合部の形状，規模，環境条件，経年変化，時間などの側面も考慮し，調査して，接合部を検討する必要がある。

その複雑さを解明することを目的として，複合材料[127]などの接着接合を標準化し，規格化しようとする稀な試みが行われているが，さらなる混乱を招いている。例えば，時代遅れの理論解析式を使用することで，その利用を一部の接合タイプに限定してしまったり，破壊力学の公式を持ち出し，設計技術者がその使い方を理解できないようにするなど，特定の寸法設定方法を規定する基準もある。また，接着剤に対する課題が解決できないと考え，構造物への適用を禁止する場合もある。このような厳しい制限は，他の業界で日常的に行われていることと矛盾している。例えば，構造用ガラスに対しては，簡単な応力照査が許容されており，鉄道業界では，構造用の接着接合が一般的である。

もちろん，どのような接合も同じではなく，業界間，あるいは業界内でもその違いは多岐にわたる。それらは，要求性能，作用荷重，接合部のタイプ，寸法，使用する接着剤などの違いから始まる。では，接着接合が大きな成功を収めている他の業界では，どのようにして課題に焦点を当てず，問題を回避しているのか？

接着接合の先述の課題は，次の３つに分類される：

—第１に，特に熟練していない限り，典型的な工学分野の設計技術者は，接着剤接合に関連するさまざまなレベルの複雑さへの対応が困難である。接着接合は，あまりにも広い分野である。知識不足の設計技術者は，接着剤，表面，方法，要求事項，製造方法などのさまざまな要素に惑わされる危険性がある。

—第２に，すべての実接着状況に適合する１つのアプローチは存在しない。そのことを考慮していない基準や規格は，単にタオルをかけるフックを接着するために複雑な破壊力学的検証を必要としたり，橋の主桁に対して Volkersen 基準の応力照査を許容することなど，Maslow's hammer（1つの解決法しか持っていない者）[128]をもたらす可能性があるが，どちらも単に安全に対する要件の区別ができていないことが原因である。

—第３に，第１のポイントに関連するが明確に述べられていない項目として，特定の形状が決定された後，構造に対する照査を具体的にどのように実施すべきかという課題に関連する。現在の規格や基準は，方法論を示唆しているだけで，それをどのように実施するのかについては，明確にされていない。

先に述べたように，鉄道や自動車を含むいくつかの業界では，構造物への適用を含め，接着接合が既に実施されている。これらの業界では，すでに述べたような具体的な問題点を反映した基準の制定の緊急性が認識されていた。すべての接着作業の本質は施工工程であるので，ISO 9001

にできるだけ準拠することが決められた。ISO 9001は業界ではあまり評判が良くないが，その思想は間違いなくシンプルである。もし，ある製品が100％欠陥がないことを保証するために破壊試験しかできないとしたら，製造工程を適切に管理することによって，考えられるエラーの原因をすべて排除する必要がある。接着剤は品質管理された製品であり，正しく施工されれば不良品は出ないという前提に立てば，原理的には設計や製造の段階で起こりうるすべてのエラーが生じないようにすれば良いことになる。したがって，ISO 9001では，基本的に可能な限り施工ミスが生じないことを目的としている。検出できないエラーは，防止しなければならない。そうすることで，品質保証の基盤が提供される。しかし，ISO 9001だけでは，接着工程の品質を保証する唯一の方法としては，一般的すぎる[129]。

そのため，技術を正しく適用するために必要な独自の仕様が必要となる。ISO 9001に基づくこの種の規格は，溶接技術において何十年も前から用いられており，世界中で受け入れられている。鉄道車両産業では，接着接合規格DIN 6701[130]が世界中で成功裏に実施されており，現在，国の規格から欧州規格に移行している。関連するDIN 2304[131]は，これらの原則を接着工程の全般に拡張している。この章の目的は，これらの規格，特にDIN 2304を詳細に紹介することではない。この時点では，接着接合を体系化するこれまでの試みで，典型的な課題に対して，わかりやすい対処の説明を行うこととする。

課題1―接着接合工程の接着作業のコーディネート：設計の初期段階から，構造照査，施工まで，接着に関連するすべての面において，その過程が安全に行われていることを保証するために，的確な設計技術者を割り当てること。適切な接着コーディネーター（ABC＝担当監督者）には，現行の溶接の管理と同様に，接着に関するすべての作業に責任を持たせる必要がある。その技術に対する知識は，認定された第三者機関が発行する認証文書によって客観的に文書化されなければならない。接着接合部の安全クラス（課題2）に応じて，接着接合作業に対する接着コーディネーター（ABC）としての任命資格の確認には，専門的なトレーニング／見習い期間および職務上の更なるトレーニングが含まれる場合がある[129]。

課題2―安全要件に基づく接合部の分類：すべての接合部は，基本的に（部材の設計技術者が意図した）破壊の推定値に基づき，安全クラスを分類することができる。この分類では，防火規制，排気ガス規制，労働安全などの他の要件は除外される。これらの側面については，すでに他の規格や規制が存在する。DIN 2304では，以下を区別している[129]。S1―高い安全要求―：接着接合部の破壊は，間接的または直接的に構造物に対して避けられない危険をもたらしたり，機能性の喪失につながる可能性がある。その影響は，非常に高い確率で構造物に避けられない危険をもたらす。S2―中程度の安全要求―：接着接合部の破壊は，構造物に対して危険性をもたらすか，機能性の喪失につながる可能性がある。その影響はおそらく人々や環境にも有害となる。S3―低い安全要求―：接着接合部の破壊は，機能性の喪失につながるが，その影響は人々や環境に有害ではないか，せいぜい快適性や性能を損なう程度である。S4―安全要求なし―：接着接合部の破壊は，機能性が失われるが，その影響は予測可能な条件下では人々や環境に有害でなく，単に快適性と性能を損なうだけである。

課題3―構造照査：接着接合部の寸法の決定に対する困難さを十分に認識し，構造照査を次の

４つの方法で実施する必要がある。（1）応力＜強度の照査，（2）部材試験，（3）検証の文書化，（4）前述の組み合わせ。前述の各方法の詳細は，DIN 2304[131]に記載されている。接着剤接合技術の品質基準では，「接着コーディネーターがこのことを保証し，その検証を明確に文書化しなければならない」ことが新たに規定されてる[129]。

DIN 2304は，ユーザーに権限を与え，追跡可能な工程に焦点を当て，接着接合に要求される安全性のレベルに応じて，構造照査手順を含む要求性能に適した独立した基準であり，普段の寸法の設計業務に既に導入されている。この基準は非常に明確な仕様でありながら，土木工学，特に鋼構造物を含むあらゆる産業の要求に適合するという点で，非常に汎用性が保たれている。そのため，現在の土木工学の規定や基準に干渉することなく，接着接合の可能性を最大限に引き出すことができる。

文　献

1）B. Trinder, The first iron bridges, Ind. Archaeol. Rev. 3（2）（1979）112–121, https://doi.org/10.1179/iar.1979.3.2.112.

2）J.G. James, Russian iron bridges to 1850, Trans. Newcomen Soc. 54（1）（1982）79–104, https://doi.org/10.1179/tns.1982.004.

3）R. Bjorhovde, Development and use of high performance steel, J. Constr. Steel Res. 60（3-5）（2004）393–400, https://doi.org/10.1016/S0143-974X(03)00118-4.

4）T. Leslie, Built like bridges: iron, steel, and rivets in the nineteenth-century skyscraper, J. Soc. Archit. Hist. 69（2）（2010）234–261, https://doi.org/10.1525/jsah.2010.69.2.234.

5）S.A. David, T. Debroy, Current issues and problems in welding science, Science 257（5069）（1992）497–502, https://doi.org/10.1126/science.257.5069.497.

6）F. Soetens, Aluminium structures in building and civil engineering applications, Struct. Eng. Int. 20（4）（2010）430–435, https://doi.org/10.2749/101686610793557708.

7）F.M. Mazzolani, Structural applications of aluminium in civil engineering, Struct. Eng. Int. 16（4）（2006）280–285, https://doi.org/10.2749/101686606778995128.

8）R.D. Adams, Adhesive Bonding: Science, Technology and Applications, CRC Press, Boca Raton, FL, Cambridge, 2005.

9）G.C. Mays, Structural applications of adhesives in civil engineering, Mater. Sci. Technol. 1（11）（1985）937–943, https://doi.org/10.1179/mst.1985.1.11.937.

10）G.C. Mays, A.R. Hutchinson, Adhesives in Civil Engineering, Cambridge University Press, 2005. 562 Adhesive Bonding

11）A. D€ornen, G. Trittler, Kombinierte Eisenbahn- und Straßenbr€ucke €uber den Lippe-Seiten-Kanal der Chemischen Werke H€uls AG, Marl. Der Stahlbau 27（1）（1958）7–9.

12）J. Ritchie, P. Gregory, Improvements in bolted joint efficiency by the addition of coldsetting resin mixture, Struct. Eng. 37（6）（1959）1751–1777.

13）R. Glienke, A. Ebert, C. Denkert, K.-M. Henkel, J. Kalich, U. F€ussel, Erh€ohung der Tragf€ahigkeit von GV-Verbindungen durch den Einsatz von Klebstoff, Stahlbau 86（9）（2017）811–830, https://doi.org/10.1002/stab.201710493.

14）Y. Ciupack, H. Pasternak, M. Schiel, E. Ince, Adhesive bonded joints in steel structures, Steel Constr. 7（3）（2014）178–182, https://doi.org/10.1002/stco.201410029.

15）M. Albiez, T. Vall_ee, H. Fricke, T. Ummenhofer, Adhesively bonded steel tubes—part I: experimental investigations, Int. J. Adhes. Adhes. 90（2019）199–210, https://doi.org/10.1016/j.ijadhadh.2018.02.005.

16）M. Albiez, T. Vall_ee, T. Ummenhofer, Adhesively bonded steel tubes – part II: numerical modelling and strength prediction, Int. J. Adhes. Adhes. 90（2019）211–224, https://doi.org/10.1016/j.ijadhadh.2018.02.004.

17）S.A. Hashim, Adhesive bonding of thick steel adherends for marine structures, Mar. Struct. 12（6）（1999）405–423, https://doi.org/10.1016/S0951-8339(99)00029-5.

18）T. Keller, T. Vall_ee, Adhesively bonded lap joints from pultruded GFRP profiles. Part I: stress-strain analysis and failure modes, Compos. Part B 36（4）（2005）331-340, https://doi.org/10.1016/j.compositesb.2004.11.001.
19）T. Keller, T. Vall_ee, Adhesively bonded lap joints from pultruded GFRP profiles. Part II: joint strength prediction, Compos. Part B 36（4）（2005）341-350, https://doi.org/10.1016/j.compositesb.2004.11.002.
20）J.R. Vinson, Adhesive bonding of polymer composites, Polym. Eng. Sci. 29（19）（1989）1325-1331, https://doi.org/10.1002/pen.760291904.
21）S. Budhe, M.D. Banea, S. de Barros, L.F.M. da Silva, An updated review of adhesively bonded joints in composite materials, Int. J. Adhes. Adhes. 72（2017）30-42, https://doi.org/10.1016/j.ijadhadh.2016.10.010.
22）F. Stoeckel, J. Konnerth, W. Gindl-Altmutter, Mechanical properties of adhesives for bonding wood—a review, Int. J. Adhes. Adhes. 45（2013）32-41, https://doi.org/10.1016/j.ijadhadh.2013.03.013.
23）T. Vall_ee, T. Tannert, S. Fecht, Adhesively bonded connections in the context of timber engineering - a review, J. Adhes. 93（4）（2016）257-287, https://doi.org/10.1080/00218464.2015.1071255.
24）D.J. Gardner, M. Blumentritt, L. Wang, N. Yildirim, Adhesion theories in wood adhesive bonding, Rev. Adhes. Adhes. 2（2）（2014）127-172, https://doi.org/10.7569/RAA.2014.097304.
25）B. Hussey, J. Wilson, Basic classes of adhesive, in: B. Hussey, J. Wilson（Eds.）, Structural Adhesives: Directory and Databook, Springer US, Boston, MA, 1996, pp. 1-5.
26）DIN EN 15048-1:2016-09, Garnituren f€ur nicht vorgespannte Schraubverbindungen im Metallbau_- Teil_1: Allgemeine Anforderungen, Deutsche Fassung EN_15048-1, Beuth Verlag GmbH, Berlin, 2016, https://doi.org/10.31030/2361834.
27）F16 Committee, Specification for Structural Bolts, Steel, Heat Treated, 120/105 Ksi Minimum Tensile Strength, ASTM International, West Conshohocken, PA, 2014. https://doi.org/10.1520/A0325-14.
28）D. Fernando, J.G. Teng, T. Yu, X.L. Zhao, Preparation and characterization of steel surfaces for adhesive bonding, J. Compos. Constr. 17（6）（2013）4013012, https://doi.org/10.1061/(ASCE)CC.1943-5614.0000387.Building and construction steel and aluminium 563
29）B. Wang, X. Hu, P. Lu, Improvement of adhesive bonding of grit-blasted steel substrates by using diluted resin as a primer, Int. J. Adhes. Adhes. 73（2017）92-99, https://doi.org/10.1016/j.ijadhadh.2016.11.012.
30）C. Rodríguez-Villanueva, N. Encinas, J. Abenojar, M.A. Martínez, Assessment of atmospheric plasma treatment cleaning effect on steel surfaces, Surf. Coat. Technol. 236（2013）450-456, https://doi.org/10.1016/j.surfcoat.2013.10.036.
31）H.R. Jahani, B. Moffat, R.E. Mueller, D. Fumo, W. Duley, T. North, et al., Excimer laser surface modification of coated steel for enhancement of adhesive bonding, Appl. Surf. Sci. 127-129（1998）767-772, https://doi.org/10.1016/S0169-4332(97)00738-1.
32）A.R. Marder, The metallurgy of zinc-coated steel, Prog. Mater. Sci. 45（3）（2000）191-271, https://doi.org/10.1016/S0079-6425(98)00006-1.
33）G.W. Critchlow, K.H. Bedwell, M.E. Chamberlain, Pretreatments to improve the bondability of hot dipped galvanised mild steel, Trans. IMF 76（6）（1998）209-212, https://doi.org/10.1080/00202967.1998.11871225.
34）R.T. Foister, S.L.F. Niks, M.J. Barker, Strength loss mechanisms for adhesive bonds to electroplated zinc and cold rolled steel substrates subjected to moist environments, J. Adhes. 30（1-4）（1989）105-118, https://doi.org/10.1080/00218468908048200.
35）A. Momber, L. Fr€ock, T. Marquardt, Nachtr€agliches klebtechnisches F€ugen von Haltern auf bereits beschichtete Stahloberfl€achen, Stahlbau（2020）, https://doi.org/10.1002/stab.202000020.
36）S. Myslicki, H. Kordy, M. Kaufmann, R. Cr_eac'hcadec, T. Vall_ee, Under water glued stud bonding fasteners for offshore structures, Int. J. Adhes. Adhes. 98（2020）102533, https://doi.org/10.1016/j.ijadhadh.2019.102533.
37）D.S. Irwin, T.C. Johnson, Comparison of Solvents for Cleaning Metal Surfaces, Dow Chemical Company, Rocky Flats Plant, 1964.
38）C.W. Jennings, Surface roughness and bond strength of adhesives, J. Adhes. 4（1）（1972）25-38, https://doi.org/10.1080/00218467208072208.
39）K.W. Allen, Some reflections on contemporary views of theories of adhesion, Int. J. Adhes. Adhes. 13（2）（1993）67-72, https://doi.org/10.1016/0143-7496(93)90015-2.
40）J.T. Rice, Adhesive selection and screening test-

ing, in: I. Skeist（Ed.）, Handbook of Adhesives, Springer US, Boston, MA, 1990, pp. 94−119.

41）A.C.W.M. Vrouwenvelder, Developments towards full probabilistic design codes, Struct. Saf. 24（2−4）（2002）417−432, https://doi.org/10.1016/S0167-4730(02)00035-8.

42）H. Pasternak, Y. Ciupack, Development of Eurocode−based design rules for adhesive bonded joints, Int. J. Adhes. Adhes. 53（2014）97−106, https://doi.org/10.1016/j.ijadhadh.2014.01.011.

43）I.J. van Straalen, J. Wardenier, L.B. Vogelesang, F. Soetens, Structural adhesive bonded joints in engineering − drafting design rules, Int. J. Adhes. Adhes. 18（1）（1998）41−49, https://doi.org/10.1016/S0143-7496(97)00068-7.

44）A. Spaggiari, D. Castagnetti, E. Dragoni, A design oriented multiaxial stress−based criterion for the strength assessment of adhesive layers, Compos. Part B 157（2019）66−75, https://doi.org/10.1016/j.compositesb.2018.08.085.

45）S. Myslicki, T. Vall_ee, O. Bletz−M€uhldorfer, F. Diehl, L.C. Lavarec, R. Cr_eac'Hcadec, Fracture mechanics based joint capacity prediction of glued−in rods with beech laminated veneer lumber, J. Adhes. 16（3）（2018）1−20, https://doi.org/10.1080/00218464.2018.1538879.

46）G.I. Barenblatt, The mathematical theory of equilibrium cracks in brittle fracture, in: H. L. Dryden, T. von Karman（Eds.）, Advances in Applied Mechanics, Academic P, New York, 1962, pp. 55−129. 564 Adhesive Bonding

47）O. Volkersen, Die Nietkraftverteilung in zugbeanspruchten Nietverbindungen mit konstanten Laschenquerschnitten, Luftfahrtforschung 15（1938）41−47.

48）M. Goland, E. Reissner, The stresses in cemented joints, J. Appl. Mech. 11（1944）A17−A27.

49）L.F.M. da Silva, P.J.C. das Neves, R.D. Adams, J.K. Spelt, Analytical models of adhesively bonded joints−part I: literature survey, Int. J. Adhes. Adhes. 29（3）（2009）319−330, https://doi.org/10.1016/j.ijadhadh.2008.06.005.

50）L.F.M. da Silva, P.C. das Neves, R.D. Adams, A. Wang, J.K. Spelt, Analytical models of adhesively bonded joints−part II: comparative study, Int. J. Adhes. Adhes. 29（3）（2009）331−341, https://doi.org/10.1016/j.ijadhadh.2008.06.007.

51）Q. Luo, L. Tong, Analytical solutions for nonlinear analysis of composite single−lap adhesive joints, Int. J. Adhes. Adhes. 29（2）（2009）144−154, https://doi.org/10.1016/j. ijadhadh.2008.01.007.

52）S. Amidi, J. Wang, An analytical model for interfacial stresses in double−lap bonded joints, J. Adhes. 95（11）（2019）1031−1055, https://doi.org/10.1080/00218464.2018.1464917.

53）R.D. Adams, N.A. Peppiatt, Stress analysis of adhesive bonded tubular lap joints, J. Adhes. 9（1）（2006）1−18, https://doi.org/10.1080/00218467708075095.

54）M.Y. Tsai, J. Morton, An evaluation of analytical and numerical solutions to the singlelap joint, Int. J. Solids Struct. 31（18）（1994）2537−2563, https://doi.org/10.1016/0020-7683(94)90036-1.

55）X. He, A review of finite element analysis of adhesively bonded joints, Int. J. Adhes. Adhes. 31（4）（2011）248−264, https://doi.org/10.1016/j.ijadhadh.2011.01.006.

56）T. Vall_ee, T. Tannert, J. Murcia−Delso, D.J. Quinn, Influence of stress−reduction methods on the strength of adhesively bonded joints composed of orthotropic brittle adherends, Int. J. Adhes. Adhes. 30（7）（2010）583−594, https://doi.org/10.1016/j.ijadhadh.2010.05.007.

57）C. Grunwald, M. Kaufmann, B. Alter, T. Vall_ee, T. Tannert, Numerical investigations and capacity prediction of G−FRP rods glued into timber, Compos. Struct. 202（2018）47−59, https://doi.org/10.1016/j.compstruct.2017.10.010.

58）C. Grunwald, S. Fecht, T. Vall_ee, T. Tannert, Adhesively bonded timber joints − do defects matter ? Int. J. Adhes. Adhes. 55（2014）12−17, https://doi.org/10.1016/j.ijadhadh.2014.07.003.

59）T. Vall_ee, T. Tannert, R. Meena, S. Hehl, Dimensioning method for bolted, adhesively bonded, and hybrid joints involving fibre−reinforced−polymers, Compos. Part B 46（2013）179−187, https://doi.org/10.1016/j.compositesb.2012.09.074.

60）C. Grunwald, T. Vall_ee, S. Fecht, O. Bletz−M€uhldorfer, F. Diehl, L. Bathon, et al., Rods glued in engineered hardwood products part II: numerical modelling and capacity prediction, Int. J. Adhes. Adhes.（2018）, https://doi.org/10.1016/j.ijadhadh.2018.05.004.

61）C. Badulescu, C. Germain, J.−Y. Cognard, N. Carrere, Characterization and modelling of the viscous behaviour of adhesives using the modified Arcan device, J. Adhes. Sci. Technol. 29（5）（2014）443−461, https://doi.org/10.1080/01694243.2014.991483.

62）R.B. Pipes, B.W. Cole, On the off−axis strength test for anisotropic materials, J. Compos. Mater. 7（2）（1973）246−256, https://doi.org/10.1177/

002199837300700208.
63) G. Fernlund, J.K. Spelt, Mixed-mode fracture characterization of adhesive joints, Compos. Sci. Technol. 50 (4) (1994) 441-449, https://doi.org/10.1016/0266-3538(94)90052-3.
64) P. Nali, E. Carrera, A numerical assessment on two-dimensional failure criteria for composite layered structures, Compos. Part B 43 (2) (2012) 280-289, https://doi.org/10.1016/j.compositesb.2011.06.018.Building and construction steel and aluminium 565
65) R. Quispe Rodríguez, W.P. de Paiva, P. Sollero, M.R. Bertoni Rodrigues, _E.L. de Albuquerque, Failure criteria for adhesively bonded joints, Int. J. Adhes. Adhes. 37 (2012) 26-36, https://doi.org/10.1016/j.ijadhadh.2012.01.009.
66) H.E. Tresca, Sur l'ecoulement des corps solides soumis a de fortes pressions, Imprimerie de Gauthier-Villars, successeur de Mallet-Bachelier, rue de Seine, 1864.
67) R.L. Hankinson, Investigation of crushing strength of spruce at varying angles of grain, Air Serv. Inform. Circ. 3 (259) (1921) 130.
68) A. Puck, Festigkeitsberechnung an Glasfaser/Kunststoff-Laminaten bei zusammengesetzter Beanspruchung, Kunststoffe 59 (11) (1969) 780-787.
69) S.W. Tsai, E.M. Wu, A general theory of strength for anisotropic materials, J. Compos. Mater. 5 (1971) 58-80.
70) R. Hill, Theory of mechanical properties of fibre-strengthened materials—III. Selfconsistent model, J. Mech. Phys. Solids 13 (4) (1965) 189-198, https://doi.org/10.1016/0022-5096(65)90008-6.
71) L.J. Hart-Smith, The role of biaxial stresses in discriminating between meaningful and illusory composite failure theories, Compos. Struct. 25 (1-4) (1993) 3-20, https://doi.org/10.1016/0263-8223(93)90146-H.
72) L.O. Jernkvist, Fracture of wood under mixed mode loading: I. Derivation of fracture criteria, Eng. Fract. Mech. 68 (5) (2001) 549-563.
73) F.J.P. Chaves, L.F.M. da Silva, M.F.S.F. de Moura, D.A. Dillard, V.H.C. Esteves, Fracture mechanics tests in adhesively bonded joints: a literature review, J. Adhes. 90 (12) (2014) 955-992, https://doi.org/10.1080/00218464.2013.859075.
74) M. Albiez, T. Vall_ee, T. Ummenhofer, Adhesively bonded steel tubes - part II: numerical modelling and strength prediction, Int. J. Adhes. Adhes. (2018), https://doi.org/10.1016/j.ijadhadh.2018.02.004.
75) P. Martiny, F. Lani, A.J. Kinloch, T. Pardoen, A maximum stress at a distance criterion for the prediction of crack propagation in adhesively-bonded joints, Eng. Fract. Mech. 97 (2013) 105-135, https://doi.org/10.1016/j.engfracmech.2012.10.025.
76) J.D. Clark, I.J. McGregor, Ultimate tensile stress over a zone: a new failure criterion for adhesive joints, J. Adhes. 42 (4) (1993) 227-245, https://doi.org/10.1080/00218469308026578.
77) W.S. Johnson, S. Mall, A fracture mechanics approach for designing adhesively bonded joints, in: W.S. Johnson (Ed.), Delamination and Debonding of Materials: A Symposium, ASTM International, Philadelphia, PaA, 1985, pp. 189-199.
78) R.D.S.G. Campilho, M.D. Banea, J.A.B.P. Neto, L.F.M. da Silva, Modelling of singlelap joints using cohesive zone models: effect of the cohesive parameters on the output of the simulations, J. Adhes. 88 (4-6) (2012) 513-533, https://doi.org/10.1080/00218464.2012.660834.
79) R.D.S.G. Campilho, M.D. Banea, J.A.B.P. Neto, L.F.M. da Silva, Modelling adhesive joints with cohesive zone models: effect of the cohesive law shape of the adhesive layer, Int. J. Adhes. Adhes. 44 (2013) 48-56, https://doi.org/10.1016/j.ijadhadh.2013.02.006.
80) E.H.W. Weibull, A statistical distribution of wide application, ASME J. Appl. Mech. 18 (1951) 293-297.
81) A. Towse, K.D. Potter, M.R. Wisnom, R.D. Adams, The sensitivity of a Weibull failure criterion to singularity strength and local geometry variations, Int. J. Adhes. Adhes. 19 (1) (1999) 71-82, https://doi.org/10.1016/S0143-7496(98)00058-X.
82) T. Tannert, T. Vall_ee, S. Franke, P. Quenneville, Comparison of test methods to determine Weibull parameters for wood, in: World Conference on Timber Engineering 2012, Auckland, New Zealand, 2012. 566 Adhesive Bonding
83) A.M. Freudenthal, Statistical approach to brittle fracture, in: Fracture, An Advanced Treatise, II, Academic Press, 1968, pp. 591-619.
84) P. Clouston, F. Lam, J.D. Barrett, Incorporating size effects in the Tsai-Wu strength theory for Douglas-fir laminated veneer, Wood Sci. Technol. 32 (3) (1998) 215-226.
85) T. Tannert, F. Lam, T. Vall_ee, Strength predic-

tion for rounded dovetail connections considering size effects, J. Eng. Mech. 136（3）（2010）358–366, https://doi.org/10.1061/(ASCE)0733-9399(2010)136:3(358).
86）T. Tannert, T. Vall_ee, S. Hehl, Probabilistic strength prediction of adhesively bonded timber joints, Wood Sci. Technol. 46（1–3）（2012）503–513, https://doi.org/10.1007/s00226-011-0424-0.
87）T. Vall_ee, J.R. Correia, T. Keller, Probabilistic strength prediction for double lap joints composed of pultruded GFRP profiles – part II: strength prediction, Compos. Sci. Technol. 66（13）（2006）1915–1930, https://doi.org/10.1016/j.compscitech.2006.04.001.
88）T. Gerke, T. Vall_ee, Pre–tensioned hybrid joints for structural steel applications—Part 1: experimental investigations, J. Adhes.（2020）（Submitted）.
89）T. Gerke, T. Vall_ee, Pre–tensioned hybrid joints for structural steel applications—Part 2: Numerical modelling, J. Adhes.（2020）（submitted）.
90）DIN EN ISO 1461:2009–10, Durch Feuerverzinken auf Stahl aufgebrachte Zink€uberz€uge（St€uckverzinken）_– Anforderungen und Pr€ufungen（ISO_1461:2009）, Deutsche Fassung EN_ISO_1461, Beuth Verlag GmbH, Berlin, 2009, https://doi.org/10.31030/1509303.
91）P. Maaß, P. Peißker, Handbook of Hot–Dip Galvanization, first ed., Wiley–VCH, 2011. https://www.wiley.com/en-us/Handbook+of+Hot+dip+Galvanization-p-9783527323241.
92）L.F.M. Silva, A. €Ochsner, R.D. Adams, Handbook of Adhesion Technology. Springer Reference, Springer, Berlin, 2011, https://doi.org/10.1007/978-3-642-01169-6_8.
93）Henkel, Safety Data Sheet: Bref Power, Scottsdale, AZ/USA, 2015, pp. 1–5. Available from: https://resources.cleanitsupply.com/MSDS/DIA01128CT_SDS.PDF.
94）J. Stahl, P.L. Geiss, Surface pre–treatment of batch–galvanized components for adhesively bonded assemblies, Athens J. Technol. Eng. 12（2015）241–251.
95）DIN EN ISO 1465:2000–07, Klebstoffe – Bestimmung der Zugscherfestigkeit von €Uberlappungsklebungen, Beuth, Berlin, 2009. Available from: http://www.beuth.de/de/norm/din-en-1465/115724482.
96）DIN EN ISO 4624:2016–08, Beschichtungsstoffe_– Abreißversuch zur Bestimmung der Haftfestigkeit（ISO_4624:2016）, Deutsche Fassung EN_ISO_4624, Beuth Verlag GmbH, Berlin, 2016, https://doi.org/10.31030/2360041.
97）J.D. Minford, Durability evaluation of adhesive bonded structures, in: L.–H. Lee（Ed.）, Adhesive Bonding, Springer, Boston, MA, 1991, pp. 239–290.
98）J.D. Minford, Durability of adhesive bonded aluminum joints, in: Treatise on Adhesion and Adhesives, vol. 3, Marcel Dekker Inc., New York, 1973, pp. 79–122.
99）I.J. van Straalen, M.J.L. van Tooren, Development of design rules for adhesive bonded joints, Heron 47（4）（2002）263–274.
100）DIN EN 1991–1–5, Eurocode 1: Einwirkungen auf Tragwerke – Teil 1–5: Allgemeine Einwirkungen – Temperatureinwirkungen, Deutsche Fassung EN 1991–1–5:2003 + AC:2009, Beuth, Berlin, 2010. Available from: http://www.beuth.de/de/norm/din-en-1991-1-5/134860527.
101）M. Albiez, J. Damm, T. Ummenhofer, S. Myslicki, M. Kaufmann, T. Vall_ee, Hybrid joining of jacket structures for offshore wind turbines – determination of requirements and adhesive characterisation, Eng. Struct.（2021）. Submitted for publication.
Building and construction steel and aluminium 567
102）S. Fecht, T. Vall_ee, C. Grunwald, T. Tannert, Capacity prediction of bonded beech joints under normal and elevated temperatures, in: WCTE 2014 – World Conference on Timber Engineering, Proceedings, 2014.
103）M.D. Banea, L.F.M. da Silva, R.D.S.G. Campilho, Effect of temperature on the shear strength of aluminium single lap bonded joints for high temperature applications, J. Adhes. Sci. Technol. 28（14–15）（2014）1367–1381, https://doi.org/10.1080/01694243.2012.697388.
104）R.D. Adams, V. Mallick, The effect of temperature on the strength of adhesively–bonded composite–aluminium joints, J. Adhes. 43（1–2）（1993）17–33, https://doi.org/10.1080/00218469308026585.
105）P.A. Fay, A. Maddison, Durability of adhesively bonded steel under salt spray and hydrothermal stress conditions, Int. J. Adhes. Adhes. 10（3）（1990）179–186, https://doi.org/10.1016/0143-7496(90)90101-3.
106）M. Heshmati, R. Haghani, M. Al–Emrani, Environmental durability of adhesively bonded FRP/steel joints in civil engineering applications: state of the art, Compos. Part B 81（2015）259–275, https://doi.org/10.1016/j.compositesb.2015.

07.014.
107）D. Hua, J. Lin, B. Zhang, Effects of salt spray on the mechanical properties of aluminumepoxy adhesive joints, J. Adhes. Sci. Technol. 27（14）（2013）1580–1589, https://doi.org/10.1080/01694243.2012.747730.
108）J.R. Arnold, Durability of lap–shear adhesive joints with coated steels in corrosive environments, in: SAE Technical Paper Series, SAE International, Warrendale, PA, United States, 1986.
109）M.R. Bowditch, The durability of adhesive joints in the presence of water, Int. J. Adhes. Adhes. 16（2）（1996）73–79, https://doi.org/10.1016/0143-7496(96)00001-2.
110）J.H. Waite, Nature's underwater adhesive specialist, Int. J. Adhes. Adhes. 7（1）（1987）9–14, https://doi.org/10.1016/0143-7496(87)90048-0.
111）K.W. Allen, Symposium on Water and Adhesion, The City University, London, UK, 1982.
112）S.B. Kim, N.H. Yi, H.D. Phan, J.W. Nam, J.–H.J. Kim, Development of aqua epoxy for repair and strengthening of RC structural members in underwater, Constr. Build. Mater. 23（9）（2009）3079–3086, https://doi.org/10.1016/j.conbuildmat.2009.04.002.
113）M. Shamsuddoha, M.M. Islam, T. Aravinthan, A. Manalo, L. K–t, Effectiveness of using fibre–reinforced polymer composites for underwater steel pipeline repairs, Compos. Struct. 100（2013）40–54, https://doi.org/10.1016/j.compstruct.2012.12.019.
114）M.V. Seica, J.A. Packer, FRP materials for the rehabilitation of tubular steel structures, for underwater applications, Compos. Struct. 80（3）（2007）440–450, https://doi.org/10.1016/j.compstruct.2006.05.029.
115）C.M. Sonsino, Course of SN–curves especially in the high–cycle fatigue regime with regard to component design and safety, Int. J. Fatigue 29（12）（2007）2246–2258.
116）M.M. Abdel Wahab, Fatigue in adhesively bonded joints: a review, Int. Sch. Res. Notices 2012（2012）1–25.
117）A.J. Kinloch, S.O. Osiyemi, Predicting the fatigue life of adhesively–bonded joints, J. Adhes. 43（1–2）（1993）79–90, https://doi.org/10.1080/00218469308026589.
118）S. Myslicki, F. Walther, O. Bletz–M€uhldorfer, F. Diehl, C. Lavarec, V.C. Beber, et al., Fatigue of glued–in rods in engineered hardwood products—part II: numerical modelling, J. Adhes. 86（5）（2019）1–21, https://doi.org/10.1080/00218464.2018.1555478.
119）V. Shenoy, I.A. Ashcrofta, G.W. Critchlowb, A.D. Crocombe, M.A. Wahab, An evaluation of strength wearout models for the lifetime prediction of adhesive joints subjected to variable amplitude fatigue, Int. J. Adhes. Adhes. 29（6）（2009）639–649, https://doi.org/10.1016/j.ijadhadh.2009.02.008.568 Adhesive Bonding
120）M. Davis, D. Bond, Principles and practices of adhesive bonded structural joints and repairs, Int. J. Adhes. Adhes. 19（2–3）（1999）91–105, https://doi.org/10.1016/S0143-7496(98)00026-8.
121）A.C.C. Lam, J.R. Cheng, M.C.H. Yam, G.D. Kennedy, Repair of steel structures by bonded carbon fibre reinforced polymer patching: experimental and numerical study of carbon fibre reinforced polymer – steel double–lap joints under tensile loading, Can. J. Civ. Eng. 34（12）（2007）1542–1553, https://doi.org/10.1139/L07-074.
122）P. Colombi, C. Poggi, An experimental, analytical and numerical study of the static behavior of steel beams reinforced by pultruded CFRP strips, Compos. Part B 37（1）（2006）64–73, https://doi.org/10.1016/j.compositesb.2005.03.002.
123）Y. Kasper, M. Albiez, T. Ummenhofer, C. Mayer, T. Meier, F. Choffat, Y. Ciupack, H. Pasternak, Application of toughened epoxy–adhesives for strengthening of fatiguedamaged steel structures, Constr. Build. Mater. 275（2021）121579, https://doi.org/

〈訳：石川　敏之〉

第18章 木造建築と建設—木材工学と木質製品

Magdalena Sterley, Erik Serrano and Björn Källander

18.1 概 要

本章では木質工学および木質製品における接着剤の利用法を取り扱う。［**18.2**］と［**18.3**］では基礎知識と付随する予備知識の概要を示し，続けて木材の特性を簡単に述べる。［**18.4**］では接着剤接合の形成と性能に影響する一般的なパラメータについて紹介する。また，このセクションでは表面処理や接着剤の種類，接着プロセス，試験方法を取り上げる。それに加えて機械的，気候的，環境的要因，および火災時の挙動について議論する。木材と接着剤接合の強度と耐久性については，［**18.5**］で簡単に説明する。このセクションでは木材–接着剤接合の力学的な解釈に焦点を当て，以前の研究からの実験結果や数値結果を述べる。失敗の最も一般的な理由や検査，試験，品質管理においてよく使用される手順については，［**18.6**］で解説する。木造構造物の修理については，［**18.7**］で議論し，［**18.8**］では木材工学における接着技術の具体例を示す。最後の［**18.9**］では，将来のトレンドやさらなる情報源について紹介する。

18.2 木質材料の基礎と応用

木材を耐荷重構造物に使用する主な利点の1つは，重量に対して耐えうる荷重比（重量耐荷重能力比）が良好な点である。木材は密度が低いにもかかわらず，木造構造物を適切に設計すれば比較的大きな梁や柱を渡すことができる。1981年に建設された直径160 mのタコマドーム（Tacoma Dome）はよく知られた例である。しかし，そのメリットを活かすためには，通常，個々の木質材料を接合する必要がある。例えば，木質材料の末端と，それとは垂直をなす面や柱とを接合して用いることになる。建設業界における木材の使用に関する最近のトレンドの1つは，高層木造建築の実現である。代表的な例はノルウェーのブルムンダルにある18階建てのミョースタルネット（Mjøstårnet）で，高さが85 mあり，完成時の2019年では世界で最も高い木造建築であった（2024年現在，最も高い建造物はウィスコンシン州にあるAcent MKEで，高さ87 m，25階建てである）。ミョースタルネットは直交集成材（cross laminated timber：CLT）と集成材（glue laminated timber：GLT）を使用して建設されている。比較的新しいエンジニアリングウッド材料であるCLTの使用により，住宅メーカーは持続可能な木材から高層建築物を建設することができるようになった。これにより多層構造を持つ木造建築の市場が近年大きく変化し，高度なプレハブ化，現場での効率的な建設，建設地の気候的影響が小さくするといった改善をできるようになった。

このように，現代の木質工学は接着技術の利用に大きく依存している。いくつかの点で，木材工学の分野で使われる接着剤は，他の分野と比べると若干異なる側面を持つ。接着技術は，単に部材を接合して構造体を形成する手段であるだけでなく，新しい木質材料や製品，いわゆるエンジニアリングウッド製品（engineering wood product：EWP）を製造する上でも重要な役割を担っている。実際，木材工学の用途で使用される接着剤の大半は，木質パネルの製造といった木質材料の製造に使用されている。

木材は天然由来で，持続可能性，リサイクル，および低炭素社会の実現といった点で明らかな長所を持つエコロジーな材料である[1,2]。しかし，エンジニアリング材料として，木材にはいくつかの明らかな欠点もある。主に，天然物であるがゆえ特性が変動し，強く直交異方性のある性質，および大きさに上限があることに由来する。したがって，木材の利用を促進するためには，これらの欠点に対処する必要がある。そこで無垢材に比べてばらつきや直交性の悪影響を軽減し，特性を向上させたEWPを設計することが目標となる。

他のエンジニアリング材料と比較して，木材の力学的特性の変動は非常に大きく，同じ種でも産地が異なるだけで変動が発生するだけではなく，単一の原木や板材の内でも変動が見られる。一般的に使用されている樹種の構造用木材における強度に関する変動係数は15%～30%の範囲内にある。例えば，構造用木材（スプルースまたはパイン）の典型的な引張強さは，一般的に15～40 MPaの範囲にある。節の存在や木理のずれによって主に説明される高い自然変動性は，設計強度を引き下げ，通常小さく欠陥がない実験用の木材試料で期待される平均強度よりもはるかに低くなる（通常約30%以下）ことにつながる。明らかに，より均質で変動の少ない材料が得られる方法は，工学的観点からだけでなく，経済性および材料の節約（環境低負荷）の観点からも非常に重要である。

木材は強い直交異方性があり，木材の軸に垂直な方向の剛性に対し，軸に平行な方向の剛性との比率が一般的に20～40倍の範囲にある。このことが木材をエンジニアリングウッド材料として開発しなくてはならないもう1つの理由である。この直交性材料を複数層状に組み合わせるか，小さなエレメントに分解したのち再構成する。それらをランダムな方向で使用することにより，より均質で直交性の少ない材料を得ることができる。これは，今日使用されている多くのエンジニアリングウッド製品の設計指針である。小さな木材片を結合して梁や板状の材料などの大きな部品を形成することは，より正確な寸法を持つ製品を生み出し，湿気の変化にあまり影響を受けず，歪みが少ない製品が得られる。

集成材（glued laminated timber：GLT，またはグルラム（glulam）と呼ぶ）は，構造用途において最も有名な例であり，合板とともに，接着技術を使用して最も古くに開発された木質材料の1つでもある。最新のEPWは，直交集成材（cross laminated timber：CLT）で，奇数の層から成る材料であり，各層は板材から作られている[4]。隣接する層においては互いが直交するように配置され，層数は3つ以上，9層を超えることはまれで，荷重を支える壁や床として使用される板状の平面を形成する。他の材料には，単板積層材（laminated veneer lumber：LVL），ストランド積層材（laminated strand lumber：LSL），平行ストランド材（parallel strand lumber：

PSL）などがある。これらは，積層板材（LVL）またはストランド材（LSL および PSL）から作られ，厚い材料を形成するために接着される。ベニヤまたはストランドは積み重ねられ，すべての層が同じ繊維方向となる。合板や配向性ストランドボード（Oriented Strand Board：OSB），中密度および高密度繊維板（medium density fiber board：MDF，High density fiber board：HDF），チップボードなどのボード材料も，エンジニアリング材料と呼べるものの主な例である。I–ジョイストは，エンジニアリングウッド製品と木材とを両方またはいずれか一方だけを組み合わせた材料である。I–ジョイストは，無垢材または単板積層材（LVL）で作成したレール状のフランジ部分で構成する。フランジ同士はフィンガージョイントで接合し，耐力を必要とする箇所での材料として使用することができる。ウェッブと呼ばれる部分には一般的に OSB または構造用の合板が用いられるか，MDF または MDF，およびチップボードも使用されている。また，ウェッブに木製または鋼製のコンポーネントをトラス状に構成し，開放構造を持つジョイストも生産されている。これらの材料については，［**18.8**］で詳しく解説する。

前述のように，天然に存在する木材の大きさに頼るのではなく，任意のサイズの木材製品を手に入れたいというニーズがある。現在，大径木はますます希少になっており，重量のある木材の骨組みに必要な大断面を持つ材料を得るために接着の技術が使われている。大型の構造部材を取得することは，大きな断面を取得するだけでなく，任意の長さを持つ部材を取得できることを意味する。集成材，CLT，そして I–ジョイストの製造のためのフランジ用の部材，そして構造用木質材料の長さ方向の接合は，現代の木材工学に属する材料を供給する場面において極めて重要である。フィンガージョイントを用いた長さ方向を重ね継ぎして使用され，欠陥除去と相まって，必要とする強度と長さを併せ持つ信頼性の高い製品が供給されている。

上記の材料に加えて，エンジニアリング製品や部材がいくつか開発されている。例として複合梁や複合柱，およびストレストスキンパネルがある。複合梁や複合柱は 1960 年代後半に最初の I–ジョイストが市場に登場したときから製造されている。ストレストスキンパネルは，縦横の桁とパネルによって片側または両側の表層を形成するために無垢材が使用されている。これは接合部を機械的に固定するだけでなく，きしむ音を押さえ，剛性と時には強度を向上させるために接着剤が使用される[5)]。

接着で製品を作る一般的な利点は異種材料を効率的につなげる点にあり，このことは木材を使った場面で特に有用となる。木材とコンクリートの複合構造では，セメントベースのコンクリートが接着剤として機能し，強固で剛性の高い接合を実現するために，鋼板，棒，ボルトを接着して使用することも可能である。これらの部材は，グルーラム構造の柱と梁の基礎接続に使用されるだけでなく，木材部材の局所的な補強にも使用されることがある。その他の応用例としては，ガラス繊維強化ポリエステルコーティングなど強化繊維の使用が含まれる。このようなコーティングは，切欠き梁やダボ型留め具のような場所で高い応力が木材の切削面に垂直に作用して破損をしばしば引き起こす場合に，耐荷重能力を劇的に増加させるために非常に効果的である。また，ガラス繊維や炭素繊維などの他の材料で木材を補強することも行われている。これらの材料は積層梁や I–ジョイストの外部部分に配置される。しかし，これに関する研究は広く行われているにもかかわらず，商業的な実例は限られている。

ガラスと木材を接着して木材–ガラス複合材料を作ることは，異なる材料を組み合わせるもう1つの例であり，それぞれの材料の良さを引き出し，他方でそれぞれの弱点を避けることができる。この場合，ガラスは剛性と圧縮強度が高く，一方の木材においては繊維と平行方向の引張強度や延性で優れている。この2つが組み合わさって良好な性能を発揮している[6-8]。耐力を求められる箇所でガラスを使用することの付加価値は透明であることで，このことにより木材やエンジニアリングウッド製品（EWP）の美しい外観と相まって，建築家やユーザーにはとても魅力的に見える。

木質材料を組み合わせた新しい材料や製品が常に開発しつづけられている。このような新素材としては，木粉に対しポリマーをマトリックスとして組み合わせた木–プラスチック複合材料（wood plastic components：WPC）というものがある。これの基材は，木材ベースのポリマーからなることもあり，新しいバイオベースの複合材料を作成することができる。近い将来，より多くの木材由来の原材料，素材，および木粉を使用した製品が開発され，化石原料に材料に取って代わることが期待されている。ただし現在では，このような製品はまだ荷重を支える箇所には使用されておらず，家具用途や非構造用の外装材としてのみに使用されている。

結論として，接着技術は木材工学において主に，木材原材料に由来する欠点を克服するため，そして強力で信頼性のある接合を得るための目的で使用されている。

●接合
- フィンガージョイント
- 鉄筋または金属製プレートを用いた接着接合

●材料
- 木質パネル
- 木–プラスチック複合材料

●製品と複合材料
- 集成材（GLT）
- 直交集成材（CLT）
- 複合梁（I–ジョイスト）
- 単板積層材（LVL）とストランド積層材
- ストレストスキンパネル
- 複合製品・構造物：木材–コンクリート，木材–ガラス

18.3　木材の特性

接着部の形成と性能は多くの要因に影響されるが，その中でも特に重要なのが，木材そのものが持つ特性と特質，この2つである。接着剤と木材との間にある複雑な相互作用を十分に理解するためには，材料としての木材の特性についても簡単な概要を示す必要がある。ここで概観するのは針葉樹に属する種で，ヨーロッパで最も一般的に使用されているスプルース（*Picea abies*）とパイン（*Pinus silvestris*）に関するものである。

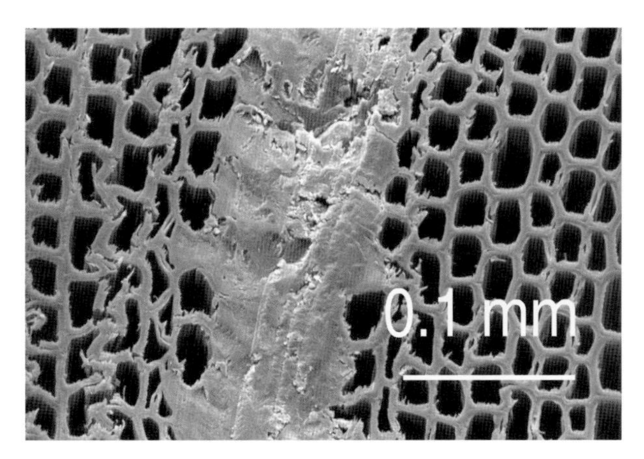

図 18.1　PRF 接着剤によるパイン材（*Pinus silvestris*）の接着
左側には潰れた木材細胞がある。

木材は，見るスケールによって，材料とも構造体とも言える。超構造体が存在するとの視点に立つと，元来持ち合わせている直交異方性と引張強さ・圧縮強度の違いなど，木材の特異性の多くが説明しやすくなる。木材の超構造は，外観に表れる木材の特徴のいくつかも説明できる。

木材は，天然の細胞質リグノセルロース複合体である。その細胞構造は，ほぼ同心円状のパターンで組織した年輪で構成されており，年ごとの成長によって幹の外側に新しい材料がほぼ円筒形状で追加される。この構造により，木材はほぼ円筒形の直交異方性材料としての主な力学特性を説明できる。材料として見た場合，主要な方向が 3 つあり，それぞれ，成長方向に並行（パラレル），放射方向（ラジアル），および接線方向（タンジェンシャル）で表される。針葉樹の木質細胞は繊維と呼ばれ，液体の輸送だけでなく，木材にかかる荷重を担持する役割を果たしている。繊維以外にも，木材の少量要素は，養液の水平方向への輸送とエネルギー貯蔵に関連する特別な役割を持つ細胞で構造されている。そのような細胞の要素としては，主成分として細胞壁の主要な構成要素であるセルロースとヘミセルロース，繊維を結合するリグニン，その他に抽出成分として脂肪，タンニン，油，ワックス，炭水化物，酸，ガム，樹脂などである。樹種によって量が異なるが，溶解性の有機化合物が含まれている[9)]。**図 18.1** は，フェノール樹脂接着剤（Phenol Resin Formaldehyde：PRF）で接着した二枚のパイン材（*Pinus silvestris*）の電子顕微鏡写真で，接着剤が浸透した木材細胞と木材表面との間にある薄い接着層を示している。

木の成長速度は季節によって変化する。春の初めに成長が急に始まり，この時期に形成される細胞は断面が大きくて壁が薄い。春の終わりから初夏にかけては成長速度が低下し，この時期に形成される細胞はより小さくて壁が厚くなる。季節によって形成される細胞の種類を前者は「早材（earlywood）」，後者は「晩材（latewood）」と呼んでいる。

木材組織を生成する細胞は樹皮の下に位置しており，これらの生きている細胞（形成層と呼ばれる）は円筒形の幹の中心に向かって木材細胞を生成して年輪を作り，その一方で幹の周囲に向かって樹皮細胞を生成して樹皮を作る。

生きている木の中で幹と異なる部分は複数に分けることができ，それぞれ違った役割を果たす。外周の部分では，細胞が液体を輸送する役割を持つ。この幹の部分は辺材（sapwood）と呼ばれ，その細胞は活発に生理活動を行う。幹の中心に近づくにつれて表れる心材（heart wood）と呼ばれる部分では，細胞が液体を通さないが，エネルギーを蓄えることができる。木が成長するにつれて，細胞は辺材細胞から心材細胞に移行する。この移行により，細胞はワックス，油，フェノール化合物などのさまざまな物質で満たされ，これらは総称して「抽出成分」と呼ぶ。この移行により，樹種によっては色が変わり，肉眼で心材と心材を区別することが可能である。しかし，そのように区別できない樹種もある。

木は一生の間にさまざまな方法で成長し，その結果，形成される木材の特性も異なる。初期では成長が早く，幼木と呼ばれる木材が作られる。この幼木は一般的に，細胞が外へ開いた構造をしているため密度が低くなる。年生が進むにつれ成長が遅くなり，年輪幅が小さくなり，心材の量も増加する。

多くの樹種で見られる特殊な異常部の1つとして，あて材（reaction wood）というものがある。これは，例えば樹木が傾いたときに生じる応力に対抗する反応として形成される部分のことである。針葉樹はこのような状況では傾いた木の圧縮側や枝の下に余分な木材を形成する。この木材は圧縮材とも呼ばれ，過度の収縮，高密度，そして意外にも低強度という多くの異常な特性を持っている。

木材の重要な特性として，取り巻く空気中の水蒸気から受ける影響がよく挙げられる。例えば，周囲の相対湿度（relative humidity：RH）が上昇すると，木材材料の含水率（moisture content：MC）が増加する。逆にRHが低下すると，木材のMCも低下する。特定のRHにおいて，木材の平衡含水率（equivalent moisture content：EMC）が存在する。言い換えると，一定のRHで長期間放置した後に到達するMCが存在する。EMCはわずかに履歴現象（ヒステリシス）を示し，木材が乾燥していた状態から調湿したのか湿っていたところからなのかとする履歴によりEMCは変化する。すべての繊維が結合性水分子で飽和する前に達成できる最高のEMCを，繊維飽和点（fiber saturated point：FSP）と呼び，樹種によって若干異なり，MCが25～30％のときに発生する。FSPを超えると，上回った水分は木材の組織と結合していない自由水として存在するのみである。木材のMCがFSPまで増加すると，材料が膨張し，逆にMCが減少して木材が乾燥すると収縮が発生する。FSPを超えると，木材は変化せず，収縮したり膨張したりしないとされ，したがって，形状や寸法を変化させない。FSP未満のMC以下によって生じる形状と寸法の変化は，接着製品を含むすべての木製品の特性に影響を与える非常に重要な特徴である。収縮や膨張が力学的制約によって自由に起こることができない場合，材料内に応力が発生する。多くの他の木材特性と同様に，収縮/膨張の空気湿度との相互作用の結果は直交異方性であり，線形の収縮係数は通常，繊維方向で一桁小さい。さらに，収縮係数は通常，繊細を横切る方向で2倍異なり，収縮は通常，接線方向で最大となる。この直交異方性の特性は，例えば木材ボードの乾燥時の形状変化を引き起こす。その理由は，材料の放射方向と接線方向が板の断面の方向と一致しないため，例えば板の断面が反り返ることがある。

18.4　木材と接着剤の接着形成と性能

木材と接着剤の間の接着を説明するために非常によく使用される接着メカニズムは，（1）吸着説（接着剤による木材の濡れ），（2）弱い界面層説（化学的および力学的な），（3）機械的な錨付けと接着剤の木材材料への浸透，そして（4）化学結合（共有結合の形成）である。ただし，接着そのものだけが木材-接着剤の結合の強さを決定する唯一の要因ではない。結合の形成とその最終的な性能は，さまざまなパラメータに影響を受ける。これらは，以下の 5 つのグループに分類できる。

—木材の特性と表面処理（木材と接着剤との接着に影響し，濡れ性や寸法の許容などの要因を含む）
—接着剤の物理的特性と化学的特性（粘度，強度，耐久性，化学組成）
—接着プロセス（圧縮/養生時の圧力，加圧時間と温度，周囲の温度と相対湿度，堆積時間）
—接着製品の幾何学的な形状とその使用条件（荷重方向と荷重レベル，使用時の気候条件）
—テスト方法と接着特性の決定（実用的な接着方法，特定のテスト方法で得られた結果）

次の節では，最も重要な要素をいくつか説明する。

18.4.1　材料としての木材と表面調製

天然物である木材との接着について求められている特性は，プラスチック，金属，コンクリートなどの人工的な材料の接着剤とはやや異なる。主に 2 つの重要なパラメータがあり，1 つは材料への接着剤の浸透を適切に制御する必要性があること，2 つ目には表面の濡れ特性が変化することである。

十分な接着力を得るためには，接着剤が被着材（すなわち木材）をよく濡らすことが求められる。そのために必要な特性の 1 つは，接着剤の表面張力が被着材の表面エネルギーよりも低いことが必要である。ほとんどの木材用接着剤の表面張力は 30～70 mN/m であり，切り出したばかりの木材表面の表面エネルギーは 70 mN/m と高いので，良好な濡れが確保されている。しかし，切断からしばらく経った木材表面は，酸化による経年変化，表面への抽出成分の染み出し，およびその他の汚染により，表面エネルギーが 45 mN/m 以下に低下し，濡れ性が著しく損なわれる。

濡れが良好な状態の他に，多孔質構造体である木材に接着剤が浸透して良好な接着を形成することが必要で，このことにより木材の接着面で接着剤を固定できるようになる。濡れと浸透の両方は，木材表面がどのように調製されているかによって影響を受ける。

木材を接着面とする時には，被着面を切断，鉋（かんな）がけ，または研磨によって調製するが，木材細胞は表面から少なくとも 0.1～0.2 mm の深さまで損傷する[10]。期待通りの接着層を作成するためには，接着剤は損傷した面を貫通し，損傷していない木材まで到達する必要がある。同時に，接着剤があまりにも多く吸収されないようにする必要もある。過度に深くまで浸透すると，強固な接着を形成するための接着剤量が接着層において十分には残っていない状況を引き起こす。バランスの取れた浸透度合いは，木材から接着剤への穏やかに変化し，境界面で急激に増減しなくなる。このような段階的な変化は，応力集中を減らし，接着層の製造直後の強度と耐久性を向上させるために有益である。接着剤が木材細胞の細胞壁と個々に相互作用すると，気候変動に高い耐性を持つ接着層を実現できる。

木材の表面特性は，１つの木材の中でも場所によって異なり，また表面処理後の時間経過によっても変化する。木材固有の問題として，表面の濡れ性は鉋がけ直後あっても異なっており，加えて一般的に心材は辺材よりも濡れにくい。表面処理後すぐに木材を接着しないと，木材樹脂分の表面への移動や酸化によって表面エネルギーが低下する[11]。抽出成分の量が多いほど接着強度に影響があることを証明するのは難しいが，接着不良による不具合（つまり接着剤と木材の間の破断）の発生は，抽出成分の量が多いことと相関があるとされている[12]。したがって，許容できる範囲内の品質変動においても強力な接着層を生成するために，木材用接着剤は広範囲の表面特性にわたって機能する必要がある。

前述したように，機械的な表面処理のどれかを行うと，いわゆる力学的に弱い界面層（mechanically weak boundary layers：MWBL）と呼ばれる押しつぶされた材料層が形成される。これらの層は，被着材を力学的につなぐ重大な部分を形成する。MWBL は主に，木材表面で緩く張り付いている繊維，損傷した木材細胞，取り除けなかった木粉からなり，接着に適していない基層を形成する。MWBL の概念については Stehr と Johansson[10] の研究に記載されている。特にサンディングの使用は，繊維端の緩みと木材の多孔質構造の目詰まりと相まって，力学的に弱い境界層を引き起こすことが証明されている[9]。MWBL が発生するその他の理由としては，切削工具の鈍さや誤った調整が挙げられる。

上記で説明した従来型の機械的な表面処理技術に加えて，その他で報告されている技術がある[13,14]。化学的処理としては，水酸化リチウムと水酸化ナトリウムの使用が検討された。これらは表面活性化剤として機能し，木材の表面張力を低下させ，抽出成分を除去し，そして接着剤が抽出成分を溶かす能力を高めた。しかし，化学物質がセルロースの水素結合を切断して木材の表面を劣化する可能性があり，湿潤時の強度を低下させるという重大な欠点となる。そのため，これらの処理を施した接着体は水がかかる心配がある屋外での使用には適していない[13]。また，化学薬品は木材の表面を膨潤させる可能性がある。Nussbaum[14] は，抽出成分の酸化を引き起こす火炎処理が木材にあたえる影響を検討した。火炎処理は PVAc（polyvinyl acetate）接着剤の濡れ性を明らかに向上させたが，強度の向上は見られなかった。

レーザー切除を用いた特殊な技術について Seltman が報告している[15]。この方法では，紫外線レーザーを使用して，緩く張り付いている繊維と損傷した木部を文字通り吹き飛ばすことで MWBL を減少させた。この方法を用いて Stehr らは木口（こぐち）（繊維方向と直交をなる面。横断面）の接着性を向上させるために使用している[16]。

接着促進技術（プライマー，カップリング剤，コロナ放電，火炎処理など）については，Custodio[17] が紹介している。

18.4.2　接着剤に関する要素

木材用の接着剤は，切断されたばかりの，あるいは調製されたばかりの表面を濡らすように設計されている。前述したように，濡れに関する問題は，主に木材表面の調製に関係するものである。しかし，接着剤に関しては，守るべき一般的なルールがある。接着剤の混合比，粘度，堆積時間などを一定に保つことで，満足のいく品質の接着を実現できる。以下に，木材製品に使用されるさまざまな接着剤について解説する。

構造用木質材料に使われてきた，または使われようとしている接着剤は，次の3つのグループに分類できる。（1）動物性/カゼイン糊，大豆タンパクなどのタンパク質接着剤などの天然系接着剤，（2）合成ホルムアルデヒド樹脂（いわゆるアミノ樹脂またはフェノール樹脂），（3）過去30年間のうちに現れ，ホルムアルデヒド系接着剤と同様に普及しているその他の合成接着剤[18]。これらの3つのグループの接着剤は，化学組成，硬化反応，および接着剤結合の特性において異なる。

■天然系接着剤
- 動物系接着剤（血液や骨から得られる）
- カゼイン接着剤
- 植物由来の炭水化物やタンパク質由来の接着剤で，例えば大豆たんぱく由来の接着剤
- タンニン系，リグニン系接着剤
- セルロース系接着剤

■合成ホルムアルデヒド系接着剤
- フェノール樹脂接着剤（phenol-formaldehyde：PF）
- ユリア樹脂接着剤（urea-formaldehyde：UF）
- メラミン-ユリア共縮合樹脂接着剤（melamine-and melamine-urea-formaldehyde：MF, MUF）
- レゾルシノール樹脂接着剤（resorcinol-formaldehyde：RF）
- フェノール-メラミン共縮合樹脂接着剤（phenol-melamine：PM）

■その他の合成樹脂接着剤
- ウレタン系（polyurethanes：PUR）
- 水系エマルションイソシアネート樹脂（emulsion polymer isocyanate：EPI）
- エポキシ樹脂（epoxy：EPX）
- 変性シリコーン樹脂（modified silicon：MS）

加えて，ポリ酢酸ビニル（poly vinyl acetate：PVAc）接着剤などの他の木材接着剤も，非構造用途や半構造用途で使用されている。これには，家具の製作や柱のフィンガージョイントなどが含まれる。PVAc接着剤は，比較的強力で取り扱いやすく，乾燥後に透明になる特性から，家具の製作や屋内の木工品に広く使用されている。非構造や半構造用途では，耐水性や耐久性がそれほど重要でないため，PVAc接着剤が適しているが，屋外の厳しい環境にはあまり適していない。

動物系接着剤は歴史的な興味をそそられるものではあるが，湿気にさらされたときの挙動が悪く，クリープ挙動もあるため，構造用には使用されていない[18]。カゼイン接着剤は，20世紀初頭に集成材の製造に使用されたが，湿度が高い環境下での性能が極めて低いため，屋外に露出した環境では使用できない。そしてカゼイン接着剤はタンパク質ベースであるため，カビや真菌の攻撃も受けやすい。そもそもカゼインは牛乳のタンパク質であり，乳製品が人間の食品として使用

されるため，接着剤業界では使用されなくなった。

また，木材の化学的成分（タンニンやリグニンなど）を原料にしたバイオベースの接着剤も開発中である。課題となっているのは，合成接着剤を，リーズナブルな価格と良好な特性を持つバイオベースの接着剤に置き換える点にある。現在，市場に出回っているEWPの中で，接着剤の一部がバイオ成分で構成されているのは，合板，フローリング，パーティクルボードだけである。それゆえに，今日（2020年），100%バイオベースまたは化石由来の成分を含まない接着剤を使用したEWPは存在しない。

ポリウレタン系やエポキシ系の接着剤は，木材と異種材料，例えば鉄筋注入継手（木材に穴を開けてそこに接着剤を注入，鉄筋を差し込んで接合する方法）などを接着するのに使用されている。これら接着剤にアクリル系やシラン系を加えたもの（MSポリマー）は木材とガラスの接着に使用されている。エポキシ系と2液混合型のPUR接着剤，またはMSポリマーなど他の建築用接着剤も，幅2mm以上の隙間を埋める用途に使用もできる。このような接着剤（接着シーラントと呼ばれることもある）は，建築現場での補修用途や接着に適している。エポキシ樹脂は，木材，金属，ガラス繊維などの異なる材料に使用できる接着剤の一例だが，木材基材と組み合わせる場合，エポキシ樹脂は木材用に調製されている必要がある。エポキシ樹脂の硬化剤が低分子アミノ系である場合，非常に小さな親水性アミノ分子の大部分が木材の多孔質構造に拡散し，硬化剤を含まない樹脂が木材に近いところで未反応のまま残ることがある。樹脂の分子が硬化剤よりかなり大きく，疎水性である場合，この悪影響はさらに大きくなる可能性がある。エポキシ樹脂は硬化剤の含有量が不適切であると影響が出るので，このような場合，非常に弱い接着層となるか，硬化しない接着層になることがある。

従来は，木材用接着剤の規格はアミノ樹脂系やフェノール系に重点を置いた規格だったが，新しいタイプの接着剤が開発され，市場シェアを拡大するにつれ，構造用木材用接着剤に関する新しいヨーロッパ規格が作成された。これらの規格は，構造用木材接着剤に対する要件，試験方法，承認手続きに対応しており，現在ではPURやEPI接着剤も含まれている。

18.4.3　接着工程

従来，荷重を受ける木材部材の接着は建築現場で行うのではなく，必ず工業的な条件下がそろう箇所で行うことが経験則としてあった。接着剤の最終的な特性に影響を与える接着要因は，硬化圧力，加圧時間，加圧温度，相対湿度，堆積時間，接着剤の塗布量，塗布装置，2成分系の場合はその混合比などである[9]。適切に設計され実際の接着工程は，木材と接着剤との間の十分な接着力と相まって，木材–接着剤結合の高い性能が可能となる。しかし，歴史的建造物の修理・修復の必要性や，これまでになかった建築様式からの要求により，ヨーロッパでは，木材と金属，木材と繊維，そして木材とコンクリートとの接着を現場で行うための独自定められた方式がいくつか開発されている。この種の適応を促進するために，研究（COST–action E34など）と標準化（CEN/TC193/SC1/WG11）の両面でヨーロッパレベルの取り組みが行われている。鉄筋注入継手は，このような特殊な接着技術のもう1つの例で，別の標準化グループ（CEN/TC193/SC1/WG6）で扱われているものである。現場での接着は，気候や接着前か途中での表面汚染といった基本的な条件をコントロールできないか，少なくとも高い精度でコントロールできないため，使用する接着剤の使用方法に新たな要求をもたらしている。

木工産業における表面処理は通常，鋸引き，研削，鉋がけ，そして場合によってはサンディングがある。サンディングを除くこれらの方法は，主に製材の正しい寸法を得るために使用され，伝統的な意味での接着形成を促進する表面処理技術ではない。正確な寸法と，対となる面が平行となるようにするのは均一な厚さの接着面を得るのに非常に重要である。

良好な接着性能を得るためには当然ながら，木材の機械的加工で発生する木粉を除去する必要がある。このような清掃には，通常，ブラシ掛けによって行われる。接着剤（例えばPUR）と被着材（例えば改質木材）の種類によっては，例えば硬化を良くするための水分や，接着性を高める化学物質による表面の前処理が行われる。前処理が不要となるヒドロキシメチル化レゾルシノール（HMR）を使用することもできるが，このような表面処理は促進剤の使用と共通する部分が多くある。

接着の形成には，いくつかの過程がある。まず接着剤は木材を濡らし，その表面を流れ，木材の多孔質構造に浸透することができなければならない。この後，接着剤は木材と何らかの結合を形成することができなければならないが，その結合は機械的なアンカー効果，二次的な力，あるいは化学結合である。一般に，木材の用途ではこのような物理的な結合メカニズムが支配的であると考えられるが，材料は多孔質であるため，機械的なアンカー効果は常にある程度寄与するとされている[9)]。

木材表面は，表面分子の再配向，汚染，または細胞壁の微細孔の閉塞など，いくつかの方法で不活性になる可能性がある。濡れ性能に関する重要な問題は，先述したように，木材の表面はその抽出成分含有量によって自己汚染されるという事実に由来している。木材を表面加工すると，抽出成分は新たな切断面へ移動するとされている。一般的なルールとして，接着は24時間以内に行うべきである。他に木材の接着工程における表面の不活性化の原因としては，難燃剤や防腐剤による汚染，乾燥時の木材表面の過熱，空気中の汚染物質などがある。

木材の細胞構造は，表面処理によって細胞の内腔が開かれて接着面積が増えるため，木材と接着剤の接着に好都合である。木材の密度は，接着性を示すおおよその指標として機能することがある。なぜなら，高密度木材に特有の厚壁の細胞構造は，接着剤が木繊維に浸透するのを困難にするためである。これにより，接着結合形成プロセスの機械的接着機構の発達が阻害される。

伝統的かつ経験的な技術に従うと，木材は繊維の飽和点よりはるかに低い含水率（MC）で接着されるべきであり，将来の用途にもよるが，理想的には6%から15%の間となる。MCは通常，接着剤の種類と最終製品の作業条件に応じて決定する。例えば，家具は8%～12%のMCで，集成材は12%のMCで接着すべきである。木材のフィンガージョイントに関する現行の規格は，木材の許容できる最大のMC，そして接着する2つの材料のMCの差を取りその上限値，この2つを規定している。

低いMCで接着すべき一般的な論拠は，高すぎるMCでは接着剤が過度に浸透したり，水分で洗い流されたり希釈されたりすることにある。これは，いわゆる飢餓的な接着層（糊抜(のりぬ)け，または欠糊(けっこう)）を引き起こす。他の理由としては，MCが高い木材は強度が低い上に，乾燥させなければならないので，乾燥工程で接着層に強い収縮応力がかかることにある。

材料としての木材に求められている重要な要件に加えて，木工産業の仕組みもまた要件を定めている。例えば，温度や湿度の変化，手作業で組み立てられる大型構造物のため堆積時間が比較的長く取られること，木材は天然物であるがゆえ特性を完全に制御できる可能性が限られていることなど，生産工程で予想される変化に対応できる接着剤が必要である。

18.4.4　力学的，気候的，環境的因子および火災時の挙動

接着剤は硬化した状態での強度や剛性などの力学的特性のバランスが取れていることが望ましい。伝統的に，接着で組み立てられた試験体では，試験中に木材が破損することが望ましいと考えられており，多くの木材用途では，接着剤の凝集破壊は接着不良の証拠と見なされる。一般に試験される荷重モード，すなわち木目に平行なせん断と木目に垂直な引張法線応力（剥離）において，木材は接着剤よりもはるかに低い強度を持つのが普通である。しかし，接着剤は剥離応力に弱いので，剥離方向に荷重をかけることは推奨されない。したがって，破壊は通常，木材と接着剤の界面領域または木材自体で起こるはずである。接着剤と木材基材との界面で発生する破壊は，接着不良や接着プロセスが不良であることを示すものである。バランスのとれた接着剤接合は，ある程度の延性も備えている必要があり，塑性変形や破壊伝播によって負荷が増大しても応力を再分配することが可能で，突然の脆性破壊モードを回避することができる。また，水分による木材の変形によって接着剤が応力を受ける場合にも，接着剤の延性が必要となる（下記参照）。接着剤が破損する前に変形する能力（すなわち延性）は，長寿命を実現する重要な特性である。

木質材料を用いる際，製品の荷重持続時間（duration of load：DOL）とクリープ性能は，設計上最も妥協できないパラメータと見なすことができる。この点で，木質用途で従来から使用されている接着剤は非常に優れた性能を示す。

木質材料の用途で使用する接着剤を設計する上でもう１つの重要な要素は，外環境の変化に対応することである。接着剤自体は，90℃までの高温や火災時以上の温度（200～250℃）など，予測されるあらゆる外環境に耐えなければならない。高温以外にも木材の吸湿性という性質が問題になる。木材は吸湿性が高く，周りの湿度が変化すると収縮したり膨張したりして外環境の変化に影響を受けることが知られているが，強度や剛性も水分の影響を受ける。したがって接着剤は，これらの外環境に起因する変形に耐えること，そしてできれば，ストレスやひずみの均等化へ作用することによって，変形を相殺できることが最も重要である。

木材は可燃物だが耐火性は高めであり，火災にさらされた構造物の健全性を改善させるいくつかの有利な特性を持つ。これらの特性は主に，材料中に常に存在する水分，断熱性，炭化の過程に由来している。

熱分解や燃焼が起こるレベルまで温度が上昇する前に，木材中の水分は蒸発する。火災の際，木材には必ず蒸発が起こっている層があり，その内部は100℃以下に保たれている。その中で発生した水蒸気は，木材の燃焼面に向かって流れ出し，ある程度木材を冷却し，燃焼のために必要な酸素の供給を遮断する。

蒸発が起こっている領域では，木材の断熱性により熱流がさらに減少し，木部の芯部分の温度

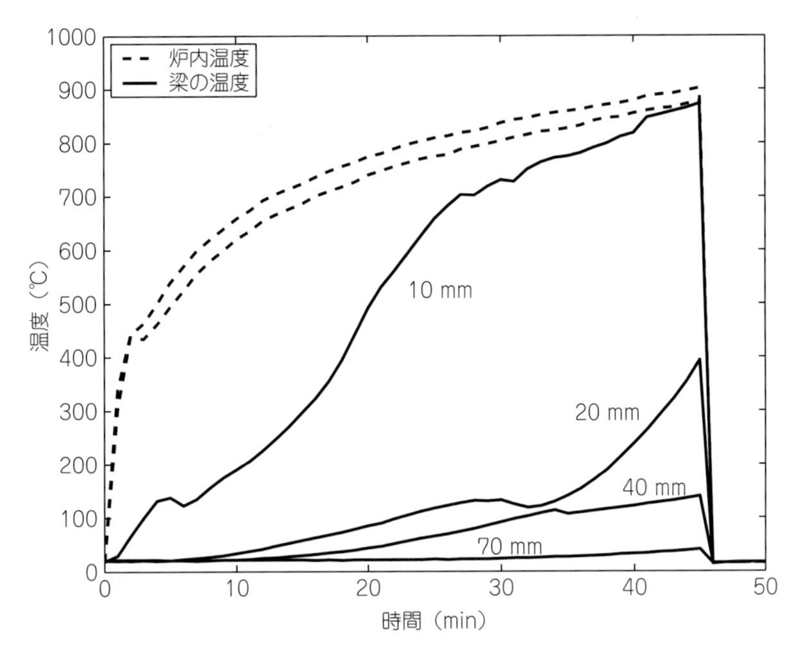

図 18.2　PVA D3 で作られた接着集成材の梁において，深さ方向を因子とした熱履歴

Adapted from B. Källander, P. Lind, Strength properties of wood adhesives after exposure to fire Nordtest Project No 1482-00. SP-report 2001, SP Swedish National Testing and Research Institute, Borås, Sweden, 2002, p. 35.

が低く保たれる。

火災時に形成される炭化層は，熱やガスによる追加の遮断層としても作用し，燃焼速度をさらに低下させる。完全に燃え広がった状態での針葉樹の炭化速度は約 0.65 mm/分で，ある程度一定しており，木造建築の信頼領域と火災に対する安全性を予測することができる。炭化層は断熱材として機能し，木材へのガスの流入と流出の両方を抑える。

図 18.2 に示すように，炭化層の断熱効果と木材内部からの水分蒸発による冷却とが相まって，燃焼中のかなりの時間，温度が比較的低く保たれる。この低温は接着剤と接着層を保護するだけでなく，芯となる木材の剛性と強度をも保護する。集成材でできた梁や CLT のような大型のラミネート木質材料材は，火災時にかなりの残存強度と予測可能な挙動を示すので，居住者と消防士の安全性を大きく向上させることができる。

予測可能な炭化速度は，製品の接着層がどのくらい設計通りに作られているかに依存する。もし接着面が破損し，最も外側にある層板が木質構造体から脱落すると，炭化層が除去され，ダメージを受けていない木部が露出する。これにより層板の炭化層が断熱材として機能しなくなるため，火勢が強くなり，炭化速度が速くなる。こうした事例が近年報告されている[19-21]。このような損傷を防ぐためには，十分な耐熱性を持つ接着剤と十分な厚さの層板（ラメラ）を用いる必要がある。

近年，ヨーロッパでは CEN TG 193/SC1（EN 17224）において，接着剤の耐熱性に関する新しい手法が開発されている。木材の接着剤と接着接合部の火災に対する性能は，特に以下の出版物で紹介されている。Craft ら[22]。Klippel and Schmid[23,24]。Ong ら[25,26]。Sterley ら[27]。推奨される最新の技術文書（2020年まで）は，COST Action FP1404，Fire safety in timber buildings–European Guideline[28-31]である。

木材用接着剤について，いくつかの環境的な側面を考慮する必要がある。当然ながら接着作業を行う者の潜在的な健康被害，リサイクルと焼却の問題，さらには一部の接着剤からの有害な揮発性化合物が長きにわたっての放散，これらに関連する問題である。木材用接着剤を使用した製品は家庭環境に多く存在するため，私たちは昼夜の別なく接着剤にさらされている。そのため，木材用接着剤を使用する可能性のある製品については，硬化状態において接着剤成分の放散量を十分に検討する必要がある。この放散成分については，この数十年間，主に木質系パネル産業において，パーティクルボードからのホルムアルデヒドの放散が主な関心事となっており，徹底的に議論されてきた。この業界では，パーティクルボードからのホルムアルデヒドの排出が主要な懸念事項となっている。ホルムアルデヒド以外にも，フェノールやPUR接着剤の使用によるイソシアネートなどの物質が放散の原因となっている可能性がある。未反応のフェノールは，木質系ボードの製造中と製造後，その両方で放散される可能性があるが，その程度は非常に小さい[13]。遊離イソシアネートは，例えば切断時や燃焼時など，高温になるとPUR接着剤から放散される可能性がある。

接着剤の性能を説明する際に忘れてはならない最後の側面は，美観に関するものである。前世紀半ばから使用されてきた通常暗褐色のフェノール系接着剤は，1980年代から1990年代にかけて，集成材において「目立たない」接着接合に対する市場からの強い要望により，明るく透明な接着剤になるよう取り組まれた。この需要は，メラミン–ホルムアルデヒド（melamine–formaldehyde：MF），メラミン–尿素–ホルムアルデヒド（melamine–urea–formaldehyde：MUF），ポリウレタン（polyurethane resin：PUR）接着剤の導入につながり，この種の用途では暗いフェノール系接着剤からほぼ完全に取って代わった。合板，LVL，OSBボードなどには現在もフェノール系接着剤が使用されている。

18.4.5　試験法

木材接着の評価に関する現在の標準的な試験方法は，局所的なせん断強さを求めることを目的としている。これに加えて，EN 302–1，EN 392，ASTM D 905などの規格に準拠した木部破壊率（wood failure percentage：WFP）の評価方法も定義されている。しかし，これらの方法は，不均一な応力分布やせん断応力と法線応力とを混在してしまうというよく知られた欠点があるため，純粋なせん断応力における接着性能の試験には適していない[32,33]。従来の方法では，木材–接着剤間の接着の質を評価する主な指標または補完的な指標として用いられることが多いWFPだが，木材の局所強度が接着剤の強度よりも低いかどうかを示すことはあっても，接着の破壊延性に関する情報は得られない。

木材と接着剤の接合は，通常接着剤にせん断荷重がかかるように設計されている。ある形状でせん断荷重を受ける接合部の耐荷重を決定する最も重要な接着剤のパラメータは，局部的なせん断強さと破壊エネルギーである。耐荷重に影響を与えるその他のパラメータは，木材基材の剛性，接合部の形状，および応力状態である。木材用接着剤の局所せん断強度は，応力分布が一様な接合部の耐荷重を支配している。また，接着剤の破壊エネルギー（延性）は，応力集中の著しい接合部の耐荷重を支配する。均等な応力は柔軟な接着剤を用いて接着された小さな接合部でよく観察され，応力集中はき裂の伝播によって破壊する接合部によく見られる。一般的な大きさのラップジョイントの耐荷重は，局所的なせん断強さよりも接着剤の破壊エネルギーに大きく影響される[34]。

非線形破壊力学では，接着剤のせん断特性は，せん断応力に対する変形をプロットした曲線全体によって特徴付けられ，そこでは曲線の降下部分も含まれる。この曲線は，接着剤の局所的なせん断強さと破壊エネルギーの両方に関するデータを示している[33-37]。せん断応力-ひずみ曲線全体を実験的に記録して局所強度と破壊エネルギーを決定するには，せん断応力の均一で他の要素から影響を受けない領域を確保し，安定した試験装置と非対称に荷重をかける小型試験片を使用することが必要である。接着層の破壊特性について正確な情報を得るためには，応力-ひずみ曲線の全体を記録による実験が必要である。

一般的に，木材接着の特性を求める試験法は2つのグループがあり，1つは試験体の大きさによるもの，もう1つは試験で用いられる方法論に由来するものがある。

—標準化された方法による接着接合部の試験，および/または接着接合部を含む構造部材（の一部）の試験。このような試験片のサイズは数cmからそれ以上であり，このような方法では多くの場合木部が破壊される（接着剤の結合が木材より強いことを意味する）。この種の方法には，例えば，EN 14080およびASTM D 905に準拠し規格化されたブロックせん断試験や，フィンガージョイントの引張試験などがある。

—接着剤の破壊に至る小型の試験片を用いた試験で，変形測定法も用いることで，完全な破壊過程（接着剤の強度，破壊エネルギー，延性）を調べることができる。

一般に，木材と接着剤の接着強度（接着パラメータや，接着促進剤などの違い）の評価は，木部が接着層と接着剤そのものよりも弱く，試験時に木部破断が発生するという問題を抱えている。破壊力学理論の応用を含む新しい手法の開発は，このような場合に有用であることを示す。

18.5　強度と耐久性

18.5.1　木材と接着剤それぞれの特性に由来する影響

先に述べたように，木材-接着剤接合における破壊は，通常，接着層に近い木材で発生する。このような場合，接着剤の強度は十分であり，その力学的挙動にそれ以上の注意を払う必要はないと考えるのが一般的である。しかし，接着剤の強度だけでなく，その延性が接合強度に重要な役割を果たすことを示すのは容易である。延性が高いということは，接着界面にかかる応力を平滑化にする能力が高くなり，より効率的な応力伝達が行われるようになる。延性は接着剤の可塑性として表すことができるが，従来の脆い木材用接着剤では，木材と接着剤との界面の破壊エネルギーが延性を表すより適切な指標となる。

木材は直交異方性の高い材料であるため，木目に平行な荷重と，木目に垂直な荷重とでは，著しく異なる特性を持つ。例えば，針葉樹のスプルース（*Picea abies*）の小型で欠点のない試験片のせん断強さは，通常15～25 MPaである。一方，同じ種類の材料で木目に垂直な方向の引張強さは，試料の大きさにもよるが，0.5～5 MPaである。したがって，木材の用途では，正確に接合部へせん断荷重をかけ，木目に垂直な応力を最小にすることが極めて重要である。さらに，直交する接着剤の向きは応力分布に大きな影響を与える。例えば，いわゆるローリングせん断，すなわち木目に垂直なせん断におけるせん断弾性率は，木目に沿ったせん断弾性率よりも一桁低くなることがある。

木材接着体の中にある木材の配向はまた，木部のすべてで発生する水分由来の変形に影響する。繊維方向なのか断面方向なのかと言った木材の配向方向が異なれば，木材の膨潤と収縮は異なる。つまり，断面方向に水分量が傾斜させないよう木材と接着剤の接合部をゆっくり乾燥させても，接着剤の向きが適切でなければ，接合部に変形や応力が発生することになる。

木材の密度もまた特性の1つであり，接着剤の接着性能に影響を与える。高密度木材は高強度の接合部を作ることができる可能性はあるが，同時に，そのような高密度木材は細胞壁が厚いため，接着剤のアンカー効果が効きにくくなることがよくある。

18.5.2　荷重持続時間（duration of load：DOL）と気候の影響

国を問わず建築基準は，木造建築物や木質パネルを用いた構造物の最も厳しい荷重条件として，自重による長期荷重と積雪による中期荷重が挙げられることが多い。構造用木材接着剤は，少なくとも木材自体のクリープ特性との関係で，長期荷重にさらされたときに良好な機能を果たすことが最も重要である。木材構造物にとって考慮すべき気候は，通常，50～90℃までの高温と，極端な場合，空気の相対湿度（RH）が100％が含まれる。DOLと気候の影響の厳しさを示す一例として，現行ヨーロッパの木造構造用基準では，永久荷重（自重）の場合，および気候が年間数週間しか相対湿度85％を超えないサービスクラス（欧州コード5によるサービスクラス2）に対して，強度値の低減係数を0.20～0.60の範囲内と設定している。低い値は木質系パネルに，高い値は無垢材と集成材に適用する。

一般に，従来型のPRF接着剤の性能は疑問の余地がなく，強度，DOL，耐火性の面で優れた性能を発揮することがよく知られている。その主な欠点は，脆いことにある。しかし，PRF接着剤はEWPに限定的に使用されつづけているが，集成材用途ではMF，MUF，PUR接着剤に置き換えられつつある。MF接着剤とMUF接着剤は，その特性がPRFと似ているため，PRF接着剤と同じ基準で試験および認証されている。20世紀末には，PUR接着剤も構造用として導入された。十分な実績のあるPRF，MF，MUF接着剤とは対照的に，PUR接着剤のDOL性能は長年にわたり木材工学の分野で広く議論されてきた[38,39]。しかし，1990年代から2000年代初頭にかけての研究により，PUR接着剤は今日のEWPの製造において重要な役割を果たすようになった。その人気は，迅速な接着プロセスが可能であることにも起因している。そのため，CEN/TC193/SC1[40]では，一液型PUR接着剤に特化した規格だけでなく，構造用EPI接着剤にも適応した規格が策定された。これらの規格により，構造用としてPUR接着剤を使用することが可能になった。特にCLT製品では，PUR接着剤が市場で優位を占め，例えば集成材の製造に使用されてきたMUF接着剤に置き換わりつつある。

18.5.3　木材と接着剤との接合部の破壊予測

従来型の脆性接着剤を基にした木材–接着剤接合部の強度性能と耐久性能は，木材である被着材の挙動に大きく影響される。薄い接着層に使用される比較的脆くて硬い接着剤のおかげで，この種の接着剤で形成された接合部は，力学的モデリングの観点から，しばしば無垢材として扱うことができる。木材への接着が良好である限り，このような接合部の破壊は，しばしば存在する鋭角を含む接合部の形状を考慮し，接着層の厚さを無視し，被着体が完全に接着していると仮定して推定することができる。このような接合性能の推定には，木材の力学的特性のみになされることとなる。木材は非常に非均質で直交異方性の高い材料であり，荷重のモードによって異なる剛性と強度特性を持ち，破壊モードは圧縮では弾塑性，木目に垂直な引っ張りでは準脆性，木目に平行な引っ張りでは脆性破壊に及ぶので，これもまた難しい課題であるといえる。

他の種類の接着剤や接合部において，接着剤自体がPRFと同程度の剛性を持つ場合であっても，被着材同士で発生する非剛性接続が重要視されることがある。そのようなケースとして空隙充填接型接着剤を使う場合が例として挙げられ，そこでは接着層厚が最大5～6 mmになるようなエポキシ樹脂接着剤を用いた鉄筋接着継手が報告されている。

木材と接着剤の接合部の挙動を正確に予測するためには，局所的な接着層の性能を把握することが必要である。これは，せん断および引張試験片を用い，さまざまな荷重モードにおける応力–すべり挙動を記録することによって得ることができる。木材–接着剤接合は準脆性で，ひずみ軟化挙動を示すことが報告されている[33,35,41]。これは，最大応力を超えた後でも，変形が大きくなると荷重伝播能力が低下するものの，接着層は依然として荷重を伝播できることを意味する。このことを示す実験的証拠は，Boströmが無垢材試験片について最初に報告し[42]，次にWernerssonとGustafssonが木材–接着剤接合試験片について示した[37]。木材のフィンガージョイントから切り出した小さな試験片で得られた試験結果を，**図18.3**に示す[35]。

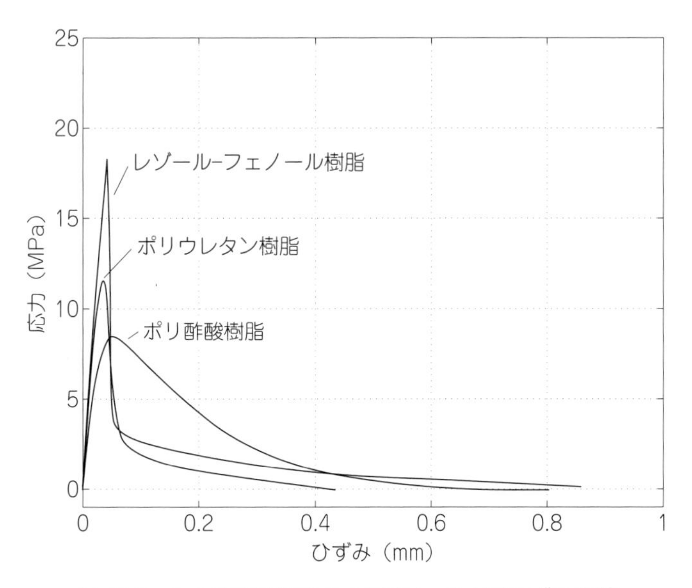

図18.3　3つの接着剤のせん断応力–せん断ひずみ曲線

フィンガージョイントから切り出した試料を使用している。

非線形挙動を考慮に入れることで，従来の線形弾性または弾塑性強度解析の範囲を超えて適用可能な強度モデルを得ることが可能である。Gustafsson は，オーバーラップ接合部のいわゆる準非線形強度予測モデルを示している[34]。このモデルは，従来の Volkersen せん断ラグ理論に基づくが，接着層の破壊エネルギーを考慮している。これにより，材料や幾何学的なパラメータに応じて，脆性から延性に至る接合部の挙動を予測することが可能になる。したがって，この一般化された Volkersen 理論と呼べるものは，弾塑性解析と線形弾性破壊力学の理論を，それぞれ，接着層の破壊エネルギーが無限で強度が制限されている場合，または破壊エネルギーが制限されているが強度が無限である場合に対応する特殊ケースに適用できる。シングルおよびダブルオーバーラップ，ダボ型ジョイント，チューブ型ジョイントなど，いくつかのタイプの接合について閉形式の解が得られる。

複雑な幾何学形状や荷重条件を含む場合，閉形式の解を得ることは一般的に難しくなる。このような場合，図 18.3 で示したような有限要素法（finite element method：FE）を非線形材料モデルと組み合わせて使用することができる。非線形 FE モデリングを用いて研究された応用例としては，フィンガージョイントや空隙注入接着などがあり，初期の例としては Serrano と Gustafsson[41] や Serrano[43] が示している。これらの研究から，PUR 接着剤は，より脆い PRF 接着剤と比較して延性と破壊エネルギーが高いため，構造用接着剤としてなりうる可能性があることが示されている。たとえ接着剤の強度が（中程度に）低くても，より延性の高い接着剤を使用することで接合強度を高めることさえも可能である[32,34,36]。PUR の硬化機構は水分に依存するため，製材したばかりの木材でも接合することができる（例えば，Sterley ら[44] を参照)。

有限要素モデリングの具体例として，**図 18.4** に示されるような，接着されたロッド接合部に対して行われた要素の分割と接合部の形状を挙げる。対称性であるため，試験片の長さの半分と幅の半分のみを解析した。ピーク荷重後の挙動を追跡できるようにするため，鉄筋の引き抜き荷重は変位の増分で適用した。接着層は，図 18.3 に示すような接着面の応力-すべりの比で定義される非線形軟化モデルでモデル化した。

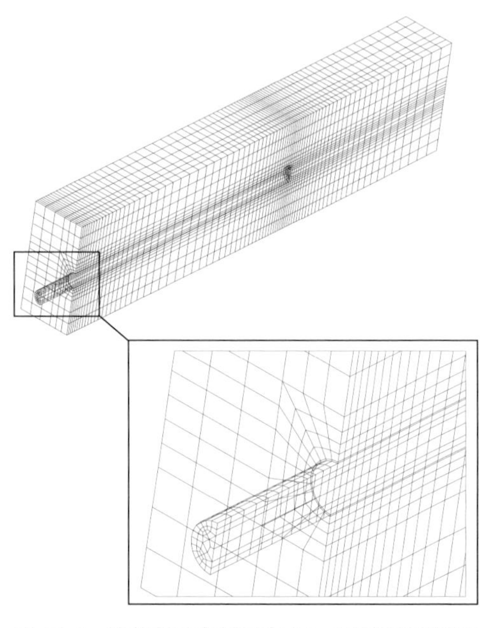

図 18.4　接着剤で内部固定された鉄筋の有限要素モデル

接着した鉄筋接着継手の接着層で発生する応力分布は，線形弾性状態および最大荷重の場合，**図 18.5** に示す結果となる。明らかに，接着層の局所的な性能は非線形性が高いことがわかる。**表 18.1** に数値モデルで予測された引抜き荷重の数値と試験で得られた実際の数値をまとめてある。試験結果は全般的一致しており良好であるが，エポキシは木部破壊が他より多く，そのような破壊モードは Gustafsson と Serrano の研究[45] では示されていない。物質に固有のパラメータ（FE モデルの入

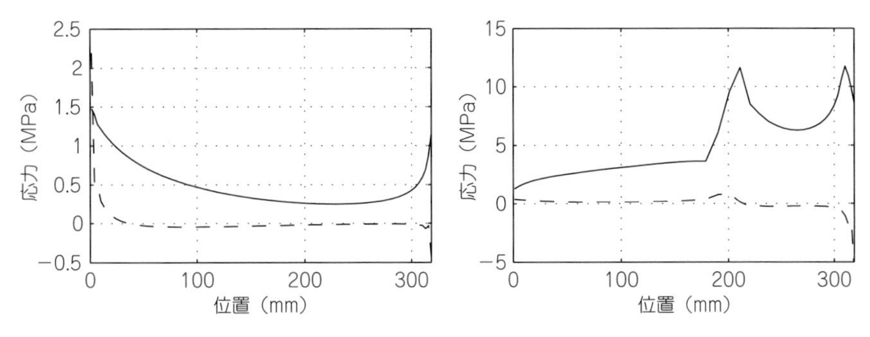

図 18.5　応力分布の線形領域（左），無限領域（右）
―― せん断応力，- - - 剥離応力

表 18.1　引き抜き応力のシミュレーション値と実験値（Gustafsson と Serrano[46)]）。

接着剤	PRF			PUR		EPX	
埋め込み深さ（mm）	l=160	l=320	l=640	l=160	l=320	l=160	l=320
実験値（kN）	55.3	101.7	144.1	64.4	91.0	61.6	106.3
有限要素モデルによる予測値（kN）	53.9	104.1	151.6	67.1	93.8	89.2	118.7

力データ）は，接着長さが約 10 mm しかない小さな試験片を用いた個別の試験から得られ，これらの試験結果は，大きな試験片モデルにおいて大きさに応じた補正なしに使用されたことを念頭に置くと，FE 解析の予測は正確である。

18.6　よくある不具合と試験法，品質管理

一般的に，木材–接着剤接合の失敗には 2 つの異なる理由がある。1 つは，機械的性能が期待通りであるものの，設計荷重に対して依然として性能が不十分である場合，もう 1 つは，接着や製造のプロセスに起因し，期待された性能を下回る場合である。失敗はしばしば，木材の直交方向の強度が低いことに起因するとされ，これはエンジニアによって見過ごされがちである。

木材を接着する場面で発生する不具合は，製造プロセスに関連するものである場合，一般的には製造業者の品質管理システムで検出されるべきものである。このようなプロセス関連の問題例には，次のようなものがある。

- 含水率が高すぎる木材は，接着剤が木材の中に拡散してしまい，接着層が薄くなることがあり，接着不良の原因となる。
- 同じく含水率が高い木材は，高周波（radio frequency：RF）加熱のエネルギーが接着剤に集中せず木材に吸収されたり，PVAc などの水系接着剤の乾燥が妨げられたりすると，適切な接着強度が得られる前に内部圧力が解放されてしまう（パンクしてしまう）こともある。
- 被着面を整えるための鉋がけをやり過ぎると，抽出成分の表面への移行による濡れ性の低下や，被着木材の収縮・膨潤による寸法変化による接着圧力の不均一が発生することがある。

- 接着剤塗布装置の機能が損なわれると，接着面の接着剤不足や樹脂と硬化剤の混合比率が目標の値になっていないことにつながる。
- 開放時間が長いと，圧締前に接着剤が硬化してしまう。
- 接着剤の加圧温度が低かったり，加圧時間が短かったりすると，耐湿性の低下だけでなく，剥離の原因になることがある。
- 極端に寒い環境のもと工場からの出荷が早すぎると，後硬化が止めてしまうことがある。

現行の接着剤は，適切な接着がなされれば，非常に良好な強度と耐久性を発揮する。木造構造物において破損が生じるのは，主に，誤った設計や材料の不適切な取り扱いによる過大な荷重や，好ましくない応力パターンに由来する。木材は木目に垂直な応力から影響を受けやすく，また大きな梁が穴や切り欠きなどで割れてしまうという不具合が発生する。繊維方向に対して垂直な応力を負担する能力は，鉄筋接着継手や，梁の表面に接着されたガラス繊維や炭素繊維を梁の表面に貼り付けて補強することで大幅に向上させることができる。しかし，鉄筋接着継手の設計が不適切な場合，大きな接着部材が収縮して垂直応力が抑制されることがある。耐荷重に優れる木質材料は，一般的に木材の含水率（MC）が12%程度で製造されている。屋内構造物の木材は，建物が完成した後，一般的にMCが6%程度まで下がる。鉄筋部が長い接着継手で木材の収縮を防ぐと，垂直応力が抑制できる。また，切り欠きや鉄筋接着継手の周辺にも収縮による応力が加わることがある。

木材接着でできた構造物に不具合が発生するもう１つの理由は，工学材料としての木材に対する基本的な理解が不足していることにある。木造構造物における積層部材は，一般的に幅に比べて長さ方向が大きく，細長い断面を持つため，構造が適切に安定化されていない場合，横方向の不安定性が生じやすい。特に，部材の下枠が接続される前，架設する際に部材が傾くリスクが大きく，そのような不具合がいくつか報告されている。

ヨーロッパの規制では，建築現場において大型の木造部材を接着剤で接合することを難しくしている。鋼材の溶接とは異なり，接着剤の取扱免許や接着剤の現場での品質検査制度が存在しない。そのため，大型の木造部材はボルトで接合するのが一般的である。しかし，ボルトの穴を開けると梁の断面が小さくなり，ボルト周辺に応力が集中するため，種々の不具合が発生する。

木造建築物は，その大きさや木材の材質による違いから，完成品や使用中にある接着層の品質を実際に検査することは非常に困難である。音響法を用いて表面からは見えない層間剥離（接着層の開口部）を検出することは可能だが，一般的には接着層の完全に剥離した部分しか検出できず，強度の低い接着層は検出できない。そのため，完成した接合部材の品質保証は，各工程で確認することが中心となる。接着前の表面特性，接着剤の混合，工程時間，温度といった圧締条件，接着剤の注入圧力，加圧時間などを管理する。また，実際の工程管理に加えて，破壊試験用の試験片を製品から抜き出して，力学的試験と耐湿性を決定する剥離試験を行うことも一般的である。

完成した接着製品の品質管理は主に目視によって行われ，接着層が開いているかどうかが検査され，場合によっては，製品から切り出したサンプルによる試験も行われる。このような試験として，強度試験や剥離試験などが含まれる。

耐荷重構造物に使用される木材用接着剤は，一般消費者向けに販売される個別の製品ではなく，完成品に使用される原材料または投入材料と見なされている。木材用接着剤の承認と接着された木材製品の品質管理に関するシステムは，原則として世界のほとんどの国で類似しており，接着剤は，その地域のスタンダードな手順に従って一連の試験を行った後，特定の目的のために承認される。一例として，ヨーロッパでは，接着剤の承認に関する規格がCEN 193/SC1で策定されている。そこで承認された接着剤は，構造用集成材製品の製造に使用することができ，品質保証システムは製造工程と集成材の最終品質を満たしており，使用する接着剤の品質は製造された接着層の試験を通じて間接的に管理されるシステムである。このような品質保証システムは，例えば，積層木材規格EN14080のように，特定の製品規格に組み込まれている。承認と品質保証の過程で行われる試験には，層間剥離試験と内部結合試験がある。

18.7　修　理

事故や，昆虫や菌類の攻撃による腐敗，設計上の誤り，過負荷，湿気による変形，または使用方法の変更などの理由で木造構造物の修理が必要になることがある[47]。どういった方法を取るかは，応力のレベルや修理する部材の実際の品質といった純粋に技術的なパラメータと，目に見える構造物に対する美的または歴史的な背景を考慮，この両方によって決まる。

木造建築物の修理には，伝統的な大工技術を用いた方法，力学的に作用する留め具による補強部品の取り付け，または樹脂を使った方法で行うことができる。樹脂を使った工法は，材料の適合性や構造性能の面で接着剤の挙動があまり知られていないため，建築物を保護しようとする団体にとって特に懸念されている工法である。

歴史的建造物を保存する際の原則は，可能な限り使用する材料と方法において確実性があり，可逆性であるべきで，最小限の手入れで済む方法を採用することである。これに関して確実な方法としては，あまり一般的でない構造用木材種の大径木を使用し，伝統的な道具を使って手作業で行う必要があり，この両方がコストを大幅に増加させる。最も可逆性の高い方法は金属製の留め金を使用する方法だが，湿気による変形，美観，重量の増加などの理由から，必ずしも実用的ではない。樹脂を使った方法は，痛みやすい構造物にとって重要で，修復現場で使用できることが多いため，用途によっては好まれる。もう1つの利点は，樹脂を使った方法の場合，その多くで元の材料の毀損が非常に少なくて済むことにある。樹脂を使った方法の欠点としては，接合部の堅くなりすぎるのと，長期的な挙動が不明瞭であることなどが挙げられる[48]。

樹脂による修理にはさまざまな工業的方法が存在する。その方法はみな類似しており，主にエポキシ接着剤を使用したものである。補修や補強の用途では，損傷した木材を梁や柱から切り離し，代替材料としてエポキシ樹脂を注入する。き裂の穴埋めや，柱や梁を補強する用途としては，鉄筋やプレートといった金物が使われ空隙に接着剤を注入する。

18.8　使用例

エンジニアリングウッド製品（engineered wood product：EWP）の定義については，一般に受け入れられている一意の定義は決まっていない。ウィキペディアによると，EWPは木材のストランド，木粉，繊維，単板または木材の板を接着剤または他の固定方法で接合または固定して複合材料を形成することによって製造される，一連の木材派生製品と理解されている。

EWPの開発は，いくつかの主要な目標を達成するために行われている。EWPは，自然界に存在するものよりも長い建築部材や大きな断面を持つ部材を作ることができる。また，木材のばらつきや直交する性質を打ち消すことができ，おがくずやチップなどの木材加工から出た廃棄物を効率的に利用するために使用することができる。さらには，EWPは木材と他の素材との組み合わせでも使用できる。

EWPの一般的なものには，下地材（ボード），構造用梁，大規模な木質建築部材，造作部材などがある。EWPの中で最も多いのは板材で，単板を繊維方向（木理方向）が直交するように重ねて接着した合板，薄い削片状の木片を表層と中層で繊維方向が直交するように熱圧接着した配向性ストランドボード（oriented strand board：OSB），木材チップやおがくずを使ったチップボード，中密度繊維板（medium-density fiber board：MDF），木材繊維を使ったハードボードなどがあり，造作用と構造用の両方に適している。EWPの梁には，フィンガージョイントと積層板を使った集成材，ベニヤ板を使った単板積層材（laminated veneer lumber：LVL），ボード状のウェブと無垢材またはLVLをフランジに使ったI-ジョイスト，細長い木片を平行に接着したパラレルストランドランバー（parallel strand lumber：PSL）などがある。造作用のEWP製品は，通常，無垢材，または無垢材をベースにフィンガージョイントと積層材の組み合わせで節を取り除いたり隠したりしたボード材を組み合わせたものである。他にもさまざまな種類の製品が存在し，製品カテゴリーが異なる製品は幅広い用途で使用することができ，一般的に重複している。

EWPの一種に再生木材がある。これは，一枚の木材を切断した後，再び接合し，未加工の木材から新しい部品を形成した製品と定義することを筆者は提案している。代表的な例としては，節がある部分を板から切り取ってからフィンガージョイントで組み直し，節のない部材を形成する窓枠ブランクや，板を分割してから元の外面が向かい合うように配置し，表面特性や寸法安定性を改善した部材などがある。

EWPの製造に加えて，木材と他の材料を組み合わせた複合材を作成する際にも接着技術の重要性が高まっている。鉄筋と鉄製プレート，アルミニウム，グラスファイバーを木材に接着し，建築現場で木材部材を効率的に固定したり，大きな建築部材を接合したりすることが一般的である。

以下に，木材工学における接着技術の使用例をいくつか紹介する。選定した例には，集成材や合板など初期のエンジニアリングウッド製品から，LVLやCLTなどのより最近の応用例，およびフィンガージョイントや鉄筋接着継手などの接合部での接着剤の使用まで，年代順にエンジニアリングウッド製品の発展を示す。

集成材（glulam：GLT）は，基本的に，多数の板または積層板を互いの上に積み重ねて接着することによって得られるもので，希望する形状の梁断面を形成する。約100年前から，無垢材に比べ性能の高い材料として利用されてきた。集成材構造の初期の例として，1922年に建設されたスウェーデンのマルメ（Malmö）駅と1925年に建設されたストックホルム駅に今でも使用されており，いずれもカゼイン接着剤で接着されている。集成材を使用する利点としてよく挙げられるのは，以下のようなものである。

- 強度と剛性特性の向上
- 幾何学的な形状の選択の自由度
- 期待される応力レベルに対応して，ラミネートの品質を合わせることができる。
- 寸法精度の向上，湿気にさらされたときの形状安定性の向上

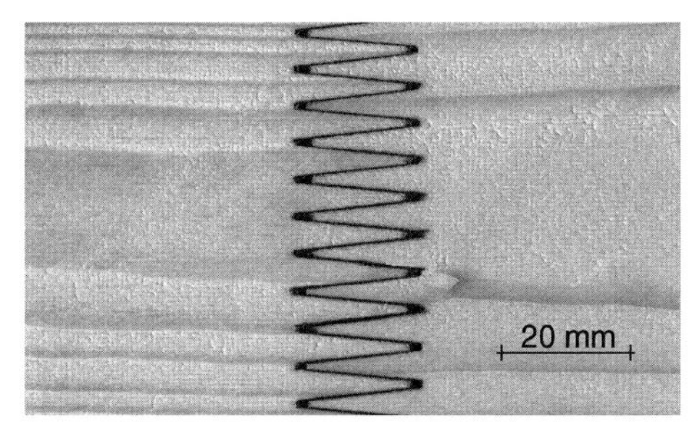

図18.6　フェノール-レゾルシノールで接着したスプルースから切り出したフィンガージョイント

理論的に集成材はほとんどどんなサイズでも製造することができる。しかし，輸送や工場の地取りに関連する実用上の理由から，最大の長さは一般に約16〜30 mである。サイズに関するもう1つの制限要因は接着剤のポットライフ（可使時間）である。非常に大きなまたは複雑な梁の積層は，組み立てに時間が掛かりすぎるため，サイズは制約される。集成材の形状はさまざまで，角柱のような直線の梁や柱が一般的だが，曲線や先端方向に次第に細くなる梁も製造されている。

集成材は高度に設計された製品であり，工業化された生産方法に由来して，生産工程での品質管理が求められる。品質管理には，フィンガージョイントの曲げ試験や引張試験，剥離試験，接着層のせん断試験などがある。このような品質管理方法は，集成材製造において重要な部分であり，生産者による内部管理と，それとは独立した第三者による外部管理の両方が重要である。

初期の集成材製造では，積層材は長さ方向に全く接合されていなかったが，1960年代初頭にフィンガージョイントが導入され，集成材の性能は劇的に改善された。フィンガージョイントは，複数の重なり接合（multiple overlap joint）と表現することができ，木材部材をつなぎ合わせる非常に効率的な方法である（**図18.6**）。

フィンガージョイントで接合された構造用木質材料は，無垢材と同じように用途に応じた使い方ができる。フィンガージョイントは，フィンガー先の幅と指のピッチの比に比例する面積の減少をもたらす。この比率を小さくするためには，フィンガー先の幅を小さくすること，つまりフィンガーをできるだけ鋭くカットすることが有効である。接合部は，節のない無垢の木材よりも強度が低く，明らかに弱い部分とみなされるが，接合部が最も弱い部分であるとは限らない。なぜなら，接合部材の他の部分には，強度を低下させる節や木理方向のずれが含まれることがあり，強度低下の度合いがフィンガージョイントより激しいからである。用途によっては，フィンガージョイントは，単に特定の長さの薄板や鋲（びょう）を得るために行われるため，原材料の使用を最適化できる。強度向上のための欠陥（節）の除去や美観も，この効果的なジョイントタイプを使用する理由の1つである。

CLTは主にPUR接着剤で接着され，MUF接着剤で接着されることはあまりない。接着は常温で，速硬化性の接着剤が使用される。パネルのサイズは，幅1.2〜3 m，長さ16 mとさまざまで

ある。長さが30 mになるパネルも利用可能である。CLTは建物のプレハブ部材として使用され，コンクリート部材に取って代わることができる。CLTとGLTを使用して，新しい建築システムが最近開発され，高層の木造建築物を建設することが可能になった。CLTを基にしたシステムは，設計の柔軟性とCLTが負荷を受ける要素だけでなく，断熱材として使用する可能性に特徴がある。木製製品としてのCLTは環境にやさしくて持続可能である。CLTとコンクリートを組み合わせたハイブリッドシステムがよく見かけられる。このようなシステムでは，コンクリートは階段やエレベーターシャフトに最も一般的に使用され，それらは建物の水平方向の安定性を供与する。コンクリートはまた床として使用されるが，場合によってはCLTを床の上に追加質量として上張りし，さらには音響性能と耐火性を向上させる。

無垢材による木造建築に匹敵するものとして，I-ジョイストのような簡素なエンジニアリングウッドも使用されている。I-ジョイストは，通常，強度が担保された木材，LVL，またはGLTから成るフランジと，OSB，高密度ファイバーボード，または合板などの木材由来のパネルからなるウェブ，この二つで構成された接着木材製品である。長尺の梁を得るために，フランジはフィンガージョイントで接合される。I-ジョイストは1960年代に北米で開発が始まった。I-ジョイストはさまざまなサイズで利用可能で，厚さは160～610 mmまで，長さは最大24 mまでである。接着剤はMF，MUF，PUR，PRFなどが使用されている。高層木造建築の壁面におけるI-ジョイストでできた梁の使用は，剛性と安定性の違いから，CLTと比較して使用が限られている。

合板は，木のベニヤを奇数層に重ね，各層の木目の向きを90°回転させることで得られる。このため，直交異方性の低いシート状の材料となる。20世紀初頭から，合板は工業的に生産されている。長年にわたり航空産業で当時のハイテク材料として使用され，多くの研究の対象となっていた。その当初は天然系の接着剤で生産されていたが，現在は熱硬化性のPF接着剤を通常用い，構造用や船舶用の生産に使用されている。

木材由来の原材料をフレークやファイバーなどの小片に切断，あるいはバラバラにする工程を経て，配向ストランドボード（oriented strand board：OSB）や高密度ファイバーボード（high-density fiber board：HDF）などのフレークボードが開発された。これらの製品では，原料の再配向により，合板の場合と同様に直交異方性が小さくなる。しかし，ここでの直交性の低下は，一般に木目に平行な負荷をかけた無垢材の強度と比較して，強度の低下を犠牲にして達成されている。一方，寸法安定性が向上し，大きなサイズも入手できるなどの利点がある。これらの材料の製造に使用される接着剤には，UF，PF，MUF，またはp-MDI（polymeric methylene diphenyl diisosyanate，ポリイソシアネート）がある[49,50]。

積層ベニヤ材（laminated veneer lumber：LVL）は，合板の製造工程と同様に複数の単板を構造用接着剤で接着して得られる。ただし，LVLでは，すべての単板が同じ繊維方向に配向している。寸法安定性と主に木目方向に垂直な強度を向上させるため，数層が交差方向に配向されることもある。厚さ約2.5～5 mmの単板を重ね合わせ，厚さ20～90 mmの断面厚が得られる。その後，必要とする形状に切断され，利用可能な最終製品には，幅は65～1,200 mmで長さが最大25 mの梁や桁となる。LVLの製造に使用される接着剤は，通常PFである。LVLは，無垢材に比べ強度が高く，ばらつきが少ないという特長がある。1980年代半ばから後半にかけて，ラミネートストランドランバー（laminated strand lumber：LSL）とパラレルストランドランバー（parallel strand lumber：PSL）という 2 つの類似製品が登場した。PSL は単板を細長い小片（ストランド）へ切断し，PF 接着剤で接着してブロックを形成，これを切断して梁や桁を作るものである。PSL と似ているが，LSL は原木から直接切り出した細長い小片を MDI 接着剤（イソシアネート）でブロック状に組み立てて生産する[51]。

木質材料の用途で接着剤を効率的に使用する最後の例として，鉄筋接着継手がある。鉄筋，ねじボルト，異形鉄筋，ガラス繊維強化型引抜ポリエステル棒（glass fiber-reinforced pultruded polyester rod：GFRP）などを木材へ挿入することで，梁と柱を固定する強固で剛性の高い接合部や柱の土台を得ることが可能である。また，木材を木目に垂直に補強するために，鉄筋接着継手を使用することも可能である。このタイプの接続は，1970 年代以降，北欧諸国やドイツで成果を上げている。これらの接合に使用される接着剤は，エポキシか PUR だが，ヨーロッパの鉄筋接着継手に関する研究プログラムでは，変性 PRF も使用されている[52]。このタイプの接合部を使用する主な利点は，その強度と剛性特性に加え，接合部がほとんど見えないことによって得られる美観にある。また，延焼速度が遅い木材に鉄製部材を埋め込むことで，良好な耐火性を得ることができる。鉄筋接着継手の主な欠点は，脆性破壊を避けるために延性のある接合部を得にくいことが挙げられる。

18.9　今後の動向と参考文献

木工用接着剤の開発に関する今後の動向は，大きく分けて 4 つの方向に沿って進むことが予想される。

1. 環境に優しく，化石系合成接着剤の一部または 100％代替となる接着剤の開発
2. 適用分野の拡大
3. 接着剤や接着部の特性を予測し，制御する可能性の向上
4. 取り扱いの改善

18.9.1　環境問題

開発の明確な方針の 1 つは，持続不可能な原材料の必要性を減らすことである。リグニンやタンニンといった持続可能な原材料をベースにした接着剤システムの開発が進められている。既存の接着剤に，大豆タンパクやリグニンのような持続可能な原料を混ぜることが増えていく。

ホルムアルデヒドを含む接着剤システムのメーカーは，すでに接着剤中のホルムアルデヒドの量を大幅に削減しており，接着剤と接着システムの高度な処方との組み合わせにより，製造時および消費者段階での排出量を大幅に削減している。製品中のホルムアルデヒドを除去または密封するための改良された方法が開発されている。この開発は，消費者の段階で排出に反対する国の法律によって加速されるだろう。木工用接着剤からホルムアルデヒドを完全に除去するという社会要請は高まっており，バイオベースの接着剤を開発する原動力となっている。

イソシアネートを柱とする木材用接着剤システムは，製造時に健康被害をもたらす危険性があ

る。しかし，製造工場での測定結果は公表されており，現在木材産業で使用されているMDIベースの接着剤システムは有害物質の放散率が極めて低いと報告されている。同時に，このシステムで完成品から成分が放散されないという大きな利点がある。

18.9.2　適用範囲の拡大

冷圧硬化が可能で環境に優しい接着に向けたアンモニア硬化促進システムが，主にフィンガージョイントに使用されている。一液型PUシステムも加わり，環境負荷の小さい木材を使った積層材料の製造も可能になった。未乾燥の生木の接着に関する研究は過去20年間に行われ，価値の低い木材，小径の木材，乾燥中に大きく歪んだ木材，これら価値が低く寸法の小さい側板などに基づく新しい木質材料の開発につながっている。このような木材は，スプルース，塩害を受けたパイン，ユーカリなどを使ったフィンガージョイント木質材料，GLT，CLTなどの構造製品の接着に湿潤状態で使用することができる[53-56]。

現場での接着は重要性が増し，新しい製品や試験方法が開発されるだろう。今後数十年の間に，ヨーロッパだけでなく日本でも新築住宅の需要が激減することが予想される。新築住宅の生産量が減少し，既存住宅の老朽化が進む中，効率的にリフォームする手法の必要性が高まるだろう。

上記の開発もまた，木材に他の材料を接着する必要性も高まるだろう。すでに現在，繊維強化材料が木材を強化し，剛性を高めるために使用されている。また，木製の床をコンクリートで強化する方法もヨーロッパで導入されている。建築上の価値が高い接着技術の一例として，耐荷重木材–ガラス複合材料の製造が挙げられる。このような複合構造は，いくつかの研究プロジェクトや数は少ないが実証建築プロジェクトで研究されており，梁や耐荷重壁が開発されている[8,57]。

18.9.3　製品性能と接着剤配合の予測・制御の高度化

構造用木材の接着剤は，特定の製品や製造工程に向けて最適化されることが多い。

接着剤の品質を最適にすることは接着製品の予測や設計の方法の改善と組み合わされ，そうすることで接着剤の特性を各製品のニーズに合わせることが可能になる。例えば，特定の応力段階が定義された製品を，適切な接着剤で製造することができるようになる。

木材用接着剤結合の挙動，特に火災時の木材用接着剤結合の挙動について，より良く理解を広げ，将来的にはより良く予測できることが非常に重要である。現在，多層建築のシェアが拡大している木造建築分野にとって，火災時の安全性を検証することは非常に重要である。

EWPの効率的で持続可能な製造工程を実現するためには，エネルギー消費を抑えながら接着時間を短くし，製造機械への投資を少なくすることが求められる。そのためには，低温硬化型や速硬化型の接着剤システムを使用することが必要となる。硬化に熱を必要とする従来の接着剤に対抗するため，すでにいくつかの低温硬化型接着剤システムが導入されている。例えば，フィンガージョイントにはアンモニア硬化促進システム（Soybond™やGreenweld™）が，フィンガージョイントと積層材には一液型ポリウレタン接着剤（one component poly urethane：1CPU）が使用されている。

接着剤と接着層の解析方法の改善は，接着剤と被着材の実際の相互作用に関する知見を向上させることと相まって，新しいタイプの接着剤を承認するための迅速で信頼性の高い方法を開発する可能性が生まれてくるだろう。現在，新しいタイプの接着剤が構造用として承認されるには，接着された部材の長時間にわたる実験が必要である。将来的には，接着剤の特性を決定し，長期的な性能を予測する方法を改善することで，新製品の承認を得るために必要な時間とコストを大幅に削減することができる。より早く（より安く）承認されることで，新しい接着剤製品の開発にもメリットがある。また，予測方法が改善されれば，他の原材料に対する木材の競争力を高め，建築家や住宅メーカーにインスピレーションを与えるような新しくて高度な木材構造を作ることが可能になる。

18.9.4 マテリアルハンドリングの向上

接着剤特性の改善に加え，被着材，木材，木材に接着される材料の特性も向上するだろう。レーザーによる表面切除，化学薬品による活性化，火炎処理などの接着性を高める表面処理が実用化されれば，露出した部分に高い強度や耐久性を持つ接着剤を使用し，あまり露出しない部分には安価な方法で作られた接着層を併用することが可能になる。

そのような方法としては，例えば，木材表面の抽出成分含有量の測定や，心材と辺材を区別するための選別方法などを挙げることができる。

木材の乾燥，調製の方法を改善することで，完成品の湿気による歪みや，接着剤の硬化過程における湿気から受ける影響を軽減することができるだろう。木材原料の管理が改善されることで，生産速度と製品の品質がともに向上する。

最近開発された材料選択のための方法，例えば自動スキャンや分別装置などは，生産コストの削減と最終製品の品質向上に貢献するだろう。

18.9.5 参考文献

木材工学や木質材料における接着剤の応用分野でさらに読むべき文献としては，一般に，木材や木質材料に関する文献と，接着に関する文献，この2種類を推薦できる。これら2つの分野で役立つ文献の量は膨大である。

工学材料としての木材の特性と構造に関する古典的な研究は，Kollman と Côte[58] に見ることができる。木材工学の分野におけるより新しい文献としては，Madsen [59] の書籍や，さらに新しい文献としては Thelandersson と Larsen[3] がある。後者には，接着剤による接合とその関連分野に関するいくつかの章が含まれている。

木材の接着とその応用という特定の分野で利用可能な文献となると，とても少なくなる。本章で挙げている文献リストはもちろん参照すべきであり，特に Dunky ら[13] と Johansson ら[5] の最先端の報告を挙げておく。これらの報告は，ヨーロッパのCOST アクション E13の中で報告されている。COST が推奨する報告は，「木材の接着」（Bonding of Timber）と，COST Action E34の主たる報告である[60,61]。この2つの文献は，木材の接着の分野の広範な概要を示している。また，Marra[9] による木材の接着とその応用に関する広範な書籍も特に推奨する。

文　献

1）A. Buchanan, S. John, S. Love, Life cycle assessment and carbon footprint of multistory timber buildings compared with steel and concrete buildings, N. Z. J. For 57（4）（2013）.
2）L. Gustavsson, A. Dodoo, R. Sathre, Climate change effects over the lifecycle of a build- ing, in: Report on Methodological Issues in Determining the Climate Change Effects Over the Lifecycle of a Building, 2015. Boverket's report. www.boverket.se.
3）S. Thelandersson, H.J. Larsen, Timber Engineering, John Wiley & Sons, Ltd, Chichester, England, 2003.
4）R. Brandner, G. Flatscher, A. Ringhofer, G. Schickhofer, A. Thiel, Cross laminated timber（CLT）: overview and development, Eur. J. Wood Prod.（2016）, https://doi.org/10.1007/s00107-015-0999-5.
5）C.-J. Johansson, A. Pizzi, M. van Leemput（Eds.）,COST-Action E13. Wood Adhesion and Wood Products. State of the Art Report. Working group 2: Glued Wood Products, 2002.
6）J. Eriksson, M. Ludvigsson, M. Dorn, E. Serrano, Load bearing timber glass composites: Wood Wisdom-Net project for innovative building system, in: COST Action TU0905（2013）Mid-term Conference on Structural Glass, Taylor & Francis, 2013, pp. 269-276.
7）A. Fadai, M. Rinnhofer, W. Winter, 'Experimental investigation on the long-term behavior of timber-glass composite structures' [Experimentelle Untersuchung des Langzeitverhaltens von verklebten Holz-Glas-Verbundkonstruktionen], Stahlbau 84（S1）（2015）339-349.
8）Kozlowski, M., Dorn, M. and Serrano, E.（2015）'Experimental testing of load-bearing timber-glass composite shear walls and beams'. Wood Mater. Sci. Eng., 10（3）, pp. 276-286, DOI https://doi.org/10.1080/17480272.2015.1061595.
9）A.A. Marra, Technology of Wood Bonding. Principles in Practice, Van Nostrand Reinhold, New York, USA, 1992.
10）M. Stehr, I. Johansson, Weak boundary layers on wood surfaces, J. Adhes. Sci. Technol. 10（2000）1211-1224.
11）R. Nussbaum, Surface Interactions of Wood With Adhesives and Coatings, PhD thesis, KTH-Royal Institute of Technology Department of Pulp and Paper Chemistry and Technology Division of Wood Chemistry, Stockholm, Sweden, 2001.
12）R. Nussbaum, M. Sterley, The effect of wood extractive content on glue adhesion and surface wettability of wood, Wood Fiber Sci. 34（1）（2002）57-71.
13）M. Dunky, A. Pizzi, M. vanLeemput, COST-ActionE13.Wood adhesion and wood products. State of the art report, in: Working Group 1: Wood Adhesives, 2002. ISBN/ISSN: 92-894-4891-1.
14）R.M. Nussbaum, Oxidative activation of wood surfaces by flame treatment, Wood Sci. Technol. 27（1993）183-193.
15）J. Seltman, Freilegen der Holzstruktur durch UV-Bestrahlung, Holz Roh Werkst. 4（1995）225-228.
16）M. Stehr, J. Seltman, I. Johansson, Laser ablation-of machined wood surfaces.1. Effect on end-grain gluing of pine（Pinus silvestris L.）and spruce（Picea abies karst.）, Holzforschung 1（1999）93-103.
17）J. Custodio, J.G. Broughton, H. Cruz, A.R. Hutchinson, et al., A review of adhesion promotion techniques for solid timber substrates, J. Adhes. 84（6）（2008）502-529.
18）G. Davis, The performance of adhesive systems for structural timber,Int. J. Adhes. Adhes. 3（1997）247-255.
19）J. König, J. Norén, M. Sterley, et al., Effect of adhesives on finger joint performance in fire, Proceedings of CIB-W18, Meeting 41, Saint Andrews（2008）.
20）C. J. McGregor, Contribution of cross-laminated timber panels to room fires, Masterthesis, Department of Civil and Environmental Engineering, Carleton University, Ottawa-Carleton Institute of Civil and Environmental Engineering, Ottawa, Ontario, Canada（2013）.
21）A.R. Medina Hevia, Fire resistance of partially protected cross-laminated timber rooms, Master thesis, Department of Civil and Environmental Engineering, Carleton University, Ottawa-Carleton Institute of Civil and Environmental Engineering, Ottawa, Ontario, Canada（2015）.
22）S. T. Craft, R. Desjardins, L. R. Richardson, et al., Development of small-scale evaluation methods for wood adhesives at elevated temperatures, 10th World Conference on Timber Engineering（2008）.
23）M. Klippel, J. Schmid, Assessing the adhesive performance in CLT exposed to fire, in: Proceedings of World Conference of Timber

Engineering, Seoul, 2018.
24) M. Klippel, J. Schmid (Eds.), Guidance Document on the Verification of the Adhesive Performance in Fire, 2018, https://doi.org/10.3929/ethz-b-000307755. COST action FP1404, Zürich, Switzerland, 2018.
25) C.B. Ong, W.S. Chang, D. Brandon, M. Sterley, M. Ansell, P. Walker, et al., Fire performance of hardwood finger joints, World Conference on Timber Engineering Vienna 22-25 August 2016. (2016).
26) C. B. Ong, W. S. Chang, M. Ansell, M. Brandon, M. Sterley, P. Walker, et al., Bench-scale fire tests of Dark Red Meranti and Spruce finger joints in tension, Constr. Build. Mater. 168 (2018) 257-265.
27) M. Sterley, J. Norén, J. Liblik, D. Brandon, et al., Small-scale test method for the fire behaviour of wood adhesive bonds in CLT, In Book of Abstracts of the Final Conference COST FP1404" Fire Safe Use of Bio-Based Building Products", Zürich 2018 (2018).
28) D. Brandon, C. Dagenais, Fire safety challenges of tall wood buildings-phase 2: task 5- experimental study of delamination of cross laminated timber (CLT) in fire, in: Final Report of Fire Protection Research Foundation and NFPA, March 2018. Published on www.nfpa.org.
29) Just, A.; Brandon, D.; Mäger, K. N.; Pukk, R.; Sjöström, J.; Kahl, F. (2018) 'CLT compartment fire test'. Proceedings of World Conference on Timber Engineering: 2018 World Conference on Timber Engineering, WCTE 2018, Seoul, South Korea, 20-23 August 2018. World Conference on Timber Engineering (WCTE).
30) B. Östman, E. Mikkola, R. Stein, A. Frangi, J. König, D. Dhima, T. Hakkarainen, J. Bregulla, Fire Safety in Timber Buildings—European Guideline, SP-Technical Research Institute of Sweden, 2010, p. 19. SP Report 2010.
31) B. Östman, J. Schmid, M. Klippel, A. Just, N. Werther, D. Brandon, Fire design of CLTin Europe, Wood and Fiber Science 50 (special issue) (2018) 68-82.
32) E. Serrano, A numerical study of the shear-strength-predicting capabilities of test specimens for wood-adhesive bonds, Int. J. Adhes. Adhes. 1 (2004) 23-35.
33) H. Wernersson, Fracture Characterization of Wood Adhesive Joints, PhD thesis, Report TVSM-1006, Division of Structural Mechanics, Lund University, Lund, Sweden, 1994.
34) P.J. Gustafsson, Analysis of generalized Volkersen-joints in terms of non-linear fracture mechanics, in: G. Verchery, H. Cardon (Eds.), Mechanical Behaviour of Adhesive Joints, Edition Pluralis, Paris, France, 1987, pp. 323-338.
35) E. Serrano, Adhesive Joints in Timber Engineering—Modelling and Testing of Fracture Properties, PhD Thesis, TVSM-1012, Division of Structural Mechanics, Lund University, Sweden, 2000.
36) E. Serrano, P.J. Gustafsson, 2006 'fracture mechanics in timber engineering—strength analyses of components and joints', Mater. Struct. 40 (2006) 87-96.
37) H. Wernersson, P.J. Gustafsson, The complete stress-slip curve of wood-adhesives in pure shear, in: G. Verchery, H. Cardon (Eds.), Mechanical Behaviour of Adhesive Joints, Edition Pluralis, Paris, 1987, pp. 139-150.
38) B. Källander, C. Bengtsson, Creep testing wood adhesives for structural use, in: Proceedings. CIB W18 Meeting 35, Kyoto, 2002, 2002.
39) B. Radovic, C. Rothkopf, Eignung von 1K-PUR-Klebestoffen für den Holzbau unter Berücksichtigung von 10-jähriger Erfahrung, Bauen mit Holz 6 (2003) 36-40.
40) S. Aicher, Z. Christian, G. Stapf, Creep testing of one-component polyurethane and emulsion polymer isocyanate adhesives for structural timber bonding, For. Prod. J. 65 (1/2) (2015) 60-71, https://doi.org/10.13073/FPJ-D-14-00040.
41) E. Serrano, P. J. Gustafsson, Influence of bondline brittleness and defects on the strength of timber finger-joints, Int. J. Adhes. Adhes. 1 (1999) 9-17.
42) L. Boström, Method for Determination of the Softening Behaviour of Wood and the Applicability of a Nonlinear Fracture Mechanics Model, PhD. thesis, Report TVBM-1012, Division of Building Materials, Lund University, Lund Sweden, 1992.
43) E. Serrano, Glued-in rods for timber structures—a 3D model and finite element parameter studies, Int. J. Adhes. Adhes. 2 (2001) 115-127.
44) M. Sterley, E. Serrano, B. Enquist, Fracture characterisation of green-glued polyurethane adhesive bonds in Mode I, Mater. Struct. 46 (2013) 421-434, https://doi.org/10.1617/ s11527-012-9911-5.
45) P.J. Gustafsson, E. Serrano, Glued-in rods. Local bond line fracture properties and a strength design equation, in: Proc. of the International

Symposium on Wood Based Mate- rials, Wood Composites and Chemistry, 2002, pp. 19–20. September, Vienna, Austria.
46）P. J. Gustafsson, E. Serrano, Glued–In Rods for Timber Structures—Development of a Calculation Model, Report TVSM–3056, Division of Structural Mechanics, Lund, Sweden, 2001.
47）J. G. Broughton, A. R. Hutchinson, Adhesive systems for structural connections in timber, Int. J. Adhes. Adhes. 3（2001）177–186.
48）A. S. Wheeler, A. R. Hutchinson, Resin repairs to timber structures, Int. J. Adhes. Adhes. 18（1998）1–13.
49）M. Dunky, Urea–formaldehyde（UF）resins for wood, Int. J. Adhes. Adhes. 2（1998）95–107.
50）D.R. Griffiths, Wood–based panels—fibreboard, particleboard and OSB, in: H.J. Blass, et al.（Eds.）, Timber Engineering STEP 1, Centrum Hout, Almere, The Netherlands, 1995.
51）F. Lam, H.G.L. Prion, Engineered wood products for structural purposes, in: S. Thelandersson, H.J. Larsen（Eds.）, Timber Engineering, John Wiley & Sons, Ltd, Chichester, England, 2003.
52）R. Bainbridge, C. Mettem, K. Harvey, M. Ansell, Bonded–in rod connections for timber structures—development of design methods and test observations, Int. J. Adhes. Adhes. 1（2002）47–59.
53）R. Pommier, P. Morlier, Finger jointing on green maritime pine timber—improving the process and final performances, in: Proceedings 9th World Conference on Timber Engineering, Portland Oregon, USA, 2006. ISBN: 978–1–6227–285–9.
54）R. Pommier, G. Elbez, Finger–jointing green softwood: evaluation of the interaction between polyurethane adhesive and wood, Wood Mater. Sci. Eng. 1（2006）127–137.
55）M. Sterley, Characterisation of green–glued wood adhesive bonds, PhD thesis, Linnaeus University Dissertations, 2012. No 85/2012.
56）C.B. Wessels, M. Nocetti, M. Brunetti, P.L. Crafford, M. Pröller, C. Pagel, R. Lenner, Z. Naghizadeh, Green–glued engineered products from fast growing Eucalyptus trees: a review, Eur. J. Wood Wood Prod. 78（2020）933–940.
57）L. Blyberg, M. Lang, K. Lundstedt, M. Schander, E. Serrano, M. Silfverhielm, K. Ståhandske, Glass, timber and adhesive joints—innovative load bearing building components, Constr. Build. Mater. 55（2014）470–478, https://doi.org/10.1016/j. conbuildmat.2014.01.045.
58）F.F.P. Kollman, W.A. Côte, Principles of wood science and technology, in: Solid Wood, vol. 1, Springer–Verlag, Berlin, Germany, 1968.
59）B. Madsen, Structural Behaviour of Timber, Timber Engineering Ltd., Vancouver, British Columbia, Canada, 1992.
60）M. Dunky, B. Källander, M. Properzi, K. Richter, M. VanLeemput（Eds.）, COST Action E 34 Bonding of Timber, University of Natural resources and Applied Life Sciences Vienna, Austria Series Lignovisionen, Volume 18, 2008.
61）M. Properzi, D. Jones, C. Frihart, Bonding of Timber, Core Document of COST Action E 34, Volume 18, University of Natural Resources and Applied Life Sciences Vienna, Aus- tria Series Lignovisionen, 2008.

〈訳：堀　成人〉

第19章　自動車

Klaus Dilger

19.1　はじめに

「自動車構造における接合技術としての構造接着の未来は，まだ始まったばかりです。現代の軽量設計，安全性，モジュール構造は，もはや衝突過程で接着接合がもたらす補強なしには成り立ちません。これまで，車体構造の剛性，エネルギー吸収能，疲労強度を向上させるために，複合的な接合方法が用いられてきました。しかし，技術的動向として，接着剤による単独接合へ徐々に移行しつつあります。この技術を迅速かつ確実に量産化するためには，強力なシミュレーションツールの開発と利用が不可欠です」

ハインリッヒ・A・フレーゲル（ダイムラーAG）氏

冒頭の引用は，ダイムラーで材料と生産技術の研究をしていたフレーゲル教授の言葉である。15年以上たった今でも，依然として自動車業界に関連が深い事実を述べている。しかし過去において，冒頭の内容はまだ空想の領域だった。一方で現在では，ハイブリッド接合部（接着とスポット溶接，自己貫通リベット接合，またはクリンチングの組み合わせ）は，車体接合において最先端技術となっている。さらに，接着剤単独接合は数年前から一部（例：BMW i8）適用され始めており，多くの自動車メーカーが接着技術を積極的に研究している。

接着剤の使用は，美観目的で数十年前からフロントガラスの接着から始まった。

その後に，高弾性接着剤適用による1次構造との一体化によって，フロントガラスとリアガラスは車体剛性を高めるための構造部品の1つとなった。

同時期において，腐食防止目的としてスポット溶接フランジの隙間を埋めるために接着剤が使用されはじめた。その際に，技術者たちは接着剤による腐食耐性向上の副次的効果として車体剛性が増していることを発見した。その後には，高弾性接着剤を使用しての車体ねじり剛性が最適化されるようになった。1990年代半ばには衝突時の衝撃に対して高強度と高エネルギー吸収性を持つ新しい接着剤が開発され，車体構造における構造部材の一部となった。

以上で述べたように，接着剤適用は封止目的として約60年前に始まり，腐食防止も接着剤が担うようになった。最初の構造用接着剤は，（強度目的ではなく）車体高剛性化を目的としていた。一方で現在は，衝突時の強度目的のために車体構造の一部として使われている。

高強度鋼，アルミニウム合金，マグネシウム合金，サンドイッチパネル，繊維強化プラスチックなど異種材料適用による軽量設計志向は，自動車メーカーによる接着剤使用を加速させてい

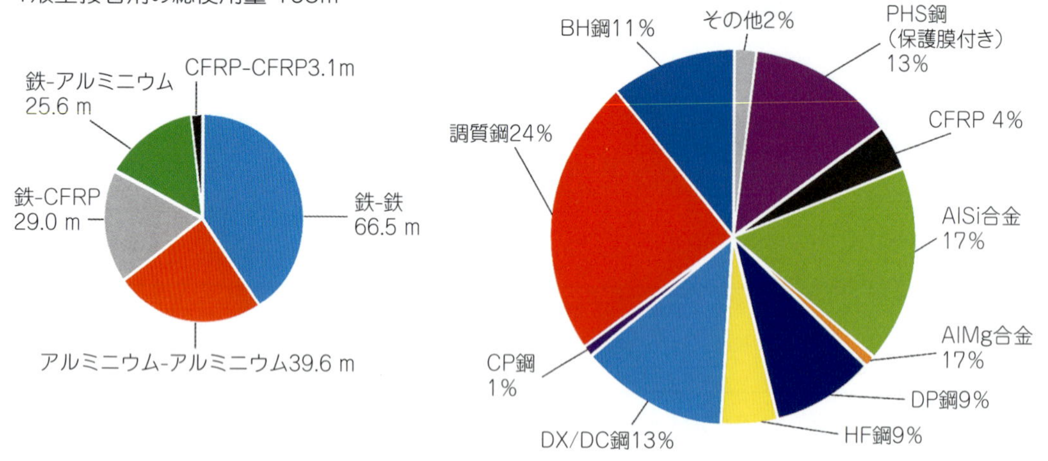

図 19.1　BMW7 シリーズにおける異種素材，および接着接合が使用されている板組の比率合計値 [1)]

る。現在の BMW 7 シリーズは，未塗装車体（ホワイトボディ）において約 163 m の構造接着剤を使用している（**図 19.1**）。このように大量の接着剤が使用される背景は，マルチマテリアルミックスにおける異種材料の採用，特にアルミニウムや炭素繊維強化プラスチックなどの軽量材料の使用によるものである。その中でも炭素繊維強化プラスチックは，構造用接着剤の適用拡大に多大な影響を及ぼした。

近年において材料置換を促進してる新たな動機として，電動自動車への適用が挙げられる。具体的には，事故時のバッテリー保護などの追加要件への対応である。

接着接合部の典型的な材料の組み合わせの実例を図 19.1 に示す [1-5)]。現在，自動車構造で接着剤を使用する目的は以下のとおりである。

→ロバストで信頼性の高いプロセス
→腐食防止
→軽量構造
→耐衝撃構造物
→最適化されたデザイン，クラス A の外観
→モジュール設計，プラットフォーム戦略

19.2　基本要求

19.2.1　現在の自動車材料

1980 年代の終わりまでは，自動車は主に軟鋼で生産されていた。例外的に，高強度鋼，アルミニウム合金，強化プラスチックが少量使われることもあった。しかし，これらの使用目的は構造最適化による一般設計の革新ではなく，一部の高級車における希少価値の付加であった。そのため，該当車種の生産台数は非常に少なかった。そういった理由から最適化された接合技術は必要なく，溶接不可能な部品はネジで接合されていた。主流である軟鋼製自動車においてはスポット

溶接は堅牢なプロセスであり，要求特性を実現した車体を効率的に生産できる方法として認知されていた。

1990年代前半に全アルミ合金製車体が生産されるようになると，潮流が変わった。

車体に適用されたアルミニウム合金は電気抵抗が低いこと，導電性のない不動態酸化膜で覆われていること，スポット溶接電極と反応しやすいことが技術課題となった。これらの理由からアルミニウム合金溶接時の電極寿命は短く，非効率的で高コストなプロセスであった。また，アルミニウムは，溶接部の強度が溶接工程の熱によって低下する。特に疲労特性に関して，溶接時の熱は重大な悪影響を及ぼす。熱影響を避けるために，リベットや接着剤を用いた非入熱接合工程が必要だった。現代の自動車においては，いわゆるマルチマテリアル設計に基づき材料が選定される。この設計手法では，アルミニウムやマグネシウム合金，繊維強化プラスチック，高強度鋼などの軽量素材を，最も効果的に要求特性を発揮する部位へ適用する。鋼材は，ピラーや縦筋，横はりなど，対衝突部材として用いられる。近年では，新工法で加工される鋼鉄合金，具体的にはホットスタンプ加工された超高強度鋼（22 MnB5）が衝突時における客室空間への侵襲回避に使用される。アルミニウムは，ボンネット，トランクリッド，ルーフ，ドアなどの大型部材に適用される。加えて，ここ10年で，アルミダイキャスト部品の車体適用が拡大している。しかしダイキャストにおいては，製造工程（脱型）における離型剤の表層残留は避けられず，新たな表面処理が必要となっている[4]。マグネシウムは耐食性に劣るため，内部部材に使用されることが多い。プラスチックは成形性に優れているため複雑形状部材に適用される。また，バンパーなど，15 km/h 程度における衝突事故で破損してはならない可撓性が求められる部位にも適用される。CFRPと鋼板やアルミ板の組み合わせは，各材料のイオン化傾向の違いによる電気化学的腐食などの局部的な腐食が問題になる。また，異種材料の熱膨張係数（CTE）はそれぞれ異なるため，加熱・冷却時における熱膨張差由来の変形を補償しなければならない[3]。いくつかの理由から，異種材料を溶接することは不可能であるため，機械的締結や接着剤による接合が必要となる[3,6]。

図19.2に，BMWの7シリーズに採用されているマルチマテリアル設計を示す。

出典：「Joining in Car Body Engineering」Bad Nauheim 2016, Richter, BMW AG

図19.2　BMW7シリーズにおけるマルチマテリアルデザイン[2]

19.2.2　自動車製造工程

自動車工学で求められる接着剤の基本要求事項を論じる前に，自動車製造の各工程とそれらのつながり，つまり製造工程について説明しなければならない。塗布，組立，さらには自動車の使用条件に基づき，特性の異なる接着剤群を選定する必要がある。その際に，製造工程ごとに異なる一連の工程において，どの段階で塗布するかについても考慮する必要がある。

自動車生産の古典的な製造工程は，以下のように分類できる：

- プレス成形
- 車体組み立て
- 塗装
- 艤装組み立て

19.2.3　車体組み立て

プレス工程での耐食性や成形性を高めるために，材料には潤滑油を塗布する必要がある。目的に応じた鉱油が使用されることが多いが，油膜の厚さは鋼板や部品の保管条件によって異なる。車体組立工程では，油膜上に接着剤を塗布して各部品を貼り合わせる。貼り合わせ後の未硬化状態でも，剥離やズレがなく工程間搬送できるように，何らかの方法で固定する必要がある。その際には主に，接着剤とスポット溶接やリベットやクリンチなどの機械的締結を組み合わせた，いわゆるハイブリッド接合が採用される。**図 19.3** に未塗装車体（ボディ・イン・ホワイト）での典型的な接合部を示す。

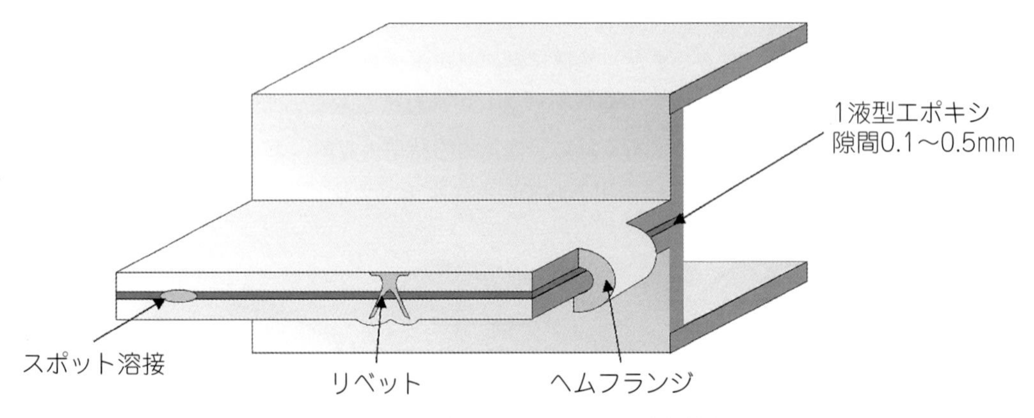

図 19.3　未塗装車体における典型的接着接合[7,8]

19.2.4　塗装，艤装組み立て

接合後は車体に塗装を施すが，塗装前に鋼板へ付着したオイルや潤滑剤などを洗浄で除去する必要がある。洗浄後，リン酸塩処理などの前処理を行う。洗浄や前処理工程で重要なことは，接着剤が接合部から流れ出ないようにすることである。接着剤が流出すると，途切れが生じたり，強度が低下したり，処理液が汚染される可能性がある。このため，車体工程で用いられる接着剤は，一般的に塗布前温調が必要な高粘度接着剤が使用される。しかし，高粘度接着剤を使用すると，ビード（線状に塗布された接着剤）の押しつけ性や，スポット溶接または機械的締結時の貫

通特性に問題が発生する可能性がある。前述の問題を回避する方法として車体工程において，あえて低粘度接着剤を使用する方法もある。低粘度接着剤を使用する場合は，炉内または電磁誘導を使って例えば 125℃で前硬化させることで，十分な洗浄安定性を達成しなければならない。洗浄と前処理が終わると電着塗装工程に入る。液浸にて電着塗装された塗膜を，180℃の炉中において 30 分間ほど硬化させる。塗膜硬化工程は，副次的に接着剤も硬化させる。次工程で，最終的な塗装と硬化が行われる。塗装された車体は艤装組み立て工程に搬送され，フロントガラスやドアガラス，トリムストリップやエンブレムなどが塗装鋼板に接着される。**図 19.4** は，艤装組み立て工程での典型的な接着剤接合部を示す[7,8]。

組み立て工程後は熱処理できないため，組み立て工程での接着では塗装面との接着性が高い低温硬化型接着剤を使用する。

図 19.5 に，現在の自動車で使用されている接着剤の概要を示す。

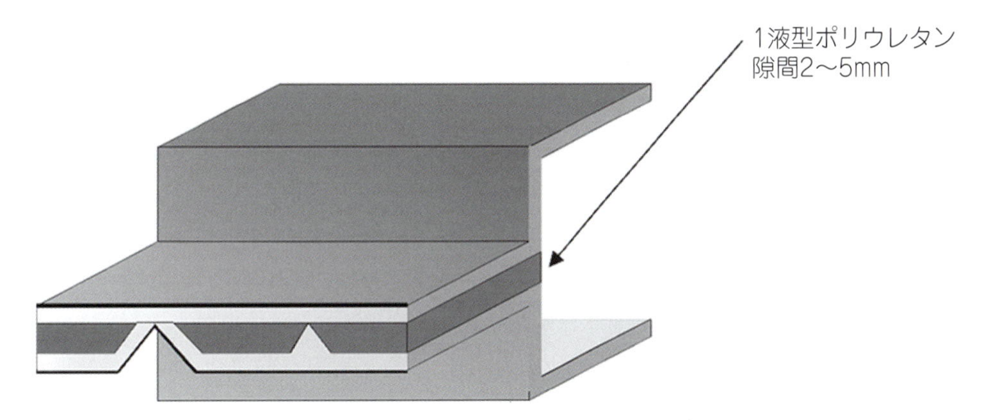

図 19.4　艤装組み立て工程における塗装面への接着[7,8]

図 19.5　現在の自動車に見られる接着接合の応用[5]

19.2.5　駆動系組み立て

車体とは別の製造工程として，駆動系の組み立てが挙げられる。駆動系組み立て工程では，駆動系に用いられる多様な部品が集積される。本工程における最重要接合技術はねじ止めであり，シャフトとハブの接合，封止，ネジのゆるみ止めとして接着剤が使用される。

19.2.6　車体工程で使用する接着剤

［**19.2.3**］で述べたように，車体工程で使用する接着剤は未塗装車体（ボディ・イン・ホワイト），つまり油膜が張った金属板上に塗布される。よって，高粘度接着剤を塗布する際には接着剤ビードが油膜上を滑らずにパネルへ密着すること，硬化後に十分な接着力を持つことを保証しなければならない。そのため，油分を吸収する接着剤（通常の車体構造用途ではエポキシ樹脂ベースの接着剤）を使用し，油分の拡散をサポートするために高温で硬化させる。そのうえで，油膜量を約3 g/m^2 に制限している。ほとんどの場合，洗浄安定性の確保や工程間搬送中のビード位置ずれと形状くずれの予防のため，最大1,000 Pa･s の粘度を持つ温度敏感な高粘性材料が使用される。接合工程では，接着剤の流動抵抗起因の反力による部品変形を発生させないように，接着剤ビードを接合面に塗布する必要がある。具体的には，適量の接着剤を適所に塗布することが非常に重要である。過小塗布があると途切れが生じるなどして，強度不足につながる。一方で過剰塗布は，パネル貼り合わせの際に接着剤がはみ出してしまい，治具や工具の汚染につながる。接着剤は塗装炉で硬化させるまで一般的に柔らかいままであり，塗布直後に次工程への搬送強度を確保するためには，接着以外の接合手法を用いる。自動化された自動車製造ラインにおいて，ネジ締めなどの機械的な締結は経済的ではない。十分な搬送強度を得るために接着へ対して，スポット溶接，リベット（自己穿孔リベット），クリンチングなどを用いたハイブリッド接合技術が適用される。このようなハイブリッド接合では，機械的接合はハンドリング強度だけでよく，場合によっては剥離強度を担保することもある。しかし，強度を決定するのはあくまで接着であり，2つの構造的接合技術を併用する必要はない。**図19.6**に，ハイブリッド接合技術を含むさま

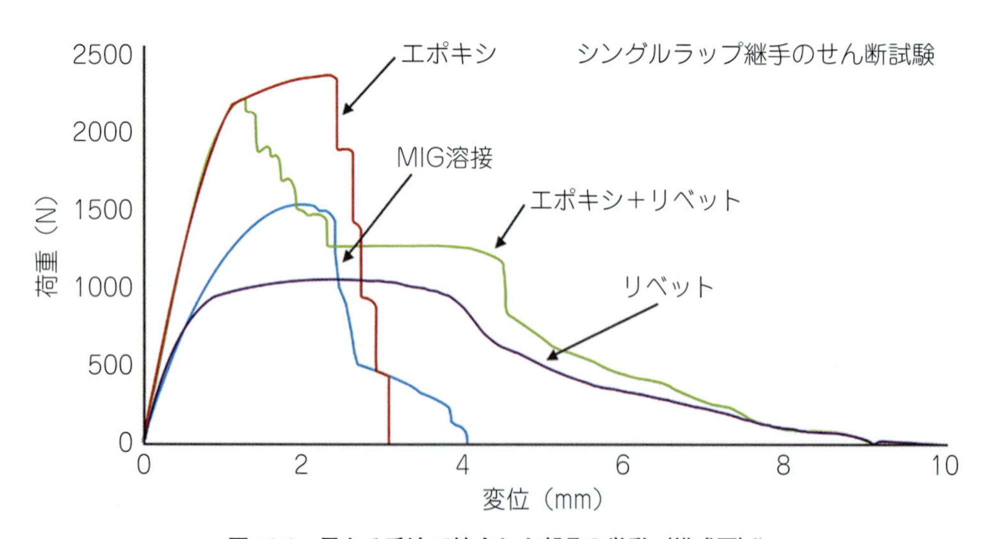

図19.6　異なる手法で接合した部品の挙動（模式図）[9)]

ざまな接合工法の機械的特性を示す[5,9-11]。

冒頭で述べたように，所定のサイクルタイム内で接合直後の接着剤を硬化させることで，追加のスポット溶接を減らす，あるいは排除しようとする動向がある。接合直後の接着剤硬化には，誘導加熱による部分硬化が用いられる。

自動車車体に接着剤を使用する目的は，防錆，車体の高剛性化，疲労特性や衝突特性の向上などである。

図19.7に，自動車車体における接着剤のさまざまな用途を示す。

フランジやヘムフランジでは内部腐食防止のため，接着剤を用いた隙間充填によって水の浸入を防いでいる。部品剛性や衝突特性を高める必要がない場合は，塩化ビニル系やアクリル系のプラスチックゾルが使用される。しかし，生産上の制約から，接着剤を塗布したとしてもパネル間の隙間を完全に埋めることはできず，接合部から水が浸入する可能性がある。そのため，化粧用シーラーを使用して隙間を充填する場合も多い。化粧用シーラーも塩化ビニル系プラスチックゾルが使用される場合が多い。**図19.8**に，化粧用シーラーで充填されたヘムフランジを示す[7,8]。

この化粧用シーラー塗布は，有機被覆鋼板，電解もしくは溶融亜鉛めっき鋼板，あるいは化成被覆処理のあるアルミニウム板を使用する際には，不要な場合もある。

他用途の接着剤として，後付け部品や外板の剛性を高め，これらの部品に由来する振動や騒音

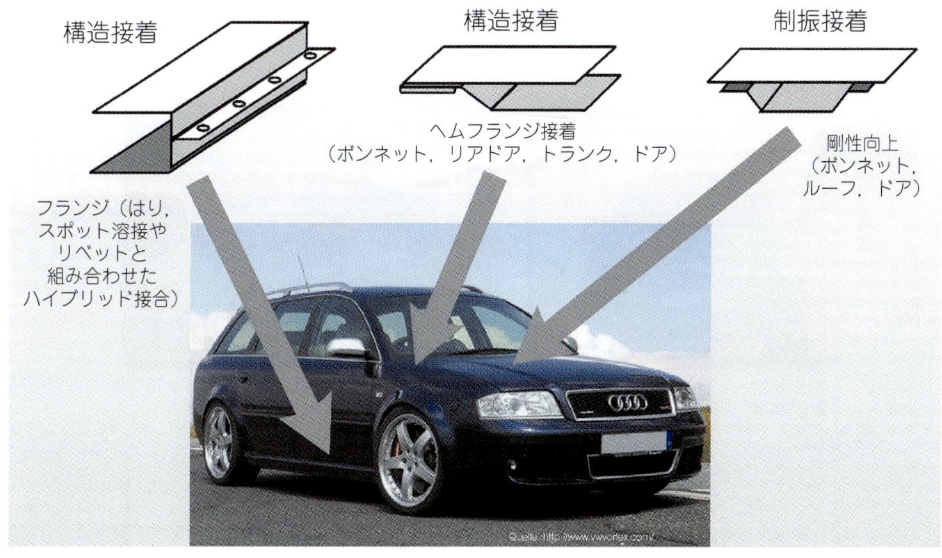

図19.7 未塗装車体における接着剤のさまざまな用途（Audi）[7,8]

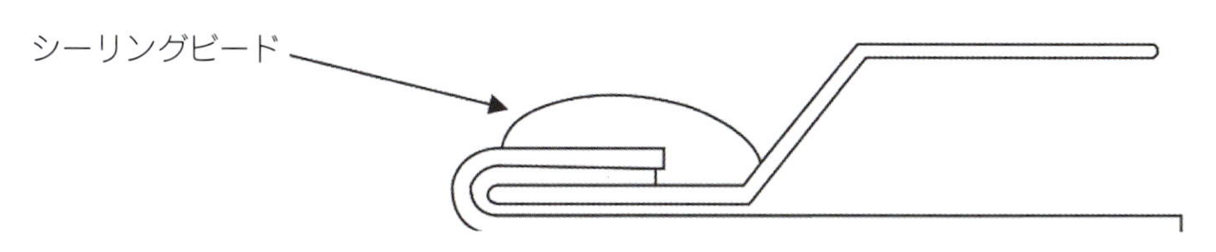

図19.8 化粧用シーラーで接着したヘムフランジ[12]

を低減するために用いられる制振用接着剤が挙げられる。制振用接着剤は，部品公差を補填して外板歪みを抑止することで，クラス A 美観を保証する機能も求められる。そのため，広い隙間を充填する必要があり，収縮率が低く，弾性率が比較的低い必要もある。制振用接着剤においても，油膜の張った鋼板への接着性と，塗装炉で硬化可能な化学特性を要求される。制振用接着剤は主にゴム系接着剤であるが，エポキシ変性ゴムも用いられる[11,13,14]。

車体構造によって効果は異なるが，これらの接着剤を使用することで，車体剛性はおおむね 15%～30% 向上する。**図 19.9** に，スポット溶接単体の車体構造と比較した際における，接着車体構造での剛性向上効果を示す。

接着されたフランジは他接合技術に比べて応力分布が均一なため，スポット溶接や MIG 溶接，クリンチング，およびレーザー溶接に比べて高い疲労強度を示す（**図 19.10**）。

車体補強目的で，油膜の張った鋼板や脱脂したアルミ板で良好な接着性を示す構造用接着剤として，エポキシ系やゴム系の化学物質をベースにした熱硬化型接着剤が挙げられる。

高速度域で高いエネルギー吸収性を示す新世代エポキシ系接着剤は，車体衝突時の挙動改善を目的として，新世代の車体設計で使用されている。これらの接着剤はせん断や引き剥がしの衝撃負荷に対して，せん断強度，き裂成長特性，エネルギー吸収特性の点で優れている。

接着剤の持つ強度と靭性により衝突時においても接合部は安定しており，被着材である鋼板やアルミで衝突エネルギーの大部分を吸収する。**図 19.11** と**図 19.12** に衝突時のサンプルと実際の接合部の挙動を示す。

図 19.9　車体剛性についての接着接合とスポット溶接の比較（メルセデス・ベンツ）[8]

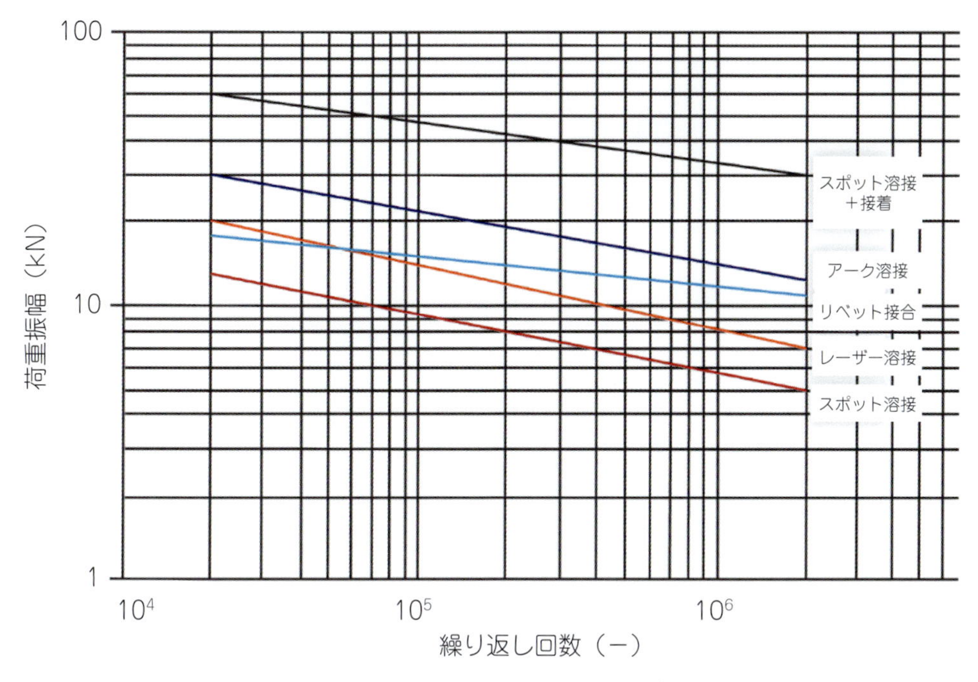

図 19.10　疲労荷重を受けるアルミニウム部品のさまざまな接合技術の比較
スポット溶接と接着剤による接合，アーク溶接，リベット接合，レーザー溶接，スポット溶接

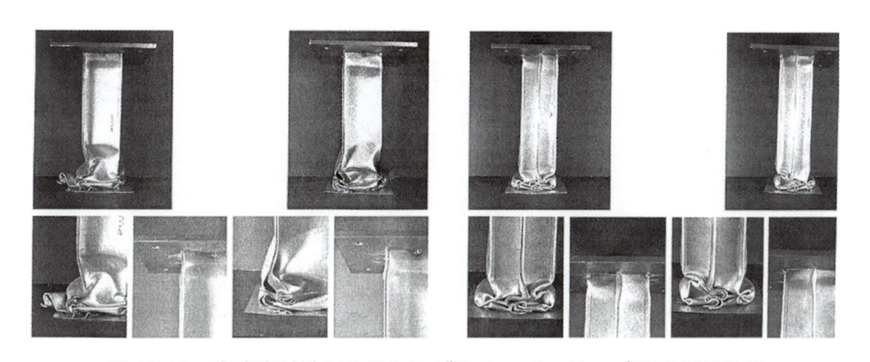

図 19.11　高速度試験によるシングルオーバーラップ継手の挙動[12)]
剥離したフランジ，最適化されていない接着剤（左），剥離していないフランジ，最適化された接着剤（右）。

文献 15–17）によれば，触媒硬化型エポキシのような高架橋タイプの熱硬化樹脂が対衝撃用接着剤として開発され，強度を犠牲にせずに靭性を向上することに成功している。**図 19.13** に，このような接着剤の基材を示す。

現在では，多様な特性を持つ耐衝突用接着剤がさまざまなサプライヤーから提供されている。2 液型エポキシ，ゴム系など他成分における同等の耐衝撃性を持った接着剤は，開発途上である。

車体工程の接着剤は電着塗装炉で硬化するため，塗装炉投入前における搬送時の剥がれや位置ずれ抑止するために，リベット（セルフピアスリベット）やスポット溶接など，他の接合技術で仮止めする必要がある。そのため，接着剤が鋼板間に塗布されていても，溶接またはリベットプ

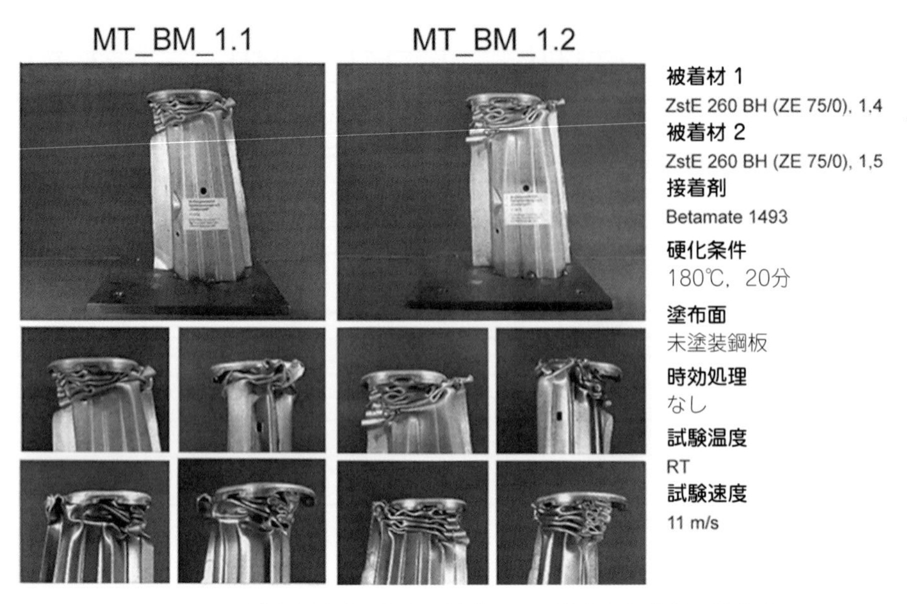

図 19.12　縦衝突荷重に対する接着のみで接合した縦梁の挙動[12)]

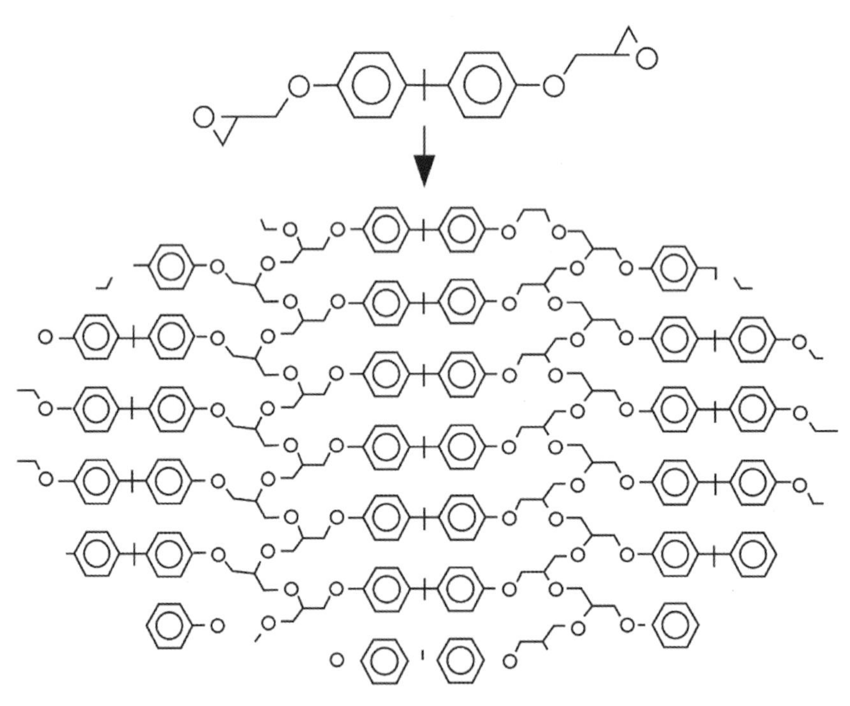

図 19.13　高架橋型エポキシ接着剤のマトリックス[15-17)]

ロセスへの適性は確保しなければならない。また，未塗装車体用の焼成炉や誘導加熱によって前焼成しない場合は，洗浄安定性が必要である。これらの要求を満たす温間塗布型 1 液エポキシ接着剤は，自動車生産において標準的な接着剤となっている。

19.2.7　艤装組み立て工程の接着剤

艤装組み立て工程における接着は，電着塗料や最終塗装面に接着する。接着強度をあまり必要としないトリムストリップやエンブレムは，感圧接着テープやシアノアクリレート系接着剤を用いて塗装板に接着される。フロントガラスや窓ガラスも塗装されたボディに接着されるが，使用する接着剤は異なる。フロントガラスや窓ガラスの接着により，車体剛性は最大40%向上する（向上幅は車体設計によって異なる）。つまり接着することによって，フロントガラスや窓ガラスが構造部材（または準構造部材）的な役割を担う。フロントガラスや窓ガラスの接着による剛性向上幅は，車体設計のほかに接着剤の弾性率に依存する。**図19.14**に接着剤弾性率が車体のねじり剛性に及ぼす影響を示す。

フロントガラスや窓ガラスと車体の隙間は公差が大きくなるように設計されており，本体とガラスの隙間は2 mm以下から15 mm以上まで幅を持つ。

ガラスと車体の接着はダイレクトグレージングと呼ばれ，1液型および2液型ポリウレタンが使用割合の約95%を占める。ポリウレタン系以外の接着剤としては，いわゆるシラン変性ポリマーが用いられる。これらの接着剤はイソシアン化合物を含まず，例えばポリオキシプロピレンやポリウレタン鎖との架橋や接着を担う，反応性シラン基を有している。含有される反応性シラン基により，良好な接着性と紫外線安定性を実現している。一方で，ポリウレタン接着剤のような優れた機械的特性は実現されていない。またポリウレタン系接着剤とシラン変性ポリマー系接着剤の互換性はなく，両者が接着することはない。このため，フロントガラス再接着などの修理時の接着品質を担保するために，使用されていた接着剤と同一の接着剤を使用することが肝要である[19)]。

車体/ガラス接着に対して構造的に無欠陥であること，水漏れがないことを保証するためには

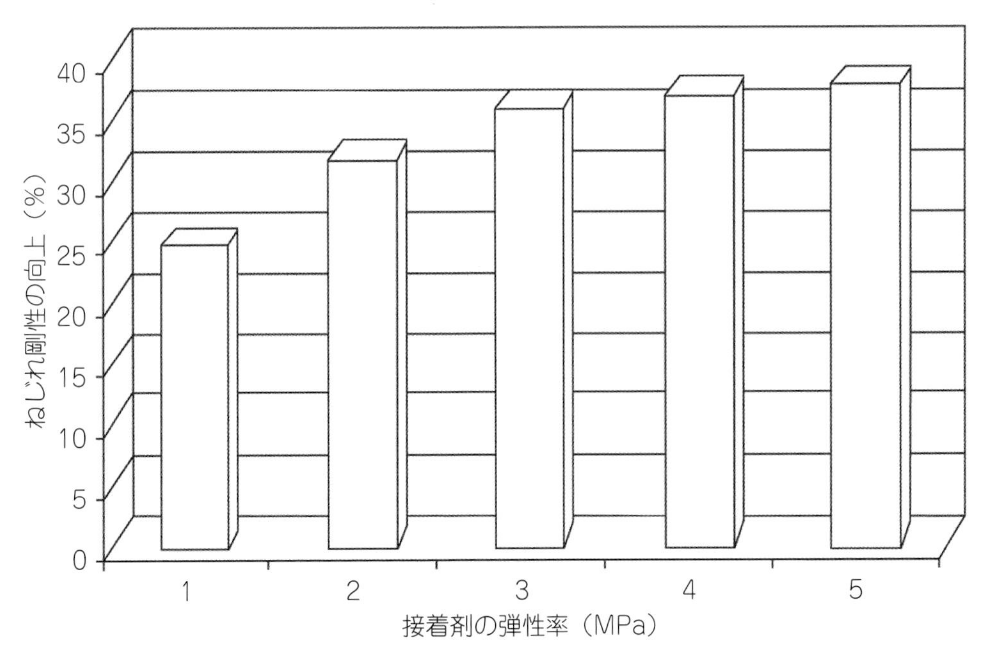

図19.14　接着剤の弾性率が車体のねじり剛性に及ぼす影響（フロントガラス用接着剤）[18)]

接着剤の凝集力や密着性の他に，塗布の精確性が重要となる。

接着剤塗布には，材料の有無，幾何学的精度，ビードの連続性を確認する必要がある。車体/ガラス接着には高粘度材料が用いられ，ガラス表面に三角形断面のビードとして塗布される。典型的なビードの寸法は，底辺が8 mm，高さが16～18 mmである。接着剤高さはウィンドウの寸法公差を補うために，三角形状はワーク貼り合わせ時の荷重を低減させるために必要となる。

接着剤のダレ，糸引き，表面形成時間（表面変性による接着力の喪失，いわゆるポットライフ），吐出安定性などの用途基準や，塗装面への接着性のほかに，弾性率や強度，破断伸度，熱安定性などの接着剤自体の物性も非常に重要であり，保証対象となる。

塗装面に接着する際には車体表面の塗料によって，具体的には溶剤系と水性，粉体系塗料では大きな差がある。また，塗料の色によっても接合部の機械的性質は異なる。そして，塗料は接合部において構造要素となるため，塗料の付着力，凝集力が接合強度の重要な因子となる。特に衝突時には，赤色と銀色の塗料では，それぞれ異なる接合特性を持つ。そのため原則として，塗料の色ごとに衝突試験を行う必要がある。塗料ごとの試験コストを回避するため，いくつかの自動車メーカーでは電着塗装後に接着剤塗布位置をマスキングテープで覆い，接着剤塗布前にテープを剥がす。最終塗装ごとに試験を行わずに済むように，塗布位置の最表面を電着塗装に限定するためである。また多くの場合，塗料への接着性向上のためにプライマーを利用する。

ダイレクトグレージングに使用されるポリウレタン接着剤は，紫外線敏感である。接着剤が紫外線によって分解されるのを防ぐため，ガラス表面には紫外線透過率が非常に低いセラミック層が存在する。紫外線透過を最小限に抑えてセラミック層との接着を最適化するため，セラミック層の前処理にブラックプライマーを使用する自動車メーカーもある。

グレージング直後の車体を搬送する際に，優れた位置保持性と硬化以前の引き剥がし強度が接着剤に求められる。そのため，いわゆるクイックフィックスと呼ばれる性質を持つダイレクトグレージング用接着剤が利用される。これらの接着剤は，室温で高い粘度を持ち，結晶構造を有している。作業性をよくするために塗布時には50℃から80℃で温調され，この温度域では通常の接着剤と同程度の粘度になる。ウィンドウガラスを車体に接合した後で室温まで冷却されると粘度が上昇し，搬送に必要な強度を得ることができる。

ダイレクトグレージングには湿気硬化型ポリウレタン接着剤が使用される場合が多いが，相対湿度が非常に低い場合（例えば，冬の北国）には水ペーストを添加することで搬送強度を確保する。具体的には，1液型ポリウレタンと水ペーストを塗布工程中にミキサーで混合することで，湿気硬化を促進する。水ペーストの添加によって水分が確実に存在し，水分の拡散距離が表面からの浸透に比べて短くなるため，硬化時間も短くなる。

新世代のダイレクトグレージング用接着剤は，車体剛性を向上させるために高弾性であり，更に電気伝導率が低い。低い電気伝導率は，無線アンテナなどのフロントガラスに貼り付ける電子部品に対して非常に重要となる。導電率を下げるためには，接着剤中のカーボンブラックの配合を減らす。一方で，カーボンブラックの削減は接着剤の粘弾特性に影響を及ぼし，接着剤ビードのダレが大きくなる（**図 19.15**）。

自動車製造の新しい動向として，塗装済みルーフのような準構造部分を塗装車体へ接着する方

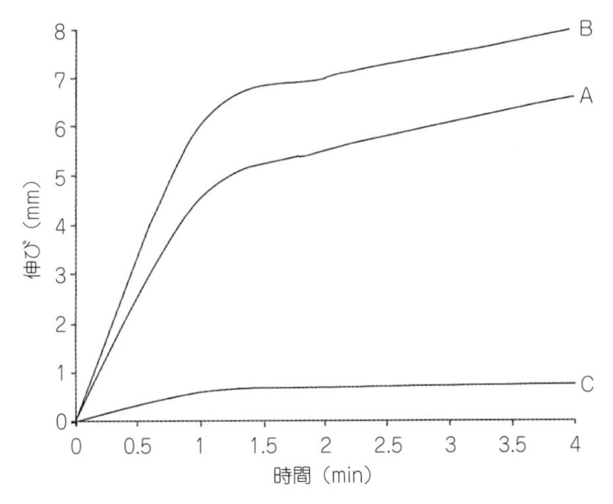

図 19.15 異なるダイレクトグレージング用接着剤のたわみ特性[20)]

法がある。この工順では，2つの塗装部品を組立ライン，つまり冷間工程で接着しなければならない。冷間工程という点でウィンドウガラスの接着と非常に似ているため，塗装済み準構造部品の接合にもウィンドウガラスの接着で説明した技術が適用される。しかし，安全基準はウィンドウガラスの接着よりも高い場合があり，基材−塗料−接着剤−塗料−基材といった一連の構造に対して，衝突性能を検証する必要がある[20)]。

19.2.8 駆動系における接着剤

駆動系おいて接着剤は，シャフトとハブの連結，シーリング，ねじ止めに使用されている。

シャフトとハブの連結には，嫌気性アクリレートが主に使用される。多くの場合，シャフトとハブの篏合は焼き嵌めであるから，接着接合部には収縮応力が負荷される。これは一種のハイブリッド接合であり，軸方向と回転方向に高い接合強度を生む。焼き嵌めの副作用として部材内に収縮応力が残留し，疲労強度が低下することがある。特に焼結金属のような高剛性材料では問題になることがある。一方，接着剤とのハイブリッド接合では高い収縮応力を加えずとも篏合強度を達成することができ，接着剤が大きく寄与している[21,22)]。

接着−焼き嵌め行う際には，接着剤の劣化防止のためにハブ部品を200℃以上に加熱してならない。また，結露による接着力低下を避けるために，シャフトを冷やし過ぎてはならない。

ゴムや紙のガスケットを用いた複雑でコストのかかる工程に代わり，嫌気性のアクリルやシリコーン系接着剤をフランジ上に塗布する，いわゆるFIPG（Formed In Place Gaskets）が挙げられる。シリコーン樹脂の硬化を促進するために，UV硬化型の製品が市場に出回っている。シリコーン樹脂に汚染された表面は塗装性を悪化させ，塗料剥がれを引き起こす。このため，シリコーン樹脂は駆動系の組み立て用途に限定されており，使用する際には車体工程への汚染がないことを確認する必要がある。**図 19.16** にFIPGを塗布した状態を示す。

ねじ止めは，嫌気性接着剤またはマイクロカプセルを内包した接着剤を用いる。これらの接着剤は，初期破壊トルクが厳格に定義されている。

図 19.16　Formed in plaace gasket（FIPG）の例（Henkel Loctite）

19.2.9 負　荷

熱や湿気などに対する負荷や暴露は，自動車製造時と使用時のそれぞれに分けて議論する必要がある。

19.2.9.1 製造中の負荷

製造工程における静的および動的な負荷はそれほど高くないが，接着剤が硬化中もしくは，全く硬化していない場合を考慮する必要がある。

製造工程に部品剛性が不足したり，フランジが開きやすくなったりした場合は，未塗装車体用の炉や誘導加熱で接着剤を硬化もしくは前硬化させる必要がある。

接着剤の硬化において，決定的な工程は塗装炉での加熱である。一方で搬送上の問題から，接着剤硬化時間として規定されている30分を超えて，車体が乾燥炉内で滞留することも有りうる。その場合は過硬化が起こり，接着剤の特性が変化する可能性もある。接着剤の使用前テストでは，接着剤が過硬化しても必要な特性を保持できるかの耐性を評価する必要がある。具体的には，硬化時間に対して十分なプロセスウィンドウを持っているかを検証する。

一方，乾燥炉内の気流は車体形状によって複雑に変化し，車体の温度分布にムラが生じる。そのため，接着剤が硬化温度である180℃に達するとは限らない。これらの問題を軽減するために，硬化温度域の広い接着剤や硬化が温度に依存しづらい2液型接着剤を使用することがある。

また，炉内での被着材の熱膨張や接着剤の硬化収縮により，ただの残留応力ではなく接合部の破壊につながる水準まで応力が到達することがある。特に，熱膨張率の異なる材料を貼り合わせる場合には，問題が顕著になることがある。このいわゆる $\Delta\alpha$ 問題は，未塗装車体にマルチマテリアル設計を適用する際の主要な制約となる。この制約を回避するために，塗装炉を通過しなければならない車体工程から冷間工程である艤装組み立て工程へ移行する動向もある。

19.2.9.2　使用中の負荷

自動車の実用時には，静的，動的，衝撃といった負荷がかかる。一方で接合強度は，気象条件や，紫外線，洗車時の洗剤などに影響を受ける。操縦性能に関して車体剛性は重要であり，静的・動的負荷が関わってくる。一般的に，接着接合部の疲労強度は，部品単体の疲労強度よりも高くなる。衝突荷重の場合は，接着層のエネルギー吸収だけでなく，せん断強度と剥離強度が重要となる。強靭化エポキシ樹脂のような衝突特性に優れた専用の接着剤を使用することで，優れた耐衝突性能を実現できる。

温暖で湿度の高い大気中で自動車が使用される場合は，経年変化による特性変化を考慮する必要がある。この場合，接着界面の特性変化は，バルクの特性変化と同じかそれ以上に重要となる。

19.3　接着剤への要求特性

19.3.1　製造時の要求特性

自動車の製造ラインでは，接着剤塗布は主にロボットとディスペンサの組み合わせによって自動的に塗布される。接着剤は，さまざまな箇所にさまざまなビード形状で塗布され，各ビードの位置や形状は製造ラインで搬送される間は安定していなければならない。そのため，接着剤には塗布時に高い初期粘着性が要求される。ビード形状が製造ラインで搬送される間も安定しているためには，塗布後において接着剤が高粘度を保持している必要がある。一方で高粘度材料は送液や吐出が困難であるため，塗布時の粘度が低く，塗布後に粘度が高くなるチキソトロピー性材料が使用される。加えて，35℃超の温調によって温感接着剤の粘度を下げ，送液および吐出プロセスを円滑にする。接着剤温度を年間を通して一定にして粘度を安定させるため，温調設定は年間最高温度よりも高くしなければならない。製造ラインにおいては装置の配置都合で送液距離が長くなる場合もある。送液時に接着剤のせん断速度が変わり，結果として流動性が変化する。そのため，送液距離は一定の範囲内にとどめる必要がある。一方，接着剤は所定距離内の送液に対して，十分に安定している必要がある。

塗布時における他部品への汚染を回避するために，接着剤の糸引き特性が重要となる。

ビード位置を安定させるためには高い塗着性が必要であるが，被着材表面に油膜が貼っている場合は容易ではない。さらに熱硬化過程で，油分が接着剤中へ拡散する必要がある。塗布位置，接着剤粘度，塗布速度（および塗布半径）によっては，ビードが油膜上で滑る場合もある。これを避けるため，油膜量は通常 3～4 g/m^2 に制限される。

構造用1液型エポキシ，制振用1液型ブチルゴム（変性），ヘムフランジ接着用1液型塩化ビニル系プラスチックゾル，化粧品用シーラーをベースとした車体工程用接着剤は，電着塗装炉で180℃，20～30分硬化させる。塗装前洗浄における洗浄流出耐性を高めるために，120℃での前硬化を実施する自動車メーカーもある。搬送時に必要な強度を迅速に得るために誘導加熱は有用であるが，接着剤には短時間での硬化性能が求められる。一時的なライン停止により通常よりも長時間，接着剤が塗装炉内に滞留する場合がある。このような場合でも，特性が劇的に変化しないことが接着剤の要求特性となる[5,18,23,24)]。

19.3.2　車両使用時に必要な接着特性

前述のように，自動車構造における接着剤は，腐食防止，静的・動的荷重に対する車体の剛性向上，自動車の疲労・衝突特性の向上などの目的で使用される。各目的に対して，それぞれ異なる特性が接着剤に要求される。

19.3.2.1　腐食防止

腐食防止のため，フランジのシーリング剤としてさまざまな接着剤が使用される。実際の車体において，ヘムフランジ部はヘムフランジ用接着剤と化粧用シーラーによってシールされる。良好な耐食性を得るためには，ヘムフランジに接着剤が隙間なく充填され，そのうえで適量のシーラーを適切な位置へ塗布することが必要である。シーリング剤のビードには隙間や気泡があってはならない。そのためには，ヘムフランジ部の接着剤と化粧品用シーラーの塗布を管理する必要がある。加えて，仮に隙間から水が入ったとしても，侵入した水が滞留せずに流れ出る工夫が必要である。フランジ端部は折り畳み径が大きく接着剤で充填されておらず，侵入した水はここから流れ出る。接着剤で完全に充填されていない前述の空間は，工業規格で定められている。シーリング剤中の気泡は，炉中で熱硬化させる過程で膨張する。適切な空気の逃げ道が用意されていなければ，化粧品用シーラー中の気泡は膨張して空隙が生じる。気泡は外観上許容できるものではなく，空隙は腐食につながる。フランジを加熱した状態でシーリング剤を塗布し，塗布の時点でシーリング剤中の気泡を膨張させることで，前述の不具合を回避できる。ヘムフランジの接着剤を誘導加熱で硬化させながらシーリング剤を塗布する方法も挙げられる。この方法なら，同工程でシーリング剤を直接硬化させることも可能である。

良好な耐食性を実現するための前提として，油膜の張った基材への接着性と，自動車の使用下における十分な耐久性が挙げられる。これらの特性を事前に評価する必要がある。具体的には，初期状態および経時劣化後のせん断試験や剥離試験，例えばドイツ自動車産業で使われているVDA 621–415 試験や VDA 233–102 試験が挙げられる。他の接着特性の評価方法として，ボーイング社のくさび試験が挙げられる。

スポット溶接やリベット締結などとのハイブリッド接合では，接合時に接着剤がフランジからはみ出さないようにすることが重要である。接着剤層を貫通するスポット溶接がある場合，溶接時の入熱によって接着剤と金属の間に腐食性化合物が生成され，き裂発生点となることがあってはならない。このため，塩化ビニル系プラスチックゾルはスポット溶接とのハイブリット接合に使用するべきではない[25,26]。

19.3.2.2　剛　性

静的あるいは動的な車体剛性を高めるために，高弾性接着剤が使用される。車体形状によっては，最大で 40%以上の剛性向上が可能である。図 19.9 に接着剤による剛性向上事例を示す[3]。剛性向上目的のためには，油膜鋼板との接着性に優れた熱硬化型 1 液型エポキシ接着剤がよく使用される。これに代わって，高剛性ゴムや 2 液型エポキシをベースとした新世代接着剤が使用されることもある。

19.3.2.3 衝　突

車体剛性の向上目的で使用される標準的なエポキシ系接着剤はエネルギー吸収能が低く，衝撃荷重に対するせん断や引き剥がし強度が低い。こういった接着剤では，衝突時には被着材同士が剥がれてしまう。

1990年代中頃に，衝撃に伴う高速度負荷に対しても高強度と高エネルギー吸収能を持つ，新世代の強靭化エポキシ接着剤が市場に登場した。この特性は，エポキシのマトリックス中に微細なゴム粒子を分散させた構造によって実現された（**図 19.17**）。**図 19.18** に，衝突後における接着部品の良好な挙動が示す[15-17]。

耐衝突用の強靭化エポキシ接着剤は，ヤング率やせん断弾性率が標準的なエポキシ系接着剤と同等であるため，剛性向上目的にも使用できる。しかし，耐衝突用の強靭化エポキシ接着剤は比較的高価であるため，耐衝撃要求のない部位への適用は不経済である[27]。

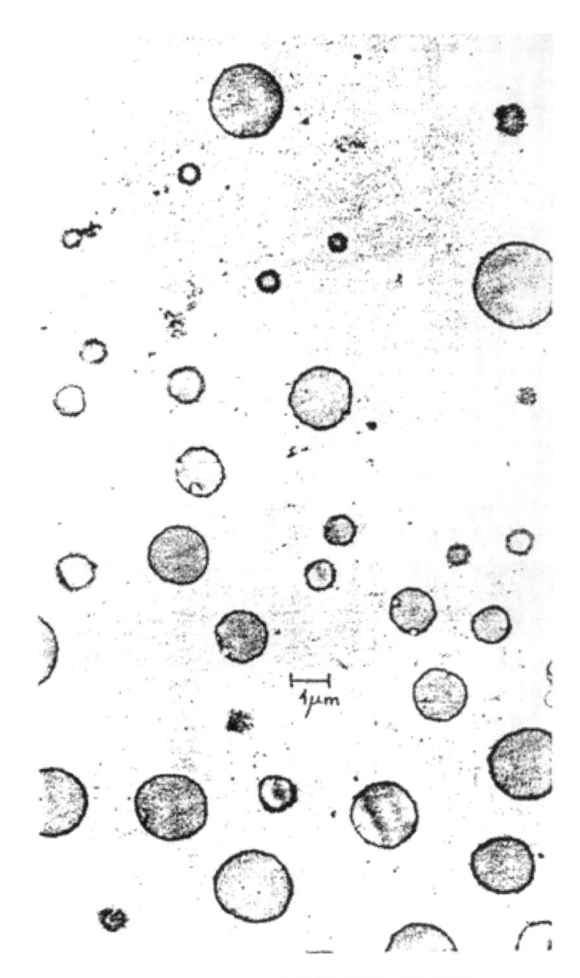

図 19.17　耐衝突性接着剤の形態[15]

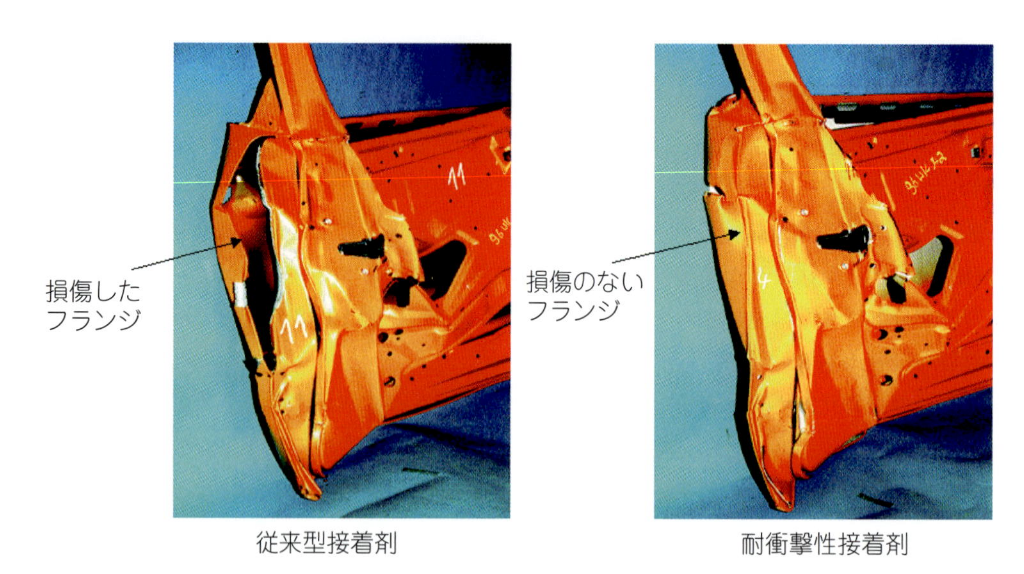

図 19.18　衝突試験後の接合部（メルセデス・ベンツ）

19.4　下地処理

車体工程において接着剤を使用する際には，鋼，アルミニウム，マグネシウム，プラスチックの表面状態について考慮する必要がある。

19.4.1　鋼

車体工程において接着剤を使用する場合は，表面処理は経済的ではなく必要不可欠でもない。市場に出回っている熱硬化型エポキシ，ゴム系，プラスチックゾル系接着剤は，油膜の張った鋼板表面でも良好な接着性を示すためである。しかし，未硬化接着剤の滑落を避けるため，油膜量は 3～4 g/m^2 未満に抑える必要がある。乾燥炉内において 180℃下で硬化させれば，これらの接着剤は被着材に対して良好な接着性を示す。油膜付き鋼鉄表面上への低温硬化型接着剤の使用は限定的であり，いまだ研究途上である。

高合金鋼の場合には，サンドブラスト，やすり掛け，エッチングなどの前処理が必要である。新世代の鋼製軽量車体設計では，車体衝突性能を高めるために，ホットスタンプ工程で成形される超高強度鋼が使用される。ホットスタンプ工程と望ましい結晶粒構造（マルテンサイト）の実現には，部品を約 850℃まで加熱する必要があり，厚い酸化膜の形成につながる。アルミニウムとシリコンからなる表面被覆によって，酸化膜形成を回避できる。一方でこれらの表面層は脆性かつ母材よりも強度が低いため，表面層を除去しなければ接着強度の低下につながる[28)]。

19.4.2　アルミニウム

市場に出回っている車体工程用接着剤はアルミニウムにも良好な接着性を示すが，油膜が存在するアルミニウム表面に対する接着性は悪い。アルミニウム表面は不動態の酸化被膜で覆われており，車体工程において防錆目的の油膜塗布は必要ない。そのためプレス工程での潤滑では，例

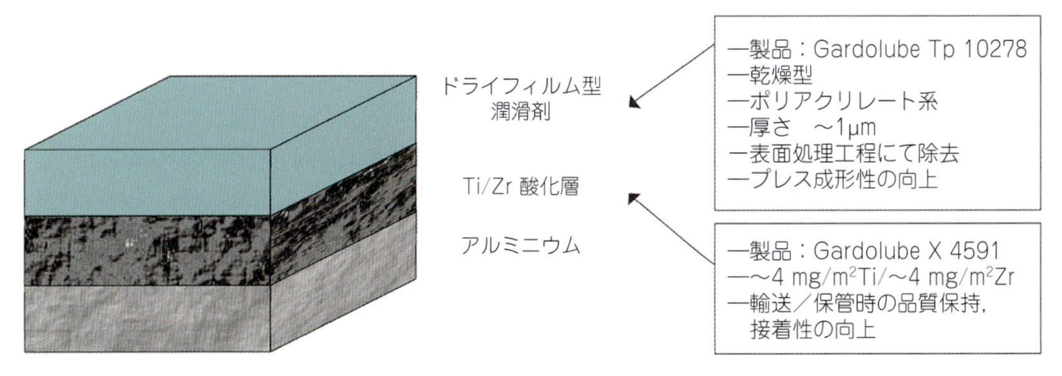

図 19.19　コイルコーティング材の保護膜とドライフィルム型潤滑剤の概念図 [29]

えば接着剤互換の有機膜を使う，もしくはプレス工程後に潤滑剤を洗い落とすことも可能である。一方，酸化皮膜のないアルミニウム表面は耐食性がないため，陽極酸化処理で化成皮膜を形成する必要がある。フッ化ジルコン酸系のクロム被膜やクロムフリー被膜上の接着は，良好な接合強度と耐久性を示す。**図 19.19** にアルミ合金表面に形成された不動態被膜とドライフィルム型潤滑剤による複合構造を示す [30]。

19.4.3　マグネシウム

マグネシウム合金の場合も，クロムフリー化成膜によって表面を不動態化する必要がある。**図 19.20** は，60 日間の大気暴露試験後における接着試験片の接合強度を示しており，前処理ごとに耐候性が異なる事が分かる [31]。

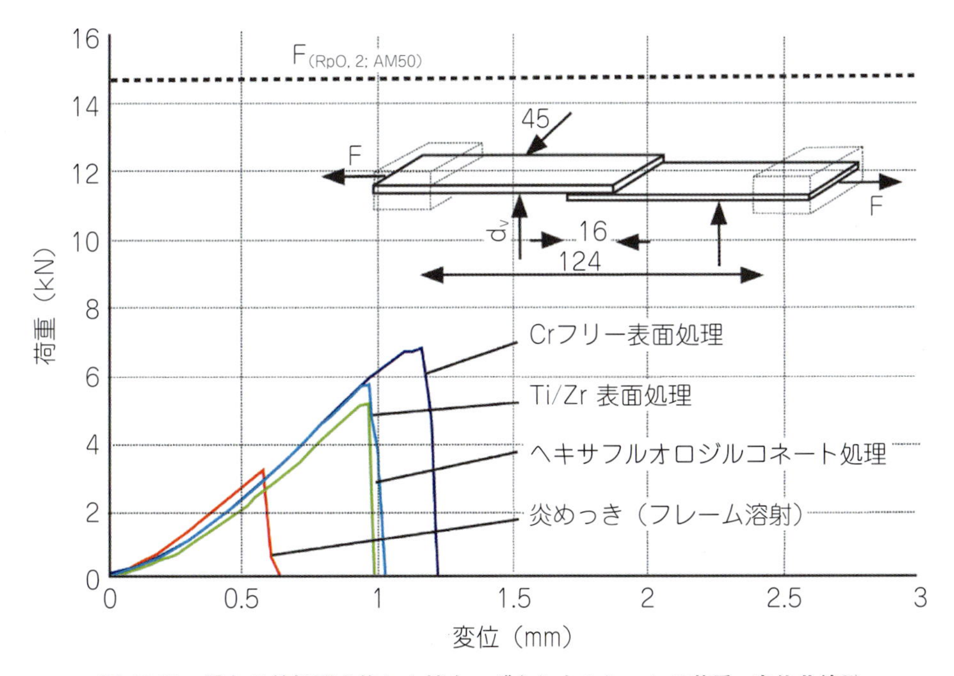

図 19.20　異なる前処理を施した接合マグネシウムシートの荷重 - 変位曲線 [31]

19.4.4　プラスチック

プラスチックは，熱硬化性および熱可塑性材料で区別する必要がある。

19.4.5　熱硬化性樹脂

繊維強化複合材料のマトリックス材として使用される一般的な熱硬化性樹脂は，ポリウレタン，エポキシ，アクリル系接着剤に対して良好な接着性を示す。ただし，金属金型からの脱型に使用される離型剤などの残留物を，被着材表面から除去する必要がある。ブラッシングなどの機械的前処理は接着強度を向上させるが，基材に損傷を与えない範囲にとどめる必要がある。近年では，レーザーによる離型剤除去が研究されている。レーザー処理は現段階においては大量生産に適していないが，将来的には有用な選択肢になる可能性がある。いずれの手法であっても，前処理工程における繊維損傷は基材の強度低下につながるため避ける必要がある。

19.4.6　熱可塑性樹脂

自動車製造では，多様な熱可塑性樹脂が使用されている。多くの熱可塑性樹脂は，良好な接着性を確保するために，前処理を必要とする。例として，ポリオレフィンは低コストで環境適合性に優れているため自動車産業で多用されているが，前処理が必要となる。火炎処理や大気圧プラズマ処理などが一般的で，十分な再現性と接着性を得られる。この前処理に加えて，多くの場合はアミノ基などのプライマーが塗布される。

一方で，ここ数年で市場に出回っている新世代アクリル系接着剤は，未処理のポリオレフィンに対しても良好な接着性を示す。しかし，臭気などの労働安全衛生面やコスト面の理由から，前処理が依然として好まれている[32,33]。

19.4.7　コーティング剤/塗装済み材料

自動車製造における新しい動向として，予めコーティング剤や塗料が塗布されたコイル巻きの金属材料が使用される傾向にある。コーティング剤が予め塗布された金属板は耐食性とプレス性にすぐれ，塗料が予め塗布された金属板は部品塗装工程を省略できる。塗装済み金属板の接着については，「艤装組み立て工程の接着剤」で解説している。本項における主たる議題は，塗膜層間の接着力と塗膜層内の凝集力である。塗装最表面はクリアコートであり接着剤に対して接着性を示すため，特殊な前処理は要求されない[33,34]。

19.5　強度・耐久性

19.5.1　強　度

完成車体には，車体工程や艤装組み立て工程で適用される構造，準構造，非構造接着剤が存在する。本項では，静的，動的，そして衝突時の強度について説明する。

19.5.2　構造接着

未塗装車体（ホワイトボディー）の構造接合部には，エポキシ系，アクリル系，ゴム系の高強度接着剤が使用される。接着剤の種類や基材の種類や形状によって異なるが，準静的な破壊荷重はおおよそ10～30 MPaである。これら接着剤の破断までのせん断伸びは10％以下であり，ヤング率は約1,500 MPa，せん断弾性率は約500 MPaである。

ガラス転移温度 T_g は，自動車使用期間における最高到達温度よりも高いことが望ましく，一般的な値は約80～100℃である。接合部が適切に設計されれば，通常では疲労荷重が被着材の強度となる。**図19.21**にスポット溶接接合した鋼材の疲労特性を示す。

車体剛性向上のために使用される典型的な構造用接着剤は衝突時のエネルギー吸収能が小さく，衝突に対して適していない。新世代の変性エポキシ樹脂は，前述のようにエネルギー吸収能が非常に高く，高速変形でも高強度を発揮する。

衝撃エネルギーに関する，典型的および改良済み構造用接着剤の比較を**図19.22**に示す。

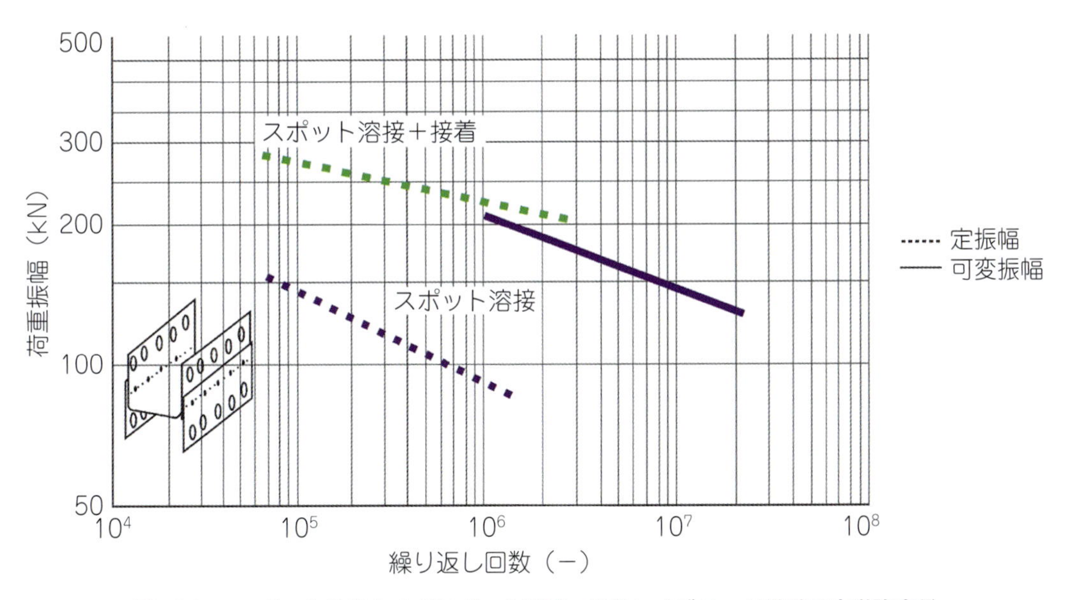

図19.21　スポット溶接およびスポット溶接 - 接着ハイブリッド継手の疲労強度[35]

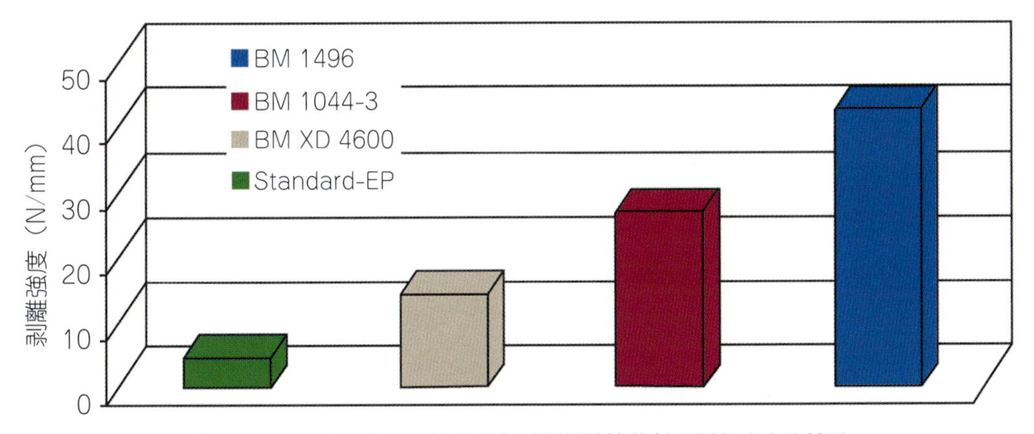

図19.22　従来型構造用接着剤と耐衝撃性接着剤の剥離強度比較[24]

19.5.3　準構造接着

19.5.3.1　制振用接着剤

振動や騒音を低減するため，ボンネットや車体側面におけるインナーとアウターパネルの軟弾性接合に，制振用接着剤が使用される。これらの接着剤は一般的に，硬化時に架橋反応を起こす反応性エラストマー混合物を主材料としている。

重ね継手構造でのせん断強度は約0.5～3 MPaである。ヤング率，せん断弾性率は低く，破断伸度は200％以上となる。

19.5.4　ウィンドウガラスの接着

ウィンドウガラスの接着には一液湿気硬化型ポリウレタンが使用され，20 mmと比較的厚く塗布される。ヤング率は3～15 MPa程度，せん断弾性率は1～5 MPa程度である。使用する接着剤の剛性が高いほど車体剛性も向上するが，剛性限界はウィンドウガラスの強度による。実際に用いられるウィンドウガラス用接着剤のせん断強度は，3～6 MPaである。ウィンドウガラスは塗装面と接着するため，塗膜の機械的特性によって最大荷重が制限される可能性があることに注意する必要がある。

19.5.5　耐久性

接着剤の特性は，温度，湿度，塩分の影響を受けて変化する。強度や破断伸びなどの主な特性が不可逆的に低下するならば，その低下量を把握したうえで，用途ごとの最小値を考慮しながら設計しなければならない。

さまざまな気候条件における影響を明らかにするために，自動車メーカーでは多様な経年劣化加速試験が実施されている。すべての加速試験において，時間温度換算則を根拠とした試験時間の短縮が行われている。塩水噴霧試験では，塩化ナトリウム水溶液を用いて腐食影響を模擬している。接着剤接合部の長期的性能に影響を与える要因として，基材，表面状態，塗布工程，硬化工程，接着剤の種類などが挙げられる。これらの因子が破断形態，せん断強度，剥離強度，衝撃エネルギー吸収能に対して及ぼす影響を明らかにするため，初期状態および加速試験後の接着試験片を用いる。一般的な試験として，数時間から数千時間にわたる塩水噴霧試験が挙げられる。湿度の影響は，試験片を80℃といった高温の脱イオン水に浸す浸漬試験で評価する。そのほかに，多湿条件のもと70℃で21日間，－30℃で16時間保存する，いわゆるカタプラズム試験で評価することもある。

自動車使用期間中の実際の条件を模擬するために，低温期間，高温期間，多湿期間，塩水噴霧期間などの条件を複合した加速試験が用いられている。例えば，VW P-1200やドイツのVDA 621-415に準拠した耐候試験がある。VDA試験の例を**表19.1**に示す。

表19.1　VDA 621-415に準拠した気候試験

24 h	DIN 50021に準拠した塩水噴霧試験	
6 h	DIN 50017に準拠した結露水試験	
3 h	室温（RT）での保存	
6 h	100℃での保存	3倍
2 h	RTでの保存	
5 h	30℃での保存	
66 h	RTでの保存	

新材料で構成される車体を想定した，新しい気候試験であるVDA 233-102が制定された。VDA 233-102では，亜鉛メッキ鋼，鋼とアルミニウムの糸さび，および高湿度期間後に低温（－15℃）で保管された際の複合負荷が考慮される。

自動車を実用した上での経年変化に関するデータはごくわずかである。しかし，ドアやボンネットなどを接着した数百万台の自動車がある一方で，接着剥離や腐食に関する重大な問題はほとんど報告されていない。

19.6　よくある不良要因

期待される接合品質を確保するためには事前検証した適切な接着剤を，適切な表面状態を保った適切な被着材に，適切なビード形状で適切な位置に塗布しなければならない。貼り合わせ後かつ未硬化の接着剤は，搬送や洗浄などの工程に耐えなければならない。硬化時間や温度などの硬化に関わる因子は，既定のプロセスウィンドウの内でなければならない。

上記工程におけるよくある不良要因とは，

－プレス成形品の，特に凹み部分では油分が溜まる。多量の油分によって塗着が阻害されると接着剤ビードが滑り，接着不良を起こすことがある。

－接着剤の過剰塗布：部品貼り合わせ時にはみ出した接着剤が部材表面や工具を汚す。接着剤が付着した表面を清掃しないと，塗装品質が低下する。

－接着剤の過小塗布：塗布量が少ないと，フランジ部の充填が不十分で，接着部分の途切れや，強度低下が発生する。

－接着剤が適正位置にない：位置によって，接着剤過多もしくは過小という同様の結果をもたらす。

－硬化温度未達：炉内の温度は均一ではなく，車体部位によって到達温度が異なる。温風経路が遮断された部位では，接着剤を完全に硬化させるための十分な熱が供給されない。

－湿気硬化型一液型ポリウレタンは，冬場などの相対湿度が低い環境では，完全に硬化しない。

－プラスチック部材における離型剤残留などの表面汚染によって，接着不良が発生する。

19.7　検査，試験，品質管理

上記のように，適量の接着剤を，正しいビード形状で，正しい位置に塗布する事が必要不可欠である。塗工において上記条件を確実に達成するためには，プロセス制御が必要となる。例えば，接着剤流量は生産中に制御する。ビード形状や位置は，光学センサーやCCDカメラ，パターンマッチングで判定する。生産プロセス中の接着品質を確認するために，製品と同時に評価試験片を加工したうえで品質を評価するといった方法もある。製品と同一条件で作成された評価試験片を破壊試験にかけることで，必要特性を達成しているか確認する。他の品質管理方法として，製造後における非破壊検査が挙げられる。接着接合部における接着剤の有無は，超音波検査やサーモグラフィーで確認できる。ただし，超音波検査ではフランジに探触子を当てて接触箇所の全長を走査する必要がある。そのため，車体形状によっては探傷が困難であったり，生産タクトで許容できないほどの時間を要する。このような理由から，自動車産業では接着接合部の超音波検査はほとんど行われていない。一方で光学的手法であるサーモグラフィは，非接触で接合部全体を検査することも場合によっては可能である。このため一部の自動車メーカーでは，サーモグラフィをオンライン非破壊検査手法として採用し始めた。当然ながら前述の検査方法では接合部の強度や耐久性を判断することはできないため，将来的にも破壊検査は避けられないと推測される[33)]。

19.8　修繕，リサイクル

補修やリサイクルでは，接着接合部の剥離が必要になる。リサイクルの場合，剥離後の表面状態や部材形状を考慮しなくてもよい。リサイクル目的の剥離方法として，熱による接着剤の軟化または分解が挙げられる。そのほかに，低温で接着剤層を脆化させる方法もある。だが一般的な方法は，車体ごとの断裁と破片の分別である。

フロントガラスの交換修理は芸術的技能である。まず，厚い接着剤層を電気ナイフまたは熱線で切断する。次に残った接着剤を取り除くが，薄い接着剤層を残す。完全に剥がそうとすると防錆効果のある塗装面を傷つけてしまう可能性があり，薄い接着剤層が下地としても機能するためである。補修用には，短時間で硬化する 2 液型ポリウレタンがしばしば使用される。

一方で，溶接フランジなどの車体修理時には熱的および機械的手法による剥離と，低温硬化型補修用接着剤として 2 液型エポキシ接着剤が使用される。

19.9　その他の業界固有要素

自動車生産はサイクルタイムが短い流れ作業方式の連続生産である。さらに，熟練していない作業者がいる，部品の寸法誤差が大きい場合があるなどの事情もある。そのため，使用する接着剤とその塗布や硬化などの工程は高い安定性を求められる。接着が施された自動車を公共交通で使用するためには高い品質が要求され，その保証には接着剤と工程の安定性確保が唯一の方法となる。自動車における接着剤への要求は非常に高い。特に疲労や衝突に関しては，接合品質が人命を左右するため，要求が厳しい。

19.10　実用例

19.10.1　未塗装車体における接着

先に挙げたように，近年におけるメルセデス・ベンツの E クラスや S クラスの車体では，50 m 以上の構造接着が用いられている。他の高性能車においても同様の傾向である。**図 19.23** に Audi A4 の BIW におけるさまざまな接合技術を示す。

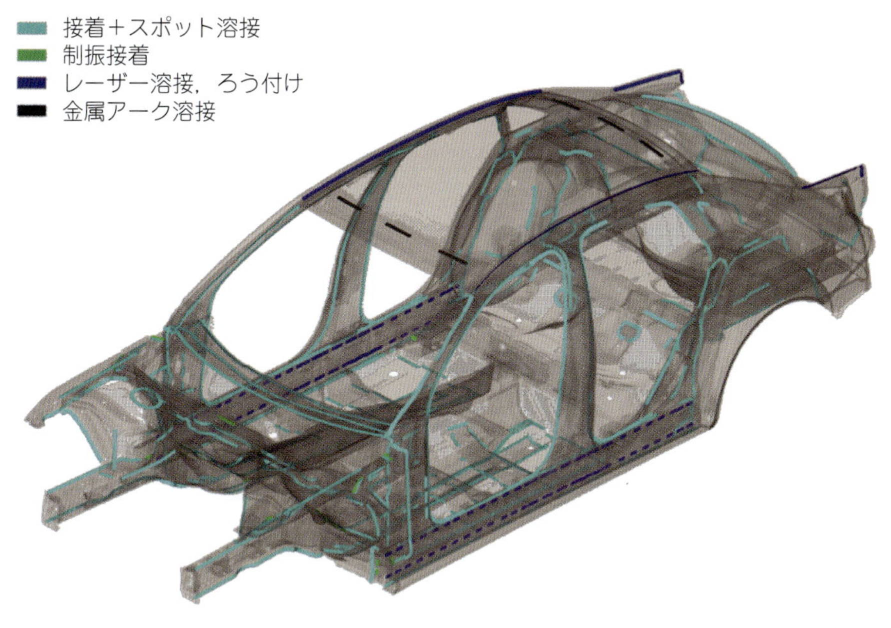

出典：Audi

図 19.23　Audi A4 の接合技術

19.10.2　電動車における接着

自動車の電動化という流れは，接着技術に新たな課題をもたらす。ここでは，特にバッテリーケースに焦点を当てる。バッテリーケースにおける機械的および熱的要件に基づいた接着剤およびシーラントの使い分け例を**図 19.24** に示す。

熱管理用途

TIM（Thermal Interface Material）：
高熱伝導性，制振性，
高速塗工性，保守性
適用例：バッテリー蓋

2液型接着剤：
熱伝導型構造接着，振動抑制
高伸び，振動抑制
適用例：冷却板と熱交換器の接着

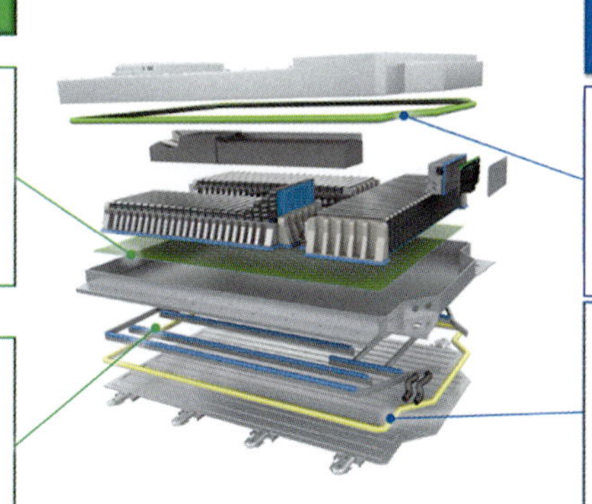

バッテリーケースの組み立て用途

シーラント：
電着塗装面とアルミニウムとのプライマーレスな接着性，
絶縁性，耐火性，保守性
適用例：バッテリー蓋

2液型接着剤：
アルミニウム，鉄およびCRPFとの接着性，耐候性，高耐力
適用例：耐衝撃で高信頼性が求められるバッテリー部品

出典：デュポン社

図 19.24　自動車用バッテリーにおける接着用途 [36)]

19.10.3　バス・トラック用接着剤

トラックでは，外板を格子構造に固定したり，冷蔵コンテナボックス用の断熱サンドイッチ構造パネルを接合したり，マウントレールなどの追加要素を固定したりするために接着剤が使用されている。バスの騒音低減には高い振動減衰特性が必要なので，接着は早期から実施されていた。バスにおける典型的な接着を**図 19.25** に示す。

出典：ケマーリング

図 19.25　バス構造における代表的な接着

文　献

1）T. Richter, H. Weigl, Joining Technologies in all new BMW 7 Series, in: Joining Car Body Engineering Module 1. Automotive Circle Conference. Bad Nauheim, 2016.

2）J. Sczepanski, BMW 7 series—challenge lightweight design carbon core, in: Joining Car Body Engineering Module 1. Automotive Circle Conference. Bad Nauheim, 2016.

3）M. Frauenhofer, J. Schäfer, Adhesive Bonding as an Enabler for CFRP Mixed Material Structures—the MSS platform example, in: Joining Car Body Engineering Module 1. Automotive Circle Conference. Bad Nauheim, 2015.

4）C. Stasch, R. Jost, Klebstoffe im Karosserierohbau—gegenwärtige und zukünftige Anforderungen, in: Joining Car Body Engineering Module 1. Automotive Circle Conference. Bad Nauheim, 2017.

5）H. Schenkel, Adhesive bonding in car body, in: DVS-Berichte Band, 218, 2001, pp. 163-172.

6）R. Kohlstrung, Structural solutions for modern lightweight manufacturing processes, in: Joining Car Body Engineering Module 1. Automotive Circle Conference. Bad Nauheim, 2018.

7）U. Walther, Funktionalität des Klebens für das Automobil, Stahl 3（2002）63-65.

8）H. Flegel, Die Zukunft des Klebens als Fügetechnik im Automobilbau, in: Swiss Bonding 02, Kleben 2002—Grundlagen, Technologie, Anwendung. 16. Intern. Symp., Erfolg durch strukturiertes Denken und Kleben, 2001, pp. 27-39.

9）H.G. Haldenwanger, U. Walther, Klebverbindungen in und an der Fahrzeugstruktur, Kunststofftechnik（2002）85-97.

10）C.P. Bullivant, F. Robberstad, Strukturkleben mit System, in: Automobiltechnische Zeitschrift—ATZ 97, Sonderausgabe Fertigungstechnik 95/96, 1995, pp. 38-40.

11）G. Meschut, M. Eis, Minimierung von Bauteildeformationen beim Kleben, in: Konferenz-Einzelbericht: Ber. a. d. Fertigungstechnik, 2000, pp. 135-152.

12）D. Symietz, Leistungsfähige Fügetechnik Kleben im Automobilbau mit hochfesten Klebstoffen, in: Konferenz-Einzelbericht: Zulieferer Innovativ, Jahreskongress mit Fachausstellung, BAIKA, Bayern Innovativ, AUDI Forum, 2001.

13）Frensch, M.; Schürholz, F.: Einfluss der Prozesskette auf Klebstoffapplikationen und Darstellung eines prozessoptimierten Klebstoffapplikationsverfahrens im Karosserie-Rohbau. Praxis-Forum, 51-69.

14) M. Greiveldinger, D. Jacquet, D. Verchere, M.E.R. Shanahan, Adhesion of Oil-Covered Substrates: Behaviour in the Interphase During Cure, vol. 920, Institute of Materials, 1999, pp. 141-146.
15) K. Dilger, et al., Interne Untersuchungsberichte, Institut für Füge- und Schweißtechnik, TU Braunschweig, 2003.
16) G. Habenicht, Kleben. Grundlagen, Technologien, Anwendung, fourth ed., Springer Verlag Berlin Heidelberg, New York, 2002. ISBN 3-540-43340-6, 688.
17) R. Mühlhaupt, Flexibility or toughness? The design of thermoset toughening agents, Chimia 44 (1990) 43-52.
18) M. Hirthammer, Advanced adhesives for direct glazing applications, in: Konferenz-Einzelbericht: Glass Processing Days, the 5th International Conf. on Architectural and Automotive Glass, Now and in the Future, Conf. Proc., 1997, pp. 363-365.
19) C. Terfloth, Einsatzpotentiale innovativer Hybridklebstoffe im modernen Fahrzeugbau, in: Adhesive Bonding in Automobile Production. 6th Annual and 3rd
European Expert Automobile Conf., Proc., Bad Nauheim, D, 17-18, October 2002, pp. 31-42.
20) Bär, C.: Scheibenklebstofftypen—Einfluss auf die Fertigung. Praxis—Forum, 73-85.
21) NN, Gewindesicherung auf der Basis der Mikroverkapselungstechnologie, Adhäsion 36 (1992) 1-2. 18-19.
22) W. Mayer, Lastübertragung und Berechnung bei geklebten Übermaßpassungen an hochfesten Welle/Nabe-Verbindungen, in: Konferenz-Einzelbericht: Kleben, 6. Int. Sympl. Swiss Bonding, Fachseminar: Leistungsfähigkeit der modernen Klebtechnik, 1992, pp. 311-327.
23) H. Keller, Neue generation reaktiver butyl-Klebstoffe. Ein aufeinander abgestimmtes Klebstoff- und Anlagenkonzept setzt die Automobilindustrie ein, in: Adhäsion— Kleben & Dichten, 37, 1993, pp. 7-8. 34-35.
24) B.L. Davies, A. Razban, A.K. Forrest, The use of automated systems in dispensing adhesives, in: Konferenz-Einzelbericht: Proc. of the 28th Int. MATADOR Conf., UMIST, Univ. of, April 1990, pp. 61-68.
25) W. Hilla, Arbeitsschutz beim Einsatz von Klebverfahren im Automobilbau, in: Konferenz-Einzelbericht: Kleben, 7. Int. Symp. SWISSBONDING, Interkantonales Technikum, 1993, pp. 498-509.
26) P.C. Wang, S.K. Chisholm, G. Banas, F.V. Lawrence, The role of failure mode, resistance spot weld and adhesive on the fatigue behaviour of welded-bonded aluminium, Weld J. 74 (1995) 2. New York. 41-47.
27) A. Wieczorek, M. Graul, S. Menzel, K. Dilger, Examining laser surface treatment of hot stamped steel to enhance bonded joints, in: Joining Car Body Engineering Module 1. Automotive Circle Conference. Bad Nauheim, 2016.
28) US Patent 5.278.257, Phenol-terminated polyurethane or polyurea (urethane) with epoxy resin, 1994.
29) H. Gehmecker, Chemical pretreatment of multi-metal and all-aluminium car bodies, in: Konferenz-Einzelbericht: Aluminium 2000, 4th World Congress on Aluminium, Conf. Proc, 2000, pp. 342-352.
30) M. Pfestorf, P. Müller, Application of aluminium in automotive structure and hang on parts, in: Konferenz-Einzelbericht: Materials Week 2001, Internat. Congress on Adv. Materials, Their Processes and Applications, Proc, 2001, pp. 1-8.
31) G. Meschut, U. Walther, Kleben von Magnesium, in: Konferenz-Einzelbericht: Automotive Circle Internat. Conf, 2001, pp. 335-344.
32) L. Dorn, F. Hofmann, Festigkeitsverhalten und Anwendungspotentiale von Kunststoff-Metall-Klebeverbindungen für den Fahrzeugleichtbau, in: Konferenz- Einzelbericht: DVS-Ber. Band, vol. 668, 2001, pp. 187-197.
33) G. Liebing, U. Temme, Klebbarkeit thermoplastischer Kunststoffe, in: Konferenz- Einzelbericht: Konstruktives kleben im Maschinen-, Anlagen- und Automobilbau. 3. Klebetechnische Tagung, Universität (GH), 1990, pp. 24-37.
34) T. Koll, U. Eggers, M. Höfemann, Leaner manufacturing with precoated high steels, in: Konferenz-Einzelbericht: SAE-P, Band P-369, 2001, pp. 171-175.
35) F. Ostermann, Aluminium Technologie-Service, Springer Vieweg, Berlin, Heidelberg, 2014.
36) S. Grunder, A. Lutz, et al., Adhesives and Thermal Interface Materials for Automotive Battery Applications, IAA, Funchal, Madeira, 2020.

〈訳：泉水　一紘〉

第20章 ボートと海洋

Markku Hentinen

海洋構造物においても接着接合はより評価を得つつある。本章では，ボートや船における接着接合の現況について説明する。主に注目されるのは，船体と甲板，補強材と船殻や隔壁など，大きな部材同士の構造接着である。接合の主な種類を示し，典型的な適用例を［**20.1**］で示す。海洋構造物において使用される材料はさまざまであるが，多くの場合，接着接合は2つのFRP部品の間（ポリエステル，ビニルエステル，エポキシ樹脂など），あるいはFRPとアルミニウムの間で行われる。接合部の応力分布とひずみ分布を同定する計算方法は他の分野の方法と同じ方法を用いて，いくつかの典型的な荷重条件について説明を行う。接着剤に要求される，湿気，高温，紫外線耐性などの特性については［**20.2**］で議論する。

表面処理も海洋構造物の接着工程において極めて重要な部分である。長期にわたる良好な特性と水分に対する耐久性が要求されるので，表面処理の重要性はさらに強調されるべきである。ボートの建造や造船所での使用に適した前処理については［**20.3**］で議論する。強度や耐久性，高強度設計のためのいくつかの概観については［**20.4**］で扱う。共通する不具合事例など，海洋構造物における接合部の検査の現実的な可能性については，続く節で簡潔に紹介する。2つの非常に異なる使用事例については［**20.8**］で報告する。最初の事例は，典型的に経験に基づく設計である小型FRPボートの船体と甲板の接合部である。第2の事例は，アルミニウム甲板とFRPサンドイッチ構造との間の接着継手について，ボルトによる継手と完全な解析で比較した，造船における設計事例である。最後に，いくつかの将来的な傾向を［**20.9**］で示す。

20.1 基本的な要求

ボートや船舶における接着接合への異なる要求は多様である。接着接合は重要な構造接合であるが，主な目的はシーリングであり，構造的な役目は2次的なものである。特に接着—ボルト併用接合部では，これらの間に線を引くことは一般的に難しい。

船舶においてサンドイッチ構造は一般的である。コア材とスキン材の間の接着は通常サンドィッチ構造と同等であり，これについては続く節で簡潔に述べる。大寸法被着体と極めて厳しい環境条件は船舶において典型的である。船舶やボートの耐用年数は標準的には数十年で，構造的な不具合は乗客の安全性に重大な影響を及ぼす。このように，接合部は強健で信頼性があり，フェイルセーフ挙動を示すことが必要不可欠である。

20.1.1　典型的な被着体材料

船舶の船体と甲板に使われる典型的な材料は，熱硬化性樹脂（オルトおよびイソフタル酸系ポリエステル，ビニルエステル，エポキシ）をマトリックスに用いた繊維強化プラスチック（FRP），船級協会規格アルミ合金（例えばAlMg3，AlSi1Mg），鋼鉄（船級協会規格鋼板，AISI304やAISI316といったステンレス鋼）がある。木製構造は（カスタムメードのボートを除いて）船体や甲板ではとても珍しくなっているが，隔壁（一般的には合板）や他のインテリア部品，もちろんチーク甲板に使われている。

サンドイッチ構造においては，一般的にコア材にはフォーム材や端部が露出した（木工材の）バルサ材が使われる。架橋PVCから，より延性的な等級（線状PVC，SAN（アクリルニトリル・スチレン樹脂），ポリウレタン）まで，さまざまな種類のフォーム材がある。ハニカム構造は極めて例外的であるが，一部の高級製品には使われている。スキン材は通常FRPであるが，他の材料もインテリアや化粧板にしばしば用いられる。結果として，一般的に次の材料間で構造接着が用いられる。

- FRP—FRP
- FRP—木（合板）
- FRP—PVC（フォーム材）
- FRP—金属（アルミ合金，鋼鉄）
- アルミ合金—アルミ合金

自動車業界と同じように，船舶，特にプレジャーボートにおいてフロントガラスや他の窓を接着接合することがますます一般的になっている。ガラス—FRP間の接合，ガラス—アルミ合金間の接合は，このように上記のリストに追加される。アクリル製の窓も接着できる。2次的な接合やシーリングは材料の選択の幅を広げる。例えば，多くの付属品は熱可塑性材料で作られている。

20.1.2　接合の種類

構造部材の観点から，次のような接合の種類に区分できる。

- フレーム，補強材，隔壁の船側外板への接合
- 裏打ち材の船体への接合
- 甲板の船体への接合
- 重荷重部品（チェーンプレート，バラストキール，ラダーベアリング）の船体や他の構造物への接合
- FRP製準構造部材の金属製構造部材への接合
- 船体外板同士の接合
- 窓と窓枠の接合

最初の3つはFRP製の船体やボートにおいて一般的である。接着接合はアルミ合金製船体においても，フレームを船体に接合する際に使用される。特に見栄えや表面のなめらかさが重要で，溶接ひずみが問題となる場所で使用される。大型アルミ合金製ヨットの甲板船室が良い例である。

いくつかの重荷重部品（チェーンプレートやラダーベアリングなど）は船体や隔壁に接着接合

することができる。このような場合は，高品質管理や長期耐久性を考慮した設計が非常に重要である。加えて，このような重要な接合においては何らかの機械的締結も一般的に用いられている。例えば，バラストキールはヨットの船底船体に固くボルト締結される。この接合は，通常航海中のキールと船体の間に働く力の一部を受けもち，一般的にポリエステル，もしくはエポキシのパテを用いてシーリングが行われる。しかしながら，ヨットが転覆するような極限的な場面においては，キールの荷重をボルトが単独で受けもつように配置されている。

FRP製の準構造部材や部品を金属製の船体に取り付けることは，大型船では局部的に行われている。サンドイッチ構造を用いた重量軽減は特に上部甲板において特に重要である。FRP製準構造部材と金属の間の接合はボルト締結が一般的である。部品数が多くなると，ボルト締結は最早経済的ではない。そこで接着接合が代替手段となるが，造船所の環境は清潔さや温度，並びに湿度の観点から接着に普通は適していない。

20.1.2.1　接着接合 vs. FRP製船体への積層

特に，大型のボート等を製造するにあたり，**図20.1**で示すように接着接合が積層に置き換わる3ヵ所の接合がある。

—甲板の船体への接合：接着のみ，リベット接着併用，ねじ接着併用，ボルト接着併用または積層によって接合可能

—隔壁の船殻あるいは甲板への接合：ボルト接着併用の組み合わせによって接合可能。積層に比べ，接着接合は強度の観点で有利である[1]。

—裏打ち材の船体あるいは隔壁への接合：裏打ち材は主要な，あるいは2次的な構造であり，接合は多くの場合，積層する部分と接着による部分がある。

従来のハンドレイアップ法では，スプレー法と同様に，フレームと船殻の間の接合は多くの場合，積層により行われる。積層による補強ウェブ（弦材間をつなぎ剪断力を受け持つ腹材）や積層によるストリップ（リブ付帯鋼）から構成される接着積層が追加される。同じような考え方は，プリプレグや含侵成形法が用いられる場合にも適用可能である。

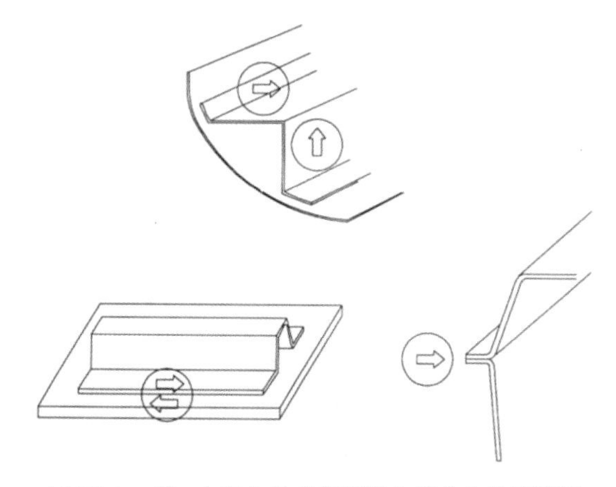

図20.1　ボートにおける典型的な接合とその荷重

特に高級製品だけでなく大量生産品においても，積層の代わりに接着接合によるフレームや補強材が好評を得ている。接着面を持った補強材を個々に成型し，それらを接着剤層を用いて接合する。含侵成形法やプリプレグを使用した場合，接着接合は特に有利である。なぜならば，吸引は船体や甲板が平面で汚れていない方が，バック内の吸引が容易で，信頼性がより高いからである。また，構造強度を高めることもできる。小さなボートにおいては，部品を個々に成型する主な理由として，接着接合されたフレームが消費者にとり平滑な表面に見えるということが挙げられる。

20.1.2.2　接着接合 vs. FRP 製準構造部材と金属製船体とのボルト接合

大きなFRP製部品を，鉄鋼製やアルミ合金製船舶の構造部材に，信頼性と経済性を兼ね備えて接合するのは厳しい課題である。一般的な方法であるボルト接合は，大型部品におけるボルト数の増加に伴いコストが増大することが示されている[2]。また，接着接合の静的接合強度は明らかに増加している。一方で，金属船の造船所の環境で接着接合の性能を引き出すことは極めて困難である。接着接合に対する温度，湿度，清潔さに対する要求は，溶接におけるそれとは比べものにならない。これらの問題に対する解決策は，FRP 製造業者によりサンドィッチ構造パネルに接着接合された組み立て式接合部品を用いることである。そうすることにより，造船所ではこのFRP 部品を従来の金属部品と同じように船に溶接することができる。

考えられる FRP 製準構造部材を**図 20.2** に示す[2]。

- 繊維強化プラスチックで作られたすべての部分：公共区画あるいは居住区の荷重伝達構造
- 隔壁：内部隔壁と B 級構造（最軽量事例），または荷重伝達防水隔壁（最重量事例）
- 甲板：公共区画や居住区の甲板，車載甲板
- 手すり，風除け，階段：サービス上で美観が重要な「見える」構造，重心に関して軽量が重要な上部甲板の装備
- 避難所，ロッカー：換気や空調のための通気口，トイレ，機器室
- マスト：レーダーマスト
- 煙突：煙突の覆い

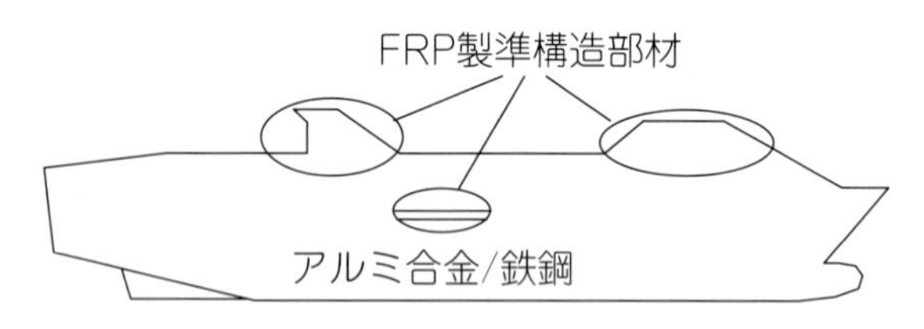

図 20.2　FRP 製サンドイッチ構造材の適用可能性

20.1.3　荷重の特徴

荷重の決定は接合部の設計において主要な部分である。船舶において荷重や複合荷重は，局所荷重と全体荷重に一般的に分けられる。局所荷重は構造の限定された領域に直接適用する。全体荷重は船体の桁や多動船の船体間の曲げ，捩り，せん断の結果である。局所荷重は単一のパネル

において一般的に支配的となるが，全体荷重の影響は帆走ヨットや大型船において顕著である。

異なる材料を接着する場合で，それらの線膨張係数が大きく違う場合は線膨張係数の違いによる応力が顕著になる。この典型的な値（Engineered materials handbook[3]）は，ステンレス鋼：$18 \cdot 10^{-6}\,K^{-1}$，アルミ合金：$23 \cdot 10^{-6}\,K^{-1}$，Eガラス強化エポキシ：$10 \sim 12 \cdot 10^{-6}\,K^{-1}$（0/90°層，繊維含有率42 vol %）となっている。もし一方の被着体がFRPの場合，線膨張係数の相異と全体荷重により生じる応力は，普通あまり問題にならない。これはFRP積層が面内剛性に比較的強いことによる。

20.1.3.1　全体荷重

全体荷重は，船体と甲板，隔壁と船体あるいは甲板，上部構造（あるいは他の付加的な構造部材）と船体あるいは甲板の接合部分の設計荷重に影響を及ぼす。いくつかの事例では，補強材と船体あるいは甲板との間の接合部には船体梁の捩りにより生じる全体荷重が負荷される。船体梁の荷重は，長さの深さに対する比が小さい小型モーターボートでは普通，問題とならない。「小ささ」の限度は明確ではないが，例えば高速軽量船（HSLC）のDnV規則では，局所荷重要件から得られる最小強度標準の一般的な構造要件として，L/D<12，かつ，長さ50 m未満であることを求めている[4]。しかし，小さな高速船が1つの波頭から次の波頭へジャンプすることを考えると，全体の強度に問題が生じる。モーターボートの船体梁の荷重は一般的に次のように見なすことができる。

- 長さ方向の曲げ，せん断，軸方向荷重
  - 静水によるモーメント
  - 波による曲げモーメント
  - 波頭や波間への着水
  - 砂浜への乗り上げとドックへの入構
- 双胴船体の荷重（カタマラン：双胴船）
  - 横方向垂直曲げモーメントとせん断力
  - 接合間隔とねじりモーメント

通常の航行条件における船体はりのパラメータは，波の高さと周期，船の主要寸法，質量の分布，船体の形状またはそれを記述する要因である。例えば，FRP製構造を使用することの多い高速船においては，全体曲げは重心加速度（a_{cg}）の関数となる。DnV HSLCによると，長さ方向の曲げモーメントは，

$$M_B = \frac{\Delta}{2}(g_0 + a_{cg})\left(e_w - \frac{l_s}{4}\right)\,(\mathrm{kNm}) \tag{20.1}$$

ここで，Δは船の重量，e_wは長さLの0.25倍，l_sは参照部分におけるスラミングにより生じる縦方向伸びである。せん断力は長さ方向の曲げから求められ，

$$Q_b = \frac{M_B}{0.25L}\,(\mathrm{kN}) \tag{20.2}$$

である。

ヨットはリグ（索具）による力（**図 20.3**）によって発生した全体曲げを受ける。横方向のリグ荷重は，ヨットの復元力によるモーメントに依存している。典型的なキールボートでは，シュラウド（横静索）による荷重は変位と同じ大きさで，文献5）によると以下の式である。

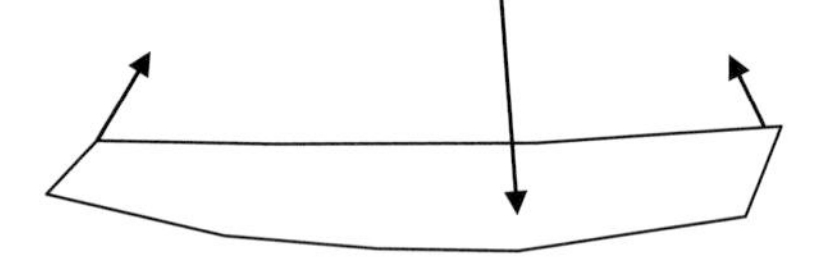

図 20.3　リグ力により生じる全体曲げ

$$PT=\frac{45RM_{1^\circ}\nabla_f}{b\nabla_i} \tag{20.3}$$

ここで，RM_{1° は傾船 1° あたりの復元力によるモーメントであり，∇_f は最大荷重の際の変位，∇_i は傾斜試験の際の変位，b は中心線からチェーンプレートまでの距離である。船体はりの長さ方向曲げモーメントにより生じる船首から船尾までのステーの引張は，変位のおおよそ85％の曲げ力によるものである。

20.1.3.2　局所荷重

局所荷重は構造のある限定された部分に直接影響を及ぼす。船体面の垂直設計荷重は水圧である。これは静水圧と船の運動による流体力学的圧力と波の影響による流体力学的圧力の合力である。これらの圧力は，計画満載喫水線の高さや，暴露甲板や上部構造物に打ち上げられた海水に関係する。静水圧は耐水隔壁にも関係する。タンクにおいては，スロッシングや衝撃荷重も考慮しなければならない。

装備品や固形の荷物の質量によって生じる慣性力は船体のそれぞれの場所における加速度によって決まる。他の典型的な局所荷重は，入港中にフェンダー（防舷材）にかかる荷重，砂浜に乗り上げたり，ドックに入れたりする際の荷重，海氷による荷重などが考えられる。

局所荷重のパラメータは荷重の種類に大きく依存しているが，加速度は船の動きによって生じるので，波の高さや周期，船の主要寸法，質量の分布，船体の形状またはそれを記述する要因は，前の節と同じように関係するパラメータとなる。荷重を決定するために利用可能な方法は次のグループに分けられる。

- 適切な標準と船級規則
- 独自の（準）経験則と計測
- 直接計算

例えば，NBS-VTT 拡張規則（Furustam[7]）によると，ボートの船底に加わる衝撃圧力は，

$$P_{slam}=kl\cdot kv\cdot k\beta\cdot kdisp\cdot P_{base(V=Vmax)} \tag{20.4}$$

である。ここで，最大圧力 P_{base} は速度と長さの関数であり，kl，kv，$k\beta$，$kdisp$ は，パネル，船底勾配，変位の縦横方向位置の関数である補正係数である。このとき，設計圧力は，衝撃荷重の局所性を考慮した面積補正係数に P_{slam} を掛けたものとなる。小型（5 m）滑走艇における船底パネルの一般的な設計圧力は 20～25 kPa である。

20.1.3　その他の要求事項

適用事例にもよるが，次のような接合部に対する要求事項が考えられる（Hentinen and Hildebrand[2]）。

（a）熱絶縁：FRP 製サンドイッチ構造は効果的な断熱材であり，これは接合部要件に適している。

（b）耐腐食性：船に FRP 構造が使用される目的の 1 つは低い維持コストで，接合部についてもこの特性を有する必要がある。接合部の長期にわたる強度としても耐腐食性材料が要求される。

（c）コーティング：金属製構造や FRP 製パネルに用いられるのと同じコーティングが接合部にも適している必要がある。

（d）解体性：破損パネルの交換を可能とすべきである。設計段階で，ボートの耐用年数が終わる際の処分を考慮する必要性の認識が高まっている。

20.2　接着剤接着特性の要求事項

ボートや船舶における接着剤の典型的ないくつかの要求事項は，

- 耐水性
- 耐熱性
- 耐紫外線性
- 接合厚さ変化に対する許容性
- 強度と剛性
- 大型構造物への適用容易性

これらの要求について以下で簡潔に解説する。

20.2.1　耐水性

耐水性は船舶用として適切な接着剤を選定するにあたり主要な要素の 1 つとなる。直接水に浸すことは水面下の部品やビルジ（船底に貯まる水・オイル等の混合不用液体），タンクにのみ想定されるが，どのような場合においても湿度は通常は高く，また上甲板では，しぶきや排水が想定される。幸運なことに耐水性があり船舶用に適した接着剤は幅広い選択肢が利用できる。接着剤と被着体の間に水が浸透し接合部を弱くすることが，普通はより深刻である。これは次のように起こる。

（1）接着剤を湿気のある面に塗布する

（2）硬化した接着剤の中を水が拡散する

（3）水が境界層を通って接合部に浸透する

（4）水が多孔性の被着体を通って接合部に浸透する

（5）水が接着剤のき裂を通して毛細管現象で接合部に浸透する

表面処理を適切に行う（［**20.3**］参照）ことで（3）を避けることが重要である。また，シーラントを用いて接合部を保護することで，これらのすべての問題を減らすことができる。特に（5）の問題を減らすことができる。

20.2.2　耐熱性

船の構造が受ける温度範囲は一般的に－30～＋30℃である[4)]。直射日光によって上甲板はいっそう高温になると想定される。暗い色の FRP の表面においては＋60℃を超えることも考えられる。材料間の線膨張係数の違いが大きい場合は，これは特に考慮しなければならない。また，このような温度では接着剤の強度や剛性が著しく変化する。

「溶接可能な」FRP 製サンドイッチ構造パネルを使う方法（［**20.1.2**］参照）は，造船所における溶接工程中に接合部でかなりの熱応力が生じる。よって，接着剤の耐熱性はこの方法に適したものでなければならない。つまり，溶接中に生じる温度においても破壊されることなく耐えなければならない。

構造接着剤の耐熱性の典型的な値を**表 20.1** に示す。しかしながら，接着剤の種類が異なると耐熱性は異なり，そのために開発された接着剤製品もあることを明記しておく。エポキシ系接着剤の耐熱性は硬化温度と硬化後の温度に大きく依存している。

表 20.1　接着剤の種類別の典型的な耐熱性[4)]

接着剤の種類	耐熱性（℃） 長期（短期，無負荷）
1 液性ポリウレタン	50－(200)
2 液性ポリウレタン	50－(100)
エポキシ	50－120－(180)

20.2.3　耐紫外線性

太陽光に対する耐性は，甲板と乾舷のすべての部分で関連がある。一般的に，ポリエステル系接着剤とエポキシ系接着剤は直射日光から保護されなければならない。通常のボートの建造においては，多くの接合部は美観の目的のため保護されている。船体と甲板の接合部がゴムかアルミ合金形材で覆われていることはこの良い事例である。

窓やその他の透明な基材は，接着剤を日光から保護する上でもちろん問題となる。車や道を走る乗り物に比べ，これは船舶ではより重要である。なぜなら，海にも，また港やマリーナにおいても，シェルターや日陰はないためである。接着剤を保護する最も効果的な方法は，光透過率が 0.1% 以下のセラミックスクリーンを界面にプリントする手法である[12)]（**図 20.4**）。その他の選択肢は，カバートリム，不透明塗料，黒色下塗りである。

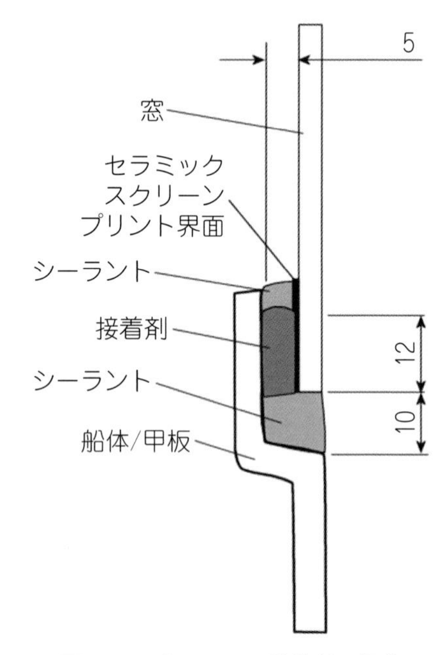

図 20.4　窓における接着剤の保護

20.2.4　接着層厚さ

大きい部品において公差を小さく保つことは，特にFRP部品において困難である。これは形状と厚さの公差のどちらにおいてもいえる（**表 20.2**）。これらの部品同士を接着した場合，接着層厚さの変動は大きくなり，10～15 mm にもなることもある。接着剤は被着体間のすき間を埋めるべきであり，接着剤の特性は接着厚さにあまり敏感であるべきではない。柔軟なポリエステル系接着剤の特性は，一般的に厚さに敏感ではない。これは，文献 13）に例が示されている（**図 20.5**，**図 20.6**）。

厚い接着層は接着剤を多く消費するので，接着剤の材料価格も重要な要因となる。

表 20.2　さまざまな FRP パネルにおける典型的な厚さ公差 [4]

	測定点数	公称値（mm）	最大値（mm）	最小値（mm）	平均値（mm）
スキン材のみ，ハンドレイアップ/ウェット	12	6.0	8.1	5.6	6.3
スキン材のみ，ハンドレイアップ/ウェット	18	12.1	15.8	11.6	13.1
バルササンドイッチ材，ハンドレイアップ/吸引	15	54.8	55.5	54.6	55.0
ハニカムサンドイッチ材，ハンドレイアップ/吸引	15	42.4	40.7	40.3	40.5
PVC サンドイッチ材，プリプレグ/吸引	8	51.7	52.9	52.5	52.7
アルミニウムハニカム材，ハンドレイアップ/吸引	15	55.5	54.2	53.8	54.0

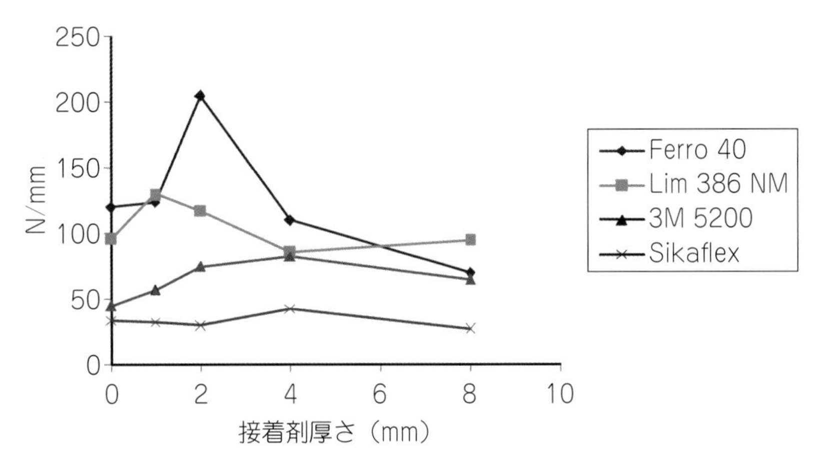

図 20.5　降伏応力の接着剤厚さによる影響。単純重ね合わせ継手

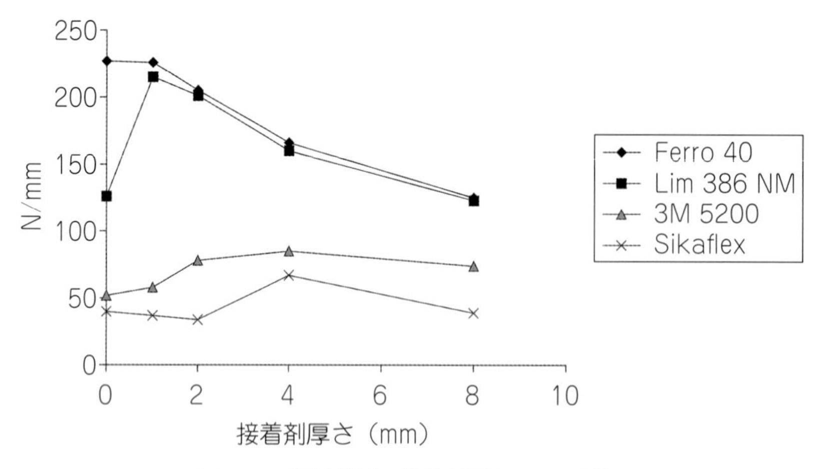

図 20.6　終局荷重の接着剤厚さによる影響

20.2.5　強度と剛性

接着剤の強度などは，ボートや船舶においては必ずしもとても重要な値ではない。なぜなら接合部の荷重伝達能力を増加させるように，接合部の形状や面積を普通は変えられるからである。その代わりに本当の強度を計測することは困難である（［**20.4**］参照）。接着剤の公称強度は荷重の種類や環境条件，製造パラメータなどに敏感である。減少因子は特に弾性接着剤においてとても重要である。例えば，一液型ポリウレタン系接着剤のクリープ強度は短期間における強度の10％以下である。また，そのほかの種類の接着剤においても，許容応力値としては最大応力の10％を超えないように使用することが一般的な方法である。これは詳細な解析を行うことができない場合の，応力集中や疲労などによる不確定さと見なすべきである。

接着剤の剛性と，実際に必要な接合の剛性は注意深く考慮するべきである。実際のところ，極めて高い剛性の接着剤を必要とする船舶はほとんどない。適量の弾性がしばしば有益である（文献 13）を参照）。また，低剛性はしばしば優れた振動減衰特性に関係する。

20.2.6　硬化時間と粘性

大きな部品を製造する際には接着剤の可使時間に必要条件が設定される。接着剤の塗布方法と被着体の場所に依存するが，要求される可使時間はかなり異なっている。フレームや底部補強材，裏打ち材を取り付ける際は一般的に30分程度の可使時間が必要である。船体と甲板の接合においては必要な時間は一般的に長くなるが，船体の大きさに強く依存している。短い硬化時間に対する要求は，ボートの典型的な連続製造では明白である。しかし，これらの製造工程には昇温による硬化が普通は含まれていない。その代わりに高性能ヨットやボートの船体と甲板は40～70℃で硬化されることが多い。

接着剤の粘性は垂直な面への塗布を可能にする。ペースト状の接着剤は被着体間のすき間が大きい場合によく用いられる。接着剤層はこのすき間を埋めるだけの十分な厚さをもたなければならないとともに，硬化中の発熱温度は許容できるものでなければならない。

20.3　表面処理

被着体の表面処理と接合部を遮蔽は2つの異なる目的をもっている。すなわち，接着剤と被着体の間の接着力を向上させることにより，接合部のより高い最大強度を得ることと，長期強度と湿気に対する耐久性を向上させることである。後者は海洋環境において特に重要である。被着体の表面処理を行わずに接着接合を製造することは合理的ではない。

接着接合のための表面処理の一般原則は船舶においても適切である。文献14）に例示されている方法を適用することができる。しかし，大型の被着体では（アルミ合金に対するクロム酸陽極酸化処理やリン酸陽極酸化処理などの）浸潤が必要な方法の使用を制限する。かなりの面積が問題となるため，表面処理の材料や工数のコストもまた重要な要因である。表面処理の方法は4つの主要グループに分類できる。

（1）洗浄と脱脂
（2）機械的処理
（3）化学的処理
（4）物理的処理

洗浄と脱脂は有機溶剤によって行われる。機械的方法には，サンディング，ブラッシング，グリッド（鋭角鉄粒）ブラストが含まれる。さまざまな化学的方法は接合箇所が多い場合や機械的方法が非経済的な場合に適している。コロナ処理などの物理的方法はボートや船舶においてはとても少ない。

FRP被着体は，それが接着線長に比べて薄い場合は追加で保護をする必要がある。このように，接着剤と複合材料における水の拡散率は同程度と仮定すると，流入経路が短いため，金属の接合に比べ，接着剤に対する湿気の流入はより素早くなる可能性がある。複合材料のマトリックスが損傷すると，毛細管現象により接着剤層に直接湿気が到達する[15)]。ボートの製造において，表面処理は行わないか，プライマーを使うことまで一般的にさまざまである。FRPと金属の接合において普通は表面処理により多くの労力が費やされる。特に複合材の製造から接着まで時間が空く場合，接着接合の前に，ピールプライとして知られる（接着性改善のための）表面基材が，複合材の表面を保護するためにしばしば用いられる。ピールプライを除去することにより，汚染されていない新たな表面が生み出され，接着をより容易にする。ピールプライによる表面処理については，文献16）でレビューされている。

20.3.1　FRPと金属間の接合における表面処理の例

例えば，Poltonen（文献17））によってFRPと金属の重ね合わせ継手のせん断強度における異なる表面処理の実質的効果について事例が示されている。エポキシ系接着剤，ポリウレタン系接着剤，アクリル系接着剤が試験された（Araldite AV138，Foss Than 2K750，Loctite Multibond 330）。FRP試験片は3 mm厚のガラス―ポリエステル積層板（ランダム配向繊維積層マット＋Neste A300）と炭素繊維–エポキシ積層板（UD 0°/90°＋SP 110/120）を用いた。1.5 mm厚の金属試験片はアルミ合金（AIMg3）とステンレス鋼（AISI 316）を用いた。表面処理は，サンディング（粗さ180の研磨布），グリッドブラスト（Al_2O_3グリッド（鋭角鉄粒）50～100 μm），グリッドブプラスト＋エッチング（AlMg3は65～70℃の重クロム酸ナトリウム溶液に12分，AISI316は85～90℃の硫黄シュウ酸溶液に10分浸漬）を行った。また，アセトン（FRP）とトリクロロエチレン（金属）を用いて脱脂を行った。

20.3.1.1　アルミ合金とFRPの接合

図20.7と**図20.8**に，アルミ合金とFRPの重ね合わせ継手におけるせん断強度の実験結果を，最大値（図20.10で示されるグリッドブラスト施工によるポリウレタン樹脂塗装ステンレス鋼と炭素繊維エポキシ樹脂複合材の接合の場合）に対する比率で示す。

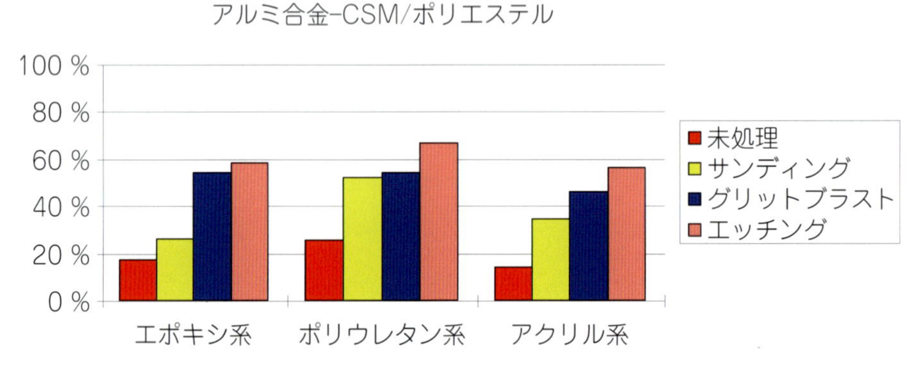

図20.7　アルミ合金―FRP単純重ね合わせ継手における表面処理と接着剤の違いによる相対せん断強度[17]，ランダム配向繊維積層マット―ポリエステル複合材料

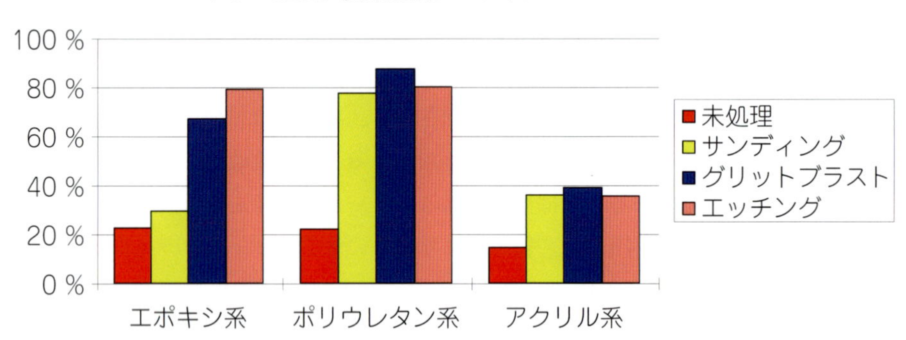

図20.8　アルミ合金―FRP単純重ね合わせ継手における表面処理と接着剤の違いによる相対せん断強度[17]，炭素繊維―エポキシ複合材料

20.3.1.2　AISI 316とFRPの接合

容易に改質することのできる吸着層があるので，ステンレス鋼の接着性は良い。**図20.9**と**図20.10**にAISI 316とFRPの重ね合わせ継手におけるせん断強度の実験結果を最大値に対する比率で示す。

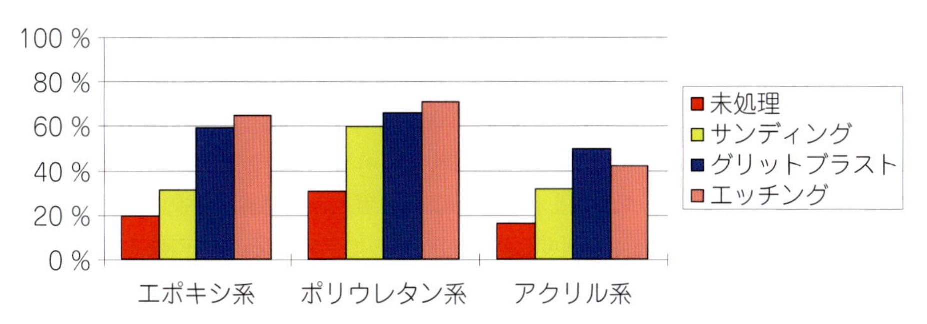

図 20.9　ステンレス鋼—FRP 単純重ね合わせ継手における表面処理と接着剤の違いによる相対せん断強度[17]，ランダム配向繊維積層マット—ポリエステル複合材料

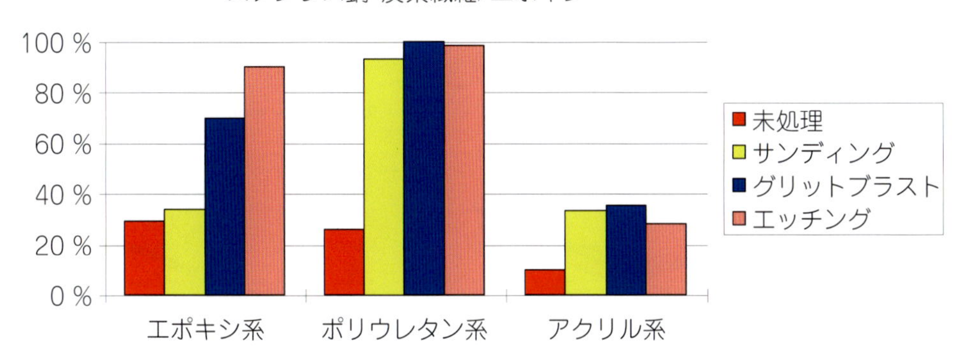

図 20.10　ステンレス鋼—FRP 単純重ね合わせ継手における表面処理と接着剤の違いによる相対せん断強度[17]，炭素繊維—エポキシ複合材料

20.4　強度と耐久性

構造設計は一般的に３つの領域に分けられる。

（1）荷重の決定—大きさ，周波数

（2）材料特性—強度，剛性

（3）応答の計算—ひずみ，応力，変位

船舶においては荷重の負荷される部位は極めて不確定である。さらに，接着剤の複雑な材料特性，特に長期の特性については設計者を困惑させる。

接着界面の数値応力解析は，接合部の幾何形状の改善にとても役立つが，純粋な理論から見積もられる接合部の強度は，設計の基礎としては一般的には受け入れられない。これは接合範囲の不完全性や局所的な応力集中による不確実性に起因する[18]。航空宇宙産業と同等の品質管理は一般的でないが，船舶においても可能ではある。それゆえ，船のスケールで新しい接合方法を開発するためには，静的または動的な荷重下における大型構造物から得られた実験データやより高い安全率が必要である。

20.4.1　強度設計

構造的接合の効果的な設計には，伝達される力やモーメントの定量的な考察とともに，各種類の接合の機能をはっきりと理解する必要がある。設計者は，接合の種類の観点から有益な応力分布となるような接合の配置や幾何形状を目指すべきである。しかし，これは過酷な仕事である。例えば，ピール応力は避けるべきであることはよく知られているが，実際そうすることはほとんど不可能である。設計者はピール応力を軽減するように努め，注意深く評価するのみである。このことは，FRP のピール強度は面内強度に比べて低いので，特に多くの FRP 被着体において真実である。ピール応力は適切に接合部を設計し，適切な接着剤を選ぶことで効果的に低減可能になる（**図 20.11**）。

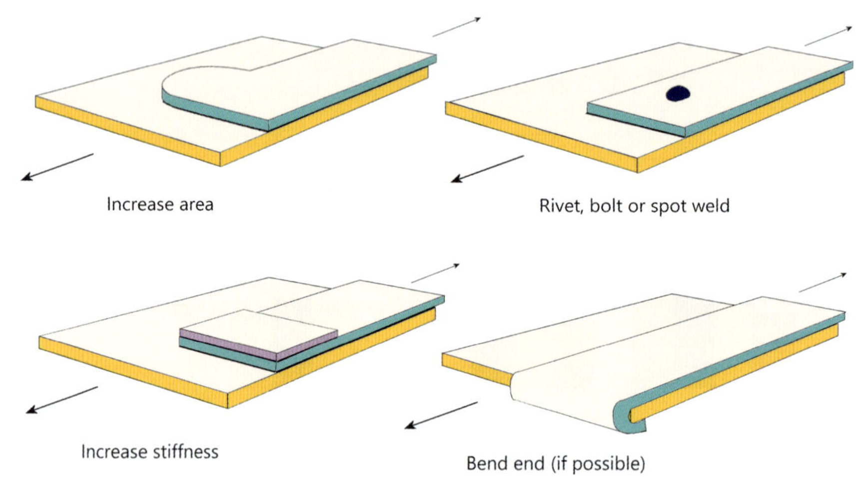

図 20.11　一般的な船舶におけるピール応力のさまざまな低減手法

20.4.1.1　端部形状

一般的に破壊が始まる接合部の端部で起こる局所的な現象を注意深く評価することは重要である。舟艇建造事業者や造船所で，非常に簡単に作業ができる隆起部の端部の形状は重要なパラメータである。

FRP—金属の接合部の端部形状の違いの影響の解析が行われた[11,14]。いくつかの結果を**表 20.3**～**表 20.5** に示す。ランダム配向繊維積層マット—ポリエステル FRP の場合，常に重要な部位

表 20.3　接合に使用した材料[11]

被着体	アルミ合金：AlMg3H32 鋼：AISI316 FRP：CSM-UP：ランダム配向繊維積層マット—ポリエステル，RTM 成形（fibre content 25 vol%） ガラス—ポリエステル，テープ引き抜き成形（60 vol%） 炭素繊維—ビニルエステル，引き抜き成形（58 vol%）
接着剤	エポキシ：3M Scotchweld 9323 B/A エポキシ：Ciba Araldite AV138 /HV998

表 20.4　CSM-UP/AlMg3H32 接合の結果。接着剤：AV138，接着剤厚さ：0.1 mm。さまざまな形状の単純重ね合わせ継手における接合強度（N/mm）と破断部位[11)]

接合	接合強度	破断部位
C 	78	FRP
F 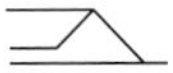	102	FRP
G 	144	FRP
J 	134	FRP
K 	135	FRP
N 	135	FRP
O 	135	FRP

表 20.5　テープ引抜ガラス-UP/AlMg3H32 接合の結果。接着剤：AV138，接着剤厚さ：0.1 mm。さまざまな形状の単純重ね合わせ継手における接合強度（N/mm）と破断部位[11)]

接合	接合強度	破断部位
A 	69	接着剤
C 	182	接着剤
F 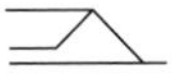	252	接着剤
G 	323	接着剤
I 	375	金属および接着剤
K 	375	金属
L 	375	金属
M 	375	金属

（最も弱い連結）となっているのに対し，引き抜き法で作られたガラス繊維―ポリエステルの場合は接着剤が重要な部位となっている点は注目に値するであろう。

20.4.1.2　接着接合継手の強度を計算する解析手法

接合部の幾何形状，荷重条件，接着剤の挙動が単純な場合は，解析手法で接着接合部をとてもよく解析することができる。解析手法の一般的な使用はこのように制限されるが，いくつかのものは例えば準備実行可能性や設計研究においてうまく使用することができる。解析手法は文献14）および 19）で広範囲に扱われており，この章ではこれ以上は詳しく扱わない。しかし，接合部の最適化を行い，接合部の強度に関する信頼できる結果を得るためには，数値解析法が必要である。

20.4.1.3　有限要素技術と解法

有限要素法（FEM）は接着接合部の解析に広く用いられている。有限要素解析を行う上で考慮すべき特別なポイントがいつくかある[11]。

- 接着剤層は被着体の厚さに比べ薄いが，大きな応力勾配があるので，信頼できる結果を得るためには厚さ方向に 4～6 要素が必要である。
- 特定の種類の接合では２次元モデルを使うことで問題を単純化できることが多い。特に幅の広い，多くの接合部では，接合部の挙動は平面ひずみと仮定することができる。軸対称な接合部では，同様の部位の簡略化が可能である。
- 非線形挙動を考慮しなければならない。形状非線形（荷重によって形状が変化する）は，例えば，単純重ね合わせ継手のような非対称な接合部で一般的に重要である。加えて接着剤と被着体の材料非線形を考慮することも重要である。
- 接着剤層のモデル（線形弾性，線形弾性—理論塑性，試験データ）を選択するにあたり，どんなデータが利用可能か確認すべきである。多くのポリウレタン系接着剤では状況は最も困難であるが，高級エポキシ系接着剤であっても，信頼できる強度データが製造者からいつも提供されているとは限らない。

20.4.2　試　験

接着剤の標準的な試験方法は，普通は船舶の接着剤においても適用可能である。もし老化試験が必要ならば，例えば ASTM D 1183-70「実験室における繰り返し老化条件による接着剤の耐性に関する標準試験法」は低温環境も含んでいるので，海洋環境を模擬するのに適した標準である（［**20.8.2**］の表 20.8 参照）。

20.5　一般的な欠陥

ボートや船舶におけるいくつかの一般的な欠陥は，被着体の公差が大きすぎること，脆すぎる接着剤を選定すること，ほこりや表面前処理中のそのほかの汚染問題に起因する。船舶においては部品寸法が一般的に大きいので，公差の絶対値もまたかなり大きくなる。硬化時の収縮による形状のゆがみは特に曲がった角部において制御することが難しい。不十分な作業品質に起因する厚みのばらつきや欠陥は，過大公差のその他の要因となりうる。被着体同士をクランプする圧力が局所的に不十分な場合は，多くの場合，前出のものと同じ結果，つまり，被着体の公差が大きくなりすぎる。ほこりや表面前処理のそのほかの欠陥は造船所で一般的で，その環境は金属の切断や溶接用に開発されてきており，接着剤用の環境ではない。

20.6　検査，試験，品質管理

航空宇宙産業とは対照的に，船舶における品質管理は通常 NDT（非破壊検査）を含まない。（視覚的に見つけられないならば）製造欠陥はより一般的で，ある程度は受け入れ，許容されなければならない。現在行われている船の定期的な検査は，金属構造物や溶接の文化を引き継いでいる。これはき裂に対する許容誤差がかなり大きいことを意味している。船体の一部は乾ドック，造船所，あるいは船を水から上げられるその他の場所でしか近づくことができない。そのような施設ではさまざまな NDE（非破壊評価）装置と，専門のオペレーターが利用できるであろう。しかし，接着剤や FRP 複合材料を扱った経験がある造船所やドックは比較的わずかで，専門の人員と装置を持ち込むことがまだ必要かもしれない。

ボートにおいては構造の定期検査の一般的な手順はない。しかしながら，冬期の保管中やその他の維持管理作業中は，ボートを乾ドックに入れることは通常は問題とならず，構造の検査をするには良い機会がある。

20.6.1　検査手法

目視検査は接着接合部には通常不十分である。変換器や周波数を注意深く選択することで超音波技術は接着接合部を検査するのに上手く用いることができる。船舶における主な問題は，異なる被着体材料，スキャンされる部分の広さ，接合部へのアクセス性と関連している。接合部の両側へ容易にアクセスすることは一般的ではないため，透過法よりもパルスエコー法による超音波検査が選ばれる。大きな部品を水に浸すことは通常難しく，接触法が使われる。これは広い範囲のスキャンには手間がかかることを意味し，検査は最も重要な部分にのみ行われるべきである。

赤外線サーモグラフィーは，試験片の欠陥による熱の分布や流れの変化を測定している。加熱ランプと赤外線ビデオカメラの組み合わせは，欠陥を検出する最も一般的な手法である。加熱源とカメラは，対象に対して同じ側に配置したり，両側に配置したりすることができる。被着体や接着剤層が薄い場合は後者が推奨される。船舶において重要なことであるが，かなり広い範囲を素早く検査することができる。しかしながら，小さな欠陥はサーモグラフィーを用いて発見することが難しい。この手法は通常は単独で用いるべきではなく，重要な部分は超音波を使って検査されなければならない。

20.7　修　理

接着接合部の修理は通常困難で，損傷や欠陥を次のように分類することは有意義である。

- 無視できる（深刻ではない）
- 修理可能（コストに見合い，技術的に可能）
- 修理不可能（新品にするべき）

損傷をこれらの 1 つに分類する基準は，問題となっている部位の構造の要件に依存し，大きく異なっている。もし損傷が修理可能であると考えられるのであれば，次のステップは，いつ，どこで，どのように修理を行うか決めることである。大きな船において，通常の定期検査の前に乾ドックに入れなければならない場合，後者 2 つの問題はコスト面で相当な影響を及ぼすかもしれない。小さなボートにおいては修理方法や損傷範囲によってコストが決まる。

平面性や美観を求めなければ，損傷部に新しいパッチを貼り付けることは機械的に効率的な修理手法である。通常は修理において材料代は重要な要素とならないので，高級な接着剤が用いられる。しかし，修理用材料と既存の構造物の適合性は常にチェックされるべきである。修理が屋外で実施されなければならない場合は，環境が修理手法や材料を選択するための支配的な要因となるかもしれない。例えば，接着剤や樹脂は，乾燥して清潔な状態には完全にはなってない面にも接着することと，低温で硬化することが可能であるべきである。

20.8　利用事例

2つの全く異なる設計事例を紹介する。1つは小さなFRP製ボートの船体と甲板の接合である。もう1つは，造船におけるアルミ合金製甲板とFRP製サンドイッチ構造の接着接合をボルト締結と比較したものである。

20.8.1　小さなFRP船における船体と甲板の接合

小さなFRP製ボートにおける典型的な船体と甲板の接合はポップリベットと接着剤を用いた外向きのフランジを有する（**図20.12**）。全体荷重も接合部に影響するが，危険な荷重は明らかにフェンダーの荷重や波止場の端などからの小さな衝撃による局所的な曲げである。不運なことに，接合部には接着接合部に劈開を生じさせる方向の荷重が作用する（**図20.13**）。波止場にゆっくりと衝突する際の衝撃荷重を計算するために，次のような典型的な値を想定した。

- ボートの最大積載時の重量として Δ1,100 kg
- 衝突速度 1.0 kn（0.5 m/s）
- フェンダーの長さ（接触長さ）0.5 m
- 衝突時のフェンダー柔軟性 100 mm

単純な調和運動（単振動）の方程式を用いると，衝突時の最大荷重は 2.8 kN で，これは

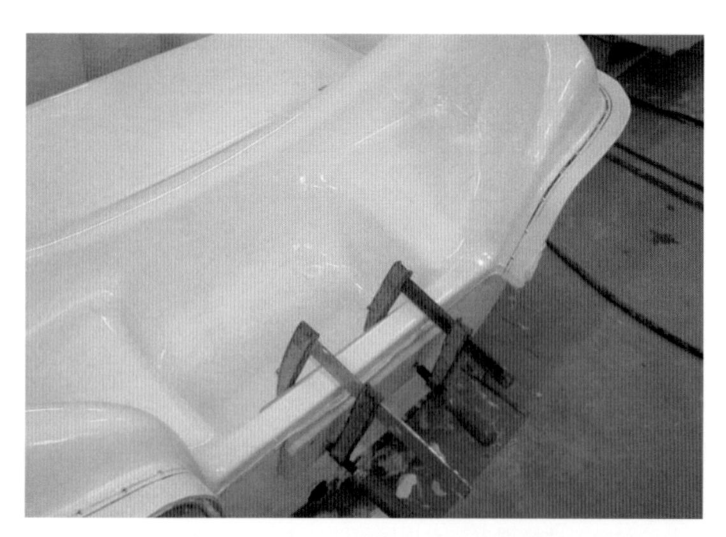

図20.12　5 m級モーターボートにおける典型的な船体―甲板接合と船尾部の（船外機）取付部

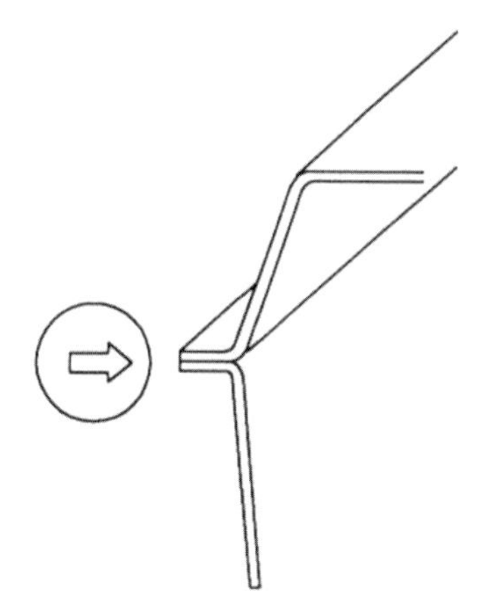

図 20.13　接合部に働く 5.6 N/mm の危険な荷重

5.6 N/mm に相当する。さらに，次のように想定した。

- 被着材の材料は GRP（オルトフタル酸ポリエステルのマトリクス材を並べたマット材）
- 積層厚さは 7 mm
- 接着層厚さは 2 mm
- 接着幅は 40 mm
- 被着体の表面はサンディングを行う

ここで，Marttile と Holm の結果[13]（［**20.3**］参照）が適用可能である。この結果によると，このような種類の衝突が突発的な最大動的荷重であると見なし，接着剤によるが安全率は 3~5 であるとするなら，さらなる強化をすることなく柔軟なポリウレタン系接着剤が使用可能である。補強材なしでは，硬い接着剤やウェット CSM（クロロスルホン化ポリエチレン）を用いた接合強度は十分ではない。ポップリベットを用いると安全率は 6 程度確保される。

20.8.2　アルミ合金製船体と FRP 製サンドイッチ構造上部構造の接合部におけるボルト締結の接着接合への置き換え[2]

設計に際し初期設定を以下のとおりとする。

- 適用事例毎の接着長さは 100 m を超える
- パネルの大きさは 2×3 m，横方向からの圧力が負荷される（DnV HSLC に基づき 34 kPa を負荷，この場合，全体荷重は大きくはない）
- パネルはバルサ木口材のコア材（50 mm 厚）を用いたガラス繊維—エポキシ樹脂スキン材（0°/90°，2.5 mm 厚）
- 金属接合用部材は積層工程中に合わせてサンドイッチ構造パネルへ取付け
- 外側表面にも必要（非対称結合用部材）
- エポキシ系接着剤，接着層厚さは 0.5 mm

接合部の 2 次元（平面ひずみ）解析を行った。この解析は形状非線形と材料非線形を含むことができる。しかし，現在の構想では最も大きな非線形性はアルミ合金の塑性に起因するものである。実験では異なる条件での曲げ試験と引張試験を行い，さまざまな荷重条件で解析を行った。まず始めの３つの荷重条件は，異なる境界条件で垂直方向に荷重をパネルに負荷したものである。このような接合部に対する荷重は，曲げ試験と引張試験によって得られる荷重と比較することができる。**表 20.6** は解析に用いた荷重条件と境界条件を示している。

この解析結果は，アルミ合金部材付近の FRP 製スキン材と接着剤に生じる深刻な応力集中が，アルミ合金部材の形状を改良することで軽減できることを示す。さらに，塑性変形を避けるためにアルミ合金部材の端部の厚さは大きくすべきであるが，これは FRP 製スキン材の B 点（**図 20.14**）に高い応力集中を生じさせることになる。曲げ試験（荷重条件 5）は，接合部にとって最も深刻な領域で，垂直荷重を受ける単純に端部を支持したパネルにおける荷重に似た接合部の荷重が生成される。

引張試験によって生成された接合部の荷重は，パネルの垂直荷重とはまったく異なる。

面内圧縮における接合部の挙動についても研究を行った。荷重の基準となる大きさを得るために，面内圧縮における対応するパネルの安定性を異なる境界条件で解析した。解析結果によると，面内圧縮荷重を負荷した際の接合部の応力分布は，パネルに横方向の圧力を負荷した際と似ている。引張試験と３点曲げ試験を異なる条件で行った。風雨へ曝露後に試験を行った試験片，

表 20.6　解析した荷重条件 [11)]

荷重条件	
1　側方圧力，単純支持	p = 34 kPa 2000
2　側方圧力，移動指示	p = 34 kPa 2000
3　側方圧力，固定指示	p = 34 kPa 2000
4　引張試験	F 410
5　曲げ試験	F 135 270
6　パネル圧縮	P 2000

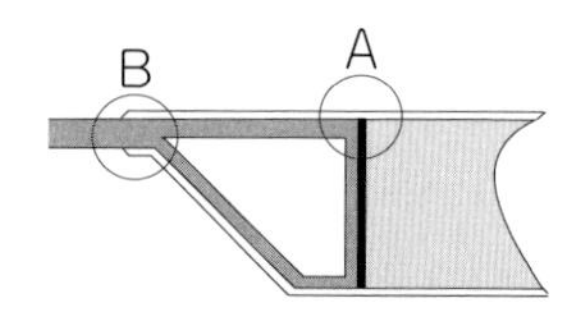

図 20.14　オーバーラミネート接合における危険部位

室温で試験を行った試験片，温度と湿度を上げた状態（40℃/85% RH）で試験を行った試験片，高温（200℃）で試験を行った試験片などである。風化サイクル試験は標準 ASTM D 1183-70「実験室における繰り返し老化条件による接着剤の耐性に関する標準試験手法」を参照した。標準（外部/海洋用途）と行ったサイクル条件を**表 20.7** に示す。

40℃かつ相対湿度 85%で行われる試験片は，十分曝露するために最初に 7～8 日間この条件を保った。試験中にこれらの条件を保つために設計，製作した特別な箱の中で試験を行った。

多くの船舶において，寸法指示や材料の選定にあたり火災に対する安全性を考えなければならない。この観点においては金属部分を通して接合部に熱が伝わることが良くないと考えられる。それゆえ，オーブンで 200℃まで昇温した後の試験片を用いて静的試験を行った。**図 20.15** と**図 20.16** は引張試験と曲げ試験に用いた試験片の寸法を示している。試験結果の平均値を**表 20.8** に示す。最初の損傷は B 点（図 20.14）から発生した。下面は積層端から 30～40 mm くらいの幅にわたって部材から剥がれた。しかし，試験中には剥がれた部分はそれ以上広がらなかった。終局的な破壊は A 点で起こった。破壊形態は FRP 製スキン材とコア材の層間剥離とそれに伴うコア材のせん断破壊である。

強度における，表面処理の違いによる影響を調べた。シランプライマーを用いた試験片（Al^b）は，プライマーを用いていない試験片（Al^a）に比べて初期破壊強度が 2.5 倍に高くなり，最大強

表 20.7　耐候性試験における標準手法と行った試験サイクル。1 つ目のサイクルはオーバーラミネートされた U 字型接合に，2 つ目のサイクルはフレキシブル接合に適用した[2)]

ASTM D 1183-70：実験室における繰り返し老化条件による接着剤の耐性に関する標準試験手法			1 サイクル目		2 サイクル目	
時間（h）	温度（℃）	相対湿度（%）	時間（h）	温度（℃）	時間（h）	温度（℃）
48	71±3	＜10	48	71	48	71
48	23±1.1	擬似海水に浸潤	48	23	54	23
8	−57±3	およそ 100	16※	−50 to −58	9※	−50 to −60
64	23±1.1	擬似海水に浸潤	65	23	64	23

※　試験片は標準状態で 8 時間調質した。両試験の相対湿度は標準に従った。

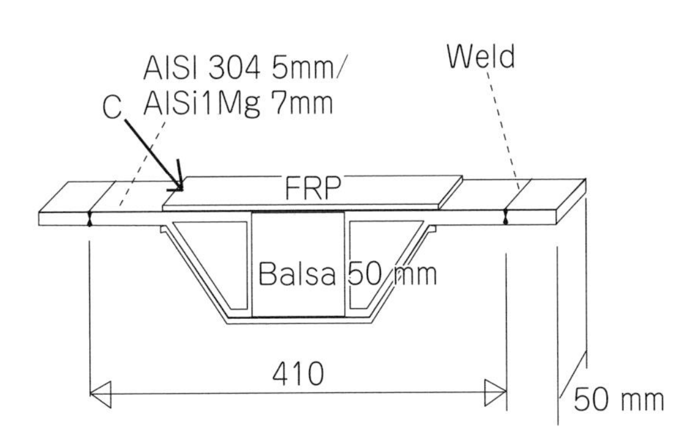

図 20.15　引張試験における試験片の寸法（オーバーラミネート接合）

U 字型とフレキシブルの接合試験片の寸法は同一である。

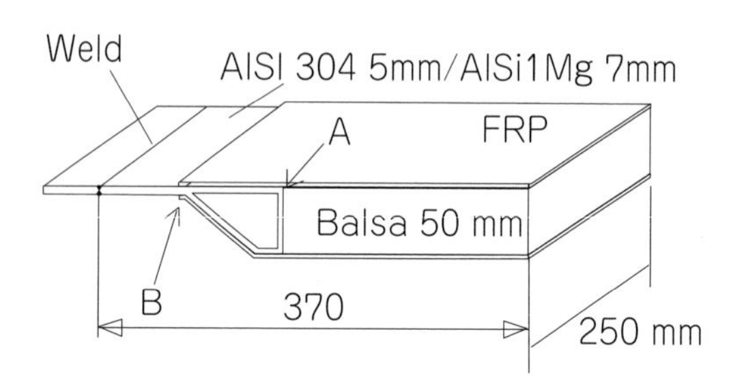

図 20.16　3 点曲げ試験の試験片の寸法（オーパーラミネート接合）[2)]
U 字型とフレキシブルの接合試験片の寸法は同一である。

表 20.8　静的試験の平均的な結果[2)]

接合の種類	条件	初期破壊強度	最大強度	最大強度におけるゆがみ	硬さ	強さ
		（N/mm）	（N/mm）	（mm）	（N/mm/mm）	（N/mm*mm）
Dry＋RT Al a Al[a]	乾燥＋室温	48	121	4.7	28.2	569
Dry＋RT Al b Weathering＋RT 40℃/85% 200℃ Al[b]	乾燥＋室温	123	142	6.1	27.4	889
	風化＋室温	108	132	6.6	22.5	893
	40℃/85%	112	127	9.6	21.5	1225
	200℃	—	1	0.5	—	0.5

度が 17% 高くなった。注目すべき点は，試験片の条件や試験条件が接合強度に及ぼす影響はわずかなことであった。風化後の最大強度の減少は 10% 以下であり，40℃，85% RH の条件では最大強度が 12% 減であった。高温曝露（200℃）を行ったほとんどのパネルはきれいに破壊した（スキン材がコア材から剥がれた）。これは予測通りで，強度は極めて低く（約 1～5 N/mm），接着接合部の強度は計測不可能であった。熱伝導を模擬するために，より適した試験方法を開発する必要がある。

アルミ合金製構造は FRP 積層材に比べて相対的に疲労強度が小さいことが知られている。接合部の疲労強度試験は風化した試験片と乾燥した試験片で行った。すべての疲労試験は最小荷重と最大荷重の間の 1 から 10 の比率（$R=0.1$）で行う。周波数は 1 Hz である。平均静的強度の 60% から 90% に相当する最大荷重を用いた。試験結果を**表 20.9** に示す。初期破壊までの疲労回数は疲労―たわみ曲線を用いて算出した。結果を**図 20.17** に示す。静的強度と比較して疲労強度は高いと考えられる。破壊はアルミ合金とバルサ材のコア材の間（**図 20.18**）もしくは，2 つの試験片の積層内で起こった。曲げ試験と解析による曲げたわみは良い一致を示した。しかし，初期破壊の後，接合部の剛性はわずかに下がったが，この影響は解析ではモデリングされていない（**図 20.19**）。

試験片の終局的破壊が起こった部位の力は，解析結果によってアルミ合金が塑性ヒンジ（部材

表 20.9　疲労試験の結果，R=0.1。初期破壊までの疲労回数（N_{ff}）は疲労―たわみ曲線において近似的にたわみが増加を始める点とし算出した[2)]

接合の種類	条件	荷重	N_{mean}	N_{ffmean}	N_{min}	N_{max}	破壊の種類	
	乾燥/室温	80%	18,775	553	17,600	19,400	積層 アルミ合金	1 4
	風化/室温	80%	7,450	671	350	11,000	パルサ材 アルミ合金	1 4
	風化/室温	70%	18,700	633	2,050	28,800	パルサ材 アルミ合金	2 3
	風化/室温	60%	50,100	575	50,100	81,550	積層 アルミ合金	1 4

N_{mean}：平均破断サイクル数。N_{ffmean}：平均初期破断サイクル数。N_{min}：最小破断サイクル数（最も弱い試験片）。N_{max}：最大破断サイクル数（最も強い試験片）。破壊の種類：パルサ材＝コア材のせん断破壊，アルミ合金＝押出材の破壊，積層＝表面積層におけるたわみ破壊。

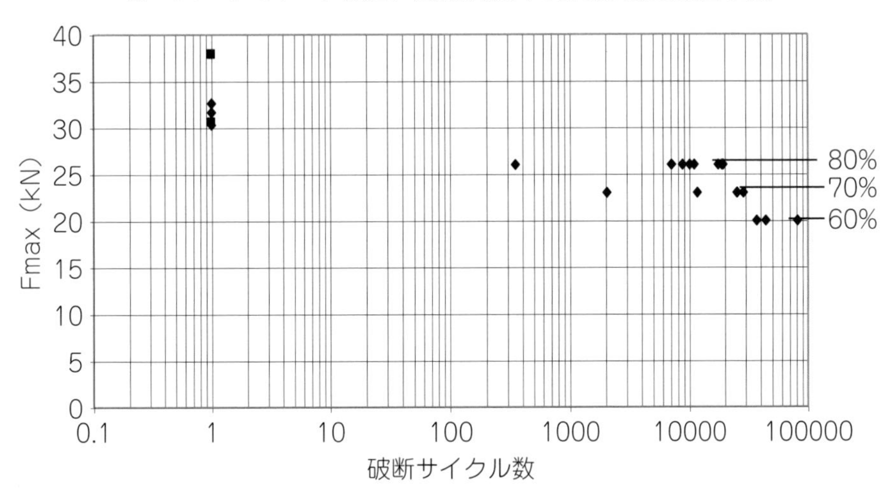

図 20.17　疲労試験の結果，R=0.1

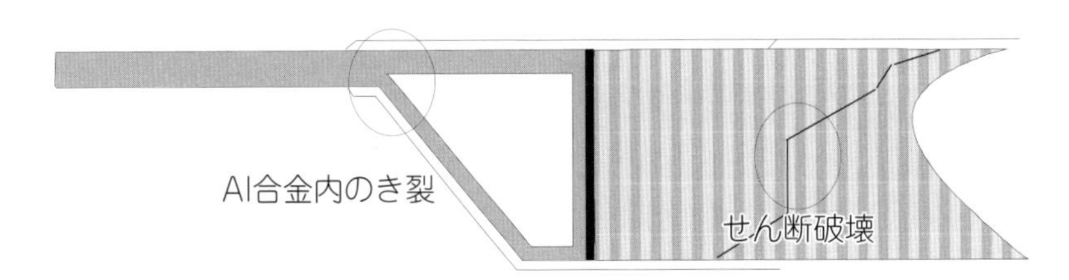

図 20.18　疲労試験における典型的な損傷

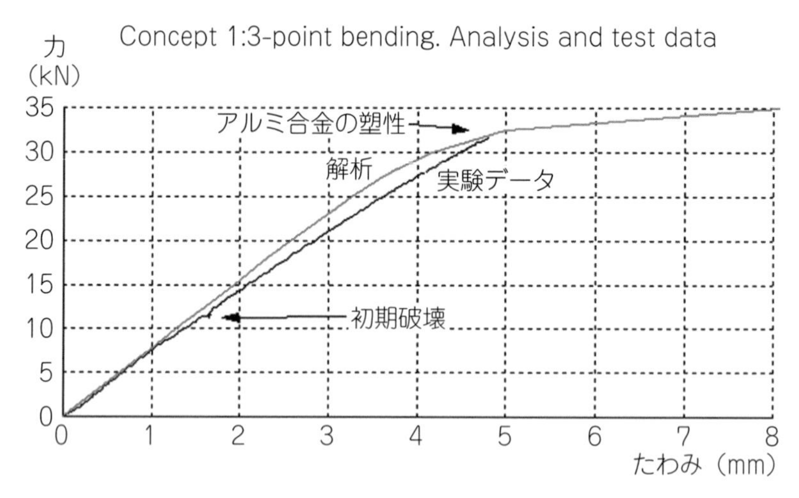

図 20.19　アルミ合金—FRP製サンドイッチ構造の接合における解析結果と曲げ試験結果の相関

全断面降伏による回転剛性損失）を起こすとされた部位の力とほぼ同等であった。したがって，接合部の終局荷重は，アルミ合金製の根本部分の厚さを変更しない限り増加させることができないレベルになっている。

20.8.2.1　類似した種類のボルト接合との比較

接着接合の考え方を，FRP製サンドイッチ構造と金属製構造を直接ボルト接合した類似する接合タイプと比較することができる（**図20.20**）。ボルト接合においても水密性を確保するために接着剤を用いる。このボルト接合タイプは今日の造船において一般的な方法であるが，ボルト止め作業に関連する多くの工数のためにむしろコストが問題になる手法として知られている。**表20.10**は2つの接合方法における労働力量の比較に関するもので大変興味深い。ボルト接合における製造コストは既存の構造に使われている接合からわかるが，接着接合における製造コストは

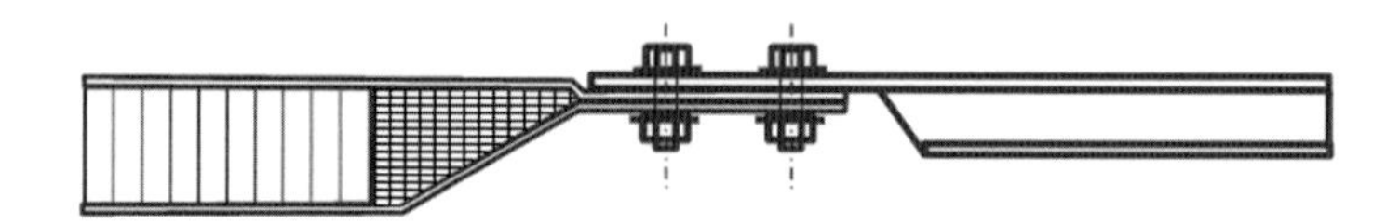

図 20.20　比較対象のボルト接合の幾何形状[2)]

表 20.10　接着接合構想とボルト接合における強度と製造コストの比較[2)]

	接着接合構想	ボルト接合
強度：たわみ試験—初期破壊における単位幅あたりの荷重	48 N/mm	18 N/mm
強度：たわみ試験—破断時における単位幅あたりの荷重	121 N/mm	18 N/mm
強度：引張試験—破断時における単位幅あたりの荷重	537 N/mm	507 N/mm
製造コスト：パネル端面の処理	100%	100%
製造コスト：船への接合	100%	220%

試験片の製造コストを元にして決定した。

ボルト接合の試験片は，接着接合と2つの点で異なっている。1つは，曲げ試験片のコア材は，バルサ木工材のサンドイッチ構造の例外としてアルミ合金製ハニカムを使用した。しかし，アルミ合金製ハニカムとバルサ木工材のせん断剛性は類似しているので，曲げ強さに影響があるとは考えにくい。ボルト接合試験片はパネルの端で損傷した。ここはコア材がバルサ材の部分である。2つ目は，ボルト接合の引張試験片においてコア材の厚さを25 mmとした。コア材はバルサ木工材である。

20.9　将来の動向

ボートの製造においては，大きな繊維強化プラスチック（FRP）製部品同士を接合する際に接着剤を用いる傾向が強まっている。ボートの船体と甲板の大多数は繊維強化プラスチック（FRP）で，ボートの製造において高分子材料を用いることが一般的な方法になっている。それゆえ，例えば隔壁を船殻に取り付ける際に，積層から接着接合に移行することはそれほど大きなステップではない。積層から接着接合へ切り替える源動力は主に生産性である。積層による隔壁や裏打ち材の固定は，接着接合と比較してより多くの労働力を必要とする。閉鎖された金型技術がボートの製造においてより一般的になるに伴い，接着接合は製造に必要とされる特性により適したものとなる。場合によっては，補強材を取り付けるように，強度上の利点が，接着接合に切り替える動機となる。

アルミ合金製ボートにおいては，接着接合に向けた進展はより遅いように思われる。振動減衰，美観（平面のなめらかさ）に関して接着剤の利点は明らかで，いくつかのボートの製造においてはそれを利用する利点がある。しかし，溶接やリベット接合はアルミ合金製ボートにおいて主な接合方法であり続けるであろう。

造船所においては，接着接合の必要性は異種材料の適用と関係している。特に高速船において「適材適所」の原則がますます重要となる。商船においては耐火安全規則が鋼構造のために開発されたため，高分子材料構造は火災時に問題を抱えている。新しい規則が策定中で高速船において最初に適用されるであろう。軍艦においてはそうした船級規則の拘束を受けないので状況は異なる。

船やボートにおいては，快適性や高級感を損なうことなく軽量化することがますます求められている。これは，例えばFRP―ハニカム製板に大理石の表面材を貼り付けるなど，新しい種類のサンドイッチ構造板の需要増加において確認される。インテリアや装飾用の同様の部品は，接着接合が候補となる場所の1つである。接着接合の信頼性の全般的な向上はボートの製造や造船所にとって有益となるであろう。高湿環境における長期信頼性は船舶において重要であり，更なる研究成果が最も必要な分野である。

文　献

1) C. Burchardt, Bonded sandwich T–joints for maritime applications, in: J. Backlund, D. Zenkert, B. Åstrom （Eds.）, Composites and Sandwich Structures, Engineering Materials Advisory Services Ltd., Stockholm, 1997.
2) M. Hentinen, M. Hildebrand, M. Visuri, Adhesively bonded joints between FRP sandwich and metal, in: Different Concepts and their Strength Behaviour, Technical research centre of Finland, Espoo, 1997.
3) ASM, ASM Engineered materials handbook, Composites, vol. 1, ASM International, USA, 1987.
4) M. Hentinen, M. Hildebrand, Joints between FRP Sandwich and Metal—Primary Design, Technical research centre of Finland, Espoo, 1995.
5) M. Hentinen, G. Holm, 'Load measurements on the 9.4 m sailing yacht sail lab, in: Proceedings of the 13th International Symposium on Yacht Design and Yacht Construction. Amsterdam, 1994.
6) L. Larsson, R. Eliasson, Principles of Yacht Design, second edition, Adlard Coles Nautical, London, 2000.
7) K.–J. Furustam, NBS–VTT Extended Rule, Technical research centre of Finland, Espoo, 1996.
8) B. Eklund, H. Haaksi, F. Sversen, R. Eisted, Disposal of plastic end–of–life boats, TemaNord 2013（2013）582. ISBN 978–92–893–2651–3 *https://doi.org/10.6027/TN2013-582.*
9) S. Jayaram, K. Sivaprasad, C. G. Nandakumar, Recycling of FRP Boats, Int. J. Adv. Eng. Res. Technol. 9（3）（2018）244–252.
10) W. R. Broughton, Assessing the moisture resistance of adhesives for marine environments, Chapter 8, in: J. R. Weitzenboeck （Ed.）, Adhesives in Marine Engineering, Woodhead Publishing Limited, 2012.
11) M. Hildebrand, The Strength of Adhesive Bonded Joints between Fibre–Reinforced Plastics and Metals, Technical research centre of Finland, Espoo, 1994.
12) B. Burchardt, et al.（Eds.）, Elastic Bonding, Sika Services AG, Verlag Moderne Industrie, 1998.
13) K. Marttila, G. Holm, Joints in Large Reinforced Plastics Parts, VTT Technical Research Centre of Finland, Espoo, 1991（in Finnish）.
14) R. D. Adams, J. Comyn, W. C. Wake, Structural Adhesive Joints in Engineering, second ed., Chapman & Hall, London, 1997.
15) K. Liechti, W. S. Johnson, D. A. Dillard, Experimentally Determined Strength of Adhesively Bonded Joints in Matthews F L, Joining Fibre–Reinforced Plastics, Elsevier Science Publishers Ltd., Essex, 1987.
16) M. Kanerva, O. Saarela, The peel ply surface treatment for adhesive bonding of composites: a review, Int. J. Adhes. Adhes. 43（2013）60–69.
17) J. Peltonen, Surface Pretreatments in Metal–Plastic Composite Joints, Oulu University, Oulu, 1991（in Finnish）.
18) C. S. Smith, Design of Marine Structures in Composite Materials, Elsevier Science Publishers Ltd., 1990.
19) Hart–Smith L J（1973）. Adhesive bonded single–lap joints. Long Beach, CA, Technical Report NASA CR 112236.

〈訳：岩田　知明〉

第21章　製靴産業における接着

José Miguel Martín-Martínez

21.1　はじめに

1950年代以降，靴の製造において，縫製，釘，ステープル，鋲に代わるものとして，甲被と靴底を接合する接着接合が使用されてきた。(i)より柔軟で均質な接合部が得られる，(ii)接合部にかかる応力が均等に分散する，(iii)美観が向上し，季節のファッションに合わせて異なるデザインや幾何学的形状の靴を製造しやすくなる，(iv)製造時の自動化が実現可能である，などという点から，製靴産業での接着剤の使用は大きなメリットがあった。しかし，靴の製造に関わる靴底材と甲被材の接着は，問題を避けるために接合部の形成に関わるすべての工程を厳しく管理する必要があるし，主成形剤，グリース，低分子添加物の接着剤-靴底界面への移行も問題となる。

靴の製造において，接着剤による甲被と靴底の貼り付けは，最も過酷な接着技術の1つといえる。靴の製造では，半年に一度（春と秋のシーズン），ファッションや流行により，性質や組成が異なり，かつ形状も異なる複数の素材が使われる。したがって，それぞれの靴に合わせて，接着方法を個別に設計する必要がある。これが，靴の製造業者が接合工程を適切に設計するための十分な時間がなく，靴の接合に関する統一的な方法論の確立が困難な理由の1つとなっている。一方，靴底や甲被素材，ならびに接着剤などに関しても，その品質管理は不十分である。確かに，靴のパーツの接合は技術というよりアートであり，靴の製造業者は毎シーズンの新モデルで，甲被と靴底の接合に関して常に心配し，恐怖さえ感じている。実際，いくつかのブランドでは，接着剤で接合した靴底に甲被をさらに縫い付けるというのが一般的なやり方である。

図21.1に，紳士靴の主な部品を示す。これらの部品の接合には接着剤が使用されている（**表21.1**）。靴の製造においてすべての接着接合は重要だが，甲被と靴底の接合が最も過酷で困難であることに疑いの余地はない。このため，本章では主に甲被と靴底の接合に焦点を当てる。

靴の種類（幼児向け，子供向け，室内，街中，寒冷地，カジュアル，スポーツ，登山靴など）により，求められる接着性能は異なる。カジュアルシューズやファッションシューズの接着は，比較的要求度が低く，要求される耐久性もそれほど高くない（最大3年）。一方，スポーツ用・子供向け・登山用の靴は，軽量性，衝撃・剥離・曲げ応力に対する性能，快適性，耐久性等に高い要求が課されるため，接合に対して非常に厳しい。安全靴は，溶剤の存在下で，比較的高い温度や高い応力，ならびにこれらのすべてを長期間にわたり受け続けるので，接着の点で圧倒的に過酷な条件に耐えなければならない。

製靴産業での接着剤に関するいくつかの重要なレビューが存在する。1960年代から1970年代

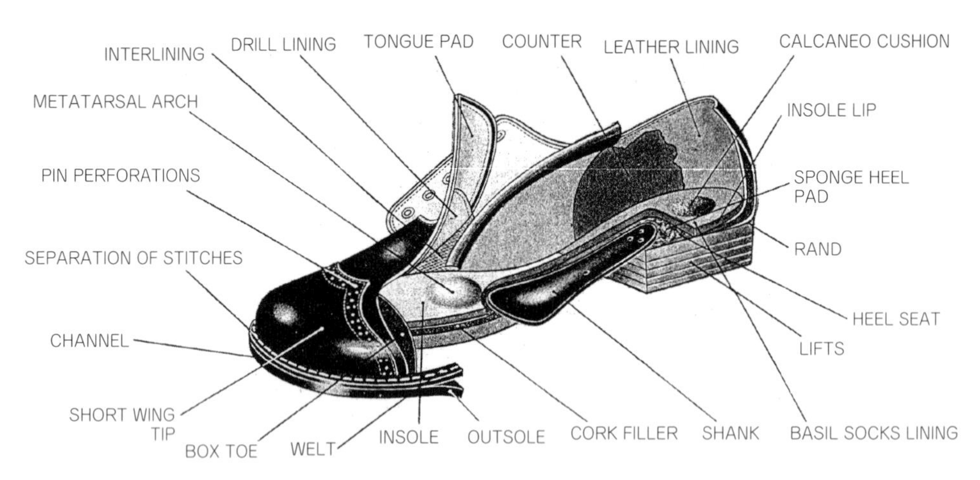

図21.1　紳士靴のさまざまなパーツ

表21.1　靴製造の接合部とその接着に使用される接着剤

靴の操作	粘着剤
マウンティング	セメント（ゴム接着剤）
ヒールカバー	ポリウレタン
靴底へのヒールアタッチメント	ポリエステルホットメルト
ボックストゥボンディング	ポリアミドホットメルト
シャンクとクッションの接着	水系ポリウレタン
リフトの取り付け	ポリエステルホットメルト
ソックス裏地の貼り付け	ポリクロロプレン
甲被と靴底の接合	ポリウレタン，ポリクロロプレン

にかけて発表された，Pirmasens（ドイツ）のPrüf- und Forschungsinstitut Pirmasens（PFI）[2-4]とKettering（イギリス）のThe Shoe Allied Trades Research Association（SATRA）[5]は，製靴産業における接着剤とその接合に関する，特定の側面を扱った優れたレポートである。さらに，製靴産業に特化したスペイン語の書籍[6]には，接着剤の使用を扱ういくつかの基本的な技術を説明している章が含まれている。しかし，これらは英語には翻訳されていない。最近では，ポルトガルの接着剤メーカーであるCIPADEが，この分野における最新の進歩を考慮してはいないものの，製靴産業における表面処理と接着の総説を改訂した[7,8]。靴の接着を扱った既刊の総説は，いずれも接着プロセスへの科学的アプローチを構成するものではなく，接着技術のみに焦点を当てたものである。さらに，これらのレビューのほとんどは，接着前の甲被と靴底の表面処理と，靴の接着に使用される接着剤の組成/調合の両方をほぼ考慮しておらず，接着剤製造業者の行動原理に関する分析も理解も不足している。これらの側面をすべて考慮した文献の多くは，著者が執筆した接着に関する書籍[1,9]のいくつかの章から構成されている。これ以外にも，溶剤系[10-18]および水系[19-22]のポリウレタン接着剤，溶剤系[23-29]および水系[30-40]のポリクロロプレン接着剤，甲被および靴底材料の表面処理手順を扱った優れたレビュー，技術報告，および論文も存在している[41-57]。

21.2　靴接着プルトコルの概要

適切な接合部を形成するためには，甲被，接着剤，靴底表面の間の接着力を最適化する必要がある。靴の接着には，甲被や靴底の表面改質（適切な表面処理やプライマーの塗布），接着剤成分の変更（接着促進剤や充填剤，可塑剤の配合），またはその両方など，接着力を高めるいくつかの方法が存在している。靴は個別に異なる材料，異なる幾何学的形状で作られている。また，ポリウレタンまたはポリクロロプレン接着剤が一般的に多く使用されている。適切な接着を行うためには，異なる連続した操作とステップに従う必要がある（**図 21.2**）。

接着する素材（甲被と靴底）の表面処理は，接着プロセスの最初のステップであり，一般的に溶剤による洗浄と粗面化が行われる。接着が困難な素材には，化学的な表面処理やプライマーの塗布が必須となる。接着の準備ができたら，接着剤の粘度調整を行い，耐久性が必要な場合はイソシアネート硬化剤を添加する。接着剤の塗布手順は，十分な接着を行うために重要であり，接着剤は接着する両素材の周辺部に塗布される（ポリウレタンホットメルトは，靴底にのみ塗布するため例外といえる）。ほとんどの甲被素材が多孔質であり，接着剤が液体として塗布されることを考慮すると，甲被への接着剤の浸透は許容事項であり，また機械的接着を促進することも期待される。しかし，靴底素材は非多孔質で，一般的に表面エネルギーが比較的低いため，機械的（粗面化など）および化学的（ハロゲン化など）の両方の表面処理が必要であり，化学的接着力の強化も求められる。したがって，靴の接着に関わる製造業者は，機械的および化学的である。さらに，いくつかの靴底の接着では，表面汚染物質による弱い境界層，さらに接着剤-靴底界面への接着阻害物質（バルクからゴム底へのワックスや石鹸など）の移動による境界層を，接合形成前に除去する必要があり，接着を実施した後にはそれらの移動を抑制する必要がある。

靴の接着における接合部形成の次のステップは，接着する甲被と靴底の表面で接着剤の溶媒を蒸発させることである（図 21.2）。ポリウレタン接着剤を使用する場合，常温ではタックがないため，一般に接着剤層の再活性化（赤外線ランプやハロゲンランプによる急激な加熱）が行われ，その後，靴底と甲被の表面の溶融した接着剤膜を一定時間加圧し接合する。靴の製造業者で

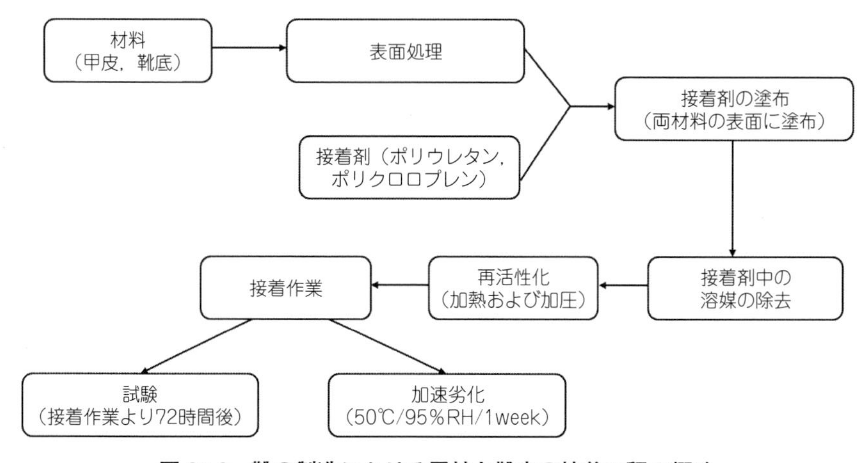

図 21.2　靴の製造における甲被と靴底の接着工程の概略

は多くの場合，親指の爪で靴の前部を押して接着剤接合部が分離しないか確認する。この圧力に耐え剥離が始まらなければ接合部は合格とみなされる。もし剥離が始まった場合は，通常，甲被と靴底の縫製が行われる。接着後，箱詰めする前に，少なくとも72時間，室温で静置する。使用中の適切な性能を保証するために，特定の靴では加速エージングが推奨されるが，一般には実施されない。エージング試験の条件はさまざまだが，一般的には50℃，相対湿度95％の環境下で7～14日間実施される。加速エージング試験は，登山靴と安全靴に義務付けられている。以下では，甲被と靴底の接合前の表面処理，使用する接着剤，甲被と靴底の接合手順とその試験方法について個別に説明する。

21.3　上部材の表面処理

ファッショントレンドや要求される性能に応じて，靴の甲被と靴底の製造にはいくつかの異なる材料が使用されている。これらの配合と主な特性（接着剤は記載されていない）を考慮した興味深いレビューがGuidettiらによって発表されている[58]。著者の知る限り，このテーマに関する追加のレビューは，その後発表されていない。

靴産業で使用される甲被と靴底材料の多くは，その本質的な低表面エネルギーと，表面上の汚染物質や付着防止部位の存在により，ポリウレタンやポリクロロプレン接着剤で直接接合することができない。したがって，甲被と靴底材料の表面処理は，汚染物質と弱い境界層を除去し，十分な接着強度を保証するための粗さと化学的機能性を作り出すために必須である。

21.3.1　レザー甲被の表面処理

フルクローム，セミクローム，ベジタブルタンニンなめしの革は，靴業界では最も一般的な甲被材料である。一般に，革は多孔質であるため，溶剤型の接着剤（主に溶剤のポリクロロプレン接着剤）との接着が容易である。表面処理には，コリウム（コラーゲン繊維の凝集力が高い革の層）を接着剤に露出させるために，弱いシボ層を機械的に除去（粗面化）することが含まれる[59]。一般に，上質な革の粗面化では，軽い粗面化よりも深い粗面化の方が高い接着強度が得られる。この粗面化された革の表面には，一般に2層の連続した接着剤層が塗布される。まず，低粘度の接着剤溶液（誤ってプライマーと呼ばれることがある）を塗布し，角質繊維の孔の入り口を埋め，次の接着剤溶液の適切な濡れ性を促進する。少なくとも5分後に（あるいは接着剤層が乾燥した時点で），前の接着剤と同じ性質の別の高粘度接着剤溶液を，下塗り後の革表面の上に塗布する。2つの接着剤層間の分子鎖の拡散は，均質な高凝集接着剤層を作るために必要である。

一般に，水牛や仔牛などの薄い革の上面には仕上げ面があるため，接着が制限される[60,61]。表面を軽く研磨した後，プライマーを塗布することが推奨される。プライマーは，コラーゲン繊維の凝集力を高めるために革のシボ層に浸透する必要があり，接着剤との相性も必要である。薄い革のためのいくつかのプライマー（水–ジメチルケトンブレンド，8.5 wt％のノニルフェノールポリオキシエチレンと8.5 molのオキシエチレンの水溶液，リオトロピック剤–尿素，$CaCl_2$）は，約140℃での熱処理を必要とするが[62,63]，ある程度の革の縮みが生じることが指摘されている。

これ以外に，約10%の遊離イソシアネートを含む低粘度の反応性溶剤ポリウレタンプライマーが，溶剤系接着剤に対する上革の接着性を改善するために使用されている[64-66]。これらのプライマーは，水分やコラーゲン表面と化学的に反応し，熱処理を必要としないため，革の収縮を回避することができる。しかし，プライマーの有機溶剤は，健康や環境への脅威を引き起こす可能性があり得る。

油分の多いレザー甲被の接着も困難である。特にセミクロームレザー甲被は，脂肪酸の含有率が高くなりやすい動物の皮から作られることが多いため，フルクロームレザーよりも脂肪酸が問題となる。レザー甲被に含まれる脂肪の量（一般に11～15 wt%）と種類（主に不飽和脂肪酸で2.7～5.5 wt%の濃度）が接着トラブルを引き起こす[67,68]。ポリウレタン接着剤はポリクロロプレン接着剤よりも油分の多い革に対して耐性があるが，11 wt%を超える油分の量は接着剤の性質や組成に関係なく接着の問題を引き起こす。油分の多い革の甲被を粗くし，塗布直前に接着剤に5 wt%のイソシアネートを添加することで，接着が改善される。

溶剤系ポリクロロプレン接着剤は，高い濡れ性と，熱による活性化が不要な永久タックを有しているため，レザー甲被の接着に優れている。しかし，ポリウレタン接着剤がより優れた性能を発揮するゴム底との接着性能に関しては劣ることがある。ポリウレタン接着剤をレザー甲被の接着に使用する場合，連続した2層の接着剤の塗布が必要で，一般的に熱活性化が必要である[69]。甲被にポリウレタン接着剤，靴底にポリクロロプレン接着剤の併用が提案されているが[70]，相性の問題や不適切なフィルム合体などが見られることがある。

21.3.2　非レザー甲被の表面処理

キャンバス生地，テキスタイル，ナイロン，ポリ塩化ビニル（PVC），PVC加工された織物や不織布，ポロメリック甲被など，いくつかの合成素材も靴製造に使用されている。皮革甲被は，一般的に，粗面化（仕上げの除去）や溶剤拭き取りなどの表面処理を行い，その後，連続した2層の接着剤層を塗布する。

PVC甲被は，可塑剤の移行によりポリクロロプレン接着剤との接着性が悪く，接着剤と靴底材との非混和性の原因となることがあり得る[71]。推奨される表面処理は，軽い粗面化，あるいはメチルエチルケトン（MEK）での拭き取りである[71]。さらに，5 wt%のイソシアネートを含むポリウレタン接着剤を使用することで，十分な接着力と耐久性が保証される[72]。また，ニトリルゴムをベースとしたプライマーを塗布し，2液ポリクロロプレン接着剤を使用することで，十分な性能を発揮することができる[69]。一方，PVCコーティングされた布地は，表層にアクリルまたはウレタンコーティングが施されている場合があり，最終的な接着部に弱い層が形成されるのを避けるために，これらのコーティングを接着前に除去する必要がある[73]。PVCコーティング布のアクリルコーティングはMEKでの拭き取りで容易に除去できるが，ウレタンコーティングはテトラヒドロフラン（THF）を必要とする。

ポリウレタンコーティングされた布地は，ポリウレタン接着剤で接着することができる。コーティングを除去するためには，溶剤による拭き取り，または細い回転式ワイヤーブラシによる軽い研磨（基材を傷つけないように注意する必要がある）が必要である。ポロメリック（ウレタン微多孔層を有する不織布）も，ポロメリックの微多孔層が接着剤に露出し，過度の粗面化で凝集力が低下し，接着に不利になるので，マイルドな研磨が必要である。ナイロン，ポリエステル，セルロースの中間膜がある場合は，イソシアネートプライマーを使用する必要がある[73]。

ナイロンやポリエステルの生地，ならびに表面が滑らかな繊維を用いた甲被やトップフィニッシュの甲被は，軽い磨き（表面材や潜在的な汚染物質の除去）を必要とし，その後，約2 wt%のイソシアネートを含む2液型ポリウレタン接着剤で接着する[74]。

21.4　靴底の表面処理

現在，接着で製造される靴の靴底には数種類の合成素材が使われており，天然素材の靴底（革やコルクなど）の使用は相対的に少ない。

21.4.1　天然素材の靴底の表面処理

カジュアルシューズの靴底は，多孔質で溶剤型ポリクロロプレン接着剤に濡れやすいため，接着は難しくない。革の靴底の表面処理は，コリウム層を表面に露出させ，接着剤のかみ合わせを可能にするために，深い粗面化（表面のコーティングやシボ層の除去だけでは不十分！）を行い，場合によっては溶剤プライマーも必要である。したがって，革の靴底の接着に関わる主な接着機構は機械的なものである。革底の接着には溶剤ポリウレタン接着剤を使用することができるが，溶剤型ポリクロロプレン接着剤を使用した場合よりも効果が低く，粗面化した後，イソシアネートを2.5 wt%含む低粘度の溶剤ポリウレタン溶液でプライミングする必要がある。

サンダルにはコルク靴底が広く使われている。繊維層をPVCコーティングされた布や革で包んだクッションタイプのイン靴底が一般的で，ポリクロロプレン接着剤で接合されている。一般に，靴底の耐摩耗性を向上させるために，薄いEVA製の中間靴底を2液ポリクロロプレン接着剤でコルクに接合している[75]。

21.4.2　ゴム靴底の表面処理

製靴業界では，ゴム底が圧倒的に多く使われている。非加硫（熱可塑性）ゴム底と加硫ゴム底が使用され，1液または2液の溶剤型または水系ポリウレタン接着剤で接着される。すべてのゴム底は，適切な接着のための表面処理が必要である。

21.4.2.1　非加硫ゴム靴底の表面処理

非加硫ゴムまたは熱可塑性ゴム（TR）の靴底は，スチレン-ブタジエン-スチレン（SBS）ブロックコポリマーで作られており，ブタジエンドメインが柔軟性を，スチレンドメインが機械特性を提供する。スチレンのドメインは擬似架橋と熱可塑性を付与し，寸法安定性を得るための加硫は必要ない。TR靴底は一般に，SBSコポリマー，ポリスチレン，可塑剤，加工油，充填剤（炭酸カルシウム，カーボンブラック），酸化防止剤などを含んでいる。TR靴底は表面エネルギーが低く，ポリウレタン接着剤で良好に接着するためには，表面処理が必須である。TR靴底は柔らかいため粗面化することができず，有機溶剤の適用によって膨潤する。化学処理が最も一般的で，主に異なる化学物質によるハロゲン化，またあまり一般的ではないが環化（硫酸による処理）なども行われる。

TR靴底の環化処理は，実験室規模であるものの提案されている。濃硫酸（95 wt%）に1分未満浸漬し，水酸化アンモニウムで中和した後，大量の水で洗い，処理後に乾燥が必要である。環化処理により，TR靴底表面に脆い層が形成され，屈曲や伸張時にマイクロクラックが発生し，ポリウレタン接着剤の機械的接合が促進される[76]。さらに，硫酸による処理では，SBSのブタジエンユニットの一部のC/C結合がスルホン化および酸化される。一方，TRの単独でのスチレン含有量は，硫酸処理による表面改質の程度を決定するが，その性質は決定しない；スチレン含有量が低いほど，TR表面の改質が顕著になる。

塩素処理は，いくつかの配合に効果があり，安価で施工が容易であり，処理したTR靴底表面は，表面処理後少なくとも3ヵ月間は多くのポリウレタン接着剤との反応性を維持するため，TR靴底の工業的表面処理として最も一般的である。TR靴底の塩素化表面処理はいくつか提案されているが，最も一般的に使用されている塩素化剤は，スイミングプールの消毒剤としてよく使用されているトリクロロイソシアヌル酸（TCI）-1,3,5-トリクロロ-1,3,5-トリアジン2,4,6-トリオン（**図21.3**）の有機溶剤（ケトンまたはエステル）溶液である。TCI溶液に含まれる有機溶媒がTR靴底の表面濡れの程度を決定し，実際の塩素化種はTCIと有機溶媒の反応により生成される。TCI溶液は，溶剤によるTR靴底の劣化を避けるため，TR靴底表面に柔らかいブラシで塗布し，乾燥させる必要がある[77]。スチレン含有量の少ないTR靴底の有機溶剤による劣化を避けるために，少量の1-オクチル-2-ピロリドン湿潤剤を含む酸性次亜塩素酸ナトリウム水溶液が提案されている[78]。塩素化処理はTR靴底の表面深さ約1 μmに限定され，接着力の向上は濡れ性の向上と表面への塩素部位の生成に起因する。ジクロロイソシアヌル酸ナトリウム（DCI）(図21.3）の水溶液もTR靴底の接着性を高めるために使用されてきた[79]。DCIの化学構造はTCIとやや類似しており，良好な接着を得るためには比較的高濃度のDCI水溶液が必要である。一方，*N*-クロロ-*p*-トルエンスルホンアミド水溶液（クロラミンT溶液を酸性化して得られる）を20～80℃で約1分間使用したTR靴底の表面塩素化処理の成功例が研究室レベルで提案されており[78]，実際の塩素化種は$SO_2-C_6H_4-NCl-Cl$であった。

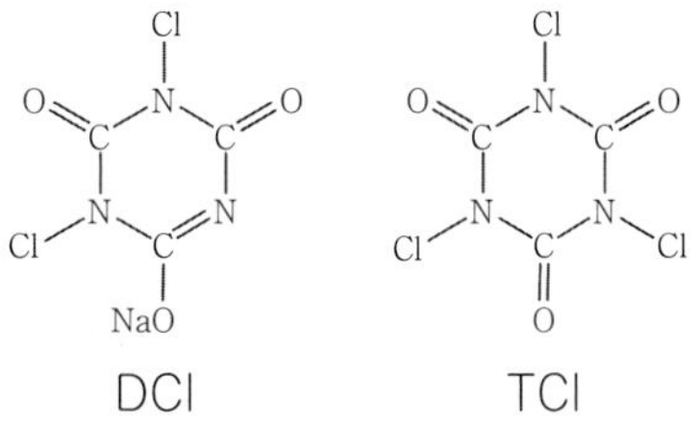

図21.3　DCI（ジクロロイソシアヌル酸ナトリウム），TCI（トリクロロイソシアヌル酸）の化学構造

TR靴底の塩素処理については，実験室規模でいくつかの代替的な表面処理が提案されている。電気化学的処理は，3.25 M硝酸中の硝酸銀の電気化学セルにTR靴底を浸し，硝酸で処理した後，中性pHまで水洗するものであるが，接着強度を向上させる効果は限られている[80]。また，TRの靴底の放射線による環境に優しいさまざまな表面処理も提案されている。これらの処理はクリーン（化学物質や反応副産物が発生しない）かつ迅速であり，さらにオンライン接着が可能であるため，これらの表面処理方法は靴産業において有望である。コロナ放電，低圧高周波（RF）ガスプラズマ，紫外線とオゾンの結合（UV−オゾン）処理は，いくつかのTR靴底の接着を改善するために実験室規模で使用することに成功している。

コロナ放電処理により，表面に極性部位が形成され，TR靴底の濡れ性が向上し，表面の洗浄と汚染物質（主に脱型シリコーン部位）の除去も生じ，ポリウレタン接着剤を用いた接合部のピール強度値は中程度に上昇した[81]。

低圧RFガスプラズマによる表面処理でも，TR靴底の異なるポリウレタン接着剤への接着性が向上した[82]。RFプラズマの生成には異なるガス（酸素，窒素，酸素−窒素混合ガス）を使用することができ，この処理によってTR靴底表面から炭化水素部位が部分的に除去され，酸素部位の形成と表面粗さが生じた。一方，ポリウレタン接着剤との接着性を向上させるために，CCl_4，低圧RFプラズマでTRを数秒間処理することも提案されている。剥離強度の大幅な向上が観察され，接着力の向上は，表面の炭素−酸素部位種と接着剤のイソシアナート基との化学結合に起因しているとされている[83]。

波長175 nmの低圧水銀ランプを用いたUV−オゾンによる表面処理は，ポリウレタン接着剤によるTR靴底の接着性を高めるのに有効であることが示されている[84]。UV−オゾン処理により，処理時間を長くすることにより，TR靴底表面の濡れ性，粗さ，および酸素と窒素の会合をより大きく改善することができた。TR靴底中のフィラーの性質と含有量は，UV−オゾン処理による表面改質および接着の程度を決定する。異なる量の炭酸カルシウムおよび/またはシリカフィラーを含むいくつかのTR靴底をUV−オゾンで表面処理したところ，濡れ性の改善，化学的（酸化）および形態的修飾（粗さ，アブレーション，表面溶融）が認められた[85]。これらの表面改質の結果，UV−オゾン処理により，ポリウレタン接着剤を用いたすべての接合部の接着強度が向上し，シリカフィラーを含むTR靴底を用いた接合部では，炭酸カルシウムフィラーを含む接合部よりも強度が顕著に向上した。

21.4.2.2　加硫ゴム靴底の表面処理

製靴業界では，天然ゴム（クレープ）やニトリルゴム（化学的に不活性なため安全靴の製造に一般的）も使用されているが，硫黄加硫スチレンブタジエン（SBR）ゴムが最も一般的な靴底材料となっている。

表21.2に加硫したSBRゴム底の典型的な組成を示す。加硫は硫黄と活性剤（*N*−シクロヘキシル−2−ベンゾチアゾールスルフェンアミド，ジベンゾチアジルジスルフィド，ヘキサメチレンテトラミン，酸化亜鉛），充填剤（シリカおよび/またはカーボンブラック，炭酸カルシウム）を添加して硬度と耐摩耗性を制御し，早期老化を避けるために抗酸化剤（ステアリン酸亜鉛，フェノール抗酸化剤）とオゾン化防止剤（微晶性パラフィンワックス）の添加が必要である。一般に，SBRゴム底の加硫は，熱板プレスの金型内で180℃以上で行われ，金型と直接接触する靴底の外面はバルクよりも実質的に高温となり，バルクとは異なる特性を持つ過加硫外面層が生成される。シリコーン離型剤は，一般に加硫中のゴム底の脱型を容易にするために使用され，靴底外面に転写される。さらに，加硫時には，SBRゴム底の接着に影響を与える追加の化学反応が生じる。したがって，加硫中に酸化亜鉛とステアリン酸が反応してステアリン酸亜鉛が生成し，ヘキ

表 21.2　SBR ゴム底の代表的な組成

原材料名	パーセンテージ（phr）
SBR 1502	100
沈降シリカ（Precipated Silica）	42
硫黄	2.0
クマロン–インデン樹脂	5.0
酸化亜鉛	1.5
ステアリン酸	2.4
N–シクロヘキシル–2–ベンゾチアゾールスルフェンアミド	2.0
フェノール抗酸化物質	0.5
ジベンゾチアジル・ジスルフィド	2.5
マイクロクリスタリンパラフィンワックス	0.8
ヘキサメチレンテトラミン	1.0
ステアリン酸亜鉛（Zinc stearate）	5.4

組成は，ゴム 100 部に対する部数（phr）で表している。

サメチレンテトラミンと不安定な付加物を形成する。加硫後，空気中の水分や有機溶剤と接触すると，この付加物の破断が生じ，ステアリン酸亜鉛が SBR ゴム底表面に移動し[86]，これがポリウレタン接着剤の付着防止部位として機能する[87]。一方，加硫後はパラフィンワックス，オゾン化防止剤も SBR ゴム表面に移行し，深刻な接着不良を引き起こす[88-91]。

加硫 SBR ゴム底の接着不良は，主にシリコーン離型剤の存在と，接着接合部が形成されると低分子物質（オゾン化防止ワックス，加工油）が界面に移行し，これらすべての化学物質が表面エネルギーを低下させることに起因していると思われる。パラフィンワックスとステアリン酸亜鉛は，加硫ゴムの厚さ 2 μm 程度の表面層に集中し，温度はオゾン化防止ワックスの表面移行を促進する[92]。加硫 SBR を 40～90℃で 15 時間オーブン加熱すると，表面のパラフィンワックスが部分的に除去され，パラフィンワックスの融点に近い温度で，パラフィンワックスの表面結晶が溶ける。さらに，90℃の加熱により，加硫 SBR 表面のパラフィンワックス層全体にバルクからのステアリン酸亜鉛の移動が起こる。

加硫 SBR ゴム底/ポリウレタン接着剤接合部の製造における重要な段階の 1 つは，再活性化，すなわち，接合される甲被と靴底表面の薄い接着剤層を，赤外線（IR）照射で急激に 80～90℃まで数秒間加熱することである。しかし再活性化によりゴム底表面の温度が上昇し，SBR ゴム底のバルクから表面への低分子量添加剤（主にパラフィンワックスとステアリン酸亜鉛）の移動が起こり，接着に有害な弱い層が形成される可能性がある。再活性化の際，パラフィンワックスの部分的な除去が生じ，SBR ゴム底表面のパラフィンワックス層の厚さが減少する[93]。また，再活性化温度の上昇により，溶融したパラフィンワックス層の表面積が増加し，SBR ゴム底バルクからの移行が防止される。さらに，加硫された SBR ゴム底バルクから移動したパラフィンワックスは，ポリウレタン–ゴム界面に達し，その後，ポリウレタン接着剤層を拡散して表面に到達する[94]。

加硫SBRゴム底の接着性は，いくつかの表面処理を施すことで改善されるが，いずれも濡れ性を改善し，ポリウレタン接着剤と反応できる極性部位を作り，接着防止部位（ステアリン酸亜鉛，パラフィンワックス，加工油）のバルクから表面への移動を抑制することが望ましく，さらに，ポリウレタン接着剤との機械的インターロックを促進するための表面クラックを形成することが好ましいとされる。加硫SBRゴム底の接着性を向上させるために，溶剤拭き取り，機械的・化学的処理，プライマー塗布などの表面処理方法が提案されている。しかし，トリクロロイソシアヌル酸（TCI）の有機溶媒溶液を用いた塩素処理は，加硫SBRゴム底の工業的な表面処理としては，圧倒的に一般的なものである。

SBRゴム底の粗面化処理により，過加硫層や表面汚染物質（油分，離型剤など）を除去し，粗面を形成する。弱い層の除去や表面粗さの向上は接着性を向上させるが，十分な接着強度を得るためには，さらに化学処理を行うことが必須である。SBRゴム底は，ポリウレタン接着剤との接着性を向上させるために，濃硫酸で実験室規模で化学処理することもできる[95]。しかし，この処理はゴムの変質とパラフィンワックスの表面への移動を引き起こす。石油エーテルでのふき取りが良好な接着を行う上で必須である。

SBRゴム底の接着表面処理には，いくつかの塩素化剤が提案されている。酸性化した次亜塩素酸ナトリウム水溶液がうまく使用されており，塩素化のメカニズムは，塩素に分解する不安定なH_2ClO^+種の形成からなる。塩素は，ゴムのブタジエンユニットの二重C/C結合と反応して，塩素化炭化水素部位と表面のいくつかの架橋を生じる[96]。トリクロロイソシアヌル酸（TCI）の酢酸エチルまたはMEK（ブタン-2-オン）溶液は，SBRゴム底の化学処理に最もよく用いられる塩素化剤である。TCI溶液の有機溶媒はゴム表面の濡れ具合を決定し，実際の塩素化種はTCI/MEK溶液ではα-クロロケトン，TCI/酢酸エチル溶液では酸塩化物が反応部である[97]。これらの塩素化種とゴムのブタジエン単位の二重C/C結合との反応によりC-Cl種が生成し，その反応は表面にとどまらず，100 µm程度の深さに浸透している。一方，TCI溶液で処理したSBRゴム底の接着性向上は，機械的接着（クラックやピット），化学的接着（塩素化炭化水素，C/O部位），弱い境界層の除去（ステアリン酸亜鉛，パラフィンワックス），熱力学的接着（濡れ性の改善）という複数の接着のメカニズムによる寄与である。さらに，塩素化処理中にSBRゴム底表面に未反応の固体角柱状TCI結晶が析出し，溶剤型ポリウレタン接着剤中の有機溶剤と接触して溶解し，その場で追加のC-Cl反応種を生成することがある。

SBRゴム底のTCI処理の効果は，塗布手順（浸漬よりもブラッシングの方がよい）[99]，TCI溶液の塗布から接着剤までの時間（最低10分は必要）[100]，塩素化溶液中のTCI濃度または活性塩素（3 wt%以下のTCIが推奨）[101-104]，塩素化の前の粗面化または溶剤拭き（より広範囲の処理が生じる）[56]および処理中の温度[105,106]などいくつかの実験変数に大きく依存している。

3 wt%のTCIを含む酢酸エチル溶液の活性塩素濃度は，加硫SBRゴム底の表面処理の程度を決定し，活性塩素濃度の高いTCI溶液を使用しても最高の接着強度は得られない[107]。さらに，TCI溶液中の塩素濃度は経時的に安定ではなく，TCI溶液の調製から加硫SBRゴム底処理までの時間が長くなると接着強度が増し，60日未満に調製したTCI溶液で処理すると最高値となる[107]。

酢酸エチル中の1および2 wt%TCI溶液を用いた加硫SBRゴム底の塩素化処理の効果に対する

温度（23℃，50℃，65℃）と時間の影響が調べられており，50℃以上の温度で最適な結果が示されている[105]。しかし，その後の研究[106]では，MEK中のTCI溶液による高アンチオゾナント含有加硫NRゴム底の塩素化処理中にこれらの温度を適用しても，甲被と靴底の接合部の接着強度は向上していない。ただし，濡れ性，表面化学および粗さの変化が生じているにもかかわらず，すべてが接着強度向上には無関係であったので，この場合の原因は接合形成後の時間経過に伴ってポリウレタン接着剤と加硫NRゴム底との界面に抗オゾン物質が移行したためと考えられる。

靴業界では有機溶剤の使用が制限されているため，酢酸エチルやMEKを用いたTCI溶液に代わる塩素化水溶液で加硫SBRゴム靴底の表面を処理する方法が提案されている。ジクロロイソシアヌレートナトリウム（DCI）水溶液による処理は，C–Cl部位および粗さの生成，ならびに表面の付着防止部位の除去により，加硫SBRゴム底の接着性を向上させる[57]。さらに，加硫NRゴムも次亜塩素酸ナトリウム水溶液で処理することができる。この場合，塩素化度，粗さ，ならびに剛性は塩素化時間が10分まで徐々に増加するが，ピール強度は塩素化時間が1分の場合に最も高い[108]。

加硫したSBRゴム底の接着性を向上させるためにさまざまなプライマーが使用されており，イソシアネート拭き取り，乳酸溶液[109]，いくつかの異なるカルボン酸（フマル酸，マレイン酸，アクリル酸，コハク酸，マロン酸）のアルコール＋有機溶剤溶液[110]などがある。カルボン酸の性質とブレンド溶媒の組成は，ポリウレタン接着剤への拡散速度と，ゴムと接着剤の界面での相互作用の程度を決定する。TCIとフマル酸の混合溶液は，接着が困難な加硫SBRゴム底の接着を改善するために試されているが，その効果は主にTCIによる塩素化によるものと考えられる[111]。

SBRゴム底の塩素処理に代わる方法として，酸化性無機塩（酸性重クロム酸カリウム，過マンガン酸カリウム，フェントン反応性）を用いた処理があり，実験室規模では部分的に成功していることが示されている[112]。超臨界流体による処理も，加硫したSBRゴム底のステアリン酸亜鉛とワックスを除去するためにテストされたが[113]，接着強度の向上は限られていた。

加硫したSBRゴム底の接着性を高めるために，さまざまな低圧RFガスプラズマによる処理が提案されている。酸素プラズマで1分間処理することで，加硫SBRゴム底とポリウレタン接着剤の接着力を顕著に向上させることができる[114]。低圧RF酸素プラズマの3つの異なる構成（直接，エッチング，二次下流）で処理時間を1～10分とし，加硫SBRゴム底の表面改質に使用したところ，直接酸素プラズマが最も効果的だった[115]。低圧のRF酸素プラズマによる処理は，SBRゴム底表面の酸化とアブレーションを引き起こすとともに，パラフィンワックスの移行を促進する温度の上昇をもたらす。このパラフィンワックスは，ゴム–ポリウレタン界面に弱い層を形成するため，ポリウレタン接着剤との接着性を悪くする。同様に，加硫したエチレンプロピレンジエンポリメチレン（EPDM）ゴム表面を低圧RFアルゴン/酸素プラズマで処理し，共加硫中のコンパウンド天然ゴム（NR）との接着性が改善された[116]。プラズマ処理によってEPDMゴムの表面組成（C–OおよびC/O官能基の形成）と粗さが変化し，剥離強度の向上が得られた。別の研究では，加工油を顕著に過剰に配合した加硫NRゴム底を低圧RFアルゴン–酸素プラズマで処理し，水系ポリウレタン接着剤に満足できるレベルの接着が達成されている。その効果はプラズマチャンバー内の棚の構成と処理時間に依存し，直接構成は最も効果的に表面改質をもたらした[117]。しかし，低圧RFアルゴン–酸素プラズマ処理によって表面改質が行われても，接合後のポリウレタン–ゴム界面に弱い境界層が形成されるため，接着力は向上していない。低圧RFアルゴン–酸素プラズマ処理の前に80℃で12時間加熱すると，加硫NRゴム底の表面改質の程度が高まり，600秒以上の処理時間で接着力の向上が得られている。

水系ポリウレタン接着剤との接着性を向上させるために，パラフィンワックスと加工油を過剰に配合した加硫NRゴム底の大気圧プラズマトーチ処理が，研究レベルで提案されており，ゴム表面とノズルの間隔5 mm，送り速度1 m/minで最高の結果が得られている[118]。

加工油脂を過剰に配合した難接着性NRゴム底の水系ポリウレタン接着剤への接着性を改善する目的で，オゾン併用紫外線処理（UV–オゾン）が実験室規模で実施された[119]。UV–オゾン処理により，ゴム表面から炭化水素部位とステアリン酸亜鉛が除去され，表面酸化（C–O，C＝O，COO–基の形成）が起こり，濡れ性の改善と表面エネルギーの増大（主に極性成分による）が得られた。また，UV–オゾン表面処理により，表面の加熱が起こり，加硫NRゴム底と水系ポリウレタン接着剤の接着力が向上している。この報告では，加硫NRゴム底に対して，紫外線照射源とゴム表面の距離を5 cmとし，3～6分間UV–オゾン処理した接合部で最も接着力が高かった。

21.4.3 高分子材料靴底の表面処理

現在，靴業界ではさまざまな高分子材料が使用されている。高分子材料の靴底は，軽量化のために靴に導入され，ファッション上の利点（例えば，容易なカラーリング）から，一般的にスポーツ用途やシーズン用途の靴に使用されている。靴底の高分子材料としては，ポリ塩化ビニル（PVC），ポリウレタン，ポリアミド，ポリエステル，そして主に，エチレン–酢酸ビニル（EVA）ブロックコポリマーが一般的である。

PVC靴底の接着問題は，表面に移行する可塑剤と安定剤（ステアリン酸塩タイプ）の存在が，接着剤との接触を妨げる（弱い境界層の形成）ことに起因している。PVC表面の有機溶剤（主にMEK）による拭き取りは通常効果的であり，性能を高めるためにTHFのような強力な溶剤もしばしば混合される[120]。溶剤による拭き取り後，1時間以内に接着剤を塗布する必要があり[121]，ポリウレタン接着剤のみがPVC靴底の接着に有効である。PVC靴底の安定剤除去には，乳酸溶液による処理が有効であり，場合によっては接着強度を高めるためにイソシアネートプライマーの塗布が推奨される。一方，水酸化ナトリウムの10 wt%水溶液による処理も，可塑化されたPVC靴底の接着力を高めるのに成功している[122]。

発泡ポリウレタン靴底の限定された接着性は，その表面に存在するシリコーン離型剤が接着を妨げていることに由来する。表面に付着したシリコーン離型剤は，ベースとなる基材にダメージを与えることなしに，粗面化によって除去することが困難である。このため，ポリウレタン靴底の軽度の磨きが必要となり，次いで溶剤による拭き取りが必要である。かつ，ポリウレタン接着剤の塗布前にイソシアネートプライマーを塗布することが非常に有用である。イソシアネートプライマーの代わりに，非常に希釈された溶剤ポリウレタンプライマーを使用することもできる。シリコーン離型剤を除去すると，ポリウレタンフォームの多孔性がポリウレタン接着剤との機械的接着に有利に働く。粗面化を避けるには，発泡ポリウレタン靴底に対して2回連続して溶剤を拭き取ることが適切である[120]。また，ポリウレタン靴底にドライアイスの粒子を約 0.4 MN/m^2 の圧力で衝突させるクライオブラスト処理も提案されている[122]。ここでは，固体粒子の衝撃により，ポリウレタン靴底表面から離型剤を除去することに成功し，ポリウレタン接着剤との接着性が向上している。

ポリアミドとポリエステルの靴底は，イソシアネートプライマーを塗る前に溶剤拭きや粗面化が必要である。この場合，ポリウレタン接着剤は十分な性能を発揮する[120]。EVA ブロックコポリマーは，表面エネルギーが小さいため，接着しにくい。酢酸ビニルの含有量が多いほど，接着は容易になる。軽量のマイクロセルラーEVA 靴底は，通常，軽度の磨きとポリウレタンまたはポリクロロプレン接着剤で十分に接着することができる。イソシアネート拭き取りも有効である[120]。射出成形された EVA 靴底は接着がより困難であるが，磨きの後に 2 液型ポリクロロプレン接着剤を塗布すると，適度な接着強度が得られる[123]。コロナ放電処理は，実験室規模で，酢酸ビニルを 12～20 wt% 含む射出成形 EVA 靴底のポリクロロプレン接着剤による接着強度を向上させるのに有効であることが示されている[123]。硫酸による処理も，酢酸ビニル含有量が 9～20 wt% の射出成形 EVA 靴底の接着力を向上させる。この接着力の向上は酸素部分の生成に起因するものである[124]。酸素低圧 RF プラズマと UV-オゾン処理も，2 成分ポリウレタン接着剤による EVA 靴底の接着強度を向上させるのに有効である[125,126]。UV-オゾンによる処理は，炭素-酸素部位の生成，粗さ，アブレーションにより，12～20 wt% の酢酸ビニルを含む EVA 靴底の濡れ性を改善し，処理時間を長くすることで効果が高まる。一方，酢酸ビニル含有量の高い EVA 靴底ではより短い処理時間（約 1 分）で改質が生じる[127]。UV-オゾン処理した EVA 靴底/ポリクロロプレン接着剤の接合部の接着強度は経時変化前も後も良好であり，その表面改質は処理後少なくとも 24 時間持続した。

EVA 靴底に低密度ポリエチレン（LDPE）を多量に配合したファイロン靴底は，特に接着が困難なものがある。LDPE の添加は，耐摩耗性の向上と EVA 靴底のコストダウンを目的としたものである。溶剤で広範囲に拭き取り，UV 活性化プライマーを塗布し，2 液型ポリウレタン接着剤を使用することで，良好な接着が得られる[128]。また，ファイロン靴底を火炎処理した後，イソシアネートプライマーを塗布し，2 液型ポリウレタン接着剤を使用することでも良好な接着が得られる[128]。さらに，ファイロン靴底の接着には，トルエン塩素化ポリオレフィンプライマーを 50～60℃のふき取りと共に塗布し，2 液型ポリウレタン接着剤を塗布したものも使用されている。このプライマーでは，靴底と接着性ポリマーの両方が膨潤することにより，接着性積層体の膨潤と収縮に伴って形成されるポリマー鎖の絡み合いや大きなポリマーセグメントの物理的な連結を促進するため，溶剤が接着性の成長に大きな役割を果たす。一方，UV-オゾンによる表面処理は，水系ポリウレタン接着剤を使用したファイロン靴底の濡れ性，極性，粗さ，さらに革への接着性を向上させる[129]。処理時間が長く，紫外線源と対象材料との距離が短いほど，濡れ性が向上し，新しい水酸基やカルボニル基が生成される。ファイロン靴底表面のアブレーションやエッチングも生じ，その変化は主に酢酸ビニルの選択的除去を引き起こすエチレン側で生じる。

21.5　靴の接着に使用される接着剤

甲被と靴底の接合には，1 液型および 2 液型のポリクロロプレン（ネオプレン）およびポリウレタン製の接触型接着剤が最もよく使用されている。これらの接着剤は，自己接着によって接着する。つまり，液状の接着剤を接合する両表面に塗布し，溶媒を蒸発させた後，表面のポリマー鎖を 2 つの接着剤層の界面に拡散させて，分子レベルでの密接な接着を実現する必要がある。ポリマー鎖の最適な拡散を達成するためには，2 つの要件が必要である。(i)接着剤による平滑または粗い靴底表面への高い濡れ性，(ii)靴底表面の空隙や粗さに浸透する接着剤の適切な粘度およびレオロジー特性である。この 2 つの要件は，溶剤接着剤では容易に達成できるが，水系接着剤では達成できない。

甲被と靴底の接合には，以前はポリクロロプレン接着剤が多く使われていたが，現在ではポリウレタン接着剤が一般的である。ポリクロロプレン接着剤はポリウレタン接着剤に比べてタック性が良く，濡れ性が高いのであるが，ハロゲン化ゴム底面との相性が悪く，PVC 靴底の接合には使用できない。一方，ポリウレタン接着剤はポリクロロプレン接着剤に比べて，多種類の靴底の接合に汎用性があり，経時的な酸化劣化も少ない。ただし，ポリウレタン接着剤による接合には，靴底の表面処理が必ず必要となる。

溶剤は一般に揮発性，引火性，毒性があり，空気中の汚染物質と反応してスモッグ発生の原因となることもあり，かつ靴製造工場での作業者暴露を引き起こす可能性がある。溶剤回収装置やアフターバーナーを換気装置に取り付けることも有効であるが，有機溶剤の使用による不都合を避けるため，多くの靴工場が水系接着剤に切り替えている。本項では，靴の接着に使用されるポリウレタン接着剤とポリクロロプレン接着剤の主な特徴について個別に説明する。

21.5.1　靴用接着剤としてのポリウレタン接着剤

スポーツシューズの PVC 靴底の接着には，溶剤型ポリクロロプレン接着剤は適用できない。この接着力不足を解消するために，溶剤型ポリウレタン接着剤が靴の接着に初めて導入された。現在，溶剤系ポリウレタン接着剤は，環境規制や安全衛生上の問題から，その使用が減少している。一方，水系ポリウレタン接着剤は，溶剤系ポリウレタン接着剤に比べてコストが高く，初期強度も低いため，製靴業界は当初，その使用に消極的だった。しかし最近では，固形分が多く，少量で溶剤系接着剤と同等以上の接着強度を得られることから，一般的に使用されている。また，ここ 10 年の間に，無溶剤の 100％固形ポリウレタン接着剤が靴の製造に導入されるようになった。自動車業界ではホットメルトポリウレタン接着剤が広く使用され，効果的なテストが行われている。ただし，製靴業界では，異なる機械や接着のコンセプトを導入する必要があるためあまり成功していない。靴業界は一般的に，接着技術の変更に消極的で，コストアップを意味する場合は特にそうである。本項では，溶剤，水，無溶剤のポリウレタン接着剤の主な特徴を個別に説明する。

21.5.1.1　溶剤硬化型ポリウレタン接着剤

靴の接着に使用される溶剤型ポリウレタン接着剤は，エラストマーまたは熱可塑性ポリウレタンの有機溶剤溶液である。これらのポリウレタンは，一般に，イソシアネート（MDI−4,4′−ジフェニルメタンジイソシアネートなど），分子量 2,000〜3,000 Da のポリオール（ポリエステルまたは ε−カプラクトン），鎖延長剤（ショートグリコール）を反応させて比較的低分子量（M_w＝200,000−350,000 Da）の線形ポリマーを製造し，ペレット状またはチップ状にしたものが用いられる[11,130]。ポリウレタン接着剤は，その極性および水素結合を形成する能力により，複数の異なる基材を接合することができる。

エラストマーポリウレタンは，約 120℃，1〜2 時間のバルク重合で工業的に生産されている。温度が高いと，ビウレットやアロファネートの形成が促進され，溶媒への溶解度が下がる。適切なモル質量（通常，粘度測定により決定される）が得られたら，ポリマーは急速に急冷され，さらにアニールされる。ケトン溶剤への適切な溶解性を得るために，イソシアネートと水酸基のモル比（NCO/OH）は，通常 1 よりわずかに高く保たれる。

エラストマーであるポリウレタンの構造はセグメント化されており（$(AB)_n$ 型のブロックコポリマー），ソフトセグメントとハードセグメントが区別できる[130,131]（**図 21.4**）。ソフトセグメントはポリオールで構成され，そのガラス転移温度（T_gs）は周囲温度よりかなり低く，ポリウレタンの結晶化に寄与している。ハードセグメントは，イソシアネートとショートグリコール（鎖延長剤）の反応によって生成され，ソフトセグメントよりも短く，極性が高く，剛性が高い。非極性の低融点ソフトセグメントと極性の高融点ハードセグメントは相容れず，その結果，柔軟なソフトドメインと硬いハードドメインで構成されるポリマーネットワークにミクロ相分離（偏析）が発生する。

溶剤接着剤に使用される典型的なエラストマーポリウレタンは，ハードセグメントの含有率が

図 21.4　エラストマー・ポリウレタンの分割構造

比較的低く（一般に 30 wt% より低い），その特性は主にソフトセグメントによって決定される。したがって，これらのポリウレタンは，低温で，ガラス転移温度（一般に－30℃から－40℃の間に位置する）とソフトドメインの軟化温度（50～80℃）の間の温度範囲において柔軟である[132]。融点が低いため，エラストマーポリウレタンは，熱可塑性（すなわち，ハードセグメント間の水素結合の破断による凝集力の損失）および表面タックを付与する比較的低温（典型的には 80℃より低い）で軟化することができ，両方とも正しい結合を確実にするために必要である。これらの特性（熱可塑性とタック）は，エラストマーポリウレタンのレオロジーおよび粘弾性特性と密接に関連している。**図 21.5** はエラストマーポリウレタンの特性である貯蔵弾性率（G'）と損失粘性率（G''）の間の典型的な交差点を示しており，交差点の温度は熱可塑性に関係している。このため，熱活性化温度は適切な接着接合を行うために重要である。交点温度（図 21.5 の 67℃）より低い温度では貯蔵弾性率（G'）が支配的でポリウレタンは高い凝集力と良好な機械的性質を示すが，交点温度より高い温度では損失弾性率（G''）が支配的でポリウレタンが流動しタックと良好な濡れ性を示すことがわかる。

溶剤ポリウレタン接着剤は，一般に，固体エラストマーであるポリウレタンペレットまたはチップを有機溶剤混合物に溶解することによって調製される。熱可塑ポリウレタンは線状構造を示すため，固形ポリマーを溶解する前に磨り潰す必要はない。混合は，ゆっくりと回転する攪拌機を備えた密閉タンクで行われる。ここでは，望ましくない架橋を避けるために，金属酸化物を含まないことが重要である。一方，湿気は避けるべきで，また有機溶媒の可燃性の原因となる帯電を避けるためタンクと攪拌機を接地する必要がある。

エラストマーポリウレタンのケトンへの溶解性は，主にソフトセグメントの結晶化度によって支配される。結晶化度は，エラストマーポリウレタン合成時の反応物の選択，およびポリエステ

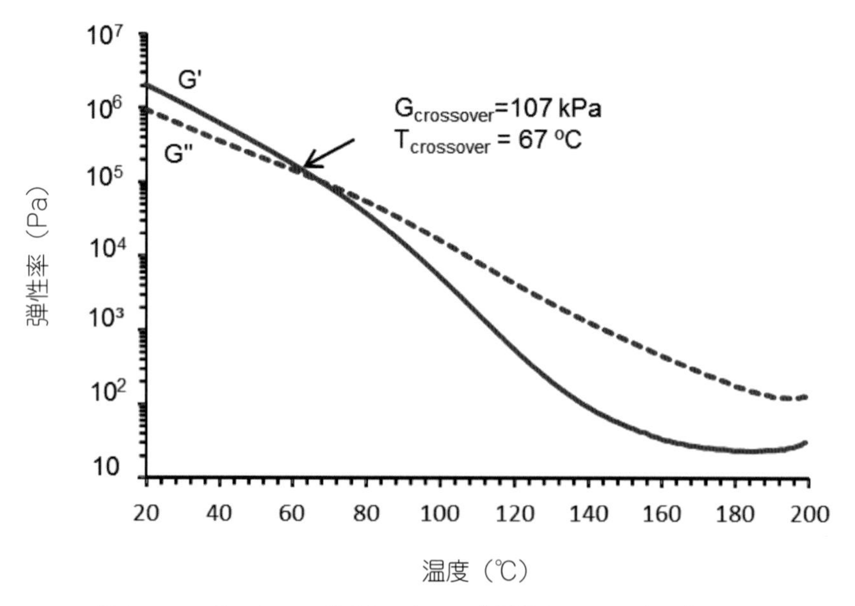

図 21.5　エラストマーポリウレタンの典型的なレオロジープロット

G'：貯蔵弾性率，G''：損失弾性率

ルまたはポリカプロラクトンポリオールの適切な分子量の選択によって変化させることができる。熱可塑ポリウレタンに少量の分岐があっても溶解性には影響しないが，引張強度には大きな向上が見られる。一般に，結晶化率の低いエラストマーポリウレタンは，オープンタイムは長いが，ピール強度や耐熱性が悪く，結晶化率の高いものは，オープンタイムは短いが，ピール強度が高く，耐熱性も改善される。このため，溶剤型ポリウレタン接着剤のオープンタイムと接着力のバランスをとるために，結晶化率の低いエラストマーポリウレタンと高いエラストマーポリウレタンの混合物を使用することが一般的である。

溶剤は，エラストマーポリウレタンの粘度と溶解度（**表 21.3**），貯蔵安定性，湿潤特性，ならびに基材に塗布したときの蒸発速度を決定する。エラストマーポリウレタンの溶剤としては，芳香族（トルエン，キシレン），テトラヒドロフラン，ジオキサン，シクロヘキサノン，一部のエステル（酢酸エチル，酢酸ブチル），各種ケトン（アセトン，メチルエチルケトン）などが一般的である。一般に，低沸点溶剤と高沸点溶剤が混合される。低沸点溶剤は，接着剤溶液を基材に塗布した後に，その大部分を速やかに蒸発できる。高沸点溶剤は，ソフトセグメントの結晶化速度を制御し，それによって接着剤のオープンタイムを延長するのに役立つ。実際，ソフトセグメントの結晶化が起こると，接着剤のオープンタイムは終了してしまう。さらに，高沸点溶剤は接着剤の粘度を低く保ち（このため希釈剤と呼ばれることもある），接着剤溶液が基材を濡らし，粗面および/または多孔質の基材表面に浸透し，機械的インターロック性を向上させることができる。一方，トルエンの添加により，保存中の接着剤溶液のゲル化を回避することができる。

溶剤型ポリウレタン接着剤に最も使用されるエラストマーポリウレタンは，結晶化する能力と高い初期接着性から，ポリブチレンアジペートのようなポリエステルソフトセグメントを含む形で作られている。より迅速な接着力の発現が必要な場合は，ソフトセグメントに 1,6−ヘキサンジオールのポリアジペートを使用することもできる。

溶剤型ポリウレタン接着剤の処方には，タック剤や耐熱性改良剤，可塑剤，充填剤，粘着付与剤，加水分解防止剤，ならびに架橋剤など，いくつかの添加剤を含めることができる。また，カルボン酸接着促進剤も添加することができる。

表 21.3　各種溶媒にエラストマーポリウレタンを 15 wt% 含有した溶液のブルックフィールド粘度（25℃）

溶媒	ブルックフィールド粘度（mPa·s）
アセトン	380
メック	435
酢酸エチル	1020
テトラヒドロフラン	1360
シクロヘキサノン	4140
ジオキサン	4225

ブルックフィールド粘度は，スピンドル No.3 を用い，50 rpm で測定した。

溶剤型ポリウレタン接着剤の基本的な代表的な配合を以下に示す。

ポリウレタンペレット	18 wt%
フュームドシリカ	2 wt%
フマル酸	1 wt%
メチルエチルケトン	59 wt%
酢酸エチル	20 wt%

溶剤型ポリウレタン接着剤の処方で使用される主な添加剤を以下に示す。充填剤（フィラー）は，レオロジー（粘度）の制御，グリーン接着性の向上，および溶剤系ポリウレタン接着剤のコスト低減のために添加される。フィラーは，少量の有機溶媒に高速撹拌で短時間に分散し，次にエラストマーポリウレタンと他の成分を配合し，その後，残りの有機溶媒を低撹拌速度で長時間にわたり添加する[133]。フィラーは，接着剤保存中の沈降を避けるため，有機溶媒への分散性が高いことが望ましい。

一部のフィラー（ホワイティング，タルク，バライト，炭酸カルシウム，アタパルジャイト，石英粉）は，接合部の充填性を向上させ，貼り合わせ時および硬化時の接着剤のはみ出しと漏洩を減らし，機械的特性を向上させ，溶剤系ポリウレタン接着剤のコストを下げるために添加される。沈降炭酸カルシウムフィラーの添加は，溶剤系ポリウレタン接着剤の機械的性質と初期強度を向上させるが，粘弾性特性は向上させない[134,135]。沈殿炭酸カルシウムの添加は，ガラス転移温度を低下させ，ソフトセグメントの結晶化度，すなわち相分離の程度を変化させる。エラストマーであるポリウレタンと炭酸カルシウムの相互作用は，フローマイクロカロリメトリーと拡散反射フーリエ変換赤外分光法によって分析されており[136]，ポリウレタンはエステル基を介して未処理の炭酸カルシウムに強く吸着する。というのも，炭酸カルシウムをステアリン酸処理すると表面の吸着サイトがブロックされて，ポリウレタンとの相互作用が大きく減少するからである。

靴の接着に使用される溶剤型ポリウレタン接着剤には，粘弾性特性や初期接着性が向上することから，パイロジェン（ヒュームド）シリカが最も一般的な充填剤として使用されている。ヒュームドシリカの添加により，多孔質な甲被（皮革，繊維）に対する接着剤の好ましくない浸透を防ぐことができ，溶剤系ポリウレタン接着剤の粘度やレオロジー（チクソトロピー，擬塑性）を制御することができる。これらの粘弾性およびレオロジー特性は，ヒュームドシリカ粒子上のシラノール基とポリウレタンのウレタン基との間に水素結合が生じることに起因しており[136-140]，これによっても凝集力や初期ピール強度が向上し，ヒュームドシリカ量を増やすことでより高い効果が得られる[140]。ポリエーテルポリウレタン–シリカナノコンポジットの機械的および熱的特性に及ぼす水素結合の影響について研究され，SiOH 基との相互作用により水素結合したウレタン基の数が増加し，1 vol% のシリカの添加はハードセグメントとのみ相互作用する。しかし，0.5 vol% のシリカ添加でもソフトセグメントと水素結合により相互作用する[141]。ハードセグメント含有量の低いポリウレタン–シリカ複合材料は，剛性および引張強度の低下，ならびに破断伸度の上昇を示す。このナノシリカの添加はソフトセグメントのガラス転移温度には影響しないが，ハード相の溶融に大きく影響している。このナノシリカは粒子径が小さく凝集度も低い。さらに，200～300 m^2/g の比表面積を有する。またこの親水性は，溶媒系ポリウレタン接着剤のレオロジー，機械的特性，および接着特性を高めている[139,142]。

溶剤ポリウレタン接着剤には，接着性を向上させるためにナノメートルサイズのカーボンブラック（CB）フィラーも添加されている。カーボンブラックの添加により，レオロジーおよび粘弾性特性が向上し，12 wt% までの添加量で引張強度を顕著に低下させることなく熱安定性と破断伸度が向上する[143]。しかし，ポリウレタンを吸着できる量は，フュームドシリカや炭酸カルシウムよりもカーボンブラックの方が少ない。これはカーボンブラックに比較的多く存在する微細孔の存在により，接近可能な表面の官能基が少ないためである[136]。

タッキファイヤーもよく使用される。溶剤系ポリウレタン接着剤は初期剥離強度が低いが，ロジンタッキファイヤーの添加により改善できる[144]。ロジンタッキファイヤーはポリウレタンの合成時に添加し，非相溶性を回避する必要がある。ロジンを添加したエラストマーポリウレタンは，ハードセグメントの含有率が高く，ウレタンとウレアアミド（イソシアネート基とロジンのカルボン酸との反応により生成）の両方のハードセグメントを有する。さらに，ロジンの添加により，ポリウレタンの分子量が増加し，結晶化速度が遅くなり，加硫した SBR ゴム底に対する初期ピール強度が増加する。

低混和性樹脂（アルキルフェノール，エポキシド，テルペンフェノール，クマロン）または高分子材料（低結晶性ポリウレタン，アクリル，ニトリルゴム，塩素化ゴム，アセチルセルロース）を加えることにより，溶剤系ポリウレタン接着剤のタックと耐熱性の向上を図ることができる[145]。耐熱性とともに接着性を向上させるために，反応性アルキルフェノール樹脂や塩素化ゴムなどの塩素含有ポリマーを添加することができる。一方，結晶化速度が遅くオープンタイムが長いエラストマーポリウレタンにアルキルフェノールホルムアルデヒド樹脂を添加すると，靴の接着で非常に関心の高い，熱による活性化を伴わない溶剤系ポリウレタン接着剤と接合（コールドボンディング）が可能になり得る。

プライマーも使用されるケースが多い。加硫 SBR ゴム底への接着性を向上させるため，溶剤ポリウレタン接着剤に少量（0.5～3 wt%）の脂肪族または芳香族，不飽和または飽和カルボン酸をエタノールまたはアルコール＋有機溶剤に溶解し，混合液としてプライマーとして使用される。最もよく使われるのはフマル酸およびマレイン酸である。プライマー中のフマル酸はポリウレタン接着剤と SBR 靴底の界面に移行し，ゴム表面からステアリン酸亜鉛とパラフィンワックスを除去しやすくする[52]。さらに，微量の水の存在下でプライマー中のカルボン酸がポリウレタンと反応し，結晶性を破壊して分子量を低下させる。このためプライマー中のカルボン酸の量が増加し顕著に接着強度を向上させることができる。一方，ポリウレタンの性質は，カルボン酸プライマーの効果の程度を大きく左右する。

架橋剤も使用されるケースが存在する。官能基が 2 以上あるポリイソシアネート（p，p''，p'''–トリイソシアネートトリフェニルメタン，チオリン酸トリス（p–イソシアナトフェニル）エステルなど）を 3～10 wt% 添加すると，溶剤型ポリウレタン接着剤（特に結晶化速度が遅いもの）の接着性，耐熱性および耐経年劣化性が向上する。一方，ポリイソシアネートの添加は，乾いたばかりの接着剤層のプローブタック強度や熱活性を向上させる効果もある。ポリイソシアネート架橋剤の多くは，固形分 20～30 wt%，遊離 NCO5.4～7 wt% を含み，一般に酢酸エチルに溶解される。ポリイソシアネート架橋剤は，溶剤系ポリウレタン接着剤に塗布直前に添加され，この混合物は限られたポットライフ（1～2 時間～数日）を有している。

SBR ゴム底と溶剤型ポリウレタン接着剤の接合部は，比較的低い架橋密度を示し，高湿度・高温下で加水分解を受けやすく，靴の使用時に接着力の一部または全部が失われる。使用直前の溶剤型ポリウレタン接着剤に 2～4 wt% のカルボジイミドを添加することにより，加水分解劣化の程度を抑制することができる。カルボジイミドは，加水分解時にそのカルボキシル基が水分やポリウレタンのウレタン基と反応し，アシルウレアを形成する[16]。エラストマーポリウレタンの合成にポリカーボネートジオール（PCD）ポリオールを使用することで，SBR ゴム底/溶剤ポリウレタン接着剤接合部の耐老化性と耐加水分解性を向上させることも可能である。PCD ポリオールを用いたエラストマーポリウレタンは，ウレタンとカーボネートの両方のブロックを含む，軟質相マトリックスに分散した秩序ある硬質ミクロドメインからなる二相性のモルフォロジーを示す[146]。ガラス転移温度以上の温度で加熱すると，ミクロドメインの短距離および長距離秩序が完全に破壊される可能性があり，軟質相からハードセグメントが分離することで，ハードミクロドメインで組織されたハード相が形成され，ポリウレタンの熱抵抗を高めることことが可能である。

21.5.1.2　水系ポリウレタン接着剤

水系ポリウレタン接着剤は，溶剤系ポリウレタン接着剤に代わる環境に優しい接着剤であり，有機溶剤の使用を避けるための最も簡単な選択肢である。なぜなら，同様の処理が可能で，接着性能は同等かそれ以上であり，原材料や処理コストが高くても経済的に使用できるためである。水系ポリウレタン接着剤を使用するには，現在の既存の製靴用接着技術に若干の変更が必要で，基本的には接合形成前に水分を除去するための加熱段階が追加される。しかし，靴の接着に水系ポリウレタン接着剤を使用する場合，以下のようないくつかの制限がある。(i)室温での粘着性がない（熱による活性化が必要），(ii)いくつかの基材，特にグリースを塗った革の濡れ性が悪い，(iii)長期間の安定性が比較的悪い（金属汚染物の存在，低温下（一般に 5℃ 以下），高い応力がかかると分散が崩れる）などである。

水系ポリウレタン接着剤は，水中に分散したポリウレタンウレア粒子をベースとしている。ポリウレタンウレア分散液の合成に用いられる反応剤は，脂肪族イソシアネート（H_{12}MDI-methylene bis(cyclohexyl isocyanate)- or IPDI-isophorone diisocyanate）である，疎水性の結晶性ポリエステル（ヘキサメチレンポリアジペート）またはポリカーボネートジオール（1,6-ヘキサンジオールのポリカーボネートなど）ポリオール，短いジアミン鎖延長剤（ヒドラジンまたはエチレンジアミン），内部乳化剤（通常はジメチロールプロピオン酸）などである。内部乳化剤はイオン性の親水基，具体的にはポリウレタン尿素粒子の表面に配向したポリウレタン鎖のハードセグメントに共有結合しているものを作り，このイオン性基が水への分散を可能にする（**図 21.6**）。

ポリウレタンウレアディスパージョンの合成にはいくつかのルートがあり，代表的なものはアセトン法とプレポリマー法である。

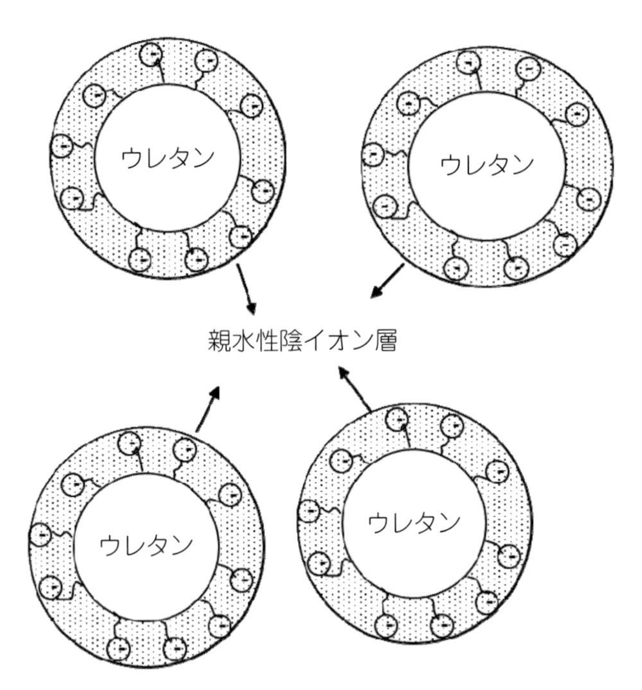

図 21.6　ポリウレタン分散液中の粒子のスキーム

アセトン法では，ポリオール，内部乳化剤，イソシアネートを反応させ，ペンダント親水基を有するプレポリマーを得る[147]。このプレポリマーをアセトンに溶解して粘度を下げ，3 級アミン（一般にはトリメチルアミン）を添加してイオン性基を中和する。水よりもイソシアネートとの反応が速いジアミン（エチレンジアミンが一般的）を用いて，プレポリマーの鎖延長を行う。次に，相転移によりポリウレタン粒子またはミセルを得るために水を加え，減圧下で蒸留してアセトンを除去する。

プレポリマー法では，最初にプレポリマーを合成し，後に鎖延長してポリウレタンウレア分散液を生成する。高いせん断速度を使用する必要があり，またいくつかの有機溶媒が必要な場合もある。後にそれらを除去して無溶媒のポリウレタンウレア分散体を製造する。ポリオールと脂肪族イソシアネートを反応させて得られたプレポリマーは，親水性基–カチオン性，アニオン性，ノニオン性–を含む内部乳化剤で修飾される。アニオン性内部乳化剤（ジメチロールプロピオン酸または *N*–メチルジエタノールアミン）が最も一般的に使用されている。プレポリマーは，水中での分散を促進するアンモニウム基を作るために，3 級アミンと反応し得る。鎖延長は一般に水相で行われ，ヒドラジンまたはエチレンジアミン鎖延長剤が一般的に使用される。ポリウレア結合が形成され，高分子量のポリウレタンウレアポリマーが得られる。

合成方法は，平均粒子径，結晶化度，粘度などポリウレタンウレア分散液の特性を決定する[148]。一般に，アセトン法ではプレポリマー法よりも粒度分布が狭く，結晶化度の高い均質なアニオン性分散液が得られるが，両法で合成したポリウレタンウレア分散体を用いた接合部の接着強度は同等である[149]。

ポリウレタンウレア分散液は，直径約 100～200 nm の単峰性小球状粒子で構成される高分子量線状ポリマーである。ポリウレタンウレアの分子量はエラストマーポリウレタンよりも著しく高く，十分な結晶化率と各種基材（PVC，ABS，ポリウレタン，皮革，木材，繊維）に対する接着性を示す。一方，水系ポリウレタン接着剤は，pH値が6～9であり，溶剤ポリウレタン接着剤と比較して固形分の割合が高く（35～50 wt%），粘度が低い（約100 m Pa s）。一方，水系ポリウレタン接着剤の粘度は，溶剤系接着剤と異なり，ポリマーの分子量に依存せず，その固形分と平均粒子径に依存するため，水系ポリウレタン接着剤の粘度は，溶剤系接着剤の粘度よりも低い。

水系ポリウレタン接着剤の接着特性は，ポリマーによって大きく左右される。その配合は一般に少量の増粘剤と乳化剤（界面活性剤）を含むだけのシンプルなものである。したがって，その接着特性は主にポリウレタンウレアの融点と結晶化速度論によって規定される。水系ポリウレタン接着剤の構造は，ハードセグメントとソフトセグメント，および内部の乳化剤によるイオン的相互作用からなり（**図21.7**），その特性はNCO/OH比と内部の乳化剤の含有量によって影響を受け，その凝集特性は溶剤ポリウレタンよりも高い。

水系ポリウレタン接着剤の特性は主にポリマーの構造的特徴によって決定される。その性能に及ぼす原料や合成パラメータの影響を分析するために，いくつかの研究が実施されている。イオン性基の含有量，ハードセグメントとソフトセグメントの比率，ポリオールの性質と分子量，鎖延長剤の性質，プレポリマーの中和度，対イオン性は，水系ポリウレタン分散液の特性と接着性を決定する[150,151]。

ハード-ソフトセグメントまたはNCO/OH比は重要である。NCO/OH比を大きくすると平均粒子径が大きくなり，ポリウレタンウレア分散液の粘弾性特性が向上する[147,152,153]。ただし，水系ポリウレタン接着剤のNCO/OH比による粘度の変化については，議論があるところである。García-Paciosら[154]は，NCO/OH比の増加により，ポリカーボネートジオールを用いた水系ポリ

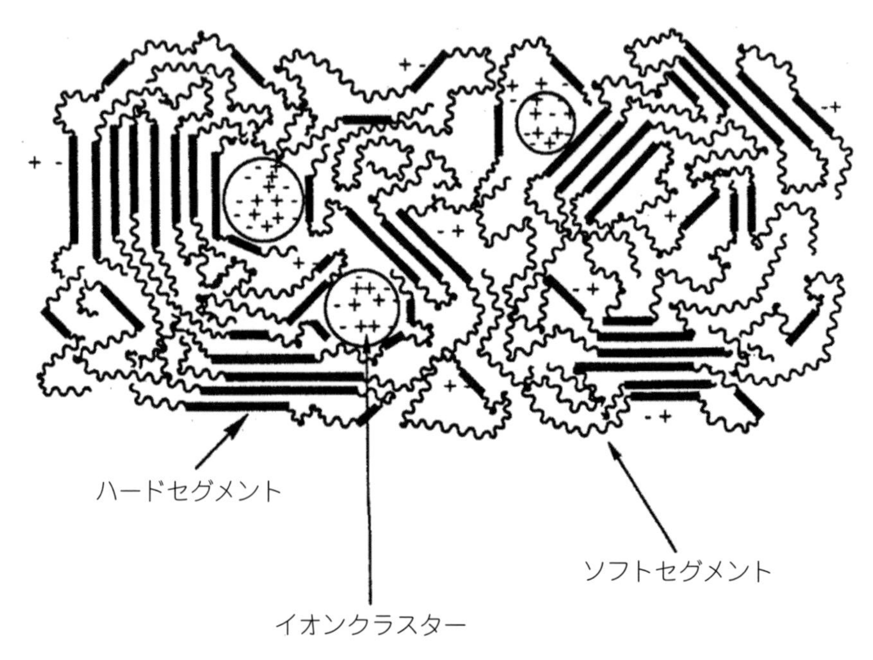

図21.7　水ポリウレタン接着剤の構造

ウレタン接着剤の平均粒子径が減少し，ブルックフィールド粘度が増加することを発見した。ただし，以前には逆の傾向が記述されている[154]。一方，NCO/OH 比の増加は，ウレアおよびウレタンハードセグメントの含有量，機械的性質，およびポリウレタンウレアのガラス転移温度を増加させる。さらに，NCO/OH 比は水系ポリウレタン接着剤の T–ピール強度およびシングルラップせん断強度を決定し，NCO/OH 比 1.5 で最大値を得る[155]。

ジイソシアネート。シクロ脂肪族ジイソシアネート（メチレンビス（シクロヘキシルイソシアネート）–H_{12}MDI およびイソホロンジイソシアネート–IPDI）の使用は，プレポリマー形成時の反応性をより良く制御する。IPDI を使用して合成した水系ポリウレタン分散体は，H_{12}MDI を使用して合成したものに比べて，平均粒子径が小さく，機械的性質も低い[156]。芳香族ジイソシアネート（メチレンジフェニルイソシアネートまたはトルエンジイソシアネート）を用いて合成した水系ポリウレタン分散体は，シクロ脂肪族ジイソシアネートを用いて合成したものより高い熱的および機械的特性を示す[157]。一方，脂肪族および芳香族ジイソシアネートの混合物を用いて作製した水系ポリウレタン分散体は，MDI のみを用いて作製したものよりも機械的性質および接着強度が高く，H_{12}MDI のみを用いて作製したものよりも低い[158]。しかし，H_{12}MDI と MDI を混合した水系ポリウレタン接着剤を用いて作った接合部は，塩水浸漬による加速エージングの後でも優れた接着力を示している。

ジオール鎖延長剤は，相分離度が高く，結晶性が高く，接着強度が良好なポリウレタンを形成する。また，ジオールの長さを大きくすることで接着強度も増加する[159]。ジアミン鎖延長剤は，ジオール鎖延長剤を用いて調製したものよりも，結晶化度が低く，相分離度も低く，かつ剥離強度が低いポリウレタンウレアを生成した[160]。

ポリオールの分子量を上げると（すなわちソフトセグメントを増やすと），平均粒子径が小さく，強靭で破断伸度の高いポリウレタンウレア分散体が得られる[161]。ただし，剥離強度はポリオールの分子量を上げると低下する[162]。ポリオール（ポリエステル，ポリエーテル，ポリカーボネートジオール，ポリカプロラクトン）の性質は，ポリウレタン尿素の相分離の程度を決定し，水系ポリウレタン分散液の特性に異なる影響を与える。カーボネート基が存在するため，ポリカーボネートジオールポリオールを使用すると，ポリエステルやポリエーテルを使用した場合と比べて，相分離の程度が低く，せん断接着強度が高くなる[163]。ダイマー脂肪酸ベースのポリエステルポリオールは，水系ポリウレタンディスパージョンの合成に使用されており[164,165]，優れた耐水性および耐加水分解性と高い熱安定性を示している[166]。ポリエステル（PE）とポリカーボネートジオール（PCD）ポリオールの混合物は，一方のポリオールのみで合成したものに比べて，平均粒子径が大きく，粘度が低い水系ポリウレタン接着剤を生成する。PE＋PCD 混合物を用いたポリウレタンのセグメント構造とミクロ相分離は，PCD の含有量によって異なり，PCD＋PE と粗面化した革の接合部に表面塩素化加硫 SBR ゴム底および水系ポリウレタン接着剤を用いた場合の接着性は，PCD と PE のみを用いたものと非常に似ている。しかし，PCD を 50 wt% 以上含む水系ポリウレタン接着剤を用いた接合部は，70℃の水中に 2 日間浸漬する加速エージング試験の後でも，優れた接着強度を示した[167]。同じ方向性で，ポリエステルのみとポリカーボネートジオールのみを用いた水系ポリウレタン分散体の混合物は，ソフトセグメント中の炭酸基間の相互作用により，セグメント構造およびミクロ相分離の程度が変化する。可塑化PVCや表面塩素化加硫SBRゴムの靴底と，粗面化した皮革との接合部では，接着剤混合物の組成に関係なく，優れた接着性が得られた。ポリカーボネートジオールを用いて合成した水系ポリウレタン接着剤では，表面塩素化加硫SBRゴムの靴底と粗面化した皮革の接合部は，70℃の水中での加速エージングにより接着力が低下しないが，ポリエステルだけを用いて合成した水系ポリウレタン接着剤を用いた接合では，ソフトセグメント中のエステルユニットに顕著な加水分解が生じた[168]。

イオン性基を有する。ジメチロールプロピオン酸（DMPA）量の増加は，水系ポリウレタン分散液の平均粒子径を減少させ，粘度を増加させる[169]。DMPA量の増加によりハードセグメント含有量が高くなり，機械的特性が向上し[170]，接着強度が低下する[171]。

固形分である。固形分の増加により，ポリウレタン尿素分散液の平均粒子径が増加し粘度は減少する[172]が，別の研究では，固形分の増加により平均粒子径が減少し，粘度は増加するとの逆の結論が得られている[173]。一方，固形分の増加は，水系ポリウレタン分散液を用いた接合部の剥離強度には影響しないが，シングルラップせん断強度は低下するとの指摘もある[173]。ポリオールの分子量とDMPAの量を適切に組み合わせると，ポリウレタン分散液の固形分濃度は最大52 wt%まで増加する。さらに最近では，イオン性内部乳化剤と非イオン性内部乳化剤を組み合わせて合成した高固形分の水系ポリウレタン分散液を調製した例があり，ソフトセグメントのガラス転移温度とポリウレタン尿素の結晶化度は低下するが機械特性は向上すると報告されている[174]。

増粘剤（ポリビニルアルコール，ポリウレタン，ポリアクリレート，セルロース誘導体）は，多孔質の上部基材への過剰な浸透を避ける目的で，水系ポリウレタン接着剤の固有の粘度を高めるために添加される[175]。ウレタン増粘剤による水系ポリウレタン接着剤の増粘機構は，以下に示すさまざまな相互作用の発生に起因すると考えられている：(i)ウレタン増粘剤の末端疎水基とポリウレタン粒子との相互作用，(ii)ウレタン増粘剤のポリエチレンオキシド（PEO）鎖とポリウレタン粒子上のイオン性基とのイオン吸着による相互作用，および(iii)ポリウレタンと増粘剤のウレタン基間の水素結合相互作用[176,177]である。一方，5 wt%のウレタン増粘剤の添加はハード・ソフトセグメント比を低下させるとともに，イオン性基含有量が増加し，水系ポリウレタン接着剤の粘度を著しく上昇させる[178]。

界面活性剤は，水系ポリウレタン接着剤のpHを安定させ，表面張力を低下させて濡れ性を向上させる働きを担う。これらの界面活性剤は，常にポリウレタンウレア粒子と水相の界面に配向している。界面活性剤が過剰になると，水分過敏症を引き起こし，水系ポリウレタン分散液の接着力を低下させるため，その使用量（必要最小量）と種類に十分注意する必要がある。

水系ポリウレタン接着剤には，特定の性能を得るために，いくつかのポリマー（酢酸ビニル，アクリル酸エステル）や樹脂（炭化水素樹脂，ロジンエステル）の分散液を添加することができる。ただし，分散崩壊を避けるため，ポリウレタンウレアとの相性に特別な注意を払う必要がある。一般に，水系ポリウレタン接着剤にはフィラーは添加されないが，粘度やレオロジーを調整するためにシリカ分散液を添加することができる。

界面活性剤で十分に変性したポリイソシアネート分散液を，水系ポリウレタン接着剤に添加すると，通常，経時的な粘度上昇が得られ，接着形成が最も遅くなる。ポリウレタンウレアの架橋は，当初は室温での剥離強度を増加させないが，耐熱性を増加させる。ポリイソシアネート以外に，アジリジン，ポリカルボジイミド，エポキシを含む他の架橋剤を水系ポリウレタン接着剤に添加することもできる。架橋剤は通常，塗布前に水系ポリウレタン接着剤に添加され，添加後は接着特性に影響を与えることなく4～10時間かけて塗布でき，架橋反応が完了するまでに数日を必要とする。水系ポリウレタン接着剤＋架橋剤混合物のポットライフは，溶剤ポリウレタン接着剤と異なり，粘度上昇を伴うことはない。水系ポリウレタン接着剤を用いた接合部の耐劣化性は問題ないが，水に弱い場合があり，カルボジイミドおよび/またはポリイソシアネートを添加することにより耐水性が向上する。

靴の接着では室温での接着剤の活性化が望ましいが，ほとんどの水系ポリウレタン接着剤は55℃以上の融点を持つため，熱による再活性化が必要である。十分な接着を行うには，水系ポリウレタン接着剤を接着する両基材に塗布し，室温で約30分，または熱風や赤外線ランプの下で50～60℃で数分間水分を蒸発させる。水分の除去後，乾燥したフィルムを熱活性化し，結晶性ソフトセグメントの溶融を生じさせ，粘着性を付与する。水系ポリウレタン接着剤の熱活性化は，接着する基材の種類や，温度，圧力，ならびに接触接着時間などのプロセスパラメータに非常に強く影響される。接着剤フィルムの温度を上げること，圧力を上げること，ならびに接触時間を長くすることはすべて同様の効果をもたらす。すなわち実際の接触面積の増加が生じ，より高い接着強度が得られる。熱活性化後のポリウレタンフィルムは，非晶質の粘弾性溶融体であり，良好な流動性を有する。加熱再活性化後の粘度の低下により，粘着フィルムが基板を濡らすことができ，加圧下で第2の基板上の粘着フィルムとの接合が生じる。接着剤による接合部が形成されると，最初は冷却により，その後はポリウレタン尿素の再結晶化により，接着剤の弾性率が増加する。

水系ポリウレタン接着剤の接着強度は，特に基材に依存する。表面が塩素化された加硫ゴムやPVC靴底では高い接着強度が得られるが，TRゴムへの接着は不十分な場合がある[179]。水系ポリウレタン接着剤の皮革甲被への接着性はしばしば不十分であり，粗面化処理を行う必要がある。同様に，油分の多い皮革や防水性の皮革への接着，ならびに不織布甲被に使用される粗面化されていないポリウレタンコーティングへの接着も困難であり，イソシアネートプライマーの適用が有効である場合がある。

21.5.1.3　無溶剤ポリウレタン接着剤

溶剤系ポリウレタン接着剤も水系ポリウレタン接着剤も，甲被と靴底の接着で高い接着力を得るためには，溶剤の蒸発が必要である。ホットメルトは100％固体の接着剤であり，十分な接着接合力を得るために溶剤の蒸発は必要なく，製靴産業において大きな可能性を持っている。しかし，ホットメルト接着剤を靴の接着に使用するには，必要な設備が大きく異なること，すべての基材を接着できるわけではないこと，ならびに靴の製造業者のコンセプトに変更が必要であるなどのことから，実現には時間がかかると考えられる。靴の接着のために，反応性および非反応性のホットメルトポリウレタン接着剤が開発されている。

湿気反応型ポリウレタンホットメルト接着剤は，1990年代に自動車産業で導入された。低パーセント（2〜3 wt%）のイソシアネートプレポリマーで，水分や基材表面の活性水素基との反応により硬化する。この接着剤は，塗布温度（約 120℃）で適度な低粘度を持ち，（結晶化可能なソフトセグメントが存在する場合）初期強度が速やかに発生し，徐々に非常に強い接着力を発現するという，エラストマーポリウレタンの優れた特性を示す。

最も水分反応性の高いポリウレタンホットメルト接着剤は，分子量 4,000 Da のポリ（ヘキサメチレンアジペート）やポリカプロラクトンなどの結晶性ポリオールを，モノマーMDI と反応させて合成され，遊離イソシアネート基を過剰に設定（NCO/OH 比＝1.5〜2.2）している[15]。一方，ケトン-ホルムアルデヒドやテルペンフェノール樹脂を添加すると接着性能が向上し，ポリエステルや熱可塑性樹脂，およびアクリレートを添加すると初期強度を向上させることができる。ポリオールはオープンタイムと粘度を制御し，水酸基末端ポリエステルの混合物は接着強度と硬化時間を制御する。CO_2 から得られるポリカーボネートポリオールは，皮革/加硫 SBR ゴム接合部の初期強度および最終 T ピール強度を改善する目的で水分反応性ポリウレタンホットメルト接着剤の合成に使用できる[159]。また，分子量の異なるポリエーテルポリオールをブレンドすることで，低粘度ながら初期強度が急速に増大する湿気反応性ポリウレタンホットメルト接着剤が得られる。

湿気反応型ポリウレタンホットメルト接着剤は，湿気との接触を避けるため，窒素封入容器で保管する必要がある。この接着剤は室温では結晶性固体であり，用途に応じて加熱（125℃程度）して粘度を下げる必要がある。湿気反応型ポリウレタンホットメルト接着剤は，片方の基材にのみ塗布し，もう片方の基材は最小限の圧力で直ちに接合する必要がある。塗布の際，接着剤および/または基材に水を噴霧して硬化を促進させることができる。硬化は，水分が遊離イソシアネート基と反応して不安定なカルバミン酸を生成し，それが一級アミンに変化することで始まり，アミン基は追加のイソシアネートとの反応によって直鎖状のウレア橋を生成し，さらにイソシアネート基との架橋によって３次元ネットワークが形成される。

非反応性熱可塑性ポリウレタンホットメルト接着剤は，木材の接着や靴の接着に市場に対応する，基材との化学反応を起こさない熱可塑性ポリマーである。加熱して溶けた状態で１枚の被着体に塗布し，被着体を組み立ててから再凝固して熱可塑性の状態に戻り，結晶化した後も良好な保持力を示す。最も反応性の低い熱可塑性ポリウレタンホットメルト接着剤は，再凝固を早め，接着強度を高めるために高速結晶化ポリエステルをベースにしており，線状構造を持ち，NCO/OH 比が２付近で調製されている。非晶質相が粘着特性に寄与し，結晶相が凝集力に関与している。

非反応性熱ポリウレタンホットメルト接着剤は，ジブチルスズジラウレート触媒の存在下，ポリオールとイソシアネートを約 60℃で混合することにより合成される。得られたポリマーはペレット化され，窒素や水分を含まない雰囲気の容器に詰められる。非反応性ポリウレタンホットメルト接着剤の典型的な配合は，分子量 530 Da のポリカプロラクトン 30 wt%，1,4 ブタンジオール 14 wt%，1-ブタノール 1 wt%，MDI55 wt% で構成されている。塗布温度は 170℃ 以上と高い。接着を行うには，湿気反応型ポリウレタンホットメルト接着剤と同様の手順で行う。しかし，塗布ガンの温度では接着剤の粘度が高くなるため，基材の濡れ性が制限される。粘度を下げ，これらの接着剤の性能を向上させるために，1,4 ブタンジオール鎖延長剤の一部をモノール（例えば

1-ブタノール）に置き換えることができる。ただし，1,4 ブタンジオール鎖延長剤の一部を 1-ブタノールで置換すると，ポリマー鎖の分子量が低下して粘度が著しく低下し，ハードセグメントの含有量やミクロ相分離の程度が低下し，機械的特性の低下につながる。

ポリエステルベースの非反応性ポリウレタンホットメルト接着剤の結晶化のキネティックスは，1～4 wt% の異なる添加剤（分子量 3,300 g/mol，軟化点 60～90℃のポリカルボジイミド，軟化点 105℃の炭化水素樹脂，NCO 含有量 12.8～15.7%，軟化点 62～82℃の α-カプロラクタム・ブロック型ポリイソシアネート）[180] によって促進することができる。これらの添加剤はポリウレタンの核生成過程には影響しないが，ポリマー鎖の移動度を低下させる。また，PVC 靴底の接合での最も高い T-ピール強度は，ポリカルボジイミドを配合したポリウレタンホットメルト接着剤のそれに相当する。

非反応性熱ポリウレタンホットメルト接着剤の接着強度を向上させるための別の異なる戦略は，粉末を製造するための熱可塑性ポリウレタンエラストマーの処理から成る[181]。軟質ポリウレタンエラストマー粒子は，凝集を防ぐためにブロッキング防止剤（ステアリン酸亜鉛）の添加が必要であり，これが剥離接着強度を低下させる。この欠点を克服するためのポリウレタンエラストマー粒子の前処理として，ホワイトスピリットによる湿式洗浄（この溶剤はステアリン酸亜鉛のみを溶解し，ポリウレタンエラストマーは溶解しない）と乾式大気圧プラズマ処理の 2 種類の処理が提案されている。両処理ともポリウレタンエラストマーの結晶化度は高く，PVC 基材に対する高い剥離強度が得られるが，大気圧プラズマ処理した接着剤の方が良好であった。

また，甲被と靴底の接着に厚さ 30～3,000 µm の非反応性熱ポリウレタンホットメルト接着フィルムの使用が提案されている[182]。接着フィルムの使用は，塗布工程に有利であり，80～90℃で溶けるため，加熱した塗布ガンを使用する必要はない。低融点接着フィルムは，分子量 1,000～1,500 Da のポリオール，ジオール鎖延長剤，ならびに有機ジイソシアネートを反応させて合成した低融点熱可塑性ポリウレタンで作られている。この粘着フィルムは，低温で各種布地に接着でき，適度な加熱により，破損，収縮，または変形することなく，異なる靴底や甲被を接着することができる。

21.5.2 靴の接着におけるポリクロロプレン（ネオプレン）接着剤

ポリクロロプレン接着剤（デュポン社の最初の製品名からネオプレン接着剤と呼ばれることが多い）は，靴底と甲被の接着に広く使用されてきたが，現在ではポリウレタン接着剤にほぼ置き換えられてきている。溶剤系ポリクロロプレン接着剤は，芳香族有機溶剤の配合が許容できないため，製靴業界ではあまり使用されていない。しかし，多孔質の基材を含むいくつかの仮止め作業（靴底と甲被の接着の前）では，非永久的な接着剤として非常に有用である。一方，最新の水系ポリクロロプレン接着剤は，甲被と靴底の接着に良好な性能を発揮するため，水系ポリウレタン接着剤と競合する可能性もある。ただし，あまり一般的には使用されていない。

ポリクロロプレン接着剤は，高い初期強度（最初に接触したとき，そして接着剤が完全に硬化し究極の接着特性を発揮する以前に，2 つの物体の表面を一緒に保持する能力）を特徴としている。ポリクロロプレン接着剤の性能は，主にゴムの化学的性質と分子量，混合溶剤（ゴム鎖のほぐれ具合と初期強度を決定する），配合成分（主にタッキファイヤーの量と種類）により決まる。

ポリクロロプレン接着剤は，ほとんどすべての高極性表面，ならびに多くの低極性基材表面を一時的または永久的に接着し，室温で硬化（すなわち加硫）し，主な硬化剤は酸化亜鉛とイソシアネートで，再活性化は必要ない。フェノール樹脂とコンパウンドした場合，ポリクロロプレン接着剤は，特に数時間後に高い剥離強度を示すが，逆にせん断応力に対する耐性は低くなる。一般にポリクロロプレン接着剤は，耐湿性，耐薬品性，耐油性に優れ，経時変化にも優れ，耐熱性も優れている。

ポリクロロプレンエラストマーは，2-クロロ-1,3-ブタジエンモノマーのフリーラジカル乳化重合により製造される。このモノマーは，ビニルアセチレンに塩化水素を添加するか，ブタジエンを290～300℃で塩素化することで調製される。クロロプレンの乳化重合は，pH10～12で行われ，適切な表面活性剤によってモノマー液滴を水相に分散させる。乳化重合の際，不溶性の架橋ゴムが形成され，加工可能なポリマーを合成するためには，硫黄，二硫化チウラム，またはメルカプタンによる修飾が必要である[12]。一方，重合中でもクロロプレンモノマーはさまざまな方法で添加することができ，ポリクロロプレンに結晶性を付与するためには*trans*-1,4付加が望ましい。実際，接着剤用の結晶性ポリクロロプレンのグレードは90%以上の*trans*-1,4付加で合成されているが，結晶性のないグレードは通常80～85%の*trans*-1,4付加を含んでいる。

ポリクロロプレンの結晶化度は，靴産業における靴底と甲被の接着に非常に重要な指標であり，高い結晶化度は高い凝集力に関連する。50℃を超えると，未硬化のポリクロロプレン接着剤は結晶化度を失い，冷却すると再び結晶化し，凝集力が回復する。しかし，結晶化度の増加により，ポリクロロプレンの柔軟性，耐油膨潤性，および耐パーマネントセット性が低下する。

ポリクロロプレンの分岐の程度はさまざまで，分岐がほとんどないものをゾルポリマー，分岐が多いものをゲルポリマーと呼んでいる。溶剤グレードのポリクロロプレンポリマーの多くはゾルポリマーであり，芳香族溶剤に可溶である。このポリクロロプレンのゲル含有量は，凝集力，反発弾性，伸び，オープンタック時間，ならびに耐パーマネントセット性，油膨潤性に影響を与えるので，コントロールする必要がある。

21.5.2.1　溶剤系ポリクロロプレン接着剤

溶剤系ポリクロロプレン粘着剤の代表的な配合をゴム100部あたりの部数（phr）で示すと次のようになる。

ポリクロロプレン	100フレーズ
タッキファイヤー樹脂	30フレーズ
酸化マグネシウム	4フレーズ
酸化亜鉛	5フレーズ
水	1フレーズ
酸化防止剤	2フレーズ
混合溶媒	500フレーズ

靴の接着を目的とした接着剤には，分岐がほとんどない硫黄変性ポリクロロプレンが最もよく使用され，接着が困難な基材にはメタクリルグラフトポリクロロプレンが好まれる。これらは芳香族溶媒に溶解し，ポリマーの種類によって分子量や結晶化速度が左右される。ポリクロロプレンの分子量を大きくすると溶液粘度，粘着力，耐熱性が向上し，結晶化速度を大きくすると接着力，高温での極限強度の発現が促進されるが，オープンタイムが短くなり，タック性が低くなる。しかし，タックは，接合時の圧力を上げるか，溶媒を適切に選択することにより増加させることができ，これはすなわち，オープンタイムの延長も意味する。

金属酸化物は，溶剤を媒体とするポリクロロプレン接着剤にいくつかの機能を付与し得る。酸化マグネシウム（4 phr）と酸化亜鉛（5 phr）は，酸受容体として相乗的に作用し，時間とともに少量の塩酸が放出されることによる変色や基材の劣化を回避することができる。さらに，酸化マグネシウムは，ポリクロロプレンの粉砕加工時にスコーチ遅延剤として作用し，また，*t*-ブチルフェノール樹脂と溶液中で反応し，耐熱性の向上をもたらす注入可能なレジネートを生成する(少量の水も必要である)。一方，酸化亜鉛は，溶剤ポリクロロプレン接着剤に室温硬化を生じさせ，強度の向上と耐老化性の改善が生じる。

樹脂の添加は，接着性を向上させ，タック保持力を高め，溶剤系ポリクロロプレン接着剤の熱凝集強度を向上させる。*para*-3級ブチルフェノール樹脂の添加量は35～50 phrが一般的で，フェノール樹脂の含有量を増やすとタックが低下し，約40 phrの添加で接着強度が最大になる[12]。金属酸化物と*t*-ブチルフェノール樹脂を含むポリクロロプレン接着剤の溶液は，相分離（例えば，上層は透明，下層は凝集）を示すことがあるが，これは*t*-ブチルフェノール樹脂の広い分子量分布に起因すると考えられ，使用前の撹拌で接着特性を回復させることは十分可能である。一方，テルペンフェノール樹脂を添加すると，オープンタック時間が長くなり，*t*-ブチルフェノール樹脂よりもソフトな接着剤層が得られる。十分な高温強度強度を得るためには，テルペンフェノール樹脂とポリイソシアネート硬化剤との併用が考えられる。

ポリクロロプレン接着剤には，基材の酸化劣化や酸による腐食を避けるため，2 phr程度の酸化防止剤が添加されている。ジフェニルアミンの誘導体（オクチル化ジフェニルアミン，スチレン化ジフェニルアミン）は良好な性能を発揮しるが，汚れが発生し得る。これを避けるためには，ヒンダードフェノールやビスフェノール類を添加することもある。

溶媒は，溶剤系ポリクロロプレン接着剤の粘度，接着力発現，オープンタイム，コスト，最終強度に影響する。一般に，3種類の溶剤（芳香族，脂肪族，酸素酸塩-ケトン，エステルなど）から，ポリクロロプレン接着剤に最も適した溶剤ブレンドを予測するグラフ手法が提案されている[25]。溶剤の蒸発速度は，溶剤系ポリクロロプレン接着剤のオープンタック時間を部分的に決定し，遅い蒸発はタック時間を延長し，速い蒸発は凝集力を向上させる。

フィラーは接着力，凝集力を低下させるため，溶剤系ポリクロロプレン接着剤にはあまり添加されない。コストダウンのために炭酸カルシウムやクレーを添加することがありるが，粒径が5 μm以下で吸油量が中程度（フィラー30 g/100 g）であれば接着強度は良好である。ポリクロロプレンはもともと難燃性であるが，この特性をさらに向上させるために，三水和アルミニウム，ホウ酸亜鉛，三酸化アンチモン，シラン（メルカプトシラン，クロロシラン）処理したシリカを添加することもある。

溶剤系ポリクロロプレン接着剤には，耐熱性を高めるために硬化剤が添加されている。硬化剤としては，チオカルバニリドやポリイソシアネートなどが使用できる。ポリクロロプレンにはイソシアネート基と反応する活性水素原子がなく，ポリマー鎖中の少量の1,2−付加によりアリル塩素が得られ，ポリクロロプレン合成時に水酸基に変換され，この水酸基がイソシアネートと反応するのではないかとの説がある[12]。スチレン含有量の多いTRゴム靴底の接着には，溶剤系ポリクロロプレン接着剤＋ポリイソシアネート混合物はあまり適切ではなく，ポリα−メチルスチレン樹脂の添加がかなり有効である[26]。

一般的ではないが，可塑剤の添加は結晶化に影響を与え，溶剤系ポリクロロプレン接着剤のコストを低減させる。また，結晶化速度の低減が必要な場合は，芳香族性の高い鉱油を添加することができる。

21.5.2.2　水系ポリクロロプレン接着剤

ここ数年，靴業界では溶剤系ポリクロロプレン接着剤の使用が本格的に制限され，水系ポリクロロプレン接着剤の導入が徐々に進んでいる。水系ポリクロロプレン接着剤はポリクロロプレンラテックス（ゲルポリマー）でできており，その接着力は結晶化度ではなくゲル含有量に依存する[36]。ポリクロロプレンラテックスのゲル含量が増加すると，凝集力，モジュラス，耐熱性は向上するが，タック，オープンタイム，伸度は低下する。水系ポリクロロプレン接着剤のオープンタイムは，溶剤ポリウレタン接着剤より長いが，それでも同様の接着強度が得られる。

水系ポリクロロプレン接着剤の最初の配合は，ラテックスポリマー，タッキファイヤー，金属酸化物，酸化防止剤，増粘剤，界面活性剤，および消泡剤からなる。水系ポリクロロプレン接着剤のゴム100部あたりの部数（phr）での典型的な組成を以下に示す。

ラテックスポリマー	100フレーズ
界面活性剤	必要に応じて
消泡剤	必要に応じて
タッキファイヤー	50フレーズ
シックナー	必要に応じて
酸化亜鉛	5フレーズ
酸化防止剤	2フレーズ

ポリクロロプレンラテックスは，初期タックやオープンタイム，室温およびホットボンド強度，塗布手順，および粘度などを決定する。一方，タッキファイヤーおよびフィラーを配合したメタクリル酸メチルグラフトポリクロロプレンラテックスは，キャンバスへの剥離強度を向上させる[183]。さらに，ポリクロロプレン ラテックスと40 wt%のスチレン−アクリレートエマルジョンに1.25 wt%のホウ酸をブレンドすると，十分な濡れ性，高い初期タック，および優れた凝集力を備えた水系ポリクロロプレン接着剤が得られる[184]。

タッキファイヤーは，水系ポリクロロプレン接着剤の接着性，オープンタイム，タック，耐熱性に影響する。タッキファイヤーのガラス転移温度，軟化点，極性，ならびにタッキファーとポリクロロプレンラテックスとの相性も接着剤特性に影響する。*t*-ブチルフェノール樹脂はポリクロロプレンラテックスとの相溶性が悪いので水系ポリクロロプレンには使用できず，30～60 phrのテルペンフェノール樹脂やアルキルフェノール樹脂が一般的に使用される。テルペンフェノール樹脂の使用量を増やすと，高温強度や接触性が若干低下する。また，テルペンフェノール樹脂は比較的タック性が低いが，高温耐性は良好であり，十分な接着強度を得るために熱活性化および/または加圧が必要となる。ロジンエステル樹脂エマルションは，水系ポリクロロプレン接着剤のタック寿命を延ばすが，凝集力および耐熱性を低下させる。

近年，製靴産業用途の水系ポリクロロプレン接着剤として，タッキファイヤーを使用しない新しい処方が開発され[185]，タッキファイヤーは低平均粒子径（約5 nm）のアクリルまたはシリカゾル分散液で代用されている。

ポリクロロプレンディスパージョン	100フレーズ
界面活性剤	必要に応じて
消泡剤	必要に応じて
シリカゾルディスパージョン	10フレーズ
酸化亜鉛	1フレーズ
酸化防止剤	2フレーズ

この水系ポリクロロプレン接着剤の調製は，まず酸化防止剤とポリクロロプレンラテックスを混合した後，酸化亜鉛をゆっくりと添加し，最後にアクリルまたはシリカゾル分散液を添加することにより行われる。この際に，ポリクロロプレンとシリカまたはアクリル粒子との架橋により粘着力が発現する。シリカゾル分散液は初期接着力や湿潤接着力を向上させるものの，シリカ量の増加により軟化し機械的特性が低下する。一方，ポリイソシアネート架橋剤の添加や，ナノシリカ粒子と水素結合を形成できる水酸化ポリクロロプレンラテックスの使用により，これらの水系ポリクロロプレン接着剤の耐熱性や耐老化性を高めることも可能である[185]。

ポリクロロプレンラテックスの多くは粘度が低いため，水系ポリクロロプレン接着剤をスプレーで塗布することができるし，増粘剤の添加により粘度を上昇させることもできる。ポリアクリル酸塩，メチルセルロース，アルギン酸塩，およびポリウレタン増粘剤などは1 wt%までの量を使用することができる。増粘剤添加時のpHの変化には特に注意が必要で，ヒュームドシリカやケイ酸塩の添加はpHを7～10に保つのに有効である。

2～5 phrの酸化亜鉛の添加は，水系ポリクロロプレン接着剤において硬化（すなわち架橋）を促進し，酸受容体として作用する。さらに，酸化亜鉛は経時変化，耐熱性，ならびに耐候性を向上させる[24]。

ポリクロロプレンラテックスは十分な貯蔵安定性を示すが，水系ポリクロロプレン接着剤では貯蔵安定性，基材濡れ性，および耐凍害性の向上のために一般に界面活性剤が添加される。最も一般的な界面活性剤は，アニオン性（長鎖脂肪酸のアルカリ塩，アルキル/アリールスルホン酸）およびノニオン性（長鎖アルコール，フェノールまたは脂肪酸とエチレンオキシドとの縮合生成物）界面活性剤である。界面活性剤はラテックス粒子の溶媒和や電荷密度を増加させ，凝集性，耐水性，更にタックを低下させる可能性がある。一方，接着剤の過剰な安定化は，凝固性（湿式接着に望ましい）に悪影響を及ぼす可能性があり，したがって，界面活性剤の使用量は最小限にとどめる必要がある。

水系ポリクロロプレン接着剤の接着強度を高めるために，さまざまな戦略が提案されている。窒素を含む接着促進剤[186]や，磁気的に調整された酸化亜鉛ナノ粒子，二酸化炭素触媒，ヒドロキシルアミン混合物が有効であることが示されている[187]。

高ゲル量のラテックスを配合した水系ポリクロロプレン接着剤では，酸化亜鉛が十分な架橋を行うため，硬化剤の添加は必要ない。しかし，低ゲル含量のラテックスを配合した接着剤では，熱接合強度を向上させるために硬化剤が必要である。適切な硬化剤は，チオカルバニリド単独またはジフェニルグアニジンとの組み合わせ，ジブチルジチオカルバミン酸亜鉛，ならびにヘキサメチレンテトラミンである。また，水性ポリイソシアネートやヘキサメトキシメラミンも提案されている。硬化剤を含む接着剤は室温で架橋し，素早い接着が得られるが，ポットライフを短くする。

21.6　テスト，品質管理，耐久性

甲被と靴底の最適な接着を実現するためには，異なる靴底素材とポリウレタンまたはポリクロロプレン接着剤との接着を最適化する必要がある。甲被と靴底の適切な選択とその適切な表面処理，接着剤の選択と塗布手順，接合部の設計，接合部の形成手順，ならびに加速経年変化の前後のテストなど，いくつかの側面を考慮する必要がある。

靴の接着には，いくつかの懸念がありる。甲被と靴底の接合は，一般的に不連続な方法で行われる。つまり，異なる接合作業が別々に行われるため，ヒューマンエラーの原因となり，接合プロトコルの標準化が非常に難しくなっている。さらに，生産上の制約から，異なる接合作業の間の時間がしばしば変更され，靴底の素材や幾何学的形状が絶えず変化することが重大な懸念事項となっている。そのため，靴の接着は，接着の実践というよりも，アートと言えるかもしれない！現実には，接着不良による返品は通常5%以下であり，靴業界の特殊性を考慮すると，この数字は低いと考えることができる。

靴の接着作業において重要な点を以下に考察する。

21.6.1　甲被と靴底の素材の選択

甲被と靴底の素材は，硬度や機械的特性，美観などを考慮して製造されるが，接着性については考慮されない。ファッションや流行によって，接着しにくい靴底材が靴に使われることがあり，接着の標準化が難しい。接着性の観点から，甲被や靴底の素材配合は，ポリウレタンやポリクロロプレン接着剤の接着性を低下させる添加物を含まないようにする必要がある。このような

添加物としては，可塑剤，過剰な量の加工油，不適切に選択されればオゾン化防止剤と酸化防止剤などが挙げられるし，特に甲被では油分の多すぎる皮革の使用などがこれに相当する。これらの添加物は靴底や甲被に多く含まれ，その量や性質によって接着の効率が良くなったり悪くなったりする。一方，靴底の金型加工では，加工を容易にするためにシリコーン離形剤を使用することがほとんどで，これらは表面に転写され，接着の観点で除去する必要がある。実際，靴の剥離事例の90%以上は，甲被および靴底の材料の不適切な配合に原因がある。

21.6.2　接着剤の選択

接着剤は甲被と靴底の表面を適切に濡らす必要があるが，溶剤系接着剤の使用は濡れ性の問題を示さない。しかし，本質的に濡れ性が悪いため，水系接着剤の接着性能は制限される。湿潤剤（界面活性剤，*N*-メチルピロリドン）の添加は，水系接着剤の表面張力を低下させるが，凝集力を犠牲にする。甲被と靴底の接着に使用する接着剤の選択には，接着する素材の性質と表面組成，靴の種類（ベビーデューティ，スポーツ，セキュリティ，カジュアルなど）と求められる耐久性，使用中に生じる応力，接着剤の適用制約（粘度，レオロジー特性），接着剤固有の要件（ポットライフ，製靴工場での作業方式）を考慮する必要がある。

21.6.3　接合部の形状デザイン

ファッションが靴の幾何学的形状を決定する。ハイヒールや特殊な形状の靴底のために，靴の接着が困難になることもある。一般に，靴のデザイナーは接着に注意を払わない。ハイヒールの接着は液状接着剤では不可能で，ポリアミドやポリエステルのホットメルトを使用している。甲被と靴底の接着には，一般的に液状接着剤が使用され，その組成はピール応力に耐えるよう選択される。この理由はピール応力が靴の接合に関して最も重要であるからである。これらの点が，特に接着が難しい靴の接合に今でも縫製を使う理由の1つであると考えられる。

21.6.4　適正なボンディングの動作

靴の接着不良の多くは，操作の不備に起因している。甲被と靴底の接着を確実にするためには，以下の点に注意する必要がある。

21.6.4.1　甲被と靴底の表面の適切かつ効率的な表面処理。

甲被と靴底の表面加工は，その制作方法と器具が重要である。有機溶剤の使用はいまだに一般的であり，手作業による洗浄のため表面汚染の原因となる。ゴム底の表面処理としては，粗面化と塩素処理が好ましく，高分子素材の靴底ではプライマーの塗布も一般的である。皮革甲被は深く荒らすこと，織物，ポロメリック，および合成繊維の甲被の場合は軽く磨いてからプライマーを塗ることが，表面処理として好ましい手順である。

21.6.4.2　接着剤の塗布

接着剤の塗布量が多いと，接着剤の凝集破壊を引き起こす可能性があるため，接着剤の量は慎重に管理する必要がある。これは，接着プロセス（主に化学的プロセス）の不適切に起因する破壊ではない。液体接着剤を薄いフィルム状に，約100–150 μmの厚さで，接着する甲被と靴底の両面に塗布する必要がある。このとき，溶剤が残っていると接着に悪影響を及ぼすため，接着前に自然蒸発または強制蒸発により溶剤を完全に除去する必要がある。一方，塗布方法（ブラシ，ドクターナイフ，スプレーガン，ローラー，およびコーター）は接着作業を大きく左右し，その選択は主に甲被と靴底の種類や幾何学的形状，ならびに接着剤のレオロジー特性に依存する。さらに，接着剤の粘度をコントロールし，操作時間（有機溶剤や水の蒸発速度，オープンタイム，保存期間）を厳守する必要がある。

21.6.4.3　接着剤層の乾燥

靴底用接着剤の乾燥は，自然乾燥より制御した方法の方が好ましい。接着剤層からの余分な水分や有機溶剤の除去は，蒸発過程だけではなく，基材への吸収速度にも支配されるので注意が必要である。多孔質な基材（皮革甲被など）は，接着強度に悪影響を与えることなく水や有機溶剤を吸収するが，非多孔質の基材は，十分な接着を行うために，溶剤を完全に除去する必要がある。さらに，強制的に乾燥すると，接着剤層の表面に皮が形成され，接合不良を引き起こすことがある[188]。高速乾燥は，接着剤層に輻射熱，赤外線，または熱風を適用することで達成でき，熱風はより均一な加熱を提供し得る。甲被と靴底表面に形成される接着剤層は，乾燥した状態で厚さ50 μm以下であることが望ましい。

21.6.4.4　接　合

甲被と靴底の表面に存在する乾燥した接着剤層を「フラッシュヒーター」(熱風や赤外線も使用可能）に10〜30秒間入れ，放射熱源によりその温度をポリウレタンの結晶融解以上に上昇させる必要がある（熱活性化または再活性化プロセスと呼ばれる)。ポリウレタン接着剤の推奨される再活性化温度は，基材や接着剤の特性によって45℃から85℃の間にある[188]。再活性化温度が不十分だと接着剤層の一体化が不良となり，再活性化温度が過剰だと基材が熱くなりすぎる。後者の場合，靴底と甲被を接合した後にも接着剤がまだ柔らかいため，クリープが生じやすい[189]。特定のケースでは，良好な性能を得るために，100℃を超える接着剤の再活性化温度が推奨されることもある[190]。非晶質状態のまま，接着剤層に圧力（通常35〜200 kPa）を加え，10〜30秒間で結合するケースもある（スタックオン処理)。熱活性化工程の後に接着に要する時間間隔は，「スポッティングタック」と呼ばれる。甲被を靴底に押し付ける際の加圧力と押し付け時間は，いずれも靴のモデルごとに適切に選択する必要がある。

21.6.4.5　接着剤の結晶化または硬化

接着剤形成後，接着剤接合部は十分な凝集力を得るための時間を必要とする。一般に，溶剤系ポリウレタン接着剤を使用する場合，結晶化には最低24時間が必要であり，72時間が最適である。水系接着剤を接着に使用する場合，接着剤の硬化は球状粒子の崩壊により生じる。したがって，この変形により均質な接着剤層を形成するための粒子の平均粒子径や粒度分布が重要となる。

21.6.5　テストの種類

靴の接着では，T ピール試験とクリープ試験が最もよく用いられる。ピール試験は，靴の甲被と靴底の接着強度を数値化するものである。剥離速度，素材の厚み，試験片の大きさを最適化する必要がある。標準的な T 字剥離試験では，長さ 150 mm，幅 30 mm，厚さ 3 mm の長方形の試験片 2 枚を，少なくとも 50 mm の長さで互いに覆うように貼り合わせる（**図 21.8**）。標準的な剥離速度は 100 mm/分である。剥離試験を行う前に，接合部を標準雰囲気（23℃，相対湿度 50%）で 72 時間保存する。

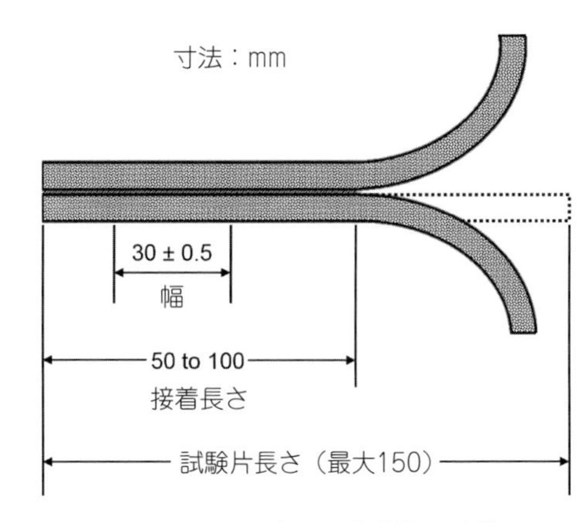

図 21.8　T-ピール試験片の形状

適切な接着評価を行うためには，剥離抵抗と破壊形態の両方を提供する必要がありる。各接合部について最低 5 個の試験片を試験し，その結果を平均化する必要がある。接着強度は kN/m で表すべきであるが，N/mm が使われることが非常に多い。接合部の破損形態は，一般に異なる大文字で識別される：

A：接着不良（接着剤層が片方の基材から剥離する）。接着は十分だが，最適とはいえない。

C：接着剤の凝集破壊（素材から剥離することなく，接着剤層内で分離する）。この破壊は，一般的に接着剤層が厚い場合に起こりる。

N：Noncoalescence failure（甲被と靴底の 2 つの双方の接着剤層の 1 つが，それぞれ素材から剥離することなく結合しない）。この不具合は，再活性化が不十分であること，および接合部形成時の圧力や時間が不十分であることに起因する。

S：材料の表面凝集破壊（構造強度の低い基材が表面で破壊する）。

M：片方の基材が凝集破壊する。この破壊形態が最適である。

力の影響を受けつつ加熱されると，接着層は塑性流動を起こし得る。一定温度でのクリープ試験は，一定の剥離力で所定の時間加熱したときの靴の接着部の挙動を評価するためのものである。試験片を 50～70℃で加熱される加熱炉内に設置し，その外部から 0.5～2.5 kg の重りを下部ホルダーに固定することができる。5 個の試験片の非接着端を注意深く折り曲げ，ホルダーに挿入する。試験片は，選択した荷重で 10 分間，一定の負荷を受ける。その後，加熱炉を開け，接着の剥離の程度を確認する。

湿気と温度は，接着した靴を劣化させる主な要因である。一般に，接着剤の塗布直前にポリイソシアネートを添加すると，甲被と靴底のほとんどの接着接合部で耐久性が向上し，経年劣化も遅らせることができる。靴における適切な加速経年劣化試験がすでに提案されいる。最も一般的な条件は，70℃の水に最大 1 週間浸すこと，接合部を 50℃と 95%RH の温湿度環境に 1～2 週間さらすこと，ならびに凍結-融解サイクルであり，紫外線曝露を含むこともある。一般的に，この加速経時変化の後に T-ピール試験を行い，耐劣化性を定量化する。

21.7　今後の動向

現在，製靴産業で使用される材料は，おおむね表面処理と接着剤の併用により接着できる。将来的には，より速く接着し，より環境に優しい技術が想定される。すべての接着作業における溶剤の除去は，靴の接着において追求される最終的かつ現在の主要目標である。

工業，特に加工時における溶剤接着剤の使用は，エコロジー的な理由だけでなく，産業衛生や安全に対する懸念から，大幅に減少している。一方，VOC 排出量の制限により，製靴業界は溶剤接着剤や表面処理剤に代わる接着技術を使用するよう求められている。

しかし，靴の接着接合における溶剤の除去や代替は，新しい設備や機械の使用，作業手順の変更，コストの増加，一部の基材が溶剤なしには接合できないなど，深刻な制約に直面している。

製靴業界では，無溶剤技術を開発するために，無溶剤接着剤と無溶剤表面処理の開発という2つの主要な戦略が想定されている。現在，製靴業界では水系接着剤の使用が認められているが，一方無溶剤接着剤の適用には長い時間がかかると思われる。また，靴底の無溶剤表面処理法として，大気圧プラズマや UV オゾンが有効であることが実証されているが，これらを靴業界に導入するには，靴の製造業者のメンタリティを一新する必要がある。私が靴の接合に携わるようになった1990年からの経緯を振り返ると，すべての接合作業において無溶剤の靴の接合が実現すると考えるのは，楽観的な見方である。

謝　辞

アリカンテ大学接着・粘着研究所のすべての同僚に感謝する。この章で使用した実験結果をもたらしてくれた同僚もいる。この章を書くのに長い時間を要したことを許してくれた妻のトニィの深い愛と忍耐に深く感謝する。

文　献

1）J.M. Martín-Martínez, Shoe industry, in: R.D. Adams（Ed.）, Adhesive Bonding. Science, Technology and Applications, first ed., Woodhead Publishing, CRC Press, London, 2005, pp. 417-454. Chapter 14.
2）Prüf- und Forschungsinstitut Pirmasens—PFI, Klebstoffe und Verklebungsprobleme in der Schunhindustrie, Shuh-Technik 55（4）（1964）285-288.
3）W. Fisher, Methode zür Prüfung von Schuhklebstoffen, Adhäsion 9（7/8）（1965）307-309.
4）W. Fisher, H. Meuser, Verhalten von Schmelzklebern Verschiedenen Gummi-und Ledermaterialien, Adhäsion 12（12）（1968）535-540.
5）D. Pettit, A.R. Carter, SATRA Bulletin, 1962-1974. Several contributions in Volumes 10 to 14, SATRA.
6）J.M. Amat-Amer, Tecnología del Calzado, third ed., Museo del Calzado, Elda（Spain）, 1999, pp. 133-146（Chapters 15 and 16）.
7）R.M.M. Paiva, E.A.S. Marques, L.F.M. da Silva, M.A.P. Vaz, Importance of the surface treatment in the peeling strength of joints for the shoes industry, Appl. Adhes. Sci. 1（2013）5, https://doi.org/10.1186/2196-4351-1-5.
8）R.M.M. Paiva, E.A.S. Marques, L.F.M. da Silva, C.A.C. António, F. Arán-Ais, Adhesives in the footwear industry, Proc. Inst. Mech. Eng. L. 230（2）（2016）357-374.
9）（a）J.M. Martín-Martínez, Shoe industry, in: L.F.M. da Silva, A. Ochsner, R.D. Adams（Eds.）, Handbook of Adhesion Technology, first ed., vol.

2, Springer, Heidelberg, 2011, pp. 1316–1346. (b) J.M. Martín–Martínez, Shoe industry, in: L.F.M. da Silva, A. Ochsner, R.D. Adams (Eds.), Handbook of Adhesion Technology, second ed., 2, Springer, Heidelberg, 2018, pp. 1483–1532.
10) C.S. Schollenberger, Polyurethane and isocyanate–based adhesives, in: I. Skeist (Ed.), Handbook of Adhesives, third ed., Van Nostrand Reinhold, New York, 1977, pp. 359–380.
11) M. Dollhausen, Polyurethane adhesives, in: G. Oertel (Ed.), Polyurethane Handbook, Hanser, Munich, 1985, pp. 548–562 (Chapter 11).
12) R.S. Whitehouse, Contact adhesives, in: W.C. Wake (Ed.), Synthetic Adhesives and Sealants, John Wiley, Chichester, 1986, pp. 1–29 (Chapter 1).
13) C.S. Schollenberger, Thermoplastic polyurethane elastomers, in: A.K. Bhowmick, H.L. Stephens (Eds.), Handbook of Elastomers, Marcel Dekker, New York, 1988, pp. 375–410 (Chapter 11).
14) V. Kovacevic, L.J. Kljajie–Malinovic, I. Smit, M. Bravar, A. Agic, Z. Cerovecki, Adhesive composition systems in degradative conditions, in: K.W. Allen (Ed.), Adhesion 14, Elsevier, London, 1990, pp. 126–160 (Chapter 8).
15) K.C. Frisch Jr., Chemistry and technology of polyurethane adhesives, in: M. Chaudhury, A.V. Pocius (Eds.), Adhesion Science and Engineering. Surface Chemistry and Applications, vol. 2, Elsevier, Amsterdam, 2002, pp. 776–801. Chapter 16.
16) M. Dollhausen, Polyurethane Adhesives Based on Baycoll, Desmocoll and Desmodur, Technical report, Bayer AG, Leverkusen, 1988.
17) J. Lope, J. Juliá, Polyurethane elastomers and prepolymers for the manufacture of adhesives, Eur. Adhes. Sealants 10 (2) (1993) 9–11.
18) A. Sultan Nasar, G. Srinivasan, R. Mohan, G. Radhakrishnan, Polyurethane solvent–based adhesives for footwear applications, J. Adhesion 68 (1998) 21–29.
19) K.C. Frisch, H.X. Xiao, R.W. Czerwinski, Waterborne polyurethane adhesives, Adhes. Age (September 1988) 80–84.
20) R. Vetterl, Aqueous polyurethane dispersions and adhesive applications, J. Adhes. Sealants Counc. 25 (2) (1995) 85–96.
21) P. Devasthali, D.C. Franche, Application of water reducible adhesives in rubber footwear manufacturing, in: Proceedings of the 150th Meeting of the Rubber Division. ACS, Louisville, Kentucky, Paper 10, 1996.
22) J. Kozakiewicz, Polyurethanes and isocyanates containing hydrophilic groups as potential components of water–borne adhesives, in: K.W. Allen (Ed.), Adhesion 15, Elsevier, London, 1991, pp. 80–101 (Chapter 6).
23) D.J. Kelly, J.W. McDonald, Solution Compatibility of Neoprene With Elastomers and Resins, Du Pont Elastomers Bulletin, October, 1963.
24) C.R. Cuervo, A.J. Maldonado, Solution Adhesives Based on Graft Polymers of Neoprene and Methyl Methacrylate, Du Pont Elastomers Bulletin, October 1984.
25) "Solvent Systems for Neoprene–Predicting Solvent Strength". DuPont Elastomers Bulletin.
26) T. Tanno, L. Shibuya, Special behaviour of para tertiary phenol dialcohol in polychloroprene adhesives, in: Adhesives and Sealant Council Meeting, Spring 1967.
27) Keown R W and McDonald J W, "Factors Affecting Phasing Neoprene Solvent Base Adhesives", DuPont Elastomers Bulletin.
28) R.W. Megill, Adhesives based on Neoprene AG, in: Adhesives and Sealant Council Meeting, Spring 1968.
29) W.F. Harrington, Elastomeric adhesives, in: Engineered Materials Handbook. Adhesives and Sealants, vol. 3, ASM International, Washington, 1990, pp. 143–150.
30) S.K. Guggenberger, Neoprene (polychloroprene) –based solvent and latex adhesives, in: I. Skeist (Ed.), Handbook of Adhesives, third ed., Van Nostrand Reinhold, New York, 1990, pp. 284–306 (Chapter 15).
31) T.P. Ferrándiz–Gómez, J.C. Fernández–García, A.C. Orgiles–Barceló, J.M. Martín–Martínez, Effects of hydrocarbon tackifiers on the adhesive properties of contact adhesives based on polychloroprene. I. Influence of the amount of hydrocarbon tackifier, J. Adhes. Sci. Technol. 10 (1996) 833–845.
32) T.P. Ferrándiz–Gómez, J.C. Fernández–García, A.C. Orgiles–Barceló, J.M. Martín–Martínez, Effects of hydrocarbon tackifiers on the adhesive properties of contact adhesives based on polychloroprene. II. Nature of the hydrocarbon tackifier, J. Adhes. Sci. Technol. 10 (1996) 1383–1399.
33) N. Radhakrishnan, O. Periyakaruppan, K.S.V. Srinivasan, Modification of polychloroprene by graft copolymerisation and its application as an adhesive, J. Adhes. 61 (1997) 27–36.

34）T.P. Ferrándiz-Gómez, J.C. Fernández-García, A.C. Orgiles-Barceló, J.M. Martín-Martínez, Effects of hydrocarbon tackifier on the adhesive properties of contact adhesives based on polychloroprene. III. Influence of the molecular weight of the tackifier, J. Adhes. Sci. Technol. 11（1997）1303-1319.
35）J.M. Martín-Martínez, Rubber base adhesives, in: M. Chaudhury, A.V. Pocius（Eds.）, Adhesion Science and Engineering. Surfaces Chemistry and Applications, vol. 2, Elsevier, Amsterdam, 2002, pp. 573-675（Chapter 13）.
36）D. Lyons, L.A. Christell, Waterborne Polychloroprene Adhesives, Adhesives & Sealants Industry, August 1997, pp. 46-50.
37）D.F. Lyons, L.A. Christell, Formulating With Polychloroprene Latex Adhesives, Adhesives & Sealants Industry, 1997/1998, pp. 28-32. December,1997/January 1998.
38）D.F. Lyons, L.A. Christell, Applications for Polychloroprene Latex Adhesives, Adhesives & Sealants Industry, February, 1998, pp. 40-43.
39）Bayer, Dispercoll C. Polychloroprene Dispersions for Solvent-Free Adhesive Systems, Technical report, Bayer AG, Leverkusen, 2000.
40）Several contributions, SATRA Bulletin, vols. 10-15, 1964-1973.
41）D. Pettit, A.R. Carter, Behaviour of urethane adhesives on rubber surfaces, J. Adhes. 5（1973）333-349.
42）S.G. Abbott, N. Brumpton, The effect of moisture on polyurethane adhesives, J. Adhes. 13（1981）41-51.
43）M.M. Pastor-Blas, M.S. Sánchez-Adsuar, J.M. Martín-Martínez, Surface modification of synthetic rubber, J. Adhes. Sci. Technol. 8（1994）1093-1114.
44）D. Oldfield, T.E.F. Symes, Surface modification of elastomers for bonding, J. Adhes. 16（1983）77-96.
45）C.W. Extrand, A.N. Gent, Contact angle and spectroscopic studies of chlorinated and unchlorinated natural rubber surfaces, Rubber Chem. Technol. 61（1987）688-697.
46）D. Hace, V. Kovacevic, D. Manoglovic, I. Smit, The investigation of structural and morphological changes after the chlorination of rubber surfaces, Angew. Makromol. Chem. 176（1990）161-172.
47）T.E.F. Symes, D. Oldfield, Technology of bonding elastomers, in: J.D. Minford（Ed.）, Treatise on Adhesion and Adhesives, vol. 7, Marcel Dekker, New York, 1991, pp. 231-331.
48）J.M. Martín-Martínez, J.C. Fernández-García, F. Huerta, A.C. Orgiles-Barceló, Effect of different surface modifications in the adhesion of vulcanized styrene-butadiene rubber, Rubber Chem. Technol. 64（1991）510-521.
49）J.C. Fernández-García, A.C. Orgiles-Barceló, J.M. Martín-Martínez, Halogenation of styrene-butadiene rubber to improve its adhesion to polyurethane, J. Adhes. Sci. Technol. 5（1991）1065-1080.
50）J.M. Martín-Martínez, J.C. Fernández-García, A.C. Orgiles-Barceló, Contact angle measurements as a way to analyse synthetic rubber surfaces modified by chlorination, J. Adhes. Sci. Technol. 6（1992）1091-1113.
51）D.F. Lawson, K.J. Kim, T.L. Fritz, Chemical modification of rubber surfaces: XPS survey of the reactions of trichloroisocyanuric acid at the surfaces of vulcanized elastomers, Rubber Chem. Technol. 69（1996）245-252.
52）N. Pastor-Sempere, J.C. Fernández-García, A.C. Orgiles-Barceló, R. Torregrosa-Maciá, J.M. Martín-Martínez, Fumaric acid as a promoter of adhesion in vulcanized synthetic rubbers, J. Adhes. 50（1995）25-42.
53）M.M. Pastor-Blas, R. Torregrosa-Maciá, J.M. Martín-Martínez, J.G. Dillard, Failure analysis of surface-treated unvulcanized SBS rubber/polyurethane adhesive joints, Int. J. Adhes. Adhes. 17（1997）133-141.
54）C.C. Ho, M.C. Khen, Surface characterization of chlorinated unvulcanized natural rubber latex films, Int. J. Adhes. Adhes. 19（1999）387-398.
55）M.D. Romero-Sánchez, M.M. Pastor-Blas, J.M. Martín-Martínez, Adhesion improvement of SBR rubber by treatment with trichloroisocyanuric acid solutions in different esters, Int. J. Adhes. Adhes. 21（2001）325-337.
56）M.D. Romero-Sánchez, M.M. Pastor-Blas, J.M. Martín-Martínez, Improved peel strength in vulcanised SBR rubber roughened before chlorination with trichloroisocyanuric acid, J. Adhes. 78（2002）15-38.
57）C.M. Cepeda-Jimenez, M.M. Pastor-Blas, J.M. Martín-Martínez, P. Gottschalk, A new water-based chemical treatment based on sodium dichloroisocyanurate（DCI）for rubber soles in footwear industry, J. Adhes. Sci. Technol. 16（3）（2002）257-284.
58）G. Guidetti, G. Sacchetti, U. Tribelhorn, Footwear, in: W.F. Gum, W. Riese, H. Ulrich（Eds.）,

Reaction Polymers, Hanser, Munich, 1992, p. 649 (Chapter IV-H).
59) Preparation of leather uppers, SATRA Bull. 10 (17) (May 1963) 229-230.
60) Sticking to unroughened uppers. An indecisive experiment, SATRA Bull. 11 (23) (November 1965) 369-372.
61) E.F. Hall, Sole attachment to man-made uppers by cementing and moulding-on, SATRA Bull. 12 (2) (February 1966) 32-36.
62) T.O. Ferrándiz-Gómez, M. Almela, F. Maldonado, J.M. Martín-Martínez, A.C. Orgiles-Barceló, Effect of skin type and direction of applied force on peel strength of skin layers, J. Soc. Leather Technol. Chem. 77 (1993) 115-122.
63) T.O. Ferrándiz-Gómez, M. Almela, J.M. Martín-Martínez, F. Maldonado, A.C. Orgiles-Barceló, Effect of surface modification of leather on its joint strength with polyvinyl chloride, J. Adhes. Sci. Technol. 8 (1994) 1043-1056.
64) M. Almela, M.J. Gascón, F. Maldonado, New bonding process for wax-finished leather: 1. General aspects, AQEIC 50 (4) (October-December, 1999) 199-203.
65) M. Almela, M.J. Gascón, F. Maldonado, New bonding process of wax-finished leather: 2. Manufacturing trials, AQEIC 50 (4) (October-December 1999) 205-211.
66) T. Velez-Pages, Modificación de un serraje sin lijar por aplicación de un agente imprimante monocomponente para mejorar su adhesión a adhesivos de poliuretano, Master Thesis, University of Alicante, February, 2003.
67) Non-coalescence due to grease in leather, SATRA Bull. 10 (17) (May 1963) 228-230.
68) Non-coalescence failures of cemented joints, SATRA Bull. 12 (7) (July 1966) 114-115.
69) Urethane sole-attaching cements in perspective, SATRA Bull. 12 (16) (April 1967) 262-264.
70) Combination adhesive systems, SATRA Bull. 14 (5) (March 1971) 226-232.
71) Plasticiser migration in PVC/resin-rubber joints, SATRA Bull. 12 (15) (March 1967) 248-251.
72) Polyurethane sole-attaching adhesives, SATRA Bull. 14 (4) (April 1970) 50-52.
73) F.B. Blackwell, Adhesion of solings, SATRA Bull. 15 (22) (October 1973) 423-427.
74) A.R. Carter, Adhesion to nylon, SATRA Bull. 15 (19) (July 1973) 366-368.
75) D. Martin, Cork sandals. Weaknesses to guard against, SATRA Bull. 14 (13) (January 1971) 195-197.
76) C.M. Cepeda-Jimenez, M.M. Pastor-Blas, T.P. Ferrándiz-Gómez, J.M. Martín-Martínez, Influence of the styrene content of thermoplastic styrene-butadiene rubbers in the effectiveness of the treatment with sulfuric acid, Int. J. Adhes. Adhes. 21 (2001) 161-172.
77) A.R. Carter, Halogenation of thermoplastic rubbers, SATRA Bull. 14 (13) (January 1971) 202.
78) C.M. Cepeda-Jimenez, M.M. Pastor-Blas, J.M. Martín-Martínez, P. Gottschalk, Treatment of thermoplastic rubber with bleach as an alternative halogenation treatment in the footwear industry, J. Adhes. 79 (3) (2003) 207-237.
79) C.M. Cepeda-Jimenez, M.M. Pastor-Blas, J.M. Martín-Martínez, P. Gottschalk, A new water-based chemical treatment based on sodium dichloroisocyanurate (DCI) for rubber soles in footwear industry, J. Adhes. Sci. Technol. 16 (3) (2002) 257-284.
80) D.M. Brewis, R.H. Dahm, I. Mathieson, A new general method of pretreating polymers, J. Mater. Sci. Lett. 16 (2) (1997) 93-95.
81) M.D. Romero-Sánchez, J.M. Martín-Martínez, Treatment of vulcanised styrene-butadiene rubber (SBR) with mixtures of trichloroisocyanuric acid and fumaric acid, J. Adhes. 79 (12) (2003) 1111-1133.
82) A.B. Ortiz-Magán, M.M. Pastor-Blas, T.P. Ferrándiz-Gómez, C. Morant-Zacares, J. M. Martín-Martínez, Surface modifications produced by N_2 and O_2 RF-plasma treatment on a synthetic vulcanised rubber, Plasmas Polym. 6 (1,2) (2001) 81-105.
83) J. Tyczkowsky, I. Krawczyk, B. Wozniak, J.M. Martín Martínez, Low-pressure plasma chlorination of styrene-butadiene block copolymer for improved adhesion to polyurethane adhesives, Eur. Polym. J. 45 (6) (2009) 1826-1835.
84) M.D. Romero-Sánchez, M.M. Pastor-Blas, J.M. Martín-Martínez, Treatment of a styrene-butadiene-styrene rubber with corona discharge to improve the adhesion to polyurethane adhesive, Int. J. Adhes. Adhes. 23 (1) (2003) 49-57.
85) M.D. Romero-Sánchez, J.M. Martín-Martínez, UV-ozone surface treatment of SBS rubbers containing fillers: influence of the filler nature on the extent of surface modification and adhesion, J. Adhes. Sci. Technol. 22 (2) (2008) 147-168.
86) D. Pettit, A.R. Carter, Adhesion of translucent rubber soling, SATRA Bull. 11 (2) (February 1964) 17-21.
87) F.B. Blackwell, Adhesion of solings, SATRA Bull.

15 (22) (October 1973) 423–427.

88) D. Pettit, A.R. Carter, Adhesion of Translucent Rubber: Application of Infra–red Spectrometry to the Problem, 1964. SATRA Research Report 165, Kettering.

89) M.M. Pastor–Blas, M.S. Sánchez–Adsuar, J.M. Martín–Martínez, Weak surface boundary layers in styrene–butadiene rubber, J. Adhes. 50 (1995) 191–210.

90) M.M. Pastor–Blas, J.M. Martín–Martínez, Mechanisms of formation of weak boundary layers in styrene–butadiene rubber, in: H. Mizumachi (Ed.), Proceedings of the International Adhesion Symposium, Gordon and Breach Science Publishers, Melbourne, 1995, pp. 215–233.

91) A. Bernabeu–Gonzálvez, M.M. Pastor–Blas, J.M. Martín–Martínez, Modified adhesion of rubber materials by surface migration of wax and zinc stearate, in: Proc. World Polymer Congress, 37th International Symposium on Macromolecules MACRO 98, Gold Coast, Australia, 705, 1998.

92) R. Torregrosa–Coque, S. Alvarez–García, J.M. Martín–Martínez, Migration of paraffin wax to sulphur vulcanized styrene–butadiene rubber (SBR) surface: effect of temperature, J. Adhes. Sci. Technol. 26 (6) (2012) 813–826.

93) R. Torregrosa–Coque, S. Alvarez–García, J.M. Martín–Martínez, Effect of temperature on the extent of migration of low molecular weight moieties to rubber surface, Int. J. Adhes. Adhes. 31 (1) (2011) 20–28.

94) R. Torregrosa–Coque, S. Alvarez–García, J.M. Martín–Martínez, Migration of low molecular weight moiety at rubber–polyurethane interface: an ATR–IR study, Int. J. Adhes. Adhes. 31 (6) (2011) 389–397.

95) C.M. Cepeda–Jimenez, M.M. Pastor–Blas, T.P. Ferrándiz–Gómez, J.M. Martín–Martínez, Surface characterization of vulcanized rubber treated with sulfuric acid and its adhesion to polyurethane adhesive, J. Adhes. 73 (2000) 135–160.

96) R. Vukov, Halogenation of butyl rubber—a model compound approach, Rubber Chem. Technol. 57 (2) (1984) 275–283.

97) M.M. Pastor–Blas, T.P. Ferrándiz–Gómez, J.M. Martín–Martínez, Chlorination of vulcanized styrene–butadiene rubber using solutions of trichloroisocyanuric acid in different solvents, J. Adhes. Sci. Technol. 14 (2000) 561–581.

98) J.M. Martín–Martínez, Improving adhesion of rubber, in: A.K. Bhowmick (Ed.), Current Topics in Elastomers Research, CRC Press, Boca Raton, FL, 2008, pp. 761–773.

99) M.D. Romero–Sánchez, M.M. Pastor–Blas, J.M. Martín–Martínez, Chlorination of vulcanized SBR rubber by immersion or brushing in TCI solutions, J. Adhes. Sci. Technol. 15 (2001) 1601–1620.

100) M.D. Romero–Sánchez, M.M. Pastor–Blas, T.P. Ferrándiz–Gómez, J.M. Martín–Martínez, Durability of the halogenation in synthetic rubber, Int. J. Adhes. Adhes. 21 (2001) 101–106.

101) M.M. Pastor–Blas, M.S. Sánchez–Adsuar, J.M. Martín–Martínez, Weak surface boundary layers in styrene–butadiene rubber, J. Adhes. 50 (1995) 191–210.

102) M.M. Pastor–Blas, T.P. Ferrándiz–Gómez, P.D. Sepulcre–Javaloyes, J.M. Martín–Martínez, Degradation of a styrene–butadiene–styrene rubber treated with an excess of trichloroisocyanuric acid, in: A. Jimenez, G.E. Zaikov (Eds.), Polymer Analysis and Degradation, Nova Science Publishers, Huntington, 2000, pp. 193–212 (Chapter 12).

103) M.M. Pastor–Blas, J.M. Martín–Martínez, F.J. Boerio, Influence of chlorinating solution concentration on the interactions produced between chlorinated thermoplastic rubber and polyurethane adhesive at the interface, J. Adhes. 78 (2002) 39–77.

104) M.D. Romero–Sánchez, M.M. Pastor–Blas, J.M. Martín–Martínez, Improved adhesion between polyurethane and SBR rubber treated with trichloroisocyanuric acid solutions containing different concentrations of chlorine, Compos. Interfaces 10 (1) (2003) 77–94.

105) L. Yin, H. Zhou, Y. Quan, J. Fang, Q. Chen, Prompt modification of styrene–butadiene rubber surface with trichloroisocyanuric acid by increasing chlorination temperature, J. Appl. Polym. Sci. 124 (1) (2012) 661–668.

106) A. Yañez–Pacios, I. Antoniac, J.M. Martín–Martínez, Surface modification and adhesion of vulcanized rubber containing an excess of paraffin wax treated with 2 wt% trichloroisocyanuric acid solution at different temperature, in: Proceeding of 36th Adhesion Society Conference. Daytona Beach, Florida. Soft Adhesives I–Paper 1, 2013.

107) C. García–Martín, V. Andreu–Gómez, J.M. Martín–Martínez, Surface modification of vulcanized styrene–butadiene rubber with tri-

chloroisocyanuric acid solutions of different active chlorine contents, Int. J. Adhes. Adhes. 30 (7) (2010) 550-558.
108) S. Radabutra, S. Thanawan, T. Amornsakchai, Chlorination and characterization of natural rubber and its adhesion to nitrile rubber, Eur. Polym. J. 45 (7) (2009) 2017-2022.
109) A.R. Carter, Lacsol: problems and a new use, SATRA Bull. 13 (14) (February 1969) 222-224.
110) N. Pastor-Sempere, J.C. Fernández-García, A.C. Orgiles-Barceló, R. Torregrosa-Maciá, J.M. Martín-Martínez, Fumaric acid as a promoter of adhesion in vulcanized synthetic rubbers, J. Adhes. 50 (1995) 25-42.
111) M.D. Romero-Sánchez, M.M. Pastor-Blas, J.M. Martín-Martínez, M.J. Walzak, UV treatment of synthetic styrene-butadiene-styrene rubber, J. Adhes. Sci. Technol. 17 (1) (2003) 25-46.
112) D.M. Brewis, R.H. Dahm, Mechanistic studies of pretreatments for elastomers, in: Proceedings of Swiss Bonding 2003, Zurich, 2003, pp. 69-75.
113) S. Garelik-Rosen, R. Torregrosa-Maciá, J.M. Martín-Martínez, Unpublished Results, 2003.
114) M.M. Pastor-Blas, J.M. Martín-Martínez, J.G. Dillard, Surface characterization of synthetic vulcanized rubber treated with oxygen plasma, Surf. Interface Anal. 26 (1998) 385-399.
115) R. Torregrosa-Coque, J.M. Martín-Martínez, Influence of the configuration of the plasma chamber on the surface modification of synthetic vulcanized rubber treated with low-pressure oxygen RF plasma, Plasma Process. Polym. 8 (11) (2011) 1080-1092.
116) G.C. Basaka, A. Bandyopadhyay, S. Neogic, A.K. Bhowmick, Surface modification of argon/oxygen plasma treated vulcanized ethylene propylene diene polymethylene surfaces for improved adhesion with natural rubber, Appl. Surf. Sci. 257 (7) (2011) 2891-2904.
117) B. Cantos-Delegido, J.M. Martín-Martínez, Treatment with Ar-O_2 low-pressure plasma of vulcanized rubber sole containing noticeable amount of processing oils for improving adhesion to upper in shoe industry, J. Adhes. Sci. Technol. 29 (13) (2015) 1301-1314.
118) P. Kotrade, J.A. Jofre-Reche, J.M. Martín-Martínez, Surface modification of natural vulcanized rubbers containing excess of antiadherent moieties, in: Proceedings of Adhesion 2011, London, 2011.
119) M.A. Moyano, J.M. Martín-Martínez, Surface treatment with UV-ozone to improve adhesion of vulcanized rubber formulated with an excess of processing oil, Int. J. Adhes. Adhes. 55 (2014) 106-113.
120) F.B. Blackwell, Adhesion of solings, SATRA Bull. 15 (22) (October 1973) 423-427.
121) A.R. Carter, Adhesion to PVC soling compounds, SATRA Bull. 14 (23) (November 1971) 398-400.
122) S.G. Abbott, D.M. Brewis, N.E. Manley, I. Mathieson, N.E. Oliver, Solvent-free bonding of shoe-soling materials, Int. J. Adhes. Adhes. 23 (2003) 225-230.
123) A. Martínez-García, A. Sánchez-Reche, S. Gisbert-Soler, C.M. Cepeda-Jimenez, R. Torregrosa-Maciá, J.M. Martín-Martínez, Treatment of EVA with corona discharge to improve its adhesion to polychloroprene adhesive, J. Adhes. Sci. Technol. 17 (1) (2003) 47-65.
124) A. Martínez-García, A. Sánchez-Reche, J.M. Martín-Martínez, Surface modifications on EVA treated with sulfuric acid, J. Adhes. 79 (6) (2003) 525-548.
125) C.M. Cepeda-Jimenez, R. Torregrosa-Maciá, J.M. Martín-Martínez, Surface modifications of EVA copolymers induced by low pressure RF plasma from different gases related to their adhesion properties, J. Adhes. Sci. Technol. 17 (8) (2003) 1145-1159.
126) M.D. Landete-Ruiz, Improved Adhesion of Polyolefins by Treatment With UV Radiation, PhD Thesis, University of Alicante, 2003.
127) M.D. Landete-Ruiz, J.M. Martín-Martínez, Improvement of adhesion and paint ability of EVA copolymers with different vinyl acetate contents by treatment with UV-ozone, Int. J. Adhes. Adhes. 58 (2015) 34-43.
128) J.J. Hernández-González, Personal Communication, 2002.
129) J.A. Jofre-Reche, J.M. Martín-Martínez, Selective surface oxidation of ethylene-vinyl acetate and ethylene polymer blend by UV-ozone treatment, Int. J. Adhes. Adhes. 43 (2013) 42-53.
130) W. Chen, K.C. Frisch, S. Wong, The effect of soft segments on the morphology of polyurethane elastomers, in: K.C. Frisch, D. Klempner (Eds.), Advances in Urethane Science and Technology, vol. 11, Technomic, Lancaster, 1992, pp. 110-137 (Chapter 3).
131) D. Dieterich, E. Grigat, H. Hespe, Chemical and physical-chemical principels of polyurethane

chemistry, in: G. Oertel (Ed.), Polyurethane Handbook, Hanser, Munich, 1985, pp. 7-41 (Chapter 2).
132) M.S. Sánchez-Adsuar, J.M. Martín-Martínez, Influence of the length of the chain extender on the properties of thermoplastic polyurethanes, J. Adhes. Sci. Technol. 11 (1997) 1077-1087.
133) T.G. Maciá-Agulló, J.C. Fernández-García, N. Pastor-Sempere, A.C. Orgiles-Barceló, J.M. Martín-Martínez, Addition of silica to polyurethane adhesives, J. Adhes. 38 (1992) 31-53.
134) J. Donate-Robles, J.M. Martín-Martínez, Comparative properties of thermoplastic polyurethane adhesive filled with natural or precipitated calcium carbonate, Macromol. Symp. 301 (1) (2011) 63-72.
135) J. Donate-Robles, J.M. Martín-Martínez, Addition of precipitated calcium carbonate filler to thermoplastic polyurethane adhesives, Int. J. Adhes. Adhes. 31 (8) (2011) 795-804.
136) J. Donate-Robles, C.W. Liauw, J.M. Martín-Martínez, Flow micro-calorimetry and FTIR spectroscopy study of interfacial interactions in uncoated and coated calcium carbonate filled polyurethane adhesives, Macromol. Symp. 338 (1) (2014) 72-80.
137) B. Jaúregui-Beloqui, J.C. Fernández-García, A.C. Orgiles-Barceló, M.M. Mahiques-Bujanda, J.M. Martín-Martínez, Thermoplastic polyurethane-fumed silica composites: influence of the specific surface area of fumed silica on the viscoelastic and adhesion properties, J. Adhes. Sci. Technol. 13 (1999) 695-711.
138) B. Jaúregui-Beloqui, J.C. Fernández-García, A.C. Orgiles-Barceló, M.M. Mahiques-Bujanda, J.M. Martín-Martínez, Rheological properties of thermoplastic polyurethane adhesive solutions containing fumed silicas of different surface areas, Int. J. Adhes. Adhes. 19 (1999) 321-328.
139) M.A. Bahattab, J. Donate-Robles, V. García-Pacios, J.M. Martín-Martínez, Characterization of polyurethane adhesives containing nanosilicas of different particle size, Int. J. Adhes. Adhes. 31 (2) (2011) 97-103.
140) M.A. Bahattab, V. García-Pacios, J. Donate-Robles, J.M. Martín-Martínez, Comparative properties of hydrophilic and hydrophobic fumed silica filled two-component polyurethane adhesives, J. Adhes. Sci. Technol. 26 (1-3) (2012) 303-315.
141) L. Bistricic, G. Baranovic, M. Leskovac, E.G. Bajsic, Hydrogen bonding and mechanical properties of thin films of polyether-based polyurethane-silica nanocomposites, Eur. Polym. J. 46 (2010) 1975-1987.
142) M.A. Perez-Limiñana, A.M. Torró-Palau, A.C. Orgiles-Barceló, J.M. Martín-Martínez, Modification of the rheological properties of polyurethanes by adding fumed silica: influence of the preparation procedure, Macromol. Symp. 194 (2003) 161-167.
143) S. Alvarez-García, J.M. Martín-Martínez, Effect of the carbon black content on the thermal, rheological and mechanical properties of thermoplastic polyurethanes, J. Adhes. Sci. Technol. 29 (11) (2015) 1136-1154.
144) F. Arán-Aís, A.M. Torró-Palau, A.C. Orgiles-Barceló, J.M. Martín-Martínez, Characterization of thermoplastic polyurethane adhesives with different hard/soft segment ratio containing rosin resin as an internal tackifier, J. Adhes. Sci. Technol. 16 (2002) 1431-1448.
145) P. Penczek, K. Nachtkamp, Resins used in adhesives, in: K. Frisch, S. Reegen (Eds.), Advances in Urethane Science and Technology, vol. 4, Technomic, Las Vegas, 1987, pp. 121-162.
146) E. Cipriani, M. Zanetti, V. Brunella, L. Costa, P. Bracco, Thermoplastic polyurethanes with polycarbonate soft phase: effect of thermal treatment on phase morphology, Polym. Degrad. Stab. 97 (2012) 1794-1800.
147) V. García-Pacios, V. Costa, M. Colera, J.M. Martín-Martínez, Affect of polydispersity on the properties of waterborne polyurethane dispersions based on polycarbonate polyol, Int. J. Adhes. Adhes. 30 (6) (2010) 456-465.
148) A. Barni, M. Levi, Aqueous polyurethane dispersions: a comparative study of polymerization processes, J. Appl. Polym. Sci. 88 (3) (2003) 716-723.
149) M.A. Perez-Limiñana, F. Arán-Aís, A.M. Torró-Palau, C. Orgiles-Barceló, J.M. Martín-Martínez, Structure and properties of waterborne polyurethane adhesives obtained by different methods, J. Adhes. Sci. Technol. 20 (6) (2006) 519-536.
150) B.K. Kim, J.C. Lee, Waterborne polyurethanes and their properties, J. Polym. Sci. A Polym. Chem. 34 (6) (1996) 1095-1104.
151) J.Y. Jang, Y.K. Jhon, I.W. Cheong, J.H. Kim, Effect of process variables on molecular weight and mechanical properties of water-based polyurethane dispersion, Colloids Surf. A Physicochem. Eng. Asp. 196 (2-3) (2002) 135-143.
152) M.A. Perez-Limiñana, F. Arán-Aís, A.M. Torró-

Palau, C. Orgiles-Barceló, J.M. Martín-Martínez, Influence of the hard-to-soft segment ratio on the adhesion of water-borne polyurethane adhesive, J. Adhes. Sci. Technol. 21（8）（2007）755-773.

153）B.J. Vicent, B. Natarajan, Waterborne polyurethane from polycaprolactone and tetramethylxylene diisocyanate: synthesis by varying NCO/OH ratio and its characterization as wood coatings, Open J. Org. Polym. Mater. 4（1）（2014）, https://doi.org/10.4236/ojopm.2014.41006, 41839,6.

154）S.A. Madbouly, J.U. Otaigbe, A.K. Nanda, D.A. Wicks, Rheological behavior of aqueous polyurethane dispersions: effects of solid content, degree of neutralization, chain extension, and temperature, Macromolecules 38（9）（2005）4014-4023.

155）V. García-Pacios, M. Colera, V. Costa, J.M. Martín-Martínez, Waterborne polyurethane dispersions obtained with polycarbonate of hexanediol intended for use as coatings, Prog. Org. Coat. 71（2）（2011）136-146.

156）B.K. Kim, T.K. Kim, H.M. Jeong, Aqueous dispersion of polyurethane anionomers from H_{12}MDI/IPDI, PCL, BD, and DMPA, J. Appl. Polym. Sci. 53（3）（1994）371-378.

157）C. Yang, H. Yang, T. Wen, M. Wu, J. Chang, Mixture design approaches to IPDI-H_6XDI-XDI ternary diisocyanate-based waterborne polyurethanes, Polymer 40（4）（1999）871-885.

158）M.M. Rahman, I. Lee, H. Chun, H. Kim, H. Park, Properties of waterborne polyurethane-fluorinated marine coatings: the effect of different types of diisocyanates and tetrafluorobutanediol chain extender content, J. Appl. Polym. Sci. 131（4）（2014）39905, https://doi.org/10.1002/app.39905.

159）E. Orgiles-Calpena, F. Arán-Aís, A.M. Torró-Palau, C. Orgiles-Barceló, Influence of the chain extender nature on adhesives properties or polyurethane dispersions, J. Dispers. Sci. Technol. 33（1）（2016）147-154.

160）M.M. Rahman, Synthesis and properties of waterborne polyurethane adhesives: effect of chain extender of ethylene diamine, butanediol, and fluoro-butanediol, J. Adhes. Sci. Technol. 27（23）（2013）2592-2602.

161）F. Mumtaz, M. Zuber, K.M. Zia, T. Jamil, R. Hussain, Synthesis and properties of aqueous polyurethane dispersions: influence of molecular weight of polyethylene glycol, Korean J. Chem. Eng. 30（12）（2013）2259-2263.

162）V. García-Pacios, J.A. Jofre-Reche, V. Costa, M. Colera, J.M. Martín Martínez, Coatings prepared from waterborne polyurethane dispersions obtained with polycarbonates of 1,6-hexanediol of different molecular weights, Prog. Org. Coat. 76（10）（2013）1484-1493.

163）V. García-Pacios, M. Colera, Y. Iwata, J.M. Martín-Martínez, Incidence of the polyol nature in waterborne polyurethane dispersions on their performance as coatings on stainless steel, Prog. Org. Coat. 76（12）（2013）1726-1729.

164）Z. Yang, Y. Zhu, F. Peng, C. Fu, Preparation and application of undecylenate based diol for bio-based waterborne polyurethane dispersion, Adv. Mater. Res. 955-959（2014）88-91.

165）S. Hu, X. Luo, Y. Li, Production of polyols and waterborne polyurethane dispersions from biodiesel-derived crude glycerol, J. Appl. Polym. Sci. 132（6）（2015）41425, https://doi.org/10.1002/app.41425.

166）X. Liu, K. Xu, H. Liu, H. Cai, J. Su, Z. Fu, Y. Guo, M. Chen, Preparation and properties of waterborne polyurethanes with natural dimer fatty acids based polyester polyol as soft segment, Prog. Org. Coat. 72（4）（2011）612-620.

167）M. Fuensanta, J.A. Jofre-Reche, F. Rodríguez-Llansola, V. Costa, J.I. Iglesias, J.M. Martín-Martínez, Structural characterization of polyurethane ureas and waterborne polyurethane urea dispersions made with mixtures of polyester polyol and polycarbonate diol, Prog. Org. Coat. 112（2017）141-152.

168）M. Fuensanta, J.A. Jofre-Reche, F. Rodríguez-Llansola, V. Costa, J.M. Martín-Martínez, Structure and adhesion properties before and after hydrolytic ageing of polyurethane urea adhesives made with mixtures of waterborne polyurethane dispersions, Int. J. Adhes. Adhes. 85（2018）165-176.

169）S.M. Huang, T.K. Chen, Effects of ion group content and polyol molecular weight on physical properties of HTPB-based waterborne poly（urethane-urea）s, J. Appl. Polym. Sci. 105（6）（2007）3794-3801.

170）S.M. Cakic, M. Špírková, I.S. Ristic, J.K. B-Simendic, M. M-Cincovic, R. Poryba, The waterborne polyurethane dispersions based on polycarbonate diol: effect of ionic content, Mater. Chem. Phys. 138（1）（2013）277-285.

171）M.M. Rahman, H. Kim, Synthesis and characterization of waterborne polyurethane adhesives

containing different amount of ionic group（I）, J. Appl. Polym. Sci. 102（6）（2006）5684–5691.
172）S.K. Lee, B.K. Kim, High solid and high stability waterborne polyurethane via ionic groups in soft segments and chain termini, J. Colloid Interface Sci. 336（1）（2009）208–214.
173）V. García-Pacios, Y. Iwata, M. Colera, J.M. Martín-Martínez, Influence of the solids content on the properties of waterborne polyurethane dispersions obtained with polycarbonate of hexanediol, Int. J. Adhes. Adhes. 31（8）（2011）787–794.
174）H. Lijie, D. Yongtao, Z. Zhiliang, S. Zhongsheng, S. Zhihua, Synergistic effect of anionic and nonionic monomers on the synthesis of high solid content waterborne polyurethane, Colloids Surf. A Physicochem. Eng. Asp. 467（20）（2015）46–56.
175）E. Orgiles-Calpena, F. Arán-Aís, A.M. Torró-Palau, C. Orgiles-Barceló, J.M. Martín-Martínez, Addition of different amounts of a urethane-based thickener to waterborne polyurethane adhesive, Int. J. Adhes. Adhes. 29（3）（2009）309–318.
176）E. Orgiles-Calpena, F. Arán-Aís, A.M. Torró-Palau, C. Orgiles-Barceló, J.M. Martín-Martínez, Influence of the chemical structure of urethane-based thickeners on the properties of waterborne polyurethane adhesives, J. Adhes. 85（10）（2009）665–689.
177）E. Orgiles-Calpena, F. Arán-Aís, A.M. Torró-Palau, C. Orgiles-Barceló, J.M. Martín-Martínez, Effect of annealing on the properties of waterborne polyurethane adhesive containing urethane-based thickener, Int. J. Adhes. Adhes. 29（8）（2009）774–780.
178）E. Orgiles-Calpena, F. Arán-Aís, A.M. Torró-Palau, C. Orgiles-Barceló, J.M. Martín-Martínez, Addition of urethane-based thickener to waterborne polyurethane adhesives having different NCO/OH ratios and ionic groups contents, J. Adhes. Sci. Technol. 23（15）（2009）1953–1972.
179）S.G. Abbott, Solvent-free adhesives for sole attaching, SATRA Bull.（October 1992）109–112.
180）B.G. de Avila, N. Liziani Preuss, C.R.I. Gomes, N.S. Domingues Junior, F.M.M. de Camargo, Bonding properties and crystallization kinetics of thermoplastic polyurethane adhesive, Materia 23（4）（2018）, e-12247.
181）B.G. de Avila, F.M.M. de Camargo, S. Stamboroski, M. Noeske, A. Keil, W.L. Cavalcanti, Modifying a thermoplastic polyurethane for improving the bonding performance in an adhesive technical process, Appl. Adhes. Sci. 4（4）（2016）, https://doi.org/10.1186/s40563-016-0060-x.
182）Manufacturing Method of Hotmelt Film Having Low Melting Point Using the Thermoplastic Polyurethane Resin Having Low Melting Point. KR101811339B1 patent. South Korea, 2017.
183）K. Zhang, C. Huang, H. Shen, H. Chen, Modification of polychloroprene rubber latex by grafting polymerization and its application as a waterborne contact adhesive, J. Adhes. 88（2）（2012）119–133.
184）K. Zhang, H. Shen, X. Zhang, R. Lan, H. Chen, Preparation and properties of a waterborne contact adhesive based on polychloroprene latex and styrene-acrylate emulsion blend, J. Adhes. Sci. Technol. 23（1）（2009）163–175.
185）P. Kueker, W. Jeske, M. Melchiors, Modern waterborne contact adhesives: 1k application property level, in: Proceedings of FEICA 2016 Conference, Vienna. Paper 16-BOS-05-2, 2016.
186）N.A. Keibal, S.N. Bondarenko, V.F. Kablov, Modification of adhesive compositions based on polychloroprene with element-containing adhesion promoters, Polym. Sci. D 4（2011）267–280.
187）E.M.M. Souza, W. da Costa, L.G.A. Silva, H. Wiebeck, Behavior of adhesion forces of the aqueous-based polychloroprene adhesive magnetically conditioned, J. Adhes. Sci. Technol. 30（15）（2016）1689–1699.
188）F.B. Blackwell, A factory adhesion survey, SATRA Bull. 13（7）（November 1968）104–108.
189）Force drying of cement on shoe bottoms, SATRA Bull. 10（17）（May 1963）230–231.
190）The force-drying of cements, SATRA Bull. 11（3）（March 1964）39–43.

〈訳：佐藤　千明〉

第22章　電気・電子

V. Nassiet, B. Hassoune-Rhabbour and O. Tramis and J-A Petit

22.1　はじめに

世界中のエレクトロニクス産業で，5万種類以上の導電性または非導電性の接着剤が製造されていることを考えると，エレクトロニクス産業は接着剤の主要産業分野であることは間違いない。マイクロエレクトロニクスからパワーエレクトロニクスに至るまで，エレクトロニクス産業が最も強く成長している分野であることは明らかであり，接着技術はエレクトロニクスパッケージにおいて更に重要で，拡大し，多様な用途が見出されている。そのため，最近，電子機器製造における接着剤使用上の問題を克服するために，いくつかの研究開発ネットワークが構築されている。その中でも，「Adhesives in Electronics」と呼ばれ，EC（ヨーロッパ共同体）の資金援助を受けて1998年から活動している非常に活発なネットワークがある。

電子機器は，その機能を維持するために，電気・熱・機械的な信頼性の高い動作が要求される。経済的な基板の使用，超高速自動塗布プロセス，小型化および高密度部品集積化の傾向，ウェーブソルダーおよびリフロープロセスでの部品の位置決めおよび固定，はんだ接合が不可能な場合の使用，環境上の利点からはんだの代替，少なくともカードおよび部品を外部の損傷ストレスや環境からカプセル化して固定，要求事項を満たす接着剤は多くのメリットを提供する。技術的には接着剤種のほとんどすべてを使用することができる。しかし，絶縁接続，導電接続の必要性に応じて，特殊な加工，硬化，使用特性を持つ接着剤を採用することが求められる。熱伝導性は常に追加した判断が必要となる。大きな接着ギャップ，それに伴って，ドットエリアが限られていること，素早く塗布する必要があることなどが，レオロジー特性に対する厳しい要求点ある。また，接着剤と接合部の機械的強度および熱時疲労強度も必要である。

一般的に，経済的に表面処理にコストを割くことは避けられる傾向にある。非常に高い清浄度が要求されるため，プラズマやレーザーなどの物理的な方法で表面洗浄や官能基付与は，クリーンルームで実施される必要がある。充填型・非充填型接着剤の大半は，十分な接着力と接合部の機械的強度を備えることになる。また，マイクロエレクトロニクス製品は外部環境から保護されているため，攻撃的な媒体での剥離は避けられるかもしれない。しかし，より大きな電力が必要な用途になると，接着剤を含む回路は熱放散に悩まされることが出てくる。エレクトロニクス産業では，経年変化を考慮しても，耐久性よりも信頼性の方が重要になることがある。疲労を含む機械的破壊，接着・粘着，腐食・摩耗，そして剥離が一般的な故障の原因である。衝撃，振動，湿度，温度，電気的負荷，粒子など，多くの外的要因が原因となる。その多くは接着部に影響を及ぼす。

したがって，接初期不良や信頼性のバスタブ曲線の底を減らすために，エレクトロニクス製品の中での，接着部の検査，試験，品質，信頼性管理が理解されている必要がある。サーマルサイクリングとパワーサイクルは，プロセスの安定性を確認し，製品の潜在的な寿命の一定の増加を測定することができる。接着部の評価については，接着剤の種類に応じて，破壊力学試験（DCB，ウェッジテスト），せん断試験，剥離試験が行われる。また，非破壊検査として，従来の超音波，レーザー超音波，音響顕微鏡，サーモグラフィー，ホログラフィー，アコースティックエミッション，音響インピーダンスなどがよく利用される。

そして，エレクトロニクス産業では，導電性接着剤と非導電性接着剤の使用例が多数ある。ここでは，表面実装（SMT），プリント基板（PCB），ダイ・アタッチ，フリップチップ，カプセル化，スマートカード，ディスプレイデバイス，微小電気機械システム（MEMS），などパワーエレクトロニクスパッケージングにおけるものに注目する。

22.2　基本要求

電子部品やパッケージの製造には，さまざまな物理化学的特性を持つ類似および異種の材料の接合や封止が必要である。エレクトロニクス産業という点では，主に金属—金属，金属—セラミック，金属—高分子，セラミック—高分子，高分子同士など，多くの界面が含まれる。そして，接合を保証するための主なプロセスとして，はんだ付けや接着剤による接合がある。しかし，接着の科学技術の観点から見ると，接着剤は基本的にポリマーであるため，金属—高分子，セラミック—高分子，高分子同士の３種類の界面しか存在しない。

パッケージングには，いくつかのレベルがある[1,2]。最初のレベルは，半導体デバイスをシングルチップまたはマルチチップモジュールに統合することに関する。このレベルでは，導電性接着剤による接着が主要な役割である[3,4]。導電性粒子を充填した等方性導電接着剤（ICA）[5]または異方性導電接着剤（ACA）[6]が，Z方向などの一方向に使用される。現在マイクロエレクトロニクス産業で使用されている[7-10]ICAには高い電気および熱伝導性が期待できる。ペーストまたはフィルム状で集積回路（IC）チップと収容部品のリードフレームを組立またはダイボンディングで使用されている。ACAにはペーストとフィルムの２つの形態がある。スクリーン印刷，パッドスタンプ，ディスペンサーが可能である。ACAは，複合化した構造の機械的強度を有し，軸方向の電気抵抗低く，軸に直交する面内の絶縁抵抗が高い。加圧による熱硬化が必要であるが，新開発の材料をスクリーン印刷すると，30 µmピッチで1 mmあたり30本以上の接続が可能で，短絡の心配がない。このため，特にファインピッチの貼り合わせ（フリップチップボンディング[11]，フレキシブル回路用途（LCD[12]），フリップチップ配線[13-15]（スマートカード，チップオンボード），テープオートボンディング（TAB）配線，ガラス基板のフリップチップ接触[16]）に適しているといえる。

第二階層パッケージでは，第一階層パッケージとコネクタやディスクリートなどの他のコンポーネントをプリント基板（PCB）に統合する部品を集約している。表面実装型PCB部品[17]では，ウェーブはんだ付けの際に受動部品や時には能動部品を基板下面に変位なく保持するために，主に非導電性の接着剤が使用される。導電性接着剤は，さまざまな種類のチップ，半導体チップ，または受動部品を導電状態で基板に接着する必要があるハイブリッドエンジニアリングでも使用されている。温度変化に敏感な部品，フレキシブル回路，接続が困難な基板などのアセンブリが主な対象である。

機械的強度を高め，環境負荷（熱サイクル，機械的衝撃，湿気）から保護するために，2つの第1レベルのパッケージングである，封止，接着剤接合においてさまざまな工夫も必要である。リード接続の場合，現在，グローブトップ，ダムアンドフィル，トランスファーモールドの少なくとも3種類の封止技術[18]が使用されている。また，基板上のチップを得る場合にも適用される。

フリップチップアセンブリにおいて，アンダーフィルは部品を固定し，信頼性を高めることが知られている[19]。アンダーフィル工程は，ACAや非導電性接着剤（NCA）を用いた電気的な相互接続の工程の一部である。また，ICAやはんだバンプボンディングの場合は，電気的な相互接続がなされた後に，アンダーフィル工程を補足的に行う必要がある。封止材は，エポキシやシリコーンのマトリックスにシリカを80%まで充填した複合材料で，熱膨張係数（CTE）が低く（12×10^{-6}/℃　約180℃まで），シリコンと金属の熱相溶化に必要であり，ガラス転移温度は約170℃となる。パワーエレクトロニクスでは，200℃を超える温度で動作するシリコーン材料が好まれる。はんだボールとアンダーフィル，ヒップパッシベーション層（窒化ケイ素またはポリイミド）とアンダーフィル，基板表面とアンダーフィルというパッケージ内の3種類の接着界面を含むアンダーフィルでは，チップの良好な動作を確保するために必要な液体接着剤のイオン純度が非常に高いことが主な要求事項となる。

パワーモジュール，冷却システム，ケーブル，周辺機器などのPCBの最終的な統合は，第3レベルのパッケージングを要することになる。特にハイパワー（高電圧‒高温）での使用が予想され，水冷が行われる場合，接着剤は熱機械的または湿熱機械的な挙動を最大限に満たす必要がある。

少なくとも，微小電気機械システム（MEMS）を完全な製品に集積するためには，何らかの形でパッケージ化する必要がある。接着剤は，異なる層を強く接着してデバイスを封止するために使われる。あるいはコンフォーマル封止材として使用される。

このように，パッケージングのあらゆるレベルにおいて，接着剤を用いて組み立てられた電子デバイスの信頼性は，難しい課題である。この課題は材料，電気，機械的信頼性の単純な組み合わせ以上に難しいことも多い。

22.3　接着剤の特性

現代の多くの高分子材料の開発は，電気・電子産業からもたらされたもので，その主な理由は，電気・電子部品に数多くの応用分野があったためである。この人気の主な理由は，ポリマーが一般的に安価で，物理的，機械的，電気的特性を容易に制御できる誘電体材料であるためである。高分子である接着剤は，絶縁性または導電性のどちらの接続が必要かに応じ，採用することができる。

エレクトロニクス産業で使用される高分子は，一般的に熱硬化性ポリマー（エポキシ[20,21]，ポリイミド[22]，シリコーンおよびアクリル接着剤，または熱可塑性プラスチック[23]など）に分類される。その他，20種類以上のポリマー（ポリエーテルエーテルケトン，ポリエーテルスルホン[24]など）やコポリマーを主体としたタイプがある。フレキシブル/ストレッチャブル[25]やバイオメディカル[26,27]エレクトロニクス向けには，より多くのポリマーが調整されている。また，形状記憶のポリマーの使用も増えている[9,28]。

熱可塑性プラスチックは，本来の特性を変えることなく再溶解可能で，ホットメルトとも呼ばれる。熱可塑性接着剤は，フィルム状と溶剤溶液のペースト状がある。熱可塑性接着剤は，リワーク性に優れ，接着工程が短い。熱可塑性接着剤の主な利点は，補修作業のために相互接続を分解することが比較的容易である。一方，熱可塑性樹脂は，ペースト状で使用する場合，溶剤の使用によりレオロジー特性が変化する。また，接着力も弱くなる傾向がある。また，熱硬化性樹脂に比べガラス転移温度（融点）が低いため，使用温度に制限がある。また，荷重をかけると大きく流動するため，熱サイクルによる電気抵抗の変化を引き起こす要因になると考えられている[29]。

熱硬化性樹脂は，架橋性高分子である。化学反応を起こしてポリマー鎖間に化学的架橋を形成し，比較的高い温度でも変形しにくい。硬化技術には，熱，紫外線，触媒の添加などがある。熱硬化性樹脂の多くは，ほとんど，あるいは全く溶媒を必要としない。このような無溶剤のシステムは，環境面でも理想的である。さらに，熱硬化性接着剤は通常，低分子量の液体から硬化するため，表面を濡らすことができ，接着剤の接合部の耐久性を向上させることができる強い結合を作り出すことができる。逆に，熱可塑性接着剤に比べ保存期間が限られ，リワーク能力が低く，長い硬化時間を必要とする。

熱可塑性であれ熱硬化性であれ，ポリマーは他の材料（金属やセラミック）よりも軽量という点で優れている。実際，輸送や移動のように全体の重量を最小限に抑えなければならない用途では，密度を考慮することが重要になる。ポリマーが優れた絶縁体であるということは，電界中で不活性であるということや，特定の条件下での性能と関連づけることができる材料の本質的な性質を意味するものではない。実際，誘電率，体積抵抗率，表面抵抗率，散逸，電力・損失係数，耐アーク性，絶縁耐力は，温度，周波数，電圧，ストレスなどの使用環境因子によって変化する。絶縁体としてのポリマーは，通信機器の数Vから配電システムの数百万Vまで，さまざまな電圧の条件下で動作することが要求される場合がある。電界は熱の放散を伴う。そのため，ポリマーには熱安定性（耐熱性）と連動したある程度の熱伝導性が求められる。さらに，ポリマーの選択は，基板のCTEに適合し，温度サイクルにさらされる封止デバイスや導電性接着剤で接合された多層構造における熱応力の問題を軽減する，このCTEの値によって決まる。

ポリアニリン，ポリピロール，ポリチオフェン，ポリアセチレンなどの本質的に導電性を有するポリマー[30]が，単体または複合材料として，集中的に研究されていることに注目する必要がある。また，最近の傾向として，バイオセンシング指向のエレクトロニクス[32]など，バイオメディカルアプリケーション[31]にも使用されている。

先に紹介したように，接着剤の用途は，絶縁性または導電性の要否によって異なる。通常，接着剤はそのポリマー構造と化学結合の挙動から，導電性を持たないか弱いものである。さまざまな電子機器への応用において，接着剤の非導電性は重要であり，特に封止工程では重要となる。

22.3.1　封止用ポリマー：材料プロセス・信頼性

高分子封止材は，半導体チップを環境から保護する。電子機器に用いられる封止技術には，グローブトッピング，ポッティング，アンダーフィリング，印刷などがある[33]（**図22.1**）。一般に，適切な封止方法の選択は，パッケージの種類や信頼性，アプリケーションの要求事項，封止材，生産量などいくつかの要因に依存する。ダイやアンダーフィルの封止材として一般的に使用されている樹脂材料は，エポキシ，ポリジメチルシロキサン，シリコーンエラストマー，シリコーンレジン，そして，さらに少ない割合で，ポリウレタン，ポリイミド系，パリレンなどが代表的なものとされる。

近年，多くの電子デバイスが人体に組み込まれるように設計されている[34]。この目的のために，ハイドロゲル[35]は，ヒト組織の生理学的および機械的特性に合うように調整されている[36]。したがって，ハイドロゲルは，特に長期的かつ効果的なバイオインテグレーションの実現を目指すエレクトロニクスやデバイスにとって，理想的なマトリックス/コーティング材料であるといえる[37]。有望ではあるが，堅牢で伸縮性があり，生体適合性のあるハイドロゲルベースの電子デバイスを設計することはまだ困難である[38]。

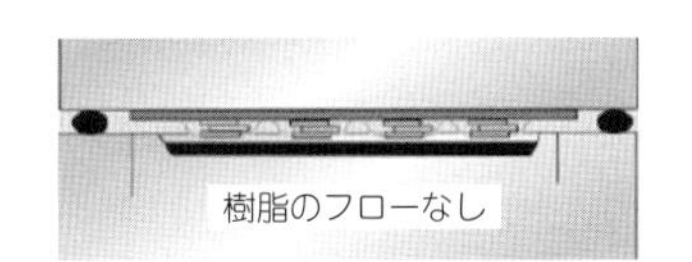

a：コンプレションモールディング

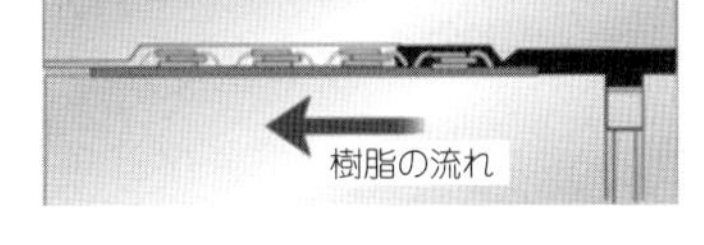

b：トランスファーモールディング

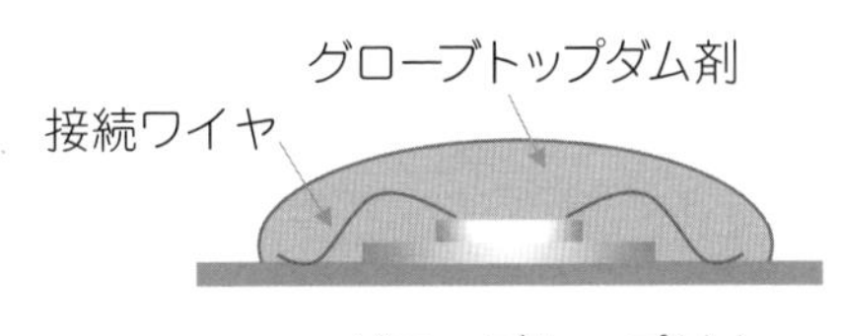

c：グローブトップ封止

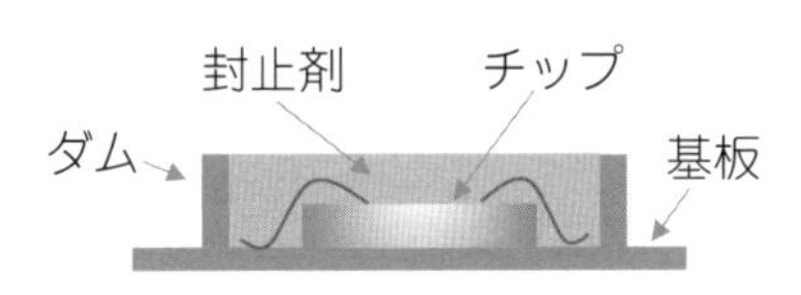

d：ダム封止

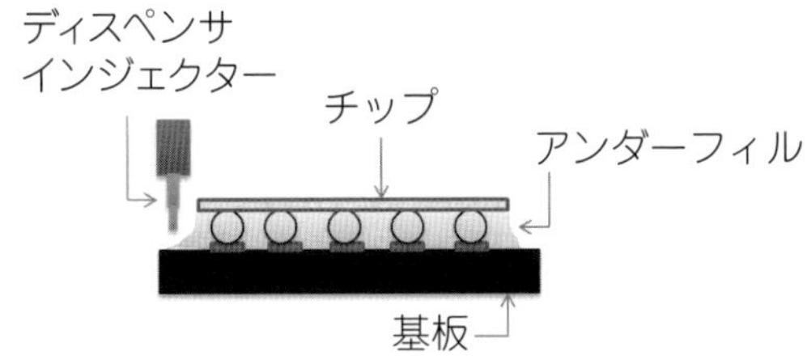

e：アンダーフィル封止

図22.1　電子部品に使用される封止プロセス

マイクロエレクトロニクスデバイスの封止に用いられるモールディング技術では，トランスファーモールドが最も一般的な封止方法である。圧縮成形は，マルチチップモジュール（MCM）パッケージへの応用が可能である。グローブトッピングは，フリップチップやチップオンボードなどのマイクロエレクトロニクスデバイスをプリント基板に直接封止する方法である。グローブトッピングは，グローブトップとダムアンドフィルの2つの手法で構成されている。グローブトップの液体封止材をデバイス上に広げ，硬化させて保護膜を形成する。一般的に使用される材料は，シリコーンやエポキシである。ポッティング法は，通常，コネクタや電源，MCMなどの大型電子ユニットの封止に使用される。ポッティングでは，電子ユニットを金型に入れ，その中に樹脂を流し込む。キャスティングはポッティングに似ているが，封止が完了すると金型を外す。使用されるポリマーは，シリコーン，エポキシ，ポリウレタンなどである。アンダーフィリングは，はんだボール配線やフリップチップ，BGAパッケージの封止・保護に使用され，機械的支持と構造的安定性が得られる。アンダーフィル用封止材としては，エポキシ樹脂が使用される。印刷による封止方法は，パッケージの小型化・薄型化に適応しており，ステンシルを活用して印刷する。適切なレオロジーを持つ封止材料の開発により，ステンシル印刷は現在，シリンジディスペンサーに代わる主要な方法となっている。このプロセスについては，次のセクションで説明する。

封止剤の機能は，ウェーブソルダーやリフロー工程で部品を保護，位置決め，熱機械的ストレスの低減，固定，低コストで生産歩留まりを向上させることである。さらに，封止材を適切に使用すれば，イオン汚染物質などの陰湿で有害な要素，あるいは放射線や電磁波の干渉から製品を保護しながら，その信頼性を高めることができる。不働態化処理されたICを移動性イオンの影響から保護するためには，超高純度の封止材（イオン汚染物質含有量＜数ppm）が必要である[39]。故障モードは，溶解，剥離，ブリスタリング，腐食である。

また，水分はICの腐食（電気的な酸化や金属移動）の主な原因の1つであるため，ポリマーの透過性は最適な封止材選択を行うための重要な要素となっている。また，高分子封止材は，機械的特性，電気的特性，物理的特性に優れている必要がある。すなわち，応力が最小であること，熱膨張係数が適切であること，分注が容易であること，硬化スケジュールが容易であること，中性pHであること，シリコンダイ表面や基板への接着性が高いこと，誘電特性が良好であることなどにまとめられる。

ポリイミドを用いた封止は，基板上にスピンコーティングを行い，その後400℃程度で硬化させることで行われる。ポリイミドは熱的・化学的安定性に優れているため，ほとんどのMEMSバッチプロセスに適合する[40]。

ポリパラキシリレン（PPX）フィルムは，通常パリレン（PA）と呼ばれ，化学，水分，蒸気の透過性により，腐食性ガスから保護することができる。他の有機絶縁体と比較した場合のパリレンの魅力は，化学気相成長法（CVD）を用いて気相から成膜し，中程度の真空条件下で室温重合することである[41]。

パリレンは幅広い産業用途で使用されており，多くの微小電気機械システム（MEMS）の重要な構成要素となっている。特に，フッ素化パリレンAF4ポリマーの商業グレードであるパリレン

HT（PA-HT）[42]は，高温パワーエレクトロニクスの電気絶縁のためのポリイミドに適したソリューションであり，3次元（D）マルチチップモジュールに適したコンフォーマル封止コーティングである。

ディッピング，キャスティング，モールディングで成膜されたシリコーンは，通常，室温〜150℃の温度で硬化される。ガスや蒸気に対する透過性が高いため，シリコーンエラストマーのカプセル化用途への応用が制限される場合がある[43]。しかし，ガラス，パリレン，ポリイミドなどの材料と組み合わせて使用することで，シリコーンのパッケージ性能をさらに高めることができる。

22.3.2　導電性接着剤

導電性接着剤は，非導電性高分子マトリックスと導電性フィラーから構成されている。導電性フィラーの濃度がパーコレーション閾値を超えると，3次元の導電性ネットワークが形成され，非導電性高分子材料の導電性を高める。導電性経路は，主に粒子間接触と電子トンネルに基づく2つのメカニズムに基づいて特徴付けられる（**図22.2**）[44]。導電性接着剤（ECA）は，電流の伝導とさまざまな基板間の機械的接着という2つの機能を備えているため，エレクトロニクス用途で大きな役割を果たしている[45]。金属はんだの代替品としてだけでなく，ポリマーベースの接着剤は，現代の電子製品のほとんどに欠かせないものとなっている。ECAは，その形態，フィラーの割合，特性から，等方性導電性接着剤（ICA）と異方性導電性接着剤（ACA）の2種類に大別される。ICAが全方向に均等に電流を流すのに対し，ACAはフィラーの配列に基づく方向にのみ電流を流す[45]。しかし，導電性の接合部を形成するために，非導電性接着剤（NCA）も使用されている（**図22.3**）。

ECAは，電子アプリケーションにおける相互接続に環境に優しいソリューションを提供する。ECAは，従来のはんだ配線技術に比べて，ファインピッチ対応（異方性導電接着剤（ACA）の使用），低温処理，より柔軟でシンプルな処理（フラックスの除去が不要），鉛を排除した健康・環境保護などの利点がある[46-48]。さらに，導電性接着剤システムは，このポリマーバインダーの特性により，より大きな柔軟性，耐クリープ性，耐疲労性，エネルギー減衰性を示し[49,50]，鉛フリーはんだ相互接合で発生する故障の可能性を減らすことができる。

加えておくと，導電性接着剤技術にはいくつかの欠点がある。低い電気伝導度，耐衝撃性が限定的，マイグレーション，不安定な接触抵抗，さまざまな気候環境条件下での機械的強度の弱体化などが，いくつかの大きな障害となっている[51,52]。

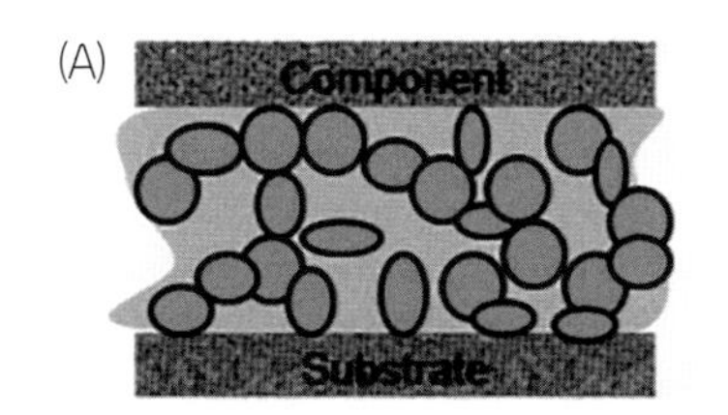

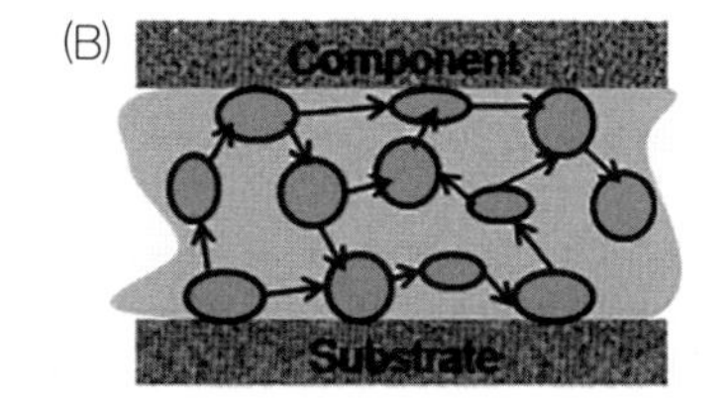

図22.2　導電性接着剤（ECA）の伝導機構，(A)粒子間，(B)電子トンネリング

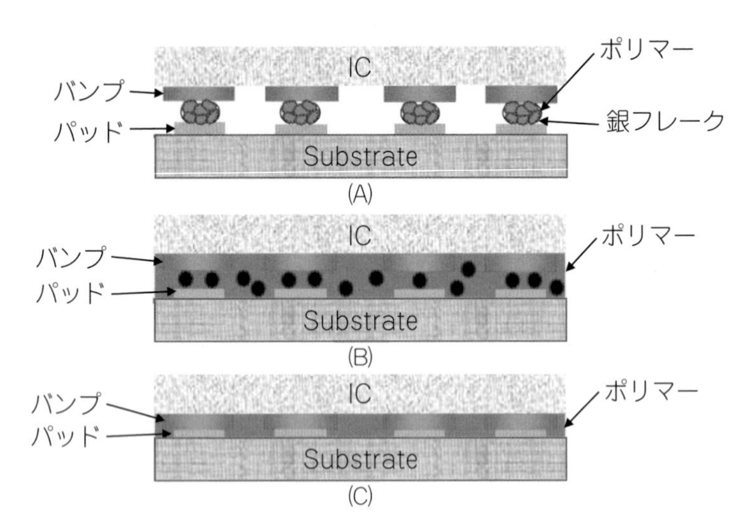

図 22.3　(A)等方性導電性接着剤（ICA），(B)異方性導電接着剤/フィルム（ACA/ACF），(C)非導電性接着フィルム（NCF）の模式図

近年，機能性接着剤（FGA）の使用により，最終的に高度にカスタマイズされた特性を有す高性能な接着構造アセンブリの設計が可能になるため，集中的な研究開発の対象となっている[53,54]。FGA はフィラーを組み込むことによって得られ，その特性勾配は熱力学的に制御されるフィラー分散設計の結果である[55,56]。

22.3.2.1　充填剤

導電性フィラーには，大きく分けて，金属フィラー，炭素系フィラー，セラミックフィラー，金属コートフィラーの 4 種類の材料がある[3]。

金属フィラーは，直径が 20 μm 以下の金属粒子で構成されている。通常，広い粒度分布では，導電性を付与するためのパーコレーション閾値を超えるためには，より低い濃度のフィラーが必要となる[3]。金属フィラーは，銀，金，ニッケル，銅に分類される。現在，これらの金属フィラーは，ECA に優れた電気的特性を与えるために，主にナノ形態で使用されている[57,58]。銀は，金と比較して高い導電性，化学的安定性，低コストであることから，等方性導電性接着剤の導電性フィラーとして最も使用されている。さらに，熱や湿気にさらされてできた酸化銀は，酸化された銅とは逆に高い導電性を示す。銀はまた，確認できるサイズに析出させることができ，有機潤滑剤で前処理されたシャープな分布の粒子を使用することができる[47]。ECAs の適切なレオロジーを伴う樹脂マトリックスでは，組み込みと混合が容易である。しかし，エレクトロマイグレーションや衝撃強度の低下といった問題が発生する可能性がある[59]。

安定した導電性フィラーとして，酸化に強いニッケルが使用されている。ニッケルベースの接着剤は銀ベースの製品に比べ，フィラー自体の電気抵抗および接触抵抗が高い[60]。さらに，加速経年劣化試験でニッケル表面の腐食が確認されている。銅は良い費用対効果で，柔らかく，変化しやすい，延性のある材料であり，高い電気・熱伝導率，良好なエレクトロマイグレーション特性を有することから，電子産業において導電性フィラーとしてさまざまな用途がある[61]。しか

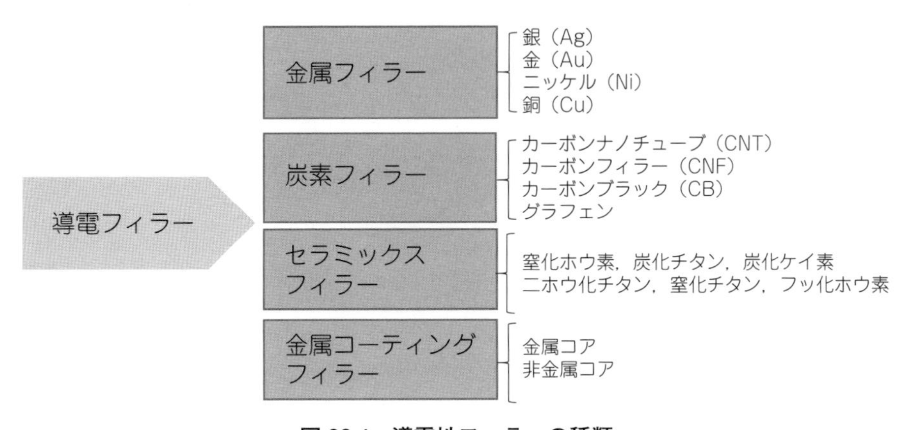

図 22.4 導電性フィラーの種類

し，一定水準以上の加熱と湿度の条件下ではすぐに酸化してしまう性質がある[22,62]。酸化を抑制するアプローチとして，はんだ粉の添加があるが，銅の安定性を向上させるものの，いくつかの欠点がある[3]。

金は最高の特性を備えている。しかし，そのコスト面で，大量に使用する場合には高額になる可能性がある。

そのため，金属でコーティングされたフィラーを使用する方法で代替する。メッキ粒子の種類は，それぞれの特性や最終用途に合わせて設計されており，コストダウンのために採用されている。金属被覆フィラーは，メタルコアと非メタルコアの2種類に大別される。非金属コアの材料には炭素系フィラー，ポリマー，ガラスなどがあり，銀，金，ニッケル，アルミニウム，クロムでコーティングされる[63]。

グラファイトやカーボンブラックなどの炭素系フィラーは良好な導電性を有し，カーボンナノチューブ（CTN），カーボンナノファイバー（CNF），グラフェンなど，フィラーがナノ寸法で存在する場合，表面対体積比が高いため，非常に高い導電性を有することがある[64]。

近年，セラミック材料は，エポキシ系導電性接着剤の導電性フィラーとして，材料科学者の注目を集めている[65,66]。**図 22.4** は，これらのフィラー種をまとめたものである。

22.3.2.2 等方性導電性接着剤（ICAs）

ICA（図 22.3A）は通常，導電性フィラー濃度が体積比で20%から35%である。この高いフィラー濃度により，圧力を加えなくても粒子と表面との直接接触が促進される。硬化後，これらの接着剤は全方向に導電性を持つようになる[67]。一般に，導電性接着剤には2つの導電経路がある。1つはポリマーマトリックス内の粒子と粒子の接触による伝導，もう1つはパーコレーションで，マトリックスの誘電破壊を可能にするほど近い粒子間の電子トンネル移動による電子輸送が含まれる。どのような経路であっても，電気抵抗が最も低くなるようにすることが目的である。等方性導電性接着剤による導電性接着は，現在，業界で最も多く，90%以上の頻度で使用されているプロセスである。まず，半導体産業におけるはんだの代用品としてのダイ・アタッチ用途や，さまざまな消費者製品における温度に敏感な部品とフレキシブル回路の一般的な相互接続の銀入り

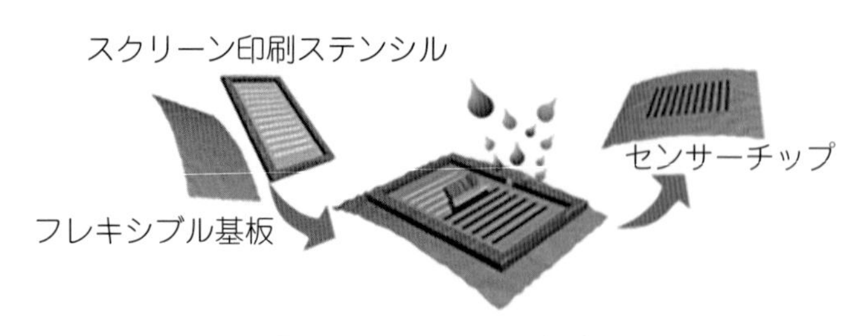

図 22.5　スクリーン印刷

エポキシに代表される。規模は小さいが，ICA は，半導体チップや受動部品など，さまざまな種類のチップを使用するハイブリッドエンジニアリングにも使用されている。

ICA の場合，熱硬化性ポリマーの中でもエポキシは，室温で硬化できる，接着強度が高い，耐薬品性・耐食性が高い，密着性が良い，断熱性が高い，低収縮，低コストといった有益な特性を持つため，最も広く使われている接着剤であり，その添加剤として，良好な導電性を実現するためにさまざまな導電フィラーが使われてきた[67,68]。導電性接着剤は，はんだのようにワイヤに付着したり，フィレットを形成したりすることはない。そのため，貫通型部品との相性は悪い。表面実装技術では，接着剤に最適な形状・仕様が提供されている。ICA は，ペースト状やフィルム状で供給される。ペースト状の接着剤は，スクリーン印刷や孔版印刷によって被接合面に塗布される。ICA は，回路コンタクトパッド上にのみスクリーン印刷またはステンシル印刷され，ペースト中に配置された部品と信頼できる電気機械的接合を形成し，安価なプロセスコストで提供される。

スクリーン印刷（**図 22.5**）は，導電性接着剤をナイロンやスチール製のスクリーンにスキージ（ゴム製の刃）で押し込んで印刷するプロセスである。スクリーンの裏側にはコーティングが施され，開口部が設けられているため，接着剤はコーティングが不足している箇所のみに塗布される。それ故，印刷する面はスクリーンの下に置かれる。スキージはスクリーンを通過し，スクリーンパターンを通して導電性接着剤を押し出す。

ステンシル印刷（**図 22.6**）は，印刷パターンがエッチングされた金属製のステンシルによって確実なものとなる。ステンシルはフレームに取り付けられ，基板の上に固定される。スキージが動くと，ステンシルは基板に押し付けられ，接着剤はステンシルの開口部を介して基板に接触する。

接着剤の電気伝導率および熱伝導率を向上させるために，導電性フィラー粒子の量を増加させることができる。銀粒子の体積濃度 30％は，70～80 重量％に相当する。その結果，ショートカットが形成される危険性に応じて，接着剤での固定が制限される。そのため，ファインピッチのアプリケーションでは，このプロセスが問題になる。

そこで，一方向にのみ導電性を持つ新しいタイプの接着剤が開発されており，異方性導電接着剤と呼ばれている。

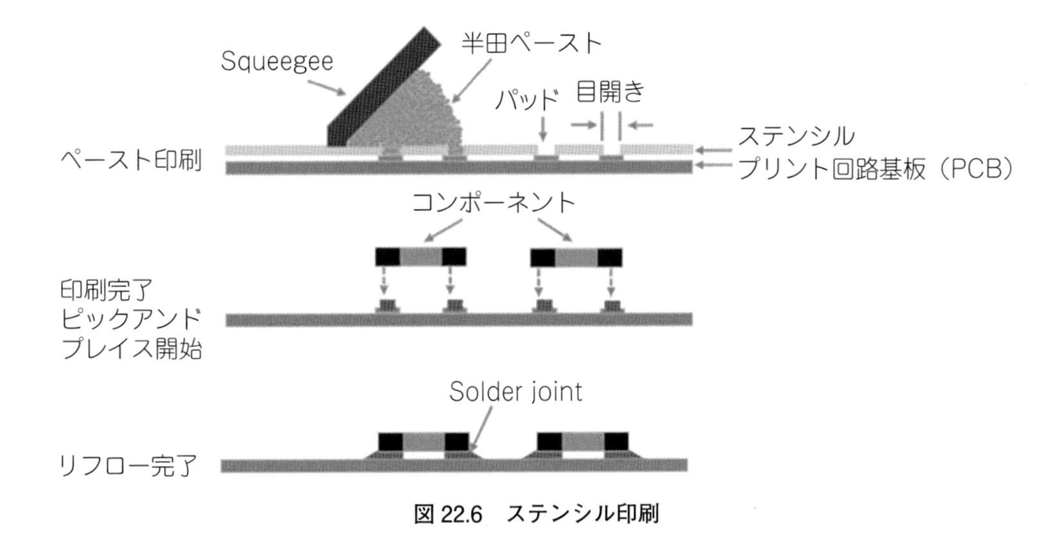

図 22.6　ステンシル印刷

22.3.2.3　異方性導電接着剤（ACA）

従来型の異方性導電接着剤（ACA）は，主にポリマーコンポジットと，一方向または一軸に導電性を与えるパーコレーション閾値以下の比較的低い体積分率（通常 5～20 vol.%）の非可溶性導電性フィラーからなる（図 22.3B）[69]。最も商業的に重要な ACA は，単一粒子で橋渡しコンセプトに基づいている。電気伝導性は，導電性フィラーと基板および/またはバンプとの接触による。そのため，ACA 自体の電気伝導は，一般に硬化中の加圧方向 Z にのみ構築され，X-Y 面内の異なるコネクタ間で一方向の電気伝導性と電気的絶縁が生じる。コネクタの寸法と異なるコネクタ間のギャップは，フィラー（性質，大きさ，マトリックス内の再分割）とポリマーマトリックスを選択するための 2 つの最も重要な要素である。

ACA はペースト状［ACAPs］やフィルム状［ACAFs］の形で使用される。ペースト状の材料は，印刷（主にスクリーンやステンシル技術）またはシリンジで吐出される。これらの技術により，ACAP は広い面積に迅速に塗布することができるが，ACAF を使用する場合は，接着剤を切断し，整列させ，基板に貼り付ける作業が必要である。一方，ACAF を用いたフィルムボンディングは，液晶ディスプレイの組み立てのように，基板が非平面である場合に有利である。

最もよく使われる ACA は，マトリックスに粒子の単層またはカラム状に充填したものである（**図 22.7**）。カラム状の場合，硬化前のポリマーフィルムに穴あけやエッチングを施した後，フィラーをマトリックス上に柱状に配置する。電気伝導は，フィラー同士，導電性接着剤と基板との間の最終硬化プロセスにおいて，加圧方向に構築される。この一定の圧力によって，機械的強度

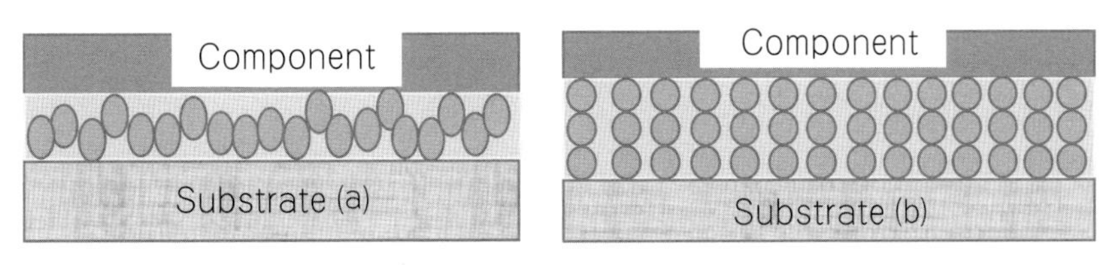

図 22.7　異方性導電性接着剤（ACA），(A)単分子膜，(B)カラム状

と導電性が確保される。一般に，ポリマーマトリックスは異なるコネクタの非平面性を最小化するための優れた柔軟性，低い吸水性，および高温安定性からシリコーンである。エポキシ樹脂は高強度で信頼性が高くほとんどの材料に接着するため，電子機器の組み立てに使用されている。フィラーには，銀や銀メッキを施したポリマー球が一般的である。この分布は，導電性カラムの体積と異なるカラム間の絶縁間隔が必要なため，ピッチサイズ 10 μm 以下のファインピッチアプリケーションは避ける。小型化されたアプリケーションでは，ACA として導電性単層接着剤が使用されている。

要点を説明すると，ACA 技術は，接合相手の一方がディスプレイ素子（LCD）のようなフレキシブル基板である場合のファインピッチ接合（ピッチ＜0.5 mm）に適している。ACA は，ガラス基板やチップ・オン・ガラス技術など，硬い接合相手とフリップチップを接触させるために，すでに使用されている。

さらに，バンピングは絶対条件ではない。硬化工程では，熱衝撃が少ないためである。また，ICA を使用したアプリケーションでは，アンダーフィルは必ずしも相反するものではない。

熱伝導率や電気伝導率が低い，接触抵抗が不安定，接合強度が低い，高温高湿の経時変化で導電性が低下するなどの重大な欠点があるため，電子部品の相互接続に ACA を広く適用するには限界がある[5,70]。

従来の ACA の限界を克服するために，フラックス機能と可溶性の低融点ポリマー複合体を主成分とするはんだ付け可能な異方性導電接着剤（SACA）が開発された。このアプローチは，はんだ材料の利点と従来の ACA の利点を組み合わせたものである[21,70,71]。

22.3.2.4　非導電性接着剤（NCA）

導電性のある接着構造は，（導電性フィラーが）非充填の接着剤を用いて形成することができる。導電は，トンネル，ホッピング，電荷キャリア注入などのさまざまな導電メカニズムに従って，ポリマーの非常に薄い層（1 μm 以下）（図 22.3C）によって導電性が得られる[72]。電気的接続は，熱と圧力で 2 つの接触面を密閉し，電流を流すことができる接触スポットを形成することで達成される。接続が完了すると，表面と接着剤の熱膨張係数の違いや材料の機械的特性によって，硬化した接着剤の収縮が電気接点を維持するために必要な圧縮力の根源となる[73-76]。

非導電性接着剤による導電性接合は，ICA や ACA を用いた他の接着剤による接合技術と比較して，多くの利点がある。NCA 接合は短絡を回避し，粒径やパーコレーション現象の観点から，コネクタピッチの縮小に限定がない。さらに，低温・短時間での硬化は，フレキシブル回路の熱膨張を抑えるというメリットもある。異方性導電フィルムとは対照的に NCA を使用することにより，機械的なアライメントが非常に単純化される。主な欠点は，未充填のポリマーの電気伝導が限定的であることである。さらに，経年劣化のメカニズムが解明されておらず，組立工程のパラメータや接着剤の特性が十分に最適化されていないため，これまでのところ，その使用は限定的である[77]。

22.3.2.5　固有導電性ポリマー

固有導電性ポリマー（ICP）は，そのユニークな構造により導電性を有するが，非常に脆い有機材料である。近年，ICPは，金属の電子的性質や半導体の光学的性質を示すなどの利点から，興味深い導電性フィラーとして考えられている。導電性高分子の調製は，共役高分子をドープすることによる。ドーピングにより，導電性は6～9桁向上する。エポキシ接着剤の導電性を高めるために，ポリピロール，ポリアニリン，ポリチオフェンなどが使用されている。導電性ポリマーで強化された導電性接着剤は，2つの概念を用いて開発される。両方のポリマー（ポリマーマトリックスとIPC）を一緒にブレンドするか，融合されるポリマーネットワークを形成することでなされる[3,58]。

22.4　表面処理

表面基板への導電性接着剤の接着や集積回路の封止を行う前に，表面やデバイスが汚れていると回路の故障を招くため，デバイスの長期信頼性を保証するために洗浄が最も重要である。接着や封止の前に，部品表面の微量な汚れをすべて除去することが不可欠である。一般に，回路基板の表面に残る残留物は，接着以前の電気メッキによるイオン性汚染物質，指の脂，以前のSMD（表面実装部品）に取り付け作業によるアウトガス残留物，および産業環境からの一般的な塵や汚れである。従来型の洗浄，活性酸素洗浄，水素洗浄の3つが主な洗浄工程である。また，レーザーアブレーションも行われる。

封止材を接着または塗布する前の基板（基材）の洗浄工程は，水や溶剤に浸すものから，クリーンルーム内で酸素/アルゴンプラズマやエキシマレーザーで処理する高度なものまでさまざまである。

従来の洗浄では，洗剤や溶剤（クロロフルオロ炭化水素，フロン，クロロハイドロカーボン）などの有機物を用いて，有機汚染物質を除去していた。

活性化ロジン・フラックスは，はんだ付け工程で，酸化した表面への濡れ性の悪さによる不良を最小限に抑えるために使用される。これらの材料には，漏電や腐食の原因となるイオン性成分や酸性成分が含まれている。そこで，これらの活性化剤とロジン成分を除去するために洗浄剤が使用される。水洗いで溶けるようになるロジンを何らかの形で鹸化して前処理することで，水はこの条件を満たすことになる。鹸化剤を使用しない場合は，アルコール洗浄（ロジンを溶かす）の後に脱イオン水洗浄を行い，可溶性の活性化剤を除去する方法が採用される。アルコール/水洗浄用の洗浄ラインは安価である。従来の洗浄に加え，反応性酸素洗浄が低レベルの有機汚染物質の除去に非常に有効である。

洗浄に使われる活性酸素ガスプロセスには3種類ある：UV-オゾン洗浄，プラズマ酸素，マイクロ波放電が挙げられる。

Ultraviolet-ozone（UV-O_3）は，さまざまな表面からさまざまな汚染物質を除去するための効果的な方法である。UV-O_3は，簡単に使用できる乾式プロセスで，セットアップと操作が安価である。大気中または真空システム中で，常温で，ほぼ原型に近い清浄な表面を作ることができる。UV-オゾン洗浄の原理は，紫外線源によるオゾンの生成である。オゾンは連続的に生成・破壊され，その過程で原子状酸素が生成される[78]。

この酸素は強力な酸化剤であり，基板表面に化学的に結合している有機分子を分解することができる。そのため，この洗浄方法は高分子コーティングや基板には禁止されている。セラミック表面の洗浄に限定される。さらに，UV オゾンは酸化物を生成する可能性がある。

有機系フォトレジストや一般的な有機残渣は，酸素プラズマをセットできるチャンバーにシリコンウェハーを入れて，酸化により除去する。酸素プラズマは第二の活性酸素ガスプロセスである。高電圧の交流放電を，少量の酸素の流れが導入された真空チャンバーに通す。その結果発生するガス，水蒸気，CO，CO_2 は，真空ポンプで除去される。プラズマ酸素は 13.6 MHz で運用される。プラズマの形成には，アルゴンのような不活性ガスが使用される。その結果，プラズマは，部品の露出した表面にイオンを浴びせることによって，チャンバー内で機械的に穏やかに洗浄する。酸素とアルゴンの組み合わせも適用されている[79,80]。さらに，プラズマ洗浄によって，有機基板への封止材の接着性が向上する。しかし，このプロセスは，レーザーほどではないにせよ，溶剤洗浄プロセスよりもコストが高い。さらに，プラズマプロセスに関連する熱応力は，一部のデバイス構造を損傷する可能性がある。

酸素プラズマと同様の強力なデバイス洗浄技術として，酸素を用いたマイクロ波放電洗浄があり，マイクロ波の周波数は 2.5 GHz 程度である。

高性能 IC パッケージの代替洗浄プロセスとして，水素プラズマ洗浄が報告されている[81,82]。このプラズマプロセスは，加熱されたフィラメント（カソード）とリアクター壁（アノード）の間に発生するアルゴン-水素放電に基づいている。放電は，電流密度が 10-100 A，電圧が 20-30 V と低く，有機物や無機物の汚染を低減するため，シンプルで環境に優しいプロセスである。また，水素洗浄では，紫外線やオゾンプロセスで生じた酸化物の発生もない。

レーザーアブレーションは，表面の不要な部分や表面の汚染物質を除去することができる[83,84]。レーザーアブレーションは，材料中の原子-原子結合を切断することで機能する。レーザービームの波長は，切断する結合の種類に合わせる必要がある。それ以外の場合は，材料を加熱して，熱劣化による残留物を除去する。

電子機器における接着前の表面処理について結論づけると，クリーンルーム内で行える物理的処理と熱処理が最も適していると言えるであろう。それ以外では，可能であれば表面処理なしで接着することが常に主な要求事項となる。

22.5　強度と耐久性信頼性

本書の産業応用の各章の共通構成により，接着剤のエレクトロニクス応用については，「強度と耐久性」という見出しを維持することにする。しかし，信頼性という言葉との関連付けは不可欠である。

エレクトロニクスの最大の課題は，過酷な環境下でのデバイスや材料の信頼性要求である。もちろん，接着剤の信頼性も含まれる。そして，エレクトロニクスの分野では，故障の物理・解析，評価・予測，モデリング・シミュレーション，方法論・保証などを含めて信頼性と呼ぶのが通常である。設計，製造，パッケージング，テストなど，マイクロエレクトロニクス工学のすべての重要な領域は，信頼性を主な要求事項として満たす必要がある。

接着接合部の強度と耐久性は，この範囲内で考えなければならない。しかし，他の産業分野では非常に重要な接着結合の機械的強度という古典的な概念は，電子産業の主な心配事ではない。

振動や衝撃による機械的な負荷が大きいという例外はあるが，接着剤による接合に求められる強度レベルは一般に低い。したがって，期待されるのはむしろ時間経過による接着界面の確実性である。接着の科学と工学を扱う人たちにとって，接着接合部の耐久性の問題は重要である[85,86]。これは，エレクトロニクス産業における信頼性という大きな枠に含まれる。

規格に従うことは，すなわち以下のことである。

- 信頼性は，ある期間中，ある条件のもとで要求される機能を達成するための能力である。
- 耐久性は，与えられたサービス及びメンテナンスの条件下で，ある限界状態に達するまで，要求される機能を実現する能力である。限界状態は，耐用年数の終了，経済的・技術的な陳腐化，またはその他の要因によって定めることができる。

エレクトロニクスでは2つの基本的なクライテリアがパッケージ部品を特徴づけるために用いられてきた。具体的には平均故障時間（MTTF），平均故障発生時間，平均故障間隔（MTBF），平均故障発生間隔（2回）である。第三の概念は，故障率やFIT（Failure in Time）の単位である。部品は実際には非常に信頼性が高く，FITは1時間後に故障が発生する確率に相当する。

部品の経年変化を定義する信頼性曲線（故障率対時間（年））は，3つの効果により，すべて同じ「バス」状になっている（**図22.8**）。曲線の左側は「若さゆえの欠陥」を表しており，振動試験や耐熱試験でバグを取り除くことができる。曲線の安定領域では，耐用年数に相当し，第2の効果が関与している。これは，外的要因による故障であるため，「外因性ランダム故障」と呼ばれている。部品など電子機器の接着剤による故障がこれにあたる。さらにその後に登場するのが，摩耗物理現象による破壊を集めた第3の効果である。経年変化による電気・電子・熱・機械的な影響を受けやすい接着剤は，デバイスが陳腐化するこの時期に深く影響される。実際，この時期の故障の3分の1は，パッケージの欠陥に起因するもので，組み立ての欠陥，不注意に解体に伴う機械的に無理な扱いをしたことが原因である。

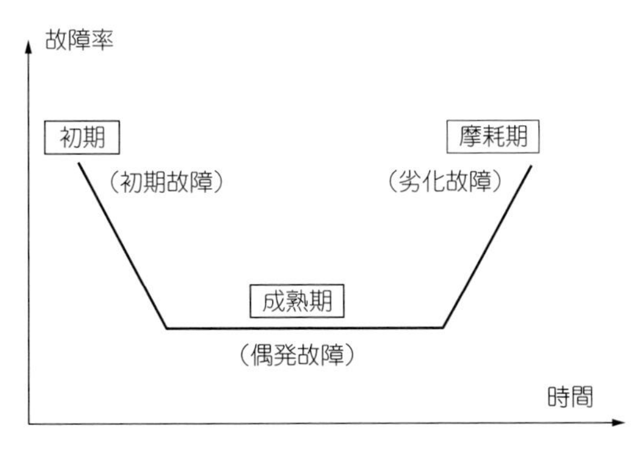

図22.8　エレクトロニクスシステムの信頼性バスタブ曲線

電子機器は，時には数千個にも及ぶ多数の部品から構成されている。一般に，部品の経年劣化は，既知で予測可能な物理現象に起因する。しかし，ある環境条件下では，部品が予想以上に好ましくない進展や劣化を示すことがある。

電子部品は特に以下に関係する。

- 温度が上昇する。破壊の速度は，このパラメータの関数で指数関数則に従う。これは，半導体を扱う人なら誰でも知っている現象である，
- 湿度は非常に有害なエレクトロマイグレーション現象を誘発する。
- 電離放射線は構造物を傷つけ，性能を低下させる。

経年変化は，電子システムの機械的構造にも影響を与えるため，別の有害な結果をもたらす。したがって，経年変化のモデリングは明らかに重要である。実際，経年変化のメカニズムには，大きく分けて２種類の原理がある。まず，ほとんどの問題の根源であるクラックの発生を記述する法則が使用される。コフィン・マンソン則とその関連則は，ひずみや亀裂が観察されうる時間を予測するのに非常に適している。クラックが発生すると，アレニウスやアイリングの拡散法則に従った伝播現象が発生する。これらのモデルがうまく機能しているため，製品の信頼性を適切にモデル化することができる。

パッケージングのさまざまなレベルで選ばれたいくつかの例は，これらの信頼性の基礎が電子機器の接着接合に適用されていることを示している。

最初のモデル例では，エポキシアンダーフィル/ポリイミド界面を用いて，機械的な接着強度における表面相互作用の重要性を説明している[87]。このような界面での剥離は，フリップチップアセンブリで懸念される。非対称 DCB 試験により，臨界エネルギー放出率は 20～179 J/m^2 の範囲で変化する。これは，PMDA-ODA，BPDA-PDA，6FDA-ODA，BTDA-DAPI といったポリイミドの化学的な相互作用に敏感であるためである。エポキシとポリイミドの間の接着不良は，２つのポリマーの間の薄い相間領域で発生する。明らかに，硬化剤が接着強度の制御に重要な役割を果たしているようである。さらに，界面破壊強度は，界面厚さとともに増加する。

２つ目の例として，Pearson[88] は Drago 定数を用いて，モデルアンダーフィルのエポキシ/アミン樹脂とポリイミド表面との相互作用の強さを定量化し，接着性を予測していることが挙げられる。アミン系硬化剤は，エポキシ樹脂よりも強い塩基であることがわかっている。酸性であるポリイミド表面と強固な界面を形成するためには，硬化剤の塩基強度と濃度が重要である。

３つ目の例は，アンダーフィルを使用したフリップチップパッケージにおける吸湿の影響が強調されていることが挙げられる[89]。同じ硬化剤とさまざまな触媒を使用した異なるエポキシアンダーフィル処方では，85℃/85% RH 環境下での 500 時間後の吸湿率に，異なる触媒間である程度の違いがある。しかし，それ以上に大きな吸湿性の違いは，エポキシ系の違いに起因する。一般に，吸湿率が低さは，T_g の高いエポキシ系に関係する。ただし，高度に架橋されたエポキシ系で，鎖の密度が低く湿度の拡散が起こりやすい場合は例外となる。シリカ系パッシベーション処理をしたシリコンダイに接着したアンダーフィルの同じエポキシ系のダイシェアー強度は，50 MPa 前後でほとんど差がない。10～15 MPa 程度と弱い接着強度は，良くない触媒に起因している。高湿高温環境下でのエージング後，高いダイせん断強度はエポキシ系によっては，T_g/吸

湿率則に従って，1/3～1/5になる。エージング前の段階で接着強度の悪い触媒系では，高いT_g値にもかかわらず，エージング後も他より悪い接着強度を示している。これは，硬化中に触媒が界面に移動し，湿度に対してより敏感になったためと考えられる。

これらの3つの例は，この種のアセンブリの確実性と信頼性において，アンダーフィルの接着がいかに重要であるかを，一般的な結果といくつかの例外を示している。

最後に，高電圧マルチチップパワーアセンブリに使用されるシリコーンゲルとシリコーンエラストマー封止剤の耐熱性を比較した例を紹介する。シリコーンゲルは空気への露出が少ないため，250℃という低いエージング温度において100時間未満で熱酸化反応によりクラックが発生するということが示されている。その結果，部分放電開始電圧の低下により，ブロッキング電圧の急激な低下がわかった。エラストマーの使用は，分子構造が緻密であるため，より有望視されている[90]。

接着の優先事項は，強度や破壊靭性のレベルの話ではなく，過酷な環境下で長寿命なアセンブリを設計する際に，そのレベルをどのように管理するかということである。それが信頼性の管理である。従来のはんだ付けや鉛フリーはんだを置き換えるための等方性導電接着剤（ICA）に関する世界的な信頼性調査の概要は，この分野において最も関連性の高い最新のデータと見なされるべきである。ECAsの導電性と機械的特性を向上させることが常に求められている。収集したデータの中には，さまざまな用途（自動車，通信，軍事，産業）で実施された主な信頼性（耐久性）試験と，機械的な不具合を理解する目的が見られる。

Zhangらは，導電性接着剤における改質ナノAgコートCu粒子の抵抗率と機械的特性を調査した[91]。フィラーの含有量を23.5 vol.%に最適化し，170℃で100分間硬化させた。これらの硬化条件は，最適な特性（5.159×10^{-6} Ω cm 6.121 MPa）を得るために選択された。

Huiら[92]は，銀フィラー/エポキシ樹脂をベースとしたECAと，同じ銀フィラーを強靭化エポキシ系に配合したFECAおよびそれらを接続した電子デバイスの電気・機械特性を調査している。これらは85℃ 85% RHで600時間のエージングがなされている。FECAは高温高湿環境下での接合安定性が高いが，エージング後は明らかに樹脂とデバイスの接合界面に剥離やクラックが発生した。

異方性導電接着剤（ACA）配線の信頼性は，その配合，基板，部品の組み合わせに依存する。

例えば，ACAを使用したセンサー部品の構造は，ACAの研究の大半で使用されているシリコンチップとは大きく異なる可能性がある。例えば，Frisk[93]は，FR4とポリイミド基板にACA，正確にはACFを取り付けたセンサー部品の信頼性を，湿度の高い環境に長期間暴露して調査している。85℃/85% RHで13,000時間以上曝露しても，剥離などの湿度関連故障は発生しなかった。この結果は，ACF配線が湿度環境下で非常に優れた信頼性を達成できることを示している。これとは反対に，ACF接着アセンブリのせん断特性に対する熱サイクルと組み合わせた湿熱劣化の影響は，エージング時間およびサイクル数によってそれぞれ強度が強く低下することを示す[94]。

ガラス転移温度の値は，導電性接着剤の用途に大きく影響する。したがって，導電性接着剤のT_g値を知ることは，電子部品に要求される接着剤による組立の信頼性を達成する上で非常に重要である。Pavel Mach ら[95]は，ガラス転移温度に対するナノ銀フィラーとCNTの影響について研究している。ナノ銀フィラーによる T_g の低下とCNTによる T_g の上昇は，CNTとエポキシ樹脂は強い化学的相互作用があり，銀フィラーとエポキシ樹脂の間には弱い接着性が発現していることが関連付けられている。さらに，銀フィラーは樹脂の硬化速度を遅くする可能性がある。その結果，機械的特性や熱的特性が影響を受けることになる。これは，接着接合部の信頼性に影響を与える可能性がある。

非導電性接着剤（NCA）を使用した導電性接合部の信頼性データについても同様である。すべての例において，電気的および機械的な期待信頼性は，エレクトロニクスコミュニティの以下のアプローチと規格によって決定される。

次の例は，物理化学的および機械的アプローチと接着コミュニティ[79,96,97]の標準に従って，信頼性と耐久性の情報が提供されたものである。これは，窒化アルミニウムヒートシンクとポリエーテルイミドコレクタのエポキシによる構造接着に関するものである。このようなアセンブリは，水冷式パワーモジュールに使用されている。高温/湿潤環境下での耐久性が主な要求事項である。クリーンルーム内では，基板の密着性を高めるために，物理的にも環境的にも使いやすい表面処理（エキシマレーザー，低圧プラズマ）が必要である。窒化アルミニウム/エポキシ接合では，窒化アルミニウムへの最適なレーザー処理により，圧縮せん断破壊荷重が9.6 KN，破壊エネルギーが420 J/m^{2}に達することができた。また，レーザー処理面にγ-GPSシランカップリング剤を使用することで，破壊エネルギーは1,000 J/m^{2}まで向上し，脱脂しただけの試料と比較して12倍となった。PEI/Epoxy接合では，PEI（ポリエーテルイミド）のプラズマ処理を最適化し，シラン接着促進剤を使用した場合，10.4 KNのせん断破壊荷重と536 J/m^{2}の破壊エネルギーが得られている。接合部の機械的特性に対するシランの影響は，それほど大きくはない。シランの効果は，熱・湿潤の厳しい経時変化において有利となる。さらに，熱機械分析では，エポキシ/アミンネットワークの1つが劣化することで，エージング後にバルクエポキシ接着剤が全体的に可塑化することが示されている。また，ナノインデンテーションにより，接着剤の可塑性が接合部において増加することが確認されている。冷却液中で経時変化した窒化アルミニウム/エポキシ/PEI接着剤の耐久性は，特別に設計された非対称ウェッジ試験（**図22.9**AおよびB）を用いて評価された。この試験は，有限要素解析と変位の3次元画像相関によって検証されている。

セラミックと熱可塑性樹脂の構造的な接着により，接着剤内およびセラミックと接着剤の界面に高い残留応力が発生するため，窒化アルミニウム/エポキシ界面がアセンブリの弱点になっていると考えられる。その結果，セラミックのクラックが観察される。構造用接着剤接合部の長期挙動を信頼性高く迅速に予測するために，応力の対数変化とクラック長，クラック速度の温度によるアレニウス進化に基づくモデルが少なくともいくつか開発されている。

ハイパワーエレクトロニクスのパッケージに適用されるこの例は，さまざまな構造用接着剤の強度と耐久性の特性を得るための一般的な調査方法に裏打ちされている。

熱伝導性接着剤は，パワーエレクトロニクスに求められる高い熱放散性に関しても開発されている[98]。例えば，六方晶窒化ホウ素（hBN）ナノプレートで強化されたポリ（エーテルエーテルケトン）（PEEK）コンポジットが開発されている。これらは，250℃までの使用温度で熱伝導率

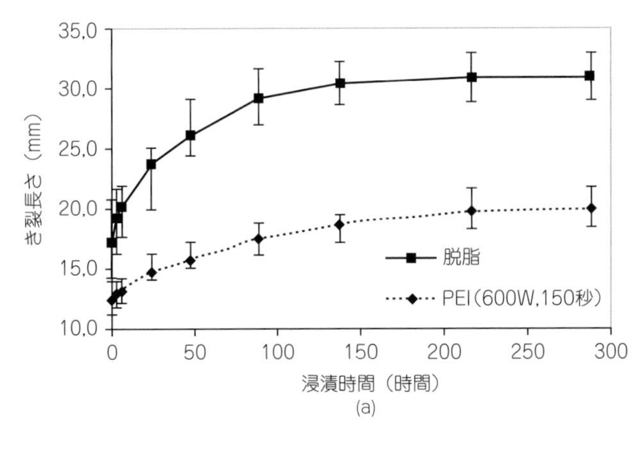

(a)

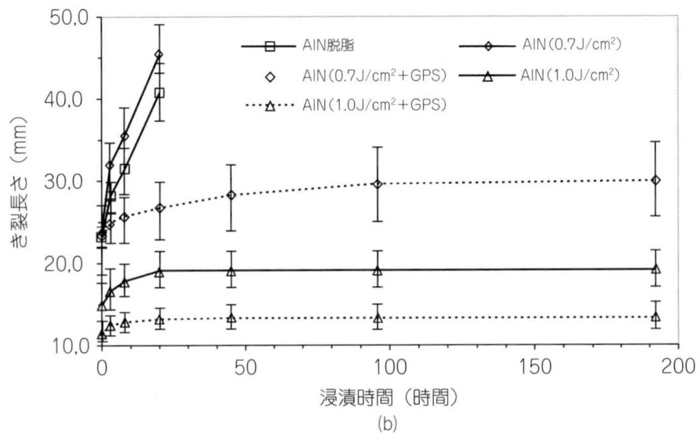

(b)

図 22.9　冷媒による時効後の AlN/エポキシ/PEI 接着接合部の耐久性

(A) PEI/エポキシ界面に関する PEI 表面のプラズマ処理効果，(B) AlN/エポキシ界面に関する AlN 表面のレーザー処理/シラン処理の影響，GPS：グリシドキシプロピルトリメトキシシラン

の変化が無視でき，また，優れた電気絶縁性を示す。エポキシマトリックスは，主に高熱伝導性粒子（例：窒化ホウ素）で充填されて使用される[99]。

22.6　よくある不具合

電子部品の故障メカニズムには，機械的・電気的健全性を損なういくつかの種類がある。その中には，部品の構造に起因する本質的なものもある。封止剤の性質も重要な役割を果たすが，エレクトロニクスの弱点は，欠陥のほとんどを引き起こすコネクタである。外因的なメカニズムとしては，過電圧，過熱，機械的衝撃が挙げられ，これらは部品そのものよりも相互接続に有害な影響を及ぼしている。また，製造工程に依存するメカニズムもあり，センタリング不良や塵埃の存在などがある。アクティブな電子部品については，ここに挙げられない多くの故障メカニズムが関与している可能性がある。

実際，電子機器における接着剤の故障メカニズムは，主に封止とパッケージに起因するもので

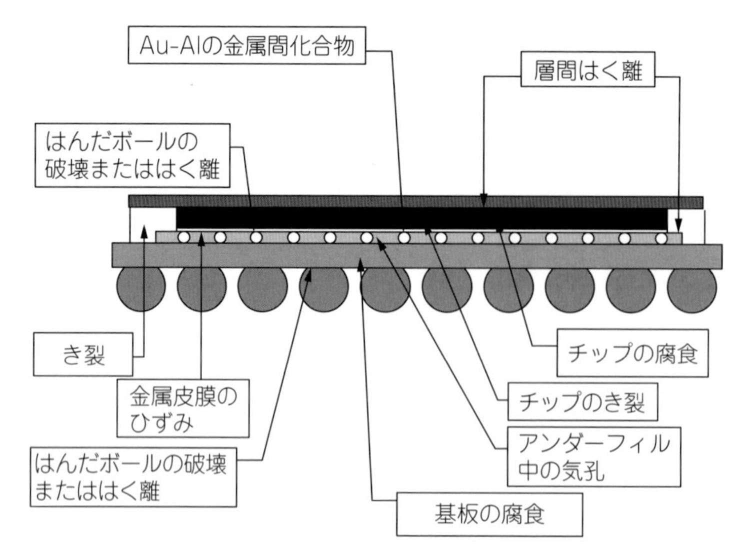

図 22.10　樹脂封止された電子部品の劣化機構

ある[18]。それらを**図 22.10** にまとめた。その中でも，ポップコーンでの劣化はプラスチックパッケージの典型的なものである[100]。プラスチックパッケージは，ガスや蒸気に対して透過性がある。特にボールグリッドアレイやチップスケールパッケージでは，パッケージ内部に水分が蓄積され，２回目のリフロー時に激しく滲み出すことがある。最も頻繁に観察されるポップコーン劣化は，ダイパッドの下側からのエポキシモールディングコンパウンドの剥離とバルジ（基板のふくれ）の形成である。これはタイプⅠのポップコーン効果である。タイプⅡのポップコーン効果は，ダイボンディング接着剤とダイパッドの界面で発生する故障である。

アンダーフィル/パッシベート接着剤界面[15]の剥離やクラックは，主にコーナーフィレットにおいて，チップと基板との接続によく見られる不具合であり，電気的開放を引き起こす。超音波顕微鏡は，このような不具合を観察するために，エレクトロニクス分野で広く使用されている非常に優れた方法である[101]。

表面実装アプリケーションでは，導電性接着剤の接合部はいくつかの故障メカニズムが存在する。エポキシ接着剤からの Cl^- イオンによって加速される Sn−Pb 部品終端の酸化と Sn−Pb 孔食は，大きな電気的増加の原因となっている。水分暴露後，Sn−Pb/接着剤界面および Cu/接着剤界面にクラックが観察された。抵抗値が非常に大きく上昇するにもかかわらず，試験後のせん断強度が高く維持されることがある。また，Sn−Pb メタライゼーションと接着剤 Ag 充填層の間に薄い銀欠乏層が存在する証拠も報告されている[102]。接着層における耐久性へのクリープ効果も考慮されている。少なくとも，電解質（水）と電界（直流電圧）の存在下では，銀は接着剤から移動し，隣接する導体パターン間の電気的短絡につながる可能性がある。これは，多くの Ag 充填製品で起こりうるよく知られた現象であり，適切な有機コーティングで覆うことで回避することができる[103]。これらのメカニズムがすべて特定されたとしても，接合抵抗の劣化における各メカニズムの実際の効果をさらに理解することは必要である[102]。

その他にも，接着不良が発生することがある。電気層（圧延銅）とガラス繊維強化誘電体層を

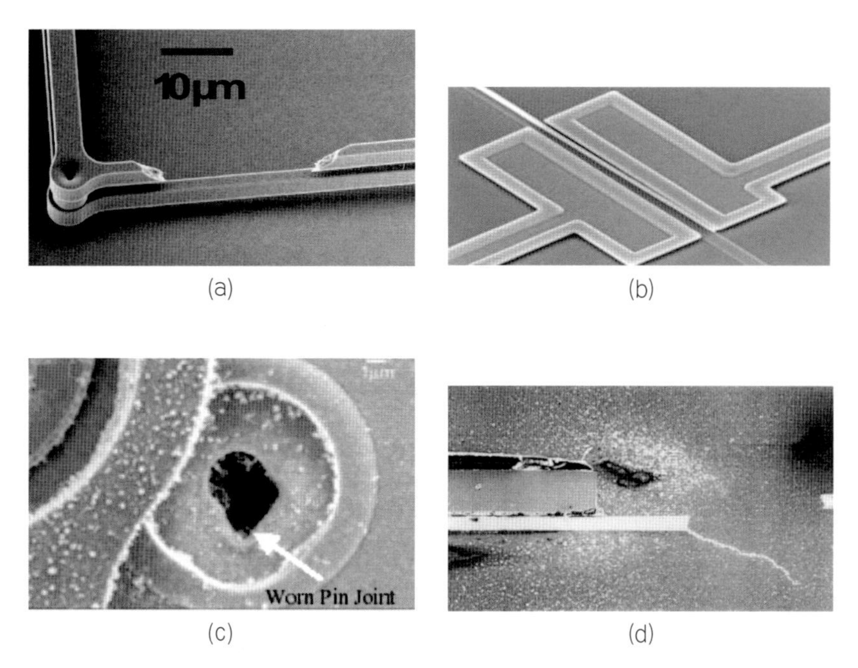

図 22.11 マイクロシステムの主な故障メカニズム

(A)機械的破壊，(B)接着部，(C)摩耗，(D)剥離

交互に何層も重ねたプリント基板では，銅とエポキシの界面や複合材内のガラスとエポキシの間で，接着力の低下やクラックが見られることがある。また，PCB上のソルダーマスクと相互接続用のアンダーフィルとの間でも，いくつかの不具合が発生する。これらの故障の多くは，多機能な電気的・誘電的要求を満たすために異種材料で構成されたアセンブリにおいて，界面から伝わる機械的応力とともに，異なる材料間の大きなCTEミスマッチに起因する。これらのCTEミスマッチの影響は，パッケージが満たさなければならない厳しい熱サイクルや湿度サイクルによって増幅される。

熱の管理は，電力集積[104]に伴って発達している。水冷や空冷と並んで，熱伝導性の高い粒子（グラファイト[105]や窒化ホウ素[160]など）で設計した複合材ヒートシンクも最近開発されている。

少なくとも包括的な報告をするためには，マイクロ電気機械システムの主な故障メカニズムに言及しなければならない（**図22.11**）。MEMSは，形状，欠陥の存在，および疲労によって機械的な故障を起こすことがある。また，こすれや腐食による摩耗も観察される。層間剥離は，熱機械的応力によるものである。ファンデルワールスや静電相互作用による構造体の接着（または接着結合）も，MEMSの重要な故障メカニズムとして考えられている。異なる層の曲げ応力や残留応力のために，仕様を満たさない可変容量が予想されることが示されている[106]。

全体的な結論として，接着剤結合の一般的な故障の感覚である機械的破壊を，電子機器では部品やパッケージの電気的故障に拡張する必要がある。

22.7　検査，試験，および品質管理

電子機器の性能が十分に高い水準に達していることを証明するために，電子機器メーカーは多くの試験を実施しなければならないことが多く，材料サプライヤーから性能データを入手することは通常不可能である。各業界では，部品の種類や利用可能な検査機器に応じて，独自の方法を採用している。

素材に直接行うテストは，標準化されていることが多い。逆に，それぞれがある種のデバイスに特化した装置で行われるテストは，仕様に沿ったものであっても，どちらかというと生産者ごとに特化したものとなる。そのため，すべての電子デバイスを対象とした一般的な検査方法を確立することは困難である。

アンダーフィル用の封止材は，誘電特性や電気特性については湿潤状態および乾燥状態での静電容量および抵抗測定，CTE に対する膨張率測定，T_g に対する DSC 測定，硬化による収縮，レオロジーに対する粘度測定など，他の材料よりも多くの試験が対象になっている[107,108]。ポップコーン現象発生に関連する水分の存在と含有量は，重量測定だけでなく，TGA，DTA，NMR，IRS によって測定される。弾性率の測定には引張試験，残留応力の測定にはウェハーの曲げ試験が使われる。ラップシェアー試験は，樹脂封止材の基板への密着性の指標を得るために広く使用されている。例えば，チップオンボード部品などが対象となる。スタッドプル試験も実施可能である。接着の分野ではよく知られているように，これらの試験は幾何学的に敏感であるため，比較試験に適用される。

実際の封止部品は，ひずみゲージやピエゾ抵抗素子による応力測定，DSC/FTIR による硬化状態，熱衝撃や熱サイクルによる材料適合性確認，長期信頼性予測のための加速経時変化などの検査を行う。JEDEC（Joint Electronic Devices Engineering Council）では，いくつかの試験規格（JESD 22，26）が作成されている。これらは，高温での湿気によるストレス試験と高温ストレス（それぞれバイアスあり，バイアスなし）の2つのグループに分けられる。最もよく使われるのは，ダイメタライズの耐食性を評価するためにバイアス下で熱と湿度のサイクルを行う耐湿試験と，最終的に封止材の剥離とメタライズの腐食を引き起こすために 90%–98% RH 環境下で－30℃から 65℃まで 1,000 時間熱サイクルするサイクル温湿バイアス（THB）試験である。前述の試験が挙げられるものの，一般的な信頼性試験として広く行われている THB 寿命試験（85℃/85% RH–1,000 時間）が最も必要とされる。オートクレーブによるプレッシャークッカー試験（T＝120℃，110 kPa の圧力で飽和蒸気を発生させ，水分の拡散を促進し，金属腐食を引き起こす）は，非常に厳しい条件を設定することが可能である。

これらのテストはすべて，テスト中のさまざまな時点で行われる電気的テストを含んでいる[109]。

少なくとも，標準的な定常 THB 寿命試験におけるかなり長い試験時間を短縮するために，高加速ストレス試験（HAST）[110] が推奨される。水分レベルを 50%～100% RH に維持する以外は，偏りのないオートクレーブ試験と同様の圧力と温度の上昇を適用する。実際のデバイスの寿命は，修正されたアレニウス関係を使用して予測される。HAST 試験や ALT（加速寿命試験）の

結果は，時間のかからない試験として注目されているが，定常的なTHB試験結果と比較したり相関させたりすることはできない。さらに，環境条件が異なるため，各信頼性試験で得られた結果を比較することは不可能である[111]。

より一般的には，信頼性調査において，ダイ・アタッチやパワーエレクトロニクスのパッケージなど，デバイスや接着剤の接合部を問わず，最も厳しい環境試験は温度衝撃[112]と熱サイクル[113]である。この要求程度は，応用分野によって大きく異なる。屋外用途，特に自動車，軍事防衛，通信用途[114]では最も要求が高く，－65℃～＋150℃，1,000サイクル（それほど厳しくない用途では－55℃～＋125℃），85℃，85% RH，1,000時間の湿熱（THB）である。落下試験や正弦波振動，ランダム振動などの機械衝撃テストも行われる。

故障したと思われる部品を検査するために，多くの方法が用いられている。走査型音響顕微鏡（SCM）[115]は，手法の改良により空間分解能と表面下感度が向上したため，配線のボイド欠陥，剥離，クラック評価の検出に有用である。X線検査は，検査対象の任意の領域に対して，高解像度で3次元立体画像を生成する可視化手法であるため，エレクトロニクス分野で普及している。X線トモグラフィー[116]，マイクロフォーカスX線検査[117]，X線光電子分光法（XPS）などは，最も広く利用されているX線非破壊検査法の1つである。EDX分析と組み合わせた走査型電子顕微鏡，分析目的のオージェ電子分光法（AES）やX線光電子分光法（XPS）などの表面分析技術，形態やトポグラフィー調査のための原子間力顕微鏡（AFM）[118]も，切断した試験片や故障試験片の表面で実施されている。これらの方法は，製品の工業的な品質保証を行うのではなく，主に産業界や研究室における故障メカニズムの理解を深めるために用いられている。すでに引用した主な方法に戻ることなく，接着剤接合部を含む電子パッケージやデバイスの乾燥および湿潤環境下での挙動を理解するために，静的および周期的な応力（高速での動的な応力も）のもと，すべての破壊力学試験（DCB，TDCB，SEN，対称および非対称くさび試験など）が行われてきた。破壊エネルギー値を提供するこれらの試験は，接着データを得るための唯一のものである。最後に，いくつかの特殊性を考慮した上で，電子機器における接着剤接合の検査や研究のためのガイドラインが存在するとしても，それは常に他の産業と同じであることを強調しておく。唯一の違いは，電子製品はまず高い電気的仕様を満たす必要があり，その後，機械的強度，環境保全性，耐久性などの他の要求事項を満たす必要があることである。そしてもちろん，湿度・熱・機械的な使用条件は，電気的・誘電的な期待特性を低下させ，さらには接着接合部の密着性を低下させる主な影響を及ぼす。したがって，エレクトロニクス製造において決して見逃してはならない接着接合は，リーディングテクノロジーとして考えなければならない。世界中の接着剤接合に求められる要求事項は，用途が何であれ，同じであることが多い。そして，航空機や自動車構造物の構造接着だけでなく，電子パッケージの接着にも，同じコンセプトが用いられている[117]。

22.8　使用例

エレクトロニクス分野では，接着剤の用途は多岐にわたり，その数は多い。

その中でも，プリント配線板（PWB），プリント回路基板（PCB），表面実装デバイス

（SMD）は，電子機器における接着剤の最も古い用途である。また，ディスプレイ，スマートカード，パワーエレクトロニクスなど，急速に発展している分野もこの領域に入る。

22.8.1　プリント配線板

PCBは最も単純な形では，導電性材料（通常は銅）でコーティングされた絶縁性支持材料でできている。より一般的には，PCBは，繊維強化誘電体層と銅層を交互に重ね，接着剤で接合した複数の層で構成されている。

PCBでは，広く使われている基板にFR-4がある。これはガラス繊維で強化されたエポキシ複合材でできている。有機ビルドアップがPCBとして使用されることが多くなり，ポリマー同士の接着が関係することになる[119]。したがって，PCBの基板の機械的強度の明確化には，繊維とポリマーのマトリックスの接着，またはポリマーとポリマーの接着が関与する。

ビルドアップに対する銅の接着は，PCBの性能と信頼性において最も重要である[120]。

相互接続は，通常，PCBにはんだ付けすることによって行われる。最近の研究では，ECAを使用して部品を接着することで，はんだ付けの代わりにする傾向がある[121]。

PCBのリサイクルは，銅やスズなどの貴金属の回収が環境的にも経済的にも重要であることから，近年ますます研究が進んでいる[122]。生物由来や剥がしやすい接着剤の使用は，PCB接着の将来にとって明らかな方向性であると考えられる。

22.8.2　表面実装型デバイス

表面実装デバイスでは，一般的に2つの製造技術が採用されている。1つは，はんだクリームを使用し，もう1つは，接着剤を使用するものである。2つ目の技術は，ほとんどのカードで，穴埋め部品と表面実装部品の組み合わせが存在することを考慮したものである。これらの部品は，パッドの間に配置された接着剤でカードに接着され，その後，ウェーブソルダリングによって穴埋め部品と一緒に固定される。表面実装技術（SMT）では，アクリル系やエポキシ系の接着剤が一般的に使用されている。SMTで使用される接着剤のレオロジーは，重要なパラメータである。実際，表面実装用接着剤は，ドット状に吐出することができなければならない[76]。表面実装用接着剤は，液状で良好な強度を持ち，部品を所定の位置に保持するために，チキソトロピー性[123]を示す配合がなされている。また，接着剤の重合後も，製造サイクル中の取り扱い荷重に耐えられるような強度を有している。さらに，接着剤接合部は，耐はんだ付け性，すなわち非常に短い時間での高温（230℃以上）およびウェーブはんだ工程での熱衝撃に耐えることが必要である。はんだ付け後は，はんだ接合部の方が接着剤接合部より機械的強度が高いため，位置決め用接着剤の役割は終了する。しかし，接着剤は所定の位置に留まるので，回路の正常な動作のために無害でなければならない。長期的な腐食の問題を引き起こすことなく，短絡を避けるために良好な誘電特性を維持する必要がある[124]。これは，新しい表面実装用接着剤を設計する際に念頭に置かなければならない基準である。

従来のSMTは，大型の表面実装デバイスを扱っている。そのため，はんだの代替材料としてACAが注目されているにもかかわらず，この分野では機械的信頼性に対する異方導電性接着剤の接合形状が十分に最適化されていない。しかしながら，ACA はチップスケールのコンポーネントの大量生産に成功している。

22.8.3 ダイ・アタッチ

シリコン半導体チップを基板やパッケージに取り付けることは，マイクロエレクトロニクスデバイスを製造する上で重要なステップである。銀を充填した接着剤[125]は，多くの場合エポキシ[126,127]やポリイミドであり，銀を充填した Pb–Sn–In–Ag 系合金，Si–Au 共晶，ガラスと競合して使用されている。エポキシ系熱伝導性接着剤[98]も，鉛フリーの代替材料として使用されることが増えている。導電性接着剤は，工程が簡単で設備も比較的安価なため，広く採用されている。導電性接着剤は硬化温度が低いため，ほとんどすべての材料，とりわけ，ポリマー材料をアセンブリに使用することができる。また，導電性接着剤は，低電力の電子機器まで幅広い用途をカバーしている。そのため，等方性導電性接着剤を中心とした接着剤で基板やチップキャリアにダイ・アタッチすることは，はんだ付けに代わる興味深い選択肢となる。洗浄工程が不要になり，Pb はんだの代替となるため，経済的・環境的なメリットがある。少なくとも，強度が低く，適切なレオロジーのペーストを得るために溶剤を使用し，ボイド形成のリスクがあるが，PEEK や PES などの熱可塑性樹脂充填接着剤[128]は，リワークが容易にできるため有望である。

22.8.4 フリップチップ

マイクロエレクトロニクスにおける接着剤の最も重要な用途の１つとして，フリップチップが挙げられる。フリップチップは，携帯電話やスマートカード[129]，MEMS[130]などのデバイスにおいて，低コスト・軽量で高い配線密度を実現するための，チップレベルの直接配線技術として適しているとされる。ファインピッチ化，低温プロセス化，アンダーフィルの排除，シンプルでフレキシブルかつ安価な加工が必須である。硬質基板へのフリップチップ実装においては異方性導電接着剤（ACA）が優先的に応用されている[11,131]。ベアチップの組み立てピッチは 100 µm 以下と非常に微細であるため，ACA によるフリップチップ接合は，はんだ付けに比べ技術的にもコスト的にも有利である。ACA には，接合の信頼性をさらに高めるために銀バンプを付加することができる[132]。ACA 接合はフレキシブル基板にも適用されている[11]。ディスクドライブや液晶ディスプレイ（LCD）アプリケーションのドライバーチップなどでは，はんだフィラーや低融点合金フィラー入りの接着剤によって，ベアチップやフレキシブル回路・基板に接合することが技術的に可能である。さらに，これらの接着剤は，等方導電性の銀入り接着剤よりも優れたセルフアライメント能力を有している。このことはフリップチップの接続には重要である。また，高性能デジタル IC パッケージやマイクロ波デバイスパッケージなどの高周波用途[13,14]にも ACA フィルム配線は有用である可能性がある。

一方，接着式フリップチップ技術は，低コスト製品の大量生産では更に重要になる。ACA や NCA（非導電接着剤）を PET などの安価な基材と組み合わせたスマートラベルはその好例である[17,133,134]。また，ラジオ波周波数を利用した識別ラベル[135]として，生産時の物流，販売，在庫管理，一般識別など多くのアプリケーションに利用される。

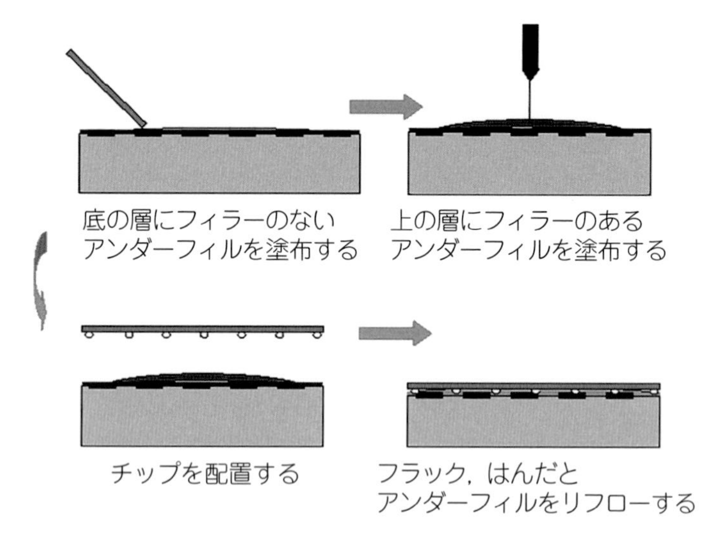

図 22.12　二重構造のノーフローアンダーフィル製法

今回紹介した接着剤を使ったフリップチップはすべて最近のものであるが，はんだや他の材料を使ったフリップチップもまだ生産されている。はんだによるフリップチップは，当然アンダーフィリングが必要になる。これはモールドによる保護の他に，接着剤のもう1つの主要な役割である。

22.8.5　アンダーフィル

電子機器におけるアンダーフィルと封止の接着の状況については，数え上げればきりがないほどである。多くのテーマがあるが[136]，キャピラリーアンダーフィルプロセスの欠点克服のため，多くの研究努力がなされており，特に新世代の非流動性アンダーフィルの使用について述べる[19]。電子パッケージが小型化しているため，アンダーフィルは小型化に関連する新たな課題[10]に直面している。フィラーもこのトレンドに追随する必要があり，ナノフィラーの開発がなされている[137]。数値シミュレーションやモデリングも，充填プロセスをよりよく理解するのに役立つ[138]。

シリカフィラーがはんだ接合部の形成を邪魔する[139]ため，非流動性アンダーフィルにはシリカフィラーが充填されておらず，結果として高いCTEを有している。特許取得済みの新しいプロセスでは，石英チップを使用した設計において，二重構造のノーフローアンダーフィルを使用してシリカフィラーを非流動性アンダーフィルに組み込んでいる[140,141]。このプロセスでは，高粘度下層アンダーフィルにはシリカフィラーを充填せず（**図22.12**），後から石英チップを用いてシリカフィラーを非流動アンダーフィルに組み込む。

このプロセスにより，はんだバンプとコンタクトパッドの隙間にフィラーが入り込むことを防ぐことができる。二層アンダーフィルの信頼性チェックは，プロセスの最適化につながることも多い。そこで，アンダーフィル層の厚さ，粘度，シリカフィラーのサイズ，およびそれらの重量パーセントを変化させ，はんだバンプの濡れ性に及ぼす影響が定量化されている[142]。

代替手法としては，干渉を避ける目的で，多段階の組み立て工程が提案されている[143,144]。まず，アンダーフィルを基板上に塗布する。次に，チップを粘着性のある未充填フラックスに浸し，その後，あらかじめアンダーフィルで覆った基板上に配置する。最後に，アセンブリをはんだ付けし，硬化させる。

ノーフローアンダーフィルのもう1つの興味深い機能は，欠陥チップを熱的に再加工できることである[145]。

22.8.6　スマートカード

すでに述べたように，スマートカードはフリップチップのアプリケーションの広い領域の枠組みとなる。デュアル・インターフェース・スマートカードは，接触型と非接触型を組み合わせたカードである。通常，シングルチップは，カード本体に銅箔やアルミ箔を貼り合わせたアンテナ構造に接続され，エッチングや配線が行われる。しかし，ワイヤーボンディングやポリマーフリップチップアッセンブリーでは封止が必要であるなど，制約が顕在化する。そこで，チップモジュールと埋め込みアンテナを接着するために，等方性・異方性の導電性接着剤が使用される。この貼り付けは，電気的性能と信頼性を高めるために重要である。そのため，それぞれの用途に最適な接着剤を選択することが必須である。

カード本体と部品の機械的な接続には，主にホットメルト接着剤とシアノアクリレート接着剤が使用される。

スマートカード産業における接着剤のもう1つの側面は，カードの多層複合構造の組み立てに関係することである[146]。ラミネートカードは，ホットプレスによって得られる。カードの印刷面を保護するオーバーレイは，カードの熱可塑性プラスチック（ABSは非常に高価なため，PVCまたはPET）印刷体上に接着剤で接着される。一般に，プレス時の異種材料の収縮による歪みを避けるために，対称的なアセンブリがラミネートカードを形成している。温度と圧力の下での力による相互拡散によって作動する接着フィルムが，マルチマテリアル全体に凝集力を与える。

最近では，フレキシブルなスマートカードを低コストで製造するために，紙ベースの基板が開発されており，インクジェット技術の発展では恩恵を受けている[147]。

リサイクル性，特にチップの回収では[146]，コスト削減も大きな課題であり，より循環型経済に向けた研究努力がなされている[148]。

22.8.7　ディスプレイ用途

情報化社会の進展に伴い，表示デバイスの需要は高まっている。その中でも液晶ディスプレイは，重要なデバイスであり，ブラウン管に対してその市場占有率は更に高まっている。平面パネル液晶ディスプレイとその駆動回路との間の電気的相互接続は，性能と信頼性の点で実際の課題である。接着剤による固定は，この課題を解決するための接合技術の1つである[149]。当初，ドライバ回路とガラスを電気的に接続するために，エラストマーコネクタ（導電性と絶縁性のあるシリコーンゴムを交互に配置）やヒートシールが使用されていた。電気伝導率が低いため，現在では時計や電卓，事務機器などの小型液晶にしか使われていない技術である。

ICパッケージでは，導電性高分子の厚いフィルムでパターニングされたポリエステルフィルムのヒートシールコネクターを必要とし，この導電性高分子によるパターンはガラス基板上のパターンやプリント回路基板に熱可塑性接着剤を用いて接着される。

その後，異方性導電接着剤を中心に非導電性接着剤を用いたチップオンフレックステープ自動接合（TAB）パッケージがLCDパネルに直接接続されている[129,150]。フリップチップ技術に基づく別のプロセスとして，フレキシブルポリイミド回路を導電性接着剤でガラス基板に接着するCOG（Chip On Glass）実装がある[151]。この技術は，高画素製品に特化している。各メーカーは独自のCOG技術を開発し，常に接着固定を採用している。多くの場合，Auバンプのボンドパッドがチップ上にメッキがされている。しかし，スタッドバンプ技術では，従来のボールボンディングも行われている。異方性導電接着剤や非導電性接着剤を使用する場合，アンダーフィリングは相互接続の一部となる。等方性導電接着剤やはんだを使用する場合は，電気的な相互接続の後に追加のアンダーフィリングが必要である。

液晶ディスプレイの用途では，リワーク能力は重要な要求事項であり，この点で導電性接着剤による接着は金属接合よりも優れている。

22.8.8　マイクロシステムズ

接着剤による接合は，マイクロシステムのパッケージングにも使用されている[8,152]。マイクロエレクトロメカニカルシステム（MEMS）またはマイクロオプトエレクトロメカニカルシステム（MOEMS）は，微細加工技術を使用して製造される。これらを製品に組み込むには，パッケージングが必要である。接着剤は，ウェハー同士，ウェハーと基板の結合，封止，光ファイバーの実装などに多くの用途が見られる（図22.12）。また，フリップチップの構成では，導電性接着剤（ECA）が使用されている。

集積型生体医療デバイス[153,154]やマイクロ流体システム[155]など，新しく登場したアプリケーションは，明日の技術を形成することになるであろう。

22.8.9　パワーエレクトロニクス

パワー集積（インテグレーション）とは，「より少ない空間でより多くのパワーを得る」ことに要約される。半導体部品の消費電力が35 W/cm^{2}以下であれば，導電性接着剤によるダイ・アタッチが適している。さらに，パワーデバイスの場合，ダイボンディングは高鉛含有量のPb95Sn5はんだで行われることが多い。電力が大幅に増加する場合（>200 W/cm^2），IGBT（Insulated Gate Bipolar Transistor）パックやパワーダイオードとメタライズ基板との相互接続は，ワイヤーボンディングやダイレクトバンピング技術で行われる。全体のはんだ付けは，PbSbSnまたはSnAgはんだが使用される。高電力のエレクトロニクスでは，電気的強度や信頼性の制約があるため，接着剤によるダイボンディングは使用できない。接着剤による接合は，第一に，主にシリコーンポリマーによるパワーモジュールの封止に使用され，第二に第3レベルのパッケージングで行われ，はんだ付けによって事前にダイボンディングされた放熱セラミックであるアルミナ（Al_2O_3）または窒化アルミ（AlN）メタライズ基板を冷却デバイスに接合する。

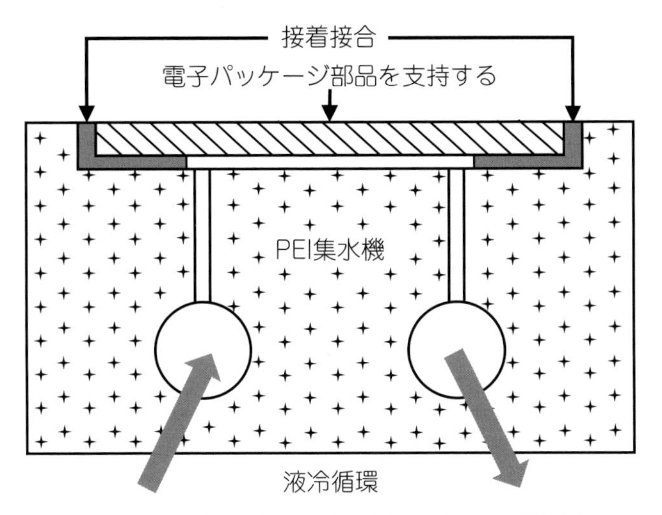

図 22.13　パワー素子の対流冷却デバイスの断面図
提供：PEARL Laboratory

電力が必要になると同時に，回路は熱放出に悩まされることがある。そのため，集積化による電子部品の高密度化は，冷却の問題を引き起こし，新しい組立プロセスにつながっている[79]（**図 22.13**）。これは，集水器として使用されるポリエーテルイミド基板と，熱エネルギーを非常によく放散する電気パッケージ用の窒化アルミ（AlN）セラミック支持体を組み立てるための構造用非導電性接着剤接合を含む。このように，接着剤接合部には，最高の湿度・熱・機械的挙動に対して要求を満たさなければならない。そのため，表面処理の最適化により，接合部の信頼性を向上させている[96,97,157]。接着剤の機械的・化学的耐久性は，非対称くさび試験による亀裂伝播速度の測定と界面劣化の観察により研究がなされている。

熱伝導性接着剤は，パワーエレクトロニクスに要求される高い熱放散性に関しても開発されている[98]。エポキシ系マトリックスが主に使用されており，複合材料[158]，もしくは高い熱伝導性を持つ粒子（窒化ホウ素など）を充填した接着剤が[99,159] 使われている。エポキシ系マトリックスはよく用いられるが，特に高温（150℃以上）で欠点がある。そのため，窒化ホウ素を担持したPEEKの複合材[160]，グラフェンの複合材[161]，またはシリコンを基材とした複合材[162] が提案されてきた。

接着剤による接着は，マイクロエレクトロニクスからパワーエレクトロニクスに至るまで，多くの拡張的な用途が見出されている。その中で最も重要なものは，電気的特性が必要とされる第一階層および第二階層パッケージングなどのこの産業分野に特有な箇所である。第三階層パッケージの接着剤には，他の産業と同様に，機械的強度と靭性，耐環境性，気密性，信頼性，耐久性などが要求されることが多い。自動車，航空宇宙，軍事，通信，コンピューターと情報検索，製造，スマートカードやスマートラベルを含む消費財など，電子製品のすべての産業とエンドユーザーは，接着剤を用いた接合に関係している。

22.8.10　フレキシブル/ストレッチャブルエレクトロニクス

フレキシブルエレクトロニクスは，エレクトロニクスの最近のトレンドであり，スマートテキスタイル，ポイントオブケア診断，あるいは人工装具など，さまざまな分野での応用が期待されている。その柔軟性は，多くの場合プラスチックフィルムである基板に由来し，無機および有機コンポーネントを集積する[163,164]。フレキシブルエレクトロニクスの最近のトレンドは，人間の健康状態をモニターする能力である。例えば，糖尿病患者のインスリン量をリアルタイムで監視し，クローズドループシステムでインスリンを供給することができ，皮膚に直接貼る，または皮膚下に配置する接続パッチは，市場投入に最も近い開発品である[165]。したがって，エレクトロニクスは身体の上にしか接着できず，接着剤による接合は，それ以降，すべての関連性を持つことになる。また，このような接着剤は身体との適合性があり，無毒で，湿った環境でも良好な接着性を示す必要があり，制限が生じる。このような制限に対応するために，新しいクラスの接着剤，すなわちハイドロゲルが開発されている[166,167]。有望ではあるが，実際のスマートデバイスが市場に出て，私たち全員に利益をもたらすまでには，まだ多くの課題がある。しかし，このような有望なアプリケーションがさらなる研究を促進し，コネクテッドヘルスケアが近いうちに現実のものとなることを期待したい。

22.9　結　論

エレクトロニクス産業の主な要求は，どのような用途であっても，最適化された性能と信頼性でより多くの集積化を行うことである。空間利得と重量利得は，同時に必要なことであり，集積化の進展がもたらす結果でもある。また健全性や耐久性の向上も懸念事項の１つである。

このような期待に広く応えられるのが接着剤であり，接着剤がエレクトロニクスで大きな役割を果たすことは疑いようがない。エレクトロニクス産業では，ポリマー系接着剤に依存するようになっており，接着剤なしにはエレクトロニクス生産は成り立たない。本章では，電子実装に使用されるさまざまな接着剤の長所と短所を指摘した。また，電子部品の接着に特有なものと，一般部材の接着に共通するものを比較して，明らかにした。例えば，導電性接着剤による接着，アンダーフィル，封止は，代表的なエレクトロニクス産業独自プロセスである。また，洗浄を避け，鉛はんだを禁止する傾向は，将来的に導電性接着剤の利用を拡大させるものである。特に，異方性導電接着剤は，フリップチップ接合において，アンダーフィリングなしでファインピッチに対応でき，低温で簡単，柔軟，かつ安価に加工できるため，非常に有望である。

また，接着剤による接合は，はんだ付けやワイヤーボンディングに比べ体積や重量が小さく，性能向上や環境保護に貢献している。

部品や回路，接着剤パッケージは，劣化するまでに20～30年の寿命を持つ必要があるため，いずれの場合も信頼性が主な要求事項となる。したがって，たとえ平均的な強度や靭性であっても，短期的に高いレベルを維持するよりも，耐用年数の間，同じ水準を維持する方がよい。

鉄道のトラクションドライブや，自動車，バス，トラックなど，より多くの電力集積が求められるようになると，ダイボンディングやインターコネクションに接着剤を使用することは難しくなる。しかし，金属を充填した耐熱性接着剤の研究により，いくつかの可能性が見えてきている。パワーモジュールの放熱は，空冷や水冷で行われている。ダイ・アタッチされたセラミック基板をデバイスに接着するために使用される接着接合部は，最高の湿度・熱・機械的信頼性を有する必要がある。

最終的には，接着剤による接着は，多くの電子パッケージの冶金的なはんだ付けに取って代わる可能性がある。低コストで優れた加工性，熱可塑性樹脂の低温でのリワーク性，リサイクル性など，電子部品用接着剤には素晴らしい将来性があると考えられる。

文　献

1）M. Pecht, R. Agarwal, F.P. McCluskey, T.J. Dishongh, S. Javadpour, R. Mahajan, Electronic packaging materials and their properties, CRC press, 2017.
2）V. Puligandla, Role of adhesion and its reliability implications in electronics assemblies, in: Adhesives in Electronics 2000, Helsinky, IEEE, 2000, pp. 28–34.
3）R. Aradhana, S. Mohanty, S.K. Nayak, A review on epoxy-based electrically conductive adhesives, J. Adhes. Adhes 99（2020）1-18. https://doi.org/10.1016/j.ijadhadh.2020. 102596.
4）H. Derakhshankhah, R. Mohammad-Rezaei, B. Massoumi, M. Abbasian, A. Rezaei, H. Samadian, M. Jaymand, Conducting polymer-based electrically conductive adhesive materials: design, fabrication, properties, and applications, Materials in Electronics, Journal of Materials Science, 2020, pp. 1-15. https://doi.org/10.1007/s10854-020-03712-0.
5）G. Xiao, E. Liu, T. Jin, X. Shu, Z. Wang, G. Yuan, X. Yang, Mechanical properties of cured isotropic conductive adhesive（ICA）under hygrothermal aging investigated by micro-indentation, Int. J. Solids Struct. 122（2017）81-90. https://doi.org/10.1016/j.ijsolstr. 2017.06.003.
6）J.H. Ahn, J.H. Choi, C.Y. Lee, Electrical evaluations of anisotropic conductive film manufactured by electrohydrodynamic ink jet printing technology, Org. Electron. 78（2020）105561. https://doi.org/10.1016/j.orgel.2019.105561.
7）Y. Li, C.P. Wong, Recent advances of conductive adhesives as a lead-free alternative in electronic packaging: materials, processing, reliability and applications, Mater. Sci. Eng. A 51（2006）1-35. https://doi.org/10.1016/j.mser.2006.01.001.
8）F. Sarvar, D.A. Hutt, D.C. Whalley, Application of adhesives in MEMS and MOEMS assembly: a review, in: 2nd Int.IEEE Conf. Polymers and Adhesives in Microelectronics and Photonics, Budapest, IEEE, 2002, pp. 22–28.
9）Y. Xia, Y. He, F. Zhang, Y. Liu, J. Leng, A review of shape memory polymers and composites: Mechanisms, materials, and applications, Adv. Mater. 33（6）（2021）2000713. https://doi.org/10.1002/adma.202000713.
10）P. ZHU, T. ZHAO, New challenge to underfills, in: Encyclopedia of Packaging Materials, Processes, and Mechanics-Set 1: Die-attach and Wafer Bonding Technology（A4-volume Set）, 2019.
11）D. Park, K.S. Han, T.S. Oh, Comparison of flip-chip bonding characteristics on rigid, flexible, and stretchable substrates: part II. Flip-chip bonding on compliant substrates, Mater. Trans. 58（8）（2017）1217-1222. https://doi.org/10.2320/matertrans.M2017066.
12）G. Bo, et al., Gallium-indium-tin liquid metal nanodroplet-based anisotropic conductive adhesives for flexible integrated electronics, ACS Appl. Nano Mater. 4（1）（2021）550-557, https://doi.org/10.1021/acsanm.0c02870.
13）M. Zhao, H. Wang, L. Dong, The application of anisotropic conductive adhesive in broadband microwave interconnections, in: 2018 International Conference on Microwave and Millimeter Wave Technology（ICMMT）（pp. 1-3）. IEEE, 2018, My, https://doi.org/10.1109/ICMMT.2018.8563897.
14）Q. Zhao, Y. Zhang, J. Wu, Y. Ma, X. Feng, Failure mechanism of underfill fillet cracks in flexible wearable electronics, IEEE Trans. Compon. Packag. Manuf. Technol. 8（11）（2018）1881-1887, https://doi.org/10.1109/TCPMT.2018.2876206.
15）M. Zhao, H. Wang, L. Dong, The application of anisotropic conductive adhesive in broadband

microwave interconnections, in: 2018 International Conference on Microwave and Millimeter Wave Technology（ICMMT）, 1-3. IEEE, 2018, https://doi.org/10.1109/ICMMT.2018.8563897., May.

16）W.S. Yun, S.W. Jung, S. Jin, et al., Analysis of temperature distribution in the chip-onglass bonding process, J. Mech. Sci. Technol. 34（2020）3041-3047. https://doi.org/10.1007/s12206-020-0635-0.

17）M. Hirman, J. Navratil, F. Steiner, T. Dzugan, A. Hamacek, Alternative technology for SMD components connection by non-conductive adhesive on a flexible substrate, J. Mater. Sci. Mater. Electron. 30（15）（2019）14214-14223. https://doi.org/10.1007/s10854-019-01789-w.

18）H. Ardebili, J. Zhang, M.G. Pecht, in: W. Andrew（Ed.）, Encapsulation Technologies for Electronic Applications, 2018.

19）Z. Zhang, P. Zhu, C.P. Wong, Flip-chip underfill: materials, process, and reliability, Mat. Adv. Packag.（2017）331-371.

20）N. Xiong, Z. Li, J. Li, H. Xie, Y. Wang, Influence of curing procedures on the electrical properties of epoxy-based isotropic conductive adhesives, Proc. 2nd IEEE. Electr. Packaging Technol. Conf. EPTC'98 45（2014）373-377. https://doi.org/10.1109/ICEPT. 2014.6922676.

21）B.S. Yim, Y. Kwon, S.H. Oh, J. Kim, Y.E. Shin, S.H. Lee, J.M. Kim, Characteristics of solderable electrically conductive adhesives（ECAs）for electronic packaging, Microelectron. Reliab. 52（2012）1165-1173.

22）Y. Zhou, S. Wu, F. Liu, High-performance polyimide nanocomposites with polydopamine-coated copper nanoparticles and nanowires for electronic applications, Mater. Lett. 237（2019）19-21. https://doi.org/10.1016/j.matlet.2018.11.067.

23）J. Luo, Q. Cheng, C. Li, L. Wang, C. Yu, Y. Zhao, M. Chen, Q. Li, Y. Yao, Electrically conductive adhesives based on thermoplastic polyurethane filled with silver flakes and carbon nanotubes, Compos. Sci. Technol. 129（2016）191-197. https://doi.org/10.1016/j.compscitech.2016.04.026.

24）R. Hsissou, R. Seghiri, Z. Benzekri, M. Hilali, M. Rafik, A. Elharfi, Polymer composite materials: A comprehensive review, Composite Structures. 262（2021）1-15. https://doi.org/10.1016/j.compstruct.2021.113640.

25）J. Onorato, V. Pakhnyuk, C.K. Luscombe, Structure and design of polymers for durable, stretchable organic electronics, Polym. J. 49（1）（2017）41-60. https://doi.org/10.1038/pj.2016.76.

26）K. Feron, R. Lim, C. Sherwood, A. Keynes, A. Brichta, P.C. Dastoor, Organic bioelectronics: materials and biocompatibility, Int. J. Mol. Sci. 19（8）（2018）2382. https://doi.org/10.3390/ijms19082382.

27）M. Jia, M. Rolandi, Soft and Ion-Conducting Materials in Bioelectronics: From Conducting Polymers to Hydrogels, Adv. Healthc. Mater. 9（5）（2020）1901372. https://doi.org/10.1002/adhm.201901372.

28）H. Gao, J. Li, F. Zhang, Y. Liu, J. Leng, The research status and challenges of shape memory polymer-based flexible electronics, Mater. Horiz. 6（5）（2019）931-944. https://doi.org/10.1039/C8MH01070F.

29）W. Harizi, R. Azzouz, A.T. Martin, K. Hamdi, Z. Aboura, K. Khellil, Electrical resistance variation during tensile and self-heating tests conducted on thermoplastic polymer-matrix composites, Compos. Struc. 224（2019）111001.

30）M. Aldissi（Ed.）, Intrinsically Conducting Polymers: An Emerging Technology（Vol.246）, Springer Science & Business Media, 2013.

31）H. Palza, P.A. Zapata, C. Angulo-Pineda, Electroactive smart polymers for biomedical applications, Materials 12（2）（2019）277. https://doi.org/10.3390/ma12020277.

32）D.G. Prajapati, B. Kandasubramanian, Progress in the development of intrinsically conducting polymer composites as biosensors, Macromol. Chem. Phys. 220（10）（2019）1800561. https://doi.org/10.1002/macp.201800561.

33）H. Ardebili, J. Zhang, M.G. Pecht, in: W. Andrew（Ed.）, Encapsulation technologies for Electronics Applications, NASA REPORT NASA/TM-2007-214870, second ed., Applied Science Publishers, 2019.

34）J.W. Jeong, G. Shin, S.I. Park, K.J. Yu, L. Xu, J.A. Rogers, Soft materials in neuroengineering for hard problems in neuroscience, Neuron 86（1）（2015）175-186. https://doi.org/10.1016/j.neuron.2014.12.035.

35）E.M. Ahmed, Hydrogel: Preparation, characterization, and applications: A review, J. Adv. Res. 6（2）（2015）105-121. https://doi.org/10.1016/j.jare.2013.07.006.

36）M. Gao, et al., Advances and challenges of green materials for electronics and energy storage applications: from design to end-of-life recovery, J. Mater. Chem. A 6（42）（2018）20546-20563.

https://doi.org/10.1039/C8TA07246A.
37) H. Warren, in het Panhuis M., Highly conducting composite hydrogels from gellan gum, PEDOT: PSS and carbon nanofibres, Synth. Met. 206 (2015) 61-65. https://doi.org/10.1016/j.synthmet.2015.05.004.
38) M. Held, A. Pichler, J. Chabeda, N. Lam, P. Hindenberg, C. Romero-Nieto, G. Hernandez-Sosa, Soft Electronic Platforms Combining Elastomeric Stretchability and Biodegradability, Adv. Sustain. Syst. (2021) 2100035. https://doi.org/10.1002/adsu.202100035.
39) F.M. Khoshnaw, Evaluation the Moisture Effects on the Performance of Electronic Devices, 2010, https://doi.org/10.1109/SPI.2010.5483575.
40) K. Wilson, et al., Integration of functional myotubes with a Bio-MEMS device for noninvasive interrogation, Lab Chip 7 (7) (2007) 920-922, https://doi.org/10.1039/B617939H.
41) J.G. Gluschke, F. Richter, A.P. Micolicha, A parylene coating system specifically designed for producing ultra-thin films for nanoscale device applications, Rev. Sci. Instrum. 90 (2019), 083901.
42) S. Diaham, M. Bechara, M.-L. Locatelli, R. Khazaka, C. Tenailleau, R. Kumar, Dielectric strength of parylene HT, J. Appl. Phys. 115 (2014), 054102.
43) P. Wang, S.J.A. Majerus, R. Karam, B. Hanzlicek, D.L. Lin, H. Zhu, J.M. Anderson, M.S. Damaser, C.A. Zorman, W.H. Ko, Long-term evaluation of a non-hermetic micropackage technology for MEMS-based, implantable pressure sensors, in: 18th International Conference on Solid-State Sensors, Actuators and Microsystems (TRANSDUCERS), Anchorage, AK, USA, 21-25 June, 2015, pp. 484-487.
44) S. Xu, Electrically conductive adhesives, Lit. Rev. (2002) 8-45.
45) L. Li, J.E. Morris, An introduction of electrically conductive Adhesives, Int. J. Microelectron. Packag. 1 (1998) 6-31.
46) J.C. Jagt, P.J.M. Beris, G.F.C.M. Lijten, Electrically conductive adhesive: a prospective alternative for SMD soldering? IEEE Trans. Compon. Packag. Manuf. Technol. Part B 18 (2) (1995) 292-298.
47) J. Liu, Z. Lai, H. Kristianen, C. Khoo, Overview of conductive adhesive joining technology in electronics packaging applications, in: 3rd International Conference on Adhesive Joining and Coating Technology in Electronics Manufacturing, Binghamton, NY, IEEE, 1998, pp. 1-18.
48) R. Zhang, Novel conductive adhesives for electronic packaging applications: a way towards economical, highly conductive, low temperature and flexible interconnects, Georgia Institute of Technology, 2011.
49) A. Frederick, D.M. Ramos, Processing and characterisation of nano-enhanced composites, Inst Biomed Technol, Auckland, New Zealand, 2008.
50) C.P. Wong, D. Lu, Q.K. Tong, Lubricants of silver fillers for conductive adhesives applications, in: 3rd International Conference on Adhesive Joining and Coating Technology in Electronics Manufacturing, Binghamton, N Y, IEEE, 1998, pp. 184-192.
51) B. Su, Electrical, thermomechanical and reliability modeling of electrically conductive adhesives, Georgia Institute of Technology, 2006.
52) M. Zwolinski, J. Hickman, H. Rubin, Y. Zacks, S. McCarthy, Electrically conductive adhesives for surface mount solder replacement, IEEE Trans. Compon. Packag. Manuf. Technol. Part C 19 (1996) 241-250.
53) C.I. Da Silva, M.R.O. Cunha, A.Q. Barbosa, R.J.C. Carbas, E.A.S. Marques, L.F.M. Sa Silva, Functionally graded adhesive joints using magnetic microparticles with a polyurethane adhesive, J. Adv. Joining Proc. 3 (2021) 1-7.
54) J.B. Marques, A.Q. Barbosa, C.I. da Silva, R.J.C. Carbas, L.F.M. da Silva, An overview of manufacturing functionally graded adhesives-challenges and prospects, J. Adhes. Dent. 3 (2019) 1-35. https://doi.org/10.1080/00218464.2019.1646647.
55) O. Tramis, R. Brethous, B. Hassoune-Rhabbour, M. Fazzini, V. Nassiet, Experimental investigation on the effect of nanostructuration on the adherence properties of epoxy adhesives by a probe tack test, Int. J. Adhes. Adhes. 67 (2016) 22-30. JCR https://doi.org/10.1016/j.ijadhadh.2015.12.021.
56) R. Br_ethous, V. Nassiet, B. Hassoune-Rhabbour, Models of adhesive bonding of hybrid structures, Key Eng. Mater. 550 (2013) 210-217, https://doi.org/10.4028/wwwscientific.net/KEM.550.210.
57) W.T. Cheng, Y.W. Chih, W.T. Yeh, In situ fabrication of photocurable conductive adhesives with silver nano-particles in the absence of capping agent, Int. J. Adhes. Adhes. 27 (2007) 236-243. https://doi.org/10.1016/j.ijadhadh.2006.05.001.
58) Y. Li, K.J. Moon, C.P. Wong, Nano-Conductive Adhesives for Nano-Electronics Interconnection,

Nano-Bio- Electronic, Photonic and MEMS Packaging, 2010, pp. 19-45. https://doi.org/10.1007/978-1-4419-0040-1.
59）Y. Zhang, S. Qi, X. Wu, G. Duan, Electrically conductive adhesive based on acrylate resin filled with silver plating graphite nanosheet, Synth. Met. 26（2011）516-522. https://doi.org/10.1016/j.synthmet.2011.01.004.
60）Y. Shimada, D. Lu, C.P. Wong, Electrical characterizations and considerations of electrically conductive adhesives（ECAs）, in: International Symposium on Advanced Packaging Materials, IMAPS, 2000, pp. 336-342.
61）J. Zhang, L. He, Y. Zhou, Highly conductive and strengthened copper matrix composite reinforced by Zr2Al3C4 particulates, Scr. Mater. 60（2009）976-979.
62）X. Zhou, Z. Hu, D. Yi, Enhancing the oxidation resistance and electrical conductivity of alumina reinforced copper-based composites via introducing Ag and annealing treatment, J. Alloys Compd. 787（2019）786-793. https://doi.org/10.1016/j.jallcom.2019.02.053.
63）T.H. Ming, Y.S.W.C. Lai, Advanced flip chip packaging, Springer Sci. Bus. Media, 2013.
64）D. Jariwala, V.K. Sangwan, L.J. Lauhon, T.J. Marks, M.C. Hersam, Carbon nanomaterials for electronics, optoelectronics, photovoltaics, and sensing, Chem. Soc. Rev. 42（2013）1-150. https://doi.org/10.1039/c2cs35335k.
65）A. Kaindl, W. Lehner, P. Greil, D. Joong, Polymer-filler derived Mo2C ceramics, Mater. Sci. Eng. A 260（1999）101-107.
66）J.C. Zhao, J.D. Hu, D.N. Jiao, S. Tosto, Application of face centred cubic TiB powder as conductive filler for electrically conductive adhesives, Trans. Nonferrous Met. Soc. Chin. 24（2014）1773-1778. https://doi.org/10.1016/S1003-6326(14)63252-0.
67）I. Mir, D. Kumar, Recent advances in isotropic conductive adhesives for electronics packaging applications, Int. J. Adhes. Adhes. 28（2008）362-371. https://doi.org/10.1016/j.ijadhadh.2007.10.004.
68）H.P. Wu, J.F. Liu, X.J. Wu, M.Y. Ge, Y.W. Wang, G.Q. Zhang, et al., High conductivity of isotropic conductive adhesives filled with silver nanowires, Int. J. Adhes. Adhes. 26（2006）617-621. https://doi.org/10.1016/j.ijadhadh.2005.10.001.
69）B.S. Yim, Y.E. Shin, J.M. Kim, Influence of multi-walled carbon nanotube（MWCNT）concentration on the thermo-mechanical reliability properties of solderable anisotropic conductive adhesives（SACAs）, Microelectron. Reliab. 91（2018）201-212. https://doi.org/10.1016/j.microrel.2018.10.008.
70）B.S. Yim, J.M. Kim, S.H. Jeon, S.H. Lee, J. Kim, J.G. Han, Self-organized interconnection process using solderable ACA（anisotropic conductive adhesive）, Mater. Trans. 50（2009）1684-1689.
71）B.S. Yim, S.H. Oh, J.S. Jeong, J.M. Kim, Self-interconnection characteristics of hybrid composite with low-melting-point alloy fillers, J. Compos. Mater. 47（2012）1141-1152.
72）M. Pope, C.E. Swenberg, Electronic Processes in Organic Crystals, Oxford University Press, New York, 1982, pp. 273-336.
73）J. Cognard, C. Ganfguillet, Process for connecting two conductors, 1983. Patent Application, N°83 10015, France, 1506.
74）H. Hieber, W. Thews, Process for Making an Electrically Conductive Adhesive Connection', 1987. European Patent: EP 237114/B& 920708/Application: A287°916.
75）W.S. Kwon, K.W. Jang, K.W. Paik, High reliable nonconductive adhesives for flip chip interconnections, in: Proceedings of International Symposium on Electronic Materials and Packaging, 2001, pp. 34-38.
76）B.L. Toh, H.K. Yeoh, W.H. Teoh, L.C. Chin, Surface mount adhesive: in search of a perfect dot, Int. J. Adv. Manuf. Technol. 90（5-8）（2017）2083-2094, https://doi.org/10.1007/s00170-016-9549-5.
77）X. Zhang, E.H. Wong, R. Rajoo, K.M. Iyer, J.F.J.M. Caers, X.J. Zhao, Development of process modeling methodology for flip chip on flex interconnections with nonconductive adhesives, Microelectron. Reliab. 45（2005）1215-1221.
78）R. Kohli, Chapter 9: Applications of uv-ozone cleaning technique for removal of surface contaminants, in: Developments in Surface Contamination and Cleaning: Application of Cleaning Techniques, 11, 2019, pp. 355-390. ISBN: 9780128155776 https://doi.org/10.1016/B978-12-815577-6.00009-8.
79）J. Evieux, P. Montois, V. Nassiet, R. Dedryve`re, Y. Baziard, J.A. Petit, Study of bonded plasma treated polyetherimide power integration components: durability in hot/wet environment, J. Adhes. 80（2004）263-290.
80）C. Manddolfino, E. Lertora, S. Genna, C. Leone, C. Gambaro, Effect of laser and plasma cleanning on mechanical properties of adhesive bonded joints, Procedia CIRP 33（2015）458-463.

81）M. Mozetic, Discharge cleaning with hydrogen plasma, Vacuum 61（2001）367–371.
82）L. Huang, et al., Cleaning of Sic surfaces by low temperature ECR microwave hydrogen plasma, Appl. Surf. Sci. 257（2011）10172-10176, https://doi.org/10.1016/j.apsus.2011.07.012.
83）R. Doyle, Technology for plastic encapsulated devices, in: National Engineering Laboratory Focus Group Workshop: Coventry, November 1997, 1997.
84）K.G. Watrkins, C. Curran, J.M. Lee, Two new mechanisms for laser cleaning using Nd: YAG sources, J. Cult. Herit. 4（2003）59s-64s.
85）J.A. Petit, Lifetime engineering and models of the evolution of systems: application to structural adhesive bonded joints, in: 16th Int. Symp. Structural Design and Engineering around Adhesive Bonding- Swiss Bonding 2002, Rapperswil, Swibotech, 2002, pp. 337–340.
86）J.A. Petit, Y. Baziard, Loss of adherence and durability of adhesive joints, in: 1st World Cong on Adhesion and Related Phenomena, Garmish – Partenkirchen, Dechema, 1998, pp. 203–205.
87）Hoontrakul, et al., Understanding the strength of epoxy-polyimide interfaces for flip-chip packages, IEEE Trans. Device Mater. Reliab. 4（2003）159-166, https://doi.org/10.1109/TDMR.2003.821543.
88）R.A. Pearson, O. Robert, 9th International Symposium on Advanced Packaging Materials, 2004.
89）S. Luo, et al., Influence of temperature and humidity on adhesion of underfills for flip chip packaging, IEEE Trans. Compon. Packag. Technol. 28（1）（2005）88–94, https://doi.org/10.1109/TCAPT.2004.838872.
90）M.L. Locatelli, R. Khazaka, S. Diaham, C.D. Pham, M. Bechara, S. Dinculescu, P. Bidan, IEEE Trans. Power Electron. vol. 29（5）（2014）.
91）S. Zhang, et al., A study on the resistivity and mechanical properties of modified nano-Ag coated Cu particles in electrically conductive adhesives, J. Mater. Sci. Mater. Electron. 30（10）（2019）9171–9183.
92）H. Cui, et al., Reliability of flexible electrically conductive adhesives, Polym. Adv. Technol. 24（2013）114–117.
93）L. Frisk, et al., Reliability of anisotropic conductive adhesive flip chip attached humidity sensors in prolonged hygrothermal exposure, Proc. Eng. 168（2016）1763–1766.
94）L.L. Gao, G.H. XuChen, Shear strength of anisotropic conductive adhesive joints under hygrothermal aging and thermal cycling, Int. J. Adhes. Adhes. 33（2012）75–79.
95）M. Pavel, G. Attila, P. Radek, B. David, Glass transition temperature of nanoparticleenhanced and environmentally stressed conductive adhesive materials for electronics assembly, J. Mater. Sci. Mater. Electron. 30（2019）4895–4907. https://doi.org/10.1007/s10854-019-00784-5.
96）J. Evieux, S. Mistou, O. Dalverny, A. Petitbon, V. Nassiet, Y. Baziard, J.A. Petit, Study of an asymmetric wedge-test: application to packaging in power electronics, in: 2nd World Cong. Adhesion and Related Phenomena, The Adhesion Society, Orlando, 2002, pp. 24–26.
97）J. Evieux, P. Montois, V. Nassiet, Y. Baziard, J. Petit, Durability of polyetherimide structural adhesive joints in a hot/wet environment, in: 6th European Adhesion Conference EURADH 2002, Glasgow, IOM Ed, 2002, pp. 330–334.
98）A.K. Singh, B.P. Panda, S. Mohanty, S.K. Nayak, M.K. Gupta, Recent developments on epoxy-based thermally conductive adhesives（TCA）: a review, Polym.-Plast. Technol. Eng. 57（9）（2018）903–934. https://doi.org/10.1080/03602559.2017.1354253.
99）B. Ghosh, F. Xu, D.M. Grant, P. Giangrande, C. Gerada, M.W. George, X. Hou, Highly ordered BN?-BN? stacking structure for improved thermally conductive polymer composites, Adv. Electron. Mater. 6（11）（2020）2000627. https://doi.org/10.1002/aelm.202000627.
100）R. Dudek, H. Walter, B. Michel, Studies on parameters for popcorn cracking, in: 1st Int. IEEE Conf. Polymers and Adhesives in Microelectronics and Photonics, Postdam, IEEE, 2001, pp. 140–148.
101）F. Bertocci, A. Grandoni, T. Djuric-Rissne, Scanning acoustic microscopy（SAM）: A robust method for defect detection during the manufacturing process of ultrasound probes for medical imaging, Sensors 19（22）（2019）4868. https://doi.org/10.3390/s19224868.
102）J.C. Jagt, Reliability of electrically conductive adhesive joints in surface mount applications, in: J. Liu（Ed.）, Conductive Adhesives for Electronics Packaging, Electrochemical Publications, Isle of Man, 1999, pp. 272–312.
103）K. Olsson, D. Johansson, S. Li, K. Ovesen, J. Liu, 'Isotropically conductive adhesives for high power electronics applications', 2nd Int. IEEE Conf. Polymers and Adhesives in Microelectronics and Photonics, Budapest, IEEE 29–37（2002）.

104）C. Qian, A.M. Gheitaghy, J. Fan, H. Tang, B. Sun, H. Ye, G. Zhang, Thermal management on IGBT power electronic devices and modules, IEEE Access 6（2018）12868-12884, https://doi.org/10.1109/ACCESS.2018.2793300.
105）R. Paul, et al., Thermal management in high-density high-power electronics modules using thermal pyrolytic graphite, Int. Microelectron. Assembly Packag. Soc. 2020（2020）000259-000263, https://doi.org/10.4071/2380-4505-2020.1.000259.
106）S. Rigo, P. Goudeau, J.M. Desmarres, T.Masri, J.A. Petit, P. Schmitt, Correlation between X-ray micro-diffraction and a developed analytical model to measure the residual stresses in suspended structures in MEMS, Microelectron. Reliab. 43（2003）1963-1968.
107）M. Serebreni, et al., Experimental and numerical investigation of underfill materials on thermal cycle fatigue of second level solder interconnects under mean temperature conditions, ASME 2018 International Technical Conference and Exhibition on Packaging and Integration of Electronic and Photonic Microsystems（2018）, https://doi.org/10.1115/IPACK2018-8338.
108）P. Lall, et al., Correlation of microstructural evolution with the dynamic-mechanical viscoelastic properties of underfill under sustained high temperature operation, International Electronic Packaging Technical Conference and Exhibition 84041（2020）, https://doi.org/10.1115/IPACK2020-2675.
109）L. Navarro, et al., Electrical behaviour of Ag sintered die-attach layer after thermal cycling in high temperature power electronics applications, Surfaces 13（2019）15.
110）J. Kim, et al., Oxidation and repeated-bending properties of Sn-based solder joints after highly accelerated stress testing（HAST）, Electron. Mater. Lett. 14（6）（2018）678-688, https://doi.org/10.1007/s13391-018-0077-3.
111）A. Mavinkurve, et al., The how and why of biased humidity tests with copper wire, IEEE 69th Electronic Components and Technology Conference（ECTC）（2019）777-874, https://doi.org/10.1109/ECTC.2019.00123.
112）C. Choe, et al., Thermal shock performance of DBA/AMB substrates plated by Ni and Ni-P layers for high-temperature applications of power device modules, Materials 11（12）（2018）2395, https://doi.org/10.3390/ma11122394.
113）W. Sabbah, et al., Lifetime of power electronics interconnections in accelerated test conditions: high temperature storage and thermal cycling, Microelectron. Reliab. 76（2017）444-449, https://doi.org/10.1016/j.microrel.2017.06.091.
114）J.D. Cressler, et al., Extreme Environment Electronics, CRC Press, 2027.
115）S. Brand, et al., Defect analysis using scanning acoustic microscopy for bonded microelectronic components with extended resolution and defect sensitivity, Microsyst. Technol. 24（1）（2018）779-792, https://doi.org/10.1007/s00542-017-3521-7.
116）K. Mahmood, et al., Real-time automated counterfeit integrated circuit detection using x-ray microscopy, Appl. Opt. 54（13）（2015）D32-D35, https://doi.org/10.1364/AO.54.000D25.
117）K. Odani, Application of Micro Focus X-ray Inspection System to Electronics, 20th International Conference on Electronic Materials and Packaging（EMAP）（2018）14, https://doi.org/10.1109/EMAP.2018.8660856.
118）T.F. Yao, Expanded area metrology for tip-based wafer inspection in the nanomanufacturing of electronic devices, J. Micro/Nanolithograp. MEMS MOEMS 18（3）（2019）, https://doi.org/10.1117/1.JMM.18.3.034003.
119）B.M. Amoli, A.M. Hu, N.Y. Zhou, B.X. Zhao, J. Mater. Sci.: Mater. Electron. 26（7）（2015）4730-4745.
120）P. Nothdurft, G. Riess, W. Kern, Copper/epoxy joints in printed circuit boards: manufacturing and interfacial failure mechanisms, Materials 12（3）（2019）550.
121）P.E. Lopes, D. Moura, D. Freitas, M.F. Proença, H. Figueiredo, R. Alves, M.C. Paiva, Advanced electrically conductive adhesives for high complexity PCB assembly, in: AIP Conference Proceedings, vol. 2055, AIP Publishing LLC, 2019, p. 090009. , January.
122）L. Rocchetti, A. Amato, F. Beolchini, Printed circuit board recycling: a patent review, J. Clean. Prod. 178（2018）814-832.
123）X. Chen, Modeling and control of fluid dispensing process-es: a state-of-the-art review, Int. J. Adv. Manuf. Technol. 43（3）（2009）276-286, https://doi.org/10.1007/s00170-008-1700-5.
124）R. Srauss, SMT Soldering Handbook, second ed., Newness GreatBritain, 1998, https://doi.org/10.1016/B978-075063589-9/50001-1.
125）K.H. Jung, K.D. Min, C.J. Lee, B.G. Park, H. Jeong, J.M. Koo, S.B. Jung, Effect of epoxy content in Ag nanoparticle paste on the bonding strength

of MLCC packages, Appl. Surf. Sci. 495 (2019) 143487. https://doi.org/10.1016/j.apsusc.2019.07.229.
126) S. Zhang, X. Qi, M. Yang, C. Yang, T. Lin, P. He, K.-W. Paik, J. Mater. Sci. Mater. Electron. 30 (2019) 9171-9183.
127) K. Zhang, G.D. Xiao, Z. Zeng, C. Wan, J. Li, S. Xin, M.M. Yuen, A novel thermally conductive transparent die attach adhesive for high performance LEDs, Mater. Lett. 235 (2019) 216-219. https://doi.org/10.1016/j.matlet.2018.09.170.
128) K. Sasaki, N. Mizumura, Development of low-temperature sintering nano-Ag pastes using lowering modulus technologies, in: 2017 IEEE 17th International Conference on Nanotechnology (IEEE-NANO), IEEE, 2017, July, pp. 897-902, https://doi.org/10.1109/NANO.2017.8117398.
129) G. Murakami, Semiconductor packaging technology for mobile phones in Japan, in: 1st International IEEE Conference Polymers and Adhesives in Microelectronics and Photonics, Postdam, IEEE, 2001, pp. 9-19.
130) H.Y. Hwang, J.S. Lee, T.J. Seok, A. Forencich, H.R. Grant, D. Knutson, P. O'Brien, Flip chip packaging of digital silicon photonics MEMS switch for cloud computing and data centre, IEEE Photonics J. 9 (3) (2017) 1-10, https://doi.org/10.1109/JPHOT.2017.2704097.
131) J. Liu, ACA bonding technology for low cost electronics packaging applications-current status and remaining challenges, in: Adhesives in Electronics 2000, Helsinky, IEEE, 2000, pp. 1-15.
132) B. Khorramdel, T.M. Kraft, M. M€antysalo, Inkjet printed metallic micropillars for bare die flip-chip bonding, Flex. Print. Electron. 2 (4) (2017), 045005. https://doi.org/10.1088/2058-8585/aa9171.
133) M. Hirman, F. Steiner, J. Navratil, A. Hamacek, Comparison of QFN chips glued by ACA and NCA adhesives on the flexible substrate, in: 2019 22nd European Microelectronics and Packaging Conference & Exhibition (EMPC), IEEE, 2019, Septemer, pp. 1-7, https://doi.org/10.23919/EMPC44848.2019.8951828.
134) F. Kriebel, T. Seidowski, Smart labels- high volume applications using adhesive flipchip technologies, in: 1st International. IEEE Conference Polymers and Adhesives in Microelectronics and Photonics, Postdam, IEEE, 2001, pp. 304-308.
135) K. Jaakkola, H. Sandberg, M. Lahti, V. Ermolov, Near-Field UHF RFID transponder with a screen-printed graphene antenna, IEEE Trans. Compon. Packag. Manuf. Technol. 9 (4) (2019) 616-623.
136) G. Li, Y. Sun, Underfill materials, in: Encyclopedia Of Packaging Materials, Processes, And Mechanics-Set 1: Die-attach And Wafer Bonding Technology (A 4-volume Set), 2019.
137) P. Lall, S. Islam, K. Dornala, J. Suhlin, D. Shinde, Nano-underfills and potting compounds for fine-pitch electronics, in: Nanopackaging, Springer, Cham, 2018, pp. 513-574.
138) M.N. Nashrudin, A. Aba, M.Z. Abdullah, M.Y.T. Ali, Z. Samsudin, Study of different dispensing patterns of no-flow underfill using numerical and experimental methods, J. Electron. Packag. 143 (3) (2021), 031005. https://doi.org/10.1115/1.4049175.
139) S.H. Shi, C.P. Wong, Recent advances in the development of no-flow underfill encapsulants—a practical approach towards the actual manufacturing application, in: 49th Electronic Components and Technology Conference, Maryland, IEEE, 1999, pp. 770-776.
140) Z. Zhang, C.P. Wong, A novel approach for incorporating silica fillers into no-flow underfill, in: 51th Electronic Components and Technology Conference, Orlando, IEEE, 2001, pp. 310-316.
141) Zhang. Z, Lu J and Wong C P (2001), 'A Novel Process Approach to Incorporate Silica Filler into No-flow Underfill', Provisional Patent 60/288, 246.
142) Z. Zhang, J. Lu, C.P. Wong, Double-layer no-flow underfill materials and process, in: 2nd International IEEE Conference on Polymers and Adhesives in Microelectronics and Photonics, Budapest, IEEE, 2002, pp. 84-91.
143) N.C. Lee, Epoxy flux-a low cost high reliability approach for PoP assembly, in: International Symposium on Microelectronics, vol. 2011, International Microelectronics Assembly and Packaging Society, 2011, pp. 000455-000462. https://doi.org/10.4071/isom-2011-WA1-Paper2.
144) Yin, 2002. https://patents.google.com/patent/US6677179B2/en.
145) W. Yin, N.C. Lee, Reworkable no-flow underfilling for both tin-lead and lead-free reflows for CSP assembled under air, in: 56th Electronic Components and Technology Conference 2006, IEEE, 2006, p. 8, https://doi.org/10.1109/ECTC.2006.1645694.
146) K. Janeczek, A. Araźna, W. Stęplewski, Circular economy in RFID technology: analysis of recycling methods of RFID tags, J. Adhes. Sci.

Technol. 33（4）（2019）406-417. https://doi.org/10.1080/01694243.2018.1539204.
147）Y. Wang, C. Yan, S.Y. Cheng, Z.Q. Xu, X. Sun, Z.S. Feng, Flexible RFID Tag Metal Antenna on Paper-Based Substrate by Inkjet Printing Technology, Adv. Funct. Mater. 29（29）（2019）1902579. https://doi.org/10.1002/adfm.201902579.
148）K. Janeczek, Composite materials for printed electronics in Internet of Things applications, Bull. Mater. Sci. 43（2020）1-10, https://doi.org/10.1007/s12034-020-02101-x.
149）J.T. Abrahamson, H.Z. Beagi, F. Salmon, C.J. Campbell, Optically clear adhesives for OLED, in: Luminescence-OLED Technology and Applications, IntechOpen, 2019.
150）G. Ni, L. Liu, X. Du, J. Zhang, J. Liu, Y. Liu, Accurate AOI inspection of resistance in LCD anisotropic conductive film bonding using differential interference contrast, Optik 130（2017）786-796.
151）D.J. Yoon, M.H. Malik, P. Yan, K.W. Paik, A. Roshanghias, ACF bonding technology for paper-and PET-based disposable flexible hybrid electronics, J. Mater. Sci. Mater. Electron. 32（2）（2021）2283-2292.
152）S. Seok, Overview of MEMS packaging technologies, in: Advanced Packaging and Manufacturing Technology Based on Adhesion Engineering, Springer, Cham, 2018, pp. 1-12.
153）K.M. Szostak, T.G. Constandinou, Hermetic packaging for implantable microsystems: Effectiveness of sequentially electroplated AuSn alloy, in: 2018 40th Annual International Conference of the IEEE Engineering in Medicine and Biology Society（EMBC）, IEEE, 2018, July, pp. 3849-3853, https://doi.org/10.1109/EMBC.2018.8513272.
154）H. Chong, S.J. Majerus, K.M. Bogie, C.A. Zorman, Non-hermetic packaging of biomedical microsystems from a materials perspective: a review, Med. Devices Sens. 3（6）（2020）, e10082. https://doi.org/10.1002/mds3.10082.
155）J. Chung, et al., Microfluidic packaging of high-density CMOS electrode array for labon-a-chip applications, Sensors Actuators B 254（2018）542-550, https://doi.org/10.1016/j.snb.2017.07.122.
156）J. Xu, X. Li, X. Cui, Z. Zhao, S. Mo, B. Ji, Trap characteristics and its temperaturedependence of silicone gel for encapsulation in IGBT power modules, CSEE J. Power Energy Syst.（2020）, https://doi.org/10.17775/CSEEJPES.2020.02840.
157）J. Evieux, S. Petit, V. Nassiet, Y. Baziard, J.A. Petit, Durabilité d'assemblages collés structuraux à substrats en nitrure d'aluminium（AlN）, in: 11th Adhesion Conference JADH 2001, Lége-Cap Ferret, SFV, 2001, pp. 80-84.
158）U. Mehrotra, T.H. Cheng, A. Kanale, A. Agarwal, K. Han, B.J. Baliga, D.C. Hopkins, Packaging development for a 1200V SiC BiDFET Switch using highly thermally conductive organic epoxy laminate, in: 2020 32nd International Symposium on Power Semiconductor Devices and ICs（ISPSD）, IEEE, 2020, pp. 396-399, https://doi.org/10.1109/ISPSD46842.2020.9170116.
159）Z. Liu, J. Li, X. Liu, Novel functionalized BN nanosheets/epoxy composites with advanced thermal conductivity and mechanical properties, ACS Appl. Mater. Interfaces 12（5）（2020）6503-6515. https://doi.org/10.1021/acsami.9b21467.
160）B. Ghosh, F. Xu, X. Hou, Thermally conductive poly（ether ether ketone）/boron nitride composites with low coefficient of thermal expansion, J. Mater. Sci.（2021）1-12.
161）F. Guo, X. Shen, J. Zhou, D. Liu, Q. Zheng, J. Yang, J.K. Kim, Highly thermally conductive dielectric nanocomposites with synergistic alignments of graphene and boron nitride nanosheets, Adv. Funct. Mater. 30（19）（2020）1910826. https://doi.org/10.1002/adfm.201910826.
162）T. Seldrum, M. Demulier, V. Delsuc, Silicone-based enablers for thermal management in power electronics, in: PCIM Europe 2017; International Exhibition and Conference for Power Electronics, Intelligent Motion, Renewable Energy and Energy Management, Nuremberg, Germany, 1-5, 2017.
163）H. Ling, S. Liu, Z. Zheng, F. Yan, Organic flexible electronics, Small Methods 2（10）（2018）1800070. https://doi.org/10.1002/smtd.201800070.
164）K.J. Yu, Z. Yan, M. Han, J.A. Rogers, Inorganic semiconducting materials for flexible and stretchable electronics, NPJ Flex. Electron. 1（1）（2017）1-14.
165）J. Yu, Y. Zhang, Y. Ye, R. DiSanto, W. Sun, D. Ranson, Z. Gu, Microneedle-array patches loaded with hypoxia-sensitive vesicles provide fast glucose-responsive insulin delivery, Proc. Natl. Acad. Sci. 112（27）（2015）8260-8265. https://doi.org/10.1073/pnas.1505405112.
166）J. Luo, et al., A highly stretchable, real-time self-healable hydrogel adhesive matrix for tissue patches and flexible electronics, Adv. Healthcare

Mater. 9（4）（2020）, https://doi.org/10.1002/adhm.201901423.
167）Y. Wang, Bio-inspired stretchable, adhesive, and conductive structural color film for visually flexible electronics, Adv. Funct. Mater. 30（32）（2020）, https://doi.org/10.1002/adfm.202000151.

〈訳：上山　幸嗣〉

第23章　接着剤による航空宇宙産業への応用例

John Hart-Smith

23.1　はじめに

航空宇宙用構造に用いられる接着の種類は大きく2つに分けられる。1つはエポキシ，フェノール，アクリル等の接着剤を用いた部材間の荷重伝達を目的とした構造接着である。もう1つは接触面における腐食防止のためのシーラントである。2種類の接着に用いられる樹脂は，剛性が大きく異なるものの，要求性能は極めて似ている。まず第1に，使用時と保管時を含むすべての期間において接着剤もシーラントも剥離してはならないこと，第2は，たとえ周囲の構造が壊れても接着剤は破壊しないことである。このため，接着剤の特性を測定するために接着剤が最初に破壊するように構成された試験片は，望ましい接着構造構成の対極にあるものである。接着剤が最初に破損するような応力値や試験結果は，対象とする接着構造自体が目的に適合していないことの紛れもない証拠となる。解析の理由は，接着剤が決して破損しないような許容範囲で接着構造を設計することである。これは不当な保守主義ではない。このようにしないと，どこかで破壊が一旦始まると，制御不能な形で全体に破壊が広がる弱いリンクを含む構造になってしまうからである。

これらの樹脂は構造に用いられる被着体に比べ力学特性が非常に低いため，第2の要求性能を満たすことは困難なように見える。しかし，せん断力を分散し十分大きな面積で荷重伝達を行うことで，第2の要求性能を満たすことができる。実際の構造物でも，このようになっている。設計を成功させる鍵は，直接または誘導されるピール荷重から接着剤を保護する一方で，荷重を伝達するために接着剤のせん断能力を使用することである。そのためには効率の良い接合設計が必要であるが，薄い構造ならば簡単に実現できるものの，構造が厚くなるに従って複雑になる。接合の詳細については本章と他章でも取り扱われている。

接着剤や封止剤が，接合箇所で構造の寿命が続く限り適正に接着を保つ，このことの保証は，上述の2つの要求性能の中でも特に難しい[1)]。接着の科学は接着接合を成功させるために不可欠であるが，今日もその重要性は認められているとはあまり言い難い※。最大の困難は，接着の成

※　本章は，業界全体および規制当局に改善を促すために提示されたものである。それなくして，この技術の恩恵を十分に享受することはできないだろう，というのも，品質の問題は劇的な失敗につながる可能性があるからである。とはいえ，1988年のアロハ737便事故を除けば，ここで述べたような表面処理と加工の問題は，追加的なコストをもたらすだけであった。安全性が懸念されるような状況を作り出したというよりも，この技術の適用を阻害するような追加的なコストをもたらしたに過ぎない。安全性が懸念されるような状況を生み出したわけではない。

否が表面処理と加工に完全に依存しており，それらの結果が接着後の標準的非破壊検査で評価できないことにある。さらに悪いことに，正しい加工技術がよく知られているにもかかわらず，間違った加工仕様が使われ続けているのは，それが必ずしも瞬時に部品間の分離をもたらすとは限らないからである。目に見えた時はだいたい手遅れである。実際に接着しているか判別できない，部材間の物理的なギャップだけを検出する検査手法を用いていることも，疑念を深める原因となる。軍需用途では別の問題が存在する。長い間生産されていないが，まだ使用中である製品の修理マニュアルを更新する場合，購買システムは必要なコストをあらかじめ割り当てておくことが難しい。また，仕様書のどんな変化も，古い手法で製造されたすべてのパーツの一貫性に対する疑問を投げかけることになる。このような懸念が正しいか否かはあまり問題ではない。残念なことに，試行的にでも改良を施さなかった結果，本来広まるべきであった接着技術の採用が進むことはない。

良い接着工程からは，公称要求値からのばらつきに対する明らかな抑制効果が得られる。しかし，仕様が不適切であったり仕様に従わなかった場合には，その悪影響は広範囲に及ぶ。さらに悪いことに，機械締結構造の欠陥は局所的であり，欠陥のあるファスナーを抜き取り，取り替える，もしくはいくつかの分離したパーツを取り替えることで，設計強度を100%回復できる。しかし，接着や複合材構造における製造ミスは，完全な分解と再組み立てにより設計強度と耐久性を100%回復する以外に修理する方法がない。事後に接着したり，複合材の品質検査を行うのは不可能で，最初から正確に製造する必要がある。接着構造の適用を拡大するためには文化的変容が必要だが，適用拡大に対する最も大きな障害は実際には文化変容自体である。反対に，適切に接着された構造は，疲労と腐食の耐久性に対して高い評価を得ている。航空宇宙用接着構造物の普及を促進するインセンティブは依然大きなものがある。

23.2 設計・解析に必要な接着特性

ほとんどの接着接合の解析がなされる巨視的なレベルにおいては，必要な力学特性データは，適切な環境下の実使用温度域におけるせん断での完全な応力ひずみ曲線である。**図23.1**に示すように，典型的な構造用接着剤は室温環境下に比べ，低温で比較的強度が高くより脆性的であり，高温でより低強度でより延性的にある。

接着剤バルクの力学特性は，このように大きな違いがあるにもかかわらず，構造用接合部の強度（接着剤のひずみは接着面にわたって均質ではない）は短いオーバーラップ試験片（接着剤のひずみが接着面にわたって均質であり，これが応力ひずみ曲線を用いるのに慣れている原因である）に比べ試験温度に対する感度がはるかに低い。その理由は，構造接合の強度が接着剤のせん断ひずみエネルギーを用いて表すことができるからで，初期弾性率やせん断強度よりもはるかに試験データとの整合性が高い（これについては，弾性塑性接着剤モデル[2]の観点から，後に詳しく説明する）。

ミクロレベルでは，特殊な応力部材であっても，接着接合中の初期損傷は接着剤の初期ひずみ量により決まる。このモデルはGosseによって最初に導かれた[3]。標準的な接着剤モデルが示唆

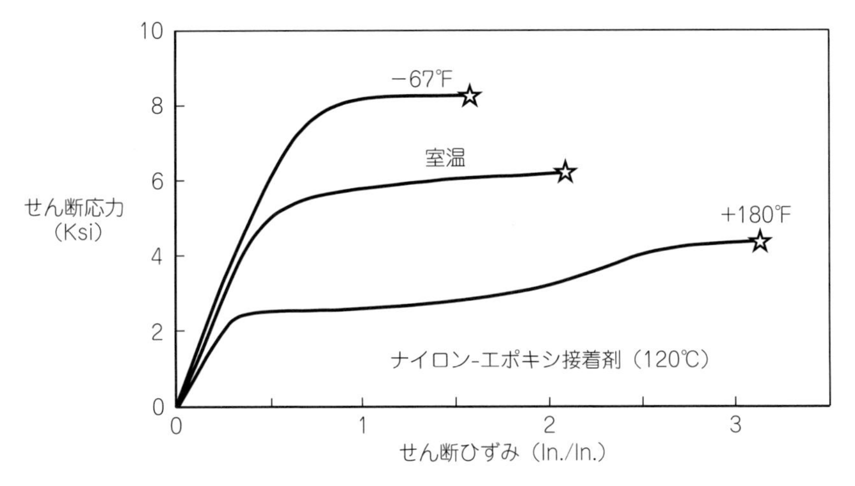

図 23.1　接着剤のせん断応力ひずみ曲線（温度の関数として記載）

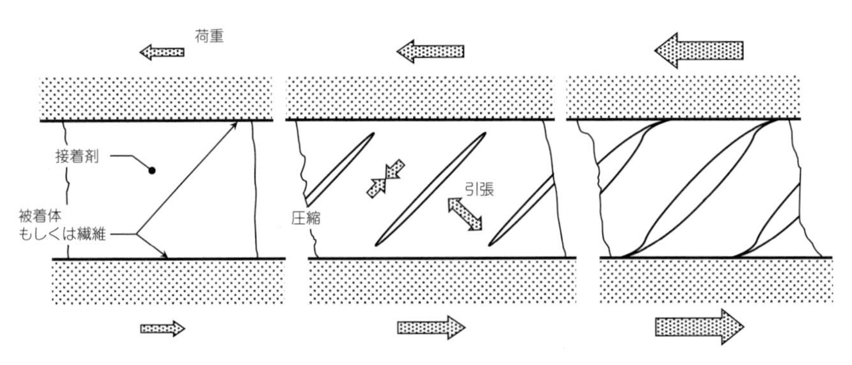

図 23.2　接着接合部におけるハックルの形成

するように，せん断の応力ひずみ曲線の屈拠点は，実際には塑性挙動の開始を意味するものではない。**図 23.2** に示すように，むしろ接着されている被着体同士からおおむね 45° にハックルが発生することを意味する（複合積層体中の平行繊維間のマトリックス樹脂における面内せん断破壊にも全く同じモデルを適用できる）。

いったんハックルが形成され始めたら，接着層はもはや連続体とは呼べず，弾力的に曲がる平行な帯の束のようになる。せん断ひずみがさらに加わる時の接着層の損傷進展に関する正確なモデルは存在しない。しかし，有用なモデルとして一定応力モデルを適用することができる。これを**図 23.3** で説明する。応力ひずみ曲線の屈曲点で損傷が開始し，延性部材における機械締結接合の設計極限荷重の 2%オフセット定義のような，耐力の限界が存在する，という考え方にこのモデルは基づいている。応力ひずみ曲線の終端部は，後述するように，接着のひび割れや損傷周りの応力再分配のために確保されている。応力ひずみ曲線の屈曲点を設計限界荷重とすることを推奨する。ここで明らかになことは，応力ひずみ曲線の一番終わりを設計限界荷重とする当初の考え[2)]は，もはや適切でない，ということである。

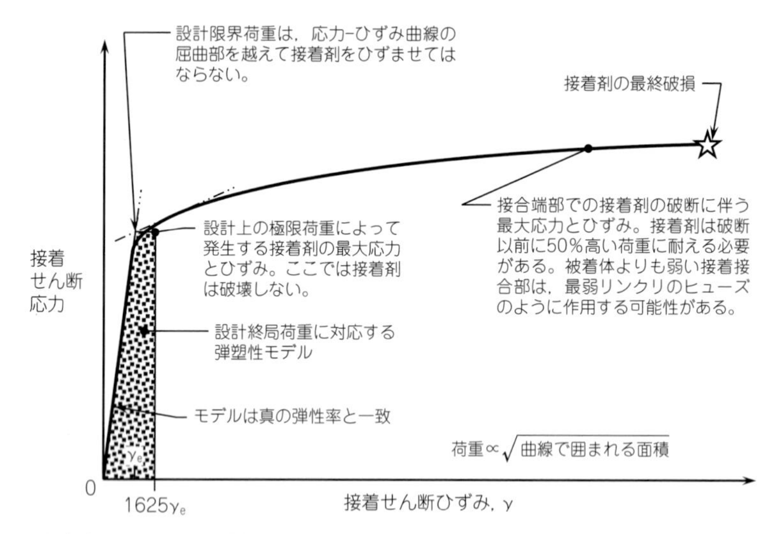

図 23.3　応力ひずみ曲線の屈曲点と設計限界，極限荷重との関係

接着剤が環境下で非常に脆く，図 23.3 に示すような非線形挙動を示さない場合，設計破壊強度は短いせん断試験片の応力ひずみ曲線の終点で表され，設計限界荷重はその 2/3 に設定される。このような条件は大気圏内の飛行より深宇宙で起こりやすい。脆性接着剤は航空分野では主に，エンジン周りなど高温環境下に用いられる。そのような環境下では，脆性接着剤でもかなり延性的な性質を示す。

不変量を用いた高分子の破壊モデルでは，せん断とそれにより引き起こされるピール荷重の別々の解析が可能である。しかし，この解析がなくても，ダブルラップやシングルラップの被着体の曲げに起因するピール荷重が，接着接合のせん断強度を減少する効果を持つことについてはすでによく知られている。それ故，設計上の注意点として，被着体の厚い端部に緩やかなテーパーを付け，ピール応力を目立たなくすることが常に求められている。しかし，新しいモデルはこの手法に科学的な裏付けを与え，さらにピールに直交する方向のせん断荷重も考慮することができる。

ひずみの第1不変量は3つの直交ひずみ成分の合計で，以下のように表せる。

$$J_1 = \varepsilon_1 + \varepsilon_2 + \varepsilon_3, \tag{23.1}$$

これは接着剤硬化物の試験片では測定できない。それは，膨張限界に達する前に他の不変量（フォンミーゼスせん断ひずみ γ_{crit}）に依存して破壊するためである（ここで符号は主ひずみを表す）。

$$\gamma_{\mathrm{crit}} = \sqrt{\frac{1}{2}\left[(\varepsilon_1' - \varepsilon_2')^2 + (\varepsilon_2' - \varepsilon_3')^2 + (\varepsilon_3' - \varepsilon_1')^2\right]}, \tag{23.2}$$

体積膨張による高分子の破壊は，**図 23.4** のように2つの円柱ロッドを端部で接着し，引き剥が

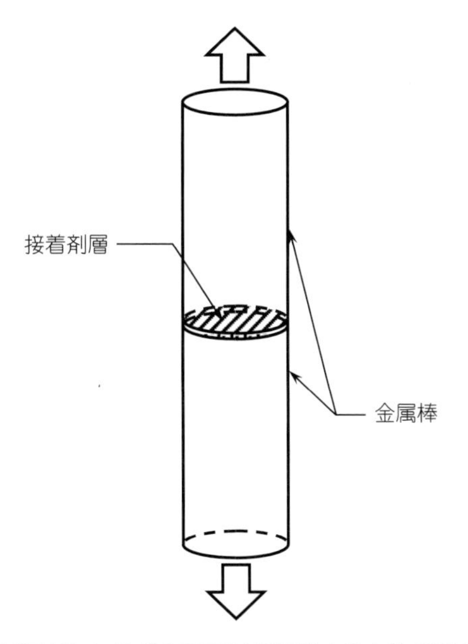

図 23.4　接着剤の J_1 ひずみ不変量を測定するための突合せ試験片

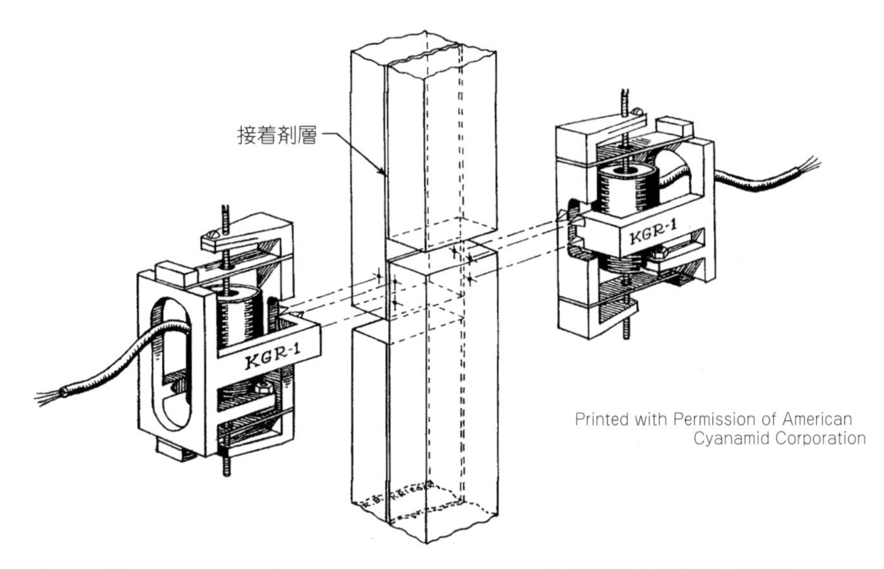

図 23.5　TAST（Thick Adhered Shear Test）試験片と変形測定装置

すような拘束条件下でしか起こらない。ポアソン収縮を防ぐために，このような荷重に直交する方向の拘束が必要となる。

図23.1のようなほぼ均一な変形状態にある接着剤層の応力ひずみ曲線は，Krieger[4]が開発した非常に感度の高い変位伸び計を用いて，**図23.5**のような厚板試験片で測定することが通例である。

図 23.1 のような接着剤層に均一に近い変位分布を与えた場合の応力ひずみ曲線は，ThickAdherend 試験片を用いて測定する。この様子を図 23.5 に示す。ここでは Krieger が開発した，非常に感度の高い伸び計を用いて変形を計測している[3]。アルミニウム被着体の厚みは典型的には 9.5 mm（0.375 in）または 12.7 mm（0.5 in）であり，接着剤に均一に近いせん断ひずみを

発生させることができる。

ほとんどの接着剤の平均せん断ひずみは，さまざまな環境下で，標準ラップシア試験片（ASTM D-1002）により測定される。このことは接合設計の趣旨を誤解してしまう可能性がある。なぜなら，いわゆる接着せん断強度は被着体の材質や厚さ（一般的には原さが1.3 mm（0.063 in）である），ならびにオーバーラップ長さにより変化するためである[5]。そのような試験片は，せん断応力やピール応力が複雑に絡み合っているので，品質管理にしか向かない。

一部の研究者は，破壊が接着接合設計の碁礎をなす可能性を考え，き裂開口モードやせん断モードにおける破壊力学特性を特定しようと試みた。しかし，オーバーラップ中央部のせん断ひずみが十分に小さくなるようなオーバーラップの長い継手では，そのような特性は強度とは関係なかった。このオーバーラップ中央部では接着剤は強度的に十分な余裕があり，またクリープ損傷の蓄積もほとんど生じないほど応力が低い。オーバーラップ端部でピール応力（モードＩ）により破壊が生じそうな場合は，被着体端部をより薄く設計し直すべきである。そうすることで，き裂開口モードはもはや生じなくなる。接着剤はピールで壊れなければ，はるかに強度の高い設計を簡単に施すことができ，設計不良の接着接合部による低強度の発現はほとんど考慮する必要がなくなる。それは接着剤のせん断強度を主な設計要件とすることができるというメリットにもなる。

23.3　表面処理

適切な表面処理は，耐久性のある接着接合を作るうえで最も重要かつ支配的な工程である。このことは，1970年代後半から1980年代初頭にかけて，アルミニウム構造の接着で実証された。アメリカ空軍が出資したPrimary Adhesively Bonded Structures Technology（PABST）プログラムの一環としてCaliforniaのLong BeachにあるDouglas Aircraft Companyで胴体が製作されたが，接着剤の剥離が生じた。これは対象とした接着剤の使用開始から10年も経った後のことで，180℃硬化の第1世代エポキシ接着剤をエッチング処理と併用した場合に生じた。陽極酸化の場合は，これよりも問題が軽かった。これより初期の接着剤を用いたほとんどの航空機構造（主にイギリスのde HavillandとオランダのFokker）にはトラブルがなかった。クロム酸陽極酸化処理を施した後にフェノール系接着剤を用いたためである。1940年代から1950年代にかけてdeBruyne[6]やSchlieklemann[7]など，この分野の開拓者たちは，接着を航空機工業に適用する前に耐久性に関する基礎的な事項について徹底的に研究した。

皮肉なことに，彼らの勤勉さがすべての接着構造は耐久性が高いという幻想を作り上げた。その後，他の者たちが接着構造の製造を簡易にするため材料や工程を代えた時点でも徹底的な耐久性試験は行われず，短期間で可能な静的試験だけに頼ってしまった。その結果は経済的にも悲惨なものとなった。1960年代後半から1970年代初頭にかけて，アメリカの接着仕様に従って製造されたすべての航空機が作り直されることとなった。剥離箇所のみの修理は失敗に終わった。接着に関する修理のほぼ半分は，すでに修理したものと同じものであり，この問題は工程の同じミスによるものであった。しかもこの工程は広範囲に使用されていた[8]。接着層の分解はただ水を

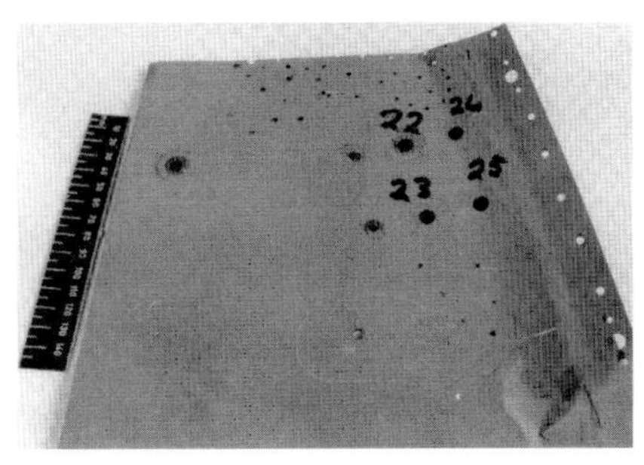
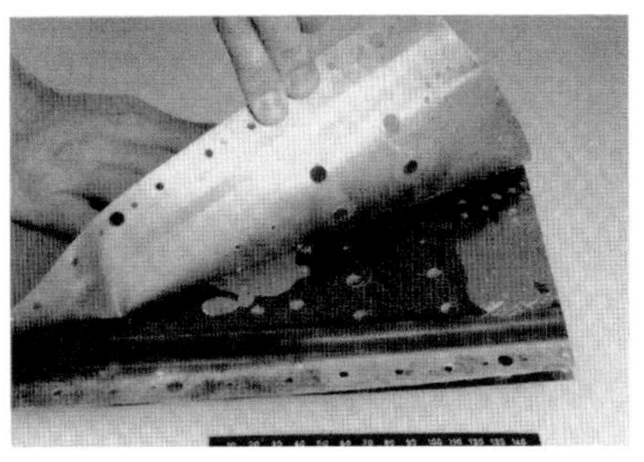

補修後の接着ハニカムパネルの外観と内部。ここでは2回目の補修後に剥がれた部分（大きな濃いグレーの部分）を示している。1回目の補修の失敗の後に樹脂を注入するために開けられた無数の小さな穴が示されている。1回目に注入された接着剤（2つの不規則な薄いグレーの部分）が明らかに接着していない光沢のある樹脂表面を見せている。

図 23.6 大域的な界面破壊に対して局所的な接着修理を行った様子（修理は無意味）

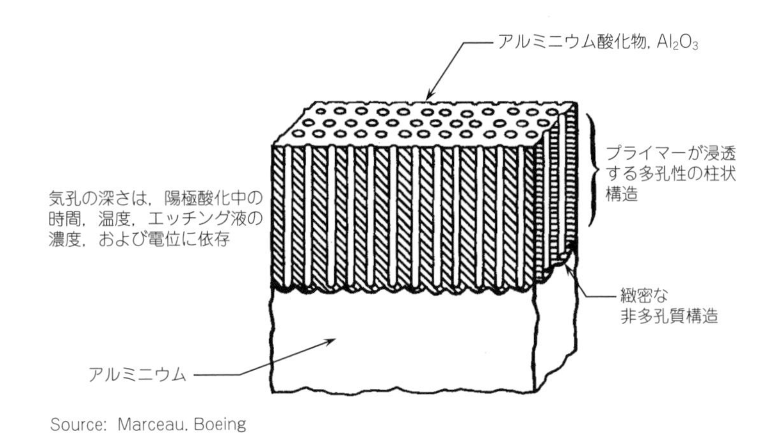

Source: Marceau, Boeing

図 23.7 アルミニウムの接着前処理としての陽極酸化とその表面気孔

E.W. Thrall Jr., R.W. Shannon (Eds.), Adhesive Bonding of Aluminum Alloys, Marcel Dekker, New York, 1985, pp. 241–321（Chapter 4）より

吸収するだけで起き，時間はかかるものの，避けられない。PABST プログラムの広範なクーポンテストにより，この問題は7000系アルミニウム合金で深刻であることが判明した。また2000系合金は劣悪な表面処理にあまり耐性がなかった。周囲の構造が全く剥がれていない適正な接着構造の衝撃損傷に対しては，局所的な修理は有効である。しかし，**図 23.6** のような全体的な工程のミスに対する修理には不適である。

1970年代中盤にリン酸陽極酸化とエッチング工程が確立されたとき，その新しい工程を採用するべきであった。特に，接着面が適正であるかそうでないかを簡単に見分けることができる簡易なくさび試験法，ASTM D–376[9] を Boeing の Bethune が確立した後は特にそうするべきであった。適正な表面処理を施したアルミニウムは，**図 23.7** に示すように，プライマーが侵入できる多くの微細孔を持った安定な酸化被膜が生成する。

成功したPABSTの接着工程のうち重要な要素技術の1つがフェノール系プライマーBR–127の使用である。特筆すべきは，水分吸収が早いため飛行中に接着不良をよく起こした第1世代の

250°F（180℃）硬化エポキシ接着剤であっても，このプライマーを用いれば，耐水性のはるかに優れた第 2 世代接着剤に匹敵する耐久性が得られたことである。

悲しいことに筆者は20年後にも，以前に破壊を引き起こした時代遅れの表面処理のために，巨大なエンジンカウルに局所的な修理を行う場面を見ることになった。筆者が，それほど遠くない将来に残りのパネルにも同様の破壊が起こることを指摘した頃，修理により良い新規材料や工程を用いることは航空機の仕様書により違反になることを知った。修理を行う機関は，ただ単純にオリジナルの構造が作られた時の接着工程と材料に従うしか選択の余地がなかった。この姿勢は民間機に限ったことではない。ヘリコプターのブレードはサンドペーパーでアルミニウム表面を研磨した後，ペースト状の接着剤を用いて修理され続けた。この場合，関連するモデルが20年以上生産されていないという説明をされた。したがって，メンテナンスや修理を管理する技術的な規則を更新する理由がなかった。これらの，またそのほか多くの場合でも（このような修理を実施する者でさえ）時代遅れの修理が無意味であることをよく理解していた。このような慣習は終わりにすべきではないか？航空業界の興味は，信頼性がないとされている他の手法を用いるより，信頼できる表面処理によりってより良い飛行を提供することにある。興味深いのは，使用記録を提供する同じ機関[8]が，サンドプラストとシランカップリング剤をアルミニウム表面に併用した3,000もの接着複合パッチに，1つの破壊も起きていないことを見出したことだ。信頼できる表面処理に置き換える経済的な動機がこのようにして確立した。

鉄やチタンのような他の金属合金の場合も，接着を適用するためには適切な表面処理が必要である。さまざまな金属表面処理については，他章で述べられたとおりである。

繊維複合材構造の接着およびコボンドにも，適切な表面処理が必要なことはあまり知られていない。信頼できる事後検査技術の欠如は金属の接着の普及を妨げたが，同じことが接着複合材構造の製造にも当てはまり，品質保証プログラムの一環として行われるあらゆる耐久性試験で生じる破壊では非常に深刻である。金属構造の接着接合のように，ラップシア試験片のみでは，接着複合材接合の耐久性を保証するのに不十分であることがわかっている。せいぜい接着剤の硬化特性（十分に架橋したかどうか）を確かめることに使えても，実際に接着したのか確かめることにはならない。接着剤表面より高いエネルギーレベル（より活性化されている）にある接着面に必要な特性は，金属への接着と同じくらい樹脂材への接着にも多い。しかし，複合材表面の表面処理のほとんどがまったく逆，すなわち完全に不活性である。いくつかのピールプライは，基材に対してわずかな損傷も残さず剥がすことができるように，シリコーン離型剤が塗布されている（文献 10）参照）。筆者が知る限り，接合部に剥離（接着剤が損傷しないので接着不良ではない）を起こさないピールプライは，コーティングされていないポリエステル生地だけである。複合材を接合した航空宇宙構造物の問題が，初期の金属を接合した構造物の問題と同様に広範囲に及んでいることを意味するものではない。むしろ，問題は我々がそのことを知らないこと，飛行中に部材が剥離するまで気がつかないことにある。もし製造時にくさび試験と同等の耐久性試験を命じられていれば，完全な自信をもって分解しない接着複合材構造を製造することが，いつの日か可能になるであろう。

複合材料の特殊な表面処理のすべての中で，低圧サンドブラストが最良の使用実績を持ってい

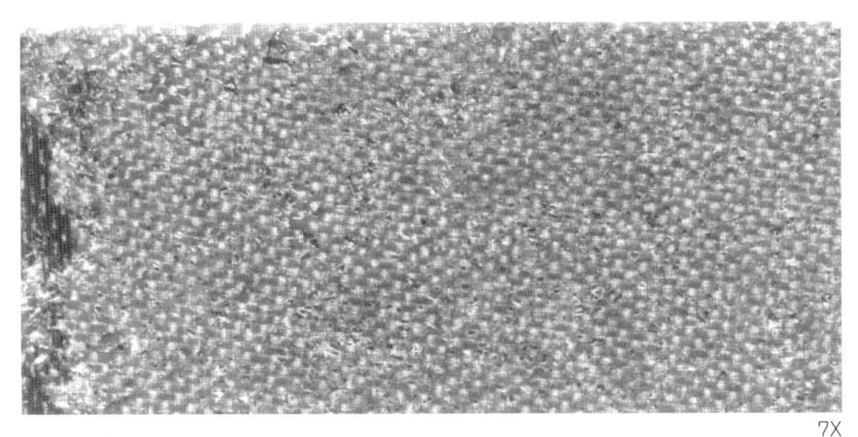

剥離後のFRP表面。ピールプライの模様がはっきりと転写されている。

図23.8　接着剤が複合材表面に接着しなかった場合に見られたピールプライの痕跡

る。加えて，初期製造時か事後かに関係なく，それ（もしくは他の力学的研磨手法）は接着補修に用いることが可能な唯一の方法である。このため，複合材構造のすべての製造者および修理工が習得しなければならない標準工程とされるべきである。

そのほかの接着複合材構造の重大な問題は，接着前の湿気である。湿気はさまざまな形態で存在し，それぞれ全く異なる結果をもたらす。湿気は硬化した積層体に吸収され，接着工程の熱により表面に移動し，検知可能な兆候なしにあらゆる接着を妨害する。水の存在は基材のエネルギーレベルを低下させる。**図23.8**の例では接着に完全に失敗した領域が存在し，かつ検出できなかったが，水により同じような状況が生じる可能性がある。図23.8では使用したピールプライの完全な転写パターンが表面に生じており，また接着層の両面にシリコーンの残留が全くない。つまり全く接着した形跡がない。しかし，このパネルや多くの似たパネルが，品質管理用のラップシェア試験片をすべてパスし，製造時の超音波検査にも100％通過しているのである。これらのパーツは別の場所で，接着される何ヵ月も以前に別の場所で養生されていた。これらは接着前にオーブンで乾燥しなかったが，接着剤が付着していないピールプライの跡は明らかにそうすべきであったことを物語っている。

硬化前に接着剤に吸収された湿気は，多孔質の弱い接着層を作る効果がある。湿気は，冷凍庫から取り出した後，解凍する以前に保護シートを剥がしてしまった未硬化のフィルム接着剤表面に凝集し，また界面に集まり，接着を阻害する。サプライチェーンのすべてにおいて積層体を接着前に適正に乾燥する必要がある。より適切には，接着前に水分が吸収されることのないよう部材の製造後すぐに接着するよう製造計画を立てるのがよい。この利点については文献12）に記載されている。

ピールプライは繊維樹脂複合材の接着の表面処理において，最も多く指定される手法である。しかし，これらの信頼性は必ずしも高くない。悪くすると，硬化プロセスでシリコーンがバギングフィルムから移動拡散することすらある。バギングフィルムやブリーダー，ピールプライなど，硬化済みの部材から引き剥がされて捨てられるいわゆる「消耗品」の重要性に対して過小評価する傾向がある。いくつかの仕様では材料の選択を無制限に供給者に委ねている。しかし，これは間違いである。未硬化，硬化の区別なく複合材に最終的に接触するすべての表面は，プリプレグ自体と同じくらい厳しく管理される必要がある。それらのほとんどは硬化時に密接に接触しているのである。離型剤を型に塗布する作業部屋は，接着や複合材のためのクリーンルームと離して設けられるのが標準的な慣習である。作業者は清深な白い手袋を装着する。どんなに些細な粒子であっても，粒子が未硬化の接着剤または複合材，ならびに接着面へ接触するのは，すべて汚染の潜在的な原因であり，それらは接着しないものとして扱う必要がある。すべての工程がこのように厳しいわけではない。しかし，文書では逃げ道はふさいでおく必要がある。

Boeing 内のいくつかの組織が好む，汚染が除去できる専用機械で製造した特殊なポリエステルのピールプライがある。これは Boeing 777 の水平尾翼および垂直尾翼製作に用いることのできる唯一のピールプライである。それでも，工場への持ち込み許可の前に，それぞれのロールがシリコンを含まないか保証する極めて厳しい試験をパスする必要がある。このような経験や，FAA が出資した最近の研究[13]のいずれもが，このような注意の必要性を確認するものとなった。筆者は金属接着におけるくさび試験と同等の，なにか世界共通の合意が存在することを好ましいと思う。厳しい環境下（高温高湿）における引き剥がし荷重によって，不活性な接着面を作る要因がないことを確認できる。このような品質の低下は，構造物全体に影響を及ぼす。これらが起こる以前に，深刻な工程ミスを引き起こす環境を検知することは難しくない。ただし，もしこれが見つかっても，部材が組み上がる前でなければ，何の意味もない。

23.4　接着剤による接合部の設計

Volkersen や Goland&Reissner による先駆的な論文では，接着剤層を介した荷重の伝達が必然的に不均一であることが示された。本章の著者自身は弾性塑性モデルによって特徴づけられる接着剤の非線形挙動について貢献した。にもかかわらず，接着接合の設計と解析の大部分は，接着剤のせん断応力が接着領域全体で一定であるという原始的で完全に非現実的かつ誤った仮定に基づいているのが現状である。そして，接合部の強度は，接合面積と架空の均一な接合部許容応力の積として定義される。これはあまりにも現実離れしているため，接合部の形状がその強度と耐久性にどのように影響するかについて説明する必要がある。驚くことに，このプロセスには関わらない特定の荷重も存在する。

厚みが均一な被着体間のダブルラップやシングルラップの接合部の設計は簡単である。PABST で実施された，フェイルセーフのためのリベットさえ用いない 100％接着接合で荷重伝達する予圧胴体の設計は，文献 14）に記載されている。文献 14）では，オーバーラップ対スキン厚さの表を１つ作成し，厚いスキンではオーバーラップの端部を局所的に緩やかにテーパリングして，早期の剥離故障を防ぐという要件を補足した。ここで重要なことは，設計上のオーバーラップは，適用される荷重の大きさに依存しないという意味で普遍的であるということである。これにより，構造物の内部荷重が確定する前に，接合部の設計を完了させることができる。この設計法の要点は，**図 23.9** に示すように，ダブルラップ継手において，オーバーラップ長さは，接

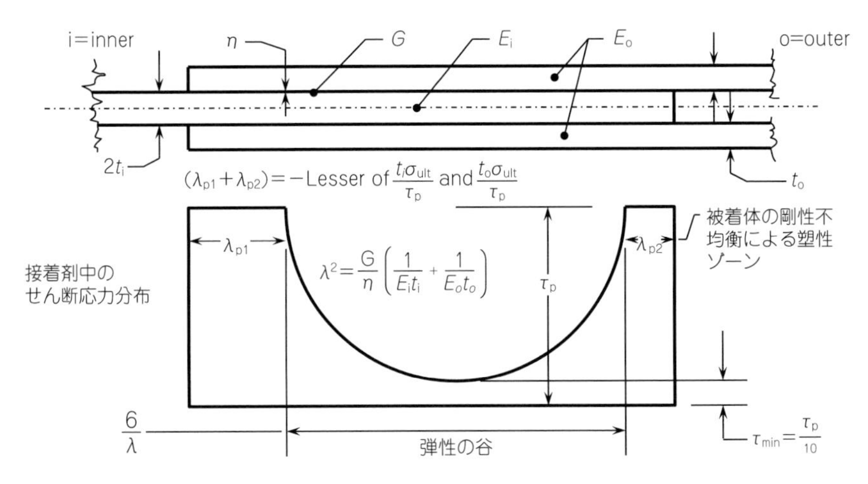

・被着体の全強度を伝達するのに十分な長さの塑性ゾーン
・中央部でクリープを抑制できる幅の広い弾性トラフ
・設計オーバーラップ=$\lambda_{p1}+\lambda_{p2}+(6/\lambda)$
・接着剤の最大せん断ひずみを超えないことにより十分な強度を確認

図 23.9　ダブルラップ接着継手の設計手順

着剤の最小せん断応力が持続荷重下でもクリープが発生しないようにするための弾性の谷と，被着体の強度を接合部の外部に完全に伝えるための塑性荷重伝達ゾーンの和として設定される。

厚みが均一な被着体による，二重重ね合わせ継手および単純重ね合わせ継手の設計はわかりやすい。早すぎる引き剥がし破壊を防ぐため，なだらかなテーパーを厚いスキンのオーバーラップ端部に局所的に設けることで，スキン厚みと重ね合わせ長さの比率を低減している。オーバーラップ部の形状が荷重の大きさに依存しないという意味でこの継手形状は万能であり，このことは極めて重要である。したがって，構造中の荷重分布を知る前に，接着接合部の設計を完成させることができる。この設計手法の要諦は図 23.9 のダブルラップ継手で説明するように，継手の最大強度と同等の荷重下でも，“弾性の谷”の最小荷重が，その箇所でクリープを生じない程度に十分に低いこと，および被着体の強度と同等の荷重伝達能力を有する“塑性”荷重伝達領域の存在である。

最初に示したように，この手法は弾性の谷で伝達される取るに足らない荷重を全く信用しないという意味で保守的である。狭い領域のパッチを設計するとき，弾性の谷の効果によって塑性領域の幅は $2/\lambda$ に減らすことができる。この手法を検証した PABST プログラムにおいて，すべての試験はこれよりわずかに長い重ね合わせにより行った。**図 23.10** は PABST の胴体に使った実際の寸法を基準スキン厚みの関数として示している。理想的な最大効率を発揮するために，接着した重ね合わせの両側で等しい強度をもつよう継ぎ板の厚みをスキンの半分にしなければならない。しかし，そのような継手に対する初期の試験では，名目上同じ応力の加わるスキンではなく，スキン同士が突き合わされている箇所の継ぎ板で疲労破壊が生じる傾向を示した。結果的に，継手平板は一規格厚くなった。この表にある重ね合わせは単純な設計規則で概算でき，スキン厚みの 30 倍の重ね合わせ長さとなった。もし，被着体間の剛性不釣合があれば，接着を通じた

被着体厚さ t_i(in.)	0.040	0.050	0.063	0.071	0.080	0.090	0.100	0.125
スプライス厚さ t_o(in.)	0.025	0.032	0.040	0.040	0.050	0.050	0.063	0.071
推奨オーバーラップ ℓ(in.)[1]	1.21	1.42	1.68	1.84	2.01	2.20	2.39	2.84
2024-T3 アルミニウムの強度(lb./In.)	2600	3250	4095	4615	5200	5850	6500	8125
潜在的極限接着強さ（lb./In.)[2,3]	7699	8562	9628	10,504	10,888	11,865	12,151	13,910

[1]最も長い重ね合わせ長さを必要とする160°Fまたは140°F/湿度100%の条件にて計算。これらの値は面内引張または面内圧縮荷重対するもので，面内せん断荷重の場合は，若干異なる長さが適用される。
[2]最も低い接合強度を与える−50°F特性および0.050インチより厚いスプライスストラップのテーパーを想定。強度値は被着体の剛性不均衡を補正したもの。
[3]公称接着剤厚さη＝0.005 in. その他の厚さについては，$\sqrt{\eta/0.005}$の比率で強度を補正すること。

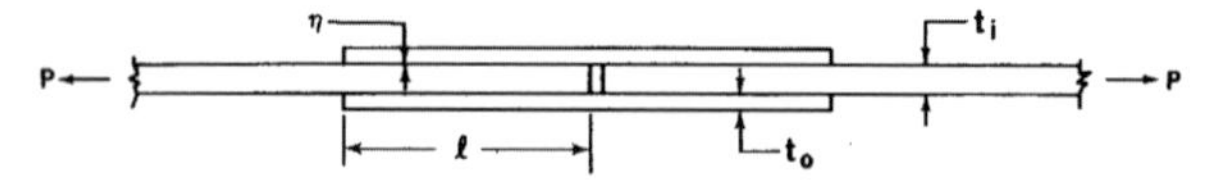

図 23.10　アルミ被着体のダブルラップ接着継手における標準設計重ね合わせ長さ

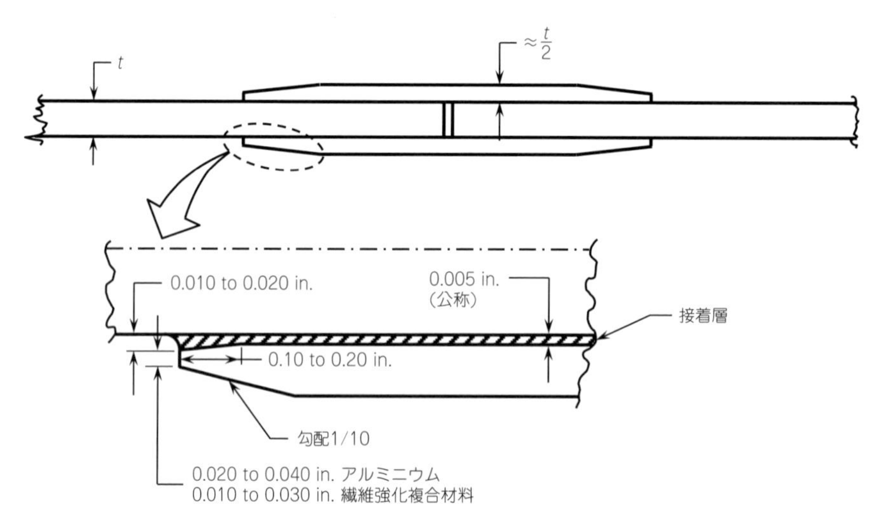

図 23.11　剥離応力を低減する継手端部の被着体テーパー

荷重伝達は増大し，結果としてせん断強度が低下するだろう。

図 23.10 は，接着剤がせん断の応力ひずみ曲線の端まで変形した場合の理想的な接着強度と，2024-T3 スキンの強度を比較したものである。最も薄いスキンでは，接着部はスキン強度の 3 倍強いが，表中最も厚いスキンでは，その比率は 1.5：1 にまで落ち込む。このため，ある程度厚いスキンでは，接着強度のマージンを得るため，ステップ付き継ぎ板を用いる設計が必要となる。この余剰強度の必要性は，後の「キズや欠陥の周りの荷重再分配」ので述べる。

図 23.10 の情報は，**図 23.11** の設計改善策により補足される必要がある。厚い被着体のオーバーラップ端部に最大先端厚み 0.030 in.（0.75 mm）のテーパーを付けることにより，接着剤に引き起こされるピール応力を低減できる。対応する繊維複合材被着体の先端厚みは，その層間強度が

低いため，わずか 0.020 in.（0.50 mm）となる。厚い被着体に対する局所的なテーパーをかけ忘れたら，接着剤はせん断強度を発現するはるか前に，発生するピール応力で破壊してしまう。

シングルラップ接着接合の設計はまだ単純である。なぜなら，どんなに長い重ね合わせ部を持つ継手であっても，接着剤層の面内応力と曲げ応力の組み合わせにより，最も破壊しやすい箇所が被着体の端部となることがわかっている。重ね合わせを延長することで，これらを最小化することができる[15)]。PABST の接着胴体の解析においては，重ね合わせと厚みの比を 80：1 とした(サンドイッチパネルなどの曲げに対して安定なシングルラップ継手に関しては，これをさらに 60：1 にまで減らすことが可能である)。

ピール応力を軽減させるために，図 23.11 に示した比率で被体端部にテーパーを付加することが必要である。片側の被着体の剛性が他より高い（例えば厚い）場合は，直ね合わせ部の一端における曲げモーメントが増大する。シングルラップ継手やシングルストラップ継手（ダブラーが継手の片側のみにある継手）の接合強度を，被着体より高くすることはできない。そのため，これらの接合は薄く低荷重な構造にのみ用いられる傾向がある。

上述の解析法は本質的に正しいが，一定厚みの被着体間の接着接合にしか適用できない。Composite Repair of AircraftStructures（CRAS）プロジェクトの研究開発において，テーパー付き被着体をカバーする新しい近似法が開発された。この手法は，被着体厚さが急激に変化する箇所を除き，接着剤の応力が全域にわたってかなり低いという知見に基づいている[16)]。すべての部材が重ね合わせ部全域で強固に一体化していることを仮定した解析解から，本手法は始まる。重ね合わせた部材間の荷重分担は被着体間，例えば複合材パッチ同志とき裂の入った金属構造などの熱的な相違による残留応力も考慮できる。

この解析は荷重伝達経路におけるすべての不連続点で荷重伝達による局所的な応力ピークを予測できるレベルである。解析の第 2 段目では，実際の局所的な厚みに合うような一定厚みの被着体を仮定し，この解析解を用いて有限幅の塑性荷重伝達領域を求め，これらのピークを重ね合わせ部に分布させる。それぞれの荷重ピークを伝達する塑性領域が，弾性荷重の伝達長さを定義する特性長さ $1/\lambda$ より小さい場合（ここで λ は図 23.9 参照の弾性応力分布の指数），荷重ピークは計算されたピークと積分値が合うような弾性荷重分布と置き換える。この簡易手法は，実際に厚みが一定である被着体では，正確な解と全く等価である。図 20.10 に示されている，より厚い被着体の接合部については，その厚さからより高い荷重が加わるため，**図 20.12** のようなステップドラップ継手としての設計が必要となる。

重ね合わせ継手では 2 つの端部において荷重の伝達があるが，ステップドラップ継手では接合では各ステップのそれぞれの端部で荷重伝達が生じる。ステップ数を増やすと，接着面積が増加する。しかし重要なことは，**図 23.13** で説明するようにステップ数を増やすことなく接着面積を増やしても効果はない。複合材の接着接合では，1 ステップごとに 1 層ずつ割り当てることで強度を向上し続けることが可能になると予測される。ステップドラップ接着継手の各ステップは，一定厚みの被着体間の単純な重ね合わせ部を支配するのと全く同じ微分方程式により特徴付けられる。

初期の研究開始から何十年も時間が経過し，接着接合の設計や解析に適用できる信頼できる解

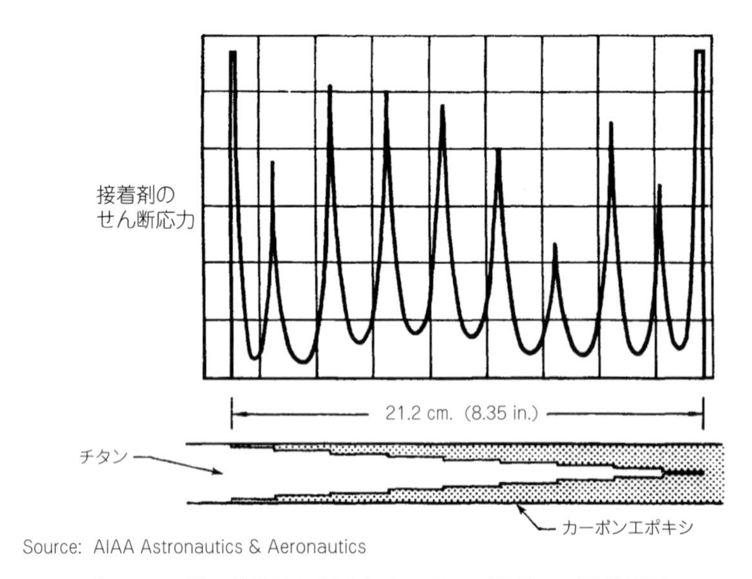

Source: AIAA Astronautics & Aeronautics

図 23.12　厚い被着体に対応したステップドラップ接着継手

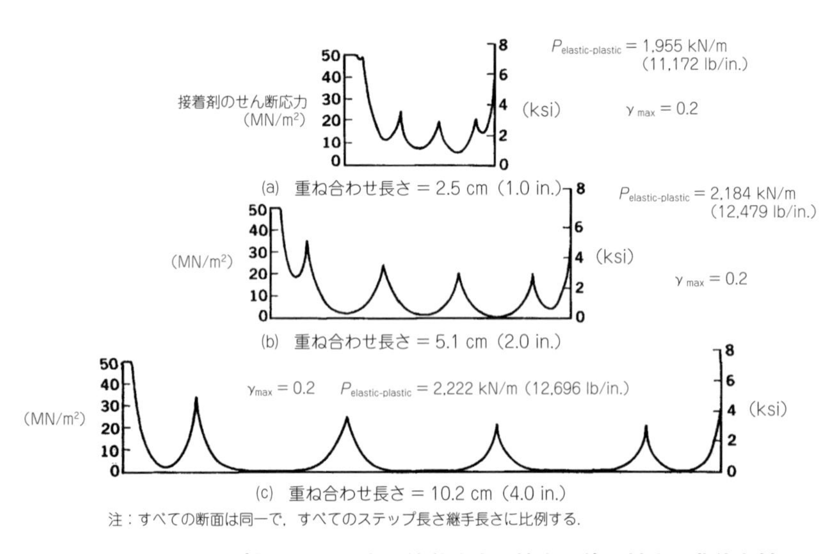

図 23.13　ステップ数が同じ場合の接着強度の接合面積に対する非依存性

析ツールが今や利用できる。それにもかかわらず，架空の均一な“許容”せん断応力に接着面積をかけた接着強度による，簡略化しすぎたモデルが，いまだに絶大な信頼を得ている。そのような手続きに則るならば，より高い接合強度が必要な場合は接着面積を増やせばよい，ということになる。接着接合はそのようなルールには従わない。そのような公式は現在では，接着剤中の応力やひずみを正確に一定とする目的で用いられる重ね合わせ長さの短い試験片にしか整合性はない。構造接着継手のこのようなモデルは，第一次世界大戦の終わに航空機が木や布から作られなくなった時点で，適用できなくなっていた。この時が，接着剤が被着体よりも強い最後の時代だった。したがって，スカーフ角度が十分小さければ，どんな設計も機能していた。

最も信頼できる力学ベースの接着接合モデルは解析解で与えられる。なぜなら，局所的な非常に高い応力やひずみ勾配，さらに材料の非線形性をカバーする反復計算の必要性が，有限要素法による解析を困難にするからである。有限要素モデルは，解析の正確さが保障されていないので，メッシュサイズに関して適用範囲を設定する必要がある。この問題は繊維複合材料の分野で，繊維と樹脂の構成要素を1つの“等価な”異方性固体として均質化できるという，正当化できない単純化の仮定によって，さらにややこしくなる。この間違いの副産物はあらゆる学問分野で問題となっており，複合材パネルの端部やすべての繊維方向の変化に特異性が存在するという説がまことしやかに信じられている。特異性は厚みゼロの層間という考え方を捨てることで消え去る。これら特異性は数学的に生み出された概念であって，物理的には存在しない。接着継手の有限要素解析を解釈する際には，誰でも注意しなければならない。逆に，正しい有限要素法の適用は，実は始まったばかりである。Gosseは樹脂の塊の中にある不連続繊維について，適切に収束する有限要素モデルにより解析を行った。その結果，接着継手や積層複合材中の拘束された樹脂の主要な破損メカニズムが体積変形にあるという彼のコンセプトを実証した。特異点など存在せず，メッシュサイズが2倍でも半分でも，正解に変わりはなかった。

23.5　接合部の耐久性を確保するための設計上の工夫

接着接合の耐久性は，接着界面が安定している（接着剤が安定して接着している）こと，および負荷荷重と異種被着体間の熱残留応力の組み合わせにより接着剤が破壊しないことの両方が必要である。せん断荷重よりもピール荷重で継手は破壊しやすいものの，最初の方の問題は接着接合部の幾何形状で工夫することは何もない。一方，接合部の幾何形状に影響される耐久性に関する2つの限界が存在する。1つ目はそれぞれのオーバーラップ端部における最大せん断およびピール応力である。これは明らかであり，理解しやすい。もう1つは，オーバーラップ中央付近のひずみレベルの限界であり，どんな過酷な環境下であっても，これが問題になり得る。これは，最小応力レベルを最大応力の10%以下とするという，ほとんど理解されていない要求事項に起因する。こうすることにより，クリープの蓄積が防止できる重ね合わせ長さが決定できる。このような必要性は，PABSTプログラムの初期のいくつかの疲労試験で明らかとなった。重ね合わせ長さの小さい試験片による耐久性試験は，良い意味でも悪い意味でもかなり誤解のある結論を引き起こす[14]。このような設計を成功させる要諦は，接着剤のせん断応力があまり一定ではない，もしくは一定であるはずがないという認識である。**図23.14**に示すように重ね合わせが短い試験片と長い構造継手では，同じ外力の試験であっても接着剤の挙動が大きく異なる。

重ね合わせ長さの小さな試験片における試験は，接着剤（および表面処理）の耐久性の相違を信頼をもって評価できるものではない。せいぜい，同じクラスのわずかに異なる接着剤同士を比較することしかできない。接着継手が今後30年間以上，使用に耐えるか否かを短い期間で証明することはほぼ不可能である。あらゆる代表的な荷重条件下で，満足する結果が得られるまで少なくとも30年は試験を続けなければならない。短期間で試験結果を得ようと荷重を大きくしたり環境を悪化させても，実際の環境下におけるそれに対応した使用可能寿命を知る方法はない。構

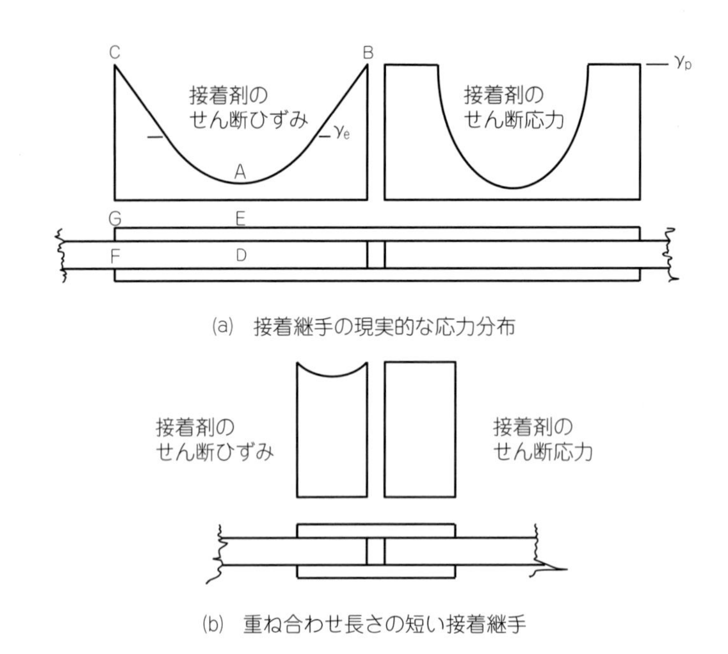

図 23.14　接着部が短いダブルラップ継手と長いものとの異差

造部材が先に擦り切れない限り，最良の接着剤を用いれば，人為的に作った厳しい環境下での試験でも，実際の荷重に30年間は耐えるだろう。ただ1つの救いは，これと反対の場合は，試験中の早い段階で界面破損が生じ，これにより表面の劣化が促進し，この結果速やかに全体が破壊すると推測されることである。いい換えれば，粗悪な系はすぐに特定できるが，良い系は，不合格となった系のリストにただ載っていないだけ，という特定しかできない。

適切に設計した接着継手が力学的な疲労破壊を引き起こさない理由は，接着剤が被着体によって守られている限り危険な状況には到達しないからである。このことは，それぞれのケースにおいて環境の効果を考慮しても，最小および最大の接着せん断ひずみが，第1に重ね合わせ長さ，第2に被着体厚さの関数として特徴付けられることにより理解できる。室温における，この概念を**図 23.15** に示す。

短いオーバーラップが構造接合に用いられるべきでない理由は，一定荷重でも荷重増加が蓄積する場合でも，オーバーラップ中央に発生する最小せん断ひずみに制限がなくなるので，ほんのわずかな荷重増加が重ね合わせ端部に厳しい条件を作り出すからである。重ね合わせ部が，被着体厚さとの比で決まる臨界値をいったん超えると，重ね合わせ中央部の最小せん断ひずみの最大値に制限が生じる。同時に，変形の適合により重ね合わせ端部のせん断ひずみピークに限界が生じる。また，どんなに長く荷重が印加されても，端部のせん断ひずみのピークが無限に大きくなることは実はない。PABST プログラムの試験では，荷重が残る限りどんなに重ね合わせ部が長くても，その端部では安定的にクリープが蓄積することが示された。しかし，せん断ひずみは除荷により常に同じ大きさに回復した。この回復には8時間を要したが，これは例えば5回目の負荷サイクルでも14回目のそれでも同様であった。重ね合わせ長さの小さい試験片ではこれに対応する挙動は生じない。この継手にクリープが起きれば，回復することなくサイクルごとに蓄積

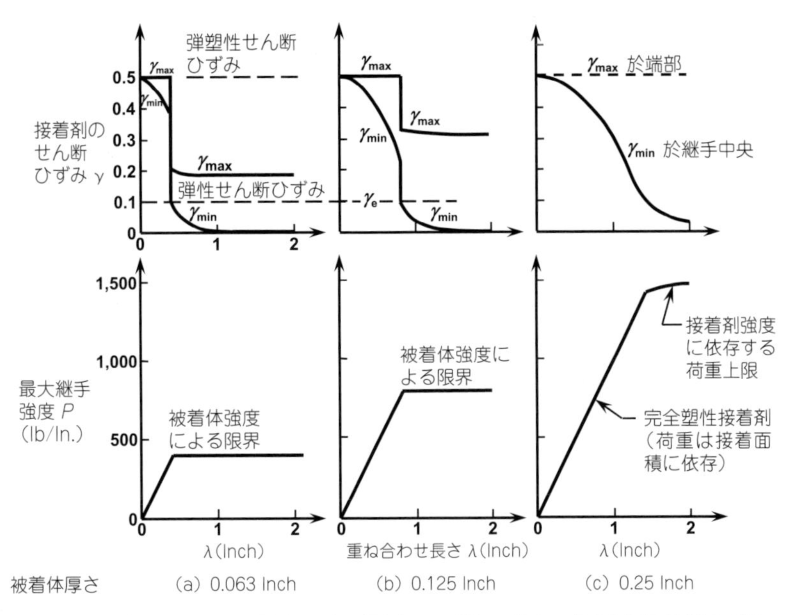

図 23.15　室温における最大および最小せん断ひずみに及ぼす接着部の重ね合わせ長さと被着体の厚みの影響

する。十分長いオーバーラップでは接着層中の最小せん断ひずみはゼロまで漸近的に減少するが，接着部に加えることのできる荷重は被着体強度に依存するので，ピーク値は一定のままである。したがって，もし設計オーバーラップが十分長く，短いオーバーラップと長いオーバーラップの挙動の偏移区間をはるかに外れているなら，どんなに厳しい環境でも，オーバーラップをさらに長くすることには利益がない（ただし，合理的な組立公差の規準とは別の話である）。

高温高湿環境および低温環境下における重ね合わせ継手の環境の影響を**図 23.16** および**図 23.17** に示す。接着剤が最も軟らかくなり弱くなる上限使用温度限界で継手を設計するのが通常である。一方，最低温度ではひずみエネルギーが最低となり，また接合強度の限界を決定する（ただし，図 20.1 に示したように，最低といってもひずみエネルギーにそれほど差があるわけではない）。

図 20.15～図 20.17 を見ると，薄い被着体において重ね合わせ長さが臨界長よりも大きくなると，せん断ひずみのピークの側面に崖が形成される。これは被着体厚みが増えるにしたがって短くなる。0.25 in.（6.35 mm）厚みの被着体になると全く崖が残っていない。このことは，たとえ接着剤の最小せん断ひずみを十分低くすることができても，そのピークの制限では接着破壊を防ぐことはできず，このようなコンセプトはもはや価値がないことを示している。成功の鍵は接着剤ひずみの限界の両方（最大および最小）を示すことにある。これは厚い被着体ではステップドラップ継手を用いる必要のある理由でもある。しかし，このような場合でも上記のように接着剤中のひずみ限界により設計を行うことによって，薄い被着体の簡易な継手と同程度の耐久性は少なくとも得られることが証明されている。荷重の大きさが 30,000 lb/in.（535.7 kg/mm）にもなる，F/A−18 航空機の翼根に用いられたチタン—炭素繊維/エポキシステップドラップ接着継手が，これを証明している。

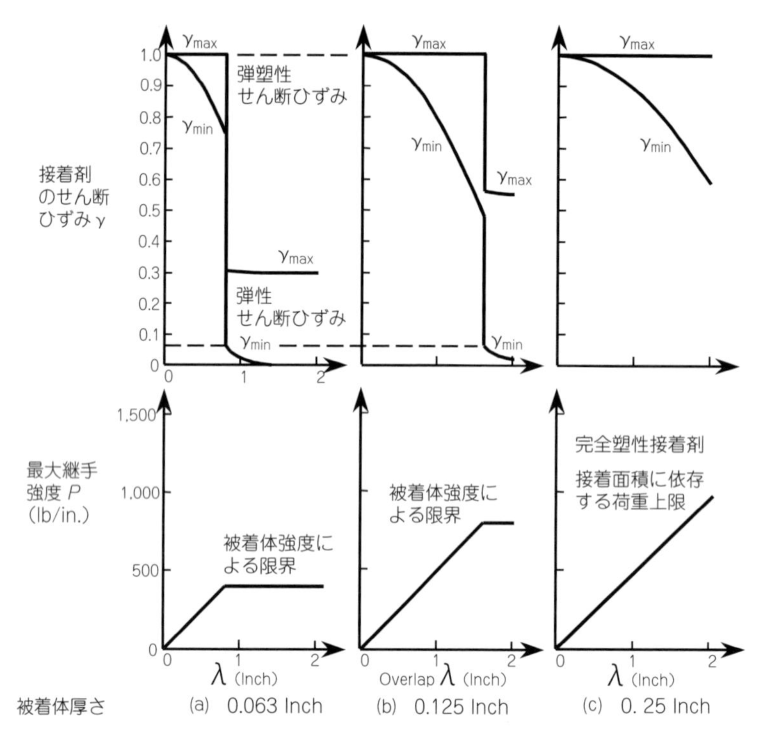

図 23.16　最高使用温度における最大および最小せん断ひずみに及ぼす接着部の重ね合わせ長さと被着体の厚みの影響

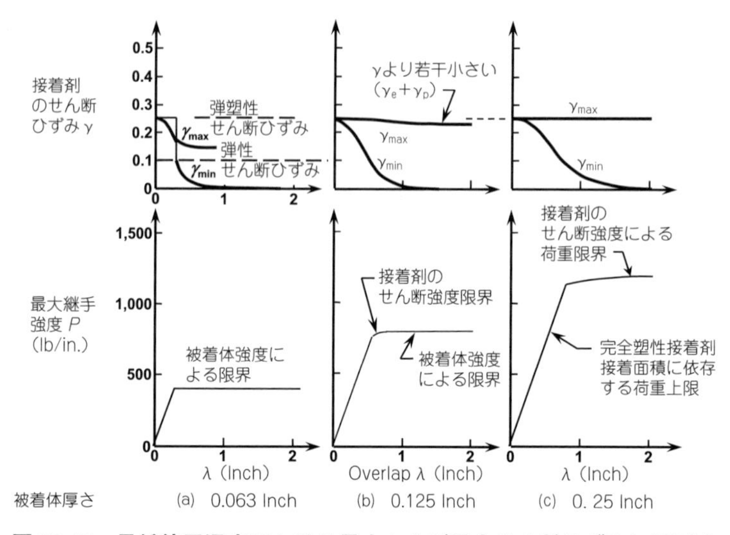

図 23.17　最低使用温度における最大および最小せん断ひずみに及ぼす接着部の重ね合わせ長さと被着体の厚みの影響

23.6　剥離や多孔質周りの荷重再分配

良好に設計されている接着継手の最も顕著な特徴の１つは，以前に定義したように，かなり大きな局所的欠陥に対する優れた許容性である。もし，表面処理と工程が適切であれば損傷は広がらないと思われる（一方，全体的な工程に間違いのあった場合は全く逆で，接着性に乏しい金属構造の表面に吸収した水分が接合部を攻撃するのは時間の問題である。適切でない複合材接着構造の初期破壊と進展のメカニズムはあまりわかっていないが，引き起こされる結果は避けがたい）。適切に設計された接着継手では，応力分布やひずみ分布も安定しており，全体が降伏しているわけではなく，この状態において局所的なき裂が存在しても，全体の強度を全く低下させない。ただし，もし接着剤層が限界まで一様にひずんだ場合は，わずかな欠陥すらも許容することができないことは自明である。

図 23.18 は，与圧された胴体に対して，PABST で側方に用いた継手を想定し，この室温でのせん断応力分布を示している。明らかなことは，胴体にたとえ保証値の 1.3 倍の圧力をかけても，またそのときスキンに 1000 ib/in.（17.86 kg/mm）の荷重が加わっても，接着剤は重ね合わせ端部で弾性限界を超えてひずむことはない（軽い荷重では弾性の谷が不必要に長く現れる。しかしこの大きさは高温高湿環境に対して決められたもので，室温に対するものではない）。**図 23.19** に

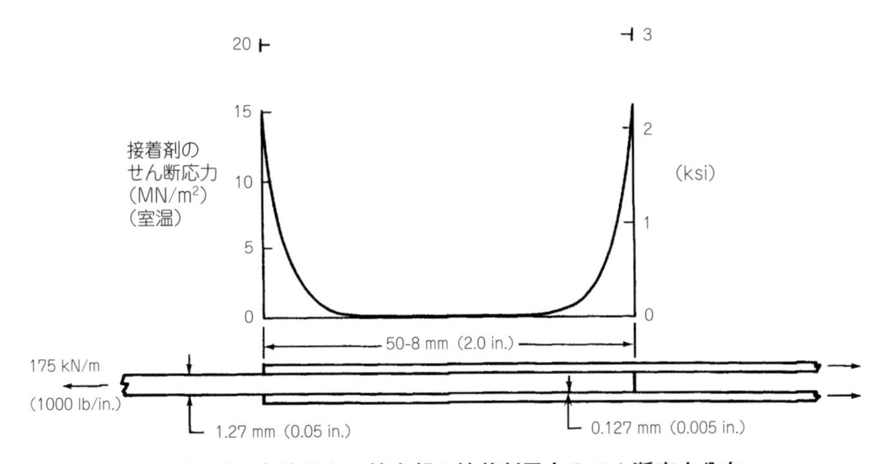

図 23.18　欠陥のない接合部の接着剤層中のせん断応力分布

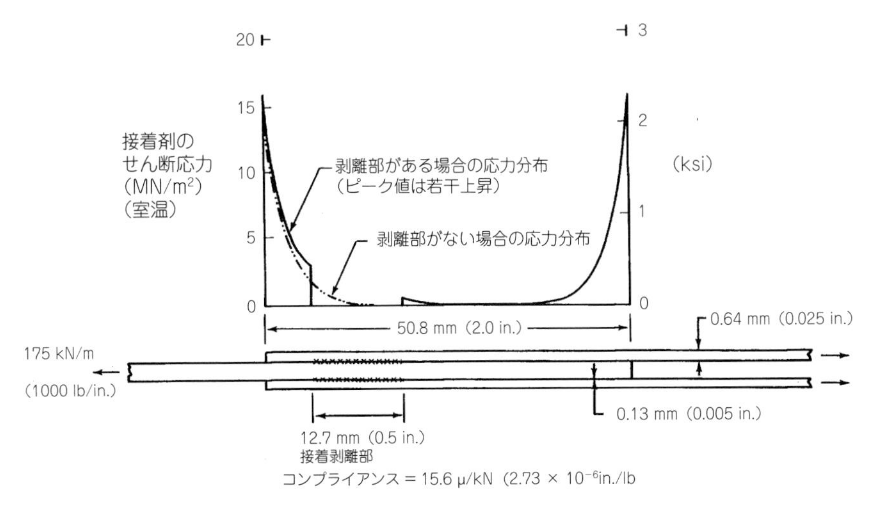

図 23.19　接合端部付近に局所的なき裂が存在する場合の荷重の再分配

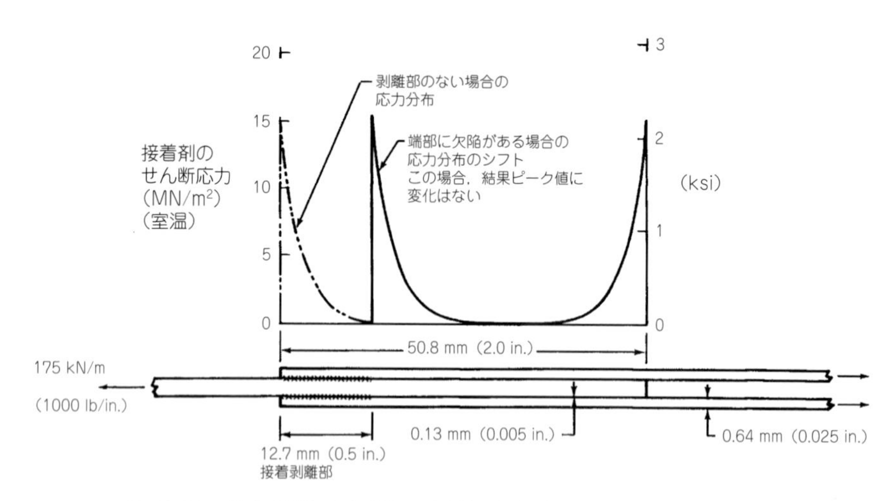

図 23.20　接合端部に局所的なき裂が存在する場合の荷重の再分配

示すように，もし 1/2 in の剥離が重ね合わせ端部から 1/4 in の箇所の，しかも両側に発生しても，接着応力はわずかに変化するだけである。

損傷を受けた領域を通して伝達される荷重の変化量は，重ね合わせ端部のピーク応力に影響を与えることなく，欠陥の周辺に瞬時に分担される。残った接着領域の接着を信頼できるのであれば，適切に設計した接着接合は大きな局所的欠陥に対するロバスト性を有しているといえる（ただし隣接する接着領域もまた破壊される場合は，この能力は失われる）。

同じ欠陥や損傷でも継手端部に発生した場合は，**図 23.20** に示すような応力の再分配が起こる。ここでも，応力のピーク値は明らかに影響を受けていない。応力のピークは，荷重伝達が再び可能となる欠陥の端部まで単純に移動する。ただし，このような欠陥は水の浸入を防ぐために密閉する必要がある。水は高々度で凍結膨張する，いわゆる冷凍/解凍サイクルにより初期損傷や欠陥を広げることとなる。図 23.19 に示すようなサイズの欠陥は，幸運な場合は発見されるが，そうでなければ見逃されてしまう。ドリルで穴をあけ，そこに樹脂を注入してギャップを埋め，欠陥を検出できないようにしても，ドリル孔はプライマー層を貫通する。また露出した無処理の金属表面とあいまって，このようなあらゆる修理の試みは，環境に対する防護を破壊するだけとなる。つまり，接合強度は増加しないばかりか寿命を減らすだけである。適切な表面処理が施されている場合，ほとんどの局所的損傷は広大しない。前に述べたように，適切な表面処理をしていない場合は，隣接接着領域にもすぐに修理が必要となるため，局所的な修理はやはり意味がない。

重ね合わせ部の両端のみ接合時に加圧され，かつ継手平板に空気抜き孔が小さく，しかもわずかしかないとき（この状況は大きなダブラーでは実によく起こる問題である），**図 23.21** のように欠陥がオーバーラップ中央部で生じる。これは残された泡のような形態で発生し，被着体間のギャップが接着剤で埋めるには大きすぎるような場合，特に大面積の多孔性部位が形成される。多孔性部位の発生については別に議論する[17]。伝達する荷重がない時には，隣接のスチフナとの不釣合いでも起こさない限り（ただし，抜き孔のない大面積の接着ダブラーでは起こり得る問題ではあるが），このような空隙領域はあまり重要ではない。むしろ多孔性部位の小さな泡をすべ

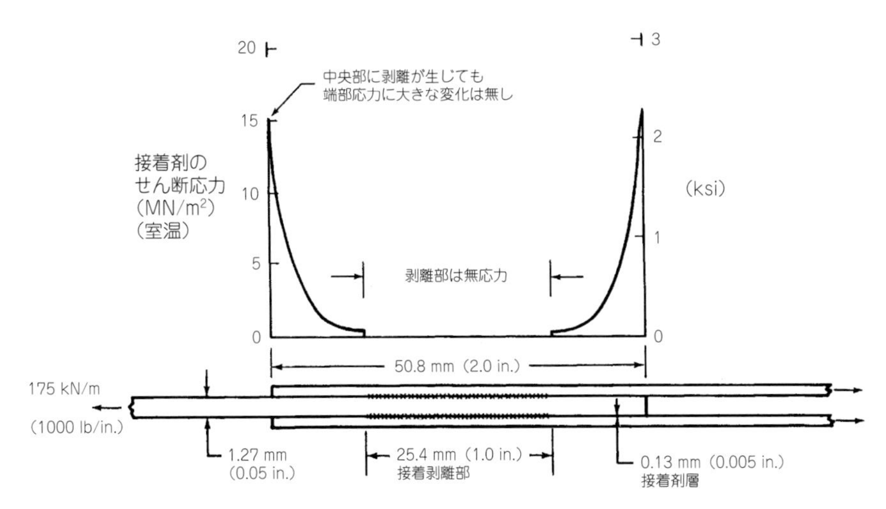

図 23.21　局所的な発泡部が存在する場合の荷重の再分配

て埋めるのは現実的でないことを記す必要がある。たとえ，これが可能であっても被着体間のギャップを減らすことにはならず，局所的に厚い接着層は設計した荷重伝達を難しくする。接着前の水分により接着フィルムが未硬化となるような状況が発生しなければ，多孔性部位を必然的に有する厚い接着層が比較的高応力の箇所に存在したとしても，その場合ですら破壊しないことが保証される。多孔性部位が影響するのは，それが応力集中領域に存在し，かつその幅が狭く，さらに過大な荷重が伝達される場合である。

図 23.18～図 23.21 は，接着構造に生じる典型的な局所き裂や損傷である。これらは通常無害であり，むき出しになった端部で水分の進入を防ぐために密封が必要な場合を除き，修理の必要がない。これは被着体に比べ接着強度が大きく上回っているからである。すでに説明したとおり[17]，より厚い構造では，この余剰強度は減少し，き裂や損傷はより重要となる。いずれにせよ，検査のインターバルの間に接着不良箇所が大きくなるような場合は，「損傷」は接着剤層内の凝集性ではなく，不適切な表面処理による界面性であり，（局所的ではなく）全体的な修復が必要であると考えるべきである。空洞に樹脂を注入すると，隙間が埋まり，超音波で剥離部を検出できなくなる。

前述の例は状況を 1 次元として取り扱っている。接着内の剥離が 2 次元状に広がる場合は，被着体より接着部が強くあるべきとの必要性が強く認識される。適切に製造し欠陥がない接着継手よりも被着体が強い場合，**図 23.22** に示すように，接着部にどのような大きさの欠陥や損傷があっても金属スキンを貫通するき裂のように振舞う。ただし，欠陥や損傷のある領域外の接着接合部が被着体より強い場合，初期損傷は広がることができない。一方，逆の場合，剥離部の脇にそれた荷重はスキンに対して疲労き裂を発生させるであろう（もし複合積層材なら同じ場所で層間剥離が生じると考えられる）。いずれにしても，損傷が限界を超える前に検出するには，長い時間が必要となる。余剰強度のような防御策なしでは，たとえ表面処理や製造工程が優れていても，接着の大きな剥離が金属構造に対してはき裂のように振る舞うこともある。このことが荷重伝達経路の弱いリンクに決してならないような接着接合の設計が常に必要な理由である。図

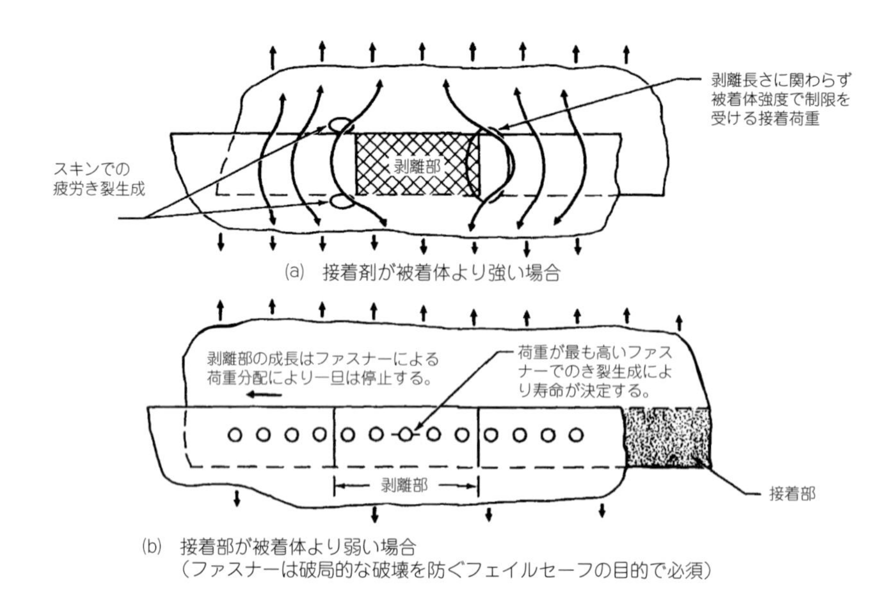

(a)　接着剤が被着体より強い場合

(b)　接着部が被着体より弱い場合
（ファスナーは破局的な破壊を防ぐフェイルセーフの目的で必須）

図 23.22　接着接合部に大きなき裂が存在する場合の，その周辺の２次元荷重再分配

23.22 の下図は，接着不良部をファスナーの締結より修復した場合を説明している。接着不良部の成長は中央のファスナーにより加わる荷重によって制限されることを説明している。それ以上の疲労損傷は，接着不良部の成長ではなく，新たなスキンクラックとして現れるだろう。

23.7　接合部の強度に及ぼす被着体間の熱的不一致の影響

熱的特性の異なる材料同士が接着されたとき，通常，熱応力が発生し，荷重伝達を可能とする強度余裕を減らす。この現象は，チタン部品と複合材パネルの端部に接着する際にいつも生じる。このような接合部は機械的締結手段による最終組立を目的とする場合，さらに検査ないしは修理の目的で機械的締結手段により分解可能な構造とする場合によく用いられる。このような熱応力は大まかに硬化温度と使用温度との差に比例する。その詳細は文献 18）で説明されており，**図 23.23** に示されている。

重要な問題は，力学的な荷重により引き起こされる接着剤のせん断応力やひずみが重ね合わせの両端部で同じ値を示すのに対し，被着体の熱的不整合により引き起こされるせん断応力やひずみは逆の値を示すことである。結果的に，そのような考慮を省略して解析した場合，求めた強度は，実際の接着強度を過大評価してしまう。また，荷重の引張と圧縮の相違により破壊する端部も変化する。問題は，いくつかの熱ひずみは，短い重ね合わせ試験片にクリープ破壊を引き起こすという事実でさらに複雑性を帯びる。しかし，そのような問題は長い重ね合わせ接合部では無視できる。これらの効果は薄い構造よりも，より厚い構造において顕著である。極端な例としては，熱的特性の異なる材料同士の接着継手が，高温硬化の後の冷却段階で勝手に破壊するようなことも実際に起こり得る。この問題は航空機構造で重要であり，またほとんどの宇宙構造では，構造を破壊しかねない高い応力を発生する。このような理由から，航空機構造ではエポキシ接着

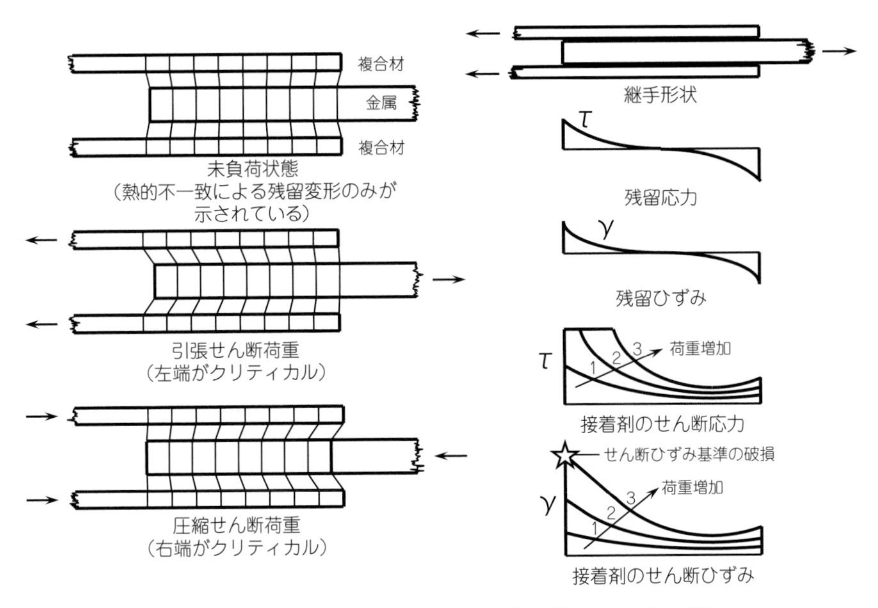

図 23.23　接着接合部に及ぼす被着体の熱的不一致の影響

剤が主流であるが，宇宙構造ではアクリル接着剤がより多く使用される。

この熱的不一致の問題は，補強された大型の繊維強化複合材パネルによく見られる設計上の欠陥との関連で特に重要である。補強材のウェブとフランジの接合部にある一方向性プライの長細い層は，補強材の剛性を高め，パネルの長手方向の強度を高めると考えられているため，しばしば誤った認識で有用と見なされている。残念ながら，このような長細い層の長手方向の熱膨張係数は，炭素繊維の場合はゼロに近く，一方，多方向性のスキンのそれは著しく高い値を示す。その結果，非常に高い硬化温度から高々度の氷点下の使用温度まで冷却する際に，スキンはこのような長細い層を圧縮しようとし，パネルの長さに沿って生じる均一なひずみが生じる。さらに，これにより発生する応力は，この長細い層の端部に限定される。長細い層では周囲長に対する断面形状の比率が，接着剤として働く樹脂層が薄いため高すぎる。この樹脂層は，大きなスキンとダブラーの間の接着剤のように作用するので，端部で界面剥離が生じやすい。さらに悪いことに，剥離の原因となる応力は，剥離が進行しても弱まることはない。この問題の詳細は，文献19）に記載されている。

23.8　検査，試験，および品質管理

超音波非破壊検査（NDI）の性能と限界については，第8章で十分に議論されているので，ここで情報を繰り返す必要はないだろう。というのも，あらゆる接着欠陥の中で最も深刻な接着剤の被着材との付着不良は，検出可能な隙間が使用時に発生するまで検出することができないことが，実際に繰り返し実証されているからである。非接着部は，製造時の不適切な処理によって生じたものであっても，その時点で発見されることまずない。衝撃で発生した目に見える損傷がない場合に，以前の検査では発見されなかった明らかな非接着部が使用中に発見された場合は，接

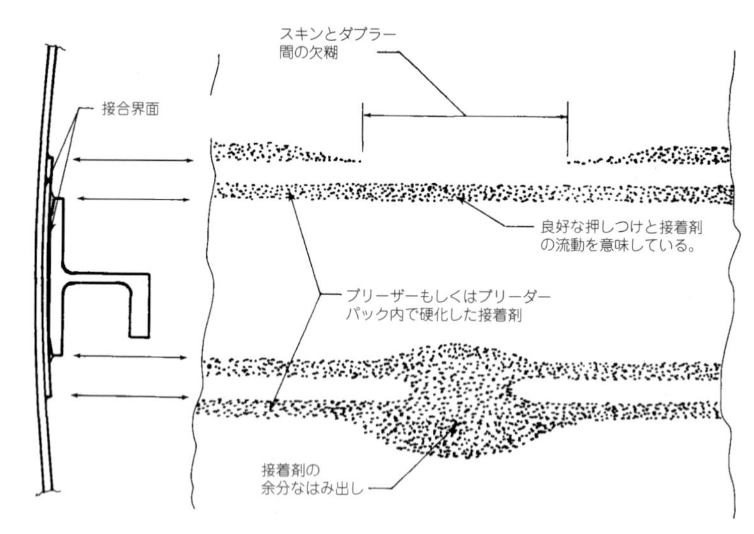

図 23.24　ブリーダーパック中での接着剤のはみ出しによる欠糊の検査

着剤層内で発生した凝集性疲労破壊として認識せず，界面にもともとあった非接着部の遅発的発見と認識する必要がある。界面破壊と凝集破壊の違いは極めて重要である。検出された欠陥が凝集性であると判定することは（他の検査で凝集性でないことを確認した後でも），隣接する接着剤部は完全に有効である，ということを意味する。しかし，界面破壊であると認められる場合は，周囲の領域も破壊しつつあると考えなければならない。それぞれのケースに適した修理は大きく異なり，局所的な修理は，界面破壊がないという絶対的な確信がある場合にのみ行うべきである。そうでない場合は，大域的な修理が必要である。

過去の経験と PABST プログラムで実施された多くの試験の両方が，耐久性試験が短期的な静的試験よりもさらに重要であることを示している。著者は長年，接着構造物や複合材構造物の検査に信頼できるものがないことを懸念し，製造時に適切な処理を行う必要性を強調してきた。というのも，衝撃以外には，使用中に故障が発生しなかったという確固たる実績があるし，衝撃の場合は欠陥の箇所が通常特定できるからである。また，以下に述べるような信頼性の高い代替的な目視検査の採用も推奨している。

接合部の品質を評価する最初の機会は，通常，検査せずに廃棄されるブリーダー/ブリーザーパックに吸収された接着剤のパターンを検査することである。**図 23.24** で説明するように，このような検査から多くのことを学ぶことができる。

接着剤の不規則なはみだし部は，接着する構造物と接着ツールの設計や調整がうまくいかなかった結果である。接着剤層の厚さ公差は，ツール表面の公差 ±0.38 mm やパーツの公差 ±0.76 mm より小さく ±0.025 mm である。大型のツールやパーツを，均一な接着剤層を形成するために必要な ±0.025 mm の公差内で作ることは不可能である。スティフナーにスキンを押し付けるためには，浮動カウルプレートを使用する必要がある。この方法は，SAAB340 の翼のスキンの製造において非常に効果的であることがわかり，10 年間の製造期間中に約 2,000 枚のパネルが製造されたが，欠陥はゼロだった（文献 20）参照)。

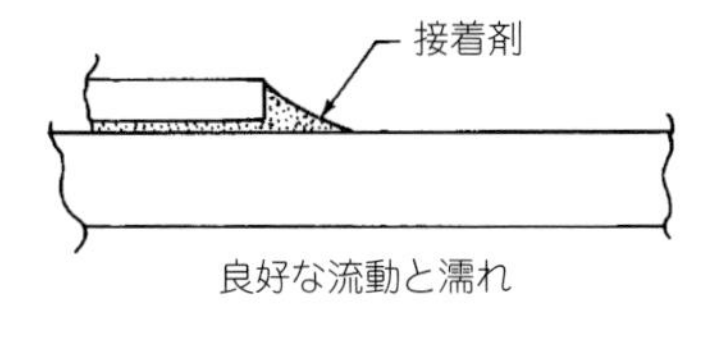

良好な流動と濡れ

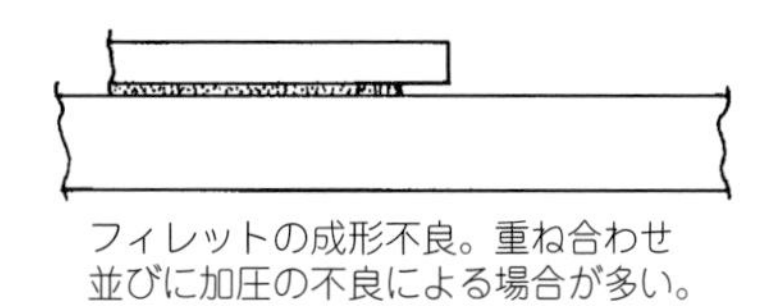

フィレットの成形不良。重ね合わせ
並びに加圧の不良による場合が多い。

流動不良。昇温速度が低い場合に
発生する場合が多い。

多孔質のはみだし部。接着剤に水分が
含まれているか，昇温速度が高すぎる
場合に発生しやすい。

図 23.25　接着構造物における目視検査の重要性

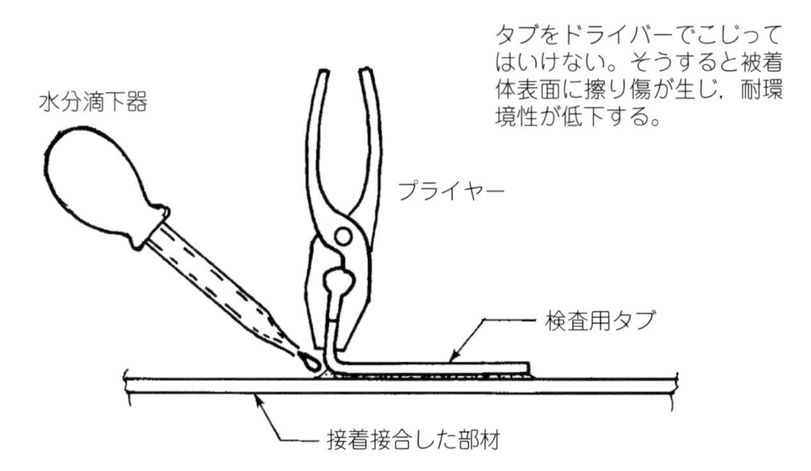

図 23.26　接着構造物のライフステージのどの段階でも接着強度を評価できる接着タブ

次に，**図 23.25** に示すように，スプライスプレートとスティフナーの端に沿った硬化した接着剤のフィレットを検査することで，貴重な目視検査の機会を得ることができる。右下の図のような多孔質のはみ出し部は，エポキシ接着剤では異常だが，フェノール接着剤では正常である。

また，著者は，接着剤で接合した金属構造物の供用期間中の継続的な定期検査に使用できる高精度の検査技術を提案している[21)]。**図 23.26** に示すタブは，製造時に各接合部の表面に選択的に接着して使用する。

タブを引き剥がすときに，無理な力を加えないことが重要である。そもそも接着剤が基材を濡らしていなければ，簡単に分離する。このことは，PABST プログラムにおいて，タブが適切に接着された表面から分離しないことと同様に，繰り返し実証された。検査計画には，構造物の耐用年数中に段階的に検査するために，十分な数のタブが含まれている必要がある。ただし，接着面積が小さいため，表面処理が不十分であることは早期に明らかになるはずである。適切に接着された構造物だけが，使用終了時にこのような接着タブが残っているはずである。

また，ハニカムサンドイッチパネルのコアに閉じ込められた水は，非常に信頼性の高い目視検査で確認することができる。非常に寒い朝や高々度ではこれらの水は早くから氷になる。日の出後や飛行機が着陸した直後，機体が温まるにつれてハニカムパネルの表面に結露が生じれば，パネルのコアに水が溜まっていることを示す。もちろん，このような点検を行うにはわずかな時間しかないが，この点検は確実である。

直感的な考え方に反するかもしれないが，欠陥のない接着構造や複合構造は，作るにも運用するにも最もコストがかからないものである。PABST プログラムでは，米空軍の就航時検査にかかる費用は，検査対象の航空機の初期購入価格を上回った。さらに悪いことに，検査に時間がかかっている間，航空機は使用できない状態であった。製造時に検出された欠陥は，重大なものであろうとなかろうと，通常の製造ラインの流れに支障をきたし，修理が必要なパネルもそのまま受け入れ可能なパネルも，すべて処分されなければならない。著者が担当した2回の無欠陥生産では，従来のやり方と比較して，それぞれ10倍と3倍のコスト削減を達成した。また，実際の使用期間に監視すべき欠陥がないことで，さらなるコスト削減もできたはずだ。無欠陥生産は，構造物の設計と接合（または積層）ツールを，それぞれ独立した組織によって管理される個別の活動として扱うのではなく，協調することによって容易に達成できるものであり，その価値は過小評価できない。悲しいことに，発生した個々のコストの最小化は，どこの組織にもある財務上のアドバイスに限定されている。これは，最適でない解決策を探すことの多くの表れの1つに過ぎない。

接着構造物や複合構造物の検査に関する最も重要な問題は，硬化が終わってから問題を発見するのでは遅いということである。その段階で，構造物を本来の強度や耐久性を100%回復させることは不可能である。そのため，この種の構造物では，そもそもミスをしないための工程管理に重点を置く必要がある。

23.9　接着補修と見かけの剥離後の残存強度の推定値

接着修理は，最初の製造からしばらくして行われる接合と考えるべきである。同じルールと手順で行う必要があるが，接合された金属構造物や，ピールプライを使用した複合構造物に対して，全く同じ表面処理を繰り返すことは明らかに不可能である。いずれの場合も，低圧グリットブラストが最も信頼できる補修用表面処理であることが証明されている。金属構造物のき裂に複合材パッチを接着する場合，この表面処理に続いてシランカップリング剤を塗布することが多い。このようなパッチは，非常に信頼性が高く，効果的であることがわかっている（文献22を参照）。リベットによる補修が不可能であったり，効果がない（き裂がそれ以上成長しないように抑制するのに十分な剛性がない）ため，部品を廃棄する以外に方法がない場合に最もよく使用されている。

前述のように，不適切な仕様で作られた金属構造物の局所的な接着修理は，構造物の残りの部分も剥離しつつあるため，無駄な作業となる。このような構造物は，たとえ修理マニュアルに記載がなくても，より良いプロセスで完全に再生産する必要がある。損傷・剥離した複合材構造物の補修で最も重要な点は，補修前に積層材を十分に乾燥させることが難しいということである。吸収した水は，表面のスキンとハニカムコアの両方から除去するのに非常に長い時間を要する。高温で硬化した樹脂でパッチを作成した場合，コアセル内に水滴が存在するサンドイッチ構造の修理は困難で，パーツを完全に破壊しなければならない可能性すらある。また，接着修理の前に複合構造を乾燥させる必要があるため，このような部品は長い間使用できないことになる。

製造時の検査ではそのような欠陥の兆候がなく，かつそのような欠陥を引き起こす衝撃的な損傷の兆候もなかったのに，使用中に明らかに欠陥のある接着部が発見された場合の対応には，非常に一般的な過誤が存在する。筆者の知る限り，機械的疲労に起因する使用中の接合不良は一度もない。まず，図 23.20 のせん断応力分布から明らかなように，接着剤層には，スプライスやスティフナの端部以外には，無視できる程度のせん断ひずみや応力しか存在しない。接着部の内部のどこかに突然，明らかな剥離が生じるのは，不適切接合した接着面の環境攻撃による界面破壊であることがほぼ確実である。このような状況下では，すでに剥離した欠陥を囲む他の領域も長期的な接着力を持つとは考えられない。したがって，使用中に接着欠陥が検出された場合に，その周囲の接着部が完全に無傷で耐久性があると仮定して，この欠陥のある接着接合物の残留強度を推定することは危険で欺瞞的なことである。

このような構造の残りの寿命は，接着剤層の機械的特性よりも，吸収された水分の拡散速度に関係している。悲しいことに，不適切な表面問題によって，使用中に多くの問題が発生している。承認された表面処理の 90％以上で，界面破壊（信頼できる接着強度はゼロ）が使用中に生じているにもかかわらず，それらのさらなる使用が禁止されていない。標準的な超音波検査では隙間しか見つからないため，両者を区別することができないという正当な理由を用いて，界面破壊を機械的疲労破壊に見せかけることが，接合構造の全分解と再構築が必要にもかかわらず短期間の局所修理を行う口実として使われてきた。

23.10　その他の業界特有の要因

実は接着層が電気的な絶縁体の役割を果たすということは，ほとんど公表されていない。ファラデー箱たる胴体に囲まれていることでジェット輸送機では乗客や乗組員が守られている。胴体のそれぞれの金属スキンパネル間に絶縁体が挿入され電気的に絶縁されている場合，多くの好ましくない結果を引き起こす。明らかなのは，落雷を受けた際に，落雷領域から放電地点まで連続した導電パスがなくなり，はるかに甚大な損傷を受けることである。実際に，PABST プログラムにおける落雷試験のシミュレーションによると，スキンパネルの接着継手では接着剤層が局所的に激しく燃えることが示された。複合材の航空機では，炭素繊維の導電性が低く，かつ接着接合による周期的な分断を補うため，接着されていようが，機械的に締結されていようが，特殊なメッシュを用いた導電性コーティングが必要になる。あまり知られていないが，腐食を防ぐための過剰なシーラントが適用されており，アルミニウム製航空機のパネル間のわずかな電位差さえ問題となり，トランジスタ化した通信機器から生じる小さな電位差さえ対象となる。離陸から着陸まで電子機器のスイッチを切る必要があるのは，これらの機器からの干渉に対する懸念のためである。それ故に航空機，そしておそらくロケットとミサイルも外板を形成する個々のパネルが十分に接続されアースされることが重要である。

構造全体を接着剤で接合する，この概念は本当に神話のようなものである。最小限のきつく締めたリベット（潤滑剤を用いてはいけない）が電気的な接続を提供するために必要になる。疲労問題を引き起こすことのないように接合部の低応力領域にこれらを配置することが重要である。周りのスキンと比べ，応力のレベルが半分である重ね合わせ中央部にリベット孔を設けることにより，リベット接合だけの場合に比べ約20倍の疲労寿命が得られる。このようなリベット孔の必要性が認められれば，それを用いることにより，従来の高コストな組立治具の利用を最小限とし，接着治具を用いずにバギングを行うことができる。このコンセプトはHart- SmithおよびStrindbergによって議論され[20)]，SAAB340に用いた接着高剛性スキンの製造に，単純かつ改善可能な接着ツールとして用いられた。ファスナー，シーラントによるコーティング，および電気伝導性とのバランスは必要である。組み立てにおけるコスト低減のため，航空宇宙構造でもファラデー箱を構成するための新工法開発は今後促進されよう。

他の接着航空機構造に関するその他の問題として，プライマーの接着性を強化するための陽極酸化やエッチングがあるその表面は，通常の延伸もしくは機械加工したアルミニウム表面に比べ，腐食しやすくなる傾向がある。それゆえ，特に湾曲部や調理室周りでは，信頼できる耐腐食保護の実現および維持に注意を払う必要がある。接着剤に用いられている樹脂は時間や環境曝露により劣化する傾向は少ないが，水分の吸収や他の化学物質によっては劣化する。それでも，主な懸念は界面の耐久性である。

23.11　航空機構造物における接着剤による接着の使用例

いくつかの航空機製造業者はそのほかの業者に比べ，接着接合をはるかに広範囲に使用してきた。de Havilland（現在はBAeに吸収）やFokkerは，航空機の１次構造材に接着接合を用いた開拓者である。PABSTプログラムにおいて，第２世代の材料と工程が検証された後，SAABやCessnaは１次構造材への接着を広く用いるようになった。しかし，PABST前にアメリカで開発された接着工程と表面処理の失敗を見て，他の主要な製造業者は接着接合の使用を主に２次構造材に限定した。２つの適用レベルの最も明らかな相違は，さまざまな理由によるが，労働力の安定性によるものが主であるように思われる。正しい仕様と手続きに従うためには，わずかなスキルと適正なトレーニングで事足りる。一方，スケジュール通りに履行したりコストを低減するために近道をしようとする，その時々の圧力に抗するには豊富な経験が必要となる。するべきことと，するべきでないことを理解することだけが，高い品質を保った生産を可能にする。時間と経験を積み重ねて，時として誤り，それを正すことが失敗を繰り返さないための最も強力な方法である。改良された工程とは，初期の誤りを正した結果であることが最も多い。訂正する必要のある間違った工程に盲目的に固執するより，むしろ何が必要か理解すべきである。労働力もしくは技術陣の移動がある場合は，そのように苦労して手に入れた知恵がすべて無効になるし，従業員への再教育に費用がかかる。

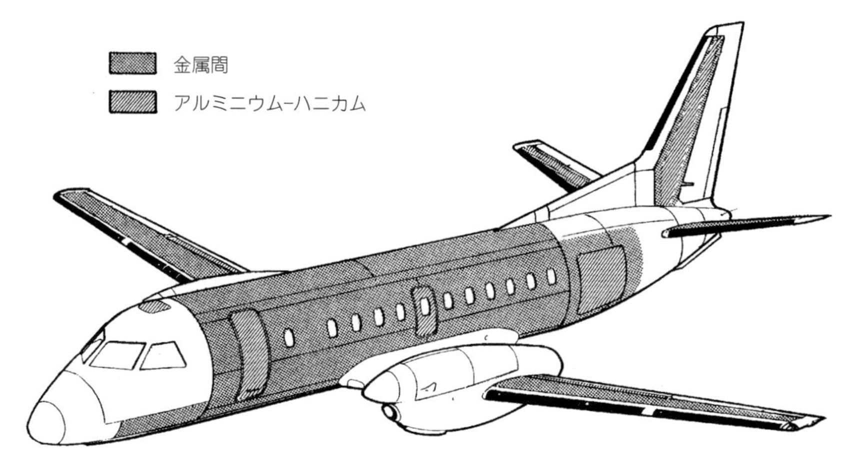

図 23.27　SAAB 340 の胴体，主翼，尾翼に対する接着剤の適用

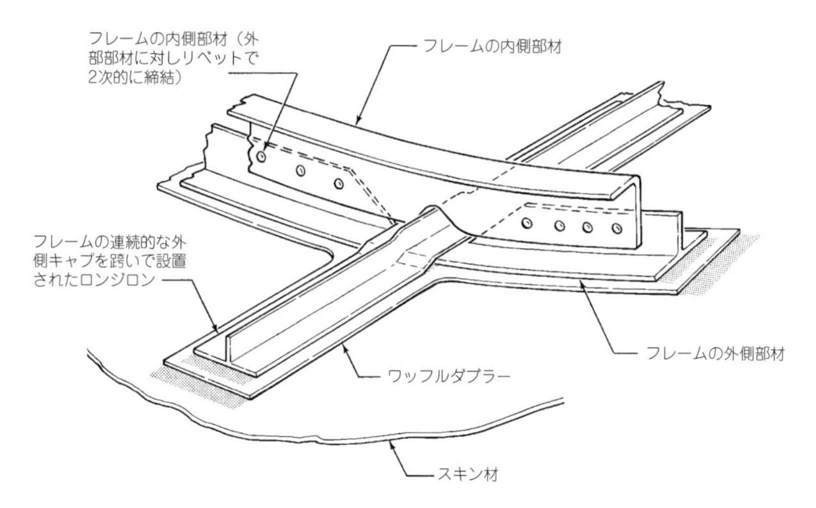

図 23.28　Cessna citation Ⅲのボンデッドフレーム/ロンジロン交差部

図 23.27 に SAAB340 航空機のアルミニウム製機体への接着接合の広範囲な適用例を示す。この航空機は構造効率と耐久性に優れている。これは従来のリベット構造では達成できない。Cessna は Citation Ⅲジェット機の胴体に接着の適用範囲を広げた。同じ技術を他の航空機の翼にも用い，従来のリベット締結したウイングボックスに比べ燃料漏れをはるかに少なくした。**図 23.28** は Citation Ⅲの胴体スキンにおける典型的なフレーム/縦通材の交差部を示しており，ワッフルダブラーとロンジロンだけでなく，フレームの外半分がどのようにスキンに接着しているかを示している。この設計で重要な点は，両補強フランジがスキンと接触している部分が連続しており，従来の縦通材を通すためのネズミ穴に起因する脆弱性がない。

Boeing 747 では，主にハニカムとともに接着したパネルからなる 2 次構造材に金属接着が広がった。これらの部材の多くが，後のモデルでは複合材構造に置き換わったが，これらのほとんどは接着構造として分類されるべきである。

例えば，Boeing 777 の複合材尾翼（**図 23.29**）や Boeing 787 の主翼は，硬化済みの補強材をグ

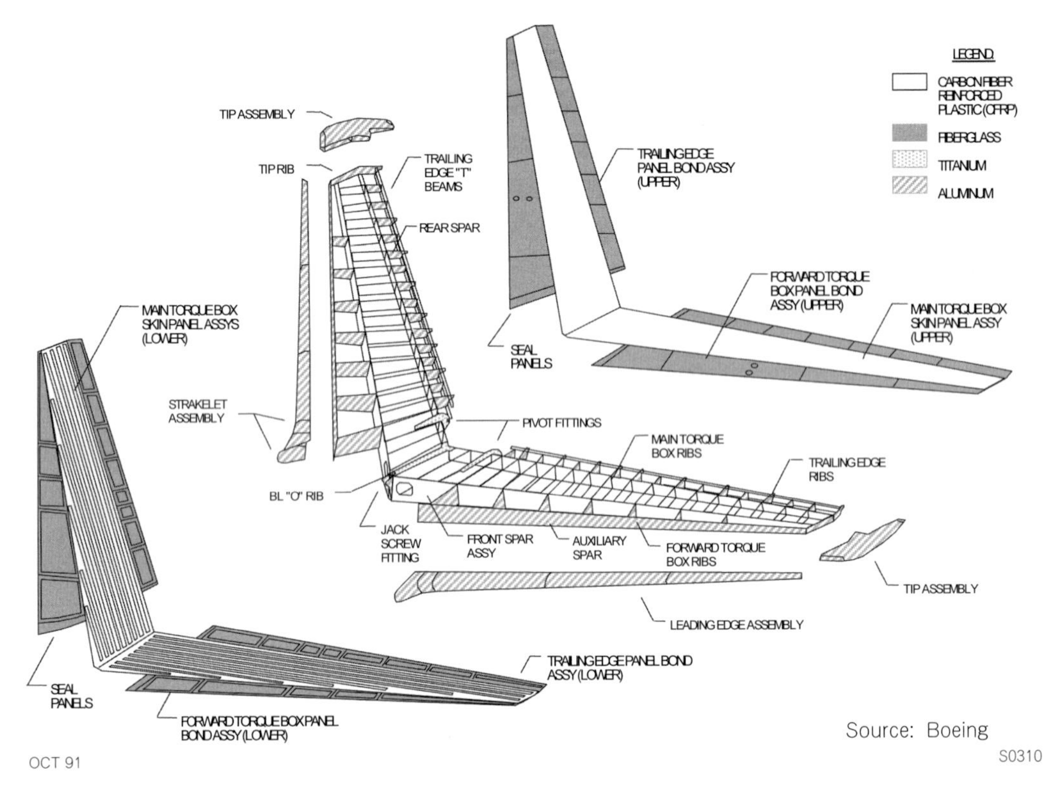

図 23.29　Boeing 777 尾翼のコキュア複合材１次構造

リーンスキンにコボンドすることで作られている。787の一体型補強胴体は，1回のサイクルでコボンドされている。これらは1次構造に分類され，サイズや負荷の強さにおいて，NASAが資金を提供した737とDC-10の飛行実証プログラムを凌ぐものである。現在，航空会社の顧客は，機体にハイテクを広く使用することを望んでいるため，最新の大型航空機であるBeing 787やAirbus A350は，基本的に主翼，胴体，尾翼がすべて複合材でできている。しかし，2次接着の使用はほとんどない。C-17の複合材テールコーンを2次接着で設計し直したとき，元の一体型コキュア設計が非常に複雑で，ほとんど生産できないことが判明した。したがって，膨大なコスト削減が達成されることが明らかになったが，2次接着は結局使用されなかった。

大型航空機の1次構造の全接着組立に対するこの根強い嫌悪感は，技術的にも経済的にも不当なものである。適切な処理を実施し，構造設計と接着治具を無関係かつ統合されない作業から改善し，互換性を持つ必要性を受け入れる意志があれば，2次接着は信頼性と経済性がある。しかし，このメッセージが浸透するまで採用すべき最も安全な態度であるとも思われる。例えば，筆者が知る限り，航空機の大型構造物で，生産期間中に欠陥がゼロで，従来の方法と比較して膨大なコスト削減を実現できたケースは2つしかない。1つは，SAAB340と2000のコミューター機の全金属製ウィングスキンで，実に10倍ものコスト削減を実現した。もう1つは，C-17のテールコーンをオールコンポジットで再設計したもので，元のコキュア設計に比べてわずか3分の1のコストで済んだ。両方とも，非標準の低コストの製造法で済み，2つ目の例では，特殊な加工仕様（硬化したばかりの補強材を，スキンを硬化させたその日に接着するという要件）が必要であった。逆に，製造が非常に面倒で困難だったにもかかわらず，製造時の検査や手直しに費用がかかる部品がなかったコキュア製の複合材部品も知っている。それにもかかわらず，著者は，公認されているが欠陥があることが分かっている接合プロセスがすべて禁止されるまでは，明確な良心を持って，耐久性の向上，軽量化，並びにコスト削減のために航空機構造における 2 次接着の普及を勧めることはできない。

接着剤による接合は，高い生産性を実現する目的で，複合材料のコキュアやコボンドに比べて圧倒的な優位性を持っている。

接着接合は複合材のコキュアに比べ，生産効率においてはるかに優れる。1 回のオートクレーブサイクルで単純な形状同士を接着するのに比べ，コキュア構造では，さらに大きな型を用い，より多くの時間を必要とする。これは 20 年以上前に，構造がすべて複合材からなる航空機 Lear Fan を開発したチームによって認識された。彼らは 1 日当たり 1 機の生産率を計画していた。巨大かつ一体性の高い高剛性のパーツを前提に設計していたら，型のコストは支払えるものではなかったであろう。この問題は現在でも重要である。生産効率を考えないため，最小コストのプロトタイプ開発プログラムではコキュア設計がよく選択される。ただし，いったん構造試験が終了してしまったら，より低コストで，かつより分散した生産という選択肢は失われ，高い生産コストのまま固定されてしまう。プロトタイプ単体のコストを最小化するのではなく，代わりに最小生産コストのプロトタイプを設計することが，より意味を持つようになると考えられる。

1 回のオートクレーブで硬化させることができる単純な形状の部品の接着部と比較すると，コキュア構造では，はるかに長い時間，巨大な治具を占有する。単純な接着なら，この治具が再び使えるようになるよりもずっと早く，より単純な治具が次の部品のために解放される（さらに悪いことに，コキュアでは硬化後の冷却に，加熱にかかるよりもさらに長い時間が必要なこともともよくある）。さらに，コキュアのための複雑な治具のヒートシンクは，単純な部品のためのものよりもはるかに大きい。これらの部品は，治具内の支持構造から容易に熱的に分離できる。コキュアでは温度分布があり，樹脂や接着剤の適切な重合反応を得るためにかなり速く加熱される必要があるが，単純形状部品の接着では，これに比べて遅くても問題にならない。

航空宇宙における接着構造の広範囲の使用を促進するために，著者は次の提案で本章をまとめたい。接着構造の長所が受け入れられる以前に，接着構造の信頼できる事後検査手法が開発されるまで待っていては，非常に長い時間がかかる。いくつかの航空機製造業者は，慎重かつ適切な工程に従うことが接着工程を成功させ，かつ高信頼性を得られることを既に実証している。適切に接着が使用された航空機の使用履歴は立派なものである。この実証済みの技術を生産に移す前に，製造工程での注意不足を「正当化」するためのセーフティネットの登場を待つ必要はない。

23.12　経験則

- 接着のための表面処理は，接着剤が被着体に確実に付着するように行う必要がある。過去の経験から明らかとなっている接着剤が付着しない技術を使い続けてはならない。接着剤，プライマー，基材間の界面破壊は，短期間の試験や非破壊検査で問題がない場合でも，接着剤がそもそも付着していなかったという反論の余地のない証拠となる。必要な強度のみに基づく仕様がどのようなものであっても，凝集性，または層間破壊のモードのみが許容される。

- 構造物も試験片も同様に，破壊形態は，テスト要件がどのように規定されていても，測定された強度に優先することを受け入れなければならない。
- 従来の非破壊検査では，いわゆる「ウィークボンド」を検出することができないことを認識しなければならない。非破壊検査で発見できるのは，部材間の隙間だけである。したがって，接合に関する検査は，最終検査ではなく，工程内検査に頼ることが必要である。その理由は，接着構造物を製造した後に，その強度を100%回復させることはできないからである（リベットによる金属構造物の場合は可能である）。
- 接着剤が接着中に被着体を適切に濡らしたという信頼がなければ，すべての構造解析は意味をなさないことを理解しなければならない。
- 接着剤を「付着」させることは，必ずしも簡単なことではないことを理解しなければならない。基材の表面エネルギーは，接着剤の表面エネルギーより常に高くなければならない。さもなければ接着剤は付着しない。
- 接着部の修理計画では，まず複合材を乾燥させることが必要であることを忘れてはならない。そうしないと，接着剤が硬化しない場合がある。
- 接着剤を構造物の最弱リンクに配置する設計は不可である。公称設計荷重にかかわらず，接着部は接合される部材よりも常に強くなければならない。これは，局所的な損傷の拡大を防ぐという点で，特に重要である。
- 接着剤および繊維複合材のラミネートの両方で，誘発されるピール応力に注意が必要である。ピール応力は薄い構造物のせん断荷重に対しては重要でないが，厚い構造物では重要で，この場合，ピール応力が発生しないよう柔軟性を得るために，重ね部の端に局所的なテーパーや段差をつける必要がある。こうしないと，本来のせん断強度を達成できない。ピール応力とせん断応力は，被着体の厚さによって異なるべき乗則に従う。
- 接着剤のせん断応力分布は均一ではないことを認識する。オーバーラップが短く内部が完全に塑性的になる接着部は，使用中の耐久性がほとんどない。接着剤のせん断応力分布に長い“弾性の谷”があり，その個所の最小応力では接合部がクリープ破壊しないことを保証する必要がある。
- 試験片の接着剤層の挙動は，使用中の実構造で生じることとはかなり異なり，特に寿命に関してはまったく無関係な可能性があることを理解する必要がある。重ね合わせ長さの短い継手では，実際の構造物の接合部の設計に対しては，解析用の接着剤特性を測定するのがせいぜいである。
- 航空機が木と布で作られなくなり，接着剤が接合される部材よりも弱くなっているので，接合部の強度を接合面積と架空の均一なせん断応力の「許容値」との積で評価する単純な設計ルールは時代遅であり，これを認識しなければならない。

文　献

1) L.J. Hart-Smith, Is it really more important that paint stays stuck on the outside of an aircraft than that glue stays stuck on the inside?, Boeing Paper PWMD02-0209, Presented to 26th Annual Meeting of the Adhesion Society, Myrtle Beach, South Carolina, February 23-26, 2003.
2) L.J. Hart-Smith, Analysis and design of advanced composite bonded joints, in: NASA Langley Contract Report NASA CR-2218, August 1974. January 1973; Reprinted, Complete.
3) J.H. Gosse, S. Christensen, Strain invariant failure criteria for polymers in composite materials, in: AIAA Paper AIAA-2001-1184, Presented to 42nd AIAA/ASME/ ASCE/AHS/ASC Structures, Structural Dynamics, and Materials Conference Seattle, Washington 16-19 April, 2001.
4) R.B. Krieger Jr., Stress analysis concepts for adhesive bonding of aircraft primary structure, in: W.S. Johnson (Ed.), Adhesively Bonded Joints: Testing, Analysis and Design, ASTM STP 981, American Society for Testing and Materials, Philadelphia, 1988, pp. 264-275.
5) L.J. Hart-Smith, The bonded lap-shear test coupon—useful for quality assurance, but dangerously misleading for design data, in: McDonnell Douglas Paper MDC 92K0922, Presented to 38th International SAMPE Symposium & Exhibition, Anaheim, California, May 10-13, 1993; in Proceedings, 1993, pp. 239-246.
6) de Bruyne, N. A., "n.d.Fundamentals of adhesion", Bonded Aircraft Structures, a Collection of Papers Given in 1957 at a Conference in Cambridge, England, Bonded Structures, Ltd., Duxford, England, pp. 1-9.
7) R.J. Schliekelmann, Adhesive bonding and composites, in: T. Hayashi, K. Kawata, S. Umekawa (Eds.), Progress in Science and Engineering of Composites, Fourth International Conference on Composite Materials, North-Holland, vol. 1, 1983, pp. 63-78.
8) L.J. Hart-Smith, M.J. Davis, An object lesson in false economies—the consequences of *Not* updating repair procedures for older adhesively bonded panels, in: McDonnell Douglas Paper MDC 95K0074, Presented to 41st International SAMPE Symposium and Exhibition, Anaheim, March 25-28, 1996; in Proceedings, 1996, pp. 279-290.
9) J.A. Marceau, Y. Moji, J.C. McMillan, A wedge test for evaluating adhesive bonded surface durability, Adhes. Age 20 (1977) 28-34.
10) L.J. Hart-Smith, G. Redmond, M.J. Davis, The curse of the nylon peel ply, in: McDonnell Douglas Paper MDC 95K0072, presented to 41st International SAMPE Symposium and Exhibition, Anaheim, March 25-28, 1996, 1996, pp. 303-317. in Proceedings.
11) C.L. Mahoney, Fundamental factors influencing the performance of structural adhesives, in: Internal Report, Dexter Adhesives & Structural Materials Division, The Dexter Corporation, 1988.
12) S.H. Myhre, J.D. Labor, S.C. Aker, Moisture problems in advanced composite structural repair, Composites 13 (3) (1982) 289-297.
13) J. Bardis, Effects of surface preparation on long-term durability of composite adhesive bonds, in: Proc. MIL-HDBK-17 Meeting, Santa Barbara, California, October 16, 2001, 2001.
14) E.W. Thrall Jr., R.W. Shannon (Eds.), Adhesive Bonding of Aluminum Alloys, Marcel Dekker, New York, 1985, pp. 241-321.
15) Hart-Smith, L. J., "The Goland and Reissner bonded lap joint analysis revisited yet again—but this time essentially validated", Boeing Paper MDC 00K0036, to be published.
16) L.J. Hart-Smith, Explanation of delamination of bonded patches under compressive loads, using new simple bonded joint analyses, in: Presented to 3rd Quarterly CRAS Review, in conjunction with Fifth Joint DoD/FAA/NASA Conference on Aging Aircraft, Kissimmee, Florida, September 10-13, 2001.
17) L.J. Hart-Smith, Adhesive layer thickness and porosity criteria for bonded joints, in: USAF Contract Report AFWAL-TR-82-4172, December 1982.
18) L.J. Hart-Smith, Adhesive-Bonded Joints for Composites—Phenomenological Considerations, in: Douglas Paper 6707, presented to Technology Conferences Associates Conference on Advanced Composites Technology, El Segundo, California, March 14-16, 1978; in Proceedings, October 1978, pp. 163-180. reprinted as "Designing Adhesive Bonds", in Adhesives Age 21, 32-37.
19) L.J. Hart-Smith, "Is there really no need to be able to predict matrix failures in fibre- polymer composite structures?", Parts I and II, Aust. J. Mech. Eng. 12 (2) (2014) 139- 159. and 160-178.

20）L.J. Hart-Smith, G. Strindberg, Developments in adhesively bonding the wings of the SAAB 340 and 2000 aircraft, in: McDonnell Douglas Paper MDC 94K0098, presented to 2nd PICAST & 6th Australian Aeronautical Conference, Melbourne, Australia, March 20–23, 1995; abridged version in Proceedings, Vol. 2, pp. 545–550; full paper published in Proc. Inst'n. Mech. Eng'rs, Part G, Journal of Aerospace Engineering, Vol. 211, 1997, pp. 133–156.
21）L.J. Hart-Smith, Reliable nondestructive inspection of adhesively bonded metallic structures without using any instruments, McDonnell Douglas Paper MDC 94K0091, Presented to 40th International SAMPE Symposium and Exhibition, Anaheim, May 8–11; in Proceedings, 1995, pp. 1124–1133.
22）A.A. Baker, R. Jones（Eds.）, Bonded Repairs of Aircraft Structures, Martinus Nijhoff Publishers, 1987, pp. 77–106.
23）L.J. Hart-Smith, Adhesive-bonded double-lap joints, in: NASA Langley Contract Report NASA CR-112235, January 1973; "Adhesive-Bonded Single-Lap Joints", NASA Langley Contract Report NASA CR-112236, January 1973; "Adhesive- Bonded Scarf and Stepped-Lap Joints", NASA Langley Contract Report NASA CR-112237, January 1973; and "Non-Classical Adhesive-Bonded Joints in Practical Aerospace Construction", NASA Langley Contract Report NASA CR-112238, January 1973.
24）L.J. Hart-Smith, Design methodology for bonded-bolted composite joints, in: USAF Contract Report AFWAL-TR-81-3154, 2 Vol.'s, February 1982. See also, "Bonded- Bolted Composite Joints", Douglas Paper 7398, presented to AIAA/ASME/ASCE/ AHS 25th Structures, Structural Dynamics and Materials Conference, Palm Springs, California, May 14–16, 1984; published in *Jnl.* Aircraft 22, 1985, pp. 993–1000.
25）L.J. Hart-Smith, A demonstration of the versatility of Rose's closed-form analyses for bonded crack patching, in: Boeing Paper MDC 00K0104, presented to 46th International SAMPE Symposium and Exhibition, Long Beach, California. May 6–10, 2001; in Proceedings, *2002*: A Materials and Processes Odyssey, 2001, pp. 1118–1134.

〈訳：武田　一朗〉

索引 INDEX

あ行

か行

さ行

た行

な行

は行

ま行

や行

ら行・わ行

英数

接着工学［第2版］

接着剤の基礎，機械的特性・応用

発 行 日	2024年11月30日　初版第一刷発行
原書編者	R. D. Adams
監 訳 者	佐藤　千明
発 行 者	吉田　隆
発 行 所	株式会社エヌ・ティー・エス
	〒102-0091　東京都千代田区北の丸公園2-1　科学技術館2階
	TEL.03-5224-5430 http://www.nts-book.co.jp
印刷・製本	美研プリンティング株式会社

ISBN978-4-86043-907-1